R. Diercks / R. Heitefuss (Hrsg.)

Integrierter Landbau

Systeme umweltbewußter Pflanzenproduktion
Grundlagen · Praxiserfahrungen · Entwicklungen

**Ackerbau · Gemüse · Obst
Hopfen · Grünland**

Zweite, überarbeitete und erweiterte Auflage

BLV Verlagsgesellschaft München
DLG-Verlag Frankfurt (Main)
Landwirtschaftsverlag Münster-Hiltrup
Österreichischer Agrarverlag Wien
Bugra Suisse Wabern–Bern

Die Deutsche Bibliothek – CIP-Einheitsaufnahme

Integrierter Landbau: Systeme umweltbewußter
Pflanzenproduktion; Grundlagen, Praxiserfahrungen,
Entwicklungen; Ackerbau, Gemüse, Obst, Hopfen, Grünland /
R. Diercks; R. Heitefuss (Hrsg.). – 2., überarb. und erw. Aufl.
– München: BLV Verl.-Ges.;
Frankfurt (Main): DLG-Verl.;
Münster-Hiltrup: Landwirtschaftsverl.;
Wien: Österr. Agrarverl.;
Wabern-Bern: Bugra Suisse, 1994
  ISBN 3-405-14472-8
NE: Diercks, Rolf [Hrsg.]

Bildnachweis
BBA: 130–133; Hassan: 67; LBP: 44, 45, 82, 83, 98,
101–103, 105, 110, 140; LBP-Kees: 54; LBP-Klewitz: 49;
LBP-Weigelt: 95; LK-Hannover: 82; Fa. Nie-
meyer: 59; Fa. Rau: 53, 55
Alle anderen Fotos stammen von den Autoren.

Grafiken: Autoren und Kartographie Huber, München

Umschlaggestaltung: Hubert Patscheider Design, Augsburg
Umschlagfoto: hapo, Rielasingen

BLV Verlagsgesellschaft
München Wien Zürich
80797 München

© 1994 BLV Verlagsgesellschaft mbH, München

Gedruckt auf chlorfrei gebleichtem Papier

Lektorat: Dr. Wolfgert Alsing
Herstellung: Friedrich Wilhelm Bonhagen

Gesamtherstellung: Pustet, Regensburg

Printed in Germany · ISBN 3-405-14472-8

Vorwort zur zweiten Auflage

Die Landwirtschaft steht derzeit mehr denn je im Spannungsfeld zwischen Ökonomie und Ökologie. In hohem Maße ist der Landwirt in seiner Eigenverantwortung, seinem Problembewußtsein und seiner Intelligenz gefordert, die Risiken moderner Produktionstechnik durch ökologisch und ökonomisch sinnvolle Beschränkungen auf ein umweltverträgliches Maß zu reduzieren. Gelingen könnte ihm dies, indem er Zugang findet zur Strategie des Integrierten Landbaus, der auf der Grundlage vernetzten, systemorientierten Denkens und Handelns um eine optimale Nutzung und Schonung der natürlichen Regelkräfte der Agrarökosysteme bemüht ist.

Landwirtschaft künftig nach diesen Grundsätzen zu betreiben, setzt entsprechende Kenntnisse voraus. Daran mangelt es aber heute vielfach noch, wenn man vom Konzept des Integrierten Pflanzenschutzes absieht, der als Vorläufer des Integrierten Landbaus schon seit längerem eine Phase der Neuorientierung des Pflanzenschutzes eingeleitet hat. Die Entwicklung hin zu einem praxisreifen Integrierten Landbau hat hingegen gerade erst begonnen. Daher gibt es auch noch kein Fachbuch, das neben der Gesamtthematik die Möglichkeiten schon praktischer Anwendbarkeit zahlreicher Vorstufen und Teilsysteme des Integrierten Landbaues in geschlossener Form zur Darstellung bringt. Diesem Mangel abhelfen zu wollen, war Anlaß für den Verlag, an uns mit dem Vorschlag heranzutreten, die Schriftleitung für das vorliegende Buch zu übernehmen. Eine der wichtigsten Voraussetzungen für die Realisierung war die Mitarbeit vieler Experten aus den einschlägigen Disziplinen der Landbauwissenschaften und der Beratung, aber auch einiger Praktiker, soweit sie schon begonnen haben, gleichsam als »Pioniere« den neuen Weg zu beschreiten. Das Buch ist also eine Gemeinschaftsarbeit; notgedrungen kann es daher nicht in Anspruch nehmen, formal und stilistisch »aus einem Guß« zu sein. Aber inhaltlich dürfte als »Roter Faden« des Buches in jedem Kapitel und Abschnitt deutlich erkennbar sein, um was es beim Integrierten Landbau geht.

Das Buch will und kann keine Rezepte vermitteln, die im Landbau ohnehin der Vergangenheit angehören sollten. Im Vordergrund steht vielmehr die Absicht, Grundlagen zu vermitteln und zu zeigen, wie das Mosaik moderner Produktionstechnik nach Grundsätzen des Integrierten Landbaus zusammengefügt werden kann.

Das Buch richtet sich in erster Linie an interessierte, fortschrittliche Landwirte und Erwerbsgärtner, an land- und gartenbauliche Beratungskräfte, deren praktische Hilfestellung künftig notwendiger denn je sein wird, sodann an Lehrer berufsbildender Schulen und an Studenten der Agrarwissenschaften. Es läßt aber auch keinen Zweifel darüber, daß noch erhebliche Kenntnislücken auf wissenschaftlichem Gebiet zu schließen und Defizite in der Beratung zu beseitigen sind, bevor Integrierter Landbau volle Wirklichkeit werden kann.

Die 2. Auflage konnte in wichtigsten Punkten aktualisiert, aber auch erfreulicherweise um zwei Beiträge erweitert werden. Diese neuen Beiträge schildern den Stand der Bemühungen um integrierte Produktionssysteme in der Schweiz und in den Niederlanden.

Die Schriftleiter sind allen Autorinnen und Autoren des Buches zum Dank verpflichtet, daß sie so bereitwillig mitgearbeitet haben und daß es ihnen gelungen ist, ihr qualifiziertes Wissen ziel- und maßgerecht in die komplexe Gesamtthematik einzupassen. Dank gebührt dem Verlag, insbesondere seinem Lektor, Herrn Dr. ALSING, für die kollegiale, umsichtige Zusammenarbeit bei Planung und Gestaltung des Buches. Schließlich danken die Herausgeber, zugleich im Namen aller Autoren, vielen Fachkollegen, die mit wertvollen Anregungen mitgeholfen haben, dem Leser ein aktuelles, informatives Buch an die Hand zu geben.

Auch für diese 2. Auflage, die schon kurze Zeit nach der ersten erforderlich wurde, bitten wir wiederum um Kritik, Anregungen und Vorschläge zur Verbesserung, die nicht allein diesem Buch, sondern insgesamt dem Integrierten Landbau und seiner Verwirklichung in der Praxis zu gute kommen sollten.

München und Göttingen

Schriftleitung:
ROLF DIERCKS, RUDOLF HEITEFUSS

Verfasser der einzelnen Kapitel bzw. Abschnitte

Dr. ANGELIKA ADNER, Schering AG, Berlin: 5.11 Beispiele für computergestützte Entscheidungshilfen.

Prof. Dr. KORD BAEUMER, Institut für Pflanzenbau und Pflanzenzüchtung, Universität Göttingen: 5.1 Probleme bei der Gestaltung der landwirtschaftlichen Pflanzenproduktion; 5.2 Gestaltung integriert funktionierender Bodennutzungssysteme; 5.3 Verfahren und Wirkungen der Bodenbearbeitung; 5.4 Düngung; 5.5 Gestaltung der Fruchtfolge.

Dr. ECKARD BEER, Pflanzenschutzamt der Landwirtschaftskammer Weser-Ems, Oldenburg: 7.2.2 Sortenwahl und Mineraldüngung in Wechselwirkung zum chemischen Pflanzenschutz in Wintergetreide.

Dr. PAUL BEHRINGER, ehem. Bayer. Landesanstalt für Bodenkultur und Pflanzenbau, Sachgebiet Nematoden, Neuburg a. d. Donau: 7.2.4 Nematodenkontrollierter Hackfruchtbau.

Dr. GERD CRÜGER, ehem. Biologische Bundesanstalt für Land- und Forstwirtschaft, Institut für Pflanzenschutz im Gartenbau, Braunschweig: 7.3 Beispiele für den Integrierten Pflanzenschutz im Gemüsebau.

Prof. Dr. ROLF DIERCKS, ehem. Bayer. Landesanstalt für Bodenkultur und Pflanzenbau, Abt. Pflanzenschutz, München: 1 Einführung; 5.7 Gezielter chemischer Pflanzenschutz; 6 Aufgaben der Beratung im Integrierten Landbau; 8 Ausblick mit Forderungen an Praxis, Beratung und Forschung.

Dr. ADEL EL TITI, Landesanstalt für Pflanzenschutz, Stuttgart: 7.2.6 Modellvorhaben »Lautenbacher Hof«.

LOR ALFONS FISCHER, Bayer. Landesanstalt für Betriebswirtschaft und Agrarstruktur, München: 5.10 Schlagkarteien als Planungs- und Entscheidungshilfen.

OBiolR PETER GALLI, Landesanstalt für Pflanzenschutz, Stuttgart: 7.4 Integrierter Pflanzenschutz im Apfelanbau.

Dr. BÄRBEL GEROWITT, Forschungs- und Studienzentrum Landwirtschaft und Umwelt, Universität Göttingen: 5.11 Beispiele für computergestützte Entscheidungshilfen.

Prof. Dr. FRITZ HÄNI, Schweizerische Ingenieurschule für Landwirtschaft, Zollikofen-Bern (Schweiz): 7.2.7 Entwicklung ökologisch ausgerichteter Bewirtschaftungssysteme in der Schweiz – Projekt »Dritter Weg«.

Prof. Dr. RUDOLF HEITEFUSS, Institut für Pflanzenpathologie und Pflanzenschutz, Universität Göttingen: 1 Einführung; 2 Begriffsbestimmungen zum Integrierten Landbau; 5.7 Gezielter chemischer Pflanzenschutz; 8 Ausblick mit Forderungen an Praxis, Beratung und Forschung.

Prof. em. Dr. Dr. h.c. (PL) KLAUS-ULRICH HEYLAND, ehem. Institut für Pflanzenbau, Universität Bonn: 7.2.1 Bestandesführung und bedarfsgerechte Mineraldüngung unter Beachtung von Beziehungen zum chemischen Pflanzenschutz.

Prof. Dr. MANFRED HOFFMANN, Fachhochschule Weihenstephan-Triesdorf: 5.8 Mechanische und thermische Unkrautbekämpfung.

DIETER HORSCH, praktischer Landwirt, Fladungen-Weimarschmieden/Ufr.: 7.2.3 Reduzierte Bodenbearbeitung, angepaßte Saattechnik und Unkrautbekämpfung nach dem System HORSCH.

Dr. FRIEDRICH KEYDEL, Bayer. Landesanstalt für Bodenkultur und Pflanzenbau, Abt. Pflanzenbau und Pflanzenzüchtung, Freising: 5.6 Sortenwahl.

Ltd. LD WILHELM KLEIN, Bayer. Landesanstalt für Bodenkultur und Pflanzenbau, Abt. Pflanzenschutz, München: 6 Aufgaben der Beratung im Integrierten Landbau.

Prof. Dr. FRED KLINGAUF, Präsident der Biologischen Bundesanstalt für Land- und Forstwirtschaft, Braunschweig: 5.9 Biologischer Pflanzenschutz.

Prof. Dr. NORBERT KNAUER, ehem. Institut für Wasserwirtschaft und Landschaftsökologie, Universität Kiel, jetzt: Buschberg 8, 24161 Altenholz: 3 Agrarökosysteme im konventionellen und im integrierten Landbau.

Dr. HEDWIG-THERESE KREMHELLER, Bayer. Landesanstalt für Bodenkultur und Pflanzenbau, Abschnitt Hopfen, Wolnzach: 7.5 Integrierter Pflanzenschutz im Hopfenbau.

Prof. Dr. Dr. h. c. FRIEDRICH KUHLMANN, Institut für landwirtschaftliche Betriebslehre, Universität Gießen: 4 Ökonomische Ziele und Grenzen des konventionellen und des integrierten Landbaues.

Dr. JOHANN BAPTIST RIEDER, Bayer. Landesanstalt für Bodenkultur und Pflanzenbau, Abt. Pflanzenbau und Pflanzenzüchtung, Freising: 7.6 Dauergrünland und Viehhaltung als integriertes Produktionssystem.

Dr. WILHELM RUPPERT, Präsident der Bayer. Landesanstalt für Bodenkultur und Pflanzenbau, Freising-München: 5.10 Schlagkarteien als Planungs- und Entscheidungshilfen.

Dr. SEBASTIAN SCHALL, ehem. Regiegüter-Direktion »Fürst Thurn und Taxis«, Falkenstein: 7.1 Voraussetzungen und Hilfsmittel für die Realisierung in der Praxis.

Prof. Dr. FRITZ SCHÖNBECK, Institut für Pflanzenkrankheiten und Pflanzenschutz, Universität Hannover: 5.9 Biologischer Pflanzenschutz.

Dr. PIETER VEREIJKEN, Centrum voor agrobiologisch Onderzoek (CABO), Wageningen (Niederlande): 7.2.8 Entwicklung regionaler Prototypen Integrierter Landbausysteme in den Niederlanden.

Dr. WERNER WAHMHOFF, Deutsche Bundesstiftung Umwelt, Osnabrück: 7.2.5 Gezielter chemischer Pflanzenschutz unter besonderer Berücksichtigung von Schadensschwellen im Ackerbau.

Ir. FRANK WIJNANDS, Proefstation voor de Akkerbouw en de vollegronsgroenten Teelt (PAGV), Lelystad (Niederlande): 7.2.8 Entwicklung regionaler Prototypen Integrierter Landbausysteme in den Niederlanden.

Inhaltsverzeichnis

1 Einführung

R. DIERCKS, München, und R. HEITEFUSS, Göttingen

Die Landwirtschaft sieht sich in den letzten Jahren, nicht nur in der Bundesrepublik Deutschland, in ständig zunehmendem Maße Schwierigkeiten gegenübergestellt. Einerseits zwingt das immer ungünstiger werdende Verhältnis zwischen Aufwand und Erlös zur Nutzung aller Reserven und Rationalisierungsmöglichkeiten in der Produktionstechnik. Andererseits stößt die damit verbundene Intensivierung der Landbewirtschaftung auf ernstzunehmende Bedenken und Kritik. Über das Ausmaß der Gefährdung von Umwelt und Naturhaushalt gibt es sehr unterschiedliche Auffassungen, zumal der ökologische Gefährdungsgrad nur in Teilbereichen (z. B. Artenschwund und toxische Belastungen) bekannt ist und die wissenschaftlichen Grundlagen für eine zuverlässige Gesamtbewertung bisher nicht ausreichen.

Die ursprünglich emotional überfrachtete Polarisierung zwischen den beiden Extrempositionen, einerseits der mit Recht um ihre Existenz bangenden Landwirtschaft, darunter vor allem der bäuerlichen Familienbetriebe (»*Landwirtschaft ist Umweltpflege*«), andererseits des um die Bewahrung der Schöpfung und unserer natürlichen Lebensgrundlagen besorgten Naturschutzes mit seinen verschiedenen Gruppierungen und Initiativen (»*Landwirtschaft ist der größte Umweltbelaster*«), hat sich in jüngster Zeit jedoch abgeschwächt.

Viele Anzeichen sprechen dafür, daß jetzt die Phase einer sachlichen und ausgewogeneren Diskussion beginnt, die den modernen Landbau nicht als schädlich und lebensbedrohend schlechthin »verteufelt«, ihn aber auch nicht völlig freispricht von bestimmten ökologischen Mängeln und Risiken. Daß derartige Risiken künftig behoben werden müssen, findet nicht nur seinen Niederschlag in einer Reihe neuer Vorsorgeregelungen der Legislative und Exekutive (z. B. im Pflanzenschutzgesetz vom 15. September 1986), sondern rückt auch dem Landwirt selbst zunehmend ins Bewußtsein. Ihm bei der demzufolge notwendigen Korrektur der Anbautechnik Hilfe zu leisten, ist Ziel dieses Fachbuches über den Integrierten Landbau.

Der Begriff »Integrierter Landbau« (auch »Integrierte Pflanzenproduktion« oder »Integrierter Pflanzenbau«) ist heute zwar in aller Munde. Über seinen Inhalt bestehen aber, selbst in Fachkreisen, wenig konkrete und nicht immer einheitliche Vorstellungen. Daher bemüht sich das Buch zunächst um eine klärende, allgemeinverständliche Definition (2. Kapitel). Sie läßt erkennen, daß Integrierter Landbau keineswegs identisch ist mit Fortschrittsverweigerung. Mit ihm wird vielmehr angestrebt, diesen Fortschritt systemorientiert, d. h. unter Beachtung der »Spielregeln« von Ökosystemen, künftig maßvoller zu nutzen als bisher, ohne deshalb die Produktionsleistung zu verringern. Insofern unterscheidet sich diese Strategie prinzipiell, auch wenn es im Ökologiebewußtsein Übereinstimmungen gibt, vom »Biologischen Landbau«, der z. B. chemisch-synthetische Hilfsmittel ablehnt, die demzufolge geringere Flächen- und Arbeitsproduktivität aber durch höhere Marktpreise auffängt. Diese gewährt ihm ein zwar noch wachsender, jedoch nur sehr kleiner Käuferkreis [5, 7, 8, 9]. Den biologischen Landbau wird man, angesichts der vorherrschenden Verbraucherwünsche nach nicht zu teuren Nahrungsmitteln und unter den Zwängen gegenwärtiger Wirtschaftsnormen auf dem Agrarsektor, daher als eine Alternative einstufen müssen, die nur unter keineswegs auf die breite Landwirtschaft übertragbaren Sonderbedingungen Aussicht auf Erfolg besitzt. Allerdings kann man ihm hinsichtlich der Umweltverträglichkeit seiner von Fremdstoffen freien Anbaumethoden eine Art Favoritenrolle zuerkennen [5, 9]. Integrierter Landbau hingegen darf den Anspruch erheben, daß er auf Zielvorstellungen beruht, die ihm Chancen einer generell gültigen Alternative einräumen [3, 4, 9, 12, 13, 15, 16, 18].

Der Übergang zum Integrierten Landbau kann nicht vorgeschrieben werden. Seine Aufnahme durch den Landwirt muß auf dessen freier Entscheidung beruhen und setzt daher unverzichtbar seine Motivation und ausreichendes Verständnis für die Grundsätze derartiger Systeme voraus. Hinzu kommt, daß der Landwirt die ökologische Konfliktsituation des modernen, konventionellen Landbaues und dessen für Umwelt und Natur bestehende Risiken und Gefahren tatsächlich ernst nimmt. Kritisches Bewußtsein sollte deshalb aber nicht die Tatsache verkennen, daß der Ackerbau schon seit seinen ersten Anfängen mit der Natur im Widerstreit liegt: Er ist zwar an elementare biologische Abläufe und an den Naturhaushalt gebunden, muß sich aber auch ständig natürlicher Gegenkräfte (Witterung, Unkräuter, Krankheiten, Schädlinge) erwehren. Nur natürliche, vom Menschen unberührte Ökosysteme bewahren ihr dynamisches Gleichgewicht durch autonome Regulationsprozesse, sind aber gleichfalls nicht frei von zeitweiligen Massenvermehrungen »schädlicher« Orgamismen.

Agrarökosysteme dagegen, die dem Erzeugen von Nahrungsmitteln dienen, bedürfen zur Stabilisierung einer ständigen Fremdsteuerung durch den Menschen mit Hilfe seiner Produktionstechnik. Diese allerdings hat nicht nur ökonomische Zwänge zu berücksichtigen, sondern muß auch die Gefahren einer ungewollten Schädigung oder gar Zerstörung der natürlichen Lebensgrundlagen eines jeden Agrarökosystems respektieren, wenn sie nicht zur Selbstzerstörung des Landbaues führen soll [1, 2, 6, 9, 10, 11, 14].

Dieses Spannungsfeld im Landbau, einerseits Bindung an die Natur und auf sie angewiesen zu sein, andererseits aber auch ständig mit ihr ringen und im Wettbewerb liegen zu müssen, unterliegt zwangsläufig einem fortschreitenden Wandel, für den eine wachsende Verschärfung des Konflikts charakteristisch ist. Sehr lange Zeit in der Geschichte des europäischen Landbaues, noch bis in unser Jahrhundert hinein, bewegte er sich überwiegend in Grenzen, die geprägt waren durch pfleglichen Umgang und Partnerschaft mit der Natur. Heute aber, vor allem als Folge des in den 50er Jahren beginnenden Zwangs zur extremen Rationalisierung und Spezialisierung, hat er ausgesprochen aggressive Formen angenommen. Weitgehend naturfremde Elemente, z. B. synthetische Agrochemikalien, haben in früher nicht gekanntem Maße in die Produktionstechnik Eingang gefunden.

Die Natur droht ihre Rolle als unverzichtbarer Partner des Landbaues teilweise zu verlieren. Die Fremdstoffe belasten Boden, Wasser und Biosphäre, anbau- und landschaftsstrukturelle Veränderungen mit dem Trend zur »Monotonie« beschleunigen das Tempo des Artenschwundes und leisten im Zusammenwirken mit anderen ökologischen Schwächen der Produktionstechnik der Bodenerosion Vorschub [1, 2, 5, 6, 10, 11, 13]. Die beiden letztgenannten Folgewirkungen des Wandels im Landbau sind besonders ernst einzustufen, weil es sich überwiegend um nicht rückgängig zu machende, raubbauartige Schäden an der Natur handelt, also um Wunden, die nie wieder heilen!

Neben diesen Beispielen ökologisch bedenklicher Grenzüberschreitungen hat die Entwicklung der letzten Jahrzehnte im Landbau – gleichsam als »Tribut« für die eindrucksvollen Leistungssteigerungen – zu weiteren ökologischen Risiken geführt. Sie kommen weitgehend im 3. Kapitel des Buches zur Sprache. Dabei wird deutlich, daß es sich nicht nur um dem modernen Landbau prinzipiell innewohnende Mängel und Schwächen, also um ausgesprochene Fehlentwicklungen handelt, sondern daß manche Probleme auch auf Nachlässigkeit oder mangelnder Beherrschung der immer anspruchsvolleren, inzwischen zur wenig »fehlerfreundlichen« Präzisionsarbeit gewordenen Anbautechnik beruhen können. Teilweise sind die Mängel auch auf Unkenntnis der zahllosen für den Landbau gültigen Rechtsvorschriften zurückzuführen.

Bisher beschränkt sich unser Wissen weitgehend nur auf die Einzelbewertung dieser ökologischen Negativwirkungen. Über die Vielschichtigkeit, über vermehrte und sich möglicherweise gegenseitig verstärkende Wechselwirkungen mehrerer oder vieler schädlicher Einzelfaktoren ist dagegen noch sehr wenig bekannt, zumal in der Forschung ein mehrdimensionales, »vernetztes« Denken nur zögernd Fuß faßt. Demzufolge gibt es auch abweichende spekulative Auffassungen über die Schwere der »ökologischen Krise« des Landbaues, keinen Zweifel hingegen, daß eine Neuorientierung erforderlich ist!

Ein weiteres erschwerendes Moment ist die Tatsache, daß die Ursachen mancher bedenklicher Entwicklungen keineswegs in der heutigen Landbautechnik, deren Neuausrichtung bzw. Korrektur Ziel des Integrierten Landbaues ist, allein wurzeln. Darunter fällt z. B. der erwähnte Biotop- und Artenschwund, der fast ausschlließlich auf den ökonomisch erzwungenen Strukturwandel in der Agrarlandschaft, die starke Schrumpfung der Zahl kleiner zugunsten größerer Betriebe und die »maschinengerechte« Vergrößerung der Anbauflächen zurückzuführen ist. Genauso hat der ökologisch bedenkliche Trend zur extremen Fruchtfolgevereinfachung, zum verstärkten Anbau von Silomais anstelle mehrjähriger, bodenschonender und stickstoffsammelnder Leguminosen, die Umwandlung von Dauergrünland in Ackerland sowie der Übergang zur teilweise völlig viehlosen Wirtschaftsweise ausschließlich ökonomische Gründe! Dementsprechend wären, zur Lösung aller ökologischen Landbauprobleme, auch neue *agrar-, landschaftsstruktur- und raumordnungspolitische Rahmenbedingungen* erforderlich, um die Voraussetzungen für ein umfassendes ökologisches Gesamtprogramm zu schaffen. **Vorschläge** dazu liegen schon seit einigen Jahren vor. Es sind dies der Abschlußbericht der Projektgruppe »Aktionsprogramm Ökologie« [1] und das umfangreiche, besonders gründlich recherchierte Sondergutachten »Umweltprobleme der Landwirtschaft« [2] des Rates von Sachverständigen für Umweltfragen. Neben vielen anderen Denkschriften der jüngsten Zeit zum Thema »Aussöhnung und Partnerschaft zwischen Landwirtschaft und Natur« tragen diese beiden Dokumente dem Gesamtspektrum der ökologischen Problematik modernen Landbaues und der notwendigen, auch realisierbaren Konsequenzen zweifellos am besten Rechnung.

Als **Hauptziele** eines Gesamtkonzepts fordern sie weitgehend übereinstimmend:

- Der Flächenanspruch für die intensive Landbewirtschaftung ist einzuschränken.
- Die dadurch freiwerdenden Agrarflächen und Landschaftselemente sind zu nutzen, um ein komplettes »Biotopverbundsystem« zu schaffen, das in Form eines möglichst dichten Netzes »punkt- und linienförmiger naturbetonter Flächen« [2] die schon vorhandenen Schutzgebiete im ländlichen Raum ergänzt und miteinander verknüpft.
- Im künftigen Landbau ist der umweltbelastende, Boden und Naturhaushalt gefährdende Trend zu stoppen und umzuwandeln in eine Entwicklung zur qualitativen Verbesserung des bislang vorwiegend auf quantitative Leistungssteigerungen abzielenden agrotechnischen und -chemischen Fortschrittes.

Zur Verwirklichung der letztgenannten Forderung wird in beiden Gutachten dem Integrierten Landbau und seiner tatkräftigen Förderung seitens Wissenschaft und Beratung eine zentrale Rolle zuerkannt. Aber mehr als diesen, auf die Nutzungstechnik beschränkten Teilbeitrag zur Entschärfung der ökologischen Gesamtkrise des Landbaues darf man von ihm nicht erwarten! Den Grad der Umweltverträglichkeit einer Landbewirtschaftung, die den Zielvorstellungen des Integrierten Landbaues entspricht, schildert ebenfalls das 3. Kapitel des Buches. Zugleich wird dort der ökologische Komplexcharakter der Agrarlandschaft in den Wechselbeziehungen zwischen landschaftsökologischen Maßnahmen und Landnutzungssystemen vor Augen geführt: Neue Landschaftsstrukturen im Rahmen eines »Biotopverbundsystems« dienen nicht nur primär dem Artenschutz aus ethischen Gründen im Sinne der »Ehrfurcht vor der Schöpfung«. In ihrer Rückwirkung auf den Acker sind sie auch von Nutzen für den Integrierten Landbau, z. B. in Form von Biotopen als lebenswichtige Rückzugsgebiete für natürliche Gegenspieler von Schadorganismen, die den chemischen Pflanzenschutz einzuschränken helfen, sowie als erhöhter Schutz des Bodens vor Wind- und Wassererosion! Bewahren und Vermehren naturnaher Biotope wären ökologisch jedoch nur von geringem Nutzen, wenn sie in ihrer Funktion durch lebensbedrohende (biozide) Fremdstoffbelastungen von benachbarten Nutzflächen aus gefährdet würden.

Mit dem 4. Kapitel folgt die Gegenüberstellung der ökonomischen Aspekte im konventionellen und im integrierten Landbau. Hierbei wird deutlich, daß mit dem ökologischen Nutzen integrierter Anbauverfahren auch ein ökonomischer Gewinn verbunden sein kann. Er resultiert vorwiegend aus Kosteneinsparungen durch eine gezielte, bedarfsgerechtere Produktionstechnik (z. B. Agrochemikalien, Bodenbearbeitung), ohne Leistungseinbußen in Kauf nehmen zu müssen. Diese Chancen eines Produktivitätsgewinns sind wahrscheinlich der wirksamste Anreiz für ein gesteigertes Interesse des Landwirts selbst am Integrierten Landbau.

Wer nun erwarten sollte, daß ihm das Buch fertige Rezepte für Anbausysteme liefert, die schon voll mit den Leitlinien eines Integrierten Landbaues identisch sind, der wird enttäuscht sein. Denn ganz abgesehen davon, daß rezeptartige, mehr oder weniger starre Anbaupläne schon seit langem der Vergangenheit angehören und bestimmten, den individuellen Ansprüchen (z. B. Boden, Klima, Betriebstyp, Wirtschaftsziel) anzupassenden Grundregeln des Anbaues Platz gemacht haben, besitzen Vorstellungen über komplette integrierte Landbausysteme vorerst nur theoretischen Modellcharakter [3, 4, 9, 12, 13, 15, 16, 18]. Noch reichen die verfügbaren Meßmethoden nicht aus, um die vielschichtigen Prozesse der Rück-, Wechsel- und Folgewirkungen im Agrarökosystem quantitativ so zuverlässig abschätzen zu können, daß eine Gesamtintegration aller Elemente der Produktionstechnik mit dem Ziel, das ökologische und ökonomische Optimum in Einklang zu bringen, schon heute in der Idealform möglich wäre. Gleichwohl sind schon zahlreiche Vor- und Zwischenstufen praxisreif, die in wichtigen Teilbereichen der Produktionstechnik das Prinzip der Integration erfolgreich anwenden lassen.

Im Mittelpunkt des Buches stehen daher neben den »Grundlagen der Integration einschließlich Planungs- und Entscheidungskriterien für den Praktiker« (5. Kapitel) und den »Aufgaben der Beratung im Integrierten Landbau« (6. Kapitel) eine Reihe exemplarischer »Beispiele für praxisreife Teilsysteme des Integrierten Landbaues« (7. Kapitel). In dem Maße, wie diese Resonanz finden, praktisch genutzt und erprobt werden, sind auch Fortschritte in der vollen Realisierung des Integrierten Landbaues zu erwarten. Mit der Weiterentwicklung befaßt sich abschließend auch das 8. Kapitel, um konkret aufzuzeigen, welche speziellen Konsequenzen sich aus dem gegenwärtigen Entwicklungsstand als künftige Herausforderung für Praxis, Beratung und Forschung ergeben.

Keine Alternative ist Integrierter Landbau zur Begrenzung der wachsenden, nicht mehr finanzierbaren Überschüsse der EG-Agrarproduktion. Auch er müßte an der Lösung dieses Problems interessiert sein, weil seine komplette Verwirklichung umso schwerer ist, je stärker die Ertragsleistungen ständig höher geschraubt werden müssen. Eine Neuorientierung der Agrarpolitik, die den Trend immer intensiverer, Umwelt und Natur belastender und die Agrarökosysteme oft überstrapazierender Pflanzenproduktion beendet [5, 17], wäre daher schon längst fällig gewesen.

Mit seinen Beschlüssen zur **Agrarreform** im Sommer 1992 hat der *EG-Rat* nun endlich eine neue Ära eingeleitet. Hauptanlaß war zwar der Zwang, die Agrarmärkte zu entlasten; im Nebeneffekt jedoch versprechen die neuen Regelungen auch einen ökologischen Nutzen, der dem Integrierten Landbau zugute kommt:

1. Das Schwergewicht der Marktpolitik wird künftig nicht mehr auf der sog. Preisstützung liegen, sondern auf *direkten Einkommenshilfen* in Form von regional differenzierten Hektarprämien, vorwiegend bei Getreide, Ölsaaten und Eiweißpflanzen. Ein ökonomisches Optimum auf dem Acker läßt ich dann wahrscheinlich nur noch dadurch erzielen, daß die Intensität, insbesondere die Verwendung von Dünge- und Pflanzenschutzmitteln in Abhängigkeit von der Güte des Standortes mehr oder weniger reduziert wird. Chancen für den Integrierten Landbau ergeben sich insofern, als er nicht nur weniger schwer realisierbar sein wird, sondern auch an Attraktivität für den Landwirt gewinnt, wenn dieser die künftig unvermeidlichen Verluste beim Dekkungsbeitrag minimieren will.

2. Voraussetzung für den Preisausgleich ist die Teilnahme am *Flächenstillegungsprogramm* (= 15% der Getreide-, Ölsaaten- und Eiweißpflanzen-Fläche); ausgenommen ist die große Zahl sog. Kleinerzeuger. Für die Nutzung stillgelegter Flächen entspricht unter mehreren Optionen vor allem die begrünte Rotationsbrache den Grundsätzen des Integrierten Landbaues, weil sie die engen Fruchtfolgen wieder auflockert und die Selbstregelungskräfte der Agrarökosysteme stärkt.

3. Eine Reihe *flankierender Maßnahmen* der EG dient speziell dem Schutz natürlicher Lebensräume, wird u. a. aber auch Beihilfen an Betriebe gewähren, die sich verpflichten, »den Einsatz von Dünge- und/oder Pflanzenschutzmitteln erheblich einzuschränken ... oder biologische Anbauverfahren einzuführen ...« (EWG-VO Nr. 2078/92). Die künftigen Durchführungsbestimmungen der Bundesregierung lassen erwarten, daß Landwirte, die Integrierten Landbau praktizieren, auch diese Fördermittel in Anspruch nehmen können.

Neben diesen nur unvollständig skizzierten EG-Regelungen gibt es auf Ebene der **Bundesländer** schon seit Jahren zahlreiche weitere *ökologische Förderprogramme* (z. B. extensive Bewirtschaftung, Landschaftspflege und Schutzpflanzungen, Acker- und Wiesenstreifenschutz). Sie alle sind gleichfalls wirksam im Sinne der Zielsetzung des Integrierten Landbaues, weil sie die Agrarökosysteme zu stabilisieren mithelfen.

Wovor jedoch eindringlich gewarnt sei, ist ein *drohender administrativer Perfektionismus* bei Umsetzung und Überwachung aller Programme, insbesondere wenn dies zu Defiziten der für den Integrierten Landbau unverzichtbaren Beratungseffizienz führen sollte (siehe Kapitel 6 und 8.1).

2 Begriffsbestimmungen zum Integrierten Landbau

R. Heitefuss, Göttingen

Der Integrierte Landbau umfaßt standort- und umweltgerechte Systeme der Pflanzenproduktion, in denen unter Beachtung ökologischer und ökonomischer Anforderungen alle geeigneten und vertretbaren Verfahren des Acker- und Pflanzenbaus, der Pflanzenernährung und des Pflanzenschutzes in möglichst guter Abstimmung aufeinander unter Nutzung sowohl des biologisch-technischen Fortschrittes als auch natürlicher Begrenzungsfaktoren eingesetzt werden, um langfristig sichere Erträge und betriebswirtschaftlichen Erfolg zu gewährleisten [5].

Diese umfassende, anspruchsvolle Definition deutet bereits die Schwierigkeiten an, die mit der Verwirklichung derartiger Systeme verbunden sind. Eine große Anzahl variabler Teilfaktoren sind miteinander in Einklang zu bringen, Wirkungen und Wechselwirkungen zu berücksichtigen, unterschiedliche Zielgrößen zu beachten. Selbst die in dieser und anderen Definitionen genannten, einzelnen Begriffe und Forderungen sind nicht eindeutig bestimmt und lassen unterschiedliche Auslegungen zu [1, 2, 4, 8, 9].

Um zumindestens im Rahmen der Zielsetzung dieses Buches eine gewisse Linie zu erreichen, und die nachfolgenden Kapitel in diesen Zusammenhang zu stellen, ist hier der Versuch einer Klärung notwendig.

Eine **standortgerechte Pflanzenproduktion** bedeutet die Verwendung von Bodennutzungssystemen, welche an die natürliche, nachhaltige Leistungsfähigkeit des Bodens unter den gegebenen klimatischen Bedingungen, d. h. an die **Bodenfruchtbarkeit** angepaßt sind. Ob die potentielle **Ertragsfähigkeit** eines Standortes genutzt werden sollte, ist nicht nur von dem dazu notwendigen Aufwand an Produktionsmitteln abhängig, sondern greift bereits in einen weiteren Zielkomplex mit ein, der hier gleichfalls zu erläutern ist:

Eine **umweltgerechte Pflanzenproduktion** setzt voraus, daß nicht nur auf dem Produktionsstandort selbst, d. h. auf dem Acker oder Grünland, sondern auch in dessen engerem und weiterem Umfeld negative, schädliche Auswirkungen vermieden werden. Was hier unter schädlich verstanden werden muß, ist zwar gleichfalls wieder eine Frage der Bewertung. Grundsätzliche Einigkeit besteht aber darin, daß z. B. folgende Auswirkungen zu vermeiden sind: Bodenerosion durch nicht dem Standort angepaßte Nutzungssysteme; Überdüngung durch mineralischen Stickstoff oder Gülle, die zu Nitratauswaschung ins Grundwasser führt; Belastung des Bodens, des Grundwassers oder des Trinkwassers durch Pflanzenschutzmittel und deren Rückstände; Störung der Bodenfruchtbarkeit durch mechanische und chemische Einflüsse, letztere z. B. bei der Bodenentseuchung mit dem Risiko der Grundwasserbelastung.

Auch das Umfeld ist in diesem Zusammenhang zu nennen: Vermeidung des Austrages von anorganischen oder organischen Düngern und Pflanzenschutzmitteln aus dem Acker oder Grünland heraus, Vermeiden der Abtrift von Pflanzenschutzmitteln. Andererseits sollten Randzonen, Hecken, Feuchtgebiete und andere Biotope so vielfältig wie möglich erhalten werden, um den Eingriff der Landwirtschaft in den Naturhaushalt auch in dieser Hinsicht umweltschonend zu gestalten.

Der Begriff **Naturhaushalt** ist in der obengenannten Definition zwar nicht enthalten, wohl aber im neuen Pflanzenschutzgesetz [3]. Hier wird er umschrieben *in seinen Bestandteilen Boden, Wasser, Luft, Tier- und Pflanzenarten sowie dem Wirkungsgefüge zwischen ihnen* und gleichfalls gefordert, daß schädliche Auswirkungen darauf zu vermeiden sind. Wie dies erreicht werden kann, wird Gegenstand der entsprechenden Kapitel des Buches sein. Gleichwohl ist schon hier drauf hinzuweisen, daß umweltgerechte, den Naturhaushalt schonende Landwirtschaft nicht gleichzusetzen ist mit **Naturschutz.** Dieser kann im engeren Sinne nur auf nicht oder bewußt extensiv genutzten Flächen betrieben werden, um dadurch die Erhaltung bestimmter Arten, Lebensgemeinschaften und Biotope zu gewährleisten. Landwirtschaft ist wesentlicher Bestandteil der Kulturlandschaft und nicht der unberührten Natur! Sie muß in den Naturhaushalt eingreifen, allerdings in einer Weise, die in dem genannten Sinne umweltgerecht und umweltschonend zu sein hat.

Den **ökologischen Anforderungen** kann sich die Landwirtschaft daher nicht entziehen. Ökologie ist die Lehre von den Umweltbeziehungen der Organismen. Derartige Beziehungen sind sowohl in natürlichen Ökosystemen als auch in den vom Menschen gestalteten Agrarökosystemen in vielfältiger, miteinander vernetzter Weise vorhanden. Diese Beziehungen nicht unnötig zu stören, sondern im Gegenteil so weit wie möglich im erwünschten Sinne zu steuern und zu nutzen, ist ganz besonders im Zusammenhang mit dem Pflanzenschutz und der vorbeugenden Verminderung der Schadenswahrscheinlichkeit beim Auftreten von Krankheiten und Schädlingen von Bedeutung.

Die **ökonomischen Anforderungen** im Rahmen des Integrierten Landbaus sind zwar eindeutig zu definieren, lassen aber gleichfalls einen Spielraum, der durch die unterschiedlichen, individuellen Ansprüche des wirtschaftenden Landwirtes bedingt ist. Der erforderliche Aufwand muß mindestens durch den zu erzielenden Ertrag bzw. Erlös abgedeckt und darüber hinaus ein Einkommen erwirtschaftet werden, das dem Betriebsleiter und seiner Familie einen den persönlichen Bedürfnissen entsprechenden und im Vergleich mit anderen Berufsgruppen angemessenen Lebensstandard ermöglicht. Gerade im Integrierten Landbau kann das ökonomisch vertretbare Ziel für den Einzelbetrieb aber nicht die Gewinnmaximierung um jeden Preis sein, d. h. um den Preis nicht vertretbarer ökologischer Belastungen der Umwelt.

Neben den einzelbetrieblichen ökonomischen Aspekten sind hier aber auch die gesamtwirtschaftlichen Rahmenbedingungen und Konsequenzen anzusprechen [7]. Gesamtwirtschaftliche Kosten entstehen z. B. dann, wenn mit hohem Aufwand an Betriebsmitteln und Fremdenergie nicht verwertbare, mit hohen öffentlichen Kosten für Intervention und Lagerhaltung verbundene Überschüsse produziert werden, oder wenn von der öffentlichen Hand für verschärfte ökotoxikologische Prüfungen im Rahmen des Zulassungsverfahrens von Pflanzenschutzmitteln erhebliche Kosten aufgebracht werden müssen. Diese gehen entweder zu Lasten des Steuerzahlers oder werden von der Pflanzenschutzindustrie über erhöhte Preise an den Landwirt weitergegeben. Andererseits erfordert ein möglicherweise vom Staat dem Landwirt aus Gründen des Umweltschutzes auferlegtes Verbot der Nutzung bestimmter ertragssteigernder und -sichernder Hilfsmittel und damit erzwungener Einkommensverzicht gerechterweise einen gesamtwirtschaftlich zu tragenden ökonomischen Ausgleich.

Geeignete und vertretbare Verfahren des Akker- und Pflanzenbaues, der Pflanzenernährung und des Pflanzenschutzes sind stärker als bisher im Zusammenhang mit der bereits genannten Umweltverträglichkeit zu sehen. Allerdings kann dies nicht bedeuten, zu den Methoden der Landwirtschaft vergangener Jahrhunderte zurückzukehren, bei der im vielseitigen, viehhaltenden Betrieb z. B. der Kreislauf der Nährstoffe bei geringeren Erträgen und weitgehend ohne Zufuhr von externer Energie in Form von Kraftfutter, Mineraldüngern und Pflanzenschutzmitteln ganz anders aussah als heute. Vielmehr muß auch im Integrierten Landbau sowohl der technische, als auch der biologische Fortschritt in vertretbarer, verantwortungsbewußter Weise genutzt werden. Ohne die Errungenschaften der modernen Technik ist eine wirtschaftliche Agrarproduktion heute nicht mehr durchzuführen. Das beginnt im Ackerbau mit der Bodenbearbeitung und endet mit der vollmechanisierten Ernte, beim Getreide mit der Trocknung und Lagerung.

Gerade bei der Bodenbearbeitung, Bestelltechnik und mechanischen Unkrautbekämpfung sind jedoch Weiterentwicklungen in Richtung auf bodenschonende, kostengünstige Verfahren möglich. Zu den technisch-biologischen Verfahren gehören im weiteren Sinne auch die Mineraldüngung und die Anwendung von Wachstumsregulatoren und Pflanzenschutzmitteln. Bei der Bemessung einer dem Bodenvorrat und dem Entzug durch die Pflanze angepaßten, bedarfsgerechten Zufuhr von Mineraldüngern, insbesondere Stickstoff, hat es in den letzten Jahren erhebliche Fortschritte gegeben, die ebenfalls weiter auszubauen und stärker zu nutzen sind.

Bei den Pflanzenschutzmitteln sollten in Zukunft in stärkerem Maße Wirkstoffe bevorzugt werden, die sowohl im Wirkungsspektrum, als auch in der Aufwandmenge und in ihrem Abbauverhalten als umweltfreundlich bezeichnet werden können. Große Bedeutung wird der Weiterentwicklung von Kriterien zukommen, nach denen Pflanzenschutzmittel gezielt und unter Beachtung sowohl der biologischen Wirkung als auch der ökonomischen Notwendigkeit systemgerecht angewandt werden können. Das neue Pflanzenschutzgesetz sagt dazu wörtlich:

»Pflanzenschutzmittel dürfen nur nach guter fachlicher Praxis angewandt werden. Zur guten

fachlichen Praxis gehört, daß die Grundsätze des Integrierten Pflanzenschutzes berücksichtigt werden«. Das Pflanzenschutzgesetz [3] definiert dazu:

Der Integrierte Pflanzenschutz ist eine Kombination von Verfahren, bei denen unter vorrangiger Berücksichtigung biologischer, biotechnischer, pflanzenzüchterischer sowie anbau- und kulturtechnischer Maßnahmen die Anwendung chemischer Pflanzenschutzmittel auf das notwendige Maß beschränkt wird.

Hier ist klar angesprochen, daß Pflanzenschutz nicht allein die Anwendung chemischer Mittel ist, sondern daß sehr viel mehr dazu gehört. Zweckmäßige Bodenbearbeitung und Anbautechnik, bedarfsgerechte Düngung, zeitgerechter Aussaat- bzw. Pflanztermin, richtige Fruchtfolge, Wahl geeigneter Kulturpflanzen und widerstandsfähiger Sorten u. a. sind als Elemente des Integrierten Landbaus zum vorbeugenden Schutz der Kulturpflanzen, d. h. zur Minderung der Schadenswahrscheinlichkeit einzusetzen.

Dieser gesamte Bereich war schon immer in die international übliche, einem Vorschlag der FAO angeglichene Definition des Integrierten Pflanzenschutzes einbezogen [10], die gleichzeitig auch den wirtschaftlichen Aspekt mit anspricht:

Der Integrierte Pflanzenschutz ist ein System, in dem alle wirtschaftlich, ökologisch und toxikologisch geeigneten Verfahren in möglichst guter Abstimmung verwendet werden, um Schadorganismen unterhalb der wirtschaftlichen Schadensschwelle zu halten, wobei die bewußte Ausnutzung natürlicher Begrenzungsfaktoren im Vordergrund steht.

Hier wird noch einmal präzisiert, was unter Pflanzenschutz im Rahmen des Integrierten Landbaus zu verstehen ist und im ökonomischen und ökologischen Bereich bereits teilweise erläutert wurde. Toxikologisch müssen die Verfahren insofern geeignet und vertretbar sein, als unzulässige Gefährdungen des Anwenders von chemischen Pflanzenschutzmitteln nicht auftreten dürfen oder durch entsprechende Sicherheitsmaßnahmen zu vermeiden sind, aber auch Gefährdungen des Verbrauchers durch nicht zulässige, überhöhte Rückstände auf oder in dem Ernteprodukt ausgeschlossen werden müssen.

Auf die in diesem Zusammenhang wichtige, gute landwirtschaftliche und fachliche Praxis, die einschlägigen Anwendungsverbote und Beschränkungen sowie Wartezeiten und die Höchstmengenverordnung kann an dieser Stelle nur hingewiesen werden.

Größere Bedeutung wird in Zukunft wahrscheinlich auch die ökotoxikologische Bewertung von Pflanzenschutzmitteln bekommen, d. h. die Prüfung der Frage, ob und welche schädlichen Auswirkungen auf den Naturhaushalt und seine Bestandteile zu erwarten sind und welches Ausmaß derartiger Nebenwirkungen toleriert werden kann.

Eine wichtige Komponente des Integrierten Pflanzenschutzes ist die **wirtschaftliche Schadensschwelle,** deren Definition [6] daher bereits in dieses Kapitel einbezogen wird:

Die wirtschaftliche Schadensschwelle ist die zu einem gegebenen Zeitpunkt vorhandene Populationsdichte eines Schadorganismus oder das Ausmaß einer Erkrankung oder Verunkrautung, die bei Nichtbekämpfung Schäden in gleicher Höhe verursachen würde, wie an Kosten für die Bekämpfungsmaßnahme entstehen.

Leider sind bisher noch längst nicht für alle wichtigen Schadorganismen und Kulturen entsprechende Werte für Schadensschwellen bekannt, auch sollten die Schwierigkeiten bei der Feststellung derartiger Richtwerte nicht unterschätzt werden. Sowohl bei der Bekämpfung von Insekten, insbesondere Blattläusen, als auch bei der Unkrautbekämpfung im Getreide, haben sich die Schadensschwellen jedoch unter praktischen Bedingungen bewährt und sollten stärker als bisher genutzt werden. Gilt es doch, die Anwendung von Pflanzenschutzmitteln auf das notwendige Maß zu beschränken, als ein solches könnte durchaus die wirtschaftliche Schadensschwelle angesehen werden.

Ob hier in Zukunft auch die ergänzende Berücksichtigung einer ökologischen Komponente einbezogen werden muß, wird in besonderen Fällen zu prüfen sein. Dies gilt besonders dann, wenn z. B. die weniger häufige Anwendung von Insektiziden zur Schonung von Nützlingen beiträgt und es so seltener zur Massenvermehrung von schädlichen Insekten kommt, oder zur Herauszögerung der Resistenzentwicklung gegenüber Insektiziden. Diese Erscheinung, die Selektion widerstandsfähiger Arten und Rassen von Schadorganismen und Unkräutern durch zu häufige Anwendung von Insektiziden, Fungiziden oder Herbiziden, setzt dem chemischen Pflanzenschutz auch aus ökologischen Gründen deutliche Grenzen. Sie können soweit wie möglich hinausgeschoben werden, wenn die Anwendung der Chemie auf das notwendige Maß beschränkt wird.

Dies ist aber nur zu erreichen, wenn der Landwirt neben den bereits genannten, vorbeugenden Kulturmaßnahmen zur Verminderung der Schadenswahrscheinlichkeit die **bewußte Ausnutzung natürlicher Begrenzungsfaktoren** im Sinne der Definition des Integrierten Pflanzenschutzes mit in den Vordergrund stellt. Hier ist noch zu klären, was unter natürlichen Begrenzungsfaktoren zu verstehen ist. In erster Linie wird an die schon angesprochenen Nützlinge zu denken sein, d. h. die gegenüber schädlichen Insekten oder Milben als Räuber oder Parasiten wirksamen Arten von z. B. Käfern, Schwebfliegen, Schlupfwespen, Raubmilben. Als Antagonisten (Gegenspieler) vor allem von bodenbürtigen Krankheitserregern können aber auch Mikroorganismen zur Wirkung kommen. Wenn diese durch Anbaumaßnahmen gefördert werden, die eine generelle Erhöhung der mikrobiellen Aktivität im Boden zur Folge haben – wie dies z. B. durch die Zufuhr organischer Substanz, u. a. auch über die Gründüngung, der Fall sein kann –, so ist damit oft auch eine Verbesserung des »antiphytopathogenen Potentials« des Bodens verbunden, d. h. die Stärkung natürlicher Begrenzungsfaktoren.

Zum Abschluß ist noch einmal auf die eingangs gegebene Definition des Integrierten Landbaus zurückzukommen, in der die Forderung erhoben wird, daß auch **langfristig sichere Erträge und betriebswirtschaftlicher Erfolg** gewährleistet sein müssen. Langfristig sichere Erträge sind nur über das Erhalten und Fördern der Bodenfruchtbarkeit möglich. Daß der Landwirt dazu heute zahlreiche Möglichkeiten zur Verfügung hat, ist mit eine Folge des biologisch-technischen Fortschrittes. Nicht immer wird dieser aber in der richtigen Weise eingesetzt. Strukturschäden im Boden durch unsachgemäße Bearbeitung mit schweren Ackergeräten, Bodenerosion bei nicht dem Standort angepaßter Nutzung, Beeinträchtigung des Bodenlebens durch häufig wiederholte chemische Bodenentseuchung und andere acker- und pflanzenbauliche Fehler können langfristig die Fruchtbarkeit und Ertragsfähigkeit eines Bodens gefährden. Dies muß auf lange Sicht auch zu betriebswirtschaftlichen Schwierigkeiten führen, wenn angemessene Erträge nur noch mit erhöhtem Aufwand an teuren, ertragssteigernden und -sichernden Hilfsmitteln zu erzielen sind.

Der Integrierte Landbau strebt hier den richtigen Mittelweg an. Nur auf diese Weise ist im Sinne der hier diskutierten Definition auf die Dauer eine umweltschonende Pflanzenproduktion möglich.

3 Agrarökosysteme im konventionellen und im integrierten Landbau

N. Knauer, Kiel

3.1 Struktur und Eigenschaften von Ökosystemen

3.1.1 Ökosystem = funktionale Einheit von Lebensgemeinschaft und Biotop

Die funktionale Einheit der Biosphäre als Wirkungsgefüge aus Lebewesen, unbelebten natürlichen und vom Menschen geschaffenen Bestandteilen, die untereinander und mit ihrer Umwelt in energetischen, stofflichen und informatorischen Wechselwirkungen stehen, wird als *Ökosystem* bezeichnet. In einem solchen System ist eine Untergliederung in die Bereiche abiotische Umwelt, Primärproduzenten, Konsumenten und Destruenten (Zersetzer) möglich, oder bei den terrestrischen Ökosystemen auch eine Trennung in das Subsystem Boden und das Subsystem Vegetation unter Einbeziehung der sich innerhalb dieser Subsysteme sowie der sich dazwischen bewegenden Konsumenten verschiedener Stufen (siehe Abb. 1). Beschreiben lassen sich Ökosysteme auch als Energieflüsse, Nahrungsketten, Mannigfaltigkeitsmuster in Raum und Zeit, Nahrungszyklen, Entwicklung und Evolution sowie Kybernetik.

Auch die landwirtschaftlich genutzten Felder mit Getreidearten, Hackfrüchten, Futterpflanzen, Sonderkulturen usw. und die Wiesen und Weiden sind Bestandteile von Ökosystemen. Die verschiedenen Organismengruppen regulieren in diesen Systemen die Besiedlungsdichte bis zu einer für sie günstigen Populationsdichte. Diese Regulierung kann man bei den Pflanzenbeständen als *Dichtebeeinflussung* durch die Konkurrenz erkennen. Beim Rotklee nimmt z. B. die Anzahl der Pflanzen/m², die zur Zeit der Deckfruchternte bei 400 liegen kann, bis zum Vegetationsbeginn des folgenden Jahres auf eine für die Ertragsbildung optimale Bestandesdichte von 150–200 Pflanzen/m² ab. Auf die Regelung der Pflanzenbestandesdichte wirken aber auch dichteabhängige Einflüsse, wie die Blattflächendichte, die allgemein als Blattflächenindex (BFI) bezeichnet wird. Bei zu hoher Blattflächendichte kommt es zu erheblicher Konkurrenz um die eingestrahlte Lichtenergie. Nicht mehr alle Individuen erhalten ausreichend Licht und die Pflanzen mit geringerer Wüchsigkeit werden unterdrückt.

Obwohl einem Exklusivitätsprinzip folgend ein und dieselbe Stelle nicht von zwei Arten besiedelt sein kann, die gleiche Bedürfnisse an die Umwelt in gleichem Maße befriedigen wollen,

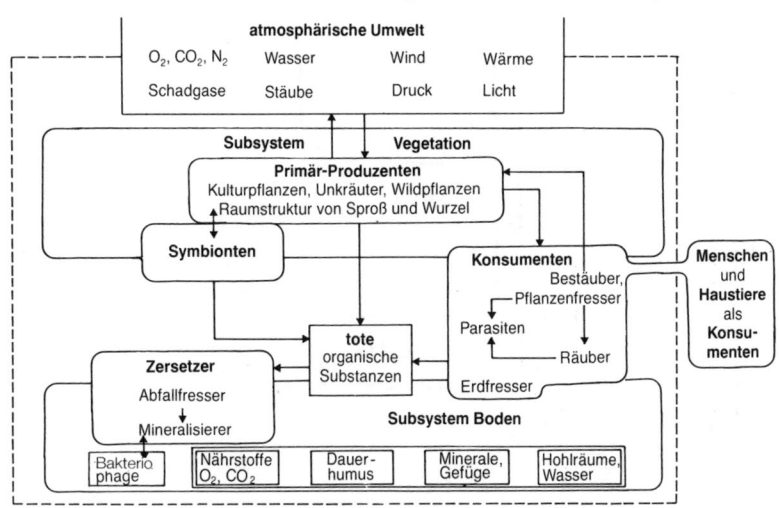

Abb. 1
Vereinfachte Darstellung eines Ökosystems
[nach 9].

19

sind in der Natur die Vielartengefüge am häufigsten anzutreffen. Die Konkurrenz führt also nicht unbedingt zur Totalverdrängung der konkurrenzschwächeren Arten. Zwischen den Individuen der gleichen Art findet die *innerartliche* (= intraspezifische) *Konkurrenz* statt. Dadurch wird eine Art auf die Populationsgröße begrenzt, für die eine vorgegebene Umweltkapazität ausreicht. Beim Rotkleefeld ist das der Raum für die erwähnten 150–200 Rotkleepflanzen. Diese Konkurrenzform ist bei der im Kulturpflanzenbestand ablaufenden Einregulierung der Bestandesdichte wirksam.

Daneben findet beim Vorkommen mehrerer Pflanzenarten auch eine *zwischenartliche Konkurrenz* statt, die auch als interspezifische Konkurrenz beschrieben wird, und die auf dem Acker zwischen den Kulturpflanzen und den Unkräutern wirksam wird. Auf dem Grünland ist das die vorherrschende Konkurrenzform und sie trägt zur Ausbildung standorttypischer Pflanzengesellschaften bei. Hierbei nutzen die verschiedenen Pflanzenarten die Umweltkapazität durch Anpassung an den Raum, an das zeitliche Angebot von Ressourcen usw. so lange aus, bis auch hier dichteabhängige Einflusse regelnd wirksam werden.

In den Ökosystemen bestehen auch noch *Wechselwirkungen zwischen Pflanzen und Tieren,* wobei das pflanzliche Nahrungsangebot die Populationsdichte der Pflanzenfresser (= Herbivoren) beeinflußt. Die Pflanzenfresser stehen wiederum mit ihren Feinden, den Tierfressern (= Carnivoren) in Wechselbeziehung. Die Pflanzenfresser sind dabei die Beute und die Tierfresser stellen die Feinde der Pflanzenfresser dar, man kann sie auch als Räuber bezeichnen. In der Abb. 2 sind diese »Feind-Beute-Beziehungen« als kybernetisches Modell wiedergegeben. Regulierend wirken die gegenseitige Beeinflussung und von außen kommende Faktoren. Hohe Beutedichte (= viele Pflanzenfresser) wirkt auf den Feind positiv und die entstehende hohe Feinddichte (= viele Tierfresser) wirkt auf die Beute negativ. Über diese einfache Rückkopplung hinaus wird dieser Teilkomplex eines Ökosystems von der aufwachsenden Pflanzenmasse beeinflußt und auf diese wiederum wirken nicht nur die Pflanzenfresser ein, sondern auch verschiedene dichteunabhängige Bodenfaktoren, wie Wasser, Temperatur und Pflanzennährstoffe, es existieren also dichteabhängige und -unabhängige Einflüsse.

Die in Abb. 2 gezeigten *Feind-Beute-Beziehungen* treffen im Agrarökosystem auf den Komplex Pflanzenschädlinge und deren Gegenspieler zu. Als Folge des einseitigen Ressourcenangebotes für pflanzenfressende Tiere (= Kulturpflanzenbestand in gleichmäßiger und für Pflanzenfresser optimaler Entwicklung) kann sich schnell eine große Population solcher Arten entwickeln. Die Massenvermehrung dieser Herbivoren führt in der Regel zu erheblichen Schäden der Pflanzen. Die natürliche Einregulierung der Pflanzenfresser auf eine wirtschaftlich unschädliche Populationsdichte durch deren Feinde ist kompliziert und nicht immer ausreichend. Daher wird in der Landwirtschaft eine »Fremdsteuerung« über Pflanzenschutzmittel durchgeführt.

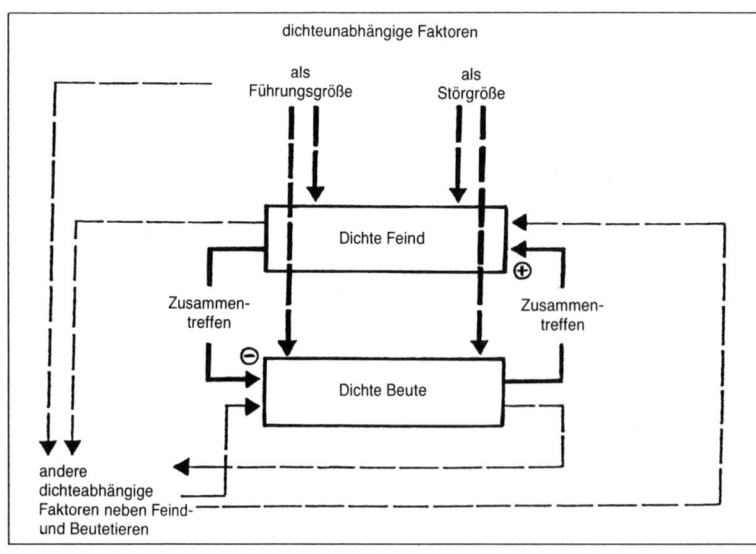

Abb. 2
Feind-Beute-
Beziehungen
als kybernetisches
Modell [nach 8].

3.1.2 Agrarökosystem = Nutzökosystem zur Erzeugung verwertbarer Phytomasse

Agrarökosysteme sind Nutzökosysteme, in denen die Produktivität eine andere Bedeutung hat als in den natürlichen Systemen. In solchen Nutzökosystemen geht es um eine möglichst hohe Nettoprimärproduktion (= Masse an erntbarem Pflanzenmaterial) und, so weit Nutztiere gehalten werden, um eine möglichst hohe Verwertung von Teilen dieser Nettoprimärproduktion in der Sekundärproduktion. Als Nettoprimärproduktion interessiert jedoch nur der ernt- und verwertbare Ertrag von Kulturpflanzen. Eine nennenswerte Produktion von Wildkräutern, die als Unkräuter bewertet werden, ist unerwünscht und die Höhe der Nettoprimärproduktion von Wildpflanzen außerhalb der Acker- und Grünlandflächen wird in der Regel nicht als für das Agrarökosystem bedeutend bewertet.

Eine Besonderheit der Agrarökosysteme, die man auch als in Entwicklung befindliche Ökosysteme den als reife Ökosysteme zu bewertenden Wäldern gegenüberstellen kann, liegt darin, daß die *Kreisläufe der anorganischen Stoffe* offen sind und die Austauschrate der Nährstoffe zwischen Organismen und Umwelt schnell ist [17]. In Agrarökosystemen ist in den Kreislauf der Nährstoffe in den meisten Fällen die Umleitung über den tierischen Produktionsprozeß eingeschaltet, sowie der Export in die urban-industriellen Ökoysteme, wo die Verbraucher agrarischer Produkte sitzen, und der Import von Nährstoffen über Handelsdünger und Zukaufsfuttermittel (siehe Abb. 3). Diese Umleitung von Nährstoffen und der Import weiterer Pflanzennährstoffe über die Zukaufsdünge- und Zukaufsfuttermittel führt in einigen Agrarökosystemen zu sehr starker Anhäufung von Pflanzennährstoffen in diesem Nebenkreislauf und löst später im Hauptkreislauf Probleme aus, z. B. einen erhöhten Nitrataustrag in das Grundwasser.

Die *Nährstoffzufuhr* zum Agrarökosystem, aber auch andere Steuerungs- und Regelungsmaßnahmen des wirtschaftenden Menschen, sollen wachstums- und entwicklungsbegrenzende Faktoren, so weit diese auf die Zielorganismen Kulturpflanzen oder Nutztiere wirken, so weit verschieben, daß ein möglichst hoher Anteil des Produktionspotentials verwirklicht werden kann. Diesem Ziel dient auch die Beeinflussung von Konkurrenzmechanismen, wobei durch Bearbeitung, Düngung oder den Einsatz von Pflanzenschutzmitteln bestimmte Organismen besonders gefördert und andere unterdrückt werden. Sowohl unter den Produzenten als auch unter

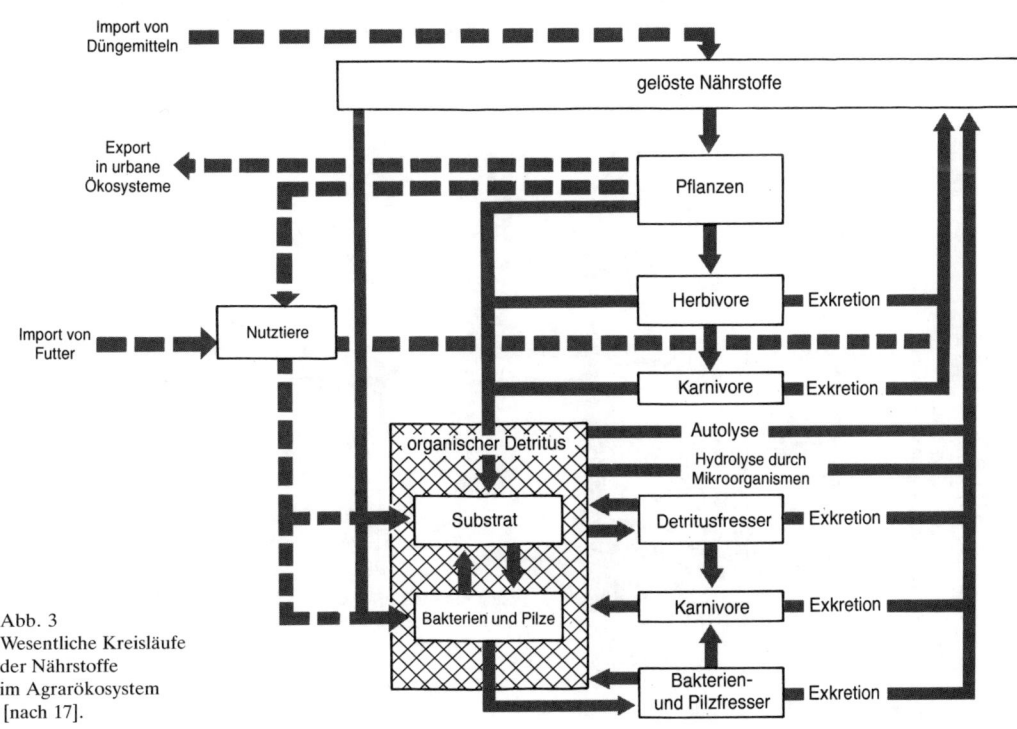

Abb. 3
Wesentliche Kreisläufe
der Nährstoffe
im Agrarökosystem
[nach 17].

den Konsumenten werden bestimmte dominante Arten gefördert, wodurch spezielle Muster der Lebensgemeinschaften entstehen, insbesondere Schichtungsmuster, Aktivitätsmuster, Fortpflanzungsmuster und Konkurrenzmuster.

Für eine *Analyse von Agrarökosystemen* ist es zweckmäßig, möglichst eng begrenzte Areale zu betrachten, also Einzelfelder oder eng begrenzte Felderkomplexe, Einzelgrünlandflächen bzw. zusammenhängende Grünlandkomplexe. Manche Agrarlandschaften sind von großen Feldern geprägt, und ihnen fehlt das aus Hecken, Feldrainen und anderen naturnahen Landschaftselementen gebildete Biotopverbundsystem. Das Agrarökosystem besteht hier aus nur einer Kulturpflanze, bei mehreren nebeneinander liegenden Feldern aus mehreren Kulturpflanzen, und aus den wildwachsenden Unkräutern, den überwiegend auf den Feldern überwinternden sowie den über größere Entfernungen zuwandernden Konsumenten und deren Gegenspielern sowie den im Teilökosystem Boden vorkommenden Lebewesen.

Als Agrarökosystem kann man schon das Einzelfeld betrachten, läßt dann aber einige funktionale Beziehungen außer Acht. Eine erweiterte Betrachtung auf mehrere Felder bringt zwar die Funktionen mehrerer nebeneinander vorkommender Kulturpflanzen ein, ändert aber an der eingeengten Betrachtung des Funktionssystems nicht viel. In den meisten Agrarlandschaften Mitteleuropas sind zwischen den Feldern in mehr oder weniger großer Zahl verschiedene naturnahe Biotope wie Hecken, Feldgehölze, Feld- und Wegraine, Böschungen, Tümpel, Teiche, Gräben, Bäche vorhanden. Diese Biotope stehen mit den landwirtschaftlich genutzten Flächen in enger Beziehung.

Es sind bestimmte *Austauschregeln* erkennbar (siehe Abb. 4), z. B. entwicklungsbedingte Wanderungen, tagesrhythmische Wanderungen, Ein- und Auswanderungen von »Besuchern«, wetterbedingte Wanderungen und jahresrhythmische Wanderbewegungen. Außerdem finden sowohl im Bestand der Kulturpflanzen als auch in den benachbarten Biotopen Wanderbewegungen zwischen verschiedenen Pflanzenebenen statt, die als Aufstieg in die Vegetation und als Abwanderung in die Deckung beschrieben sind. Wegen dieser Beziehungen ist es notwendig, die ganze Agrarlandschaft als Ökosystem zu betrachten.

Die in der Abb. 4 skizzierten *Wanderbewegungen* sind nicht nur erheblich, sondern sie sind auch für die oben beschriebenen Regelungsvorgänge von großer Bedeutung. Einerseits finden z. B. aus Hecken Einwanderungen von Schädlingen (z. B. von Getreideblattläusen) in die Kulturpflanzenbestände statt und es folgen aus den gleichen Hecken die Feinde dieser Schädlinge nach (z. B. Marienkäfer). Anderseits findet

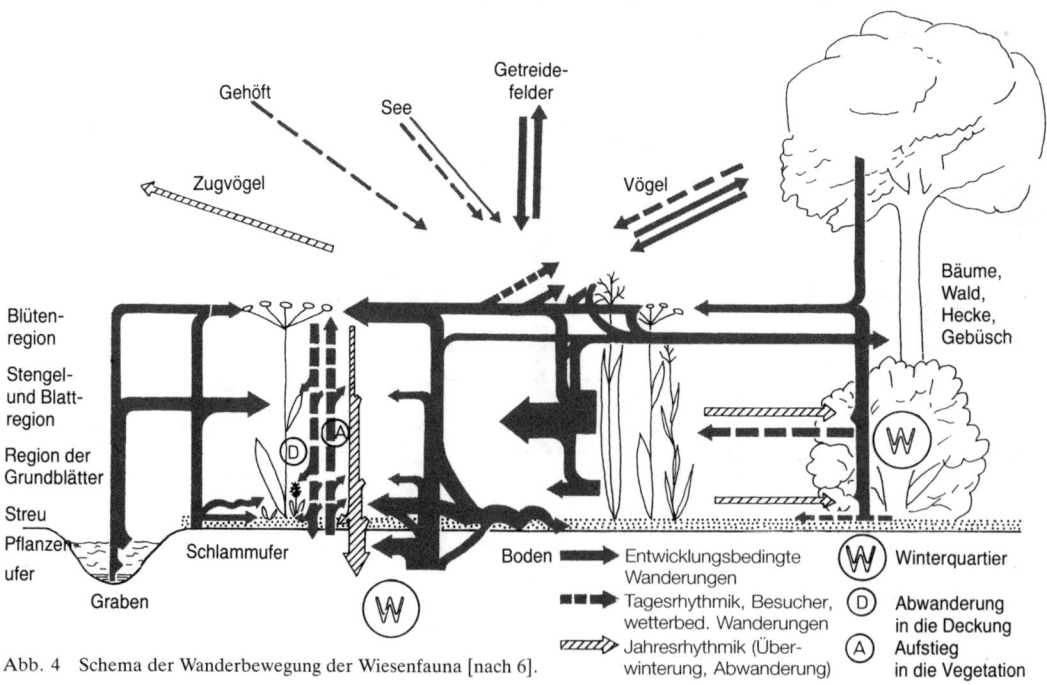

Abb. 4   Schema der Wanderbewegung der Wiesenfauna [nach 6].

auch schon in den Hecken eine Regulierung des Feind-Beute-Verhältnisses statt, was nicht ohne Einfluß auf die Schädlingsbefallsdichte der Kulturpflanzen bleibt. Die *Ökosystembetrachtung* läßt diese ganzen Beziehungen als zwar kompliziertes, aber doch einigermaßen überblickbares Regelungssystem erkennen.

3.2 Die Steuerung von Agrarökosystemen im konventionellen und im integrierten Landbau

3.2.1 Regelmechanismen in Agrarökosystemen werden vom Menschen gezielt beeinflußt

Die wichtigsten Regelmechanismen der Agrarökosysteme werden vom Menschen gezielt beeinflußt. Der *Mensch als Regler* muß sich auch außerlandwirtschaftlichen Faktoren anpassen, wie den Faktor- und Produktpreisen, dem allgemeinen Stand der Technik, den allgemeinen Werten und Normen sowie den von Gesetzen und Umweltbestimmungen festgelegten besonderen Normen (Grenzwerten!) und er wird vom Informations- und Beratungssystem und dem damit erworbenen Wissen und Können beeinflußt.

Für die regelnden Eingriffe in die nach Naturgesetzen ablaufenden Produktionsprozesse entnimmt der als Regler tätige Landwirt im intensiven Pflanzenbausystem seine *Zielvorstellungen* den auf anderen Feldern oder in Versuchen erreichten Höchsterträgen. Das sind z. B. beim Weizenanbau auf besten Böden inzwischen 120 dt Korn/ha. Weil Erträge dieser Höhe noch

weit unterhalb des genetisch erzielbaren Maximums liegen, kann für beste Weizenstandorte und die nähere Zukunft schon jetzt ein vom Landwirt als Regler annehmbares Kornertragsziel von 120–150 dt/ha erkannt werden, welches allerdings eine sichere Optimierung aller das Pflanzenwachstum bestimmenden Faktoren voraussetzt. Das Erreichen eines möglichst hohen Sollwertes am Ende eines Verfahrensablaufes erfordert während des Verfahrens nicht nur das Beachten der einzelnen Entwicklungszustände der Kulturpflanzen, sondern vor allem die Kontrolle der die Ertragsbildung von Kulturpflanzen negativ beeinflussenden Unkräuter sowie der pilzlichen und tierischen Schaderreger. Im Agrarökosystem des konventionell-intensiven Anbaues wird diese Regelung neben der Ausnutzung von Sortenresistenzen gegenüber Pilzerkrankungen im wesentlichen durch den Einsatz von Herbiziden, Fungiziden und Insektiziden vorgenommen (siehe Abb. 5).

3.2.2 Mit Pflanzenschutzmitteln werden Fremdstoffe in das Agrarökosystem eingeführt

Viele Steuerungsmittel der konventionellen Verfahren sind nach ihrer chemischen Struktur zunächst Fremdstoffe innerhalb des Agrarökosystems, sie sollen Teilglieder dieses Systems eliminieren, z. B. Unkräuter, pilzliche Schaderreger. Obwohl die einzelnen Mittel zum Schutze der Kulturpflanzen bestimmt sind, läßt sich vor allem bei fehlerhafter Anwendungstechnik die Gefährdung der Kulturpflanzen selbst nicht ganz ausschließen. DIERCKS [7] sagt dazu:»Die langjährigen eigenen Erfahrungen . . . in Bayern

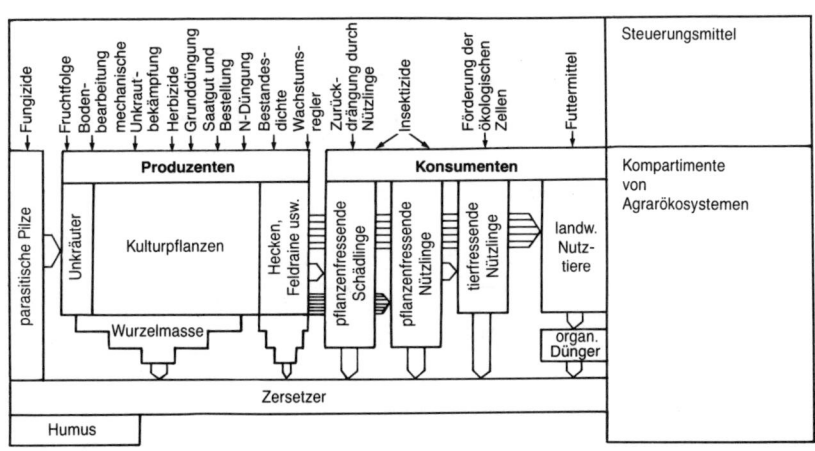

Abb. 5
Steuerungsmittel moderner Pflanzenproduktion (schematisch).

berechtigen ... zu der Aussage, daß phytotoxische Schäden durch Pflanzenbehandlungsmittel keineswegs selten sind ...«, wobei er wohl vorwiegend Herbizide im Auge hat.

Verschiedene Regelungen des Agrarökosystems können also neben der erwünschten Hauptwirkung auch noch *unerwünschte Nebenwirkungen* haben. Solche unerwünschten Nebenwirkungen können auf Anwendungsfehlern beruhen, etwa auf dem Ausbringen von Pflanzenschutzmitteln bei starkem Wind, der dann eine seitliche Verdriftung des eingesetzten Mittels zur Folge hat und infolge dessen dieses Mittel somit Wirkungen an einem Ort entfalten kann, wo daraus unerwünschte phytotoxische Schäden entstehen. Unerwünschte Nebenwirkungen von Pflanzenschutzmitteln gehen aber auch davon aus, daß mit Herbiziden die Unkrautbestände stärker reduziert werden können als früher mit mechanischen Mitteln und auf Grund dieser starken Reduzierung die überwiegend an bzw. von Unkräutern lebenden Insektenarten nun auf Kulturpflanzen überwechseln müssen und dort als Schädlinge bewertet werden. Weitere unerwünschte Nebenwirkungen hängen mit der chemischen Formulierung einzelner Mittel zusammen und der davon ausgehenden direkten Schädigung von Nichtzielorganismen. Schließlich zählt zu den unerwünschten

Nebenwirkungen die Verlagerungsmöglichkeit einiger Pflanzenschutzmittel in tiefere Bodenschichten bis hin ins Grundwasser.

Weil im intensiv-konventionellen Landbau chemische Steuerungsmittel häufiger eingesetzt werden als im Integrierten Landbau, muß man damit rechnen, daß solche Nebenwirkungen hier auch häufiger eintreten können. In der Abb. 6 sind diese *Zusammenhänge für die Haupt- und Nebenwirkungen* von Herbiziden wiedergegeben. Ein Blattherbizid gelangt im Pflanzenbestand auf die Kulturpflanzen und die Unkräuter (Pfad 1). Gegenüber Kulturpflanzen bleibt es wirkungslos, Unkräuter werden in ihrem Wuchsverhalten gestört und sterben ab. Ein Teil des Mittels trifft unmittelbar die Konsumenten (Pfad 2) und wirkt auf empfindliche Arten schädlich. Die abgestorbenen Unkräuter stehen für Konsumenten (Pflanzenfresser und deren Folgeglieder) nicht mehr zur Verfügung, die Nahrungskette ist unterbrochen (Pfad 3). Bekannt ist, daß z. B. der Ausfall blühender Unkräuter auch für verschiedene Wildbienen und Schmetterlinge Nachteile mit sich bringt. Ein Teil des Blattherbizids gelangt direkt auf den Boden und dort in die obere Bodenschicht und kann hier auf die Destruenten wirken (Pfad 4). Bekannt sind solche Nebenwirkungen auf Springschwänze, Milben und Pilze. Durch die

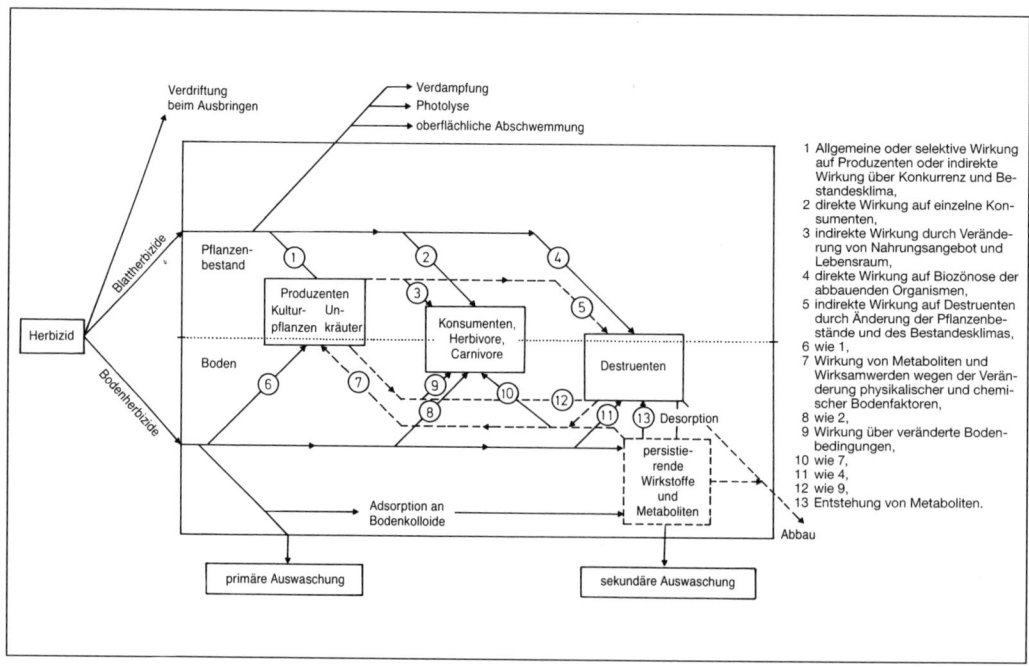

Abb. 6 Direkte und indirekte Wirkungen von Herbiziden auf Teilbereiche des Agrarökosystems [15].

Vernichtung der Unkräuter wird der Anfall toter organischer Substanz nach Anfallzeit und Anfallmenge verändert und damit kann die Gruppe der Destruenten beeinflußt werden (Pfad 5). Ein Teil der Mittel kann bei bestimmten Witterungsbedingungen schon beim Ausbringen aus dem Zielbereich der Anwendung verdriftet werden, außerdem kommt es zur Ausfuhr über die Verdampfung, Photolyse (= Spaltung durch Lichteinwirkung) und die oberflächliche Abschwemmung. Schließlich werden die verschiedenen Pflanzenschutzmittel im Boden an Bodenkolloide adsorbiert, in andere chemische Formen umgebaut, ausgewaschen oder vollständig abgebaut.

Der hier beschriebene mögliche Weg eines Blattherbizids kann auch für Fungizide und in abgewandelter Form auch für Insektizide verfolgt werden. Die Abb. 6 skizziert über die Punkte 6–13 einen ähnlichen Weg für ein Bodenherbizid. Mehrere Autoren [u. a. 3, 4, 10] berichten über solche Nebenwirkungen verschiedener Pflanzenschutzmittel. Aus ökologischer Sicht werden solche Nebenwirkungen negativ beurteilt.

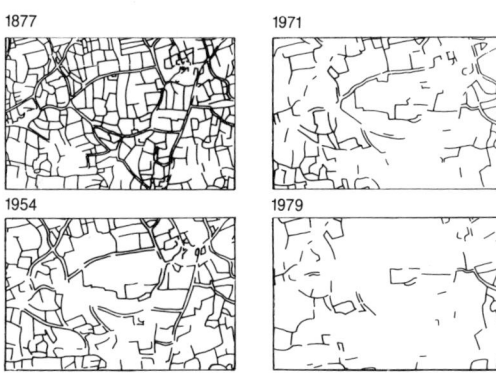

1877   1971
1954   1979

Abb. 7   Heckennetz einer Agrarlandschaft Schleswig-Holsteins in den Jahren 1877, 1954, 1971, 1979.

3.2.3 Mögliche Selbstregulationsmechanismen bleiben in intensiven Produktionsverfahren unberücksichtigt

Weil im intensiv-konventionellen Landbau den vielen kleinen Selbstregulationsmechanismen erfahrungsgemäß weniger Bedeutung beigemessen werden kann, bleiben alle nicht regelmäßig eintretenden und daher in den Verfahrensablauf der Produktion nicht gezielt eingliederbaren natürlichen Regelungen bei der Entwicklung von Bewirtschaftungsmethoden meistens außeracht.

Hierher zählen vor allem verschiedene Wirkungen der Bodenbiozönose, Wirkungen der Räuber-Beute-Strukturen und deren Beeinflussung durch verschiedene Wirtschaftsmaßnahmen. Zu den Mängeln gehört auch, daß z. B. in verschiedenen agrarischen Vorzugsgebieten ein Biotopnetz aus Hecken, Feldgehölzen, Feldrainen usw. gar nicht existiert bzw., soweit Einzelelemente doch vorhanden sind, wegen der recht großen Abstände zwischen den einzelnen Zellen ein regelmäßiger Austausch von Lebewesen zwischen den einzelnen Zellen nicht erfolgen kann. Ein »Restnetz«, wie es in der Abb. 7 für das Jahr 1979 wiedergegeben ist, kann zwar für

verschiedene Pflanzen- und Tierarten noch ein begrenztes Refugium sein und für einzelne Tierarten auch eine »Trittsteinfunktion« besitzen, agrarökologisch hat es aber nur einen begrenzten Wert, weil nur noch Teilbereiche der Agrarlandschaft davon profitieren.

Die in der Abb. 7 gezeigte Veränderung des Wallheckennetzes von 1877–1979 ist unmittelbar an die Entwicklung der Agrarökosystemnutzung des konventionellen Landbaues gekoppelt. Die mit der Intensitätsveränderung verbundene Entwicklung der Agrartechnik ist als wesentliche Ursache der Strukturänderung der Agrarlandschaft anzusehen und sie ist gleichzeitig eine der Ursachen für das Aussterben von Pflanzen- und Tierarten. Dieser Typus von Agrarökosystem wird daher als mit den Zielen des Naturschutzes unvereinbar angesehen.

3.2.4 Integrierter Landbau bedeutet gezielte Nutzung von Selbstregulationsmechanismen

Als Integrierter Landbau ist ein System zu verstehen, in welches Steuerungsmechanismen einbezogen wurden, die im konventionellen Landbau üblicherweise nicht oder nicht mehr vorhanden sind. Schon beim Integrierten Pflanzenschutz bestand die Strategie der produktionstechnischen Überlegungen in der Auswahl von Sorten, die sich neben Ertragshöhe und Produktqualität durch geringe Anfälligkeit gegenüber Krankheiten und Schädlingen auszeichnen, in der Optimierung aller Kulturmaßnahmen zur Förderung der Kulturpflanzen, im Einsatz verschiedener physikalischer bzw. mechanischer Maßnahmen zur Reduzierung von Unkräutern, Schädlingen und Krankheiten, in ei-

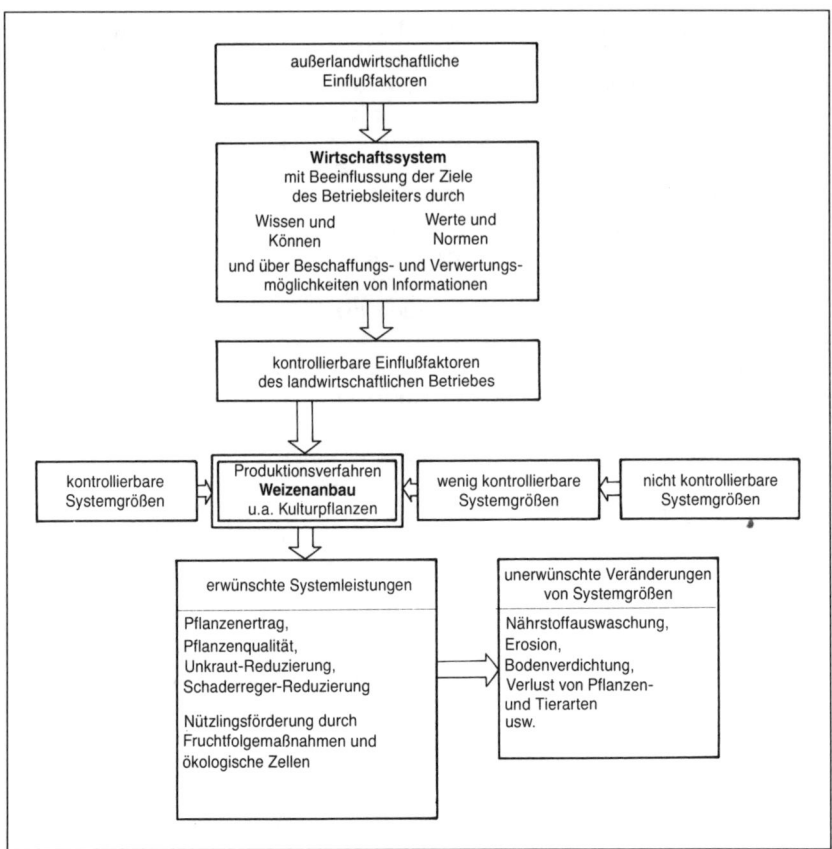

Abb. 8
Einflußfaktoren
und Systemelemente
des »Integrierten
Landbaues«.

ner sinnvollen Nutzung des chemischen Pflanzenschutzes zur Schonung nützlicher Tiere und in der Förderung bzw. im gezielten Einsatz verschiedener Nutzinsekten.

Im **konventionell-intensiven Pflanzenbau** fallen wichtige Entscheidungen zur Durchführung bestimmter Regelungsmaßnahmen schon in der Phase der Saatvorbereitung, etwa die Entscheidung über die Eingliederung in die Fruchtfolge, über die Herstellung des Saatbettes mit dem Pflug einschließlich der daran gekoppelten Folgebearbeitungen oder die Einbringung des Saatgutes durch Direktsäverfahren usw. In der folgenden Phase des Systemwachstums kommen verschiedene Pflanzenschutzmaßnahmen bei der Bestandesführung zum Einsatz und in der letzten Phase des Produktwachstums werden Pflanzenschutzmaßnahmen zur Erhaltung der Pflanzengesundheit eingesetzt.

HEYLAND [13] hat das in einem Flußdiagramm für den Weizenanbau beschrieben. Ein solches Produktionsverfahren ist ausschließlich auf die Zielgröße Kulturpflanze ausgerichtet, es wird von verschiedenen kontrollierbaren Systemgrößen bestimmt und unterliegt kontrollierbaren Einflußfaktoren des landwirtschaftlichen Betriebes. Zu den kontrollierbaren Systemgrößen gehören Pflanzenart und -sorte, Fruchtfolge, Art und Umfang der Bodenbearbeitung, Handelsdüngerart und -menge, Anbau-, Pflege- und Erntetechnik, Pflanzenschutzmittelart, -menge und -anwendungszeit. In den »Produktionsverfahren Kulturpflanze«, wie man diese Art der Agrarökosystembetrachtung bezeichnen kann, werden auch Systemgrößen wirksam, die nur wenig kontrollierbar sind wie Bodenstruktur, Bodenwassergehalt, Teilbereiche des Bodennährstoffgehaltes, Mikroklima und Anbaustruktur.

In einem **integrierten Produktionssystem** werden neben den klassischen Systemleistungen, also dem Pflanzenertrag und der Pflanzenqualität, auch noch Leistungen der Selbstregulation von Systembeziehungen erwartet. Auch dieses System wird von einer Reihe kontrollierbarer Systemgrößen bestimmt und unterliegt verschiedenen Einflußfaktoren des landwirtschaftlichen Betriebes. Und auch hier gibt es Systemgrößen, die nur wenig kontrollierbar sind, und auch unerwünschte Veränderungen von Systemgrößen. Fast alle in der Abb. 8 aufgeführten Merkmale gehörten schon zur Beschreibung des Agrarökosystems konventioneller Wirtschaftsweise. Nicht besonders hervorgehoben wurden dort aber die Nützlinge, die ökologischen Zellen und deren Zusammenhänge mit der Felderstruktur, die Nützlingsförderung als erwünschte Systemleistung und die in der Agrarlandschaft stattfindenden Artenverluste als unerwünschte Veränderung von Systemgrößen. Das Aussterben von Pflanzen- und Tierarten wurde dort nur als Folge landwirtschaftlicher Aktivitäten angesprochen und nicht wie hier als unerwünschte Veränderung von Systemgrößen bewertet.

Die Integration von Selbstregulationsmechanismen in das Agrarökosystem hat uns also zur Systembetrachtung auf höherer Ebene geführt, auch weg vom Einzelfeld und hin zur Agrarlandschaft unter Einbeziehung der verschiedenen ökologischen Zellen und deren Funktionalität bzw. der Abhängigkeit der ökologischen Leistungen vom Vorhandensein eines Biotopverbundsystems. Integrierter Landbau setzt also das Vorhandensein aller Teillebensräume der verschiedenen im Agrarökosystem tätigen Lebewesen innerhalb dieses Systems voraus.

Grundlage dieser Betrachtung sind die zwischen Beute und Räuber bestehenden komplizierten Beziehungen einschließlich der vielschichtigen, schon in der Abb. 4 wiedergegebenen Wechselbeziehungen zwischen verschiedenen Stratozönosen (= Tiergesellschaften verschiedener Schichten der Pflanzenbestände).

TISCHLER [22] hat die Verknüpfung der verschiedenen Organismengruppen in den Kulturfeldern als biozönotische Konnexe beschrieben und dabei zweierlei Zusammenhänge hervorgehoben: Zum einen besteht eine vielseitige Verknüpfung, die z. B. dadurch zum Ausdruck kommt, daß bestimmte Lebewesen einerseits Blattläuse verzehren und sich andererseits auch von pathogenen Getreidepilzen ernähren und außerdem beim Fehlen von Blattläusen auf Milben, Thripse, Gallmückenlarven und andere Lebewesen als Nahrung ausweichen können. Zum anderen ist eine erstaunlich schnelle Wiederentwicklung eines vielfältigen Artengefüges nach den jährlichen Eingriffen bei der Feldbestellung zu beobachten. Je monotoner allerdings Anbau- und Landschaftsstruktur sind, desto weniger dürfte dies zu erwarten sein.

3.2.5 Ökologie liefert keine normativen Daten, sondern nur erklärende Ergebnisse

Eine quantitative Beurteilung der Bedeutung verschiedener *biozönotischer Verflechtungen* stößt zur Zeit noch auf verschiedene Schwierigkeiten. Es liegen zwar schon Angaben über die Fraßkapazität von Carnivoren (= Tierfresser) und recht gute Beobachtungsergebnisse über einige andere ökologisch wichtige Parameter vor, aber die komplizierten Wechselbeziehungen lassen sich noch nicht in der Form quantifizieren, daß man sagen könnte, wenn je Quadratmeter 4 oder 8 oder 12 Laufkäfer nachweisbar sind, dann ist mit großer Wahrscheinlichkeit nur noch mit einem Schädlingsbefall von x oder y oder z zu rechnen, oder wenn eine bestimmte Anzahl von Marienkäfern zu beobachten ist, dann bleibt die Blattlauspopulation unterhalb der wirtschaftlichen Schadensschwelle.

Bekannt ist der von verschiedenen Mitgliedern der Agrarzoozönose regelmäßig durchgeführte *Biotopwechsel*, der teilweise mit einem Wirtswechsel verbunden ist, z. B. der Wechsel bestimmter Blattlausarten zwischen Kulturpflanzen und bestimmten Wildpflanzenarten. Für diesen regelmäßigen Biotopwechsel ist das **Biotopverbundsystem** ebenso wichtig wie es die Basis für einen erfolgreichen Artenschutz in der Kulturlandschaft darstellt. Leistungsfähige Populationen von Nützlingen können allerdings nur aufgebaut werden, wenn die dafür benötigten ökologischen Zellen auch in einer für das Überleben der verschiedenen Lebewesen ausreichenden Größe und der einem Verbundsystem angemessenen Dichte erhalten oder neu geschaffen werden können.

Nicht nur der Gesamtlebensraum, sondern auch die Teillebensräume einzelner Arten, entscheiden über deren Fortbestand. Ökologische Zellen als Habitatinseln (= Wohnräume) sind einerseits für einen Normalartenbestand der Dauerlebensraum, für andere Arten sind sie ein Teillebensraum und für eine dritte Gruppe fungieren sie als Trittstein. Mit ihrer Lockwirkung begründen sie eine Artenzuwanderung, von der Umwelt dieser Zellen wird aber auch eine Artenauswanderung in diese Umwelt gefördert. Wenn Nützlinge in das Agrarökosystem integriert werden sollen, müssen geeignete Teillebensräume für diese Lebewesen in das Agrarökosystem integriert, also in die Produktionsüberlegungen einbezogen werden.

Für den integrierten Landbau müssen **Lebens-**

räume für Nützlinge sowohl im Biotopverbundsystem als auch auf den Feldern geschaffen und erhalten werden. Die Forschungsergebnisse von SCHMUTTERER und GAUDSCHAU [20] lassen auch den Einsatz von bodenbedeckenden kleinwüchsigen Untersaaten als einerseits erfolgreiche Unkrautkonkurenten erkennen und als andererseits zur Fütterung bestimmter Nützlinge integrationswürdige Pflanzen. Pollen- und nektarabhängige Arten, z. B. verschiedene Syrphiden (Schwebfliegen), kamen auf Winterweizenversuchsflächen mit *Phacelia*-Streifen in deutlich höherer Zahl vor als ohne *Phacelia*-Streifen, und die Blattlauspopulation wurde davon negativ beeinflußt. In Zuckerrübenfeldern wurde nachgewiesen, daß die Räuber-Beute-Relation, ein Maß für die mögliche Effektivität der natürlichen Feinde von Schaderregern, für Coccinellidae (Marienkäfer) und Syrphidae bei mechanischer Unkrautbekämpfung um das Dreifache höher lag als auf der praxisüblich mit Herbiziden behandelten Fläche [2].

HEITZMANN [12] hat 50 verschiedene Pflanzenarten auf ihre Eignung als »Streifenpflanzen« untersucht. Geeignete Pflanzen müssen folgende Kriterien erfüllen:
– Hohe Keimungs- und Auflaufrate;
– Entwicklung während einer langen Zeit der Vegetationsperiode;
– hoher Deckungsgrad zur Verhinderung einer Entwicklung unerwünschter Unkräuter;
– hohes und vielfältiges Blütenangebot und lange Blühdauer und damit Sicherung eines mannigfaltigen Nahrungsangebotes für verschiedene Blütenbesucher;
– besondere ökologische Eignung als Nahrungspflanze, Aufzuchthabitat und Überwinterungsstätte für Nützlinge;
– keine Wirtspflanze für Schädlinge, jedoch früher Befall mit Blattläusen, wodurch ein früher Aufbau der Nützlingspopulation gefördert wird;
– möglichst synchrones Auftreten von Nützlingen und Schädlingen zur Förderung der Selbstregulation.

Solche Streifen von 1,5–2 m Breite können die Felder in ökologisch günstige Feldstücke unterteilen, ohne dabei den Einsatz der Bestell- und Erntetechnik zu behindern. Bei der Durchführung von chemischen Pflanzenschutzmaßnahmen muß allerdings sorgfältig darauf geachtet werden, daß die Pflanzenschutzmittel in solche Streifen nicht eingetragen werden. Ihre volle Wirkung können solche Streifen auch nur erreichen, wenn sich hier eine gewisse Vielfalt ent-

wickeln kann. Für die Besiedlung mit Insekten hat sich das Vorkommen folgender Arten als günstig erwiesen: Kornblume, Kamille, Schafgarbe, Senf, Raps, Luzerne, Schwedenklee, Klatschmohn, Boretsch, Phazelia, Margerite, Natternkopf u. a.

Für einen erfolgreichen Integrierten Landbau muß der Landwirt nicht nur die Bedürfnisse der Kulturpflanzen hinsichtlich Bestellung, Düngung, Pflanzenschutz usw. kennen, sondern auch die Bedürfnisse der verschiedenen Nützlinge. Wegen der sehr unterschiedlich ausgebildeten Mundwerkzeuge verschiedener Arten gibt es ganz verschiedene Ansprüche an die Blütenform, um den Bedarf an Nektar und Pollen befriedigen zu können. Je arten- und strukturreicher die bandförmigen Landschaftselemente am Rande der Felder und die Streifen innerhalb der Felder sind, desto günstiger sind die Ernährungsbedingungen für eine große Anzahl verschiedener Blütenbesucher, die in anderen Entwicklungsstadien als wichtige Nützlinge tätig sein können.

Das sind nur einige Beispiele für die Wirkung von ökologisch sinnvollen Steuerungsmaßnahmen des Integrierten Landbaues und für die Bedeutung der Gestaltung der Kulturbiotope. Hinzu kommt die Abhängigkeit verschiedener Lebewesen von natürlichen Biotopen.

3.2.6 Biotopverbundsystem als Bestandteil integrierter Verfahren unersetzbar

Integrierter Landbau ist nur realisierbar durch Integration auch von synökologischen Wirkungen aller für die Agrarbiozönose benötigten Teillebensräume nach Art und Verfügungszeit. Günstige Bedingungen dafür sind vor allem in Agrarlandschaften mit ausreichender Dichte bandartiger, flächenhafter oder punktueller ökologischer Zellen gegeben, wobei die bandartigen Landschaftselemente eine besonders günstige Leistung entfalten, aber auch entlang ihrer Saumzone besonders stark der Belastung durch Einwirkungen von außen unterliegen.

In vielen Agrarlandschaften bedecken die derzeitigen naturnahen Biotope nur 3–4% **Flächenanteil** der Agrarlandschaft. Das reicht für die agrarökologischen Funktionen meistens nicht aus, jedenfalls dann nicht, wenn z. B. eine mittlere Heckendichte von wenigstens 60 laufenden Metern je Hektar angestrebt wird und eine Ergänzung dieser Hecken durch 2–3 m breite Kompensationszonen für erforderlich gehalten wird. Bezieht man in die Betrachtung, wieviel Fläche für ökologische Funktionen in einer ökologiegerecht bewirtschafteten Agrarlandschaft benötigt wird, auch noch die Fließgewässer und die zu deren Schutz benötigten Kompensationszonen ein, dann kommt man in den meisten Agrarlandschaften auf Flächenanforderungen für ökologische Bedürfnisse von 7–12%.

Bandartig in der Agrarlandschaft vorhandene und zwischen intensiv bewirtschafteten Feldern liegende Strukturelemente geraten durchaus in die Gefahr, von *eindriftenden Schadstoffen* belastet zu werden. Das Belastungsausmaß hängt einmal von der Art und Menge der ausgebrachten Belastungsstoffe ab, dann von den die Transmission bestimmenden Witterungsbedingungen und schließlich auch von der Struktur verschiedener bandförmiger Elemente. Je schmaler z. B. eine Hecke ist, desto geringer ist auch ihr unbelasteter Innenbereich. Im Extrem werden einreihige Hecken von eindriftenden

Schadstoffen nahezu vollkommen durchdrungen. Je nach Windgeschwindigkeit, Tröpfchengröße und Ausbringungstechnik reicht die deutlich nachweisbare Verdriftung verschiedener Pflanzenschutzmittel selbst bei Ausbringung mit Bodengeräten bis über 200 Meter und bei Ausbringung mit Flugzeugen bis über 600 Meter [11].

Weil Saumbiotope, wie die Hecken, in integrierten Anbausystemen eine sehr große Bedeutung als Teillebensraum für Nützlinge haben, dürfen sie selbst nicht zur Abdriftfalle degradiert werden. Hier darf auch beim chemischen Pflanzenschutz nach Maß keine Eindrift erfolgen. Die Eindrift von Pflanzenschutzmitteln würde je nach Mittel, Konzentration, Zeit, Eindringtiefe, Reaktion einzelner Pflanzenarten usw. eine unterschiedlich starke, im allgemeinen aber immer erhebliche Wirkung auf die Lebensgemeinschaft der Heckenbewohner mit Rückwirkung auf die Lebensgemeinschaft der Felder haben und da-

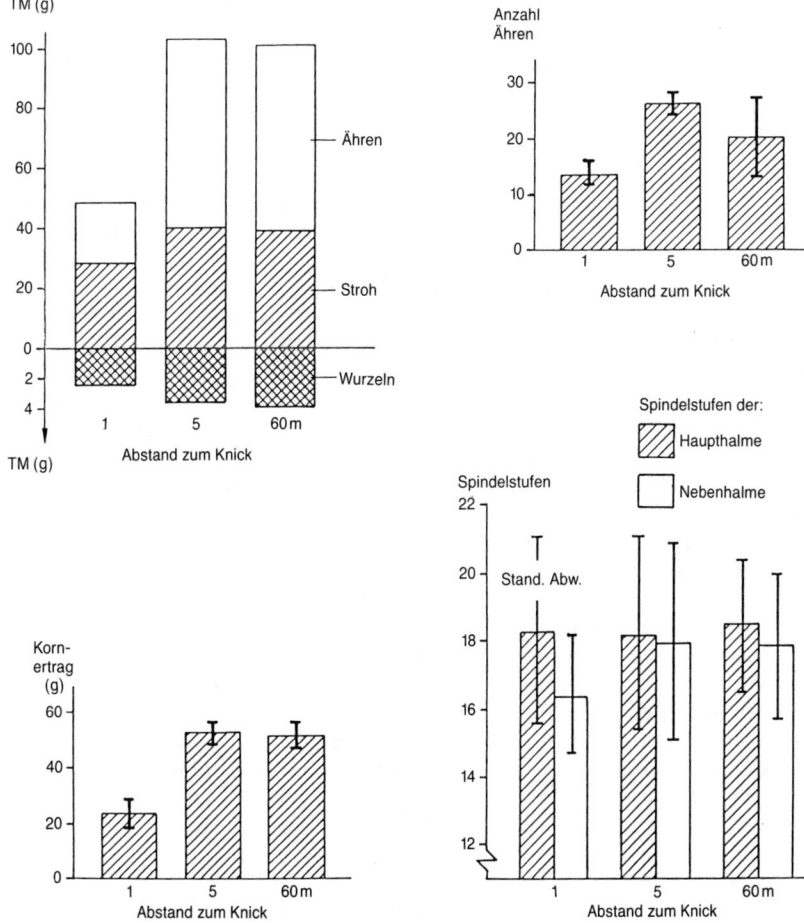

Abb. 9
Ertragsmerkmale von Winterweizen in unterschiedlicher Entfernung zu einer Wallhecke [nach 16].

29

mit auch Rückwirkungen auf ein integriertes Produktionsystem.

Die **Wirkung von Hecken** auf den Ertrag benachbarter Felder wird in der Literatur sowohl als *Ertragsverlust* als auch Ertragserhöhung dargestellt [z. B. 5, 18]. Als Beispiel für die Wirkung von Hecken auf den Ertrag sind in der Abb. 9 die Ergebnisse eines Freilandgefäßversuches mit Winterweizen wiedergegeben [16]. Die für die Wurzelentwicklung unten offenen Gefäße wurden in 1 m, 5 m und 60 m Entfernung von einer Wallhecke in den Bestand eingegraben. Der Kornertrag in 1 m Entfernung zur Hecke erreichte 44,6% des Kornertrages in 5 m Entfernung bzw. 45,3% des Kornertrages in 60 m Entfernung. Die Differenz betraf nicht nur den Kornertrag, sondern, wie Abb. 9 aufzeigt, auch die Wurzelmasse und die Strohmasse. Bei genauerer Betrachtung stellt sich heraus, daß an den Haupttrieben in 1 m Entfernung zur Hecke gleich viele Spindelstufen ausgebildet waren wie in größerer Entfernung, daß jedoch die Nebenhalme in Heckennähe deutlich weniger an der Ertragsbildung beteiligt waren.

Eine Erhebungsuntersuchung auf 45 von Praktikern nach deren Methode bewirtschafteten Feldern (21 Felder mit Winterweizen, 13 Felder mit Wintergerste und 11 Felder mit Winterraps) *ohne* Heckenbegrenzung im Vergleich mit 66 Feldern *mit* Heckenbegrenzung (31 mit Winterweizen, 18 mit Wintergerste und 17 mit Winterraps) erbrachte für den Wirkungsbereich zwischen Feldrand und 66 m vom Feld- bzw. Heckenrand entfernt im Mittel dieser drei Kulturen, die in den Jahren 1983, 1984 und 1985 angebaut wurden, einen Ertragsunterschied von 100 (relativ für Felder ohne Heckenbegrenzung) zu 98,2 (Felder westlich von Hecken) und 97,0 (Felder östlich von Hecken). Verschiedentlich war der Ertrag in den untersuchten Zonen zwischen Hecke und 66 m Entfernung gleich groß oder gering höher als in der Vergleichszone des Feldes ohne Hecke. Zumindest für diese Fälle kann man einer das Feld begrenzenden Hecke Ertragsneutralität bescheinigen. Aber selbst verständliche Ertragsminderungen in unmittelbarer Nähe von Hecken können kein Grund sein, diese ökonomisch negativ einstufen zu wollen. Längerfristig werden solche geringfügigen Defizite durch den ökologischen Nutzen mehr als ausgeglichen.

Gelegentlich geäußerte Bedenken, Hecken könnten eine Quelle der *Unkrautvermehrung* sein, sind unbegründet. Mehrere Arbeiten [z. B. 16, 19] belegen, daß Hecken keine Quelle einer zusätzlichen Verunkrautung der angrenzenden Äcker darstellen.

Die Frage nach der *notwendigen Mindestdichte* eines Biotopverbundsystems ist nicht für alle Agrarlandschaftstypen mit gleichen Werten zu beantworten. Versucht man trotzdem eine möglichst allgemein gültige Antwort zu geben, dann muß man zunächst festhalten, daß die maximal zulässige Maschenweite eines Verbundsystems mit etwa 400 Meter angenommen werden kann. Die optimale Entfernung zwischen zwei Hecken kann mit 75–125 m angenommen werden. MARXEN-DREWES [16] hat eine Mindestausbreitung der wichtigsten Räuber von 35 m zu beiden Seiten der untersuchten Hecken ermittelt. STACHOW [21] stellte für Laufkäfer in 5 m und in 19 m Entfernung zur Hecke deutlich höhere und auch in 66 m Entfernung zur Hecke noch höhere Aktivitätsdichten fest und mittels Streifenfallen konnte er nachweisen, daß die in die Falle geratenen Tiere zu einem deutlich größeren Anteil aus der Richtung Hecke zugewandert waren. Für Laufkäfer und dichte Heckensysteme in der Landschaft, bei denen der von der Heckenlänge abhängige Effekt auf die Arten- und Individuenzahl nicht von Bedeutung ist, darf man annehmen, daß auch bei Abständen von 100–150 m noch eine ausreichend dichte Besiedlung der dazwischen liegenden Felder erfolgen kann.

Eine Optimierung der agrar- und landschaftsökologischen Funktionen kann durch Verbreiterung der bandartigen Gehölzformationen mit gras- und krautbetonten Kompensationsstreifen erfolgen. Als absolute *Mindestbreite* sind 2 m (= Ast- und Wurzelbereich der Gehölze) anzusetzen. Eine nennenswerte ökologische Wirkung setzt jedoch Streifen von wenigstens 5–8 m Breite voraus. Hier werden dann auch Nährstoffausträge aus angrenzenden landwirtschaftlichen Nutzflächen und gegebenenfalls auch andere Emissionen aus der landwirtschaftlichen Nutzung (z. B. Pflanzenschutzmittel) kompensiert. In der Abb. 10 ist die Eingliederung solcher Kompensationsstreifen in das Agrarökosystem dargestellt.

Den Hecken kann man im Agrarökosystem des Integrierten Landbaues auch noch eine *Bedeutung für Faktoren des Teilökosystems Boden* zuordnen. Verschiedene mikrobielle Aktivitäten, die über die Messung der mikrobiellen Biomasse, der Dehydrogenase-, Katalase- und Cellulose-Abbauaktivität gemessen werden können, werden von Hecken positiv beeinflußt [23]. Auch eine Erhöhung des Gesamtporenvolumens, eine Verbesserung der Aggregatstabilität

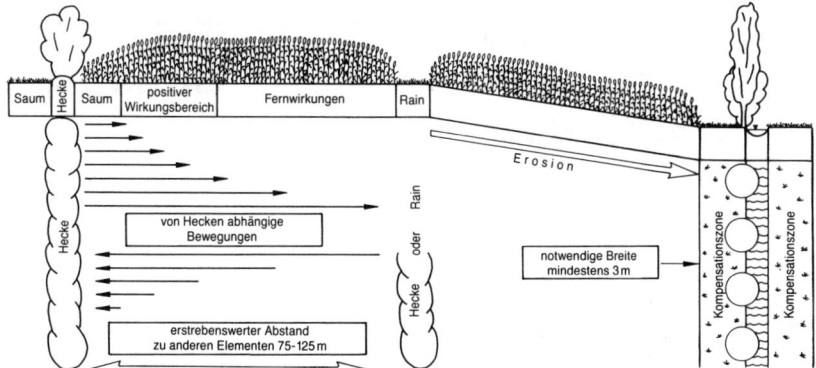

Abb. 10
Empfehlung für die Anlage von Hecken, Feldrainen und Kompensationszonen in der Agrarlandschaft (schematisch).

Labels in figure: Saum | Hecke | Saum | positiver Wirkungsbereich | Fernwirkungen | Rain | Erosion | Hecke | Rain oder | Kompensationszone | Kompensationszone | von Hecken abhängige Bewegungen | notwendige Breite mindestens 3 m | erstrebenswerter Abstand zu anderen Elementen 75-125 m

und eine größere Regenwurmdichte wurden nachgewiesen. Das kann als positive Wirkung gegenüber Verdichtungen und damit als wichtiger Beitrag im integrierten Produktionssystem angesehen werden. Ob damit auch schon eine Förderung der natürlichen Abwehr- und Gesundungskräfte des Bodens (= antiphytopathogenes Potential) verbunden ist, muß noch unbeantwortet bleiben, ist aber nicht auszuschließen. Das **ökologische Verbundsystem** stellt in der Agrarlandschaft die räumliche und zeitliche Ergänzung des Biotopmusters für eine artenreiche Lebensgemeinschaft dar. Die Verfahren des Integrierten Landbaues sind auf diese Vielfalt angewiesen. Die natürlichen Regelungen im Agrarökosystem sind immer Regelungen vernetzter Systeme. Nur bei der künstlichen Regelung durch den wirtschaftenden Menschen folgt auf das Feststellen der Abweichung einer regelbaren Größe vom »Sollwert« die unmittelbare Korrektur über ein »Stellglied« in einer bestimmten »Stellgröße«. Das Auftreten tierischer Schaderreger löst oberhalb der wirtschaftlichen Schadensschwelle den gezielten Einsatz eines geeigneten Insektizids aus und der Erfolg ist kurze Zeit danach sichtbar. Im vernetzten System des Integrierten Landbaues geschieht diese Regelung oft über mehrere Stellglieder. Die erwähnten Blattläuse werden von verschiedenen Gegenspielern reguliert, sie haben mehrere Fraßfeinde. Die große Zahl verschiedener Gegenspieler und allgemein nicht schädlicher und im besonderen Maße auch nützlicher Mitglieder der tierischen Lebensgemeinschaft beansprucht verschiedene Biotope, insbesondere auch solche für das Überdauern in Zeiten, in denen auf dem Acker sehr ungünstige Lebensbedingungen vorherrschen.

Die *landwirtschaftliche Bodennutzung* hat im Verlauf der Jahrhunderte eine Entwicklung durchgemacht, bei der einfache Nutzungsformen bis zum Ende der Alten Dreifelderwirtschaft vorherrschten und dann durch artenreiche Nutzungsformen abgelöst wurden. In der jüngeren Vergangenheit wurden vor allem in agrarischen Vorranggebieten wieder sehr einfache Nutzungsformen entwickelt, wenn auch mit ganz anderem und sehr viel höherem Intensitätsgrad der Produktionstechnik. Daneben hat eine Veränderung der Strukturvielfalt der ganzen Kulturlandschaft stattgefunden.

Die technische Entwicklung der Landwirtschaft in den letzten 30 Jahren kann als Ursache der erheblichen landschaftsstrukturellen Veränderungen der Agrarlandschaft angesehen werden. Der damit verbundene Biotop- und Artenschwund wirkt auf das Potential natürlicher Gegenspieler von Schadorganismen zurück [8]. Das Erhalten noch vorhandener Strukturen und Schaffen neuer ist nicht nur wegen ihrer funktionalen Bedeutung anzustreben, sondern es bietet sich auch im Zusammenhang mit dem Reduzieren von Anbauflächen zur Überschußverminderung an.

3.2.7 Ausblick

Durch das Herbeiführen agrar- und landschaftsökologisch günstiger Bedingungen können zwar nicht alle Umweltprobleme der modernen Landwirtschaft gelöst werden, der große Konflikt zwischen Landwirtschaft und Naturschutz läßt sich aber verringern. Wenn die Entwicklung des Integrierten Landbaues noch durch die Honorierung spezifischer ökologischer Leistungen der Landwirtschaft ergänzt wird [14], dann kann die Landwirtschaft mit diesem Maßnahmebündel ihre Verpflichtung zur Erhaltung der Kulturlandschaft als Lebensraum für Pflanzen, Tiere und Menschen besser den je erfüllen.

4 Ökonomische Ziele und Grenzen des konventionellen und des integrierten Landbaues

F. KUHLMANN, Giessen

4.1 Konventioneller Landbau

4.1.1 Einzelwirtschaftliche Ziele und Begrenzungen

»Die Landwirthschaft ist ein Gewerbe, welches zum Zweck hat, durch Production (zuweilen auch durch fernere Bearbeitung) vegetabilischer und thierischer Substanzen Gewinn zu erzeugen oder Geld zu erwerben. Je höher dieser Gewinn nachhaltig ist, desto vollständiger wird dieser Zweck erfüllt. Die vollkommenste Landwirthschaft ist also die, welche den möglich höchsten, nachhaltigen Gewinn, nach Verhältniß des Vermögens, der Kräfte und der Umstände, aus ihrem Betriebe zieht.
Nicht die möglich höchste Production, sondern der höchste reine Gewinn, nach Abzug der Kosten – welches beides in entgegengesetzten Verhältnissen stehen kann – ist Zweck des Landwirths, und muß es seyn ...« [15]
Diese von ALBRECHT THAER 1809 formulierte einzelwirtschaftliche Zielsetzung würden wir heute wie folgt fassen: Maximiere die nachhaltige Kapitalrentabilität unter Berücksichtigung der betrieblichen Umweltbedingungen! Die Kapitalrentabilität ist der Quotient aus Gewinn und Kapital, wobei Kapital als zusammenfassender, in Geld zu messender Ausdruck für die betrieblichen Produktionskapazitäten (»Vermögen« und »Kräfte« bei THAER) steht.
Die THAER'sche Formulierung weist zwar schon darauf hin, daß der Gewinn nicht kurzfristig, sondern nachhaltig zu maximieren ist, und dabei auch die jeweils bedeutsamen Umweltbedingungen (z. B. Produkt- und Faktorpreise, gesetzliche Auflagen, »Umstände« bei THAER) zu berücksichtigen sind, trotzdem handelt es sich um eine relativ »ökonomistische« Handlungsmaxime. Sie muß vor dem Hintergrund ihrer Zeit gesehen werden. Die Landwirtschaft befand sich damals im Übergang von der Selbstversorgerwirtschaft zu einem marktorientierten Wirtschaftszweig, so daß ihr erwerbswirtschaftlicher Zweck, nämlich die Erzielung von Geldeinkommen, von THAER besonders hervorgehoben wurde. Obwohl er einen Unterschied zwischen dem Erzeugen von Gewinn und dem Erwerb von Geld macht, bezieht THAER nicht ausdrücklich weitere – nichtmonetäre – Bedürfnisse (z. B. selbständige Tätigkeit, Arbeiten in und mit der Natur) ein, deren Befriedigung für den Landwirt jedoch ebenfalls eine mehr oder weniger große Rolle spielt.
FRIEDRICH AEREBOE bemerkt deshalb 1917, »daß die alte Auffassung von ALBRECHT THAER, daß wirtschaftliche Aufgabe der Landgutswirtschaft die Gewinnung eines möglichst hohen Geldreinertrages sei, das Wesen der Sache nicht trifft. *Privatwirtschaftliche Aufgabe der Landgutswirtschaft ist eine möglichst vollkommene Befriedigung der Bedürfnisse des Landwirts und seiner Familie. Geldverdienen mit Hilfe der Landgutswirtschaft ist nur eins der dabei in Betracht kommenden Mittel«* [1]
Wenn wir AEREBOE folgen, dann strebt der Landwirt – wie jedermann – letztlich nach totaler Bedürfnisbefriedigung. Da zur Befriedigung von Bedürfnissen aber Mittel eingesetzt werden müssen, und diese Mittel meist knapp sind, wird man die jeweils verfügbaren Mittel so einzusetzen versuchen, daß daraus ein möglichst hoher Gesamtnutzen entsteht. Wie jedermann strebt der Landwirt nach Nutzenmaximierung [9, 14].
Diese Formulierung ist zwar sehr umfassend, wiederum aber so selbstverständlich, daß sie inhaltsleer wird. Andererseits ist AEREBOE darin zuzustimmen, daß der Landwirt mehrere Ziele gleichzeitig verfolgt. Bei genauerem Hinsehen können wir sogar ein ganzes System von Zielen identifizieren. Dieses System enthält ökonomische ebenso wie nichtökonomische Ziele.
Bei den ökonomischen Zielen müssen neben dem von THAER hervorgehobenen **Rentabilitätsziel** zumindest noch das Liquiditätsziel und das Stabilitätsziel genannt werden. Beide Ziele nehmen darauf Bedacht, daß Entscheidungen über Maßnahmen bei unvollkommener Information über die zukünftigen Umweltbedingungen getroffen werden müssen und somit die Gefahr des Fehlschlages in sich bergen.

Das **Liquiditätsziel** spricht den Tatbestand an, daß die Zahlungsfähigkeit eines Unternehmens jederzeit gewährleistet sein muß und deshalb gewisse Liquiditätsreserven für unvorhersehbare Verpflichtungen gehalten werden müssen. Derartige Reserven können also nicht direkt rentabilitätsfördernd investiert werden.

Das **Stabilitätsziel** spricht den Tatbestand an, daß Kapital für rentabilitätsfördernde Investitionen nicht beliebig verfügbar ist und der Landwirt daher neben seinem Eigenkapital auch Fremdkapital einsetzen wird. Wegen der grundsätzlichen Gefahr von Fehlinvestitionen ist jedoch der Fremdkapitaleinsatz mit einem höheren Risiko verbunden, da hier die Pflichten zu laufenden Zinszahlungen und zur Tilgung bestehen. Um die Stabilität seines Unternehmens aufrecht zu erhalten, wird der Landwirt deshalb das Fremdkapital nicht über einen bestimmten Anteil am Eigenkapital ausdehnen wollen.

Im Unterschied zum Rentabilitätsziel werden beim Liquiditätsziel und beim Stabilitätsziel jedoch keine Extremwerte angestrebt, sondern nur Mindest- bzw. Höchstwerte. Es sind keine »Extremalziele«, sondern »Begrenzungsziele«. Begrenzungsziele werden in der Fachsprache der Planungstheorie auch als »Nebenbedingungen« bezeichnet. Indem sie beachtet werden, sollen die Erfüllungsgrade von Extremalzielen maximiert werden. In der Wirtschaftspolitik heißen Begrenzungsziele auch »Sicherungsziele« (siehe Abschnitt 4.1.2).

Berücksichtigen wir nun, daß bei Zielsystemen, die mehrere Ziele umfassen, logischerweise nur eines als Extremalziel formuliert werden kann, während die übrigen als Begrenzungsziele bzw. als Nebenbedingungen gesetzt werden müssen, dann stellt sich die Frage, welches von allen Zielen wohl in der Regel das **Extremalziel** sein wird.

Sicherlich sind einige Landwirte z. B. mit einem bestimmten Mindestgeldeinkommen zufrieden und werden deshalb vielleicht den Umfang ihrer Freizeit maximieren wollen. Generell wird man aber davon ausgehen müssen, daß in unserer arbeitsteiligen Wirtschaft zur Befriedigung der meisten Bedürfnisse Geldeinkommen erforderlich ist und deshalb das Streben nach Gewinn das Extremalziel darstellt. Das bedeutet allerdings nicht, daß dieses Ziel Vorrang hat oder gar das Oberziel ist; denn das Gewinnstreben kann nur mit der Einschränkung verfolgt werden, daß vorher die Erfüllung der Begrenzungsziele bzw. der Nebenbedingungen gewährleistet ist. Vorrangig sind daher die Begrenzungsziele.

Fassen wir unsere Überlegungen zusammen, so dürfte für die meisten Landwirte heute wohl das folgende **Zielsystem** gelten: Maximiere den nachhaltigen Gewinn in bezug auf das eingesetzte Kapital unter Berücksichtigung der betrieblich bedeutsamen Umweltbedingungen und unter Beachtung der ökonomischen Nebenbedingungen so, daß die Zahlungsfähigkeit erhalten und ein bestimmter Fremdkapitalanteil nicht überschritten wird, sowie unter Beachtung nichtökonomischer Nebenbedingungen, die – ohne direkt Geldeinkommen zu erfordern – zur Lebensqualität und damit zur Bedürfnisbefriedigung des Landwirtes und seiner Familie beitragen.

Art, Umfang und Ausmaß der Nebenbedingungen variieren selbstverständlich von Landwirt zu Landwirt. Bei den ökonomischen Nebenbedingungen wird der risikobereitere oder auch intensiver planende Landwirt mit geringeren Liquiditätsreserven und höherem Fremdkapitalanteil arbeiten als sein risikoscheuer Kollege. Je nach individueller Bedürfnisstruktur werden auch die nichtökonomischen Begrenzungsziele aus Gründen unterschiedlicher Vorstellungen über Lebensqualität mehr oder weniger stark ausgeprägt sein. Schließlich wird ein umweltbewußter Landwirt dem Erhalten einer vielfältigen Betriebslandschaft und dem Schonen der natürlichen Ressourcen einen höheren Wert beimessen und deshalb gegebenenfalls mit einer geringeren Anbauintensität arbeiten, obwohl dies zu Gewinneinbußen führen kann.

Generell gilt nun, daß eine zunehmende Zahl von Nebenbedingungen bzw. von Begrenzungszielen und ihre zunehmende Rigorosität unter sonst gleichen Voraussetzungen das erzielbare Niveau des Extremalzieles, sprich des Gewinns, einschränkt. Jeder Landwirt ist sich dieser Zielkonkurrenzen ständig bewußt. Innerhalb der gesetzlichen Rahmenbedingungen und indem er seine betrieblichen Gegebenheiten beachtet, kann er für die anzustrebenden Erfüllungsgrade der Begrenzungsziele letztlich nur individuelle Lösungen finden.

Zwei wichtige Aspekte haben wir bisher nicht ausdrücklich angesprochen. Zum einen ist das Erwirtschaften von Gewinn kein Selbstzweck, vielmehr soll das Geld aus dem Unternehmen entnommen werden, um damit Bedürfnisse befriedigen zu können. Mit anderen Worten, bei Zielanalysen ist nicht nur die Gewinn*entstehung*, sondern auch die Gewinn*verwendung* zu berücksichtigen. Zum anderen wurde mit dem *nachhaltigen* Erwirtschaften von Gewinn zwar schon eine langfristige Betrachtungsweise angedeutet, wir müssen aber untersuchen, welche Konsequenzen es hat, daß die meisten Landwirte – zumindest diejenigen, die einen Vollerwerbsbetrieb bewirtschaften – ihren Betrieb als dauerhafte Existenzgrundlage ansehen.

Beide Aspekte hängen eng zusammen. Der Landwirt strebt – wie gesagt – nach Gewinn, um diesen Gewinn zur Bedürfnisbefriedigung (für Konsumzwecke) aus dem Unternehmen zu entnehmen. In der Buchhaltung ist der Gewinn nun so definiert, daß seine volle Entnahme gerade ein Erhalten der sog. »nominalen Unternehmenssubstanz« bewirken würde. Die kontinuierliche Vollentnahme des Gewinnes führt unter sonst gleichen Bedingungen dazu, daß sich die im Unternehmen als Vermögen investierte Kapitalsumme im Zeitablauf nicht verändert.

Tatsächlich sind aber der Gewinn und die Entnahmen nicht so eng miteinander verbunden, daß der Gewinn gerade in voller Höhe entnommen werden müßte. Ein Landwirt kann durchaus mehr als den Gewinn entnehmen, z. B. wenn er verdiente Abschreibungen nicht reinvestiert. Er lebt dann aus der Substanz, das Vermögen bzw. die Kapitalsumme schrumpft. Andererseits kann er aber auch nur einen Teil des Gewinns entnehmen. Der andere Teil würde dann gespart und zusätzlich im Unternehmen (netto-)investiert. Der Landwirt erreicht dadurch Unternehmenswachstum, er stockt den Betrieb auf. Dabei ist anzumerken, daß sich das Verwenden von gesparten Gewinnanteilen für Nettoinvestitionen nicht auf das Beschaffen zusätzlicher Produktionskapazitäten beschränken muß, sondern beispielsweise durchaus auch Maßnahmen zur Mehrung der Bodenfruchtbarkeit einschließt.

Bei langfristigen Betrachtungen können wir nun davon ausgehen, daß sich der erzielbare Gewinn mehr oder weniger proportional zur Unternehmenssubstanz bzw. zur investierten Kapitalsumme verhält. Ein Verzehr von Unternehmenssubstanz durch entsprechend hohe Entnahmen führt daher zukünftig zu verminderten Gewinnen und schließlich zum Verlust der Existenzgrundlage. Aufstockungen der Unternehmenssubstanz durch Nettoinvestition gesparter Gewinnanteile führen dagegen umgekehrt zur Sicherung und zur Erweiterung der Existenzgrundlage.

Wie sich der Landwirt angesichts dieser Sachlage tatsächlich verhält, wird von seiner Persönlichkeitsstruktur und von seinen familialen Gegebenheiten abhängen. Ein vorsichtiger Unter

nehmer, dessen Nachfolge zudem gesichert erscheint, wird auf die Entnahme größerer Teile des Gewinns in der Gegenwart verzichten und statt dessen Zukunftssicherung durch Substanzmehrung betreiben. Ein anderer Kollege kann aus mancherlei Gründen stärker gegenwartsbezogen leben und deshalb größere Beträge für den gegenwärtigen Konsum aus dem Unternehmen abziehen wollen [8].

Diese Überlegungen haben für Zwecke der langfristigen Unternehmensplanung zu zwei **grundsätzlichen Zielformulierungen** geführt [9]:

■ Maximiere die Kapitalsumme des Unternehmens am Ende des Planungszeitraumes unter Beachtung eines in seiner Zeitstruktur definierten Mindestentnahmenstromes.

■ Maximiere die Entnahmen unter Beachtung einer bestimmten Zeitstruktur für, die Entnahmen[1]) sowie unter der Bedingung, daß das Unternehmen am Ende des Planungszeitraumes über eine bestimmte Mindestsumme an Eigenkapital verfügen kann.

Bei Ziel 1 wird die anzustrebende Endkapitalsumme als Extremalziel formuliert, während die Gewinnentnahmen als Begrenzungsziel definiert sind. Bei Ziel 2 werden umgekehrt die Gewinnentnahmen als Extremalziel und die anzustrebende Endkapitalsumme als Begrenzungsziel angesehen.

Ein vereinfachtes **Beispiel**, welches jedoch die wesentlichen Elemente enthält, soll verdeutlichen, welche Konsequenzen sich aus dem Verfolgen des einen oder anderen Zieles ergeben können (siehe Tabelle 1). Für das in der Tabelle skizzierte Unternehmen wurde angenommen, daß es sich dabei um ein vollständig mit Eigenkapital finanziertes, reines Familienunternehmen handelt, also keine Tilgungen, Zinsen und Löhne anfallen. Bei allen in der Tabelle über einen Zeitraum von 8 Jahren dargestellten Un

---

[1]) Mit dem Begriff »Zeitstruktur der Entnahmen« ist gemeint, daß sich die jährlichen Entnahmen in einem bestimmten Verhältnis zueinander verhalten müssen, z. B. jährlich gleichbleibend oder auch jährlich mit bestimmten Raten ansteigend oder fallend. Die Vorgabe eindeutiger Zeitstrukturen ist notwendig, weil anderenfalls sowohl die »Maximierung des Endeigenkapitals« (Ziel 1) als auch die »Maximierung der Entnahmen« (Ziel 2) bei Planungen dazu führen würde, daß die Entnahmen am Ende des Planungszeitraumes in einer Summe anfallen, weil die Beträge anderenfalls zwischenzeitlich noch gewinnbringend investiert werden könnten. Andererseits können der Landwirt und seine Familie jedoch aus naheliegenden Gründen nicht auf bestimmte laufende Entnahmen für den Lebensunterhalt verzichten.

ternehmensentwicklungspfaden wurde unterstellt, daß das Unternehmen gegenwärtig – zum Zeitpunkt 0 – über 1000 Geldeinheiten (GE) Kapital verfügt und die in der Zeit konstant bleibende Relation zwischen Gewinn und Kapital einen Wert von ¼ hat, im Jahre 0 also mit den 1000 GE Kapital 250 GE Gewinn erwirtschaftet werden.

Betrachten wir nun die fünf skizzierten Strategien unter dem Blickwinkel des ersten der beiden genannten Ziele, welches die Maximierung des Endeigenkapitals – hier im achten Jahr – unter Beachtung bestimmter laufender Mindestentnahmen fordert. Für diesen Fall wurde für die Strategien 1–3 angenommen, daß die Entnahmen von Strategie zu Strategie zwar unterschiedlich hoch, jedoch innerhalb einer jeden Strategie jährlich jeweils gleichbleibende Beträge haben sollen.

Strategie 1 zeigt dann das stationäre Unternehmen. Der Landwirt entnimmt gerade den vollen Gewinn, so daß die Sparsumme als Differenz aus Gewinn und Entnahme den Wert 0 hat. Das erreichbare Endeigenkapital bleibt mit 1000 GE in der Zeit unverändert. Für den Fall, daß Inflation gegeben wäre, würde diese Strategie zu

sinkenden Realeinkommen und zu realen Kapitalverlusten führen.

Bei Strategie 2 sind die Entnahmen geringer als der Gewinn angesetzt. Der Landwirt kann sparen und damit sein Kapital allmählich ausdehnen. Am Ende des Planungszeitraumes wäre das Kapital um 40% angewachsen.

Ein gegenteiliges Ergebnis erhalten wir – wie Strategie 3 zeigt –, wenn die Entnahmen den Gewinn übersteigen. Es tritt »negatives Sparen« ein, das Kapital nimmt mit immer höheren Raten ab. Der Landwirt kann bei dieser Strategie nach 8 Jahren nur noch über 60% des Ausgangskapitals verfügen. Diese Strategie könnte typisch für einen sog. »auslaufenden Betrieb« sein, bei dem die nächste Generation das Unternehmen nicht mehr fortführen möchte.

Die Strategien 4 und 5 sind durch kontinuierlich (geometrisch) steigende Entnahmen als Zeitstruktur gekennzeichnet. Die Entnahmen sollen um jährlich gut 4% wachsen. Bei Strategie 4 wurde davon ausgegangen, daß der Landwirt den Gewinn am Anfang voll entnimmt, so daß nichts gespart und nettoinvestiert werden kann. Da die Entnahmen jährlich steigen, tritt in den folgenden Jahren negatives Sparen mit stark

Tabelle 1   Unternehmensentwicklungspfade bei verschiedenen Entnahmestrategien (Bewertung in Geldeinheiten, GE)

Strategie	Größen	Jahr								
		0	1	2	3	4	5	6	7	8
1	Kapital	1000	1000	1000	1000	1000	1000	1000	1000	1000
	Gewinn	250	250	250	250	250	250	250	250	250
	Entnahme	250	250	250	250	250	250	250	250	250
	Sparen	0	0	0	0	0	0	0	0	0
2	Kapital	1000	1020	1045	1076	1115	1164	1225	1301	1396
	Gewinn	250	255	261	269	279	291	306	325	349
	Entnahme	230	230	230	230	230	230	230	230	230
	Sparen	20	25	31	39	49	61	76	95	119
3	Kapital	1000	980	955	924	885	836	775	699	603
	Gewinn	250	245	239	231	221	209	194	175	151
	Entnahme	270	270	270	270	270	270	270	270	270
	Sparen	−20	−25	−31	−39	−49	−61	−76	−95	−119
4	Kapital	1000	1000	989	965	922	857	763	632	454
	Gewinn	250	250	247	241	231	214	191	158	114
	Entnahme	250	261	272	284	296	309	322	336	350
	Sparen	0	−11	−25	−42	−65	−94	−131	−178	−237
5	Kapital	1000	1043	1088	1135	1183	1234	1287	1342	1400
	Gewinn	250	261	272	284	296	309	322	336	350
	Entnahme	207	216	225	235	245	256	267	278	290
	Sparen	43	45	47	49	51	53	55	58	60

steigenden Raten ein. Am Ende des achtjährigen Planungszeitraumes würde der Landwirt nur noch über 45% des Ausgangskapitals verfügen können.

Strategie 5 zeigt schließlich ein »harmonisch« wachsendes Unternehmen. Auch hier nehmen die Entnahmen zwar jährlich um gut 4% zu, die Anfangshöhe der Entnahmen wurde aber gerade um soviel geringer als der erzielbare Gewinn gewählt, daß sich Kapital, Gewinn und Entnahmen mit gleichen Raten, d. h. »harmonisch« entwickeln können. Während diese Strategie als »idealtypisch« für wachsende Unternehmen angesehen werden kann, ist Strategie 4 idealtypisch für weichende Unternehmen.

Wir können die fünf Strategien aber auch unter dem Blickwinkel des zweiten Zieles betrachten, daß nämlich der Unternehmer bei Aufrechterhaltung eines bestimmten Endeigenkapitals die laufenden Entnahmen maximieren möchte. Bei Strategie 1 soll das Endeigenkapital dem Anfangskapital entsprechen, bei Strategie 2 soll es das Anfangskapital um 40% übersteigen, und bei Strategie 3 kann es um 40% unter dem Anfangskapital liegen. Ebenso lassen sich die Strategien 4 und 5 bei einer jetzt veränderten Zeitstruktur für die Entnahmen interpretieren. Wir sehen sofort: Das Niveau der Entnahmen kann unter sonst gleichen Bedingungen umso höher sein, je geringer die angestrebte Mindestsumme für das Endkapital ist und umgekehrt.

Insgesamt kommen durch die skizzierten Strategien unterschiedliche »Zeitpräferenzen« für Konsumeinkommen zum Ausdruck. Je höher das Endkapital angesetzt wird, das ein Landwirt anstrebt, desto mehr betreibt er Zukunftssicherung, desto mehr zieht er zukünftigen gegenüber gegenwärtigem Konsum vor. Sämtliche der sich aus den beiden Zielsetzungen ergebenden Strategien haben ihre Berechtigung. Je nach Persönlichkeitsstruktur und familialen Umständen wird der Landwirt stärker den Zukunftskonsum oder den Gegenwartskonsum betonen [14].

4.1.2 Gesamtwirtschaftliche Ziele und Grenzen

Bei der Diskussion gesamtwirtschaftlicher Ziele[1]) ist grundsätzlich davon auszugehen, daß sie verschiedenen gesellschaftspolitischen Zielen

untergeordnet sind. Als derartige **Oberziele,** die im wesentlichen das Wertesystem westlicher Industrieländer reflektieren, werden das Streben angesehen [5, 16] nach

- individueller Freiheit,
- sozialer Gerechtigkeit,
- sozialer Sicherheit,
- sozialem Frieden.

Da analog zur Wirtschaftstätigkeit einzelner Individuen auch die wirtschaftlichen Aktivitäten einer Gesamtwirtschaft in dem Einsatz knapper Produktionsmittel zum Herstellen von Gütern und Diensten und ihrem Verteilen auf verschiedene Zwecke bestehen, läßt sich zunächst sagen, daß auch die Gesellschaft letztlich nach einem möglichst hohen Grad der Bedürfnisbefriedigung ihrer Mitglieder strebt. Ziel ist deshalb die **gemeinschaftliche Nutzenmaximierung** bzw. das Maximieren des Volkswohlstandes.

Da nun aber eine Gesellschaft aus zahlreichen Individuen besteht, ist dieses Ziel zu einem bestimmten Zeitpunkt bei gegebener Ausstattung mit Produktionsmitteln solange nicht bestmöglich verwirklicht, wie sich der Gesamtnutzen noch erhöhen läßt bzw. wie die Nutzensumme zumindest eines Individuums noch erhöht werden kann, ohne daß damit eine mindestens gleich hohe Schmälerung der Nutzensumme eines anderen Individuums verbunden ist. Anders ausgedrückt: Das gesamtwirtschaftliche Ziel ist zu einem gegebenen Zeitpunkt dann voll erreicht, wenn jede Veränderung von individuellen Nutzensummen zu Verringerungen des volkswirtschaftlichen Gesamtnutzens führen würde [6, 18].

Dieses – nach seinem Entdecker so benannte – PARETO-Optimum ist indessen an das Vorliegen so vieler Voraussetzungen gebunden, daß es angesichts der ökonomischen Realität als eine – allerdings sehr nützliche – Utopie eingestuft werden muß [12, 16].

Zum einen ist zu berücksichtigen, daß eine Volkswirtschaft kein geschlossener Wirtschaftsraum ist, sondern vielfältige Außenbeziehungen aufweist. Falls etwa Nahrungsmittel in anderen Volkswirtschaften kostengünstiger hergestellt werden können, während umgekehrt in der eigenen Volkswirtschaft gewerbliche Güter besonders wirtschaftlich zu produzieren sind, wäre das PARETO-Optimum auch dann erreicht, wenn eine Volkswirtschaft gar keine eigenen Nahrungsmittel herstellte, diese vielmehr vollständig gegen den Export von gewerblichen Gütern importieren würde. Angsichts der Unüberschaubarkeit zukünftiger Ereignisse wird eine

---

[1]) Die gesamtwirtschaftlichen Ziele werden hier nur insoweit diskutiert, als es für das Anliegen dieses Buches unbedingt erforderlich erscheint.

Gesellschaft die damit verbundenen Risiken jedoch nicht eingehen wollen, sondern auf eine bestimmte Mindestselbstversorgung Wert legen. Neben das Maximierungsziel tritt somit ein Begrenzungsziel in Form eines »**Sicherungsziels«**.

Des weiteren kann insbesondere das kurzfristige Streben nach Nutzenmaximierung dazu führen, daß die natürlichen Ressourcen einer Volkswirtschaft auf Kosten ihrer langfristigen Verfügbarkeit über Gebühr ausgebeutet werden (»Raubbau«). Im Sinne einer Wahrung der nachhaltigen Volkswohlfahrt wird sich deshalb eine Gesellschaft auch hier um das Einhalten eines Sicherungszieles bemühen müssen.

Aufgrund dieser Überlegungen wird eine gesamtwirtschaftliche Zielformulierung etwa lauten können: Maximierung der nachhaltigen Volkswohlfahrt unter Berücksichtigung der Nebenbedingungen, daß bestimmte lebensnotwendige Güter und Dienste in einem bestimmten Mindestumfang innerhalb der Volkswirtschaft erzeugt werden, und die natürlichen Ressourcen des Landes nur bis zu einem bestimmten Höchstmaß für die Produktion genutzt werden.

Indessen ist nicht zu erwarten, daß das Einhalten derartiger Sicherungsziele in der Volkswirtschaft jederzeit automatisch gewährleistet sein wird. Die staatlichen bzw. supranationalen Organe (EG) müssen das Einhalten vielmehr durch entsprechende wirtschaftspolitische Maßnahmen, die sich letztlich in Gesetzen und Verordnungen niederschlagen, betreiben.

Schließlich müssen wir einen weiteren Aspekt beachten: Das PARETO-Optimum ist ein »statisches Optimum«, d. h. es kann nur für einen Zeitpunkt oder für eine Wirtschaft gelten, deren produktive Ressourcen sich im Zeitablauf nicht verändern. Tatsächlich verändert sich jedoch die Zahl der Erwerbspersonen, und es entwickeln sich der Kapitalstock und der Stand der Technik. Diese Veränderungen bewirken aber, daß sich eine Wirtschaft zu jedem Zeitpunkt in einem mehr oder weniger suboptimalen Zustand befindet. Aus dem Streben nach einem bestimmten PARETO-Optimum wird das Streben nach höheren Gesamtnutzenniveaus. Bei Berücksichtigung der Tatsache, daß sich Wirtschaftätigkeit im Zeitablauf vollzieht, ist also das Maximierungsziel durch ein **Wachstumsziel** zu ergänzen.

Im Zuge der Entwicklung einer Volkswirtschaft werden die jeweiligen PARETO-Optima wegen der immer wieder auftretenden Ressourcenver-

änderungen niemals voll erreicht. Der Entwicklungsprozeß vollzieht sich nicht gleichgewichtig in allen Wirtschaftssektoren, weil sich mit zunehmendem Wohlstand Veränderungen der Nachfragestrukturen ergeben. Neben stark expandierenden Bereichen, die relativ hohe Einkommenszuwächse erzielen, können wir Bereiche beobachten, deren Sektoreinkommen stagnieren oder gar schrumpfen. Das wird sofort deutlich, wenn wir etwa die Elektronikindustrie mit der Landwirtschaft vergleichen.

Die sich aus solchen Ungleichgewichten ergebenden Einkommensunterschiede (Einkommensdisparitäten) lösen sich wegen zahlreicher Hemmnisse nun leider nicht automatisch auf, z. B. dadurch, daß produktive Ressourcen aus schrumpfenden Bereichen unverzüglich in expandierende Bereiche abwandern würden. Da aber andererseits eine Gesellschaft wegen der eingangs genannten gesellschaftspolitischen Oberziele derartige Einkommensdisparitäten nur vorübergehend und auch nur innerhalb gewisser Grenzen tolerieren wird, müssen – um eine bestimmte Einkommensverteilung zu erreichen – ebenfalls die staatlichen Organe mit geeigneten Maßnahmen korrigierend eingreifen. Neben die Maximierungs-, Wachstums- und Sicherungsziele treten deshalb sog. »**Verteilungsziele«**.

Eine gesamtwirtschaftliche Zielformulierung könnte nunmehr lauten: Maximierung und nachhaltige Steigerung der Volkswohlfahrt unter Beachtung der Nebenbedingungen, daß bestimmte Sicherungsziele in einem definierten Mindestumfang erfüllt werden und daß ein bestimmtes Höchstmaß an Ungleichheit bei der sektoralen und personellen Einkommensverteilung nicht überschritten wird (Verteilungsziel).

Selbstverständlich kann eine Gesellschaft das Ausmaß, in dem die Sicherungs- und Verteilungsziele erfüllt werden müssen, nicht ein für allemal verbindlich festlegen. Vielmehr werden – wie die Realität täglich zeigt – die verschiedenen gesellschaftlichen Gruppierungen und ihre Interessenvertretungen immer wieder versuchen, günstigere Zielerfüllungsgrade für ihre Gruppe zu erreichen. Letztlich soll die demokratische Gesellschaftsordnung dafür sorgen, daß durch Verhandlungen und Mehrheitsentscheidungen zumindest zeitweilig für die Betroffenen akzeptable Kompromisse erreicht werden.

Unterhalb der gesamtwirtschaftlichen Ebene werden nun für ein planvolles Ausführen wirtschaftspolitischer Maßnahmen Teilziele für die verschiedenen Wirtschaftssektoren angestrebt. Angesichts der gegenwärtigen Überschußsituation bei Agrarprodukten stehen bei den Teilzielen für die Landwirtschaft nicht so sehr die Maximierungs- und Wachstumsziele im Vordergrund, sondern die Sicherungs- und Verteilungsziele.

Das für die nationalen Träger der Agrarwirtschaftspolitik zur Zeit **verbindliche Zielsystem** ist im jährlich erscheinenden Agrarbericht der Bundesregierung niedergelegt. Es wurde prinzipiell aus dem Landwirtschaftsgesetz von 1955 sowie vor allem aus dem EWG-Vertrag von 1957 abgeleitet und wird mehr oder weniger häufig an die jeweils aktuellen Umstände angepaßt [6, 13, 18]. Die vier sektorspezifischen Oberziele lauten [2]:

A Verbesserung der Lebensverhältnisse im ländlichen Raum sowie gleichrangige Teilnahme der in der Land-[1]), Forstwirtschaft und Fischerei Tätigen an der allgemeinen Einkommens- und Wohlstandsentwicklung.

B Versorgung der Bevölkerung und der Wirtschaft mit qualitativ hochwertigen Produkten der Agrar- und Ernährungswirtschaft zu angemessenen Preisen, Verbraucherschutz im Ernährungsbereich.

C Beitrag zur Lösung der Weltagrar- und -ernährungsprobleme, Verbesserung der agrarischen Außenwirtschaftsbeziehungen.

D Beitrag zur Sicherung und Entwicklung der natürlichen Lebensgrundlagen einschließlich der Landschaft; Verbesserung des Tierschutzes.

Gesamtwirtschaftlich betrachtet, handelt es sich bei **Ziel A** um ein Verteilungsziel. Im Zuge der wirtschaftlichen Entwicklung sind im Agrarsektor im Vergleich zur Gesamtwirtschaft Einkommensdisparitäten und Benachteiligungen bei den Lebensverhältnissen entstanden, die vorwiegend durch markt-, preis- und strukturpolitische Maßnahmen, aber auch durch direkte Einkommensübertragungen gemildert werden sollen. Einkommensverbesserungen sollen durch Stabilisierung der Agrarpreise, durch Anpas-

sungen der Preisstrukturen und nicht zuletzt durch Rückführung der Gesamtproduktion erreicht werden.

Gleichzeitig enthält Ziel A ein Sicherungsziel insofern, als – offenbar, um übergeordnete gesellschaftspolitische Ziele zu erfüllen – in einem Unterziel gesagt wird, daß die aus Haupt- und Nebenerwerbsbetrieben bestehende bäuerliche Betriebsstruktur gesichert werden soll.

Sektorpolitisch betrachtet, enthält Ziel A mit der Formulierung »gleichrangige Teilnahme der in der Land-, Forstwirtschaft und Fischerei Tätigen an der allgemeinen Einkommens- und Wohlstandsentwicklung«, wobei dies vornehmlich durch Produktivitätsverbesserungen, durch Steigerungen der Vermarktungseffizienz und durch Herstellen gleicher Wettbewerbsbedingungen in der EG erreicht werden soll, jedoch auch eine deutliche Maximierungs- und Wachstumskomponente.

Ziel B ist aus gesamtwirtschaftlicher Sicht zunächst ein Sicherungsziel. Insbesondere soll ein in Menge und Vielfalt ausreichendes Nahrungsmittelangebot bei optimaler Produktqualität gewährleistet werden. Wichtige Maßnahmen zum Erreichen dieses Zieles sind die »Verbesserung der Ertrags- und Leistungssicherheit des Bodens, der Nutzpflanzen und der Nutztiere«, die »Verhütung oder Vermeidung der Kontamination in Produktion, Be- und Verarbeitung sowie im Handel« und die »Erhaltung und Verbesserung der Gesundheit in Nutztier- und Nutzpflanzenbeständen«.

Mit der Formulierung »Versorgung der Bevölkerung ... zu angemessenen Preisen« enthält Ziel B, gesamtwirtschaftlich betrachtet, jedoch auch eine Verteilungskomponente. Mit relativ hohen Agrarpreisen ließe sich zwar Ziel A (»Teilnahme ... an der allgemeinen Einkommensentwicklung«) für die landwirtschaftlichen Erwerbstätigen leichter erreichen, indes würden dadurch die nichtlandwirtschaftlichen Verbraucher in ihren Realeinkommen beeinträchtigt. Ein solcher Zielkonflikt kann letztlich nur durch Kompromisse aufgelöst werden.

Hinter der Formulierung von **Ziel C** verbirgt sich wohl grundsätzlich das Sicherungsziel einer angemessenen nationalen Selbstversorgung. Es wird jedoch offenbar darauf Bedacht genommen, daß eine mehr oder weniger vollständige Autarkie (Unabhängigkeit) bei Nahrungsmitteln nicht erstrebenswert ist, namentlich dann nicht, wenn bestimmte Nahrungsmittel offensichtlich billiger importiert als selber hergestellt werden können. Ihr Ausschluß vom gemeinsa-

---

[1]) Einschließlich Gartenbau.

men Markt zöge vermutlich mehr oder weniger schwerwiegende Nachteile für andere Wirtschaftssektoren der EG nach sich.

Im einzelnen soll Ziel C durch Verbesserung der internationalen Zusammenarbeit, durch Ausbau der agrarischen Außenwirtschaftsbeziehungen und durch Stärkung des Weltagrarhandels, aber auch durch einen Beitrag zur »weltweiten Anpassung der Agrarproduktion an den langfristigen Bedarf« verfolgt werden.

Ziel D schließlich ist – gesamtwirtschaftlich gesehen – eindeutig als Sicherungsziel einzustufen. Aus Gründen einer langfristigen Vorsorge sind die natürlichen Lebensgrundlagen einschließlich der Landschaft zu sichern und zu entwickeln. Namentlich sind Boden und Wasser in ihrer Leistungs- und Nutzungsfähigkeit zu erhalten, sind Nutzpflanzen und Nutztiere vor außerlandwirtschaftlich verursachten Umweltbelastungen zu schützen, sind landwirtschaftlich verursachte Umweltbelastungen zu vermindern und ist die Erholungs- und Erlebnisfunktion des ländlichen Raumes zu sichern.

Die Formulierungen dieses Teilzielsystems sind zwar an vielen Stellen noch so offen, daß sie anhaltende und kontroverse Diskussionen der verschiedenen Interessengruppen geradezu herausfordern, andererseits wird das Sicherungsziel für den heute vorherrschenden Landbau sehr deutlich postuliert.

Insgesamt können wir festhalten, daß Maximierungs- und Wachstumsziele unter gesamtwirtschaftlichen Aspekten für die Landwirtschaft stark in den Hintergrund getreten sind. Verteilungs- und vor allem Sicherungsziele genießen eindeutig Vorrang. Diese vorrangige Verfolgung von Sicherungszielen auf nationaler und supranationaler Ebene führt jedoch dazu, daß die einzelnen Landwirte mit ihren individuellen Zielvorstellungen in einen zunehmenden Gegensatz zu den gesamtgesellschaftlich induzierten, gesamtwirtschaftlichen Zielen geraten.

Der Landwirt, der sich bewußt ist, daß eine zunehmende Anzahl und Rigorosität von Sicherungszielen zu geringeren Zielerreichungsgraden bei seinem Extremalziel der Gewinnerwirtschaftung und seinem Wachstumsziel der nachhaltigen Einkommensentwicklung führen muß, wird eine auferlegte Verfolgung von Sicherungszielen verständlicherweise zunächst als Beschränkung oder gar Bedrohung seiner Existenzgrundlage betrachten. Es läßt sich nicht konkret vorhersagen, wie sich dieser zunehmend akuter werdende Gegensatz einmal auflösen wird.

4.2 Integrierter Landbau

4.2.1 Einzelwirtschaftliche Ziele und Begrenzungen

Der Landwirt, der seinen Betrieb nach den Verfahren des Integrierten Landbaues bewirtschaften möchte, wird zwar prinzipiell das gleiche System von Extremal- und Begrenzungszielen verfolgen, das wir in Abschnitt 4.1.1 bereits abgeleitet haben. Da aber für den Integrierten Landbau vorgesehen ist, daß dabei als **zusätzliche Zielvorstellung** eine »noch schonendere Produktionsweise« beachtet werden soll, wird er dem Begrenzungsziel der Substanzerhaltung eine relativ größere Bedeutung beimessen [4].

Dieses Begrenzungsziel ist jetzt jedoch insofern zu konkretisieren, als es nicht mehr nur um das generelle Erhalten und Mehren des Kapitalstocks, sondern zusätzlich um ein Erhalten oder sogar Mehren der Qualität eines wesentlichen Teils dieses Kapitalstocks, nämlich des Bodens und der natürlichen Regulationsfaktoren des Agroökosystems, geht.

Zwar haben sich die Landwirte im Interesse der Substanzerhaltung schon immer um eine Sicherung der **Bodenfruchtbarkeit** bemüht, angesichts des vielfältigen chemischen Mitteleinsatzes zur Ernährung und Gesunderhaltung der Nutzpflanzenbestände und angesichts des Zwanges in viehstarken Betrieben zum Ausbringen hoher Güllemengen, aber wohl nicht immer in einem Maße, das auch die nichtlandwirtschaftlichen Nutzer der natürlichen Ressourcen des Landwirts zufriedenstellen könnte. Die für den Landwirt wichtige Bodenfruchtbarkeit kann nämlich auch dann noch erhalten sein, wenn er in ausgeräumter Landschaft großflächig wirtschaftet und überschüssige oder zu falschen Zeitpunkten ausgebrachte Dünge- und Pflanzenschutzmittel im Unterboden versickern und das Grundwasser belasten. Darüber hinaus kann bei einer solchen Wirtschaftsweise die Fähigkeit des Agrarökosystems zur Selbstregulation, z. B. in bezug auf die Schadenswahrscheinlichkeit für tierische Schädlinge, nahezu vollständig verloren gehen.

Um derartige Nachteile und Schäden für die weiteren Nutzer der natürlichen Ressourcen abzumildern oder zu vermeiden, wird das im vorigen Abschnitt diskutierte gesamtwirtschaftliche Teilzielsystem D von den nationalen Trägern der Agrarpolitik verfolgt. Es sagt in seinen Unterzielen ausdrücklich, daß Boden und Wasser in ihrer Leistungs- und Nutzungsfähigkeit zu erhalten sind, daß landwirtschaftlich verursachte Umweltbelastungen, z. B. auch in bezug auf die Beeinträchtigung der Artenvielfalt, zu vermindern sind, und daß die Erholungs- und Erlebnisfunktion des ländlichen Raumes zu sichern ist.

Diese Teilziele werden inzwischen mit teils sehr einschneidenden Verordnungen – z. B. Nitrathöchstmengen im Trinkwasser, verschärften Wasserschutzgebietsauflagen für Pflanzenschutzmittel sowie seit 1. Oktober 1989 der neuen EG-Trinkwasserverordnung – durchgesetzt. Für den Landwirt bedeutet dies, daß er bei dem Verfolgen seiner Gewinnziele neben dem aus Eigeninteresse zu berücksichtigenden Begrenzungsziel der Erhaltung der Bodenfruchtbarkeit noch weitere, von außen auferlegte Begrenzungsziele als Nebenbedingungen zu beachten hat.

Wir haben nun bereits in Abschnitt 4.1.1 abgeleitet, daß das Einhalten von mehr und rigoroseren Nebenbedingungen zur Verringerung des Erfüllungsgrades der kurz- und langfristigen Gewinnziele führt. Um die damit verbundenen Wirkungen deutlicher herausarbeiten zu können, müssen wir die Hauptmaßnahmen zur Gewinnerwirtschaftung etwas näher beleuchten.

Bei gegebenen Begrenzungszielen und gegebenen betrieblichen Kapazitäten kann die Gewinnhöhe durch drei Hauptdeterminanten im Produktionsbereich beeinflußt werden:

1. Durch die Wahl des Produktionsprogrammes (»Programmeffekt«),
2. durch ein mehr oder weniger vollständiges Auslasten der Produktionskapazität Boden (»Kapazitätseffekt«),
3. durch eine mehr oder weniger effiziente Kombination der auf dem Boden einzusetzenden Produktionsmittel (»Kombinationseffekt«).

In der Pflanzenproduktion wird das Produktionsprogramm durch Anzahl und Flächenanteile der Früchte und ihre zeitliche Aufeinanderfolge, d. h. durch **Anbauverhältnis** und **Fruchtfolge**, bestimmt. Da nun bei gegebenen Standortbedingungen und Preis:Kosten-Verhältnissen für einen Betrieb die einzelnen Früchte unterschiedlich hohe Gewinnbeiträge je ha Anbaufläche aufweisen, wird sich ein Landwirt auf wenige, durch hohe Gewinnbeiträge gekennzeichnete Früchte beschränken wollen. Je mehr Früchte er in sein Produktionsprogramm aufnimmt, desto stärker muß er auf Früchte mit geringeren

Gewinnbeiträgen zurückgreifen, desto geringer wird aber der aus der Pflanzenproduktion des Betriebes erzielbare Gesamtgewinn werden. Berücksichtigen wir nun jedoch, daß die Gewinnbeiträge je ha Anbaufläche praktisch aller Nutzpflanzen umso geringer sein werden, je höher ihre Anbauanteile in einer Fruchtfolge sind (weil die Naturalertragsniveaus infolge der Anreicherung bestimmter Schadorganismen bei häufiger Wiederholung der gleichen Frucht in einer Fruchtfolge sinken und umgekehrt die Pflanzenschutzkosten zur Aufrechterhaltung bestimmter Ertragsniveaus steigen), dann wird durch diese Wirkungen die Gültigkeit der obigen Aussage zunächst wieder eingeschränkt. Sie wird jedoch nicht aufgehoben: Ab einer gewissen Vielfalt der Fruchtfolge sind die negativen Wirkungen von Früchten mit geringeren Gewinnbeiträgen höher als die positiven Wirkungen steigender ha-Erträge und sinkender Pflanzenschutzkosten. Wir erhalten für den Gesamtgewinn in Abhängigkeit von der Zahl der Früchte in einer Fruchtfolge, wobei die Früchte nach Maßgabe abnehmender Gewinnbeiträge geordnet sind, prinzipiell eine Funktion wie sie in Abb. 11 dargestellt ist. In dem Beispiel wäre der höchstmögliche Gewinn bei einer aus den vier gewinnträchtigsten Früchten bestehenden Fruchtfolge erreicht.

Will oder muß nun der Landwirt im Sinne einer stärkeren Schonung seiner natürlichen Ressourcen – insbesondere, um die Aufwendungen für chemischen Pflanzenschutz zu senken – zu einer vielseitigeren als der optimalen Fruchtfolge übergehen, dann bedingt ein mehr oder weniger starkes Beachten dieses Begrenzungszieles mehr oder weniger hohe Gewinneinbußen. Kalkulationen mit derzeitigen Produkt- und Faktorpreisen, Naturalertragsniveaus und geschätzten Ertragsminderungen durch Schadorganismen ergeben, daß das ökonomische Optimum gegenwärtig – je nach Standort – bei 3–5 Früchte umfassenden Fruchtfolgen liegt. Beim Übergang von 5 auf 6 Früchte sinkt der Gewinn um ca. 3 %, beim Übergang auf 7 Früchte schon um 6 % und beim Übergang auf 8 Früchte bereits um 8 %. Für einen 50 ha LF großen Familienbetrieb, der gegenwärtig mit Gewinnbeiträgen (einschließlich der Entlohnung der Familien-Ak) von ca. 2000 DM/ha rechnen kann, würden diese Abnahmen zu Gewinneinbußen von 3000 DM, 6000 DM bzw. 8000 DM jährlich führen [10].

Die vorher unter 2. und 3. genannten Kapazitäts- und Kombinationseffekte sollen anhand

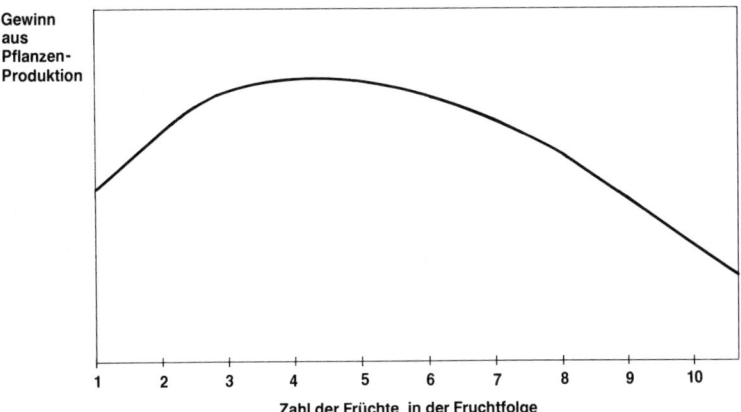

Abb. 11
Gesamtgewinn aus der
Pflanzenproduktion in
Abhängigkeit von der
Zahl der Früchte in
einer Fruchtfolge.

des Beispiels der Tabelle 2 erläutert werden. In dieser Tabelle sind Kostenstellenrechnungen (je ha Anbaufläche) und Kostenträgerrechnungen (je dt Produkt) für Weizen bei zwei unterschiedlichen Ertragsniveaus dargestellt. Die linke der beiden Spalten (Ist-Werte) der Kostenstellenrechnung zeigt, daß das derzeit in einem existierenden Betrieb realisierte Ertragsniveau von 80 dt/ha zu einem Gewinnbeitrag (Zeile 11) von 1008 DM/ha führt. Die rechte der beiden Spalten (Soll-Werte) gibt an, welche wirtschaftliche Situation zu erwarten ist, wenn das Ertragsniveau von 80 auf 60 dt/ha verringert würde, um die auszubringenden Mineraldünger- und Pflanzenschutzmengen um 25% zu senken. Dabei wurde davon ausgegangen, daß die Kosten für die Ernährung und Gesunderhaltung des Pflanzenbestandes ebenso wie das Ertragsniveau um 25% gesenkt werden können. Die übrigen Kostenbestandteile bleiben bei dieser Modellrechnung unverändert, da sie nicht ertrags-, sondern flächenabhängig sind.

Tabelle 2 Kostenstellen- und Kostenträgerrechnungen für Weizen bei unterschiedlichen Ertragsniveaus

Zeile	Weizen Naturalertrag: IST: 80 dt/ha SOLL: 60 dt/ha	Kostenstellenrechnung (je ha Anbaufläche)		Kostenträgerrechnung (je dt Weizen)	
		IST-Werte DM	SOLL-Werte DM	IST-Werte DM	SOLL-Werte DM
1	Weizen (37,– DM/dt)	2960	2220	37,00	37,00
2	Leistung (Zeile 1)	2960	2220	37,00	37,00
3	Saatgut	200	200	2,50	3,33
4	Mineraldünger	350	262	4,37	4,37
5	Pflanzenschutzmittel	300	225	3,75	3,75
6	Traktoreinsatz[1]	432[2]	432	5,40	7,20
7	Eigenmaschinen[1]	250	250	3,13	4,17
8	Lohndrusch	220	220	2,75	3,67
9	Arbeit	200[3]	200	2,50	3,33
10	Einzelkosten (Zeile 3 bis 9)	1952	1789	24,40	29,81
11	einzelkostenfreie Leistung = »Gewinnbeitrag« (Zeile 2 bis 10)	1008	431	12,60	7,19
12	Differenz SOLL zu IST in DM	577		5,41	
13	Differenz SOLL zu IST in %	57,24		26,26	

[1]) Vollkostensätze.
[2]) 9 Sh à 48,– DM. [3]) 10 Akh à 20,– DM.

Durch die geringeren Mineraldünger- und Pflanzenschutzkosten vermindern sich zwar die insgesamt zu erwartenden Einzelkosten (Zeile 10), die Leistung (Zeile 2) sinkt jedoch noch stärker, so daß der Gewinnbeitrag (Zeile 11) von 1008 auf 431 DM/ha um 577 DM oder 57,24% abnimmt. Diese Gesamtabnahme ist nun teilweise auf den Kapazitätseffekt und teilweise auf den Kombinationseffekt zurückzuführen. Die relative Bedeutung der beiden Effekte läßt sich ermitteln, wenn wir – wie in den beiden rechten Spalten der Tabelle dargestellt – eine Kostenträgerrechnung durchführen. Infolge des hohen Anteils flächenabhängiger Kosten steigen die Stückkosten bei abnehmendem Ertragsniveau von 24,40 auf 29,81 DM an, so daß der Gewinnbeitrag je dt Weizen von 12,60 DM auf 7,19 DM um 5,41 DM oder 26,26% sinkt. Die auf der Fläche eingesetzten Produktionsmittel sind bei den Soll-Werten des geringeren Ertragsniveaus weniger effizient kombiniert. In Relation zur erzeugten Produktmenge werden, außer bei den Mineraldünger- und Pflanzenschutzmitteln, höhere Produktionsmittelmengen verbraucht.

Der um 26,26% geringere Gewinnbeitrag je dt Produkt im Vergleich zum 57,24% geringeren Gewinnbeitrag je ha Anbaufläche sagt nun, daß die Gesamtverminderung des Gewinnbeitrages von 577 DM/ha etwa je zur Hälfte auf die weniger effiziente Kombination der auf der Fläche eingesetzten Produktionsmittel und die weniger gute Auslastung der Produktionskapazität Boden zurückzuführen ist.

Darüber hinaus liefert das Beispiel einige Hinweise dafür, mit welchen Gewinneinbußen der Landwirt bei unveränderten Produkt- und Faktorpreisen rechnen müßte, wenn z. B. zur Durchsetzung der gesamtwirtschaftlichen Sicherungsziele »Sicherung der Ertrags- und Nutzungsfähigkeit von Boden und Wasser« sowie »Verminderung der durch die Agrarwirtschaft verursachten Umweltbelastungen« Verordnungen erlassen würden, die pauschale Höchstmengen für das Ausbringen von Dünge- und Pflanzenschutzmitteln enthalten.

Ein derart schematisches Durchsetzen des Sicherungszieles wäre aus der Sicht des Landwirtes, aber auch aus der Sicht des Integrierten Landbaues, sicher nicht wünschenswert. Wie an anderer Stelle dieses Buches deutlich wird, hängen eventuell ins Grundwasser einwandernde Nitratmengen nicht davon ab, wieviel Stickstoff dem Boden absolut zugeführt wird, sondern davon, wieviel Stickstoff der Boden in Relation zum ertrags- und vegetationszeitabhängigen Bedarf der Nutzpflanzen erhält bzw. mineralisiert. Im Beispiel der Tabelle 2 wurde nun unterstellt, daß die Mineraldüngermengen im gleichen Maße wie das Ertragsniveau zurückgenommen werden, d. h. umgekehrt, daß sich die **Nitratbelastung des Grundwassers** unter gleichen Bedingungen bei höherem Ertragsniveau nicht erhöhen würde. Trotzdem wird – wie Tabelle 2 deutlich zeigt – die Wirtschaftlichkeit gravierend negativ beeinflußt.

An dem eben genannten Tatbestand, daß die in den Unterboden bzw. das Grundwasser einwandernden Nitratmengen – bei gegebenem Boden und gegebenen Niederschlagsverhältnissen an einem Standort – vornehmlich davon abhängen, wieviel Stickstoff den Nutzpflanzen in Relation zu ihrem ertrags- und vegetationszeitabhängigen Bedarf zugeführt wird, setzen die Überlegungen zur »gezielten« bzw. bedarfsgerechten Düngung an. Da diese Düngungstechnik ein wesentliches Anliegen des Integrierten Landbaus ist, wollen wir uns hier an einem weiteren Zahlenbeispiel deutlich machen, welche Konsequenzen eine mehr oder weniger bedarfsgerechte Nährstoffzufuhr für das Gewinnziel des Landwirtes hat.

Dafür wurde auf der linken Seite der Tabelle 3 ein landwirtschaftlicher Betrieb skizziert, der nur Ackerbau betreibt und seine 100 ha LF zu je einem Drittel durch Raps, Weizen und Gerste nutzt (siehe Zeile 1). Der Betrieb möge in den letzten Jahren Ertragsniveaus von 35 dt/ha bei Raps und von 70 dt/ha bei Weizen und Gerste erreicht haben (siehe Zeile 2).

Zur Berechnung der wirtschaftlichen Situation des Betriebes – hier der Deckungsbeiträge als Differenzen aus Geldleistungen und variablen Kosten – wollen wir zunächst fragen, welche **Mineraldüngermengen** der Betrieb einsetzen muß, um die genannten Erträge zu erzielen. Diese Mengen sind in den Zeilen 3–5 für die Hauptnährstoffe angegeben. Sie wurden aus den Nährstoffmengen abgeleitet, die in den fertigen Produkten Raps, Weizen und Gerste enthalten sind (reine Entzugsmengen). Daten dafür liefert die Hohenheimer Futtermitteldatenbank [3].

Unter Praxisbedingungen muß man nun aber davon ausgehen, daß die Nährstoffbedarfsmengen vornehmlich bei Stickstoff mehr oder weniger über den reinen Entzugsmengen liegen [11, 17]. Für bestimmte Anteile des einem Feldstück zugeführten Stickstoffs läßt sich nicht verhindern, daß sie in die Luft entweichen, in den

Unterboden eindringen oder im Boden mehr oder weniger lange festgelegt werden. Erfahrungen zeigen, daß die Stickstoffausnutzung bei einem bestimmten Boden, bestimmten Niederschlagsverhältnissen und einer gegebenen Düngungstechnik z. B. bei zwei Drittel der Menge liegt, die im Produkt wiederkehrt.

Im Beispiel der Tabelle 3 wurde nun angenommen, daß der Betrieb gegenwärtig eine 67%ige N-Ausnutzung erreicht, also die in Zeile 3 aufgeführten Stickstoffmengen eingesetzt werden, um die in Zeile 2 angegebenen Ertragsniveaus zu erreichen. Für die Nährstoffe Phosphor und Kali (Zeilen 4 und 5) wurde dagegen mit 100%iger Nährstoffausnutzung gerechnet.

In den Zeilen 6–9 der Tabelle 3 sind dann die Geldleistungen und die variablen Kosten für die einzelnen Produkte und für den Betrieb im Durchschnitt aufgeführt. Die in Zeile 7 angegebenen Mineraldüngerkosten ergeben sich aus den oben ermittelten Nährstoffbedarfsmengen, bewertet mit den derzeitigen Marktpreisen für die Nährstoffe. Für die übrigen geldlichen Größen wurden Werte des Kuratoriums für Technik und Bauwesen in der Landwirtschaft (KTBL) herangezogen. Das KTBL berechnet im Auftrag der Bundesregierung jährlich die sog. »Standarddeckungsbeiträge« auf der Grundlage von umfangreichen Buchführungsergebnissen [7].

Daraus lassen sich Geldleistungen und übrige variable Kosten ableiten. Die in Zeile 8 angegebenen »sonstigen variablen Kosten« enthalten als Summe Werte für Saatgutkosten, Pflanzenschutzkosten, variable Maschinenkosten und weitere variable Kosten.

Subtrahieren wir nun von den Leistungen die insgesamt anfallenden variablen Kosten, dann erhalten wir in Zeile 10 die ha-Deckungsbeiträge für die einzelnen Produkte und für den Betrieb im Durchschnitt. Der Betrieb erzielt also einen mittleren Deckungsbeitrag von 1771 DM/ha LF.

Im Vergleich dazu ist im rechten Teil der Tabelle 3 die wirtschaftliche Situation des Betriebes für den Fall skizziert, daß es dem Betriebsleiter durch eine »gezieltere« Düngungstechnik oder -verteilung gelingt, die Stickstoffausnutzung von 67% auf 83,5% zu steigern, also die Verschwendung des Nährstoffes um die Hälfte zu senken. Dadurch sinkt das erforderliche Stickstoffdüngungsniveau (Zeile 3) von vorher durchschnittlich 178 kg/ha auf jetzt noch 143 kg/ha LF. Da jedoch die Geldleistungen und die übrigen variablen Kosten nicht beeinflußt werden, sinken die variablen Kosten (Zeile 9) infolge der geringeren Düngungskosten nur von durchschnittlich 1139 DM/ha auf 1101 DM/ha LF, so daß sich eine Steigerung des mittleren Deckungsbeitra-

Tabelle 3 Zum Einfluß der unterschiedlichen Stickstoffausnutzung von Kulturpflanzen auf die Wirtschaftlichkeit (Beispiel) – ohne Obergrenze für die Stickstoffzufuhr

Z			IST-Zustand N-Ausnutzung 67%				SOLL-Zustand N-Ausnutzung 83,5%			
			Raps	Weizen	Gerste	Betrieb	Raps	Weizen	Gerste	Betrieb
1	Anbaufläche	ha	33,33	33,33	33,33	100	33,33	33,33	33,33	100
2	Ertragsniveau	dt/ha	35,0	70,0	70,0	–	35,0	70,0	70,0	–
3	N-Zufuhr	kg/ha[1]	166	195	172	178	133	157	138	143
4	P_2O_2-Bedarf	kg/ha[2]	69	51	57	59	69	51	57	59
5	K_2O-Bedarf	kg/ha[2]	34	37	29	34	34	37	29	34
6	Leistung	DM/ha[3]	3374	2738	2619	2910	3374	2738	2619	2910
7	Mineraldünger-kosten	DM/ha	304	317	290	304	269	275	253	266
8	sonstige variable Kosten	DM/ha[3]	867	855	783	835	867	855	783	835
9	variable Kosten	DM/ha	1171	1172	1073	1139	1136	1130	1036	1101
10	Deckungsbeitrag	DM/ha	2203	1566	1546	1771	2238	1608	1583	1809

[1]) Nach Daten der Hohenheimer Futtermitteldatenbank bei 67% N-Ausnutzung kalkuliert.
[2]) Nach Daten der Hohenheimer Futtermitteldatenbank bei 100% Nährstoff-Ausnutzung kalkuliert.
[3]) Nach Daten des KTBL »Standarddeckungsbeiträge 1989/90« kalkuliert.

ges von 1771 DM/ha auf 1809 DM/ha um 38 DM bzw. um 2,1% ergibt.

Angesichts von wesentlich höheren Schwankungen der jährlichen Deckungsbeiträge infolge unterschiedlicher Jahreswitterungen dürfte die eben errechnete geringe Deckungsbeitragssteigerung allein kaum geeignet sein, die Landwirte zu einer gezielteren Düngung zu veranlassen. Insbesondere dann, wenn wir bedenken, daß die gezielte Düngung mit höheren Meß- und Erhebungaufwendungen verbunden ist und dazu führen kann, daß die Düngung u. U. auf eine größere Zahl von Gaben verteilt werden muß.

Die Bedeutung einer gezielten Düngung wird jedoch sehr viel deutlicher, wenn das Produktionsmittel Stickstoff etwa aufgrund von Wasserschutzbestimmungen zu einem wirklich knappen Produktionsfaktor wird. So werden z. B. gegenwärtig für Wasserschutzgebiete festgelegte Höchstmengen für die Stickstoffzufuhr erwogen, um die Gefahr des Nitrataustrages in den Unterboden und das Grundwasser zu minimieren. Welche Konsequenzen z. B. eine Begrenzung der Stickstoffzufuhr auf 120 kg/ha und Jahr bei unterschiedlichen Stickstoffausnutzungsgraden haben kann, zeigt das Beispiel der Tabelle 4.

In dieser Tabelle ist derselbe Betrieb wie in Tabelle 3 für die beiden Stickstoffausnutzungs-grade von 67 und 83,5% skizziert. Durch die Begrenzung der Stickstoffzufuhr sinken auf Dauer die erzielbaren Naturalerträge und damit auch die zugehörigen Geldleistungen. Da die Ertragsabnahmen bei dem höheren Stickstoffausnutzungsgrad der gezielten Düngung jedoch weit weniger stark sind, liegt der Deckungsbeitrag jetzt bei dem N-Ausnutzungsgrad von 83,5% um 446 DM/ha bzw. um 44% über dem Deckungsbeitrag bei der geringeren N-Ausnutzung. Dabei ist schon berücksichtigt, wie Zeile 8 der Tabelle 4 zeigt, daß die variablen Kosten bei dem geringeren Ertragsniveau des niedrigeren N-Ausnutzunggrades – insbesondere infolge geringerer Pflanzenschutzaufwendungen – niedriger liegen.

Insgesamt können wir sagen, daß die gezielte Düngung neben dem eindeutigen positiven wirtschaftlichen Effekt den Vorteil hat, daß die Gefahr von Stickstoffaustragungen bei dieser Düngungstechnik wesentlich geringer ist, weil weniger Stickstoff verschwendet bzw. nicht produktiv in Pflanzenertrag umgesetzt wird. Die vom Integrierten Landbau zu fordernde gezielte Düngung ist also geeignet, das einzelwirtschaftliche Gewinnziel der Landwirte mit dem gesamtwirtschaftlichen Sicherungsziel der Ressourcenschonung in Einklang zu bringen.

Wesentlich problematischer ist dagegen die

Tabelle 4   Zum Einfluß der unterschiedlichen Stickstoffausnutzung von Kulturpflanzen auf die Wirtschaftlichkeit (Beispiel) – Begrenzung der Stickstoffzufuhr auf max. 120 kg N/ha

Z			IST-Zustand N-Ausnutzung 67%				SOLL-Zustand N-Ausnutzung 83,5%			
			Raps	Weizen	Gerste	Betrieb	Raps	Weizen	Gerste	Betrieb
1	Anbaufläche	ha	33,33	33,33	33,33	100	33,33	33,33	33,33	100
2	Ertragsniveau	dt/ha	25,4	43,0	48,7	–	31,6	53,6	61,7	–
3	N-Zufuhr	kg/ha[1][2]	120	120	120	120	120	120	120	120
4	P_2O_2-Bedarf	kg/ha[2]	50	31	39	40	62	39	49	50
5	K_2O-Bedarf	kg/ha[2]	25	23	20	23	31	28	26	28
6	Leistung	DM/ha	2388	1705	1777	1957	2971	2125	2252	2449
7	Mineraldünger- kosten	DM/ha[2]	220	195	202	206	243	211	219	224
8	sonstige variable Kosten	DM/ha[2]	810	744	685	746	841	776	705	774
9	variable Kosten	DM/ha	1030	939	887	952	1084	987	924	998
10	Deckungsbeitrag	DM/ha	1358	766	890	1005	1884	1138	1328	1451

[1] N-Zufuhr auf 120 kg/ha begrenzt.
[2] Werte kalkuliert wie in Tabelle 3.

Ausbringung von **chemischen Pflanzenschutz-mitteln** zu sehen, insbesondere für den Fall, daß es sich dabei um grundwasserbelastende Stoffe handelt, die im Boden nicht zu unschädlichen Komponenten zerfallen. Da bestimmte Pflanzenschutzmittel auch in den Boden eindringen, wäre hier bei höherem Ertragsniveau mit höheren Grundwasserbelastungen zu rechnen. Gesamtwirtschaftlich betrachtet würden die Landwirte auf diese Weise sog. externe Kosten erzeugen, d. h. Kosten, die durch – bisher durchaus legitime – Entscheidungen der Landwirte zum Einsatz derartiger Pflanzenschutzmittel verursacht wären, aber nicht durch sie getragen würden.

Zum einen kann versucht werden, diesen externen Kosten bzw. diesen Gefahren einer höheren Grundwasserbelastung durch gesetzliche Auflagen und durch Ausweisung zusätzlicher Wasserschutzgebiete zu begegnen. Entsprechende Maßnahmen werden gegenwärtig durch die öffentlichen Hände vorbereitet bzw. bereits umgesetzt. Zum anderen lassen sich aber die gesamtwirtschaftlichen Sicherungsziele mit dem einzel-

betrieblichen Gewinnstreben insbesondere auch dadurch stärker in Einklang bringen, daß für den Landwirt die Entscheidungsgrundlagen zum qualitativ und zeitlich sachgerechten Ausbringen von Pflanzenschutzmitteln verbessert werden (gezielter Pflanzenschutz nach Schadensschwellen).

Die »Wissensbasis« und praktisch einsetzbare Entscheidungshilfen dafür werden zwar in anderen Kapiteln dieses Buches eingehend diskutiert, mit Hilfe eines Beispiels soll an dieser Stelle jedoch gezeigt werden, welche Auswirkungen pauschalierte Sicherungsziele in Form von Ausbringungsbegrenzungen hätten, und wie gesamtwirtschaftliche Sicherungsziele mit den individuellen Einkommenszielen der Landwirte durch den gezielten Pflanzenschutz stärker in Einklang gebracht werden können.

Dazu sind in Anlehnung an die Leistungs- und Kostenwerte der Tabelle 2 in Tabelle 5 Kostenstellenrechnungen (je ha Anbaufläche) für Weizen bei drei verschiedenen Pflanzenschutzstrategien für zwei verschiedene Umweltkonstellationen dargestellt. Das Beispiel vereinfacht

Tabelle 5   Gewinnbeiträge (in DM) je ha Anbaufläche im Weizenbau bei unterschiedlichen Pflanzenschutzstrategien (Beispiel)

	Pflanzenschutzstrategien:		Spritzplan Pflanzenschutz		reduzierter Pflanzenschutz		gezielter Pflanzenschutz	
Z	Größen	Umwelt[1]	A	B	A	B	A	B
1	Weizen, Naturalertrag (dt)		85	85	85	61	85	85
2	Leistung (37,– DM/dt)		3150	3150	3150	2250	3150	3150
3	Saatgut		200	200	200	200	200	200
4	Mineraldüngung		320	320	320	320	320	320
5	Pflanzenschutzmittel		400	400	200	200	200	400
6	Traktoreinsatz		480[2]	480[2]	432[3][4]	432[3][4]	432[3][4]	480[2]
7	Eigenmaschinen		250	250	220[4]	220[4]	220[4]	250
8	Lohndrusch		220	220	220	220	220	220
9	Arbeit		200[5]	200[5]	180[6]	180[6]	200[7]	220[8]
10	Einzelkosten (Zeile 3 bis 9)		2070	2070	1772	1772	1792	2090
11	einzelkostenfreie Leistung = »Gewinnbeitrag« (Zeile 2–10)		1080	1080	1378	478	1358	1060

[1]) Umwelt A = geringer Krankheitsdruck, B = hoher Krankheitsdruck.
[2]) 10 Sh à 48,– DM.
[3]) 9 Sh à 48,– DM.
[4]) Reduziert wegen geringerer Pflanzenschutzarbeiten.
[5]) 10 Akh à 20,– DM.
[6]) Um 1 Akh wegen geringerer Pflanzenschutzarbeit reduziert.
[7]) Trotz geringerer Pflanzenschutzarbeit wegen erhöhtem Beobachtungs- und Erhebungsaufwand um 1 Akh erhöht.
[8]) Wegen voller Pflanzenschutzarbeit und erhöhten Erhebungsaufwandes um eine weitere Akh erhöht.

zwar, enthält jedoch die wesentlichen Gesichtspunkte.

Bei den Pflanzenschutzstrategien wird zwischen einem Pflanzenschutz nach vollen Spritzplänen (Spritzplan-Pflanzenschutz), einem durch Anwendungsverbote und -beschränkungen stärker begrenzten chemischen Pflanzenschutz (Reduzierter Pflanzenschutz) und einem gezielten Pflanzenschutz nach Maßgabe von Befalls- und Witterungserhebungen sowie wirtschaftlichen Schadensschwellen (Gezielter Pflanzenschutz) unterschieden. Bei den Umweltkonstellationen wird vereinfacht nur zwischen der Situation bzw. zwischen Vegetationsperioden mit allgemein geringem Krankheitsdruck (A) und der Situation bzw. Vegetationsperioden mit allgemein hohem Krankheitsdruck (B) unterschieden.

Es wird unterstellt, daß beim »Spritzplan-Pflanzenschutz« unabhängig vom Krankheitsdruck ein Naturalertragsniveau von 85 dt/ha erreicht wird. Dafür sollen Pflanzenschutzmittelkosten in Höhe von 400 DM/ha und Jahr anfallen. In Jahren mit geringem Krankheitsdruck bedeutet das Einhalten des Spritzplanes zwar eine Verschwendung von Pflanzenschutzmitteln, wir können aber davon ausgehen, daß viele Landwirte den Pflanzenschutz noch als »Versicherung« betreiben.

Für die Strategie des »reduzierten Pflanzenschutzes« ist angenommen, daß aufgrund von restriktiven Regelungen nur noch Spritzpläne mit Aufwendungen von 200 DM/ha und Jahr verwirklicht werden können. In Jahren mit geringem Krankheitsdruck reicht dieser Aufwand noch aus, um das angestrebte Ertragsniveau von 85 dt/ha zu erreichen, in Jahren mit hohem Krankheitsdruck werden jedoch nur 61 dt/ha erzielt, weil der Pflanzenschutz unzureichend ist. Andererseits können beim reduzierten chemischen Pflanzenschutz im Vergleich zum Spritzplan-Pflanzenschutz wegen der geringeren Bekämpfungsarbeit bei jeder Umweltkonstellation gewisse Maschinen- und Arbeitskosten eingespart werden.

Für die Strategie des »gezielten Pflanzenschutzes« wurde schließlich angenommen, daß bei beiden Umweltkonstellationen das angestrebte Ertragsniveau von 85 dt/ha realisiert werden kann, daß aber nur in Jahren mit hohem Krankheitsdruck die Pflanzenschutzmittelkosten das Niveau der Spritzplanstrategie erreichen, während sie in Jahren mit geringem Krankheitsdruck auf dem Niveau des reduzierten Pflanzenschutzes liegen. Außerdem werden in diesen Jahren ebenfalls gewisse Maschinen- und Ar-

beitskosten eingespart. Andererseits steigt jedoch der Arbeitsaufwand bei der Strategie des gezielten Pflanzenschutzes durch zusätzlich erforderlich werdende Befallserhebungen. Im Beispiel wurde dafür eine Akh/ha angesetzt (siehe Abschnitt 7.2.5).

Wie die Tabelle 5 in den Zeilen 10 und 11 zeigt, ergeben sich nun für die verschiedenen Strategien und Umweltkonstellationen aus den eben skizzierten Annahmen unterschiedliche Beträge für die Einzelkosten und die Gewinnbeiträge. Während die Gewinnbeiträge beim Spritzplan-Pflanzenschutz unabhängig von der jeweiligen Umweltkonstellation mit 1080 DM/ha gleich bleiben, sinken sie bei der Strategie des reduzierten Pflanzenschutzes von 1378 DM/ha für die Konstellation eines geringen Krankheitsdrucks auf 478 DM/ha für die Konstellation eines hohen Krankheitsdrucks. Auch bei der Strategie des gezielten Pflanzenschutzes ergeben sich bei hohem Krankheitsdruck geringere Gewinnbeiträge, aber die Verminderung von 1358 DM/ha auf 1060 DM/ha ist weit weniger gravierend als beim reduzierten Pflanzenschutz.

Wenn nun ein Landwirt zwischen den drei skizzierten Strategien völlig frei wählen könnte, dann ließe sich aus der Tabelle 5 zunächst nicht unmittelbar ablesen, welches die gewinnträchtigste Strategie unter den hier vorliegenden Bedingungen wäre. Ein risikoscheuer Landwirt würde wahrscheinlich den Spritzplan-Pflanzenschutz wählen, weil er bei geringem Krankheitsdruck zwar nicht den Höchstgewinn verspräche, bei hohem Krankheitsdruck aber noch den meisten Gewinn erbringt. Der Landwirt handelt nach der sog. MAXIMIN-Regel [9].

Ein risikofreudiger Landwirt würde demgegenüber vermutlich die Strategie des reduzierten Pflanzenschutzes wählen, weil sie bei günstiger Umweltkonstellation den höchsten aller Gewinnbeiträge erreichen läßt. Er handelt nach der sog. MAXIMAX-Regel [9]. Allerdings ist anzumerken, daß das Risiko von Ertrags- bzw. Erlösverlusten nicht immer beim routinemäßigen Pflanzenschutz nach Spritzplan am geringsten ist. Vielmehr zeigen die in Kapitel 7 dargestellten Ergebnisse sogar einen umgekehrten Zusammenhang, d. h. das Risiko für Fehlentscheidungen und Erlösminderungen war bei einem gezielten Pflanzenschutz, insbesondere bei der chemischen Unkrautbekämpfung, deutlich geringer.

Ein Landwirt schließlich, der weder übermäßig pessimistisch noch übermäßig optimistisch ist,

Tabelle 6   Entscheidungsmatrix und Erwartungswerte für Gewinnbeiträge (DM/ha) für unterschiedliche Pflanzenschutzstrategien beim Weizenbau (Beispiel)

Strategie	Umwelt	Umweltkonstellation		Erwartungswerte der Gewinnbeiträge		
		A geringer Krankheitsdruck	B hoher Krankheitsdruck	A = 0,8[1] B = 0,2	A = 0,5 B = 0,5	A = 0,2 B = 0,8
Spritzplan Pflanzenschutz		1080	1080	1080	1080	1080
reduzierter Pflanzenschutz		1378	478	1198	928	658
gezielter Pflanzenschutz		1358	1060	1298	1209	1120

[1]) Eintrittswahrscheinlichkeiten der Umweltkonstellationen A bzw. B.

wird seine Entscheidungen auf der Grundlage möglichst rationaler Abwägungen treffen wollen. Er wird dazu prinzipiell die Erwartungswerte der Gewinnbeiträge für die verschiedenen Strategien bei den verschiedenen Umweltkonstellationen schätzen und dann die Strategie mit dem höchsten Erwartungswert für den Gewinnbeitrag wählen. Für diese Vorgehensweise müssen jedoch die Wahrscheinlichkeiten für den Eintritt der einen oder anderen Umweltkonstellation vorhergesagt werden. Je nach den Werten dieser Wahrscheinlichkeiten ergeben sich unterschiedliche wirtschaftliche Vorzüglichkeiten für die eine oder andere Pflanzenschutzstrategie. Tabelle 6 wiederholt in ihrer, in der linken Hälfte dargestellten Entscheidungsmatrix die in Tabelle 5 errechneten Gewinnbeiträge der drei Strategien bei den zwei Umweltkonstellationen. In der rechten Hälfte sind die Erwartungswerte für die Gewinnbeiträge der drei Strategien bei unterschiedlichen Eintrittswahrscheinlichkeiten für die beiden Umweltkonstellationen dargestellt. Die Erwartungswerte erhält man, wenn man die Gewinnbeiträge einer Strategie für jede Umweltkonstellation mit der zugehörigen Eintrittswahrscheinlichkeit für diese Konstellation multipliziert und diese mathematischen Produkte dann aufsummiert.

Aus den Ergebnissen des rechten Teils der Tabelle 6 wird sofort deutlich, daß sich der Erwartungswert für den Gewinnbeitrag bei der Spritzplanstrategie in Abhängigkeit unterschiedlicher Eintrittswahrscheinlichkeiten für den hohen bzw. geringen Krankheitsdruck nicht verändert. Bei den beiden übrigen Strategien sinken hingegen die Erwartungswerte der Gewinnbeiträge mit zunehmender Eintrittswahrscheinlichkeit für die Konstellation des hohen Krankheitsdruckes. Die generellen Zusammenhänge zwischen den Erwartungswerten für die Gewinnbeiträge und den Eintrittswahrscheinlichkeiten für die Umweltkonstellationen sind in Abb. 12 dargestellt.

Betrachten wir zunächst nur den Spritzplan-Pflanzenschutz im Vergleich zum reduzierten Pflanzenschutz, so können wir feststellen, daß der reduzierte Pflanzenschutz dem Spritzplan-Pflanzenschutz zwar bezüglich der Ressourcenbelastung bei jeder Verteilung der Umweltkonstellationen überlegen ist, weil stets nur die Hälfte der Pflanzenschutzmittelmengen ausgebracht wird, daß er aber rein wirtschaftlich gegenüber dem Spritzplan-Pflanzenschutz nur dann im Vorteil ist, wenn die Wahrscheinlichkeit für die Konstellation des hohen Krankheitsdruckes etwa ⅓ nicht übersteigt, also nur in 3–4 von 10 Jahren eintritt. Diese Aussage wird aus dem Vergleich der Kurven 1 und 2 der Abb. 12 deutlich. Des weiteren geht daraus hervor, daß eine durch Verordnungen erzwungene reduzierte Pflanzenschutzstrategie gegenüber dem Spritzplan-Pflanzenschutz beim Landwirt zu umso größeren Gewinneinbußen führen würde, je höher die Eintrittswahrscheinlichkeit für einen hohen Krankheitsdruck ist.

Die Kurve 3 der Abb. 12 zeigt die Erwartungswerte der Gewinnbeiträge in Abhängigkeit steigender Eintrittswahrscheinlichkeiten für einen hohen Krankheitsdruck für den gezielten Pflanzenschutz. Dieser ist nur bei extremen Verteilungen der Eintrittswahrscheinlichkeiten den beiden übrigen Strategien wirtschaftlich unterlegen. Bei sehr geringer Wahrscheinlichkeit für einen hohen Krankheitsdruck wird er vom reduzierten Pflanzenschutz überflügelt. Bei sehr hoher Wahrscheinlichkeit für einen hohen Krankheitsdruck ist ihm der Spritzplan-Pflanzenschutz wirtschaftlich geringfügig überlegen.

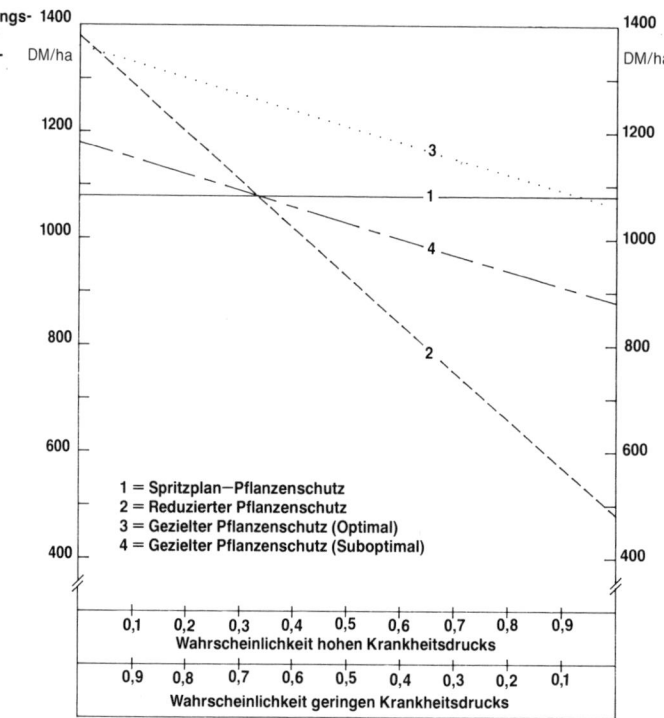

Erwartungs-wert für Gewinn-beitrag

Abb. 12
Entwicklung erwarteter Gewinnbeiträge (in DM/ha) in Abhängigkeit von unterschiedlichen Wahrscheinlichkeiten für den Krankheitsdruck.

1 = Spritzplan–Pflanzenschutz
2 = Reduzierter Pflanzenschutz
3 = Gezielter Pflanzenschutz (Optimal)
4 = Gezielter Pflanzenschutz (Suboptimal)

Wahrscheinlichkeit hohen Krankheitsdrucks

Wahrscheinlichkeit geringen Krankheitsdrucks

Beim gezielten Pflanzenschutz wurde nun unterstellt, daß er sozusagen »optimal« betrieben wird, also der Landwirt aufgrund von Befalls- und/oder Witterungserhebungen mit Hilfe geeigneter Methoden (siehe Abschnitt 5.7 und 7.2.5) genau vorhersagen kann, ob und wann er welche Pflanzenschutzmaßnahmen ergreifen soll. Für den Fall, daß das nicht voll zutrifft (z. B. noch bei bestimmten parasitären Krankheiten), der Landwirt also trotz gezielten Pflanzenschutzes z. B. mit Ertragseinbußen von 5 dt/ha rechnen müßte, wurde die Kurve 4 des »suboptimalen« gezielten Pflanzenschutzes in die Abb. 12 aufgenommen. Sie verschiebt sich parallel zur Kurve 3 des »optimalen« gezielten Pflanzenschutzes umso stärker nach unten, je höher die zu erwartenden Ertragseinbußen sind, je stärker suboptimal also der gezielte Pflanzenschutz betrieben wird.

Dadurch gewinnen wieder die beiden übrigen Pflanzenschutzstrategien an relativer, wirtschaftlicher Vorzüglichkeit. Im Beispiel ist der reduzierte Pflanzenschutz dem suboptimalen gezielten Pflanzenschutz bei geringer Wahrscheinlichkeit für den hohen Krankheitsdruck überlegen. Bei hoher Wahrscheinlichkeit für hohen Krankheitsdruck ist dagegen der Spritzplan-Pflanzenschutz ökonomisch relativ vorzüglicher als der gezielte Pflanzenschutz.

Wir können also festhalten, daß der für den Integrierten Landbau geforderte gezielte Pflanzenschutz umso eher wegen der dann gegebenen ökonomischen Vorzüglichkeit Eingang bei den Landwirten finden wird, je rascher und vollständiger es gelingt, die Techniken der Befalls- und Witterungserhebungen sowie der Befallsprognosen und der zugehörigen Verfahren zur Entscheidungsunterstützung so zu verbessern, daß ein zumindest nahezu optimaler, gezielter Pflanzenschutz betrieben werden kann. Der gezielte Pflanzenschutz kann dann den übrigen Pflanzenschutzstrategien und insbesondere einer verordneten, pauschalen Reduzierung des chemischen Pflanzenschutzes bei allen realistischen Verteilungen der Umweltkonstellationen wirtschaftlich überlegen sein.

Aus dem Beispiel läßt sich des weiteren ablesen, daß der gezielte Pflanzenschutz in bezug auf den Erfüllungsgrad des gesamtwirtschaftlichen Sicherungszieles »Sicherung der Leistungs- und Nutzungsfähigkeit von Boden und Wasser« prinzipiell eine Mittelstellung im Vergleich zu den beiden übrigen Strategien einnimmt. Wie aus Zeile 5 (»Pflanzenschutzmittel«) der Tabelle 5 hervorgeht, nähert sich die Belastung mit Pflanzenschutzmitteln beim gezielten Pflanzenschutz der Belastung beim reduzierten Pflanzenschutz umso mehr an, je geringer die Wahrscheinlichkeit für einen hohen Krankheitsdruck ist.

Wenn wir gleichzeitig im Auge behalten, daß der gezielte Pflanzenschutz – worunter übrigens auch ökologisch-selektive Anwendungstechniken fallen –, einem pauschal verordneten, reduzierten Pflanzenschutz ökonomisch praktisch in jedem Falle überlegen sein kann, dann läßt sich sagen, daß seine Verbreitung und sein sachgerechter Einsatz erheblich zur Auflösung des akuter werdenden Zielkonfliktes zwischen den gesamtwirtschaftlichen Sicherungszielen und dem einzelwirtschaftlichen Gewinnziel der Landwirte beitragen kann. Aus gesamtwirtschaftlicher Sicht stellt er einen Kompromiß zwischen zwei konkurrierenden Teilzielen dar. Der gezielte Pflanzenschutz führt zur Reduktion der Ressourcenbelastung und kann bei sachgerechter Anwendung Einkommensverluste bei den Landwirten verhindern, letztlich also auch zur Erfüllung des gesamtwirtschaftlichen Verteilungszieles der Vermeidung größerer sektoraler Einkommensdisparitäten beitragen.

Trotz dieser Überlegungen werden wir aber nach dem weiter oben gesagten grundsätzlich davon ausgehen müssen, daß vielfältigere Fruchtfolgen, geringere Auslastungen der Produktionskapazität Boden und weniger effiziente Kombinationen der auf dem Boden eingesetzten Produktionsmittel unter sonst gleichen Bedingungen zu Gewinneinbußen für die Landwirte führen würden. Längerfristig wirkt sich dieser, durch zusätzliche und rigorosere Begrenzungsziele verursachte, geringere Erfüllungsgrad des

Extremalzieles »Gewinnerwirtschaftung« nun nicht nur auf das Einkommensniveau, sondern auch auf die Entwicklung und Substanzerhaltung der landwirtschaftlichen Unternehmen aus. Es sinkt dadurch das Verhältnis von Gewinn zu Kapitaleinsatz mit dem Ergebnis, daß entweder der Erhalt der Unternehmenssubstanz infrage gestellt ist, oder aber weniger Gewinn für Konsumzwecke entnommen werden kann.

Diese Aussage soll anhand der Tabelle 7 verdeutlicht werden. In dieser Tabelle wiederholt Strategie 1 die Strategie 5 des »harmonischen« Wachstums der Tabelle 1. Für Strategie 2 wurde angenommen, daß die Relation zwischen Gewinn und Kapitaleinsatz von vorher $\frac{1}{4} = 0,25$ auf jetzt 0,22 absinkt. Mit 1000 Geldeinheiten (GE) Kapital werden also im Ausgangsjahr nur 220 GE statt 250 GE Gewinn erwirtschaftet. Gehen wir jetzt davon aus, daß Niveau und Zeitstruktur der Entnahmen unverändert bleiben sollen, also im Ausgangsjahr nach wie vor 207 GE, die dann jährlich um gut 4% zunehmen, entnommen werden sollen, dann sinkt der Kapitalstock nach vorübergehendem Anstieg wegen negativen Sparens mit immer stärkeren Raten ab. Die Unternehmenssubstanz wird aufgezehrt.

Strategie 3 zeigt demgegenüber, daß ein harmonisches Wachstum, bei dem wie in der Ausgangssituation nach 8 Jahren ein Endkapital von 1400 GE erreicht ist, bei unveränderter Zeitstruktur der Entnahmen nur gewährleistet werden kann, wenn das Entnahmeniveau erheblich

Tabelle 7   Unternehmensentwicklungspfade bei unterschiedlichen Kapital-Gewinn-Relationen (in GE)

Strategie[1])	Größen	Jahr								
		0	1	2	3	4	5	6	7	8
1	Kapital	1000	1043	1088	1135	1183	1234	1287	1342	1400
	Gewinn	250	261	272	284	296	309	312	336	350
	Entnahme	207	216	225	235	245	256	267	278	290
	Sparen	43	45	47	49	51	53	55	58	60
2	Kapital	1000	1013	1020	1019	1008	985	946	886	803
	Gewinn	220	223	224	224	222	217	208	195	177
	Entnahme	207	216	225	235	245	256	267	278	290
	Sparen	13	7	−1	−11	−23	−39	−60	−83	−113
3	Kapital	1000	1043	1088	1135	1183	1234	1287	1342	1400
	Gewinn	220	229	239	249	260	271	283	295	308
	Entnahme	177	184	192	200	209	218	228	238	248
	Sparen	43	45	47	49	51	53	55	58	60

[1]) Siehe dazu im Text und Tabelle 1.

gesenkt wird. Abnehmende Erfüllungsgrade des Gewinnzieles beeinflussen also auch die Unternehmensentwicklung.

Diesen Abschnitt kurz zusammenfassend, stellt sich demnach die Frage, ob nicht – gleichsam in Form von Kompromißlösungen – auch gesamtwirtschaftliche Maßnahmen notwendig wären, um eine stärkere Verbreitung des Integrierten Landbaues zu unterstützen.

4.2.2 Gesamtwirtschaftliche Ziele und Begrenzungen

Wenn wir jetzt zu den gesamtwirtschaftlichen Zielen zurückkehren, dann sollten wir zunächst nochmals festhalten, daß ein stärkeres Durchsetzen der auf die Erhaltung der Umwelt und der natürlichen Ressourcen gerichteten Sicherungsziele zu Gewinnminderungen bei den Landwirten führen können. Bei einem rigoroseren Verfolgen derartiger Sicherungsziele werden deshalb nicht nur die einzelwirtschaftlichen Gewinnziele, sondern auch die übrigen gesamtwirtschaftlichen Teilziele des agrarpolitischen Zielsystems beeinflußt.

Gewinn- bzw. Einkommensminderungen bei den Landwirten bewirken, daß das in Abschnitt 4.1.2 dargelegte gesamtwirtschaftliche Ziel A (»... gleichrangige Teilnahme der in Land-, Forstwirtschaft und Fischerei Tätigen an der allgemeinen Einkommens- und Wohlstandsentwicklung«) in seinem Verteilungsaspekt ebenso wie in seinen Maximierungs- und Wachstumsaspekten weniger vollständig erfüllt wäre. Dieser geringere Erfüllungsgrad ließe sich zwar dadurch wieder aufheben, daß die von der EG administrierten Agrarpreise angehoben würden, derartige Anhebungen würden indessen dazu führen, daß die Verteilungskomponente des Zieles B (»Versorgung der Bevölkerung ... mit Produkten der Agrar- und Ernährungswirtschaft zu angemessenen Preisen«; siehe Abschnitt 4.1.2) beeinträchtigt würde.

Hinzu käme, daß ein Durchsetzen hoher Agrarpreise in der EG zwangsläufig auch das Ziel C (»... Verbesserung der agrarischen Außenwirtschaftsbeziehungen«; siehe Abschnitt 4.1.2) berühren würde. Höhere Agrarpreise in der EG sind an einen steigenden Außenschutz der Europäischen Gemeinschaft gebunden, was sicherlich nicht zu verbesserten Außenwirtschaftsbeziehungen beitragen würde.

Die vier gesamtwirtschaftlichen Oberziele für die Agrar- und Ernährungswirtschaft sind so eng miteinander verbunden, daß es sich tatsächlich um ein relativ geschlossenes Zielsystem handelt, in dem sich sämtliche Einzelziele in Konkurrenzbeziehungen zueinander befinden. Änderungen des Erfüllungsgrades eines Zieles führen deshalb zwangsläufig zu veränderten, speziell zu geringeren Erfüllungsgraden bei den übrigen Zielen. Wenn die Gesellschaft im Sinne einer ressourcenschonenderen Wirtschaftsweise, wie sie der Integrierte Landbau anstrebt, auf eine stärkere Erfüllung der zugehörigen Sicherungsziele drängt, dann muß sie gleichzeitig gewisse Kompromisse bei den übrigen Zielen in Kauf nehmen. Diese Kompromisse werden umso geringer sein, je schneller und umfassender es mit den Verfahren des Integrierten Landbaues gelingt, eine ressourcenschonende und trotzdem effiziente Landbewirtschaftung in die Tat umzusetzen.

Dazu bedarf es keiner größeren Veränderungen des gegenwärtig verfolgten, gesamtwirtschaftlichen Zielsystems, vielmehr sollten einige der zugehörigen Maßnahmenpakete überdacht werden. In einem Kapitel über Ziele sollte zwar prinzipiell über Maßnahmen nichts gesagt werden, es sei jedoch die folgende Bemerkung erlaubt: Wie die Diskussion der einzelwirtschaftlichen Zielsysteme in den Abschnitten 4.1.1 und 4.2.1 u. a. deutlich zu machen suchte, sollten sich die nationalen und supranationalen Träger der Agrarpolitik beim Erlaß schematischer Verwendungsverbote und Einsatzbeschränkungen für Produktionsmittel Zurückhaltung auferlegen. Statt dessen sollte die chemische Produktionsmittel herstellende Industrie noch stärker zur Produktion von im Hinblick auf die landwirtschaftliche Produktqualität und den Boden- und Grundwasserschutz unbedenklichen Betriebsmitteln gedrängt werden bzw. durch gezielte Förderung der zugehörigen Forschung unterstützt werden. Andererseits sollte die Beratungsarbeit bei den Landwirten für ein rasches Verbreiten neuer ressourcenschonender, aber trotzdem wirtschaftlicher Anbaumethoden verstärkt unterstützt werden. Aufklären und überzeugen statt verbieten!

Die angedeuteten Maßnahmen würden zwar vorübergehend zu gewissen Mehrbelastungen der öffentlichen Hände, d. h. letztlich der Gesellschaft führen, andererseits ließen sich dadurch jedoch auf Dauer hohe Kosten einsparen, die durch die vermehrte Ressourcenbelastung infolge der derzeitigen Wirtschaftsweise vieler Landwirte für unsere Volkswirtschaft entstehen.

5 Grundlagen der Integration einschließlich Planungs- und Entscheidungskriterien für den Praktiker

5.1 Probleme bei der Gestaltung der landwirtschaftlichen Pflanzenproduktion

K. Baeumer, Göttingen

5.1.1 Wahl des angemessenen Regelungsbedarfs

Pflanzenbau als wirtschaftliche Tätigkeit wird vom Streben nach höheren, sichereren und ökonomisch lohnenderen Erträgen geprägt. Die Wege zu diesem Ziel führen in der Regel über

- den vermehrten Einsatz von produktionssteigernden und -sichernden Betriebsmitteln bis an die Grenze des ökonomischen Nutzens und über
- eine immer bessere Beherrschung des Produktionssystems.

Bisher war die Steigerung der speziellen Anbauintensität so wirksam, daß die Feldfruchterträge immer noch zu- und die Ertragsschwankungen abnahmen. Dieser Erfolg beruhte aber nur zum geringeren Teil darauf, daß die Aufwendungen der Menge nach gesteigert wurden, also mehr gedüngt oder tiefer gepflügt wurde. Sehr viel wirksamer waren neue, verbesserte Produktionsmittel und -verfahren, wie z. B. der Anbau leistungsfähiger Kulturpflanzen, der Einsatz von Pflanzenschutzmitteln und Wachstumsregulatoren im Getreidebau oder die Anwendung bestimmter Ernte- und Konservierungsverfahren im Maisanbau (Silierung von Korn-Spindelgemischen).

Jede höhere Stufe der Anbauintensität verlangt eine erneute Optimierung des Anbauverfahrens. Sie wird durch stärkere Anpassung des Verfahrens an die jeweiligen Standortsbedingungen und durch verbesserte Zuordnung der Verfahrensschritte aufeinander erreicht. Mit der Methode der Bestandesführung werden die einzelnen Anbaumaßnahmen wie Aussaat (Zeitpunkt, Menge), Düngung, Unkrautbekämpfung und Pflanzenschutz so aufeinander abgestimmt, daß

- die jeweils vorangegangene Maßnahme noch Spielraum läßt für ein Anpassen der folgenden Maßnahmen an sich ändernde Bedingungen (Beispiel: Bemessung der mineralischen N-Düngung im Zusammenhang mit künftiger Freisetzung von organisch gebundenem Stickstoff), und daß
- die Intensität früherer Eingriffe nicht einen ungewollten Regelungsbedarf bei späteren Verfahrensschritten erzwingt (Beispiel: Notwendigkeit der Bekämpfung von Getreide-Blattkrankheiten nach hohen N-Düngungsgaben).

Diese Forderungen sind innerhalb des Anbaus einer einzelnen Feldfrucht leichter zu erfüllen als im Verbund eines aus vielen Feldfrüchten bestehenden und über Jahrzehnte betriebenen Produktionssystems.

Im Vordergrund des praktischen Handelns steht gewöhnlich das Ziel, hier und jetzt mit der angebauten Feldfrucht den höchstmöglichen Ertrag zu erzeugen. Wie das zu erreichen ist, davon hat der Landwirt meist eine bestimmte Vorstellung. Er weiß, wie ein Saatbett beschaffen sein sollte oder wieviel Unkraut in einem Feldfruchtbestand noch geduldet werden kann. Den anzustrebenden Zustand versucht der Landwirt bevorzugt mit direkt und sofort wirksamen Mitteln herzustellen, so z. B. im Fall der Notwendigkeit einer Unkrautbekämpfung, daß er ein geeignetes Herbizid anwendet. War diese Maßnahme erfolgreich, so wird er künfig in ähnlichen Fällen ebenso verfahren. Möglicherweise setzt er aber auch dieses Produktionsmittel oder diese Verfahrensweise künftig noch intensiver ein, jedenfalls solange der Erfolg dieser Maßnahme noch zunimmt. Mit dem Erfolg steigt demnach auf dem Wege *einer positiven Rückkopplung* auch die Intensität der Eingriffe und damit auch der Regelungsbedarf.

In die gleiche Richtung kann aber auch ein *negativer Rückkopplungseffekt* führen. Hat der Landwirt mit den gewählten Produktionsmitteln oder Verfahren zwar das unmittelbar angestrebte Ziel erreicht, aber mögliche Nebenwirkungen nicht erkannt oder Spätfolgen unterschätzt, ergibt sich für die Zukunft zusätzlicher Regelungsbedarf. So können sich z. B. durch wiederholten und massiven Einsatz ein und desselben Herbizids bestimmte Unkrautarten ausbreiten, wie z. B. die Hirsen durch fortgesetzte Anwendung von Atrazin im Maisanbau. Ihre Beseitigung versucht der Landwirt möglicherweise mit einer erhöhten Herbizidmenge, also mit gesteigerter Intensität des gleichen Eingriffs. Damit verschlechtert sich nicht nur das Verhältnis von

Aufwand zu Ertrag, sondern es wird auch der Grund für weitere mögliche Schäden in der Zukunft gelegt. Um das Produktionsniveau zu halten, steigt dann in einer Schraube ohne Ende die Intensität der Eingriffe. Gleichzeitig nimmt aber auch die ökonomische und ökologische Instabilität des Produktionssystems zu.
Abb. 13 zeigt am Beispiel der Bodenbearbeitung die positive und negative Rückkopplung steigender Bearbeitungsintensität. Dieser sich

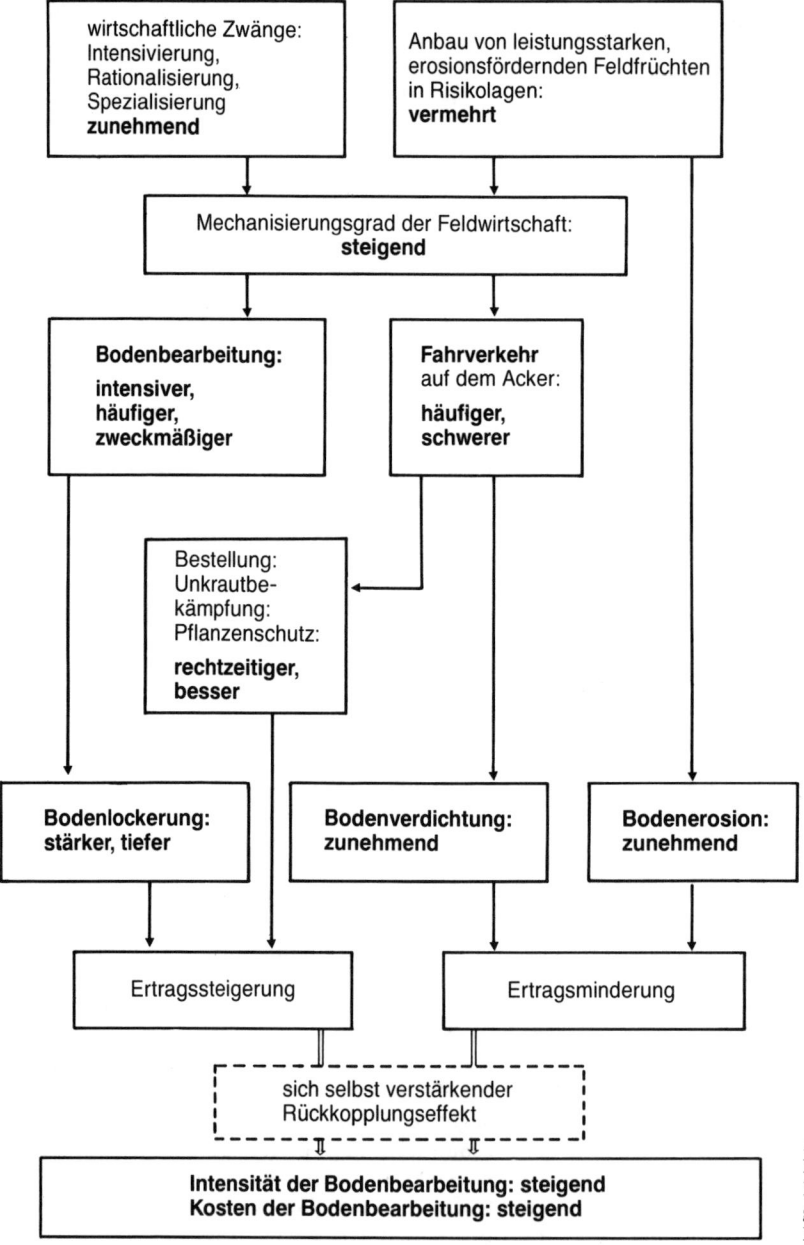

Abb. 13
Positive und negative Rückkopplungseffekte steigender Intensität der Bodenbearbeitung.

selbst verstärkende Effekt zunehmenden Regelbedarfs muß wirkungslos gemacht werden. Aus vertiefter Einsicht in die Sachzusammenhänge ist eine neue Zielsetzung abzuleiten: Es müssen Verfahren entwickelt und angewandt werden, die Fehlentwicklungen des Systems und Schäden an den Produktionsgrundlagen gar nicht erst entstehen lassen. Gefordert ist also eine bessere, d. h. vorausschauende Beherrschung des Produktionssystems auf Dauer. Das gelingt in der Regel nur durch das Anpassen der Anbauintensität an die nachhaltig verfügbaren Ressourcen und die langfristig sich einstellenden Gleichgewichtszustände in den biologischen Prozessen. Dabei muß geprüft werden, ob und in welchem Maße die bisher angewendete Anbauintensität zurückgenommen werden muß.

Letzteres gilt insbesondere für die Wahl der Anbaukonzentration bestimmter Feldfrüchte. Spezialisierung auf die Produktion von nur wenigen Feldfrüchten bietet zwar den Vorteil einer besseren Verfahrensbeherrschung und einer rationelleren Gestaltung der Feldwirtschaft. Werden jedoch mit der Vereinheitlichung der Feldwirtschaft standort- und fruchtfolgebedingte Grenzen überschritten, so wiegen die kurzfristig mit der Spezialisierung erreichten Ertragssteigerungen die langfristig durch zu enge Fruchtfolgen bedingten Einbußen nicht auf. Im Hinblick auf den vermehrten Regelungsbedarf, der mit zunehmender Verunkrautung sowie mit höherem Krankheits- und Schädlingsbefall steigt, sind die Teilziele beim Anbau einzelner Feldfrüchte mit dem Gesamtziel der Pflanzenproduktion eines Betriebes in Einklang zu bringen, nämlich das Produktionssystem auf hohem Niveau mit möglichst geringem Regelungsaufwand langfristig stabil zu halten.

Integrieren heißt »unter einem Dach vereinen, als Ganzes behandeln«. Integrierte Pflanzenproduktion bedeutet deshalb zunächst nicht mehr, als den Pflanzenbau eines Betriebes, gegebenenfalls auch unter Einschluß der Viehhaltung, nach ganzheitlichen Gesichtspunkten zu gestalten. Alle Maßnahmen in den einzelnen Produktionsverfahren sind so aufeinander abzustimmen, daß sie auf lange Sicht zum Vorteil der Produktion des ganzen Betriebes zusammenwirken. Diese Vorstellung verlangt, daß der Landwirt sich nicht allein auf den unmittelbaren Erfolg einer Maßnahme ausrichtet, sondern versucht, über die kurzfristigen, ganz eng miteinander verknüpften Ursache-Wirkungsbeziehungen hinaus zu denken und mögliche Neben- und Fernwirkungen seiner Maßnahmen voraus-

schauend in Betracht zu ziehen. Hier spielt die Wahl einer angemessenen Intensität für jeden einzelnen Eingriff eine beherrschende Rolle.

5.1.2 Planungs- und Entscheidungskriterien

Die Entscheidung über Art, Intensität und Zeitpunkt einer produktionstechnischen Maßnahme wird von folgenden Kriterien bestimmt:

- Angestrebtes Ziel der Maßnahme (Soll-Zustand),
- Möglichkeiten zur Realisierung der Maßnahme (Witterung, Boden- und Pflanzenzustand, verfügbare Produktionsmittel und deren Wirkungsgrad) und voraussichtlich zu erreichender Ist-Zustand,
- Risikobereitschaft des Landwirts hinsichtlich des Gelingens der Maßnahme.

Bei der Entscheidung stützt sich der Landwirt auf sog. Produktionsfunktionen, die den Zusammenhang zwischen Art, Menge oder Zeitpunkt des Eingriffs und seiner Wirkung auf den Zustand oder die Leistung der Pflanzen quantifizieren. Je enger Ursache und Wirkung zeitlich und räumlich miteinander verknüpft sind, desto verläßlicher kann die Beziehung als Grundlage für eine Entscheidung genutzt werden. Meist sind die Zusammenhänge sehr komplex, da die ursächlichen Faktoren in mannigfaltigen Kombinationen auftreten und selbst noch durch zahlreiche Wechselwirkungen verknüpft sind. Vereinfacht soll das am Beispiel der **Wahl des günstigsten Aussaattermines für Zuckerrüben** beschrieben werden (Abb. 14, A–E).

An erster Stelle der in Betracht zu ziehenden Entscheidungskriterien steht das **Kalenderdatum**. Aufgrund örtlicher Erfahrung gibt es einen frühest möglichen Termin. Weit vor diesem Datum auszusäen, zieht die Gefahr nach sich, daß tiefe Temperaturen während späterer Perioden den Feldaufgang und die Jugendentwicklung der Rübenpflanzen gefährden, und daß deshalb im schlimmsten Fall die Aussaat wiederholt werden muß.

Ist die ortsübliche Zeit für die Aussaat gekommen, muß als zweite Bedingung der Boden so weit abgetrocknet sein, daß er bearbeitet werden kann. Die Bodenfeuchte und die von ihr beeinflußte Bodenerwärmung hängen vom augenblicklichen und vorangegangenen Wetter ab. Erst wenn es möglich ist, ohne schädliche Bodenverdichtung eine bestimmte Saatbett-

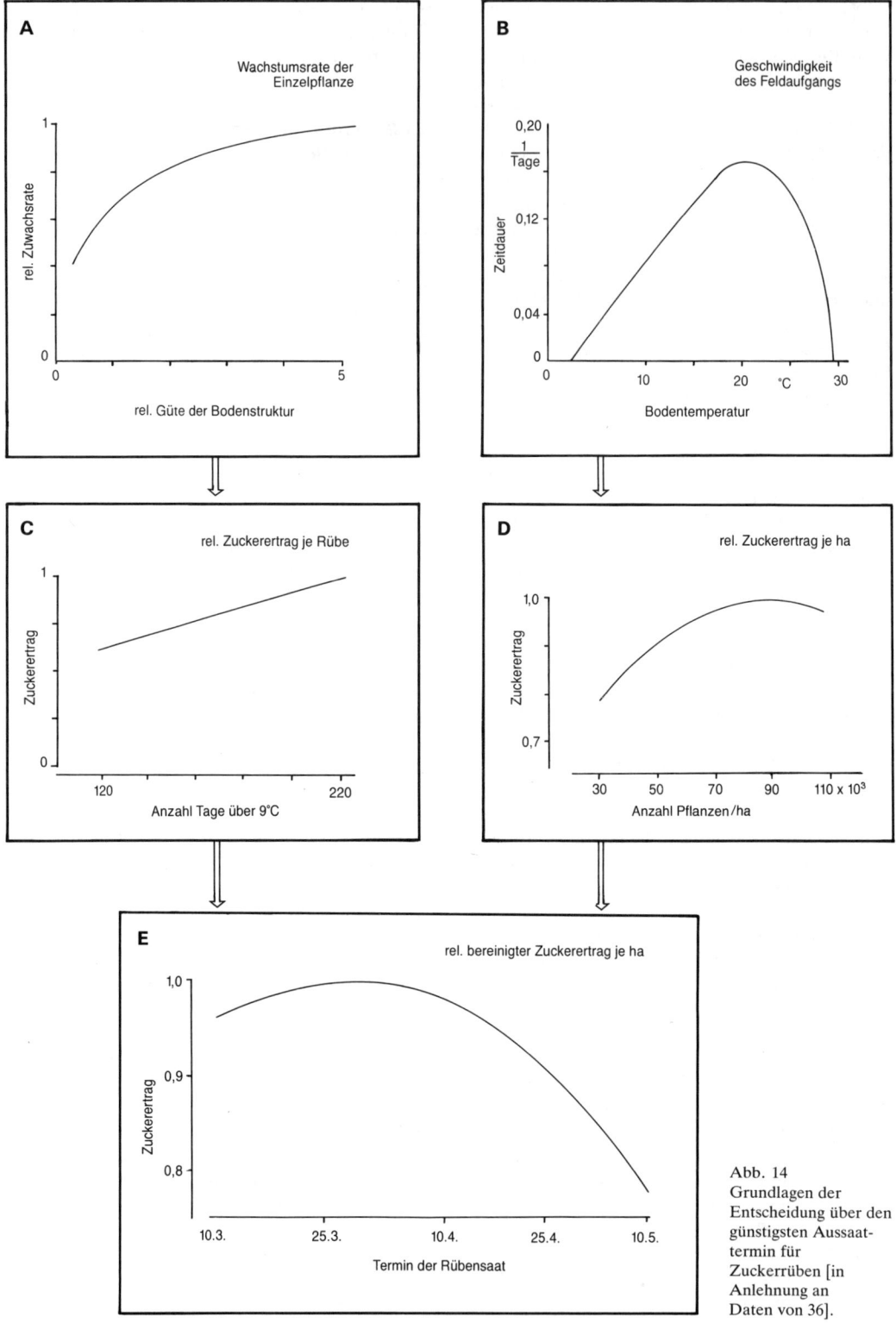

A Wachstumsrate der Einzelpflanze

rel. Zuwachsrate

rel. Güte der Bodenstruktur

B Geschwindigkeit des Feldaufgangs

$\frac{1}{\text{Tage}}$

Zeitdauer

Bodentemperatur

°C

C rel. Zuckerertrag je Rübe

Zuckerertrag

Anzahl Tage über 9°C

D rel. Zuckerertrag je ha

Zuckerertrag

Anzahl Pflanzen/ha

110×10^3

E rel. bereinigter Zuckerertrag je ha

Zuckerertrag

Termin der Rübensaat

Abb. 14
Grundlagen der
Entscheidung über den
günstigsten Aussaat-
termin für
Zuckerrüben [in
Anlehnung an
Daten von 36].

struktur mit den im Betrieb verfügbaren Geräten zu schaffen, kann die Aussaat erfolgen.

Die relative Güte der **Bodenstruktur** (Abb. 14A) ist nicht nur von der vorangegangenen Bodenbearbeitung abhängig, sondern auch vom Saattermin und zwar derart, daß durch ihn bestimmt wird, ob Niederschläge nach der Aussaat die Bodenoberfläche verschlämmen und den Gasaustausch im Boden hemmen. Je besser die Bodenstruktur ist, desto höher ist der Feldaufgang und die relative Zuwachsrate der Einzelpflanze.

Wie viele der ausgesäten Rübensamen keimen und auflaufen, hängt auch von der **Bodentemperatur** ab (Abb. 14B). Von einer Mindesttemperatur an bis hin zur optimalen Temperatur steigt die Geschwindigkeit des Feldaufganges und mit ihr die relative Auflaufrate.

Die Wahl der **Aussaatstärke** richtet sich nach der Beziehung zwischen Bestandesdichte und Flächenertrag (Abb. 14D). Sie muß entsprechend der vermuteten relativen Auflaufrate und den allfälligen Pflanzenverlusten während der Vegetationszeit erhöht werden.

Außer von den jeweiligen Standortbedingungen am Wuchsort der Rübenpflanze, die auch durch die Bestandesdichte geprägt werden, hängt der Einzelrübenertrag von der Länge der **Vegetationszeit** ab (Abb. 14C). Diese wird sowohl vom Aussaat- wie vom Erntetermin bestimmt. Da die Witterung der kommenden Vegetationszeit und damit deren Dauer zum Zeitpunkt der Aussaat nicht bekannt sind, kann der Landwirt nur der Regel folgen, daß die Anzahl Tage, die zum Wachstum der Rübe zur Verfügung stehen, umso größer ist, je früher er aussät.

Wenn alle Voraussetzungen für ein Gelingen der Rübenaussaat erfüllt sind, bleibt dem Landwirt dennoch das Problem, wie groß das Risiko ist, auf das er sich mit einem sehr frühen Saattermin einläßt. Eine Schätzung des Risikos erfolgt an der für seine Region gültigen, langfristig ermittelten Produktionsfunktion für den **Aussaattermin** (Abb. 14E). Sie hat die Form einer Optimumkurve. Bei zu früher Saat verhindert eine unzureichende Bestandesdichte, bei zu später Saat die Kürze der verbleibenden Vegetationszeit, daß ein Höchstertrag erreicht wird.

Die Beziehungen zwischen Aussaattermin und Ertrag gelten nur für die durchschnittlichen Bedingungen einer Region. Soweit örtliche Erfahrungen vorliegen, müssen die besonderen Gegebenheiten eines jeden Feldschlages bei der Wahl des Termines berücksichtigt werden. Entsprechendes gilt auch im Hinblick auf die Qualität der auszusäenden Saatgutpartie und die jeweilige Beschaffenheit des Saatbettes. Wie viele weitere Faktoren zur Entscheidungsfindung auch noch herangezogen werden, grundsätzlich bleibt die Wahl des Aussaattermins eine Entscheidung unter Unsicherheit, denn die künftigen Bedingungen, insbesondere der alles beherrschende Verlauf der Witterung, sind unbekannt.

In dieser Situation gibt die **Risikobereitschaft** des Landwirts den Ausschlag. Die Wahl des frühest möglichen Termins ist zwar mit dem größten Risiko des Mißlingens verbunden (Spätfrost), bietet aber auch die Chance für die Produktion eines hohen Ertrages. Im Falle eines Mißlingens besteht noch die Möglichkeit, die Aussaat zu wiederholen. Ein Hinausschieben der Saat bis zu dem Zeitpunkt, von dem an dauerhaft höhere Temperaturen zu erwarten sind, mindert das Risiko der Bestandesbegründung, senkt aber die Aussichten, einen Höchstertrag zu erzeugen. Von der Möglichkeit, das Risiko auf mehrere Aussaattermine zu verteilen, wird im Rübenbau kein Gebrauch gemacht.

Das hier ausführlicher besprochene Beispiel sollte deutlich machen, wie komplex die Sachverhalte sind, aus denen der Landwirt seine Entscheidungskriterien ableiten muß. Viele von ihnen sind nicht *objektiv* aus schon existierenden Sachverhalten (Datum, Bodenfeuchte, Bodentemperatur) zu entnehmen, sondern müssen *subjektiv* geschätzt werden, weil künftige Entwicklungen nur mit Hilfe von Erwartungswerten beschrieben werden können. Diese Sachverhalte sind zu berücksichtigen, wenn im Folgenden Planungs- und Entscheidungskriterien genannt werden.

5.1.3 Ziele für die Gestaltung des Pflanzenbaus nach den Grundsätzen der Integrierten Pflanzenproduktion

Die am Beispiel der Rübenaussaat demonstrierten Entscheidungskriterien müssen bestimmten Planungskriterien untergeordnet werden, wenn entsprechend den Zielen der Integrierten Pflanzenproduktion gewirtschaftet werden soll. Obwohl in den vorangegangenen Abschnitten dieses Buches schon genannt, sollen die Grundsätze der Integrierten Pflanzenproduktion nochmals wiederholt werden:

1. Unsachgemäße und übertrieben hohe Intensität der Feldwirtschaft, wie sie in Bodenbearbeitung, Düngung, chemischem Pflanzen-

schutz und hoher Anbaukonzentration bestimmter Feldfrüchte zum Ausdruck kommt, bewirkt ökologische Instabilität des Produktionssystems und zieht weiteren und noch höheren Regelbedarf nach sich. Dieser Fehlentwicklung soll durch vermehrten Rückgriff auf Prozesse begegnet werden, die über den Weg der Selbstregelung zu einem Vermeiden und natürlichen Begrenzen von Schäden führen.

2. Umweltbelastenden Folgen einer intensiven Pflanzenproduktion soll durch Einhalten bestimmter Grenzen für den Ein- und Austrag von Stoffen in Boden, Gewässer und Atmosphäre vorgebeugt werden.

Neben diesen beiden Forderungen werden auch bestimmte Ansprüche an die Qualität der als Lebens- und Futtermittel genutzten Produkte genannt, die aber im Rahmen dieses Beitrages unberücksichtigt bleiben müssen.

Das unter 1. genannte Ziel kann nicht mit wenigen, leicht meß- oder prüfbaren Normen beschrieben werden. Es beinhaltet die Forderung, einen Zustand anzustreben, wie er nur in naturnahen Ökosystemen verwirklicht ist. Hier befinden sich die biotischen Glieder des Systems – Pflanzen, Mikroorganismen und Tiere – in einem wechselseitig bedingten Fließgleichgewicht mit sich selbst und den abiotischen Umweltbedingungen. Energie- und Stoffflüsse, zum Teil als mehr oder minder geschlossene Kreisläufe ausgebildet, sowie Informationsflüsse bewirken eine weitgehende Selbstregelung des Systems.

In einem Agrarökosystem sind dessen Glieder, nämlich die jeweils angebaute Feldfrucht und die mit ihr vergesellschafteten Wildpflanzen, Tiere und Mikroorganismen ebenfalls untereinander und mit der abiotischen Umwelt durch eine Vielzahl von Prozessen verknüpft. Doch werden die systemeigenen Regelfunktionen auch von den produktionstechnischen Eingriffen gesteuert. Letztere wirken in bestimmender Weise, weil die jeweils angebaute Feldfrucht das beherrschende Element des Systems ist (Abb. 15). Je intensiver die produktionstechnischen Eingriffe sind, desto weniger kommen die systemeigenen Regelfunktionen zur Geltung.

Als Beispiel für ein noch weitgehend selbstgeregeltes Agrarökosystem sei die **Weidemast von Rindern** auf einer Grasnarbe genannt, die als Ersatz für die natürliche Waldgesellschaft allein durch Beweidung entstanden ist und sich aus wildwachsenden Gräsern und Kräutern zusammensetzt. Eine mäßige Beweidungsintensität verhindert die Wiederbewaldung und verhütet

die Übernutzung und Zerstörung der Grasnarbe. Deren Artenkombination steht im Gleichgewicht mit den Standortfaktoren und bewirkt durch die Leistungsfähigkeit der im Wettbewerb ausgelesenen Graslandpflanzen die höchstmögliche Futterproduktion und die fortdauernde Selbsterneuerung und -verjüngung der Grasnarbe. Deshalb ist der Boden ständig von lebender und toter Pflanzenmasse bedeckt. Der andauernde Fluß von organischen Bestandesabfällen in den Boden bildet die Nahrungsgrundlage für ein reiches und vielfältiges Bodenleben, aus dessen Tätigkeit der Humus und ein stets sich erneuerndes Krümelgefüge entsteht. Sowohl die im Humus festgelegten Nährstoffvorräte, insbesondere Stickstoffvorräte, wie auch die für Wasser- und Lufthaushalt günstige Bodenstruktur ermöglichen eine nachhaltige Pflanzenproduktion. In dem Maße, wie die Erträge steigen, nimmt auch die positive Rückwirkung der Pflanzendecke auf die Bodenfruchtbarkeit zu.

Durch Pflanzenkrankheiten und Schädlinge entstandene Pflanzenverluste werden entweder durch die Ausbreitung anderer, nicht befallener Pflanzenarten ausgeglichen oder durch die Vielzahl wechselseitiger Begrenzungsprozesse – z. B. Selektion weniger anfälliger Pflanzen, Vermehrung parasitenverzehrender Räuber – vermindert. Da der Nährstoffexport mit dem Mastvieh sehr gering ist, können Entzug und unvermeidbare Verluste von Nährstoffen durch Verwitterung oder bei Stickstoff durch biologische Bindung aus der Atmosphäre ersetzt werden.

Dieses Idealbild einer stabilen, sich selbst regelnden Pflanzenproduktion ist nur möglich, wenn der Einsatz ertragssteigernder Produktionsmittel (z. B. Stickstoff) und damit auch die Nutzungsintensität gering ist. Das bedeutet bei knapper Flächenausstattung eines Betriebes den Verzicht auf möglichen ökonomischen Gewinn. In der Regel wird aber schon mit hoher Intensität gewirtschaftet. Das Problem besteht dann darin, wie ohne ökonomische Ertragseinbußen eine nachhaltig hohe Pflanzenproduktion mit vermindertem Regelbedarf erreicht werden kann.

Eine Stabilisierung des Produktionssystems auf hohem Niveau kann mit Hilfe derjenigen Prozesse gelingen, durch die z. B. ohne Anwendung von chemischen Pflanzenschutzmitteln Ertragsverluste als Folge von Krankheits- und Schädlingsbefall oder Verunkrautung vermindert oder verhütet werden.

Eine solche Selbstregelung wird, wie in der ausdauernden Grasnarbe, durch die Dichte-Bezie-

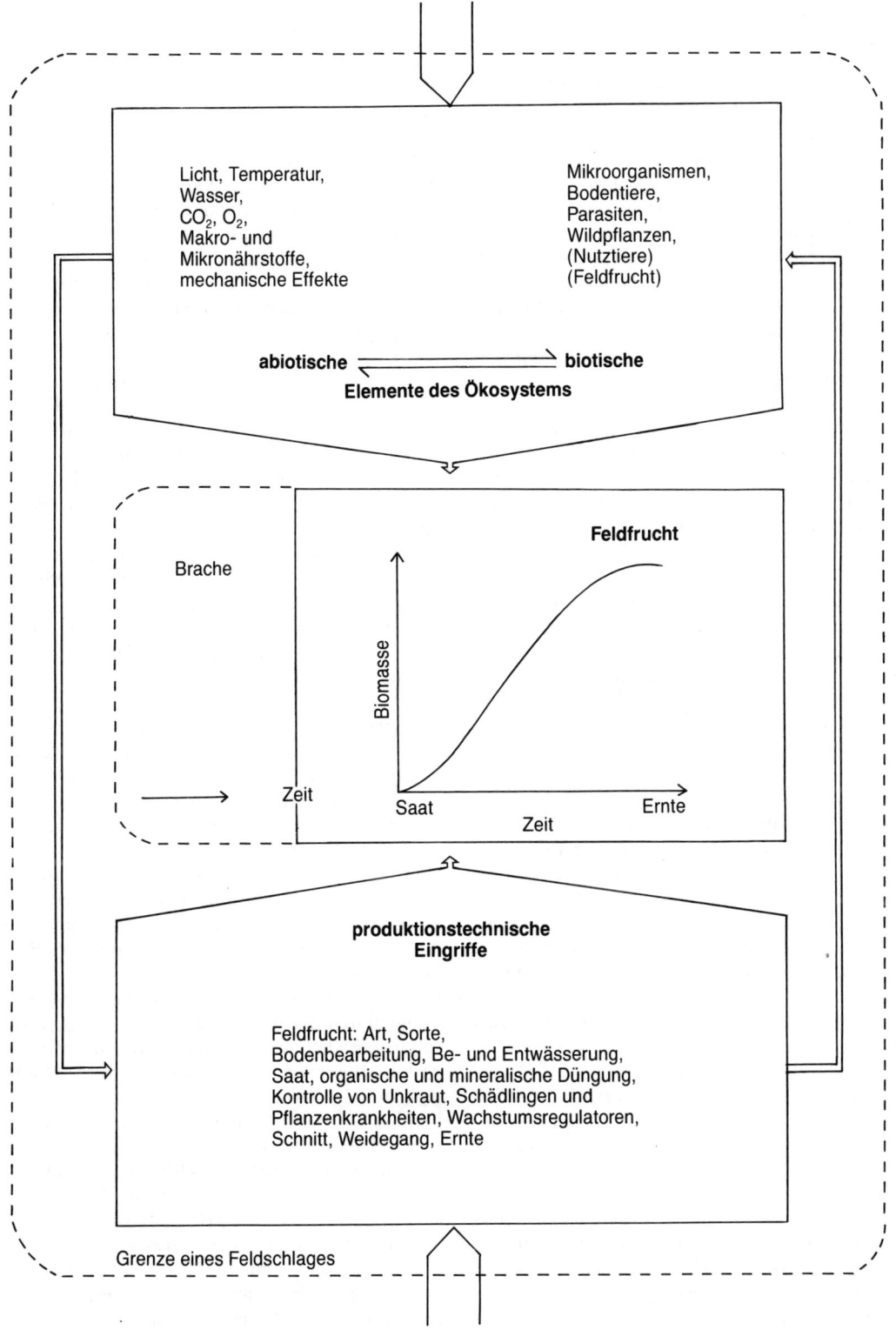

Abb. 15 Überformung der Elemente des Ökosystems durch produktionstechnische Eingriffe (Bodennutzungssystem) zum Agrarökosystem in einer Bodennutzungseinheit.

hung zwischen Wirt und Parasit oder Feldfrucht und Unkraut bewirkt. Diese Beziehung sei wiederum am Beispiel der **Zuckerrüben** beschrieben: Sind im Boden eines Zuckerrübenfeldes Rübennematoden in geringer Zahl vorhanden, so vermehren sich die Nematoden umso mehr, je häufiger ihre Wirtspflanzen Rüben, Raps und bestimmte Ackerwildpflanzen auf dem Felde wachsen. Dagegen nimmt die Nematodenpopulation ab, je länger die Pausen zwischen dem Anbau von Wirtspflanzen sind und je vollständiger die als Wirtspflanzen geeigneten Ackerwildpflanzen in den zwischenzeitlich angebauten Feldfrüchten beseitigt werden. Während der Anbaupausen fallen die Eier und Larven des Rübennematoden natürlichen Feinden zum Opfer, sterben an Altersschwäche oder schlüpfen unter bestimmten Bedingungen, ohne eine Wirtspflanze zu weiterer Vermehrung zu finden.

Die Herabregelung der Nematodendichte wird also durch Verminderung der geeigneten Wirtspflanzen in zeitlicher (Fruchtfolge) oder räumlicher Dichte (Ackerwildkräuter) bewirkt. In der vielartigen und anpassungsfähigen Grasnarbe übernimmt die natürliche Auslese diese Funktion.

Die Herabregelung der Nematodendichte kann der Landwirt aktiv auch mit dem Anbau von »Feindpflanzen« beschleunigen. Sie bieten den in die Wurzel eindringenden Nematoden zwar Lebensmöglichkeiten, gestatten aber nicht ihre Fortpflanzung. Einige Sorten von Ölrettich und Senf besitzen diese Eigenschaft und können deshalb als Zwischenfrüchte vor Zuckerrüben angebaut werden. Unter den Zuckerrüben-Sorten selbst gibt es bisher noch keine Nematodenresistenz. Sonst könnte die Nematodenpopulation, wie bei Kartoffeln, mit dem Anbau einer solchen Sorte vermindert werden (siehe Abschnitt 7.2.4).

Schließlich hat der Landwirt mit der Wahl des Aussaattermins für die Rüben noch ein Mittel in der Hand, um einem stärkeren Nematodenbefall auszuweichen: Nematodenlarven schlüpfen erst bei höheren Bodentemperaturen als zur Rübenkeimung notwendig sind. Gelingt es, relativ früh zu säen, so sind die jungen Rübenpflanzen zur Zeit des Larvenschlüpfens schon weiter entwickelt. Es werden weniger Wurzeln vom Rübennematoden befallen und der mögliche Schaden wird vermindert, nicht aber die Vermehrung des Nematoden.

Alle genannten Maßnahmen beeinflussen mehr oder weniger direkt die Populationsdichte der Nematoden und die Stärke des Befalls. Dar-

überhinaus sind aber auch alle Maßnahmen wirksam, die ganz allgemein das Wachstum und die Entwicklung der Rübenpflanzen fördern: Schaffung und Erhaltung eines günstigen Bodengefüges, das eine rasche, dichte und tiefreichende Durchwurzelung ermöglicht, und Sorge für ein bedarfsgerechtes Nährstoff- und Wasserangebot im Boden. Ein hoher Ausprägungsgrad der Bodenfruchtbarkeit mildert die Belastung der Feldfrüchte durch witterungsbedingte Standortungunst und erhöht die Widerstandskraft und Regenerationsfähigkeit der Kulturpflanzen gegenüber bodenbürtigem Krankheits- und Schädlingsbefall.

Wenn langfristige Stabilität des Produktionssystems und Verminderung des Aufwandes für chemischen Pflanzenschutz das vorrangige Ziel sind, so beginnt der Maßnahmenkatalog bei den kurzfristig wirksamen Eingriffen im Verlauf des Produktionsverfahrens einzelner Feldfrüchte und endet bei der Wahl einer bestimmten, erst langfristig sich auswirkenden Organisation der Feldwirtschaft. Dabei muß sich der Landwirt bewußt sein, daß er ein System zu gestalten hat, in dem »alles auf alles« wirkt. Die Vernetzung der Wirkungsketten sind in einem Flußdiagramm auch nicht annäherungsweise wiederzugeben (Abb. 15, Seite 57).

Die zweite Forderung des Integrierten Landbaues, umweltbelastende Folgen eines intensiven Pflanzenbaus so weit wie möglich oder besser noch vollständig zu vermeiden, kann sich an festen Vorgaben der Gesellschaft orientieren. Im Interesse des Bodenschutzes sollen Bodenabtrag durch Wind und Wasser auf die »natürliche« untere Grenze zurückgeführt werden. Sie ist durch die Abtragsmenge gekennzeichnet, die unter einer ständigen Vegetationsdecke des Bodens unvermeidlich erreicht würde.

Unter den in Tabelle 8 aufgeführten möglichen Maßnahmen, um Wassererosion zu verhindern, ist auch die höchst wirksame Festboden-Mulchwirtschaft genannt. Da mit ihr der Verzicht auf jegliche mechanische Unkrautbekämpfung verbunden ist, muß die unerwünschte Vegetation von Wild- und Kulturpflanzen vor dem Anbau einer neuen Feldfrucht mit Hilfe eines Totalherbizids beseitigt werden. Insgesamt erhöht sich also bei dieser Art von Bodenbewirtschaftung die Intensität des Herbizideinsatzes. Das steht im Gegensatz zur ersten Forderung nach Minderung des Regelbedarfes durch Nutzung von Effekten der Selbstregulierung, zu denen man die unkrautbeseitigende Wirkung einer intensiven Bodenbearbeitung rechnen muß. Der Landwirt

Tabelle 8 Maßnahmen zur Minderung der Wassererosion

allgemeine, vorbeugende Maßnahmen	zusätzliche, produktionstechnische Maßnahmen	Änderung des Bodennutzungs- systems	Änderung der Flurbewirtschaftung
Vermeiden von Bodenverdichtungen	**Wiederherstellen eines infiltrationsfähigen Bodengefüges**	**Erhalten dauernder Bodenbedeckung**	**Verkürzen der Gefällstrecke und Minderung des Gefälles**
durch	durch	durch	durch
– Befahren und Be- arbeiten nur bei trockenem Boden – Verminderung des Fahrverkehrs – Verminderung des lastbedingten Bodendruckes	– Krumenlockerung zwischen den Reihen des Vorgewendes – Lockerung von Fahrspuren	– vermehrten Stoppelzwischen- fruchtbau – späte Untersaaten in Mais – Pflanzen von Zweitfrüchten in den Mulch abgeernteter Winterzwischen- früchte und früh räumender Ge- treide-Vorfrüchte	– Kontur – Streifen- saat in Mais oder Rüben – Anlage von schmalen Feldern entlang der Höhen- schichtlinien (Konturpflügen) – Anlage von Rainen, Hecken und grasbedeckten Flutrinnen zum Bremsen der Ab- flußgeschwindig- keit und zur gefahr- losen Abfuhr von Oberflächenwasser
Schaffen und Nutzen von »Bodenrauhigkeit«	**Erhalten eines stabilen, verschläm- mungshindernden Bodengefüges**		
durch	durch		
– grobschollige oder grobbröcklige Bodenbearbeitung – Bearbeiten des Schlages quer zum Gefälle	– Kalkung und orga- nische Düngung – Mulchen von Ernte- resten an der Bodenoberfläche – Verzicht auf tief- greifende Boden- wendung (Locker- bodenwirtschaft), stattdessen fla- chere, wühlende Bearbeitung (Lockerboden – Mulchwirtschaft bis hin zur Fest- bodenmulchwirt- schaft)	– Einschränkung der Anbaufläche von spätschließenden Reihenfrüchten – Wahl von früh und lange deckenden Arten und Sorten, hohen Bestandes- dichten und engen Reihenabständen – Ausdehnung des Anbaus mehrjähri- ger Feldfutter- pflanzen	– Anlage von ebenen oder nur schwach geneigten Terras- sen

muß daher nach den jeweils vorrangigen Zielen die Gestaltung des Acker- und Pflanzenbaus planen.

Entsprechendes gilt auch für die Forderung, die Belastung von Boden, Atmosphäre und Gewäs- sern mit Schadstoffen unter bestimmte Grenz- werte zu bringen. Für Wasserschutzgebiete be- steht die auch für den Integrierten Landbau annehmbare Norm, daß nicht mehr als 50 mg/l NO_3 im Trinkwasser enthalten sein dürfen. Un- ter den in Tabelle 9 aufgeführten produktions- technischen und organisatorischen Maßnahmen zur Verhütung eines schädlichen Nitrateintrags in das Grundwasser ist der Verzicht auf den Anbau von Körnerleguminosen und auf die An- wendung von organischen Düngemitteln ge- nannt. Beide Maßnahmen erhöhen die Boden- fruchtbarkeit und fördern Prozesse der Selbstre- gelung; Ziele, die mit dem Integrierten Landbau angestrebt werden. Die besonderen Ziele des Gewässerschutzes sind mit diesen Zielen nicht zu vereinbaren. Das bedeutet, daß ein einziger, umfassender Planungsansatz auch im Integrier- ten Landbau nicht möglich ist. Vielmehr muß sich dieser Ansatz an den jeweils vorrangigen Zielen orientieren.

Tabelle 9   Maßnahmen zur Verhütung des Nitrateintrags in das Grundwasser

allgemeine vorbeugende Maßnahmen	zusätzliche produktions-technische Maßnahmen	Änderung des Bodennutzungssystems und der Betriebsorganisation
Vermeiden von düngungs-bedingten Nitratüberschüssen im Boden	**Vermehrte zeitliche Festlegung von Nitrat-N im Boden vor Beginn der Phase neuer Grundwasserbildung**	**Steigerung der Ausfuhr von N aus dem Wasserschutzgebiet mit der Erntemasse**
durch	durch	durch
– N-Düngung (Zeitpunkt, Mengen und Formen) entsprechend dem Bedarf der Feldfrüchte (z. B. gemäß Sollwert nach Messung von N_{min} im Boden) – Steigerung der N-Aufnahme der Feldfrüchte mittels Wahl standortangepaßter Arten und Sorten, günstiger Gestaltung der Umwelt (Bodenbearbeitung, Grunddüngung, Beregnung, wirkungsvoller Pflanzenschutz) und der Ernte – organische N-Düngung nur zu rasch wachsenden Feldfrüchten während der Vegetationszeit in Mengen, die dem Bedarf der Feldfrüchte entsprechen	– Einarbeiten von Stroh ohne zusätzliche N-Düngung – späte Untersaaten in Mais oder Ackerbohnen – vermehrten Zwischenfruchtbau während der Teilbrachen (Untersaaten in Getreide, Stoppelsaaten mit Gräsern oder Kreuzblütlern) – Unterlassen tiefgreifender Bodenbearbeitung im Herbst, Überwintern der Zwischenfrüchte	– Anbau kurzlebiger Feldfutterfrüchte (Silomais, Verfüttern von Rübenblatt) ohne Rückfuhr organischer Wirtschaftsdünger – Anbau mehrjähriger Futterpflanzen mit geringer N-Düngung **Minderung der Zufuhr von N zum Wasserschutzgebiet** durch – Verzicht auf den Anbau von Körnerleguminosen und Feldgemüse – Minderung oder Verzicht auf organische Wirtschaftsdüngung

5.2   Gestaltung »integriert« funktionierender Bodennutzungssysteme

K. Baeumer, Göttingen

5.2.1 Kennzeichnung eines Bodennutzungssystems

Unter einem **Bodennutzungssystem** versteht man die langfristige, durch bestimmte Merkmale gekennzeichnete Struktur der Feldwirtschaft. Sie entsteht als Folge der Gesamtheit aller Eingriffe, die der Landwirt zum Zwecke der Pflanzenproduktion vornimmt. Das betrifft sowohl alle einzelnen Maßnahmen, die im Verlauf des Anbaus der jeweiligen Feldfrucht angewendet werden (Abb. 15, Seite 57), als auch den organisatorischen Verbund des Anbaus mehrerer Feldfrüchte über die Betriebsfläche und im Ablauf der Jahre (Abb. 16).

Dieses System ist in ein umfassenderes, ganzheitliches Beziehungsgefüge eingebettet, nämlich in das in Kapitel 3 beschriebene **Agrarökosystem**. Dessen ursprüngliche, standortsgebundene Glieder, wie Mikroorganismen, wildlebende Tiere und Pflanzen, findet der Landwirt an jedem Wuchsort vor. Er kann sie mit seinen Eingriffen beeinflussen, im Extremfall auch beseitigen oder neue Organismen einfügen.

Während das Bodennutzungssystem sich ausschließlich auf die bewirtschafteten Flächen erstreckt, sind die räumlichen Grenzen eines Agrarökosystems meist weiter und weniger deutlich gezogen. Über Feldgrenzen hinweg gibt es wechselseitige Nachbarschafts- und Fernwirkungen, z. B. Stofftransporte zwischen Nutzflächen und angrenzenden Feldrainen, Hecken, Gehölzen und Ufersäumen sowie Aktivitäten von Tieren, die sich am Vorhandensein bestimmter Pflanzen orientieren.

Fast ausschließlich außerhalb der räumlichen

Grenzen eines Bodennutzungssystems liegt der Ursprung der produktionstechnischen Eingriffe. Ein hochproduktives Bodennutzungssystem wird überhaupt erst möglich durch Arbeit, die mit von außen zugeführter Energie und Geräten bewerkstelligt wird, und durch außerbetriebliche Produktionsmittel wie Saatgut, Mineraldünger und Pflanzenschutzmittel. Andere Produktionsmittel wie organische Dünger stammen meist aus dem Betrieb. Durch die Zufuhr, aber auch die Ausfuhr von Stoffen (Ernteprodukte) wird ein Agrarökosystem zu einem extrem »offenen« System. In gleicher Weise wird der Grad der Fremdregelung (»Offenheit«) zu einem Unterscheidungsmerkmal zwischen Bodennutzungssystemen.

Abb. 15 (Seite 57) zeigt, daß Wachstum und Entwicklung der Feldfrüchte von den in der Umwelt ablaufenden biotischen und abiotischen Prozessen bestimmt werden. Zwischen diesen Prozessen bestehen starke Wechselwirkungen und Rückkopplungen. So hängt z. B. der Transport von Wasser durch den lückenlosen Verbund von Boden-Pflanze-Atmosphäre nicht nur von der Einstrahlung (Licht und Temperatur) ab, sondern auch von der Aktivität der Lebewesen im Ökosystem, also von der Blattfläche und der Transpiration der Pflanzen sowie von ihrer Wasseraufnahme in Abhängigkeit von der Durchwurzelung und der Verfügbarkeit des Wassers. Letztere sind auch von der Boden-

struktur abhängig, und die wiederum wird vom Bodenleben beeinflußt. Dieses sich selbst regelnde System wird von den produktionstechnischen Eingriffen überlagert und in bestimmten Grenzen auch gesteuert. Die Wirkung der Maßnahmen hängt vom jeweiligen Zustand des Systems zum Zeitpunkt des Eingriffs und von nachfolgenden, meist witterungsbedingten Änderungen ab.

Da der Anbau einer bestimmten Feldfrucht das oben beschriebene Beziehungsgefüge prägt, kann man diese Feldfrucht und die mit ihr verbundenen Eingriffe als die kleinste Wirkungseinheit eines Bodennutzungssystems ansehen. Abb. 16 zeigt an einem einfachen Beispiel die raum-zeitliche Struktur eines **Bodennutzungssystems**. Jede Bodennutzungseinheit umfaßt räumlich alle mit der gleichen Feldfrucht bestellten Schläge. Zeitlich beginnt die Einheit mit dem Räumen der Vorfrucht und endet mit der Ernte der Feldfrucht selbst. Gründüngungsbestände enden mit dem Einarbeiten der oberirdischen Masse in den Boden oder mit ihrem Absterben. Mit in die Zeitspanne einer Bodennutzungseinheit einbezogen ist also der Abschnitt, in dem das Feld brach liegt und in dem der Anbau der folgenden Feldfrucht mit Stoppel- und Grundbodenbearbeitung, Düngung und Unkrautbekämpfung vorbereitet wird.

Die in Abb. 16 dargestellten offenen Rechtecke mit den jeweils angebauten Feldfrüchten sind

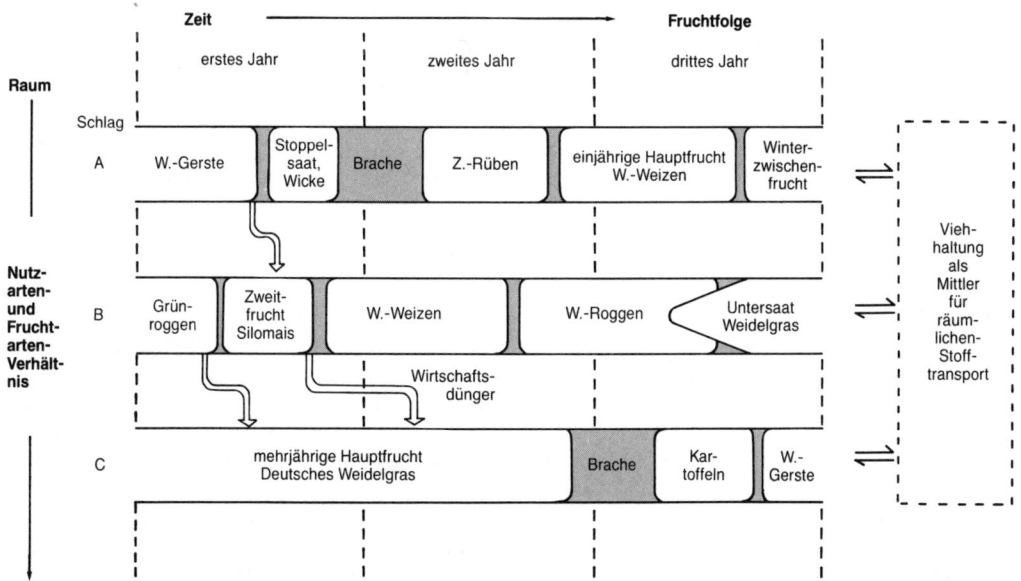

Abb. 16   Zeitliche und räumliche Strukturen eines Bodennutzungssystems unter Berücksichtigung der Rolle der Viehaltung in dem System.

unterschiedlich lang. Damit soll die Dauer der Zeit zwischen Aussaat und Ernte angedeutet werden. Sie dient als Unterscheidungsmerkmal für Klassen von Bodennutzungseinheiten. In der Reihenfolge abnehmender Anbaudauer sind zu nennen: Mehrjährige Hauptfrüchte (z. B. Feldgras), einjährige Hauptfrüchte (z. B. Zuckerrüben), Zweitfrüchte, die später als zum üblichen Termin bestellt werden (z. B. Silomais nach einer Winterzwischenfrucht), und Zwischenfrüchte, deren Anbaudauer weder die maximal mögliche Produktion noch die Erzeugung eines marktfähigen Produkts bestimmter Qualität (z. B. reife Samen) erlaubt. Nach Zeitpunkt und Aussaatverfahren unterscheidet man bei Zwischenfrüchten die hauptfruchtgleich bestellten Winterzwischenfrüchte zur Futtergewinnung (z. B. Grünroggen), die nach Getreide angebauten Stoppelsaaten (z. B. Wicke) und die unter einer Deckfrucht ausgesäten Untersaaten (z. B. Weidelgras in Roggen).

Der Roggen mit Grasuntersaat zeigt die engste Verzahnung zwischen zwei Bodennutzungseinheiten, die überhaupt möglich ist. Die Zwischenfrucht kann bei Sommergetreide gleichzeitig mit dessen Bestellung ausgesät werden, kommt aber erst zu stärkerem Wachstum, wenn das reifende Getreide licht wird. Diese Mischkultur wird meist zur Begründung eines ein- oder mehrjährig genutzten Hauptfruchtfutterbaus benutzt. Dabei werden häufig mehrere Kulturpflanzenarten im Gemenge angebaut, also eine oder mehrere Futtergräserarten zusammen mit Futterleguminosen (Kleegras). Mengsaaten sind bei Zwischenfrüchten häufig, bei Haupt- oder Zweitfrüchten eine Ausnahme. In den Tropen sind Mischkulturen die Regel.

Das Nacheinander der Feldfrüchte auf einem Schlag nennt man eine **Fruchtfolge**. Die Vorfrüchte wirken jeweils unmittelbar auf die Nachfrucht und mittelbar über deren Beeinflussung auf die folgenden Nachfrüchte. Auch im räumlichen Verbund gibt es Effekte, die das Wachstum einer Feldfrucht auf dem einen Schlage mit dem einer anderen auf einem anderen Schlage verbinden. In unserem Beispiel (Abb. 16) wird z. B. angenommen, daß die Gerste im eigenen Betrieb verfüttert wird. Die Viehhaltung vermittelt also den Transport von Nährstoffen vom einen Schlag zu anderen.

Das Nebeneinander der Feldfrüchte in einem Betrieb oder in einem Bodennutzungssystem wird mit dem Nutzarten- und dem Fruchtartenverhältnis beschrieben. Bei den Nutzarten unterscheidet man die

- Felderwirtschaft: Anbau kurzlebiger Feldfrüchte,
- Feldgraswirtschaft: Anbau mehrjähriger Futterpflanzen in Kombination mit Anbau kurzlebiger Feldfrüchte (Grasjahre im Wechsel mit Baujahren),
- Graslandwirtschaft: Anbau ausdauernder, sich selbst verjüngender Futterpflanzenbestände.

Innerhalb einer Felderwirtschaft bezeichnet man den relativen Anteil der einzelnen Feldfrüchte an der gesamten Ackerfläche als Fruchtartenverhältnis. Häufig werden Feldfrüchte zu Gruppen mit ähnlicher Produktionstechnik oder ähnlichem Wirkungswert im Hinblick auf die Produktivität eines Bodennutzungssystemes zusammengefaßt: Mähdruschfrüchte und Hackfrüchte, Futterpflanzen und Halmfrüchte, Extensiv- und Intensivblattfrüchte.

Unter dem Zwang, eine hohe Produktivität mit sehr geringer Nährstoffzufuhr von außen aufrechtzuerhalten, wurden Bodennutzungssysteme früher nach dem Anteil »tragender« und »abtragender« Feldfrüchte gegliedert. Wenn im Verlauf einer Fruchtfolge die Bodenfruchtbarkeit nicht sinken sollte, durften auf eine fruchtbarkeitsmehrende Feldfrucht nur so viele fruchtbarkeitszehrende Früchte folgen, wie der Zuwachs an Fruchtbarkeit durch die tragende Feldfrucht es erlaubte. Blattfrüchte sah man als tragende, Halmfrüchte als abtragende Früchte an. Die Gemeinschaft von tragenden und abtragenden Feldfrüchten in einer Fruchtfolge nennt man ein *Fruchtfolgeglied*. Eine Rotation kann aus mehreren Fruchtfolgegliedern zusammengesetzt sein. Fruchtfolgeglieder, die nur aus einer tragenden und einer abtragenden Frucht zusammengesetzt sind, bezeichnet man als Fruchtwechsel, eine Rotation nur aus Fruchtwechselgliedern zusammengesetzt eine Fruchtwechselwirtschaft. Andere, in denen auf eine Blattfrucht mehrere Halmfrüchte folgen, heißen Drei- oder Vierfelderwirtschaften.

Eine Klassifizierung der Bodennutzungssysteme einzig nach dem Prinzip der Erhaltung der Bodenfruchtbarkeit kann unter den Zielsetzungen eines Integrierten Landbaus nicht mehr genügen. Denkbar wäre eine Unterscheidung der verschiedenen Systeme nach dem Grad der Selbstregulation und Geschlossenheit eines Agrarökosystems. Da dieses Merkmal von vielen untereinander verknüpften Bedingungen abhängt, kann es nur mit Hilfe mehrerer komplexer Meßziffern abgebildet und annähernd quantifiziert werden.

1. *Ausmaß der Bodenruhe und Umfang der Reproduktion von organischer Bodensubstanz im Bodennutzungssystem:*

Unter dauernder Bedeckung eines Bodens mit lebender und toter Bodensubstanz übersteigt in der Regel die Reproduktion der organischen Substanz deren Abbau. Humusanreicherung fördert das Bodenleben und schließt den Kreislauf der Nährstoffe enger, schützt den Boden vor Erosion und mindert den Austrag von umweltbelastenden Stoffen. In diese Meßziffer könnten folgende Faktoren eingehen: Dauer der Bodendeckung, Reproduktion der organischen Substanz sowie Tiefe und Häufigkeit der Bodenbearbeitung im Mittel aller Feldfrüchte, die im Bodennutzungssystem vereint sind.

In Dauergrasland erreicht diese Meßziffer ihren Höchstwert und im Daueranbau von Kartoffeln mit intensiver Bodenbearbeitung einen sehr niedrigen Wert.

2. *Grad der Stabilität eines Bodennutzungssystems gegenüber fruchtfolgebedingten Ertragseinbußen:*

Mit steigender Anbaukonzentration einzelner Feldfruchtarten oder -artengruppen reichert sich der Boden mit spezifischen Schaderregern an. Ebenso nimmt die Dichte von Ackerwildpflanzen zu, die an bestimmte Feldfrüchte besonders angepaßt sind. Je größer die Vielfalt der Feldfrüchte mit unterschiedlicher Wirtseignung gegenüber bodenbürtigen Schaderregern ist, je weniger die Feldfrüchte eine spezifische Verunkrautung fördern, desto geringer werden die fruchtfolgebedingten Ertragseinbußen sein. Die Meßziffer der fruchtfolgebedingten Ertragsstabilität kann aus empirisch ermittelten Beziehungen zwischen Anbaukonzentration einer Feldfrucht und Dichte der Schaderreger (Verunkrautung) und zwischen Dichte des Schaderregers (Unkraut) und Feldfruchtertrag abgeleitet werden. Dabei müssen einzelne Schadursachen entsprechend ihrer Bedeutung für die Beständigkeit des Bodennutzungssystems und unter Berücksichtigung der Standortsbedingungen gewichtet werden.

Den höchsten Stabilitätsgrad weist eine artenreiche Grasnarbe auf, den geringsten Stabilitätsgrad der Anbau von z. B. Futter- und Körnerleguminosen oder Lein in Selbstfolge (Daueranbau).

3. *Ausmaß der Regelungsintensität beim Anbau der Feldfrüchte in einem Bodennutzungssystem:*

Um fruchtfolgebedingte Ertragseinbußen zu vermindern, führt der Landwirt ertragssichernde Maßnahmen durch: Vermehrter Pflanzenschutz, verstärkte Unkrautbekämpfung und gesteigerte Düngerzufuhr. Hohe N-Düngung bedingt in der Regel auch intensiveren chemischen Pflanzenschutz. Mit steigender Regelungsintensität werden deshalb mehr verschiedenartige Produktionsmittel (Herbizide, Fungizide, Insektizide, Wachstumsregulatoren) angewendet. Bei steigender N-Düngermenge nimmt die Anzahl der Teilgaben zu. Die Meßziffer der Regelungsintensität kann deshalb aus der Anzahl der insgesamt in einem Bodennutzungssystem angewendeten Mittel einschließlich der Anzahl Teilgaben bei bestimmten Mitteln abgeleitet werden. Diese Ziffer sollte mit der Bedeutung der einzelnen Mittel für die Umwelt und Erhaltung der Artenvielfalt im Agrarökosystem gewichtet werden.

Die Regelungsintensität ist frei wählbar. In biologisch wirtschaftenden Betrieben, die auf mineralische Stickstoffdüngung und chemische Pflanzenschutzmittel verzichten, ist sie sehr gering.

In einem ersten Ansatz wurde versucht, einige Bodennutzungssysteme nach den genannten Kriterien in ein gemeinsames Beziehungsgefüge einzuordnen (Abb. 17). Die Lage jedes Bodennutzungssystems innerhalb der 3 Koordinaten repräsentiert das mögliche Ausmaß der Selbst- bzw. der Fremdregulation eines durch die Art der Bodennutzung geprägten Agrarökosystems. Dabei ist zu beachten, daß es sich nicht um gemessene, sondern geschätzte Werte handelt, das Ergebnis somit nur die begrenzten Erfahrungen des Verfassers wiedergibt. Insbesondere ist der Grad der Regelungsintensität eine Größe, die sehr variabel vom Landwirt gestaltet werden kann. Z. B. könnte das unter Nr. 12 aufgeführte System auch von einem ökologisch wirtschaftenden Landwirt betrieben werden. Da dieser auf mineralische N-Düngung und chemischen Pflanzenschutz verzichtet, würde im Vergleich zur hier unterstellten konventionellen Wirtschaftsweise die Regelungsintensität weit geringer sein.

Aus der relativen Rangordnung der hier genannten Bodennutzungssysteme wird deutlich, daß der Grad der Selbstregulation mit der Vielfalt der Feldfrüchte, der Häufigkeit des Wechsels zwischen bestimmten Feldfruchtgruppen einerseits, der Dauer der Bodenruhe und Bodenbedeckung durch Vegetation sowie der Humusanreicherung andererseits zunimmt. Dement-

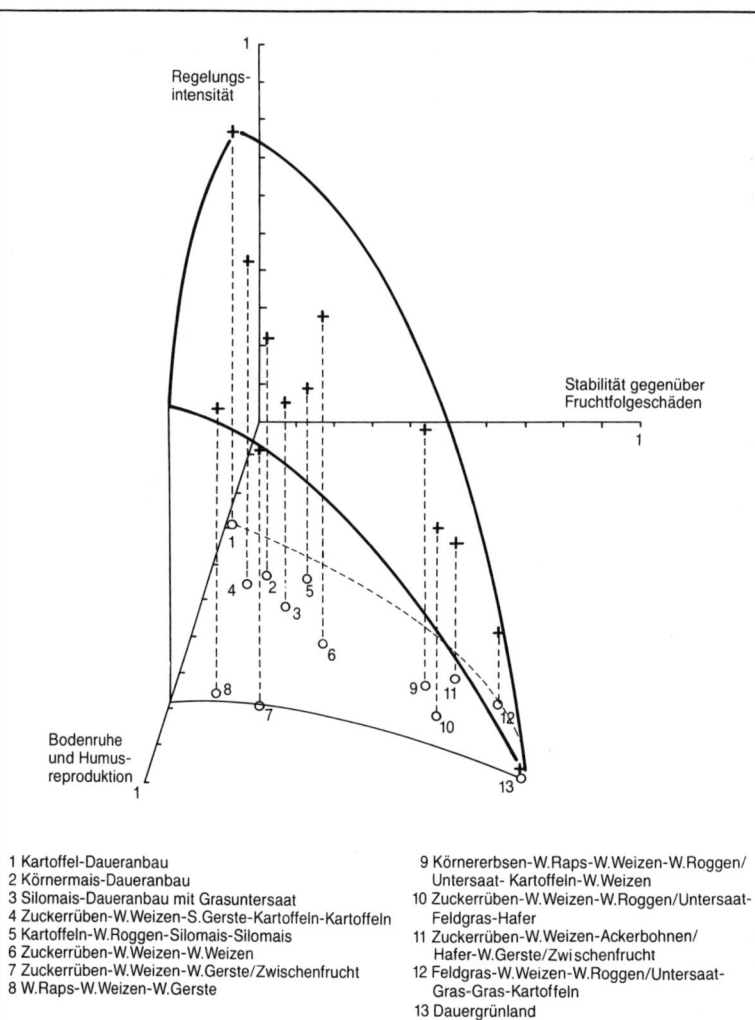

Abb. 17
Kennzeichnung von
Bodennutzungssystemen
nach dem Ausprägungs-
grad der in ihnen wirksa-
men Selbstregelung (Stabilität gegenüber Fruchtfolgeschäden, Dauer der Bo-
denruhe einschließlich
Humusreproduktion) und
der kompensierenden
Fremdregelung (Intensität
der Düngung und des
Pflanzenschutzes).

1 Kartoffel-Daueranbau
2 Körnermais-Daueranbau
3 Silomais-Daueranbau mit Grasuntersaat
4 Zuckerrüben-W.Weizen-S.Gerste-Kartoffeln-Kartoffeln
5 Kartoffeln-W.Roggen-Silomais-Silomais
6 Zuckerrüben-W.Weizen-W.Weizen
7 Zuckerrüben-W.Weizen-W.Gerste/Zwischenfrucht
8 W.Raps-W.Weizen-W.Gerste

9 Körnererbsen-W.Raps-W.Weizen-W.Roggen/
   Untersaat- Kartoffeln-W.Weizen
10 Zuckerrüben-W.Weizen-W.Roggen/Untersaat-
   Feldgras-Hafer
11 Zuckerrüben-W.Weizen-Ackerbohnen/
   Hafer-W.Gerste/Zwischenfrucht
12 Feldgras-W.Weizen-W.Roggen/Untersaat-
   Gras-Gras-Kartoffeln
13 Dauergrünland

sprechend kann, um die Höhe und Sicherheit der Pflanzenproduktion zu erhalten, die Regelungsintensität abnehmen. Ob und in welchem Umfang diese Vorstellung zutrifft, bedarf allerdings noch eingehender Untersuchungen.

5.2.2 »Integrierend« wirkende Maßnahmen

Wesentlicher Bestimmungsgrund für die Wahl aller Maßnahmen ist der mögliche Grad des Zusammenwirkens, den die Eingriffe im Hinblick auf die umfassende Zielsetzung des Integrierten Landbaues ausüben können. Hier sind noch manche Wissenslücken zu füllen. Weder ist ausreichend bekannt, wie sich die Wirkung von Maßnahmebündeln mit den Standortsbedingun-

gen ändert, noch genügen die Erfahrungen, wie sich manche Maßnahmenkomplexe auf Dauer auswirken. Eingriffe werden meist auf ein einziges Teilziel ausgerichtet. Dementsprechend überwiegen Forschungsergebnisse oder praktische Erfahrungen zu Einzelproblemen, etwa zu der Frage, mit welchen Mitteln oder Verfahren die Schadenswahrscheinlichkeit für Fußkrankheiten im Weizenbau vermindert werden kann. Dagegen fehlt es noch an Kenntnissen über umfassende, vernetzte Zusammenhänge, wie sie in einem Agrarökosystem gegeben sind. Die Kenntnisse werden aber benötigt, wenn »integrierend« vorgegangen und die Einzelmaßnahme im Hinblick auf den Gesamtzusammenhang bewertet und entsprechend eingesetzt werden soll. Ein solcher »systemarer« Ansatz, mit dem das übergeordnete Ziel vermehrter Selbstregulation eines Agrarökosystems verwirklicht werden soll, ist daher nur unvollkommen und in einer ersten Annäherung möglich. Deshalb muß vorerst eine Beschreibung genügen, wie einige Teilziele erreicht werden können.

Für den Bodenschutz ist das in den Tabellen 8 bis 10 (Seite 59, 60, 65) geschehen. Anstelle einer eingehenden Erörterung aller hier genannten Maßnahmen soll hier nur auf ein Merkmal dieser Maßnahmen eingegangen werden. Sie lassen sich nach dem Ausmaß der mit ihnen verbundenen Aufwendungen, oder in umgekehrter Betrachtung, nach den möglichen Ertragseinbußen als Folge verminderter Anbauintensität gruppieren. Je nach den einzuhaltenden Normen und dem Grad der Umweltgefährdung, der von den Standortbedingungen vorgegeben wird, kann der Landwirt aus der Reihe dieser abgestuften Maßnahmen wählen. Vorzugsweise wird er die Möglichkeiten zur Problemlösung nutzen, die den geringsten zusätzlichen Auf-

Tabelle 10 Maßnahmen zur Verminderung des Eintrags von Herbiziden in das Grundwasser

allgemeine vorbeugende Maßnahmen	zusätzliche produktionstechnische Maßnahmen	Änderung des Bodennutzungssystems und der Betriebsorganisation
Vermeiden der Zufuhr von Verbreitungsorganen unerwünschter Pflanzen	**Zurücknahme des Herbizideinsatzes nach Art und Menge**	**weitgehender Verzicht auf Herbizidanwendung, ermöglicht**
durch	durch	durch
– Aussaat von Saatgut ohne Fremdbesatz	– Verbesserung der Wirkung des Herbizids durch rechtzeitige Anwendung, verbessertes Eindringen des Mittels in den Bestand und die Pflanze (Applikationstechnik)	– konsequenten Wechsel in der Fruchtfolge zwischen überwinternden und sommerjährigen Feldfrüchten und Verzicht auf jede mehrfache Folge der gleichen Kulturpflanze
– Reinigung von Sä- und Erntemaschinen vor dem Einsatz auf anderen Feldern		
– rechtzeitige und vollständige Ernte, um Durchwuchs zu verhindern	– genauere Dosierung (Kontrolle des Mittelaufwandes, Vermeiden von Überlappungen)	– Begrünung von Teilbrachen mit kampfkräftigen, Durchwuchs unterdrückenden Zwischenfruchtbeständen
– vollständige Verrottung aller Samen in organischen Wirtschaftsdüngern vor dem Ausbringen	– Anwendung nur bei Bedarf (Schadensschwellenkonzept)	
Verminderung der Reproduktion von unerwünschten Wildpflanzen in einzelnen Feldschlägen	– Begrenzung des Einsatzes bei Reihenfrüchten allein auf die Reihe (Bandspritzung) und Nutzung mechanischer Unkrautbekämpfung zwischen den Reihen	– mechanische Unkrautbekämpfung in allen Reihenfrüchten und, soweit nicht begrünt, in Teilbrachen
durch		
– Wahl standortangepaßter, wettbewerbsstarker Kulturpflanzenarten und -sorten	– Wahl von Herbiziden, die in kürzester Frist von Mikroorganismen im Boden abgebaut werden und keine negative Wirkungen auf das Wachstum der Kulturpflanzen und das Bodenleben haben	– Nutzung sog. »Reinigungs«-fruchtfolgen
– rechtzeitige und fehlerfreie Aussaat, die zu frühem und vollständigem Bestandesschluß der Feldfrucht führt		
– rechtzeitige und wirkungsvolle Bodenbearbeitung, die auf die Kontrolle der unerwünschten Pflanzen gerichtet ist		
– dem Bedarf angepaßte Düngung und ausreichenden Pflanzenschutz		

wand und die geringste Ertragseinbuße verursachen oder in einzelnen Fällen die Produktivität steigern.

Diese relativ vorzüglichen Maßnahmen unterscheiden sich von denen, die der Landwirt ohnehin ergreift, allein durch die Art der Entscheidung und Ausführung. Als erstes muß entsprechend dem angestrebten Zweck die Zielgröße, d. h. der Bedarf, bestimmt werden, dann das wirkungsvollste Mittel und das ökonomisch wie ökologisch brauchbarste Verfahren ausgewählt werden. Darauf folgt die Wahl des günstigsten Zeitpunktes für ihren Einsatz. Die beiden Kriterien für diese Entscheidung sind Grad der Anpassung an die gegebenen Standortbedingungen und Rechtzeitigkeit der Maßnahme. Beide Kriterien sind mit einer entsprechenden Organisation der Feldwirtschaft, meist auch ohne zusätzliche Aufwendungen zu erfüllen.

In diesem Zusammenhang muß noch einmal besonders darauf hingewiesen werden, welche Bedeutung der Wahl standortsangepaßter, krankheitsresistenter Feldfruchtarten und -sorten zukommt: Sie sind das Fundament jeder integrierten Pflanzenproduktion (siehe Abschnitt 5.6).

Ein drittes Kriterium ist die Sorgfalt, mit der jede Maßnahme durchgeführt wird. Ständige Überwachung des Arbeitsergebnisses ermöglicht rechtzeitige Korrekturen und sichert den Gesamterfolg. Nur so kann z. B. eine bestimmte Struktur des Saatbettes erzeugt, eine gleichmäßige Tiefenablage des Saatguts, vollständiger Anschluß in und zwischen den Reihen eingehalten und ein lückenfreier Feldaufgang bewirkt werden. Entsprechendes gilt für das Ausbringen von Düngern und Pflanzenschutzmitteln: Die Dosierung muß der Norm und den Herstellerangaben entsprechen, die Verteilung gleichmäßig über die Fläche ohne Überlappung und Fehlstellen erfolgen. Dadurch werden unnötige Kosten vermieden und der Wirkungsgrad der Maßnahmen erhöht.

Ein weiterer, grundlegender Schritt in Richtung eines Integrierten Landbaus sind die allgemeinen, vorbeugenden oder auf Erhalt eines bestimmten Zustandes gerichteten Maßnahmen. Z. B. spielen bei der Kontrolle unerwünschter Wild- und Kulturpflanzenarten oder auch bestimmter bodenbürtiger Schaderreger neben Maßnahmen, die die Wettbewerbsfähigkeit der Ackerwildpflanzen oder den Befallsdruck von Schaderregern direkt mindern (z. B. durch Art, Intensität und Zeitpunkt der Bodenbearbeitung), die Gestaltung des Anbauverhältnisses

und der Fruchtfolge, die Behandlung der Ernteteste und die organische Düngung eine hervorragende Rolle. Von diesen, die langfristige Organisation der Feldwirtschaft betreffenden Maßnahmen sei als Beispiel nur der Erhalt der Bodenfruchtbarkeit herausgegriffen.

Bodenfruchtbarkeit hat zwei Komponenten. Die eine ist die in der Bodenlösung und im leicht austauschbaren oder mineralisierbaren Zustand vorhandene Menge oder Konzentration von Pflanzennährstoffen. Der Entzug von Nährstoffen durch die Pflanzen oder die Festlegung (Immobilisation) von pflanzenverfügbaren Nährstoffen können durch Nährstoffzufuhr, also Düngung in organischer oder mineralischer Form, ausgeglichen werden. Die andere Komponente ist die räumliche Verfügbarkeit von Nährstoffen, aber auch von Wasser und Sauerstoff im Boden. Diese Komponente wird einerseits von der Durchwurzelung des Bodens, andererseits von den Transportprozessen für Gase und Wasser im Boden bestimmt. Beide Vorgänge hängen wiederum von der Bodenstruktur und von dem Bodenleben ab.

Die Wechselwirkung zwischen konzentrationsabhängiger Verfügbarkeit und räumlicher Zugänglichkeit von Phosphat auf die Substanzproduktion von Zuckerrüben zeigt Abb. 18A. Mit zunehmender Konzentration von $P_{(Wasser)}$ stieg die Trockenmasseproduktion bis zu einem Grenzwert an. Dieser lag in dem unverdichteten Boden auf einem höheren Niveau und wurde mit einer niedrigeren Phosphatkonzentration erreicht als in dem verdichteten Boden. Phosphat ist im Boden wenig beweglich und wird nur dann rasch aufgenommen, wenn der Abstand zwischen der Wurzeloberfläche und dem phosphathaltigen Boden gering ist. Je stärker der Boden also durchwurzelt ist, desto mehr Phosphat ist der Aufnahme zugänglich.

Eine unzureichende, die Durchwurzelung und damit auch die Nährstoffaufnahme hemmende Bodenstruktur kann daher durch Nährstoffzufuhr (Düngung) ausgeglichen werden. Umgekehrt nimmt die Nährstoffmenge, die zur Produktion eines Höchstertrages notwendig ist, mit steigender Güte der Bodenstruktur ab. Das zeigt Abb. 18B am Beispiel der N-Düngung zu Kartoffeln. Bei Stickstoff wird zusätzlich wirksam, daß der organisch gebundene Stickstoff im Boden mit zunehmender Güte der Bodenstruktur rascher und stärker mineralisiert wird, also nicht nur die Zugänglichkeit, sondern auch die Menge des pflanzenverfügbaren Stickstoffs steigt.

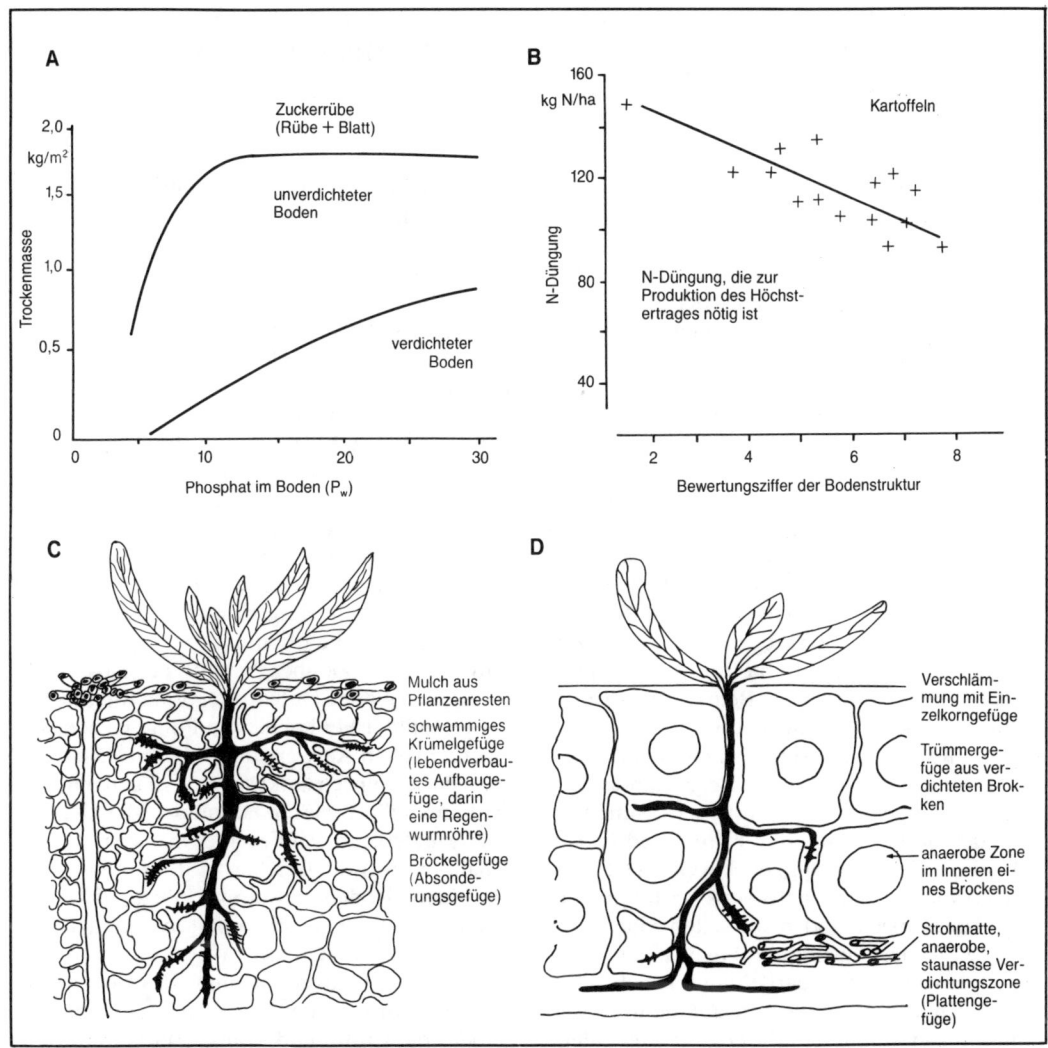

Abb. 18 Einfluß der Bodenstruktur auf die Ertragswirksamkeit der Düngung und schematische Darstellung von Gefügezuständen: A: Phosphat [43], B: Stickstoff [7], C: günstige und D: ungünstige Bodenstruktur.

Was unter einer günstigen oder ungünstigen Bodenstruktur zu versehen ist, sollen Abb. 18C und D verdeutlichen. Günstig ist ein Krümelgefüge, das überwiegend durch die Tätigkeit von Mikroorganismen, Pflanzen und Tieren im Boden entsteht. Abgestorbene Pflanzenteile werden von Bodentieren gefressen und in den Boden eingemischt. Dadurch wird der Ab- und Umbau der organischen Substanz, der von den Mikroorganismen geleistet wird, stark gefördert. Die Zersetzer scheiden Schleimstoffe aus, die die Mineralteilchen im Boden für kürzere oder längere Zeit miteinander verkleben. Besonders dauerhaft sind solche Bindungen, wenn, wie beim Regenwurm, im Verdauungstrakt der

mikrobielle Abbau in Gegenwart von mineralischen Bodenteilen erfolgt. Aus diesem Miteinander entstehen dauerhafte Ton-Humuskomplexe und Bodenaggregate mit Schwammgefüge (»Lebendverbauung«). In diesen Krümeln sind feine, wasserhaltende Poren unmittelbar neben groben, meist luftführenden Poren angeordnet. Das fördert nicht nur den Transport von Wasser, Nährstoffen und Gasen, sondern auch alle Lebensprozesse im Boden. Ein solches Bodengefüge ist die beste Voraussetzung für eine intensive Durchwurzelung, bewirkt daher kürzeste Wege im Prozeß der Wasser- und Nährstoffaufnahme sowie beim Gasaustausch.

Da alle Transportprozesse im Boden von den

Bedingungen abhängen, die an der Bodenoberfläche herrschen, sind Ausprägung und Beständigkeit des Krümelgefüges hier von besonderer Bedeutung. Beide Merkmale bilden sich optimal unter dem Schutz einer Decke aus lebender oder toter Pflanzenmasse aus. Deshalb wurde in Abb. 18C versucht, eine Mulchdecke auf der Bodenoberfläche darzustellen, die den Boden vor Verschlämmung schützt und Lebensraum für zahlreiche bodenbewohnende Tiere bietet. Der stete Zustrom von organischer Substanz in dieser Schicht ist die Grundlage eines sich immer wieder erneuernden lebendverbauten Aufbaugefüges.

Im Gegensatz dazu zeigt Abb. 18D ein sehr ungünstiges Gefüge. Große, in sich verdichtete Bodenaggregate hemmen die Transportprozesse und das Wurzelwachstum. Je nach Bodenfeuchte können innerhalb der Aggregate Zonen mit Sauerstoffmangel entstehen. Die Stabilität der Bodenbröckel ist gering. Ohne Pflanzenbewuchs und nach Verdichtung durch Schwertransporte können Starkregen leicht eine Verschlämmung (Trennung von Ton- und Schluffteilchen) bewirken. An der Bearbeitungsgrenze können verdichtete Schichten das Bodenwasser stauen und den Gasaustausch hemmen.

Diese beiden extremen Gefügezustände sind zwar auch von der Korngrößenzusammensetzung des Bodens sowie den Klima- und Geländebedingungen abhängig, doch werden sie weitgehend von der Wirtschaftsweise bestimmt. Bodenverdichtungen sind nicht selten eine Folge unzweckmäßiger und zum ungünstigen Zeitpunkt ausgeführter Bearbeitungseingriffe einschließlich des Fahrverkehrs auf dem Acker. Auf der anderen Seite erhöhen unzureichende Reproduktion der organischen Bodensubstanz, fehlerhaftes Einmischen der Ernteabfälle in den Boden und langes Brachliegenlassen des Ackers die Anfälligkeit der Böden gegenüber Gefügeschäden.

Eine günstige Bodenstruktur fördert raschen, vollständigen Feldaufgang und zügiges Jugendwachstum, erhöht die Wettbewerbskraft der Feldfrucht gegenüber Unkräutern und vermindert die Anfälligkeit der Kulturpflanzen gegenüber bodenbürtigen Schaderregern.

Bodenfruchtbarkeit ist nur eine Teilwirkung im Zusammenspiel aller Kräfte, die zu einem höheren Ausprägungsgrad der Selbstregulation in einem Agrarökosystem führen. Welche »integrierenden« Effekte von der Gestaltung des Bodennutzungssystems ausgehen können, wird in den nachfolgenden Abschnitten besprochen.

5.3 Verfahren und Wirkungen der Bodenbearbeitung

K. Baeumer, Göttingen

5.3.1 Ziele der Bodenbearbeitung und ihre technische Realisierung

An die Stelle der natürlichen Vegetation setzt der Landwirt den Feldfruchtbestand, der ein bestimmtes Produkt erzeugen soll. Ohne einen Mindestaufwand an Bodenbearbeitung ist das nicht möglich: Um das Risiko der Bestandesbegründung zu mindern, muß das Saatgut in ein gelockertes Saatbeet eingebracht und vollständig von Boden bedeckt werden. Die Ernte von Wurzel- und Knollenfrüchten ist ebenfalls nur mit einer Lockerung des Bodens möglich. Schließlich muß das Erntegut aller Feldfrüchte abgefahren werden: Auch der Fahrverkehr auf dem Acker ist ein Eingriff in das Bodengefüge, also eine Bodenbearbeitung.

Obwohl die Bodenbearbeitung ein **Kostenfaktor** ist, den jeder Landwirt so gering wie möglich halten sollte, ist er bei diesem Punkt nicht selten zu erheblichen Aufwendungen bereit. Die Ursachen dafür wurden in Abschnitt 5.1 genannt und sind durch die Tatsache begründet, daß der Anbau kurzlebiger Feldfrüchte mit zwischengeschalteten Schwarzbrachen in der Regel zu ungünstigen Bodenstrukturen führt, die dann durch erneute Bodenbearbeitung wieder verbessert werden müssen.

Jede Art der Inanspruchnahme des Bodens, sei es für die Aussaat, das Wachstum der Feldfrüchte oder die Ernte- und Transportarbeiten, stellt besondere Anforderungen an den jeweiligen Gefügezustand des Ackerbodens. Ziel jeder Bearbeitung ist es, diesen bestimmten Bodenzustand zu schaffen. Wegen der großen Zahl der möglichen Zielvorstellungen und der Schwierigkeiten, einen bestimmten Bodenzustand hinreichend zu kennzeichnen, sollen hier anstelle der angestrebten Bodenzustände nur einige **Ziele der Bodenbearbeitung** genannt werden.

Herstellen eines bestimmten Bodengefüges
Sowohl das Wachstum der Pflanzen als auch das Gelingen technischer Anbaumaßnahmen setzen bestimmte, meist unterschiedliche Zustände der Bodenstruktur voraus. Diese Gefügezustände stellt der Landwirt mit Geräten oder Kombinationen von Geräten her, die den Boden lockern, zerkleinern, verdichten und verfestigen. Als Er-

gebnis entsteht dann ein räumlich sowohl über die Fläche wie der Tiefe nach unterschiedlich gestaltetes Bodengefüge. Einige zu diesem Zweck verwendete Geräte und ihr Arbeitsbild sind in Abb. 19 aufgeführt.

Unverzichtbar für den Anbau einer Feldfrucht ist ein Saatbett, sei es auch nur mit einem noch so geringfügigen Eingriff geschaffen. Es soll den raschen und vollständigen Feldaufgang der Kulturpflanzen gewährleisten. Voraussetzung dafür ist ein inniger Boden-Samen-Kontakt, der zügige Samenquellung auch noch bei rasch abnehmenden Bodenwassergehalten sichert. Die Samen werden deshalb an die Grenze der Schicht abgelegt, die für einen fortwährenden Nachschub von im Boden gespeichertem Wasser sorgt. Das Gefüge dieser Schicht sollte nach einer lockernden Bodenbearbeitung im Verlauf von Monaten natürlich dichtgelagert sein oder mit Hilfe von Packern, Walzen und äußerstenfalls durch die Überfahrten des Traktors so rückverdichtet sein, daß eine feinbröckelige Struktur mit hohem Anteil von Mittelporen hohe Wassertransportraten ermöglicht. Oberhalb der Samen sollen gröbere Aggregate eine unproduktive Verdunstung und eine allzu rasche Verschlämmung der Bodenoberfläche verhindern. Die durchgehenden Grobporen dieses Gefüges fördern den Gasaustausch am Ort der Keimung

und damit auch eine rasche Erwärmung des Bodens im Frühjahr.

Die Durchwurzelung des Unterbodens muß in einem zur Tiefe hin zunehmenden dichteren Gefüge erfolgen. Günstig für ein rasches Tiefenwachstum sind deshalb durchgängige Grobporen, so z. B. verlassene Wurzelbahnen oder Regenwurmröhren. Verdichtungen, die stärker sind als die natürliche Dichtlagerung des Bodens zur Tiefe hin, hemmen die Durchwurzelung, wenn diese Schichten mit Wasser gesättigt sind. Solche Verdichtungen entstehen in oder unterhalb der Ackerkrume als Folge starker mechanischer Belastung, z. B. durch Schwertransporte auf dem Acker.

Beste Befahrbarkeit ermöglicht ein fester und zugleich trockener Boden. Schwere Auflasten trägt der Boden mit minimaler Verformung nur, wenn er wie ein Steinpflaster gestaltet ist. In den Fahrbahnen sollte der Boden deshalb aus groben, dichtgelagerten Schollen bestehen, deren Zwischenräume (Trockenrisse und andere an der Bodenoberfläche endende Grobporen) das Niederschlagswasser rasch zur Tiefe abführen.

Ein ähnliches Gefüge bietet auch Schutz vor Wassererosion. Stau von Regenwasser wird verhindert, wenn alles Wasser sofort in den Boden eindringen kann. Schon 2 an der Bodenoberflä-

Verfahrens-schritte	Lockerboden-wirtschaft	Lockerboden-Mulchwirtschaft		Festboden-Mulchwirtschaft	extreme Festboden-Mulchwirtschaft
Stoppel-bearbeitung (< 15 cm)	Schälpflug, Scheiben-, Spatenrollegge, Fräse, Zinkenrotor, Flügelschargrubber, Kreisel-, Rüttelegge			Spatenrollegge, Zinkenrotor Kreisel- und Rüttel-egge, Flügelschar-grubber	
Grundboden-bearbeitung (10-40 cm)	Scharpflug, Scheibenpflug, (mit Nachlaufeggen und Packern)	Schwergrubber, Rüttelgrubber (mit Nachlauf-eggen und Packern), Zweischichten-grubber	Parapflug, Flügelschar-grubber Tiefenlockerer, Zweischichten-grubber		
Saatbett-bereitung (<8 cm) Saat	Kombinationen aus Feingrubber, Saat-, Wälzeggen und Walzen Kreisel-, Rütteleggen-Walzen-Kombination			Zinkenrotoren, Kreisel-, Rüttel-eggen und Walzen Reihenfräsen	
	übliche Sämaschinen (Drill-, Band-, Breit-, Einzelkornsaat)		Mulchsaat-Sämaschinen (Ein-, Zwei-, Dreischeiben-Drillmaschinen, Breitsaatschiene, Sästempel-Saat)		
Erntereste auf der Bodenoberfläche Totalherbizid vor Aussaat	keine nicht nötig	< 1/5 nicht nötig	1/3 - 2/3 meist nötig	1/3 - 2/3 meist nötig	alle immer nötig
Arbeitsweise	**wendend,** volle Krumentiefe	**wühlend,** meist weniger als Krumentiefe	überwiegend in der Tiefe **lockernd**	in Saattiefe **wühlend** (nicht immer die ganze Fläche)	nur in der **Saatreihe** bearbeitet

Abb. 19 Systeme der Bodenbearbeitung mit den zugehörigen Verfahrensschritten einschließlich der dazu häufig verwendeten Geräte.

che endende Regenwurmröhren/m² genügen, um das Wasser eines heftigen Gewitterschauers in die Bodentiefe abzuführen. Zusätzlich schützt eine Mulchdecke aus Ernteresten die Bodenkrümel vor Zerstörung durch den Aufprall großer Regentropfen. Das verzögert eine Verschlämmung der Bodenoberfläche und verhindert einen oberflächlichen Wasserstau, der in hängigem Gelände zu Abfluß und Bodenabtrag führen könnte.

Gestaltung der Bodenoberfläche

Manche Anbau- und Ernteverfahren setzen eine bestimmte Form der Bodenoberfläche voraus. Gleiches gilt für einige Verfahren der Be- und Entwässerung und für die Verhütung von Wassererosion. Die Bodenoberfläche wird mit Geräten gestaltet, die den Boden ebnen, furchen oder häufeln. Auch das Verteilen von Ernteresten auf der Bodenoberfläche ist in diesem Zusammenhang zu nennen.

Eine vollständig ebene Bodenoberfläche trägt zum Gelingen einer Präzisionsdrillsaat, der Ernte von extrem lagernden Körnerfrüchten und der Hackpflege von Reihenfrüchten bei. Deshalb wird nach jeder aufrauhenden und lockernden Bodenbearbeitung mit Wälzeggen, Formwalzen, Ackerschleppen oder Feingrubbern und Eggen die Oberfläche eingeebnet und rückverdichtet. Besondere Sorgfalt bedarf es, um einen lückenlosen Anschluß der bearbeiteten Flächen zu gewährleisten und um unnötige und zu tiefe Fahrspuren zu vermeiden.

Aussaat in Dämme ist vorteilhaft, wenn wärmebedürftige Kulturpflanzen, wie z. B. Mais, in kühlen Klimabereichen angebaut werden sollen. Ost-West-orientierte Dammflanken erhöhen den Einstrahlungsgewinn und steigern die Bodentemperatur in dem locker aufgehäufelten Boden. Ebenfalls zur Bodenerwärmung im Frühjahr trägt bei, wenn bei einer Mulchsaat von Reihenfrüchten die die Strahlung reflektierenden Ernteresten aus der Saatreihe zur Seite geräumt werden.

Kartoffeln werden in Dämmen angebaut, um bei ihrer Ernte weniger Boden bewegen zu müssen. Anhäufeln der Pflanzen in der Reihe in Verbindung mit Hacken zwischen den Reihen kann zu intensiver mechanischer Unkrautentfernung nicht nur bei Kartoffeln, sondern auch bei anderen Reihenfrüchten, wie Mais und Ackerbohnen, benutzt werden.

Staunasse Ackerflächen können oberflächlich entwässert werden, wenn in Gefällerichtung kleine Furchen gezogen werden. In ebenen Lagen dienten früher die beim Auseinanderpflügen entstehenden Furchen zwischen Wölbäckern der Entwässerung. Umgekehrt werden in ariden Klimabereichen die Furchen zwischen den Pflanzenreihen zur Bewässerung (Furchenbewässerung) benutzt.

Um Wassererosion zu verhüten, kann die Bodenoberfläche so ausgeformt werden, daß viele kleine Mulden entstehen. In ihnen wird Niederschlagswasser gestaut, das sonst oberflächlich abfließen würde. Großflächiges Terrassieren dient ebenfalls der Verminderung des Oberflächenabflusses.

Einmischen und Trennen von Stoffen

Zur Sicherung des Feldaufganges wird Saatgut mit einer Bodenschicht bedeckt. Das Einbringen in den meist gleichzeitig gelockerten Boden geschieht mit Hilfe meißelartiger, starrer oder scheibenförmig rollender Drillschare. Auch Dünger, z. B. Gülle oder Kalk, und Pflanzenschutzmittel, wie z. B. Bodenentseuchungsmittel (Nematizide), müssen in den Boden eingemischt werden, um ihre Wirksamkeit zu erhöhen und umweltbelastende Verluste zu vermeiden.

Ernteresten werden meist in mehreren Arbeitsschritten erst flacher, dann immer tiefer gleichmäßig in den Boden eingemischt. Damit vermeidet man die Anhäufung größerer kompakter Mengen an leicht abbaubarer organischer Substanz an den Bearbeitungsgrenzen. In größeren Bodentiefen könnte der Abbau z. B. von Zuckerrübenblatt zu Sauerstoffmangel und zur Hemmung des Wurzelwachstums führen.

Knollen- und Wurzelfrüchte werden bei der Ernte mit Polderscharen aus dem Boden gehoben und durch Sieben von anhaftendem Boden befreit.

Beseitigung unerwünschter Wild- und Kulturpflanzen oder von Schaderregern

Sie werden vergraben, verschüttet, ausgerissen oder auf andere Weise so verletzt, daß sie absterben. In manchen Fällen ist dieser Effekt nur eine Folge der Bodenbearbeitung, die zur Veränderung der Bodenstruktur unternommen wird. In anderen Fällen, z. B. beim Hacken oder Bürsten des Bodens zwischen den Pflanzenreihen zur Unkrautbekämpfung, ist der Eingriff in das Bodengefüge nur eine zwangsläufig mitvollzogene Maßnahme. Das gilt auch für das Einmischen von Pflanzenresten und Stoffen in den Boden sowie die Ernte von Knollen oder Wurzeln.

Der **Erfolg einer Bodenbearbeitung**, mit dem das Bodengefüge in einer bestimmten Weise verändert werden soll, hängt einmal von der Wirkungsweise der benutzten Geräte, zum anderen von der Bearbeitbarkeit der Böden ab. Diese Eigenschaft wird von der Korngrößenzusammensetzung und dem Wassergehalt des Bodens bestimmt. Beide Merkmale beeinflussen den Zusammenhalt von Bodenteilchen, die Konsistenz eines Ackerbodens. Mit zunehmendem Anteil von Ton und Feinschluff im Boden nimmt die Oberfläche der mineralischen Teilchen im Verhältnis zu ihrer Masse zu und damit auch die den Zusammenhalt bewirkenden Oberflächenkräfte.

Andererseits werden mit zunehmender Bodenfeuchte mehr und mehr Bodenteilchen durch Wasserfilme auf ihren Oberflächen getrennt. Wird der Boden durch ein Lockerungsgerät belastet, brechen deshalb die Bodenbröckel zuerst an vorgeformten Schwachstellen auseinander. Überschreitet der Wassergehalt des Bodens eine bestimmte Grenze, so werden die Mineralteilchen durch zwischengelagertes Wasser gegeneinander beweglich. Bei einer mechanischen Belastung bricht der Boden nicht mehr auseinander, sondern verformt sich plastisch. Jetzt wird der Zusammenhalt des Bodens durch die Bindungskräfte des Wassers bewirkt. Bei noch höheren Wassergehalten zerfließt der Boden formlos, und gröbere Teilchen als Schluff und Ton setzen sich ab.

Unter bester **Bearbeitbarkeit** eines Bodens versteht man den Zustand, der bei einem lockernden Eingriff mit einem Minimum an Energieaufwand zu einem Maximum an Bröckelung und Zugewinn an Grobporen führt (Abb. 20). In diesem Zustand ist ein Boden mit mehr als 10% Ton halbfest und seine Bodenfeuchte liegt unterhalb der Grenze, wo mittlere Poren noch mit Wasser gefüllt sind. In Abb. 21 wurden die Bereiche befriedigender Bearbeitbarkeit (Fläche mit Ziffer 3) gegen die eben noch ausreichender (2 bzw. 4) und unzureichender Bearbeitbarkeit (1 und 5) abgegrenzt.

Mit zunehmendem Gehalt des Bodens an Ton und Feinschluff wird der Bereich der Bodenfeuchte, in dem ein Boden bearbeitbar ist, immer enger. Wird der Boden in einem zu trockenen Zustand bearbeitet, so bleibt lediglich der Bearbeitungserfolg unzureichend. Er bricht in groben Schollen auseinander, die mit großem Aufwand weiter zerkleinert werden müssen. Wird der Boden dagegen in einem zu nassen Zustand bearbeitet, so werden die im Wasser beweglichen Bodenteilchen durch die mechanische Belastung des Bearbeitungseingriffes auf die dichteste Packung eingeregelt. Das hat in der Regel eine bleibende Verdichtung innerhalb der Bodenaggregate zur Folge, es sei denn, mit einem späteren Eingriff würden die Bröckel pulverisiert.

Jeder lockernde Eingriff bewirkt mehr oder weniger auch eine teilweise Verdichtung des Bodens. Wenn ein Pflug- oder Grubberschar in den Boden eindringt, übt es auf die im Wege stehenden Bodenaggregate zunächst einen Druck aus, der zu einer Verminderung des Porenvolumens im Innern des Aggregats führt. Außerdem stützt sich das Schar in der Tiefe auf Bodenteilchen ab, die ebenfalls zusammengepreßt werden, ohne daß sie durch den lockernden Eingriff aus ihrem ursprünglichen Verbund gerissen werden, – was ja den eigentlichen Lockerungseffekt erst ausmacht.

Dieses räumlich enge Nebeneinander von Lockerung zwischen den Bodenaggregaten und Verdichtung innerhalb der Bodenaggregate ist das Kernproblem der Bodenbearbeitung bindiger Böden. Es kann nur gelöst werden, wenn der Boden in einem Feuchtezustand bearbeitet wird, der eine Verformung und damit Verdichtung der Aggregate nahezu unmöglich macht. Deshalb gilt als erste und übergeordnete Forderung, daß Böden nur in trockenem Zustand befahren und bearbeitet werden, wie schwer auch immer diese Forderung unter dem Zwang der Arbeitserledigung im einzelnen Fall zu erfüllen ist.

Im Gegensatz zur landläufigen Meinung sind tonarme, feinsandige Böden besonders verdichtungsanfällig, weil sie schon bei geringer Bodenfeuchte in die dichteste Packung eingeregelt werden und ihnen das Quellen und Schrumpfen der Tonteilchen fehlt. In Abb. 21 sind die Grenzen der Belastbarkeit mit gestrichelten Kurven eingezeichnet. Die Darstellung zeigt, daß die zulässige Auflast mit zunehmendem Ton- und Feinschluffgehalt der Böden zunimmt, aber mit steigenden Wassergehalten abnimmt. Diese Grenzen müssen besonders ernst genommen werden, wenn es um das Befahren der Ackerböden mit schweren Lasten geht.

Die Druckfortpflanzung unter einem Rad in die Bodentiefe hängt von der Radlast, der Größe der Kontaktfläche Boden-Rad und dem daraus resultierenden Kontaktflächendruck ab. Je größer dieser ist und je größer bei gleichbleibendem Kontaktflächendruck die Kontaktfläche ist, desto stärker pflanzt sich der Druck in die Tiefe

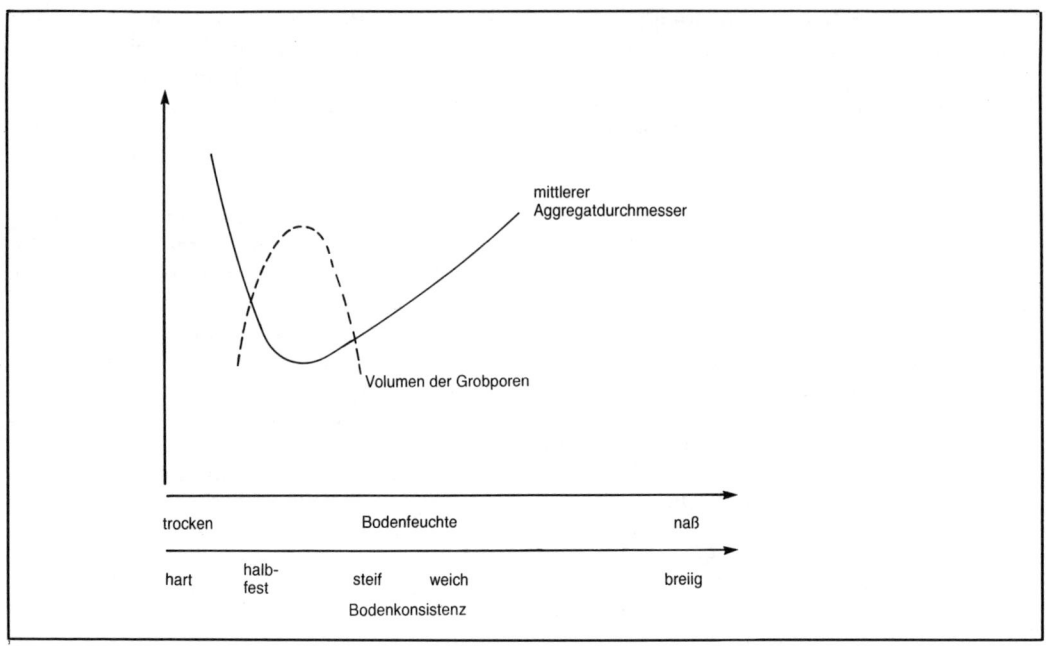

Abb. 20 Bearbeitungserfolg bei Ackerböden, gemessen am Aggregatdurchmesser und Grobporenvolumen in Abhängigkeit von Bodenfeuchte und -konstistenz [40].

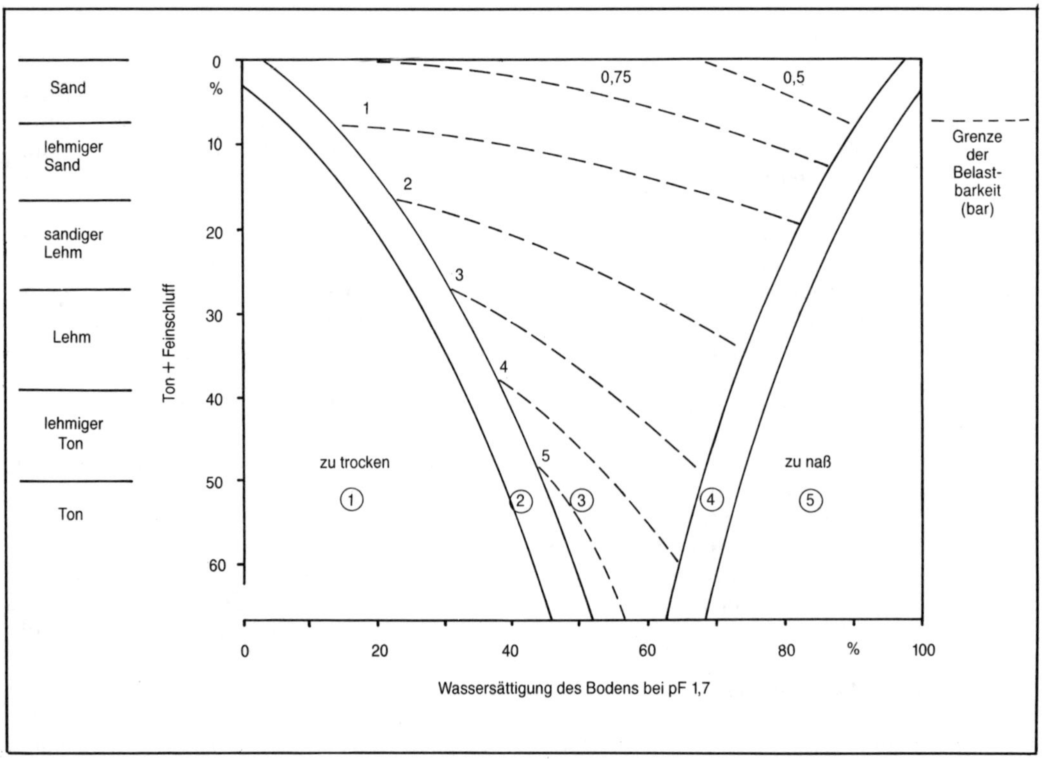

Abb. 21 Grenzen für die Bearbeitbarkeit und Belastbarkeit von Ackerböden in Abhängigkeit vom Ton- und Feinschluffgehalt sowie von der Bodenfeuchte [40]. Erläuterungen siehe im Text.

und Breite fort. Neben der druckabhängigen gibt es auch noch eine bewegungsabhängige Verdichtung. Durch Schlupf und Vibration der Traktorräder werden die Bodenteilchen tiefreichend in eine dichtere Packung eingeregelt. Bis weit unter die Bearbeitungsgrenze entstehen auf diese Weise Verdichtungen in und unterhalb der Ackerkrume.

Unterbodenverdichtungen können physikalisch nur durch Frostsprengung, biologisch auch durch Transport von Boden zur Oberfläche durch die Tätigkeit wühlender Tiere aufgehoben werden. Eine Beseitigung der nachteiligen Wirkungen von Bodenverdichtungen, wie Wasserstau, mangelnde Durchlüftung und Durchwurzelung ist möglich, wenn die verdichtete Schicht von durchgängigen Grobporen »durchlöchert« wird. Diese Grobporen können aber nur auf Kosten einer noch stärkeren Verdichtung im angrenzenden Bodenraum entstehen. Eine mechanische Lockerung von Unterbodenverdichtungen ist aufwendig und meist auch nur von kurzfristiger Wirksamkeit, weil die Bodenbewirtschaftung, die zur Verdichtung führt, nicht verändert wird. Dauerhaft kann sie nur vermieden werden, wenn

- der Boden durch natürliche Dichtlagerung und Humusanreicherung eine verbesserte Befahrbarkeit und Strukturstabilität bekommt,
- der Kontaktflächendruck durch breitere Reifen mit geringerem Reifeninnendruck oder andere Maßnahmen (Zwillingsreifen, Gitterräder) vermindert und der Radschlupf durch Allradantrieb herabgesetzt wird und
- die räumliche Wirkung des Fahrverkehrs eingeschränkt wird, nämlich durch größere Arbeitsbreiten und striktes Einhalten von Fahrgassen, die immer wieder benutzt werden und unberührte Zwischenräume für den Pflanzenwuchs freilassen.

Bodenbearbeitung erfolgt üblicherweise in mehreren Schritten, die in unterschiedlicher Intensität und unterschiedlicher Zuordnung ausgeführt werden können. Abb. 19 gibt einen Überblick über einen Ausschnitt von Möglichkeiten.

Die **Stoppelbearbeitung** wird mit flach arbeitenden, meist wühlenden Geräten ausgeführt. Sie dient dem Einmulchen von Ernteresten an der Bodenoberfläche, der Bekämpfung ausdauernder Ackerwildpflanzen und der Verhütung weiterer Wasserverluste aus tieferen Bodenschichten. Je weniger Zeit nach der Ernte verstreicht, je tiefer und sorgfältiger die Stoppelbearbeitung ausgeführt wird – einschließlich einer ebnenden und rückverdichtenden Nachbearbeitung –, de-

sto besser kann eine Stoppelzwischenfrucht gedeihen. Auch ohne Zwischenfruchtbau lohnt sich eine sofortige flache Bodenlockerung als Vorbereitung für die spätere tiefe Grundbodenbearbeitung. Das gilt umso mehr, je weniger Niederschläge während der Teilbrache zu erwarten sind und je höher der Tongehalt des Bodens ist.

Mit der **Grundbodenbearbeitung** erfolgt in der Regel der intensivste Eingriff in das Bodengefüge. Der Boden wird bis auf Krumentiefe gelockert und, wie es überwiegend üblich ist, mit einem Scharpflug gewendet. Dabei sollen der Bewuchs mit lebenden Kultur- und Ackerwildpflanzen sowie alle organischen Erntereste vollständig und gleichmäßig in den Boden eingebracht werden. Dieser Forderung genügen weder Wendepflug noch Schwergrubber in befriedigendem Maße. Im ersteren Falle konzentrieren sich die organischen Reste zwischen den Pflugbalken und, wenn fehlerhaft gearbeitet wird, auf der Pflugsohle. Im zweiten Fall bleiben stets größere Mengen auf der Bodenoberfläche zurück. Wenn es also das Ziel ist, Erntereste vollständig in den Boden einzuarbeiten, – z. B. mit dem Vergraben der Maisstoppel zur Verhütung des Befalls von nachfolgendem Mais mit dem Maiszünsler –, dann geht das nur in einem absetzigen Verfahren. In den ersten Schritten wird mit immer tieferen Eingriffen (Scheiben, Grubbern) eine möglichst innige Vermischung von Boden und Ernteresten angestrebt, im letzten mit einer Bodenwendung das vollständige Einarbeiten der Erntereste.

Soll nach einer tiefgreifenden Lockerung des Bodens nicht seine natürliche Rückverdichtung, das »Setzen« des Bodens abgewartet, sondern unmittelbar danach bestellt werden, muß er mechanisch rückverdichtet werden. Das geschieht mit an den Pflug angehängten Packern – schwere Eisenringe mit großem Durchmesser, die bei entsprechendem Abstand tief in den lockeren Boden eindringen und ihn dort verdichten –, und mit Wälzeggen, die mit schweren, abrollenden Zinken die Bodenoberfläche ebnen und zurückverdichten.

Die **Saatbettbereitung** sollte zur Schonung des Bodenwasservorrates stets so flach wie möglich erfolgen, es sei denn, man beabsichtigt zur rascheren Erwärmung des Bodens den kapillaren Wasserhub in größerer Tiefe zu unterbrechen. Dann aber wird eine Rückverdichtung des Bodens unterhalb der Samenablage unvermeidlich.

Die übliche Abfolge (Stoppelbearbeitung –

Grundbodenbearbeitung – Saatbettbereitung) kann in der Weise geändert werden, daß die Stoppelbearbeitung unmittelbar nach der Ernte durch die Grundbodenbearbeitung ersetzt wird. Diese Vorgehensweise ist dann angebracht, wenn erfahrungsgemäß nur zu diesem Zeitpunkt ein bindiger Boden so trocken ist, daß er ohne plastische Verformung gepflügt werden kann. Nachteilig wirken dabei aber die mangelhafte Verteilung der Erntereste im Boden und, falls solche Wildpflanzen vorhanden sind, ein unzureichender Bekämpfungseffekt bei ausdauernden, aus unterirdischen Organen sich erneuernden »Wurzel«unkräutern (z.B. Quecke). Vorteilhaft ist dieses Verfahren für das Gedeihen einer Zwischenfrucht. Ausgefallene Samen von Wild- und Kulturpflanzen, die nicht wesentlich länger als 1 Jahr im Boden überdauern können, werden mit einer frühen, tiefen Pflugfurche am Auflaufen gehindert.

Auf leicht bearbeitbaren Böden, denen von der Niederschlagsverteilung her nicht so leicht ein Wassermangel droht und die zur Zerkleinerung der Schollen keiner winterlichen Frostsprengung bedürfen, kann die Grundbodenbearbeitung auch vom Herbst in das Frühjahr verlegt werden. Wegen des rascheren Abtrocknens und der stärkeren Erwärmung des Bodens ermöglicht diese Maßnahme einen früheren Saattermin. Vorteilhaft ist in einem solchen Verfahren das Zusammenlegen von Arbeitsgängen, weil es eine Bestellung ohne zusätzliche Fahrspuren ermöglicht. Z.B. könnte Getreide aus am Pflug befestigten Säaggregaten breitwürfig in die Pakkerrillen ausgebracht und von der nachfolgenden Wälzegge mit Boden bedeckt werden.

In der Praxis überwiegen z.Z. noch die geschilderten, aus mehreren Schritten zusammengesetzten **Verfahren der Bodenbearbeitung**. Das gilt vor allem, wenn als Endzustand ein von Ernteresten nahezu freies Saatbett angestrebt wird, ein Arbeitsergebnis, das sicher nur mit dem Wendepflug erreicht werden kann. Wird dieses heute übliche, auf den »reinen Tisch« gerichtete Verfahren auf Dauer und beim Anbau aller Hauptfrüchte angewendet, so kann man von einer »*Lockerbodenwirtschaft*« sprechen. Ersetzt man die tiefgreifende, lockernde Bodenwendung durch eine wühlende Grundbodenbearbeitung, so bleiben stets einige Erntereste auf der Bodenoberfläche; dieses Bearbeitungssystem kann man als »*Lockerboden-Mulchwirtschaft*« kennzeichnen. Die Bodenbearbeitung erfolgt noch ganzflächig, aber meist nicht mehr auf volle Krumentiefe. Die Intensität

der Bodenbearbeitung ist deshalb schon etwas reduziert.

In diesem System werden häufig Gerätekombinationen verwendet, die mehrere Arbeitsgänge zusammenfassen. Hinter dem vorlaufenden Grubber, der die tieferen Bodenschichten nur lockert, folgt ein zapfwellengetriebenes rotierendes Gerät (Fräse, Zinkenrotor, Rüttel- oder Kreiselegge), das die Erntereste einmischt und den Boden krümelt. In den gelockerten Erdstrom wird das Saatgut eingebracht und mit einer nachlaufenden Formwalze angedrückt. Dieses Verfahren ist gut geeignet, wenn die Bestellung unmittelbar auf die Ernte folgen soll, also z.B. für die Aussaat von Zwischenfrüchten. Nach einer mehrwöchigen Zwischenbrache kann es vorteilhaft nur verwendet werden, wenn unmittelbar nach der Ernte die Stoppel intensiv bearbeitet wurde. Ohne diese Vorbereitung sind die Mängel in der Saatbettstruktur und das Risiko eines unerwünschten Durchwuchses von Ausfallsamen der Vorfrucht zu groß.

Wird auf das oberflächliche Einmulchen der Erntereste verzichtet und werden nur die tieferen Schichten der Ackerkrume mit Geräten gelockert, die kaum wühlend arbeiten, dann ist eine extremere Form der Lockerboden-Mulchwirtschaft verwirklicht. In diesem System ist es in der Regel nötig, vor der Aussaat alle unerwünschten Wild- und Kulturpflanzen mit einem nicht selektiven, wenig persistenten Herbizid (Totalherbizid) zu beseitigen und die Samen mit besonderen, für die Mulchsaat geeigneten Sämaschinen in den Boden einzubringen. Deren Säaggregate bestehen aus einem oder mehreren Scheibensechen, die durch die obenauf liegenden Erntereste schneiden und einen Schlitz im Boden öffnen, in den das Saatgut fällt. Intensivere Lockerungs- und Mischarbeit leisten vorlaufende Meißelschare oder Reihenfräsen. Sie sind vorteilhaft beim Anbau von Reihenfrüchten zu verwenden. Ganzflächig arbeitet eine Bestellkombination, bei der mittels einer Breitsaatschiene das Saatgut auf die Frässohle einer vorlaufenden Fräse bzw. in den Erdstrom des gefrästen Bodens eingebracht wird (siehe Abschnitt 7.2.3).

Verzichtet man auf jede tiefe Lockerung des Bodens und beschränkt man die flache Bodenbearbeitung auch noch der Fläche nach, so ist eine *Festboden-Mulchwirtschaft* verwirklicht. Mit ihren Intensitätsabstufungen bildet sie den stärksten Kontrast zur Lockerbodenwirtschaft. Deshalb sollen am Beispiel dieser beiden extremen Varianten im folgenden Abschnitt die Wirkungen der Bodenbearbeitung besprochen werden.

5.3.2 Wirkungen der Bodenbearbeitung auf einige im Boden ablaufende Prozesse

Über 2 Wirkungswege schafft die Bodenbearbeitung veränderte Voraussetzungen für das Bodenleben und das Pflanzenwachstum. Zum einen entsteht durch den mechanischen Eingriff ein bestimmtes Bodengefüge, das aber nicht stabil ist, sondern sich im Laufe der Zeit ändert. Zum anderen werden Erntereste, Dünge- und Pflanzenschutzmittel sowie Verbreitungsorgane von unerwünschten Wild- und Kulturpflanzen oder von Schaderregern an bestimmte Plätze im Boden gebracht, von wo aus sie in lagespezifischer Weise auf das Bodenleben und die Substanzproduktion der Pflanzen einwirken. Darüber hinaus wird die Wirkung von Bodengefüge und Position der eingebrachten Stoffe noch durch die wechselnden Witterungsbedingungen variiert, da durch sie Stoffumsatz und Stofftransport beeinflußt werden.

Die Vielzahl der wechselseitigen Verknüpfungen von Prozessen in Zeit und Raum können mit dem Flußdiagramm in Abb. 22 nur angedeutet, nicht aber vollständig beschrieben werden.

Im ersten Augenblick bewirkt die Bodenbearbeitung nur in der Bodenschicht Veränderungen, die von dem Eingriff betroffen ist. Im weiteren zeitlichen Verlauf zeigt sich aber, daß auch unterhalb der Bearbeitungsgrenze liegende Schichten von dem Eingriff beeinflußt werden. Das hat seine Ursache darin, daß alle physikalischen Transportprozesse und damit auch die von ihnen abhängigen biologischen Umsatzprozesse von den Bedingungen gesteuert werden, die an der Grenze zwischen Boden und Atmosphäre herrschen.

Wieviel von dem Niederschlagswasser in den Boden eindringt, wird zuerst von der Menge und Gestalt der Poren in der obersten Bodenschicht bestimmt, dann auch vom Strukturzustand tieferer Schichten. Umgekehrt wird der **Wassertransport** aus der Bodentiefe zur Oberfläche von der Verdunstungsrate in der Grenzschicht gesteuert. Diese wiederum ist von der Bodenstruktur an der Bodenoberfläche und von der Bedeckung des Bodens mit lebenden oder toten Pflanzen abhängig. Da Gase in Flüssigkeiten zehntausendmal langsamer transportiert werden als in Luft, genügt es schon, daß an der Bodenoberflä-che eine Schicht von wenigen mm Dicke mit Wasser gesättigt ist, um den Gasaustausch zwischen Boden und Atmosphäre zu blockieren. Wasser benötigt mehr Energieeinheiten für eine Temperaturerhöhung um 1°C als Luft, transportiert aber die Wärme stärker als Luft. Auch hier bestimmt die Bodenfeuchte an der Oberfläche, wie rasch sich der Unterboden erwärmt.

Nicht minder wirksam ist die An- oder Abwesenheit von **makroorganischer Substanz** an der Bodenoberfläche. Lebende Pflanzen verändern aktiv den Energiegewinn, die Wasseraufnahme und -abgabe sowie die Struktur des Bodens. Unter ihrem Schutz und gespeist durch die Bestandsabfälle entfaltet sich ein reicheres Bodenleben. Tote Pflanzen an der Bodenoberfläche beeinflussen nur passiv die Transportprozesse im Boden, fördern aber vor allem die Tätigkeit von streuzersetzenden Bodentieren nahe der Bodenoberfläche. Der Zustand der Bodenoberfläche ist daher von herausragender Bedeutung für viele Prozesse im Boden.

Wird ein Boden regelmäßig gepflügt, so ist er dauernd der direkten Einwirkung von Niederschlag und Einstrahlung ausgesetzt, weil jede Bodenbedeckung fehlt. Nach einer wühlenden Bodenbearbeitung dagegen entsteht an der Bodenoberfläche eine Mulchschicht, in der ein Teil der Erntereste mit Boden vermengt ist, ein anderer Teil auf der Bodenoberfläche liegen bleibt. Die Streuschicht variiert mit der Intensität der Bodenbearbeitung, nimmt aber im Laufe der Zeit durch Abbau oder weitere Einmischung in den Boden ab. Unterbleibt eine weitere lockernde Bodenbearbeitung, so lagert die früher bearbeitete Bodenschicht auf natürliche Weise dicht. Daher sind das **Gesamtporenvolumen** und der Anteil grober, rasch dränender Poren in einem unbearbeiteten Boden auch nahe der Bodenoberfläche kleiner als in einem regelmäßig gepflügten Boden (Abb. 23A). Letztere weisen unterhalb der Bearbeitungsgrenze nicht selten ein Minimum an Grobporen auf. Diese Pflugsohlenverdichtung rührt von dem Fahren des Traktors in der Furche und von der plastischen Bodenverformung her, wenn der Boden zur Zeit der Bearbeitung zu feucht war.

Die Verdichtung wird noch deutlicher, wenn man den **Eindringwiderstand** mit einer Sonde mißt (Abb. 23B). In der vom Pflug gelockerten Krume ist der Eindringwiderstand sehr gering, nimmt aber an der Bearbeitungsgrenze rasch und sehr stark zu. In diesem Beispiel hat die Krumenbasisverdichtung in dem gepflügten Boden eine Mächtigkeit von 20–30 cm. Auch in

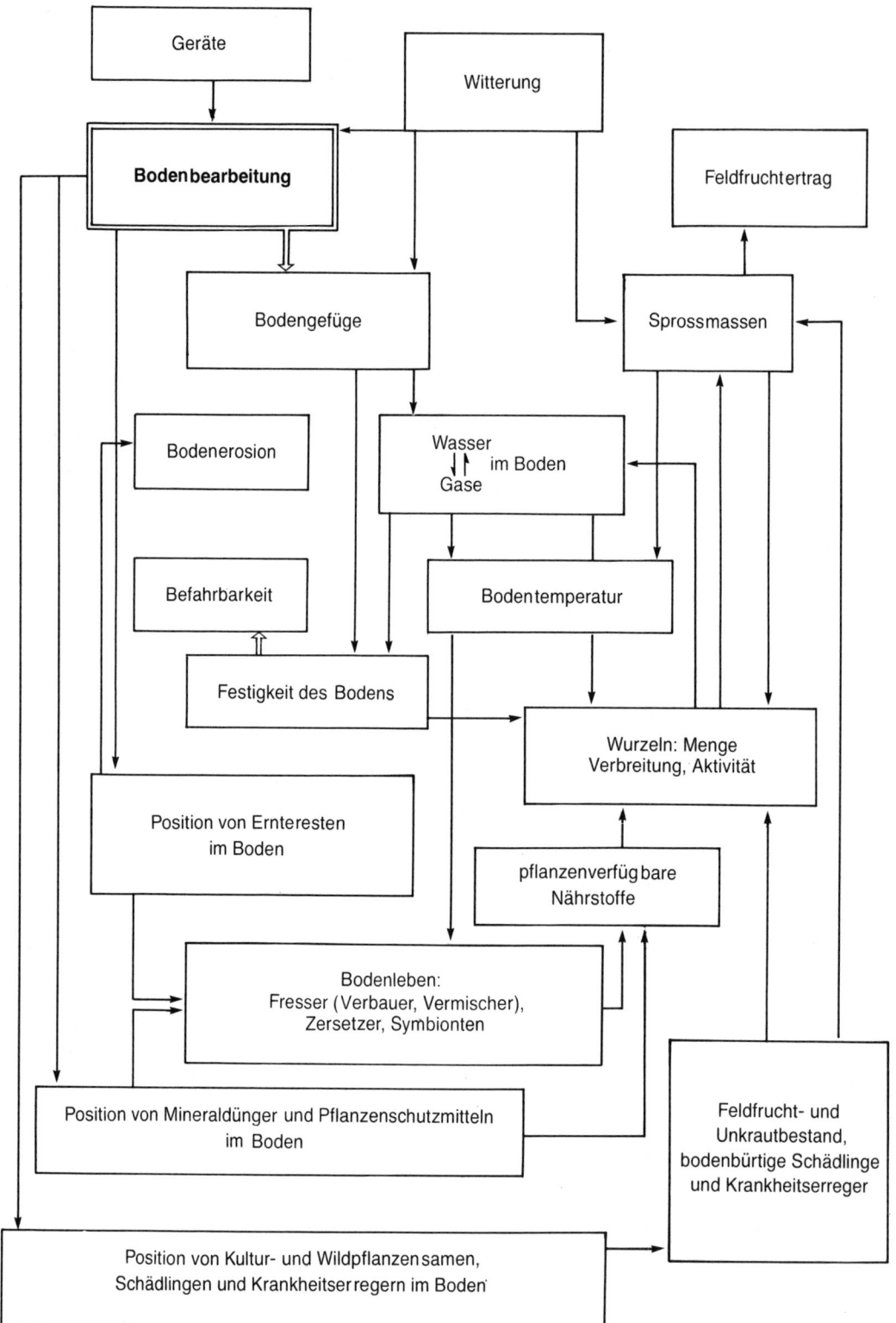

Abb. 22 Wirkungswege der Bodenbearbeitung auf Bodenleben und Pflanzenwachstum.

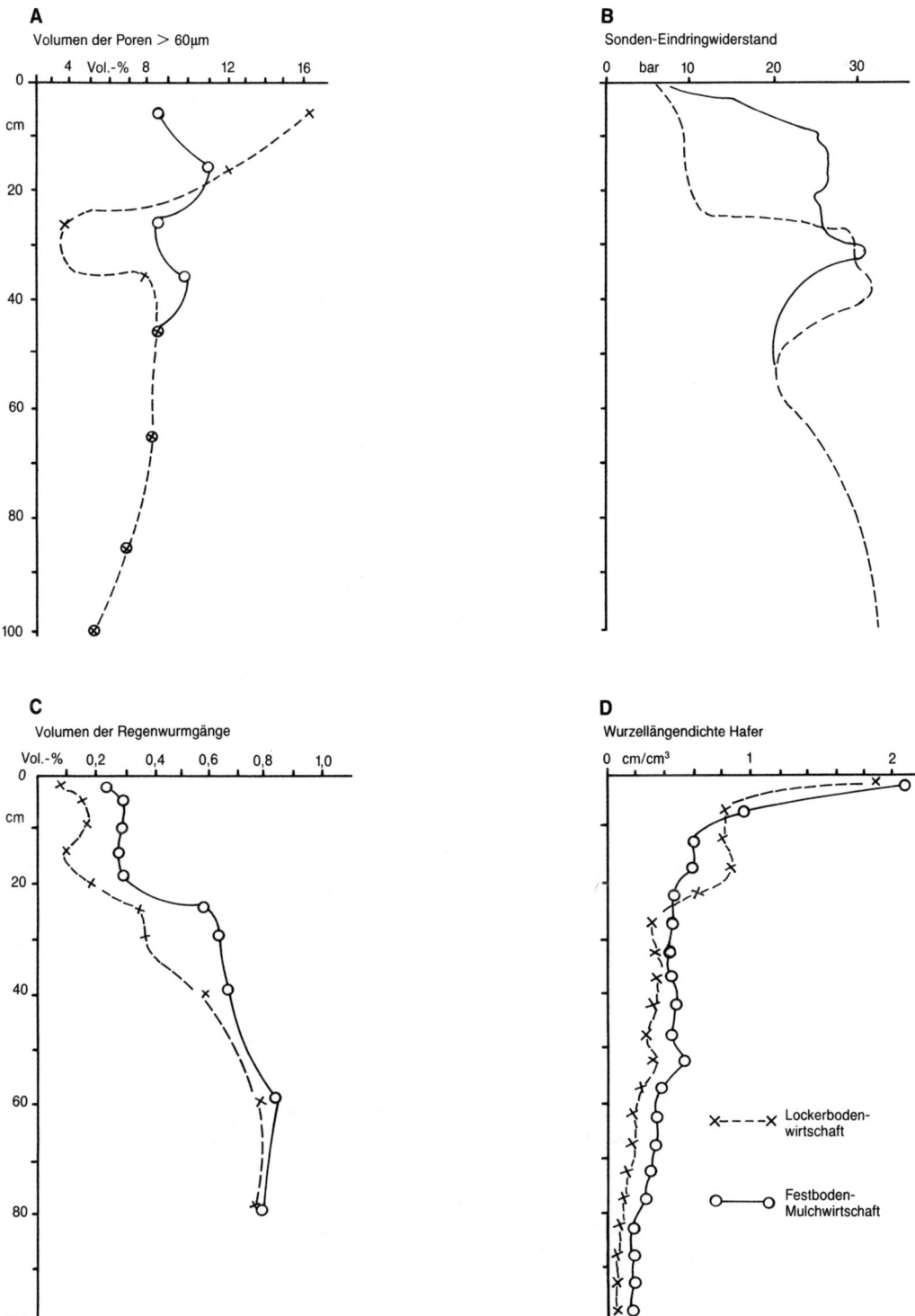

A

Volumen der Poren > 60µm

B

Sonden-Eindringwiderstand

C

Volumen der Regenwurmgänge

D

Wurzellängendichte Hafer

✕–––✕ Lockerboden-
wirtschaft

○—○ Festboden-
Mulchwirtschaft

Abb. 23 Vergleich von Lockerbodenwirtschaft und Festboden-Mulchwirtschaft in ihrer Wirkung auf
A: Menge der Grobporen [12],   C: Menge der Regenwurmgänge [14],
B: mechanischer Bodenwiderstand [12],   D: Durchwurzelung des Bodens [31].

dem unbearbeiteten Boden, der von der Oberfläche an schon hohe Eindringwiderstände aufweist, ist noch die alte Krumenbasisverdichtung zu erkennen.

Regenwürmer, vor allem die großen Lumbriciden, sammeln auf der Bodenoberfläche liegende Streu ein und ziehen diese Reste in ihre Gänge. Zu dieser bodenbildenden und bodenfruchtbarkeitsfördernden Tätigkeit sind sie nur in der Lage, wenn ihr Leben und ihre Fortpflanzung nicht von der jährlich wiederkehrenden Elementarkatastrophe einer wendenden Bodenbearbeitung bedroht werden. Deshalb vervielfacht sich ihre Biomasse (Tabelle 11) in einem ungestörten, stets von lebenden und toten Pflanzen bedeckten Boden einer Festboden-Mulchwirtschaft. Dieser Zuwachs an Individuen und auch Arten ist umso größer, je höher die Zufuhr an makroorganischer Substanz zum Boden ist, hier eine Folge steigender N-Düngungsgaben zur Gerste. Die Zunahme der **Regenwurmmasse** hat auch eine Zunahme grober Poren nahe der Bodenoberfläche zur Folge (Abb. 23C). Durch Ablage von erdigen Kotballen an der Bodenoberfläche transportieren die Regenwürmer Boden aus der verdichteten Schicht zur Bodenoberfläche. Dadurch wird die Krumenbasisverdichtung im Laufe der Zeit aufgelöst. Nicht minder bedeutsam für eine Lockerung und Stabilisierung des Bodengefüges ist die Inkorporation, das Einbringen der Streu in den Boden. Eine Regenwurmpopulation mit einer Biomasse von etwa 10 dt/ha ist, – gemeinsam mit anderen streuzersetzenden Tieren –, in der Lage, im Verlauf eines Jahres bis zu 70 dt/ha Stroh in den Boden einzumischen.

Der geringere Anteil von Poren > 60 µm, deren Durchmesser ein Eindringen von Wurzeln gestattet und der höhere mechanische Widerstand des Bodens schon in den oberflächennahen Schichten müßten eigentlich das **Wurzelwachstum** in dem unbearbeiteten Boden hemmen.

Das ist aber in unserem Beispiel nicht der Fall (Abb. 23D). Wenn Unterschiede zwischen den beiden Böden vorhanden sind, so hat das andere Ursachen. Unmittelbar an der Bodenoberfläche war der unbearbeitete Boden dichter durchwurzelt als der bearbeitete. Grundsätzlich gilt, daß die Wurzeldichte immer dort zunimmt, wo eine höhere Nährstoffkonzentration bei gleichzeitig ausreichender Durchlüftung gegeben ist. Da Kalium und Phosphat sich an der Bodenoberfläche anreichern, wenn der Boden nicht mehr durchmischt wird, kann die größere Wurzeldichte in der obersten Schicht des unbearbeiteten Bodens eine Folge der dort höheren Nährstoffkonzentration sein.

Jede plötzliche, stark ausgeprägte Verdichtung hemmt das Wurzelwachstum in die Tiefe. Deshalb kann die stärkere Durchwurzelung, die der bearbeitete Boden oberhalb der Krumenbasisverdichtung aufweist, als ein Stau der Wurzeln vor der wenig durchlässigen Verdichtungsschicht gedeutet werden. Die Unterschiede zwischen dem bearbeiteten und unbearbeiteten Boden unterhalb dieser Schicht bestätigen diese Auffassung. Da der Stau fehlt, also Assimilate nicht schon für das Wurzelwachstum in der Krume verbraucht wurden, wurde der unbearbeitete Unterboden stärker durchwurzelt als der bearbeitete. Insgesamt ließen sich in diesem Fall nur Unterschiede in der Wurzelverteilung, nicht aber in der Gesamtwurzellänge der beiden Böden feststellen.

Die stärkere Durchwurzelung des Unterbodens ist vor allem für die Wasseraufnahme der Pflanzen während einer Trockenperiode von Bedeutung. Wegen der höheren Dichte der Krumenschichten ist der Wassergehalt in einem unbearbeiteten Boden meist höher als in einem bearbeiteten. Doch ist der Gang der **Bodenfeuchte** meist ausgeglichener als im bearbeiteten Boden, der in Trockenzeiten stärker austrocknet und nach Starkregen mehr Wasser in der

Tabelle 11 Wirkung der langjährig durchgeführten Bodenbearbeitung auf die Biomasse der Regenwürmer (in dt/ha) (Lehmboden in Schottland, nach Daueranbau von Sommergerste 1966–1973) [18]

langjährige mineralische N-Düngung kg/ha	Lockerbodenwirtschaft (Pflügen 30–35 cm)	Lockerboden-Mulchwirtschaft (Grubbern 12–30 cm)	Festboden-Mulchwirtschaft (nur Dreischeibendrillmaschine)
0	2,5	3,6	8,2
50	3,2	3,8	7,7
100	3,7	4,3	8,8
150	3,5	4,6	10,4

Krume zurückhält als ein unbearbeiteter Boden. Der Niederschlag dringt in den gepflügten Boden zunächst nur bis zur Bearbeitungsgrenze ein, wo er von der wenig durchlässigen Verdichtungssschicht gestaut werden kann. Im unbearbeiteten Boden dagegen wird ungespanntes Oberflächenwasser in den durchgängigen, rasch dränenden Grobporen sofort in größere Bodentiefen abgeleitet [12, 13].

Der luftgefüllte Porenraum der Krumenschicht ist in unbearbeiteten Böden meist geringer als in bearbeiteten Böden, manchmal auch unterhalb der für ausreichende **Durchlüftung** als notwendig angesehenen Grenze von 10% Porenvolumen. Dennoch war die Sauerstoffkonzentration auch bis in größere Bodentiefe und in bis zur Feldkapazität wassergesättigten Böden ohne Bodenbearbeitung nicht geringer als mit Bearbeitung [11]. Das ist wohl eine Folge des größeren Anteils durchgängiger grober Poren in einem unbearbeiteten Boden.

Ernteste an der Bodenoberfläche schirmen den Boden vor der Einstrahlung ab, hemmen aber auch die Rückstrahlung. Hinzu kommen die meist höheren Wasser- und geringeren Luftgehalte des unbearbeiteten Bodens. Diese Bedingungen verzögern die **Erwärmung** eines natürlich dicht gelagerten, von Mulch bedeckten Bodens im Frühjahr, aber auch seine Abkühlung im Herbst. Messungen der Bodentemperatur über 2 Vegetationsperioden in einem mit Sommergerste bestellten tonigen Lehmboden ergaben, daß in den ersten 20 Tagen nach der Aussaat die über die Zeit akkumulierte Wärmesumme oberhalb von 5° C im gepflügten Boden um 25% größer war als im unbearbeiteten Boden [24]. Die täglichen Temperaturschwankungen sind ohne Bodenbearbeitung geringer. Auch während der Wintermonate traten Frosttemperaturen oder Temperaturen oberhalb von 5° C in der unbearbeiteten Ackerkrume weniger häufig auf als in der bearbeiteten [23].

Die geschilderten Unterschiede zwischen bearbeiteten und unbearbeiteten Böden wirken sich auch auf den **Stickstoffumsatz** im Boden und die N-Aufnahme der Feldfrucht aus. Wie das Flußdiagramm in Abb. 24 zeigt, wird die Umformung von Stickstoff in Pflanzensubstanz und Ertrag über 2 Wirkungswege gesteuert. Auf der einen Seite ist die bestimmende Größe das Angebot an pflanzenaufnehmbarem Stickstoff in der Bodenlösung und zwar in jedem Entwicklungsabschnitt und in jedem Teilbereich des durchwurzelten Bodenraumes. Die jeweils verfügbare N-Menge hängt von den Raten der mikrobiellen N-Freisetzung des organisch gebun-

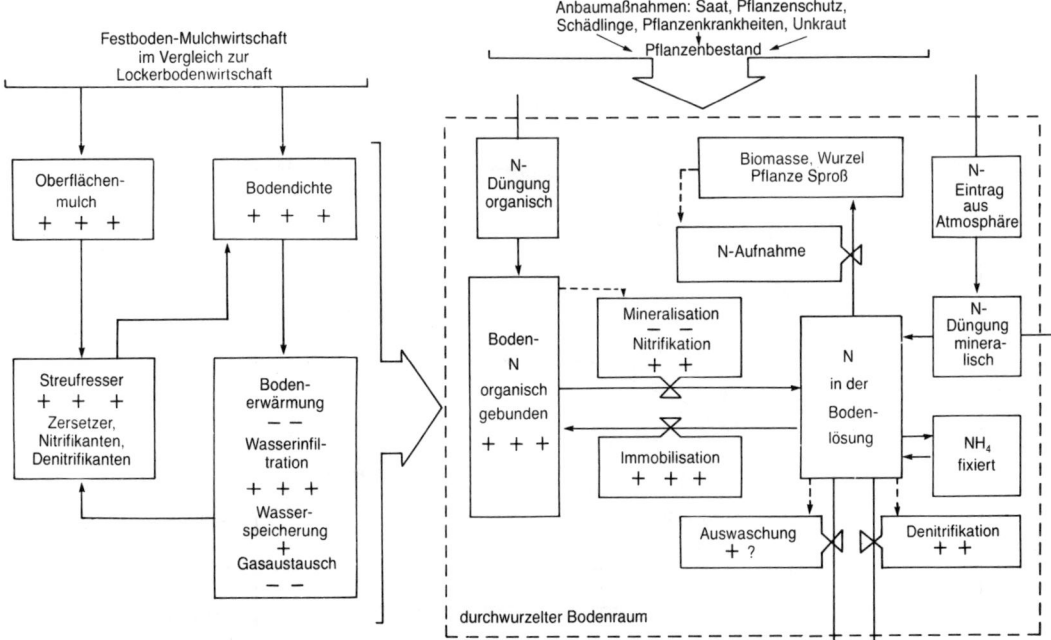

Abb. 24 Vergleich von Lockerbodenwirtschaft und Festbodenmulchwirtschaft in ihrer Wirkung auf den Stickstoffumsatz im Boden und die Stickstoffaufnahme der Pflanzen. Erläuterungen siehe im Text.

denen N (Mineralisation) und der gleichzeitig ablaufenden Festlegung in organischer Substanz (Immobilisation in Mikroben, höheren Pflanzen und Tieren) ab. Ferner wird sie vermehrt oder vermindert durch Zufluß von außen (Düngung, N-Eintrag aus der Atmosphäre), Austausch an Bodenoberflächen (NH_4), gasförmige Entbindung (Denitrifikation) und Auswaschung durch Sickerwasser aus dem durchwurzelten Bodenraum. Auf der anderen Seite bestimmt der vom Sproßwachstum gesteuerte N-Bedarf der Feldfrucht und die über die Durchwurzelung realisierte N-Aufnahme den Prozeß. Hier werden wieder die besonderen Bedingungen wirksam, die eine Mulchwirtschaft auf die Bestandesbegründung, die Verunkrautung und den Befall der Feldfrüchte mit verschiedenen Pflanzenkrankheiten und Schädlingen ausübt (siehe Seite 83 ff.)

Der Einfluß einer Festboden-Mulchwirtschaft auf die relative Ausprägung der Prozesse wurde in Abb. 24 mit Plus- und Minuszeichen beschrieben. Verminderter Kontakt zwischen Ernteresten und Boden sowie mangelnde Durchlüftung des natürlich dichtgelagerten Bodens vermindern die **Mineralisationsrate**. Zumindest während der ersten Jahre einer Umstellung von Lockerboden- auf Festboden-Mulchwirtschaft überwiegt Immobilisation die Mineralisation. Im Vergleich zu regelmäßig gepflügten Böden nahm in der Schicht von 0–30 cm von unbearbeiteten Böden die organisch gebundene N-Menge jährlich im Mittel um 60 kg/ha zu [34]. Diese gesteigerte N-Festlegung hat zur Folge, daß ohne oder mit nur geringer N-Düngung in der Festboden-Mulchwirtschaft geringere Erträge produziert werden als in einer Lockerbodenwirtschaft (Abb. 25A).

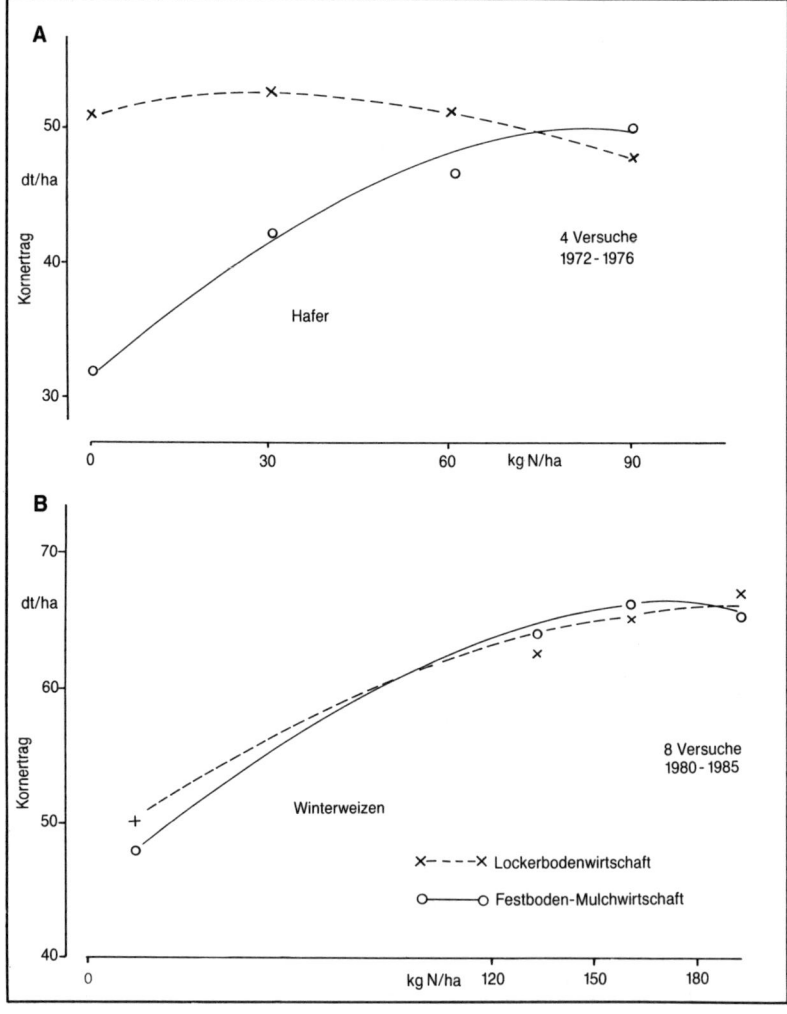

Abb. 25
Wirkung der N-Düngung zu Getreide im Verlauf der Zeit bei unterschiedlicher Bodenbearbeitung auf dem gleichen Feld.
A: Zu Beginn,
B: nach längerer Zeit gleichbleibender Bewirtschaftung [3].

Das Verhältnis von Mineralisation zu Immobilisation in einer Mulchwirtschaft muß nicht auf Dauer zu einem Minderangebot an pflanzenaufnehmbarem Stickstoff führen. Je mehr im Laufe der Zeit der Vorrat an organisch gebundenem Stickstoff im unbearbeiteten Boden steigt, desto mehr Stickstoff wird auch noch bei niedrigen Mineralisationsraten freigesetzt. Deshalb verschwinden auch nach langjährig fortgesetzter Festboden-Mulchwirtschaft die anfangs vorhandenen Mindererträge im Vergleich zur Lockerbodenwirtschaft bei niedriger N-Düngung (Abb. 25B).

Wenn die Mineralisierung des bodenbürtigen Stickstoffs nicht Grenzen setzt, können die Denitrifikationsraten in einem natürlich dicht gelagerten Boden zeitweilig größer sein als in einem regelmäßig intensiv gelockerten Boden. Ob aber die gasförmigen N-Verluste über die ganze Vegetationszeit hinweg höher sind, das hängt von der Dauer und Häufigkeit anaerober Zustände im Boden ab. Je nach Intensität und Ergiebigkeit der Niederschläge sowie je nach Lage und Wirksamkeit von verdichteten Bodenschichten können sowohl in der Festboden-Mulchwirtschaft als auch in der Lockerbodenwirtschaft jeweils höhere Denitrifikationsverluste gegeben sein [19].

Stickstoffverluste durch Auswaschung von Nitrat aus dem durchwurzelten Bodenraum sind nur dann in der Festboden-Mulchwirtschaft größer, wenn auf der Bodenoberfläche liegender Düngerstickstoff im Niederschlagswasser gelöst und durch die Grobporen in die Tiefe gespült wird [6]. Auch dieser Sachverhalt macht nochmals deutlich, welche Wechselwirkungen zwischen der Witterung und der vom Landwirt geschaffenen Bodenstruktur bestehen.

5.3.3 Nutzen und Nachteile der Mulchwirtschaft

Wenn die Voraussetzungen gegeben sind, müßte eigentlich jede Möglichkeit genutzt werden, bei der Bodenbearbeitung den Aufwand zu mindern, ohne dadurch den Deckungsbeitrag zu senken. Wühlen und Lockern statt Pflügen spart Arbeitszeit und Energie, ist also eine solche Möglichkeit der Kostensenkung. Dennoch wurde der Schritt zur Mulchwirtschaft bisher nur von wenigen Landwirten gewagt. Die Mehrheit hängt an dem herkömmlichen Bild vom »reinen Tisch« im Ackerbau und scheut die Risiken, mit denen man in der Mulchwirtschaft mehr oder

weniger rechnen muß. Trotzdem zwingt der Bodenschutz zu vermehrter Anwendung dieses Bearbeitungssystems sogar auch dann, wenn Mindererträge zu erwarten sind.

In erosionsgefährdeten Lagen kann aus wirtschaftlichen Gründen nur selten auf den Anbau von Silomais und Zuckerrüben oder anderen erosionsfördernden Feldfrüchten verzichtet werden. Bieten allgemeine Maßnahmen (Tabelle 8, Seite 59) keinen ausreichenden Schutz vor **Bodenerosion**, dann bleibt nur noch die Mulchwirtschaft. Sie kann auf die unmittelbare Vorbereitung des Anbaus einer Reihenfrucht beschränkt bleiben oder konsequent zu allen Feldfrüchten angewendet werden.

Im ersten Fall besteht die Möglichkeit, sie als Lockerboden-Mulchwirtschaft zu betreiben. Nach einer frühräumenden Getreide-Vorfrucht wird das fein gehäckselte, gleichmäßig verteilte Stroh zunächst flach, dann mit dem Pflug tief in den Boden eingearbeitet. Die sorgfältig eingeebnete Saatfurche wird dann spurenfrei mit einer rasch deckenden, nicht winterfesten Zwischenfrucht bestellt, z. B. mit Phacelia, Ölrettich oder Senf. Die vom Frost abgetötete Gründecke verrottet weitgehend bis zur Aussaat von Zuckerrüben oder Mais. Je nach Bedarf an Bodenbedeckung kann die Saatbettbereitung ganzflächig (zapfwellengetriebene Egge) oder in der Saatreihe (Reihenfräse oder zur Mulchsaat ausgerüstete Drillmaschine) erfolgen. Im zweiten Fall wird beim Anbau jeder Feldfrucht auf eine wendende Bodenbearbeitung verzichtet (Festboden-Mulchwirtschaft), so auch zu Zuckerrüben und Mais.

Die Daten in Tab. 12 zeigen, auf welche Weise eine Mulchwirtschaft die Erosion verhindert. Die über Jahre erfolgte Anreicherung der obersten Bodenschicht mit organischer Substanz erhöht die Stabilität der Bodenaggregate und vermindert die Verschlämmung. Noch wirksamer ist eine Bodenbedeckung, die den zerstörerischen Aufprall der Regentropfen bremst. In diesem Fall war wegen der ganzflächigen Saatbettbereitung mit einer Kreiselegge nur noch ein kleiner Rest Stroh auf der Bodenoberfläche verblieben. Trotzdem wurde der extreme Starkregen in der Mulchwirtschaft wirkungsvoller in den Boden aufgenommen als in der Lockerbodenwirtschaft. Das ist im Zusammenhang mit der deutlich höheren Dichte der Regenwurmröhren zu sehen, in denen das Wasser rasch in die Tiefe dringen konnte. In diesem Falle war in der Mulchwirtschaft die Regenwurmaktivität so groß, daß auch die Traktorspuren alsbald wieder

Tabelle 12 Wirkung langjährig differenzierter Bodenbearbeitung auf die Infiltration eines simulierten Starkregens (67 mm/h während einer Zeitspanne von 10 Tagen) in einem Zuckerrübenbestand (6–8 Blatt-Stadium) auf einem Lößboden bei Göttingen [38]

Verfahren	Ausgangs-verschläm-mung %[1]	Strohmulch %[1]	Regenwurm-röhren Anzahl/m²	Infiltration bis Beginn Ober-flächenabfluß mm	Endinfiltra-bilität mm/h
Lockerboden-wirtschaft	25	0,3	14	27,0	2,4
Festboden-Mulchwirt-schaft	6	12,5	36	52,9	9,5

[1]) % Bodenbedeckung.

von Regenwürmern besiedelt und aufgelockert wurden.

Wie bei einem extremen Niederschlagsereignis der Boden vor Erosion beschützt wird, zeigen die Daten in Tab. 13. Trotz steilerer Hanglage und vermehrtem Oberflächenabfluß wurde im Vergleich zur Lockerbodenwirtschaft der Bodenabtrag auf ein Tausendstel vermindert, d. h. die Mulchwirtschaft schützte den Boden so gut wie eine dauernde Grasnarbe. Bedeckung des Bodens mit Ernteresten bis zum Schließen der Bestände ist ebenfalls ein wirksames Mittel gegen Winderosion.

Ein weiterer Grund, die traditionelle Lockerbodenwirtschaft aufzugeben, sind die immer noch anwachsenden Bodenbelastungen durch Schwertransporte. Die natürliche Dichtlagerung eines Bodens, der nicht mehr regelmäßig gepflügt wird, der höhere Gehalt an organischer Substanz und die stabilere Struktur der Bodenaggregate verhindern eine zusätzliche **Bodenverdichtung** auch in größeren Bodentiefen [26]. Selbst nach mehrfachen Überfahrten auf feuchten Böden mit schweren Lasten, z. B. bei der Ernte von Zuckerrüben und Silomais, entstehen keine tiefen Fahrspuren. Das bedeutet aber nicht, daß in der Festboden-Mulchwirtschaft

beim Fahrverkehr keine Rücksicht mehr auf den Bodenzustand nötig ist. Auch hier muß jede Boden»mißhandlung« bei zu hoher Bodenfeuchte vermieden werden.

Auf die meisten **Bodentiere** wirkt sich eine Mulchwirtschaft positiv aus. In der Regel nimmt sowohl die Individuendichte als auch ihre Artenvielfalt zu [4]. Das gilt auch für die Springschwänze, von denen einige Arten die jungen Rübenpflanzen schädigen können. Die Daten in Tab. 14 zeigen eine deutliche Zunahme der Collembolendichtc in der Festboden-Mulchwirtschaft im Vergleich zur Lockerbodenwirtschaft. Demgegenüber war aber die Anzahl der Fraßstellen an den jungen Rübenpflanzen in der Mulchwirtschaft geringer als in der Lockerbodenwirtschaft und die Substanzproduktion der Pflanzen größer. Dieses Beispiel zeigt einen deutlichen Effekt der Selbstregulation in einem Agrarökosystem. Wegen des reichlicheren Nahrungsangebots in der Mulchwirtschaft blieben trotz größerer Schädlingsdichte mehr junge Rübenpflanzen vor Fraßschäden bewahrt.

Allerdings zeigte sich auch, daß das Insektizid in der Pille deutlich stärker schadensverhütend wirkte als die »Bioregulation« durch den Mulch. Dieser Sachverhalt macht es schwer, den Land-

Tabelle 13 Wirkung mehrjährig differenzierter Bodenbearbeitung auf den Oberflächenabfluß und den Bodenabtrag im Maisanbau (entlang der Höhenschichtlinien) nach 135 mm Niederschlag in 7 Stunden [22]

Verfahren	Hangneigung %	Abfluß in % vom Niederschlag	Bodenabtrag t/ha
Lockerboden-wirtschaft	5,8	42	7,21
Festboden-Mulchwirtschaft	20,7	49	0,07

Tabelle 14 Dichte rübenschädigender Springschwänze (*Onychiurus* spec.), Häufigkeit von Fraßschäden an Rübenkeimpflanzen und Substanzproduktion von Rübenpflanzen im 6–8 Blattstadium in Abhängigkeit von der Bodenbearbeitung und der Anwendung des Insektizids Carbofuran (Mittelwerte von 3 Versuchen, 1981, 1982, 1985) [zusammengefaßt aus 10, 17, 25]

Boden-bearbeitung	Insektizid in der Pille	Anzahl Collembolen/ 100 cm³ Boden	Anzahl Fraßstellen/ 100 Pflanzen	g TM/ Pflanze
Lockerboden-wirtschaft	ohne	1,37	346	2,19
	mit		97	2,47
Festboden-Mulchwirtschaft	ohne	4,22	287	2,39
	mit		35	2,74

wirt zu einem Verzicht auf das risikomindernde Insektizid zu bewegen, obwohl in diesem Beispiel der Collembolenschaden die Ertragsbildung der Zuckerrüben nicht wesentlich beeinträchtigt hatte.

Mit dazu hat beigetragen, daß in diesen 3 Versuchen die Verunkrautung erst einige Wochen nach dem Auflaufen mit mehreren wiederholten Herbizidanwendungen beseitigt wurde, den Collembolen also auch Wildpflanzen als Nahrungsquelle zur Verfügung standen. Eine derart späte Unkrautbekämpfung kann nur gewagt werden, wenn allein Keim- oder Jungpflanzen beseitigt werden müssen. Sind in dem **Unkrautaufwuchs** sog. »Überhälter«, d. h. im Herbst gekeimte und durch Frost, Zwischenfruchtkonkurrenz, Totalherbizid und Saatbettbereitung nicht getötete Unkräuter enthalten, so müssen zusätzliche, kostensteigernde Bekämpfungsmaßnahmen ergriffen werden. Auf die Rolle des Zwischenfruchtbaus für die Unkrautkontrolle wird in Abschnitt 5.5 näher eingegangen. Hier können nur einige Zusammenhänge zwischen Bodenbearbeitung und Regelung der Unkrautdichte besprochen werden.

Vorrangiges Ziel muß es sein, die auflaufende Feldfrucht mindestens während einer kritischen Phase von der Konkurrenz unerwünschter Kultur- und Ackerwildpflanzen zu befreien. Dies gilt in besonderem Maße für solche Pflanzen, die einen Wachstumsvorsprung vor den keimenden Kulturpflanzen haben, sei es, daß es sich um »Überhälter« handelt, oder um ausdauernde Wildpflanzen, die mittels eines großen Reservestoffvorrates in ihren vegetativen Organen große Kampfkraft entwickeln können. Die Kontrolle solcher Pflanzen gelingt in einer Mulchwirtschaft deutlich schlechter als mit einer tiefgreifend-wendenden Bodenbearbeitung.

Dieses Problem wird in einer Mulchwirtschaft in der Regel mit der Anwendung eines Totalherbizids zu lösen versucht. Die wirkungsvollsten Mittel sind diejenigen, die auch in die unterirdischen Organe transportiert werden, also systemisch wirken. Das setzt ausreichende Blattfläche und hohe Stoffwechselaktivität der abzutötenden Pflanzen voraus, Bedingungen, die an hohe Temperaturen geknüpft sind. Die Herbstanwendung dieser Herbizide ist deshalb in der Regel effektiver als ihr Einsatz im zeitigen Frühling. Immerhin kann in einer Mulchwirtschaft das Problem der Verunkrautung mit ausdauernden Wildpflanzen, wie z. B. Quecke, als ausreichend gelöst angesehen werden, seit es die systemisch wirkenden Totalherbizide gibt. Da aber der Einsatz eines solchen Herbizides stets mit zusätzlichen Kosten verbunden ist, läßt sich dessen dauernde Anwendung nur dort vertreten, wo zum Zwecke des Bodenschutzes eine Mulchwirtschaft unabdingbar ist und nur solche Mittel verwendet werden, die im Boden rasch und ohne Rückstände abgebaut werden.

In einem Bearbeitungssystem ohne tiefgreifende Bodenwendung bleiben nicht nur alle Ernteste nahe der Bodenoberfläche, sondern auch ausgefallene Samen der Vorfrucht und der Ackerwildpflanzen. Soweit sie nicht in eine mehr oder minder lange Keimruhe fallen, trägt dieser Samenvorrat zu einer verstärkten Verunkrautung der Folgefrucht bei. Dies ist besonders dann der Fall, wenn Wintergetreide nach Wintergetreide angebaut wird und nach der Bestellung keimende Ackerwildpflanzen wie Windhalm, Trespe oder Ackerfuchsschwanz in der Unkrautpopulation schon stark vertreten sind. Eine vollständige Bekämpfung der Ungräser könnte diesen sich selbst verstärkenden Regelkreis unterbrechen, nämlich dadurch, daß der Samenvorrat des Bodens erschöpft wird. Doch ist ein solcher Wirkungsgrad eines Herbizideinsatzes selten und in einer Mulchwirtschaft noch weniger wahrscheinlich. Alle über den Boden wirkenden Herbizide büßen nämlich an Effektivität ein, wenn sie vermehrt an organische Substanz absorbiert werden. Bei fortgesetzter Mulchwirtschaft reichert sich die oberste Bodenschicht mit organischer Substanz an.

Tiefgreifende Bodenwendung vermindert zunächst den Samenvorrat nahe der Bodenoberfläche, aus dem die Verunkrautung der Folgefrucht entsteht. Allerdings werden mit der nächsten Pflugarbeit die noch lebenden Samen nach oben gekehrt, so daß die Dichte der aufgelaufenen Unkräuter wieder steigt. Ist die zweite Nachfrucht wieder ein Wintergetreide, das den Herbstkeimern gute Lebens- und Reproduktionsbedingungen bietet, dann bleibt der Nutzen der tiefgreifenden Bodenwendung für die Kontrolle dieser spezifischen Verunkrautung gering. Dieses Problem ist nur in Zusammenhang mit der Gestaltung der Fruchtfolge, also in einem integrierenden Ansatz zu lösen (siehe Abschnitt 5.5).

Ob ein Landwirt gelegentlich oder auf Dauer sich der Mulchwirtschaft bedient, hängt außer von der Handhabbarkeit der Produktionsverfahren auch von den Ertragsleistungen im Vergleich zur Lockerbodenwirtschaft ab. Die Ertragsbildung wiederum hängt davon ab, ob es auch in der Mulchwirtschaft gelingt, sicher, rasch und in der gewünschten Weise die Pflanzenbestände zu begründen.

Die Höhe des Feldaufganges hängt einerseits von der Geschwindigkeit ab, mit der die Samen so viel Wasser aus dem umgebenden Boden aufnehmen, bis sie keimen können, also vom Boden-Samen-Kontakt, andererseits von der Tiefenlage der Samen und deren Streuung. Beide Bedingungen werden mit steigenden Mengen an Ernteresten im Saatbett ungünstiger. Im Vergleich zu einem gleichmäßig ausgeformten Saatbett erfolgt die Samenablage im Mittel flacher, nimmt die Streuung der Tiefenlage zu und werden die Samen weniger vollständig von Boden bedeckt. Deshalb ist trotz höherer und länger anhaltender Bodenfeuchte der Feldaufgang häufig geringer als in einem konventionellen Saatbett. Letzteres wird aber nicht selten überlockert, so daß eine zu tiefe Ablage der Samen deren Aufgang verzögert. Beide genannten Mängel können durch eine bessere Beherrschung der Verfahren ausgeglichen werden.

Als erstes ist eine Minimierung der Ernterestmenge im Saatbett zu fordern. Das verlangt ein Vermeiden jeder örtlichen Überkonzentration, also eine möglichst gleichmäßige Zerkleinerung und Verteilung von Stroh oder Grünmasse. Anwelken der Grünmasse (Rübenblatt) vor der Stoppelbearbeitung und gleichmäßig flaches

Einmulchen fördert die Rotte der Erntereste und setzt deren störende Wirkung auf den Feldaufgang herab. Als zweite Voraussetzung sollte nicht nur ein für die Mulchsaat geeignetes Sägerät verwendet werden, sondern dieses Gerät durch entsprechendes Einstellen so den örtlichen Bedingungen angepaßt werden, daß die Anforderungen an die Saatablage erfüllt werden.

Trotz manchmal ungleichmäßiger Verteilung der Pflanzen und geringer Keimdichte schlägt das in der Mulchwirtschaft schlechtere Ergebnis der Bestandesbegründung nur dann nachteilig auf die Ertragsbildung durch, wenn bestimmte Schwellenwerte der Keimdichte unterschritten werden und wenn es sich um eine Feldfrucht handelt, die Lücken im Bestand nur wenig ausgleichen kann. Getreide und Körperraps gleichen Bestandeslücken sehr viel besser aus als Zuckerrüben oder Mais. Die beiden letztgenannten Feldfrüchte werden darüber hinaus noch durch die langsamere Erwärmung des gemulchten Bodens im Frühjahr in ihrer Entwicklung gehemmt. Deshalb empfiehlt es sich bei diesen beiden Reihenfrüchten wenigstens in der Saatreihe eine Bodenstruktur zu schaffen, die arm an Ernteresten ist und möglichst gute Voraussetzungen für eine exakte Saatgutablage bietet.

Ob Landwirte gelegentlich oder auf Dauer zur Mulchwirtschaft übergehen, ist auch eine Frage der Machbarkeit und der Ertragsleistungen dieses Systems im Vergleich zu dem bisher üblichen Verfahren mit wendender Bodenbearbeitung. Die in England seit den sechziger Jahren eingeführte Festboden-Mulchwirtschaft fand deshalb weitere Verbreitung, weil sie in getreidereichen Fruchtfolgen auf schweren Böden wirtschaftlich vorteilhafter war (Abb. 26). Sie sparte Arbeits- und Energiekosten und ergab bei nahezu unveränderten Getreideerträgen höhere Deckungsbeiträge. Die erste Voraussetzung dafür war die Möglichkeit, daß das Getreidestroh auf dem Acker verbrannt werden konnte, der Feldaufgang durch die Mulchwirtschaft daher nicht beeinträchtigt wurde. Seit das Strohbrennen verboten wurde, sind viele Landwirte entweder zu einer wühlend-mischenden oder zu einer wendenden Bodenbearbeitung zurückgekehrt. Die zweite Voraussetzung war die Möglichkeit, daß Ungräser, die durch wiederholten Wintergetreidebau gefördert werden, sicher bekämpft werden können. Das ist in einem Boden, dessen steigender Gehalt an organischer Substanz das Pflanzenschutzmittel stärker bindet, immer we-

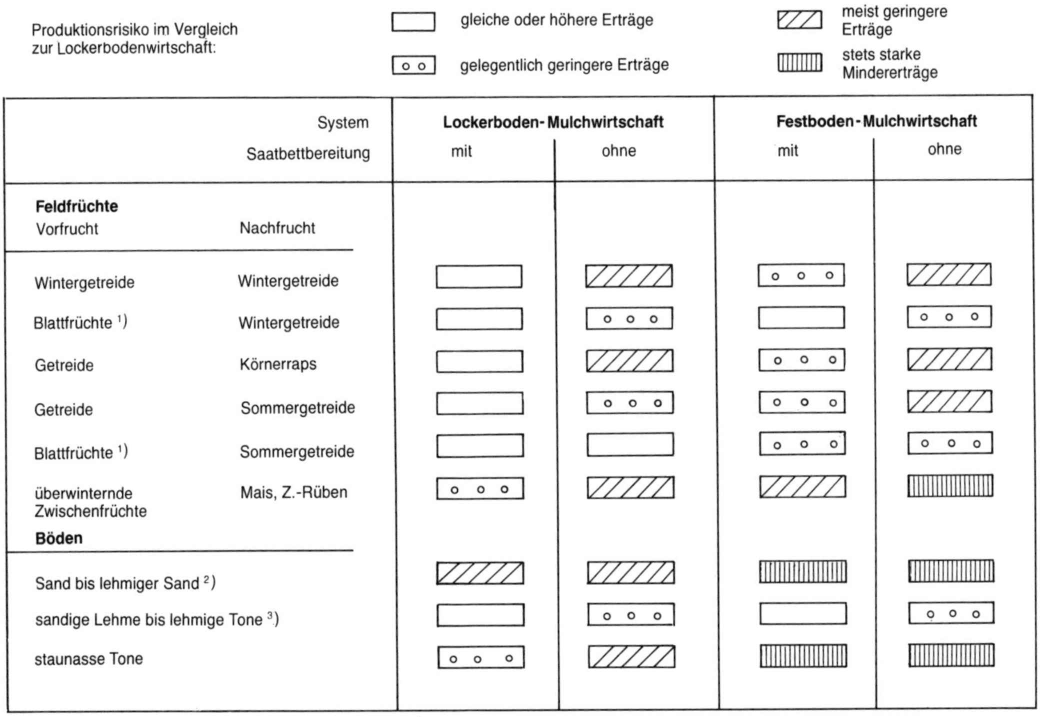

Produktionsrisiko im Vergleich zur Lockerbodenwirtschaft:		
□ gleiche oder höhere Erträge	▨ meist geringere Erträge	
○○ gelegentlich geringere Erträge	▥ stets starke Mindererträge	

System / Saatbettbereitung	Lockerboden-Mulchwirtschaft		Festboden-Mulchwirtschaft	
	mit	ohne	mit	ohne
Feldfrüchte Vorfrucht / Nachfrucht				
Wintergetreide / Wintergetreide	□	▨	○○○	▨
Blattfrüchte¹⁾ / Wintergetreide	□	○○○	□	○○○
Getreide / Körnerraps	□	▨	○○○	▨
Getreide / Sommergetreide	□	○○○	○○○	▨
Blattfrüchte¹⁾ / Sommergetreide	□	□	○○○	○○○
überwinternde Zwischenfrüchte / Mais, Z.-Rüben	○○○	▨	▨	▥
Böden				
Sand bis lehmiger Sand²⁾	▨	▨	▥	▥
sandige Lehme bis lehmige Tone³⁾	□	○○○	□	○○○
staunasse Tone	○○○	▨	▥	▥

¹⁾ Körner-Raps, Körner-Leguminosen, Zuckerrüben, Kartoffeln.
²⁾ Mit hohem Feinsand- und Schluffgehalt.
³⁾ Einschließlich aller lößbürtigen Böden.

Abb. 26 Eignung von Feldfrüchten und Böden für eine Mulchwirtschaft.

niger möglich. Deshalb braucht man bei der chemischen Bekämpfung z. B. von Ackerfuchsschwanz, in der Mulchwirtschaft einen höheren Wirkungsgrad des Mittels als in einem Verfahren mit Pflügen.

Die Lösung des Problems liegt in der Gestaltung der Fruchtfolge. Mulchwirtschaft läßt sich nur dann auf Dauer erfolgreich durchhalten, wenn in regelmäßigen Abständen der Wintergetreideanbau durch Sommerungen unterbrochen wird, am besten durch Blattfrüchte, die eine sichere Bekämpfung z. B. des Ackerfuchsschwanzes möglich machen.

Diesem Sachverhalt, daß Mulchwirtschaft nur in einem »integrierten« Verbund mit der Fruchtfolge möglich ist, trägt ein Verfahren Rechnung, das für den Zuckerrüben- oder Maisanbau entwickelt wurde und sich in doppelter Hinsicht bewährt hat: Es bietet besseren Schutz gegenüber Bodenverdichtungen und Erosion und ermöglicht dennoch eine befriedigende Kontrolle der Verunkrautung und eine nahezu gleich hohe Ertragsleistung der Feldfrüchte.

Die Verfahrensschritte sind wie folgt: Nach der Getreideernte wird das kurz gehäckselte, gleichmäßig verteilte Stroh zunächst flach, dann mit einem zweiten Arbeitsgang auf Krumentiefe eingearbeitet. Der spurenfrei eingeebnete Boden wird mit einer rasch deckenden Zwischenfrucht (Phacelia, Ölrettich oder Senf, alle mit einer N-Gabe von etwa 50 kg/ha) bestellt. Diese unkrautunterdrückende Zwischenfrucht stirbt entweder bei Frost ab oder wird, – ebenfalls bei gefrorenem Boden – mit einer sehr flachen Bodenbearbeitung (Flügelschargrubber) zum vollständigen Absterben gebracht. Das Herrichten des Saatbettes erfolgt entweder ganzflächig oder aber reihenweise mit einem sehr flachen Eggenstrich (Rotoregge) bei möglichst trockenem Boden.

Abb. 27 zeigt die mehrjährigen Ertragsleistungen dieses Verfahrens (LMW 1 bzw. LMW 2) im Vergleich zur Lockerbodenwirtschaft. Dieses positive Ergebnis deckt sich mit anderen langjährigen Erfahrungen in Südhannover und im Rheinland [2, 45, 51].

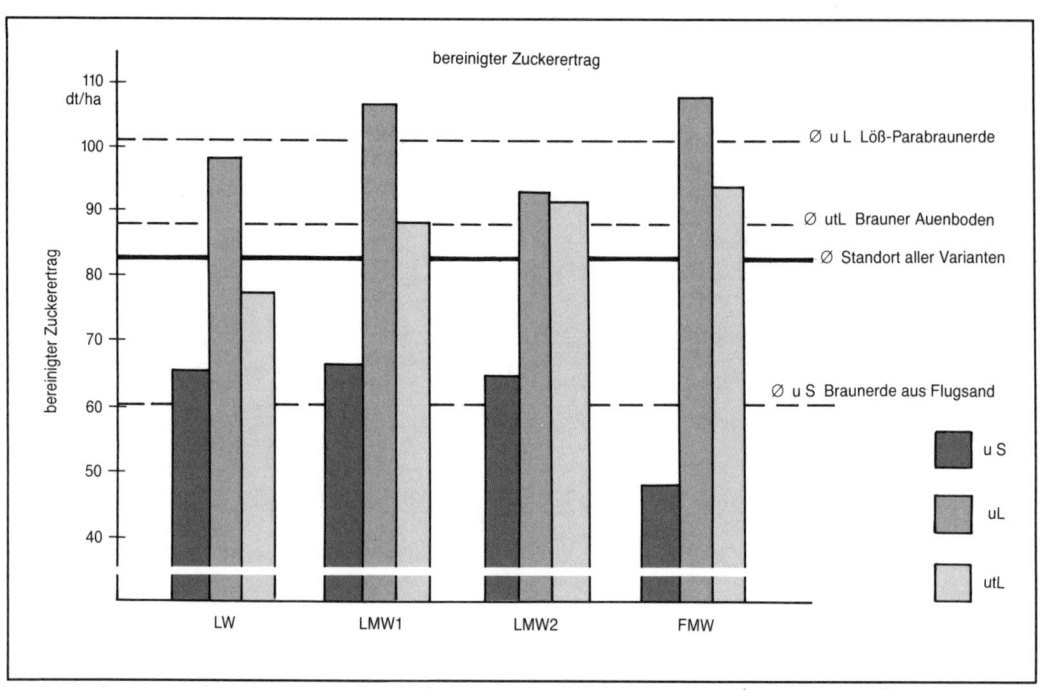

Abb. 27 Wirkung langjähriger unterschiedlicher Bodenbearbeitung auf den Ertrag von Zuckerrüben; Mittelwerte von 3 Jahren an 3 Orten in Hessen [48].
LW: Lockerbodenwirtschaft (Pflug);
LMW 1: Lockerboden-Mulchwirtschaft (Schwergrubber + Rotoregge);
LMW 2: Lockerboden-Mulchwirtschaft (Flügelschargrubber + Rotoregge);
FMW: Festboden-Mulchwirtschaft (Dreischeiben-Drillmaschine).

Die Daten in Abb. 27 machen deutlich, daß hinsichtlich der Ertragsleistungen eine starke Wechselwirkung zwischen Bearbeitungsverfahren und Standort besteht. Diese Wechselwirkung muß noch um den Einfluß unterschiedlicher Jahreswitterung erweitert werden. Diese Zusammenhänge für jeden Standort angemessen zu beschreiben, muß das Ziel weiterer Versuchstätigkeit sein.

Abb. 26 faßt die Ergebnisse vieler Feldversuche bezüglich der Ertragshöhe und Ertragssicherheit der gängigen Feldfrüchte in einer Mulchwirtschaft zusammen: Das Produktionsrisiko ist in einer Festboden-Mulchwirtschaft größer als in einer Lockerboden-Mulchwirtschaft, ohne Saatbettbereitung größer als mit Saatbettbereitung. Winter- und Sommergetreide einschließlich der hier nicht aufgeführten Körnerleguminosen, dazu Körnerraps können nach ausreichender Saatbettbereitung ohne Ertragsminderungen in einer Lockerboden-Mulchwirtschaft angebaut werden.

Größere Probleme als in der üblichen Lockerbodenwirtschaft schafft nur der von der Vorfrucht stammende Durchwuchs. Das gilt in besonderem Maße für die Folge Wintergetreide nach Wintergetreide oder Körnerraps nach Getreide. Wahl eines späteren Saattermins, der das vorherige Auflaufen der meisten ausgefallenen Samen ermöglicht oder im Falle von Körnerraps, eines früheren Saattermins, der durch rascheres Schließen des Rapsbestandes eine stärkere Unterdrückung der Durchwuchsgerste gewährleistet, schließlich die Wahl einer geeigneten Folgefrucht sind Mittel, mit denen das Problem des Durchwuchses geregelt werden kann. Als besonders geeignet hat sich die Folge Getreide-Gründüngungszwischenfrucht-Blattfrucht erwiesen. Unkraut und Getreidedurchwuchs können von einer raschwüchsigen, früh und vollständig deckenden Zwischenfrucht so stark unterdrückt werden, daß in manchen Fällen die Saatbettbereitung zu Zuckerrüben ausreicht, um die wenigen noch verbliebenen »Überhälter« (Pflanzen, die im Herbst gekeimt und nicht von der Zwischenfrucht unterdrückt worden sind) zu beseitigen. Wurde auch die Zwischenfrucht vom Frost vollständig abgetötet, erübrigt sich dann sogar die Anwendung eines Totalherbizids.

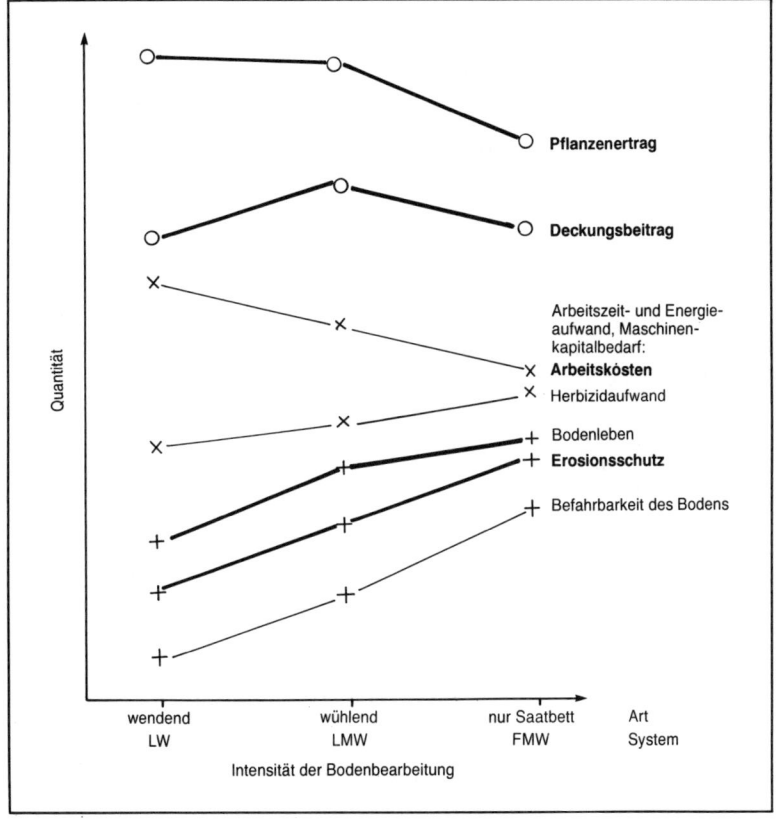

Abb. 28
Einschätzung der ökonomischen und ökologischen Leistungen von Bodenbearbeitungssystemen [in Anlehnung an 48].
LW: Lockerbodenwirtschaft;
LMW: Lockerboden-Mulchwirtschaft;
FMW: Festboden-Mulchwirtschaft.

Labels within figure:
Quantität
Pflanzenertrag
Deckungsbeitrag
Arbeitszeit- und Energieaufwand, Maschinenkapitalbedarf:
Arbeitskosten
Herbizidaufwand
Bodenleben
Erosionsschutz
Befahrbarkeit des Bodens
wendend LW — wühlend LMW — nur Saatbett FMW — Art System
Intensität der Bodenbearbeitung

Anbau von Mais und Zuckerrüben in einer Festboden-Mulchwirtschaft ist im Vergleich zur Lockerbodenwirtschaft meist mit erheblichen Mindererträgen verbunden. Dennoch kann auch dieses Verfahren angebracht sein, wenn es darum geht, auf Wuchsorten mit hoher Erosionsgefährdung diese Früchte noch anbauen zu können. Als Alternative dazu bliebe dort nur noch der Anbau von Feldgras.
Wie die schematische Darstellung in Abb. 26 zeigt, eignen sich für die Mulchwirtschaft alle Böden, die hinsichtlich der Bodenproduktivität keines »Ackeraufbaus« durch intensive Bodenlockerung und -wendung bedürfen. Das sind in der Regel alle tiefgründigen, voll drainierten und gut strukturierten Lehmböden, vor allem die lößbürtigen Böden. Tonböden ohne stauende Nässe, die durch Quellen und Schrumpfen ein kleinförmig gegliedertes Absonderungsgefüge ausbilden, sind in gleicher Weise geeignet für eine Mulchwirtschaft mit reduzierter Bearbeitungsintensität. Ungeeignet sind alle staunassen Böden, insbesondere Tonböden, die nicht quellen und schrumpfen, sowie Sande und lehmige

Sande mit hohem Feinsand- und Schluffanteil. Durch Binnenerosion feinster Teilchen in die Tiefe verdichten sich die Sandböden so stark, daß das Wurzelwachstum der Feldfrüchte stark beeinträchtigt wird. Ohnehin beruht ja die heute erreichte Produktivität der Sandböden auf der tiefgreifend lockernden und wendenden Bodenbearbeitung. Durch tiefes Pflügen wurde die mit organischer Substanz angereicherte Ackerkrume so vergrößert, daß mehr Wasser und Nährstoffe gespeichert werden können und damit die Höhe und Sicherheit der Feldfruchterträge gesteigert wurden.
In welchem Umfang der Landwirt Mulchsaatverfahren als eine »integrierend« wirkende Vorgehensweise benutzt, hängt nicht nur von seinen ökologisch motivierten Zielen, sondern auch von den Standortsbedingungen und den wirtschaftlichen Gegebenheiten ab. Abb. 28 faßt die Beurteilungskriterien der drei Bodenbearbeitungsverfahren in einer eher qualitativen Bewertung zusammen: Auf geeigneten Standorten sollte die Mulchwirtschaft ein fester Bestandteil der Integrierten Pflanzenproduktion werden.

5.4 Düngung

K. Baeumer, Göttingen

Mit jedem Pflanzenwachstum werden dem Boden Nährstoffe entzogen. Weitere Verlustquellen sind Auswaschung, gasförmige Entbindung, Bodenabtrag durch Erosion oder Festlegung in Bindungsformen, die eine Pflanzenaufnahme nahezu unmöglich machen. Werden diese Verluste und der Entzug mit der Erntemasse nicht durch Düngung oder anderweitige Zufuhr ersetzt, – z. B. aus Gesteinsverwitterung oder mit Einträgen aus der Luft, aus Grund- und Oberflächenwasser –, so nehmen die Nährstoffvorräte im Boden ab. Damit sinkt über kurz oder lang auch die Bodenfruchtbarkeit. Wenn also der Landwirt keinen Raubbau treiben, sondern die Produktivität des Bodens auf Dauer erhalten will, muß er mindestens auf Nährstoffersatz düngen. Bei unzureichender Nährstoffversorgung wird er darüber hinaus sogar eine Anreicherung des Bodens mit Nährstoffen anstreben.

Dabei ist nicht immer eindeutig die Entscheidung zu treffen, ob er überhaupt bei einem bestimmten Nährstoffvorrat im Boden schon düngen soll, und wenn ja, welchen Nährstoff in welcher Form zu welcher Zeit und in welcher Menge. Auf jeden Fall benötigt er dazu die Kenntnis, welche Vorräte in seinem Boden gespeichert und wie verfügbar sie sind. Auf keinen Fall besteht ein Düngungsbedarf, wenn der Boden so reich mit pflanzenverfügbaren Nährstoffen versorgt ist, daß unter den gegebenen klimatischen Bedingungen ein Höchstertrag sicher erzeugt werden kann. Oberhalb dieser Grenze würde eine weitere Nährstoffzufuhr nicht nur den Ertrag nach Menge und Qualität nicht mehr steigern, sondern möglicherweise auch noch vermindern (Abb. 18A und Abb. 29). Darüber hinaus könnte eine solche »Überdüngung« sogar zu unerwünschten Belastungen der Umwelt führen, z. B. zur Verschmutzung von Gewässern durch zu hohen Phosphat- und Nitrateintrag, z. B. wenn Gülle nicht zur Düngung, sondern als Abfallbeseitigung benutzt wird.

Unterhalb dieser Grenze wird der Düngungsbedarf von den Zielen des Landwirts, aber auch von wirtschaftlichen und gesellschaftlichen Bedingungen bestimmt, also von selbstgezogenen Grenzen für die Anwendung bestimmter Düngemittel – z. B. im ökologischen Landbau keine leicht löslichen mineralischen Stickstoffdünger – dann aber auch von den Kosten der Düngung und dem mit ihr erzielbaren Mehrerlös der

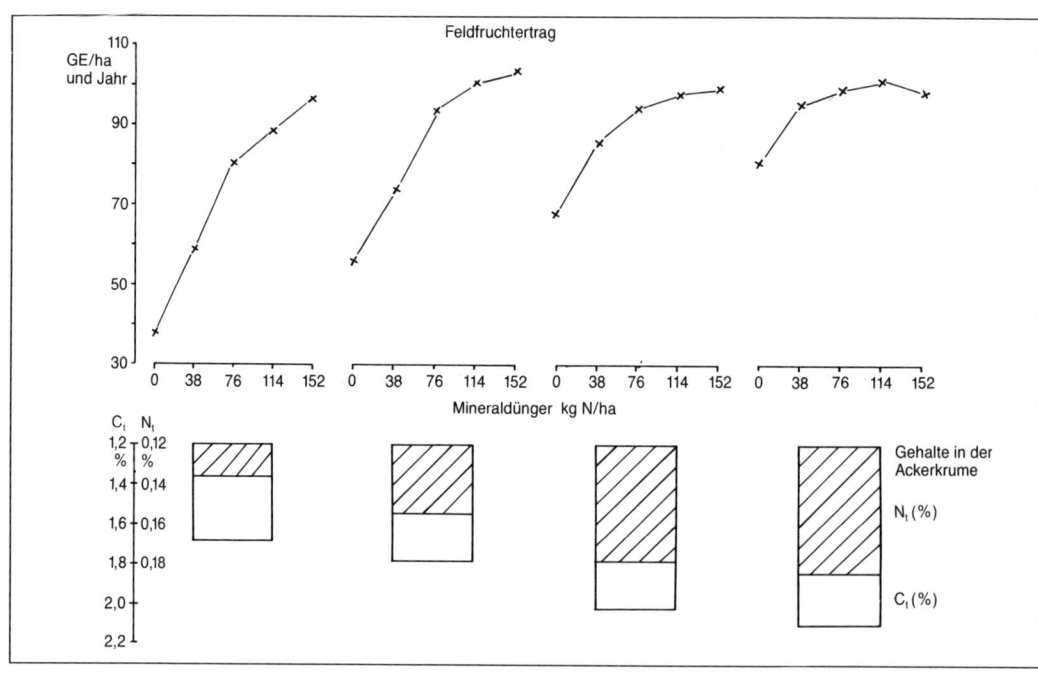

Abb. 29 Wirkungen der mineralischen N-Düngung auf den Gesamtertrag einer Fruchtfolge (Kartoffeln – Winterweizen – Zuckerrüben – Sommergerste – Sommergerste, 1978–1982) in Abhängigkeit vom Kohlenstoff- und Stickstoffgehalt der Ackerkrume; statischer Versuch Lauchstädt (frühere DDR) [15].

Pflanzenproduktion und schließlich von gesetzlichen Regelungen, z. B. zur Reinhaltung des Trinkwassers. Darüber hinaus besteht die Forderung, jede Düngung als Mittel zur Gestaltung einer Integrierten Pflanzenproduktion zu benutzen. Von wenigen Fällen abgesehen, in denen die Anwendung besonderer Düngemittel Pflanzenkrankheiten und Schädlingsbefall mindern kann, verlangt diese Wirtschaftsweise in der Regel, daß der Landwirt über das allgemeine Gebot einer wirtschaftlich vorteilhaften Handhabung der Düngung hinaus die Zufuhr von Stickstoff sehr sorgsam handhabt und sie gegebenenfalls drosselt, wenn er mehr »selbstregelnde« Effekte im Agrarökosystem wirksam werden lassen will.

Dem Gebot der wirtschaftlichen Düngerverwendung wie dem Gebot einer gewissen Selbstbeschränkung entspricht die **grundsätzliche Forderung,** daß

1. jede vom Landwirt bewirkte Nährstoffzufuhr nur eine Ergänzung zu den im Boden schon vorhandenen Vorräten an pflanzenverfügbaren Nährstoffen sein darf,
2. die Zufuhr von verlustgefährdeten Nährstoffen, z. B. Stickstoff, zusammen mit der im Boden vorhandenen Menge niemals größer sein darf als die Menge, die die Feldfrüchte im Verlauf einer Vegetationszeit aufnehmen und produktiv verwerten können.

Diese Forderung ist leichter gestellt als verwirklicht.

Das hängt mit den unterschiedlichen Bindungsformen der Nährstoffe im Boden zusammen und mit den begrenzten Möglichkeiten, die Pflanzenverfügbarkeit der Nährstoffe sowie deren Aufnahme durch eine bestimmte Feldfrucht hinreichend genau und verläßlich an einem bestimmten Ort für die kommende Vegetationsperiode vorauszusagen. Nahezu vollständig pflanzenverfügbar sind nur die Nährstoffe, die in Ionenform in der wässrigen Bodenlösung gelöst sind. Sie können nur als Augenblickswert im wässrigen Bodenauszug bestimmt werden. Diese Ionen werden mit dem Wasser im Massenfluß zu den Wurzeln transportiert oder wandern in der Bodenlösung mittels Diffusion zum Ort geringster Konzentration, also zur Wurzeloberfläche hin. Dieser leicht und fast vollständig verfügbare Nährstoffvorrat kann rasch ergänzt werden durch Ionen, die an der Oberfläche von Mineral- oder Humusteilchen haften. Der Austausch zwischen freien Ionen in der Bodenlösung und an Oberflächen sorbierten Ionen geht hin und her, dem jeweiligen Konzentrationsge-

fälle folgend. Mit sehr viel stärkerer Intensität werden Ionen am äußersten Rand von Kristallgittern von Bodenmineralen oder im Inneren der Kristallgitter gebunden. Auch zwischen diesen Fraktionen erfolgt ein Austausch, wenn auch mit zunehmender Bindungsintensität und abnehmender Randlage immer langsamer.

Diese Aussagen gelten vor allem für Nährstoffe wie Kalium, Phosphat, Magnesium, Calcium, die überwiegend in anorganischer Bindungsform vorkommen. Aber auch der im Boden enthaltene Stickstoff wechselt ständig seine Bindungsform und damit seine Pflanzenverfügbarkeit. Mengenmäßig überwiegt im Boden bei weitem die organische Bindungsform des Stickstoffs. Aus der organischen Substanz entstehen durch mikrobielle, energieverzehrende Umsetzungsprozesse (Mineralisierung und Nitrifizierung) mineralische Bindungsformen des Stickstoffs (Ammonium oder Nitrat). Nur sie werden aus der Bodenlösung von den Wurzeln aufgenommen. Daneben kann aber auch durch Ionenaustausch an Tonteilchen gebundenes Ammonium in Lösung gebracht oder wieder sorbiert werden. Außer dieser Fixierung von Ammonium an Tonteilchen wird Stickstoff stets und immer wieder in organischen Bindungsformen festgelegt, also als stickstoffhaltige, körpereigene Substanz in Mikroorganismen, höheren Pflanzen und Bodentieren immobilisiert. Zwischen den organischen und anorganischen Bindungsformen besteht in gewissen Grenzen ein Fließgleichgewicht, wobei die höheren Pflanzen als Primärproduzenten der Energie, die für diese Umwandlungsprozesse benötigt wird, eine entscheidende Rolle spielen.

Im Verlauf dieses Wandels von beweglichen zu unbeweglichen Bindungsformen (Mineralisierung – Immobilisierung) durchläuft der Stickstoff einen Kreislauf. In seiner kürzesten Ausbildung umfaßt dieser Kreislauf in Tagen und Wochen nur den Boden und seine Lebenswelt auf der einen Seite und die grünen Pflanzen auf der anderen Seite. Z. B. könnte der Stickstoff, der im Herbst von Körnerrapspflanzen aufgenommen wurde, nach winterlichem Blattfall während des Frühjahrs wieder mineralisiert und von den schossenden Pflanzen erneut aufgenommen werden. Diesem »kleinen« Nährstoffkreislauf, der übrigens auch die anderen in der Pflanzenmasse enthaltenen Nährstoffe umfaßt, stehen größere und länger dauernde Kreisläufe gegenüber. Ein Teil der festgelegten Nährstoffe wird erst nach Monaten als Ernterest (Stroh, Blatt) dem Boden wieder beigemengt. Hält der Betrieb Vieh, dann werden Ernteprodukte verfüttert oder als Einstreu genutzt und kehren erst nach einem halben oder ganzen Jahr in Form von organischem Wirtschaftsdünger auf den ursprünglichen oder einen anderen Acker wieder zurück (Abb. 16, Abb. 30).

Wie am Beispiel des Stickstoffs schon gezeigt wurde (Abb. 24), sind die **Nährstoffkreisläufe** keineswegs geschlossen. Außer den Entzügen mit der Erntemasse treten Verluste durch Auswaschung von Nitrat, durch gasförmige Entbindung von Ammoniak oder NO_x auf. Letzterer ist das mikrobielle Abbauprodukt von Nitrat, das in Gegenwart leicht abbaubarer organischer

Substanz bei Sauerstoffmangel entsteht. Die Abflüsse können zum Teil wieder durch Zuflüsse ersetzt werden. Aus der Atmosphäre kommt Stickstoff als Immission mit Niederschlag und Staub, wird N_2 mikrobiell durch Symbiose (Knöllchenbakterien in Leguminosen) oder asymbiotisch durch freilebende Bodenmikroorganismen gebunden.

Alle Umsetzungsprozesse verlaufen mit stark schwankender Intensität. Diese wird in erster Linie bestimmt durch Menge und stoffliche Zusammensetzung der organischen Masse im Boden, den wechselnden Umweltbedingungen wie Bodenfeuchte, Durchlüftung und Temperatur,

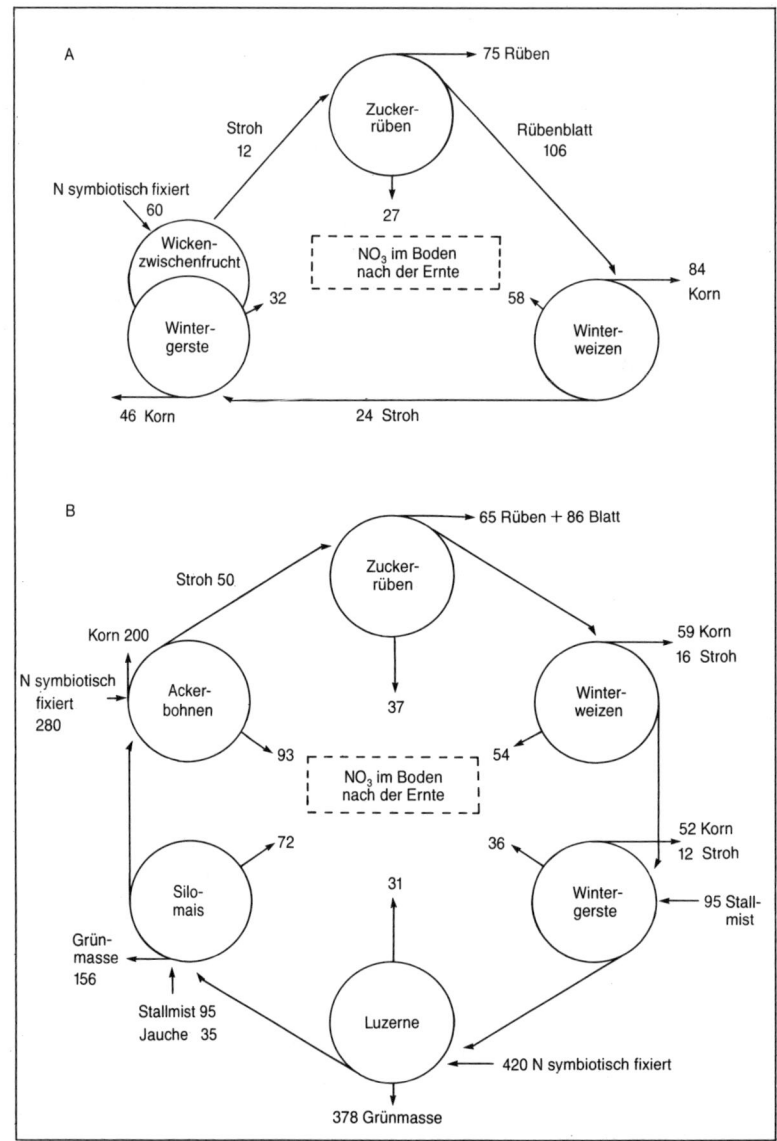

Abb. 30
Kreislauf des Stickstoffs in 2 Bodennutzungssystemen des Ackerbau-Systemversuchs Reinshof bei Göttingen [8]. Stickstoffentzüge mit der Erntemasse: Mittelwerte 1982–1987; Nitrat-N im Boden nach der Ernte (0–100 cm): Herbst 1988; alle Messungen in der Variante ohne mineralische N-Düngung (Zahlen in kg N/ha und Jahr).

aber auch durch die unterschiedlichen Aufnahme- und Speicherleistungen der Bodenlebewesen und Pflanzen. Ohne ständig wiederholte Messungen kann kein genaues Bild von den Abläufen entworfen werden. Deswegen ist eine Vorausschätzung des Düngebedarfs mindestens bei Stickstoff schwierig. Dennoch muß der Landwirt die Höhe und den möglichen Verlauf des bodenbürtigen Nährstoffangebots in seinem Düngungsverfahren berücksichtigen.

In erster Annäherung kann eine vereinfachte **Nährstoffbilanz** als Bemessungsgrundlage dienen. Diese Bilanz berücksichtigt nur die Nährstoffmengen, die mit dem Ernteprodukt aus dem System entfernt und mit der Düngung zugeführt werden. Andere Verluste oder Zufuhren bleiben außer Betracht. An den Daten für Stickstoff in einem langjährigen Versuch mit unterschiedlichen Bodennutzungssystemen (Abb. 30) kann eine solche Bilanz demonstriert werden: In der »kurzen«, nur aus Marktfrüchten bestehenden Fruchtfolge (A) wurden insgesamt 205 kg/ha ausgeführt und 60 kg N/ha mit der symbiotischen N-Bindung eingeführt. Daraus ergibt sich ein jährlicher Fehlbetrag von 48 kg N/ha. Soll der Bodenvorrat an N nicht sinken, bestünde ein mittlerer Düngungsbedarf in Höhe eben dieser 48 kg N/ha. Zu beachten ist dabei, daß im Mittel 47 kg N/ha als Ernterest im System kreisen, davon nach Zuckerrüben 106 kg, eine Menge, die erheblich zum Stickstoffangebot für den nachfolgenden Weizen beiträgt (vergleiche die N-Menge im Korn ohne Rübenblatt-Düngung in der langen Fruchtfolge: 59 kg gegenüber 84 kg N/ha).

In der »langen« Fruchtfolge mit Feldfutterbau (B) werden der Silomais und die Luzerne verfüttert und das Stroh zur Einstreu genutzt. Zwei Früchte sind zu symbiotischer N-Bindung befähigt. Hier steht einer Ausfuhr von 1024 kg eine Zufuhr von 925 kg N/ha gegenüber, was zu einem jährlichen Verlust von nur 17 kg N/ha führte, der durch Düngung wieder ausgeglichen werden müßte. Im System kreisen im Durchschnitt der Jahre 8 kg in Form von Ernteresten und 38 kg N/ha als Wirtschaftsdünger. Dank der beiden N-sammelnden Feldfrüchte war in diesem Bodennutzungssystem der N-Verlust kleiner als in der »kurzen« Folge, die Bilanz aber immer noch nicht ausgeglichen.

In Abb. 30 sind auch die Nitrat-Restmengen nach dem Anbau der Feldfrüchte im Jahre 1988 dargestellt worden. Nur nach Zuckerrüben, Luzerne und Wintergerste, die in zweiter Tracht nach der Blattfrucht Rüben steht, sind diese Restmengen kleiner als 40 kg N/ha. Oberhalb dieser Menge besteht die Gefahr, daß das Nitrat-N aus dem durchwurzelten Bodenraum ausgewaschen wird. Zieht man also die möglichen Verluste durch Auswaschung und gasförmige Entbindung mit in Betracht, dürfte der zum Bilanzausgleich notwendige N-Düngungsbedarf deutlich größer als die genannten 48 bzw. 17 kg N/ha sein. Offen bleibt, wieviel der Eintrag aus der Atmosphäre (20–80 kg N/ha und Jahr) zum Ausgleich beiträgt.

Wie lange ohne N-Zufuhr mit zusätzlicher mineralischer Düngung das Ertragsniveau gehalten werden kann, hängt wesentlich von dem Gesamtvorrat an N im Boden ab. In diesem Fall waren es an die 10 000 kg in der Schicht von 0-100 cm, eine Menge, aus der jährlich 200 bis 300 kg/ha durch Mineralisation freigesetzt werden können. Wie entscheidend der Vorrat an organischer Substanz für die Bemessung der N-Düngermenge ist, zeigen die Daten eines langjährigen Versuches in Mitteldeutschland (Abb. 29). Mit steigender N_t- und C_t-Konzentration in der Ackerkrume nahm der Ertrag in der Variante ohne N-Düngung zu und die zum Höchstertrag notwendige Düngung ab.

Aus diesen Sachverhalten lassen sich folgende **Schlüsse** ziehen:

1. Grundlage jeder rationellen Düngung ist die Kenntnis der im Boden vorhandenen Nährstoffvorräte, insbesondere des Teiles der Nährstoffvorräte, die schon pflanzenverfügbar sind oder im Verlauf der kommenden Vegetationszeit verfügbar werden. Eine Voraussage über die zuletzt genannte Menge ist bisher noch nicht befriedigend gelungen, zumal es noch nicht möglich ist, die Witterung der kommenden Vegetationszeit vorauszusagen.

2. Diese Unsicherheit in der Voraussage über die künftig verfügbaren Nährstoffmengen im Boden darf nicht zum Anlaß genommen werden, überhöhte Nährstoffmengen im Boden zu bevorraten. Bei den wenig im Boden beweglichen Nährstoffen wie P, K, Mg würde es ökonomisch zwar nur einen entgangenen Gewinn verursachen, bei Stickstoff aber immer zu nicht wieder gut zu machenden wirtschaftlichen Verlusten führen. Darüber hinaus sind bei überhöhten Stickstoffgaben Umweltbelastungen zu befürchten.

3. Besondere Beachtung verdienen die in den Ernteresten enthaltenen Nährstoffmengen, die gewissermaßen im System kreisen und zum Teil für die unmittelbar folgende Frucht

schon wirksam werden. Diese Mengen, wie überhaupt die mit organischer Düngung zugeführten Nährstoffe werden von den Landwirten nicht selten nur ungenügend berücksichtigt.

Zusammenfassend ist festzustellen, daß die im Betrieb kreisenden Nährstoffmengen die Grundlage jeder Düngung im Integrierten Landbau sein müssen. Zusätzlich eingeführte mineralische oder auch zugekaufte organische Dünger dürfen nur als Ergänzung zum vorhandenen Nährstoffvorrat gesehen und entsprechend gehandhabt werden. Deshalb ist die Kenntnis der Mengen und der Wirkungsweise jeder organischen Düngung der Ausgangspunkt jeder Entscheidung über Art, Menge und Zeitpunkt der Mineraldüngung.

5.4.1 Organische Düngung

Wird dem Boden organische Substanz in Form von *Wurzel-* und *Ernteresten, Gründüngung, Gülle, Stallmist* oder *Kompost* zugeführt, so erweitert diese Zufuhr die Lebensgrundlage der Bodenorganismen. Ein Teil der Pflanzenmasse

wird von den Bodentieren zerkleinert, gefressen, als Kot ausgeschieden und dann mikrobiell weiter abgebaut, ein anderer, meist größerer Teil wird direkt von den Mikroorganismen im Boden in die Endprodukte der **Mineralisierung** CO_2 und NH_4 umgesetzt (Abb. 31).

Die eingemischte Pflanzenmasse und die schon im Boden vorhandene organische Substanz wird je nach ihrer stofflichen Beschaffenheit unterschiedlich schnell mineralisiert. Die in Abb. 31 genannten Fraktionen sind nicht stofflich definiert, sondern nur durch Unterschiede in der Mineralisierungsrate m. Je enger das Verhältnis von Kohlenstoff zu Stickstoff in der organischen Substanz ist, desto größer ist m. Bei C : N > 20 wirkt das Stickstoffangebot aus der abzubauenden Masse so begrenzend auf das Wachstum der Mikroorganismen im Boden, daß zum vollständigen Abbau kohlenstoffreicher organischer Masse zusätzlicher Stickstoff benötigt wird. Den nehmen die Mikroorganismen, soweit verfügbar, aus der Bodenlösung auf, sie immobilisieren also zeitweilig den pflanzenverfügbaren N im Boden. Mineralisierung und Immobilisierung (Rate : m, im) bedingen sich daher gegenseitig. Bei der Strohrotte (C : N : 40–100) werden

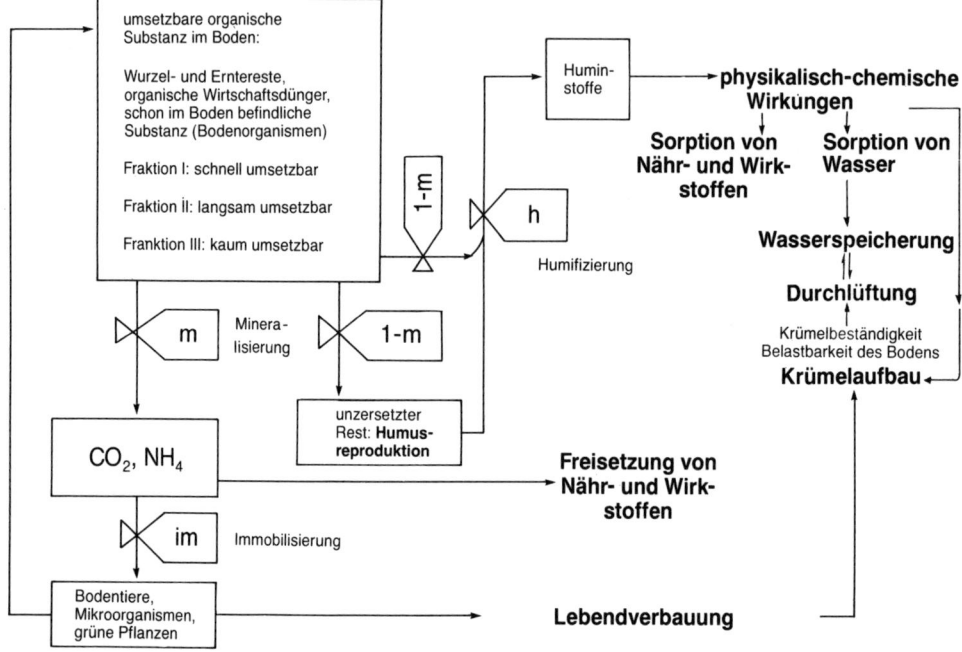

Abb. 31 Umsatz der organischen Substanz im Boden und die damit verbundenen Wirkungen auf chemisch-physikalische Prozesse im Boden.
m: Mineralisierungsrate,
1–m: Reproduktionsrate der organischen Bodensubstanz;
im: Immobilisierungsrate;
h: Humifizierungsrate.

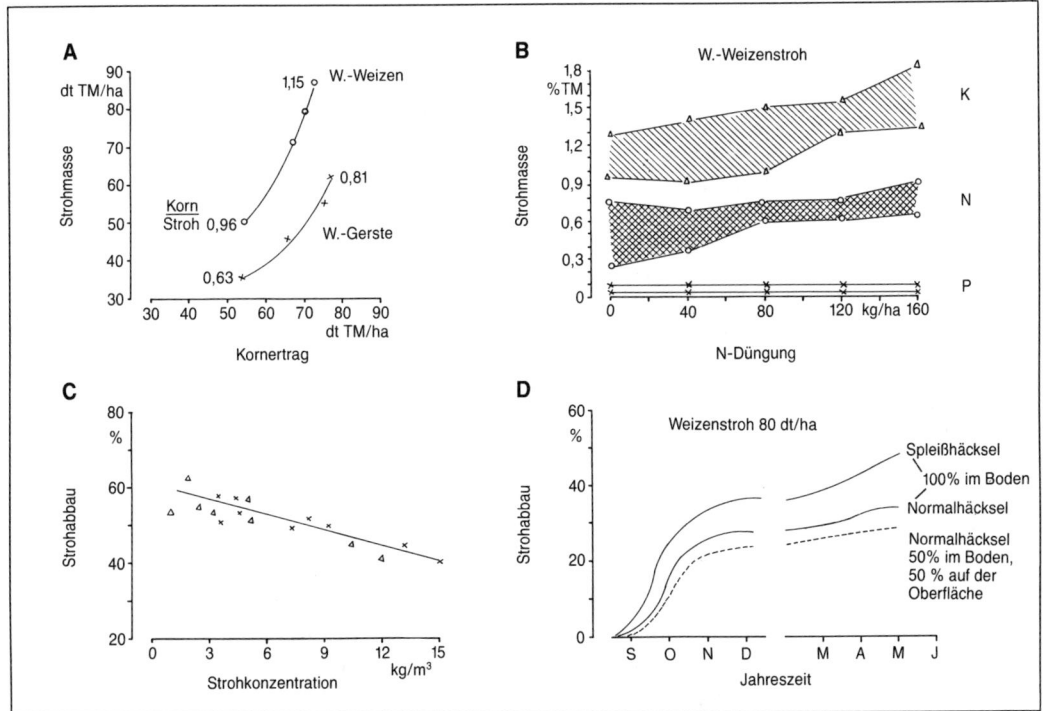

Abb. 32 Faktoren, die die Geschwindigkeit der Strohrotte bestimmen:
A: Strohmenge in Abhängigkeit von dem produzierten Kornertrag (Ackerbau-Systemversuch Reinshof),
B: stoffliche Zusammensetzung des Strohs, insbesondere der N-Gehalte in Abhängigkeit von der N-Düngung [1],
C: Strohkonzentration im Boden in Abhängigkeit von der Tiefe der Einmischung [30],
D: Zerkleinerungsgrad des Strohs und Intensität der Einmischung in den Boden [49].

im Mittel je dt Stroh 0,7 kg N festgelegt und erst nach Wochen oder Monaten wieder remineralisiert. Auch das Verhältnis von Lignin zu Zellulose in der Pflanzensubstanz hat Einfluß auf die Mineralisierungsrate. Ligninreiche Substanz, wie z. B. verholzte Rapsstengel, wird langsamer abgebaut als Rapsblätter, die weniger Lignin enthalten.

Unmittelbar nach dem Einmischen der Pflanzenmasse in den Boden ist die Mineralisierungsrate am höchsten (Abb. 32D). Dann nimmt sie im Laufe der Zeit immer mehr ab, bis die ursprüngliche »Grundumsatz«-Rate des Bodens wieder eingestellt ist.

Wie Abb. 32D zeigt, ist die Strohrotte auch von der Bodentemperatur und der Feuchte abhängig. Während des Winters hemmen niedrige Bodentemperaturen die Mineralisation. Stroh, das auf der Bodenoberfläche liegt, trocknet zeitweilig aus. Auch das verlangsamt die Strohrotte. Darüber hinaus bestimmt auch die Strohkonzentration im Boden die Abbaugeschwindigkeit. Je mehr der Boden mit Stroh angereichert wird, desto langsamer wird es abgebaut

(Abb. 32C). Da mit zunehmenden Kornerträgen die anfallenden Strohmengen meist überproportional ansteigen (Abb. 32A), muß die Stoppelbearbeitung mit steigenden Erträgen entsprechend tiefer und intensiver erfolgen, um die örtliche Anreicherung des Bodens mit Stroh möglichst gering zu halten. Voraussetzung dafür ist aber auch eine möglichst gleichmäßige Rückverteilung des Strohs auf die Fläche nach der Mähdrescherernte und eine intensive Zerkleinerung des Strohs. Vermehrter Stroh-Bodenkontakt und damit auch rascherer Abbau wird möglich, wenn anstelle der vorherrschenden Röhrchenstruktur (Normalhäcksel) das Stroh in Längsrichtung zerfasert und stärker zerkleinert wird (Spleißhäcksel, Abb. 32D).

Je nach Dauer der **Rottezeit** befindet sich im Boden ein mehr oder minder großer Rest der zugeführten Pflanzenmasse, sei es in Gestalt von Bodenorganismen oder als noch nicht umgesetzte Masse. Der Rate m entspricht daher zu jedem Zeitpunkt eine Rate 1−m. Die Restmenge, die sich noch nach einem Jahr im Boden befindet, wird als der »reproduktionswirksame« Teil der zugeführten Pflanzenmasse bezeichnet. Auch diese im Boden verbleibende Restmenge und die schon vorher vorhandene organische Substanz wird langsam, aber stetig von Bodenorganismen weiter abgebaut und zwar bis hin zu einer standortsspezifischen unteren Grenze. Nimmt man eine gleichbleibende Mineralisierungsrate an, – was in Wirklichkeit aber nicht der Fall ist –, dann steigt oder sinkt die jährlich mineralisierte Kohlenstoff- und Stickstoffmenge entsprechend dem im Boden vorhandenen Vorrat an abbaubarer organischer Substanz. Unter einer andauernden Schwarzbrache muß daher die jährlich mineralisierte C- bzw. N-Menge von Jahr zu Jahr abnehmen, weil der Bodenvorrat immer kleiner wird.

Soll die **Bodenproduktivität** erhalten werden, muß der jährlich eintretende Verlust an organischer Bodensubstanz ersetzt werden. Die zuzuführende Menge muß so groß sein, daß nach einjährigem Abbau der zugefügten organischen Pflanzenmasse ein Rest zurückbleibt, der den Netto-Verlust an C und N während dieses Jahres ausgleicht. Eine solche Zufuhr würde dann eine »einfache« Reproduktion der organischen Bodensubstanz für den gewählten Zeitraum bewirken. Wird weniger zugeführt, sinkt der Gehalt des Bodens an organischer Substanz, wird mehr zugeführt, steigt der Gehalt.

Ein Beispiel in Abb. 33 zeigt, daß sich in Abhängigkeit von Zufuhr und Abbau langjährig ein Fließgleichgewicht einstellt, welches für das jeweilige Bodennutzungssystem kennzeichnend ist. Durch jahrzehntelange unterschiedliche hohe Düngerzufuhr (ohne, NPK, Stalldung, Stalldung + NPK) war im Statischen Versuch Lauchstädt ein unterschiedlicher Ausgangsgehalt an organischer Bodensubstanz erzeugt worden. Dann wurde auf jedem dieser Böden ein neues Bodennutzungssystem (Dauergrasland: Kleegras; Ackerbau: Fruchtwechsel mit und ohne NPK; Schwarzbrache) eingeführt und nach 25jähriger Dauer die Zu- bzw. Abnahme der organischen Bodensubstanz im Vergleich zum Ausgangsgehalt gemessen. Unter Kleegras stiegen alle C_t-Gehalte in der Krume an, und zwar umso mehr, je geringer der Ausgangsgehalt war. Unter Schwarzbrache nahmen fast alle C_t-Gehalte ab, in diesem Fall umso mehr, je höher der Ausgangsgehalt war. Der Anbau von 50% Hackfrucht und 50% Halmfrucht lag zwischen diesen beiden Extremen, wobei die durch Düngung bewirkten Mehrerträge über höhere Ernteste eine Verschiebung des Fließgleichgewichtes zu einem höheren C_t-Gehalt des Bodens zur Folge hatten.

Dieses Beispiel unterstreicht noch einmal die Bedeutung der Wurzel- und Ernteste für die Reproduktion der organischen Substanz im Boden. Je größer diese Zufuhr ist, je länger Bodenruhe (keine Bodenbearbeitung) gehalten wird und je kürzer die Zwischenbrachezeiten sind,

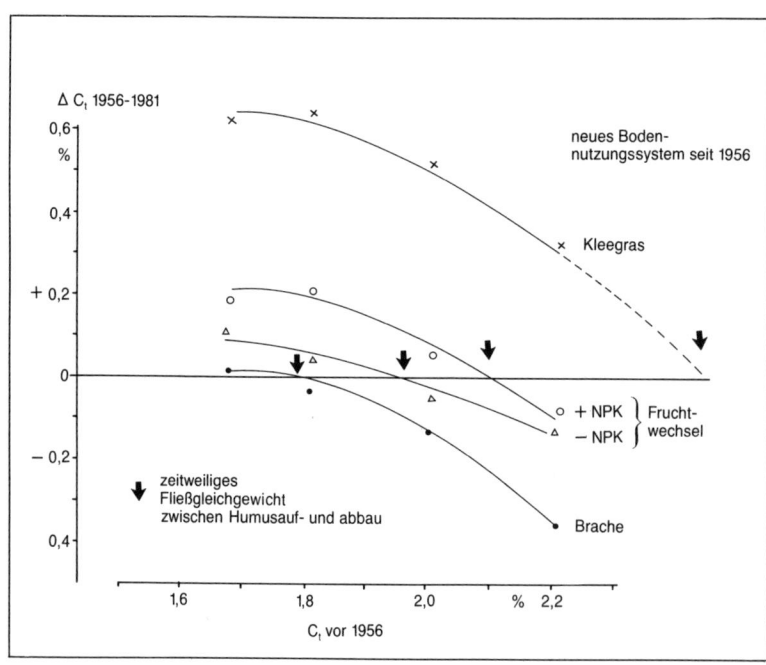

Abb. 33
Fließgleichgewichtszustand zwischen Auf- und Abbau der organischen Bodensubstanz in Abhängigkeit von der Art der Bodennutzung (Mittelwerte 1979–1981 des Betonringversuchs mit Boden des Statischen Versuchs Lauchstädt nach 25jähriger Versuchsdauer) [nach Daten von 15].

desto größer ist die Reproduktion der organischen Bodensubstanz und desto höher ist der Gehalt des Bodens an C_t und N_t bei Erreichen des neuen Fließgleichgewichts zwischen Humusauf- und abbau.

Der Beitrag der organischen Düngemittel zur Reproduktion der organischen Bodensubstanz ist unterschiedlich groß. Die Reproduktionsrate 1–m, bezogen auf die Zeitspanne eines Jahres, ist bei Erdkomposten am höchsten (etwa 0,8), gefolgt von Stallmist (0,25–0,35), Gülle (0,2–0,3), Stroh und Gründüngung (0,1–0,2). Kombination von Stroh mit Gülle oder Gründüngung erhöht die Reproduktionsrate ein wenig. Ein Teil der umsetzbaren organischen Substanz im Boden, wie auch des unzersetzten Restes wird in mikrobiell schwerer angreifbare Huminsäure umgewandelt (Humifizierungsrate h, Abb. 31).

Dieser »Dauer«humus im Boden steigert das Sorptionsvermögen des Bodens für Nähr- und Wirkstoffe, – auch für Pflanzenschutzmittel und Schwermetalle –, sowie für Wasser. Die Anreicherung tieferer Bodenschichten mit organischer Substanz vor allem der sandigen Böden hat wesentlich zu einer vermehrten Wasserspeicherung dieser Böden und damit zur Steigerung ihrer Produktivität beigetragen. Auf den bindigen Böden dagegen sind es vor allem die mit dem Umsatz der organischen Substanz verbundenen Prozesse der Lebendverbauung, die über ein Aufbaugefüge mit vermehrtem Grobporenanteil die Durchlüftung des Bodens bei gleichzeitiger Wasserspeicherung verbessern. Die Daten in Tab. 15 zeigen, daß mit steigender Zufuhr von organischer Substanz (Stroh, Stroh + Gründüngung) der Kohlenstoffgehalt des Bodens und damit auch die Aktivität der Bodenorganismen gestiegen ist. Als Folge davon nahm das Gesamtporenvolumen, das luftführende Porenvolumen und die Luftdurchlässigkeit nicht nur in der Ackerkrume, sondern auch in der Krumenbasis zu. Diese Strukturverbesserung unterhalb der bearbeiteten Bodenschicht wurde vermutlich durch intensivere Durchwurzelung und vermehrten Regenwurmbesatz verursacht, ist also eine indirekte Folge der gesteigerten Zufuhr von organischer Substanz zur Ackerkrume.

Organische Dünger dienen nicht nur der Humusreproduktion, sondern sind auch eine wesentliche **Nährstoffquelle** für die Feldfrüchte. So werden mit 400 dt Rübenblatt (oder 80 dt Wintergetreidestroh) im Mittel etwa 132 (40) kg N, 36 (21) kg P_2O_5 und 232 (173) kg K_2O je ha dem Boden wieder zugeführt, mit einer Gabe von 20 t reifem Rindermist (oder 20 m³ Hühnergülle) durchschnittlich 100 (200) kg N, 50 (160) kg P_2O_5 und 120 (100) kg K_2O je ha. Bei den Ernteresten schwanken die Nährstoffmengen in Abhängigkeit von den Gehalten und den Ernteerträgen der Feldfrüchte, also in Abhängigkeit von der Feldfruchtart und deren Anbaubedingungen (Beispiel in Abb. 32A und B). Bei Jauche, Gülle und Stallmist bewirken Tierart und Fütterungsweise, aber fast noch mehr der jeweilige Anteil von Harn, Kot, Einstreu und vor allem Wasser große Unterschiede in den Nährstoffgehalten.

Schweine- und Hühnergülle sind Stickstoff- und Phosphat-reicher als Rindergülle, die wiederum mehr Kalium enthält.

Alle in den Wirtschaftsdüngern enthaltenen Nährstoffe, außer Stickstoff, sollten voll auf den Düngungsbedarf der Feldfrüchte angerechnet werden. Gülle ist ein wertvoller Dünger, kein

Tabelle 15 Wirkung fortgesetzter Stroh- und Gründüngung auf einige Kennwerte der Bodenstruktur und des Bodenlebens in einem staunassen, schluffigen Lehmboden der Fränkischen Alb nach 8jährigem Daueranbau von Getreide [41]

Verfahren	organische Substanz C_t (%)	BKZ[1]	Porenvolumen % gesamt		luftführend		Luftdurchlässigkeit (k_{oo}, n[2])	
			K[2]	KB[3]	K[2]	KB[3]	K[2]	KB[3]
Stroh geräumt	1,13	0,87	41,6	38,3	6,0	2,0	16,3	7,5
Stroh eingearbeitet	1,14	0,87	45,3	42,8	10,4	6,1	31,0	21,0
Stroh eingearbeitet und Senf-Gründüngung	1,19	0,96	45,6	43,1	10,8	6,3	28,5	23,0

[1]) Bodenbiologische Kennzahl:
   BKZ = (Biomasse + Aktivität von Reduktasen (2) + Akt. v. Hydrolasen (3) + Ammonifikation + Bakterienzahl) : 5.
[2]) Ackerkrume (Mittelwerte von 3 Probenahmeterminen).
[3]) Krumenbasis (Mittelwerte von 2 Probenahmeterminen).

Abfallprodukt, das zu Lasten der Umwelt beseitigt wird. Deshalb soll auf keinen Fall mehr gedüngt werden, als die betreffende Feldfrucht im Verlauf einer Vegetationszeit produktiv verwerten kann. Dabei wird die obere Grenze für die anzuwendende Menge von dem Nährstoff bestimmt, der als erster den Düngungsbedarf der Feldfrucht deckt. Mit dieser Vorgehensweise wird vermieden, daß z. B. mit Hühnergülle unzulässig hohe, umweltbelastende Stickstoff- oder Phosphatmengen, mit Rindergülle überflüssige Kalimengen gegeben werden.

Für die Verwendung von Fest- und Flüssigmist in der Pflanzenproduktion spielt deren **Stickstoffgehalt** eine besondere Rolle. Die N-Konzentration schwankt innerhalb weiter Grenzen, so in Jauche zwischen 0,3 und 3,5, Rindergülle zwischen 1,0 und 6,4, Schweinegülle zwischen 1,4 und 10,3 und in Hühnergülle zwischen 3,1 und 21,0 kg je m³. Ein gewisser Zusammenhang besteht zwischen N- und Trockenmassegehalt des Flüssigmistes. Soll er sparsam und zielbewußt eingesetzt werden, so empfiehlt sich zumindest eine Bestimmung des Trockenmassegehaltes in der gleichmäßig durchmischten Masse, möglichst auch die des N-Gehaltes. Ebenso wichtig ist es, die ausgebrachte Menge zu kontrollieren. Während für die Bestimmung des Ammoniumgehaltes in der Gülle schon verläßliche Verfahren entwickelt wurden, die einfach zu handhaben und ohne große Kosten auch in der Praxis anzuwenden sind, ist eine exakte Mengenbemessung nur mit vermehrtem Maschinen- und Arbeitsaufwand möglich. Gefordert wird eine gleichmäßige Verteilung der Gülle auf die Fläche und eine im Voraus und in engen Grenzen bestimmbare Dosierung. Diesen Ansprüchen genügen die meisten Geräte zur Gülleausbringung noch nicht.

In diesem Zusammenhang muß wohl auch darauf hingewiesen werden, daß die **Handhabung der Gülle** in der Praxis häufig noch nicht den Normen einer ordnungsgemäßen Landbewirtschaftung entspricht. Bei unbedachtem Umgang mit der Gülle verliert oder verschwendet der Landwirt nicht nur wertvolle Nährstoffe, sondern verursacht darüber hinaus noch Umweltbelastungen. Eine unerwünschte Anreicherung des Grund- und Oberflächenwassers mit Stickstoff und Phosphat gefährdet die Reinheit des Trinkwassers und den Erhalt von naturnahen, auf Nährstoffarmut angewiesenen Ökosystemen. Viel zu wenig noch wird der gasförmige Austrag von Stickstoff bei intensiver Veredelungswirtschaft beachtet, der gebietsweise im Durchschnitt 80 kg N/ha und Jahr erreicht. Deshalb besteht die dringende Forderung, alle mit der Güllewirtschaft verbundenen N-Verluste, sei es durch gasförmige Entbindung oder durch Auswaschung, drastisch zu vermindern.

Etwa 80% des N liegen im Harn als Harnstoff vor. In kurzer Frist wird er mikrobiell zu Ammoniumkarbonat, einer instabilen Verbindung von CO_2 und NH_3 (Ammoniak), umgesetzt. Bei hohen Temperaturen und in alkalischem Milieu verdunstet NH_3 sehr rasch, z. B. aus frischen Harnstellen des Weideviehs bei hoher Einstrahlung und Trockenheit bis zu 50%. Auch im Stall während des Abflusses in die Güllegruben, dann während der Lagerung, vor allem aber beim Ausbringen der Gülle treten hohe Ammoniakverluste ein. Auf die Ackeroberfläche ausgebracht, können im Laufe eines Tages bei 20 °C bis zu 30% verloren gehen. Das ist besonders der Fall, wenn eine dickflüssige Gülle auf eine Strohdecke ausgebracht wird und nicht versickern kann. Verdünnen der Gülle mit Wasser, Ausfahren bei bedecktem Himmel, besser noch bei Regen hilft die Verluste vermindern. Das wirksamste Mittel ist aber das sofortige Einarbeiten der Gülle in den Boden, möglichst durch direkte Injektion nach Art eines Jauchedrillgerätes.

Der in der Jauche enthaltene Stickstoff ist so wirksam wie ein mineralischer Stickstoffdünger. Dagegen liegt der N in Fest- oder Flüssigmist zu einem erheblichen Teil in nicht löslichen organischen Bindungsformen vor. Für die rasche Düngewirkung ist allein der Ammoniumgehalt ausschlaggebend. Er kann zwischen 10% (Stallmist) und 90% (belüftete Gülle) der Gesamt-N-Menge schwanken. Dieses Ammonium könnte als vollständig verfügbare N-Quelle für die Feldfrüchte gerechnet werden, wenn nicht die genannten gasförmigen Verluste oder, nach Umformung zu Nitrat, Auswaschungsverluste eintreten. Im günstigsten Fall erreicht der Stickstoff in der Gülle 80% der Wirksamkeit eines mineralischen N-Düngemittels. Das ist der Fall, wenn die Gülle unmittelbar vor der Bestellung einer Feldfrucht oder als Kopfdüngung in den wachsenden Bestand angewendet wird. Der Wirkungsgrad des Güllestickstoffs sinkt, je länger der zeitliche Abstand der Phase des intensiven Pflanzenwachstums zum Ausbringungstermin wird.

Wird die Gülle nach Getreide in großen Mengen auf die Stoppel gefahren, kann zwar mit der Strohrotte ein Teil des sich bildenden Nitrats immobilisiert werden. Ein anderer Teil aber, der entweder nicht festgelegt oder während eines langen, warmen Herbstes schon wieder remineralisiert wurde, kann mit den Winterniederschlägen aus dem durchwurzelbaren Bodenraum ausgewaschen werden. Dieser umweltbelastende Austrag kann verhindert werden, wenn eine raschwüchsige Zwischenfrucht das Nitrat festlegt und/oder der Gülle ein Nitrifikationshemmer, z. B. Dicyandiamid beigemengt wird.

Als **unabdingbares Gebot** für die rationelle, eine Umweltbelastung vermeidende Anwendung von Flüssigmist gilt deshalb, daß

- dieser Dünger in keinem Fall nur deshalb ausgebracht werden sollte, weil der Lagerraum erschöpft ist, d. h. eine Anwendung nicht als gezielte Düngung beabsichtigt ist;
- Gülle nur dann angewendet wird, wenn eine rasch wachsende Feldfrucht den pflanzenverfügbaren N auch aufnehmen kann und
- nie größere Mengen gedüngt werden, als die zu düngende Feldfrucht produktiv verwerten kann.

Diese Forderung greift weit in die Organisation der Betriebe ein und verlangt u. U. auch Verzicht auf mögliches Einkommen. Daß sie in Zukunft mehr und mehr beachtet werden muß, beweisen gesetzliche Regelungen einiger Bundesländer, mit denen Menge und Zeitspannen der Gülleanwendung begrenzt werden. Die weitestgehende Verordnung sieht eine Begrenzung des Viehstapels auf 2 Düngeeinheiten, entsprechend 120 kg N und 60 kg P_2O_5 je ha und Jahr und ein Anwendungsverbot für die Wintermonate vor.

Diese Maßnahme ist im Hinblick auf die Belange des Umweltschutzes nicht sehr konsequent. Erlaubt sie doch dem Landwirt, ergänzend zu den Wirtschaftsdüngern beliebig große Mengen von Mineraldüngern anzuwenden. Dennoch ist in ihr ein Element enthalten, das auch für die Integrierte Pflanzenproduktion richtungweisend ist. Das ist die wechselseitige Zuordnung von Tierhaltung und Bodennutzung. Mit der Bindung der Tierhaltung an die Fläche wird ein erster Schritt zur Verhinderung von möglichen Umweltbelastungen getan. Bei nicht flächengebundener Veredelungswirtschaft entstehen Nährstoffüberschüsse durch den Import von Futtermitteln, wenn der Nährstoffübertrag aus

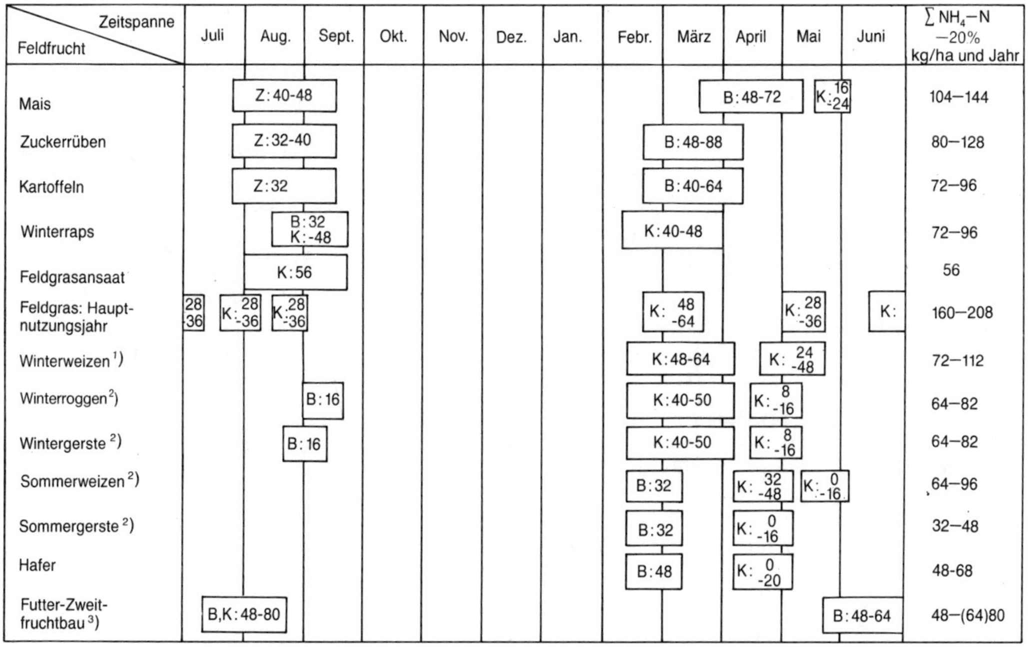

Feldfrucht \ Zeitspanne	Juli	Aug.	Sept.	Okt.	Nov.	Dez.	Jan.	Febr.	März	April	Mai	Juni	∑ NH_4–N −20% kg/ha und Jahr
Mais		Z:40-48							B:48-72		K:16/24		104−144
Zuckerrüben		Z:32-40							B:48-88				80−128
Kartoffeln		Z:32							B:40-64				72−96
Winterraps		B:32 K:-48							K:40-48				72−96
Feldgrasansaat		K:56											56
Feldgras: Hauptnutzungsjahr	28/36	K:28/-36	K:28/-36						K:48/-64		K:28/-36	K:	160−208
Winterweizen¹)									K:48-64		K:24/-48		72−112
Winterroggen²)			B:16						K:40-50	K:8/-16			64−82
Wintergerste²)			B:16						K:40-50	K:8/-16			64−82
Sommerweizen²)								B:32		K:32/-48	K:0/-16		64−96
Sommergerste²)								B:32		K:0/-16			32−48
Hafer								B:48		K:0/-20			48−68
Futter-Zweitfruchtbau³)	B,K:48-80											B:48-64	48−(64)80

¹) Nach Blattfrucht. ²) Nach Getreide. ³) Mais, Hirse, Markstammkohl, Kohlrübe, Stoppelrüben.

Abb. 34 Gülle-Kalender: Pflanzengerechte Mengen und Zeitspannen für die Anwendung von Gülle (kg/ha je Gabe, bzw. insgesamt, als Ammonium-N minus 20% N, der aus der organischen Substanz der Gülle mineralisiert wird).
Z: Zur vorangegangenen Zwischenfrucht;
B: zur Bestellung der Hauptfrucht;
K: Kopfdüngung in den Bestand.

dem Futtermittel über das Tier in den Wirtschaftsdünger nicht beachtet wird. Auch die Mineraldünger stammen aus Quellen, die außerhalb des Betriebes liegen, doch verhalten sich hier die Landwirte meist viel bewußter. Hier werden die Düngerkosten der Feldwirtschaft angelastet, während sie sich in den Betriebszweigen der Viehwirtschaft in den Futterkosten verbergen.

Abhilfe kann nur eine Betriebs- und Flächenbilanz über ein- und ausgehende Nährstoffe schaffen. Diese Bilanz wird nur eine erste Annäherung an die tatsächlichen Größen des Zu- und Abflusses und der Mengenänderung im Boden sein, weil Messungen in dem erforderlichen Umfang sehr aufwendig sind. Dennoch erlauben sie eine grobe Einschätzung, ob der Umfang der Tierhaltung dem Organisationsschema der Feldwirtschaft (Nutz- und Fruchtartenverhältnis) im Hinblick auf eine geordnete und umweltschonende Güllewirtschaft entspricht.

Als Planungsgrundlage kann dabei der in Abb. 34 dargestellte **Güllekalender** dienen. Er enthält die Zeitabschnitte, in denen zu den einzelnen Feldfrüchten Gülle ausgebracht werden kann sowie die jeweiligen Höchstmengen an Ammonium-N, die von den Feldfrüchten im Mittel noch produktiv verwerten werden können. In den gängigen Empfehlungen blieb die Menge an N, die während der Vegetationszeit aus organischer Bindungsform freigesetzt und pflanzenverfügbar wird, bisher unberücksichtigt. Die Mengenangaben (Abb. 34) beruhen dagegen auf der Annahme, daß 50% des Gesamt-N als Ammonium sofort verfügbar sind und weitere 20% aus dem organisch gebundenen N mineralisiert werden.

Deutlich wird, daß mit Futterbau, insbesondere mit Feldgras (Dauergrasland), die größten Mengen an Güllestickstoff verwertet werden können. Ein hoher Graslandanteil an der Betriebsfläche ermöglicht ferner, daß während der Vegetationszeit in regelmäßigen Abständen Gülle gedüngt werden kann. Sommerstallhaltung beschleunigt wie kein anderes Verfahren den Umsatz der Nährstoffe im Kreislauf: Boden – Pflanze – Tier, da nach jedem Schnitt die kurz zuvor aufgenommenen Nährstoffe der Grasnarbe wieder zugeführt werden können. Bei anderen Feldfrüchten beschränkt sich der Anwendungszeitraum auf die relativ kurze Zeitspanne vor der Aussaat und, nach dem Auflaufen, bis zum Schließen der Bestände. Da nicht zu jeder Zeit (Wintermonate) und schon gar nicht in beliebig großen Mengen Gülle ausgebracht werden kann, muß der Betrieb über einen Speicherraum verfügen, der den Gülleanfall von etwa 6 Monaten aufnehmen kann.

Die in Abb. 34 genannten N-Mengen für eine pflanzengerechte Anwendung der Gülle überschreiten die von den Gülleverordnungen gesetzten Höchstmengen von 120–240 kg Gesamt-N/ha und Jahr. Daß der organisch gebundene Stickstoff in der Gülle, der in den Daten von Abb. 34 nur zu 20% berücksichtigt wurde, bei fortgesetzter Gülledüngung eine nicht zu vernachlässigende Wirkung schafft, soll folgendes Beispiel verdeutlichen.

Tab. 16 enthält Daten aus 2 benachbarten Betrieben, die sich darin unterscheiden, daß der eine viehlos wirtschaftet und der andere nicht, also über viele Jahre Gülle gedüngt hat. In einem mehrjährigen Versuch wurde die Wirkung einer einmaligen Gülledüngung auf Zuckerrüben und den nachfolgenden Winterweizen geprüft. Hier wurden nur die Ergebnisse der Prüfglieder ohne mineralische N-Düngung dargestellt. Die Daten zeigen, daß die einmalige Gül-

Tabelle 16 Wirkung der Gülledüngung auf den N-Vorrat im Boden, den N-Entzug mit der Erntemasse und den Nitrat-Rest nach der Ernte im Boden. Vergleich zweier benachbarter Betriebe auf lösbürtigem Boden bei Göttingen [29]

| Wirtschaftsweise | Boden-N kg/ha | N Entzug mit der Erntemasse[1] kgN/ha | | N_{min} nach der Ernte[3] kgN/ha, 0–90 cm | |
	0–60 cm	ohne Gülle	mit Gülle[2]	ohne Gülle	mit Gülle[2]
ohne Vieh	7 374	244	312	46	43
mit Vieh (Güllewirtschaft)	10 767	297	392	67	86

[1] Summe der N-Menge in Rübe + Blatt und nachfolgendem Weizen, Korn + Stroh, im Prüfglied ohne mineralische N-Düngung.
[2] 220 kg/ha NH_4-N als Gülle vor der Rübenbestellung (27. 3. 1985).
[3] Nach der Weizenernte (9. 9. 1986).

ledüngung den N-Entzug sowohl der Rüben als auch des Weizens und damit auch die Erträge gesteigert hat. Zu beachten ist aber, daß der N-Entzug mit der Erntemasse auch in der Variante ohne aktuelle Gülledüngung schon sehr hoch ist, und zwar in dem viehhaltenden Betrieb deutlich höher als in dem viehlos wirtschaftenden Betrieb. Dies ist eine Folge der jahrelangen Zufuhr von Wirtschaftsdüngern. Der an sich schon hohe Bodenvorrat an organischem N (viehloser Betrieb) wurde dadurch noch weiter gesteigert. Diese großen N-Bodenvorräte sind auch die Ursache dafür, daß nach 2 Jahren ohne N-Düngung hohe Nitrat-Restmengen im Boden gemessen wurden. Sie lagen in dem viehhaltenden Betrieb deutlich über der Norm von 45 kg/ha, die in Wasserschutzgebieten einzuhalten sind.

Dieser Befund, der nicht als Ausnahme gewertet werden kann, zeigt den Konflikt zwischen den Zielen einer Wirtschaftsweise, die mit der organischen Düngung eine Steigerung der Bodenfruchtbarkeit erreichen möchte, dabei aber so erfolgreich ist, daß sie den Anforderungen des Umweltschutzes nicht mehr genügt. Auch wenn die mit den Gülleverordnungen gezogenen Grenzen der N- und P-Zufuhr nicht überschritten werden, ist es möglich, daß die in der Vergangenheit erzeugten hohen Bodenvorräte immer noch eine Umweltbelastung bewirken können. Unter diesen Voraussetzungen bleibt keine andere Wahl, als die Zufuhr von organisch gebundenem Stickstoff drastisch zu kürzen oder doch wenigstens den gesamten Stickstoff in der Gülle als voll wirksam anzurechnen.

5.4.2 Mineralische Düngung

Gegenüber den Wirtschaftsdüngern haben Mineraldünger den Vorteil, daß ihre Inhaltsstoffe bekannt und daher die zuzuführenden Nährstoffmengen genauer zu dosieren sind. Allerdings wird der Erfolg der Düngung dadurch noch nicht sicherer. Überwiegend wird doch der Boden gedüngt, nicht die Pflanzen. Was, wann und wieviel an Nährstoffen die Pflanzen dem Vorratsspeicher im Boden entnehmen, hat der Landwirt nicht in der Hand. Soll die Nährstoffaufnahme besser kontrolliert werden, müssen die pflanzenverfügbaren Nährstoffmengen im Boden und deren Mengenänderung mit der Zeit bekannt sein. Erst diese Information versetzt den Landwirt in die Lage, bestehende Mangelsituationen mit gezielten Gaben zu beseitigen, vorausgesetzt, er hat eine Vorstellung von dem jeweiligen Nährstoffbedarf der betreffenden Feldfrucht. Die fortlaufende Kontrolle des Nährstoffangebots und der Nährstoffaufnahme sowie eine in vielen Teilgaben aufgegliederte Düngung verlangt einen erheblichen Meß- und Regelaufwand, der auch mit den heutigen technischen Möglichkeiten schon aus Kostengründen kaum zu realisieren ist. Dennoch bleibt diese Vorgehensweise die einzige, mit der sich die Ziele eines **rationellen Düngungsverfahrens** verwirklichen lassen:

■ Das Angebot an pflanzenaufnehmbaren Nährstoffen sollte stets so hoch sein, daß die verfügbare Menge zu keinem Zeitpunkt die vom Landwirt angestrebte Ertragsbildung einer Feldfrucht begrenzt.

■ Der jeweils als Zielgröße geplante Feldfruchtertrag sollte mit dem geringstmöglichen Düngeraufwand produziert werden. Überschüssige Nährstoffaufnahme, die den Ertrag und die Qualität des Produktes nicht mehr steigert, sowie Verluste durch Nährstoffaustrag sind zu vermeiden.

Diese Ziele sind allein auf Effizienz und Wirtschaftlichkeit der Düngungsverfahren ausgerichtet. Darüber hinaus soll in einer Integrierten Pflanzenproduktion die Düngung dazu beitragen, daß alle auf Selbstregelung angelegten Prozesse in einem Agrarökosystem voll zum Tragen kommen. Das bedeutet vor allem, daß die *mineralische Düngung nur als Ergänzung zur organischen Düngung* gehandhabt wird. Mit dieser Maßnahme wird vermieden, daß es zu einem schädlich wirkenden, Krankheits- und Schädlingsbefall fördernden »Luxuskonsum« der Pflanzen kommt. Besonders häufig ist das bei Stickstoff der Fall. Dem wirkt, im Sinne einer »harmonischen« Düngung, eine angemessene Versorgung mit Phosphat, Kalium, Magnesium und anderen Nähr- und Spurenelementen entgegen. Eine weitere Grundvoraussetzung ist, daß der pH-Wert des Bodens stets in einem optimalen Bereich gehalten wird.

Die **Grunddüngung** mit P, K und Mg erfolgt in der Regel nach der Ernte frühräumender Feldfrüchte. Die zu düngende Menge sollte nach dem Versorgungszustand des Bodens bestimmt werden. Dieser ist durch wiederholte Untersuchungen zu kontrollieren. Wenn das nicht der Fall ist, können die Ernteerträge der Vorfrüchte als Anhaltspunkt dienen. Meist wird der Versorgungsgrad »hoch versorgt« (untere Grenzwerte 15 mg P_2O_5, 10–20 mg K_2O und 3–5 mg Mg je 100 g Boden im Laktatauszug) angestrebt. Mit diesem Vorrat wird in der Regel die Ertragsbildung der Feldfrüchte nicht mehr von dem Angebot dieser 3 Nährstoffe begrenzt. Es genügt dann, daß mit einer Erhaltungsdüngung nur die mit der Erntemasse abgeführten Nährstoffmengen ersetzt werden. Je nach Bodenzustand, Witterungsverlauf und Art der Feldfrucht sind Höchsterträge auch schon in der Versorgungsklasse »mittel versorgt« möglich. Getreide z. B. reagiert mit seinen Erträgen kaum auf gesteigerte P- und K-Gaben und stellt deutlich geringere Ansprüche als Blattfrüchte. Deshalb wird die Grunddüngung häufig nur zu Körnerraps, Kartoffeln oder Zuckerrüben gegeben und die Menge auf den Bedarf der ganzen Fruchtfolge bezogen.

Wird Mais in klimatischen Grenzlagen mit zögernder Bodenerwärmung im Frühjahr angebaut, so kann sein Jugendwachstum, unabhängig vom P-Versorgungszustand des Bodens, mit einer »frischen« Phosphatdüngung gefördert werden. Diese Gabe bleibt auf die Maisreihen beschränkt. Die Plazierung eines Düngemittels in unmittelbare Nachbarschaft des sich entwickelnden Wurzelsystems (»Unterfußdüngung«) erhöht die Wirksamkeit des Phosphats und senkt den Düngeraufwand je Fläche. Dieses Verfahren sollte vermehrt auch dort angewendet werden, wo zur Verhinderung eines unerwünschten Nährstoffaustrages die Nährstoffversorgung des Bodens auf einem niedrigen Niveau gehalten werden muß.

Bodenazidität wird von H-Ionen verursacht, die aus sauren Niederschlägen, »physiologisch« sauren Düngemitteln, z. B. Harnstoff und Ammoniumsalz, und aus Kohlensäure (H_2CO_3) als Endprodukt des mikrobiellen Abbaus von organischer Bodensubstanz oder aus der Wurzelatmung stammen. Reichliche Zufuhr von organischer Substanz zum Boden, vor allem aber die Anhäufung der organischen Bodensubstanz an der Oberfläche von nicht mehr gepflügten Böden und die damit verbundene Steigerung des Bodenlebens verursacht eine raschere Senkung des Boden-pH-Wertes. Deshalb muß in einer Mulchwirtschaft vermehrt mit Kalk gedüngt werden. Da ein boden- und fruchtartenspezifischer pH-Wert und der strukturstabilisierende Effekt von Ca-Ionen ein wesentliches Element der Bodenfruchtbarkeit ist, darüber hinaus Calcium unter unseren klimatischen Bedingungen in größeren Mengen ausgewaschen wird, muß in jedem Fall in regelmäßigen Abständen gekalkt werden.

Von besonderer Bedeutung für die Verwirklichung einer Integrierten Pflanzenproduktion ist die **Düngung mit wasserlöslichen Stickstoffverbindungen,** gleichgültig, ob sie aus mineralischen oder organischen Düngemitteln stammen. Mehr als durch die Zufuhr anderer Nährstoffe läßt sich Wachstum und Entwicklung, Ertragsbildung von Sproß- und Wurzelorganen sowie Krankheits- und Schädlingsbefall der Feldfrüchte durch Stickstoff beeinflussen. Da dieser Nährstoff unter den meisten Standortsbedingungen im Boden unterhalb der Konzentration vorliegt, die zur Verwirklichung maximaler Ertragszuwachsraten notwendig sind, wirkt eine Zufuhr von Stickstoff in der Regel ertragssteigernd.

Das gilt für alle Feldfruchtarten, außer für Leguminosen, die mit Hilfe der Knöllchenbakterien Luftstickstoff binden können. Wie Abb. 35A und B zeigen, stiegen bei Luzerne mit zunehmender N-Düngung weder der oberirdische Trockenmasseertrag noch der N-Entzug mit der Erntemasse. Mit zunehmender Konzentration von Nitrat oder Ammonium in der Bodenlösung nehmen die Futter- und Körnerleguminosen steigende Mengen von mineralischem N auf. Das vermindert die Aktivität der Knöllchensymbiose bis hin zur Unwirksamkeit. Dieser Verdrängungsprozeß innerhalb des Pflanzenstoffwechsels kann in Kleegrasgemischen noch dadurch verstärkt werden, daß die Gräser durch die N-Zufuhr gefördert werden und dadurch die niedrigwüchsigen Futterleguminosen unterdrücken. Konkurrenzbedingter Lichtmangel beeinträchtigte dann zusätzlich noch die N-Bindung der Leguminosen. Diese doppelte Wirkung der Zufuhr leicht löslicher Stickstoffverbindungen in Gülle und Mineraldünger muß beachtet werden, wenn im Futterbau mit Kleegrasgemengen oder im Dauergrasland die symbiotische Bindung von Luftstickstoff genutzt werden soll.

Die **Gestaltung** der **N-Düngung** verlangt vom Landwirt Entscheidungen über die anzuwendende Düngerform, die Höhe der N-Menge insgesamt und ihre Aufteilung in einzelne Gaben. Ferner muß er den richtigen Düngungszeitpunkt wählen und zwar in Abhängigkeit vom jeweiligen Entwicklungsstand der Feldfrucht und mit Blick auf ihre weiteren Entwicklungs- und Wachstumsmöglichkeiten.

Bei der Wahl des Düngemittels sind die N-Bindungsformen und die Nebenbestandteile hinsichtlich ihrer Wirkung auf die Bodenazidität zu beachten. Selbstverständlich spielen auch die Düngungskosten je Mengeneinheit N eine wichtige Rolle. Diese Sachverhalte können hier nicht

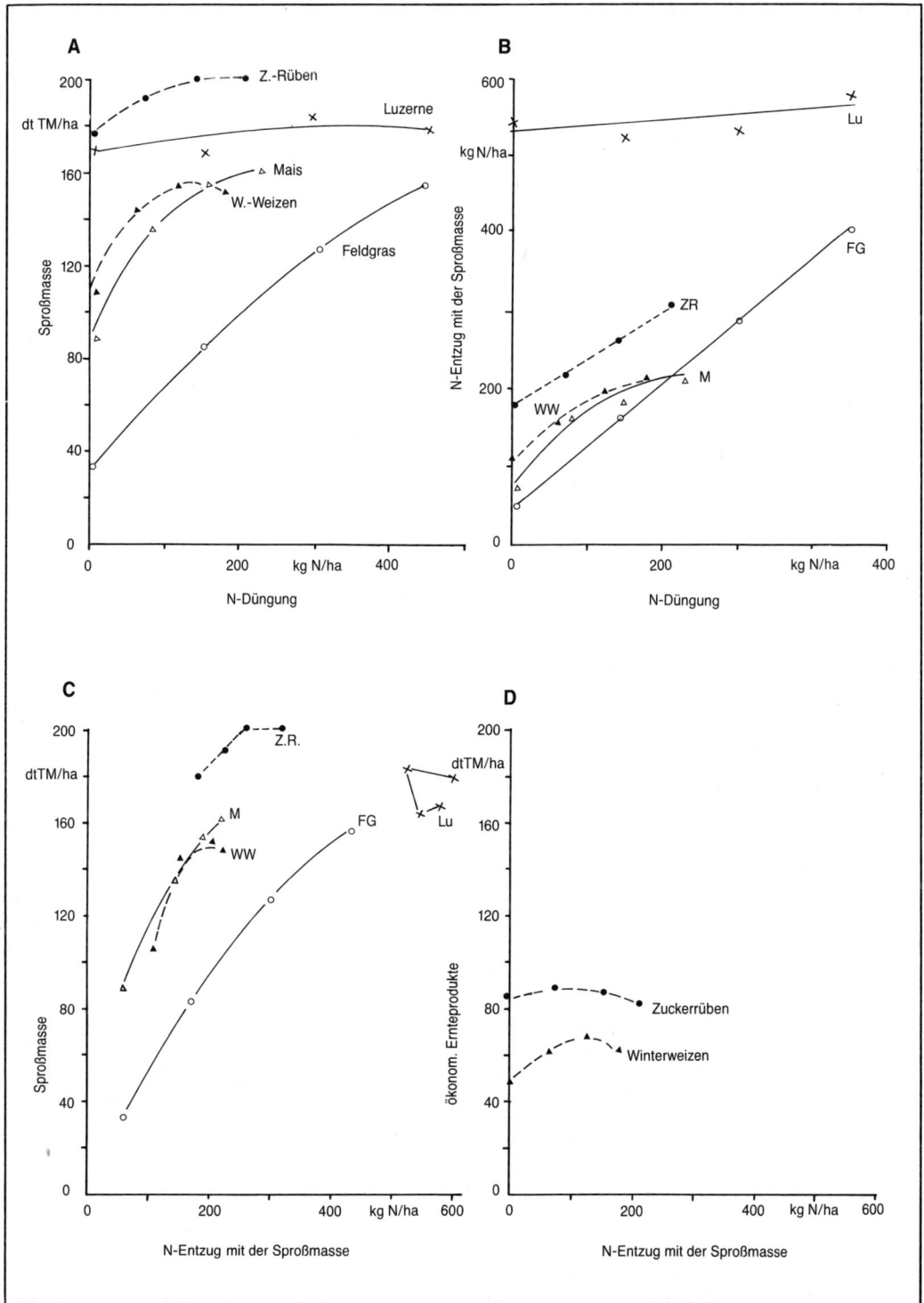

Abb. 35 Beziehungen zwischen N-Angebot im Boden, N-Entzug mit der Sproßmasse, Sproß-Trockenmasse und Korn- bzw. Zuckerertrag. Luzerne, Feldgras und Mais auf junger Seemarsch in den Niederlanden [46], Winterweizen und Zuckerrüben auf Löß-Parabraunerde, Göttingen [8].

behandelt werden. In diesem Rahmen können nur einige grundsätzliche Probleme der N-Düngung erörtert werden. Alle hängen damit zusammen, daß dem Landwirt Entscheidungen unter den Bedingungen relativer Unsicherheit abverlangt werden. Zwar kann er sich auf die Kenntnis der grundsätzlichen Zusammenhänge stützen, im Einzelfall aber bleibt ihm, auch unter Zuhilfenahme aller möglichen Beobachtungen und Messungen, nur die subjektive Einschätzung der jeweiligen Situation.

Um den N-Düngungsbedarf einer jeden Feldfrucht zu schätzen, muß der Landwirt Voraussagen machen über die Stickstoffmengen in der folgenden Kausalkette:

N-Angebot im Boden (einschließlich der Dünger-N) → N-Aufnahme der Feldfrucht → Menge und Qualität des Ernteertrages (N-Umsatz in der Pflanze).

Zu bestimmen ist, sei es durch Messung oder durch Schätzung, desjenige N-Angebot im Boden, das in der jeweiligen Situation eben gerade für die Produktion des angestrebten Feldfruchtertrages ausreicht. Dazu muß der grundsätzliche Zusammenhang zwischen N-Angebot im Boden bzw. Höhe der N-Düngung und N-Aufnahme sowie Substanzproduktion bekannt sein. Als Beispiel sollen die Ergebnisse von Versuchen mit Silomais, Zuckerrüben, Weizen und Feldgras herangezogen werden (Abb. 35). Luzerne, ebenfalls geprüft, hat keinen N-Düngungsbedarf, wie schon oben besprochen. Das gilt in der Regel für alle Körner- und Futterleguminosen mit funktionierender symbiotischer N-Bindung.

Die 4 genannten Feldfrüchte unterscheiden sich nach der Dauer ihrer Vegetationszeit und ihrer Langlebigkeit: Zuckerrüben und Mais sind sommerannuelle, Winterweizen winterannuelle und Feldgras ausdauernde Feldfrüchte. Ferner unterscheiden sie sich nach der Art ihrer Ernteprodukte. Bei Silomais, Luzerne und Gras wird die gesamte oberirdische Masse, bei Weizen das Korn und bei Zuckerrüben nur der Speicherstoff Zucker in den Wurzeln genutzt.

Aus dem Verlauf der verschiedenen Kurven in Abb. 35 A–D läßt sich folgende allgemeine Beziehung ableiten: Mit steigendem N-Angebot im Boden (hier N-Düngung) steigt sowohl der N-Entzug mit der Pflanzenmasse als auch die Substanzproduktion der Feldfrüchte. Dieser Anstieg erfolgt mit abnehmenden Zuwachsraten bis jeweils ein Höchststand erreicht und in einigen Fällen auch überschritten wird (negative Zuwachsraten).

Das optimale, auf den jeweiligen Höchstwert bezogene N-Angebot im Boden variiert mit der Art der Feldfrucht und der jeweiligen Kenngröße, als da sind N-Entzug, gesamte Substanzproduktion oder Teil der Gesamtmasse in Form von Samen und Inhaltsstoffen (hier Zucker).

Deutlich wird, daß der höchste N-Entzug der beiden samenproduzierenden Arten Mais und Weizen bei einem niedrigeren N-Angebot erreicht wird als bei Gras und Zuckerrüben, die nur vegetative Masse produzieren (Abb. 35B). Demnach können blattreiche Futterpflanzen, die wie Gras, mehrfach während einer Vegetationszeit genutzt werden, größere N-Düngermengen produktiv verwerten als Körnerfrüchte. Obwohl Zuckerrüben sich bei der N-Aufnahme ähnlich wie Feldgras verhalten, sind sie hinsichtlich ihres N-Düngungsbedarfs wie Körnerfrüchte zu behandeln. Das zeigt der Verlauf der Kurve für den bereinigten Zuckerertrag (Abb. 35D). Der Höchstertrag wurde sogar schon bei einem geringeren N-Angebot als bei Weizen erreicht. Hohe N-Gaben fördern bei Zuckerrüben das Blattwachstum auf Kosten der Einlagerung von Zucker in den Rübenkörper. Entsprechendes gilt auch für Körnermais im Vergleich zum Silomais, der aufgrund der Förderung des vegetativen Wachstums durch hohe N-Gaben nicht den für Körnermais erforderlichen Reifegrad der Körner erreicht.

Aus diesen Sachverhalten folgt, daß

■ N-Angebot im Boden, N-Aufnahme und Substanzproduktion der Feldfrüchte nur in einem unteren Bereich des Angebots positiv miteinander korreliert sind. Bei weiter steigendem N-Angebot fallen die Kurven für N-Aufnahme und Substanzproduktion zunehmend weiter auseinander. Im Höchstertragsbereich läßt sich daher von der Substanzproduktion nicht mehr auf die N-Aufnahme der Pflanzen (wegen möglichen Luxuskonsums) und von dieser nicht mehr auf das zur Produktion mindestens notwendige N-Angebot schließen, weil keine enge Beziehung mehr zwischen diesen Größen besteht;

■ das Optimum des produktiv zu verwertenden Angebots im Boden für jede Feldfruchtart und -sorte und für jedes Produktionsverfahren und Produktionsziel unterschiedlich hoch ist;

■ eher ein niedrigeres als zu hohes N-Angebot im Boden angestrebt werden sollte, wenn spezifische Produkte wie Zucker, Stärke und Fett, oder nur einzelne Pflanzenorgane wie Samen das Produktionsziel sind. Bei protein-

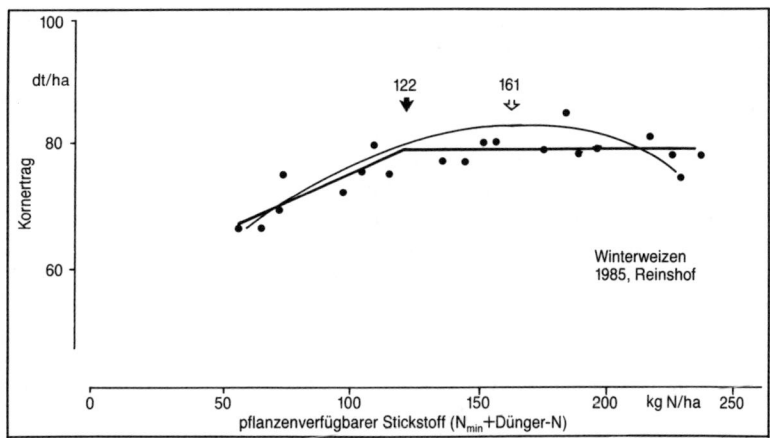

Abb. 36
Vergleich zweier Produktionsfunktionen für Stickstoff bei Winterweizen:
Polynomialfunktion ———
Knotenfunktion ——
[Daten aus 32].

haltigen Produkten, wie Backweizen, kann und muß das N-Angebot im Boden größer sein, weil hier eine N-Aufnahme angestrebt wird, die sich mehr in einer erhöhten N-Einlagerung im Korn als in einer gesteigerten Substanzproduktion auswirken soll.

Mehr noch als diese Besonderheiten erweist sich der Sachverhalt als Problem für den Landwirt, daß die Beziehung zwischen N-Angebot und Substanzproduktion eine Optimum-Funktion ist. Je nach Produktionsziel muß ein engerer oder weiterer Bereich des N-Angebotes eingehalten werden, wenn Mindererträge infolge überschüssiger N-Aufnahme vermieden werden sollen. Der Optimalbereich des N-Angebotes kann mit unterschiedlichen Regressionskurven ermittelt werden. Üblich ist eine Produktionsfunktion, die gekrümmt ist und bei der das Optimum des N-Angebots in der Mitte eines mehr oder minder breiten Höchstertragsgebietes liegt (Abb. 36). Weniger gebräuchlich ist eine Produktionsfunktion, die den Kurvenverlauf in zwei Geraden, einen ansteigenden und einen horizontal verlaufenden Ast teilt. Der Schnittpunkt der beiden Geraden bestimmt das N-Angebot, das gerade eben an die Grenze des Höchstertragsgebietes führt. Aus dem Vergleich der beiden Beziehungen wird deutlich, daß mit der Optimumfunktion die Anwendung einer größeren N-Menge empfohlen wird als mit der zweigeteilten Knotenfunktion.

Die in unserem Beispiel um 40 kg/ha höhere N-Düngermenge führt sehr wahrscheinlich in das Höchstertragsgebiet, schließt aber ein überschüssiges N-Angebot nicht sicher aus. Dagegen ist mit der niedrigeren N-Düngungsempfehlung nicht immer gewährleistet, daß ein Höchstertrag produziert wird; in jedem Fall aber wird eine mögliche Überdüngung vermieden.

Wie weiter unten noch zu zeigen ist, werden integrierende Effekte der N-Düngung auf Krankheits- und Schädlingsbefall häufig mit einer Zurücknahme der Menge erreicht. In dieser Hinsicht erfüllt die auf Sparsamkeit der N-Anwendung gerichtete Knotenfunktion besser die Aufgabe einer »regulierenden Idee« im Integrierten Pflanzenbau als die bisher übliche Optimumfunktion.

Für jede Feldfrucht, jeden Standort und jedes Jahr gibt es eine individuelle Produktionsfunktion der Stickstoffdüngung. Während die durchschnittliche Reaktionsnorm der einzelnen Feldfrüchte auf das N-Angebot im Boden für die einzelnen Produktionsziele, z. B. Braugerste oder Futtergerste und Silo- oder Körnermais, wenigstens für die jeweilige Klima- und Bodenregion bekannt ist, fehlen dem Landwirt in der besonderen Situation eines bestimmten Feldschlages mit seiner individuellen Vorgeschichte, d. h. der Gesamtheit aller vorangegangenen produktionstechnischen Eingriffe, meist sichere Anhaltspunkte für die Bemessung der N-Düngung. Er kann sich nur auf seine Erfahrungen stützen, die er in der Vergangenheit bei der jeweiligen Feldfrucht gemacht hat. Diese Erfahrungen müssen aber, wenn sie wirklich rationell genutzt werden sollen, in quantitativer Form vorliegen, also als Daten in einer Schlagkartei, aus denen sich über die Jahre hinweg die Beziehung zwischen N-Angebot und Feldfruchtertrag für diesen Schlag ableiten lassen (siehe Abschnitt 5.10). Auf der Grundlage dieser Kenntnisse schätzt der Landwirt dann das anzustrebende N-Angebot im Boden, das er zur Erzeugung eines bestimmten Ertrages benötigt: Der Erfahrungswert aus der Vergangenheit wird zum Erwartungswert für die noch nicht bekannte Zukunft.

Die Voraussage des für jede Situation angemessenen N-Angebotes, des sogenannten »Sollwertes« wird umso besser sein, je breiter der Erfahrungsschatz hinsichtlich der Wirkung der Stickstoffdüngung ist. Es wäre deshalb zweckdienlich, wenn der Landwirt über mehrere Jahre hinweg auf dem gleichen Schlag die Höhe der N-Düngung variieren und die Wirkung dieser Maßnahme messen würde. Unterschiedliche N-Mengen anzuwenden, kostet keine große Mühe, wenn die weiter unten beschriebene Methode des »Düngungsfensters« angewendet wird. Eine gesonderte Ertragsfeststellung dagegen ist sehr aufwendig, sollte aber, wenn eben möglich, doch angestrebt werden. Solange eine solche Schlag-spezifische Erfahrungsgrundlage nicht vorliegt, muß der Landwirt sich an die Empfehlungen der Beratungsdienste halten oder seine eigene, hoffentlich realistische Ertragserwartung zum Ausgangspunkt seiner Schätzung des Sollwertes für die N-Düngung machen. Eine zutreffende Voraussage zu machen, ist bis heute noch das Kernproblem einer rationellen Stickstoffdüngung. Erst wenn verläßliche Langzeit-Wettervorhersagen möglich sind, wird diese Aufgabe besser zu lösen sein.

Der **Stickstoff-Düngungsbedarf** ergibt sich aus der Differenz zwischen dem geschätzten Sollwert für das N-Angebot im Boden und dem zur Zeit der Düngung im durchwurzelbaren Bodenraum vorhandenen Vorrat an pflanzenaufnehmbarem Stickstoff (N_{min} oder N_{an}, meist in der Bodenschicht 0–90 cm). Diese N_{min}-Menge wird in der Regel vom Pflanzenbestand zur Gänze aufgenommen, wie unser Beispiel zeigt. Bis auf zwei Ausnahmen liegen alle N-Entzüge des Hafers mit der Erntemasse oberhalb der gestrichelten Diagonalen in Abb. 37, die N-Entzüge in Höhe der N_{min}-Mengen markiert. Die nächstfolgende ausgezogene Gerade beschreibt annäherungsweise die N-Menge, die nach der N_{min}-Messung zusätzlich durch Mineralisierung von organisch gebundenem Boden-N noch pflanzenverfügbar wurde, wenn eine Gründüngung oder Rübenblatt im Herbst untergepflügt wurde. Diese Menge war deutlich geringer als die nach einer Frühjahrsfurche (oberste ausgezogene Gerade in Abb. 37) freigesetzte N-Menge. Daraus ist zu schließen, daß ein großer Teil des organisch gebundenen N nach der Herbstfurche vor Winter schon mineralisiert und ausgewaschen wurde.

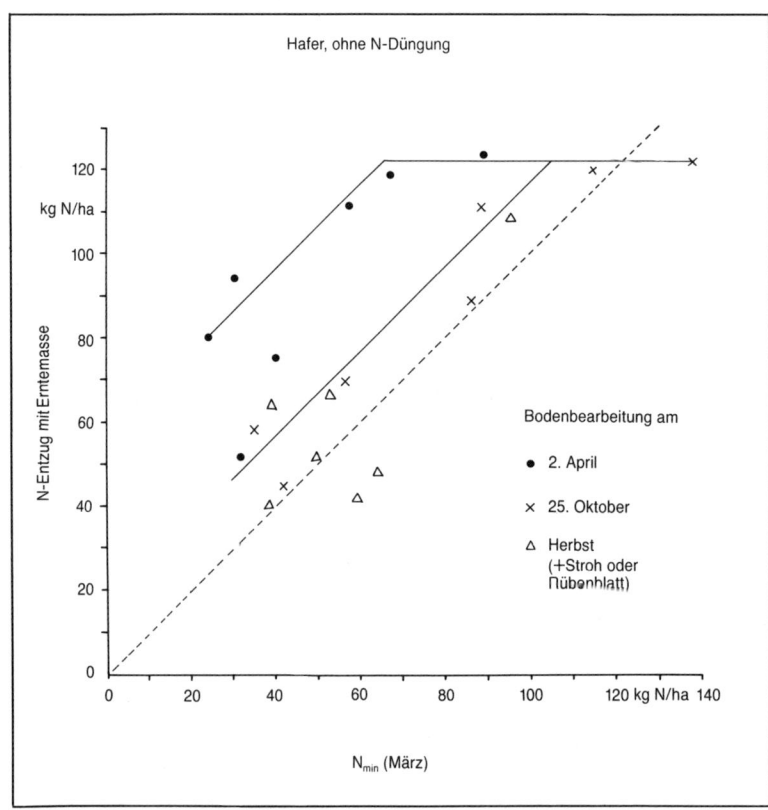

Abb. 37
Beziehungen zwischen der Menge pflanzenaufnehmbaren Stickstoffs im Boden zu Frühjahrsbeginn (N_{min}) und dem N-Entzug mit der oberirdischen Sproßmasse von ungedüngtem Hafer [nach Daten von 21].

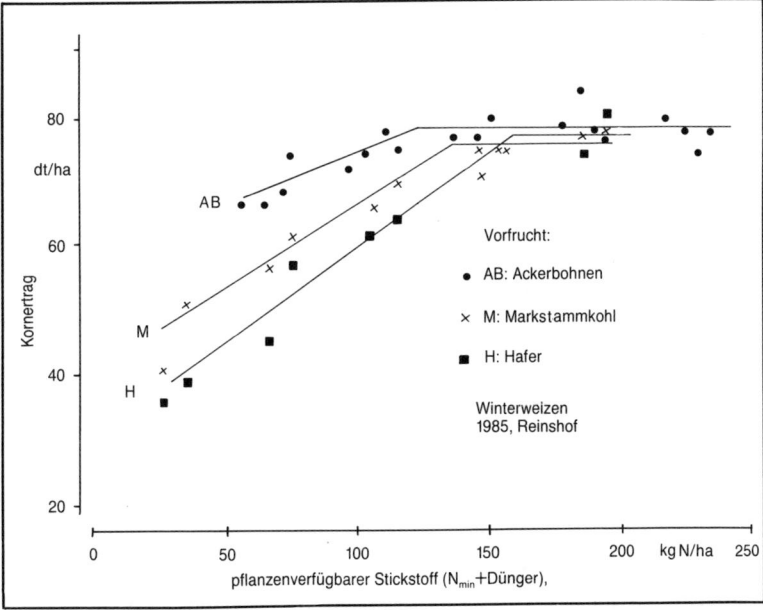

Abb. 38
Vorfruchtwert von Acker-
bohnen, Markstammkohl
und Hafer zu Winterweizen
in Abhängigkeit vom pflanzenverfügbaren Stickstoff
im Boden und der N-Dün-
gung [32].

Mit den beiden oberhalb der Diagonalen liegenden Geraden soll demonstriert werden, daß
nach der Feststellung der im Frühjahr im Boden
vorhandenen N_{min}-Menge noch weiterer bodenbürtiger Stickstoff pflanzenverfügbar wird. Dieser zusätzlich während der Vegetationszeit freigesetzte Bodenstickstoff muß bei der Schätzung
des N-Düngungsbedarfs einer Feldfrucht berücksichtigt werden. Dies stellt den Landwirt
wieder vor das Problem, daß er diese während
der Vegetationszeit noch pflanzenverfügbar
werdende Menge an Bodenstickstoff schätzen
muß. Dazu müßte er mindestens eine Vorstellung davon haben, wieviel organisch gebundenen Stickstoff der Boden eines jeden Acker-
schlages enthält und wieviel durchschnittlich im
Verlauf der Vegetationszeit einer Feldfrucht aus
diesem Vorrat pflanzenverfügbar wird. Über
solche Daten verfügt der Landwirt in der Regel
nicht. Deshalb muß er sich auch in diesem Fall
auf eigene oder allgemeine Erfahrungen stützen
oder durch Beobachtungen und Messungen am
Pflanzenbestand die notwendigen Informationen gewinnen, um mit späteren Düngungsgaben
auf die unterschiedlich hohe Mineralisierung des
organisch gebundenen Bodenstickstoffs reagieren zu können.
Die allgemeinen Erfahrungen beziehen sich auf
regionale Boden- und Klimabedingungen und
vor diesem Hintergrund auch auf Vorfruchtwirkungen. Abb. 38 zeigt als Beispiel die Wirkung
von 3 unterschiedlichen Vorfrüchten auf den

Verlauf der N-Produktionsfunktion bei Weizen.
Hafer und Markstammkohl bewirkten etwa
gleich hohe N_{min}-Mengen im Frühjahr, doch unterschiedlich hohe Kornerträge ohne N-Düngung (Beginn der Geraden). Ackerbohnen hin-
terließen die höchsten pflanzenverfügbaren
Rest-N-Mengen im Boden (Beginn der Kurve
oberhalb von 50 kg N/ha im Boden) und produzierten den höchsten Weizenertrag ohne N-
Düngung. Die während der Vegetationszeit
noch freigesetzten Mengen an pflanzenverfügbarem N steigen also in der Reihenfolge: Halmfrucht, nicht N-fixierende Blattfrucht, N-fixierende Blattfrucht. Dieser Vorfruchteffekt läßt
sich verallgemeinern.
Auf die Wirkung von organischen Wirtschaftsdüngern wurde schon mit den Daten in Tab. 16
hingewiesen. Sie ist in jedem Fall erheblich und
deswegen bei der Bemessung der mineralischen
N-Düngung mit Abschlägen in Rechnung zu
stellen. Ebenso spielt die Intensität und Qualität
der Grundbodenbearbeitung eine Rolle. Eine
im nassen Boden gezogene Pflugfurche hemmt
die Freisetzung von organisch gebundenem
Stickstoff im Boden, während eine intensive
Lockerung eines trocken bearbeiteten Bodens
die N-Mineralisierung fördert. Auch dieser
Sachverhalt sollte mit Zu- oder Abschlägen entsprechend berücksichtigt werden.
Wird die N-Düngung in **Teilgaben** angewendet,
wie das bei Getreide heute üblich ist, kann der
Düngungsbedarf nicht nur der Bestandesent-

wicklung, sondern auch dem zeitlichen Verlauf der Freisetzung von bodenbürtigem N angepaßt werden. Die direkte Methode, die N_{min}-Menge im Boden oder die N-Konzentration in der Pflanze (Gesamt-N in einem bestimmten Blatt bei Getreide oder Nitrat-N in der Halmbasis bei Getreide oder im Blattstengel von Zuckerrüben) zu messen, ist aufwendig und wird nur von wenigen Landwirten angewendet.

Besser zu handhaben ist die Methode des sogenannten **»Düngefensters«**. Durch Herabsetzen oder Beschleunigen der Geschwindigkeit des Schleppers innerhalb eines vorher abgemessenen Streckenabschnitts kann beim Düngerstreuen die ausgebrachte N-Menge erhöht oder vermindert werden. Wird in der Variante mit der geringeren N-Gabe durch Vergilben der Blattspreiten ein relativer Mangel im N-Angebot des Bodens sichtbar, dann kann das als Signal gewertet werden, daß eine ergänzende N-Gabe demnächst auch in der Variante mit höherer N-Düngung notwendig wird, vorausgesetzt, daß man sich eine N-Versorgung zum Ziel gesetzt hat, die die Ertragsbildung von Getreide nicht begrenzen soll. Das trifft nur für Getreide oder Körnerraps zu, nicht aber für Zuckerrüben und Kartoffeln. Deren Blätter sollten nicht bis zum Ende der Vegetationszeit eine dunkelgrüne Farbe aufweisen, da dies ein sicheres Zeichen für eine Stickstoff-Überdüngung ist.

Die Anwendung der »Düngefenster«-Methode hilft nur in Grenzen bei der genaueren Bestimmung des N-Düngungsbedarfes. Sie ersetzt nicht die vorab zu treffende Entscheidung über die ungefähre Gesamtmenge und ihre Aufteilung auf einzelne Gaben. Während bei Kartoffeln, Zuckerrüben und Mais ein, höchstens zwei Teilgaben zu Beginn der Vegetationsperiode zweckmäßig sind, werden bei Wintergetreide meistens 3, manchmal auch noch mehr Teilgaben angewendet. Diese Vorgehensweise ermöglicht eine bessere Anpassung der N-Zufuhr an die vorangegangene Entwicklung der Pflanzenbestände und deren N-Aufnahme. Damit wird sie ein Instrument der Bestandesführung (siehe Abschnitt 7.2.1). Allerdings muß noch einmal daran erinnert werden, daß sich Bestandesführung nur dann praktizieren läßt, wenn man die Möglichkeit zum Heraufregeln hat. Vermindern läßt sich das N-Angebot im Boden nur durch Ausschöpfen des Vorrates, d. h. durch Verzicht auf eine weitere Zufuhr.

Oberstes Gebot einer rationellen N-Düngung ist daher, ein unnötig hohes, verschwenderisches N-Angebot im Boden zu vermeiden. Das läßt sich nur durch Anpassung der N-Düngung an die jeweilige Bestandesentwicklung und an das schon vorhandene Angebot an pflanzenverfügbarem N im Boden erreichen. Bei unzureichender Kenntnis dieser Sachverhalte wäre der größte Fehler das Befolgen starrer Rezepte. Besser ist es in jedem Falle, die Prozesse im Boden und im Pflanzenbestand so gut wie möglich beobachtend zu verfolgen und im Zweifelsfalle Zurück-

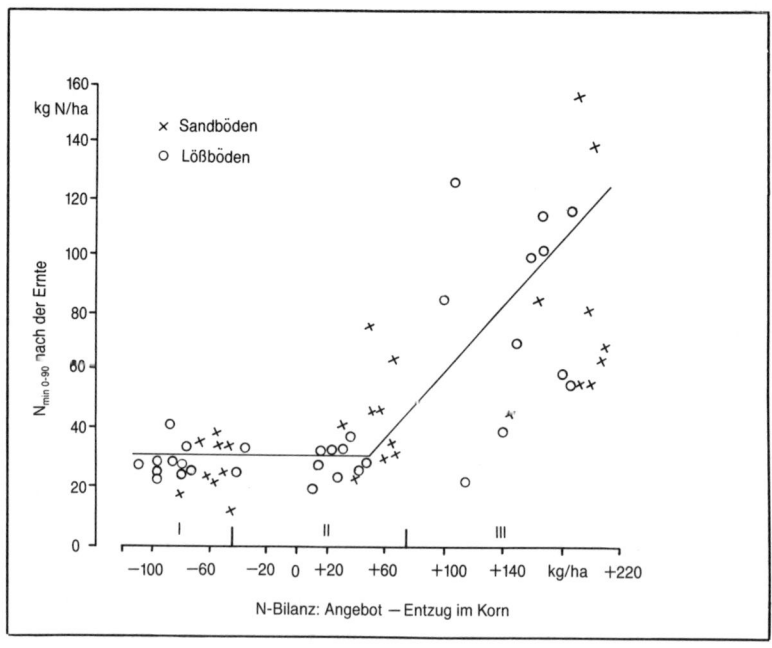

Abb. 39
Nitratrest im Boden nach der Ernte in Abhängigkeit von der Höhe der N-Düngung zu Weizen, bezogen auf die einfache N-Bilanz: Angebot im Boden (N_{min} + Dünger N) minus N-Entzug mit der Kornmasse; Mittelwerte des N-Angebotes, kg/ha:
I: 35 (ungedüngt);
II: 210 (N_{min} + Düngung);
III: 360 (N_{min} + Düngung).
Ergebnisse von 20 Versuchen in Niedersachsen [5].

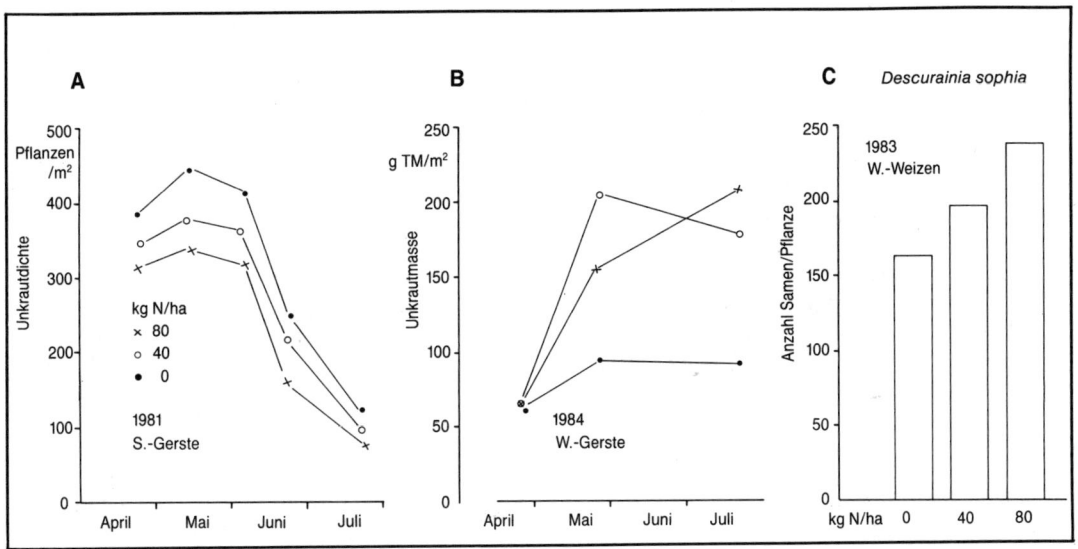

Abb. 40 Einfluß der N-Düngung auf die Struktur einer Unkrautpopulation
A: Unkrautdichte; B: Unkrautmasse; C: Samenproduktion von *Descurainia sophia* (Besenrauke)

haltung bei der Zufuhr leicht löslicher N-Dünger zu üben.

Mit den Daten in Abb. 39 soll nochmals die Problematik der N-Düngung demonstriert werden. Wird in der vereinfachten N-Bilanz: »N-Angebot im Boden (einschließlich N-Düngung) – N-Entzug mit der Erntemasse (Korn)« nicht ein annähernder Ausgleich erreicht (Abschnitt II), steigen die Rest-N-Mengen im Boden nach der Ernte in erheblichem Maße an. Das ist nicht nur ökonomisch von Nachteil, sondern belastet möglicherweise auch das Grundwasser durch unerwünschten Nitrateintrag. Deshalb bleibt die Schätzung des angemessenen N-Düngerbedarfs ein Kernproblem auch des Integrierten Pflanzenbaus. Alle Bemühungen müssen sich deshalb darauf konzentrieren, die beiden unbekannten Größen: »Möglicher N-Entzug mit der Erntemasse einerseits, Angebot an bodenbürtigem Stickstoff andererseits« durch Anwendung besserer Voraussagemethoden sicherer schätzen zu können.

5.4.3 Düngungswirkungen auf Verunkrautung, Krankheits- und Schädlingsbefall

Pflanzenbestände der Ackerfluren und des Graslandes enthalten stets auch unerwünschte Wildpflanzenarten. Wie die Feldfrüchte werden auch sie in ihrem Wachstum und in ihrer Ver-

breitung von der Nährstoffversorgung und von der Bodenazidität beeinflußt. Dabei spielen die unmittelbaren Veränderungen im Bodenzustand eine geringere Rolle als der Wettbewerb zwischen der Feldfrucht und den Ackerwildpflanzen einerseits und innerhalb des Ackerwildpflanzenbestandes andererseits. Düngung, vor allem N-Zufuhr, bewirkt einen frühen Reihenschluß und dichtere Feldfruchtbestände. Das führt zur Unterdrückung aller der Unkrautarten, die als niedrig- und langsamwüchsige Pflanzen auf hohen Lichtgenuß angewiesen sind, um vegetativ oder durch reichliche Samenproduktion überdauern zu können. Sogenannte »Magerkeitszeiger«, d. h. Wildpflanzenarten der bodensauren oder kalkreichen Trockenstandorte mit geringem N-Angebot im Boden, werden verdrängt. An ihre Stelle treten wenig spezialisierte, raschwüchsige und deshalb kampfkräftigere Arten, die sich auch in einem dichten Feldfruchtbestand behaupten können.

Die Wirkung der Stickstoffdüngung auf die **Unkrautpopulation** wird von zahlreichen Wechselwirkungen mit produktionstechnischen Eingriffen, insbesondere von der Feldfrucht, der Fruchtfolge und der Bodenbearbeitung beeinflußt, vor allem aber von der Zusammensetzung der Unkrautpopulation selbst. Deshalb kann das nachfolgende Beispiel nur die allgemeinen Zusammenhänge exemplarisch darstellen (Abb. 40):

Mit steigender N-Düngung nimmt die Dichte der Ackerwildpflanzen in einem Getreidebestand in der Regel ab. Alle verspätet auflaufenden Unkrautpflanzen werden von den rascher und höher aufschießenden Getreidepflanzen unterdrückt und ausgemerzt. Umgekehrt bewirkt aber die größere Menge an pflanzenverfügbarem N im Boden, daß die Unkrautmasse als Folge des geförderten Einzelpflanzenwachstums steigt. Entsprechend nimmt auch die Samenproduktion je Einzelpflanze zu.

Daraus folgt, daß eine Zurücknahme der N-Düngung nicht in jedem Fall zu einer stärkeren Unkrautkonkurrenz führen muß, wenn es sich um »stickstoffliebende« Arten, wie z. B. Klettenlabkraut, Ehrenpreis- und Kamillearten, Ackerfuchsschwanz, Flughafer und Windhalm handelt. Allerdings nimmt die Verunkrautung mit diesen Arten erst bei einer drastisch verminderten N-Düngung so stark ab, daß eine chemische Unkrautbekämpfung in Getreide überflüssig wird. In Feldfrüchten mit zögernder Jugendentwicklung und weitem Reihenabstand, wie z. B. Mais und Zuckerrüben, kann man ohnedies nicht auf eine chemische oder mechanische Beseitigung der kampfkräftigeren Ackerwildpflanzen verzichten.

Einige Düngemittel können in Feldfruchtbeständen auch zur direkten Unkrautbekämpfung benutzt werden. Im Kalkstickstoff ist es das giftige Cyanamid, das von den Wurzeln der Unkrautkeimpflanzen aufgenommen wird und zur Eiweißkoagulation führt. Da zur Bildung des Cyanamids Wasser notwendig ist, wirkt der Kalkstickstoff nur in feuchtem Boden. Eine Aufnahme über das Blatt ist nur zu erwarten, wenn Kalkstickstoff pulverförmig gemahlen angewendet wird. Im Kainit, einem Gemisch von Kali-Rohsalzen, ist der Chlorgehalt der wichtigste, wenn auch nicht der einzige Faktor mit herbizider Wirkung. Die Chloride verursachen den Zelltod durch Plasmolyse, die Folge einer »Entwässerung« der Pflanzen. Wie empfindlich einige Ungras- und Unkrautarten auf die beiden Düngemittel reagieren, zeigt Tab. 17. Zweikeimblättrige Arten sind, vor allem im Keimblattstadium, besser zu bekämpfen als Gräser, von denen nur der Windhalm erfaßt wird.

Krankheits- und **Schädlingsbefall** der Feldfrüchte werden ebenfalls von der Nährstoffaufnahme der Pflanzen und damit durch die Düngung beeinflußt. Auch hier spielt die Stickstoffzufuhr eine herausragende Rolle. Als Beispiel mögen die Daten in Tab. 18 dienen. In der Versuchsvariante ohne chemische Pflanzenschutzmaßnahmen stieg bei Wintergerste mit zunehmender N-Düngung die Größe der mit Mehltau oder Zwergrost befallenen Blattfläche. Dies ist ein allgemein geltender, immer wieder auftretender Sachverhalt: Reichliche N-Aufnahme schafft in den Pflanzenzellen einen Struktur- und Inhaltsstoff-bedingten Zustand, der Infektion und My-

Tabelle 17 Unkrautbekämpfungseffekt von Kalkstickstoff und Feinkainit [44]

Mittel	Kalkstickstoff[1]			Feinkainit[2]		
Stadium	Keimblatt	Rosette		Keimblatt	Rosette	
Artengruppe		klein	groß		klein	groß
Gräser						
Windhalm	+ + +	+ + +	0	+	0	0
Ackerfuchsschwanz	+	0	0	0	0	0
Zweikeimblättrige						
Kamille-Arten	+ + +	+	0	+ + +	+ + +	+ + +
Taubnessel-Arten	+ + +	+ +	0	+ + +	+ + +	+ + +
Ehrenpreis-Arten	+ + +	+ +	0	+ + +	+ + +	+ + +
Kreuzblütler-Arten	+ + +	+ +	+	+ + +	+ + +	+ +
Klettenlabkraut	+	+	0	+ + +	+ + +	+ + +
Vogelmiere	+ + +	+ +	0	+ + +	+ + +	+ +
Wickenarten	0	0	0	+ + +	+ +	+ +
Gänsefuß	.	0	.	.	0	.
Knöterich-Arten	0	2	.	0	.	.

[1] 150 kg/ha.   [2] 800 kg/ha.

zelwachstum fördert. Gealtertes Gewebe wird kaum mehr infiziert und bietet ungünstigere Bedingungen für den Befall mit Rost und Mehltau. In diesem Zusammenhang kann der Zeitpunkt der Stickstoffdüngung von ausschlaggebender Bedeutung sein [9]: Je später eine im Schoßstadium des Weizens ausgebrachte N-Gabe angewendet wurde, desto geringer war der Anteil an der Blattfläche, der von Gelbrost und Mehltau befallen war. Unterblieb diese Düngung ganz, nahm der Befall noch weiter ab, war aber immer noch nicht so gering wie in der Variante ohne jede N-Düngung des Weizens.

Neben dieser direkten Wirkung der Stickstoffdüngung auf den Befall des Getreides mit pilzlichen Blattkrankheiten gibt es auch noch eine indirekte. Stickstoffdüngung fördert die Bestockung des Getreides, die Bestände sind dichter und schließen früher. Das Mikroklima dieser Bestände, insbesondere die höhere Luftfeuchtigkeit, fördert die Ausbreitung der Pilze. Deshalb gehört es mit zu den »integrierend« wirkenden Maßnahmen der Bestandesführung bei Getreide, die erste, auf die Bestockung zielende N-Gabe gegenüber der sonst üblichen Menge zurückzunehmen. Ob mit späteren Teilgaben ein Ausgleich vorgenommen werden kann, hängt davon ab, wann und in welchem Umfang pilzliche Blattkrankheiten auftreten und ob der Landwirt auf einen Fungizideinsatz verzichten möchte.

Mit steigendem SiO_2-Gehalt der Blätter sinkt bei Getreide der Mehltaubefall [35]. Düngung mit siliziumreichem Kalk (Hüttenkalk) kann die Aufnahme von Kieselsäure steigern, vorausgesetzt ein niedriger pH-Wert im Boden gewährleistet eine relativ hohe Pflanzenverfügbarkeit der Kieselsäure. Gleichzeitige Anwendung von »physiologisch sauren« Düngemitteln, wie Ammoniumsulfat, fördert die Aufnahme von Kieselsäure.

Steigende Stickstoffdüngung bei Getreide steigert auch den Blattlausbefall von Getreide (Tab. 18). Auch dies ist ein direkter Effekt des N-Ernährungszustandes der Blätter und Spelzen. Sie altern langsamer und bieten den Läusen bessere Ernährungs- und Vermehrungsmöglichkeiten. Dieser Sachverhalt gilt auch für andere Feldfrüchte, wie Zuckerrüben und Kartoffeln. Anders als bei Getreide, wo die Assimilatentnahme durch die saugenden Insekten den größten Schaden verursacht und nur in Ausnahmefällen die Übertragung von pflanzenpathogenen Viren, überwiegt bei Kartoffeln und Zuckerrüben der Schaden durch Virusinfektion. Bei Kartoffeln schaffen »unharmonisch« hohe Stickstoffgaben, daneben aber auch ein hoher Chloridanteil im Dünger günstige Voraussetzungen für den Blattlausbefall und damit für die Virusübertragung, während betonte Phosphat- und Sulfatdüngung gegenteilige Effekte haben [52]. Wenn also auf die Anwendung von Insektiziden verzichtet werden soll, sind die Wahl geeigneter Düngemittel und die Verminderung der N-Düngung geeignete Mittel, um dem Befall mit Blattläusen entgegenzuwirken.

Diese wenigen Beispiele müssen genügen, um zu zeigen, daß es eine ganze Reihe von Sonderwirkungen einzelner Düngemittel gibt, die der Landwirt im Sinne eines Integrierten Landbaus auch zur Verminderung der Schadenswahrscheinlichkeit nutzen kann. An hervorragender Stelle steht der Effekt der organischen Dünger und der Stickstoffdüngung. Diese Wirkungen werden im Zusammenhang mit der Fruchtfolgegestaltung besprochen.

Tabelle 18 Einfluß steigender N-Düngergaben zu Getreide auf den Befall mit Blattkrankheiten und Schädlingen. Ergebnisse aus dem Ackerbau-Systemversuch Reinshof Göttingen [50]

N-Düngung	Mehltau-Befall W. Gerste[3] ohne PS[1]	Zwergrost-Befall W. Gerste[3] ohne PS[1]	Getreideblattläuse W. Weizen[4] mit PS[2]
kg/ha	% befallene Fläche des zweitletzten Blattes		Anzahl Läuse je Fahnenblatt
0	1,3	0,8	2,5
60	2,6	0,6	6,5
120	17,9	3,1	7,2
180	36,8	5,4	10,3

[1] Ohne jeglichen chemischen Pflanzenschutz.
[2] Mit vorbeugender Fungizid- und Insektizidbehandlung.
[3] EC 80, 1984.
[4] EC 75, 1985.

Zusammenfassend soll noch einmal hervorgehoben werden, daß die Steuerung des Stickstoffangebotes im Boden ein Kernproblem des Integrierten Landbaus darstellt, das bisher noch nicht ausreichend gelöst ist. Ferner muß aus der Kenntnis der Zusammenhänge wohl geschlossen werden, daß die Ziele der Integrierten Pflanzenproduktion leichter zu erreichen sind, wenn die Zufuhr von Stickstoff zu unseren Feldfrüchten insgesamt bewußter und in den meisten Fällen auch mit verminderten Mengen gehandhabt wird. Das allerdings setzt die Bereitschaft voraus, auf mögliche Höchsterträge zu verzichten.

5.5 Gestaltung der Fruchtfolge

K. BAEUMER, Göttingen

Zeit ihres Lebens sind Pflanzen Belastungen ausgesetzt, die ihre Produktivität mindern und ihre Lebensspanne verkürzen. Abiotische Belastungen, verursacht durch Wasser-, Sauerstoff- und Nährstoffmangel, toxische Stoffe im Sproß- und Wurzelraum sowie extreme Temperaturen, wirken nicht selten zusammen mit biotischen Belastungen: Wettbewerb durch benachbarte Individuen der eigenen oder fremder Arten um Licht und andere Wachstumsfaktoren, Befall mit Schädlingen und Pflanzenkrankheiten und toxische Ausscheidungen anderer Lebewesen (Allelopathie) sind einige der auslösenden Faktoren. Alle diese Belastungen wirken bei der natürlichen Auslese der Genotypen auf die beste Anpassung an die Standortsbedingungen mit. Nur die leistungsfähigsten und ausdauerndsten Arten und Genotypen überleben, mit dem Ergebnis, daß Produktivität und Stabilität eines Ökosystems auf die jeweils höchstmögliche Stufe gehoben werden.

Daß es in einer derart angepaßten Biozönose (Lebensgemeinschaft) nur ausnahmsweise zu schädlings- und krankheitsbedingten Katastrophen kommt, hängt mit der auf Vielfalt gerichteten Struktur des Systems zusammen. Da ist ein mal die andauernde, wechselseitige Anpassung von Wirt und Parasit, die sich z. B. beim Geschädigten durch Entwicklung von Abwehrmechanismen äußert. Dies ist nur in Populationen mit großer genetischer Mannigfaltigkeit möglich. Nicht minder bedeutsam ist die Vielfalt der Wechselbeziehungen zwischen den zahlreichen Gliedern eines Ökosystems, die eine ausgleichende Selbstregelung und Stabilisierung des Systems bewirkt. Ein dichtes Netz gegenseitiger Begrenzungen wird z. B. durch Nahrungswettbewerb zwischen einzelnen Parasiten und mit anderen nicht parasitären Arten geschaffen, ferner durch antibiotisch wirkende Stoffausscheidungen, Parasitierung der Parasiten selbst durch andere Parasiten oder durch Fraß tierischer Räuber. Darüber hinaus wird diese Selbstregulierung auch noch durch räumliche Vielfalt gefördert. Häufig stehen neben Individuen oder Pflanzengruppen der einen Art solche anderer Arten, so daß über größere Areale keine Reinbestände einer einzelnen Art verwirklicht sind. Deshalb müssen artspezifische Schaderreger erst einen mehr oder minder großen räumlichen Abstand zur nächsten Wirtspflanze überwinden. Das hemmt und verlangsamt ihre Ausbreitung.

Diese Vielfalt naturnaher Biozönosen ersetzt der Landwirt, – von der Bewirtschaftung »natürlich« entstandener Pflanzengesellschaften in Wiese und Weide einmal abgesehen –, durch **Reinbestände** einiger weniger Feldfrüchte. Nicht nur verarmen mit zunehmender Anbauintensität diese Feldfruchtbestände an wildwachsenden Arten, weil die Unkräuter durch Bekämpfungsmaßnahmen möglichst weitgehend zurückgedrängt werden, auch die großräumige Vielfalt nimmt ab. Immer größer wird die Fläche in der Landschaft, die mit der gleichen Feldfrucht, ja sogar mit den gleichen Sorten bestellt wird, und immer kleiner und weiter voneinander entfernt liegen die Inseln mit naturnaher, vielfältiger Vegetation.

Diese Ausbreitung von Feldfrucht-Reinbeständen hat unvermeidlich die **Massenvermehrung von Schädlingen** und **Krankheitserregern** zur Folge, deren bevorzugte Nahrungsgrundlage diese eine Feldfrucht ist. Werden im folgenden Jahr gleichartige Feldfrüchte im selben oder benachbarten Feld angebaut, nimmt der Befallsdruck der Schaderreger weiter zu. Wenn Konkurrenten, Antagonisten und Räuber dieser Schaderreger fehlen oder doch nur in zu geringer Dichte vorhanden sind, um die Ausbreitung oder Wirksamkeit der Schaderreger zu hemmen, wird die Produktivität der Feldfrüchte noch mehr gefährdet. Dann versucht der Landwirt meist, durch massiven Einsatz chemischer Pflanzenschutzmittel die Produktionsverluste zu verhüten.

Gelingt dies, so steht nichts im Wege, die Anbauhäufigkeit und die räumliche Anbaudichte der ökonomisch vorteilhaften Feldfrüchte noch weiter auszudehnen, mit der Folge, daß auch der

Zwang zu vermehrter Kontrolle der Schaderreger zunimmt. Dieses sich selbst verstärkende System hoher Pflanzenschutzintensität steigert nicht nur die Produktionskosten, sondern kann über kurz oder lang auch die Stabilität des Produktionssystems und, schlimmer noch, die umweltentlastenden Funktionen des Agrarökosystems gefährden. Wiederholte Anwendung des gleichen Herbizids, Fungizids oder Insektizids, vor allem von Mitteln mit stark selektiver Wirungsweise, führt zu Anpassungseffekten bei dem zu bekämpfenden Schaderreger. Entweder werden in der Erregerpopulation vorhandene Genotypen ausgelesen, die von dem Mittel gar nicht oder nicht ausreichend getroffen werden, oder ihre Beseitigung schafft eine Lücke für die Ausbreitung bisher unterdrückter, unbedeutender, nun aber stark schädigender Arten und Genotypen. Häufige Anwendung persistenter Pflanzenschutzmittel kann darüber hinaus auch zu einer Belastung des Bodens und der Gewässer führen.

Einer solchen Destabilisierung des Produktionssystems sowie einer Gefährdung der Umwelt wirkt eine bewußte Gestaltung des Fruchtartenverhältnisses und der Fruchtfolge sowie der räumlichen Struktur eines Agrarökosystems entgegen. Unter den Zielen der Integrierten Pflanzenproduktion muß, soweit es ökologische Bedingungen erfordern und ökonomische Zwänge zulassen, wieder ein **Höchstmaß an Vielfalt** von zeitlicher und räumlicher Vernetzung der Feldfrüchte und von naturnahen Landschaftselementen wie Rainen, Hecken und Feldgehölzen zurückgewonnen werden. Was innerhalb einer artenreichen ausdauernden Vegetationsdecke durch den ständigen kleinräumigen Wechsel von sterbenden und neu heranwachsenden Individuen der verschiedenen Arten an »Fruchtwechsel« erfolgt, muß durch großräumige Variation in der Abfolge der Feldfrüchte ersetzt werden. Was an kleinräumiger Vielfalt der Nachbarschaftsbeziehungen vieler Arten in einer naturnahen Vegetation wirksam ist, muß nach den gleichen Prinzipien in eine großräumige Gestaltung der Agrarlandschaft umgesetzt werden.

Auf diese Weise wird Fruchtartenvielfalt zum wirksamsten Mittel bei der Nutzung selbstregelnder Kräfte und Prozesse in einem Agrarökosystem. Während bisher die *ertragssteigernde* Funktion der Fruchtfolge im Vordergrund stand, wird in Zukunft ihre *ertragssichernde* und *umweltentlastende* Funktion mehr Beachtung finden müssen. Unter allen Pflanzenschutzmaß-

nahmen ist die Gestaltung der Fruchtfolge und des Fruchtartenverhältnisses die flächenwirksamste, billigste und umweltschonendste Maßnahme. Deshalb üben diese beiden Organisationsmerkmale der Feldwirtschaft nicht nur in betriebswirtschaftlicher Sicht eine Ordnungsfunktion aus. Sie sind auch das Kernstück einer Integrierten Pflanzenproduktion.

5.5.1 Wirkung der Fruchtfolge und der Anbaukonzentration einzelner Feldfrüchte

Das Grundelement eines Bodennutzungssystems ist der Anbau einer Feldfrucht einschließlich der während der Zwischenbrachezeit vorgenommenen Bodenbearbeitung (Abb. 15, Seite 57). Diese Bodennutzungseinheit ist mit anderen Einheiten ursächlich in zwei Dimensionen verknüpft (Abb. 16, Seite 61): *Zeitlich* durch die Effekte, die durch den Anbau der unmittelbar vorangegangenen oder früher angebauter Feldfrüchte entstanden sind, also durch direkte und indirekte Vorfruchtwirkungen. *Räumlich* durch Übertragungseffekte von einem Feldschlag zum anderen. Das ist zum einen die Zufuhr von Nährstoffen, die in Form von Wirtschaftsdüngern aus der Verfütterung des Aufwuchses von einem anderen Feldschlag stammen. Zum anderen sind es unkontrollierbare Transporte von Unkrautsamen, Schädlingen und Krankheitserregern, die durch direkte Nachbarschaft oder abnehmenden Abstand der örtlichen Verseuchungsquellen in ihrer Wirkung zunehmen.

Der **direkte Vorfruchteffekt** umfaßt alle Auswirkungen einer Vorfrucht auf die unmittelbar folgende Nachfrucht. Diese lassen sich in Gruppen untergliedern:

■ Stoffliche Reste aus vorangegangenem Anbau,
■ Vorfrucht-Effekte auf die Bodenstruktur,
■ Zeitpunkt des Räumens einer Feldfrucht,
■ vorfruchtabhängiger Unkraut-, Krankheits- und Schädlingsdruck.

Stoffliche Reste aus dem vorangegangenen Anbau: Je nach Art der Vorfrucht, Dauer ihrer Vegetationszeit, Intensität des Einsatzes ertragssteigernder und ertragssichernder Produktionsmittel hinterläßt die Vorfrucht unterschiedlich große Mengen an *Ernte-* und *Wurzelrückständen.* In Abhängigkeit von den Besonderheiten jeder Feldfrucht variieren die Rückstände in ihrer stofflichen Zusammensetzung und damit auch in den Eigenschaften, die zu einer unterschiedlich schnellen Freisetzung von pflanzenaufnehmbaren Nährstoffen führen. Ähnlich verhalten sich auch die *Wirtschaftsdünger,* mit denen die Vorfrucht gedüngt wurde.

Unmittelbar wirksam sind alle Reste leichtlöslicher *Düngemittel,* die von der Vorfrucht nicht aufgenommen und nicht in eine schwerer lösliche Bindungsform überführt wurden. Bei einer fruchtfolgebezogenen Grunddüngung mit P, K, Mg und Ca ist diese Langzeitwirkung sogar beabsichtigt, nicht jedoch beim auswaschungsgefährdeten Stickstoff (Abb. 24, 37).

Ebenfalls zu beachten sind Rückstände von *Pflanzenschutzmitteln* (vor allem Herbizide) im Boden. Muß nach Auswinterung einer behandelten Feldfrucht umgebrochen und neu bestellt werden, so sind nur solche Kulturpflanzenarten als Nachfrucht geeignet, die von dem zuvor angewandten Herbizid nicht geschädigt werden.

Nach längerer Trockenheit spielt noch der *Wasserentzug* der Vorfrucht eine Rolle für die Wahl der Nachfrucht. Häufig ist nach einer wüchsigen Winterzwischenfrucht oder nach frühräumendem Getreide der Bodenwasservorrat so erschöpft, daß ohne Niederschläge der Keimwasserbedarf der Nachfrucht nicht gedeckt ist. Ähnliches kann auch in einem trockenen Herbst nach Kleegras, Rüben oder Mais eintreten. Statt Wintergetreide muß dann eine Sommerung als Nachfrucht folgen.

Von der Vorfrucht bewirkte Effekte auf die Bodenstruktur: Je länger eine Feldfrucht mit ihrer Sproßmasse den Boden bedeckt, je mehr und je tiefer sie den Boden durchwurzelt und je größer der Bestandesabfall während ihrer Vegetationszeit ist, desto positiver wirkt sie auf die Bildung durchgängiger Grobporen und beständiger Krümel im Boden. Deshalb steigt der *strukturverbessernde Effekt* in der Reihenfolge: Stoppelzwischenfrüchte < Untersaaten < Winterzwischenfrüchte < Sommergetreide, kurzlebige Zweitfrüchte, Frühkartoffeln, Körnerleguminosen < Spätkartoffeln, Mais, Zuckerrüben < Wintergetreide, Winterraps < Futterleguminosen und Feldgras im Hauptfruchtfutterbau.

Steigende *Intensität der Bodenbearbeitung,* zunehmende Häufigkeit und Schwere der Bodenbelastung durch Fahrverkehr und nicht zuletzt eine zu hohe Bodenfeuchte im Augenblick des Bearbeitungseingriffs beeinträchtigen den positiven Struktureffekt. So kann z. B. der Strukturaufbau unter dem lange geschlossenen Blätterdach der Zuckerrüben mit einer nassen Ernte vollständig wieder vernichtet werden. Gleiches gilt für fehlerhaftes Einbringen großer Mengen

von Stroh und Rübenblatt mit einer einzigen tiefgreifenden Bodenwendung. Bei überschüssiger Feuchte und fehlendem Gasaustausch nahe der Bearbeitungsgrenze (Krumenbasisverdichtung) werden kompakte Schichten von Ernteresten nicht vollständig mineralisiert, sondern nur vergoren. Der örtliche Sauerstoffmangel steigt und das Wurzelwachstum wird am Vordringen in die Tiefe gehemmt. Tritt dann eine längere Trockenheit ein, reicht die Durchwurzelung nicht für eine hohe Wasseraufnahme der Nachfrucht.

Bei der Bestellung und Bestandespflege einer Feldfrucht achtet der Landwirt für gewöhnlich auf den Bodenzustand. Er vermeidet möglichst eine zu hohe Bodenfeuchte bei der Bodenbearbeitung. Das gilt nicht immer für die Ernte. Besonders in feuchten Jahren, in denen häufige und ergiebige Niederschläge die Ernte verzögern und die Anzahl der noch zur Verfügung stehenden Feldarbeitstage einschränken, kann er keine Rücksicht mehr auf die Bodenfeuchte nehmen. Nachhaltige Bodenverdichtungen sind dann das Ergebnis eines bewirtschaftungsbedingten Vorfruchteffektes.

Zeitpunkt des Räumens einer Feldfrucht: Winterraps und Zwischenfrüchte zur Futternutzung stellen die höchsten Ansprüche an den *Aussaattermin.* Innerhalb einer eng begrenzten Frist muß die Bestellung erfolgt sein oder der Anbau lohnt nicht mehr. Wintergetreide erträgt größere Verspätungen und ist deshalb nicht ganz so stark vom *Erntetermin* der Vorfrucht abhängig. Zwischen dem Anbau einer Sommerung und der vorangegangenen Ernte der Vorfrucht verstreicht dagegen eine so große Zeitspanne, daß der Zeitpunkt des Räumens der Vorfrucht für die Wahl der Nachfrucht keine Rolle mehr spielt.

Dieser Termin ist in erster Linie art- und sortentypisch. Deshalb läßt er sich im Hinblick auf die gewünschte Nachfrucht auch mit der Wahl einer bestimmten Feldfrucht und einer früh- oder spätreifen Sorte planen. Unvorhersehbar sind aber die Witterungsbedingungen, die den Reife- und Erntezeitpunkt einer Feldfrucht verzögern können. Diese Unsicherheit wiegt umso schwerer, je kürzer die Vegetationszeit ist, die für ein herbstliches Wachstum der Nachfrucht noch zur Verfügung steht (Tage mit Durchschnittstemperaturen $>5°$ C), und je ungünstiger erfahrungsgemäß Witterungs- und Bodenbedingungen für eine fristgerechte Bestellung der Nachfrucht sind. Das engt die Wahl der möglichen Vorfrüchte für eine bestimmte Nachfrucht erheblich ein. In solchen Fällen bestimmt ihr Vorfruchtanspruch dann die Fruchtfolge.

Größere Freiheit in der Wahl der Vor- und Nachfrüchte gewährt in der Regel der Anbau von Sommerfrüchten. Allerdings begrenzt ihre meist spätere Ernte wiederum die Wahl der möglichen Nachfrüchte. Deshalb kann der Landwirt auf eine langfristige, vorausschauende Planung der Fruchtfolge nicht verzichten.

Vorfruchtabhängiger Unkraut-, Krankheits- und Schädlingsdruck: Die Wirkung der *Ackerwildpflanzen* auf die Nachfrucht ergibt sich auf 2 Wegen: Einmal ist es die direkte Beeinflussung aller bisher schon genannten Vorfruchteffekte. Zum anderen besteht sie in der Anzahl der Reproduktionsorgane der Ackerwildpflanzen, die in der unmittelbaren Nachfrucht oder späteren Folgefrüchten wieder zu einem Aufwuchs von wettbewerbswirksamen Unkrautpopulationen führen können.

Vielfach entscheidet die Verhinderung weiterer Ausbreitung von Ackerwildpflanzen und nicht das Schadensschwellen-Prinzip darüber, ob eine Unkrautbekämpfungsmaßnahme unternommen wird oder nicht. So ist es z. B. rationell, beim ersten Auftreten von Flughafer dessen Fruchtstände vom Felde zu entfernen oder die ersten Quecken nesterweise intensiv zu bekämpfen, obwohl diese einzelnen Pflanzen noch keinen wirtschaftlichen Schaden verursachen.

In der Regel hat es der Landwirt nicht mit der Einwanderung einer neuen, leicht zu bemerkenden Wildpflanzenart zu tun, sondern mit einer relativ Arten- und Individuen-reichen Unkrautpopulation, die an die Fruchtfolge angepaßt ist. Der Vorfruchteffekt einer Feldfrucht besteht darin, in welchem Umfang es dem Landwirt gelingt, die Erneuerung der »ruhenden« Unkrautpopulation aus Samen und vegetativen Knospen in Grenzen zu halten. Das Dichteniveau dieser »ruhenden« Population hängt wesentlich von der Kampfkraft der zuvor angebauten Feldfrucht, vom Erfolg der direkten Unkrautbekämpfung und anderer produktionstechnischer Eingriffe ab. Dazu gehören insbesondere Zeitpunkt und Verfahren der Bodenbearbeitung. Von ihr hängt die Tiefenlage der Reproduktionsorgane im Boden ab und damit ihre Chance zum Auflaufen.

Die Zusammensetzung einer jeden aufwachsenden Unkrautpopulation ist in bestimmten Grenzen für jede Feldfrucht spezifisch. Innerhalb einer ruhenden Unkrautpopulation können sich bevorzugt diejenigen Individuen der Unkrautarten als fortpflanzungsfähige Pflanzen etablieren, die sich mehr oder weniger gleichzeitig mit der jeweiligen Feldfrucht entwickeln können. Viele dieser Arten zeigen ein Keimverhalten, das deutlich jahreszeitliche Höchstwerte der Keimung aufweist. Das wird durch eine genotypisch bedingte Keimruhe gesteuert. Erst nach dem Erlebnis bestimmter Umweltbedingungen, z. B. dem Einsetzen tieferer Bodentemperaturen im Herbst, sind ein Teil der ruhenden Samen oder Knospen zum Keimen und Austreiben bereit. Sind dann auch noch die anderen Voraussetzungen für die Keimung, nämlich minimale Keimtemperatur, ausreichende Sauerstoffzufuhr und ein angemessener Abstand zur Bodenoberfläche gegeben, so kann die Keimung beginnen. Ob es den Keimlingen gelingt zu überdauern, hängt im wesentlichen vom Zeitpunkt der Keimung im Verhältnis zur Bestandesbegründung der Feldfrucht ab. Vor der Bestellung auflaufende Unkrautpflanzen werden größtenteils durch die Bodenbearbeitung zur Aussaat beseitigt. Sehr viel später in der Vegetationszeit der Feldfrucht auflaufende Pflanzen können durch die Beschattung des nunmehr geschlossenen Feldfruchtbestandes unterdrückt werden.

So wird jede Kulturpflanzenart von einer mehr oder minder spezifisch zusammengesetzten Wildpflanzenpopulation begleitet. Im *Wintergetreide* überwiegen die Herbst- und Winterkeimer, im Sommergetreide die Frühjahrskeimer, in Kartoffeln, Mais und Zuckerrüben neben den Frühjahrskeimern auch noch die wärmeliebenden Sommerkeimer. Daraus folgt, daß die für jede Feldfrucht spezifische Verunkrautung mit ihren Vermehrungsorganen eben diese Populationen auch bevorzugt wieder reproduziert.

Folgt auf Winterweizen eine weitere Wintergetreideart, unter Umständen sogar wieder Winterweizen, dann fördert diese Folge die Ausbreitung von z. B. Windhalm oder Ackerfuchsschwanz. Diese beiden Arten können nur 2 oder 3 Jahre als ruhende Samen im Boden überdauern und haben ein Keimungsmaximum im Herbst. Ihre Wuchsform ermöglicht es ihnen, erfolgreich mit Winterweizen oder Wintergerste um Licht zu konkurrieren. Nur durch den langwüchsigen Roggen werden sie unterdrückt. Der kurze Abstand zwischen dem Anbau der Feldfrüchte, an die sie durch ihren Entwicklungsrhythmus und ihre Wuchsgestalt hervorragend angepaßt sind, fördert also ihre Präsenz im Wintergetreide und damit ihre Samenvermehrung. Erst eine längere zeitliche Unterbrechung durch sommerjährige Feldfrüchte, in denen mögliche Frühjahrskeimer dieser Arten nicht zum Fruchten kommen, mindert die Individuendichte in der ruhenden Population und damit ihre Dichte in der aufwachsenden Population in einem später folgenden Wintergetreideanbau.

Ähnlich spezifisch ist die Verunkrautung mit Flughafer in *Sommergetreide,* mit spätkeimenden Hirsen in Mais, mit Melde und Nachtschatten in Zuckerrüben. Deshalb trägt ein Wechsel zwischen Winterung und Sommerung, zwischen dichten und frühschließenden Beständen aus Getreide, Raps oder Futterpflanzen und spätschließenden Reihenfrüchten, in denen über längere Zeit eine intensive mechanische Unkrautbekämpfung möglich ist, zur Kontrolle der Verunkrautung erheblich bei.

Mit zur Verunkrautung gehört auch der *Durchwuchs* unerwünschter Kulturpflanzen in der Nachfrucht. Er wird durch Verluste vor und während der Ernte verursacht. Diese können nur durch Optimierung des Ernteverfahrens in Grenzen gehalten werden. Dazu gehört die richtige Einstellung der Erntemaschine und die Wahl einer angemessenen Arbeitsgeschwindigkeit. Lager und ungünstige Witterung vor und während der Ernte steigern die Verluste. Jede Verspätung der Ernte von Körnerfrüchten hat unvermeidlich einen höheren Samenausfall zur Folge.

Mit einer unmittelbar auf die Ernte folgenden Stoppelbearbeitung soll ein möglichst großer Teil der ausgefallenen Samen zum Keimen gebracht werden, damit diese Pflanzen mit der folgenden Grundbodenbearbeitung beseitigt werden können. Dies gelingt nur, wenn die genotypisch- und umweltbedingte Keimruhe schwach ausgeprägt ist, wie das z. B. beim Roggen der Fall ist. Bei Wintergerste und Weizen besteht in der Regel eine größere Bereitschaft zur Keimruhe. Deshalb ist es zweckmäßig, die ausgefallenen Körner mit einer wendenden Bodenbearbeitung in eine so große Bodentiefe zu bringen, daß sie in der Nachfrucht nicht auflaufen können. Während der Vegetationszeit der Nachfrucht verlieren diese Samen meist ihre Keimfähigkeit und bekommen keine Gelegenheit zum Auflaufen, wenn sie nicht schon eher mit einer Bodenbearbeitung wieder in die Nähe der Bodenoberfläche gelangen.

Bei fetthaltigen Samen kann dieses Verfahren nicht angewendet werden, weil diese mehr als ein Jahrzehnt im Boden überdauern können. Rapsdurchwuchs wird durch tiefes Einbringen der Samen in den Boden und späteres Pflügen eher gefördert als verhindert. Allerdings ist auch eine flache, nicht wendende Bodenbearbeitung

kein ausreichender Schutz vor unerwünschtem Rapsdurchwuchs. Als einziges Mittel bleibt eine lange Anbaupause für Raps. In der Zwischenzeit sind Feldfrüchte anzubauen, die eine sichere Beseitigung der durchwachsenden Rapspflanzen ermöglichen.

Bei der *Kartoffel* verursachen die kleinen, das Sieb passierenden Knollen den Durchwuchs. Sie verharren zunächst in Knospenruhe und können im Folgejahr selbst aus großen Bodentiefen auflaufen. Die Knospenruhe kann durch Verletzen (Quetschen) gebrochen werden. Dann würden die Knollen schon während der herbstlichen Brache treiben und könnten mit einem Herbizid oder mit einer tiefgreifenden Bodenbearbeitung beseitigt werden. Gewöhnlich beläßt man sie möglichst nahe an der Bodenoberfläche, damit sie vom Frost getötet werden. Das setzt aber voraus, daß mit einiger Sicherheit längere Frostperioden zu erwarten sind. In jedem Fall stellt Durchwuchs von Kartoffeln eine ernsthafte Gefahr für die Gesundheit aller benachbarten Kartoffelbestände dar. Sind die nicht geernteten Knollen mit Virus infiziert, so können die aus ihnen aufwachsenden Pflanzen zum Ausgangspunkt einer erneuten, von Läusen übertragenen Virusinfektion werden.

Entsprechendes gilt für *Ausfallgetreide,* das frühzeitig von Mehltau befallen wurde und zur Infektionsquelle für später gesätes Getreide in der benachbarten Feldflur wird. Unkrautgerste in Zuckerrüben oder Raps kann den erwünschten Abbau der bei Getreide wirksamen Fußkrankheitserreger beeinträchtigen. Der »Unterbrechungseffekt«, der mit dem Anbau einer nicht als Wirt funktionierenden Feldfrucht erreicht werden soll, kommt nicht voll zur Wirkung. Der nachfolgende Weizen leidet dann immer noch unter einem erheblichen Befallsdruck von Fußkrankheiten. Diese und ähnliche Sachverhalte zwingen zu frühzeitiger und vollständiger Beseitigung aller krankheits- und schädlingsübertragenden Durchwuchspflanzen.

Unter den **krankheits-** und **schädlingsbedingten Vorfruchteffekten** spielt die Anreicherung des Bodens mit Schadorganismen, die die Wurzeln und/oder die Sproßbasis der Feldfrüchte schädigen, eine herausragende Rolle. Hier sind vor allem Pilze, Nematoden und im Boden lebende Larven von Insekten beteiligt. Einige Virosen, wie Rhizomania und Gelbmosaik, werden von wurzelinfizierenden Pilzen übertragen, sind also bodenbürtige Schadorganismen, die zwar durch hohe Anbaukonzentration der Wirtspflanzen als Erregerpotential entstanden sind, aber dann wegen ihrer Überdauerungsfähigkeit im Boden durch Fruchtfolgemaßnahmen nicht mehr begrenzt werden können. Tabelle 19 und 20 enthalten Angaben über die Wirtspezifität einiger Arten bzw. Gruppen von Arten, die als Schadorganismen entweder ortsgebunden (Fruchtfolge) oder durch Nachbarschaftseffekte (Anbaukonzentration einer Wirtspflanze in einer Region) die jeweiligen Feldfrüchte befallen. Es wird deutlich, daß die Erreger nur in wenigen Fällen an eine einzige Kulturpflanzenart gebunden sind. In der Mehrzahl ist ihr Wirtspflanzenspektrum, zu denen auch noch einige hier nicht genannte Wildpflanzenarten gehören, breiter. Deshalb genügt es zur Vermeidung parasitär bedingter Vorfruchteffekte nicht, nur innerhalb einer Artengruppe von Feldfrüchten »Fruchtwechsel« einzuhalten. Vielmehr muß die jeweils spezifische Wirtspflanzeneignung der Feldfrüchte beachtet und zur Grundlage eines Fruchtwechsels gemacht werden.

Von den zahlreichen parasitär bedingten Vorfruchtwirkungen sollen, als Beispiel für die grundsätzlichen Zusammenhänge, die Fruchtfolgeschäden bei Getreide etwas eingehender erörtert werden. An diesem Schadkomplex sind hauptsächlich Erreger von Fußkrankheiten und Nematoden beteiligt. Die Schwarzbeinigkeit, *Gaeumannomyces graminis,* befällt Weizen, Gerste und Roggen. Dieser Pilz überdauert im Boden nur in den infizierten Pflanzenteilen, also bis zu deren vollständigem Abbau nach 1 oder höchstens 2 Jahren. Der Erreger der Halmbruchkrankheit, *Pseudocercosporella herpotrichoides,* hat den gleichen Wirtspflanzenkreis, kann aber in seiner nicht-parasitären Phase viel

Tabelle 19 Wirtsspezifität von Schadorganismen, die in Abhängigkeit von der Fruchtfolge ortsgebunden an einem bestimmten Feldschlag wirksam werden können

Arten und Artengruppen von Schaderregern	Weizen	Gerste	Roggen	Hafer	Mais	Futtergräser	Kruziferen	Leguminosen	Beta-Rüben	Kartoffeln	Sonnenblume	Lein
I Bakterien												
II Pilze												
III Viren												
IV Nematoden												
V Insekten												
I Kartoffelschorf										+		
II Fuß- und Halmbruchkrankheiten bei Getreide¹)	+	+	+		(+)³)							
Blatt- und Ährenkrankheiten bei Getreide¹)	+	+	+									
Fusariosen bei Getreide	+	+	+		+	(+)						
Fusariosen bei Leguminosen								+				+
Verticillium-Welke							+	+		+	+	
Rapskrebs							+	+		+	+	
Wurzelhals- und Stengelfäule							+					
Mais-Beulenbrand					+							
Blattfleckenkrankheit der Rüben									+			
III *Rizomania*									+			
Gelbmosaik der Gerste		+										
IV Getreidezystennematode	+	+		+	(+)							
Rübenzystennematode							+		+			
Kartoffelzystennematode										+		
Stengelälchen²)			+	+	+			+	+			
Wurzelälchen	+	+	+	+								
V Springschwänze										+		
Moosknopfkäfer										+		
Sattelmücke	+	+	+									
Maiszünsler					+							
Rapserdfloh							+					
Kohlschotenmücke							+					

¹) Erreger siehe Text.   ²) Wirtspezifische Rassen.   ³) (+): Befall ohne starke Wirkung.

Tabelle 20 Wirtsspezifität von Schadorganismen, die in Abhängigkeit von der Anbau-konzentration und der räumlichen Verteilung der Feldfrüchte in der Landschaft, also nicht streng ortsgebunden wirken

Arten und Artengruppen I Pilze II Viren III Insekten	Weizen	Gerste	Roggen	Hafer	Mais	Kruziferen	Leguminosen	Beta-Rüben	Kartoffeln
I Echter Mehltau[1])	+	+	+						
Echter Mehltau[2])							+		
Gelb- und Schwarzrost	+	+							
Braunrost	+		+						
Zwergrost		+							
Gersten-Streifenkrankheit		+							
Weizen/Gersten-Flugbrand	+	+							
Kraut- und Knollenfäule									+
II Gelbverzwergungsvirus	+	+		+	+				
Kartoffelvirosen									+
Rüben-Vergilbungsvirus								+	
III Getreideläuse	+	+	+	+	+				
Bohnen-, Erbsenblattläuse							+	+[3])	
Weizengallmücke	+								
Fritfliege	+	+	+	+	+				
Rapsglanzkäfer						+			
Stengelrüssler						+			
Rübenfliege								+	
Kartoffelkäfer									+

[1]) *Erysiphe graminis.*   [2]) *Erysiphe pisi.*   [3]) Nur Bohnenlaus.

länger im Boden überdauern, also 2 Jahre und länger. Beide Pilze befallen nicht den Hafer und auch nicht alle anderen in Tabelle 19 als »Nicht-Wirtspflanze« ausgewiesenen Feldfrüchte. Während des Anbaus dieser Feldfrüchte nimmt deshalb der Befallsdruck der Erreger ab. Tabelle 21 zeigt diese Wirkung bei Weizen, der nach Weizen, Hafer und Blattfrüchten in Fruchtfolgen mit unterschiedlichen Getreideanteilen angebaut wurde. Durch Nicht-Wirtspflanzen als Vorfrucht wurde der Anteil der von Schwarzbeinigkeit und Halmbruch befallenen Weizenpflanzen deutlich gesenkt. Daß Hafer nicht so stark befallsmindernd gewirkt hat, hängt mit dem hohen Anteil der Wirtspflanzen unter den vorangegangenen Vorfrüchten zusammen. Ähnliche Wirkungen treten auch bei anderen Pilzen ein, z. B. bei *Fusarium*-Arten und *Rhizoctonia solani*, die ebenfalls an diesem Schadkomplex beteiligt sein können. Die in Mindererträgen sichtbare

Tabelle 21 Wirkung von Anbaukonzentration und Vorfrucht auf den Befall von Weizen mit Fußkrankheiten sowie der Verlust-kompensierende Effekt steigender N-Düngergaben auf den Weizenertrag (Mittelwerte von 5 Orten und 2 Jahren) [20]

% Getreide an der Ackerfläche	Vorfrucht	% befallene Pflanzen		Kornertrag (relativ)		
		Halmbruch-krankheit	Schwarz-beinigkeit	N_{60}	N_{100}	N_{140} [1])
> 50	Weizen	49,6	32,6	57	64	68
> 50	Hafer	37,9	10,1	71	77	84
< 50	Blattfrucht	30,5	8,7	81	91	100[2])

[1]) kgN/ha.
[2]) 57,0 dt Korn/ha.

Schadwirkung der Fußkrankheiten steigt etwa in der Reihenfolge: Sommergerste < Sommer- und Winterroggen < Wintergerste < Sommerweizen < Winterweizen.

Die sanierende Wirkung des Hafers im Fußkrankheitskomplex gilt nicht für den Befall mit Getreidezystenälchen. Der Hafernematode befällt und schädigt die Getreidearten etwa in der Reihenfolge: Wintergerste, Winterroggen < Mais < Winterweizen < Sommergerste < Hafer. Weniger wirtspezifisch und nicht so augenfällig sind Schäden durch Nematoden, die in den Wurzeln parasitieren oder frei im Boden wandern und von außen her Wurzeln schädigen. Alle Nematodenarten können in Kombination mit den Erregern der Fußkrankheiten auftreten, die ihrerseits wieder je nach Vorfrucht und Standortsbedingungen in unterschiedlichen Art- und Dichtekombinationen die Getreidebestände befallen.

Wie schon erwähnt, besteht die Wirkung der Nematoden und Fußkrankheiten darin, daß sie die Funktion der Wurzeln und des Halmgrundes beeinträchtigen. Neben diesem parasitären Effekt sind aber noch andere Faktoren beteiligt.

Alle zusammen führen erst zu der stets komplexen Vorfruchtwirkung. Diese Zusammenhänge sollen am Beispiel eines Vergleichs von Zuckerrüben und Weizen als Vorfrucht zu Weizen dargestellt werden. In Abb. 41 sind Verstärkung bzw. Verminderung der Effekte auf die Prozesse und Zustände in Pflanze und Boden mit einem Plus- oder Minuszeichen gekennzeichnet.

Winterweizen hinterläßt in den Wurzel- und Ernteresten eine geringere N-Menge im Boden als Rüben (Stroh im Vergleich zum Rübenblatt, siehe Seite 95). Wegen des weiten C:N-Verhältnisses im Stroh wird darüber hinaus auch noch löslicher Stickstoff im Boden für eine längere Zeit mikrobiell festgelegt. Das führt zu einem geringeren Angebot an bodenbürtigem, pflanzenaufnehmbarem Stickstoff für den nachfolgenden Weizen. Diesen Mangel versucht der Landwirt durch vermehrte N-Düngung auszugleichen. Dennoch wird dieser leicht aufnehmbare Stickstoff nicht voll wirksam. Nach der Vorfrucht Weizen werden die Weizenpflanzen vermehrt von bodenbürtigen Schadorganismen befallen. Das vermindert das Wachstum und die Leistungen der Wurzeln und hat entsprechend

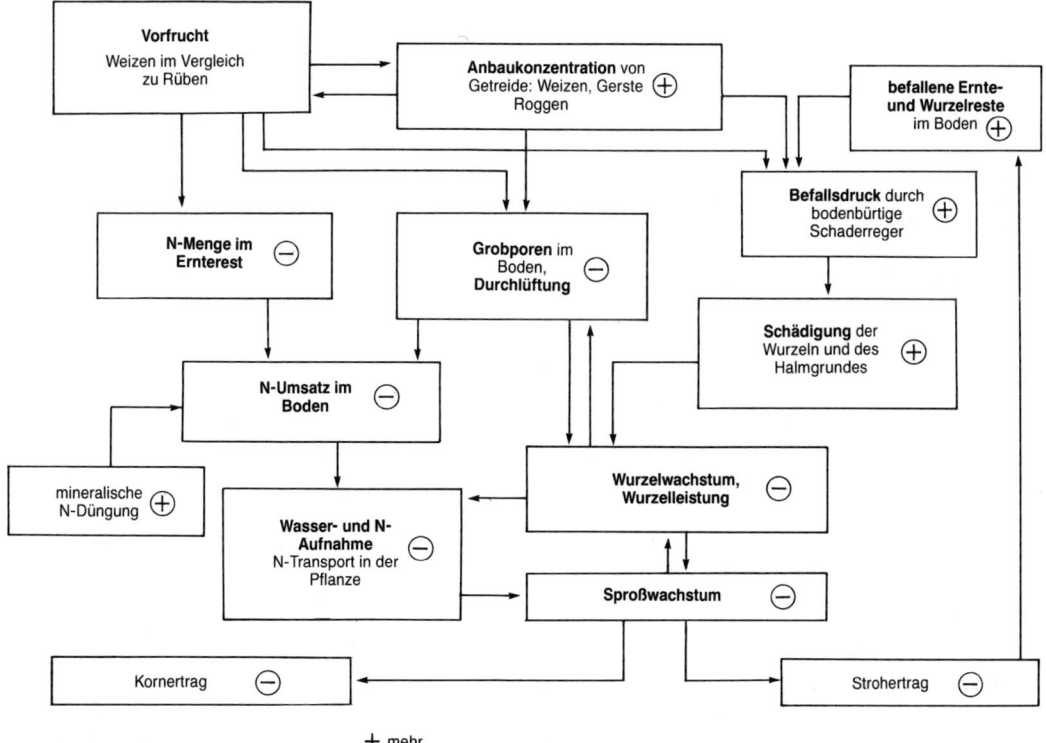

Abb. 41 Vorfruchtwirkung von Weizen im Vergleich zu Zuckerrüben auf Prozesse in Boden und Pflanze bei der Nachfrucht Weizen.

geringere Wasser- und Stickstoffaufnahme zur Folge. Darüber hinaus hemmen die Nekrosen im Halm die Transportleistungen. Der aufgenommene Stickstoff kann nur unvollkommen in Kornertrag umgesetzt werden. Daraus folgt, daß ein durch Düngung vermehrtes Stickstoffangebot im Boden die durch Fußkrankheiten und Nematoden verursachten Schäden nicht vollständig ausgleichen kann (Tabelle 21).

Über die kurzfristigen, unmittelbar wirkenden Vorfruchteffekte hinaus gibt es aber auch noch Regelmechanismen, die langfristig den Bodenzustand verändern und auf diese Weise wieder negativ auf das Wachstum der Weizenpflanzen in einer mit Weizen angereicherten Fruchtfolge wirken. Einer dieser sich selbst verstärkenden negativen Rückkopplungseffekte wurde in Abb. 41 mit den 2 Pfeilen angedeutet, die die Wechselwirkung zwischen Wurzelwachstum und Bodenstruktur bezeichnen. Wenn die Anbau-Konzentration der gegen Fußkrankheiten anfälligen Getreidearten steigt, nimmt als Folge des vermehrten Krankheitsbefalls das Wurzelwachstum der Getreidepflanzen ab. Tiefere Bodenschichten unterhalb der Bearbeitungsgrenze werden zunehmend weniger durchwurzelt. Wurzeln hinterlassen nach ihrem Absterben durchgängige, meist luftführende Grobporen. Diese alten Wurzelbahnen sind für den Gasaustausch und das Bodenleben von großer Bedeutung, aber auch als vorgeformte Wege für eine künftige Durchwurzelung des Unterbodens. Nehmen diese Grobporen ab, können weniger Wurzeln in die Tiefe wachsen, wo in Trockenzeiten das Wasser aufgenommen werden muß. So entsteht eine negative Rückkopplung zwischen parasitärer Schädigung des Wurzelwachstums, Verschlechterung der Bodenstruktur und daraus folgend wiederum eine noch stärker verminderte Wurzelaktivität. Dieser sich selbst verstärkende Regelmechanismus kann nur dadurch gebrochen werden, daß mit der Wahl sanierender Vorfrüchte der Krankheitsbefall des Getreides begrenzt wird.

Abb. 42A stellt schematisch die Gesamtwirkung dieser Effekte auf den Weizenertrag dar. Mit steigendem Getreideanteil nimmt auch die Häufigkeit zu, mit der für Fußkrankheiten anfällige Getreidearten in der Fruchtfolge vertreten sind. Damit verstärkt sich auch die Wirkung der oben genannten Effekte und der Ertrag sinkt. Noch stärker wird der Weizenertrag vermindert, wenn der Anteil des Weizens selbst an der Getreidefläche steigt, d. h. die Anbaupausen zwischen Weizen und Weizen kürzer werden.

Diesen Sachverhalt kann man verallgemeinern. Je mehr die Fruchtfolgen mit Feldfrüchten angereichert sind, die eine bestimmte Gruppe von bodenbürtigen Schadorganismen fördern, und je mehr diese Feldfrüchte selbst in ihrer Ertragsbildung von diesen bodenbürtigen Schädlingen und Krankheitserregern geschädigt werden, desto stärker nehmen die Erträge dieser Feldfrüchte ab. Im Vergleich zu Fruchtfolgen, in denen zwischen anfälligen und nicht-anfälligen Feldfrüchten gewechselt wird, sinken die Erträge im Daueranbau der gleichen Frucht im Mittel etwa um 10 bis 50%, je nach »Selbstverträglichkeit« der Kulturpflanzenarten. Die Größe der möglichen Ertragseinbußen durch Daueranbau steigt etwa in der Reihenfolge: Mais < Sommergerste < Wintergerste, Winterroggen < Weizen < Hafer < Kartoffeln < Zuckerrüben < Ackerbohnen < Klee, Luzerne < Körnererbsen < Sonnenblume < Lein.

Darüber hinaus sind die Ertragseinbußen auch von den Standortsbedingungen abhängig, wie die Daten in Tabelle 22 zeigen. Mit abnehmender Standortsgunst, hier dargestellt durch die mittleren Kornerträge von Weizen, nahm in diesem Beispiel die Ertragsdepression zu, wenn der zeitliche Abstand zu negativ wirkenden Vorfrüchten kleiner und die Anbaukonzentration von Getreide größer wurden. Mit abnehmender Standortsgunst nehmen auch die Ertragsschwankungen stark zu. An den Grenzen der Anbaueignung eines Wuchsortes für eine bestimmte Feldfrucht, die meist durch die Bodenfruchtbarkeit (Wasser- und Nährstoffspeicherung des Bodens) und extreme Witterungsereignisse (Trockenheit, Nässe) gezogen sind, verstärken sich die Vorfruchtwirkungen. Biologischer Streß und Umweltstreß wirken dann, sich gegenseitig steigernd, zusammen.

5.5.2 Ertrags- und systemsichernde Maßnahmen

Abb. 42B zeigt in schematischer Darstellung zwei grundlegende Sachverhalte , nämlich daß
- mit steigender Anbaukonzentration einer Feldfrucht in der Regel auch deren Erträge sinken und daß
- die Größe der Ertragsdepression von den Standortsbedingungen und der Intensität der ertragssteigernden und ertragssichernden Anbaumaßnahmen abhängt.

Mit steigender Standortsgunst und steigender Anbauintensität wird der Ertragsabfall kleiner

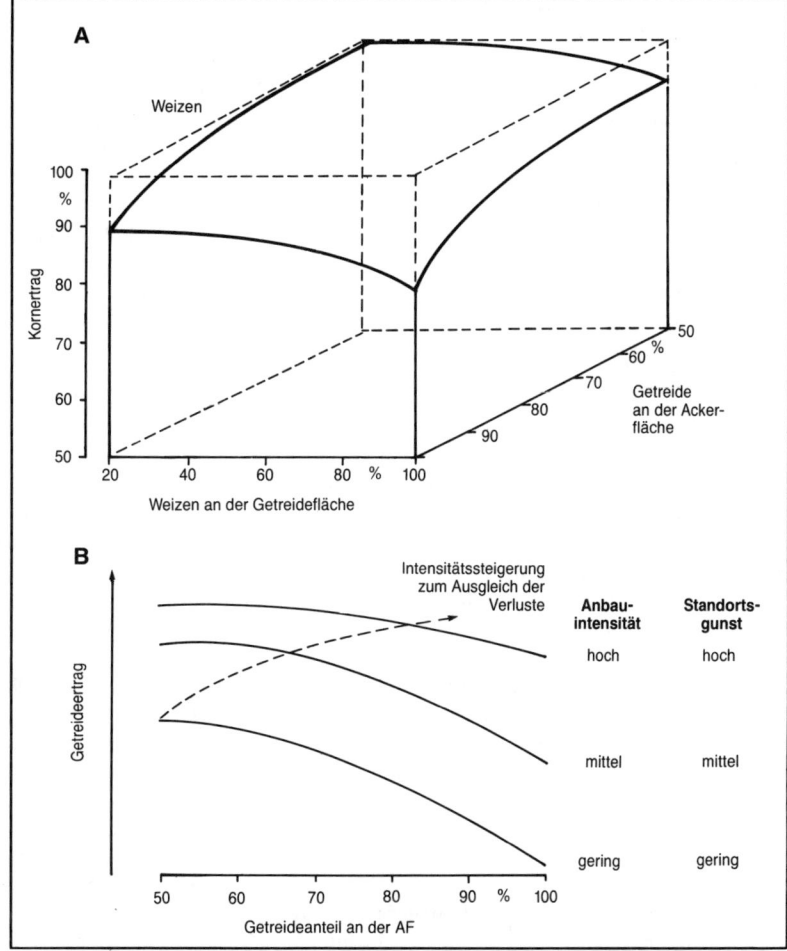

Abb. 42
Einfluß der Anbaukonzentration von Feldfrüchten auf den Ertrag:
A: Wirkung steigender Getreide- und Weizenanteile an der Ackerfläche auf den Weizenertrag (schematisch);
B: Einfluß von Standortsgunst und ertragssteigenden bzw. ertragssichernden Maßnahmen auf den Getreideertrag in Abhängigkeit von der Anbaukonzentration des Getreides (schematisch).

Tabelle 22   Wirkung unterschiedlicher Vorfruchtkombinationen auf den Weizenertrag (in dt/ha) in Abhängigkeit von der mittleren Ertragsleistung des Standorts (Mittelwerte zahlreicher Ertragserhebungen in der früheren DDR während der Jahre 1982–1985) [auszugsweise nach 47]

mittlerer Weizenertrag der Standortsgruppe		61,6[1])	54,4[2])	50,8[3])
Vorfrucht	Vor-Vorfrucht	relativer Weizenertrag		
Blattfrucht	–	Blattfrucht	100	100	100
Blattfrucht	–	Getreide	97	95	94
Getreide	–	Blattfrucht	94	91	91
Getreide	–	Getreide	86	83	74

[1]) Bodengruppe: Lö 1–2.
[2]) Bodengruppe: Al 1–2.
[3]) Bodengruppe: D 4–5 S.

und setzt erst bei einer höheren Anbaukonzentration ein. Dieser Sachverhalt macht es möglich, daß trotz häufigeren Anbaus einer Feldfrucht und trotz der dadurch vermehrten Fruchtfolgeschäden die Erträge steigen können, nämlich, wenn gleichzeitig mit der Ausweitung des Anbaus auch die Bodenfruchtbarkeit vermehrt wird, leistungsfähigere und gegenüber Krankheiten und Schädlingen resistentere Sorten gewählt sowie Produktionsmittel und -verfahren

119

benutzt werden, die ertragssteigernd (intensivere Bodenbearbeitung, verbesserte Aussaatverfahren, höhere Düngung und zusätzliche Beregnung) und ertragssichernd (chemischer Pflanzenschutz) wirken. Dieser Weg ist in Abb. 42B mit dem aufwärts gerichteten, gestrichelten Pfeil dargestellt worden. Auf die Risiken einer solchen Vorgehensweise für die Stabilität eines Agrarökosystems ist schon hingewiesen worden (Seite 51). Verstärkte Fremdregelung zur Reparatur von Fruchtfolgeschäden läuft den Zielen der Integrierten Pflanzenproduktion zuwider. Deshalb muß hier erörtert werden, ob und in welchem Umfang selbstregelnde Effekte im Zusammenhang mit der Gestaltung des Bodennutzungssystems insgesamt nutzbar gemacht werden können.

In Abb. 42A wurde für die **andauernde Selbstfolge** von Weizen ein maximaler Ertragsverlust von etwa 20% angegeben. Bemerkenswert ist an diesem Sachverhalt, daß der Ertragsverlust nicht größer ist, also nicht mit fortschreitendem Daueranbau zu immer größeren Ertragseinbußen führt, bis hin zur Unmöglichkeit, überhaupt noch Weizen anbauen zu können. Wie viele Versuche mit langjährigem Daueranbau von Weizen, Gerste und Roggen gezeigt haben, nimmt der Befallsdruck mit Fußkrankheiten in den ersten zwei, drei Jahren stark zu, dann aber im weiteren Verlauf des Daueranbaus wieder ab. Entsprechend verhält sich die Höhe der Ertragseinbußen. In den ersten Jahren fortgesetzten Anbaus von fußkrankheitsgefährdeten Getreidearten ist der Ertragsverlust am größten. Dann steigen die Erträge wieder, ohne allerdings je wieder das Ertragsniveau zu erreichen, das sich in einer Fruchtwechselwirtschaft einstellt.

Dieser Sachverhalt beweist exemplarisch, daß es hinsichtlich der Schadwirkung von Fruchtfolgekrankheiten einen *Selbstregelungseffekt* gibt. Mit zunehmender Dichte der Schadorganismen entwickeln sich Populationen von Mikroorganismen oder Tieren im Boden, die als Nahrungskonkurrenten, Hyperparasiten und Fresser oder echte, Hemmstoff ausscheidende Antibionten die Dichte und Aktivität der Schadorganismen herabregeln, gewissermaßen den Boden wieder entseuchen. Dieses Prinzip gilt allgemein, also auch für Erreger von Fruchtfolgeschäden bei anderen Feldfrüchten. Allerdings ist die Wirksamkeit dieses Prinzips, insbesondere bei tierischen Schädlingen (Nematoden) im Vergleich zu ihrer Schadwirkung gering. Darüber hinaus kann, wie z. B. im Falle des Erregers der

Schwarzbeinigkeit, mit dem Anbau einer Nicht-Wirtspflanze oder mit einer chemischen Bodenentseuchung die selbsttätige Begrenzung der Dichte und Pathogenität eines Schadorganismus sofort wieder unterbrochen werden.

Dieser Sachverhalt, wie auch die ökonomisch nicht annehmbaren Mindererträge durch Daueranbau einer Feldfrucht sprechen nicht für fortgesetzte Selbstfolgen von gleichartigen Feldfrüchten. Deshalb kann die an sich gewünschte Selbstregelung von parasitären Fruchtfolgeschäden vom Landwirt nicht genutzt werden. Ist er aus wirtschaftlichen Gründen zu einer hohen Anbaukonzentration bei einer bestimmten Feldfrucht oder Feldfruchtgruppe gezwungen, bleiben ihm nur die oben genannten Maßnahmen. Unter ihnen sind in der Integrierten Pflanzenproduktion alle diejenigen Eingriffe bevorzugt zu verwenden, die durch Herabregelung des Befallsdruckes die Schadenswahrscheinlichkeit vermindern, nicht nur den schon eingetretenen Befall begrenzen, wie das mit dem Einsatz chemischer Pflanzenschutzmittel angestrebt wird.

Zunächst ist nach der Wirkung derjenigen Eingriffe zu fragen, die der Landwirt in jedem Falle anwendet, nämlich **Stickstoffdüngung** und **Bodenbearbeitung.** Tabelle 23 enthält dafür ein Beispiel für den Fußkrankheitskomplex. Ohne Fungizideinsatz stieg sowohl in der Blattfrucht- wie in der Halmfruchtfolge mit steigender N-Düngung der Befallsindex des Weizens. Dieser Sachverhalt ist die Regel. Mit steigendem N-Angebot im Boden, sei es durch direkte Zufuhr oder aus bodenbürtigen Quellen, wird die Befallshäufigkeit über vermehrte Konidienbildung und Sporenkeimung z. B. des Erregers der Halmbruchkrankheit erhöht. Umgekehrt gibt es aber auch Fälle, in denen der Befall mit Schwarzbeinigkeit durch steigende Gaben von Ammonium-Düngern vermindert wird. Abgesehen davon, daß der Wirkungsmechanismus dieser Maßnahme noch nicht geklärt ist, deckt sich dieser Sachverhalt mit einer allgemeinen Erfahrung. Auf fruchtbaren, reichlich bodenbürtigen Stickstoff liefernden Böden ist die Schwarzbeinigkeit weniger verbreitet als auf Böden mit geringerem N-Umsatz und N-Angebot. Diese Differenzierung kann schon innerhalb eines Feldschlages eintreten, nämlich zwischen dem verdichteten Vorgewende und der Schlagmitte.

Die Daten in Tabelle 23 geben auch Auskunft über die Wirkung unterschiedlicher Bodenbearbeitung auf den Befall mit Fußkrankheiten. Da-

Tabelle 23 Wirkung von Stickstoffdüngung, Bodenbearbeitung, Fungizidbehandlung und Fruchtfolge auf dem Befall von Winterweizen mit Fußkrankheiten[1]), Bonitur im Milchreifestadium des Weizens 1989 [8]

Vorfrucht	Vor-Vorfrucht	Fußkrankheits-[2])bekämpfung N-Düngung (kg N/ha) Bodenbearbeitung[3])	Befallsindex[1])									
			ohne Fungizid					mit Fungizid				
			0	115	150	185	x̄	0	115	150	185	x̄
Winterraps	– Erbsen	LW	55,6	65,6	72,5	61,0	**63,7**	31,6	47,0	53,4	53,5	**46,4**
		FMW	30,6	47,6	50,9	51,3	**45,1**	36,6	35,5	21,0	25,3	**29,6**
Weizen	– Hafer	LW	51,5	69,9	74,9	83,8	**70,0**	52,3	45,8	49,5	52,1	**49,9**
		FMW	65,2	65,5	76,3	70,3	**69,4**	64,5	35,3	47,9	46,9	**53,2**
		x̄	**50,8**	**62,2**	**68,7**	**66,6**		**46,3**	**40,9**	**43,0**	**44,5**	

[1]) Befallsindex nach BOCKMANN (1963), 100 %: maximaler Befall, überwiegende Schaderreger: *Pseudocercosporella herpotrichoides, Fusarium* ssp. und *Rhizoctonia* ssp.
[2]) Prochloraz + Carbendazim.
[3]) LW: Lockerbodenwirtschaft,
FMW: Festboden-Mulchwirtschaft.

mit ist das Problem angesprochen, wie Stroh, Stoppel- und Wurzelreste behandelt werden sollen. Allgemein wird angenommen, daß tiefes Unterpflügen oder Verbrennen von infektiösem Material den Befallsdruck für Fußkrankheiten mindern. Zahlreiche Versuchsergebnisse haben aber gezeigt, daß solche Maßnahmen nur gelegentlich, in der Regel kaum den Fußkrankheitsbefall mindern. Sehr viel stärker wirkt eine Steigerung der biologischen Aktivität im Boden, so auch vermutlich in unserem Beispiel.

In der Blattfrucht-Folge wurde durch fortgesetztes Unterlassen einer tiefgreifenden wendenden Bodenbearbeitung (FMW) der Befallsindex des Weizens deutlich vermindert, in der Halmfrucht-Folge dagegen nicht. Mulchwirtschaft führt zu einer Anreicherung der oberflächennahen Bodenschicht mit organischer Substanz und steigert, schon allein durch das größere Sauerstoffangebot, die Aktivität des Bodenlebens. Diese Bedingungen können zu einem beschleunigten Abbau von infizierten Stroh- und Wurzelresten führen, vielleicht auch zu vermehrter Wirksamkeit des oben beschriebenen Entseuchungseffekts. Dieser Sachverhalt trifft sicher zu, wenn man die Bedingungen bedenkt, die mit tiefem Vergraben der infizierten Reste verbunden sind. Der relativ größere Sauerstoffmangel in der Bodentiefe verlangsamt die Strohrotte und fördert so das Überleben der Fußkrankheitserreger. Mit dem nächsten Pflügen kann dann infektiöses Material wieder an die Bodenoberfläche transportiert werden. Das erhöht den Befallsdruck für den nachfolgenden Weizen.

Wie die Daten in Tabelle 23 zeigen, hat das »Vergraben« der Erntereste selbst dann keine Befallsminderung gebracht, wenn Weizen auf Weizen folgte. Durch die höhere Anbaukonzentration des Weizens in der Halmfrucht-Folge war ein so hoher Befallsdruck entstanden, daß auch die höhere biologische Aktivität des gemulchten Bodens nicht reichte, um ihn stärker abzubauen. Dies gilt für die hier vorherrschenden Fußkrankheitserreger, hauptsächlich der Halmbruchkrankheit, nicht aber für den Erreger der Schwarzbeinigkeit. Seine geringe saprophytische Überlebensfähigkeit wird durch fortgesetztes Mulchen der Erntereste noch weiter beeinträchtigt und damit die Schwarzbeinigkeit vermindert.

Die Selbstregelungseffekte der reduzierten N-Zufuhr auf den Befall des Weizens mit Fußkrankheiten wurden in unserem Beispiel durch den Einsatz eines Fungizids aufgehoben. Da Schwarzbeinigkeit chemisch noch nicht bekämpfbar ist, könnte allenfalls gegen diesen Erreger die Stickstoffdüngung als Instrument verstärkter Selbstregelung genutzt werden. Doch fehlt es an ausreichender Information, um derartige Maßnahmen empfehlen zu können. Anders sieht es mit der flachen, nicht wendenden Bodenbearbeitung aus. Hier verdichten sich die Hinweise, daß durch fortgesetztes Mulchen der Erntereste der Befallsdruck der Fußkrankheiten gemindert werden kann.

In einseitigen Fruchtfolgen gilt der **Zwischenfruchtbau zur Gründüngung** mit Nicht-Wirtspflanzen als geeignetes Mittel, um parasitäre Fruchtfolgeschäden zu mindern. Zahlreiche Versuche mit Zwischenfrüchten vor Getreide, insbesondere Weizen, haben zwar mehr oder weniger deutliche Ertragssteigerungen gebracht, nicht aber in jedem Fall eine Reduzierung des Fußkrankheitsbefalls. Hier ist wieder zwischen den Erregern der Halmbruchkrankheit und der Schwarzbeinigkeit zu differenzieren. Letztere wird durch gesteigerte biologische Aktivität des Bodens deutlich vermindert, demnach durch alle Maßnahmen, die zu einer Intensivierung der Umsetzungsprozesse im Boden führen, also Zufuhr von organischen Düngern, insbesondere Gründüngung, aber auch intensivere Bodenlockerung, wenn sie die Durchlüftung des Bodens steigert und vor Witterungsperioden erfolgt, in denen aufgrund hoher Temperaturen höhere bodenbiologische Aktivität zu erwarten ist. Einen solchen Effekt kann z. B. die Kombination von mehreren, immer tiefer greifenden Stoppelbearbeitungsgängen mit nachfolgendem Zwischenfruchtbau haben.

Beim Erreger der Halmbruchkrankheit, der ja eine größere saprophytische Überlebensfähigkeit besitzt, sind die Zusammenhänge verwickelter, weil hier der Befall auch noch vom Entwicklungs- und Ernährungszustand der Getreidepflanzen beeinflußt wird. Gründüngung, die das bodenbürtige N-Angebot steigert, wirkt dann unter Umständen nicht befallsmindernd. Daß dennoch organische Düngung die durch enge Fruchtfolgen verursachten Ertragseinbußen zwar nicht vollständig, aber doch in erheblichem Umfang mindern kann, hängt mit ihrer allgemeinen Wirkung auf Bodenstruktur, Wasser- und Nährstoffangebot zusammen (siehe Tabelle 15, Seite 95 und Tabelle 23). Deshalb ist es grundsätzlich empfehlenswert, den Zwischenfruchtanbau mit Nicht-Wirtspflanzen so weit wie möglich auszudehnen. Weitaus wirkungsvoller bei der Verminderung des Befallsdrucks durch Fußkrankheiten ist eine mehrjährige Bodenruhe unter Feldgras, wie das Beispiel in Tabelle 24 zeigt. Als Ursache für die »entseuchende« Wirkung des Kleegrases auf den Halmbruchbefall des Weizens ist neben der Nicht-Wirtspflanzeneigenschaft vor allem die gesteigerte biologische Aktivität des Bodenlebens zu vermuten.

In diesen Zusammenhang gehört auch die Frage, ob und in welchem Umfang der kurzfristige Anbau von Nicht-Wirtspflanzen die Populationsdichte von pflanzenschädigenden Nematoden begrenzt. Auf die Wirkung nematodenresistenter Sorten von Senf und Ölrettich ist schon hingewiesen worden. Als Gründüngung vor Zuckerrüben angebaut, fördern sie zwar das Schlüpfen der Rübennematodenlarven, unterdrücken aber die Vermehrung. Dadurch kann die Populationsdichte des Rübennematoden auch in einer dreijährigen Rotation etwa auf dem gleichen Niveau gehalten werden. Beim Kartoffelnematoden gibt es solche Möglichkeiten noch nicht; allerdings stehen hier als »Feindpflanzen« nematodenresistente Kartoffelsorten zur Verfügung. Für das Getreidezystenälchen enthält Tabelle 25 ein Beispiel. In einer Fruchtfolge mit hohem Anteil an Sommergetreide wurde nur durch Strohdüngung, nicht aber durch Gründüngung die Zystendichte des Getreidenematoden gesenkt und zwar an dem feucht-kühlen Standort Puch mehr als in dem von Frühsommertrockenheit geprägten Brandhof. Zwischen der Populationsdichte des Nematoden und dem mittleren Kornertrag der 3 Getreidearten bestand in diesen beiden Fällen kein Zusammenhang. Deutlich ist nur die bodenfruchtbarkeits- und ertragssteigernde Wirkung der organischen Düngung.

Frühschließende und kampfkräftige Zwischenfruchtbestände können zur Regelung der Unkrautdichte beitragen. Wie das in Tabelle 26 angeführte Beispiel zeigt, wurde durch wiederholten Zwischenfruchtbau die relative Unkrautdichte vermindert. Diese Wirkung war bei flacher, nicht wendender Bodenbearbeitung deutlicher als mit Pflügen. In der Mulchwirtschaft war es nämlich trotz intensiven Herbizideinsat-

Tabelle 24 Wirkung von Kleegras in der Fruchtfolge auf den Befall des Weizens mit der Halmbruchkrankheit (Mittelwerte der Jahre 1959 und 1960 im Fruchtfolgeversuch Bärenrode, Harz) [nach 27]

Fruchtfolge A kranke Pflanzen (%)	Kartoffel – Hafer – **Weizen** – Rüben – Hafer – Wicken – **Weizen**	
	77,9	78,9
Fruchtfolge B kranke Pflanzen (%)	Kartoffel – Hafer – **Weizen** – Kleegras – Kleegras – Kartoffel – **Weizen**	
	44,7	6,6

Tabelle 25 Wirkung von Stroh- und Gründüngung auf die Populationsdichte des Getreide-zystenälchens und den Kornertrag von Getreide in der Fruchtfolge Winterweizen – Sommergerste – Hafer (Mittelwerte 1980–1983) [nach 42]

Ort	Puch[1]		Brandhof[2]	
Merkmal	Zysten je Biotestgefäß	Kornertrag dt/ha	Zysten je Biotestgefäß	Kornertrag dt/ha
Behandlung				
ohne organische Düngung[3]	24,6	42,8	5,8	47,9
nur Gründüngung[4]	28,3	47,3	5,3	50,1
Strohdüngung	16,5	48,3	4,5	45,2
Stroh- und Gründüngung[5]	18,3	50,9	4,1	49,5
Stallmist[6]	21,2	46,3	3,1	48,5

[1]) Löß-Parabraunerde, 8 °C ∅ Jahrestemperatur, 556 mm Niederschlag April–August, Landkreis Fürstenfeldbruck.
[2]) Pseudogley-Braunerde, 8,3 °C ∅ Jahrestemperatur, 351 mm Niederschlag April–August, Landkreis Neustadt-Aisch.
[3]) Stroh geräumt.
[4]) Mittel von 3 Zwischenfrüchten (Raps, Senf und Leguminosen).
[5]) Mittelwert wie in [4].
[6]) 300 dt/ha, alle 3 Jahre.

zes nicht gelungen, die von Jahr zu Jahr zunehmende Verunkrautung mit Quecke, Windhalm und anderen, durch fortgesetzten Getreideanbau geförderten Wildpflanzenarten ausreichend zu begrenzen. Dazu hat nicht nur die Anreicherung der oberflächennahen Bodenschicht mit Unkrautsamen und Queckenrhizomen beigetragen, sondern auch die geringere Kampfkraft des Ölrettichs. In der Mulchwirtschaft brachte er einen um 20% verminderten Grünmasse-Ertrag. Daraus folgt, daß nur dann von dem Zwischenfruchtbau eine wirksame Unkrautunterdrückung erwartet werden kann, wenn es gelingt, mit einem geeigneten Bestellverfahren dichte, lückenfreie Zwischenfruchtbestände zu erzeugen, deren Wüchsigkeit dann durch eine angemessene Stickstoffdüngung zu höchster Kampfkraft gefördert wird. Dies gelingt natürlich nur, wenn die Wasserversorgung der Zwischenfrucht ausreicht, sei es durch hohe Bodenvorräte oder ausreichende Niederschläge.

Soll die Konkurrenz der Zwischenfruchtpflanzen bewußt als Mittel der Unkrautbekämpfung genutzt werden, dann muß der Landwirt den Anbau von Zwischenfrüchten mit gleicher Sorgfalt und Intensität gestalten wie er es bei Hauptfrüchten gewöhnt ist.

Verunkrautung sieht der Landwirt bisher fast ausschließlich als ertragsgefährdendes Risiko. Das trifft auch zu, wenn kritische Dichten in bestimmten Phasen der Bestandesentwicklung von Feldfrüchten überschritten werden. Andererseits mehren sich die Hinweise, daß Wildpflanzen in Kulturpflanzenbeständen nicht nur nachteilige Wirkungen entfalten. Fehlen Unkräuter vollständig, so mangelt es unter Umständen auch an Nahrungsquellen für Insekten. Unter ihnen gibt es viele natürliche Feinde von Pflanzenschädlingen. Blattlausfressende Nützlingsgruppen wie Schweb- und Florfliegen oder Marienkäfer erreichen in der Regel bei größter Restverunkrautung ihre höchste Dichte. Das

Tabelle 26 Wirkung einer Gründüngung mit Ölrettich in Kombination mit unterschiedlich intensiver Bodenbearbeitung auf die relative Verunkrautung von Sommergerste nach dem Schossen in einer Weizen-Gerste-Fruchtfolge (Mittelwerte von 4 Jahren, Sandbraunerde, Müncheberg, frühere DDR) [nach 33]

Bodenbearbeitung	Lockerbodenwirtschaft[1]	Festboden-Mulchwirtschaft[2]
ohne Zwischenfrucht	100	408
mit Zwischenfrucht	90	207

[1]) Schälfurche (10–15 cm) – Saatfurche (20–25 cm).
[2]) Fräsen oder Scheiben (10–15 cm) – Fräsen oder Scheiben (10–15 cm).

bewirkt dann auch den stärksten Parasitierungsgrad bei Blattläusen sowie bei Eiern und Larven von Rübenfliegen und anderen Schädlingen. Wichtig sind vor allem Pollen- und Nektar-liefernde Pflanzen für die Ernährung und Fortpflanzung der Nützlinge. Bodenbedeckung durch Unkräuter fördert auch das Vorkommen räuberischer Laufkäfer und anderer schädlingsvernichtender Arthropoden. Unkräuter in spätschließenden Feldfruchtbeständen schaffen im Frühjahr beizeiten einen angemessenen Lebensraum und nach einer frühen Ernte ein Quartier für die Überwinterungsgeneration dieser räuberischen Nützlinge.

Welche Wirkungen eine verminderte Intensität der Unkrautbekämpfung auf das Schädlingsvorkommen haben kann, läßt sich aus dem Beispiel in Tabelle 27 ableiten. Im Extensiv-Landbau wurden keine Herbizide eingesetzt, im Integrierten Pflanzenbau nur, wenn es nötig erschien, und im Intensiv-Landbau stets und am stärksten. Entsprechend verhielten sich Dichte und Artenzahl der Ackerwildpflanzen: Im Extensiv-Landbau entwickelte sich die dichteste und artenreichste Unkrautflora, im Integrierten und Intensiv-Landbau waren Dichte und Artenreichtum deutlich geringer. Ackerschnecken wurden in keiner der 3 Intensitätsstufen direkt bekämpft. Die Daten in Tabelle 27 zeigen aber, daß, gemessen an den Fallenfängen, mit zunehmender Dichte der 3 räuberischen Laufkäferarten die Anzahl der gefangenen Nacktschnecken abnahm. Der Schluß liegt nahe, daß die Laufkäfer im Extensiv-Landbau mit höherer Verunkrautung bessere Lebensbedingungen gefunden haben und deshalb mehr Schneckeneier und Jungschnecken verzehren konnten. Diese besseren Lebensbedingungen können auch darin bestehen, daß den Nützlingen insgesamt ein vielfältigeres, längerfristiges und deshalb sichereres Nahrungsangebot geboten wird. Durch vermehrte Bodenbedeckung können z. B. Springschwänze und andere Beutetiere der Laufkäfer gefördert werden.

Die beschriebene Selbstregulierung der Schädlingsdichte ist kein spezifischer Unkrauteffekt. Er kann vom Landwirt auch durch pflanzenbauliche Eingriffe erzeugt werden. Anstelle von unkontrollierter Bodenbedeckung durch Wildpflanzen kann der gezielte Anbau von Untersaaten treten. Randstreifen mit lange blühenden Pflanzen, z. B. mit *Phacelia,* ersetzen blühende Unkräuter im Feldfruchtbestand. Diese und ähnliche Maßnahmen erhöhen die Vielfalt der möglichen Begrenzungsfaktoren in den heute so gleichförmigen Ackerfluren, die über große Flächen art- und zeitgleich von wenigen Feldfrüchten geprägt werden.

Größere Vielfalt in den Lebensräumen, die Schädlinge in ihrer Ausbreitung hemmt und den Aufbau von begrenzend wirkenden Nützlingspopulationen fördert, kann auf zwei Wegen erreicht werden: Innerhalb des Feldfruchtbestandes selbst durch gleichzeitigen Anbau unterschiedlicher Arten und Sorten und rund um den Feldfruchtbestand herum durch Anlage von Randstreifen mit der gleichen Art, dann aber z. B. mit einer früher blühenden Sorte, oder mit anderen Arten. Welche dieser beiden Vorgehensweisen die wirksamere Form der natürlichen Schädlingsbegrenzung ist, wird von Fall zu Fall verschieden sein.

Sortenmischungen bei Getreide sind ein brauchbares Mittel, um die Ausbreitung windbürtiger

Tabelle 27 Beziehungen zwischen Fangzahlen von Laufkäfern und Nacktschnecken in Abhängigkeit von Feldfrucht und Produktionsintensität (Barber-Fallen im Systemversuch Neuhof, Schwäbische Alb, 1981) [nach 39]

S: Anzahl gefangener Schnecken, überwiegend *Deroceras agreste*

F: Anzahl gefangener Carabiden *(Poecilus cupreus, Carabus granulatus, Carabus cancellatus),* deren Imagines im Frühjahr auftreten

Intensitätsstufe	Hafer		Kartoffeln	
	F	S	F	S
Extensiv-Landbau[1])	351	75	128	64
Integrierter Pflanzenbau[2])	16	150	19	136
Intensiver Landbau[3])	7	171	16	252

[1]) Ohne mineralische N-Düngung, ohne chemischen Pflanzenschutz.
[2]) Bemessung der N-Düngung nach Bodenvorrat, Pflanzenschutz bei Überschreitung von Schadschwellen.
[3]) Verstärkte N-Düngung, vorbeugender chemischer Pflanzenschutz.

Krankheitserreger, z. B. von Mehltau und Rost zu begrenzen. Werden Sorten, die gegenüber bestimmten Erregerrassen nicht oder weniger anfällig sind, mit stärker anfälligen gemischt, filtern die nicht anfälligen Pflanzen einen Teil der Sporen des Erregers ab und vergrößern den Abstand zwischen den anfälligen Pflanzen. Filter- und Dichteeffekt können bei Rasse-spezifischen Erregern den Krankheitsbefall bis zu 50% vermindern und damit eine Fungizidbehandlung überflüssig machen.

Mit in diesen Zusammenhang gehören alle Maßnahmen zur **Gestaltung der Ackerfluren.** Sie werden meist im Zusammenhang mit einer Flurbereinigung getroffen, zumindestens, so weit es die Anlage von Rainen, Hecken, Ufersäumen und Feldgehölzen betrifft. Diese naturnahen Lebensräume rund um die Feldfruchtbestände sind ein Rückzugsgebiet sowohl für Schädlinge wie Nützlinge. Wenn auch noch viele Kenntnisse über die Wechselwirkungen zwischen diesen »Regenerationszellen« in der Landschaft und der Selbstregelung von Schäden an den Feldfrüchten fehlen, so ist es schon jetzt geboten, diese Effekte im Integrierten Landbau in verstärktem Maße zu nutzen. Obwohl der Zwang zur Rationalisierung und weiteren Mechanisierung immer mehr zur Vereinheitlichung der Feldwirtschaft und zu einer Vergrößerung der Feldschläge drängt, kann auf Vielfalt in der räumlichen Anbaustruktur und in der zeitlichen Abfolge der Feldfrüchte nicht verzichtet werden. Es ist das wirksamste Mittel zur Stabilisierung des Produktions- und Agrarökosystems (siehe Kapitel 3).

5.5.3 Grundsätze der Fruchtfolge- gestaltung

Mit der Wahl von Art und Umfang der anzubauenden Feldfrüchte muß der Landwirt die Organisation seiner Feldwirtschaft zwei Voraussetzungen anpassen: Zum einen an die ökologischen und zum anderen an die ökonomischen Bedingungen seines Produktionsortes. Beide Komplexe bleiben über die Jahre nicht konstant, sondern unterliegen einem mehr oder minder starken Wechsel, den der Landwirt beachten muß.

Die regionale und lokale Ausprägung der **ökologischen Standortfaktoren,** – vereinfachend mit den Begriffen Klima, Boden, Geländegestalt und örtlich bedingtem Befallsdruck von Schädlingen und Pflanzenkrankheiten angesprochen –, bestimmt, welche Bodennutzungsart (Acker, Feldgras, Sonderkulturen und Grasland) und welche Feldfrucht überhaupt in Frage kommt, oder von der Leistung her die relativ vorzüglichste ist. So bleibt z. B. in niederschlagsreichen Höhenlagen mit rauher, kurzer Vegetationszeit, auf staunassen, schweren, nicht bearbeitbaren Böden, an Steilhängen und in überschwemmungsgefährdeten Tallagen nur die ausdauernde Grasnarbe als einzig mögliche Bodennutzungsart. In Klimaregionen ohne ausreichend lange und warme Vegetationszeit kommen ertragreiche Sorten von z. B. Sonnenblumen nicht sicher zur Reife. Dies sind absolute Grenzen für den Anbau. Weitaus häufiger bestimmt nur die relative Leistungsfähigkeit einer Kulturpflanzenart über ihre Anbaueignung. Die ökologisch am besten angepaßten Feldfrüchte bringen die höchsten Ernteerträge bei gleichzeitig geringsten Ertragschwankungen.

Innerhalb der ökologisch anbauwürdigen Kulturpflanzenarten bestimmen dann die **ökonomischen Bedingungen,** ob überhaupt und in welchem Umfang eine Feldfrucht angebaut wird. Deren Kriterien sind die Absatzchancen im Markt, der Deckungsbeitrag (d. h. der Wert der verkaufsfähigen Ware abzüglich der variablen Spezialkosten), die nicht mit Geld zu bewertenden innerbetrieblichen Leistungen z. B. von Koppelprodukten wie Stroh oder Rübenblatt, und die Ansprüche, die eine Feldfrucht an die verfügbare Arbeitsmacht, die Maschinen- und Gebäudeausstattung des Betriebes stellt.

Zwischen markt- und betriebswirtschaftlichen Vorgaben einerseits und ökologischen Standortbedingungen andererseits besteht eine enge Verflechtung. So zwingt z. B. ein größerer Flächenanteil von absolutem Grasland im Betrieb zu dessen Nutzung durch Rindviehhaltung. Diese wiederum zieht möglicherweise wieder Akkerfutterbau nach sich, wenn der Rauh- und Saftfutterbedarf während der Winterstallhaltung nicht gedeckt ist. Läßt der Standort erfolgreichen Maisanbau zu, liegt es nahe, daß der Landwirt vor allem diese leistungsstärkste Futterpflanze anbaut. Das wiederum kann zu einer Intensivierung der Viehhaltung führen mit der Folge, daß die vermehrte Gülleproduktion eine weitere Ausdehnung des Maisanbaus nach sich zieht.

Mit diesem Beispiel sollte auf die betriebswirtschaftlichen Vorgaben und Mechanismen hingewiesen werden, die auf die Organisation der Feldwirtschaft einwirken. In der Regel lassen sie dem Landwirt nur einen engen Entscheidungsfreiraum. Die Grundsätze, nach denen Fruchtartenverhältnis und Fruchtfolge gestaltet werden, sind bisher ausschließlich auf die Produktion und deren wirtschaftlichen Erfolg bezogen: Mit einer optimalen Anbaustruktur sollen die Feldfruchterträge möglichst gesteigert, mindestens langfristig auf einem hohen Niveau gehalten werden.

Dieses Ziel der Produktionssteigerung drängt zur Vereinfachung der Feldwirtschaft. Demnach dürften nur die jeweils leistungsfähigsten Feldfrüchte angebaut werden. Dem steht aber das Ziel der Nachhaltigkeit der Produktion entgegen. Um Fruchtfolgeschäden zu vermeiden oder um die Kosten zu deren Verminderung so gering wie möglich zu halten, muß der Landwirt Fruchtwechsel betreiben. Das zwingt ihn in manchen Fällen dazu, auch weniger leistungsfähige Feldfrüchte anzubauen. In welchem Umfang das notwendig ist, hängt von den jeweiligen Standortbedingungen und Produktionsverfah-

ren ab. Trotz der Langfristigkeit, mit der Fruchtfolgen ablaufen, bleibt deshalb die ständige Aufgabe, die pflanzenbaulichen Eingriffe an die Fruchtfolge und umgekehrt, die Fruchtfolge an die Fortschritte der Produktionstechnik anzupassen. Da dies in Abhängigkeit von den jeweiligen Standortbedingungen erfolgen muß, ergibt sich eine Vielzahl von verschiedenen Verfahrensweisen, die hier nicht beschrieben werden können.

5.5.3.1 Anbaukonzentration der Feldfruchtarten

Folgende Grundsätze sind auf die Gestaltung der Anbaustruktur anzuwenden:
Die **Anbaukonzentration** der einzelnen Feldfruchtarten wird durch den zeitlichen Mindestabstand begrenzt, der zwischen der Wiederkehr dieser Frucht nach sich selbst oder nach ähnlich

Tabelle 28 Maximale Anbaukonzentration für einzelne Feldfruchtarten bzw. -gruppen, wenn den Zielen der integrierten Pflanzenproduktion entsprochen werden soll (%-Anteile an der Ackerfläche, auf der eine einheitliche Fruchtfolge eingehalten wird).

Feldfrucht	Standortsbedingungen		Bemerkungen
	günstig	ungünstig	
Kartoffeln	33	25	nematodenresistente Sorten
Beta-Rüben[1]	33	25	
Körnerraps	33	25	
Beta-Rüben und alle Kruziferen[2]	33	25	
Körnererbsen	20	17	} in Folgen ohne
Ackerbohnen	25	20	Futterleguminosen
Körnerleguminosen insgesamt	25	20	
Luzerne, Rotklee	17	17	} bei zwei
Kleegras	33	33	Hauptnutzungsjahren
mehrjähriges Feldgras	100	100	{ nur auf die Grasjahre einer Feldwirtschaft bezogen
Sonnenblumen	17	12	
Lein	14	12	
Weizen	33	25	
Wintergerste	40	33	
Roggen, Triticale	50	33	
Wintergetreide insgesamt[3]	75	67	{ in Folgen ohne Hafer und Sommer-Gerste
Sommergerste	50	33	
Hafer	25	25	
Sommergetreide insgesamt[4]	50	50	{ in Folgen ohne Wintergetreide
Getreide insgesamt	75	75	
Körnermais	50	33	} in Folgen ohne
Silomais	40	25	mehrjährigen Feldgrasbau

[1] Futter- und Zuckerrüben.
[2] Raps, Rübsen, Kohlrübe, Stoppelrübe, Futter- und Gemüsekohl im Hauptfrucht-, Zweitfrucht und Winterzwischenfruchtbau.
[3] Alle Getreidesorten außer Hafer.
[4] Hafer und Sommergerste.

reagierenden Kulturpflanzenarten eingehalten werden sollte. Er kann umso kürzer sein, je günstiger die Standortbedingungen für den Anbau der Feldfrucht sind. Aus der einzuhaltenden Anbaupause läßt sich der prozentuale Anteil einer Feldfrucht an der gesamten Ackerfläche, auf der die gleiche Fruchtfolge eingehalten wird, errechnen.

Den **Richtwerten** in Tabelle 28 liegen Erfahrungen aus der Praxis und langjährigen Fruchtfolgeversuchen zugrunde. Sie orientieren sich nicht ausschließlich an der Vorgabe, Fruchtfolgeschäden auszuschließen, sondern berücksichtigen auch andere Fruchtfolgeeffekte, nicht zuletzt auch die ökonomische Bedeutung einiger Feldfrüchte. Wenn z. B. für Kartoffeln ein maximaler Flächenanteil von 33% angegeben wird, dann bedeutet das nicht, daß bei dieser Anbaukonzentration jede Vermehrung von Kartoffelnematoden ausgeschlossen wäre. Doch ist die zu erwartende Ertragseinbuße durch Nematodenbefall noch so gering einzuschätzen, daß eine chemische Entseuchung des Bodens nicht notwendig ist und andere Gründe, wie Vorfruchtwert und wirtschaftliche Leistung der Kartoffeln, den genannten maximalen Flächenanteil zulassen.

Die in Tabelle 28 genannten Grenzen erhöhen sich geringfügig, wenn es sich nicht um einzelne Feldfrüchte, sondern um Gruppen gleichartiger Feldfrüchte handelt. Wie schon gesagt, reagieren einige Feldfrüchte auf steigende Anbaukonzentration hinsichtlich der Ertragsbildung weniger empfindlich als andere, so z. B. Ackerbohnen weniger als Körnererbsen, Winterroggen und Wintergerste weniger als Weizen. Deshalb kann der gemeinsame Flächenanteil der Feldfruchtgruppe etwas größer sein. Allerdings ist zu beachten, daß damit der mögliche Befallsdruck durch Fruchtfolge-spezifische Schadorganismen ebenfalls steigt.

Körnermais kann mit einem größeren maximalen Flächenanteil angebaut werden als Silomais. Das hängt mit der etwas geringeren Belastung der Bodenstruktur bei den Erntearbeiten und der größeren Menge an organischer Substanz zusammen, die nach der Körnermaisernte auf dem Felde verbleibt und stärker zur Regeneration der Bodenstruktur beiträgt. Daß es für Feldgras keine Begrenzung in der Anbaukonzentration gibt, beruht auf den gleichen Prozessen der Selbstregelung, die auch im Dauergrasland wirksam sind. Auf diese Mechanismen wurde schon im Zusammenhang mit der Verminderung des Befallsdruckes mit Erregern von Fuß-krankheiten bei Weizen hingewiesen. Viele Fruchtfolgeschäden lassen sich in Feldgraswirtschaften stärker und nachhaltiger begrenzen als in reinen Ackerbauwirtschaften. Unter mehrjährigem Futterbau kommt es zu einer Anreicherung des Bodens mit organischer Substanz, zu vermehrter Krümelbildung und zu erhöhter biologischer Aktivität. Wenn es die ökonomischen Bedingungen zulassen, sollte im Integrierten Landbau auf dieses höchstwirksame Mittel zur Stabilisierung des Produktions- und Agrarökosystems nicht verzichtet werden.

5.5.3.2 Abfolge der Feldfrüchte

Bei der Gestaltung der zeitlichen Abfolge der Feldfrüchte, also der **Fruchtfolge,** muß der Landwirt zwischen mehreren, teils sich widersprechenden Vorgaben abwägen.

Ein vorrangiger Grundsatz ist es, mit der Wahl der Feldfrüchte und den daraus zu bildenden Vorfrucht-Nachfrucht-Kombinationen anzustreben, daß die am Wuchsort gebotenen **Wachstumsfaktoren** möglichst vollständig genutzt werden. Je mehr von der Energieeinstrahlung einer Vegetationszeit in Pflanzenwachstum umgesetzt wird, desto produktiver ist das Bodennutzungssystem. Gleiches gilt auch für im Boden gespeichertes Wasser und für alle Nährstoffe, die im Boden leicht beweglich und von Verlust bedroht sind. Besondere Beachtung verlangen alle Stickstoffverbindungen im Boden, die ausgewaschen oder gasförmig entbunden werden können. Deshalb sind solche Vorfrucht-Nachfrucht-Paare bevorzugt zu verwirklichen, bei denen die Dauer der Zwischenbrache möglichst kurz ist. Als Beispiele seien genannt: Wintergerste – Winterraps, Zuckerrüben – Winterweizen, Spätkartoffeln – Winterroggen und Grünroggen oder Grünraps als Winterzwischenfrucht vor Kartoffeln oder Silomais.

Am stärksten verkürzt sich die Zeitspanne ohne geschlossenen Feldfruchtbestand, wenn die Nachfrucht schon als **Untersaat** in der Vorfrucht herangewachsen ist. Auf diese Weise werden häufig mehrjährige Futterpflanzenbestände begründet. Eine weitere Maßnahme ist das Pflanzen von Mais, Kohlrüben oder Markstammkohl in die Stoppel abgeernteter Winterzwischenfrüchte oder früh räumender Wintergerste. Alle Formen des Zwischenfrucht- und Zweitfruchtbaues dienen dem Ziel einer vollständigeren Nutzung der am Wuchsort verfügbaren Wachstumsfaktoren. Ein Sonderfall ist der Anbau von Zwischenfrüchten zur Konservierung von pflanzenverfügbarem Stickstoff im System, mit dem umweltbelastende Nitratverluste vermieden werden sollen.

Das an sich erstrebenswerte Ziel einer vollständigen Nutzung der Vegetationszeit und darüber hinaus einer ganzjährigen Bodenbedeckung kann dann nicht verfolgt werden, wenn eine längere Schwarzbrache notwendig ist, um ausdauernde Wildpflanzenarten wie z. B. die Quecke, mehrfach mechanisch zu bekämpfen. Das gilt auch für eine wirksame Kontrolle des Durchwuchses von unerwünschten Kulturpflanzen, wie Ausfallraps und -getreide. Ferner bedingt der Anbau einer Sommerung, daß zwischen Vor- und Nachfrucht eine mehrmonatige Anbaupause entsteht. Schwarzbrache während der Herbst- und Wintermonate kann leicht durch Anbau einer Zwischenfrucht zur Gründüngung vermieden werden. Es genügt schon, die Zwischenfrucht im Herbst stehen zu lassen und den vom Frost abgetöteten Bestand im Frühjahr flach einzumulchen. Voraussetzung dafür ist die Wahl einer Zwischenfrucht, die vor dem Winter blüht oder nicht winterfest ist.

5.5.3.3 Fruchtwechsel

Fruchtwechsel zwischen Kulturpflanzenarten, die nicht von den gleichen bodenbürtigen Schadorganismen befallen werden, ist ein wirksames Mittel, um den Befallsdruck für die danach folgende anfällige Feldfrucht abzubauen. Die Dichte der Schaderreger-Population wird umso stärker herabgesetzt, je länger der zwischenzeitliche Anbau von Nicht-Wirtspflanzen andauert. Hier verdient der sog. **Doppelfruchtwechsel** stärkere Beachtung. Anstelle von Zuckerrüben – Winterweizen – Kartoffeln – Winterroggen sollten die beiden Blattfrüchte und Halmfrüchte jeweils zu einem Block vereinigt werden: Zuckerrüben – Kartoffeln – Winterweizen – Winterroggen. Dadurch wird der Fußkrankheitsbefall des Weizens erheblich stärker vermindert als im einfachen Fruchtwechsel, in dem die Anbaupause für Getreide nach dem ebenfalls fußkrankheitsfördernden Roggen nur ein Jahr beträgt. Grundsätzlich gilt, daß der leistungsstärkere und auf Fußkrankheiten deutlicher reagierende Weizen eine bessere Stellung bekommt als Wintergerste und Winterroggen. Diese sollten stets unmittelbar auf den Weizen folgen, damit die Anbaupause vor Weizen möglichst lang wird.

Auf die sanierende Wirkung von Kleegras und Grassamenbau wurde schon hingewiesen. Wenn der Betrieb keine Verwertung für Rauhfutter hat, besteht heute die Möglichkeit, eine einjährige Grünbrache als zweites Feld nach einer Blattfrucht in die Fruchtfolge einzuführen. Diese einjährige »Rotationsbrache« wird finanziell von der EG gefördert und muß begrünt sein. Am vorteilhaftesten ist der Anbau eines Kleegrasgemenges mit langsam wachsenden Arten,

Tabelle 29 Bewertung von Fruchtfolgepaaren

Nachfrucht	Vorfrüchte	
	günstig	ungünstig
W.-Raps	W.-Gerste, Körnererbse, Kartoffel[1]), Kleegras[2])	alle späträumenden Getreidearten
W.-Weizen	W.-Raps, Zuckerrüben, Ackerbohnen, Kleegras, Kartoffeln, Mais (Hafer)	S.-Gerste, S.-Weizen, W.-Gerste W.-Roggen
W.-Gerste	W.-Raps[3]), Körnererbsen[3]), Hafer[3])	S.-Gerste, W.-Roggen
Hafer	alle Wintergetreidearten	S.-Gerste und alle Blattfrüchte[4])
Mais	Zuckerrüben, Kartoffeln, Kleegras, Winterzwischenfrüchte, Getreidearten	Körnerleguminosen[5])
Zuckerrüben	alle Getreidearten	Körner- und Futterleguminosen[5]), Feldgras, mit Gülle gedüngter Mais
Kartoffeln	alle Getreidearten, Kleegras, Gras, Winterzwischenfrüchte	Körner- und Futterleguminosen, mit Gülle gedüngter Mais[5])

[1]) Mittelfrühe Kartoffelsorten.
[2]) Umbruch im Juli.
[3]) Nur auf nicht weizenfähigen Standorten.
[4]) Außer späträumenden und bei Nässe geernteten Zuckerrüben, die eine Bestellung von Winterweizen nicht ratsam erscheinen lassen.
[5]) Hohes Risiko für Stickstoffverluste durch Auswaschung.

das während der Vegetationszeit nur einmal geschlegelt werden muß.

5.5.3.4 Fruchtfolgepaare, Zweit- und Zwischenfrüchte

Die auf die Fruchtfolgegestaltung anzuwendenden Grundsätze kann man in Form »günstiger« und »ungünstiger« Fruchtfolge**paare** darstellen (Tabelle 29). Zuckerrüben, Kartoffeln oder Mais nach Körner- oder Futterleguminosen anzubauen, erhöht das Risiko von Stickstoffverlusten durch Auswaschung von im Herbst mineralisiertem Stickstoff.

Alle anderen ungünstigen Folgen lassen sich mit zu kurz bemessenen Fristen zwischen Ernte und Aussaat oder mit erhöhtem Risiko von Fruchtfolgeschäden erklären.

Im Integrierten Landbau sollte jede Möglichkeit zum Anbau von **Zweit-** und **Zwischenfrüchten** genutzt werden. Diese Forderung stößt allerdings in vielen Fällen auf standortabhängige und betriebswirtschaftliche Grenzen: Nur ein gelungener Zwischenfruchtbau kann die ihm zugedachten **Aufgaben** erfüllen. Diese seien hier und in Tabelle 30 nochmals aufgeführt:

- Produktion von Rauh- und Saftfutter für die Viehhaltung eines Betriebes,
- Stabilisierung und, wenn möglich, Steigerung der Erträge der in einem Bodennutzungssystem vereinigten Feldfrüchte durch Erhöhung der Menge leicht umsetzbarer organischer Bodensubstanz, Begrenzung fruchtfolgespezifischer Schadorganismen sowie Unterdrückung von unerwünschten Kultur- und Wildpflanzen,
- Erfüllung von Bodenschutzauflagen zur Ver-

Tabelle 30   Übersicht über Verfahren des Zweit- und Zwischenfruchtbaues

Verfahren	Verfahrensmerkmale	Feldfrüchte	Verfahrensziele
Untersaat	Herbsteinsaat unter Wintergetreide	ausdauernde Gräser[1]	Samenproduktion, Hauptfruchtfutterbau
	Frühjahrseinsaat in Winter- oder Sommergetreide und kurzlebigen Sommerfutterbau[2]	Kleegrasgemenge, Rotklee, Luzerne	Hauptfruchtfutterbau
	Frühsommereinsaat in Mais und Ackerbohnen	einjähriges Weidelgras, Senf	Nitratausschöpfung (Bodenschutz)
Stoppelsaat sehr früh	massenwüchsige Futterpflanzen nach frühräumendem Wintergetreide, Ernte und Umbruch vor Winter	Körnerleguminosen[3], Mais, Hirse, Sonnenblume, Futterkohl[4], Stoppelrüben	Futterproduktion für Wiederkäuer (Gründüngung)
später	spätsaatverträgliche Futter- und Zwischenfruchtpflanzen, Ernte und Umbruch vor Winter	Ölrettich, Raps, Senf	Gründüngung (Futterproduktion)
sehr spät	spätsaatverträgliche Zwischenfruchtpflanzen, überwinternd, Frosttod	Ölrettich, Senf, Phacelia	Bodenschutz im Winter, Nitratausschöpfung, Gründüngung
Winter-zwischen-frucht	sorgfältige Bestellung nach Getreidevorfrucht	Winterraps, Futterroggen, Landsberger Gemenge[5]	Futterproduktion für Wiederkäuer
Zweitfrucht früh	nach W.-Zwischenfrucht mit üblicher Bestellung	Silomais, Spätkartoffeln, Markstammkohl	Marktfrucht- oder Futterproduktion
spät	nach frühräumendem Getreide im Pflanzverfahren	Kohlrübe, Futterkohl[4], Silo-, Körnermais, Hirse	Futterproduktion

[1]) Knaulgras, Rotschwingel u. a.
[2]) Getreide zur Silageproduktion.
[3]) Lupinen, Ackerbohnen Erbsen, Wicken.
[4]) Markstammkohl u. a.
[5]) Winterwicken, Inkarnatklee, Welsches Weidelgras.

hütung von Nitrateintrag in das Grundwasser und Bodenabtrag durch Erosion.

Daß mit steigenden Zwischen- und Zweitfruchterträgen die Futtergrundlage für die Viehhaltung verbessert wird, liegt auf der Hand. Aber auch die beiden anderen Ziele werden umso besser erreicht, je produktiver der Zweit- und Zwischenfruchtbau gestaltet wird. Die Daten in Tabelle 31 zeigen z. B., daß mit steigendem Zwischenfruchtertrag auch der Zuckerrübenertrag zunahm. Eine solche positive Nachwirkung ist bei den Intensiv-Blattfrüchten mit langer Vegetationszeit, also bei Spätkartoffeln und Zuckerrüben am höchsten, bei Getreidenachfrüchten häufig enttäuschend gering. Entnahme des oberirdischen Aufwuchses zur Futternutzung mindert zwar den positiven Vorfruchteffekt, aber nicht in dem Maße, daß er bedeutungslos gering würde. Auch für die anderen genannten Zwecke gilt, daß mit steigendem Massenwuchs der Zwischenfrüchte mehr auswaschungsgefährdetes Nitrat festgelegt, früher und wirksamer der Boden vor Erosion geschützt und nachhaltiger Unkraut und Kulturpflanzendurchwuchs unterdrückt wird.

Das Gelingen des Zwischenfruchtbaues ist an standörtliche und produktionstechnische Mindestvoraussetzungen gebunden. Je früher die Vorfrucht, – meist Getreide –, räumt, desto mehr Tage können die Zwischenfruchtpflanzen zum Wachstum nutzen. Dabei ist die noch in die Sommermonate fallende **Zeitspanne** die produktivste: Hohe Temperaturen ermöglichen auch hohe Zuwachsraten. Als untere Grenze für ausreichendes Wachstum werden 50 Tage mit Tagesmitteltemperaturen oberhalb von 9° C angesehen. Um die produktive Zeitspanne möglichst vollständig zu nutzen, sollten Stoppelsaaten unmittelbar nach der Getreideernte bestellt werden. Bodenbearbeitung und Aussaat in wenigen Tagen nach der Ernte, u. U. noch während die anderen Feldschläge geerntet werden, verlangen vom Betrieb nicht nur eine ausreichende maschinelle Schlagkraft, sondern auch eine außergewöhnliche Beanspruchung der vorhandenen Arbeitskraft. Trotz der gebotenen Eile sollte die Stoppelsaatbestellung mit unverminderter Sorgfalt erfolgen: Ausreichende Tiefenlage und vollständige Bedeckung der Samen sind besonders dann erforderlich, wenn der Boden wegen hohen Verdunstungsanspruches der Atmosphäre rasch austrocknet.

Während einer 50tägigen Vegetationsperiode verbraucht ein geschlossener Zwischenfruchtbestand etwa 200 mm Wasser. Deshalb gelingt der Anbau in der Regel nur, wenn die mittleren **Niederschläge** während der Monate August und September diesen Wasserbedarf decken oder zumindest ausreichende Wasservorräte im Boden gespeichert sind. Bei unzureichender Wasserversorgung können Zwischenfruchtbestände die Bodenfeuchte in der Krume so erschöpfen, daß die Bestellung und der Feldaufgang von nachfolgendem Wintergetreide beeinträchtigt werden.

Hohe **Bestandesdichten** und eine angemessene Stickstoffversorgung sind weitere Voraussetzungen für rasches Wachstum und frühes Schließen. Je später die Aussaat der Zwischenfrucht erfolgt und je unvollkommener das Saatbett bereitet wurde, desto höher muß die Saatmenge gewählt werden. Im Vergleich zu Hauptfrüchten liegt die Saatmenge bei Zwischenfrüchten ohnehin schon höher. Hinsichtlich der **Stickstoffdüngung** gilt, daß nur in Ausnahmefällen die pflanzenaufnehmbare N-Menge im Boden so groß ist, daß kein Düngungsbedarf besteht. Deshalb ist in der Regel eine Gabe von bis zu 50 kg N/ha notwendig. Dieser Bedarf kann selbstverständlich auch mit einer frühen Güllegabe im August gedeckt werden (Abb. 34, Seite 97). Bei Untersaaten, die zur Festlegung von Nitrat in Ackerbohnen oder Mais angebaut werden, sollte jede zusätzliche N-Düngung unterbleiben.

Tabelle 31   Beziehungen zwischen Höhe des Zwischenfruchtertrages und dem Zuckerertrag der nachfolgenden angebauten Zuckerrüben (Mittelwerte von 3 Versuchen auf Löß-Parabraunerde bei Göttingen)

| | Zwischenfrüchte | | | | |
	keine	Weidelgras	Saatwicke	Ölrettich	Phacelia
Zwischenfruchtertrag dt TM/ha	–	7,6	9,5	19,7	23,9
bereinigter Zuckerertrag dt/ha	74,5	75,1	76,2	79,6	78,0

Die der Zwischenfrucht gegebene Stickstoffmenge muß auf den N-Düngungsbedarf der Nachfrucht ganz oder teilweise angerechnet werden. Wieviel von dieser Zufuhr für die Nachfrucht verfügbar wird, hängt von den Witterungs- und Bodenbedingungen ab und ist nicht immer sicher einzuschätzen. Häufig wird die N-Düngung zur Nachfrucht – ohne Rücksicht auf die Mengen, die aus den organischen Rückständen der Zwischenfrucht im Verlauf der Vegetationszeit noch freigesetzt werden können – zu hoch bemessen. Damit werden nicht selten die möglichen positiven Nachwirkungen des Zwischenfruchtbaus völlig überdeckt. Diese zeigen sich nur bei verhaltener N-Zufuhr zur Nachfrucht.

Tabelle 30 gibt einen Überblick über die **Verfahren** des Zweit- und Zwischenfruchtbaus. Untersaaten wurden bisher fast ausschließlich zur Begründung von ausdauernden Futterpflanzenbeständen verwendet, also von Klee, Luzerne, Gras und deren Gemenge.

Die Risiken des Verfahrens liegen in den Wechselwirkungen zwischen Deckfrucht und Untersaat. Wird die Untersaat nicht gleichzeitig mit der Deckfrucht gesät, muß sie ohne ausreichende Saatbettbereitung in dem schon wachsenden Deckfruchtbestand begründet werden. Die Aussaat erfolgt dann meist breitwürfig auf die Bodenoberfläche mit nachfolgendem Eggenstrich. Sie gelingt nur sicher, wenn nachfolgende Niederschläge für eine ausreichende Feuchte in der obersten Bodenschicht sorgen. Entwickelt sich die Deckfrucht zu üppig und lagert sie schon frühzeitig, wird die Untersaat durch Lichtmangel unterdrückt. Verzögert sich wegen anhaltender Niederschläge die Getreideernte, dann wächst die Untersaat durch und erschwert die Ernte der Deckfrucht.

Diese unerwünschten Wechselwirkungen kann und muß der Landwirt steuern, nämlich durch die Wahl der Deckfrucht, deren Ansaatstärke und N-Düngung einerseits und des Saatzeitpunktes für die Untersaat andererseits. Daher ist das Verfahrensziel ausschlaggebend: Soll für kommende Hauptnutzungsjahre ein ausdauernder Futterpflanzenbestand begründet werden, so hat der Deckfruchtbestand eine dienende Funktion. Die Intensität der Bestandesführung muß dann vermindert, Bestandesdichte und N-Düngung reduziert und bei der Wahl der Herbizide Rücksicht auf die Verträglichkeit für den Untersaatbestand genommen werden. Alle Maßnahmen sind darauf gerichtet, daß die Deckfrucht nicht lagert.

Soll dagegen die Untersaat nur zu Zwecken des Bodenschutzes in hochwüchsigen, standfesten Feldfrüchten mit weitem Reihenabstand angebaut werden, dann hat die Deckfrucht Vorrang. Um ihr keine zu starke Konkurrenz zu machen, wird die Untersaatfrucht erst spät eingesät, bei Mais etwa nach dem Erreichen des 6-Blatt-Stadiums, bei Ackerbohnen kurz vor der Blüte. Das macht eine vorangehende Unkrautbekämpfung möglich. Bei der Wahl des Bekämpfungsverfahrens muß Rücksicht auf die einzusäende Untersaat genommen werden. Am besten hat sich die Nachauflaufbehandlung mit einem Kontaktherbizid in den Reihen in Kombination mit Hacken zwischen den Reihen der Deckfrucht bewährt. Bei geringerem Unkrautdruck können die Ackerwildpflanzen innerhalb der Reihen auch durch Verschütten bekämpft werden, also durch Häufeln wie bei Kartoffeln.

Die **Ertragsleistungen** von Stoppelzwischenfrüchten schwanken meist stärker als die von Untersaaten. Das hängt mit der im Hochsommer oft nicht ausreichenden Wasserversorgung zusammen. Am sichersten und höchsten sind die Erträge von Winterzwischenfrüchten und Zweitfrüchten. Sie werden in der Regel nach einer tiefgreifenden Bodenbearbeitung und mit der gleichen Sorgfalt wie eine Hauptfrucht bestellt. Maschinelles Auspflanzen von zuvor angezogenen Zweitfruchtpflanzen ist auch in die unbearbeitete Stoppel möglich. Das erfordert meist die vorherige Anwendung eines nicht-selektiven Herbizides, um möglichen Durchwuchs der Vorfrucht zu verhindern. Gepflanzte Zweitfruchtpflanzen haben mit ihrer relativ großen Blattfläche und dem unzureichenden Boden-Wurzel-Kontakt von Anfang an einen hohen Wasserbedarf. In Trockenperioden muß dieser durch Bewässerung gedeckt werden.

Die **ökonomische Leistung** der Zwischenfrüchte, die nicht zur Futterproduktion angebaut werden, wird nicht selten negativ beurteilt. Tatsächlich deckt der Mehrertrag der unmittelbar auf die Gründüngung folgenden Nachfrucht in vielen Fällen nicht die Kosten des Zwischenfruchtbaues. Unbewertet bleiben dabei die langfristigen Wirkungen, die zur Verbesserung der Bodenstruktur, zu stärkerer Unterdrückung von unerwünschten Wild- und Kulturpflanzen und zu vermehrten Effekten der Selbstregelung wie Förderung des Bodenlebens und von Nützlingen führen. Es sind gerade diese Wirkungen, die den Zwischenfruchtbau zu einem unverzichtbaren Instrument in einer Integrierten Pflanzenproduktion machen.

5.5.4 Umsetzung integrierter Bodennutzungssysteme in die Praxis

Aus den Forderungen nach einem Höchstmaß an Fruchtfolge-Vielfalt und der bestmöglichen Nutzung aller schadensbegrenzenden Selbstregelungsprozesse in einem Agrarökosystem läßt sich theoretisch ohne Mühe ein ideales Bodennutzungssystem ableiten: Es müßte eine Feldgraswirtschaft sein, in der sich mehrjähriger Kleegrasbau (Grasjahre) mit dem Anbau *aller* an diesem Produktionsort anbauwürdigen Intensiv-Blattfrüchte und Getreidearten abwechselt, ferner jede ausreichend lange Anbaupause zum Zwischenfruchtbau genutzt wird.

Eine solche **Organisationsform** der Feldwirtschaft ist noch nicht einmal in jedem Fall in biologisch wirtschaftenden Betrieben verwirklicht: Die ökonomischen Zwänge begrenzen die mögliche Vielfalt von Feldfrüchten auf solche, deren ökonomische Leistungen annehmbar sind und auf die aus innerbetrieblichen Gründen nicht verzichtet werden kann. Deshalb sollen anstelle utopischer Entwürfe einige Beispiele erörtert werden, wie z. Z. bestehende Bodennutzungssysteme den Forderungen einer Integrierten Pflanzenproduktion angepaßt werden könnten. So sehr es das Ziel dieses Verfahrenskonzeptes ist, die bisherigen ökonomischen Leistungen eines Bodennutzungssystems nicht zu vermindern, so werden schon allein die Überlegungen zur Fruchtfolge zeigen, daß es in jedem Falle auf eine Extensivierung der bisherigen Bodennutzungssysteme hinausläuft.

Auf erosionsgefährdeten Lößböden sind Ackerbaubetriebe mit einer Rübenquote dazu übergegangen, in der üblichen Folge Zuckerrüben – Winterweizen – Wintergerste die Gerste durch Weizen zu ersetzen. Der Anbau von »Stoppelweizen« ermöglicht eine Ausssaat schon im September, doch ist die an sich günstig zu beurteilende Frühsaat durch starken Befall mit Fußkrankheiten gefährdet. In manchen Jahren können die letzte Generation der Fritfliege und Blattläuse als Überträger des Gelbverzwergungsvirus großen Schaden anrichten. Auch höherer Sattelmückenbefall wurde beobachtet. Intensiver Einsatz von Fungiziden und Insektiziden ist daher notwendig, um den Stoppelweizen zu befriedigenden Erträgen zu führen.

Für den Integrierten Landbau könnte man sich folgende Problemlösung vorstellen: Wenn die relative Anbaufläche der Zuckerrüben von etwa 33% aus ökonomischen Gründen beibehalten werden muß und für Wintergerste keine innerbetriebliche Verwendung (Schweinemast) besteht, dann könnte das Bodennutzungssystem nur mit dem Anbau von Körnerleguminosen und Winterroggen erweitert werden. Voraussetzung dafür ist aber, daß mit diesen Feldfrüchten Deckungsbeiträge erwirtschaftet werden können, die an die des Stoppelweizens heranreichen. Die erweiterte Fruchtfolge enthält nur noch 28,6% Zuckerrüben und lautet wie folgt: Zuckerrüben – Winterweizen – Winterroggen (Zwischenfrucht-Stoppelsaat) – Ackerbohnen (Zwischenfrucht-Untersaat) – Zuckerrüben – Winterweizen – Winterroggen (Zwischenfrucht-Stoppelsaat).

Als Vorfrucht zu Zuckerrüben müssen Zwischenfrüchte gewählt werden, die die Rübennematodenpopulation begrenzen oder wenigstens nicht fördern, und die durch Frost im Winter abgetötet werden (resistente Sorten von Senf oder Ölrettich, Phacelia, keine Wicken wegen des Körnerleguminosenanbaus). Dann können die Zuckerrüben mit einem Mulchsaatverfahren angebaut werden. Nach der Zuckerrübenernte kann der Weizen ebenfalls ohne tiefgreifende wendende Bodenbearbeitung bestellt werden, also nach vorherigem Anwelken des Rübenblattes mit einer Frässaat oder nach einer flachen Bodenlockerung mit dem Flügelschargrubber. Der Weizendurchwuchs im Roggen ist mit einer tiefen Bodenwendung zu verhüten. Für die Roggenproduktion steht heute der leistungsfähigere Hybridroggen zur Verfügung. Sie lohnt sich nur, wenn reine Ware mit hoher Backqualität erzeugt wird.

Statt der Ackerbohnen können, je nach Standortvoraussetzungen, auch Körnererbsen angebaut werden. Sie sind u. U. besser zu vermarkten, haben aber ein größeres Ernterisiko als Ackerbohnen. Wegen des früheren Erntetermins werden nach Erbsen mehr Ernteerste mineralisiert. Diese größere Menge an pflanzenverfügbarem Stickstoff muß unbedingt mit einer überwinternden Zwischenfrucht biologisch festgelegt werden. In jedem Fall ist nach Körnerleguminosen die N-Düngung zu Zuckerrüben stark zurückzunehmen, auch wenn die Ergebnisse der N_{min}-Analyse keine hohen Mengen an pflanzenverfügbarem Stickstoff im Boden ausweisen.

Die Folge Winterraps – Winterweizen – Wintergerste kann durch Körnererbsen aufgelockert werden, weil deren Erntetermin eine fristgerechte Rapsaussaat erlaubt. Auch hier bedingt mehr Fruchtfolgevielfalt eine geringfügige Verminderung des Rapsanteiles:

Winterraps – Winterweizen – Wintergerste – Winterraps – Winterweizen – Winterroggen (Stoppelsaat-Zwischenfrucht) – Körnererbsen.

Raps nach Körnererbsen nutzt den Vorfrucht-Stickstoff sehr gut und sollte deshalb im Herbst keine und im Frühjahr eine verminderte N-Düngung bekommen. Auf lange Sicht kann der Raps unter vermehrtem Rapskrebsbefall leiden, doch ist zur Zeit noch nicht bekannt, wie groß dieses Risiko ist. Verzicht auf wendende Bodenbearbeitung ist in dieser Folge nach Erbsen vor Raps und nach Raps vor Weizen möglich. In allen anderen Fruchtfolgepaaren muß mit Pflügen der unerwünschte Getreidedurchwuchs verhindert werden.

Fruchtfolgen mit Getreideanteilen von mehr als 75 % sind seltener geworden. Daueranbau von Getreide ist nur bei stark herabgesetzten Ertragserwartungen bzw. bei intensivem Pflanzenschutz zu realisieren. Auf jeden Fall sollte in 7 Feldern mindestens ein Blattfrucht- und ein Haferschlag enthalten sein. Solche Folgen könnten wie folgt gestaltet werden (Körnermais wird mit zu den Blattfrüchten gerechnet):

- *Voll weizenfähige Wuchsorte:* Blattfrucht – Hafer (Kleegrasuntersaat) – Winterweizen (überwinternde, jedoch absterbende Stoppelsaat mit Kruziferen) – Sommergerste (Leguminosen-Stoppelsaat) – Winterroggen (Grasuntersaat) – Sommerweizen – Wintergerste (Leguminosen-Stoppelsaat)
- *Nicht weizenfähige, aber noch wintergerstenfähige Wuchsorte:* Blattfrucht – Wintergerste (Kruziferen-Stoppelsaat) – Winterroggen (überwinternde Klee-Untersaat) – Hafer – Wintergerste (Kruziferen-Stoppelsaat) – Winterroggen (Kleegras-Untersaat) – Sommergerste (Leguminosen-Stoppelsaat).

Mulchwirtschaft ist in diesen beiden Folgen möglich, wenn es gelingt, getreidespezifische Verunkrautung oder ausdauernde Ackerwildpflanzen ausreichend unter Kontrolle zu halten.

Auf stark humosen oder anmoorigen Sandböden (Sandmischkultur aus Hochmoor) wird manchmal die zulässige Grenze für den Kartoffelbau von 33 % Flächenanteil überschritten. Dann wird eine regelmäßige Anwendung von Nematiziden unvermeidlich, mit der Folge, daß nicht selten auch das Grundwasser mit diesen Mitteln schon verunreinigt ist. Anbau von nematodenresistenten Kartoffelsorten ist in solchen Fällen selbstverständlich, reicht aber wegen der Rassenvielfalt der Nematoden für eine

Sanierung nicht aus. Deshalb muß der Kartoffelanteil zurückgenommen werden. Als lohnende Ersatzfrüchte bieten sich in Lagen, die nicht spätfrostgefährdet sind, Körnermais und Körnererbsen an.

Ein mögliches Fruchtfolgebeispiel wäre dann: Kartoffeln – Wintergerste – Winterroggen (überwinternde, aber absterbende Kruziferen-Stoppelsaat) – Kartoffeln – Wintergerste (überwinternde, aber absterbende Kruziferen-Stoppelsaat) – 0,5 Körnermais + 0,5 Körnererbsen (Untersaat bzw. Stoppelsaat mit Gras).

In den Niederlanden ist auf fruchtbaren Seemarschböden die Folge verbreitet: Kartoffeln – Feldgemüse (z. B. Zwiebeln) – Zuckerrüben – Winterweizen. Hinsichtlich der Anbaukonzentrationen bestehen keine Bedenken gegen dieses Bodennutzungssystem. Doch ist zu beachten, daß drei humuszehrenden Früchten nur eine humusmehrende, nämlich Weizen, gegenübersteht. Ohne stete Zufuhr von großen Mengen organischer Substanz (z. B. Hühnergülle) läßt sich diese Folge auf Dauer nicht durchhalten, da die Bodenfruchtbarkeit gefährdet ist.

Entsprechendes gilt auch für überhöhte Konzentrationen von Silo- und Körnermais. Betriebe mit unzureichender Flächenausstattung, die auf intensive Viehhaltung (Milchvieh, Bullenmast, Schweinemast mit Mais-Korn-Spindelgemischen) zur Ausnutzung ihrer Arbeitskapazität angewiesen sind, erreichen die höchste Futterproduktion oft nur mit hohen Mais-Flächenanteilen. Mais-Daueranbau auf allen Feldschlägen ist keine Seltenheit. Obwohl sich die Belastung mit maisspezifischen Schadorganismen in Grenzen hält, ist die negative Rückwirkung dieses Systems auf die Bodenfruchtbarkeit bald zu sehen. Das zeigt auch ein Beispiel in Tabelle 32. Im Vergleich zu einer bodenfruchtbarkeitsmehrenden Fruchtfolge mit Kleegras und einer angemessenen, sparsamen Anwendung von maisspezifischen Herbiziden (Triazine), nahm in einer Folge mit nur 50 % Mais, aber mit überhöhtem Einsatz von Mais-Herbiziden der Anteil der luftführenden Großporen und das Bodenleben ab. Dieser Sachverhalt wurde hier exemplarisch mit der Regenwurmmenge und der CO_2-Produktion des Bodens dargestellt. Lange bevor die Maiserträge deutlich sinken, sind also schon Schäden am Boden zu erkennen.

Deshalb muß ein überhöhter Anteil von Silomais, der für die Fütterung von Wiederkäuern benötigt wird, durch den Anbau von Feldgras kompensiert werden, beispielsweise mit folgendem System:

Tabelle 32   Zur Wirkung unterschiedlicher Bodennutzungssysteme auf einige Kennwerte der Bodenfruchtbarkeit (Zustand nach 10-jähriger unterschiedlicher Bewirtschaftung) [Relativwerte nach 28]

Herbizideeinsatz[3]	Kleegras-Folge[1]		Mais-Folge[2]	
	sparsam	doppelt	sparsam	doppelt
Grobporen	100	91	69	60
Menge der Regenwürmer	100	109	48	34
Bodenatmung[4]	100	87	88	71

[1]) Kleegras – Kleegras – Kleegras – Winterweizen – Kartoffeln – Sommergerste.
[2]) Ackerbohnen – Mais – Mais – Mais – Winterweizen – Winterweizen.
[3]) Triazine.
[4]) CO_2-Entbindung in einer Bodenprobe.

6 Jahre fortgesetzter Anbau von Mais, jeweils mit Untersaat von Gras (Mulchwirtschaft), dann 3 Jahre Kleegras; Bestellung des ersten Maisschlages ohne tiefgreifende wendende Bodenbearbeitung.

Der Verzicht auf ein Drittel der Maisfläche und sein Ersatz durch den Kleegrasanbau kann zwar die Probleme der Bodenfruchtbarkeit und des Bodenschutzes lösen, vor allem, wenn es sich um verdichtungsanfällige Böden und erosionsgefährdete Lagen handelt. Nicht aber löst der Verzicht die ökonomischen Schwierigkeiten des Betriebes, wenn er auf hohe tägliche Produktionsraten der Tiere angewiesen ist und wirtschaftseigenes Grundfutter mit höchster Energiekonzentration benötigt. Das liefert der stärkereiche Mais eher als das proteinreiche Kleegras.

5.5.5 Ausblick

Die Beispiele zeigen noch einmal in aller Deutlichkeit die **Probleme,** die sich bei der Durchsetzung einer Integrierten Pflanzenproduktion ergeben: Die meisten Prozesse, die zu einer verstärkten Selbstregelung von produktionsbedingten Schäden in einem Agrarökosystem führen, lassen sich nur verwirklichen und nutzen, wenn die Produktionsintensität vermindert wird. Vorbeugen statt Reparieren ist das Konzept einer Integrierten Pflanzenproduktion. Das ist in vielen Fällen nur mit einem *Verzicht auf hohe Produktionsintensität* zu erreichen.

Wenn eine gesteigerte Fruchtfolgevielfalt nötig ist, müssen auch wieder die leistungsschwächeren Feldfrüchte in die Fruchtfolge einbezogen werden und sind zusätzliche Aufwendungen für den Zwischenfruchtbau zu leisten.

Wenn Laufkäfer und andere *Nützlinge* gefördert werden sollen, müssen Untersaaten und Randstreifen mit blühenden Pflanzen angelegt oder mehr Unkraut geduldet werden. Naturnahe Biotope als Rückzugsquartiere der Nützlinge müssen erhalten oder nötigenfalls ausgedehnt werden. Diese Flächen scheiden aus der landwirtschaftlichen Bodennutzung aus. Nützlingsfördernd ist auch eine Mulchwirtschaft ohne wendende Bodenbearbeitung. Sie spart zwar Arbeitsaufwand und Energie, ist aber insgesamt noch ein risikoreiches Verfahren, das auch mit Ertragseinbußen verbunden sein kann. Blattkrankheiten und Befall mit Läusen lassen sich bei Getreide durch angepaßte, meist auch verminderte Stickstoffdüngung in Grenzen halten. Dringend geboten ist eine geringere Stickstoff und Phosphatzufuhr, aber auch ein Verzicht auf die Anwendung bestimmter Pflanzenschutzmittel, wenn es um die Reinhaltung von Grund- und Oberflächenwasser geht. Dies ist vor allem ein Problem in Betrieben mit intensiver Viehhaltung.

Diese und andere Maßnahmen sollen den Einsatz von Agrochemikalien vermindern, wenn nicht sogar überflüssig machen. Der damit verbundene Verzicht auf hohe Produktionsintensität steht derzeit noch im krassen Gegensatz zu den ökonomischen Bedingungen, unter denen der Landwirt wirtschaften und nicht selten im scharfen Wettbewerb seine Existenz sichern muß. Dieser ökonomische Zwang drängt nach wie vor zur Anwendung aller ertragssteigernden und ertragssichernden Mittel. In der Regel lohnt sich auch der zielgerichtete und zweckmäßig durchgeführte Einsatz von Herbiziden, Fungiziden und Insektiziden. Deshalb muß der Widerspruch zwischen ökologischen Forderungen und ökonomischen Zwängen erst noch gelöst werden, ehe der Integrierte Landbau zur Selbstverständlichkeit im praktischen Handeln wird, das heißt als Norm für ordnungsgemäße Landbewirtschaftung gilt.

Zuvor ist aber von Wissenschaft und Praxis noch viel **Entwicklungsarbeit** zu leisten. Es fehlt vor allem an Kenntnissen, wie Prozesse, die zu vermehrter Selbstregelung in einem Agrarökosystem führen, miteinander verknüpft sind, unter welchen Standortsbedingungen und in welchem Bodennutzungssystem sie ausreichend wirksam werden können. Es fehlt an Erfahrungen, wie sich Bodennutzungsstyeme mit Integrierter Pflanzenproduktion über Jahrzehnte hinweg verhalten, nach welcher Zeitspanne die Selbstregelungsprozesse zu wirken beginnen. Es fehlt ferner an Beispielen in der Praxis, in denen der umfassende Ansatz des Integrierten Landbaus mit Erfolg verwirklicht wurde. Verstärkte Bemühungen in dieser Richtung sind notwendig und dringend. Von den Fortschritten wird abhängen, welche Zukunft die Landwirtschaft in unserer Gesellschaft haben wird.

5.6 Sortenwahl

F. KEYDEL, Freising

Die Wahl der nach Standort und Verwendungszweck geeignetsten Sorte ist eine für die nachfolgenden produktionstechnischen Maßnahmen zentrale Entscheidung im System der Integrierten Pflanzenproduktion.

Den Bemühungen der Pflanzenzüchtung gelingt es, laufend neue Sorten mit sehr verschiedenen Eigenschaften zu entwickeln. Dadurch nehmen die Unterschiede zwischen den Sorten einer Kulturpflanzenart ständig zu, insbesondere in den Kriterien Standorteignung, Leistungsvermögen, Qualitätsmerkmale und den Eigenschaften zur Ertragssicherung wie dem umfassenden Komplex der Resistenzen. Der Landwirt muß versuchen, durch feingesteuerte Maßnahmen diese genetisch verankerten Eigenschaften einer Sorte voll auszuschöpfen.

Durch eine gezielte, auf die jeweilige Sorte und ihre Eigenschaften abgestimmte Produktionstechnik sind ökonomisch gewinnbringende, sichere Ernten von guter Qualität mit einem vertretbaren Aufwand zu erzielen. So kann z. B. die Anwendung einer Halmverkürzung bei standfesten Kurzstrohweizen eine unrentable, sogar negative Ertragswirkung haben oder ein Fungizideinsatz bei resistenten Sorten überflüssig sein.

Daraus folgt, daß die Wahl der geeigneten Sorte nicht nur ökonomische, sondern auch umweltbezogene Auswirkungen hat. Sehr bedeutend ist, daß diese Produktionsvorteile ohne Mehrkosten genutzt werden können, da sich die Sorten zwar in den Eigenschaften, in ihrem Saatgutpreis aber nicht wesentlich voneinander unterscheiden. Andererseits sind bei der Wahl von nicht standortgerechten oder ungeeigneten Sorten erhöhte produktionstechnische Aufwendungen zu treffen, die ökologisch und ökonomisch nicht sinnvoll sind. Bei extrem falscher Sortenwahl kann das Erzeugungsziel sogar verfehlt werden oder nicht erreichbar sein.

Die detaillierten Kenntnisse von Sorten und ihren wichtigsten Eigenschaften sind deshalb im System der Integrierten Pflanzenproduktion von entscheidender Bedeutung. Die gezielte Produktionstechnik versucht, das genetische Potential einer Sorte für sichere, qualitativ hochwertige und hohe Ernten auszuschöpfen. Für das Erzeugen von Pflanzen ist ein zweifacher Steuerungsbereich vorhanden [15]:

■ Der *Genotyp* – das Erbgut – beinhaltet die genetischen Produktionsgrundlagen; Träger ist das Produktionsmittel Zuchtsorte;

■ die *Umwelt* beinhaltet Standort und Produktionstechnik.

Eine laufend verbesserte Prozeßsteuerung in integrierten Systemen ist nur möglich, wenn immer mehr Haupt-, Wechsel- und Nebenwirkungen aus diesen *beiden* Bereichen definiert werden [15].

Der Sortenwert kann nicht durch die Produktionstechnik, sondern allein durch pflanzenzüchterische Maßnahmen verändert oder verbessert werden. Deshalb ist die laufende kritische und objektive Überprüfung von neuen Sorten auf ihre verbesserten Eigenschaften eine wichtige Entscheidungshilfe.

5.6.1 Kriterien der Sortenwahl

Die Eigenschaften der Sorten sind sehr vielfältig und von Fruchtart zu Fruchtart unterschiedlich. Sie entsprechen in etwa auch den zahlreichen Zuchtzielen und Eigenschaften, die der Züchter bei der erfolgreichen Neuzüchtung zu beachten hat, wie Abb. 43 am Beispiel Weizen demonstriert.

Die Vielzahl von Einzelkriterien lassen sich in folgenden Hauptgruppen zusammenfassen:

■ Eignung für den Standort,

■ Leistungspotential,

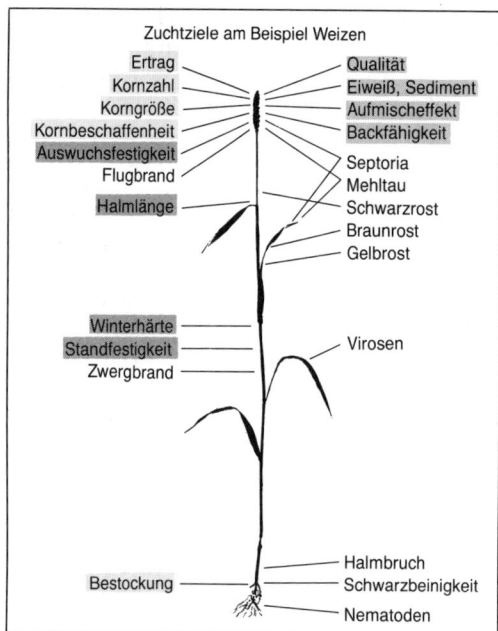

Zuchtziele am Beispiel Weizen

Ertrag
Kornzahl
Korngröße
Kornbeschaffenheit
Auswuchsfestigkeit
Flugbrand
Halmlänge

Qualität
Eiweiß, Sediment
Aufmischeffekt
Backfähigkeit
Septoria
Mehltau
Schwarzrost
Braunrost
Gelbrost

Winterhärte
Standfestigkeit
Zwergbrand

Virosen

Bestockung

Halmbruch
Schwarzbeinigkeit
Nematoden

Abb. 43   Eine Vielzahl von Eigenschaften und Zuchtzielen sind bei der Neuzüchtung einer Kulturart zu beachten.

- Qualitätsmerkmale,
- Resistenz gegen Schadorganismen,
- Widerstandsfähigkeit gegen Streßfaktoren,
- Anspruchslosigkeit (low-input-Sorten).

Eignung für den Standort: Da die Standortgegebenheiten wenig veränderbar sind, in einem Gebiet aber, selbst innerhalb einer Flur stark wechseln können, ist die Wahl der jeweils geeigneten Sorte eine wichtige Entscheidung für eine erfolgreiche pflanzliche Produktion.

Zwischen den Sorten einer Kulturart bestehen in dem komplexen Merkmal der Standorteignung deutliche Unterschiede, weshalb die amtliche Sortenberatung ihre Empfehlungen auf umfangreiche, mehrjährige Ergebnisse stützen muß.

Es gibt Sorten mit einer allgemein guten Anpassungsfähigkeit an die Umwelt, man spricht dann von guter ökologischer Stabilität. Solche Sorten puffern negative Umwelteinflüsse aller Art relativ gut ab und bringen unter unterschiedlichen Standortverhältnissen gute und sichere Erträge bei einem normalen Aufwand an üblichen Betriebsmitteln und Maßnahmen. Im System der Integrierten Pflanzenproduktion haben derart leistungsstabile Sorten einen besonderen Platz, weil ihr Anbau das Risiko mindert, Behandlungsfehler zu begehen. Dies ist derzeit von besonderer Bedeutung, da innerhalb des Sy-

stems noch nicht alle Neben- und Wechselwirkungen bekannt sind und deshalb zu erwarten ist, daß vermehrt Fehlentscheidungen getroffen werden [5]. In der Regel erreichen diese Sorten deshalb eine große Anbauverbreitung. Ungeeignete Sorten dagegen lassen einen stark herabgesetzten Produktionserfolg bei erhöhtem Aufwand erwarten.

Für manche Gebiete sind jedoch »Spezialsorten« erforderlich, weil die Standortbedingungen generell extrem sind oder in gewissen Vegetationsabschnitten besondere Sorteneigenschaften verlangen, um eine erfolgreiche Pflanzenproduktion überhaupt betreiben zu können. Solche speziellen Erfordernisse können z. B. besondere Winterhärte oder Frostresistenz, Krankheitsresistenzen in extremen Infektionslagen (z. B. Flußniederungen), Dürre- oder Trockenheitstoleranz, Frühreife in Spätdruschgebieten oder in Grenzlagen des Maisanbaus sowie begrannte Getreidesorten in Stadtnähe wegen der Gefahr des Vogelfraßes sein.

Leistungspotential: Das Leistungspotential einer Sorte ist für den Landwirt einer der wichtigsten Merkmalskomplexe, weil davon sein Gewinn ausschlaggebend beeinflußt wird. Unter Leistung der Pflanzen versteht man im allgemeinen die *Erntemenge* oder den *Ertrag*. Eine Sorte ist ökonomisch und ökologisch um so wertvoller, je höher ihr Ertragspotential ist und je geringer die Aufwendungen sein müssen, um es möglichst voll auszuschöpfen. Es gibt z. B. bei Winterweizen erste Hinweise, daß sog. extensive Sorten eine höhere Stickstoffausnutzung haben als sog. intensive Sorten. Dies bedeutet, daß sie mit geringerem Aufwand an N-Düngung gleich hohe Erträge erzielen können.

Ertragsunterschiede bei gleichem Aufwand lassen eine ähnliche Tendenz erkennen. Als Beispiel sei das Ergebnis aus den Landessortenversuchen bei Sommergerste in Bayern 1986 angeführt, wobei 21 Sorten unter gleichen Bedingungen und gleichen produktionstechnischen Maßnahmen an 11 Orten geprüft wurden. Bei der für Braugerste typisch niedrigen N-Düngung erntete die beste Sorte im Durchschnitt 65,2 dt/ha, die schlechteste 48,9 dt/ha. Diese Differenz von mehr als 16 dt zeigt vorhandene Sortenunterschiede in der Ertragsleistung des Jahres 1986 in diesem Sortiment auf und verdeutlicht die Bedeutung der Sortenwahl für eine erfolgreiche Pflanzenproduktion. Bei anderen Fruchtarten treten ähnliche Verhältnisse auf.

Neben dem quantitativen Ertrag, dem Naturalertrag, spielt bei vielen Erzeugungsrichtungen der *Marktwaren-Ertrag* oder das *qualitative Ertragspotential* eine gewichtigere Rolle. Beide hängen voneinander ab, können aber zu unterschiedlichen Sortenentscheidungen führen. In Tabelle 33 ist der Marktertrag nach der Sortierung über 2,2 mm von 4 Wintergerstensorten dem ungereinigten Naturalertrag im Durchschnitt von 11 Orten und 2 Jahren in Bayern gegenübergestellt.

Tabelle 33   Vergleich Naturalertrag zu Marktertrag (in dt/ha) bei Wintergerste an 11 Orten in zwei Jahren in Bayern

Sorte	Naturalertrag	Marktertrag
1	71,3	66,5
2	69,5	64,2
3	68,3	65,3
4	71,6	64,0
Mittel	70,2	65,0

Der Marktertrag liegt zwar stets deutlich unter dem Rohertrag, aber durch die unterschiedliche Kornqualität der Sorten ergibt sich gegenüber dem Rohertrag eine andere Rangreihenfolge der Sorten, so daß für die Sortenwahl diese Ertragsgröße zu berücksichtigen ist.

Der Vollgerstenanteil bei Braugerste, der Kernertrag (ohne Spelzenanteil) bei Hafer oder der Sortieranteil bei Kartoffeln sind ähnliche Kriterien, die das qualitative Ertragspotential bestimmen. Bei Futterpflanzensorten wird häufig eine große Diskrepanz zwischen dem Grünmasse- und dem wertbestimmenden Trockenmasseertrag wie etwa bei Silomais, Futterrüben, Zwischenfrüchten oder Gräser- und Kleearten beobachtet.

Qualitätsmerkmale: Der Verwendungszweck bestimmt die Sortenwahl. Die Qualitätseigenschaften sind primär genetisch festgelegt und darüber hinaus mit geeigneten und darauf gerichteten produktionstechnischen Maßnahmen zu beeinflussen. Will man über bestimmte Werte hinaus produzieren oder eine bestimmte Erzeugungsrichtung ändern, muß die Sortenwahl entsprechend getroffen werden.

So kann z. B. trotz bester Produktionstechnik mit einer Backweizensorte der Qualitätsgruppe B nicht die Aufmischqualität wie mit einer Sorte der Gruppe A erzielt werden. Eine Futtergerstensorte liefert keine Brauqualität oder eine festkochende Speisekartoffel ändert ihren Typ auch unter den verschiedensten Bedingungen nur sehr geringfügig. Wie vorrangig der Einfluß der Sorte im Vergleich zu Standort und Produktionstechnik auf die Ausprägung der inneren Qualitätseigenschaften der Kartoffel ist, wird in Tabelle 34 gezeigt [20].

Da sich die Sorten innerhalb der Sortimente der einzelnen Kulturarten sehr in ihren Qualitätskriterien unterscheiden, sollte der Landwirt als Voraussetzung für das Erzeugen hochwertiger Pflanzenprodukte die Sortenbeschreibungen genau und intensiv analysieren.

Für die Marktwaren sind dabei vielfach objektive Kriterien geschaffen. Wertbestimmende Inhaltsstoffe können z. B. sein: Gehalte an Eiweiß, Feuchtkleber, Stärke, Zucker, Glukosinolat, Erucasäure oder Trockensubstanz sowie Backvolumen, Speisequalität oder Konsistenz der Ernteprodukte. Neben diesen »inneren« Eigenschaften unterscheidet man auch die »äußeren Qualitätsmerkmale« wie Form, Farbe, Größe oder Sortierung, auch Geruch, Fäulnis oder Auswuchs.

Tabelle 34   Einfluß von Sorte, Boden, Witterung und Anbaumethode auf die inneren Qualitätseigenschaften der Kartoffel

Qualitäts-eigenschaften	qualitätsbeeinflussende Faktoren								
	Sorte	Pflanzgut	Bodenart	Witterung	Düngung	Anbau, Bodenbearb., Pflege	Pflanzen-schutz	Ernte, Transport	Lagerung
Stärkegehalt	+++	++	++	++	+	+	++	−	−
Fleischfarbe	+++	−	+	+	−	−	−	−	−
Kochdunklung	+++	−	+	+	+	−	−	−	−
Rohbreiverfärbung	+++	−	+	+	+	−	−	−	−
Reduzierende Zucker	+++	−	+	+	−	−	−	−	++
Gesamtzucker	+++	−	+	+	−	−	−	−	++
Konsistenz	+++	−	+	++	+	−	+	−	−
Struktur	+++	−	−	−	−	−	−	−	−

+++ = starke Wirkung, ++ = mittlere Wirkung, + = geringe Wirkung, − = keine Wirkung

Resistenz gegen Schadorganismen: Die Resistenzmechanismen der Sorten und ihre nach den Standortgegebenheiten richtige Wahl stellen einen wichtigen Bestandteil des Integrierten Pflanzenschutzes innerhalb der Integrierten Pflanzenproduktion dar. Es sollten nur solche Sorten ausgewählt werden, die gegen die wichtigsten Krankheiten und Schädlinge eines Standortes Widerstandsfaktoren besitzen.

Durch die vorhandenen natürlichen Abwehrmechanismen werden bei normalem Infektionsgeschehen die wirtschaftlichen Schadschwellen vielfach nicht überschritten, so daß keine chemischen Mittel angewendet werden müssen. Somit tragen resistente Sorten zur umweltschonenden Pflanzenproduktion sehr wesentlich bei.

Sind die Infektionsbedingungen allerdings sehr massiv und für die Erreger günstig, kann auch im Integrierten Landbau trotz des Anbaues resistenter Sorten eine chemische Behandlung notwendig werden.

Im allgemeinen sind für unsere Kulturpflanzen fünf Gruppen von Schadorganismen von besonderer Bedeutung: Pilze, Bakterien, Viren, Nematoden und Insekten. Während innerhalb des Sortenspektrums einer Fruchtart deutliche Resistenzunterschiede gegenüber den einzelnen Pilzkrankheiten, den Virosen und Nematoden vorhanden sind, ist eine Differenzierung der Resistenz gegen Insektenschaden kaum gegeben.

Man unterscheidet zwischen horizontaler und vertikaler Resistenz. *Horizontale Resistenz* ist nicht ganz vollständig wirksam, besitzt aber Abwehrkräfte gegen eine Vielzahl von verschiedenen Rassen oder Pathotypen des Schädlings. Dadurch ist eine Sorte bis zu einem gewissen Infektionsdruck relativ umfassend geschützt. Man bezeichnet diesen Resistenztyp auch als sog. Feldresistenz, die nur bei besonderem Infektionsgeschehen, wenn die wirtschaftliche Schadenschwelle überschritten ist, mit chemischen Mitteln unterstützt werden muß. Derart vielseitige Resistenzen sind relativ lange haltbar, d. h. es ist für die Schadorganismen schwer, neue Rassen oder Pathotypen zu selektieren, die diese Resistenzen völlig überwinden, so daß sie unwirksam werden.

Die *vertikale Resistenz* dagegen ist nicht so umfassend bzw. nicht so vielseitig, aber gegen einen oder sehr wenige Pathotypen eines Schaderregers voll wirksam. Eine Unterstützung durch die Chemie erübrigt sich. Diese vertikalen Resistenzen haben aber den Nachteil, daß sie relativ rasch zusammenbrechen, manchmal schon nach

wenigen Jahren, weil sie aggressive Pathotypen des Schaderregers relativ leicht selektieren bzw. provozieren. Im System der Integrierten Pflanzenproduktion werden deshalb Strategien zur Resistenzerhaltung diskutiert und entwickelt (siehe Abschnitt 5.6.3), die zu ökonomischen und ökologischen Verbesserungen beitragen können.

Da die Pflanzenzüchtung seit jeher und in den letzten Jahrzehnten besonders intensiv an der Resistenzzüchtung arbeitet, existieren innerhalb der Sortimente unterschiedliche Kombinationen der verschiedensten Resistenzgene gegen einen Schadorganismus oder/und gegen verschiedene Krankheiten und Schädlinge. Bei gleicher Leistung und Standorteignung sind deshalb Sorten mit breiter Resistenzausstattung gegen die verschiedenen Schadorganismen denen mit einer engen Resistenz vorzuziehen.

Ein genaues Prüfen und Abwägen der verschiedenen Kombinationsmöglichkeiten für den entsprechenden Standort und die vorhandenen Fruchtfolgegegebenheiten (Fruchtfolgekrankheiten usw.) stellt eine wichtige Entscheidung für alle Folgemaßnahmen innerhalb des Produktionssystems dar.

Widerstandsfähigkeit gegen Streßfaktoren: Neben den Resistenzmechanismen gibt es eine Reihe anderer Sorteneigenschaften, die ganz wesentlich zur Sicherung der Leistung der Kulturpflanzen beitragen.

Die **Standfestigkeit** im Getreidebereich ist ein ganz herausragender Faktor der Widerstandsfähigkeit gegen Streßfaktoren. Sie stellt neben den Resistenzeigenschaften das wichtigste Kriterium der Ertragssicherung dar. Sorten mit guter Widerstandsfähigkeit gegen natürliches oder parasitäres Lager benötigen in einer intakten, nach dem Prinzip der Vielseitigkeit gewählten Fruchtfolge, keine chemischen Hilfen in Form von Halmverkürzern oder Fungiziden gegen Fußkrankheiten. Die Standfestigkeit der Getreidesorten begrenzt die Stickstoffdüngung nach oben und trägt zur Sicherung und Risikominderung bei zu mastigen Frühjahrsbeständen bei (Abb. 44)

Es gibt Standorte und Wirtschaftsweisen (z. B. Güllebetriebe), die ohne standfeste Kurzstrohsorten keine erfolgreiche Getreideproduktion durchführen können. Zur Minderung des Erzeugungsrisikos, hervorgerufen durch die unterschiedlich hohe und zeitlich unbestimmte Stickstoff-Mobilisierung nach Leguminosen, sollten bei der Nachfrucht Getreide nur standfeste Sorten angebaut werden. Dadurch sind sog. Risiko-

Abb. 44 Getreidesorten haben eine unterschiedliche Standfestigkeit. Durch den Anbau standfesterer Sorten kann der Pflanzenschutzmittelaufwand verringert werden.

bestände, die einen zusätzlich hohen Aufwand an Gegenmaßnahmen erfordern, vermeidbar.

In vielen Gebieten, insbesondere wo häufig Kahlfröste auftreten, ist bei Winterungen auf die **Winterhärte** bzw. **Frostresistenz** zu achten. Auswinterungen bedeuten entweder Totalverlust oder lückige Bestände, die nur mit vorsichtigen Maßnahmen zur Vermeidung von Zwiewuchs, stärkerem Krankheitsbefall, Lagerrisiko und Reifeverzögerung noch sehr schwer zu einem entsprechenden Leistungsniveau geführt werden können. In der Widerstandsfähigkeit gegen Kälte und damit in der Kälteabhängigkeit der Jungpflanzenentwicklung existieren z. B. bei Mais, Raps und anderen Fruchtarten entscheidende Sortenunterschiede, wobei eine gute Jugendentwicklung zu deutlichen Leistungsvorteilen beitragen kann.

Die **Reifezeit** z. B. bei Ackerbohnen und Mais kann an bestimmten Standorten ein wesentliches Merkmal der Ertragssicherheit sein und großen Einfluß auf die Wahl der richtigen Sorte haben. Zu späte Sorten reifen in bestimmten Gebieten nicht voll aus, die Ernte verzögert sich, Pilzkrankheiten können an reifenden Beständen auftreten und die Qualität des Ernteproduktes zusätzlich verschlechtern.

Bei Körnerfrüchten, die als Saatgut, Brotgetreide, Braugerste oder Futtergetreide auf den Markt gehen, spielt neben den üblichen Qualitätskriterien der **Auswuchsanteil,** der sortenspezifisch sehr unterschiedlich sein kann, eine wichtige Rolle für die Marktqualität und damit für den erzielbaren Preis des Produktes (Abb. 45). Gegen Auswuchs besonders gefährdete Arten mit deutlich vorhandenen Sortenunterschieden sind: Roggen, Sommer- und Winterweizen. In einigen Ländern ist für Backweizen ein auf die Sorten bezogener Auswuchswarndienst eingerichtet.

In Beständen mit Lager – und hier besteht eine Wechselwirkung zum Merkmal Standfestigkeit – ist die Schwierigkeit, Getreide ohne Auswuchs zu ernten, besonders groß. Auch spätreifende Sorten oder Bestände besitzen im allgemeinen ein hohes Auswuchsrisiko.

Anspruchslose Sorten (low-input-Sorten): Für den Einsatz in der Integrierten Pflanzenproduktion werden anspruchslose Sorten (low-input-Sorten) gesucht, die in der Lage sind, trotz eines verminderten Betriebsmitteleinsatzes sichere und ausreichend hohe Erträge und Leistungen zu erzielen. Die Eigenschaften, über die derartige Sorten verfügen sollen, sind sehr umfangrei-

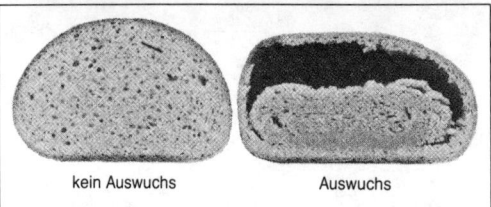

kein Auswuchs   Auswuchs

Abb. 45   Auswuchs ist sortenabhängig und zerstört die
          Backfähigkeit.
          Links: Ähre und Brot ohne Auswuchsschäden.
          Rechts: Ähre und Brot mit Auswuchsschäden.

cher Natur und bisher nur in wenigen Details erforscht.

Anspruchslose Sorten müßten ein hohes Nährstoffaneignungsvermögen, eine hohe ökologische Stabilität und ein gutes Puffervermögen gegenüber Umwelteinflüssen aller Art – Resistenzmechanismen gegen Schadorganismen eingeschlossen – besitzen. Durch ihre Anspruchslosigkeit kann der Einsatz von Düngemitteln, Fungiziden und Insektiziden reduziert werden.

Das hohe Nährstoffaneignungsvermögen führt trotz niedriger Düngung zu guten Erträgen. Niedrige Düngung und gute Resistenzen ergeben gesündere, ertragsstabilere, risikoarme Bestände, sie reduzieren den Einsatz von Halmverkürzern und von Pflanzenschutzmitteln erheblich. Zudem puffert die Eigenschaft »ökologische Stabilität« den Einfluß weiterer Streßfaktoren ab. Damit lassen derartige Sorten mit einem geringen Betriebsmitteleinsatz stabile und gute Leistungen (Erträge) erwarten.

Anspruchslose Sorten bringen bei steigenden Düngemittelpreisen einen höheren Deckungsbeitrag als leistungsfähigere, aber anspruchsvollere Intensiv-Sorten [24]. Sie sparen außerdem Energie, denn in der Pflanzenproduktion wird die Hälfte der aufgewendeten Energie durch Mineraldüngung, insbesondere durch die Stickstoffdüngung, verbraucht [8].

Ein höheres Nährstoffaneignungsvermögen darf aber nicht allein die Zielrichtung der züchterischen Selektion sein, weil durch solche Sorten relativ rasch eine Nährstoffverarmung der Böden und die Notwendigkeit einer erhöhten Nachdüngung eintreten könnte. Vielmehr müssen Sorten gefunden werden, die mit weniger Nährstoffen infolge veränderter ertragsphysiologischer Abläufe (Nährstofftransport, Atmungsverluste, Photosyntheseleistung) und eines noch stärker auf die Förderung der eigentlichen Ertragsorgane abgestimmten Stoffwechsels (Nährstoffverteilungsmuster, Ernteindex) effektiver umgehen können [24].

Die Eigenschaften sind noch nicht genügend definiert und haben deswegen noch keinen Eingang in die Züchtung gefunden. Von unseren wichtigen Kulturarten sind bisher nur bei Kartoffeln anspruchslosere Sorten bekannt, bei Weizen und Mais existieren Hinweise, die das Vorhandensein eines derartigen Merkmalkomplexes andeuten.

Bei den Kartoffeln kennt man innerhalb des Sortimentes Unterschiede im Stickstoffbedürfnis der Sorten, so daß heute neben der Erzeugungsrichtung auch schon die Sorte die Höhe der Stickstoffdüngung bestimmt [13]. Bei der Sortenbeschreibung wird dieses Kriterium herausgestellt, da das Stickstoffbedürfnis der Sorten unter normalen Anbaubedingungen im Bereich zwischen 80–160 kg N/ha schwankt [13].

Auch bei Weizen gibt es Anzeichen einer unterschiedlichen Stickstoffeffizienz der Sorten. »Alte« Winterweizensorten (Tassilo, Carsten V, Taca und Toerring II) scheiden als low-input-Sorten aus, da sie sowohl unter niedrigem als auch hohem Stickstoffniveau modernen Sorten deutlich im Ertrag unterlegen sind [19]. In einem Stickstoffreduzierungsversuch an der Bayer. Landesanstalt für Bodenkultur und Pflanzenbau in Freising deuten sich aber auch bei »neueren« Sorten gewisse Differenzierungen an. Die Sorten Kanzler und Isidor (siehe Abb. 46) haben im wichtigen unteren Stickstoffbereich einen stärkeren Leistungsabfall gegenüber der Sorte Kronjuwel. Diese hat allerdings auch über alle Stickstoffstufen hinweg einen flacheren Kurvenverlauf als die beiden genannten Sorten, so daß sie nur unter niedrigem Stickstoffniveau den »intensiveren« Sorten überlegen ist [19]. Eine Idealsorte würde im niedrigen Niveau noch deutlicher überlegen sein und durch einen wesentlich steileren Regressionsverlauf auch unter günstigen Stickstoffbedingungen relativ geringe Differenzen zu Intensivsorten haben.

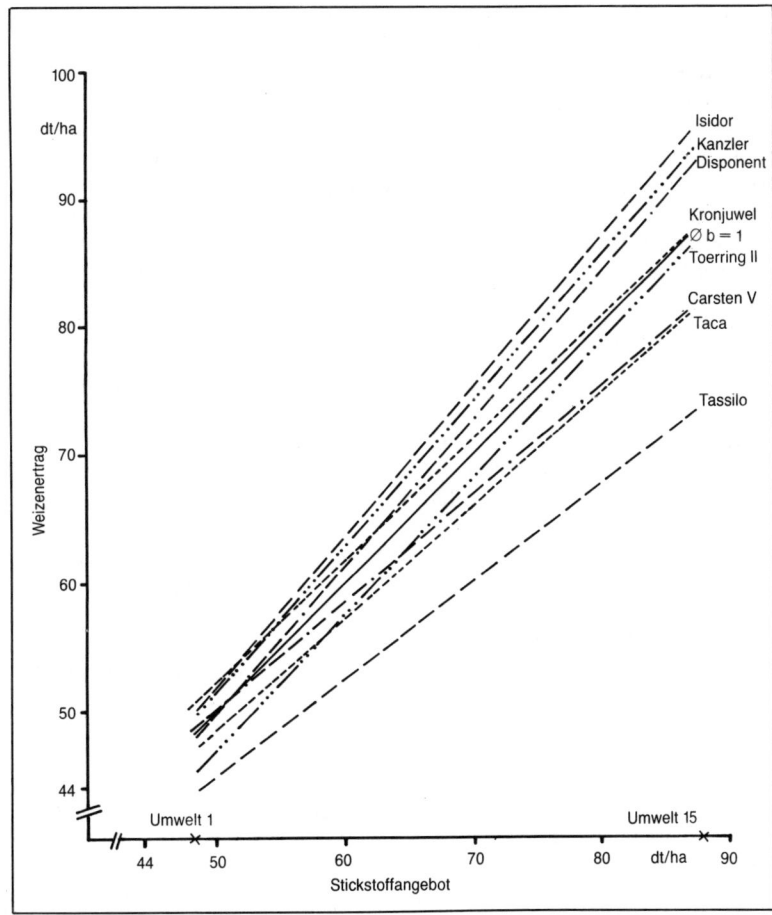

Abb. 46
Reaktion von Winterweizensorten auf unterschiedliches Stickstoffangebot in 15 »Umwelten« [19].

Auch in Versuchen auf alternativ bewirtschafteten Praxisbetrieben in Bayern geben die Ergebnisse Hinweise auf den Merkmalskomplex »Anspruchslosigkeit« [14].

5.6.2 Sortenmerkmale der wichtigsten Fruchtarten im Ackerbau

In einer Übersicht werden die wichtigsten Sortenmerkmale, gegliedert nach den Kriterien der Sortenwahl (siehe 5.6.1), bei einigen bedeutenden landwirtschaftlichen Fruchtarten bzw. -gruppen dargestellt. Auf die entscheidenden Wechselwirkungen Sorte, Düngung, Fungizideinsatz wird in den Abschnitten 7.2.1 und 7.2.2 eingegangen.

Weizen:
Formen: Winter-, Sommerweizen;

Sonderformen: Dinkel, Durum;
Erzeugungsrichtungen: Futter-, Back-, Aufmisch-, Brauweizen;
Qualitätsmerkmale: C 1 – A 9, Eiweiß-, Feuchtklebergehalt, Sedimentationswert, Backvolumen, Auswuchs;
Resistenz gegen: Fußkrankheiten, Mehltau, Gelbrost, Braunrost, Ährenkrankheiten, Fusarium;
Faktoren der Ertragssicherheit: Standfestigkeit, Halmlänge, Winterhärte, Spätsaatverträglichkeit, Frühreife.
Hinweis: Kurze »Intensivweizen« haben in der Regel einen höheren Düngebedarf, benötigen aber keine Halmverkürzung. Mittelintensive Weizen mit größeren Halmlängen erfordern in vielen Fällen Halmverkürzung. In einigen Sorten sind kombinierte Resistenzen im verschiedenen Genen verankert. Es existieren z. B. gegen

141

Mehltau in verschiedenen Sorten unterschiedliche Resistenzgene. Nicht alle Sorten lohnen eine späte Fungizidbehandlung zur Förderung der gesunden Abreife.

Gerste:

Formen: Winter-, Sommergerste;

Erzeugungsrichtungen: Futter- und Braugerste;

Qualitätsmerkmale: Vollgerstenanteil, Spelzenfeinheit, Eiweißgehalt, Extraktgehalt, Endvergärungsgrad;

Resistenzen gegen: Mehltau, Zwergrost, Blattflecken, Netzflecken, Gelbmosaikvirus;

Faktoren der Ertragssicherheit: Standfestigkeit, Halmlänge, Halm- und Ährenknicken, Winterhärte, Frühreife.

Hinweis: Wo entsprechende Anbaueignung vorhanden, für Brauzwecke Sommergersten-, für Futterzwecke Wintergerstenanbau bevorzugen. Bei beiden Erzeugungsrichtungen die deutlichen Sortenunterschiede nutzen. Bei Futtergerstenerzeugung die gute Standfestigkeit einiger Sorten über entsprechende und notwendig hohe Bestandesdichten sowie eine gezielte Stickstoffdüngung nutzen! Das Produktionsrisiko bei Sommergersten kann durch Anbau neuer, sehr standfester Sorten deutlich verringert werden. Bei Sommer- und Wintergerste sind Sorten mit breiter Resistenz gegenüber einer und gegen mehrere Krankheiten vorhanden, gegen Mehltau wirken verschiedene Resistenzgene.

Roggen:

Formen: Winter-, Sommerroggen;

Erzeugungsrichtungen: Brotroggen;

Qualitätsmerkmale: Quell- und Schleimstoffe, Sortierung, Auswuchsfestigkeit, Fallzahl;

Resistenzen gegen: Fusarium, Mehltau, Braunrost;

Faktoren der Ertragssicherheit: Standfestigkeit, Halmlänge, Winterhärte.

Hinweis: Bei Roggen (Fremdbefruchter) ist der Zukauf von Zertifiziertem Saatgut bei allen Sorten eine wichtige Voraussetzung für eine sichere Produktion. Da die meisten Sorten leicht lagern und davon Ertrag, Krankheitsbefall und Auswuchs abhängen, ist die Stickstoffdüngung vorsichtig und gezielt zu bemessen. Da bei Roggen Halmverkürzungen noch relativ spät einsetzbar sind, kann eine intensive Bestandsbeobachtung eine vorbeugende Behandlung ersetzen.

Der Produktionsvorteil der neuen Hybridsorten sollte genutzt werden, wenn sich der höhere Saatgutpreis im Vergleich zum Erlös positiv rechnet.

Hafer:

Formen: Sommer- (und Winter)hafer;

Sonderformen: Weiß- und Gelbhafer, Nackthafer;

Verwendungszweck: Verfütterung, in geringem Umfang Industriehafer;

Qualitätsmerkmale: Spelzenanteil, Kernertrag, Rohfasergehalt, Sortierung, Auswuchs;

Resistenzen gegen: Mehltau, Kronenrost, Streifenkrankheiten, Hafernematoden, Fritfliege;

Faktoren der Ertragssicherheit: Standfestigkeit, Wuchshöhe, Halmknicken, Zwiewuchsneigung, Reifezeit.

Hinweis: Hafersorten bleiben frei von Fußkrankheiten. Deshalb können insbesondere nematodenresistente Sorten als abtragende Gesundungsfrüchte innerhalb der Fruchtfolge Verwendung finden, zumal die meisten Sorten sehr genügsam und gute Stickstoffverwerter sind. Eine frühe Saat fördert die Jugendentwicklung und vermindert dadurch Zwiewuchs und Fritfliegenbefall bei anfälligen Sorten sowie die sortentypische Reifeverzögerung des Strohs und damit auch das Ausreiferisiko.

Mais:

Erzeugungsrichtungen: Körner-, Silomais, Corn-Cob-Mix (CCM) und Lieschkolbenschrot (LKS);

Qualitätsmerkmale: Verdauliche Energie, Stärkegehalt und -ertrag, Trockensubstanzgehalt, Kolben- bzw. Kornanteil (= Kolbentrockenmasse);

Resistenz gegen: Stengelfäule, Fritfliege;

Faktoren der Ertragssicherheit: Reifezeiten (nach FAO-Zahl), Standfestigkeit.

Hinweis: Die für den Standort geeignete Reifegruppe bestimmt die Sortenwahl. In Grenzlagen des Maisanbaus, wozu der größte Teil der Bundesrepublik Deutschland gehört, bringen frühe und mittelfrühe Sorten langfristig einen gleich hohen und sogar höheren Ertrag als mittelspäte Sorten [6]. Das Ertragsrisiko und ein problemloses Führen der Bestände werden dadurch wesentlich beeinflußt. Sorten mit früher und intensiver Jugendentwicklung lassen die Bestände früher schließen. Trotzdem müssen in erosionsgefährdeten Lagen spezielle Erosionsschutzmaßnahmen getroffen werden, wenn nicht zur Sicherung der Bodenfruchtbarkeit auf den Maisanbau ganz verzichtet werden muß.

Kartoffeln:

Erzeugungsrichtungen: Stärke-, Speise-, Wirtschafts- und Veredelungskartoffeln;

Qualitätsmerkmale: Sortierung, Kochtyp, Stärkegehalt, Chipsfarbe, reduzierende Zucker, Knollenform, Fleischfarbe;

Resistenz gegen: Krautfäule, Viruskrankheiten,

Nematoden, Braunfäule, Schorf, Eisenflekken, Schwarzbeinigkeit, Krebs;
Faktoren der Ertragssicherheit: Reifegruppen, Keimfreudigkeit, Vollernteverträglichkeit.
Hinweis: Man unterscheidet 4 Reifegruppen: I. sehr frühe Sorten, II. frühe Sorten, III. mittelfrühe Sorten, IV. mittelspäte bis sehr späte Sorten.

Im Kartoffelsortiment sind breite Kombinationen von Resistenzgenen gegen die folgenden Schädlinge und ihre Biotypen zu finden: Viruskrankheiten, Krautfäule, Nematoden, Krebs, Phytophthora. Wichtige Maßnahmen, um trotz der Resistenzen Schäden zu vermeiden sind: Bezug von Zertifiziertem Pflanzgut, genaue Bestandskontrolle, Verhinderung von Verschleppungen, Fruchtfolgeanteil maximal 25%, gezielte chemische Bekämpfung, eventuell vorzeitige Krautabtötung.

Im Kartoffelsortiment existieren Sorten mit unterschiedlicher Stickstoffbedürftigkeit. Bei diesem Kriterium sind die Empfehlungen der Sortenberatung zu beachten, da außerdem Wechselbeziehungen zwischen zu hoher N-Düngung, vermindertem Stärkeertrag und einer verzögerten Abreife bestehen!

Betarüben:
Formen: Zucker-, Futterrüben;
Erzeugungsrichtungen: Zuckererzeugung, Futterzwecke;
Qualitätsmerkmale: Zuckergehalt, bereinigter Zucker, Rübentrockenmasse, Stärkeertrag;
Resistenz gegen: Cercospora, viröse Vergilbung, Ramularia, Nematoden, Rizomania;
Faktoren der Ertragssicherheit: Neigung zu Schossern, Rübenform, Feldaufgang, Vollernteeignung, Frostempfindlichkeit.
Hinweis: Zuckerrübensorten unterscheiden sich deutlich in ihrem Zuckerertrag. Dieser kann entweder aus einem hohen Rübenertrag mit geringem Zuckergehalt oder einem hohen Zuckergehalt bei relativ geringem Ertrag gebildet werden. Daraus ergeben sich Wechselwirkungen zur Produktionstechnik.
Futterrübensorten unterscheiden sich auch in Farbe, Form und Trockenmassegehalt.
Bei Sorten mit Neigung zum Schossen führt eine zu frühe Saat zu Frühschossern oder nach Frösten zu mehr oder weniger umfangreichen Fehlstellen. Bei der Entscheidung, lückige Bestände umzubrechen, sollte aber berücksichtigt werden, daß spät gesäte Zuckerrüben einen erhöhten Anteil an melassebildenden Nichtzuckerstoffen produzieren. Da derzeit noch rübennematodenresistente Sorten auf dem Markt feh-

len, sind eine Reihe phytosanitärer Maßnahmen zu beachten (Fruchtfolge, Unkrautbekämpfung, Anbau resistenter Zwischenfrüchte, Verhinderung von Verschleppung), um den Zuckerrübenanbau nicht zu gefährden. Wesentliche Fortschritte sind aber in den letzten Jahren im Bezug auf die Züchtung ertragreicher Zuckerrübensorten mit Toleranz gegenüber der virösen Wurzelbärtigkeit, Rhizomania, gemacht worden, die direkt noch nicht bekämpfbar ist.

Körnerleguminosen:
Formen: Ackerbohnen, Erbsen;
Erzeugungsrichtungen: Verfütterung der Körner, Futtermittelherstellung;
Qualitätsmerkmale: Trockensubstanzgehalt, Tausendkorngewicht, Rohproteinertrag;
Resistenzen gegen: Brennflecken, Schokoladenflecken, Blattläuse, Fuß- und Welkekrankheiten;
Faktoren der Ertragssicherheit: Standfestigkeit, Pflanzenlänge, Hülsenabwurf, Reifezeit, Pflanzentyp.
Hinweis: Das Problem der großkörnigen Leguminosen ist ihre geringe Ertragsstabilität. Eine gute Bodenstruktur (besonders bei Erbsen), tiefe gleichmäßige Saat, das Verwenden frühreifer und standfester Sorten sind wichtige Maßnahmen, um das Risiko zu mindern.
Bei Erbsen und Ackerbohnen wird züchterisch an veränderten Pflanzenarchitekturen gearbeitet, die eine höhere Ertragssicherheit gewährleisten sollen.

Raps:
Formen: Winter- und Sommerraps;
Sonderformen: Zwischenfruchtanbau;
Erzeugungsrichtungen: Ölerzeugung, Futtermittel, Zwischenfruchtanbau;
Qualitätsmerkmale: Ölgehalt, Erucasäure-, Glukosinolatgehalt, Tausendkorngewicht;
Resistenzen gegen: Phoma, Weißstengeligkeit (Krebs);
Faktoren der Ertragssicherheit: Winterhärte, Standfestigkeit, Wuchshöhe, Reifezeit.
Hinweis: Selbst bei sehr frohwüchsigen Sorten muß die optimale Aussaatzeit (um den 20. August) besonders beachtet werden, da eine zu späte Saat weder durch erhöhte Saatstärken noch N-Herbstdüngung ausgeglichen werden kann. In Gebieten mit Kahlfrostgefahr sehr winterharte Sorten verwenden, da lückige Bestände zu Vegetationsbeginn mit erhöhter Stickstoffgabe angetrieben werden müssen, was zu einer schlechten Stickstoffauswertung, zu vorzeitigem Lager, Zwiewuchs und vermindertem Ölgehalten führen kann.

5.6.3 Nutzung von Resistenzen und Resistenzstrategien

Früher war die Resistenz gegen Schadorganismen kein vorrangiges Entscheidungsmerkmal, sondern eine Eigenschaft, die erst nach getroffener Sortenwahl beachtet wurde, sieht man von einigen Ausnahmen (z. B. Kartoffelnematoden, Kleekrebs) ab.

Im Konzept der Integrierten Pflanzenproduktion sind Resistenzen zu einem tragenden Grundpfeiler geworden. Sie müssen in größtmöglichem Umfang in Kultursorten eingebaut und so genutzt werden, daß sie möglichst lange wirksam bleiben. Eine intensive Resistenzzüchtung ist somit Voraussetzung der Integrierten Pflanzenproduktion.

Dies bedeutet aber auch, daß den Resistenzeigenschaften höchste Priorität bei Sortenwahl und Sortenberatung zukommen muß [16]. In eine erfolgreiche Strategie zur Nutzung der Resistenz müssen deshalb Pflanzenzüchtung, Sortenberatung und die Reaktion der Landwirte gleichermaßen integriert werden.

Zum Prinzip der Resistenz: Unter Resistenz versteht man in diesem Zusammenhang die genetisch verankerte Widerstandsfähigkeit der Zuchtsorten gegen Schadorganismen. Die Vielfalt der Resistenzgene im Pflanzenbereich ist ebenso unerschöpflich wie die sog. Virulenzgene der Schadorganismen. Beide stehen in enger, wechselnder Beziehung. In der Natur besteht zwischen einer Wildpflanzenpopulation und dem Schaderreger ein gewisses Gleichgewicht, weil der großen Resistenzvielfalt innerhalb der Wildpflanzenpopulation viele Virulenzgene des Schädlings gegenüberstehen. Die Folge ist, daß es zwar zu einem geringen Befall kommt, aber die einseitige Selektion Oberhand gewinnender, aggressiver Formen bzw. Rassen (= Pathotypen) verhindert wird. Der Bereich der Kulturpflanzen entfernt sich immer mehr von diesem Gleichgewichtszustand.

Die Sorte stellt in der Regel eine Einliniensorte mit relativ geringer Schwankungsbreite (Variabilität) innerhalb des Bestandes dar. Ihre Resistenz beruht meist auf einem oder auf wenigen Genen. Der Einheitssortenbau alter Prägung oder der Anbau einiger weniger Sorten tragen darüber hinaus zu einer geringen Variabilität innerhalb der Kulturlandschaft bei. Dies fördert eine schnelle Gegenreaktion der Virulenzgene, es kommt zu Resistenzdurchbrüchen, neue Erregerrassen oder Pathotypen häufen sich in der Gesamtpopulation an.

Diese Dynamik verschärft sich, je stärker und je einseitiger eine Resistenz wirkt (vertikale Resistenz), je geringer eine Resistenzvielfalt in der Flur vorhanden ist. Dadurch wird der Selektionsprozeß innerhalb der Virulenzpopulation beschleunigt und desto schneller überwindet der Erreger die Resistenzbarriere. Die Resistenz der Kulturpflanzen kann deshalb nicht von gleichbleibender Dauerwirkung sein, weil nach dem biologischen Grundsatz der Erhaltung der Art die Erregerpopulation ihre Überlebenschance sucht und innerhalb ihrer großen Gesamtvariabilität, verschärft durch die rasche Generationenfolge, auch findet.

Aber je vielfältiger und unspezifischer Resistenzen wirken (horizontale Resistenz), desto länger dauert der Selektionsprozeß innerhalb der Erregerpopulation. Die Resistenz bleibt länger wirksam. Ein vielfältiges und wechselndes Resistenzangebot, eine dynamische Resistenzstrategie, kann zwar ständige Selektionsprozesse beim Erreger auslösen, eine Hauptselektionsrichtung kann jedoch nicht verfolgt werden. Die Erregerpopulation bleibt in ihrer Vielfältigkeit erhalten und hat nur geringe Chancen, ein vorherrschendes, aggressives Virulenzgen zu selektieren.

Es kann dadurch eine Art Gleichgewichtszustand zwischen Wirt und Erreger erreicht werden. Mit schwacher Virulenz und deshalb auch gewissen Schädigungen durch den Erreger ist demzufolge zu rechnen. Diese bleiben aber beim Einsatz von unspezifischer breiter Feldresistenz meist unter der wirtschaftlichen Schadensschwelle. Ein chemisches Pflanzenschutzmittel kann dann bei Bedarf als zusätzliche Maßnahme gezielt eingesetzt werden. Es trägt in diesem Konzept zur Resistenzvielfalt wie ein weiteres, zusätzliches Resistenzgen bei. Durch den vereinzelten Einsatz bleibt die Wirkung der teuren Mitteln ebenso wie die Resistenz der Sorten länger erhalten und wirksam.

Nicht das Vernichten aller Schaderreger ist Ziel der Integrierten Pflanzenproduktion, denn dieses Ziel wäre unerreichbar, sondern der dauerhafte Schutz der Kulturpflanzen unter Tolerierung einer ökonomisch nicht bedeutsamen Erregerdichte nach dem Grundsatz: Vielfalt bedeutet Stabilität!

Resistenzstrategien in der Integrierten Pflanzenproduktion: Aufgrund der Prinzipien der Resistenz und der Pathotypen-Problematik müssen Konzepte einer umfassenden Resistenznutzung entwickelt werden.

Dazu gehört, in erster Linie dafür zu sorgen, daß die Pflanzenzüchtung in der Lage bleibt, ständig auch mit Hilfe modernster Biotechnologien neue Resistenzgene zu finden, dadurch die Variabilität zu erweitern und die Resistenzen in Zuchtmaterial mit hohem Leistungsniveau einzuschleusen. Nur so können der Landwirtschaft ständig neu angepaßte Sorten verfügbar gemacht und nur so kann das Resistenzspektrum erweitert werden. Dies ist Voraussetzung, um ein angenähertes Gleichgewicht zu erzielen bei niedrigem Befallsdruck zwischen Resistenz- und Erregerpopulation, für weitere Strategiemaßnahmen und damit für ein längerfristiges Erhal-

ten der teuren Resistenzen wie auch der Pflanzenschutzmittel.

Dazu ist zweitens die Kenntnis der Zusammensetzung von Erregerpopulationen ein wertvolles Hilfsmittel, um rechtzeitig einer neuen Pathotypen-Anreicherung begegnen zu können. Die lokalen oder regionalen Verhältnisse könnten über ein Netz von geeigneten Testsortimenten erfaßt werden. Die Sporen der Pilzkrankheiten werden aber auch großräumig in Hauptwindrichtung verfrachtet [4, 11]. Deshalb kann die Analyse der Virulenzeigenschaften in westlich

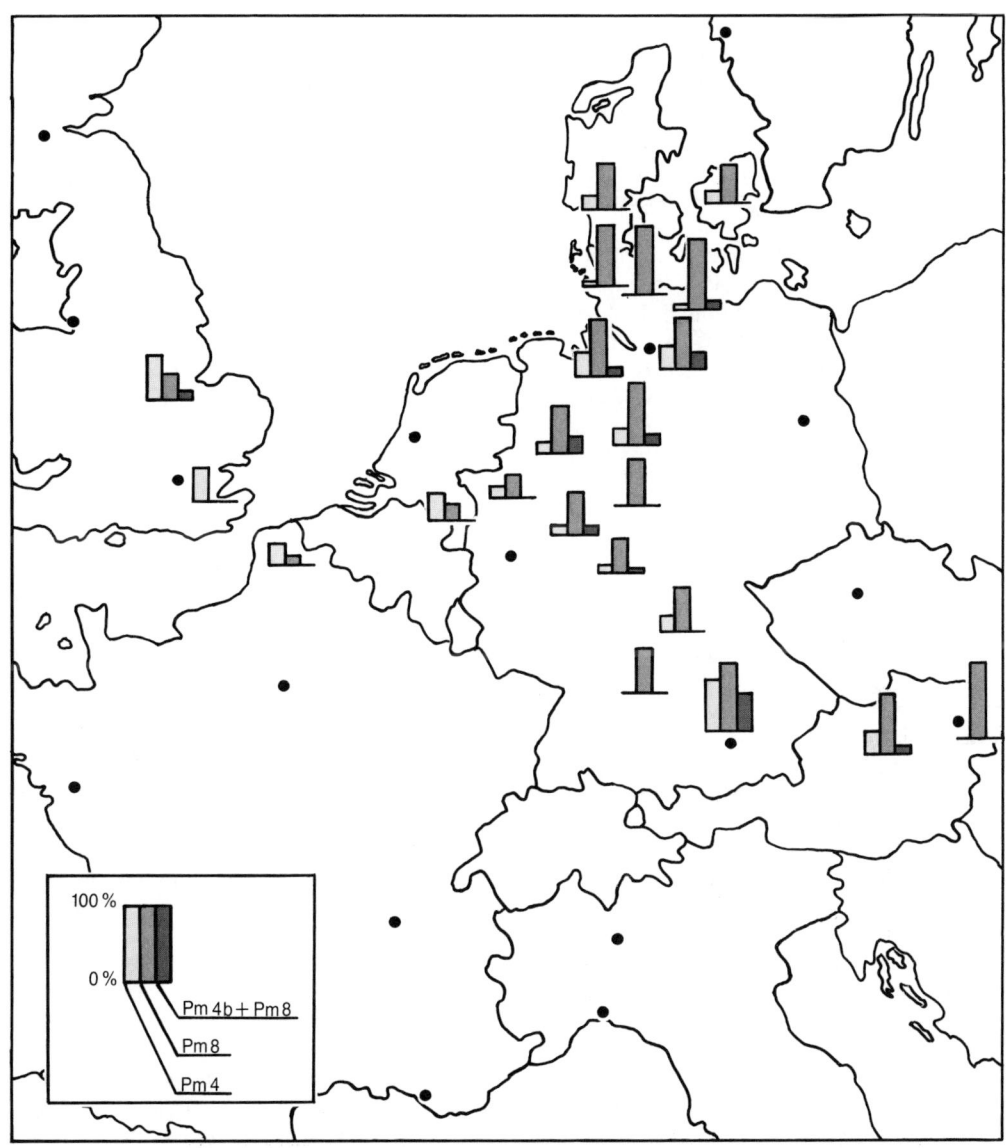

Abb. 47   Verteilung der Virulenzen Pm 4b und Pm 8 und ihrer Kombination von Weizenmehltau in Europa (1986) [12].

145

gelegenen Ländern (Frankreich, England oder Dänemark) Hinweise auf zu erwartende Virulenzen in der Bundesrepublik Deutschland aus diesen Verfrachtungsquellen ergeben (siehe Abb. 47).

Dementsprechend sollten, damit Sortenberatung und die Pflanzenzüchter rechtzeitig gewarnt sind und reagieren können, Sporenfänge in ganz Mitteleuropa erfolgen [4, 10, 11]. Dies könnte mit stationären und mobilen Geräten durchgeführt werden [9]. Ihr Netz muß aber dicht genug sein und die Sporenfänge müssen auf mehrere Krankheitserreger bzw. Schadorganismen ausgedehnt werden.

Als dritte Maßnahme ist zu fordern, daß die Sorten in ihrer Resistenzvielfalt und in den Resistenzmerkmalen von der Sortenberatung exakter und ausführlicher beschrieben werden. Gleichzeitig ist dem Landwirt die Bedeutung verschiedener Resistenzgene eindringlich zu vermitteln. Ein Beispiel könnten die Bemühungen der Bayer. Landesanstalt für Bodenkultur und Pflanzenbau bei Winterweizen sein. Bei der Beschreibung der Sorten für die Beratungspraxis werden nicht nur die Reaktionen der Sorten auf verschiedene Krankheiten, sondern bei Mehltau sogar die unterschiedlichen Resistenzgene der Sorten aufgezeigt (ähnlich wie in Tabelle 38, Seite 149), so daß der Berater durchaus Sorten mit verschiedener Resistenzausstattung erkennen und dem Landwirt vermitteln kann.

Damit ergeben sich für die Erhaltung der Resistenzen und die Senkung des Fungizideinsatzes, bezogen auf Sortenberatung und Sortenwahl, in der Praxis zwei Vorgehensweisen:

■ Die gezielte Sortenvielfalt,
■ der Anbau von Sortenmischungen.

Die Herstellung einer gezielten **Sortenvielfalt** bedeutet zunächst, daß die Sortenberatung und die Praxis darauf achten, daß mehr Sorten als bisher in einer Flur oder in einem Anbaugebiet bewußt verwendet werden. Man unterscheidet heute schon bei einigen Kulturarten (Weizen, Gerste, Kartoffel) unterschiedliche Resistenzträger oder Resistenzgene bei verschiedenen Schadorganismen (Mehltau, Nematoden, Viren usw.). Bei etwa gleich guten Sorten hinsichtlich Standortverträglichkeit, Leistung und Qualität sollten Sorten mit unterschiedlicher Resistenzausstattung ausgewählt werden. Anfällige Sorten können einbezogen werden. Sie werden bei Bedarf mit einem Pflanzenschutzmittel behandelt. Dessen Wirkstoffmolekül kann dabei wie ein weiteres Resistenzgen bewertet werden [16].

Stehen Sorten mit kombinierter Resistenz zur Wahl, sind besonders diese in das System zu integrieren, da sie noch wirkungsvoller zur Resistenzvielfalt beitragen. Größeren Betrieben ist zu raten, daß sie – soweit nicht bereits geschehen – grundsätzlich mehrere Sorten mit verschiedenen Resistenzen verwenden [14].

Der Höchstanteil einer Sorte in einem engen Anbaugebiet, z. B. in einer Gemeindeflur, sollte laut Planungsvorhaben in Bayern [17] 20–25% der Gesamtfläche der betreffenden Art keinesfalls überschreiten. Häufiger Sortenwechsel, vor allem in Betrieben mit hohem Weizen- und Gerstenanteil, ist ebenfalls ein Element der Sortenvielfalt.

Praktische Erfahrungen mit **Sortenmischungen** liegen insbesondere bereits aus England, Dänemark und der früheren DDR vor. In Bayern hat man bei Futterweizen einen Sortenmischanbau von je ca. 2000 ha in den Jahren 1987 bis 1992 erprobt. Die positiven Erfahrungen lassen erwarten, daß Sortenmischungen bei anderen Fruchtarten nachziehen, wobei geplant ist, zunächst ein Verhältnis sortenreine Bestände : Sortenmischungen in der Flur von 80 : 20% anzustreben [17].

Zusammenfassende Arbeiten über Theorie und Einsatz von Sortenmischungen liegen reichlich vor [1, 2, 3, 18, 21, 22]: Der allgemeine Effekt der Sortenmischung basiert auf einer breiteren genetischen Vielfalt innerhalb eines Mischbestandes gegenüber einem Reinbestand. Sollen Sortenmischungen nicht nur positive Wirkungen im Krankheitsgeschehen aufweisen, sondern auch die Entwicklung eines Bestandes zu stabilen Leistungen fördern, dürfen die Mischungspartner nicht allein nach der unterschiedlichen Verteilung der Resistenzgene ausgewählt werden. Es müssen auch pflanzenbauliche Gesichtspunkte (Standfestigkeit, Qualitätseigenschaften, Reifezeit, Winterhärte usw.) bei der Auswahl der Partner berücksichtigt werden [1]. Da nicht bei jeder Fruchtart und bei allen Schaderregern günstige Verhältnisse vorliegen, werden derzeit die Modelle vorwiegend über die Mehltauresistenz bei Gerste und Winterweizen erprobt.

Eine übersichtliche Beschreibung des gesamten Winterweizen-Sortimentes 1993 nach Qualitätskriterien und Mehltauresistenzgenen kann der Tabelle 35 entnommen werden [7].

Die Auswahl der Sorten und ihre gegenseitige Abstimmung, die von entscheidender Bedeutung ist, sollten von erfahrenen Experten der Sortenberatung vorgenommen werden. Die Er-

Tabelle 35   Einstufung eingetragener Winterweizen-Sorten nach Qualität (A9–C2) und den in ihnen enthaltenen Mehltau-Resistenz-Genen [7, aktualisiert Januar 1993 durch Autor, F. STRASS und G. ZIMMERMANN)

Resistenzgene[1]

Quali-tätsstufe	keine/uneinheitlich	Pm2	Pm4b	Pm6 bzw. Pm8	Pm5	Pm2,5	Pm2,6	Pm4b,5	Pm4b,6	Pm4b,8	Pm5,6	Pm6,8	Pm2,4b,6	Pm2,4b,8	Pm2,4b,6,8
A9, A8	Alidos, Borenos, Carolus, Miras, Monopol, Zentos	Bussard	Aron		Dolomit, Rektor, Urban										
A7	Ambras, Club, Fregatt, Mikon, Topas, Renan, Ramiro				Markant, Sperber										
A6	Faktor, Kanzler, Taras, Vuka		Agronom, Astron, Boheme, Tristan	Niklas (Pm8)	Früh-probst, Kraka		Adular Konsul Ortler	Kontrast		Herzog, Toronto		Albrecht			
B5	Alcedo, Florida Futur,	Orestis	Ronos				Heiduck	Ibis							Xanthos
B4, B3	Ares, Bontaris, Jaguar, Okapi	Agent Gorbi Obelisk			Cariplus	Pagode		Clan	Sorbas		Greif, Lambros		Contra		
C2			Aladin	Hai (Pm6)										Apollo	

[1]) Die Abkürzungen ergeben einen Hinweis auf die Herkunft der betreffenden Resistenzgene.

forderrnisse der Integrierten Pflanzenproduktion verlangen nicht Mischungen um des Mischens willen, sondern gezielte Mischungen, möglichst nach Richtlinien der amtlichen Sortenberatung!

Sortenmischungen, die nach einem ausgefeilten System zusammengestellt werden und deren Komponenten sich in Resistenz- und einigen anderen Eigenschaften ergänzen, wobei etwa 3–4 Sorten/Mischung als ausreichend betrachtet werden, lassen eine Reihe von **Vorteilen** erwarten:

■ In erster Linie wird der Krankheitsbefall eines derartigen Bestandes deutlich reduziert [2, 8, 21, 23]. Ein Beispiel zeigt Tabelle 36 auf.

Tabelle 36   Krankheitsbefall (in % befallene Blattfläche) bei Sommergerste 1985/86 in Bayern

Erreger	Reinsaat-mittel	Sorten-mischung
Mehltau	6,1	2,7
Netzflecken	2,3	1,1
Blattflecken	2,1	1,7

■ Da in einem derartigen Bestand vorwiegend resistente Pflanzen vorhanden sind, bleibt der Anfangsbefall (Primärinfektion) geringer. Aus diesen Gründen und weil zusätzlich ein gewisser »Barriereeffekt« dadurch entsteht, daß zwischen anfälligen Pflanzen resistente stehen, kommt es zu keiner Infektionsexplosion, die Pilzkrankheit kann sich innerhalb des Bestandes und von Bestand zu Bestand nicht wie in reinem Sortenanbau hochschaukeln.

■ Es reduzieren sich dadurch Entwicklungsgeschwindigkeit, Änderung und schädliche Wirkung des Erregers innerhalb der Flur oder des Gebietes deutlich.

■ Die teuren Resistenzen bleiben länger wirksam.

■ Die Notwendigkeit zum Einsatz von Fungiziden nimmt ab, es kommt zur Produktionsmitteleinsparung, ein wichtiger ökonomischer und ökologischer Gesichtspunkt.

■ Besonders Landwirte, die bisher ohne Fungizideinsatz arbeiten, sollten an Sortenmischungen herangeführt werden, da sie dadurch weiterhin ohne Produktionsrisiko auf Chemie verzichten können und die Produktivität erhöhen. Es zeigte sich, daß besonders bei hohem Infektionsdruck die Mischbestän-

de dem Anbau reiner Sorten überlegen waren.

■ Durch den geringeren Einsatz erhöht sich auch bei den Pflanzenschutzmitteln die Chance, daß ihre Wirksamkeit länger erhalten bleibt.

■ Die Wechselwirkung zwischen Erreger und Abwehrmechanismen (resistente Sorten einschließlich chemische Mittel) kommt beim Einsatz von Sortenvielfalt und Sortenmischungen einem gewissen Gleichgewichtszustand näher, so daß schwerwiegende Änderungen in der Zusammensetzung der Erregerpopulation eines Anbaugebietes deutlich langsamer vor sich gehen.

■ Neben dem Krankheitsgeschehen können auch andere Streßfaktoren durch geschickte Wahl der Mischungskomponenten gemindert werden. Auswinterung, Lager, Auswuchs, Wirkungen von Trockenheit usw. können durch sog. Kombinationseffekte der Mischungskomponenten in ihrer Wirkung stark gemildert oder völlig ausgeglichen werden. Fällt ein Mischungspartner aus, kann ein anderer an seine Stelle treten!

■ Das Erzeugungsrisiko vermindert sich dadurch erheblich, die Leistungen solcher Bestände sind sicherer. Die Leistungsschwankungen haben geringere Ausschläge. Hier wirkt sich der Grundsatz »Vielfalt bringt Stabilität« in praktischen Ergebnissen aus.

■ Mischungen können gegenüber Reinbeständen sogar Mehrerträge bringen (siehe Tabelle 37). Der Leistungsvorteil von Mischungen ist besonders in solchen Jahren oder Gebieten gegeben, in denen umweltbedingte Streßfaktoren und ungünstige Produktionsbedingungen auftreten und ausgleichende Wirkungen erforderlich sind. Unter derartigen Bedingungen können Sortenmischungen sogar zu erheblichen ökonomischen Ertragsvorteilen führen [1, 23], siehe auch Abb. 48.

Die Sortenmischungen brachten in der Stufe »ohne Fungizid« fast ausnahmslos Mehrerträge. Mit Fungiziden (bei geringem Infektionsdruck) lag der Ertrag auf dem Reinsaatniveau.

Sortenmischungen und Qualitätserzeugung: Soll Marktware bzw. Qualitätsgetreide produziert werden, stellen die Qualitätseigenschaften der Sorten ein zusätzliches vorrangiges Kriterium dar. Dadurch kann die freie Wahl der Komponenten deutlich begrenzt werden. Wenn sich bei Braugersten- oder Backweizen-Mischungen keine für die aufnehmende Hand annehmbaren Komponentenmischungen glei-

Tabelle 37 Erträge (in dt/ha) von Sortenmischungen von Sommergerste im Vergleich zur Reinsaat (1985/86, in Bayern)

Jahr	Fungizid	Reinsaatmittel	Sortenmischung	Mischung relativ zu Reinsaaten
1985	–	55,9	58,2	104,2
	+	65,0	65,5	100,7
1986	–	55,7	56,8	101,9
	+	64,5	64,2	99,5

cher oder ähnlicher Verarbeitungsgüte finden lassen, muß darauf notgedrungen verzichtet werden. Die Qualitätserzeugung sollte dann unter dem Gesichtspunkt der Sortenvielfalt in Reinbeständen stattfinden.

Saatgutfragen bei Sortenmischungen: Sortenmischungen setzen sich aus zugelassenen Marktsorten zusammen. Ein zusätzlicher Züchtungsaufwand, wie das bei den sog. Vielliniensorten der Fall wäre, ist nicht erforderlich. Sortenmischungen stehen deshalb auf dem aktuellen Leistungsniveau der jeweiligen Kulturart. Da nur von der amtlichen Sortenberatung empfohlene Mischungen verwendet werden sollen und eine Absprache mit den Handelsfirmen erfolgen kann, wie in Bayern bei Winterweizen bereits praktiziert, kann das Mischsaatgut alljährlich neu bezogen werden. Dadurch ist gewährleistet, daß alle Komponenten zu gleichen Teilen enthalten sind; beim Nachbau können nachteilige Entmischungen stattfinden. Außerdem darf sich nach dem Saatgutverkehrsgesetz die Mischung nur aus anerkanntem, Zertifiziertem Saatgut der jeweiligen Sorte zusammensetzen, so daß die offiziellen Qualitätsnormen für Saatgut für die gesamte Mischung eingehalten sind. Darüber hinaus ist das Mischungssaatgut nicht oder nur unwesentlich gegenüber dem Reinsorten-Saatgut teurer, so daß die vorteilhaften Effekte für die breite Landwirtschaft relativ kostengünstig erreichbar sind.

Als praktisches Beispiel sind in Tabelle 38 Sortenmischungen für die Winterweizenerzeugung aufgeführt, die in Bayern 1992/93 auf einer Anbaufläche von insgesamt ca. 3000 ha angebaut wurden. Als Auswahlkriterien spielte die unter-

Tabelle 38 Winterweizen – Sortenmischungen (1992/93 in Bayern)

Sorten	Resistenz gegen			Mehltau-resistenz-gene	Stand-festig-keit	Wuchs-höhe
	Mehltau	Braunrost	Spelzen-bräune			
Futterweizen-mischung 1						
Contra	+	+	0	Pm 2, 4b, 6	(+)	(+)
Orestis	(+)	(+)	(+)	Pm 2	(–)	0
Greif	++	0	(+)	Pm 5, 6	(+)	(+)
Futterweizen-mischung 2						
Clan	+	0	0	Pm 4b, 5	++	+
Orestis	(+)	(+)	(+)	Pm 2	(–)	0
Greif	++	0	(+)	Pm 5, 6	(+)	(+)
A6-Mischung						
Toronto	0	0	+	Pm 4b, 8	(+)	(+)
Herzog	(–)	(–)	(+)	Pm 4b, 8	++	0
Astron	0	0	(+)	Pm 4b	+	0
Andros	(+)	–	0	Pm 6	(–)	0

+++ = sehr gut; + = gut; (+) = gut–mittel, 0 = mittel; (–) = schlecht–mittel; – = schlecht

schiedliche Reaktion der Sorten auf Mehltau-, Braunrost-, Spelzenbräunebefall, die Standfestigkeit und die Wuchshöhe eine Rolle. Insbesondere aber wurden die Sorten nach den unterschiedlichen Mehltauresistenzgenen zusammengesetzt, so daß innerhalb einer Mischung eine relativ große Vielfalt an genetischer Resistenz vorhanden war.

5.6.4 Sortenberatung

Eine auf Standort und Verwendung, auf Sortenvielfalt und auch auf Sortenmischungen ausgerichtete Sortenwahl erfordert höchste Anforderungen an die Sortenberatung. Da zudem in der Integrierten Pflanzenproduktion nicht nur wie früher die Haupt-, sondern auch Wechselwirkungen der Sorten Berücksichtigung finden müssen, kommt auf die Beratung ein breites Aufgabenfeld zu. Der Berater muß in die Lage versetzt werden, in relativ kurzer Zeit, in der Regel nach drei Prüfjahren, die Eigenschaften und Verhaltensweisen der Sorten zu erkennen und sie der Praxis zu vermitteln. Grundvoraussetzung ist ein auf regionale Erfordernisse ausgerichtetes offizielles Versuchsnetz.

Dabei sind insbesondere die Wechselwirkungen der neuen Sorten zu den Standardmaßnahmen der Produktionstechnik immer wieder zu prüfen, weil sich Neuzüchtungen völlig anders verhalten können als bereits bekannte Sorten. Ein Beispiel der unterschiedlichen Wechselwirkung von Sorten zu zwei verschiedenen Fungizidmaßnahmen geht aus der Abb. 48 hervor, die auf einer Prüfung von 14 Weizensorten in 20 Versuchen in Bayern der Ernte 1990–92 beruht.

Träger des amtlichen Versuchswesens in der Bundesrepublik Deutschland sind das Bundessortenamt, die Landwirtschaftsministerien der Länder oder die Landwirtschaftskammern jeweils mit ihren nachgeordneten Dienststellen.

Das Bundessortenamt erarbeitet über die Ergebnisse der Wertprüfung, in Verbindung mit den einschlägigen Länderbehörden, eine sog. »Beschreibende Sortenliste«, in der von allen landwirtschaftlichen Kulturarten alle zugelassenen und in die Sortenliste eingetragenen Sorten in ihren Eigenschaften beschrieben werden.

Der Landwirt sollte aber, gerade wenn er die Produktionsmaßnahmen gezielt auf spezielle Sorteneigenschaften abstellen möchte, die Erkenntnisse und Erfahrungen der regionalen Beratungsorgane nutzen. Diese bauen auf einem noch wesentlich engeren Netz, den Landessor-

tenversuchen oder auf regionalen produktionstechnischen Versuchen auf.

In diesen Versuchen werden die sehr wichtigen und empfohlenen Sorten auf ihre Wechselwirkungen mit verschiedenen, in der Region üblichen, produktionstechnischen Maßnahmen (verschiedene Düngung, Pflanzenschutz, Saatzeit usw.) unter örtlichen Umweltverhältnissen geprüft. So kann ein Grundsystem der Produktionstechnik für ein begrenztes Gebiet erarbeitet werden, in das sich weitere Maßnahmen entsprechend den verschiedensten Gegebenheiten und Ereignissen während der Vegetation integrieren lassen.

Die Vorteile eines derartigen Stufensystems (Wertprüfung, Landessorten- und produktionstechnische Versuche) für die regionale Entscheidung in der Integrierten Pflanzenproduktion liegen auf der Hand, weswegen versucht wird, diese drei Stufen ineinander zu vernetzen.

Die Ergebnisse und Erfahrungen der regionalen Sortenberatung münden in einer Reihe von **Beratungsunterlagen,** die neben Beratungsgesprächen als wichtige Entscheidungshilfe für den Landwirt angeboten werden:

- Die *zentrale Versuchsberichterstattung* der meisten Länderstellen beinhalten einen allgemeinen Überblick über das Versuchsgeschehen und dessen Ergebnisse aus dem Blickwinkel des aktuellen Vegetationsjahres. Dabei werden Ergebnisse auf Länder- und Regionalebene dargestellt und diskutiert.

- Eine *regionale Versuchsberichterstattung* zielt intensiver auf gebietsinterne Ergebnisse ab und beinhaltet Sortenempfehlungen und Sortenbeschreibungen bezogen auf ein spezielles Erzeugungsgebiet. Eingeschlossen sind meist produktionstechnische Hinweise genereller, aber sortenspezifischer Art.

- *Sortenblätter* oder *Sortenpässe* sind das Ergebnis umfangreicher Sortenprüfungen. Sie beinhalten die empfohlenen Sorten für ein Gebiet entsprechend dem Verwendungszweck. Sie liefern Sortenbeschreibungen bezogen auf Gebietsebene in allen wichtigen Eigenschaften. Sie beschreiben regionale Erfahrungen der Wechselwirkungen zwischen Sorten und anderen produktionstechnischen Maßnahmen oder geben sortenspezifische Hinweise als entscheidende Beratungshilfe.

- *Veröffentlichungen* in Fachpresse, Funk und Vorträge der amtlichen Stellen ergänzen die Möglichkeiten, sich entsprechende Empfehlungen und Beratungen zur richtigen, objektiven Sortenwahl einzuholen.

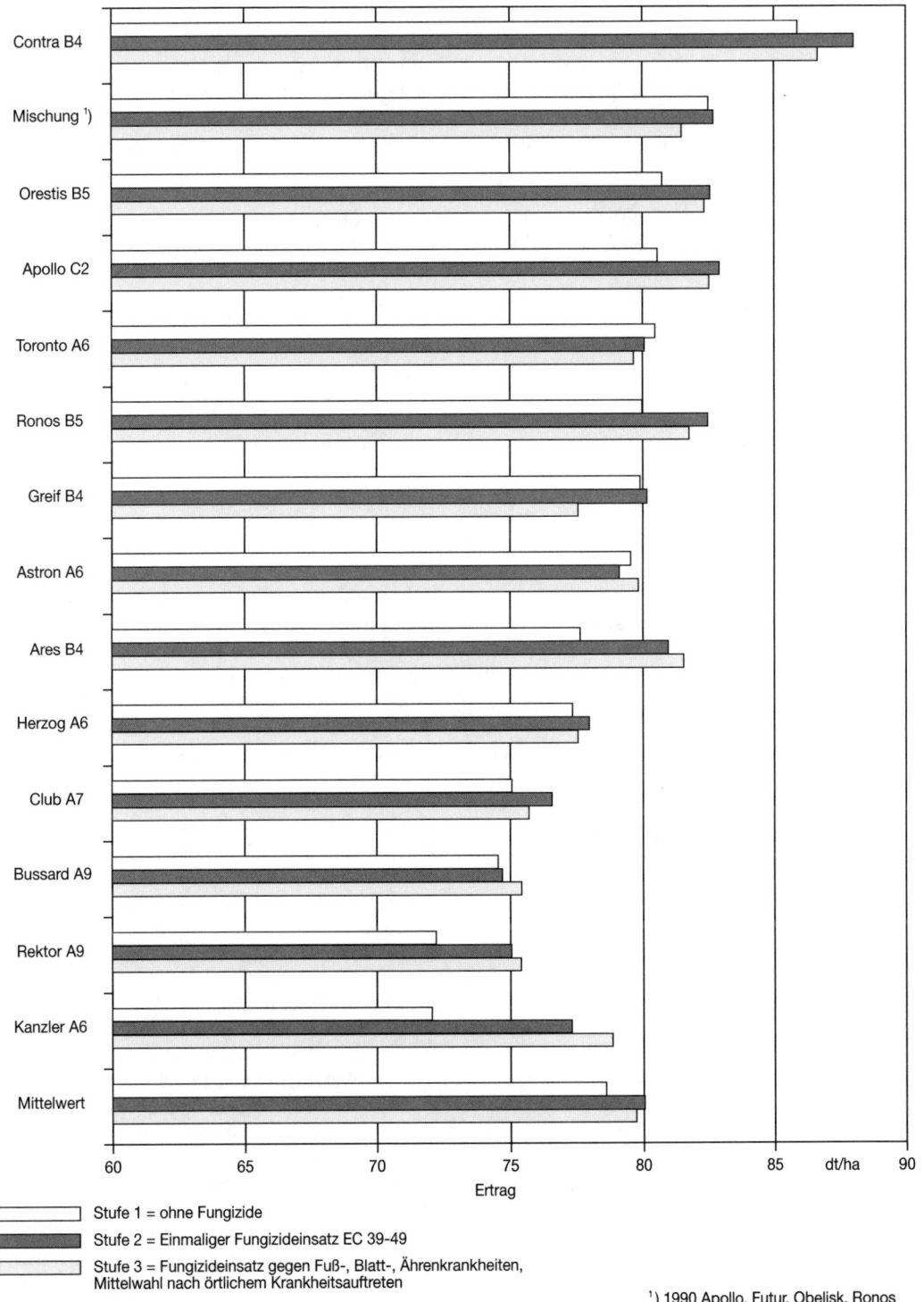

☐	Stufe 1 = ohne Fungizide
▓	Stufe 2 = Einmaliger Fungizideinsatz EC 39-49
☐	Stufe 3 = Fungizideinsatz gegen Fuß-, Blatt-, Ährenkrankheiten, Mittelwahl nach örtlichem Krankheitsauftreten

¹) 1990 Apollo, Futur, Obelisk, Ronos
1991/92 Apollo, Contra, Greif, Orestis

Abb. 48 Ein Beispiel für unterschiedliche Reaktion von Weizensorten auf Fungizidbehandlungen je nach Grad ihrer Resistenzausstattung (Kornerträge 1990–1992), nach Abzug des Aufwandes in den Fungizidstufen.

151

Die amtlichen Sortenempfehlungen versuchen heute die Forderungen von Ökonomie und Ökologie gleichermaßen zu berücksichtigen, wobei neben der quantitativen und qualitativen Leistungsfähigkeit der Sorten und ihrer Standorteignung gleichrangig ihre Eigenschaften der Ertragssicherung (Resistenzen, Standfestigkeit usw.) und der Qualität (= Verwendungszweck) einbezogen werden. Erkennbare und bekannte Wechselwirkungen zu anderen produktionstechnischen Maßnahmen und zu Umweltgegebenheiten werden besonders herausgestellt und vermittelt, auch wenn in diesem Bereich noch erhebliche Erkenntnislücken vorhanden sind.

5.7 Gezielter chemischer Pflanzenschutz

R. DIERCKS, München, und
R. HEITEFUSS, Göttingen

5.7.1 Definition und Kriterien

Der Integrierte Landbau bezieht bewußt die Nutzung des biologisch-technischen Fortschritts in die umweltgerechte Produktionstechnik mit ein (siehe Seite 15). Die Entwicklung der chemischen Pflanzenschutzmittel hat in den vergangenen Jahrzehnten die Pflanzenproduktion ganz wesentlich verändert. Das hohe Niveau der speziellen Intensität, die erforderliche Ertragssicherheit und die Erhöhung der Arbeitsproduktivität waren nur mit Hilfe auch der »Chemie« zu erreichen.

Allerdings herrscht nach einer anfänglichen Überschätzung der Möglichkeiten des chemischen Pflanzenschutzes nunmehr eine realistische, zum Teil sogar sehr kritische Einstellung vor allem in der jüngeren Generation der Landwirte vor. Auch das neue Pflanzenschutzgesetz von 1986 fordert, die Anwendung chemischer Pflanzenschutzmittel nach guter fachlicher Praxis im Rahmen des Integrierten Pflanzenschutzes auf das notwendige Maß zu beschränken. Nach welchen Grundsätzen dies möglich ist, soll in diesem Abschnitt behandelt werden.

Der **Begriff** »gezielter chemischer Pflanzenschutz« bedarf der Erläuterung. Wir verstehen darunter die Steuerung und Begrenzung der Anwendung von Pflanzenschutzmitteln unter Beachtung verschiedener Kriterien, die sowohl die Auswirkungen vorbeugender Maßnahmen zur Verminderung der Schadenswahrscheinlichkeit, die Beurteilung der aktuellen Befallssituation oder die Vorhersage des Befalls, als auch die Wahl des aus ökonomischen und ökologischen Gründen am besten geeigneten Pflanzenschutzmittels oder Anwendungsverfahrens mit einschließen [19].

Folgende **Kriterien** sind in diesem Sinne vor allem zu beachten:

- Die Stellung einer Kultur in der Fruchtfolge,
- der Termin der Aussaat oder Auspflanzung,
- die Art der Bodenbearbeitung (z. B. wendend oder lockernd),
- die Anfälligkeit beziehungsweise Resistenz einer Sorte gegenüber Schadorganismen,
- die Höhe und Verteilung der Mineraldüngung, insbesondere des Stickstoffs,
- die Konkurrenzfähigkeit der Kultur gegenüber Unkräutern.

Daß diesen Kriterien für verschiedene Kulturen und Schadorganismen einschließlich Unkräutern ganz unterschiedliche Bedeutung zukommt, ergibt sich aus zahlreichen Einflußfaktoren, die zum Teil in den einschlägigen Abschnitten ausführlich behandelt werden und auf die hier nicht eingegangen wird. Auf der Grundlage der genannten Kriterien müssen aber jeweils die Überlegungen angestellt werden, ob und in welcher Form direkte Bekämpfungsmaßnahmen, z. B. mit Herbiziden, Fungiziden oder Insektiziden, gezielt zum Einsatz kommen sollen. Dazu sind weitere Beobachtungen und **Entscheidungshilfen** erforderlich und zwar:

- Die Erfassung der aktuellen Verunkrautungs- bzw. Befallssituation,
- die Berücksichtigung bekannter Bekämpfungs- und Schadensschwellen,
- die Beachtung von Warn- oder Prognosesystemen,
- die Berücksichtigung der
  - Wirkungsbreite und der Wirkungsmechanismen der Pflanzenschutzmittel,
  - der Verträglichkeit für Nützlinge,
  - der Anwendungsauflagen im Bezug auf Bienenschutz, Wasserschutzgebiete, Wartezeiten, Anwendungsbeschränkungen.

Einige der genannten Kriterien sind unter dem Aspekt der geforderten guten fachlichen Praxis eine Selbstverständlichkeit, z. B. die vier zuletzt genannten. Für andere muß zugegeben werden, daß längst nicht für alle Schadorganismen und Kulturen schon brauchbare Bekämpfungs- und Schadensschwellen oder Prognoseverfahren vorliegen, auch wenn hier in letzter Zeit wichtige Fortschritte erzielt wurden [27].

Trotzdem bieten sich zahlreiche, auch in der Praxis erprobte Möglichkeiten, den gezielten Einsatz von Pflanzenschutzmitteln so in das System des Integrierten Pflanzenschutzes einzubauen, daß mit einem minimalen Aufwand ein Optimum an Wirkung erzielt wird, und zwar sowohl in epidemiologischer und ökologischer, als auch in ökonomischer Hinsicht. Ein routinemäßiger, nach mehr oder weniger festgelegten Spritzplänen durchgeführter chemischer Pflanzenschutz, bei dem das Prinzip des »Versicherungsschutzes« um jeden Preis im Vordergrund steht, ist heute nicht mehr zu verantworten!

5.7.2 Erfassen der aktuellen Befallssituation

Das exakte Erfassen des aktuellen Befalls einer Kultur setzt Grundkenntnisse vom Erscheinungsbild der wichtigsten Schadorganismen voraus. Hier stehen dem Landwirt heute zahlreiche Informationsmöglichkeiten zur Verfügung, nach denen er Unkräuter, Krankheiten und Schädlinge und deren Entwicklungsstadien mit einfachen (Lupe), oder etwas aufwendigeren

Hilfsmitteln (Diagnoserahmen) mit hinreichender Genauigkeit bestimmen kann [17, 18, 21]. Dies ist unmittelbar an der befallen Pflanze beziehungsweise im Bestand möglich, wobei auch die Verteilung auf einem Schlage zu erfassen ist, um gegebenenfalls nur Rand- oder Teilflächenbehandlungen durchführen zu müssen (siehe Seite 163). Nicht nur die Zahl der je Flächeneinheit oder je Pflanze gefundenen Schadorganismen ist dabei von Bedeutung, sondern auch das Stadium der Kultur, in dem der Befall einsetzt oder ein bestimmtes Niveau erreicht. Vor allem schon im Integrierten Pflanzenschutz im Apfelanbau wird bei Auszählung zu verschiedenen Terminen nicht nur die Anzahl der Schädlinge, sondern auch der Nützlinge ermittelt, um dies bei der Entscheidung über eine Bekämpfung und bei der Auswahl des Pflanzenschutzmittels mit zu berücksichtigen. Ansätze dazu wurden auch für Blattläuse und deren Gegenspieler (Antagonisten) im Getreidebau erarbeitet [26]; die Berücksichtigung stößt bei der sehr niedrigen Bekämpfungsschwelle für Blattläuse jedoch auf grundsätzliche Schwierigkeiten. Bei flugfähigen Insekten haben sich zum Erfassen des Flugtermins Hilfsmittel verschiedener

Abb. 49   Gelbschale im Pflanzkartoffelbestand zur Kontrolle des Fluges von Blattläusen (Virusüberträger!).

Art bewährt. Dazu gehört im Ackerbau vor allem die ›Gelbschale‹, in der die attraktive Wirkung der gelben Farbe auf die meisten Insekten ausgenutzt wird (Abb. 49). Regelmäßiges Auszählen der in einer mit Wasser unter Zusatz von Geschirrspülmitteln gefüllten Gelbschale gefangenen Insekten ist nötig. Üblich ist dies z. B. zur Kontrolle des Befallsfluges von Rapsstengelrüßler oder Kohltriebrüßler vor der Rapsblüte, im Getreide zur Erfassung der Sattelmücke, im Pflanzkartoffelbau der Pfirsichblattlaus. Um das Einfliegen von indifferenten und zum Teil nützlichen, größeren Insekten wie Hummeln in die Schale zu vermeiden, sollten die Gelbschalen mit grobmaschigen Netzen abgedeckt werden.

Im Obstbau wurden früher in stärkerem Maße Lichtfallen zum Erfassen nachtaktiver Schmetterlinge, z. B. des Apfelwicklers, eingesetzt. Heute werden hier überwiegend spezifisch wirkende Pheromonfallen verwendet (siehe Abschnitt 7.4).

Zur Bestimmung der Unkrautdichte im Getreide wurde ein Zähl- und Schätzrahmen entwickelt [5, 17]. Ein Metallrahmen umfaßt die Fläche von $\frac{1}{10}$ m², angebrachte Vergleichsflächen stellen 5% bzw. 1% Flächenanteil dar und werden als Beurteilungsmaßstab für den Unkrautdeckungsgrad mit herangezogen (Abb. 50). Das Erfassen der Verunkrautung muß möglichst repräsentativ auf einem Schlage erfolgen, aber auch der unterschiedlichen Verteilung Rechnung tragen, um gegebenenfalls mit Teilflächenanwendungen der Herbizide auszukommen.

Schwieriger und für den Praktiker selbst nicht mehr möglich wird das Beurteilen des aktuellen Befalls, wenn dies nur mit Hilfe spezieller Methoden durchführbar ist. Ansätze ergeben sich z. B. beim parasitären Halmbruch am Getreide über ein spezifisches Färbeverfahren, das die mikroskopische Diagnose des Erregers an der Hahnbasis ermöglicht [44], oder über die Anwendung des serologischen ELISA-Testverfahrens [39]. Bei Krankheitserregern ist die zuverlässige Beurteilung schon deshalb schwieriger, weil für das Infektionsgeschehen Witterung und Mikroklima im Bestand eine überragende Rolle spielen. Daher sind neben laufenden Beobachtungen des Befalls als Entscheidungshilfen oft meteorologische Geräte (für Temperatur-, Luftfeuchte- und Regenmessungen) nötig, u. U. auch noch Sporenfallen.

Abb. 50 »Göttinger Rahmen« zur Abschätzung der Unkrautdichte bzw. des Unkrautdeckungsgrades.

Tabelle 39 Schadensschwellen (Richtwerte) für Ackerfuchsschwanz/Windhalm im Winterweizen in Abhängigkeit von Bekämpfungskosten, Weizenertrag und Weizenpreis sowie dem Auflaufzeitpunkt relativ zur Kultur [verändert nach 16]

Bekämpfungs-kosten DM/ha	Weizen Ertrag dt/ha	Weizen Preis DM/dt	Auflaufen der Ungräser relativ zum Weizen gleichzeitig Pflanzen/m²	nach EC 21 Pflanzen/m²
50	100	35	14	28
		25	20	40
	75	35	18	36
		25	27	54
	50	35	28	56
		25	40	80
100	100	35	28	56
		25	40	80
	75	35	36	72
		25	54	108
	50	35	56	112
		25	80	160

5.7.3 Bewertung des aktuellen Befalls

Bei den meisten Schadorganismen ist die Feststellung, daß ein Befall vorliegt, als Grundlage für eine Bekämpfungsentscheidung nicht ausreichend. Dichte (d. h. Anzahl pro Pflanze oder Fläche) sowie Termin des Auftretens im Vergleich zum Entwicklungsstadium der Pflanze müssen für die Bewertung mit herangezogen werden. Bei vielen Schadorganismen wurden aus der Beziehung zwischen Besatzdichte oder Ausmaß der Erkrankung und der Ertragsminderung sog. Befalls-/Verlustrelationen abgeleitet. Diese bilden die Basis für die Festsetzung der wirtschaftlichen Schadensschwelle und der Bekämpfungsschwelle, die folgendermaßen definiert werden (siehe Seite 17):

Die **wirtschaftliche Schadensschwelle** ist die zu einem gegebenen Zeitpunkt vorhandene Befallsdichte eines Schadorganismus oder das Ausmaß einer Erkrankung oder Verunkrautung, die bei Nichtbekämpfung Schäden in gleicher Höhe verursachen würden, wie an Kosten für die Bekämpfungsmaßnahme entstehen.

Erst von dieser Grenze an wird in der Regel eine Pflanzenschutzmaßnahme wirtschaftlich sinnvoll, es sei denn, andere und übergeordnete Gesichtspunkte der Risikoabwendung oder der Betriebsorganisation sprechen zwingend für einen vorbeugenden Einsatz von Pflanzenschutzmitteln.

Dem verstärkten Sicherheitsbedürfnis beziehungsweise der Tatsache, daß ein Befall schon sehr frühzeitig bekämpft werden muß, um Ertragseinbußen zu verhindern, wird Rechnung getragen durch die **Bekämpfungsschwelle**, d. h. die Befallsdichte, bei der Bekämpfungsmaßnahmen eingeleitet oder durchgeführt werden sollen, um das Erreichen der wirtschaftlichen Schadensschwelle zu verhindern.

In der Praxis wird meistens nicht zwischen beiden Begriffen unterschieden, sondern allgemein von *Schadensschwellen* gesprochen. Im folgenden wird gleichfalls nicht danach unterschieden, es sei denn, es wird besonders darauf hingewiesen (z. B. im Abschnitt 7.3).

Werte für Schadensschwellen stellen keine festen Größen dar, sondern werden durch eine Vielzahl von Einflußfaktoren beeinflußt, insbesondere

■ von Seiten des Schadorganismus: Art, Alter, Entwicklungsstadium, Konkurrenzfähigkeit, Vitalität, Rasse, Parasitierung;

■ von seiten der Kulturpflanze: Art, Alter, Regenerations- bzw. Konkurrenzfähigkeit, Nährstoffversorgung, Anfälligkeit, zu erwartender Ertrag, Stellung in der Fruchtfolge;

■ von Seiten der Kosten und Erlöse: Kosten der gegebenenfalls durchzuführenden Pflanzenschutzmaßnahme, Kosten für Trocknung oder Reinigung, Preise der Produkte bzw. Erlös für die zu erwartenden Mehrerträge oder Qualitätsverbesserung des Ernteprodukts (siehe Tabelle 39).

Tabelle 40 Vorläufige Schadensschwellen für einige Schadorganismen und Kulturen [2, 27]

Kultur	Schadorganismus	Entwicklungsstadium Kultur EC	Schadensschwelle	Bemerkungen
Rübe	Rübenfliege *Pegomyia betae*	2-Blattstadium EC 21 4-Blattstadium EC 22 6-Blattstadium	6 Larven/Pflanze 12 Larven/Pflanze 18 Larven/Pflanze	Bekämpfung nur der 1. Generation wirtschaftlich
	Schwarze Bohnenlaus *Aphis fabae*	vor Reihenschluß nach Reihenschluß	10% der Pflanzen 50% befallen	nur nützlings-schonende Mittel verwenden
Winter-raps	Rapsglanzkäfer *Meligethes aeneus*	Erscheinen der Blütenknospen bis Blühbeginn EC 50–62	sehr früh 1–2 früh 4 spät 6 Käfer/Pflanze am Rand des Feldes	bei gleichmäßigem Befall im Gesamt-bestand Verringerung der Schadensschwelle um die Hälfte
	Kohlschotenrüssler *Ceuthorrhynchus assimilis*	nach Knospenbildung bis Vollblüte EC 55–65	1 Käfer/Pflanze	Bienenschutzver-ordnung beachten
	Kohlschotenmücke *Dasyneura brassicae*	nach Knospenbildung bis Blühbeginn	1 Mücke auf 4 Pflanzen	Bienenschutzver-ordnung beachten
Winter-weizen	Halmbruchkrankheit *Pseudocercosporella herpotrichoides*	Beginn des Schossens EC 30	20% der Pflanzen mit Verbräunung der Blattscheiden	regionale Abwei-chungen möglich, Warndienst beachten
	Blattläuse *Macrosiphum avenae, Rhopalosiphum padi, Metopolophium dirhodum*	Ende des Ähren-schiebens bis Milchreife EC 59–75	EC 59: 20% EC 59–69: 25% EC 69–75: 80% der Halme, Ähren oder Fahnenblätter besiedelt	nach Möglichkeit Auftreten von Räubern und Parasiten berück-sichtigen; nütz-lingsschonende Mittel einsetzen
	Sattelmücke *Haplodiplosis equestris*	Beginn des Schossens bis Ährenschieben EC 30–50	mehr als 50% der Pflanzen mit Eiern oder etwa 15 Ei-larven/Halm	Feststellung des Mückenfluges mit Gelbschalen, Warndienst beachten

Die Schwierigkeiten, für den Einzelfall oder für allgemeinere Aussagen Schwellenwerte ange-ben zu können, sind folglich ganz erheblich [27]. Trotzdem liegen für wichtige Schadorganismen *Richtwerte* vor, die zum Teil auf Schätzungen beruhen, zum Teil aber auf umfangreichen ex-perimentellen Untersuchungen. Ausführliche Angaben und Hinweise zum Ermitteln solcher vorläufigen Schadensschwellen sind den ein-schlägigen Veröffentlichungen (z. B. [2, 9, 27]) und Warnmeldungen des Pflanzenschutzdien-stes zu entnehmen. Tabelle 40 gibt dazu nur einige Beispiele wieder.

Auf einer Bewertung des aktuellen Befalls beru-hen die Empfehlungen, wie sie im Rahmen des »Weizenmodells Bayern« [22] zur gezielten Be-kämpfung von Pilzkrankheiten in dieser Kultur gegeben werden. Als »Bekämpfungsschwelle« wird hier das frühe Stadium einer Epidemie bezeichnet, in dem der Erreger von der ersten Phase eines langsamen Befallsanstiegs übergeht in die anschließende Phase der sehr schnellen

Massenvermehrung. In diesem Stadium kann bei Anwendung eines geeigneten Fungizids eine optimale Bekämpfung erwartet werden.

Voraussetzung für den Erfolg ist das sichere und möglichst frühe **Erkennen der Krankheitserreger.** Mehltau und die verschiedenen Rostpilze können mit dem bloßen Auge erkannt werden. Bei anderen Krankheitserregern, z. B. *Septoria nodorum*, ist das sichere Erkennen an Hand der typischen Sporenbehälter (Pyknidien) nur mit optischen Hilfsmitteln möglich. Dazu wurde ein »Getreide-Diagnose-System« nach VERREET/HOFFMANN [21] entwickelt. Mit Hilfe eines mobilen Kunststoffrahmens (Abb. 51) und Lupen bis zu 100facher Vergrößerung können die Blattproben bereits auf dem Felde durchgemustert werden. Zur Quantifizierung des Befalls ist zum Beispiel zu ermitteln, auf wieviel Prozent der repräsentativ aus dem Schlag entnommenen Proben sich mindestens eine Mehltaupustel befindet (Befallshäufigkeit), wieviel Prozent der Blattflächen mit dem Pilz bedeckt sind (Befallsstärke) oder wieviel *Septoria*-Pyknidien auf bestimmten Blattetagen vorhanden sind. Der Nachweis des Halmbrucherregers, *P. herpotrichoides*, ist mit dem Diagnosegerät nach einem einfachen Färbeverfahren möglich [22].

Das Entscheidungsmodell wurde erstmalig 1990 auf einer größeren Zahl landwirtschaftlicher Betriebe in verschiedenen bayrischen Anbaugebieten erprobt und hat sich dort bewährt. Eine Erweiterung des »Weizenmodells Bayern« durch ein **computergestütztes Expertensystem** ist derzeit in der Entwicklung [22]. Überwiegend auf der Beobachtung der Witterung und deren Einfluß auf den Pilzbefall des Getreides beruht ein ebenfalls rechnergestütztes System »Pro Plant«, anhand dessen Empfehlungen für einen gezielten Fungizideinsatz gegeben werden können [40].

Stärker an wirtschaftlichen Kriterien orientiert sind Bekämpfungsschwellen für Mehltau, Rost und *Septoria* an Winterweizen, bei denen ein gewisser Anfangsbefall bewußt toleriert wird. Erst wenn auf dem 3. oder 2. Blatt von oben mehr als 1% der Blattfläche befallen sind, muß eine gezielte Anwendung geeigneter Fungizide erfolgen. Der unterschiedlichen Anfälligkeit der Sorten kann dabei sehr gut Rechnung getragen werden [7] (siehe Kapitel 7.2.2).

Welche Auswirkungen auf Erträge und Erlöse bei konsequenter Berücksichtigung der bekannten *Schadensschwellen* im Ackerbau zu erwarten sind, wird im Abschnitt 7.2.5 dargestellt [41]. Ein sorgfältiges Beobachten der Bestände auf das Auftreten von Schadorganismen verursacht zwar einen gewissen Aufwand an Arbeitszeit und damit unter Umständen Kosten, die jedoch oft weit überschätzt werden. Die repräsentative Erhebung der Unkrautdichte auf einem Schlag von 3–5 ha mit Hilfe des Zähl- und Schätzrahmens ist z. B. in ca. 1 Stunde möglich. Auch das Erfassen der Blattlausdichte im Getreide, die sich aufgrund einer zu Befallsbeginn engen Beziehung zwischen der Anzahl befallener Pflanzen und dem Besatz der Ähre auf die Feststellung des Prozentsatzes besiedelter Pflanzen an einer repräsentativen Probe von ca. 5×10 Pflanzen beschränken kann, ist nicht besonders zeitaufwendig. Eine exakte ›Bestandesführung‹ des Getreides erfordert aber grundsätzlich ein genaues Beobachten der Kultur, für die die Zeitaufwendungen in den Kosten nicht allein dem Pflanzenschutz zugerechnet werden können. Möglichst exakte Erfassung und Bewertung der örtlichen Befallssituation gehören somit zu den Grundsätzen der guten fachlichen Praxis!

5.7.4 Prognose des Befalls

Als Prognose wird die Vorhersage des Auftretens einer Erkrankung oder eines Schadorganismus in einem Anbaugebiet oder einer Kultur bezeichnet. Wird diese Vorhersage für einen konkreten Zeitraum oder Zeitpunkt präzisiert, so sprechen wir von einer **Terminprognose.** Basis für derartige Prognosen ist im wesentlichen die Kenntnis des Einflusses der Witterungsfaktoren auf die Vermehrung der Schadorganismen und auf das Infektionsgeschehen.

Da die Witterung vorausschauend aber nur relativ kurzfristig und ungenau erfaßt werden kann, wird überwiegend nach dem Prinzip der **Negativprognose** gearbeitet. Dabei wird unter Beobachtung und Auswertung der Witterungsdaten der Zeitraum abgeschätzt, in welchem ein Befall *nicht* eintreten kann oder eine bestimmte Grenze *nicht* überschreitet.

Ein seit langem in der Praxis bewährtes System dieser Art ist die Negativprognose für die Krautfäule der Kartoffel (*Phytophthora infestans*) [34, 38]. Der amtliche Wetterdienst registriert laufend die Witterungsdaten wie Niederschlag, Temperatur, Luftfeuchte und Trockenperioden, bewertet diese in ihrer Bedeutung für die Ausbreitung des Pilzes und gibt im **Phytoprog-Dienst** die für verschiedene Regionen errechneten Gesamtbewertungsziffern (GBZ) bekannt.

Frühestens bei GBZ 150, spätestens bei GBZ 270 ist mit dem Ausbruch der Erkrankung zu rechnen. Erst von diesem Termin an ist das Ausbringen von Fungiziden zur *Phytophthora*-Bekämpfung im Kartoffelbau sinnvoll. Unnötige, vorbeugende Spritzungen können so eingespart werden.

Nach dem gleichen Prinzip arbeitet probeweise der Halmbruch-Warndienst **Cercoprog-Dienst,** um die witterungsabhängige Infektionswahrscheinlichkeit für Weizen mit dem Erreger des parasitären Halmbruchs, *Pseudocercosporella herpotrichoides,* zu ermitteln. Aus der in regional verteilten Wetterstationen gemessenen Temperatur und Feuchtigkeit wird anhand umfassender Bewertungsfunktionen die Infektionswahrscheinlichkeit berechnet, laufend bekanntgemacht und als Grundlage für eine Bekämpfungsentscheidung mit genutzt [11]. Allerdings weist dieses System noch erhebliche Mängel auf, da die großräumige Erfassung der Witterung nicht für das Bestandesklima im einzelnen Schlag repräsentativ ist. Hinzu kommt, daß *P. herpotrichoides* als Erreger einer typischen Fruchtfolgekrankheit in stärkerer Abhängigkeit zu anderen schlagspezifischen Faktoren steht, die in einer Art Standortdiagnose erfaßt werden müssen. Dazu gehören die Bewertung der Bodenart, des Nährstoffgehaltes, der N-Düngung, der Saatzeit und der Fruchtfolge in ihrer Auswirkung auf die Befallswahrscheinlichkeit. Desgleichen kann der Einfluß der Temperatur auf das Wachstum des Pilzes von den äußeren zu den inneren Blattscheiden mit berücksichtigt werden. Die Verwendung entsprechend programmierter, Mikroprozessor-gesteuerter Warngeräte wurde in umfangreichen Untersuchungen erfolgreich erprobt. Dem Landwirt wird damit die Entscheidungsgrundlage über die Notwendigkeit und den Termin der Fungizidanwendung zur Bekämpfung des parasitären Halmbruchs geliefert (siehe Abschnitt 5.11) [35, 42].

Sowohl für die **Krautfäule der Kartoffel,** als auch für **Halmbruch** und **Mehltau an Weizen** wurden auf der Grundlage der genannten Beziehungen umfangreiche computergestützte Prognosemodelle und Warnsysteme erarbeitet, die vor allem in der ehemaligen DDR Anwendung fanden [14].

Systeme zur Prognose des **Septoria-Befalls** haben noch nicht die volle Praxisreife erreicht, da hier die Witterung auch vorausschauend mit in die Bewertung des zu erwartenden Ährenbefalls eingehen muß.

Andere Prognoseverfahren haben sich jedoch seit langem in der Praxis bewährt. Dazu gehört vor allem die **Prognose des Apfelschorfes,** *Venturia inaequalis,* die im strengen Sinne eigentlich keine Vorhersage ist, sondern durch Beobachtung und Registrierung der aktuellen Witterungssituation, d. h. Temperatur und Blattfeuchte in der Apfelanlage, und deren neuerdings gleichfalls computergesteuerte Bewertung dem Obstbauer Hinweise für kritische Infektionsperioden und damit die Notwendigkeit zum Fungizideinsatz gegen den Apfelschorf gibt (siehe Abschnitt 7.4). Auch die **Peronospora-Prognose im Hopfenanbau** trägt zur Vermeidung unnötiger chemischer Bekämpfungsmaßnahmen bei (siehe Abschnitt 7.5).

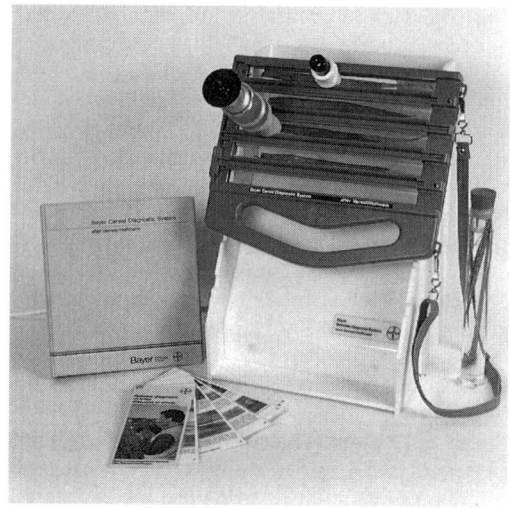

Abb. 51   Bayerischer Diagnoserahmen nach Verret/Hoffmann [22].

5.7.5 Prognose des Schadens

Die Schadensprognose versucht, in Beziehung zum Grad einer Erkrankung oder Verunkrautung oder zur Populationsdichte eines Schadorganismus und der für dessen Entwicklung bedeutsamen Umwelt- und Begrenzungsfaktoren, das Ausmaß des zu erwartenden Schadens abzuschätzen.

Im wesentlichen handelt es sich hier um die Bewertung eines Befalls, wie sie bereits in dem vorhergehenden Abschnitt und in der Definition der Schadensschwelle angesprochen wurde (siehe Seite 17).

Die Befalls- oder Terminprognose sollte möglichst mit einer Schadensprognose kombiniert

| Unkrautart | Stichprobennummer | | | | | mittlere Dichte | x Schad-faktor)[1] | x Faktor | | | | | progn. Ver-luste DM/ha |
	1	2	3	bis	30			A	B	C	D	E	
Klettenlabkraut							4						
Ackerfuchsschwanz/Windhalm							0,08						
Ausfallgetreide							0,15						
Vogelmiere							0,12						
Geruchlose Kamille							0,05						
Echte Kamille							0,03						
Taubnesselarten							0,03						
Ackerstiefmütterchen							0,03						
Sonstige (konkurenzschwach)							0,03						
Sonstige (konkurenzstark)							0,05						

)[1] Schadfaktor zur Prognose der Ertragsverluste,
bei Klettenlabkraut zur Prognose der Feuchtigkeitserhöhung

progn. Gesamt-
verlust DM/ha

Faktor A: Kulturzustand

sehr gut	0,5
gut	1,0
mittel	1,2
schlecht	2,0

Faktor B: Auflaufzeitpunkt der Unkräuter im Vergleich zur Kultur

gleichzeitig	1,0
10 Tage später	0,6
20 Tage später	0,3

Faktor C: Ertragserwartung

_____dt/ha : 100 =

Faktor D: Produktpreis

DM/dt

Faktor E: Trocknungskosten je % Überfeuchte

_____DM/dt x 100 =

Abb. 52: Schema zur Erfassung und Beurteilung der Verunkrautung im Winterraps zur Ableitung einer Bekämpfungsentscheidung [30].

werden, um auch unter dem Aspekt der Wirtschaftlichkeit über die Durchführung einer Bekämpfungsmaßnahme entscheiden zu können. Beim Ermitteln der Infektionswahrscheinlichkeit des parasitären Halmbruchs und der ergänzenden Standortdiagnose zur Bewertung der schlagspezifischen Einflußfaktoren auf den Befall wird der zu erwartende Schaden als Grundlage der Bekämpfungsentscheidung mit einbezogen.

Bei der _Phytophthora_-Negativprognose ist dies dagegen nicht der Fall. Hier werden aus Gründen der Risikoabsicherung gegen das Auftreten der Knollenfäule auch noch relativ späte Behandlungen durchgeführt, obwohl wegen der bereits abgeschlossenen Knollenausbildung eine unmittelbare Ertragsminderung nicht mehr zu erwarten ist.

Die Schadensprognose ist wichtiger Bestandteil der **Unkrautbekämpfung** nach Schadensschwellen, da hier ja bereits sehr frühzeitig, mindestens zum letztmöglichen Bekämpfungstermin im Frühjahr, vorausschauend abgeschätzt werden muß, ob die vorhandene Verunkrautung zu Ertragsminderungen führen wird oder nicht. In die Berechnung des Schadens werden hier auch mögliche Erhöhungen der Kornfeuchte bei hohem Unkrautbesatz oder Ernteerschwernis, z. B. durch Klettenlabkraut, oder Risiken der Folgeverunkrautung mit einbezogen. Abb. 52 gibt ein entsprechendes Schema für den Raps wieder, mit dessen Hilfe eine schlagspezifische Entscheidung für oder gegen die Anwendung von Herbiziden getroffen werden kann [30].

Sowohl bei der Unkrautbekämpfung nach Schadensschwellen, als auch für übergreifende

Warnsysteme wurden in letzter Zeit Computer-gesteuerte Entscheidungshilfen entwickelt. In den Niederlanden hat sich das sog. EPIPRE-System (Epidemics Prediction Prevention), das dem Landwirt auf der Basis eigener Beobachtungen, die von einem Computer zentral ausgewertet werden, nach epidemiologischen und wirtschaftlichen Kriterien Entscheidungshilfen für oder gegen eine Bekämpfung von wichtigen Weizenkrankheiten und Schädlingen liefert, allerdings kaum in die Praxis einführen lassen (siehe Abschnitt 5.11).

In die Prognose des Schadens gehen derzeit ausschließlich die oben genannten Kriterien der Ertrags- bzw. Erlösminderung durch eine gegebene Dichte von Schadorganismen ein. Mögliche negative Auswirkungen des Einsatzes eines chemischen Pflanzenschutzmittels werden nicht bewertet. Für den Landwirt bekommen sie dann Bedeutung, wenn es aufgrund der wiederholten Anwendung bestimmter Insektizide, Akarizide, Fungizide oder Herbizide zur Selektion resistenter Arten oder Rassen von Insekten, Milben, Schadpilzen oder Unkräutern kommt und dadurch auf andere, u. U. teurere Verfahren der Bekämpfung übergegangen werden muß. Auch das unerwünschte Ausschalten von Nützlingen als Begrenzungsfaktoren ist hier zu nennen.

Da die so entstehenden Folgekosten oder »externen Kosten« kaum zu kalkulieren sind, bietet sich nur die Möglichkeit an, die Schadensschwellen entsprechend zu erhöhen. Von FRANZ [12] wurde bereits vor Jahren gefordert, die wirtschaftliche Schadensschwelle unter bestimmten Bedingungen als »ökologische Schadensschwelle« auf das Doppelte anzuheben.

5.7.6 Wahl des geeigneten Pflanzenschutzmittels

Berücksichtigen von Wirkungsbreite und Wirkungsweise – Zur Bekämpfung eines oder mehrerer Schadorganismen einschließlich Unkräutern wird der Landwirt in der Regel das am besten geeignete, kostengünstigste Mittel auswählen.

Der gezielte Einsatz im Rahmen integrierter Verfahren erfordert aber die Berücksichtigung weiterer Kriterien, die über die unmittelbare Kosten-/Nutzenbewertung hinausgehen und langfristige Aspekte mit einschließen.

Die größere oder geringere Wirkungsbreite eines Mittels kann sowohl Vorteile als auch Nachteile haben.

Bei der **chemischen Unkrautbekämpfung** ist ein breites Wirkungsspektrum der Herbizide durchaus erwünscht, da in der Regel eine Mischverunkrautung von verschiedenen Unkräutern und -gräsern bekämpft werden muß. Vor allem die jährlich wiederholte Anwendung von Herbiziden der gleichen Wirkstoffgruppe führt zur Auslese widerstandsfähiger Arten, die schnell den durch die Beseitigung der empfindlichen Arten freigewordenen Raum einnehmen und zu sehr einseitigen, dann oft nur mit erhöhtem Aufwand zu bekämpfenden Verunkrautungen führen. Die Zunahme von Ackerfuchsschwanz und Windhalm nach langjähriger Anwendung von Wuchsstoffen oder die stärkere Ausbreitung von Hirsearten bei mehrjährigem Einsatz von Atrazin im Maisanbau sind dafür bekannte Beispiele.

Diese Entwicklung kann nur durch den bewußten Wechsel bei den Wirkstoffgruppen, durch die Anwendung von Kombinationspräparaten oder Tankmischungen und durch die Nutzung aller Möglichkeiten zur mechanischen Unkrautbekämpfung verhindert werden (siehe Abschnitt 5.8).

Für die **chemische Bekämpfung von Pilzkrankheiten** gelten ähnliche Prinzipien. Im Vergleich zu älteren Fungiziden mit engerem Wirkungsspektrum (z. B. Kupferpräparate nur gegen falsche, Schwefel-Präparate nur gegen echte Mehltaupilze) weisen einige neuere, systemische Fungizide eine größere Wirkungsbreite auf, die durch Mischung verschiedener Wirkstoffe in Kombinationspräparaten noch verstärkt wird. Das Risiko des Auftretens sog. »Sequenzmykosen« wird so vermindert, d. h. von Pilzerkrankungen, die als Folge der Beseitigung einer anderen Erkrankung nun auf dem gesunden Blatt bessere Entwicklungsmöglichkeiten haben. Das verstärkte Auftreten bestimmter Blattfleckenerreger im Getreide nach Anwendung von Fungiziden mit überwiegender Mehltauwirksamkeit gehört in diesen Zusammenhang.

Auf die besonderen Probleme bei der Anwendung von Insektiziden oder Akariziden mit größerer oder geringerer Wirkungsbreite bzw. ökologischer Selektivität wird weiter unten noch etwas ausführlicher einzugehen sein.

Allen genannten Gruppen von chemischen Pflanzenschutzmitteln ist gemeinsam, daß aufgrund ihrer Wirkungsweise im Zielorganismus in einer Population von Schaderregern ein mehr oder weniger scharfer Selektionsdruck in Richtung auf die Entwicklung resistenter Individuen ausgeübt wird. Die **Resistenzbildung** gegenüber

Insektiziden und Akariziden ist seit langem bekannt. Größere Bedeutung erlangte sie vor allem nach der häufigen Anwendung von chlorierten Kohlenwasserstoffen wie DDT und von Phosphorsäureestern wie Parathion. Durch die Entwicklung und Anwendung neuer Gruppen von Wirkstoffen konnten die aufkommenden Schwierigkeiten nicht in allen Fällen beseitigt werden.

Resistenzbildung gegenüber Fungiziden tritt erst bei großflächiger und häufiger Anwendung von Verbindungen mit sehr spezifischer Wirkungsweise, insbesondere einigen systemischen Mitteln auf [33]. Dabei handelt es sich vor allem um die sog. »one site Inhibitoren«, die an einer Stelle in den Stoffwechsel des Zielorganismus eingreifen, wie dies z. B. bei den Benzimidazolderivaten über eine Reaktion mit einem bestimmten Protein bei der Kernteilung der Fall ist. Bei resistenten Individuen kann diese Reaktion nicht mehr stattfinden, das Fungizid ist unwirksam. Da diese Resistenz nur durch ein oder wenige Gene bedingt ist, tritt sie innerhalb einer Population relativ häufig und auch innerhalb der natürlichen Mutationsrate eines Pilzes auf. Bei anderen Fungiziden mit unspezifischer Wirkungsweise (»multi site Inhibitoren«) ist die Wahrscheinlichkeit und Häufigkeit des Auftretens einer in der Regel auf mehreren Genen beruhenden Resistenz der Schadorganismen dagegen sehr viel geringer oder unter praktischen Verhältnissen nicht von Bedeutung. Zu dieser Gruppe gehören vor allem ältere, nichtsystemische Mittel wie Kupferverbindungen und Thiocarbamate, unter den systemischen Fungiziden die Morpholine.

Auch bei den Herbiziden hat die Entwicklung der Resistenz von Unkräutern gegenüber bestimmten Wirkstoffen inzwischen große praktische Bedeutung. Bei den Triazinderivaten hat die jahrelange, einseitige Anwendung von Atrazin im Daueranbau von Mais zur Auslese widerstandsfähiger Populationen u. a. von Vogelmiere *(Stellaria media)*, Weißem Gänsefuß *(Chenopodium album)* und Amaranth *(Amaranthus retroflexus)* geführt [1, 25]. Vermutungen, daß dies auch beim Ackerfuchsschwanz *(Alopecurus myosuroides)* nach langjähriger Anwendung von Chlortoluron im Winterweizen der Fall sei, ließen sich allerdings nicht bestätigen [10].

Zur Strategie eines gezielten chemischen Pflanzenschutzes gehört es daher auch, die Entwicklung von Resistenzen der Schadorganismen gegenüber Pflanzenschutzmitteln soweit wie möglich zu verhindern oder herauszuzögern. Dabei gelten für Insektizide, Fungizide und Herbizide im Bezug auf die **Mittelwahl** prinzipiell die gleichen Regeln:

- Nach Möglichkeit Wirkstoffe mit unspezifischer Wirkungsweise verwenden,
- Kombinationspräparate anwenden, die Wirkstoffe mit unterschiedlichem Wirkungsmechanismus enthalten,
- turnusmäßiger Wechsel in der Anwendung von Präparaten mit unterschiedlichen Wirkstoffen,
- bei beweglichen Organismen Teilflächen von der Behandlung aussparen, um die Einwanderung und Einkreuzung von Individuen mit Empfindlichkeit gegenüber dem Mittel zu erhöhen und dadurch den Selektionsprozeß zu verlangsamen.

Selbstverständlich gehört zu dieser Strategie auch das Ausschöpfen aller Möglichkeiten, aufgrund z. B. der vorbeugenden Maßnahmen und der Beachtung von Schadensschwellen die Anwendung von chemischen Mitteln auf das unbedingt notwendige Maß zu beschränken.

Berücksichtigen ökologisch selektiver Mittel – Dieser Aspekt verdient besonders bei den Insektiziden und Akariziden Beachtung, obwohl auch bei anderen Pflanzenschutzmitteln direkte oder indirekte Nebenwirkungen auf nützliche oder indifferente Arten in der Agrarbiozönose nicht auszuschließen sind.

Es überwiegen heute zwar noch Pflanzenschutzmittel mit relativ breitem **Wirkungsspektrum** (= polytoxische Mittel), aber es gibt zunehmend auch schon solche Präparate, die vorwiegend spezifisch bzw. selektiv auf die Zielorganismen wirken. In diesem Fall spricht man von mono- oder oligotoxischen Mitteln, weil sie nur gegen einen bestimmten Schadorganismus oder eine Gruppe meist artverwandter Schädlinge oder Krankheitserreger abtötend wirken. Hat man daher die Wahl unter mehreren, sonst weitgehend gleichwertigen Präparaten, so entspräche es den Forderungen des Integrierten Landbaues, solche mit geringerer Wirkungsbreite zu bevorzugen, weil sie natürliche Gegenspieler (z. B. nützliche Gliederfüßer) nicht unnötig gefährden.

Auch in der **Wirkungsdauer** der Mittel kann es erhebliche Unterschiede geben, die beachtet werden sollten. So sind z. B. Insektizide mit nur kurzer Wirkungsdauer ökologisch im allgemeinen günstiger zu bewerten, weil sie ebenfalls zur Schonung der Nutzorganismen beitragen können. Wenn allerdings bei bestimmten Schädlingen mit länger andauerndem Zuflug zu rechnen ist, so könnte dieses Argument entfallen. Denn die dann u. U. erforderlichen Behandlungswiederholungen belasten das Ökosystem erfahrungsgemäß stärker als die nur einmalige Anwendung eines Mittels mit längerer Wirkungsdauer, ganz abgesehen von dem auch höheren Arbeitsaufwand.

Ökologisch-ökonomisch nutzbringend kann in bestimmten Fällen auch eine Verringerung der **Wirkstoff-Dosis** sein, wenn dabei der Abtötungsgrad ausreicht, den Befall nur soweit zu verringern, daß die wirtschaftliche Schadensschwelle unterschritten bleibt.

Bekannte **Beispiele** für chemische Pflanzenschutzmittel mit relativ engem, wenn auch nicht artspezifischem Wirkungsspektrum sind

– Pirimicarb (»Pirimor-Granulat«) zur Blattlausbekämpfung in verschiedenen Acker-, Gemüse- und Obstkulturen,
– alle Akarizide, soweit sie nur gegen Milben (nicht Insekten!) wirken,
– Oxydemeton-methyl (»Metasystox R«), das von der Pflanze sofort nach der Behandlung aufgenommen und dann im Gefäßsystem transportiert wird (= systemische Wirkung), so daß nur saugende Insekten und Spinnmilben abgetötet werden. Allerdings erfaßt das Mittel auch diejenigen Nützlinge, die bei der Behandlung direkt getroffen werden.
– Diflubenzuron (»Dimilin 25 WP«), das als sog. Metamorphosehemmer nur gegen Junglarven einer Reihe beißender Insekten (im Kernobstbau und in Ziergehölzen) wirksam ist.

In die Kategorie gruppenspezifischer Mittel, jedoch nichtsynthetischer Herkunft, fallen auch alle **mikrobiellen Präparate** auf der Basis von *Bacillus thuringiensis* (»Dipel«, »Neudorff's Raupenspritzmittel«, »Thuricide HP«), deren Wirkungsspektrum auf Maiszünsler, Kohlweißling und einige andere freilebende Schmetterlingsraupen begrenzt ist.

Streng artspezifisch (monotoxisch) hingegen wirken **echte biologische Bekämpfungsverfahren** (z. B. der Einsatz von Raubmilben gegen Spinnmilben, von *Encarsia*-Schlupfwespen gegen »Weiße Fliege« unter Glas, von *Trichogramma*-Schlupfwespen als Eiparasiten gegen den Maiszünsler oder von Viruspräparaten wie das Granulose-Virus gegenüber dem Apfelwickler). Darüber wird im Abschnitt 5.9 näher berichtet.

In welchem Maße man sich auf internationaler Ebene wissenschaftlich darum bemüht, Impulse für die Entwicklung und Anwendung nützlings-schonender Pflanzenschutzmittel zu geben, beweist die Initiative der Internationalen Organisation für Biologische Schädlingsbekämpfung (IOBC) mit der schon vor über einem Jahrzehnt erfolgten Bildung einer Arbeitsgruppe »Pflanzenschutzmittel und Nutzorganismen«, der zahlreiche wissenschaftliche Institutionen (im Bundesgebiet auch Pflanzenschutzämter) angehören. Jedes Mitglied dieser Arbeitsgruppe prüft nach verbindlichen Richtlinien den Grad der Schädigung jeweils einer Nützlingsart durch die wichtigsten Pflanzenschutzmittel im Labortest, gegebenenfalls auch unter weniger strengen Freilandbedingungen.

Die Ergebnisse werden fortlaufend veröffentlicht, um nach Möglichkeit in der praktischen Arbeit schon Berücksichtigung zu finden [15]. Über den jüngsten Stand dieser Untersuchungen gibt auszugsweise Tabelle 41 (Seite 164) mit Ergebnissen des harten Labortestes Auskunft [31]. Auch wenn eine Übertragbarkeit auf das Freiland nur bedingt möglich ist, so wird doch erkennbar, daß sich die Präparate in ihrer nützlingsschonenden Wirkung z. T. erheblich unterscheiden. Vor allem gibt es Unterschiede im Grad der Empfindlichkeit der einzelnen Nutzorganismen gegen das gleiche Präparat.

Für die praktische Nutzanwendung dieser Befunde ergeben sich zweifellos Probleme, die es unbedingt erforderlich machen, daß man sich vor der Entscheidung für das eine oder andere Mittel durch die zuständige Fachbehörde beraten läßt. Diese Fachberatung wird darum bemüht sein, unter sorgfältigem Abwägen der örtlichen Besonderheiten (Biozönose-Charakteristika!) eine ökologisch optimale Lösung anzubieten. Schon im Umweltgutachten von 1978 des Rates von Sachverständigen für Umweltfragen [4] wurde gefordert, daß diese Prüfung auf Nützlingsschonung, die den Herstellerfirmen zwecks entsprechender Kennzeichnung ihrer Präparate bisher auf freiwilliger Ebene (aber ohne große Resonanz) angeboten wurde, künftig verpflichtender Bestandteil der amtlichen Zulassungsprüfung werden müßte. Diese Forderung wurde inzwischen mit Wirkung vom 1. 12. 1989 auf der Grundlage des neuen Pflanzenschutzgesetzes von 1986 erfüllt.

Auch bei der Herbizidanwendung im **Grünland**, die in Ausnahmefällen zur »Sanierung« eines Bestandes notwendig sein kann, dann aber die noch verbliebenen wertvollen Bestandteile der Grünlandvegetation nicht gefährden darf, gibt es inzwischen Ansätze für eine ökologisch-selektive Mittelwahl. Herausragendes Beispiel ist die

Anwendung von Asulam (»Asulox«), um die sich vorwiegend in süddeutschen Grünlandgebieten nicht selten flächendeckend ausbreitenden Ampferarten (*Rumex obtusifolius* und *R. crispus*) auszuschalten. Da die herbizide Wirkung von »Asulox« auf Ampferarten begrenzt ist, bleiben bei unvermeidbaren Flächenanwendungen nicht nur Gräser, sondern auch Leguminosen (Kleearten) und alle anderen Nutzkräuter unbeschädigt.

5.7.7 Ökologisch-selektive Anwendungstechnik

Größere Chancen, das Prinzip der ökologischen Selektivität beim chemischen Pflanzenschutz zu nutzen, bietet die Anwendungstechnik in Form verschiedener Möglichkeiten einer räumlich begrenzten Wirkstoffanwendung im Pflanzenbestand. Durch solche nur punktuellen oder partiellen Ausbringtechniken bleiben große Teile der natürlichen Lebensgemeinschaften im Ökosystem toxikologisch unbelastet und behalten ihre Reglerfunktion.

Wahrscheinlich wird auch die Entwicklung der verbreiteten Giftresistenz bei Schadorganismen gebremst. Mit Sicherheit verringern sich die Gefahren der Grund- und Trinkwasserkontamination auf durchlässigen Böden. Ferner ergeben sich nicht unerhebliche Kosteneinsparungen (Mittel und Ausbringung).

Teilflächenbehandlungen – Aus der Sicht des Pflanzenschutzes sind Fruchtfolgen mit einem Mindestmaß an Artenvielfalt nicht nur deshalb von zentraler Bedeutung, weil sie vorbeugend gegen den Befall bodenbürtiger, wirtsspezifischer Schädlinge und Krankheitserreger wirksam sind. Ihr Vorzug besteht auch darin, daß in Fällen anderer spezialisierter, aber nicht stationär-bodengebundener, sondern mobiler, flug- oder wanderaktiver Schadorganismen ein Feld nur selten ganz spontan total, also ganzflächig befallen wird. Solche Arten, insbesondere flugträgere Schadinsekten, beginnen von außen (wo vorjähriger Befall vorlag!) in den Schlag einzudringen, um zunächst nur die Randzone zu besiedeln, bevor sie sich schrittweise auch ins Feldinnere ausbreiten. Eine rechtzeitige **Randbehandlung** der bedrohten Kultur kann daher genügen, um einen späteren, ernsthafte Schäden hervorrufenden Totalbefall des Pflanzenbestandes zu verhindern [9, 41, 43].

Erfolgversprechend ist diese Form räumlich begrenzter Ausbringtechnik nach bisherigen Erfahrungen bei der Bekämpfung vorwiegend der Sattelmücke im Getreide, der Weizengallmükken, der Gelben Weizenhalmfliege, des Rapsglanzkäfers, des Kohlschotenrüßlers und der Kohlschotenmücke im Raps, des Mooksknopfkäfers in Zuckerrüben (wenn der spezielle Saatschutz nicht ausreichend war), des Erbsenwicklers und vieler Blattlausarten in fast allen Kulturen. Randbehandlungen setzen, weil sie die Schädlingseinwanderung verhindern sollen, für die Termin- und Schadensprognose zwangsläufig besonders zuverlässige, intensive und vor allem frühzeitig einsetzende Beobachtungen voraus. Andererseits sind sie in hohen Beständen rein anwendungstechnisch müheloser zu bewerkstelligen als Flächenbehandlungen, soweit mit üblichen Bodengeräten (und nicht mit dem Flugzeug) gearbeitet wird.

Auch bei bestimmten, mehrjährig ausdauernden Problemunkräutern, soweit sie vom Feldrand einwandern (Quecke!), kann es zweckmäßig sein, frühzeitig und noch lokal begrenzt, »den Anfängen zu wehren«.

Probleme mit dieser Form der Teilflächenbehandlung kann es neuerdings dann geben, wenn Felder behandelt werden sollen, deren Randzonen (bis zu 3 m) unter Biotopschutz stehen (»Acker- und Wiesenstreifen-Programm« einiger Bundesländer!). Es ist dies ein sonst sehr seltener Fall ökologischer Zielkontroversen innerhalb des Integrierten Landbaues. Als Kompromißlösung käme hier in Betracht, die chemische Pflanzenschutzbehandlung der Randzone um einige Meter ins Feldinnere zu versetzen, was bei den heute üblichen Maßen der Spritzgestänge kaum Schwierigkeiten bereiten dürfte. Ökologisch jedoch sinnvoller im Rahmen des für das Bundesgebiet vielfach geforderten »Biotopverbundsystems« wäre es wohl, künftig breitere Feldraine und Wegränder zwecks ausreichenden Artenschutzes anzustreben und diese dann, auch zur Schonung und Förderung der Nützlingsfauna gesondert zu pflegen, von Agrochemikalien aber frei zu halten.

Eine andere kostensparende und das Ökosystem nicht unnötig belastende Form räumlich begrenzter Anwendungstechnik ist die **Bandspritzung** in Reihenkulturen. Sie kommt schon seit längerem bei der chemischen Unkrautbekämpfung im Rübenbau zur Anwendung. Je nach Spritzbandbreite und Reihenabstand der Rüben lassen sich bis zu 70% des Präparateaufwands im Vergleich zur Flächenausbringung einsparen (Tabelle 42, Seite 166). Die Beseitigung der Unkräuter zwischen den Reihen er-

Tabelle 41 Nebenwirkung von Pflanzenschutzmitteln auf Nützlinge –
Ergebnisse internationaler Laborprüfungen (auszugsweise, Stand 1989) [31]

Beurteilung der Spritzmittel
+ = schonend
○ = schwach schädigend
– – = mittelstark schädigend
– – – = stark schädigend
keine Angabe = Mittel nicht geprüft

Mittel gegen Insekten und Spinnmilben

Mittel (Wirkstoff)	geprüfte Konzentration (%)	Kleine Schlupfwespe (Trichogramma)	Kleine Schlupfwespe (Encarsia)	Mittelgroße Schlupfwespe (Phygadenon)	Große Schlupfwespe (Coccygomimus)	Florfliege (Chrysopa)	Schwebfliege (Syrphus)	Raupenfliege (Pales)	Marienkäfer (Semiadalia)	Laufkäfer (Bembidion)	Laufkäfer (Pterostichus)	Raubwanze (Anthocoris)	Spinne (Coelotes oder Chiracanth)	Raubmilbe (Phytoseiulus)	Raubmilbe (Amblyseius)	Insektenpilzkrankheit (Verticillium)	Wirkung[2]
Ambush (Permethrin)	0,020	– –	– –	– –	– –	– –	– –	– –		– –	– –	+	– –	– –	– –	+	über 30 Tage
Basudine Vloeibar (Diazinon)	0,038	– –	– –	– –	– –	– –	– –			+	+	– –	– –	+	– –	○	5–15 Tage
Birlane (Chlorfenvinphos)	0,132	– –	– –	– –	– –	–	– –			○	+	– –	– –	– –	– –	+	über 30 Tage
Decis (Deltamethrin)	0,060	+	+	+	+	–	– –			– –	– –	– –	– –	– –	– –	+	über 30 Tage
Dimilin (Diflubenzuron)	0,050	+	+	+	+	– –	+	+		– –	– –	+		+	+		
Dipel (*Bacterium thuringiensis*)	0,100	–	– –	– –	+	+	○	+									
Dursban (Chlorpyriphos)[1]	0,250	– –	– –	– –	– –	– –	– –	+		– –	– –	– –	– –	– –	– –	+	über 30 Tage
Gusathion (Azinphosmethyl)	0,200	– –	– –	– –	– –	– –	– –	+		– –	+	– –		– –	– –	– –	über 30 Tage
Hostaquick (Heptenophos)	0,100	– –	– –	○	+	+	– –	+		– –	+	+		– –	– –	+	über 30 Tage
Kelthane Hoechst (Dicofol)	0,150	+	–	– –	+	+	– –	–		– –	+	+	– –	– –	– –	+	5–15 Tage
Metasystox (i) (bemeton-S-methyl)	0,100	– –	– –	– –	○	– –	– –	– –		– –	– –	– –			–		16–30 Tage
Pirimor-Granulat (Pirimicarb)[1]	0,100	– –	– –	– –	+	+	– –	– –		– –	– –	– –			–		bis 5 Tage
Rubitox (Phosalon)[1]	0,200	– –	– –	+	– –	+	– –	– –		– –	– –	– –					über 30 Tage
Spruzit-Nova-fl. (Pyrethrum)	0,100	– –	– –	– –	+	+	– –	– –		– –	– –	– –			○	– –	5–15 Tage
Thiodan 35 (Endosulfan)[1]	0,100	– –	– –	– –	– –	+	– –	–		– –	– –	– –		–	○	– –	über 30 Tage
Unden (Propoxur)	0,150	– –	– –	– –	– –	– –	– –	–		– –	– –	– –			– –	+	5–15 Tage

Mittel gegen Pilzkrankheiten

Mittel (Wirkstoff)	Konz.[1]												Wirkungsdauer[2]
Afugan (Pyrazophos)	0,050	– –	– –				–		– –	– –	– –	– –	über 30 Tage
Bayleton (Triadimefon)	0,100	+	+	+	+	+	+	+	+	○	○	+	
Cercobin-M (Thiophanat-methyl)	0,100	+	+	+	+	+	+	+	+	○	○	– –	
Corbel (Fenpropimorph)	0,170	– –	+	+	+	+	+	+	+	+	+	+	bis 5 Tage
Daconil 500 (Chlorthalonil)	0,300	+	+	+	+	+	+	+	+	+	+	○	
Derosal (Carbendazim)	0,050	+	+	+	+	+	+	+	+	+	–	+	
Milgo E (Ethirimol)	0,180	+	○	– –	+	+	+	+	+	+	+	+	
Morestan (Chinomethionat)	0,100	– –	– –	– –	–	–	–	–	–	–	–	–	über 30 Tage
Nimrod (Bupirimat)	0,040	+	–	+	+	+	+	+	+	+	+	+	über 30 Tage
Polyram-Combi (Metiram)	0,420	– –	+	+	+	+	+	+	+	+	+	+	über 30 Tage
Ronilan (Vinclozolin)	0,500	+	+	+	+	+	+	+	+	+	+	○	16–30 Tage
Sportak (Prochloraz)	0,187	– –	+	+	+	+	+	+	+	+	+	+	über 30 Tage
Thiovit (Schwefel)	0,400	– –	– –	+	○	+	+	+	+	+	+	○	über 30 Tage

Mittel gegen Unkräuter und Ungräser sowie Wachstumsregulatoren

Mittel (Wirkstoff)	Konz.[1]												Wirkungsdauer[2]
Aresin (Monolinuron)	0,750	– –	– –		– –	–	–	+	+	–		–	6–15 Tage
Avenge (Difenzoquat)	1,000	– –	–	+	+	+	+	+	+	+	–		
Betanal (Phenmediphan)	2,250	+	○	+	+	+	+	+			+		
Certrol B (Bromoxynil)	0,330	– –	– –	+	+	+	+	+	+	+	+	+	6–15 Tage
Cycocel Extra (Chlormequat)	0,700	–	+	+	+	+	+	+	○	○	+	+	
Fusilade (Fluazifop-butyl)	0,250	+	○	+	+	+	–	+	+	+	+	+	16–30 Tage
Gesaprim (Atrazin)	0,670	○	+	+	+	+	+	+	○	+	+	+	
Gesatop 50 (Simazin)	0,375	+	+	+	+	+	+	+	○	+	+	+	
Illoxan (Diclofop-methyl)	0,750	○	–	–	+	+	+	–			–	–	
Ramrod (Propachlor)	1,000	– –	– –	+	+	+	+	+	○	+	–		6–15 Tage
Roundup (Glyphosat)	1,000	○	+	+	+	+	+	+		+	+	+	
Semeron (Desmetryn)	0,250	– –	+	+	+	+	+	+	+	+	+	○	6–15 Tage
Ustinex PA (Amitrol + Diuron)	1,000	○	– –	+	+	+	+	+	+	+	+	– –	

[1] Spritzpulver.   [2] Wirkungsdauer des Mittels bei der sog. Persistenzprüfung, getestet an der Kleinen Schlupfwespe *(Trichogramma)*.

Tabelle 42 Bandspritzung in Zuckerrüben (Mittelaufwand in % der Flächenbehandlung bei verschiedenem Reihenabstand der Rüben) [3, vereinfacht]

Bandbreite cm	Reihenabstand cm			
	40	42	45	50
15	38	36	33	30
18	45	43	40	36
20	50	48	44	40
25	62	59	56	50

folgt mit der Maschinenhacke bei der ohnehin meist notwendigen Bodenlockerung.

Je nach Herbizidwahl und Geräteausstattung (es gibt verschiedene gebrauchsfertige Gerätekombinationen!) kommen als Verfahren in Betracht: Die Spritzung gleichzeitig mit der Saat, zusammen mit dem Maschinenhacken oder auch noch nach dem Auflaufen der Rüben (Abb. 53).

Ein gewisser Nachteil der herbiziden Bandspritztechnik ist die geringere Flächenleistung gegenüber einer Ganzflächenbehandlung. Bei ungünstiger Frühjahrswitterung besteht daher – insbesondere auf größeren Flächen – das Risiko eines nicht rechtzeitigen Abschlusses der Unkrautbekämpfung. Nasses Wetter gefährdet auch oft die Qualität der Hackarbeit zwischen den Reihen, so daß dort die Unkräuter möglicherweise weiterwachsen [23]. Auch sind der Hackarbeit auf erosionsgefährdeten Standorten gewisse Grenzen gesetzt.

Möglichkeiten der Bandspritzung ergeben sich auch für die Herbizidanwendung im Mais [24]. dort wieder kombiniert mit der Maschinenhacke zwischen den Reihen (Abb. 54), ferner für die chemische Bekämpfung tierischer Schädlinge in Reihenkulturen. Im Rübenbau fallen darunter vorwiegend die Rübenfliege (1. Generation), Blattläuse und Rübennematoden (gegen Frühbefall).

Neben Rüben und Mais wären auch andere Reihenkulturen (z. B. im Gemüsebau) geeignet, um von der Bandspritztechnik, stärker als bisher üblich, zum Schutz der jungen Pflanzen Gebrauch zu machen (Herbizide im Vorauflauf-, Insektizide und Fungizide auch im Nachauflaufverfahren).

Im Obstbau hat sich in Junganlagen schon seit längerer Zeit die sog. **Streifenbehandlung** mit Herbiziden bewährt, die deren Einsatz auf einen schmalen Baumstreifen (0,60–1,20 m) begrenzt [28] und daher im Prinzip der Bandspritzung ähnelt.

Im weiteren Sinne ließen sich auch bestimmte punktuelle **Köderverfahren** (gegen Schnecken,

Abb. 53 Kombination von Aussaat und Bandspritzung im Rübenbau.

Abb. 54 Kombinierte Unkrautbekämpfung im Mais: Bandspritzung in der Reihe + Maschinenhacke zwischen den Reihen.

Abb. 55 Kombinationsgerät, um gleichzeitig Einzelkornsaat, Granulatausbringung (gegen Bodenschädlinge in der Reihe) sowie Bandspritzung (gegen Unkräuter in der Reihe) durchführen zu können.

Feld- und Waldmaus) in diese Kategorie der Teilflächenbehandlung einordnen.

Beidrillverfahren – Diese Variante ökologisch-selektiver Anwendungstechnik schont insbesondere die Bodenfauna und ist, wie die Bandspritzung, für Reihenkulturen geeignet. Die chemischen Mittel kommen als gebrauchsfertige Handelspräparate in Granulatform zur Anwendung und werden schon bei der Aussaat mit Hilfe spezieller Kombinationsgeräte in die Saatfurche abgelegt, u. U. auch noch zusammen mit einer herbiziden Bandspritzung (Abb. 55). Ökologisch nutzbringend ist nicht nur die auf engsten Raum begrenzte toxikologische Belastung des Bodens, sondern auch das Fehlen jeglicher Abtriftgefahr.

Gegenüber flächendeckenden Streuverfahren ergeben sich wiederum erhebliche Einsparungen an Mittelkosten, ferner entfällt das zeitraubende Ansetzen der Spritzbrühe. Verbesserungsfähig sind nach bisherigen Erfahrungen jedoch noch Dosierungs- und Verteilungsgenauigkeit [37]. Allerdings muß unbedingt die Gewähr dafür gegeben sein, daß die meist hochgiftigen Granulate der Insektizide oder Nematizide gut in den Boden eingebracht werden und nicht auf der Oberfläche liegen bleiben, da es sonst zu einer erheblichen Gefährdung freilebender Vögel kommen kann.

In der Praxis bewährt hat sich das Verfahren bei der chemischen Bekämpfung von Bodenschädlingen vorwiegend im Mais (Drahtwürmer!) und in Rüben (Moosknopfkäfer!). In Rüben lassen sich so auch, wenn speziell geeignete Insektizide gewählt werden, die Rübenfliege (1. Generation) und Blattläuse (beim ersten Anflug im Frühjahr) bekämpfen. Sodann ist das Verfahren geeignet zum insektiziden Schutz junger Pflanzen im Gemüsebau (Kohl-, Rettich- und Zwiebelfliege!) und zur Anwendung von Nematiziden im Rübenbau (gegen Nematoden-Frühbefall).

Zweifellos kommen Beidrillverfahren prophylaktisch, also in Form einer vorsorglichen »Versicherung« zur Anwendung, da zum Zeitpunkt der Saat genauere Kenntnisse über den Grad der Schadenswahrscheinlichkeit meist noch fehlen. Daraus ergibt sich ein gewisser Widerspruch zur Forderung, mit chemischen Pflanzenschutzmitteln nur »gezielt«, nämlich auf der Basis örtlicher Schadensprognosen, in das Ökosystem einzugreifen. Wenn man jedoch die Alternativen abwägt, einerseits eine an der wirtschaftlichen Schadensschwelle orientierte Flächenbehandlung mit dann möglicherweise schädlichen Folgen für die gesamte Insektenfauna, andererseits die nur geringfügige Belastung des Ökosystems durch räumlich begrenzte Mittelanwendung beim Beidrillverfahren, so dürfte der letztere Weg als »kleineres Übel« durchaus gerechtfertigt sein.

Dies trifft auch für die nachfolgenden Verfahren der Saat- und Pflanzgutbehandlung zu, soweit sie sich gegen Schaderreger richten, die man auch nach dem Auflaufen der Bestände wirksam bekämpfen könnte, dann jedoch, wenn sie erforderlich sind, mit ökologisch meistens weniger günstigen Verfahren.

Saat- und Pflanzgutbehandlung – Die Beizung des Getreidesaatgutes gegen samenbürtige Krankheitserreger war lange Zeit einziges chemisches Saatschutzverfahren. Es entspricht anwendungstechnisch dem Prinzip der ökologischen Selektivität, weil nur das Saatkorn behandelt (= »entseucht«), die Biozönose des Bodens (Mikroflora und -fauna) hingegen kaum oder nur geringfügig belastet wird[1]).

Inzwischen gibt es, nicht nur für Getreide, sondern für viele weitere Kulturen, eine ganze Palette von Saat- und Pflanzgutmitteln und -verfahren, die in Form solcher »Punktbehandlungen« dem Schutz auch gegen boden- (nicht nur samen-)bürtige Schadorganismen dienen, teilweise selbst noch gegen »luftbürtige«, d. h. oberirdisch sich ausbreitende Krankheitserreger und Schädlinge wirksam sind, soweit sie die jungen, schon wachsenden Pflanzen bedrohen. Die Chancen dieser Verfahren bestehen darin, daß in manchen Fällen auf eine sonst im frühen Vegetationsstadium notwendige Flächenbehandlung verzichtet werden kann – eine Behandlung, die weniger umweltfreundlich ist und höhere Kosten verursacht als die nur auf das Saat- oder Pflanzgut beschränkte Mittelanwendung.

Nachfolgend seien die einzelnen Verfahren mit ihrem Wirkungsspektrum kurz vorgestellt. Zertifiziertes Saatgut wird übrigens oft schon von den Vertriebsfirmen in der einen oder anderen Form behandelt in den Verkehr gebracht.

Beizverfahren: Je nach fungizidem Wirkstoff des Mittels lassen sich junge Getreidesaaten neuerdings auch (über die traditionelle Be-

---

[1]) Die toxikologischen Gefahren quecksilberhaltiger Beizmittel gehören der Vergangenheit an. Seit Anfang der 80er Jahre ist nur noch die Anwendung quecksilberfreier, toxikologisch relativ unbedenklicher Beizmittel erlaubt.

kämpfung samenbürtiger Erreger hinaus) gegen Frühinfektionen durch den Getreidemehltau und gegen Blattfleckenkrankheiten der Gerste schützen. Dies trifft auch für eine vorbeugende Abwehr von Auflaufkrankheiten in verschiedenen Acker- und Gemüsekulturen und des *Rhizoctonia*-Befalls der Kartoffel zu.

Unter den verschiedenen Verfahrenstechniken (Trocken-, Flüssig- und Feuchtbehandlung) hat sich vor allem die Feuchtbeizung wegen besserer Dosierungsgenauigkeit und Haftfähigkeit bewährt. Sog. Kombi-Beizmittel enthalten als aktive Substanz außer dem fungiziden Wirkstoff noch einen Insektizidzusatz, um die junge Saat vorsorglich auch gegen bestimmte tierische Bodenschädlinge zu schützen.

Wirksamer läßt sich dieses Ziel jedoch durch Verwendung sog. Saatgutpuder (siehe später) erreichen. Ferner gibt es für Getreidesaatgut Kombimittel (mit Anthrachinon-Zusatz), die neben ihrer Wirkung gegen samenbürtige Krankheitserreger auch das Risiko des Vogelfraßes an der jungen Saat (Krähen und Tauben) verringern, wenn auch mit oft nur unzureichendem Erfolg.

Saatgutpuderung: Saatschutzmittel, die diesem Verfahren zugrunde liegen, enthalten als aktive Substanz ausschließlich einen insektiziden Wirkstoff. Die Anwendung muß in einem zweiten Arbeitsgang der Beizung folgen. Dieser technische Nachteil gegenüber Kombi-Beizmitteln wird dadurch wettgemacht, daß Saatgutpuder zuverlässiger und dauerhafter gegen Bodenschädlinge wirksam sind. Die Hauptanwendungsmöglichkeiten erstrecken sich auf die Bekämpfung von Drahtwürmern (Getreide, Mais, Leguminosen), Fritfliege, Brachfliege und *Tipula*-Larven (Getreide), Moosknopfkäfer (Rüben) sowie Wurzel- bzw. Gemüsefliegen in Bohnen, Spinat, Kohl (im Anzuchtbeet), Möhren und Zwiebeln.

Saatgutinkrustierung: Ähnlich wie bei der Saatgutpuderung kommen auch bei diesem Verfahren nur Mittel mit speziellen insektiziden Wirkstoffen in Betracht. Als Inkrustierungsmittel haben sich Petroleum, Leinöl und andere ölige Substanzen bewährt, mit denen das Saatgut vor dem Durchmischen mit dem Insektizid benetzt werden muß. Bevorzugte »Zielorganismen« für diese Form protektiver Bekämpfung sind der Rapserdfloh und andere Erdflöhe in Raps, Rüben, Futter- und Gemüsekohl sowie die Fritfliege im Mais (in letzterem Fall auch abschreckende Wirkung gegen Vogel-, insbesondere Fasanenfraß).

Saatgutpillierung: Pilliertes Saatgut ist zwecks einheitlicher Korngröße mit einer Hüllmasse umgeben, die neben geeigneten Materialien in kombinierter Form sowohl einen fungiziden wie einen insektiziden Wirkstoff enthält. Pilliertes Saatgut hat sich vor allem für die Einzelkornsaat im Rübenbau durchgesetzt, um die jungen Pflanzen neben der Abwehr von Auflaufkrankheiten auch vor Moosknopfkäfer, Springschwänzen, Tausendfüßlern und auch Rübenfliegen (1. Generation) zu schützen. Verwendung findet es ferner gegen bestimmte tierische Bodenschädlinge kleinsamiger Gemüsearten.

Pflanzgutbehandlung: Verschiedene Möglichkeiten der Pflanzgutbehandlung (neben der schon genannten Kartoffelbeizung) gibt es im Obst-, Wein-, Hopfen- und Zierpflanzenbau. Jungpflanzen, Stecklinge, Setzlinge, Fechser, Zwiebeln und Knollen lassen sich gegen bodenbürtige Schadorganismen schützen, wenn vor der Pflanzung dieses Vermehrungsmaterial mit zugelassenen Mitteln (im Puder- oder Tauchverfahren) behandelt und/oder wenn mit den Mitteln die Erde der Pflanzlöcher »entseucht« wird. Auch solche Verfahren nur punktförmiger Wirkstoffanwendung schonen das Bodenleben, wenngleich es Schädlinge im Boden gibt (z. B. wandernde Nematoden), gegen die nur ganzflächige Maßnahmen ausreichend wirksam sind.

Verringerte Aufwandmenge von chemischen Pflanzenschutzmitteln – Nicht immer ist es erforderlich, bei der Anwendung von Pflanzenschutzmitteln den maximalen Wirkungsgrad anzustreben, wie er der Zulassung zugrunde liegt. Aus ökologischer Sicht muß nämlich bedacht werden, daß restloses oder weitgehendes Vernichten einer Schädlingspopulation, selbst bei Wahl eines ökologisch-selektiven Mittels, unvermeidlich mit indirekten Gefahren für das Überleben natürlicher Gegenspieler verbunden ist. Denn diesen fehlt dann, insbesondere wenn es sich um spezialisierte Arten (Parasiten!) handelt, eine ausreichende Nahrungs- und Entwicklungsgrundlage. Bestenfalls wandern sie aus dem Ökosystem aus, das so ohne nachwachsenden Grundstock an »Feind-Beute-Partnerschaften« seine ohnehin geringe Selbstregulationsfähigkeit vollends verliert [41].

Von der amtlich empfohlenen Aufwandmenge eines **Insektizids** in voller Höhe Gebrauch zu machen, wird zwar nicht zu umgehen sein, wo extrem niedrige Schadensschwellen dies wirtschaftlich erforderlich machen (z. B. bei der Bekämpfung von Virus-Vektoren in Vermehrungsbeständen). Wenn jedoch höhere Schädlingsdichten toleriert werden können, ließe sich die Dosis durchaus verringern [16], solange Mittel mit auch geringerem Wirkungsgrad als jetzt üblich nicht greifbar sind, weil dies die derzeitige Zulassungsregelung verhindert.

Positive Erfahrungen mit z. T. stark verminderten Aufwandmengen, ohne deshalb die Ertragssicherheit zu gefährden, liegen insbesondere bei der Bekämpfung von Blattläusen im Getreidebau [6, 32, 36] und in Unterglaskulturen [20] vor sowie von tierischen Schädlingen (Insekten, Spinnmilben) im Obstbau, hier auch mit Brüheeinsparungen [13, 29]. Sicherlich wird man diesen Weg einer maßvollen, systemgerechten Nutzung der »Chemie« im Pflanzenschutz auch in anderen Fällen der Bekämpfung tierischer Schädlinge beschreiten können, wenngleich darüber noch kaum wissenschaftliche Befunde oder praktische Erfahrungen vorliegen.

Bei **Herbiziden** lassen sich u. U. Wirkstoffmengen auch ohne Abschwächung des Wirkungsgrades einsparen. Dies trifft z. B. für den Rübenbau zu, wo es hierfür zwei Wege gibt: Einerseits läßt sich bei Blattherbiziden durch Zusatz von Paraffinöl der Mittelaufwand um 50% senken. Andererseits gibt es Präparate mit synergetischem (sich gegenseitig förderndem) Effekt, deren Unkrautwirkung bei kombinierter Ausbringung (als Tankmischung) einer Einzelspritzung der Mittel überlegen ist. Es kann also ein gleicher Erfolg mit geringerem Wirkstoffaufwand erzielt werden, soweit das Unkrautspektrum Anwendung der einzelnen Mischungspartner auch tatsächlich erfordert.

Über Möglichkeiten verringerten Herbizidaufwands im Getreide durch Tankmischungen mit flüssiger N-Düngung (Ammonnitrat-Harnstoff-Lösung = AHL) finden sich Hinweise im Abschnitt 7.2.2. Die Aufwandmengen von Bodenherbiziden, z. B. Isoproturon-haltigen Präparaten, können besonders dann verringert werden, wenn der Einsatz im Getreide im Ausgang des Winters oder im sehr zeitigen Frühjahr noch vor Vegetationsbeginn erfolgt und die Unkräuter oder Ungräser sich noch in einem sehr jungen Entwicklungsstadium befinden.

Herbizideinsparungen ohne Schmälerung des Bekämpfungserfolges verringern zwar das Risiko möglicher Grund- und Trinkwasserkontamination, sind aber allein noch keine Voraussetzung für die Stabilisierung auch des Ökosystems. Dies wäre nur dann der Fall, wenn sich Entscheidungen über den Herbizideinsatz auch am Prinzip der wirtschaftlichen Schadensschwellen orientieren.

5.7.8 Wertung und Perspektiven

Alle die genannten Möglichkeiten des gezielten chemischen Pflanzenschutzes lassen sich in verschiedener Form sinnvoll kombinieren. In ihrer Gesamtheit dienen sie dem Zweck, den chemisch-technischen Fortschritt im Pflanzenschutz so intelligent zu nutzen, daß Belastungen des Agrarökosystems (auch die einschränkenden Regelungen der Gesetzgebung und ihrer vollziehenden Organe können dies nicht ganz verhindern) auf ein wirtschaftlich unverzichtbares Mindestmaß beschränkt bleiben. Damit leisten sie zugleich einen Beitrag zur Kostensenkung in der Produktionstechnik, ohne daß die Ertragsleistung im Integrierten Landbau gefährdet wäre. Dies wird unter den Bedingungen der EG-Marktordnung in Zukunft immer wichtiger werden.

Im übrigen entspricht ein gezielter chemischer Pflanzenschutz auch ökoethischen Forderungen: Das Leben in seiner Gesamtheit wird stärker respektiert, keine Kreatur »ohne Not« in Mitleidenschaft gezogen oder vernichtet! Nicht mehr das Ausrotten eines Schaderregers ist das Ziel des Pflanzenschutzes im Integrierten Landbau, statt dessen wird nur eine »systemgerechte Regulierung« seiner Population angestrebt. Dies setzt wiederum voraus, daß dabei Nutzorganismen und die zahlreichen indifferenten Arten innerhalb einer Biozönose am Leben bleiben, nach Möglichkeit sogar gefördert werden.

Zwischen Idealvorstellung und praktischer Wirklichkeit eines gezielten chemischen Pflanzenschutzes klafft zweifellos noch eine breite Lücke. Dies trifft vor allem für die chemische Bekämpfung von parasitären Krankheiten zu. Hier sind noch erhebliche Forschungsanstrengungen nötig, ehe der Praxis über die jetzigen erfolgversprechenden Ansätze zur Diagnose und Prognose hinaus auch an wirtschaftlichen Kriterien orientierte Bekämpfungsschwellen in größerem Umfang zur Verfügung stehen werden.

Aber auch voll praxisreife Methoden und Verfahren finden nicht immer die nötige Resonanz. Hier wäre die Beratung gefordert. Fortschritte dadurch zu erzielen, daß sie trotz ständig wachsender Überwachungs- und Kontrollfunktionen ihre Bemühungen um Aufklärung, Bewußtseinsbildung, Schulung und Unterweisung der Praxis verstärkt. Gezielter chemischer Pflanzenschutz ist sehr viel mehr als Anwendung chemischer Mittel nur »nach Vorschrift«!

5.8 Mechanische und thermische Unkrautbekämpfung

M. Hoffmann, Triesdorf

Eine langfristig erfolgreiche mechanische und thermische Unkrautkontrolle setzt in einer integrierten Pflanzenproduktion das konsequente Berücksichtigen einiger Grundsätze voraus:

- Das Ausnutzen aller nur möglichen flankierenden Maßnahmen, die zu einer Verringerung des Auftretens von Unkräutern in der jeweiligen Vegetationsperiode auf den Kulturflächen führen können:
Vermeiden von Massenverunkrautung durch Flugsamen von unbewirtschafteten Flächen. Hierbei geht es darum, das großflächige Aussamen von Massenunkräutern, die sich vorwiegend durch Samenflug verbreiten, zu verhindern und nicht darum, jedes Flurstückchen in ein ausgeklügeltes Bekämpfungsprogramm einzubeziehen. Die Bemühungen, die erschreckende Artenreduzierung bei den Wildpflanzen infolge moderner Landbaumaßnahmen zu beenden, sollten in der Integrierten Pflanzenproduktion nicht vom Wirksamwerden teurer Schutzprogramme abhängig sein. Ein von der gemeinschaftlichen Verantwortung getragenes Landschaftspflegekonzept und eine gute traditionelle Feldrainpflege mit Sense und Mähbalken reichen im Regelfall völlig aus, um die Massenvermehrung durch Flugsamen zu verhindern.
Problematischer sind heute vielfach die Unkräuter zu beurteilen, welche durch Schäden in der Bodenstruktur (Bodenverdichtungen, Staunässe) oder durch Düngungs- und Pflanzenschutzmaßnahmen (Gülleüberdüngung, Resistenzerscheinungen durch einseitigen Herbizideinsatz) begünstigt werden. Diese Unkräuter wachsen anfänglich meist nesterweise mit den Kulturpflanzen auf, erreichen vielfach früher die Samenreife und entziehen sich so einer frühzeitigen und leichten Bekämpfung.
Kein Verschleppen und Verteilen von lebensfähigen Unkrautsamen (z. B. Ampfer) durch unsauberes Saatgut, schlechtes Aufbereiten wirtschaftseigener Dünger und ungereinigte Reifen und Maschinen.
Eine problematische Rolle spielt in diesem Zusammenhang der Mähdrescher. Er verteilt die Unkrautsamen wieder auf dem Feld, nachdem sie schon einmal in der Maschine konzentriert waren. Im Sinne einer Integrier-

ten Pflanzenproduktion wäre die Konstruktion einer ergänzenden Vorrichtung am heutigen Mähdrescher zur mechanischen oder thermischen Vernichtung der Samen auf dem Felde oder zum Sammeln für eine Beseitigung auf dem Hof eine zeitgemäße Aufgabe.

- Die Nutzung jeder Möglichkeit einer mechanischen Boden- und Pflanzenpflegemaßnahme zur Unkrautverringerung, unterstützt durch systematischen Fruchtwechsel und Zwischenfruchtbau, sowie richtige Bodenbearbeitung. Durch gezielte Geräte- und Terminwahl lassen sich vielfach chemische Bekämpfungsmaßnahmen einsparen.

- Der systematische Wechsel, sowohl zwischen den Verfahren (chemisch, mechanisch, thermisch), als auch innerhalb der chemischen und mechanischen Pflegemaßnahmen. Jedes Gerät, welches sich zur mechanischen Unkrautreduzierung eignet, hat zwar einen spezifischen Einsatzbereich und -zeitpunkt, in welchem es seine optimale Wirkung entfaltet. Es hat aber auch seine »Schwächen«, die langfristig der Verbreitung bestimmter Unkräuter Vorschub leisten. Dasselbe gilt für die Herbizide die ein breites oder engeres Wirkungsspektrum und somit auch Wirkungslücken aufweisen können.

- Eine laufende Feld- und Bestandsbeobachtung und das Bestreben, den »Anfängen zu wehren«, als Grundlage für eine langfristig erfolgreiche Strategie in der Unkrautreduzierung. Die aus dem gut durchfeuchteten Boden mit der Wurzel herausgezogene einzelne Ampferstaude, das besonders tiefgelockerte Feld, die vor der Samenreife abgeschnittene Ackerkratzdistel oder der gezielt aufgekalkte Schlag sind oft das eigentliche Geheimnis unkrautarmer Betriebe. Auch wenn die Zeigerpflanzen vielfach heute nicht mehr so zuverlässig wie früher die Bodenzustände signalisieren, so sollte die richtige Ansprache einer Unkrautgesellschaft auch heute noch zum Rüstzeug jedes Pflanzenbauers gehören, der integriert arbeiten will.

5.8.1 Mechanische Unkrautbekämpfung

Hierzu zählen:
- Stoppelbearbeitung,
- Grundbodenbearbeitung und Saatbettbereitung,
- Abschleppen,
- Saatpflege in Getreide,
- Saatpflege in Reihenkulturen.

Stoppelbearbeitung – Die klassische Stoppelbearbeitung besteht in einem 5–10 cm tiefen Schälen. Die Wirkung dieser Maßnahme ist – insbesondere bei einjährigen Pflanzenarten – oft sehr unsicher. Sollen allerdings mehrjährige Unkräuter erfaßt werden, die wegen ihrer fehlenden Keimruhe bald nach dem Mähdrusch auflaufen würden, ist die Schälfurche mit einem nachfolgenden krümelnden Kombinationsgerät empfehlenswert. Ist sogar die Gefahr einer starken Verunkrautung mit Problemunkräutern wie Akkerkratzdistel *(Cirsium arvense)* oder Huflattich *(Tussilago farfara)* oder mit der Quecke *(Agropyron repens)* gegeben, so erschöpft ein zweimaliges Schälen bei tieferer zweiter Schälfurche im Spätsommer oder Herbst die Wurzelstöcke bzw. Rhizome.

Moderne Formen der Stoppelbearbeitung, z. B. mit Grubber, Scheibenegge, Fräse oder zapfwellenangetriebenen Eggen, Zinkenrotoren und deren vielfältigen Kombinationen, sind ebenfalls möglich und auf schweren Böden sogar empfehlenswerter. Die Wahl der optimalen Gerätekombination ist jedoch schwierig, weil jedes Gerät witterungs- und bodenspezifisch unterschiedlich auf die verschiedenen Unkräuter wirkt. Schneidende oder zerstückelnde Werkzeuge (z. B. Fräsen und Scheibeneggen) sollten in Kombinationen immer dann gemieden werden, wenn die Gefahr besteht, daß die Ausläufer oder Wurzelstöcke mehrjähriger Gräser oder Unkräuter nochmals austreiben können. Zur Wirkung von zinkenartigen Werkzeugen sind die Hinweise im Abschnitt »Saatenpflege« (Seite 174) zu beachten.

Für gute Keimanregung von Ausfallgetreide und Unkrautsamen ist es sehr wichtig, daß sich die Geräte exakt in ihrer Arbeitstiefe regulieren lassen und eine absolut ebene Bodenoberfläche hinterlassen, um ein möglichst gleichzeitiges Auflaufen zu gewährleisten.

Grundbodenbearbeitung, Saatbettbereitung – Trotz aller unbestrittenen Vorteile und positiven langjährigen Praxiserfahrungen, die eine pfluglose Anbautechnik bezüglich einer Verringerung von schädlichen Fahrspuren, teuren Arbeitsgängen, Energiekosten und Erosionsproblemen bringen, muß dem Pflug bei der Grundbodenbearbeitung im Hinblick auf die Verringerung des Unkrautbesatzes in feuchteren, unkrautwüchsigeren Gegenden langfristig in der Integrierten Pflanzenproduktion doch eine in der Regel noch unersetzliche Bedeutung eingeräumt werden. Allerdings kommt es auf das richtige Pflügen an (z. B. Arbeitstiefe, -breite

und -zeitpunkt). So könnte beispielsweise die Verwendung des Zweischichtenpfluges vielfach eine entscheidende Verbesserung der Pflugarbeit bewirken.

Der **Pflug** ist das Bodenbearbeitungsgerät, das
– am sichersten innerhalb von 2–3 Wochen eine Gründecke zum Absterben bringt,
– einen nahezu »reinen Tisch« hinterläßt,
– auch sehr tiefgehende Wurzel- und Rhizomteile soweit nach oben bringen kann, daß diese durch Frost oder Nachbearbeitungsgänge unschädlich gemacht werden,
– durch eine exakt einstellbare, aber ständig wechselbare Bearbeitungstiefe kaum eine Selektion bestimmter Unkräuter befürchten läßt.
– durch Verwendung von tief eingestellten Vorschälern ein besonders intensives Vergraben von Problemunkräutern bzw. Gräsern, z. B. Quecke, ermöglicht.

Im Sinne einer Unkrautreduzierung ist eine Winterfurche jeder Frühjahrsfurche vorzuziehen. Der gut deckenden Saatfurche sollte je nach Gegebenheiten entweder sofort oder nach 2–3 Wochen eine standortgerechte Saatbettbereitung mit einer Gerätekombination folgen. Da besondere Gerätekombinationen fallweise auch spezifische unkrautbekämpfende Wirkungen entfalten können und die Kombinationsmöglichkeiten heute sehr vielfältig sind, empfiehlt es sich nach einer kritischen Analyse der jeweiligen Aufgabenstellung, auch die vielfachen Möglichkeiten einer überbetrieblichen Maschinenverwendung in Anspruch zu nehmen.

Während bei einer Normalverunkrautung auch übliche Maßnahmen und Geräte ausreichen, erfordern **Spezialunkräuter** auch »Spezialkuren«, die allerdings relativ aufwendig und kostspielig sein können. Eine derartige »Unkrautkur«, wie sie von Schweizer Praktikern bei Quecke, Distel und Huflattich erfolgreich durchgeführt wird, gliedert sich in mehrere Stufen:
1. Stufe: Sofort nach der Ernte eine 5–10 cm tiefe Schälfurche in Verbindung mit einem Profilwalzennachläufer zur Förderung des Auflaufens von Unkräutern und Ausfallgetreide;
2. Stufe: Nach 2 Wochen ein Grubbereinsatz mit nachfolgender Spatenrollegge zur Vernichtung der aufgelaufenen Unkräuter bzw. Schädigung der Nachtriebe;
3. Stufe: Nach weiteren 2 Wochen wiederum eine – diesmal 10–15 cm tiefe – Schälfurche mit Profilwalzennachläufer;

4. Stufe: Nach weiteren 2 Wochen Wiederholung des Grubbereinsatzes gemäß Stufe 2.

Am wirksamsten erweist sich eine derartige »Unkrautkur« bei mehrjährigen Unkräutern, wenn deren unterirdische Nährstoffspeicher erschöpft sind (Frühjahr und Trockenheit).

Abschleppen – Obwohl im konventionellen Landbau die altehrwürdige Schleppe sehr aus der Mode gekommen ist, verdient sie im Integrierten Landbau auf den schweren Böden doch wieder stärkere Beachtung, wenn bestimmte Grundregeln konsequent eingehalten werden können. So muß z. B. das Schleppen vor einer Verkrustung des Bodens so durchgeführt werden, daß eine Verschlämmung nicht begünstigt wird. Neben einem etwas schnelleren Abtrocknen führt ein Schleppenstrich auf alle Fälle zu einer sehr starken Keimanregung, so daß mit einem nachfolgenden Eggengang, schon sehr frühzeitig zur Saatbettbereitung, eine spürbare Unkrautreduzierung erfolgt, die in vielen Fällen wesentlich dazu beiträgt, daß auf einen späteren Herbizideinsatz völlig verzichtet werden kann.

Je nach Bodenart können heute sehr verschiedene moderne **Schleppenbautypen** eingesetzt werden (Abb. 56):

– Die stärker planierenden Formen (Balken- und Planierschildschleppen),
– die stärker hobelnden Formen (Rasierschleppen),
– die stärker krustenbrechenden Formen (Zinken- und Zahnschleppen),
– die stärker krümelnden Formen (Stegschleppen).

Unabhängig davon, welche Ausführung sich als zweckmäßigste erweist, muß bei »grau« werdenden Furchenkämmen mit möglichst großer Arbeitsbreite schräg zur Pflugfurche und mit geringstmöglicher Bodenbelastung gearbeitet werden.

Saatenpflege in Getreidekulturen – Die zinkenartigen Werkzeuge von **Eggen** haben in ihren verschiedenen Ausführungen zentrale Bedeutung bei der Unkrautvernichtung, aufgrund ihrer zweifachen Wirkung:

■ herausreißen,
■ zudecken.

Je nach Zinkenform (Biegung, Breite), Arbeitsgeschwindigkeit und Alter der Unkräuter steht entweder die herausreißende oder die zudeckende Wirkung mehr im Vordergrund. Je jünger die Pflänzchen und je schmaler die Zinken, desto wirksamer ist die ausreißende Arbeit. Ältere Pflanzen vertrocknen nicht mehr so schnell und

Abb. 56 Moderne Ackerschleppe.

173

können deswegen vielfach wieder anwachsen, so daß zum Ausreißen noch die bessere Schüttwirkung breiterer Zinken genutzt werden muß. Wenn die Assimilationsfläche der Pflanzen mit Erde abgedeckt ist, so ist ein Wiederanwachsen weniger wahrscheinlich.

Daraus ergibt sich, daß der Einsatz der Egge zum frühestmöglichen Zeitpunkt am wirkungsvollsten ist. Versuche von Koch [9] belegen, daß die Egge im Keimblattstadium der Unkräuter etwa 90%, im 4-Blattstadium ca. 75% und im 6–8-Blattstadium nur noch ca. 50% der Unkräuter vernichtet (Tabelle 43).

Darüber hinaus ist die Wirkung von Egge und Striegel gegenüber verschiedenen Unkrautarten unterschiedlich. Kleinsamige, flachkeimende Unkräuter werden in der Regel besser erfaßt als großsamige und tiefkeimende (Tabelle 44).

Allgemein ist die Eggenwirkung umso besser,
– je jünger das Unkraut,
– je kleiner der Samen,
– je näher die Keimung an der Bodenoberfläche,
– je schüttender der Boden,
– je höher die Arbeitsgeschwindigkeit (optimal 6–9 km/h bei Feinegge),
– je sonniger und trockener die Witterung ist.

Die Eggenwirkung ist in der Regel im Sommergetreide größer als im Wintergetreide. Nachteilig ist, daß gerade die problematischen mehrjährigen Unkräuter von der Egge nicht nennenswert geschädigt werden, es sei denn, man nutzt die Egge zum Beispiel zum Freilegen der Queckenrhizome nach einer Schälfurche oder anderer Stoppelbearbeitung.

Gegenüber der Starrzinkenegge hat der **Striegel (Netzegge)** die Vorteile der besseren Bodenanpassung, größeren Bestandesschonung und intensiveren Unkrautreduzierung auf den schwereren Böden. Auch beim Striegel gilt: Je früher desto wirksamer! Ein 80%iger Erfolg bei einem Einsatz im 3-Blattstadium der Wintergerste verringert sich im 4-Blattstadium auf 60%. Sowohl beim Einsatz der Egge als auch des Striegels sind jedoch die empfindlichen Stadien des Getreides zu beachten, während des Spitzens und im 2-Blattstadium sollte keine mechanische Unkrautbekämpfung erfolgen (Abb. 57).

Voraussetzung für einen erfolgreichen Striegeleinsatz sind unverkrustete Böden, was vielfach einen vorausgehenden Profilwalzeneinsatz als »Krustenbrecher« erforderlich macht.

In letzter Zeit sind für eine mechanische Saatenpflege neue Geräte vorgestellt worden, die auch noch zu späteren Terminen eingesetzt werden

Tabelle 43 Wirkung des Eggens und Striegelns (in %) in Abhängigkeit vom Entwicklungsstadium der Unkräuter [9]

Stadium	nicht erfaßt	herausgerissen	verschüttet
Keimblatt	11	5	84
kleine Rosette	25	8	67
große Rosette	51	8	41

Tabelle 44 Empfindlichkeit verschiedener Unkrautarten gegen Eggen und Striegeln [9]

Empfindlichkeit	Arten	Tilgung %
groß	Schmalwand (Arabidopsis thaliana)	91
	Hirtentäschel (Capsella bursa-pastoris)	80
	Klatschmohn (Papaver rhoeas)	77
	Vogelmiere (Stellaria media)	75
	Ackerhellerkraut (Thlaspi arvense)	75
	Gewöhnlicher Gänsefuß (Chenopodium album)	74
	Taubnessel (Lamium)	72
	Persischer Ehrenpreis (Veronica persica)	71
	Floh-Knöterich (Polygonum persicaria)	67
	Roter Spörgel (Spergularia rubra)	60
	Knaulgras (Dactylus glomerata)	60
	Efeublättriger Ehrenpreis (Veronica hederaefolia)	59
	Vogelknöterich (Polygonum aviculare)	58
	Stinkende Hundskamille (Anthemis cotula L.)	51
gering	Windenknöterich (Polygonum convolvulus)	47
unzureichend bei allen Wurzelunkräutern		

können und unter den Begriffen »**Hackstriegel**«, »**Hackegge**« o. ä. angeboten werden (Abb. 58). Ihnen ist gegenüber dem herkömmlichen Striegel gemeinsam:

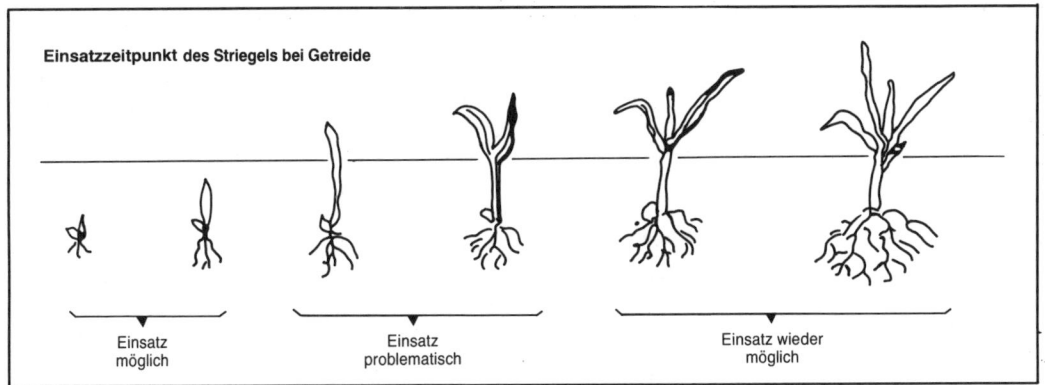

Einsatzzeitpunkt des Striegels bei Getreide

Einsatz
möglich

Einsatz
problematisch

Einsatz wieder
möglich

Abb. 57   Einsatzstadien des Striegels bei Getreide.

- Eine intensivere Wirkung, besonders bei kleinsamigen Flachkeimern;
- größere Durchgangshöhen (z. T. bis zu 50 cm hohe Getreidebestände);
- einfacher einstellbare Zinkengewichte (z. T. mit stufenloser Zentraleinstellung);
- höhere Flächenleistung (z. T. bis 12 m Arbeitsbreite und 12 km/h mögliche Fahrgeschwindigkeit).

Trotz vieler Vorzüge machen auch diesen modernen Gerätekonzeptionen die Ungräser wie Flughafer und Ackerfuchsschwanz, sowie die großsamigen und tiefkeimenden Unkräuter Schwierigkeiten, z. B. Ackerhohlzahn, Klettenlabkraut und Senf. Eine Verbesserung der Wirkung ist bei Einsatz quer zur Drillreihe möglich (Tabelle 45). Praxisbeobachtungen und mehrjährige Vergleiche zeigen leider, daß zuverlässige Wirkungsprognosen und Geräteempfehlungen nicht gegeben werden können, da wegen der jährlich unterschiedlichen Vegetationsbedingungen und Unkrautbestände sowie Einsatzbedingungen jeweils andere Geräte zu optimalen Erfolgen führen [7].

Besonders alternativ wirtschaftende Landwirte benutzen seit einiger Zeit wieder sehr erfolg-

Abb. 58   Hackstriegel für die Saatenpflege.

175

Tabelle 45 Vergleich der Wirkung (in %) von Hackegge und Unkrautstriegel in Winterweizen [8]

Unkräuter	Hackegge		Striegel	
	entlang der Reihe	quer	entlang der Reihe	quer
2-3-Blattstadium				
Vogelmiere	70	90	60	80
Ehrenpreis	60	80	60	70
Klettenlabkraut	50	70	40	60
3-4-Blattstadium				
Vogelmiere	40	60	30	40
Ehrenpreis	30	50	20	30
Klettenlabkraut	20	40	20	40

reich die alte **Getreidehacke.** Das Getreide wird mit Spurschächten auf 15–21 cm Reihenweite gedrillt und dann mit Gänsefußscharen mit einer Hackbreite von 8–12 cm durchfahren. Die Wirkung ist weniger vom Alter der Unkräuter abhängig, auch tieferkeimende Unkräuter werden erfaßt.

Saatenpflege in Reihenkulturen – Hier stellen **Scharhacken** die Standardgeräte dar und erfüllen in Reihenkulturen bzw. in den klassischen »Hackfrüchten« im Zwischenreihenbereich eine ähnliche Doppelfunktion wie die Eggen. Sie verschütten im sehr jungen Stadium ebenfalls Unkräuter, während sie die älteren Pflanzen meist nur abschneiden. Dazu ist eine ca. 2–4 cm tiefe exakte Scharführung erforderlich. Auch bei den Scharhacken lassen sich – insbesondere in Verbindung mit der mechanischen Maispflege (Abb. 59) – einige interessante Neuentwicklungen vorstellen:

- Große Rahmenhöhen erlauben, bis 70 cm hohe Bestände zu pflegen;
- S-förmige Federzinken oder halbgefederte Zinken fördern mit ihrer Vibration das Herausarbeiten der Unkräuter und die gleichzeitige Bodenkrümelung;
- unterschiedlich breit schneidende Hackmesser erlauben ein überlappendes Arbeiten im mehrteiligen Hacksatz und eine verbesserte Bestandsanpassung;
- großdimensionierte Schutzvorrichtungen in Form von Schutzblechen oder -scheiben schützen insbesondere junge Bestände vor dem Zudecken;

Abb. 59 4reihige Maishacke mit Häufeleffekt und stufenloser Tiefeneinstellung über Spindel an jedem Parallelogramm.

- stufenlos verstellbare Tiefenführungen erlauben ein exaktes Einstellen der Tiefe der Hackwerkzeuge;
- 1–2 großdimensionierte Sechscheiben wirken richtungsstabilisierend und ermöglichen bei sorgfältiger Fahrt die Einmannarbeit;
- die Hackwerkzeuge einer Hackgruppe können unterschiedlich tief eingestellt werden (Tabelle 46), um sie so der Wurzelentwicklung besser anzupassen.

Rollhacken werden – aus Amerika kommend – heute vor allem in Maisbeständen in 2 Bauformen eingesetzt: Als sternförmig aufgebaute, am Boden abrollende Hackblöcke oder als nebeneinander angeordnete Hohlscheibenpakete. Gemeinsam sind ihnen – etwas Erfahrung vorausgesetzt – die beiden Einstellmöglichkeiten:
- Veränderung des Anstellwinkels der Hackpakete,
- Drehung derselben um die senkrechte Führungsachse.

Je größer der Anstellwinkel gegenüber der Fahrtrichtung eingestellt wird, desto intensiver wird gearbeitet. Die Drehung der Hackpakete bewirkt ein An- bzw. Weghäufeln der Erde. Das Weghäufeln führt zu einem verstärkten Ablegen der Unkräuter im Zwischenreihenbereich, wo sie vertrocknen sollen. Diese Technik wird vor allem in jungen Maisbeständen praktiziert. Beim letzten Durchfahren durch den Bestand wird dann angehäufelt. Dadurch werden die Unkräuter vor allem zugedeckt.

Trotz vieler Vorzüge zeigen Rollhacken aber auf schweren, verhärteten Böden oder in der Traktorspur oftmals nur eine ungenügende Wirkung. Darüber hinaus erfordert die notwendige hohe Arbeitsgeschwindigkeit von 8–10 km/h eine hohe Konzentration des Fahrers oder führt zu verstärkten Pflanzenbeschädigungen.

Bei **Hackfräsen, Reihenfräsen** und **Reihenkreiseleggen** handelt es sich um zapfwellengetriebene Konstruktionen, bei welchen je nach Reihenabstand und Wachstumsstand der Kulturpflan-

Abb. 60 Reihenhackbürste (im Zwischenachsanbau) mit Hydromotor-Antrieb.

zen verstellbare Fräs- bzw. Kreiseleggenblöcke zwischen den Reihen geführt werden. Diese verhältnismäßig teuren Geräte finden wir vor allem im Feldgemüsebau, seit einiger Zeit auch im Maisbau. Auf Böden, die zur Verschlämmung neigen, ist allerdings wegen ihrer intensiven Arbeit Vorsicht geboten. Verringert wird die Verschlämmungsgefahr, wenn dichte Unkrautbestände eingefräst werden können.

Bürstengeräte mit waagerechten und senkrechten Antriebswellen für auswechselbare Bürstensätze repräsentieren neue Entwicklungen bei

Tabelle 46   Werkzeugeinstellung zur Maispflege [3]

Wuchsstadium der Maispflanzen	Werkzeugabstand zur Pflanzenreihe	Breite des unbearbeiteten Streifens	Arbeitstiefe	Schutzvorrichtung
	cm	cm	cm	cm
bis 4-Blatt	10	20	8–10	mit
4 bis 6-Blatt	20	40	8–10	ohne
6 bis 8-Blatt	30	60	3– 5	ohne

mechanischen Pflegegeräten. Eine Schweizer Konzeption besitzt waagerecht angeordnete Kunststoffbürstenpakete, welche auf die Reihenabstände anpaßbar sind. Schutzbleche bilden Schutztunnel für die Pflanzen, so daß mit diesem Gerät vor allem im Feldgemüsebau ab 16 cm Reihenabstand eine wirkungsvolle Unkrautbekämpfung zwischen den Reihen durchgeführt werden kann.

Eine deutsche Bürstenmaschine ist den bekannten Straßenkehrmaschinen nachempfunden, arbeitet mit senkrecht angetriebenen, auswechselbaren Tellerbürsten, welche zapfwellengetrieben in einem Tragrahmen über Parallelogramme geführt werden. Die verschiedensten Einsätze in Flächen- und Reihenkulturen zeigten die unterschiedlichsten Ergebnisse, so daß sich erst nach weiterer Praxiserprobung die endgültigen Einsatzbereiche abzeichnen dürften.

5.8.2 Thermische Unkrautbekämpfung

Wirkungsweise – Unter thermischer Unkrautbekämpfung versteht man alle jene Maßnahmen, bei welchen durch Wärmezufuhr eine zelltötende Wirkung erzielt wird. Werden dabei sämtliche Zellen, die sich im Wärmemedium befinden, abgetötet, so handelt es sich um eine *totale Maßnahme*. Bestehen technisch nutzbare Unterschiede in der Hitzetoleranz bezüglich der Abtötung zwischen Kulturpflanze und Unkraut, so spricht man von einer *selektiven Maßnahme*. Dabei ist es prinzipiell gleichgültig, ob die Wärme vorwiegend durch Strömung (Konvektion, wie bei der »offenen« Flamme) oder durch Strahlung (wie bei der Infrarotbehandlung) auf die Pflanzenzelle übertragen wird. Entscheidend ist, daß innerhalb einer vertretbaren Zeit eine ausreichende Wärmemenge zu einer Temperaturerhöhung auf 50–70 °C in der Zelle führt.

Diese Temperaturerhöhung hat sowohl eine Gerinnung des Zelleiweißes als auch eine spontane starke Volumenausdehnung des Zellinhaltes zur Folge, wodurch Zellmembranen und Zellwände zerreißen. Beide Vorgänge verursachen eine so starke Schädigung, daß die Pflanze innerhalb weniger Stunden oder Tage vertrocknet. Ausschlaggebend für diese Zeitspanne sind die Pflanzenart, deren Alter und der Grad der Schädigung.

Beim Einsatz von thermischen Maßnahmen handelt es sich also nicht um ein Verbrennen oder Abbrennen, sondern um eine *Zellabtötung*

durch gezielte Wärmezufuhr. Verwendet man zur Wärmeerzeugung Propangas, welches zu Kohlendioxid und Wasser verbrennt, so läßt sich damit eine Unkrautbekämpfung, ohne schädliche Rückstände, durchführen.

Das Mikroorganismenleben im Boden wird – zumindest bei der mit »offener« Flamme durchgeführten Abflammtechnik – nachweislich kaum beeinträchtigt, da es zu keiner spürbaren Erwärmung in den oberen Bodenzonen kommt [2, 4].

Abflammtechnik – Wer erfolgreich abflammen will, muß einige grundsätzliche Erkenntnisse zur Unkrautbekämpfung durch Abflammen berücksichtigen:

- Da eine vorbeugende thermische Behandlung nicht möglich ist, muß jede Bodenbearbeitungsmaßnahme auf die Förderung eines möglichst intensiven Auflaufens des Unkrautes vor der Saat der Kulturpflanze ausgerichtet sein.

- Jede Abflammaßnahme ist umso wirksamer, je jünger das Unkraut ist.

- Zweikeimblättrige Unkräuter lassen sich leichter als einkeimblättrige bekämpfen.

- Wurzelstockbildende oder ausläufertreibende mehrjährige Unkräuter werden mit einer Abflammung meist nur unzureichend geschädigt, so daß diese nach ca. 3–4 Wochen wiederholt werden muß, um die Pflanze zu erschöpfen.

- Die Unkräuter sollten für eine bessere Wirkung und aus Gründen der Energieeinsparung möglichst trocken sein.

- Den optimalen Zeitpunkt für den Abflammtermin bestimmt das jeweilige »Leitunkraut« des Bestandes [2] und/oder das Wachstumsstadium der Kulturpflanze (Tabelle 47, 48).

- Eine Gerätekombination zum Abflammen und Hacken erlaubt eine ganzflächige Unkrautbekämpfung in einem Arbeitsgang.

- Nach dem Abflammen sollte der Boden möglichst nicht mehr bewegt werden müssen, um Bewegungs- und Sauerstoffreize zu vermeiden, die ein erneutes Auflaufen von Unkräutern fördern würden.

Einsatz in der Landwirtschaft – Die Abflammtechnik wird seit vielen Jahren in alternativ wirtschaftenden Betrieben, auf Flächen in Wasserschutzgebieten und im Feldgemüsebau erfolgreich und wirtschaftlich eingesetzt. Größte Verbreitung hat sie im Vertragsanbau von Möhren und Roten Beten. Neuerdings wird sie als Folge der zunehmenden Resistenzerscheinungen von Unkräutern gegenüber bestimmten Herbiziden

Tabelle 47 Effektive Abflammbehandlung durch Hitzeempfindlichkeit verschiedener Unkrautarten in Abhängigkeit vom Entwicklungsstadium der Unkräuter [nach 2]

Keimblattstadium	
Polygonum aviculare L. coll.	Vogel-Knöterich
Sinapsis arvensis L	Acker-Senf
Brassica napus L.	Raps
Viola arvensis Murr.	Acker-Stiefmütterchen
Lamium purpureum L.	Rote Taubnessel
Keimblätter – 2 Laubblätter	
Matricaria chamomilla L.	Echte Kamille
Chrysanthemum segetum L.	Saat-Wucherblume
Polygonum lapathifolium L.	Ampfer-Knöterich
Polygonum persicaria L.	Floh-Knöterich
Capsella bursa pastoris L.	Hirtentäschelkraut
Solanum nigrum L.	Schwarzer Nachtschatten
Senecio vulgaris L.	Kreuzkraut
Keimblätter – 4 Laubblätter	
Matricaria inodora L.	Duftlose Kamille
auch wenn mehr als 4 Laubblätter vorhanden sind	
Chenopodium album L.	Weißer Gänsefuß
Stellaria media L.	Vogelmiere
Galium aparine L.	Klettenlabkraut
Urtica urens L.	Kleine Brennessel
Fumaria officinalis L.	Gemeiner Erdrauch
Geranium ssp.	Storchenschnabelgewächse
Erodium cicutarium L.	Schierlings-Reiherschnabel

Tabelle 48 Uneffektive, einmalige Abflammbehandlung durch Hitzetoleranz bei verschiedenen Unkrautarten [nach 2]

Hitzetoleranz der Blätter gering	
Agropyron repens L.	Gemeine Quecke
Urtica dioica L.	Große Brennessel
Poa annua L.	Einjähriges Rispengras
Aegopodium podagraria L.	Giersch
Hitzetoleranz der Blätter ist groß	
Cirsium arvense L.	Acker-Kratzdistel
Myosotis arvensis L.	Acker-Vergißmeinnicht

auch im Maisanbau genutzt.

Je nach den Gegebenheiten bei der Kulturpflanze müssen unterschiedliche Techniken angewendet werden. Im *Möhrenbau* beispielsweise wird die Vorauflaufabflammung praktiziert. Während der ca. 3wöchigen Zeit zwischen Saat und Auflaufen der Möhren haben die Unkräuter – gefördert durch eine entsprechende Saatbettbehandlung – genügend Zeit, sich gut zu entwickeln. Etwa 1–2 Tage vor dem Durchstoßen der Möhren wird über der Saatreihe ein ca. 5–8 cm breites Band abgeflammt, so daß die Möhren dann in den unkrautfreien Streifen hineinwachsen.

Im *Maisanbau* bieten sich für das Abflammen zwei Stadien an:

■ Nach dem Auflaufen bis zur »Streichholzlänge« und

■ ab einer Wuchshöhe von ca. 20 cm.

Dabei werden die Brenner jeweils so eingestellt, daß die Flamme die Unkräuter innerhalb der Maisreihe erfaßt, während gleichzeitig ein Hackwerkzeug den Zwischenreihenbereich bearbeitet. Eine Schädigung des Maises ist in diesen Stadien nicht gegeben, eventuelle Blattschäden werden durch ein besonders zügiges Wachstum in kürzester Zeit wieder völlig ausgeglichen, so daß in den Versuchen meist ein höherer Grünmasseertrag als in den chemisch behandelten Parzellen gemessen werden konnte.

Im *Zuckerrübenanbau* wird das Abflammen eingesetzt, um die Spätverunkrautung zu verringern, indem direkt in die Rübenreihe geflammt wird. Als positiver Nebeneffekt ergab sich fast regelmäßig eine signifikant höhere Zuckerausbeute, die in vielen Fällen die Kosten für das Abflammen ausgleichen konnte [5].

Gerätetechnik – Seitens der Gerätetechnik steht dem Landwirt heute eine größere Auswahl von verschiedenen Bautypen zur Verfügung. Vor dem Kauf ist deswegen eine gründliche Information empfehlenswert. Besonders sei aber wegen des hohen Risikos vor einem Eigenbau gewarnt! Gas- und sicherheitstechnisch geprüfte Geräte sind auf dem Markt und erfüllen die notwendigen Anforderungen an die Betriebssicherheit (Abb. 61).

Kosten – Eine allgemein verbindliche exakte Kostenkalkulation läßt sich kaum durchführen, weil die betrieblichen Verhältnisse und die unterschiedlichen Gas- und Gerätekosten dies ausschließen. Trotz dieser Schwierigkeiten lassen sich aber recht zuverlässige Anhaltswerte für den Praktiker ermitteln, wenn man von den gesamten Verfahrenskosten für das Abflammen jeweils die spritzmittelfreien Verfahrenskosten einer chemischen Behandlung abzieht. Über die sich ergebende Kostendifferenz läßt sich die jeweilige wirtschaftliche Vorzüglichkeit alternativer Verfahren ermitteln.

Tabelle 49 zeigt einen Vergleich der **Verfahrenskosten** für Abflammen (Band- bzw. Flächenbehandlung) und Spritzung, wenn praxisübliche Bedingungen unterstellt werden: Herbizide für *Flächen*spritzungen wären solange überlegen, wie die Mittel 235,– DM/ha nicht übersteigen. Höhere Aufwendungen gäben einem Abflammen den Vorzug im Verfahrensvergleich. Für eine *Band*abflammung mit einer Reihenweite von 50 cm liegen die Werte bei 144,– DM/ha, im Falle einer Reihenweite von 75 cm bei nur 106,– DM/ha.

Beim Beurteilen dieser Kostenvergleiche muß allerdings mit berücksichtigt werden, daß das Abflammgerät »System HOFFMANN« durch Anbringen von Hackwerkzeugen oder in Kombination mit einer reihenweise arbeitenden Rüttel- oder Kreiselegge ohne Mehraufwand im selben

Abb. 61   Abflammgerät zur Unkrautbekämpfung in der Maisreihe.

Tabelle 49 Verfahrenskosten für verschiedene Formen des Abflammens im Vergleich zur Spritzung (ohne Mittelaufwand) bei der Unkrautbekämpfung

Kenngrößen		Bandabflammung Reihenweite		Flächen-abflammung	Spritzung
		50 cm	75 cm		
Arbeitszeitbedarf	Akh/ha	1,4	1,3	1,4	0,7
Lohnkosten (15,— DM/h)	DM/ha	21,00	19,50	21,00	10,50
feste Kosten					
Gerätekosten	DM/ha	64,60	52,05	87,65	8,05
Traktorkosten (10,20 DM/h)	DM/ha	14,28	13,26	14,28	7,14
veränderliche Kosten					
Gerätekosten	DM/ha	3,00	2,00	4,50	1,20
Traktorkosten (8,30 DM/h)	DM/ha	11,62	10,79	11,62	5,81
Gasverbrauch	kg/ha	30,91	20,61	63,75	
Gaskosten (2,00 DM/kg)	DM/ha	61,82	41,22	127,50	
Verfahrenskosten gesamt	DM/ha	176,32	138,82	266,55	32,70
– Spritzkosten ohne Mittelaufwand	DM/ha	– 32,70	– 32,70	– 32,70	
= kalkulatorischer Differenzbetrag ca.	DM/ha	144,—	106,—	235,—	

Arbeitsgang noch eine mechanische Unkrautbekämpfung und Bodenlockerung im Zwischenreihenbereich ermöglicht, was einer ganzflächigen Behandlung entsprechen würde.

Abschließend soll mit der Tabelle 50 ein Vergleich der **Deckungsbeiträge** aus dem Möhrenanbau zeigen, daß auch aus betriebswirtschaftlicher Sicht alternative Verfahren im Vergleich zur üblichen chemischen Unkrautbekämpfung interessant sein können. Aus den Daten geht einerseits der hohe Deckungsbeitrag beim mechanisch-thermischen Verfahren zur Unkrautbekämpfung hervor, andererseits aber auch die stark von den Anbauverhältnissen abhängige Verwertung (Rentabilität) der Arbeitszeit.

5.8.3 Gesamtbilanz und Ausblick

Angesichts einer Reihe von Problemen der in der Unkrautbekämpfung heute vorherrschenden Anwendung von Herbiziden dürften mechanische und thermische Verfahren künftig an Bedeutung gewinnen. Sie fügen sich in das Konzept des Integrierten Landbaues ein, weil sie

- die Anwendung von Herbiziden zwar nicht voll ersetzen werden, aber bei sinnvoller Nutzung einschränken lassen (kombinierter oder auch alternierender Einsatz),
- weitgehend frei von ökologischen Risiken

sind (z. B. mögliche Grundwasserbelastung, selektive Verschiebungen der Unkrautflora zugunsten von »Problemunkräutern«, Herbizidresistenz),

- eine unverzichtbare Alternative darstellen, wo die Anwendung von Herbiziden nicht möglich ist (z. B. in Wasserschutzzonen),
- bodenschützende Wirkungen entfalten können (z. B. Erhöhung des Wasseraufnahmevermögens, geringere Erosionsgefahr bei Abflammtechnik, Kontrolle des Unkrautwuchses zur Bodenbedeckung),
- bei der Bekämpfung von »Problemunkräutern« auch kostengünstiger sein können als die Herbizidanwendung.

Darüberhinaus bieten mechanisch-thermische Verfahren in Verbindung mit den neuen Möglichkeiten der Elektronik wahrscheinlich noch interessante Weiterentwicklungschancen (u. a. Hacken auch in der Reihe nach Detektierung durch geeignete Sensoren). Dazu bedarf es jedoch erheblicher Forschungsanstrengungen, an denen es auf dem Sektor der nichtchemischen Unkrautbekämpfung jahrelang gefehlt hat. Die Praxis hingegen ist herausgefordert, Einstellung und Denkweise so zu ändern, daß an die Stelle immer noch vorherrschender »Rezepturmentalität« ein beobachtendes Handeln tritt. Nicht Unkraut*bekämpfung*, sondern Unkraut*regulierung* muß das künftige Ziel sein!

Tabelle 50 Vergleich der Deckungsbeiträge verschiedener Produktionsverfahren im Möhrenbau [2]

Unkrautbekämpfung Betriebsart		chemisch konventionell	mechanisch- thermisch konventionell	mechanisch- thermisch alternativ
Ertrag	dt/ha	600	600	500
Verkaufspreis ab Feld	DM/dt	12,50	12,50	25,00
Marktleistung	DM/ha	7500	7500	12 500
Saatgut 2,5 kg/ha	DM/ha	300	300	300
Düngung				
120 kg N/ha (KAS)	DM/ha	216 ⎫	216 ⎫	–
60 kg P₂O₅ (Thomasphosphat)	DM/ha	108 ⎬ 478	108 ⎬ 478	–
220 kg K₂O (40er Kali)	DM/ha	154 ⎭	154 ⎭	–
organische Düngung	DM/ha	–	–	300
Unkrautbekämpfung				
1,5 kg Afalon/ha	DM/ha	⎫		
0,6 kg Dimethoat/ha (2 ×)	DM/ha	⎬ 540	–	–
6,0 kg Brestan 60/ha (1–2 ×)	DM/ha	⎭		
Präparate	DM/ha	–	–	5
60–65 kg/ha Gas à 2,00 DM/kg	DM/ha	–	127	127
variable Zugkraft- und Maschinenkosten	DM/ha	451	460	481
Zinsanspruch, Umlaufkapital	DM/ha	62	49	31
Produktionsspezialkosten	DM/ha	1831	1414	1244
Deckungsbeitrag	DM/ha	5669	6086	11 256
Arbeitszeitbedarf				
günstige Verhältnisse	AKh/ha	60	180	190
durchschnittliche Verhältnisse	AKh/ha	70	300	400
ungünstige Verhältnisse	AKh/ha	90	420	1200
Arbeitsproduktivität				
günstige Verhältnisse	DM/AKh	94	34	69
durchschnittliche Verhältnisse	DM/AKh	81	20	28
ungünstige Verhältnisse	DM/AKh	63	15	9

5.9 Biologischer Pflanzenschutz

F. KLINGAUF, Braunschweig, und
F. SCHÖNBECK, Hannover

5.9.1 Einleitung

Bis heute konzentriert sich der biologische Pflanzenschutz weitgehend auf das Bekämpfen von Schädlingen. Sie sind als Verursacher von Pflanzenschäden im allgemeinen leichter zu erkennen als Krankheitserreger und standen in den Anfängen der Pflanzenschutzforschung vor etwa 200 Jahren im Vordergrund. Auch ihre Gegenspieler erregten bereits frühzeitig Aufmerksamkeit. Das Auf und Ab in der Vermehrung der Schädlinge und die Rolle von Parasitoiden, Räubern und Insektenkrankheiten bei der Begrenzung von Schädlingskalamitäten wurden zunächst im Forst untersucht, da dieser langfristige Beobachtungen gestattet.

In den letzten zwei Jahrzehnten wurden zunehmend auch Möglichkeiten zur biologischen Begrenzung von Pflanzenkrankheiten untersucht, wobei Forschungen zur Stärkung der Widerstandsfähigkeit der Kulturpflanzen an Bedeutung gewinnen. In einem derart erweiterten Konzept des biologischen Pflanzenschutzes wird die Pflanze selbst als wichtiger Antagonist ihrer Schaderreger berücksichtigt. Die Erhöhung der Widerstandskraft der Pflanzen eröffnet gleichzeitig auch Ansätze zur biologischen Begrenzung der Wirkungen von abiotischen Schadursachen.

Nach heutigem Verständnis umfaßt der biologische Pflanzenschutz Verfahren, die

- unter Zuhilfenahme von Organismen (einschließlich Viren) Schadorganismen bekämpfen oder
- biologische Abläufe nutzen, um Erregerpopulationen zu reduzieren, ihre Virulenz zu vermindern oder um die natürliche Widerstandsfähigkeit von Pflanzen gegenüber biotischen und abiotischen Schadfaktoren zu erhöhen.

Die **Wirkungsprinzipien** lassen sich wie folgt ordnen:

- Nutzen von Antagonisten (Räuber, Parasitoide, Pathogene, Konkurrenten, Hemmstoffbildner),
- Stören des Schaderregerverhaltens und der -vermehrung (u. a. Pheromone, Autozidverfahren),
- Beeinträchtigen der parasitischen Leistungsfähigkeit von Schaderregern (Hypovirulenz),
- Erhöhen der Widerstandsfähigkeit der Kulturpflanzen auf nicht-genetischen Wegen.

Die Forderung und die Notwendigkeit zur verstärkten Nutzung des biologischen Pflanzenschutzes ergeben sich aus unterschiedlichen Gründen und Motiven. Das Ausschöpfen der Ertragsleistung moderner Sorten wird zunehmend abhängiger von Hilfsmaßnahmen zur Gesunderhaltung der Bestände. Damit wächst auch der Zwang zu vermehrtem Pflanzenschutz, der seinerseits zu Folgeproblemen führen kann. Aus der ökologisch und toxikologisch motivierten Forderung, die Anwendung chemischer Pflanzenschutzmittel niedrig zu halten, wie auch aus dem Mangel an praktikablen und effizienten Pflanzenschutzverfahren in einigen wichtigen Indikationen, entsteht die Notwendigkeit, ein breiteres Instrumentarium für den Pflanzenschutz zu entwickeln.

5.9.2 Ökonomische Aspekte

Pflanzenschutz ist zu einem Produktions- und Kostenfaktor von steigender Bedeutung geworden und wird stärker als bisher in das übergeordnete Wirtschaftsprinzip der Produktivität einbezogen. Beim biologischen Pflanzenschutz bietet das Ausnutzen natürlicher Faktoren, die die Entwicklung von Schaderregern begrenzen, Kostenvorteile. Andererseits muß aber auch die häufig ungünstige **Konkurrenzsituation** biologischer Präparate zu den oft sehr preisgünstigen und sehr wirksamen chemischen Pflanzenschutzmitteln berücksichtigt werden. Unter den

als wirksam erkannten Chemikalien werden in der Regel nur solche zu Pflanzenschutzmitteln entwickelt, die eine breite Wirkung gegen möglichst viele Schaderreger der wichtigen Weltwirtschaftspflanzen aufweisen. Rund 99% der Insektizide sind als breitenwirksam einzustufen. Deshalb müssen auch mögliche Folgekosten aus der Anwendung bestimmter chemischer Mittel bedacht werden, obgleich sie in der Regel nicht quantifizierbar sind. Sie entstehen aus unbeabsichtigten Nebenwirkungen (z. B. Entwicklung von resistenten Erregerstämmen, Abtötung von Nützlingen, Umweltschäden). Auf der anderen Seite haben biologische Mittel wegen ihrer selektiven Wirkung einen begrenzten Markt. Soweit es sich um Mikroorganismen oder um stoffliche Zubereitungen (z. B. Pheromone) als Pflanzenschutzmittel handelt, sind sie nach dem Pflanzenschutzgesetz zulassungspflichtig. Dabei orientiert man sich an den in den letzten Jahrzehnten für synthetische Chemikalien entwickelten Anforderungen. Dies garantiert einen hohen Sicherheitsstandard, belastet aber die industrielle Entwicklung mit hohen Kosten, die bei selektiven Mitteln mit kleinem Marktanteil die Wirtschaftlichkeit in Frage stellen.

Ein **Kostenvergleich** zwischen biologischer und chemischer Bekämpfung ist in Tabelle 51 zusammengestellt. Die Kosten für den Einsatz von Raubmilben und Schlupfwespen liegen deutlich höher als bei Insektizidanwendung, wenn man z. B. 2–10 Insektizidspritzungen etwa 4 Nützlingseinsätzen gegenüberstellt. Das Bild ändert sich aber, wenn man den in der Praxis nicht immer befriedigenden Mitteleinsatz und speziell bei Gurken auftretende Blütenschädigungen in Form von Ertragseinbußen berücksichtigt. Bei Verlust von z. B. 2 Gurken/Pflanze sind die Gesamtkosten eines 6maligen Nützlingseinsatzes niedriger als 7 Insektizideinsätze. Ein für biologische Verfahren im allgemeinen ungünstiger Kostenvergleich entfällt dann, wenn sich für chemische Maßnahmen absolute Grenzen ergeben, weil für bestimmte Indikationen keine chemischen Mittel zugelassen sind, Giftresistenz vorliegt oder zu lange, wirtschaftlich nicht tragbare Wartezeiten erforderlich sind. Der Einsatz von Nützlingen kann die Vegetationszeit z. B. der Gurke verlängern und damit die Erträge erhöhen. Ob dies betriebswirtschaftlich positiv zu bewerten ist, hängt von den Kulturfolgen ab. Biologische Verfahren erfordern zum Teil erhebliche **Kontrollzeiten**, die sich bei routinemäßiger Anwendung chemischer Mittel erübrigen. Eine vergleichende Studie über die Kosten bio-

Tabelle 51 Kostenvergleich zwischen biologischem und chemischem Pflanzenschutz bei Gurken unter Glas. (Die Originaldaten wurden freundlicherweise durch C. WONNEBERGER, Osnabrück, zur Verfügung gestellt [27])

Verfahren	Kosten DM/1000 m²
biologische Bekämpfung	
Materialkosten[1])	
Raubmilben gegen Spinnmilben	
1 Freilassung 89,– DM + MwSt. + 10,– DM Versandkosten	111,46
2 Freilassungen	222,92
Schlupfwespen gegen Weiße Fliegen	
3 Freilassungen 3 × 80,– DM + MwSt. + 20,– DM Versandkosten	303,60
4 Freilassungen	404,80
Lohnkosten	
Berechnungsgrundlage 0,06 DM/m² je Freilassung[2])	
bei 4 Freilassungen (1 × Raubmilben, 3 × Schlupfwespen)	240,—
bei 5 Freilassungen (1 × Raubmilben, 4 × Schlupfwespen)	300,—
bei 6 Freilassungen (2 × Raubmilben, 4 × Schlupfwespen)	360,—
Gesamtkosten	
bei 4 Freilassungen	655,06
bei 5 Freilassungen	816,26
bei 6 Freilassungen	987,72
chemische Bekämpfung	
Materialkosten	
Berechnungsgrundlage:	
Weiße Fliege, Ambush 12 mL/1000 m² oder Actellic 120 mL/1000 m²;	
Spinnmilbe, PD5 60 mL/1000 m²	⌀ 9,96
Maschinenkosten	
150 L-Motorspritze, 1 h Spritzen	pauschal 10,—
Lohnkosten (20,– DM/AKh)	
effektive Arbeitszeit 1 AHK/Spritzung	
Rüst- und Wegezeit 0,8 AHK/Spritzung	36,—
Kosten durch Minderertrag	
von 1 Gurke /Pflanze	374,45
von 2 Gurken/Pflanze	748,90
von 3 Gurken/Pflanze	1123,35
Gesamtkosten	
bei 2 Behandlungen und Minderertrag von 1 Gurke/Pflanze	486,37
bei 7 Behandlungen und Minderertrag von 2 Gurken/Pflanze	1140,62
bei 10 Behandlungen und Minderertrag von 3 Gurken/Pflanze	1682,95

[1]) Preisangaben Fa. Neudorff.
[2]) Nach HASSAN und MEYER [13], in der Praxis häufig geringere Kosten, besonders bei Einsatz von Schlupfwespen.

logischer und chemischer Verfahren unter Berücksichtigung der Kosten für Kontrollzeiten bei Einsatz von Nützlingen führten ALBERT und SCHRAMEYER [1] in einem württembergischen Durchschnittsbetrieb des Unterglasanbaues durch. Danach beliefen sich die Gesamtkosten für den biologischen Pflanzenschutz auf DM 0,61/m², für den chemischen auf nur DM 0,36/m². Allerdings mußten die Kulturen bei chemischer Behandlung 14mal gespritzt werden, was Anwender und Verbraucher belastet. Andererseits ist bei längerer Erfahrung mit dem Nützlingseinsatz mit einem geringeren Beratungs- und Kontrollaufwand zu rechnen. Nach Angaben von ALBERT und SCHRAMEYER [1] lagen die durchschnittlichen Kosten bei 6 Betrieben mit Nützlingseinsatz unter Glas bei DM 0,46/m² mit einer Spannweite von DM 0,34–0,66/m².

5.9.3 Förderung und Anwendung von Nutzorganismen

Unter Nutzorganismen werden hier Organismen sowie Viren verstanden, die in irgendeiner Weise dazu beitragen, Pflanzen vor Schäden zu bewahren. Mit ihnen können biologische Maßnahmen nach Bedarf und lokal begrenzt durchgeführt werden. Solche Maßnahmen ergänzen die Schonung und Förderung natürlich vorhandener Nutzorganismen oder erweitern ihr Artenspektrum im Agroökosystem.

5.9.3.1 Biologische Bekämpfung von Bakterienkrankheiten

Im Zierpflanzen-, Obst- und Kartoffelbau und in der Baumschule haben Bakteriosen auch in Mitteleuropa besondere Bedeutung für den Betriebserfolg: Da keine Bakterizide zur Verfügung stehen, müssen in erster Linie vorbeugende Maßnahmen wie Hygiene, Sortenwahl und verbesserte Verfahrenstechniken Infektionen verhüten und die Verbreitung der Erreger verhindern. Darüber hinaus ergeben sich aber auch aus der Anwendung von Antagonisten Bekämpfungsmöglichkeiten. Dazu werden geeignete Mikroorganismen in Massenkultur produziert und mit Saat- oder Pflanzgut oder direkt in den Boden ausgebracht.

Derzeit noch im Versuchsstadium zeichnen sich im Gewächshaus und Freiland erste Erfolge ab, die für einige Problemfälle ausreichende Wirkungen versprechen.

So ließ sich die Weichfäule an Kartoffeln *(Erwinia carotovora)* mit Zellsuspensionen von fluoreszierenden Pseudomonaden als Pflanzgutbehandlung um 50%, als Nach-Ernte-Applikation um 75% reduzieren. Der Erfolg stieg mit der Besiedlungsintensität von *Pseudomonas putida* auf den Knollen (Tabelle 52). Auch die durch *E.c. atroseptica* bedingte Störung beim Aufgang und in der Pflanzenentwicklung der Kartoffeln kann durch ausgewählte Pseudomonaden deutlich verringert werden. Nach XU und GROSS [28] basiert dieser Effekt auf

- der Produktion von pathogen-hemmenden Siderophoren (Fe-bindende Stoffe),
- der Produktion von Antibiotika,
- der hohen Besiedlungsaktivität und -dichte auf der Wurzeloberfläche,
- einem hohen Wirkungsgrad.

Solche, für die Gesundheit der Pflanzknollen günstigen Konkurrenzverhältnisse zwischen fluoreszierenden Pseudomonaden und pathogenen Bakterien *(E. carotovora, Streptomyces scabies)* wurden erfolgreich zur Minderung von Ertragseinbrüchen in sehr engen Fruchtfolgen ge-

Tabelle 52   Einfluß einer Nach-Ernte-Behandlung von Kartoffelknollen (Sorte »Superior«) mit *Pseudomonas putida*, Stamm M 17, auf den Weichfäulebefall [verändert nach 3]

Behandlung	verfaultes Gewebe[1])	visuelle Bonitur[2])	Anzahl Läsionen pro Knolle[3])
1981			
M 17	3,3	1,2	2,2
Kontrolle	11,9	2,9	8,0
1982			
M 17	5,3	1,7	5,0
Kontrolle	12,5	3,2	8,1

[1]) Gewichtsanalyse vor und nach Weichfäule-Bonitur.
[2]) Bestimmung der befallenen Oberfläche und des verfaulten Volumens in Klassen von
    0 = keine Fäule bis 5 = totale Fäule.
[3]) Anzahl Zahnstocherwunden, von denen Weichfäule ausgeht, maximal 10/Knolle.

nutzt [8]. Dabei gehen von Bodenart, -struktur und Wasserhaushalt entscheidende Einflüsse auf die Wirksamkeit der nützlichen Mikroorganismen und auf den Behandlungserfolg aus.

Manche Bakterien bilden Bacteriocine. Das sind Proteine, die recht spezifisch verwandte Arten oder Stämme töten oder hemmen [25]. Ein gut untersuchtes Bacteriocin ist das Agrocin 84 von *Agrobacterium radiobacter* pv.[1]) *radiobacter* (Stamm K 84), das beim Erreger des Wurzelkropfes (*A. tumefaciens* pv. *tumefaciens*-Stämmen) die DNS-Synthese blockiert. Seit 1973 wird Agrocin 84 kommerziell vertrieben und weltweit in Baumschulen und im Obstbau gegen den Wurzelkropf an Rosaceen angewendet. Dazu werden lebende Bakterien in wäßrigen Suspensionen an Wurzelsystemen und Stecklingen im Tauchverfahren oder als Saatgutbeizung angewendet. Vor allem bei Rosen und Steinobst sind beachtliche Erfolge mit über 90% Befallsverhütung in kontaminierten Böden in zahlreichen Ländern zu verzeichnen (Tabelle 53).

Mangelnde Wirksamkeit bzw. geringe Behandlungserfolge an Kernobst und Weinrebe in der Bundesrepublik Deutschland und anderen europäischen Ländern werden auf das Vorkommen Agrocin 84 – unempfindlicher Biotypen von *A. tumefaciens* zurückgeführt. Wie die langjährigen Erfahrungen mit Agrocin 84 zeigen, ist dieses Verfahren ohne besondere Vorbedingungen in die Kulturführung zu integrieren. Ein weiterer Vorzug ist seine Preiswürdigkeit, der diese biologische Methode so attraktiv macht.

5.9.3.2 Biologische Bekämpfung von Pilzkrankheiten

Wachstum und Entwicklung pathogener Pilze werden in dem jeweiligen Lebensraum durch die Umweltfaktoren, vor allem auch durch die übrigen Glieder der Lebensgemeinschaft mitbestimmt. Dazu gehört auch der Antagonismus. Er kann als Antibiose, Parasitismus oder Konkurrenz zum Ausdruck kommen. Die biologische Pflanzenschutzmaßnahme besteht entweder in einer Förderung oder in der Zufuhr antagonistischer Organismen.

Antagonisten jeglicher Art sind in großer Fülle beschrieben worden, insbesondere Arten der Gattungen *Pseudomonas, Streptomyces, Glio-cladium, Penicillium, Trichoderma.* Ihre Wirksamkeit ist aber in den weitaus meisten Fällen lediglich unter den kontrollierten Bedingungen des Laboratoriums oder allenfalls des Gewächshauses beobachtet worden. Bis heute liegen nur ganz wenige praxisreife Verfahren vor. Der wichtigste Grund hierfür ist, daß der Erfolg in besonderem Maße von den Umweltbedingungen abhängig ist, vor allem wenn Organismen »eingebürgert« werden sollen. Sie müssen sich zunächst etablieren, bevor sie Erregerpopulationen verdrängen oder verringern können. Das gelingt nur, wenn ihre ökologischen Ansprüche erfüllt sind. Eine Steuerung der Einflußfaktoren ist zwar schwierig, jedoch liegen Ansätze für Lösungen in einigen Bereichen vor.

Förderung von Antagonisten – Hierbei handelt es sich zumeist um das Begünstigen von Antagonisten mit recht spezifischer Wirkung. In weitgestellten, ausgewählten Fruchtfolgen werden zwar in erster Linie Pathogene durch das Fehlen geeigneter Wirte »ausgehungert«, am Hygieneeffekt einer Fruchtfolge kann aber auch eine Umstimmung der Mikroflora beteiligt sein, die z. B. auf bestimmten Pflanzeninhaltsstoffen oder auf dem C : N-Verhältnis der Ernterückstände beruht.

Im Zusammenhang mit der Schwarzbeinigkeit des Weizens (*Gaeumannomyces graminis*) beobachtete man den sog. »decline effect«: Die bei Daueranbau zunächst zunehmende Erkrankungshäufigkeit geht später deutlich zurück. Nach 4jähriger Weizenmonokultur hat sich eine gegen *G. graminis* antagonistische Mikroflora entwickelt, die als Ursache des »decline« angesehen wird. Durch einen nachfolgenden Anbau anderer Kulturen geht dieser günstige Effekt allerdings verloren.

Ein bewährtes Verfahren zur Förderung von Antagonisten ist die **Zufuhr organischen Materials** in den Boden. Seiner Art und Menge, insbesondere auch seinem C : N-Verhältnis, kommt besondere Bedeutung zu. Die Zufuhr von Materialien mit weitem C : N-Verhältnis führt zu Stickstoffmangel im Boden, der für Pathogene wegen ihrer geringeren saprophytischen Konkurrenzfähigkeit nachteiliger ist als für Saprophyten. Diese ziehen deshalb aus einer organischen Düngung in der Regel größeren Nutzen als die Parasiten. Das gesamte Bodenleben wird aktiviert, und als Folge davon werden durch rasche Zersetzung von Ernterückständen Infektionsquellen ausgeschaltet (Abb. 62). Dieser Effekt einer organischen Düngung wird allerdings bei Erregern nicht beobachtet, die das

---

[1]) pv. = Pathovar: definierte Bakterienstämme einer Art mit unterschiedlichen pathogenen Eigenschaften, z. B. unterschiedlichem Wirtspflanzenkreis, unterschiedlichen Krankheitssymptomen.

Tabelle 53 Biologische Bekämpfung von Wurzelkropf in natürlich verseuchten Böden an Pfirsichsämlingen mit *Agrobacterium radiobacter* [nach 14]

Behandlung mit Stamm K 84	mittleres Trockengewicht des Tumorgewebes g	Behandlungserfolg % [1])
keine (Kontrolle)	11,64	. . .
Sameninokulation	2,50	78,5
Wurzelinokulation	0,59	94,9
Samen- plus Wurzelinokulation	0,14	98,8

[1]) Ausgedrückt als Differenz der Tumorgewichte von behandelten und unbehandelten Pflanzen prozentual zum Tumorgewicht von nicht behandelten Pflanzen.

Substrat für zusätzliche Besiedlungsmöglichkeiten nutzen (z. B. *Pythium* spp., *Rhizoctonia solani*; manche *Fusarium*-Arten). Auch frischer Stallmist kann bestimmte Pathogene fördern. In gewissem Umfange läßt sich auch durch **mineralische Düngung** der Anteil von Antagonisten beeinflussen. Die Stickstofform beeinflußt die Antagonisten von *Gaeumannomyces graminis* var. *tritici*: Durch hohen Ammoniumanteil an der N-Düngung werden sie, u. a. *Pseudomonas putida*, gefördert; der Befall geht zurück. Dieser Effekt steht im Zusammenhang mit dem pH-Wert; in unmittelbarer Wurzelumgebung wird der pH-Wert aufgrund der physiologisch sauren Wirkung des Ammoniums gesenkt. Nitrat hingegen hebt als physiologisch alkalischer Dünger den pH-Wert der Rhizosphäre an. Mit zunehmenden pH-Werten steigt aber der Befall. Dieser Effekt tritt vor allem dann zutage, wenn ein saurer Boden schnell aufgekalkt wird. Der Befallsrückgang wird auch im Zusammenhang mit dem Antagonisten *Phialophora radicicola (graminicola)* gesehen, ein Pilz, der niedrige pH-Werte bevorzugt.

Auch in anderen Fällen wird die Aktivität der antagonistischen Mikroflora vom **pH-Wert des Bodens** beeinflußt, ohne daß allerdings verallgemeinernde Aussagen möglich wären. So ging die Suppressivität (Hemmwirkung) eines Bodens gegenüber *Fusarium oxysporum* f. sp. *lini* verloren, wenn der pH-Wert von 8 auf 6 gesenkt wurde [22]. Andererseits konnte aber *Rhizoctonia solani* bei pH 5 und 6 besser unter Kontrolle gehalten werden als bei 7 und 8. Auslösender Faktor war die starke Förderung von *Trichoderma*-Arten bei sauren Bodenbedingungen.

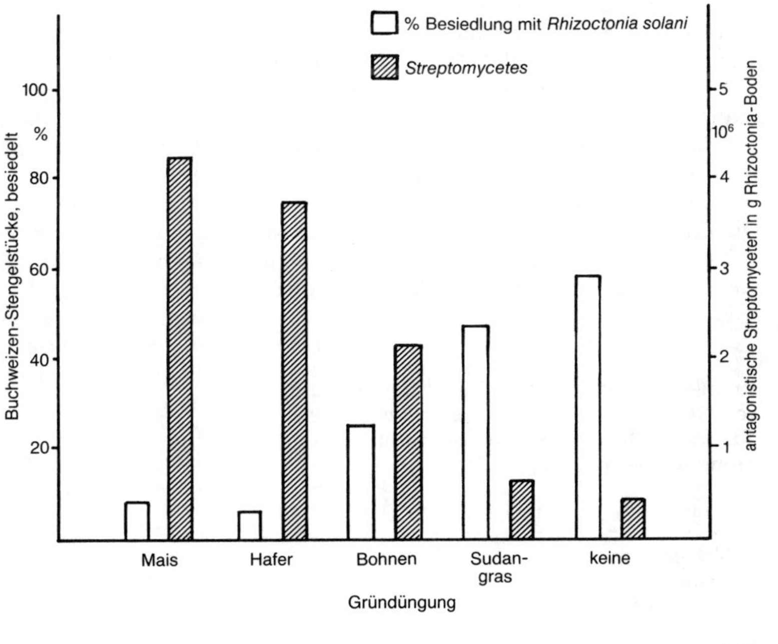

Abb. 62
Einfluß verschiedener Gründünger auf die Anzahl verschiedener Streptomyceten und die Besiedelung von Buchweizen-Ködern durch *Rhizoctonia solani* [19].

Applikation von Antagonisten – Hierher gehören Verfahren, bei denen Antagonisten direkt auf Pflanzen, in den Boden, an Samen oder an andere Vermehrungseinheiten appliziert werden. Viel Arbeit ist investiert worden, um die Bekämpfung des Mehltaus *(Sphaerotheca fuliginea)* an Gewächshausgurken durch den Hyperparasiten *Ampelomyces quisqualis* in ein integriertes Konzept einzufügen. Eine hohe Parasitierungsrate ist abhängig von einer optimalen Temperatur zwischen 20 und 24° C und vor allem von einer länger andauernden relativen Luftfeuchtigkeit von nahe 100%, also von Bedingungen, die in der Praxis häufig nicht vorliegen.

In zahlreichen Beispielen wird gezeigt, daß unter kontrollierten Bedingungen Krankheitserreger an **oberirdischen Pflanzenteilen** durch die Applikation von Antagonisten unterdrückt werden können. Allerdings zeichnet sich keine Anwendung unter praktischen Anbaubedingungen ab, und zwar vornehmlich aus zwei Gründen:

■ Es ist schwierig, die Antagonisten auf oberirdischen Pflanzenteilen dauerhaft zu etablieren und damit ihre Wirksamkeit sicherzustellen;

■ es gibt preisgünstige und sehr wirksame Fungizide, die die Entwicklung biologischer Verfahren nicht begünstigen.

Von größerem Interesse sind die Möglichkeiten, **bodenbürtige Schadpilze** durch Zufuhr von Antagonisten zu bekämpfen, zumal eine chemische Bodenentseuchung ökologisch besonders problematisch ist. Biologische Verfahren können deshalb eine Alternative sein. Auch wenn dies schwierig ist, sind vor allem für die Behandlung von Saat- oder Pflanzgut mit Antagonisten ermutigende Erfolge erzielt worden (Tabelle 54).

Die Wirksamkeit potentieller Gegenspieler in **natürlichen Böden** hängt vor allem von der Schaffung geeigneter Lebensbedingungen ab. Die Zusammensetzung der Bodenmikroflora ist keine zufällige, sondern eine den besonderen Gegebenheiten der jeweiligen Standorte angepaßte.

Tabelle 54 Einfluß einer Tauchbehandlung von Nelkenstecklingen mit *Bacillus subtilis* auf das Auftreten der *Fusarium*-Fuß- und Stengelfäule [nach 2]

Behandlung	Stecklinge mit Symptomen
unbehandelt	54,2 %
B. subtilis	16,7 %

Der Boden ist ein biologischer Puffer, der künstlich zugeführte Organismen – seien es fremde oder autochthone (eingesessene) – in der Regel bald wieder eliminiert oder auf das ursprüngliche Maß zurückführt, wenn die Bedingungen nicht angepaßt werden. Der Erfolg der Maßnahme hängt also entscheidend von der Schaffung geeigneter Umweltverhältnisse ab.

■ *Trichoderma* spp.: Mehrere Arten dieser Gattung sind antagonistisch wirksam, vor allem *T. viride*, *T. hamatum*, *T. harzianum* (Abb. 63). Sie wirken als Mycoparasiten und

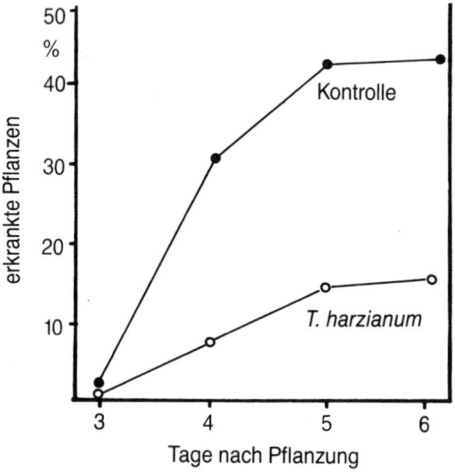

Abb. 63 Einfluß einer Bodeninokulation (Bodenimpfung) mit *Trichoderma harzianum* (1,5 g/kg) auf das Auftreten von *Rhizoctonia solani* an Tomatensämlingen [nach 10].

aufgrund ihres sehr schnellen Wachstums auch als Konkurrenten gegenüber Krankheitserregern, die an verschiedenen Kulturen Bedeutung haben, u. a. *Rhizoctonia solani*, *Sclerotium rolfsii*, *Sclerotinia sclerotiorum*, *Pythium* spp. Die Behandlung von Rübensamen mit *T. viride* oder von Erbsen mit *T. hamatum* kann die Keimlinge mehrere Wochen lang vor Keimlingskrankheiten schützen. Zur Massenproduktion von *Trichoderma* werden die Pilze an organischen Materialien kultiviert und dann als Pellets oder Granulat ausgebracht.

■ *Pseudomonas* spp.: Es sind weit verbreitete Rhizosphärenbakterien[1]. *P. fluorescens* und *P. putida* entfalten besonders in Böden mit

---

[1] Rhizosphäre ist der von Mikroorganismen dicht besiedelte Bodenbereich in unmittelbarer Nähe der Pflanzenwurzeln.

geringem Fe-Gehalt ihre antagonistische Wirkung, die auf die Bildung von Siderophoren (Fe-bindende Eiweißverbindungen) zurückgeführt wird. Damit chelatisieren (fixieren) sie das für die Pathogene lebensnotwendige Eisen im Boden und hemmen so deren Wachstum. Offensichtlich beruht der Antagonismus der Pseudomonaden aber teilweise auch auf der Produktion von Antibiotika. Nach künstlicher Zufuhr besiedeln fluoreszierende Pseudomonaden bevorzugt die Wurzeloberflächen, verdrängen dort siedelnde Schadorganismen und fördern mitunter auch das Pflanzenwachstum. Nach Saatgutbehandlung von Weizen wurde *Pseudomonas* spp. noch 9 Monate nach der Saat an den Wurzeln gefunden, verbunden mit einem günstigen Effekt auf die Unterdrückung der Schwarzbeinigkeit.

Die Möglichkeit, biologische Verfahren in das gesamte Netz pflanzenbaulicher und phytomedizinischer Maßnahmen zu integrieren, ist von Fall zu Fall zu bewerten. Zwar werden die Nutzorganismen bereits in der Entwicklung biologischer Verfahren auf ihre Eignung unter den wechselnden Umwelteinflüssen selektiert, trotzdem aber ist es generell nicht einfach, dauerhafte oder langfristige Wirkungen durch die Zufuhr von Antagonisten zu erzielen. Die Applikation von Nutzorganismen an oberirdischen Pflanzenteilen ist wegen vielfältiger Auswirkungen moderner Produktionstechnik (vor allem chemischer Pflanzenschutz!) besonders schwer zu integrieren. Wesentlich günstiger dürften die Verhältnisse bei der Zufuhr von Antagonisten oder Symbionten[1]) in der Rhizosphäre liegen, vor allem wenn es gelingt, durch gentechnische Modifikationen z. B. die Rhizosphärenkompetenz oder die Antibiotikabildung zu verbessern. Solche Verfahren sind dringend zur Lösung offener Pflanzenschutzfragen erforderlich (z. B. Welken). Anwendungsmöglichkeiten ergeben sich insbesondere in Spezialkulturen mit höherem Deckungsbeitrag (u. a. Containerpflanzen).

5.9.3.3 Biologische Schädlingsbekämpfung

Schonung und Förderung von Nutzorganismen – Einige Schädlinge im Obst- und Ackerbau werden durch ihre Gegenspieler fast ständig so sehr dezimiert, daß sie nicht oder nur selten schädlich werden. Dazu gehören die Getreidehähnchen (*Oulema*-Arten), die zwar regelmäßig im Getreide auftreten, aber nur selten die **Schadensschwelle** überschreiten. Ähnliche Verhältnisse liegen bei Getreide- und Ährenwickler (*Cnephasia pumicana* und *C. longana*) vor, die u. a. durch eine Viruserkrankung in der Vermehrung stark dezimiert werden können. Aber nicht nur weniger gefährliche Arten, sondern auch wichtige Schaderreger, wie Blattläuse, können durch Feinde und Krankheiten so stark dezimiert werden, daß eine Bekämpfung nicht erforderlich wird. Die Bedeutung der Nützlinge zeigt sich am eindrucksvollsten dann, wenn sie experimentell durch Käfige von den Schädlingen ferngehalten oder durch Pflanzenschutzmittel abgetötet werden: Unter diesen Bedingungen kommt es regelmäßig zu einer ungebremsten Massenvermehrung der Schädlinge.

Im Zweifelsfall oder bei geringerem Schadensrisiko sollte ein chemischer Eingriff unterbleiben. Zur Schonung von Nutzorganismen kann man wesentlich dadurch beitragen, daß der Einsatz von Pflanzenschutzmitteln in der Regel erst bei Überschreiten der Bekämpfungsschwelle erfolgt (siehe Abschnitt 5.7). Grundsätzlich sollten bei jeder Entscheidung über die Notwendigkeit einer Bekämpfungsmaßnahme nicht nur der Schädlingsbefall, sondern auch der Nützlingsbesatz ermittelt und berücksichtigt werden (Nutzensschwelle).

Das Pflanzenschutzgesetz vom 15. September 1986 fordert die Prüfung der **Auswirkungen von Pflanzenschutzmitteln** auf den Naturhaushalt. In diesem Rahmen werden vom Antragsteller auch zur Wirkung von Pflanzenschutzmitteln auf Nutzorganismen Unterlagen gefordert. Im Weinbau werden alle Pflanzenschutzmittel auf ihre Verträglichkeit für die Raubmilbe *Typhlodromus pyri* geprüft. Ökologische Forschungen konnten zeigen, daß diese Raubmilbe der wichtigste Feind der Spinnmilben im Weinbau ist. Durch ausschließliche Verwendung raubmilbenschonender Pflanzenschutzmittel kann auf eine besondere Bekämpfung der Spinnmilbe meist verzichtet werden.

Im Gegensatz zu Spinnmilben, die im wesentlichen durch Raubmilben niedergehalten werden, gehört zu den meisten anderen Schädlingen ein ganzer Komplex von Gegenspielern. Je nach Jahreszeit, Witterung und regionalen Besonderheiten wechseln Anteil und Bedeutung der einzelnen Arten. Zu den Blattlausfeinden gehören u. a. Flor- und Schwebfliegen, Marienkäfer,

---

[1]) Symbionten sind die Partner einer Symbiose (= dauerndes Zusammenleben von ungleichartigen Organismen zu gegenseitigem Nutzen).

Spinnen, Laufkäfer, verschiedene Parasitoide und pilzliche Krankheitserreger. Im Apfelbaum leben mehr als 500 Insekten- und Spinnenarten, von denen eine Reihe direkt nützlich ist, als Ersatznahrung für Nützlinge dient und somit deren Entwicklung fördert oder in anderer Weise an der Dynamik dieser Lebensgemeinschaft beteiligt ist. Jeder Eingriff mit breitwirksamen Mitteln kann über noch nicht vollständig überschaubare Wechselwirkungen letztlich die Vermehrung von Schädlingen begünstigen. So führen einige Akarizide nach anfangs guter Wirkung längerfristig zu einer zunehmenden Vermehrung der Spinnmilben, obwohl sie als schonend für Raubmilben gelten.

Eine gezielte **Nützlingsförderung** wird um so schwieriger, je größer die Zahl der Arten ist, die sich an der Niederhaltung eines bestimmten Schädlings beteiligt. Die Mehrzahl der heute verfügbaren Präparate schont im günstigen Falle nur einige Nützlingsarten (siehe Abschnitt 5.7). Als weitgehend selektiv können Pflanzenschutzmittel auf der Basis von *Bacillus thuringiensis*

(mikrobieller Krankheitserreger bei bestimmten Insektenarten) gelten. Damit nach der Anwendung eines nützlingsschonenden Mittels die überlebenden Gegenspieler nicht verhungern oder abwandern, sondern einer erneuten Massenvermehrung der Schädlinge entgegenwirken können, wird versucht, die Dosierung von Insektiziden soweit herabzusetzen, daß ausreichend Schädlinge als Nahrungstiere für die Nützlinge verbleiben. Der Einsatz von Pflanzenschutzmitteln würde somit nur eine schädliche Massenvermehrung bremsen und die Schädlingsdichte wieder in den Bereich der Schadensschwelle absenken; erst die Integration von chemischen Maßnahmen mit den natürlichen Gegenspielern führt zu einer kalkulierten und langfristigen Regulation (»Pest Management«).

Weitere Möglichkeiten zur Schonung von Nutzorganismen liegen in der Erhaltung oder Neuanlage von **Rückzugsgebieten** und von Überwinterungsplätzen wie Feldrainen, Hecken und Gehölzinseln. Eine Reihe von Nützlingen ist im Erwachsenenstadium auf Blütennahrung (Nek-

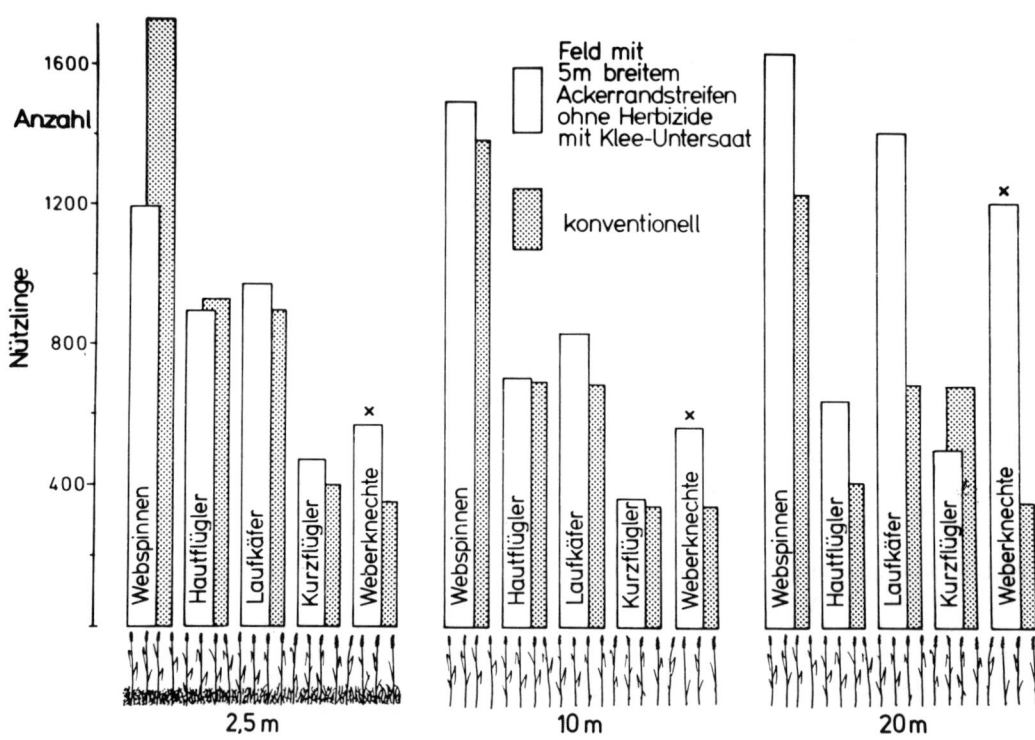

Abb. 64   Bedeutung eines nicht mit Herbiziden behandelten Ackerrandstreifens. Häufigkeit von Nutzinsekten in einem Winterweizen-Bestand in 2,5 bzw. 10 bzw. 20 m Entfernung vom Feldrand: ☐ Feldrand in 5 m Breite mit Klee-Untersaat ohne Herbizide, ▨ Feldrand wie Feld konventionell ohne Untersaat, mit Herbiziden [26]. × = Werte zur besseren Darstellung mit 10 multipliziert.

tar oder Pollen) angewiesen, die ihnen eine aufgelockerte, an Wildpflanzen reiche Feldflur bietet. Die an Wildpflanzen siedelnden Blattläuse und andere Tiere können als Ersatzwirte dienen und damit auch nach der Ernte zur Erhaltung der Nützlinge beitragen. Aus Feldrainen oder nicht mit Pflanzenschutzmitteln behandelten Feldrändern wandern bzw. fliegen Nützlinge wie Laufkäfer und Schwebfliegen in die Getreidefelder ein und sorgen für eine Dezimierung von Schädlingen (Abb. 64 und 65) [26]. Nach der Getreideernte setzt eine Rückbewegung ein.

Die Unkrautbekämpfung nach Schadensschwellen bietet die Möglichkeit, **Wildpflanzen** bis zu einem gewissen Grad auch im Feld **zu tolerieren**. Auch dies kann wesentlich zur Förderung von Nutzorganismen beitragen. Eine ähnliche Rolle kann Grasmulch in Obstplantagen (z. B. verringerter Obstmaden-Befall) oder der Verzicht auf Herbizide zwischen den Reihen im Rübenbau spielen (siehe Abschnitt 5.7). Einige Schädlinge bevorzugen bestimmte Wildkräuter und befallen die Kulturpflanze erst infolge einer totalen Unkrautbekämpfung (Springschwanz *Onychiurus fimatus* und Tausendfüßler im Rübenbau, Eulenraupen als Knospenschädlinge im

Weinbau). Weitere Schädlinge wie Schwarze Rübenblattlaus und die Rübenfliege neigen zu verstärktem Befall auf unkrautfreien Schlägen und werden dort auch weniger von ihren Feinden aufgesucht. Ein sinnvoller Umgang mit Herbiziden ist daher ein wichtiges Prinzip der vorbeugenden Nützlingsschonung.

Einbürgerung von Nutzorganismen – Aus anderen Ländern eingewanderte oder eingeschleppte Schädlinge vermehren sich in geeigneter Umgebung häufig rasch und werden zum Superschädling, da in der Regel keine wirksamen natürlichen Gegenspieler vorhanden sind. Es liegt deshalb nahe, durch Nachführung von Nützlingen für einen Ausgleich zu sorgen [7]. Das bei uns meist nicht schädliche Rothalsige Getreidehähnchen *(Oulema melanopus)* hat nach seiner Einschleppung in die zentralen und östlichen Gebiete der USA zu erheblichen Problemen geführt. Durch die Einbürgerung von verschiedenen Parasitoiden aus Europa konnte der Schädling in seiner Bedeutung stark zurückgedrängt werden.

Weltweit gibt es rund 1000 dokumentierte Beispiele für erfolgreiche Einbürgerungen von Nützlingen. Mitentscheidend über den Erfolg

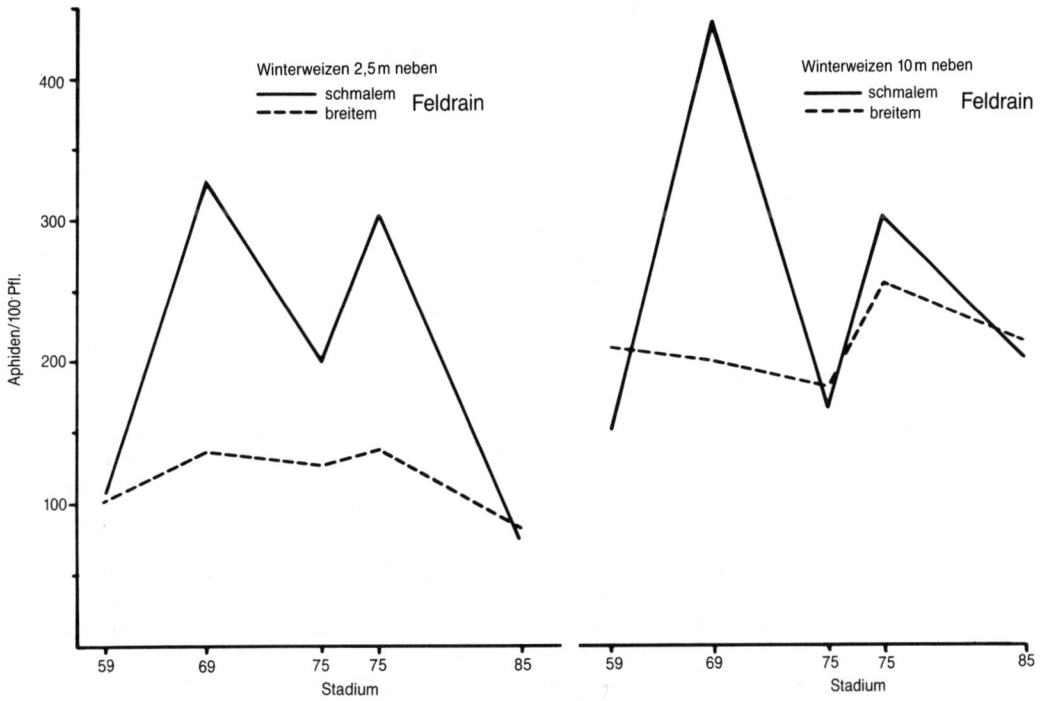

Abb. 65 Blattlausbefall in Abhängigkeit von verschieden breiten Feldrainen. Populationsentwicklung von Aphiden in einem Winterweizenbestand in 2,5 bzw. 10 m Entfernung eines schmalen (0,5 m) bzw. breiten (4 m) Feldraines [nach 26].

der Maßnahme ist, ob es gelingt, wirksame Nützlinge im Herkunftsland des Schädlings zu finden, die sich an die neuen Bedingungen anpassen lassen. Im allgemeinen hat sich der Erfolg auch bei den gelungenen Einbürgerungen erst langsam und nach wiederholter Freilassung von Nützlingen eingestellt. Im günstigsten Fall ist nach gelungener Anpassung der Nützlinge eine Bekämpfung des Schädlings nicht mehr notwendig. Wirtschaftlichkeitsberechnungen haben gezeigt, daß der Nutzen der erfolgreichen Einbürgerungen die Kosten aller Versuche einschließlich der erfolglosen übertrifft.

Für Mitteleuropa, speziell für die Bundesrepublik Deutschland, sind zwei Beispiele für erfolgreiche Nachführung von Nutzorganismen zu nennen: Die Einbürgerung der Zehrwespe *Prospaltella perniciosi* gegen die San-José-Schildlaus, *Quadraspidiotus perniciosus,* und der Blutlauszehrwespe, *Aphelinus mali,* gegen die Blutlaus, *Eriosoma lanigerum.* Im Falle der in den südwestdeutschen Raum eingeschleppten San-José-Schildlaus wurden nahezu 28 Mio. Parasitoide in den Jahren 1954–1974 vor allem in den Streuobstgebieten der Rheinebene freigelassen. Innerhalb von 15 Jahren wurde ein Rückgang des Schädlings um mehr als 95% erreicht. Der Erfolg dieser Maßnahme hält noch an (Abb. 66) [18].

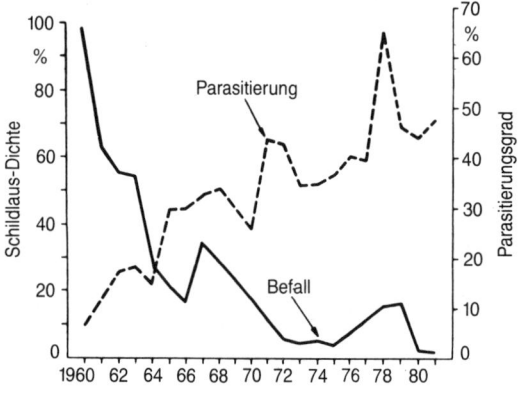

Abb. 66 Rückgang des San-José-Schildlausbefalls und Zunahme der Parasitierung durch *Prospaltella perniciosi* in den Jahren 1960–1981 in Baden Württemberg [18].

Die Blutlauszehrwespe konnte zwar eingebürgert werden, ausreichende Wirkungen erreicht sie jedoch meist nur in warmen Lagen und Jahren, insbesondere, weil der Parasitoid im Frühjahr bereits mit den ersten Blutläusen erscheint und nicht genügend Wirte zur Vermehrung vorfindet. Deshalb nimmt die Parasitierungsrate oft erst später im Jahr allmählich zu. Trotzdem ist die Wirkung der Zehrwespe nicht zu unterschätzen: Bei Verwendung breitenwirksamer Insektizide, die auch den Parasitoiden schädigen, nimmt die Blutlaus deutlich zu, während der Schädling in integrierten Obstanlagen meist eine geringere Rolle spielt.

Massenzucht und periodisches Freilassen von Nutzorganismen in Freilandkulturen – Soweit Nutzorganismen nicht in ausreichendem Maße überwintern können oder ihre Vermehrungsrate zu gering bleibt, kann ein wiederholter Masseneinsatz erfolgreich sein. Seit 1980 werden kommerziell gezüchtete **Parasitoide** des Maiszünslers, *Ostrinia nubilalis,* in der Bundesrepublik Deutschland eingesetzt (Abb. 67). Die Parasi-

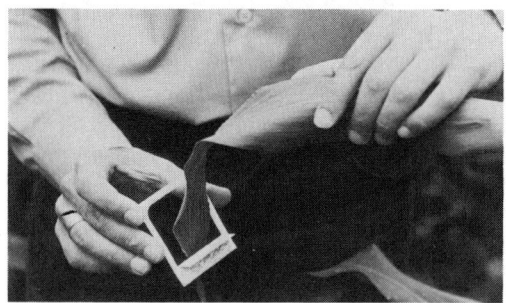

Abb. 67 Ausbringen eines Kartonrähmchens mit ca. 1000 schlupfbereiten Parasiten der Art *Trichogramma evanescens* zur Bekämpfung des Maiszünslers. Der umgeklappte Teil des Rahmens dient als Regenschutz [12].

toide werden in den Eiern von Getreide- oder Mehlmotten vermehrt, da sich diese relativ preiswert produzieren lassen. Das Freilassen von insgesamt etwa 150 000 Parasitoiden / ha der Art *Trichogramma evanescens* in zwei Schüben zum frühesten Beginn des Maiszünsler-Flugs und etwa 10 Tage später zum Höhepunkt der Eiablage des Schädlings führt zu Wirkungsgraden zwischen 70 und 90% [12]. Im Jahre 1992 wurden annähernd 6000 ha Mais mit dem von zwei Firmen in der Bundesrepublik Deutschland produzierten Parasitoid behandelt. Da *T. evanescens* die Eier des Maiszünslers parasitiert, ist ein termingerechtes Freilassen, beginnend mit der Eiablage des Maiszünslers, ausschlaggebend für den Erfolg.

Im Vergleich zur Anwendung von synthetischen Pyrethroiden ist das Freilassen von *T. evanescens* gegen den Maiszünsler um etwa 100,– DM/ha teurer. Jedoch hat der Einsatz des Nützlings keine Nebenwirkungen, während die breitenwirksamen Pyrethroide auch verschiedene Nützlinge abtöten und damit die Entwicklung von

Blattläusen und Spinnmilben im Mais begünstigen können. In Südfrankreich werden bereits Spinnmilbenschäden im Mais verzeichnet. Im Hinblick auf die Gefahr, daß bei chemischer Bekämpfung neue Schädlinge im Maisanbau hervortreten, ist die biologische Bekämpfung des Maiszünslers langfristig wirtschaftlicher.

Zur Zeit laufen Versuche, *Trichogramma*-Arten auch zur Bekämpfung des Apfelwicklers, der Apfelschalenwickler und der Traubenwickler einzusetzen. Ferner wird die Verwendungsmöglichkeit von *Trichogramma*-Arten und -Stämmen zur Bekämpfung verschiedener Schadschmetterlinge im Kohl in den Niederlanden und in der Bundesrepublik Deutschland untersucht.

Neben zahlreichen schädlichen Fadenwürmern **(Nematoden)** gibt es eine Anzahl Arten, die sich ausschließlich parasitisch in Larven von Schadinsekten entwickelt. Die für den Pflanzenschutz wichtigen Arten gehören zu den Gattungen *Heterorhabditis* und *Steinernema* (früher *Neoaplectana*). Sie können auf Nährmedien gezogen werden, die gleichmäßig über Schaumstoffflocken verteilt und mit symbiontischen Bakterien beimpft sind. Die Nematoden werden im Dauerlarven-Stadium zur Insektenbekämpfung eingesetzt, dringen in ein Wirtsinsekt ein und setzen die Bakterien frei, die den Tod des Wirtes verursachen. Die Dauerlarven wachsen in dem abgestorbenen Insekt zu Geschlechtstieren heran und vermehren sich je nach Nahrungsvorrat über eine bis mehrere Generationen. Bei erschöpfter Nahrungsquelle bilden sich wieder Dauerlarven, die aus der ausgezehrten Insektenleiche auswandern und auch ungünstige Bedingungen überstehen können.

Das Ausbringen kann mit der Rückenspritze oder im Garten mit der Gießkanne erfolgen. Da die insektenpathogenen Nematoden ein feuchtes Milieu benötigen, sind geeignete Zielorganismen besonders Bodenschädlinge und Insekten mit versteckter Lebensweise wie die Larven des Apfelbaum-Glasflüglers. *Heterorhabditis*-Stämme mit ca. 1 Mio. Dauerlarven/m² erreichten einen Wirkungsgrad von etwa 90% gegen den Gefurchten Dickmaulrüßler in Erdbeerkulturen. Ähnliche Wirkungsgrade lassen sich mit rund 20 000 Dauerlarven/l Erde in Topf- und Containerkulturen und auf Dachterrassen erreichen. *Heterorhabditis* sp. läßt sich auch gegen Trauermückenlarven in Champignon- und Austernpilzkulturen einsetzen, in denen die Anwendung von Insektiziden besondere Rückstandsprobleme verursacht. *Steinernema feltiae* wurde

erfolgreich gegen Raupen der Wintersaateule eingesetzt. Wegen der noch relativ hohen Produktionskosten lohnt sich der Nematodeneinsatz vorerst nur in wertvollen Spezialkulturen. Die Verbilligung der Nematodenzucht dürfte einen Durchbruch in der biologischen Schädlingsbekämpfung bedeuten.

Auch eine Reihe von **Viren** und mikrobiellen Krankheitserregern der Insekten eignet sich zur biologischen Schädlingsbekämpfung. Unter den verschiedenen, aus Insekten isolierten Viren sind Vertreter aus der Gruppe der Baculoviren und der Cytoplasmapolyederviren für eine Verwendung im biologischen Pflanzenschutz besonders geeignet, da sie bisher niemals außerhalb der Ordnung der Insekten gefunden wurden. Bei den Baculoviren, die als genetisches Material DNS (Desoxyribonukleinsäure) enthalten, unterscheidet man drei Gruppen:

- Granuloseviren mit je einem Virusteilchen (Virion) in einem proteinhaltigen Einschließungskörper (Granula) (z. B. bei Apfelwickler, Tannentriebwickler),
- Kernpolyederviren mit mehreren Virionen je Einschließungskörper (z. B. bei Nonne, Schwammspinner, Kohleule),
- freie Virionen (z. B. beim Indischen Nashornkäfer).

Cytoplasmapolyederviren enthalten RNS (Ribonukleinsäure) als genetisches Material und besitzen über 100 Virionen je Einschließungskörper (z. B. bei Japanischem Kiefernspinner, Pinienprozessionsspinner). Baculoviren und Cytoplasmapolyederviren zeichnen sich durch eine sehr hohe Wirtsspezifität aus. So kann das Apfelwickler-Granulosevirus neben den Raupen des Apfelwicklers nur noch die Larven einiger naher verwandter Wicklerarten befallen wie den Kieferntriebwickler und den Erbsenwickler. Aus dieser hohen Spezifität folgt, daß das Virus bei der Anwendung im Obstbau nur den Apfelwickler infiziert, während alle anderen Glieder der Lebensgemeinschaft nicht betroffen sind. Selbst andere Wicklerarten, wie die schädlichen Schalenwickler, werden nicht erfaßt, so daß gegebenenfalls gegen diese Schädlingsgruppe gesondert vorgegangen werden muß.

Obwohl die Vermehrung einiger Insektenviren in Insektenzellkulturen bereits gelungen ist, wird die kommerzielle Produktion wegen der zu geringen Ausbeutungsraten in Zellkultur vorerst noch mit Hilfe von Wirtstier-Massenzuchten betrieben. Die in einer Obstmade erzeugte Menge an Granuloseviren reicht aus, um etwa einen Apfelbaum zu schützen.

Die Viren müssen von den Raupen beim Fressen aufgenommen werden. Die praktische Anwendung des Apfelwickler-Granulosevirus erfolgt deshalb wie bei chemischen Pflanzenschutzmitteln gegen die frisch aus den Eiern schlüpfenden Maden, so daß die Spritzungen zu den üblichen Zeiten nach Warndiensthinweisen erfolgen können. Auch können für die Spritzung die gleichen Geräte eingesetzt werden wie für chemische Mittel. Bei Bedarf kann das Virus in Tankmischung mit verschiedenen Fungiziden angewendet werden. Abweichend von der üblichen Praxis der 1. Apfelwickler-Spritzung 5–10 Tage nach dem 1. Flugmaximum der überwinterten Falter (= Hauptschlupf der 1. Generation) hat sich in neueren Versuchen auch eine früher einsetzende und gegebenenfalls wiederholte Bekämpfung der ersten Apfelwickler-Generation mit Hilfe des Virus bewährt. Ziel dieser intensiven Bekämpfung der ersten Generation ist es, den Aufbau einer größeren 2. Generation zu verhindern.

Wegen der selektiven Wirkung des Granulosevirus kann auf die Anwendung von Akariziden regelmäßig verzichtet werden: Die Bäume bleiben im Gegensatz zu solchen, die mit breitenwirksamen chemischen Insektiziden und Akariziden behandelt wurden, auffällig gesund und zeigen im Spätsommer nicht die sonst häufige Bronzefärbung des Laubes infolge Spinnmilbenbefall. Der Bekämpfungserfolg entspricht dem mit chemischen Mitteln (Abb. 68). Das Viruspräparat steht an der Schwelle zur Kommerzialisierung [6].

Ebenfalls praxisreif, aber wohl für längere Zeit noch nicht im Handel, ist das Kernpolyedervirus der Kohleule, *Mamestra brassicae*. Da der Marktbedarf selektiver Mittel natürlich klein ist, sind die Chancen zur Kommerzialisierung aus ökonomischen Gründen allgemein gering, obwohl eine hohe selektive Wirkung weitgehend nur gegen die Zielorganismen eine wichtige Forderung des Integrierten Pflanzenschutzes ist. Grundsätzlich bieten Insektenviren gute Möglichkeiten zur biologischen Bekämpfung zahlreicher Schadinsekten. Es wird geschätzt, daß etwa 30% der schädlichen Insekten mit Hilfe von Viren bekämpfbar wären.

Von größerer Bedeutung im biologischen Pflanzenschutz ist der **mikrobielle Insekten-Krankheitserreger** *Bacillus thuringiensis (B. t.)*. Das Pathogen wurde durch BERLINER in erkrankten Mehlmotten aus einer thüringischen Mühle entdeckt und von ihm 1911 beschrieben [16]. Dieser zuerst isolierte Pathotyp A des *B. t.* hat eine gute Wirkung gegen eine Reihe von Schmetterlingsraupen, besonders aus den Familien der Spanner und der Weißlinge (u. a. Frostspanner, Gespinstmotten, Kohleule, Kohlweißling, Traubenwickler). Inzwischen sind zwei weitere Pathotypen entdeckt worden: Der gegen Stechmücken wirksame *B. t. israelensis* (Pathotyp B)

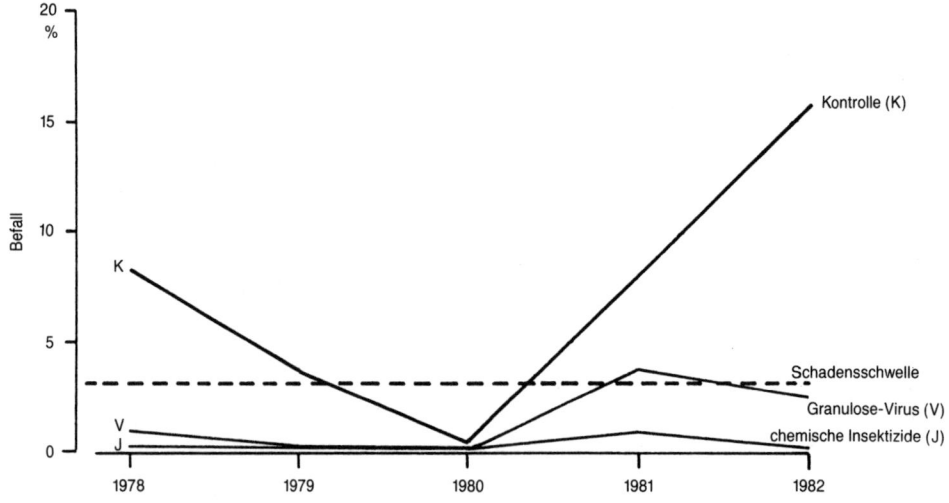

Abb. 68 Obstmadenbefall an Apfel 1978–1982. Ein Versuchspräparat des Apfelwickler-Granulosevirus drückt den Befall ebenso unter die Schadensschwelle wie ein chemisches Insektizid (mit Ausnahme des Jahres 1981, in dem eine ungeeignete Virus-Formulierung erprobt wurde) [nach 6].

und der gegen Käferlarven aus der Familie der Blattkäfer (Chrysomelidae, insbesondere Kartoffelkäfer) wirksame *B. t. tenebrionis* (Pathotyp C). Der käferwirksame Pathotyp wurde 1983 beschrieben und ist in Nordamerika bereits im Handel erhältlich.

B. t. muß von den Insekten mit der Nahrung aufgenommen werden. Für die Wirkung ist es demnach wichtig, daß die gefährdeten Pflanzenteile möglichst gleichmäßig besprüht werden. Das Ausbringen erfolgt mit den üblichen Pflanzenschutzgeräten. Bei den infizierten Insekten kommt es alsbald zum Fraßstopp und 1–2 Tage später zum Tod. Die Primärwirkung beruht auf einem kristallinen Einschlußkörper, der sich zugleich mit den Bakteriensporen bildet. Im Darmsaft empfindlicher Insekten werden die Kristalle gelöst, und das freiwerdende Toxin zerstört die Zellen der Darmwand. Die aus den Sporen auskeimenden Bakterienzellen und die Bakterien der Darmflora dringen in die Leibeshöhle der Schädlingslarve ein und verursachen eine tödliche Sepsis.

Bei den meisten Insekten ist eine möglichst frühzeitige Anwendung gegen die Erstlarven am wirksamsten. Der ökologische Vorteil besteht darin, daß Nützlinge nicht geschädigt werden. *B. t.* wurde deshalb zur Bekämpfung von Gespinstmotten auch in Naturschutzgebieten zugelassen. Die industrielle Produktion erfolgt in Fermentern[1]). Insgesamt können mit den in der Bundesrepublik Deutschland zugelassenen *B. t.*-Präparaten (Pathotyp A) etwa 25 Schadschmetterlingsarten bekämpft werden. Gegen diese 25 Arten werden jährlich auf weit über 100 000 ha Insektizide eingesetzt; aber nur etwa 2% der Fläche werden mit *B. t.* behandelt [LANGENBRUCH: in 16]. Neue Forschungen mit *B. t.* sind besonders auf die Entwicklung von Pathotypen gerichtet, die sich zur Bekämpfung von Eulenraupenarten eignen, z. B. im Kohl- oder im Baumwollanbau. Weitere Arbeiten befassen sich mit der möglichen Verwendung von *B. t. israelensis*-Stämmen gegen Schnaken (*Tipula*-Arten).

Neben Viren und Bakterien können unter den Mikroorganismen besonders **Pilze** für die biologische Bekämpfung von Insekten bedeutsam sein [29]. Zur Entwicklung benötigen Pilze au-

ßer höheren Temperaturen ausreichend Feuchtigkeit. Dies begrenzt ihre praktische Anwendung auf solche Zielorganismen, die in relativ feuchter Umwelt leben wie Bodenschädlinge. Gute Erfolge wurden mit dem Pilz *Metarhizium anisopliae* gegen den Dickmaulrüßler erzielt, der bedeutende Schäden z. B. im Erdbeerbau, in verschiedenen Containerkulturen und an Zierpflanzen auf Dachterrassen verursacht. Die Produktion des nützlichen Pilzes kann in einfachster Form in Plastikbeuteln mit Getreidekörnern als Nährsubstrat erfolgen. Industriell wird der Pilz in Fermentern vermehrt. Das schonend getrocknete Pilzmycel wird nach Suspension in Wasser auf den Boden gegossen oder gespritzt. Gegen Engerlinge des Feldmaikäfers wurde erfolgreich der Pilz *Beauveria brongniartii* (= *B. tenella*) eingesetzt. Bemühungen zur Kommerzialisierung von pilzlichen Mikroorganismen sind von einigen Pflanzenschutzmittelherstellern eingeleitet.

Verfahren der biologischen Schädlingsbekämpfung im Unterglasanbau – Im Unterglasanbau können Temperatur und Feuchtigkeit weitgehend gesteuert werden. Dies eröffnet grundsätzlich auch Möglichkeiten zum Einsatz von empfindlichen Nutzorganismen. Die **Raubmilbe** *Phytoseiulus persimilis* wird in Westeuropa jährlich auf etwa 1000 ha Gurken, 120 ha Tomaten und 50 ha Paprika, Eierfrucht und Melone gegen Spinnmilben im Unterglasanbau eingesetzt. Zur Bekämpfung der Weißen Fliege, *Trialeurodes vaporariorum*, im Unterglasanbau wird der **Parasitoid** *Encarsia formosa* derzeit in Westeuropa auf ca. 1050 ha Tomaten und 130 ha Gurken freigelassen. Beide Nützlinge werden von mehreren deutschen Firmen produziert. Seit 1987 wird in der Bundesrepublik Deutschland auch die Gallmücke *Aphidoletes aphidimyza* für den Unterglasanbau vertrieben, deren Larven Blattläuse aussaugen (siehe Abschnitt 7.3).

Alle drei genannten Nützlinge lassen sich mit Erfolg auch im Hobbygewächshaus und an Zierpflanzen im Wohnbereich einsetzen. Am robustesten ist die Raubmilbe. Wichtig für den Erfolg ist ein sehr frühzeitiger Einsatz der Nützlinge beim ersten Auftreten der Schädlinge. Wenn die Pflanzen bereits stärker befallen sind, läuft die Vermehrung der Schädlinge derjenigen der Nützlinge davon, und die Wirkung der biologischen Maßnahme bleibt gering. Während die Raubmilben auch bei Temperaturen unter 18° C noch wirksam sein können, sollte die Temperatur bei *E. formosa* möglichst nicht unter 21° C

---

[1]) Fermenter sind technische Einrichtungen für biologisch-chemische Prozesse, hier zur Vermehrung von Mikroorganismen.

liegen. Neue Untersuchungen in den Niederlanden konnten jedoch bei *E. formosa* auch unter kühleren Verhältnissen (tags 18° C, nachts 7° C) eine ausreichende Wirkung belegen. Die Gallmücke vermehrt sich am schnellsten, wenn die Temperaturen zwischen 20 und 25° C liegen und die Luftfeuchte hoch gehalten wird [20].

Der Vorteil der Nützlinge liegt im Vergleich zu Insektiziden besonders darin, daß keine Resistenz- und Rückstandsprobleme auftreten. Da die Nützlinge im Gewächshaus mehrere Generationen durchlaufen können, sind sie auch nachhaltiger wirksam. Soweit neben den Nützlingen Fungizide eingesetzt werden müssen, sind solche zu wählen, die sich in Nebenwirkungsprüfungen (siehe Tabelle 41, Seite 164 und 165 und Seite 189) als schonend für die Nützlinge erwiesen haben. In etwa 60% des holländischen Unterglasanbaues von Gurken werden zur Schädlingsbekämpfung Nützlinge eingesetzt. In Holland wird auch besonders intensiv über Einsatzmöglichkeiten weiterer Nutzinsekten im Unterglasanbau geforscht, z. B. zur Bekämpfung von Thripsen und Minierfliegen.

Zwei Pathotypen des **Pilzes** Verticillium lecanii können zur Bekämpfung von Blattläusen bzw. von Weißen Fliegen genutzt werden. Die Sporen des Pilzes keimen bei Kontakt mit den Insekten bei hoher Luftfeuchtigkeit und Temperaturen zwischen 15 und 25° C aus und sorgen für eine Infektion des Insektes. Im absterbenden Tier bilden sich neue Sporen, die zu einer epidemischen Verbreitung des Pilzes führen können. In der Bundesrepublik Deutschland sind bisher Präparate auf der Basis der beiden Pathotypen von *V. lecanii* nicht im Handel.

5.9.3.4 Nutzorganismen gegen Unkräuter

Die Entwicklung der modernen Herbizide kann in ihren Konsequenzen für den Ackerbau kaum hoch genug gewürdigt werden. Diese Feststellung besagt aber nicht, daß ihre Anwendung in allen Fällen die vorteilhafteste Lösung von Unkrautproblemen bietet. Es gibt Bereiche, in denen aus ökonomischen und ökologischen Erwägungen andere Lösungen vorzuziehen sind. Auch zwingen Unverträglichkeit von Herbiziden mit Kulturpflanzen zu zeitlich festgelegten Anwendungsverfahren (z. B. Vorauflauf-, Nachernte-Applikation), die nur schwer mit dem Schadensschwellenkonzept in Einklang zu bringen sind. Andererseits können Rückstände im Boden Nachbauprobleme in sehr engen Fruchtfolgen bzw. in Monokulturen/Dauerkul-

turen aufwerfen. Anwendungsbeschränkungen gibt es auch durch den Trinkwasserschutz.

Eingeschleppte Unkräuter lassen sich durch die gezielte Nachführung wirtsspezifischer Pathogene dezimieren. Für diese klassische Strategie sind **Rostpilze** geeignet, die empfindlichen Schaden an der Wirtspflanze hervorrufen und so deren Vermehrungskapazität erheblich reduzieren. Entsprechend kann die Dichte der Unkrautpopulationen unterhalb der wirtschaftlichen Schadensschwellen gehalten werden, wenn die ökoklimatischen Bedingungen passend für die Ansiedlung und Verbreitung des Pathogens sind. Auf diese Weise wurde *Chondrilla juncea*, eine Composite aus dem Mittelmeergebiet, durch ihren Rostpilz *(Puccinia chondrillina)* in Weizenbeständen in Australien und in den USA unter Kontrolle gebracht.

Weitere Beispiele für die Einführung von Pilzen zur Unkrautbekämpfung liegen aus Regionen mit eher extensiver Bewirtschaftung (einschließlich Weideland) in Süd- und Mittelamerika sowie Australien vor [24]. Hingegen haben in den traditionell intensiv genutzten Kulturlandschaften Mitteleuropas biologische Verfahren zur Unkrautbekämpfung noch keine Bedeutung in der Praxis erlangt.

Dies könnte sich vielleicht in Einzelfällen ändern, wenn eine zweite, den intensiven Produktionsbedingungen eher anzupassende Strategie verstärkt entwickelt und in integrierten Agroökosystemen geprüft wird: die Anwendung von **Mykoherbiziden.** Dazu müssen zunächst Unkrautpathogene auf hinreichend hohe Virulenz, aber auch auf enge Wirtsspezifität selektiert werden. Eine Reihe ausgewählter Pilze kann heute kommerziell in Massenproduktion zur Sporulation gebracht und an Trägerstoffe, z. B. Alginat-Ton, gebunden in Pelletform lager- und handelsfähig werden. Andere Arten lassen sich als flüssige Sporensuspensionen mit allerdings kurzer Haltbarkeit vermarkten. Damit liegen technische Verfahrensweisen für die zeitlich und örtlich präzisierbare Ausbringung von Mykoherbiziden vor.

Die Zulassungsbehörden in den USA schreiben dafür spezielle Sicherheitsanforderungen und Testsysteme vor, die auch den Entscheidungsgremien der European Plant Protection Organisation in Paris als Basis für zukünftige Regelungen bei der Registrierung dieser Pflanzenschutzmittel dienen sollen. Einige dieser Mykoherbizide sind in den USA erprobt und zugelassen, haben für den europäischen Landbau aber noch »Pilot«-Charakter: *Colletotrichum gloeosporioi-*

des f. sp. *aeschynomene* wird unter dem Handelsnahmen »Collego« gegen eine Schadleguminose *(Aeschynomene virginica)* in Reis- und Soja-Kulturen angewendet. *Phytophthora palmivora* wird als Präparat »Devine« in Zitrusplantagen gegen eine problematische Wolfsmilchart *(Morrenia odorata)* verwendet.

Die Integration solcher Bioherbizide in das Pflanzenschutz-System, wie auch in die gesamte Kulturführung, setzt umfangreiche Kenntnisse über die wechselnden Einflüsse aller Produktionsfaktoren auf das Überleben und die Effektivität der Nutzorganismen voraus. Hierzu liegen aber derzeit nur sehr wenige Erfahrungen vor. Auch die Kombinationseignung von Bioherbiziden mit anderen Pflanzenschutzmitteln ist kaum erforscht [11]: Die Erwartungen an biologische Verfahren zur Unkrautbekämpfung im Integrierten Landbau sollten deshalb derzeit nicht zu hoch gestellt werden. Die Vorteile der Bioherbizide liegen in der Möglichkeit, die Pflanzenschutzmaßnahme je nach Unkrautbesatz periodisch und lokal durchzuführen (im Gegensatz zur klassischen Strategie der Einbürgerung) und die Spezifität der Pathogene auch in kritischen Anwendungsgebieten (z. B. in und an Gewässern) ohne Rückstände und Nebenwirkungen auf andere Pflanzen, Tiere, Boden und Wasser zu nutzen.

5.9.4 Anwendung von chemischen Reizen und Toxinen

5.9.4.1 Pheromone

Früher wurden Pheromone[1]) ausschließlich für den Warndienst eingesetzt; inzwischen sind neue Verfahren hinzugekommen, die Pheromone auch zur direkten Bekämpfung nutzen. Im Gegensatz zu Farb- und Lichtfallen locken Phermofallen artspezifisch an, was die Schnelligkeit und Sicherheit der Fangauswertung wesentlich erhöht und wegen der geringen Beifänge auch Nichtzielarten schont.

Pheromonfallen zum Warndienst werden für Apfel-, Apfelschalen-, Pflaumenwickler und andere Schadschmetterlinge angeboten. Dabei handelt es sich um die synthetisierten Sexualpheromone der Weibchen der jeweiligen Art.

---

[1]) Pheromone sind hormonell wirkende Signalstoffe von Tieren, die der Kommunikation zwischen Individuen der gleichen Art dienen (z. B. zur Sexual- und Sozialregulation).

Diese locken die Männchen an und lassen wegen der weitgehenden Synchronisation des Flugs beider Geschlechter auch Rückschlüsse auf den Flugverlauf der weiblichen Falter und damit auf die Eiablage zu.

In den letzten Jahren wurden Verfahren entwickelt, das weibliche Sexualpheromon des Einbindigen Traubenwicklers, *Eupoecilia ambiguella*, (ein Präparat wurde zur Anwendung gegen die zweite Generation bereits zugelassen) und des Apfelbaumglasflüglers, *Synanthedon myopaeformis*, auch zur Bekämpfung einzusetzen. Das Pheromon wird in einer hohen Dosis in der Anlage verteilt, was zu einer Verwirrung der Männchen führt und so das Auffinden der Weibchen weitgehend verhindert.

Der Massenfang von Schädlingen mittels Pheromonen wird in Mitteleuropa bisher nur im Forst praktiziert (Aggregationspheromone: »Pheroprax« für den Buchdrucker, *Ips typographus*, und »Linoprax« für den Gestreiften Nutzholzborkenkäfer, *Trypodendron lineatum*). Noch im Versuchsstadium befindet sich die Nutzung von Markierungspheromonen, die z. B. von Fruchtfliegen-Weibchen bei der Eiablage ausgeschieden werden und weitere Weibchen an der Eiablage hindern.

5.9.4.2 Weitere Naturstoffe

Neben Pheromonen, die die Beziehungen zwischen Individuen einer Art regeln, finden sich in der Natur zahlreiche Stoffe, die auf Angehörige anderer Arten fördernd oder hemmend einwirken. Solche Stoffe mit zwischenartlichen Funktionen werden als allelochemische Stoffe bezeichnet.

Zu den auffälligsten und schon im vorigen Jahrhundert beschriebenen Phänomenen dieser Art gehört das Unterdrücken des Pflanzenwachstums in der Nachbarschaft bestimmter Pflanzen. Am besten untersucht ist die Hemmwirkung von Walnußbäumen auf zahlreiche Kräuter, die so stark ist, daß unter den Bäumen nur einige Pflanzenarten wachsen können. Hafer scheidet ebenfalls recht wirksame Stoffe aus, was die vergleichsweise geringe Verunkrautung von Haferfeldern erklärt. Viele ätherische Öle hemmen die Samenkeimung oder wirken toxisch auf Mikroorganismen, Pflanzen oder Insekten.

Als Beispiel für die Anwendungsmöglichkeiten im Pflanzenschutz können einige der weitverbreiteten mikrobiellen Substanzen mit spezifischer Wirkung genannt werden: **Antibiotika** aus *Streptomyces*-Arten, die besonders gegen Bakterien wirken oder das insektenwirksame **Kristalltoxin** aus *Bacillus thuringiensis* (siehe Abschnitt 5.9.3.3). Gewisse Bedeutung im Pflanzenschutz haben ferner einige Stoffe aus höheren Pflanzen erlangt.

Lockstoffe aus Pflanzen werden zur Anköderung von bestimmten Schädlingen verwendet, z. B. von Mäusen (Johannisbrot) und Schnecken (Bierfallen bzw. Hopfenköder). Eulenraupen lassen sich mit Kleieködern anlocken, die man mit Chemikalien oder spezifischen Viren begiften kann. In diesem Zusammenhang ist auch auf Lockpflanzen hinzuweisen, die von bestimmten Schädlingen bevorzugt werden und damit den Befall an der Hauptkultur vermindern. So sind Lockpflanzen für Nematoden bekannt, die nach Besiedlung mit dem Schädling untergepflügt werden können. Nach neuen Schweizer Untersuchungen schützt Einsaat von Rübsen in oder am Rand von Rapsfeldern diese Kultur vor Rapsglanzkäfern, da sich die Schädlinge bevorzugt auf den sich schneller entwickelnden Rübsenpflanzen ansammeln. Verschiedentlich wurde versucht, Lockstoffe zur Anlockung von Nutzorganismen einzusetzen, z. B. zuckerhaltige Pflanzenstoffe oder Honig als Köder für Parasitoide. Bisher liegen jedoch keine praktikablen Ergebnisse vor. **Abschreckstoffe** hingegen werden als Wildverbißmittel oder als Insekten-Repellents gegen Kohl-, Möhren- und Zwiebelfliege eingesetzt.

Zum natürlichen Selbstschutz von Pflanzen gehören ferner für Insekten und andere Pflanzenfeinde fraßhemmende, ihre Entwicklung beeinträchtigende oder sonstwie schützende **Pflanzeninhaltsstoffe**. Bei mindestens 1900 Pflanzenarten konnte eine Wirkung gegen bestimmte Schaderreger festgestellt werden [9]. Diese werden bisher nur zu einem Bruchteil genutzt. Im biologischen Anbau werden verschiedene, zur Selbstherstellung geeignete Auszüge (Tee, Brühe, Jauche) aus Pflanzen zur Krankheits- und Schädlingsbekämpfung empfohlen [15]. Der Wert dieser Auszüge ist umstritten; doch liegt es durchaus nahe, pflanzliche Wirkstoffe auf diese Weise nutzbar zu machen. In einigen Fällen konnte die Wirksamkeit der Auszüge bereits bestätigt werden, so bei Schachtelhalmtee gegen Echten Mehltau an Getreide und Gurken.

Seit über einem Jahrhundert werden Pyrethrum-Extrakte aus *Chrysanthemum cinerariifolium* als Insektizid mit guter Wirkung gegen Blattläuse und andere Schädlinge kommerziell verwendet. Intensiv erforscht wird die Nutzung von Extrakten aus Blättern und Samen des tropischen Niembaumes *(Azadirachta indica)* und verwandter Arten. Hauptwirkstoff ist das Azadirachtin, das die hormonell gesteuerte Entwicklung bei vielen Schadinsekten stört und ihr Wachstum sowie die Fortpflanzung einschränkt. Der Anbau des genügsamen Baumes wird besonders auch zur Eigenversorgung mit Insektiziden in Entwicklungsländern empfohlen (»Pflanzenschutz unter Armutsbedingungen«). Einige Inhaltsstoffe wirken fraßhemmend [21].

Die Pflanzenschutzforschung wendet sich zunehmend den Naturstoffen zu, die eine noch weitgehend ungenutzte Ressource darstellen und Wege zu neuen Wirkstoffgruppen und -mechanismen erschließen können. Der Vorteil der Naturstoffe liegt in ihrem raschen Abbau zu unbedenklichen Grundstoffen und in ihrer schwächeren Wirkung (»sanfte Chemie«).

5.9.5 Anwendung von physikalischen Reizen

Seit den Arbeiten von MOERICKE [17] ist bekannt, daß nicht nur Bienen, sondern auch Blattläuse über ein Farbensehen verfügen. Im Warndienst lassen sich gelb gefärbte und mit Wasser gefüllte Schalen zum Anlocken und Fang bestimmter geflügelter Blattläuse einsetzen. Auch weitere Insektenarten können durch Farbreize angelockt werden. Gelbe Leimtafeln können zum Massenfang mit Bekämpfungsabsicht gegen Kirschfliegen sowie im Unterglasanbau gegen Weiße Fliegen, Minierfliegen und Trauermücken eingesetzt werden. Apfel- und Pflaumensägewespe fliegen auf weiße, die Möhrenfliege auf orangefarbene Leimtafeln. Allerdings ist für eine hohe Fallenzahl zu sorgen, so daß sich der Einsatz im Freiland bisher fast nur auf den Hobbybereich beschränkt. Im Unterglasanbau lohnt sich wegen des begrenzten Zuflugs an Schädlingen der Fallenfang auch im Erwerbsbereich. Gegen die Minierfliege *Phytomyza atricornis* hat sich eine Gelbtafel/9 m² Grundfläche bewährt. Fertig vorbereitete Leimtafeln sind im Handel erhältlich; am zweckmäßigsten sind solche Farbtafeln, die in handelsübliche Plastiktüten passen, die mit Leim behandelt werden und unter Schonung der gelben Tafeln erneuert werden können.

Ultraschallsignale zur Vergrämung von Maulwürfen haben sich als unwirksam erwiesen. Auch Knallschüsse oder das Abspielen von Warnlauten zur Vogelabwehr haben sich wegen rascher Gewöhnung wenig bewährt.

5.9.6 Verfahren zur Erhöhung der Widerstandsfähigkeit der Nutzpflanzen (erworbene Resistenz)

Die Resistenz von Pflanzen gegenüber Schadfaktoren kann auch ohne genetische Eingriffe verändert werden. Erwerb oder Steigerung von Krankheitsresistenz auf solchen Wegen wird als erworbene Resistenz bezeichnet, die in Prämunität und induzierte Resistenz gegliedert werden kann.

Der Begriff **Prämunität** wird meist im Zusammenhang mit Virosen verwendet und bezeichnet die Auslösung von Abwehrmechanismen der Pflanze durch Primärinfektion mit schwach virulenten Stämmen phytopathogener Viren. Sie wirkt spezifisch gegenüber Folgeinfektionen durch entsprechende, virulente Virusstämme und führt zu Befallsfreiheit, symptomloser Erkrankung oder deutlich verringertem Befallsgrad. Vermutlich beruht Prämunität auf der Konkurrenz beider Viren um bestimmte Zellstrukturen im Pflanzengewebe. Dabei kann von der Prämunisierung, die einer Immunisierung bei Warmblütern im Effekt ähnlich ist, eine zeitlich begrenzte oder andauernde und auch vegetativ übertragbare Schutzwirkung ausgehen.

Vorbehalte gegenüber Prämunisierungsverfahren als prophylaktische Pflanzenschutzmaßnahmen ergeben sich vor allem aus der Möglichkeit einer zusätzlichen Infektion mit einem anderen Virus, welche durch synergistische Wirkung dann besonders gefährlich werden kann. Dies ist am Beispiel von PVX- und PVY-Stämmen an Kartoffeln belegt. Auch Mutationen der milden, schützenden Stämme in hochvirulente Pathogene sind nicht auszuschließen; sie könnten bei leicht übertragbaren Viren mit größerem Wirtspflanzenkreis problematisch werden.

Unter praktischen Aspekten scheidet deshalb wegen des Arbeits- und Zeitaufwandes die Prämunisierung annueller Sämlingskulturen aus. Ökonomisch günstiger ist die Situation, wenn an vegetativ vermehrten Arten Ausgangsklone prämunisiert werden können. Größere Bedeutung hat dies bei der Eindämmung endemischer, also in einem bestimmten Gebiet heimischer, vektorübertragbarer Virosen in Dauerkulturen erlangt. Im Zitrusanbau Südamerikas wurde durch weitangelegte Kampagnen zur Neuanpflanzung prämunisierter Zitrusbäume die vorherrschende Tristeza-Virose mit Erfolg bekämpft: Der Befallsgrad ist erheblich reduziert, die Infektionen verlaufen wesentlich harmloser.

Im Vergleich zur Prämunität wirkt **induzierte Resistenz**[1]) in der Regel unspezifisch. Als induzierende Agenzien können dabei verwendet werden

- Primärinfektionen mit Pathogenen, Apathogenen oder Symbionten,
- die Applikation von Naturstoffen oder synthetischen Verbindungen.

Soweit es sich um Primärinfektionen durch Erreger handelt, sind einer praktischen Anwendung sowohl durch den hohen technischen Aufwand bei der Produktion des Infektionsmaterials und der Sicherstellung des Infektionserfolges als auch durch die mögliche Gefahr einer epidemieartigen Ausbreitung der Erreger nach Virulenzänderungen enge Grenzen gesetzt. Diese Gefahr besteht nicht, wenn die Primärinfektion durch Symbionten erfolgt oder wenn mikrobielle Stoffwechselprodukte oder andere Naturstoffe zur Induktion benutzt werden. Für Resistenzinduktion auf diesem Wege bietet sich die Nutzung der weit verbreiteten vesikulärarbuskulären Mykorrhiza[2]) an. Ihre Wirkungen sind vielfältig, und zwar

- für das Erhalten und den Aufbau einer Vegetation unter schwierigen ökologischen Verhältnissen,
- für die rationelle Nutzung von Bodennährstoffen,
- vor allem für die Gesundheit der Pflanzen und damit für eine ökonomische Pflanzenproduktion.

Mykorrhizierte Pflanzen sind nicht nur widerstandsfähiger gegenüber einem Befall durch zahlreiche bodenbürtige Pilze und Nematoden, auch deren Schadwirkung sowie der schädigende Einfluß von Blattpathogenen werden abgeschwächt (Tabelle 55) [4]. Durch die Mykorrhiza werden die Pflanzen auch toleranter gegenüber abiotischen Schadfaktoren wie Kälte, Wassermangel oder Salzstreß. Mykorrhizapilze sind zwar in jedem Boden vorhanden, für die praktische Nutzung aber kommt es darauf an, eine ausreichende Mykorrhizierung zu Beginn der Vegetationsperiode mit möglichst effektiven Mykorrhizapilzen sicherzustellen. Die gezielte Förderung der Mykorrhiza dürfte sich problemlos in ein Anbausystem integrieren lassen, da

---

[1]) Induzierte Resistenz ist eine nicht genetisch erzeugte Widerstandskraft.

[2]) Mykorrhiza ist eine Symbiose zwischen Wurzeln höherer Pflanzen und Bodenpilzen. Vesikel und Arbuskel sind spezielle Formen pilzlicher Zellstruktur.

Tabelle 55 Einfluß der VA Mykorrhiza (Myc.) auf den Befall von Tomatenpflanzen mit *Meloidogyne incognita* und *Thielaviopsis basicola* [nach 5]

Myc.	Inokulation		Gallen/ g Frischgewicht	*T. basicola* % Befall	Sproßgewicht ohne Befall = 100
	M. incognita	*T. basicola*			
−	−	+	0	94	82
+	−	+	0	22[1])	96
−	+	−	69	0	95
+	+	−	16[1])	0	102
−	+	+	64	74	54
+	+	+	24[1])	28[1])	95

[1]) $p \leqq 0{,}05$.

Interferenzen[1]) mit anderen Kultur- oder Pflanzenschutzmaßnahmen (von der Bodenentseuchung abgesehen) nicht zu erwarten sind.

Auch durch die Applikation bestimmter Substanzen oder Substanzgemische kann Resistenz induziert werden. Die Wirkung einiger moderner Fungizide beruht offensichtlich zum Teil auf diesem Phänomen. Stoffwechselprodukte mancher Mikroorganismen wirken resistenzinduzierend. Eine solche Resistenz ist wenig spezifisch, erreicht nie einen Wirkungsgrad von 100%, zeichnet sich aber andererseits dadurch aus, daß sie besonders wirksam ist, wenn die Pflanzen unter praktischen Anbaubedingungen dem natürlichen Umweltstreß ausgesetzt sind. Dies deutet darauf hin, daß sich mit Hilfe der induzierten Resistenz über die erhöhte Widerstands-

fähigkeit gegen Pathogene hinaus der Gesundheitszustand der Pflanzen verbessern läßt, wenn man unter Pflanzengesundheit vor allem auch die Fähigkeit der Pflanze versteht, mit Belastungen ohne merklichen Leistungsabfall fertigzuwerden: Induziert resistente Pflanzen können trotz höheren Befalls die gleichen Erträge erbringen wie Pflanzen, die mit Hilfe von Fungiziden nahezu befallsfrei gehalten werden (Abb. 69).

Induzierte Resistenz unterscheidet sich grundsätzlich vom üblichen chemischen Pflanzenschutz, aber auch von der konventionellen biologischen Schädlingsbekämpfung dadurch, daß für eine Befallsminderung keine für den Krankheitserreger giftigen oder ihn abtötend wirkenden Stoffe benötigt werden. Die Pflanzen selbst sind die Zielorganismen, die in die Lage versetzt werden, biotische und abiotische Schadfaktoren besser abwehren oder ohne Ertragseinbußen ertragen zu können. Hier wird ein Schritt zur

---

[1]) Interferenzen sind wirkungshemmende Zwischenbeziehungen.

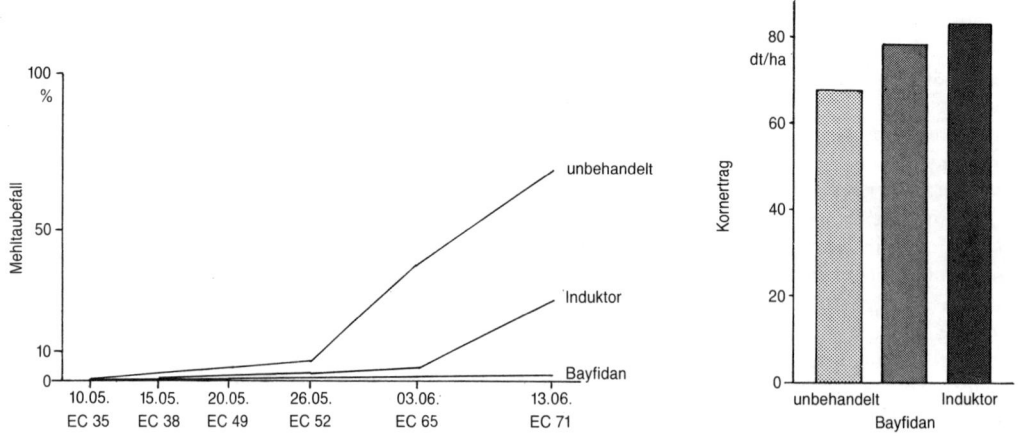

Abb. 69 Mehltaubefall und Ertragsleistung von Wintergerste (»Mammut«) nach Behandlungen mit Resistenzinduktor bzw. Fungizid in Freilandversuchen 1986. Behandlungstermine: Fungizid EC 32 und 38, Induktor EC 32, 36, 38 und 53 [23].

modernen Phytomedizin getan, bei der die Gesundheit und Leistungsfähigkeit der Pflanze im Zentrum der Bemühungen stehen.

5.9.7 Zusammenfassung und Ausblick

Das Ziel des Pflanzenschutzes, gesunde Pflanzen und leistungsfähige Pflanzenbestände zu gewährleisten, wird zunehmend schwerer erreichbar, weil Kulturpflanzen unter intensiven Produktionsbedingungen eine gesteigerte Anfälligkeit sowohl gegenüber biotischen als auch abiotischen Schadursachen zeigen. Darüber hinaus tragen verschärfte Auflagen bei der Zulassung von Pflanzenschutzmitteln und Verfahren zu einem Rückgang der Anzahl verfügbarer Präparate bei. In bestimmten Indikationsgebieten führt diese Entwicklung zu drastischen Beschränkungen im praktischen Pflanzenschutz.

Der biologische Pflanzenschutz bietet bisher noch nicht ausgeschöpfte Lösungen an. Ein wesentliches Anliegen des biologischen Pflanzenschutzes liegt in der Schonung und Förderung der Gegenspieler von Schadorganismen zur verbesserten Vorbeuge. Darüber hinaus bietet der biologische Pflanzenschutz auch Möglichkeiten zur gezielten Bekämpfung von Schaderregern durch Anwendung von Nutzorganismen oder durch Ausnutzung von weiteren natürlichen Regulationsfaktoren, wie Pheromonen und Abschreckstoffen. Um solche Verfahren mehr als bisher in die Praxis einzuführen, ist es notwendig, die von der Forschung aufgezeigten Ansätze produktionsorientiert zu entwickeln. Bisherige Verfahren wenden sich vorwiegend gegen tierische Schädlinge. Künftige Anstrengungen müssen sich vermehrt auch auf biologische Verfahren gegen Erreger von Pflanzenkrankheiten richten. Neue Methoden, die auf eine Erhaltung der allgemeinen Widerstandsfähigkeit der Pflanzen ausgerichtet sind, stehen erst am Anfang der Entwicklung und müssen verstärkt in den Blickpunkt zukünftiger Entwicklungen gerückt werden.

Der biologische Pflanzenschutz kann aber nur Bedeutung in einer Integrierten Pflanzenproduktion erlangen, wenn die Verfahren von den Anwendern akzeptiert werden. Dazu ist als wesentliche Voraussetzung eine gezielte Beratung nötig, die auch Detailkenntnisse über Erreger, Antagonisten sowie die vielfältigen Faktoren zur Entwicklung gesunder Pflanzenbestände vermittelt. Erst wenn die Vorteile biologischer Verfahren erkannt, die spezifischen Bedingungen ihrer Wirkung gebilligt werden und auch die Kosten denen des konventionellen Pflanzenschutzes vergleichbar sind, werden sie im Sinne des Integrierten Pflanzenschutzes vermehrt in der Praxis Eingang finden. Auch muß die Zulassung daraufhin überprüft werden, wie biologische Verfahren verstärkt in moderne Pflanzenschutzkonzepte in den verschiedenen Produktionssystemen einbezogen werden können.

5.10 Schlagkarteien als Planungs- und Entscheidungshilfen

W. Ruppert und A. Fischer, München

In mehr oder weniger systematischer und geordneter Form sind Aufzeichnungen über produktionstechnische Maßnahmen und Ergebnisse in der Bodenproduktion schon lange Bestandteil landwirtschaftlicher Betriebsführung. Dabei sollten wohl nicht nur Daten zur Führung von Naturalregistern, wie in größeren Betrieben üblich, festgehalten, sondern sicher auch Planungs- und Entscheidungshilfen für künftige Anbauten aus den Erfahrungen zurückliegender Vegetationsjahre gewonnen werden.

So erscheinen Schlagkarteien auch für Fortschritte in der Verwirklichung des Integrierten Landbaues als wichtige Hilfsmittel. Voraussetzung für den erfolgreichen Einsatz sind dabei die exakte Beobachtung aller für die Ertragsbildung wichtigen Einflußfaktoren, die Aufzeichnung aller produktionstechnischen Maßnahmen und die genaue Ermittlung der Naturalerträge sowie der Deckungsbeiträge.

Von vielen privaten oder öffentlichen Institutionen wurden in den vergangenen Jahren verschiedene Arten von Schlagkarteien entwickelt. In der Form reichen sie von relativ einfachen bis hin zu sehr umfassenden Systemen, die nur mit Hilfe eines Computers geführt und ausgewertet werden können. Langjährige und sehr umfangreiche Erfahrungen liegen vor allem mit der Bayerischen Schlagkartei vor, auf die in dieser Darstellung im wesentlichen Bezug genommen wird.

5.10.1 Erste Anfänge der Schlagkarteiführung

Bereits in dem im Jahre 1788 erschienenen Bekkerschen »Noth- und Hülfs-Büchlein für Bauersleute« wird empfohlen, ein »Wirtschafts-buch« zu führen, »damit es ihm nun nicht gehen möchte, wie es vielen geht, daß sie eine Sache wissen, und nicht darnach thun«. In seiner Ge-staltung entspricht das empfohlene Wirtschafts-buch einer Schlagkartei unserer Zeit. Es bot die Möglichkeit, zu den Bereichen Bodenbearbei-tung, Düngung, Saat und Ernte, Aufzeichnun-gen für den einzelnen Schlag über einen Zeit-raum von sechs Jahren vorzunehmen. Und zu Sinn und Zweck dieser Aufzeichnungen ist zu lesen: »Dieses Einschreiben hatte den Nutzen, daß Denker aus dem Buche, wenn er seine Calender ›mit den Witterungsaufzeichnungen‹ dazu nahm, ziemlich die Ursache erkennen konnte: warum dieses oder jenes Stück einmahl mehr, das andere mahl weniger getragen hatte, und da konnte er sich Regeln für die Zukunft daraus nehmen.«

Die Zeit für eine schnelle und erfolgreiche Ver-breitung von Schlagkarteien war aber damals wohl noch nicht reif. In seinem Reisebericht von 1791 durch fränkisches, böhmisches und bayeri-sches Gebiet notiert der Hauslehrer JOHANN MICHAEL FÜSSEL: »Das vom gütigen Fürsten auch hier ausgeteilte ›Beckersche Not-Hilfs-büchlein‹ liegt entweder ungelesen in der Lade der Gemeindevorsteher oder man lacht größten-teils über die vernommenen Neuigkeiten, nennt sie Faxen und befolgt keine einzige Vor-schrift.«

Ähnlich klagt etwa 70 Jahre später JUSTUS VON LIEBIG in der Vorrede zu seinem Buch »Die Chemie in ihrer Anwendung auf Agricultur und Physiologie«: »Bis jetzt habe ich noch keinen Landwirth angetroffen, der sich die Mühe ge-nommen hätte, wie dies in anderen industriellen Betrieben als selbstverständlich gilt, ein Conto-Buch zu führen über jeden seiner Äcker, und darin ein- und abzuschreiben, was er jährlich zu-und ausführt.«

Das Urteil JUSTUS VON LIEBIGS ist hart. Es gilt so nicht für die Folgezeit, in der bekanntlich viele Landwirte produktionstechnische Geschehnisse auf ihren Äckern oftmals über viele Jahre in Taschenkalendern oder Notizbüchern gewissen-haft festhielten. Andererseits muß es Gründe gegeben haben, weswegen derartige Aufzeich-nungen letztlich doch nur eine Angelegenheit von Spezialisten blieben und weshalb die Füh-rung von Schlagkarteien erst in den frühen sieb-ziger Jahren dieses Jahrhunderts von Wissen-schaft und Beratung verstärkt empfohlen wur-de. Der Versuch einer Beantwortung dieser Fra-gen muß vor allem vor dem Hintergrund des

möglichen Nutzens von Schlagkarteiaufzeich-nungen und den Informationsalternativen zur damaligen Zeit gesehen werden.

5.10.2 Hindernisse und Schwierigkeiten bei der Führung von Schlagkarteien

Seit etwa hundert Jahren lieferte das zuneh-mend besser ausgebaute pflanzenbauliche Ver-suchswesen Informationen, zunächst vor allem zur Düngung und Sortenwahl. Mit dem Auf-kommen chemischer Pflanzenschutzmittel wur-den auch Fragen zu deren Wirkung in exakten Feldversuchen abgehandelt. Mittlerweile sind fast alle wichtig erscheinenden produktionstech-nischen Fragestellungen, bis hin zu den komple-xen Problemen der optimalen speziellen Intensi-tät, Gegenstand pflanzenbaulicher Experimen-te. Was lag für den interessierten Landwirt nä-her, als die benötigten Informationen für eine möglichst optimale Gestaltung der eigenen Pro-duktionstechnik vornehmlich den gesicherten Ergebnissen der exakten Feldversuche zu ent-nehmen? Zudem führte bei der früher meist wenig differenzierten Organisations- und niedri-gen Bewirtschaftungsintensität in der Boden-produktion allein die rezepthafte Übernahme erprobter Versuchspraktiken in der Regel be-reits zu deutlichen Erfolgen.

Der zweite Grund dürfte in den speziellen Schwierigkeiten zu suchen sein, eigene prakti-sche Erfahrungen zu gesicherten Erkenntnissen zu verdichten. Grundsätzlich kann jeder Anbau eines Landwirts als ein pflanzenbaulicher Ver-such angesehen werden. Für gesicherte produk-tionstechnische und ökonomische Erkenntnisse sind jedoch auch hier Vergleiche verschiedener Varianten erforderlich. Wegen der ebenfalls notwendigen Absicherung eines Ergebnisses über mehrere Jahre können aus eigenen Erfah-rungen allein nur sehr langsam und begrenzt Erkenntnisfortschritte erzielt werden. Schließ-lich fehlten technische Hilfsmittel für eine schnelle sowie variable Aufbereitung und Aus-wertung einschlägiger schriftlicher Notizen. Die Aufzeichnungen produktionstechnischer Maß-nahmen und deren Ergebnisse konnten somit nur gedächtnisunterstützend den intuitiven Er-fahrungsprozeß des einzelnen Landwirts för-dern.

So blieb die Nutzung der Daten für die Produk-tionsplanung und Betriebszweigabrechnung. Für ersteres wurden sie wohl auch vornehmlich genutzt. Je mehr jedoch durch die Zukaufsmöglichkeit wichtiger ertragssteigernder und -ertragssichernder Betriebsmittel und den Einsatz der Technik zur Erhöhung der Schlagkraft der Zwang zu einer konsequenten Nutzung der integrierenden Kräfte des Fruchtfolge-, Dünger-, Pflanzenschutz- und Arbeitsausgleiches abnahm, desto geringer schien schließlich für viele Landwirte die Bedeutung einer sorgfältigen Anbauplanung und damit die Notwendigkeit von Aufzeichnungen in der pflanzlichen Produktion. Unterstützt wurde diese irrige Auffassung durch das sich verbessernde Verhältnis der Preise für Bodenerzeugnisse und Produktionsmittel, wodurch sich ebenfalls der Druck für deren besonders rationelle Verwendung verminderte.

5.10.3 Geänderte Bedingungen für die Führung von Schlagkarteien

Als vor fast zwanzig Jahren erneut und verstärkt schlagspezifische Aufzeichnungen, geordnet in speziellen Schlagkarteien, als Instrument betrieblicher Planungs- und Entscheidungshilfen angeregt und empfohlen wurden, waren mittlerweile wesentliche Änderungen in den Bedingungen hierfür eingetreten:

■ Der biologisch-technische Fortschritt und die wirtschaftlichen Rahmenbedingungen hatten die Möglichkeit für eine früher nicht gekannte Differenzierung der Organisations- und Bewirtschaftsintensität landwirtschaftlicher Betriebe unter gleichen Standortverhältnissen geschaffen.

■ Durch die erheblich vergrößerte Palette des möglichen Betriebsmitteleinsatzes bei Sorten, Düngung, Pflanzenschutz und Technik hatten sich die Erfolgs-, gleichermaßen aber auch die Fehlermöglichkeiten in der pflanzlichen Erzeugung vervielfacht.

■ Schließlich galt es, trotz sich verschlechternder Preise : Kosten-Relationen, auch in der Landwirtschaft steigende Einkommenserwartungen bei meist zu knappen Produktionskapazitäten zu befriedigen.

Diese sich immer deutlicher ausprägenden neuen Gegebenheiten führten bei vielen Landwirten zu wachsender Unsicherheit über die nunmehr richtigen und erfolgreichen Maßnahmen sowie Entscheidungen in der Bodenproduktion.

Doch auch ein verstärkter Einsatz landwirtschaftlicher Beratungskräfte und die deutliche Ausweitung der pflanzenbaulichen Versuche konnten die steigende und sich immer stärker

differenzierende Nachfrage der Landwirte nach Antworten zu neuen und erneut wieder offenen Fragen nicht voll befriedigen. So gewann vielerorts die Einsicht an Boden, daß bei der großen Vielfalt der Anbaubedingungen die Produktionstechnik im Einzelfall nur zu optimieren ist, wenn die Hilfen von außen weniger absolut, sondern modifiziert und ergänzt mit eigenen Beobachtungen, Berechnungen und Erfahrungen genutzt werden.

Wollte man bei weiteren Anpassungsschritten nicht stets wieder sozusagen am Nullpunkt der Erkenntnisse beginnen, so galt es, die gemachten Beobachtungen vorzumerken. Gleichzeitig mußten die einzelnen produktionstechnischen Maßnahmen wirtschaftlich überprüft und der Anbauumfang der einzelnen Kulturen nach der Rentabilität bestimmt werden.

Da aber das menschliche Gedächtnis bei der Vielzahl der hierfür erforderlichen Daten und Fakten als Speicher hoffnungslos überfordert und damit ungeeignet ist, können nur schriftliche Aufzeichnungen das erforderliche Datenmaterial präsent halten. Damit war der alte Gedanke reaktiviert, Schlagkarteien sowohl bei der Bewirtschaftung des Acker- und Grünlandes als auch beim Anbau von Sonderkulturen zu führen.

Doch es darf mit Sicherheit angenommen werden, daß auch diese erneute Einsicht bei Landwirten und Beratern in die Sinn- und Zweckmäßigkeit, ja Notwendigkeit von detaillierten Schlagkarteiaufzeichnungen ohne praktische Konsequenzen geblieben wäre, wenn nicht zu diesem Zeitpunkt in der elektronischen Datenverarbeitung ein geeignetes Instrument für die Datenerfassung und -auswertung zur Verfügung gestanden hätte.

5.10.4 Inhalt, Umfang und Form der Aufzeichnungen in Schlagkarteien

Art und Umfang der schlagbezogen, nach Vegetationsjahren erhobenen Daten und die dabei geübte Genauigkeit entscheiden über die Möglichkeiten und die Qualität späterer Auswertungen und Aussagen. Die langjährige Beschäftigung mit Schlagdaten macht deutlich, daß im Sinne echter Planungs- und Entscheidungshilfen für die Bodenproduktion nie zu viele, meist aber zu wenige Daten über Art, Umfang, Zeitpunkt, Begleitumstände sowie Wirkung und Erfolg produktionstechnischer Maßnahmen erhoben und festgehalten werden.

BAY. SCHLAGKARTEI

GETREIDE-RAPS-MAIS-FELDFUTTER

Betriebsnummer 9999999999

Anschrift ..... *Tester Johann*
..... *Testdorf*

Erntejahr 19 *91*
Schlagnummer *020*
Schlagbezeichnung ..... *Testfeld*
Hauptfrucht *Winterweizen*
Schlaggröße (ha) *90*

Betriebs- und Bodenbeschreibung:
Nur bei Neubeginn oder bei Änderungen ausfüllen

Betriebsgröße (ha LF) *60*
Ackerfläche (ha) ..... *57*   Grünland (ha) *1*
Getreide (ha) ..... *27*   Weizen (ha) *20*
Mais (ha) ..... *19*   Zuckerrüben (ha) *9*
viehlos ja ☒ nein ☐
Viehbesatz (GV/ha LF) *2,3*

Tallage: ja ☒ nein ☐   Windlage: offen ☐ geschützt ☒   Lage: eben ☐ hügelig ☐ geneigt ☐   geneigt nach: Süden ☐ Osten ☒   Norden ☐ Westen ☐
Bodeneigenschaften: einheitlich ☐ wechselnd ☒   Bodenart: S/lS/sL/uL/lT/tT/Mo   Steine: keine ☐ wenige ☒ viele ☐   Pflugsohle: ja ☐ nein ☒
Staunässe: ja ☐ nein ☒   Waldschatten (% Fläche) .....   max. erreichb. Pflugtiefe (cm) ..... *27*   Ackerzahl (Reichsbodenschätzung) ..... *55*   Wasserschutzgebiet: ja ☐ nein ☒
weitere Bewirtschaftungsauflagen: ja ☐ nein ☒   Art der Auflage: .....

Bodenuntersuchung:
19 *87* CAL   pH-Wert: ..... *7,3*   Nährstoffe (mg/100g): P₂O₅ ..... *40*   K₂O ..... *28*   Mg ..... *C-Gehalt (%)*
19 ..... EUF   EUF-Werte (mg/100g): .....   P₂O₅ .....   K₂O .....   CaO .....   Mg ..... B .....
19 ..... DSK   Nitrat (kg/ha): 0-30 cm .....   30-60 cm .....   60-90 cm .....   Ammonium ..... Gesamt Nₘᵢₙ

Untersuchung auf Nematoden: ☐ 19 .....   Rüben: ☐   Kartoffeln: ☐   Ø neugebildete Zysten je Gefäß .....

Saat
Sorte ..... *Obelisk*   Saatgut: Basis ☐ zertifiziert ☒ Nachbau ☐ weiter Nachbau ☐   Beizung/Inkrustierung: ja ☒ nein ☐   Mittel *Sibutol*
Aussaat am ..... *14.11.*   Saatmenge (kg/ha) ..... *202*   Körner/m² ..... *400*   TKG des Saatgutes (g) .....   Reihenabstand (cm) ..... *10*   bei Einzelkorn: Ablage in der Reihe .....
Fahrgeschwindigkeit bei Saat (km/Std) ..... *5*   Saattiefe (cm) ..... *3*   Fahrgassen: ja ☒ nein ☐   Normalsaat ☒ Breitsaat ☐ Einzelkornsaat ☐ Mulch-Direktsaat ☐

Beobachtungen
Struktur des Bodens nach Abernten der Vorfrucht: gut ☐ mittel ☒ schlecht ☐   Keimpflanzen/m² ..... *300*   Vorfrucht 19 *90* : *Zuckerrüben*
Auflaufen am ..... *20.12.*   Stand nach Winter: gut ☐ mittel ☒ schlecht ☐   Bestockung: stark ☐ mittel ☒ schwach ☐   Ährenschieben am *26.06.*   Ähren/m² *520*

Ernte
Lager: ja ☒ nein ☐   frühes Lager bis Ende .....   Gesamtlager bis Ende ..... *1*   bei Raps: Blühbeginn am .....   bei Mais: Fahnenschieben am .....   bei Mais/Raps: Pflanzen/m²
Ernte am ..... *14.08.*   Ährenschieben .....   Teigreife [85] (%): ..... *16*   bei Wasser (%): ..... *14*   Ertrag: geschätzt ☐ gewogen ☒   bei Feldfutter: Zahl der Schnitte

Qualität
Verwertung ..... *Eigenverbrauch*   Ertrag ungetrocknet (dt/ha) .....   Abputz (%) .....   Sortierung: größer 2,5mm (%) .....   kleiner 2,2mm (%) .....   TKG (g) .....
Eiweiß (%) .....   Sedimentationswert .....   Fallzahl .....   Öl:Fett (%) .....   bei Silomais TS (%) .....

Ertragsmindernde Einflüsse
Frostschaden (kein)/ gering / mittel / groß / wann(Monat) .....   Wildschaden   in % .....   wann (Monat) .....
Nässeschaden (kein)/ gering / mittel / groß / wann(Monat) .....   Hagelschaden   in % .....   wann (Monat) .....
Trockenheit   kein / gering / (mittel)/ groß / wann(Monat) ..... *Juli*

Bemerkungen, weitere Ergebnisse:

RZ im StMELF ML DCF SCHLAGK(GERAMAFE)

Abb. 70   Schlagkartei-Vorderseite mit den Erhebungen eines Beispielbetriebes.

204

Tragen Sie bitte alle Maßnahmen nach Aberntung der Vorfrucht ein!

BODENBEARBEITUNG (einschl. mechanischer Pflege und Handhacke)

Datum	Teilfläche %	Zahl der Arbeitsgänge	Bearbeitungstiefe (cm)	Bodenzustand (z. trock. / ideal / z. feu.)	Arbeitsqualität (gut / mittel / schl.)	eingesetztes Gerät z B Kreiselegge, Bei Handhacke auch Stundenangaben
13.11.		1	27	/ /		Pflug
13.11.		1	8	/ /		Kreiselegge
14.11.		1	5	/		Kreiselegge + Sämasch.
02.04.		1		/		Walze

MINERALISCHE DÜNGUNG ZUR HAUPT- UND ZWISCHENFRUCHT

Datum	Teilfläche %	Entwicklungsstadium	Düngemitteltyp z B NPK 13/13/21 Unterfußdüngung mit "U" kennzeichnen	Menge dt/ha	Reinnährstoffe (kg/ha) N	P_2O_5	K_2O	MgO	Bor	CaO
15.03.			KAS	2,3	62					
15.04.		25	KAS	1,5	40					
01.06.		37	KAS	1,3	35					
22.06.		49	KAS	1,3	35					

GESAMTMENGE kg/ha

ORGANISCHE DÜNGUNG

Mist, Gülle, Jauche — Form (Mist, Gülle, Jauche) — Tierart (Rind, Schwein, Geflügel) — Menge dt/ha oder m^3/ha — Bei Gülle TS

Datum der Ausbringung: ....

Stroh, Rübenblatt der Vorfrucht

Stroh: abgefahren ☐ / eingearbeitet ☐ / verbrannt ☐
Rübenblatt: abgefahren ☒ / eingearbeitet ☐

Zerkleinerung vor oder bei Einarbeitung: (Stroh und Rübenblatt) keine ☐ / gering ☐ / stark ☒

Gerät zur Zerkleinerung: ....

Zwischenfrucht (nach Abernten der Vorfrucht)
verfüttert ☐ / im Herbst eingearbeitet ☐ / Zerkleinerung vor oder bei Einarbeitung: überwintert ☐ / keine ☐ / gering ☐ / stark ☐

Pflanzenart: ....
Saatzeit: ....
Wuchshöhe: ....

PFLANZENSCHUTZ

Besatz/Befall bei Spritzung (stark / mittel / gering / kein)	Datum der Behandlung	Entwicklungsstadium	Teilfläche %	Menge kg/l oder l/ha	Wirkung (gut / mittel / schl.)	Handelsname z.B. Arelon — BA = Bandspritzung, RA = Randspritzung, UB = Unterblattspritzung	Leitunkräuter, Krankheiten, Schädlinge
	13.04.	21		1,0 l		CCC	Klette
	26.04.	29		1,0 l		Starane	
mittel	26.04.	29		0,5 l		CCC	
	25.05.	37		1,0 l		Cercobin fl.	Halmbruchkrankheit
gering	22.06.	49		1,0 l		Matador	Mehltau
gering	26.06.	55		2,0 l		Dyrene	

Abb. 71 Schlagkartei-Rückseite mit den Erhebungen des Beispielbetriebes aus Abb. 70.

Dies gilt umso mehr, je höher und ausgefeilter das produktionstechnische und damit das angestrebte naturale Ertragsniveau angesiedelt sind. Denn hier werden vielfach immer wieder neue Minimumfaktoren wirksam, die bislang nicht in Erscheinung getreten waren, für die Erklärung von Leistungsunterschieden aber von entscheidender Bedeutung sind.

Zur wirtschaftlichen Beurteilung der Grenzproduktivität der einzelnen produktionstechnischen Maßnahmen und des gesamten Produktionsverfahrens im Vergleich zu anderen ist neben der Erhebung naturaler Daten auch die von Preisen und Kosten erforderlich.

Schließlich werden Art und Umfang der zu erhebenden Daten davon bestimmt, ob diese nur betrieblich oder auch im Vergleich mit anderen ausgewertet werden sollen. Hierzu müssen zu den sonst üblichen Daten zusätzlich die natürlichen Gegebenheiten eines Produktionsstandortes detailliert erfaßt werden, damit bei einer Auswertung nur die Daten tatsächlich vergleichbarer Schläge miteinander verglichen werden.

Das in Abb. 70 und 71 dargestellte Muster der Bayerischen Schlagkartei trägt diesen Erfordernissen soweit als möglich Rechnung. Andere Schlag- oder Datenkarteien heben noch stärker auf spezielle Aufzeichnungen über das Auftreten von Krankheiten, Schädlingen und Unkräutern, das Erreichen der Bekämpfungs- oder Schadensschwelle sowie die getroffenen Bekämpfungsmaßnahmen ab.

5.10.5 Ausgefüllte Schlagkartei
(Abb. 70 und 71, Seite 204)

Bei den bisherigen Kosten für Hardware der elektronischen Datenverarbeitung bot es sich an, die Datenerhebung auf Schlagkarten vorzunehmen und diese nach der Verschlüsselung nicht zahlenmäßiger Angaben zentral mittels Bildschirmmasken in ein elektronisches Datenverarbeitungsgerät einzugeben. Dieser Weg wird auch weiterhin für eine verbreitete Schlagkarteiführung von erheblicher Bedeutung sein. Neben den Kosten, trotz vermutlich weiter rückläufiger Preise für Personal-Computer (PC), spricht hierfür die vielfach fehlende Gewandheit im Umgang mit elektronischen Datenverarbeitungsgeräten und -programmen, zumal wenn Schlagkarteien nicht für alle, sondern nur für einige repräsentative Schläge eines Betriebes – wie vielfach ausreichend – geführt werden. Selbstverständlich können die Schlagdaten auch direkt mittels eines geeigneten Schlagkarteiprogrammes in ein elektronisches Datenverarbeitungsgerät eingegeben werden. Für eine spätere Übernahme von Daten aus unterschiedlichen PC-Schlagprogrammen in eine zentrale Datenbank zum Zwecke vergleichender oder massenstatistischer Auswertungen muß dann natürlich entweder sofort bei der Dateneingabe oder mit einem gesonderten Programmlauf für eine einheitliche Verschlüsselung der alphanumerischen Werte und eine gemeinsame Datenstruktur gesorgt werden. Kurse zur Einrichtung und Nutzung von computergestützten Schlagkarteien werden inzwischen von den Programmherstellern, von Beratungsträgern und z. B. auch von der DLG angeboten.

Mit dem Einsatz von Geräten in der Bodenproduktion, ausgerüstet mit Bordcomputern, eröffnet sich die Möglichkeit, einen Teil der produktionstechnischen Daten aus einem Vegetationsjahr eines Schlages mit diesen Geräten zu erfassen und dann direkt zu den Schlagdaten im PC zu übertragen.

Ähnliches zeichnet sich für Witterungsdaten ab, die von automatisch arbeitenden Wetterstationen gewonnen werden und sich direkt auf elektronischem Wege mit anderen Datensätzen, beispielsweise zum Auftreten von Krankheiten und Schädlingen, verknüpfen lassen.

5.10.6 Innerbetriebliche Auswertungen von Schlagdaten

Nach altbewährter pflanzenbaulicher Erfahrung lassen sich aus den Beobachtungen eines Vegetationsjahres noch keine allgemeingültigen Erkenntnisse ableiten. So liefern Schlagdaten bei nur innerbetrieblicher Auswertung erst bei Mittelung mehrerer Jahreswerte oder im Verlauf von Zeitreihen echte Planungs- und Entscheidungshilfen. Dies trifft gleichermaßen für produktionstechnische, naturale und ökonomische Fragestellungen zu.

Mit überbetrieblichen Auswertungen dagegen, bei denen die Schlagkarteiaufzeichnungen erst voll genutzt werden und ihren ganzen Wert zeigen können, lassen sich schon mit den Daten eines Vegetationsjahres gewisse Aussagen machen. Allerdings müssen dann die Datensätze von einer entsprechend großen Anzahl von vergleichbaren Schlägen vorliegen. Denn auch hier gilt, wie bei Versuchsauswertungen, daß ein Ergebnis über die Jahre oder die Zahl der Orte gesichert werden kann.

Bei der innerbetrieblichen Auswertung von Schlagdaten ist die Erstellung des **vertikalen Schlagvergleiches** (Tabelle 56, Seite 208) von besonderer Bedeutung. Hier wird das Produktionsgeschehen auf einem Schlag in allen Einzelheiten analog der Fruchtfolge für mehrere Jahre in übersichtlicher Form zusammengefaßt dargestellt. Er bietet die Voraussetzung für eine sorgfältige Planung des künftigen Anbaus und unterstützt Beobachtung und Verfolgen mittel- oder langfristiger Wirkungen bestimmter Maßnahmen, beispielsweise auf den Boden, auf die Verunkrautung oder das Auftreten von Krankheiten und Schädlingen. Die bedachte Anbauplanung auf dem einzelnen Schlag hat besondere Bedeutung, wenn es wegen ökologischer und/oder wirtschaftlicher Gesichtspunkte gilt, die integrierenden Kräfte des Fruchtfolge-, Dünger-, Pflanzenschutz- und Bodenbearbeitungsausgleiches zu nutzen.

Bei einer dem vertikalen Schlagvergleich angeschlossenen Deckungsbeitragsrechnung ergeben sich über die Jahre gesicherte schlag- und betriebsbezogene Werte der Betriebszweigsabrechnung, die zutreffender als kalkulatorische Werte die Optimierung der Organisation der Bodenproduktion im Rahmen der Absatz- und Verwertungsmöglichkeiten der Erzeugung zulassen.

Der vertikale Schlagvergleich liefert aber auch Daten für das Erstellen von Bestellisten für Zukaufsprodukte und die Mengenplanung von Betriebsmitteln. Für diese Planungen sind Bilanzen der wichtigen Pflanzennährstoffe, des Kalkes und der organischen Substanz hilfreich, die sich leicht mit einem Zusatzprogramm aus den Angaben der Einzelmaßnahmen der Zufuhr und des Verbrauches bzw. des Entzuges erstellen lassen. Zusammen mit der Bodenuntersuchung liefern diese Nährstoffbilanzen, bei Berücksichtigung der Mineralisierungsraten der zugeführten organisch gebundenen Nährstoffanteile, wichtige Informationen für eine rationelle und umweltgerechte Düngung, insbesondere mit Stickstoff.

Wünschenswert als Voraussetzung für einen gezielten Pflanzenschutz im Rahmen des Integrierten Landbaus wäre auch die exakte Aufzeichnung von möglichst genauen Daten zum Auftreten von Schadorganismen, insbesondere Unkräutern und Ungräsern. Entsprechende Zusatzprogramme könnten dann Informationen über die Brauchbarkeit von Schadensschwellen sowie über langfristige Entwicklungen der Verunkrautung liefern.

Schließlich können aus den Angaben des vertikalen Schlagvergleiches die Datenvorgaben für die Programmierung der Bordcomputer beim erneuten Einsatz der elektronisch gesteuerten und überwachten Geräte entnommen werden. In diesem Zusammenhang ist auch an eine Produktions- und Arbeitsplanung zu denken, die im laufenden Soll-Ist-Vergleich an Hand der neu eingehenden Schlagdaten zu einer stets aktuellen Auflistung der eventuell noch durchzuführenden Maßnahmen und Beurteilungen bzw. Beobachtungen an einem Feldbestand führt.

5.10.7 Überbetriebliche Auswertungen von Schlagdaten

Bei aller Vielfalt innerbetrieblicher Nutzungsmöglichkeiten von Schlagkarteiaufzeichnungen zur Verbesserung der Planungen und Entscheidungen in der Bodenproduktion liefern diese jedoch erst im überbetrieblichen Vergleich den Maßstab zur stets notwendigen kritischen Beurteilung der eigenen Werte. Aus diesem Grunde und um Wirkungszusammenhänge nach Art und Ausmaß unter Praxisbedingungen möglichst schnell zu klären, sind zusätzlich überbetriebliche Auswertungen von besonderer Bedeutung.

Dies ist nur möglich, wenn die in den einzelnen Betrieben erhobenen Daten in einen zentralen Rechner übertragen und dort gemeinsam ausgewertet werden, wie dies schon seit mehreren Jahren bei der Bayerischen Schlagkartei durchgeführt wird. Aus den Auswertungen ergeben sich sowohl für den einzelnen Landwirt als auch für die Beratung wertvolle Hinweise.

Für die vergleichende Beurteilung des Standes und der Leistungen der Produktionstechnik des Einzelnen an Hand naturaler und monetärer Werte, zusammengefaßt und im Detail, eignet sich am besten der **horizontale Schlagdatenvergleich** einschließlich Deckungsbeitragsrechnung. Diese wird zur Offenlegung der aus den produktionstechnischen Maßnahmen herrührenden Unterschiede für alle Vergleichsschläge zweckdienlicherweise mit einheitlichen Produkt- und Produktionsmittelpreisen erstellt.

Im horizontalen Schlagvergleich werden alle für die Beurteilung der Produktionsvoraussetzungen und -maßnahmen wichtigen Fakten sowie die erzielten Leistungen aller Schläge eines Erntejahres fruchtartenspezifisch für jeweils einheitliche landwirtschaftliche Erzeugungsgebiete dargestellt. Durch die Gruppierung nach glei-

Tabelle 56 Vertikaler Schlagvergleich – Beispiel eines bayerischen Erhebungsbetriebes (Auszug)

```
Betriebsnummer :   999 9999999      | Schlagname      : Testfeld
TESTER JOHANN                       | Schlagnummer    : 020
9999 TESTDORF                       | Höhe über NN m  : 370
Reg.Bez. : Niederbayern             |
Landkreis: Testkreis                | Bodenuntersuchung :  1984   pH  7.6   P205
Betr.Amt : AFL   Testkreis          |                      1987   pH  7.3   P205
```

Erntejahr		1986	1987	1988
501	0 Schlaggröße ha	5,7	9,0	9
510	1 Bodenstr.nach Ernte d.Vorfr.	gut	gut	g
001	Fruchtart	Zuckerrüben	Körnermais	Winterweiz
002	Sorte	Kaweduca KWS	Bastion	Fut
003	Saatgutmenge kg-dt-U/ha	1,2	1,8	1
004	Saatgutart	gen.monogerm		Z.Saatg
007	Datum der Aussaat	9.04.	24.04.	28.1
010	2 Ernterückst.d.Vorfr.;Zerklein	eingear; stark	eingear; stark	eingear; geri
028	Pflanzenart Zwischenfrucht	Erbs-Wick-Gemen		
035	2 Datum Grundbodenbearbeitung	24.10.	10.11.	27.1
068	3 1.Wirtschaftsdünger; Tierart		Gülle; Rind	
069	Datum; Menge dt-m3/ha		26.02.; 30	
080	4 P205-kg/ha ges.Mineraldüngung	150	69	
081	K20 -kg/ha ges.Mineraldüngung	200	200	
085	N -kg/ha ges.Mineraldüngung	174	135	2
086	1.N-Gabe:Datum;Stadium;kg/ha	8.04.; 1;112	22.04.; 1;108	19.03.;13;
087	Düngemitteltyp	Kalkammonsalp.2	Kalkammonsalpet	Kalkammonsalp
088	2.N-Gabe:Datum;Stadium;kg/ha	21.05.;16; 62	24.04.; 2; 27	25.04.;25;
089	Düngemitteltyp	Kalkammonsalp.2	NP Diammonphosp	Kalkammonsalp
090	3.N-Gabe:Datum;Stadium;kg/ha			10.05.;31;
091	Düngemitteltyp			Harnsto
092	4.N-Gabe:Datum;Stadium;kg/ha			21.05.;37;
093	Düngemitteltyp			Harnsto
094	5.N-Gabe:Datum;Stadium;kg/ha			3.06.;51;
095	Düngemitteltyp			Kalkammonsalp
106	5 1.Herb.-beh.:Dat;Stad;Beh-Art	9.04.; 2;BA	26.05.;12;GF	25.04.;25;
107	1.Mittel;kg-l/ha	PyraminF; 4,00	Lentagra; 1,50	MCPP; 4,
108	2.Mittel;kg-l/ha	Tramat; 4,50	Atrazin; 2,00	
110	2.Herb.-beh.:Dat;Stad;Beh-Art	3.05.;10;GF		
111	1.Mittel;kg-l/ha	Betanal; 3,00		
112	2.Mittel;kg-l/ha	Goltix; 1,00		
114	3.Herb.-beh.:Dat;Stad;Beh-Art	6.05.;10;GF		
115	1.Mittel;kg-l/ha	Betanal; 3,00		
116	2.Mittel;kg-l/ha	Goltix; 1,00		
130	6 1.Fung.-beh.:Dat;Stad;Beh-Art	31.07.;kE;GF		10.05.;31;
131	1.Mittel;kg-l/ha	Brestan; 0,50		CercobFL; 1,
134	2.Fung.-beh.:Dat;Stad;Beh-Art			18.05.;32;
135	1.Mittel;kg-l/ha			Corbel; 1
138	3.Fung.-beh.:Dat;Stad;Beh-Art			6.06.;51;
139	1.Mittel;kg-l/ha			Sambarin; 1,
186	8 1.Wachst-reg:Dat;Stad;Beh-Art			25.04.;25
187	Mittel; kg-l/ha			Cycocel; 0
188	2.Wachst-reg:Dat;Stad;Beh-Art			10.05.;31
189	Mittel; kg-l/ha			Cycocel; 0
202	10 Datum des Auflaufens	27.04.		14.
211	11 Datum der Ernte	7.11.	24.10.	7.
212	Verkaufsfähiger Ertrag dt/ha	705	78	8
250	14 Marktleistung DM/ha	9663,3	3518,7	322
252	Dünger mineralisch DM/ha	759,9	399,5	37
253	Kalkdünger DM/ha			
254	Mist,Gülle,Jauche DM/ha		280,8	
257	Herbizide DM/ha	768,8	89,7	3
258	Fungizide DM/ha	38,0		17
260	Wachstumsregulatoren DM/ha			
267	Summe variabler Kosten DM/ha	3070,3	1925,1	139
268	Deckungsbeitrag DM/ha	6593,0	1593,6	182

208

```
Ausgangsgestein  : Tertiärsand
Bodenart         : s. Lehm
Ackerzahl        : 55

K2O   24   MgO
K2O   28   MgO
```

1989	1990	1991
9,0	9,0	9,0
mittel	gut	mittel
Wintergerste	Zuckerrüben	Winterweizen
Viola	Viktoria	Obelisk
184	1,2	202
1.Nachbau	gen.monogerm	Z.Saatgut
21.09.	23.03.	14.11.
.ngear; stark	eingear; stark	eingear; stark
	Sonnenblumengem	
10.09.	25.10.	13.11.
:ülle; Rind	Gülle; Rind	
:4.08.; 20	19.07.; 20	
94	132	173
4.03.;25; 59	22.03.; 8;100	15.03.;kE; 62
lkammonsalpet	Kalkammonsalpet	Kalkammonsalpet
25.03.;29; 35	15.05.;20; 32	15.04.;25; 41
lkammonsalpet	Kalkammonsalpet	Kalkammonsalpet
		1.06.;37; 35
		Kalkammonsalpet
		22.06.;49; 35
		Kalkammonsalpet
20.03.;29;GF	21.04.;13;GF	26.04.;29;GF
Starane; 1,00	BetanalT; 4,00	Starane; 1,00
	Goltix; 3,00	
28.04.;32;GF		25.05.;37;GF
Sportak; 1,20		CercobFL; 1,00
2.06.;51;GF		22.06.;49;GF
Desmel; 0,50		Matador; 1,00
		26.06.;55;GF
		Dyrene; 2,00
8.05.;37;GF		13.04.;21;GF
erpal C; 1,80		Cycocel; 1,00
		26.04.;29;GF
		Cycocel; 0,50
5.10.	12.04.	20.12.
17.07.	25.10.- 12.11.	14.08.
70,0	620	76,0
2416,0	6964,5	2705,2
114,9	159,2	207,9
153,5	154,4	
62,6	379,3	64,5
163,9		195,2
81,9		6,3
1297,3	2060,4	1403,9
1118,7	4904,1	1301,3

chen Vorfrüchten, sowie aufsteigend nach der Bodenbonität, werden die Daten von weitgehend vergleichbaren Schlägen in räumliche Nähe zueinander gebracht. Selbstverständlich lassen sich durch entsprechende Änderungen in den Selektionsmerkmalen auch anders geartete Vergleichsgruppen bilden.

Um die Anonymität zu wahren, sind im horizontalen Vergleich in der Ausfertigung für den einzelnen Landwirt, die schriftlich oder auf Diskette von der zentralen Auswertungsstelle geliefert werden kann, jeweils nur die eigenen Schläge zu identifizieren.

Um Schwachstellen aufzuspüren, läßt der unmittelbare Vergleich der Daten eines Schlages im Kreise verwandter Schläge, bei der Betrachtung von Jahresergebnissen, nicht immer mit der gewünschten Deutlichkeit positive und negative Produktionselemente erkennen. In der Gegenüberstellung der Mittelwerte aller Schläge eines horizontalen Vergleiches und derjenigen, die nach der Höhe ihres Deckungsbeitrages bzw. des Naturalertrages in die End- oder Spitzengruppe fallen, treten zumindest aber die dominant positiven oder negativen Elemente recht deutlich hervor.

5.10.8 Gruppenbildung aus horizontalem Schlagvergleich nach Höhe des Ertrages und des Deckungsbeitrages
(Tabelle 57)

Der Vergleich der Mittelwerte der Spitzengruppen nach der Höhe von Deckungsbeitrag und Naturalertrag liefert schließlich Hinweise auf Schwachstellen im Bereich von Produktionsmaßnahmen, deren Intensität über dem jeweiligen Optimalpunkt gehandhabt wurde.

Der horizontale Schlagvergleich, der natürlich nur bei einer ausreichenden Anzahl von Vergleichsschlägen stichhaltige Schlüsse erlaubt, ist somit für den einzelnen Landwirt ein Instrument, im relativen Vergleich seine produktionstechnischen Reserven aufzuspüren oder sich die Richtigkeit der eigenen Maßnahmen bestätigen zu lassen. Bei der Interpretation der Werte und Ergebnisse ist von vielen Landwirten die Mitwirkung eines erfahrenen Beraters erwünscht.

Mit Hilfe massenstatistischer Auswertungen, für die sich, wegen vielfach fehlender Orthogonalität[1]) der Daten, vor allem die Schichtungs-

---

[1]) Gemeint ist ein Versuchsaufbau, dessen Prüfglieder in ihrer Anordnung auf verschiedenen Standorten über mehrere Jahre gleichbleiben.

abgegrenzt nach Höhe des Ertrages

			Endgruppe			Spitzengruppe		
			Anzahl Schläge: 13			Anzahl Schläge: 13		
			Mittelw.-Häufigk.	Min.	Max.	Mittelw.-Häufigk.	Min.	Max.
005		Schlaggröße	ha	4,1	0,4-	8,5	5,1	1,2-	8,0
006	1	Ertrag trock. Ware	dt/ha	68,1	58,7-	73,3	82,9	78,0-	88,8
008		Deckungsbeitrag	DM/ha	956	551-	1270	1319	691-	2001
009		Variable Kosten	DM/dt	21,3	15,7-	27,5	19,5	11,9-	27,0
010	2	Höhe über NN	m	396	380-	450	423	380-	460
012		Ackerzahl		61	50-	80	63	52-	72
019		Getreideanteil an AF	%	61	28-	83	62	34-	83
020		Maisanteil an AF	%	5	0-	43	8	0-	28
056	4	Sorte	Ibis	25%			Sperber 23%		
			Orestis	17%			Club 23%		
			Sperber	17%			Frühprob 15%		
057		Saatgut	kg/ha	192	160-	240	183	151-	215
064	5	PH-Wert des Bodens		6,9	6,0-	7,5	6,6	6,1-	7,2
065		P205	mg/100 g Boden	19	7-	48	17	7-	23
066		K20	mg/100 g Boden	23	17-	36	19	9-	32
068	6	Viehhaltung	ja	23%			ja 46%		
069		GV/ha LF		0,3	0,0-	1,8	0,6	0,0-	2,7
070		Wirtschaftsdünger	ja	8%			ja 8%		
097		Zwischenfr.-Gründüngung	nein	100%			nein 100%		
105		N-miner.ges.Düngung kg/ha		185	95-	272	215	172-	283
106		N-ges.min.+ org.anr.kg/ha		198	95-	305	267	192-	693
107		Zahl Teilgaben N-mineral.		4,6	3,0-	7,0	4,8	3,0-	7,0
130		P205-min.ges.Düng. kg/ha		33	0-	138	76	0-	208
131		P205-ges.min.+org. kg/ha		69	0-	188	116	0-	237
132		K20 -min.ges.Düng. kg/ha		36	0-	160	63	0-	270
133		K20 -ges.min.+org. kg/ha		253	0-	500	296	0-	527
134		MgO -min.ges.Düng. kg/ha		3	0-	20	7	0-	20
136		Düngung mit Spurenelem.	ja	38%			ja 23%		
137	8	Anzahl Herbizidtermine		1,5	1,0-	2,0	1,3	1,0-	2,0
244	9	Anzahl Fungizidtermine		2,2	1,0-	3,0	2,3	1,0-	3,0
389	10	Anzahl Insektizidterm.		0,2	0,0-	1,0	0,1	0,0-	1,0
450	11	Anzahl Wachstumsreg.beh.		1,8	0,0-	3,0	2,1	1,0-	3,0
505	15	Marktleistung	DM/ha	2421	2091-	2614	2942	2774-	3133
506		Deckungsbeitrag	DM/ha	956	551-	1270	1319	691-	2001
507		Saatgut und Beizung	DM/ha	174	149-	224	155	111-	187
508		Dünger mineralisch	DM/ha	264	157-	395	362	193-	626
509		Kalkdünger	DM/ha	12	0-	167	0	0-	0
510		Mist,Gülle,Jauche	DM/ha	13	0-	173	12	0-	161
511		Stroh,Kraut,Rübenbl.	DM/ha	212	0-	424	278	0-	409
512		Sonst.Kosten Gründ.	DM/ha	0	0-	0	0	0-	0
513		Herbizide	DM/ha	100	60-	172	107	65-	146
514		Fungizide	DM/ha	217	61-	325	220	124-	315
515		Insektizide	DM/ha	2	0-	17	5	0-	69
516		Wachstumsregulator.	DM/ha	7	0-	14	8	4-	20
517		V.Masch.ko.Bodenbea.	DM/ha	78	44-	98	65	36-	94
518		VMK.Saat,Düng,Pfl.s.	DM/ha	72	51-	118	70	46-	89
520		Erntemaschine (MR)	DM/ha	220	220-	220	220	220-	220
521		Trocknungskosten	DM/ha	43	0-	212	67	0-	254
522		Hagelversicherung	DM/ha	43	33-	68	49	44-	78
523		Summe variab.Kosten	DM/ha	1464	1006-	1958	1622	996-	2289

In der Durchschnittsbildung werden Werte und Eintragungen mit der Kennzeichnung "k.Eintrg" nich

Tabelle 57
Gruppenbildung aus horizontalem Schlagvergleich bayerischer Erhebungsbetriebe nach Höhe des Ertrages und des Deckungsbeitrages – Fruchtart: Winterweizen, Vorfrucht Zuckerrüben, Erntejahr: 1991 (Auszug)

| | Endgruppe Anzahl Schläge: 13 | | | | Spitzengruppe Anzahl Schläge: 13 | | |
	Mittelw.-Häufigk.	Min.	Max.		Mittelw.-Häufigk.	Min.	Max.
	5,0	0,4-	8,5		5,0	1,5-	11,5
	71,0	58,7-	84,5		80,5	74,3-	88,8
	834	551-	972		1517	1301-	2001
	23,5	19,8-	27,5		16,7	11,9-	19,0
	401	380-	450		399	330-	460
	64	52-	80		63	51-	76
	61	28-	83		55	45-	69
	8	0-	43		10	0-	45
Orestis	23%			Sperber	23%		
Sperber	23%			Club	23%		
Astron	15%			Obelisk	15%		
	194	160-	240		186	151-	215
	6,9	6,0-	7,5		6,7	6,0-	7,4
	19	7-	31		22	12-	40
	21	15-	31		23	14-	32
ja	15%			ja	54%		
	0,2	0,0-	1,8		0,8	0,0-	2,7
ja	8%			ja	8%		
nein	100%			nein	100%		
	199	154-	283		205	172-	270
	253	173-	693		233	176-	391
	4,7	3,0-	7,0		4,9	4,0-	7,0
	62	0-	208		43	0-	125
	105	0-	237		104	0-	502
	54	0-	270		50	0-	160
	303	0-	527		177	0-	343
	4	0-	20		18	0-	172
ja	31%			ja	31%		
	1,6	1,0-	2,0		1,5	1,0-	3,0
	2,1	2,0-	3,0		2,3	1,0-	3,0
	0,3	0,0-	1,0		0,0	0,0-	1,0
	1,9	0,0-	3,0		2,2	1,0-	4,0
	2525	2091-	2980		2873	2649-	3133
	834	551-	972		1517	1301-	2001
	175	147-	224		158	111-	196
	318	176-	626		309	193-	416
	12	0-	167		0	0-	0
	12	0-	161		8	0-	115
	297	0-	430		152	0-	409
	0	0-	0		0	0-	0
	122	60-	274		101	64-	146
	244	158-	325		199	124-	315
	7	0-	72		1	0-	25
	7	0-	14		11	2-	44
	79	36-	109		60	35-	90
	74	51-	118		67	49-	91
	220	220-	220		220	220-	220
	74	0-	216		16	0-	213
	42	33-	67		48	42-	75
	1690	1162-	2289		1356	996-	1693

methode anbietet, lassen sich mit Schlagdaten wie mit Versuchsergebnissen Wirkungszusammenhänge in der Produktionstechnik klären und quantifizieren. Dennoch stellt die Schlagkarteierhebung keine Konkurrenz, sondern eine wertvolle und nötige Ergänzung zum Feldversuchswesen dar. Denn in derartigen Untersuchungen können, im Gegensatz zum gezielten Versuch, stets nur Fragestellungen aufgegriffen werden, deren Inhalte in der Praxis bereits ausreichend verbreitet sind. Andererseits lassen sich sehr komplexe Probleme wie Vorfrucht- und Fruchtfolgewirkungen oder die Folgen unterschiedlicher Bodenbearbeitungssysteme und Gerätekombinationen auch aus Kostengründen kaum in Versuchen, sondern leichter oder nur anhand von Schlagdaten klären.

Der besondere Wert der Erhebungsuntersuchungen mit Schlagdaten ist darin zu sehen, daß Versuchsergebnisse mit gleichen Fragestellungen, insbesondere zur optimalen speziellen Intensität, mit Befunden unter Praxisverhältnissen verglichen werden können. Dabei sind wegen des in Versuchen vielfach höheren Ertragsniveaus als in Praxisanbauten, trotz gleichgerichteter naturaler Ergebnisse, sogar konträre Aussagen hinsichtlich der Wirtschaftlichkeit von Maßnahmen nicht auszuschließen.

Neben gleichlautenden Ergebnissen und Schlußfolgerungen ist schließlich auch zu erwarten, daß auf Grund von Versuchserfahrungen fachlich für richtig gehaltene Beratungsempfehlungen vom Erfolg in der Praxis nicht gestützt, bisweilen sogar widerlegt werden. Beispiele hierfür sind von den Versuchsergebnissen abweichende Sortenleistungen oder Unkrautspritztermine. Für ersteres dürfte die Erklärung in der Möglichkeit einer nicht ganz gezielten Behandlung einer Sorte im feldmäßigen Anbau zu suchen sein. Im zweiten Falle, der sich auf die Unkrautbekämpfung in der Wintergerste bezieht, kann bei Berücksichtigung von Schadensschwellen der richtige Spritztermin im Frühjahr offensichtlich von der Mehrzahl der Landwirte nicht termingerecht wahrgenommen werden. Der Ertragsabfall der Frühjahrsspritzungen im Vergleich zu den Herbstbehandlungen läßt deren erhöhte Mittelaufwendungen mehr als gerechtfertigt erscheinen. Zur weiteren Abklärung des Befundes müßte noch dessen genauere Analyse einsetzen, die z. B. über eine Schichtung der Daten nach Aussaattermin der Wintergerste, Art und Umfang der Verunkrautung, Wirkstoff des angewandten Herbizids zu erfolgen hätte.

Um aus massenstatistischen Auswertungen wie auch aus dem horizontalen Schlagvergleich zutreffende und verwertbare Schlüsse für künftige Anbauten ableiten zu können, ist neben der bereits erwähnten ausreichenden Frequenz von Datensätzen eine möglichst große Varianz in den Einzeldaten eine notwendige Voraussetzung. Andererseits ist es aber gerade ein wichtiges Ziel der Schlagkarteiführung, durch das Ausschalten von als negativ erkannten Produktionspraktiken die Varianz zu verkürzen. Doch bei der großen Zahl von ertragswirksamen Einzelfaktoren und der zu erwartenden Vielfalt von Konstellationen, sei es durch Zufall oder durch die Individualität der Landwirte, wird für die nötige Varianz der Schlagdaten sicher stets gesorgt sein.

Ein Problem für eine weiterhin ergiebige Nutzung von Schlagdaten ist vielmehr darin zu sehen, daß auch bei Befolgen und Durchführen wichtiger ertragsrelevanter Produktionsmaßnahmen, wie beispielsweise der Düngung und des Pflanzenschutzes oder des Einsatzes zertifizierten Saatgutes, große ungeklärte Leistungsunterschiede zwischen verschiedenen Anbauten bestehen. Es gilt deshalb, den Blick auf bislang weniger bedeutend erachtete oder sogar unbekannte und erst zu entdeckende Einflußgrößen der Produktion zu richten.

Der Vergleich bayerischer Winterweizenschläge gleicher Bodenbonität der Jahre 1985–1990, die sowohl im Jahr des Weizenanbaues als auch im Folgejahr bei der Nachfrucht hinsichtlich des erzielten Deckungsbeitrages jeweils in die End- bzw. Spitzengruppe fielen, macht die angesprochene Problematik recht gut deutlich (siehe Tabelle 58).

Im Naturalertrag besteht zwischen den beiden Gruppen mit 62,2 bzw. 81,1 dt/ha ein beachtlicher Unterschied. Dieser erklärt aber von dem großen, für die Wirtschaftlichkeit bedeutenden Vorsprung im Deckungsbeitrag der Spitzengruppe von 1094,– DM/ha nur einen Betrag von 751,– DM. Der Rest von 343,– DM kommt durch entsprechend niedrigere variable Kosten der Spitzengruppe zustande. Dies läuft der üblichen Erwartung zuwider, nach der höhere Naturalerträge eventuell sogar mit überproportional erhöhten Produktionskosten verbunden sind.

Der vermeintliche Widerspruch löst sich auf, wenn man die Input- und Outputwerte der Spitzengruppe betrachtet und dabei feststellt, daß diese schon weitgehend den Vorstellungen und Erwartungen einer optimalen Produktionstech-

Tabelle 58   Ausgewählte ökonomische und produktionstechnische Kennwerte von Winterweizen-schlägen, Ackerzahl 50–60, Mittel der Jahre 1985–1990

Kennwert		Deckungsbeitrag im Vergleich zum Durchschnitt	
		25% unter	25% über
Naturalertrag	dt/ha	62,2	81,1
Marktleistung	DM/ha	2.444,–	3.195,–
variable Kosten	DM/ha	1.761,–	1.418,–
Deckungsbeitrag	DM/ha	683,–	1.777,–
Mineraldünger	DM/ha	410,–	330,–
Stickstoff gesamt (min. + org.)	kg/ha	291	218
Stickstoff mineralisch	kg/ha	171	164
Stickstoffentzug der Gesamternte	kg/ha	143	187
Stickstoff gesamt (min. + org.) rel. zu Stickstoffentzug der Gesamternte	%	203	117
Herbizide	DM/ha	109,–	89,–
ohne Herbizidanwendung	%	3	4
Fungizide	DM/ha	212,–	203,–
ohne Fungizidanwendung	%	5	1
Wachstumsregler	DM/ha	10,–	10,–
ohne Wachstumsregleranwendung	%	15	12

nik im Sinne des Integrierten Landbaues entsprechen. Hier stimmt beispielsweise auch die Höhe der Stickstoffdüngung in etwa mit den Entzügen überein. Herbizide, Fungizide, Insektizide und Wachstumsregulatoren werden keineswegs einfach obligatorisch, sondern offenbar gezielt ausgebracht. Dennoch sind die Aufwendungen der Spitzengruppe für eine nachhaltige Produktion keineswegs zu niedrig, sondern die der Endgruppe liegen für die Höhe des erzielten Naturalertrages entschieden zu hoch. So stellt sich die Frage, weswegen die Endgruppe nicht wenigstens die Leistungen der Spitzengruppe erzielt hat.

Eine sehr detaillierte Analyse der produktionstechnischen Maßnahmen anhand der naturalen Werte der beiden Gruppen sowie der Begleitumstände und der Bestandsbeobachtungen offenbart in fast allen Vergleichswerten Unterschiede. Doch keine der Differenzen liefert allein und auch nicht zusammen mit einigen anderen eine glaubwürdige Erklärung für die langjährige Ertragsdifferenz von 18,9 dt/ha.

Zwei Überlegungen schließen sich hier an. Entweder sind bei der Datenanalyse oder bereits bei der Erhebung entscheidende Produktionsparameter unbeachtet geblieben. Dies kann zwar nicht ausgeschlossen werden, ist aber nicht sehr wahrscheinlich. Oder es kommt für das Erzielen hoher Naturalerträge bei angemessenem Aufwand auf das optimale Zusammenspiel einer unerwartet großen Anzahl von Wirkungselementen im Sinne des Integrierten Landbaus an.

Für die zweite Überlegung spricht sicher sehr viel. Denn bei einer mittleren Bodenbonität der Vergleichsgruppen mit der Ackerzahl 56 sind für einen nachhaltigen Naturalertrag von 81,1 dt/ha sicher bereits weitgehend optimale Konstellationen vieler, isoliert betrachtet auch unbedeutender Produktionsfaktoren erforderlich.

Diese sind vor allem im Bereich des Bodenzustandes zu suchen und bei den Vergleichsgruppen auch zu finden. Der Bodenzustand kann zwar in einem Jahr durch entsprechende Eingriffe erheblich verschlechtert, jedoch nur durch gekonnte Pflege und Behandlung über viele Jahre zu hoher Leistungsbereitschaft entwickelt werden. Bei allen Maßnahmen des einzelnen Vegetationsjahres geht es nicht nur um die Frage, ob, sondern in der Regel noch mehr darum, wie und zu welchem Zeitpunkt diese oder jene Maßnahme im Sinne einer optimalen Bestandesführung vorgenommen wurde.

Die Endgruppe, die in diesen Bereichen vielfach abfallende Werte aufweist, ist somit ein gutes Beispiel dafür, daß unter diesen Verhältnissen, auch mit einem vergleichsweise hohen Aufwand, nur recht mäßige Leistungen erzielt werden können.

5.10.9 Schlußfolgerungen für die praktische Nutzanwendung im Integrierten Landbau

Bei jedem Anbau fällt automatisch und kostenlos eine große Zahl von Daten an, die bei konsequenter Dokumentation, Sammlung und inner- wie überbetrieblicher Auswertung die zunehmend schwieriger werdenden Entscheidungen in der pflanzlichen Erzeugung hervorragend unterstützen können.

Die intensive Auseinandersetzung mit den zahlreichen und verschiedenartigen Produktionsfaktoren sowie deren oft unerwarteten Interaktionen liefert Denkanstöße zum besseren Verständnis der dynamischen, vom Menschen beeinflußbaren Produktionsprozesse im Pflanzenbau. Wegen der besonderen Einflüsse des Bodenzustandes sind diese aber keineswegs nur auf ein Anbaujahr begrenzt.

Mit der betrieblichen Datenbasis für den einzelnen Schlag entsteht zwischen Landwirt und Berater eine qualifizierte echte Partnerschaft bei der Gestaltung der pflanzlichen Erzeugung, die gleichermaßen hohen ökologischen und ökonomischen Ansprüchen gerecht werden muß.

Ohne Zweifel werden mit der Führung von Schlagkarteien in erster Linie wirtschaftliche Ziele verfolgt. Die Aufzeichnung der genannten Daten und ihre konsequente Dokumentation und Sammlung, vor allem ihre inner- wie überbetriebliche Auswertung unter Einbeziehung auch des Deckungsbeitrags, führen dem Betriebsleiter vor Augen, wo noch »Gewinnreserven« in seiner Produktionstechnik liegen. Sie stellen damit wichtige Entscheidungshilfen dar, um das Ziel der optimalen speziellen Intensität für die einzelnen Betriebszweige zu erreichen. Das Versuchswesen und allgemeine Beratungsempfehlungen können dazu in der Regel nur Orientierungshilfen liefern.

Da die ökonomische Zielsetzung die Kostenminimierung einschließt, ergeben sich auch in ökologischer Hinsicht positive Auswirkungen. Sie erstrecken sich vorwiegend auf den Bereich der Agrarchemie, wo häufig in Unkenntnis des tatsächlichen Bedarfs, wenn z. B. schlag- und befallsspezifische Kenndaten fehlen, eine »überintensive« Anwendung in der Praxis anzutreffen ist. Wahrscheinlich gäbe es bedeutend weniger »Nitratprobleme« (Grund- und Trinkwasser!), würde jeder Betrieb seine Stickstoffdüngung am speziellen Bodenvorrat und an dem kulturarten- und sortentypischen Nährstoffentzug an Stickstoff ausrichten. Aber auch in anderen Bereichen der Produktionstechnik, z. B. bei der Bodenbearbeitung, werden oft Fehler gemacht, weil ausreichende Informationen für standortspezifische Planungs- und Entscheidungshilfen, wie sie Schlagkarteiaufzeichnungen liefern, fehlen. Die Nachteile sind fast immer zugleich ökonomischer wie ökologischer Art.

Zwar gibt es kaum eine unter den zahlreichen produktionstechnischen Entscheidungen des Betriebsleiters, die aus der Sicht des Integrierten Landbaues bedeutungslos wäre. Fragt man aber, was beim jetzigen Stand der Erkenntnisse für die Nutzanwendung von Schlagkarteiaufzeichnungen im Vordergrund zu stehen hätte, so schälen sich folgende Schwerpunkte heraus:

1. Für die optimale, umweltverträgliche Düngung sind permanente schlagbezogene *Nährstoffbilanzen* wichtigste Voraussetzung für den alljährlich zu erstellenden Düngervoranschlag. Ähnliches gilt unter Einbeziehung von Fruchtfolge, Zwischenfrüchten und organischer Düngung für eine ausgeglichene *Humusbilanz* im Boden (= innerbetrieblicher, vertikaler Schlagvergleich).

2. Um Bodenstruktur und Bodenleben zu schonen, hat die *reduzierte Bodenbearbeitung* bis hin zur völlig pfluglosen *Direktsaat* an Interesse gewonnen (siehe Abschnitt 7.2.3). Maßgebend für die Wahl des jeweils günstigsten Verfahrens sind vorwiegend die speziellen Standortbedingungen und die Fruchtart. Planungs- und Entscheidungshilfen sind sowohl durch überbetriebliche Auswertungen zahlreicher Schlagdaten unter vergleichbaren Bedingungen zu erzielen als auch durch langjährige Beobachtungen und Aufzeichnungen über die Konsequenzen einer Umstellung in der Bodenbearbeitung auf dem jeweiligen Betrieb (= horizontale und vertikale Schlagvergleiche).

3. Eine zentrale Stellung im Integrierten Landbau nimmt die *Sortenwahl* ein. Zwar gibt die alljährlich neu aufgelegte »Beschreibende Sortenliste« des Bundessortenamtes nähere Auskünfte über Leistung, Ansprüche, Qualität und Resistenz jeder zugelassenen Sorte; überdies gibt es z. T. spezielle »Sortenratgeber« und »Sortenpässe« in den einzelnen Ländern (siehe Abschnitt 5.6). Alle diese Informationen bedürfen aber der Überprüfung unter den Standortbedingungen des einzelnen Betriebes (= vertikaler Vergleich). Überbetriebliche Auswertungen können dabei den Entscheidungsprozeß erheblich verkürzen (= horizontale Schlagvergleiche).

4. Wichtigste Elemente der *Bestandesführung,* die mit der optimalen Ausschöpfung des Leistungspotentials einer Kultur gleichermaßen die vorbeugende Gesunderhaltung der Pflanzenbestände im Auge hat, sind eine den Sortenansprüchen und dem Bodenzustand angepaßte Saattechnik (Zeitpunkt, Stärke und Tiefe der Saat) und die bedarfsgerechte, sortenspezifische N-Düngung im Verlauf der Wachstumsperiode. Neben Auswertungen nur der alljährlichen betriebseigenen Aufzeichnungen (= vertikaler Vergleich) empfiehlt sich auch hier die Datensammlung und ihre kritische Analyse auf breiterer Basis (= horizontaler Vergleich).

5. Beim *Pflanzenschutz* werden, trotz Nutzung aller realisierbaren Möglichkeiten zur Herabsetzung der Schadenswahrscheinlichkeit (Pflanzenhygiene!), in vielen Fällen chemische Abwehrmaßnahmen erforderlich sein. Hier gilt es, den Einsatz von Pflanzenschutzmitteln mit Hilfe schon vorhandener Prognosemodelle und Schadensschwellenwerte auf ein unverzichtbares Mindestmaß zu beschränken und darüber hinaus in Form ökologisch-selektiver Mittelwahl und Anwendungstechnik in das Produktionssystem optimal einzupassen (siehe Abschnitt 5.7). Prognosedaten und Schadensschwellen haben aber keine generelle Gültigkeit, sondern sind letztlich nur »Richtwerte« und variieren je nach Standort, Witterung und anbautechnischen Faktoren. Will man daher »Schwachstellen« bisheriger Entscheidungen zum gezielten chemischen Pflanzenschutz auf die Spur kommen, so sind sowohl einzelbetriebliche als auch überbetriebliche, mehrjährige Auswertungen innerhalb eines vor allem meteorologisch homogenen Areals erfahrungsgemäß der beste Weg (= vertikaler und horizontaler Vergleich).

Diese wenigen, nur kurz skizzierten Bereiche innerhalb der Produktionstechnik sind gleichsam Grundpfeiler für das Anwenden schon erprobter Teilsysteme des Integrierten Landbaues. Ihre getrennte Aufzählung beinhaltet die Gefahr einer nur eindimensionalen Betrachtung, wie sie früher im Landbau vorherrschte. Das Problem integrierter Systeme besteht aber in der Bewertung der zahlreichen Wechselbeziehungen zwischen den einzelnen Bereichen (siehe Beispiele im Kapitel 7). Es gibt im größeren Rahmen kaum eine geeignetere Methode als die sinnvolle Nutzung von Schlagkarteien, um solche »Vernetzungen« innerhalb der Produktions-

technik wie auch zwischen dieser und ihrem ökologischen Umfeld zu analysieren und dann zielgerecht zu quantifizieren. Voraussetzung für die überbetriebliche Auswertung sind eine möglichst große Zahl von Schlägen, präzise Aufzeichnungen bis ins kleinste Detail und eine sachgerechte, differenzierende Schichtung und Gruppierung der Daten je nach spezieller Fragestellung. Das wiederum läßt sich kaum verwirklichen ohne Hilfestellung eines effizienten Beratungsmanagements und ohne ein hohes Maß an Aufgeschlossenheit, Lern- und Kooperationsbereitschaft seitens der Praxis, wenn sie ökonomischen und ökologischen Ansprüchen zugleich gerecht werden will (siehe Kapitel 6).

5.11 Beispiele für computergestützte Entscheidungshilfen

B. Gerowitt, Göttingen, und
A. Adner, Berlin

Anhand der vorangegangenen Beiträge ist deutlich geworden, daß der Integrierte Landbau komplexe Systeme umfaßt. Aufgrund des dargestellten Kenntnisstandes ist die Integration verschiedener Maßnahmen zur Zeit erst in einigen Teilbereichen möglich. Doch selbst bei Entscheidungen in diesen Bereichen muß schon eine Vielzahl von Zusammenhängen berücksichtigt werden. Hier bietet sich der Einsatz von Computern an, um erarbeitetes Wissen zu speichern, zur Verfügung zu stellen und damit Entscheidungen in der Praxis zu unterstützen. Vorliegende Kenntnisse werden dazu in Modellen zusammengefaßt.

Modelle sind gedankliche Hilfsmittel. Sie sind Abbilder der Wirklichkeit, die sich aber – ähnlich wie Karikaturen – auf die wesentlichen Züge beschränken. Der Computer selbst ist dabei ein technisches Hilfsmittel, wie es z. B. auch Traktor und Drillmaschine sind. Selbstverständlich ist es möglich, mit der Hand auszusäen; Generationen von Landwirten haben das getan. Dennoch geht es mit Traktor und Drillmaschine wesentlich schneller und einfacher; niemand wird heutzutage auf diese Technik verzichten wollen.

Im folgenden Abschnitt wird dargestellt, welchen Nutzen der Computer im Rahmen des Integrierten Landbaus bieten kann und welche Voraussetzungen für den erfolgreichen Einsatz gegeben sein müssen.

5.11.1 Welchen Nutzen kann der Computer bieten?

Mit Hilfe von Computerprogrammen können **externe Daten** so **gesammelt** werden, daß sie bei anstehenden Entscheidungen direkt weiter benutzt werden können (z. B. Pflanzenschutzmittelpreise, Liste der Krankheitsanfälligkeit von Getreidesorten). Witterungsdaten, die im Zusammenhang mit Pflanzenkrankheiten wichtig sind, können mit Hilfe entsprechender Geräte direkt von einem Computer gespeichert werden.

Durch die **Abfrage von Daten** fungieren Entscheidungsprogramme gewissermaßen als »Checkliste« dafür, welche Aspekte für eine Entscheidung zu berücksichtigen sind, und haben damit Erinnerungsfunktion. Sie unterstützen dabei, zielgerecht eigene Daten zu erheben. So gibt z. B. das niederländische Beratungsmodell EPIPRE Informationen über den optimalen Termin der Erhebung, über die zu berücksichtigenden Schadorganismen und darüber, wie bei der Erhebung vorgegangen werden soll, um geeignete Informationen über die Befallssituation zu erhalten.

Durch das entscheidungsgerechte Aufbereiten der Daten und durch das sachgerechte Verknüpfen der Einzelinformationen wird **Expertenwissen** in Computermodellen direkt verfügbar. »Expertenwissen« wird dabei in Form von mathematischen Rechnungen und logischen Verknüpfungen benutzt, es kann aus Daten abgeleitet worden sein oder auch auf plausiblen Annahmen aufbauen. Es ist für den Benutzer unsichtbar in den Programmschritten enthalten, es sollte aber immer in irgendeiner Form dokumentiert und somit für den Benutzer nachvollziehbar sein.

Ein wesentlicher Vorteil des Computers ist auch das schnelle, rein mechanische Erledigen von **Rechenarbeit.** Eine Prognose von Verlusten durch Schadorganismen kann prinzipiell – mit Hilfe der mathematischen Gleichung(en) – auch mit Papier und Bleistift durchgeführt werden, es ist nur recht mühsam. Mit einem Taschenrechner geht es schon schneller. Der Computer kann die für Entscheidungen notwendigen Berechnungen innerhalb von Zehntelsekunden durchführen.

Auch für unangenehme **Sortierarbeiten** ist der Computer geeignet, z. B. für das Aussortieren von Herbiziden, die unter den Standortbedingungen nicht eingesetzt werden sollten oder die gegenüber den festgestellten Unkrautarten nicht oder nur unzureichend wirken.

Nützlich ist auch die Möglichkeit, **Informationen automatisch abzuspeichern,** um sie für Entscheidungen in Folgejahren zur Verfügung zu haben und langfristige Entwicklungen beobachten zu können (s. auch Abschnitt 5.10). Darüberhinaus besteht die Möglichkeit, später (z. B. im Winter oder Jahre danach) noch einmal zu überprüfen, unter welchen Voraussetzungen bestimmte Entscheidungen getroffen wurden, und festzustellen, ob sie richtig oder falsch waren. Ökonomen sprechen hier von der sog. Prämissenkontrolle.

Zusammenfassend läßt sich feststellen, daß mit Hilfe des Computers »Expertenwissen« für eigene Entscheidungen genutzt werden kann und der Computer nebenbei einige unangenehme, zeitraubende Arbeiten erledigt. Der Benutzer kann sich auf das gewissenhafte Erheben von Information konzentrieren.

Verwirrend für den interessierten Landwirt wird sicherlich die herrschende *Begriffsvielfalt* hinsichtlich unterstützender Programme sein: Entscheidungsmodell, Modell, Simulationsmodell, Expertenmodell, Expertensystem, um nur die häufigsten zu nennen. Hinter diesen Begriffen stehen Entwicklungen, die sich in ihrer Aufarbeitungslogik von Entscheidungsproblemen unterscheiden. Die Übergänge sind aber fließend von der reinen Nutzung statistischer Zusammenhänge bis zum möglichst weitreichenden Nachvollziehen der Entscheidungsregeln von Experten.

Auf eine begrifflich strenge Zuordnung wird im folgenden verzichtet, insbesondere auch, weil die meisten Entscheidungsprogramme (als Sammelbegriff) verschiedene Komponenten der Wissensnutzung enthalten.

Entscheidungsprogramme können aber dem Benutzer keineswegs das »Denken« abnehmen, sondern sie sollen angemessene Entscheidungen *erleichtern.* Dafür ist es allerdings unabdingbar, daß der Benutzer weiß, was hinter den Kulissen geschieht, wie ein Programm abläuft. Zur Unterstützung eines Integrierten Landbaues muß außerdem kritisch geprüft werden, ob in den Entscheidungsstrukturen bekannte, wichtige Gesichtspunkte integrierter Verfahren berücksichtigt werden. Eine Entscheidung wird nicht allein schon dadurch besser, daß sie mit Hilfe eines Computerprogramms getroffen wird.

Welche computergestützten Entscheidungsprogramme können dem am Integrierten Landbau interessierten Praktiker weiterhelfen? Unerläßlich wird sein, daß ihm dabei eine auf diesem Sektor hochqualifizierte Beratung zur Seite steht.

5.11.2 Beispiele für Entscheidungsmodelle

Anwendungsorientierte, auf den Einzelschlag ausgerichtete Modelle sind bisher vor allem für die Stickstoffdüngung und den Pflanzenschutz im Getreidebau entwickelt worden.

Inzwischen liegen Programme für die Beurteilung verschiedener Schaden verursachender Organismen vor: Unkräuter, pilzliche Schaderreger und Blattläuse. Außerdem kann die Sortenwahl und die Bestandesführung beim Weizen computergestützt vorgenommen werden. Neuere Entwicklungen beschäftigen sich damit, Auswaschungs- und Rückstandsprobleme bei Herbizideinsätzen vorausblickend zu beschreiben.

Grundsätzlich sind alle Modelle dafür gedacht, auf dem landwirtschaftlichen Betrieb eingesetzt zu werden. Unterschiede bestehen allerdings in der Art und Weise wie dieser **Einsatz** erfolgt:

- Entweder als Programm auf einem *zentralen Rechner,* zu dem die Daten übersandt werden müssen. In diesem Fall wird die Programmpflege problemlos zentral vorgenommen. Eine Möglichkeit, Programme auf Großrechnern zu nutzen und Daten zu übertragen, bietet das Bildschirmtext-System (Btx).
- Oder als Programme für *Kleincomputer,* wobei die gesamten Programme dem Anwender auf Disketten zur Verfügung stehen. Hierbei ist auf die Kompatibilität zwischen verschiedenen Rechnern zu achten. Die Programmpflege kann nur mit Hilfe einer Kundenkartei und Versendung überarbeiteter Programmversionen erfolgen.

Der eigentliche Einsatz der Modelle kann auch außerhalb des Betriebes bei Pflanzenschutzämtern oder Genossenschaften erfolgen. Ferner sind andere Beratungseinrichtungen und überbetriebliche Selbsthilfegruppen geeignet, auf diesem für die Praxis noch neuem Gebiet nutzbringend tätig zu sein (siehe auch Kapitel 6). Die notwendigen Eingabedaten müssen aber immer für den jeweiligen Schlag erhoben werden, um den verschiedenen Verunkrautungs- oder Befallssituationen gerecht zu werden.

Im folgenden werden einige **Beispiele** gegeben, wozu im Laufe eines Getreideanbaujahres Entscheidungsprogramme genutzt werden können.

Es kann nur eine Auswahl vorgestellt werden, die keinen Anspruch auf Vollständigkeit erhebt. Zum einen sind wahrscheinlich nicht alle Entwicklungen auf diesem Gebiet öffentlich dokumentiert, zum anderen sind die Veränderungen auf dem Gebiet immer noch sehr schnell.

5.11.2.1 Sortenwahl im Winterweizen mit dem Modell GENIS

Das Modell steht als Programm für PC auf Diskette zur Verfügung.[1]) Es soll helfen, die anzubauende Weizensorte unter Berücksichtigung von Sorteneigenschaften, Befallsdruck am Standort und ökonomischen Bedingungen auszuwählen [13].

Der Benutzer muß im Programmlauf seinen Standort näher beschreiben und die Gefährdung durch verschiedene Pilzkrankheiten einschätzen. Darüberhinaus werden noch verschiedene ökonomische Angaben zur Berechnung von Bekämpfungskosten verlangt.

Kriterium bei der Bewertung der Sorten für den betrachteten Schlag ist die sog. pflanzenschutz- und düngungskostenfreie Leistung. Ausgangspunkt für die Berechnungen ist der bisher erzielte maximale Ertrag auf dem Schlag. Diese Angabe dient zur Abschätzung des Ertragspotentiales bezogen auf den Standort. Die geschätzte maximale Ertragserwartung wird um die Verluste, die während der Vegetationsperiode durch Auswinterung, Krankheitsbefall oder Lager auftreten können, reduziert. Die Bekämpfungskosten ergeben sich aus den eingegebenen Mittelkosten und den berechneten Ausbringungskosten. Die monetäre Bewertung des Ertrages wird mit dem angegebenen Weizenpreis vorgenommen, sortenspezifische Qualitätszuschäge werden modellintern berechnet. Falls bei bekämpfbaren Krankheiten geschätzt wird, daß die Bekämpfungsleistung die Bekämpfungskosten übersteigt, wird der durch die Bekämpfung erwartete Mehrertrag bei der Ertragsprognose berücksichtigt, und die Bekämpfungskosten werden in die Berechnung der pflanzenschutz- und düngungskostenfreien Leistung einbezogen.

Die Basisinformationen für diese Berechnungen entstammen weitgehend der Bundessortenliste. Darüberhinaus wurden Auswertungen aus langjährigen, bundesweiten Sortenversuchen berücksichtigt.

Als Ausgabe liefert das Programm eine Auflistung der Sorten geordnet nach ihrem geschätzten Deckungsbeitrag. Darüberhinaus ist angegeben, welche Pflanzenschutzmaßnahme das Modell für die betreffende Sorte für sinnvoll

---

[1]) Information und Bezug: Inst. f. landw. Betriebslehre der Justus-Liebig-Universität Gießen, Senckenbergstr. 3, D-35390 Gießen.

hält, und welche Bekämpfungskosten dadurch entstehen. Zusammen mit dem geschätzten Ertrag wird die pflanzenschutz- und düngungskostenfreie Leistung ermittelt.

Bisher liegen weder veröffentlichte Ergebnisse darüber vor, welche einzelbetrieblichen Vorteile der Einsatz des Programms bringen kann, noch ob es zu einer konkreten Reduktion von chemischen Bekämpfungsmaßnahmen im Sinne eines Integrierten Landbaus führt.

5.11.2.2 Bestandesführung im Winterweizen

Das Modell wird zentral auf einem Computer betrieben, die Datenübermittlung erfolgt telefonisch oder schriftlich.[1] Es werden Entscheidungen zur Saatstärke, zur Stickstoffdüngung und zur Halmstabilisierung unterstützt [11]. Dem Landwirt wird kurz vor der Saat bzw. den einzelnen Düngungsterminen ein Fragebogen zugeschickt, in dem die notwendigen Informationen eingetragen werden. Die Übermittlung der Angaben kann auch telefonisch erfolgen, die Antwort des Computers kann dann gleich abgewartet werden.

Der Benutzer erhält in jedem Fall eine schriftliche Bestätigung seiner Angaben (siehe Abb. 72). In dem Antwortschreiben werden darüberhinaus grundlegende Werte für die Berechnungen und die vom Modell erarbeitete Empfehlung mitgeteilt. Diese Empfehlung kann auch zusätzliche Toleranzwerte enthalten. Innerhalb dieser Toleranzgrenzen kann sich die endgültig durchgeführte Maßnahme des Landwirtes bewegen; verläßt er in seiner konkreten Entscheidung diesen Bereich, wird er allerdings von der weiteren Nutzung ausgeschlossen, da modellintern die weitere Bestandesentwicklung anders eingeschätzt wird und aufbauende weitere Empfehlungen falsch werden können.

Die Grundlagen des Modells werden in Abschnitt 7.2.1 eingehender behandelt. Abb. 73 zeigt übersichtsweise die in der Bestandesführung im Winterweizen benutzen Einflußvariablen. Zur Zeit werden außerdem für Wintergerste und Zuckerrüben entsprechende Beratungen angeboten.

Der Erfolg eines praxisorientierten Beratungssystems kann u. a. auch daran gemessen werden, wie viele teilnehmende Betriebe das System konsequent durchführen. Beim Winterweizen 1983 wurden auf 66 von 99 Betrieben in der ganzen Bundesrepublik Deutschland auf einem Schlag die empfohlenen Maßnahmen mit Konsequenz durchgeführt [11]. Jeder der teilnehmenden Betriebe hat zur Auflage, auf derselben Parzelle eine alternative Variante zum Vergleich durchzuführen und getrennt zu beernten.

In Winterweizen und Wintergerste war das Anbauverfahren nach Computerempfehlung gemessen an dem Erfolg der jeweils besten Alternative in zwei Jahren in ca. 15% der Fälle schlechter, in 75% der Fälle gleich gut und in 10% besser als die jeweilige Alternative [12]. Dieses Ergebnis zeigt, daß es möglich ist, eine gezielte computergestützte Beratung durchzuführen, die zumindest so gut ist wie die Betriebserfahrung überdurchschnittlich guter Landwirte.

Inwieweit der Einsatz des Beratungsmodells zu einer Reduzierung des Stickstoff-Einsatzes, bei Wahrung der einzelbetrieblichen Rentabilität, führt und dadurch zur Verringerung der Umweltbelastungen durch Auswaschung oder gasförmige Entbindung verschiedener Stickstoffformen beiträgt, ist bisher nicht dokumentiert.

5.11.2.3 Unkrautbekämpfung nach Schadensschwellen

Für die Unkrautbekämpfung im Wintergetreide liegt ein PC-Programm vor[2]. Ein hinsichtlich Konzeption und Methodik ähnlich gestaltetes Programm für Winterraps ist in der Entwicklung. Die Programme sind oder werden als PC-Versionen konzipiert, die mit 640 KB Hauptspeicher genutzt werden können.

Sowohl für die Unkrautbekämpfung im Getreide als auch im Raps muß zunächst ein Bekämpfungstermin im Programm ausgewählt werden. Für jeden Bekämpfungszeitraum werden dann im Dialog schlag- und kulturspezifische Daten erfragt. Im weiteren werden Angaben zur Verunkrautungssituation erwartet, die nur bei der Vorauflauf-Entscheidung Erfahrungswerte sein dürfen, ansonsten aber aus einer Felderhebung stammen müssen.

Entsprechend der Bedeutung für eine gezielte

---

[1] Information: BONAGRAR, Dr. H. J. KOCHS, Waidmühlenstr. 18, D-52499 Baesweiler.

[2] Information: Inst. f. Pflanzenpathologie und Pflanzenschutz der Georg-August-Universität Göttingen, Grisebachstr. 6, D-37077 Göttingen.

```
An
Kochs J.
Waidmuehlenhof
5112 Baesweiler 3


Betr.: Anbauverfahren Bonn   : Winterweizen
Berechnung der [N2-Duengung] fuer Parzelle  : Oberer Sund      Nr.

Eingabedaten :
==============
Tatsaechlicher Vegetationsbeginn       : normal
Entw. Weizenbestand (Mitte Bestockung) : schwach bis normal
Trockenheit / Hitze im Apri/Mai        : gelegentlich
Max. Ertragserwartung                  : 85 - 89 dt/ha
Bisher. Mineral. N-Dueng. im Fruehj.   : 60

Zugrundegelegte Werte fuer Ihre Parzelle
========================================

            Gesamtstickstoffbedarf           : hoch
            Bisherige Mineral. N-Duengung    : normal
            Erwartete N-Nachlieferung        : sehr hoch

Stickstoff-Empfehlung
=====================

            87 kg N/ha Gesamtmenge waehrend Schossen moeglichst fluessig
            ──────────

                52 kg N/ha bei EC 27 (vor Bestockungsende)
                17 kg N/ha bei EC 33 (3. Knoten)
                17 kg N/ha bei EC 35 (Mitte Schossen)


            - Bei unerwartet wuechsigem Wetter im April-Mai
              bis zu 28 kg N/ha Abschlag
            - Bei unerwartet schwach-wuechsigem Wetter im April-Mai
              bis zu 28 kg N/ha Zuschlag


CCC-Empfehlung
==============
            1,8 l/ha Gesamtmenge
            ───
                1,3 l/ha in EC 27
                0,5 l/ha in EC 31
                  0 l/ha in EC 32
```

Abb. 72   Beispiel für eine schriftliche Empfehlung zur Stickstoffdüngung vom Bestandesführungssystem.

Unkrautbekämpfung in Getreide unter Berücksichtigung von Schadensschwellen ist die Entscheidung zum Nachauflauf Winter/Frühjahr-Termin am weitesten entwickelt. Die Entscheidungsstrukturen für andere Termine basieren auf Entscheidungsregeln. Sie dienen dazu, Fälle herauszufiltern, in denen mit einer Unkrautbekämpfung nicht bis gegen Ende der Vegetationsruhe gewartet werden kann.
In Abb. 74 ist der Entscheidungsablauf für eine Bekämpfung im ›Nachauflauf Winter/Frühjahr‹ dargestellt. Das Modell prüft die Bekämpfungswürdigkeit erhobener Verunkrautungen. Es ist nicht als Herbizidauswahlprogramm konzipiert. Das verwirklichte System ermöglicht dem Benutzer, eine erfahrungsgemäß mögliche Reduzierung der Aufwandmengen in die Rechnung mit einfließen zu lassen, außerdem kann er seine individuellen Preise und kalkulierten Ausbringungskosten einbringen.

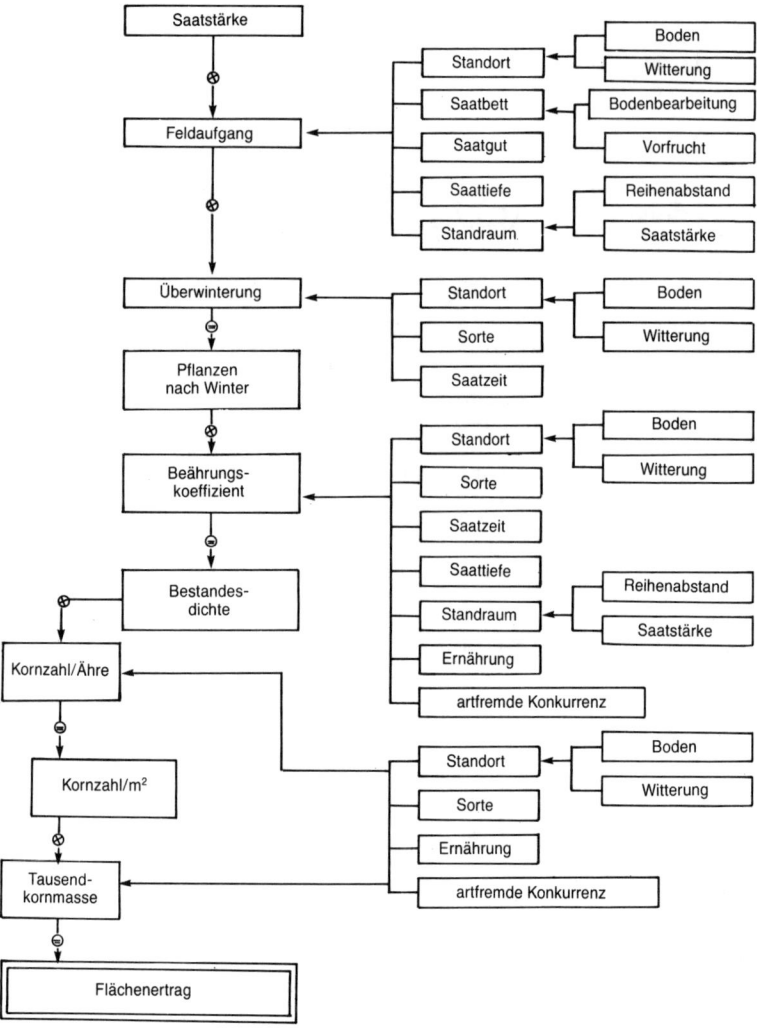

Abb. 73
Einflußfaktoren und deren
Verknüpfungen im Bestandesführungsmodell (Winterweizen).

Im weiteren Programmablauf wird zunächst der erwartete Ertragsverlust mit Hilfe der Felderhebungsdaten geschätzt. In mehreren Schätzgleichungen werden Ungräser, Dichte der verschiedenen zweikeimblättrigen Unkrautarten und der Unkrautdeckungsgrad berücksichtigt; außerdem geht auch die Konkurrenzkraft des Kulturbestandes mit ein.

Zwei *Bekämpfungsempfehlungen* werden ausgegeben: Die erste basiert auf dem geschätzten Ertragsverlust und der Wirtschaftlichkeit des Einsatzes der verschiedenen Herbizidgruppen. Zusätzlich werden in einer zweiten Empfehlung feste Schwellenwerte für Klettenlabkraut und Windenknöterich (siehe Abschnitt 5.7) berücksichtigt, da durch sie Ernteerschwernisse auftreten und Kornfeuchte und Schwarzbesatz erhöht sein können. Die Empfehlungen sind unabhängig voneinander und müssen vom Benutzer sinnvoll zu einer endgültigen Entscheidung kombiniert werden.

Das vorliegende Programm nutzt also weitestgehend quantitative Zusammenhänge.

Die vorgestellten Strukturen wurden anhand von Ergebnissen und Erfahrungen einer nahezu bundesweiten Serie von 148 Versuchen erarbeitet. Eine erste anwendungsbezogene Beurteilung der Bekämpfungsempfehlungen des Programms anhand der Versuchsserie ist in Tabelle 59 zu finden. Die Modellentscheidung ›Nicht-Bekämpfen‹ war nur in ca. 5% der Fälle (8 von 148) falsch. Demgegenüber waren unter den positiven Bekämpfungsentscheidungen ca. 28% (42 von 148) falsch, weil sie nicht wirtschaftlich waren. Bei Betrachtung der mittleren kostenfreien Erlösdifferenz zeigt sich außerdem, daß

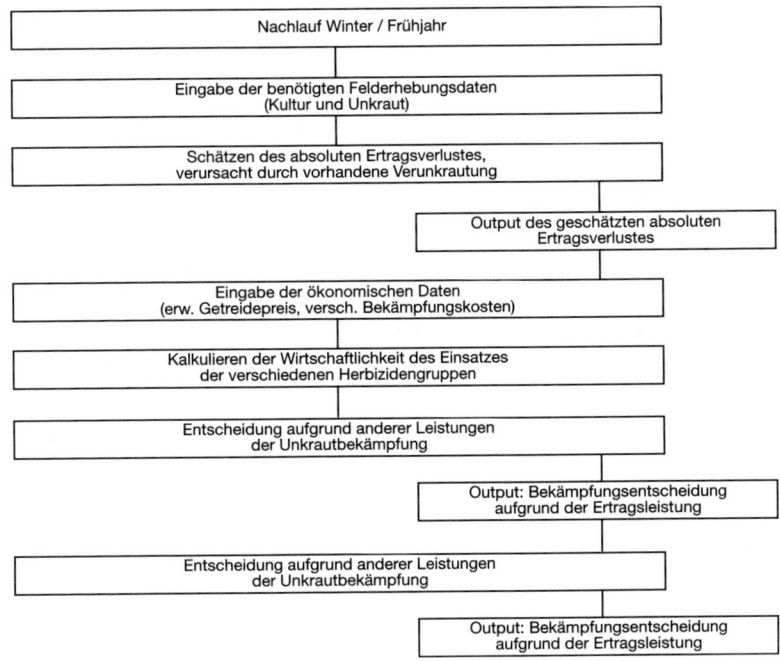

Abb. 74 Vereinfachtes Schema des Entscheidungsablaufs für die Unkrautbekämpfung in Wintergetreide im Programm [4].

bei falschen Bekämpfungsentscheidungen die Größenordnung der Verluste nach Bekämpfen deutlich höher ist als beim ›Nicht-Bekämpfen‹. Im Gegensatz zu einem routinemäßigen Herbizideinsatz, ist eine deutliche Steigerung der Effizienz der Unkrautbekämpfung eingetreten. Durch den Einsatz des Entscheidungsmodells wurde aufgrund der Ertragsverlustschätzung in 30% der Fälle kein Herbizideinsatz empfohlen. Weiterhin wurde das Modell in einer dreijährigen Versuchsserie im Winterweizen getestet [5].

Bei annähernd gleichen Ertragsleistungen waren die kostenfreien Erlöse der Modellentscheidungen besser, bei deutlich verringerten Herbizideinsätzen (Tabelle 60).

Ähnlich wie im Wintergetreide können Schadensschwellen im Winterraps schlagspezifisch angewendet werden. Grundlegend ist auch hier eine Vorausschätzung der zu erwartenden Ertragsverluste [14] – die Nutzung der Rechenkapazitäten von Computern für diese nummerischen Kalkulationen bietet sich an. An einer

Tabelle 59 Häufigkeiten richtiger und falscher Bekämpfungsempfehlungen des Modells »UNKRAUTBEKÄMPFUNG NACH SCHADENSSCHWELLEN IN WINTERGETREIDE« in drei Getreidearten – Überprüfung anhand der Erlösdifferenz zwischen bekämpft und unbekämpft

Empfehlung		Wintergerste	Winterweizen	Winterroggen	Summe
Bekämpfen	richtig	25	28	8	61
	falsch	20	11	11	42
Nicht-Bekämpfen	richtig	13	13	11	37
	falsch	5	3	–	8
					148

Tabelle 60 Vergleich zwischen Entscheidungen nach dem Schadensschwellen-Modell zur Unkrautbekämpfung gegenüber den jeweils nächstbesten Bekämpfungsalternativen bei 29 Versuchen im Winterweizen 1988–1990 [5]

		Modell	Bekämpfungsalternative
mittlere Ertragsdifferenz	dt/ha	2,14	2,34
mittlere kostenfreie Leistung	DM/ha	+39	−5
Anzahl Fälle:			
keine Bekämpfung		12	–
nur Klettenlabkraut		9	8
nur Ungräser		4	3
Ungräser und Klettenlabkraut		3	15

entsprechenden Programmierung wird derzeit gearbeitet, gleichzeitig werden die Strukturen in bundesweiten Versuchen und Exaktversuchen weiterhin überprüft.

---

[1]) Information: Institut für Unkrautforschung der Biologischen Bundesanstalt für Land- und Forstwirtschaft, Messeweg 11–12, D-38104 Braunschweig.

5.11.2.4 Expertensystem zur Herbizidberatung (HERBASYS)

Das Programm ist als PC-Version erstellt, Voraussetzung für seine Nutzung ist ein Personalcomputer mit 640 KB Hauptspeicher und einer Festplatte[1]).

Das Modell beinhaltet drei Teilkomponenten:

■ Die Auswahl einer Unkrautbekämpfungsstrategie mit Herbiziden,

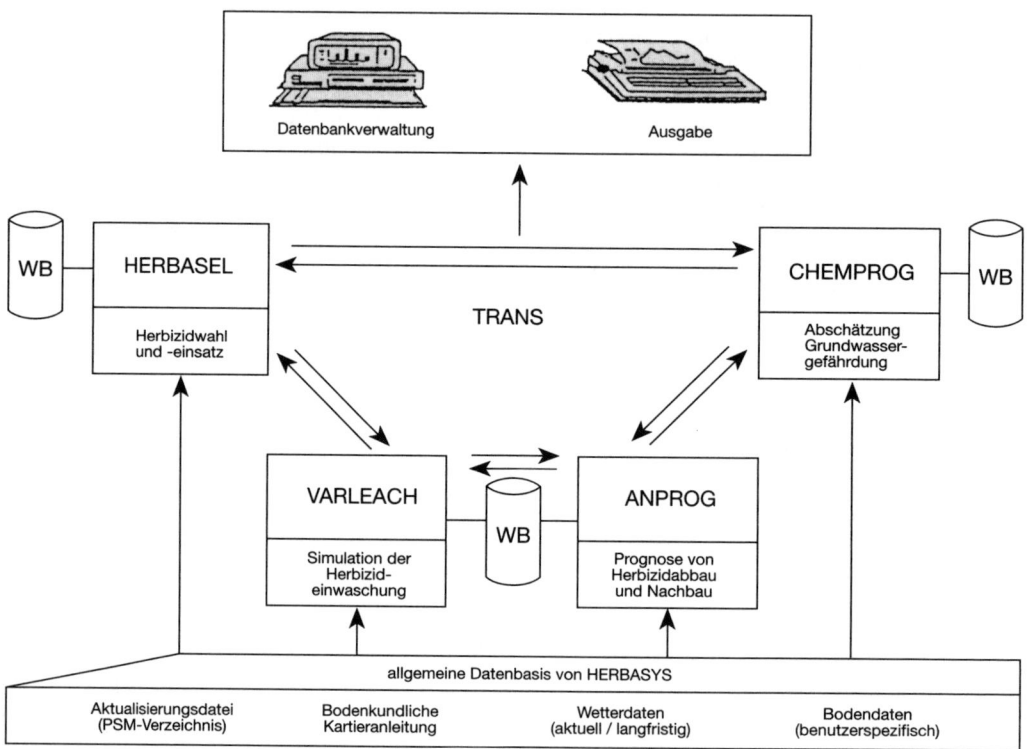

Abb. 75 Modularstruktur von HERBASYS (WB = Wissensbasen) [9].

- die standortspezifische Abschätzung der potentiellen Grundwassergefährdung durch Pflanzenschutzmittel,
- die Prognose des Abbaus von Herbiziden einschließlich einer möglichen Schädigung von Nachbaukulturen (Abb. 75) [9].

Das Beratungssystem kombiniert Datenbanken, Entscheidungsregeln in Wissensbanken und Simulationskomponenten, in denen numerische Zusammenhänge genutzt werden. Alle Teilkomponenten greifen auf Datenbanken zum Pflanzenschutzmittelverzeichnis und Wetterdaten zurück, Bodendaten müssen vom Benutzer eingegeben werden. Zusätzliche Funktionen er-

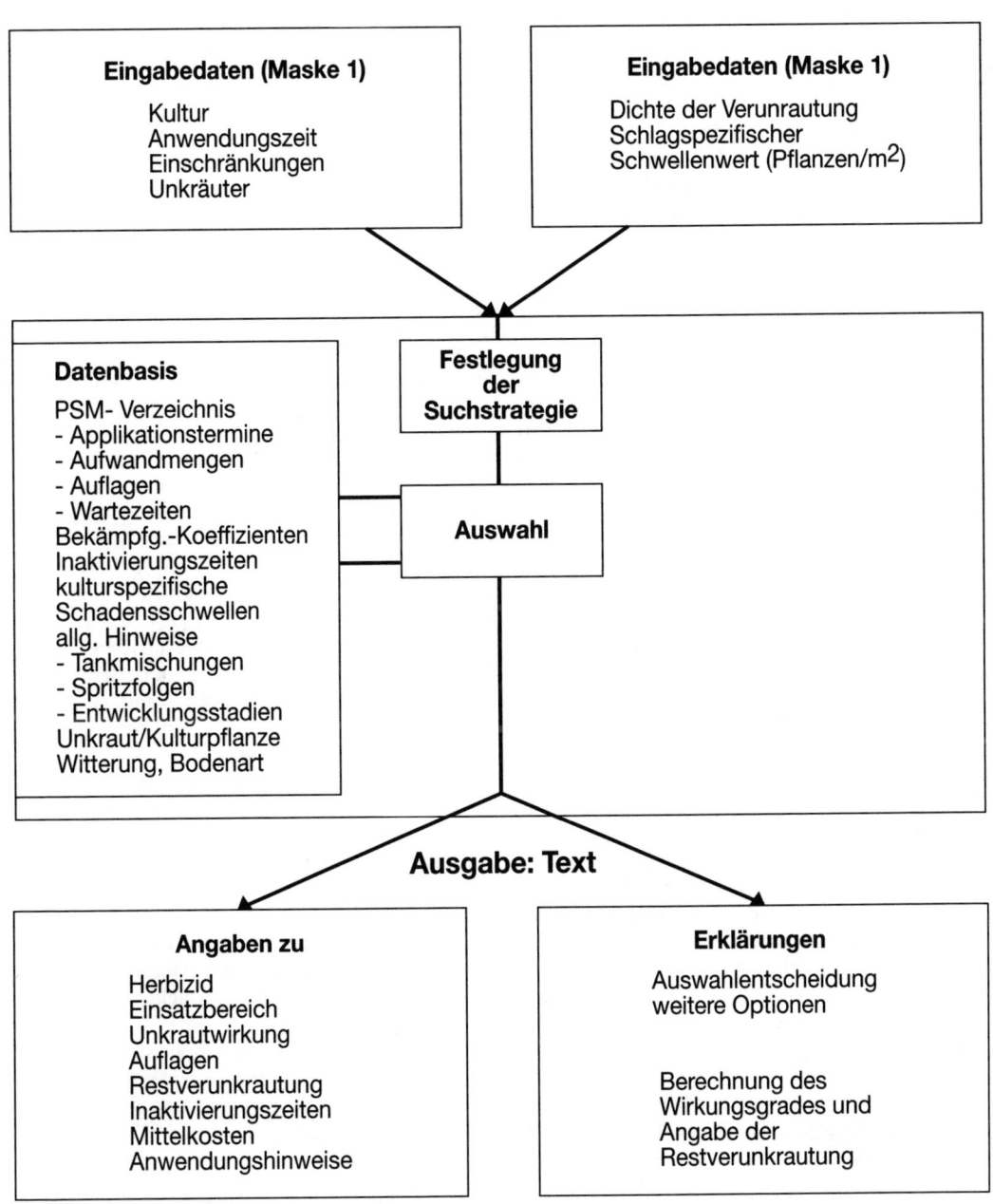

Abb. 76   Schematischer Aufbau der Teilkomponente HERBASEL zur Auswahl von Herbiziden und Unkrautbekämpfungsstrategien [8].

lauben dem Benutzer, die Datenbanken zu aktualisieren (z. B. Zulassungsstand bei Pflanzenschutzmitteln), vorhandene eigene Wetteraufzeichnungen zu integrieren und Veränderungen an den Bildschirmmasken vorzunehmen.

In der Abb. 76 ist der schematische Aufbau der Teilkomponente zur Auswahl eines Unkrautbekämpfungsverfahrens dargestellt. Der Anwender übermittelt in einer Maske zunächst kultur- und unkrautspezifische Angaben, die die Suchstrategie nach Herbiziden in der Datenbank festlegen. In der Datenbank sind Angaben aus dem Pflanzenschutzmittelverzeichnis der Biologischen Bundesanstalt archiviert – darüberhinaus aber auch Wissen aus der praktischen Beratungsarbeit [8]. Ausgewählt werden geeignete Herbizide mit Hilfe ihrer Bekämpfungskoeffizienten, das heißt ihrer Bekämpfungseffizienz gegenüber den angegebenen Unkrautarten. Zu jedem der ausgewählten Herbizide sind weitere Detailinformationen (Auflagen, Preis, Wirkungsgrad) abzurufen.

In einer erweiterten Eingabemaske (Abb. 76, rechter Teil) können Schadensschwellen in einfacher Form bei der Entscheidungsfindung zur Anwendung kommen. Zusätzlich werden nun Angaben zur Dichte der Verunkrautung verlangt. Gleichzeitig kann der Benutzer eine schlagspezifische Schadensschwelle eintragen oder vorgegebene Erfahrungswerte benutzen. Durch Vergleich dieser Daten wird über die Bekämpfungswürdigkeit entschieden. Für drei Herbizide aus der im ersten Schritt erstellten Auswahlliste kann außerdem ermittelt werden, ob sie die vorhandene, nun quantifizierte Verunkrautung unter den Schadensschwellenwert reduzieren.

Desweiteren sind in dieser Teilkomponente Informationen zu nichtchemischen Unkrautbekämpfungsverfahren anwählbar.

Mit den weiteren Teilkomponenten kann zum einen die schlagspezifische Abschätzung des Verhaltens von Herbiziden im Boden erfolgen. Die Eignung des Verfahrens wurde mit einigen Herbiziden im Bearbeitungshorizont überprüft – sie gestattet zumindest eine grobe standortspezifische Abschätzung des relativen Verlagerungsverhaltens [9].

Außerdem kann eine Prognose für mögliche Auswirkungen auf Nachbaukulturen anhand spezifischer Angaben zu Standort, Applikation und Nachbaukultur gegeben werden [9].

5.11.2.5 Expertensystem zur Krankheitsbekämpfung im »Weizenmodell BAYERN«

Das Programm ist auf dem BALIS-Großrechner im Bayerischen Landwirtschaftsministerium installiert und kann direkt über Standleitungen in den regionalen Landwirtschaftsämtern Bayerns oder über einen eigenen Btx-Anschluß auf dem landwirtschaftlichen Betrieb genutzt werden[1].

Der wesentliche Einsatzbereich ist zur Zeit die Bekämpfung pilzlicher Krankheiten des Winterweizens (Halmbruchkrankheit, Mehltau, *Septoria*-Blattflecken, *Septoria*-Spelzenbräune, Gelbrost, Braunrost und HTR-Blattdürre), es werden aber auch Aussagen zur Unkraut- und Blattlausbekämpfung angestrebt [18].

Zu dem System gehört eine Wissensbasis auf dem Großrechner, in der das derzeitige Wissen von Pflanzenschutzexperten hinsichtlich Pilzkrankheiten im Getreide erfaßt und in Entscheidungsregeln geordnet ist.

Mit dieser Wissensbasis muß der Benutzer im Dialog-Betrieb arbeiten. Für eine Computerberatung können weitere Datenbanken benötigt werden: Wetterdaten, regionale Befallssituation bei der Halmbruchkrankheit und Warndiensthinweise zu anderen Krankheiten, zugelassene Fungizid- und Sortenliste (Abb. 77).

In dem System werden epidemiologisch ausgerichtete Bekämpfungsschwellen für die wichtigsten Pilzkrankheiten benutzt [17]. Epidemiologische Schwellenwerte markieren den Beginn einer stärkeren Ausbreitung der Erreger im Weizenbestand – der Fungizideinsatz zu diesem Zeitpunkt soll eine wirksame Kontrolle gewährleisten.

Der Benutzer ist gehalten, standortspezifische Angaben zu Vorfrucht und Saattermin aufzuführen – für eine Empfehlung zur Bekämpfung der Halmbruchkrankheit werden diese zusammen mit den Ergebnissen der regionalen Überwachung benötigt.

Für alle anderen Krankheiten werden Befallsdaten im Feld verlangt, beim Mehltau muß der Benutzer außerdem den zurückliegenden Befallsanstieg einstufen.

Das Programm ermittelt die Notwendigkeit einer Bekämpfung anhand festgelegter Bekämpfungsschwellen, die nach den genannten Eingabebereichen modifiziert werden [17].

---

[1] Informationen: Bayerische Landesanstalt für Bodenkultur und Pflanzenbau, Menzinger Str. 54, D-80638 München.

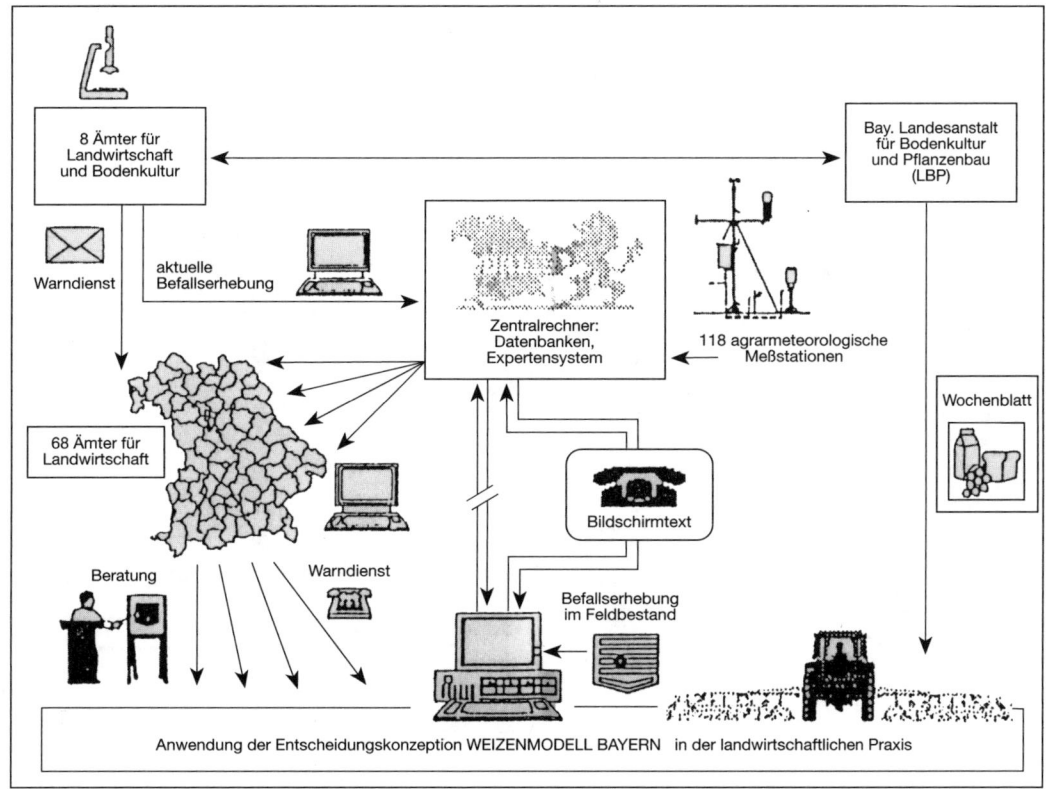

Abb. 77   Informationsfluß im WEIZENMODELL BAYERN [18].

Bei Bekämpfungsnotwendigkeit schließt sich eine Fungizidauswahl an, in der die für die Bekämpfung zur Verfügung stehenden Mittel anhand der schlag- und infektionsbezogenen Daten eingegrenzt werden. Mit Hilfe weiterer aufgeführter Variablen (Wirkungsspektrum, Preis u. a.) wird der Landwirt dann über das einzusetzende Fungizid entscheiden.

Im Test in Exaktversuchen wurde mit Hilfe des Entscheidungssystems im Trockenjahr 1990 die Einsatzhäufigkeit von Fungiziden von praxisüblich 2–3 mal auf durchschnittlich 1,4 mal gesenkt – anstatt 2800 g Wirkstoff/ha wurden nur 650 g/ha ausgebracht [17].

Eine zur Bewertung des Expertensystems durchgeführte Akzeptanzstudie mit Landwirtschaftsberatern zeigte eine positive Resonanz, deckte aber auch teilweise unrealistische Anforderungen seitens der landwirtschaftlichen Benutzer an die Leistungen eines Expertensystems auf [18].

5.11.2.6 Prognosemodelle für Krankheiten und Schädlinge an Getreide und Kartoffeln

Unter dem Sammelbegriff PROGEB wurden in der ehemaligen DDR modellgestützte Verfahren für Kartoffelkrautfäule und Kartoffelkäfer sowie für Halmbruchkrankheit und Mehltau an Getreide entwickelt und in der Praxis angewandt [6][1]. Die Prognosemodelle sind für alle Personalcomputer unter dem Betriebssystem MS-DOS konzipiert.

Die Modelle nutzen im wesentlichen numerische Zusammenhänge zur Simulation von Befallsentwicklungen. Dabei wird auf mehrere Eingabedatenquellen zurückgegriffen: Aktuelle Wetterdaten, regionale Klima- und Standortdaten und feldspezifische Daten zur Kultur am

[1]) Informationen: Biologische Bundesanstalt für Land- und Forstwirtschaft, Institut für Folgenabschätzung im Pflanzenschutz, Stahnsdorfer Damm 81, D-14532 Kleinmachnow.

Standort. Es werden allerdings keine aktuellen Werte zum Befall der spezifischen Kultur verlangt, die Systeme sind als reine Prognosesysteme konzipiert.

Bei der Datenausgabe werden zwei Prognoseebenen unterschieden: Die regionale Ebene, in der die Gefährdung ganzer Gebiete aufgrund der Modellsimulationen eingeschätzt wird, und die feldspezifische Ebene.

Die Aussagegenauigkeit der regionalen Ebene muß dabei gröber bleiben, es können aber vorhandene Datenerfassungsanlagen und -methoden (Wetterdienst) effizient genutzt werden.

Zur Abschätzung der Gültigkeit muß zunächst die aktuelle Befallsentwicklung mit der prognostizierten verglichen werden. Dies geschieht wiederum getrennt für die beiden beschriebenen Prognoseebenen, in dem entweder einige Schläge in der Prognoseregion beobachtet werden oder der spezifische Einzelschlag.

Für die weitere Praxisanwendung sollten aus den prognostizierten Befallsverläufen Bekämpfungsempfehlungen abgeleitet werden.

5.11.2.7 Pro_Plant

Das Beratungssystem Pro_Plant[1]) unterstützt derzeit die Bekämpfung von Getreidekrankheiten (Halmbruchkrankheit, Mehltau, Braunrost, Gelbrost, *Septoria*-Blattflecken, *Septoria*-Spelzenbräune, *Rhynchosporium*-Blattflecken, Netzflecken und HTR-Blattdürre), vorgesehen ist die Erweiterung auf alle Pflanzenschutzentscheidungen in wichtigen Ackerkulturen [3]. Das Programm kann auf allen Personalcomputern (mind. 640 KB RAM, 20 MB Festplatte, VGA-Grafik) unter dem Betriebssystem DOS eingesetzt werden.

Pro_Plant ist als wissensbasiertes System konzipiert, in dem aber Teile in Form von Datenanalyse-Algorithmen und numerischen Simulationsmodellen abgearbeitet werden.

Wesentliche Komponente des Beratungssystems ist die Überlegung, daß zur Infektion und Ausbreitung von Pilzkrankheiten krankheitsspezifische Witterungsbedingungen gegeben sein müssen (Abb. 78). Wetterdaten sind entweder über eigene Wetterstationen, die Meßwerte automatisch an das Programm übertragen, oder mit Hilfe der Meßwerte des Deutschen Wetterdienstes, die über Btx zugeladen werden müs-

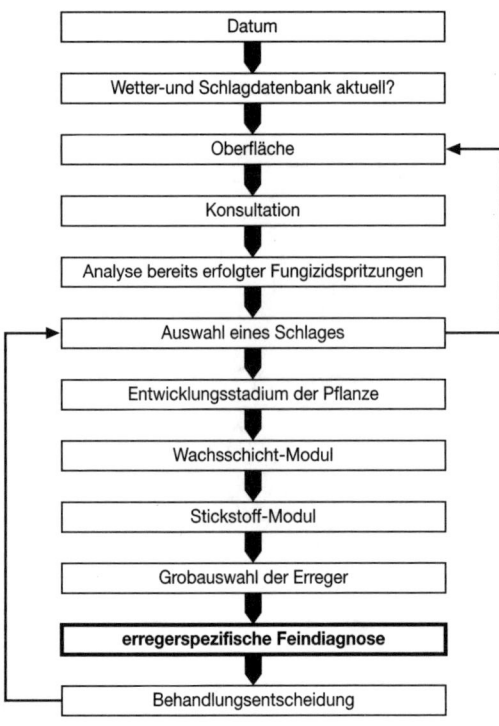

Abb. 78 Ablaufschema des Beratungssystems Pro_Plant [2].

sen, verfügbar. Einfache Meßvariablen können auch vom Anwender vor Ort überschrieben werden (z. B. Niederschlag).

Weiterhin sind aufgrund eigener Beobachtungen, Angaben zur Höhe des Krankheitsbefalls, Bestandesdichte und aktuelle Stickstoffversorgung einzugeben.

Mit diesen Daten (siehe Abb. 79) und internen Datenbanken im Programm (Schlagdatenbank, Sortendatenbank, Beizmitteldatenbank, Fungiziddatenbank) greift das System, wenn vorhanden, auf numerische Simulationen des Befalls oder auf Verknüpfungen mit Wissensdatenbanken zurück.

Pro_Plant ermittelt dann Infektionswahrscheinlichkeiten, die in drei Stufen (1–3) angezeigt werden – »1« bedeutet eine geringe Wahrscheinlichkeit und »3« ein nahezu sicheres Infektionsereignis [2]. Bei Bekämpfungsnotwendigkeit wird dem Benutzer im weiteren Verlauf eine Empfehlung hinsichtlich sinnvoller Fungizide, eines günstigen Einsatztermins und der notwendigen Aufwandmenge erarbeitet. Hierzu greift das Programm auf die Sortendatenbank (Resistenzverhalten), die Fungiziddatenbank (Leistungsmerkmale) und den abgeleiteten Infek-

---

[1]) Informationen: Landwirtschaftskammer Westfalen-Lippe, Inst. für Pflanzenschutz, Saatgutuntersuchung und Bienenkunde, Nevinghoff 40, D-48147 Münster.

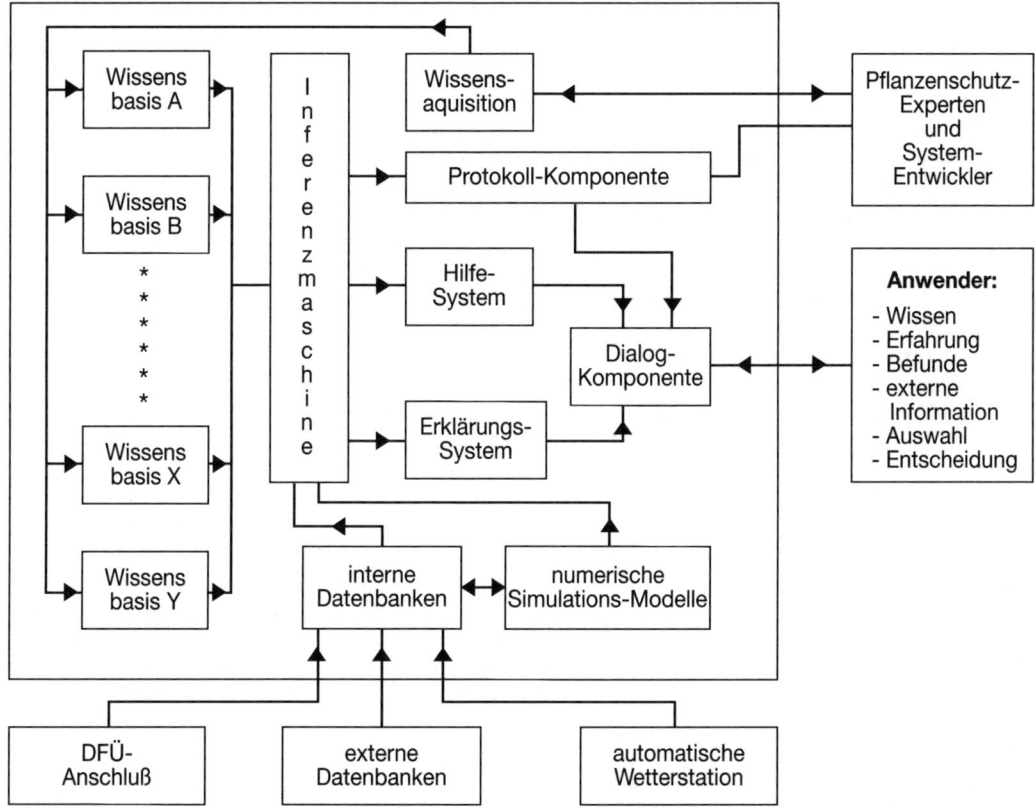

Abb. 79 Systemarchitektur von PRO_PLANT [3].

tionszustand der Pflanze zurück. Vom Benutzer stehen wiederum die Angaben zum Entwicklungsstadium und der N-Versorgung zur Verfügung, außerdem muß eine gewünschte fungizide Dauerwirkung dem Programm vorgegeben werden.

Dem Benutzer wird grafisch mitgeteilt, wie weit sich die Pilzkrankheiten in den Pflanzen vermutlich entwickelt haben. Daraus ergibt sich, welche Krankheiten mit welchen Mitteln (noch) bekämpft werden können – gleichzeitig wird ein zeitlicher Handlungsspielraum für die Durchführung der Maßnahme aufgezeigt. Über Anwendungsauflagen der Fungizide (Wasserschutz, Gewässerabstände) wird informiert.

Parallel zu der schlagspezifischen Entscheidung bietet das Programm einen Warndienst an, in dem für alle wichtigen Krankheiten aufgezeigt wird, ob aufgrund der Witterung in den letzten Tagen Infektionen stattgefunden haben können. Durch diese Konsultation können u. U. zeitaufwendige Beratungssitzungen eingeschränkt werden [2].

In den Vegetationsperioden 1991 und 1992 wurde das Pflanzenschutzberatungssystem Pro_Plant bisher mit Testlandwirten und Beratern eingesetzt. Das Programm reagierte auf die jeweils ungewöhnlich trockenen Witterungsverläufe mit »geringeren« Behandlungshäufigkeiten, vermutlich im Vergleich zu standardisierten Spritzplänen [15]; quantitative Vergleiche liegen z. Z. nicht vor.

5.11.2.8 Unterstützung von Bekämpfungsentscheidungen gegen Pilzkrankheiten und Blattläuse im Winterweizen durch EPIPRE

EPIPRE ist ein computergestütztes Beratungsmodell, das Ende der 70er Jahre in den Niederlanden entwickelt wurde und Entscheidungsempfehlungen für die Bekämpfung von Mehltau, Gelb- und Braunrost, Septoria-Blattflecken, Septoria-Spelzenbräune sowie Blattläusen erarbeitet.

Das Beratungsmodell arbeitet schlagspezifisch und baut auf dem Konzept der wirtschaftlichen Schadensschwelle auch für Pilzkrankheiten im Getreide auf. Der Landwirt muß Grunddaten seines Schlages an den Zentralrechner per Btx übermitteln oder er hat eine PC-Version auf dem Betrieb [20]. Der Landwirt erfaßt und übermittelt im Laufe der Vegetation aktuelle Befallshäufigkeiten.

Das eigentliche Computersystem EPIPRE besteht aus dem epidemiologischen Modell und den verschiedenen Datenspeichern (Abb. 80). Mit Hilfe der Gesamtdaten wird im Modell die Entwicklung von Befall und Verlust durch die einzelnen Schaderreger simuliert. Dabei wird, ausgehend von der festgestellten Befallshäufigkeit, zuerst eine Umrechnung in Befallsstärke vorgenommen. Im Anschluß daran wird die maximale Vorhersagedauer in Abhängigkeit vom Entwicklungsstadium des Weizens bestimmt und die weitere Entwicklung der Schaderreger geschätzt.

Die zu erwartenden Ertragseinbußen werden im Programm mittels Befalls-Verlust-Relationen geschätzt [16].

Vervollständigt wird das Beratungssystem EPIPRE durch Informationsveranstaltungen über die Arbeitsweise des Modells und durch praktische Anleitungen zu Erkennung der Pilzkrankheiten. In den Niederlanden wurde das Modell zunächst sehr erfolgreich eingesetzt. Dabei sind als Erfolge sowohl die Einsparung unnötiger Bekämpfungen und eine größere Wirksamkeit durchgeführter Maßnahmen als auch ein Lerneffekt zu sehen. Letzterer hat allerdings die Benutzer mittelfristig unabhängig vom Modell werden lassen. Ende der achtziger Jahre gingen die Teilnehmerzahlen zurück – die Landwirte hatten die korrekte Bestandesüberwachung gelernt und benötigen EPIPRE nicht mehr zur Entscheidungsfindung [1].

Die Versuchsergebnisse aus einer Überprüfung in der Bundesrepublik Deutschland [7] verdeutlichen, daß das Modell nach Standortanpassungen auch außerhalb der Niederlande sinnvoll genutzt werden kann. In Baden-Württemberg konnten bei einem prüfenden Einsatz in 4 Jahren die Behandlungshäufigkeiten im Weizen sowohl mit Fungiziden als auch mit Insektiziden reduziert werden (Tabelle 61). Die Wirtschaftlichkeit der Pflanzenschutzmaßnahmen hat darunter keineswegs gelitten, im Gegenteil weisen die gezielten Behandlungen mit Hilfe von EPIPRE zumindest eine gleichbleibende oft aber etwas höhere Rentabilität auf.

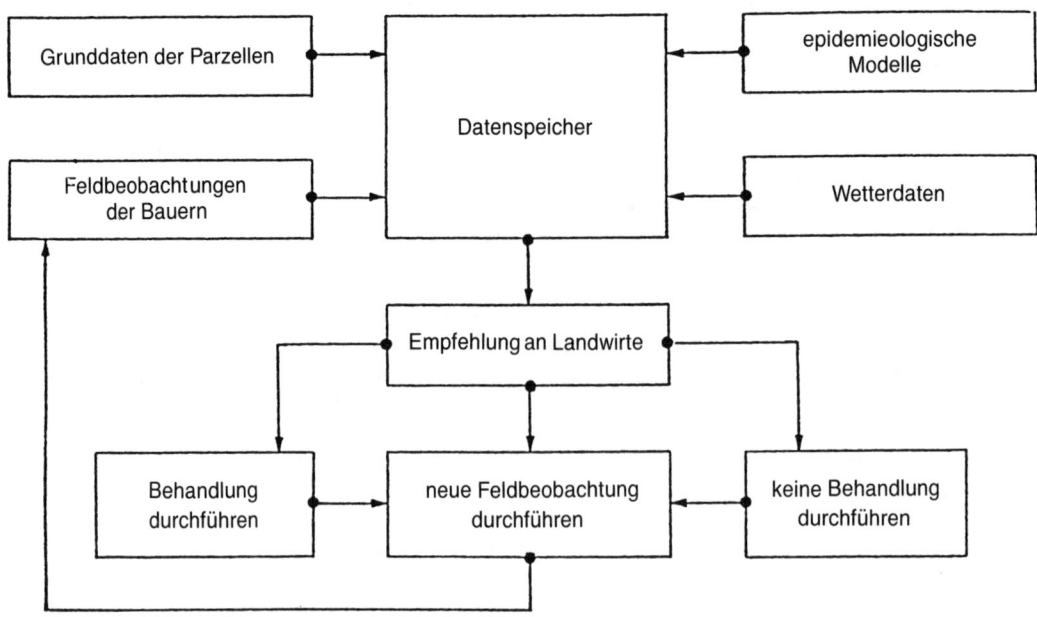

Abb. 80 Funktionsschema des EPIPRE-Warnsystems [16, 20].

Tabelle 61   Pflanzenschutzmittelanwendung bei EPIPRE (E) und intensiv (I) [7]

Jahr	Anzahl Versuche	Anzahl/Behandlungen			
		Fungizide		Insektizide	
		E	I	E	I
1983	4	2,5	3	0	1
1984	4	2	3	0,5	1
1985	7	1,7	3	0,3	1
1986	6	1,7	3,8	0	1
Ø 1983–86		2,0	3,2	0,2	1

5.11.3 Schlußbemerkungen

In dieser kurzen Übersicht über einige Entwicklungen im Bereich »Computergestützte Entscheidungen im Integrierten Landbau« zeichnen sich verschiedene Tendenzen ab.

Die Entwicklung ist in den letzten Jahren dahin gegangen, auf die numerische Abbildung von Zusammenhängen zu verzichten oder sie nur in kleinen Teilbereichen einzusetzen. Demgegenüber ist das Filtern und Rekombinieren von Informationen aus Wissens- oder Datenbanken stärker in den Vordergrund getreten. Dazu ist zumeist eine erhebliche Rechnerleistung notwendig.

So wie es grundsätzlich bei Simulationsrechnungen wünschenswert ist, daß die genutzten Zusammenhänge für den Anwender anschaulich dokumentiert werden, ist bei der Nutzung von Expertenwissen in Entscheidungsregeln zu fordern, daß die »Philosophie« der jeweils befragten Experten kenntlich gemacht wird. Daß diese sehr unterschiedlich sein kann, wird an den beschriebenen Beispielen klar.

Eine gezielte Bekämpfungsempfehlung durch Computerberatung kann sich an ganz verschiedenen Zielgrößen orientieren: An Schadens- und Bekämpfungsschwellen, die den zu erwartenden Ertragsverlust berücksichtigen, an epidemiologischen Schwellen oder prognostizierten Infektionswahrscheinlichkeiten, die auf einen günstigen Bekämpfungszeitpunkt ausgerichtet sind. Die Möglichkeit, ein Computerprogramm zur Beratung zu nutzen, entbindet den Landwirt, der ein echtes Interesse an integrierten Maßnahmen hat, deshalb nicht davon, sich mit den Hintergründen auseinanderzusetzen. Treten dabei Lerneffekte auf, ist das grundsätzlich begrüßenswert.

Vielen der vorgestellten Programmen ist gemeinsam, daß sie versuchen, möglichst aktuelle Wetterdaten zu nutzen. Besonders im Bereich der pilzlichen Schaderreger kann beim Vorliegen kleinräumiger, möglichst schlagspezifischer Wetterdaten die Beratungsempfehlung gezielter gestaltet werden.

Von einer generellen Praxistauglichkeit automatischer Wetterstationen, die on-line die Daten an den Personalcomputer weitergeben, sollte allerdings zur Zeit nicht ausgegangen werden. Es sind zwar Entwicklungen dokumentiert, die Wettervariablen zu erfassen [19], aber Anschaffungskosten und stärker noch der Wartungsaufwand sprechen nach wie vor gegen eine breite Nutzung in der landwirtschaftlichen Praxis. Die technische Entwicklung in diesem Bereich bleibt in den nächsten Jahren abzuwarten.

Der allgemeine Nutzen von Entscheidungsprogrammen wird häufig darin gesehen, daß Expertenwissen möglichst vielen Anwendern zugänglich gemacht werden kann. Den Nutzen für Entscheidungen im Integrierten Landbau klar herauszustellen, ist nicht immer ohne weiteres möglich. Entscheidungen z. B. im Pflanzenschutz so zu unterstützen, daß die chemischen Eingriffe in dem bearbeiteten Problemfeld (Unkräuter, Krankheiten, Schädlinge) reduziert werden, muß das Ziel sein. Im nächsten Schritt ist dann aber auch zu prüfen, ob dieses Ziel wirklich erreicht wird. Auch wenn der technische Anreiz für bestimmte Problemlösungen sehr hoch ist, bedeutet nicht jede weitere Programmschleife einen Zugewinn für Entscheidungen im Integrierten Landbau.

Als wichtiges Kriterium aber im Zusammenhang mit Entscheidungsprogrammen im Integrierten Landbau ist das Beobachten und die Auseinandersetzung mit verschiedenen Handlungsstrategien zu sehen. Der landwirtschaftliche Anwender, der ein Beratungssystem nutzen will, muß sich zwangsläufig mehr mit dem anstehenden Problem beschäftigen. Er wird angehalten, zu beobachten und Daten zu sammeln; Tätigkeiten von grundlegender Bedeutung für einen Integrierten Landbau.

Das letztendliche *Entscheiden* können aber auch Modelle nicht voll übernehmen. Die gegebenen *Empfehlungen* entlassen weder den Landwirt noch im Zweifelsfall den Berater aus ihrer Verantwortung. Der Computer erledigt schnell, fehlerfrei und ohne etwas zu vergessen einige Routinearbeiten. Dem Menschen sollte dadurch mehr Freiraum für anspruchsvollere Tätigkeiten bleiben.

6 Aufgaben der Beratung im Integrierten Landbau

R. Diercks und W. Klein, München

6.1 Grundsätzliche Anmerkungen zum Begriff und zur Funktion der Beratung

Wesentliches Kennzeichen jeder Beratung ist die Hilfestellung bei der Lösung von Problemen, die ein Betrieb allein nicht ausreichend bewältigen kann. Der ratsuchende Landwirt oder Gärtner übernimmt somit gleichsam die Rolle eines Klienten [31]. Wichtige Aspekte einer solchen klientenbezogenen, freiheitlich-partnerschaftlichen Beratung faßt Albrecht [1] zusammen, wenn er diese als einen Prozeß versteht, in welchem der Berater versucht, »durch geistige Hilfe den Klienten zu einem solchen Handeln zu befähigen, das geeignet ist, die beim Klienten vorliegenden Probleme zu lösen. Dabei ist der Berater allein dem Wohl des Klienten verpflichtet. Die Entscheidung über Annahme oder Ablehnung des Rates, ebenso wie die Verantwortung der aus der Entscheidung resultierenden Folgen bleiben beim Klienten«. In den Vordergrund stellt er als Ziel die geistige Hilfe im Sinne von »Motivieren und Befähigen«, um so Voraussetzungen für problemlösendes Handeln zu schaffen. Als Funktionen nennt er im Einzelnen:

- Motivieren zur Beschäftigung mit dem Problem,
- Vermitteln von Einsicht in den Problemzusammenhang,
- Offenlegen von Alternativen,
- Hilfe beim Umstrukturieren,
- Unterstützung bei neu auftauchenden Problemen.

Als Kennzeichen echter Beratung ist eine Beziehung zwischen Berater und Klient zu sehen, die sich wie folgt beschreiben läßt: »Partnerschaftliche Interaktion, Verpflichtung des Beratenden auf das Wohl seines Klienten, Entscheidungsfreiheit und Selbstverantwortlichkeit des Klienten« [1]

Nach Denzinger [9] kann die Beratung überwiegend reaktiv oder initiativ durchgeführt werden. Im ersten Fall wird vor allem die bestehende Nachfrage nach Beratungshilfe bedient, im zweiten Fall wird der Berater von sich aus aktiv und greift Probleme in seinem Bezirk auf. In der Praxis bestehen zwischen beiden Ansätzen häufig fließende Übergänge. Für die Hinführung zum Integrierten Landbau ist weitgehend eine Beratung erforderlich, die von sich aus aktiv wird. Diese Notwendigkeit gründet sich im wesentlichen darauf, daß die Landwirte und Gärtner

- den Integrierten Landbau vielfach noch nicht als Alternative begriffen haben, die von ihnen neues, ganzheitliches Denken erfordert,
- zwar ökologisch orientierte Einzelmaßnahmen kennen, diese aber nicht zu einem sinnvollen System verknüpfen können, deshalb
- von der einfaktoriellen zur mehrfaktoriellen Betrachtungsweise gebracht werden müßten, um
- die vielfachen Wechselwirkungen im Ökosystem mit einkalkulieren zu können,
- vom Nutzen detaillierter biologischer Kenntnisse zu überzeugen sind, und letztlich
- das oft noch vorherrschende »Rezeptdenken« im modernen Landbau überwinden müssen.

6.2 Verwirklichung des Integrierten Landbaues setzt integrierte Beratungssysteme voraus

Die Beratung im Land- und Gartenbau hat es seit jeher als vorrangige Aufgabe angesehen, Bindeglied zwischen Wissenschaft und Praxis zu sein, um die Erzeugerbetriebe über den neuesten Stand des biologisch-technischen Fortschritts zu informieren und ihnen nach Möglichkeit auch in Form praktischer Anleitungen zwecks ökonomisch sinnvoller Einführung von Neuerungen in die Produktionstechnik behilflich zu sein.

Blickt man zurück auf die Entwicklung des Beratungswesens seit etwa Anfang der 50er Jahre, so spiegelt sich in ihr der unaufhaltsame Prozeß ständig fortschreitender Spezialisierung und Auffächerung der produktionstechnisch orientierten Agrarwissenschaften wider. War ursprünglich der »Acker- und Pflanzenbau« noch ein geschlossenes Fachgebiet, das alle Elemente der Bodenbewirtschaftung in sich vereinigte, und das dementsprechend auch in der Beratungsarbeit von ein und derselben Fachkraft wahrgenommen wurde, so bietet sich heute das differenzierte Bild eines Beratungsangebots, das durch strukturelle, funktionale und personelle Auflösung dieser anfänglichen Einheit in zahlreiche, immer mehr verengte, oft auch voneinander getrennte und daher bruchstückartige Spezialgebiete der Bodenproduktion charakterisiert ist.

Zweifellos war dieser Spezialisierungtrend in Forschung und Beratung eine wichtige Voraussetzung für die imposanten Leistungssteigerungen und Produktivitätsfortschritte im modernen Land- und Gartenbau. Als Kehrseite birgt enges Spezialwissen jedoch die Gefahr in sich, daß der Blick für Zusammenhänge verloren geht. Im Land- und Gartenbau sind dies die natürlichen und produktionstechnischen Folge- und Wechselwirkungen im Netzwerk des Ökosystems, deren Dimension das System überhaupt erst als solches bezeichnen lassen (»Das Ganze ist mehr als die Summe seiner Teile«!). Daher hat auch die Fülle heutigen Spezialwissens nicht die Mängel und Fehlentwicklungen verhindern können, die eine Neuorientierung des Landbaues erzwingen.

Daß in den Agrarwissenschaften inzwischen neue Denkansätze zum Zuge gekommen sind, um die auseinanderstrebende Vielfalt des Spezialwissens durch ganzheitliches, fächerübergreifendes »Systemdenken« zu ergänzen und dieses auch zur Grundlage der Experimentalarbeit zu machen, lassen die vielen im folgenden Kapitel vorgestellten, schon praxisreifen Teilsysteme einer integrierten Pflanzenproduktion erkennen. Zweifellos ist auch auf dem Beratungssektor, in Fortsetzung und Erweiterung der schon längeren Bemühungen um die Durchsetzung des integrierten Pflanzenschutzes, schon ein deutlicher Bewußtseinswandel eingetreten: In keinem produktionstechnischen Bereich fehlt heute die Beachtung ökologischer Aspekte (z. B. Belastungsrisiken für Boden, Wasser und Naturhaushalt). Auch sind einzelne Beratungsorgane zunehmend schon bestrebt, bestimmte Wechselbeziehungen im Agrarökosystem, z. B. zwischen Sorte, Düngung und chemischem Pflanzenschutz, ihren Empfehlungen zugrunde zu legen und sich nicht mehr mit der nur auf einen Faktor gestützten Beziehung einzelner Spezialmaßnahmen zum möglichen ökonomischen Gewinn zu begnügen. Das sind sicherlich wichtige erste Ansätze eines neuen, schon »ökologisch-vernetzten« Denkens und Handelns, aber es fragt sich doch, ob schon heute von einer Realisierung der Forderung die Rede sein kann, daß integrierte Landbausysteme in letzter Konsequenz auch integrierte Beratungsformen und -methoden voraussetzen [19, 28].

6.3 Gegenwärtige Beratungssituation im Land- und Gartenbau der Bundesrepublik Deutschland

6.3.1 Stand der fachlichen und strukturellen Spezialisierung

Hauptkennzeichen des gegenwärtigen Beratungsangebots ist ein hohes Maß an »Pluralität« fachlicher, personeller und vor allem auch institutioneller Art. Diese Vielfalt beruht in erster Linie auf dem einleitend schon erwähnten Spezialisierungtrend [2, 3, 7, 11, 13].

Fachliche Spezialisierung – Betrachten wir zunächst den Grad der fachlich-personellen Spezialisierung in den einzelnen Bundesländern, und zwar auf der hier allein interessierenden unteren Beratungsebene (= unmittelbare Beratung der Betriebe), so zeigt sich im Extremfall eine Differenzierung in folgende, weitgehend eigenständig wahrgenommene Sparten[1]):

- Ackerbau (Bodenfruchtbarkeit, -bearbeitung und -schutz),
- Pflanzenbau (Sortenwesen, Fruchtfolge u. a.),
- Grünlandbewirtschaftung,
- Düngung und Pflanzenernährung,
- Pflanzenschutz,
- Landmaschinentechnik,
- Saat- und Pflanzgutvermehrung,
- Alternativer Landbau,
- Landschaftspflege, Natur- und Umweltschutz.

---

[1]) Einbezogen sind auch auf Gebietsebene eingerichtete Spezialrichtungen, deren Vertreter zwar primär nur den Beratungskräften an der Basis helfend zur Seite stehen (= mittelbare Beratung), in schwierigen Fällen die Betriebe aber auch direkt beraten.

Randgebiete sind
- Betriebs- und Arbeitswirtschaft,
- Qualitätserzeugung und Vermarktung,
- Flurbereinigung.

Eine weitere Auffächerung ergibt sich dadurch, daß Sonderkulturen (Obst-, Garten-, Wein-, Hopfenbau u. a.) auch in der Beratung eine Sonderstellung einnehmen; d. h., für jede dieser Kulturen steht ein eigenes und oft ebenso oder ähnlich aufgefächertes Beratungsangebot, wie oben aufgeführt, zur Verfügung.

Der jeweilige Personenkreis zeichnet sich durch meist hochkarätiges Expertenwissen aus, wird fortlaufend in Spezialkursen geschult und hat sich als völlig unentbehrlich für die Praxis erwiesen, wenn sie mit dem stürmischen Tempo der produktionstechnischen Entwicklungen Schritt halten will. Die Fachkompetenz eines jeden Beraters bleibt schon deshalb auf sein enges Spezialgebiet begrenzt, weil das Volumen der erforderlichen Kenntnisse im Zuge des biologisch-technischen Fortschritts ständig anwächst. Es droht für einige Spezialgebiete sogar die Gefahr weiterer arbeitsteiliger Aufteilung!

Das Problem besteht künftig darin, ob angesichts einer solchen kaum zu stoppenden Entwicklung zu immer höheren, im Grunde genommen »desintegrierend« wirkenden Spezialisierungsgraden vom einzelnen Fachberater wenigstens noch Aufgeschlossenheit und ausreichendes *Verständnis* für auch fächerübergreifende Aspekte der komplexen Produktionstechnik erwartet werden können. Für die Verwirklichung des Integrierten Landbaues, der auf zusammenhängendem, ganzheitlichen Denken beruht (alles ist mit allem verbunden!), wäre dies eine unverzichtbare Mindestforderung (s. später).

Vielfältige Organisationsstruktur des Beratungswesens – Differenzierungen ganz anderer Art ergeben sich durch die strukturelle Vielfalt auf institutioneller Ebene des Beratungsangebots. Neben der amtlichen, der sog. Offizialberatung gibt es den vielgestaltigen kommerziellen Beratungs-Service (durch Herstellerfirmen, Genossenschaften, Landhandel, Lohnunternehmen und private bzw. halbprivate Beratungsdienste) und verschiedene Selbsthilfeeinrichtungen der Praxis, die entweder nur oder auch für Beratungszwecke geschaffen worden sind. Zielgruppen, Inhalt und Schwerpunkt der Beratung sind je nach Einrichtung verschieden. Wichtigste voneinander abweichende Wesensmerkmale, beschränkt nur auf die Formen »unmittelbarer« Betriebsberatung, sind in knapper Form in Tabelle 62 zusammengestellt worden.

6.3.2 Kritische Bilanz aus der Sicht des Integrierten Landbaues

Das gegenwärtige Beratungsangebot ist strukturell wie inhaltlich zweifellos reichhaltig und vielfältig. Zu fragen bleibt, ob auch die Voraussetzungen gegeben sind, um der neuen Herausforderung des Integrierten Landbaues ausreichend Rechnung tragen zu können und diesen schrittweise, im Zuge einschlägiger wissenschaftlicher Fortschritte, der praktischen Verwirklichung näher zu bringen.

Betrachtet man *Satzungen, Richtlinien* oder *Absichtserklärungen* der einzelnen Beratungseinrichtungen, so bietet sich ein Bild der Eintracht und fast völligen Übereinstimmung in den Zielvorstellungen. Es gibt inzwischen keine unter den erwähnten Institutionen, die nicht wenigstens verbal bekundet oder vorgibt, ihre Beratungsarbeit nach Grundsätzen des Integrierten Landbaues ausgerichtet zu haben!

Im Bereich der Offizialberatung hat diese Neuorientierung auch vielfach schon in den Dienstordnungen für die Landwirtschaftsverwaltungen ihren Niederschlag gefunden; meistens in Form der Anweisung, daß jedes produktionstechnische Sachgebiet den integrierten Pflanzenbau (bzw. Landbau) künftig als vordringlichen Beratungsschwerpunkt anzusehen habe [4]. Kein Agrarminister versäumt es ferner, öffentlichkeitswirksam zu versichern, daß sein Ressort durch besondere Förderung des Integrierten Landbaues in Wissenschaft und Beratung einen bedeutsamen Beitrag zum Umweltschutz leiste. Neu ist sodann, daß Deutscher Bauernverband und Chemische Industrie 1985 gemeinsam die Initiative zur Gründung einer »Fördergemeinschaft Integrierter Pflanzenbau e. V.« (FIP) ergriffen haben, um neben der Weiterentwicklung integrierter Verfahren des Pflanzenbaues auch deren Anwendung in der landwirtschaftlichen und gartenbaulichen Praxis durch die Beratung zu fördern [5][2]).

---

[2]) Der Beirat der Fördergemeinschaft setzt sich aus Mitgliedern zusammen, die aus allen einschlägigen Disziplinen der Agrar- und Naturwissenschaften stammen. Ferner sind Handel, Genossenschaften und Industrie, Landwirtschaftsinstitutionen und -vertretungen, Deutsche Landwirtschafts-Gesellschaft (DLG), Berufsverbände, die Arbeitsgemeinschaft der Verbraucher e. V. und die Praxis selbst vertreten.

Tabelle 62   Struktur des vielgestaltigen Beratungsangebots im Land- und Gartenbau der Bundesrepublik Deutschland

Organisationsform	besondere Merkmale (beschränkt auf nur »unmittelbare« Beratung)
Offizialberatung Staatliche Institutionen, meistens Landwirtschaftsämter	alle Spezialeinrichtungen vertreten, mit gesetzlicher Verankerung des Beratungsauftrags; Strukturreformen haben vielfach schon zum Zusammenschluß der einzelnen Spezialsparten geführt (= wichtige Voraussetzung für »integrierte Beratung«!). Da frei von kommerziellen Interessen, für die Rolle eines »primus inter pares« im gesamten Beratungswesen geeignet
kommerzielle Beratung Beratungs-Service der Herstellerfirmen von Produktionsmitteln	vorwiegend verkaufsorientierte, produktbezogene Spezialinformationen, die aber im anwendungstechnischen Bereich das Beratungsspektrum wirksam ergänzen und komplettieren
Genossenschaften und Landhandel	vorwiegend Kundenbetreuung durch Spezialinformationen über Vor- und Nachteile der Verkaufsprodukte
Lohnunternehmer	»Allround«-Experten für sachgerechte Anwendung von Produktionsmitteln und auch für andere anwendungstechnische Arbeiten, auf Spezialinformationen angewiesen
private und halbprivate Beratungsdienste (z. B. BONAGRAR, BGD-Bodengesundheitsdienst)	vorerst noch auf bedarfsgerechte Düngung, auch schlagspezifische Bestandesführung beschränkte Informationen (z. T. per Computer), die schon Forderungen des Integrierten Landbaues Rechnung tragen
Selbsthilfeeinrichtungen der Praxis	»Allround«-Berater, die auf Hilfe durch Spezialinformationen angewiesen sind, aber geeignet erscheinen, diese »systemtauglich« zu bündeln
Beratungsringe Erzeugerringe (staatl. gefördert)	kulturbezogene »Allround«-Berater, sonst wie oben
Maschinenringe (staatlich gefördert)	Spezialberater für maschinengebundene Bewirtschaftungsmaßnahmen, deren sinnvolle Einordnung in gesamte Produktionstechnik der Selbstentscheidung des Betriebsleiters obliegt (wie in anderen Fällen unmittelbarer Spezialberatung)

»Der Integrierte Pflanzenbau wird von der Industrie mitgetragen«, eine solche Grundsatzäußerung im Jahre 1987 zum 85jährigen Jubiläum des Industrieverbandes Pflanzenschutz e. V. [21] wäre in den 70er Jahren noch nicht denkbar gewesen! Daher werden auch in den zwar werbewirksamen, aber dennoch fachlich sehr informativen Pflanzenschutz-Prospekten der Herstellerfirmen die früher vorherrschenden »Spritzpläne« heute kaum noch propagiert. Stattdessen trifft man zunehmend Hinweise auf die Notwendigkeit »gezielter«, am Prinzip der wirtschaftlichen Schadensschwelle orientierter Anwendung der Präparate an.

Analog verhalten sich die Handelsdünger-Firmen mit ihren Empfehlungen und versäumen es nicht, auf die ökonomischen und zugleich ökologischen Vorteile einer bedarfsgerechten, am Pflanzenentzug orientierten Düngung aufmerksam zu machen. Auch bei den anderen kommerziellen Beratungsorganen sowie bei Lohnunter

nehmern und den Beratungskräften der Selbsthilfeeinrichtungen der Praxis fehlt es nicht an Bekundungen, für ihre Arbeit seien heute Grundsätze des Integrierten Landbaues maßgebend. Letztere müßten schon deshalb Interesse daran haben, weil sie mit einer solchen Neuorientierung ihrer Beratungsarbeit den Betrieben, denen sie vertraglich verpflichtet sind, helfen, auch Kosten einzusparen.

Fragen wir hingegen nach den *Taten,* nach der *praktischen Wirklichkeit* der Beratung, so besteht Anlaß zur Skepsis, ob in der Arbeit selbst schon immer neue Wege beschritten werden. Solche Zweifel sind schon deshalb nicht unberechtigt, weil trotz allen programmatischen Wandels im Beratungswesen die praktische Anwendung integrierter Landbaumethoden nur spärlich Fortschritte macht. Diese Kluft zwischen Anspruch und Wirklichkeit ist sicherlich auch der Grund, wenn es in der Öffentlichkeit nicht an Stimmen fehlt, die dem Integrierten

Landbau nur geringe oder überhaupt keine realen Chancen einräumen wollen, teilweise den Bemühungen um ihn sogar »Alibifunktion« vorwerfen, um von den ökologischen Schwächen modernen Landbaues abzulenken. Fachkundigere Äußerungen hingegen, auch aus dem Munde von Praktikern, sind optimistischer, ohne Unzulänglichkeiten der Beratung zu verschweigen. Sie bringen aber zum Ausdruck, daß sich diese durchaus beheben ließen [3, 5, 13, 16, 23, 25, 35].

Die Defizite der Beratung sind nicht nur ein quantitatives Problem, etwa personeller Mangel in den verschiedenen Beratungsinstitutionen, obwohl auch dieser Aspekt eine nicht unwichtige Rolle spielen mag; sehr viel mehr dürfte es sich aber um ein qualitatives, funktionales Problem des Beratungsangebots handeln. Denn viele Anzeichen sprechen dafür, daß die Dominanz des isolierten, separaten Blickwinkels der Beratungsspezialisten aller »Schattierungen« noch keineswegs überwunden ist. Hier aber müßte ein grundsätzlicher Wandel eintreten, wenn es gelingen soll, die komplexe Materie des Integrierten Landbaues den Betrieben plausibel und überzeugend zu vermitteln.

Innerhalb der **Offizialberatung** sind zwar vielfach schon die strukturellen Voraussetzungen für kooperatives, interdisziplinäres Arbeiten geschaffen worden [4]. Aber die Arbeitsweise selbst bewegt sich meist noch in traditionellen Bahnen. Oft ist es nur prestigelastiges, durch unbewußte »Berührungsängste« eingeengtes Kompetenzdenken, das sowohl dem offenen, gegenseitigen Informationsaustausch wie einem gemeinsamen, zielorientierten Handeln im Wege steht. Auch mangelt es noch an bereitwilliger Erprobung neuer Koordinationsformen für die effektive Zusammenarbeit aller für integrierte Teilsysteme zuständigen Partner.

Als stark belastendes Moment kommt im staatlichen Bereich hinzu, daß dem so oft beschworenen Grundsatz »soviel Beratung wie möglich – Verwaltung nicht mehr als gerade nötig« in der Realität leider immer weniger Rechnung getragen wird. Im besonderen Maße ist von diesem Widerspruch der amtliche Pflanzenschutzdienst betroffen, der an der Basis oft mit gleichem Personal Hoheits- und Beratungsaufgaben wahrzunehmen hat. In dem Maße aber, wie die Flut an pflanzenschutzlichen Kontroll- und Überwachungsaufgaben anhält (siehe u. a. das Pflanzenschutzgesetz vom 15. September 1986 und die novellierte Pflanzenschutz-Anwendungsverordnung vom 27. Juli 1988), droht dem Pflanzenschutzdienst eine langsame Lähmung seiner neutralen Beratungsfunktion, obwohl gerade sie für eine systemkonforme Lenkung und Beschränkung der »Chemie« im Pflanzenschutz (im Sinne des Integrierten Landesbaues) unverzichtbar ist!

Die **kommerzielle Beratung** ist in ihrer Zielorientierung unterschiedlich zu bewerten. Daß bei der Industrie- und Vertriebsberatung die Werbung für Produktionsmittel im Vordergrund stehen wird [32], ist verständlich und sollte in einem liberalen Gesellschaftssystem auch kein Anlaß zur Kritik seitens der Öffentlichkeit sein. Die auch anwendungsbezogenen Informationen, insbesondere der Industrieberatung, sind sogar äußerst positiv zu bewerten, weil sie Lücken schließen in den Bemühungen um einen chemischen Pflanzenschutz »nach Vorschrift«, die sich nicht zuletzt aus den knappen Kapazitäten und den anderen oben genannten Defiziten der gegenwärtigen Offizialberatung ergeben. Auch die Dienstleistungen der Lohnunternehmen sind vor allem anwendungstechnisch orientiert. Je nach Ausbildungsstand könnten sie den Betrieben auch schon helfen, Grundsätze des Integrierten Landbaues zu beachten.

Was aber kritisiert werden muß, ist die meist noch mangelhafte Abstimmung mit der amtlichen Beratung. Auch gibt es Divergenzen, die mit der traditionellen, oft übertriebenen »Versicherungsmentalität« der Praxis im Zusammenhang stehen: Nur ungern macht sich z. B. die kommerzielle Beratung die Feststellung zu eigen, daß »integrierter Pflanzenbau mit einem höheren Anbaurisiko verbunden sein kann, das der landwirtschaftliche Betrieb auf sich nehmen muß, – das aber gerade die ›bäuerliche‹ Landwirtschaft stets gekennzeichnet hat« [20]. Ihre Empfehlungen im Pflanzenschutz beruhen somit gelegentlich noch auf dem früher allseits anerkannten Prinzip der »Versicherungsprämie« in Form chemischer Mittel.

Auch die Offizialberatung kann selbstverständlich die Risikominimierung (= Gewinnmaximierung) nicht völlig außerachtlassen; aber bei ihr steht doch die Überlegung im Vordergrund, daß ein geringfügiges Restrisiko dann in Kauf zu nehmen ist, wenn mit ihm eine Schonung des Ökosystems verbunden ist, die den Betrieben langfristig auch ökonomischen Gewinn verspricht. Private bzw. halbprivate Beratungsdienste stehen dieser Grundhaltung der Offizialberatung am nächsten, soweit sie den Betrieben schon Entscheidungshilfen für eine gezielte

Düngung und die schlagspezifische Bestandesführung geben (z. B. BONAGRAR, BGD). Auch wenn sich inzwischen in der Zusammenarbeit kommerzieller und amtlicher Beratung ein unverkennbarer Wandel zu größerer Annäherung der Standpunkte abzeichnet, so ist doch – entgegen allen Bekundungen – die Realität noch geprägt durch ein wenig hilfreiches Nebeneinander, nicht durch ein sich gegenseitig ergänzendes Zusammenspiel im Dienstleistungsangebot für die Betriebe. Das aber wäre, trotz der verschiedenen Antriebskräfte für produktionsmittelbezogene Informationen und Anleitungen, im Interesse der gemeinsamen Zielsetzung, die Praxis für integrierte Anbautechniken stärker zu motivieren, nötig und wohl auch eine realistische Forderung.

Die **Selbsthilfeeinrichtungen** der Praxis mit ihren Beratungskräften stehen gewissermaßen zwischen den beiden vorher genannten Beratungsgruppen. Sie legen noch mehr als die kommerzielle Beratung Wert auf zuverlässige Risikoausschaltung. Das kann, vor allem wieder bei Anwendung von Handelsdüngern und Pflanzenschutzmitteln, zur Folge haben, daß mehr als nötig getan wird und daß in der Absicht, unvorhersehbaren Ertragseinbrüchen mit einem hohen Maß an Sicherheit vorzubeugen, die Produktionstechnik trotz des Zwangs zur Einsparung unnötiger Betriebskosten »überintensive« Formen annimmt. Integrierter Landbau wäre dies nicht! Die Erfahrung lehrt jedoch, daß ein solches Verhalten bei den Selbsthilfeeinrichtungen umso weniger vorherrscht, je mehr sich ihre Beratungskräfte auf zuverlässige Entscheidungshilfen einer schon integriert arbeitenden Offizialberatung stützen können und je qualifizierter ihre auch ökologische Sachkunde ist.

Mangelnde Zeit und Gelegenheit und wohl auch nicht immer ausreichende Bereitschaft der Beratungsspezialisten zum **Erwerb fachübergreifender Kenntnisse** dürften der Hauptgrund dafür sein, daß schon entwickelte, erprobte und bewährte Teilsysteme des Integrierten Landbaues (siehe 7. Kapitel) in der Praxis nur zögernd Fuß fassen. Es gibt keine Beratungsinstitution, bei der dieses Defizit unzureichender interdisziplinärer Aus- und Fortbildung im Prinzip nicht anzutreffen wäre! In der Regel herrscht noch das Denken in traditionellen Kategorien vor. Kennzeichnend dafür sind perfektes, disziplinbezogenes Detailwissen und in ökologischer Hinsicht die Beschränkung nur auf Hilfestellungen, damit die Praxis mit der Flut neuer Umweltauflagen Schritt halten kann.

6.4 Konsequenzen für eine künftige Ausrichtung des heterogenen Beratungsangebots auf Ziele des Integrierten Landbaues

Als Konsequenz aus den genannten Mängeln und Defiziten müßten für die künftige Ausrichtung des Beratungswesens auf die Erfordernisse des Integrierten Landbaus folgende Leitlinien maßgebend sein [7, 10, 12, 13, 14, 19, 24, 28]:
1. Grundforderung an alle Beratungskräfte im Land- und Gartenbau ist die Bereitschaft zu einer Bewußtseinsbildung, die nicht mehr Halt macht vor den engen Grenzen nur linearkausalen, d. h. fachbezogenen Spezialwissens, sondern auch der ökologischen Dimension, der umfassenden Vernetzung jeder Landbewirtschaftungsmethode mit dem gesamten Ökosystem und seinem Umfeld, breiten Platz einräumt. Die Einsicht wird wachsen müssen, daß das einfache analytische Erfassen direkter Ursache-Wirkung-Beziehungen zwar gediegenes Detailwissen erfordert, daß aber diese Beziehungen immer nur einen Bruchteil der Wirklichkeit erkennen lassen und daher einer systemorientierten Zusammenschau bedürfen, die wiederum Gesprächsbereitschaft und Zusammenarbeit aller Spezialsparten in der Beratung voraussetzt.

Sodann erfordert Integrierter Landbau einen ständigen Lernprozeß. Fundament dafür ist die fächerübergreifende Aus- und Fortbildung, die konsequenter, problembewußter und zielstrebiger als bisher auf Notwendigkeit und Möglichkeiten der Umsetzung schon praxisreifer Vorstufen bzw. Teilsysteme des Integrierten Landbaues auszurichten wäre. Impulse für entsprechende, systembezogene Lehrgänge und Schulungen zu geben und diese auch zu steuern, müßte vordringliche Aufgabe der Offizialberatung sein. Kenntnisse über den Entwicklungsstand des Integrierten Landbaues sollten künftig Gegenstand auch des im Pflanzenschutz gesetzlich geforderten »Sachkundenachweises« sein.

2. Integrierter Landbau verlangt auch integrierte Beratungsformen. Wenn die Offizialberatung ihre unbestreitbar notwendige Rolle eines »primus inter pares«, d. h. eines Ersten unter Ranggleichen, im vielfältigen Angebot aller Beratungseinrichtungen nicht verlieren will, so müßte sie zunächst für den eigenen Bereich die erforderlichen Konsequenzen ziehen und noch vorhandene Barrieren beseitigen, die der »Selbstintegration« im Wege stehen und deshalb den Erfolg der Neuorientierung ihrer Beratungsziele und -aufgaben in Frage stellen. Die teilweise schon eingeleitete strukturelle Zusammenfügung der einzelnen Spezialsparten für Land- und Gartenbau bliebe Stückwerk, wenn ihr nicht auch funktional engere Verzahnungen folgen würden, damit die staatlichen Beratungsmöglichkeiten qualitativ optimiert werden. Darunter fällt vorwiegend die zielorientierte, d. h. mit dem ganzen System übereinstimmende Bündelung und Koordinierung der vielen bislang verstreuten Informationen und Anleitungen für den Betrieb. Eine solche, die üblichen Fachgrenzen überschreitende »Komplex-Beratung« kann auf Spezialwissen nicht verzichten und wird daher auf dem Fortbestand der traditionell gewachsenen Eigenständigkeit der einzelnen Beratungssparten fußen müssen. Eigenständigkeit heißt aber nicht Isolation; sie erfordert künftig vielmehr Formen echter, sich gegenseitig ergänzender Partnerschaft!

Weiterhin ist es unverzichtbar, die Offizialberatung vor einer Überlastung mit immer zahlreicheren »Hoheitsaufgaben« zu bewahren. Künftige legislative und exekutive Entscheidungen zur Risikominderung im produktionstechnischen Bereich erfordern daher das richtige Augenmaß, um ein Ausufern von einschränkenden Vorschriften zu verhüten und stattdessen ökologisch erforderliche Verschärfungen einschränkender Regelungen schon im Vorfeld der praktischen Anwendung (z. B. Zulassung!) vorzunehmen, oder aber es müßten strukturverändernde Maßnahmen in Form einer Ausweitung der ohnehin zu knappen Personalausstattung getroffen werden.

3. Der Spezial-Service der Industrie- und Vertriebsberatung sollte um enge Abstimmung und Zusammenarbeit mit der Offizialberatung bemüht sein. Reibungsflächen und Konflikte werden sicherlich nicht gänzlich zu vermeiden sein. Was aber angesichts der gemeinsamen Zielvorstellungen fehl am Platze wäre, sind extreme, die Praxis verunsichernde Polarisierungen und Widersprüche in den Empfehlungen. Sie sind erfahrungsgemäß umso weniger zu befürchten, je größer der Einfluß der Offizialberatung und je fähiger diese ist, der Praxis tatsächlich zuverlässige Entscheidungshilfen im Sinne des Integrierten Landbaues anzubieten. Diesen wird sich dann auch die für produkt- und anwendungsbezogene Informationen unentbehrliche Industrie- und Vertriebsberatung anpassen müssen, wenn sie glaubwürdig bleiben will.

4. Dies gilt sinngemäß auch für die Selbsthilfeeinrichtungen der Praxis, deren Beratungskräfte im Bedarfsfall Hilfe sowohl der Offizialberatung wie der kommerziellen Beratung in Anspruch nehmen. Ihre Bindung jedoch an eine den Grundsätzen und Methoden des Integrierten Landbaues verpflichtete und in diesem Sinne auch wirklich hilfreiche Offizialberatung ist schon deshalb enger, weil die in Selbsthilfeeinrichtungen zusammengeschlossenen Betriebe von ihrem Beratungspersonal erwarten, daß es die Kostenminimierung im Auge hält, wie sie genauso die Offizialberatung anstrebt, z. B. mit ihren Entscheidungshilfen für eine gezielte und bedarfsgerechte, auf ein wirtschaftliches Mindestmaß beschränkte Anwendung von Agrarchemikalien.

5. Vorteilhaft im Sinne einer effektiven Gesamtgestaltung der Beratung wäre die Bildung besonderer Formen der Zusammenarbeit aller Beratungsinstitutionen. Als Beispiel hierfür sei der seit 1974 in Bayern bestehende »Arbeitskreis Pflanzenschutz im Landeskuratorium für Pflanzliche Erzeugung e. V. (LKP)« genannt [10]. In ihm sind Erzeuger, Verbände, Verwaltung und alle Institutionen, die in irgendwelcher Form auf dem Gebiet der Pflanzenschutzberatung tätig sind, gleichberechtigt vertreten. Der Arbeitskreis hatte sich als kommunikatives, ausgleichendes Hilfsorgan der Beratung konstituiert. In seinen Anfängen gelang es ihm auch, den amtlichen Pflanzenschutzdienst in manchen Bereichen durch Anwendung des »Delegationsprinzips«, ohne Einschränkung seiner vom Gesetz vorgeschriebenen Zuständigkeit, zu entlasten, so daß dieser sich umso erfolgreicher seinen Aufgaben zur Steuerung des Integrierten Pflanzenschutzes widmen konnte [12]. Einrichtungen ähnlicher Art sind auch aus anderen Bundesländern bekannt geworden. Sie könnten unter Einbeziehung aller Bereiche der Produktionstechnik ein Modell auch für neue, auf die Ziele des Integrierten Landbaues ausgerichtete Kooperationsformen sein, damit die erforderliche grundsätzliche Übereinstimmung trotz verschiedener Akzente in der Arbeit des uneinheitlichen Beratungsangebots herbeigeführt wird. Vielleicht kommt man auf solchem Wege einem auch integrierten »Beratungsmanagement« im Land- und Gartenbau näher.

6. Alle Beratungshilfen bleiben unvollständig, wenn nicht Landwirte und Gärtner bereit sind, mehr als nur passive Ratsuchende zu sein. Von ihnen muß gefordert werden, die Rolle eines auch aktiven Beratungspartners zu übernehmen. Standortbezogene, gleichsam »maßgeschneiderte« integrierte Landbausysteme setzen im Verlauf der ganzen Vegetationszeit individuelle Entscheidungen zur »Feinsteuerung« des Produktionssystems voraus, die den Betrieben von der Beratung, auch wenn sie noch so leistungsstark wäre, nur selten abgenommen werden können. Stattdessen sind eigenverantwortliche Beobachtungen, Zählungen und Messungen im Pflanzenbestand notwendig, die mehr als früher vom Landwirt und Gärtner auch den Erwerb besonderer biologischer Kenntnisse erfordern. Auch Computer-Dialogprogramme als eine künftig unentbehrliche Beratungshilfe (siehe später) sind nur so gut wie die betriebseigen gewonnenen Beobachtungsdaten, auf die sie sich stützen müssen. Es wäre Aufgabe einer modernen Beratung, die für eine solche aktive Mitarbeit der Praxis erforderlichen Schulungen und Anleitungen den interessierten Betrieben örtlich im ausreichenden Maße anzubieten. Dazu muß die Beratung personell, strukturell und funktionell befähigt und auch ihrerseits zu ständiger Fortbildung bereit sein, um nicht den Anschluß an einen agrarwissenschaftlichen Fortschritt zu verlieren, der auch ökologisch gewinnbringend und für die Verwirklichung des Integrierten Landbaues hilfreich ist.

6.5 Beratungsmethoden im Integrierten Landbau

6.5.1 Erarbeitung von Beratungsunterlagen

Ziel des Integrierten Landbaues ist die optimale Kombination pflanzenbaulicher Einzelmaßnahmen in Kenntnis ihrer Haupt-, Wechsel- und Nebenwirkungen, wobei ein tragfähiger Kompromiß zwischen ökonomischen und ökologischen Erfordernissen gefunden werden muß. Nach SCHRAMM und GRABLER [34] stützt sich das Instrumentarium zur Durchführung des Integrierten Landbaues auf

● Planungsdaten,

● eine darauf aufbauende Produktionstechnik,

● umweltschonende Maßnahmen.

Die Vielzahl der sowohl vom Berater wie auch vom Landwirt zu beachtenden Einzelfaktoren ist in Abb. 81 zusammengestellt. Sie zu quantifizieren und in ein System zusammenzuführen, ist Aufgabe der angewandten Forschung als Grundlage fortschrittlicher Beratung.

Bei der Ermittlung der Daten für den praktischen Anwendungsbereich stehen der pflanzenbauliche Exaktversuch, Erhebungen, Kontrollen auf Praxisschlägen und Untersuchunger-

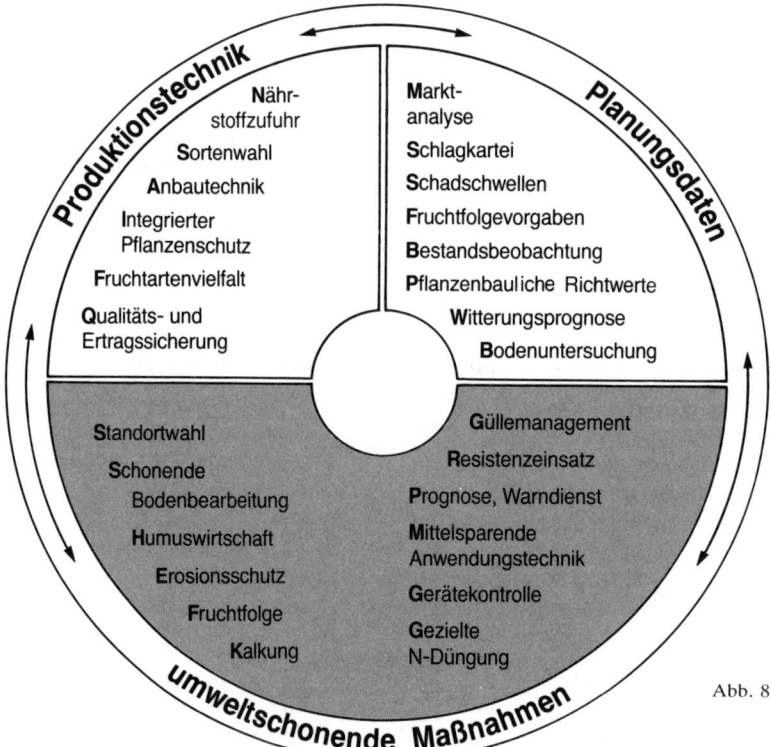

Abb. 81 Instrumentarium zur Durchführung des Integrierten Landbaues.

gebnisse prinzipiell gleichwertig nebeneinander.

Der **Feldversuch** ist für die Prüfung acker- und pflanzenbaulicher Methoden unter praxisnahen Bedingungen ein unentbehrliches Hilfsmittel. Nach BLEIHOLDER und GRÖNER [8] sind dabei zwei Gruppen von Feldversuchen zu unterscheiden:

- Wissenschaftlich orientierte Feldversuche zur exakten Kenntnisgewinnung unter bestimmten ökologischen Bedingungen und
- praxisorientierte Feldversuche zur Unterstützung bzw. Untermauerung anwendungsspezifischer Erkenntnisse unter unterschiedlichen ökologischen Bedingungen.

Die erste Gruppe ist dabei durch den exakt durchgeführten Einzelversuch gekennzeichnet, wie er z. B. zum Erarbeiten von Prognosemodellen auf der Basis veränderlicher epidemiologischer und meteorologischer Größen durchgeführt wird. Im zweiten Falle handelt es sich um produktionstechnische Versuche, die in der Regel als Versuchsserien durchgeführt werden. Wichtig im Feldversuchswesen ist es, möglichst alle veränderlichen standörtlichen und produktionstechnischen Größen zu erfassen. Dies konnte in der Vergangenheit häufig nicht realisiert werden, da bei einer Auswertung von Hand die umfangreichen Daten nicht zu bewältigen waren. Mit dem Einsatz der EDV in der Versuchsdatenerfassung und -auswertung sind heute die Voraussetzungen dafür geschaffen, umfangreiche Datensätze zu verarbeiten und auch Wechselwirkungen zu erfassen.

Neben den Feldversuchen stellt die **Felddatenerhebung in Praxisschlägen** die zweite wichtige Säule zum Erarbeiten von Beratungsunterlagen dar. Mit Hilfe von Schlagkarteien werden alle auf einem Schlag durchgeführten acker- und pflanzenbaulichen Maßnahmen sowie die Erträge erfaßt (siehe Abschnitt 5.10). Diese Daten bilden einerseits die Voraussetzung für eine optimale, schlagspezifische produktionstechnische Beratung, da die gesamte Produktionstechnik an Hand der Aufzeichnungen im Gespräch zwischen Berater und Praktiker analysiert, Schwachstellen aufgedeckt und Verbesserungsvorschläge erarbeitet werden können. Mit der EDV-mäßigen Erfassung möglichst vieler Schlagkarteien wird andererseits eine Datengrundlage geschaffen, die im Rahmen des horizontalen und vertikalen Schlagvergleiches ausgewertet, hervorragende Beratungsansätze und -unterlagen ermöglicht [30].

Wichtige Beratungsunterlagen lassen sich auch mit Hilfe laufender **Bestandskontrollen** gewinnen. In Bayern z. B. werden in Beobachtungsbetrieben auf für den Pflanzenschutzwarndienst festgelegten Kontrollschlägen wöchentliche Befallskontrollen auf Krankheiten und Schädlinge durchgeführt. Diese Ergebnisse werden mit Hilfe des Warndienstprotokolls festgehalten, um zusammen mit allen übrigen schlagspezifischen Daten in einem gemeinsamen Datenbestand abgespeichert und per EDV ausgewertet zu werden. Die wöchentlichen Kontrollen stellen einerseits die Grundlage für einen aktuellen, regionalen Warndienst dar, andererseits können die umfangreichen Daten mit Hilfe der EDV für neue Beratungsgrundlagen ausgewertet werden.

Auf diese Weise konnten z. B. praktikable Methoden zur Befallsermittlung für Blattläuse an Weizen und für Mehltau an Weizen und Gerste auf Basis der Befallshäufigkeit erarbeitet werden, die der Landwirt benötigt, wenn er bei chemischen Bekämpfungsmaßnahmen das Prinzip der wirtschaftlichen Schadensschwelle nützen will [26].

Ausschlaggebender Umweltfaktor im Bereich des Pflanzenbaues ist die **Witterung** (z. B. Einfluß auf die Pflanzenentwicklung, auf Schadorganismen und auf die Nährstoffmobilisierung im Boden). Das Einbeziehen veränderlicher meteorologischer Größen in die pflanzenbauliche Forschung ist deshalb dringend geboten. Die Zusammenarbeit mit dem Deutschen Wetterdienst (Agrarmeteorologie) hat sich in den letzten Jahren verbessert. Neben der Mitarbeit an Prognosemethoden (z. B. PHYTPROG, CERCPROG) besteht derzeit eine engere Zusammenarbeit unter anderem auf folgenden Gebieten: Bedeutung des Mikroklimas für den Pflanzenschutz im Getreidebau, Verringerung der Nitratbelastung im Grundwasser, Epidemiologie von *Septoria tritici*, Optimierung der Beregnungsberatung, Bestimmung der verfügbaren Feldarbeitszeit [18].

Eine Verbesserung im Bereich der Prognosen für Krankheiten und Schädlinge auf der Grundlage von Witterungsdaten deutet sich durch den Einsatz von elektronischen Kleinwetterstationen an [6]. In Bayern wurden im Rahmen des Programms »Umweltgerechter Pflanzenbau« 116 vollautomatische agrarmeteorologische Meßstationen in landwirtschaftlichen Betrieben installiert, wobei die Übertragung der Meßdaten über Bildschirmtext (Btx, siehe später) in den Rechner des Staatsministeriums für ELF erfolgt. Derzeit werden in diesem Rechner Programme für EDV-gestützte Entscheidungshilfen für Weizen- und Gerstenkrankheiten, Kraut- und Knollenfäule bei Kartoffeln, Hopfenperonospora, Falscher Mehltau bei Gurken, Apfelschorf, Peronospora im Weinbau und tierische Schädlinge im Raps entwickelt bzw. bereits getestet, die die einlaufenden Witterungsdaten verarbeiten und über Btx in Form betriebsspezifischer Vorschläge zurückliefern.

Eine gute Zusammenarbeit der landwirtschaftlichen Beratung mit dem Deutschen Wetterdienst erfolgt in fast allen Bundesländern im Rahmen des Fernsprechansagedienstes:»Witterungshinweise für die Landwirtschaft«. Bei diesem Ansagedienst wird seitens des Deutschen Wetterdienstes eine mittelfristige (5 Tage) Wettervorhersage in Verbindung mit agrarmeteorologischen Informationen (z. B. Bodentemperatur, Bodenbefahrbarkeit, Verdunstungsraten u. a.) angeboten. Die landwirtschaftliche Offizialberatung steuert darauf abgestimmte Pflanzenbau- und Pflanzenschutzhinweise bei.

6.5.2 Beratungsmethoden und -instrumente

Die Beratung der Praxis erfolgt auf verschiedene Weise. Neben dem Beratungsgespräch zwischen Berater und Praktiker in Form von Einzel-, Gruppen- oder Massenberatung wird die Beratung auch über Druckmedien, telefonische Anrufbeantworter oder Bildschirmtext (Btx) angeboten.

Mündliche Beratung – Betriebsspezifische Beratungen werden überwiegend in Form der **Einzelberatung** durchgeführt. So wird zum Beispiel das Erstellen eines Düngeplanes unter Zuhilfenahme der EDV sinnvollerweise im Büro des Beraters erfolgen. Im Bereich des Pflanzenschutzes dagegen ist häufig der Betriebsbesuch durch den Berater erforderlich, da für eine fundierte Beratung sichere Diagnosen bei Krankheiten und Schädlingen an Ort und Stelle die Voraussetzung sind. In weniger schwierigen Fällen wird ein Großteil der Beratung fernmündlich erledigt.

Die **Gruppenberatung** ist ein hervorragendes Instrument im Rahmen des Integrierten Landbaus. Sie wird in Form von Versuchsbesichtigungen bzw. -demonstrationen, Feldbegehungen und Arbeitskreisen durchgeführt.

Die *Versuchsdemonstration* sowohl von Exaktversuchen wie auch von Beispielsanlagen ist ein geeignetes Instrument, um Praktiker am lebenden Objekt mit der Versuchsfrage, Versuchsdurchführung und mit schon sichtbaren Ergebnissen (z. B. Befallsbonituren) vertraut zu machen. Derartige Versuchsdemonstrationen sind für den Praktiker sehr informativ und häufig einprägsamer als die reine Zahleninterpretation der Versuchsergebnisse. Sie dienen auch dazu, dem Praktiker die Notwendigkeit eigener laufender Befallskontrollen klar zu machen.

Viele Berater bieten interessierten Landwirten *Feldbegehungen* während der Vegetationszeit an. Diese eignen sich insbesondere zur Schulung in der Diagnose von Krankheiten, Schädlingen und Unkräutern und zur Einführung in die Anwendung wirtschaftlicher Schadensschwellen [22]. Der Praktiker muß mit den Methoden der hinreichend genauen Befallsermittlung vertraut gemacht werden. Er muß lernen, einen Befall nicht nur qualitativ (richtige Schaderregeransprache), sondern auch quantitativ (Befallshäufigkeit bzw. Befallsstärke) zu erfassen, um eine gezielte Bekämpfung zum richtigen Zeitpunkt durchführen zu können.

Da der Praktiker in der richtigen Einschätzung der Befallsstärke häufig Schwierigkeiten hat, sollten die Bekämpfungsschwellenwerte auf die Befallshäufigkeit (Anzahl befallener Pflanzen) ausgerichtet werden. Als Einstieg in die Anwendung von Pflanzenschutzmitteln nach Maßgabe der wirtschaftlichen Schadensschwelle bietet sich die Unkrautbekämpfung an (siehe Abschnitt 7.2.5). Der Landwirt kann bei Feldbegehungen in der Handhabung des Göttinger Zählrahmens geschult werden. Gerade bei der Unkrautbekämpfung nach dem Schadensschwellenprinzip sind noch viele psychologische Hemmschwellen zu beseitigen, die häufig schwerer zu Buche schlagen als eingesparte Pflanzenschutzkosten.

Für Berater und Praktiker gleichermaßen effektiv sind *Arbeitskreise,* in denen sich auf freiwilliger Basis interessierte Praktiker mit dem Berater zusammenfinden, um Probleme der Produktionstechnik eingehend zu diskutieren. Für den Landwirt sind die Bedingungen, unter denen er zu produzieren hat, durch den Standort und die betriebsspezifische Organisation vorgegeben. Somit können durch die Gegenüberstellung von Schlägen der gleichen Vorfrucht und einer in ihrer Höhe vergleichbaren Ackerzahl die Ursachen für erfolgreiches oder weniger erfolgreiches Wirtschaften analysiert werden. In Arbeitsgruppen zur Auswertung der Schlagkarteien können im Rahmen des horizontalen Schlagvergleiches unter Wahrung der Anonymität die

Produktionsmaßnahmen analysiert und Schwachstellen aufgedeckt werden. Derartige Arbeitskreise sind sehr effizient. Sie fördern den gegenseitigen Erfahrungsaustausch unter allen Beteiligten [30].

Bei der **Massenberatung** geht es weniger um spezifische produktionstechnische Fragen eines Einzelbetriebes, als um aktuelle Probleme genereller Art. Die Offizialberatung führt z. B. in Bayern in den Wintermonaten Pflanzenbau- und Pflanzenschutztage durch, bei denen überwiegend produktionstechnische Probleme der vergangenen Vegetationsperiode wie auch aktuelle Beratungsinhalte aufgearbeitet und bilanziert werden. Meist wird dabei ein Schwerpunktprogramm angeboten, wobei die Probleme aus der Sicht der Bodenbearbeitung, des Pflanzenbaus und des Pflanzenschutzes behandelt werden. Diese Veranstaltungen eignen sich auch zur Vermittlung z. B. neuer rechtlicher Bestimmungen (Pflanzenschutzgesetz, Wasserschutz) und ökologischer Förderprogramme.

Schriftliche Beratung – Neben der persönlichen Informationsvermittlung kommt den **Druckmedien** große Bedeutung zu. Darunter fallen vorwiegend Versuchsberichtshefte, Rundschreiben der Erzeugerringe, Merkblätter, Veröffentlichungen in der Fachpresse, Warndienstabonnements und auch Prospekte der Herstellerfirmen.

Grundlage für einen Integrierten Landbau sind Versuchsergebnisse. In *Versuchsberichtsheften* zusammengestellt, können sie ein sehr wertvolles Hilfsmittel für eine standortbezogene Landbauberatung sein. In Bayern werden jährlich von der Landesanstalt für Bodenkultur und Pflanzenbau und ihrem Außenbereich ca. 1400 pflanzenbauliche Versuche in den Bereichen Bodenbearbeitung, Düngung, Pflanzenbau (Sortenwahl!) und Pflanzenschutz durchgeführt. Die Ergebnisse werden für die einzelnen Bereiche in der genannten Form zusammengefaßt und auch entsprechend interpretiert.

Auf regionaler Ebene stellen die Ämter für Landwirtschaft und Bodenkultur die Versuchsergebnisse zum Integrierten Landbau in eigenen Heften zusammen. Dabei gilt der Grundsatz, daß Schlußfolgerungen und Empfehlungen durch mehrjährige, d. h. in der Regel dreijährige Ergebnisse abgesichert sein müssen. Diese Hefte können von der Praxis zu einem geringen Preis erworben werden. Sie beinhalten kultur- und standortbezogene Empfehlungen zur Sortenwahl, Fruchtfolge, Anbautechnik und Bodenbearbeitung, zur Düngung und zum Pflan-

zenschutz. Darüber hinaus enthalten sie eine Zusammenstellung der chemischen Pflanzenschutzmittel, die nach jährlicher Absprache zwischen Beratung, Pflanzenschutzmittelherstellern und Vertrieb als für bayerische Verhältnisse besonders geeignet angesehen und auch umwelttoxikologisch am günstigsten zu beurteilen sind.

Auf großes Interesse bei den Praktikern stoßen die vielfältigen *Merkblätter,* die von der amtlichen Beratung erstellt und durch Auflegen im Amt oder bei Versammlungen verteilt werden. Mit Hilfe solcher Merkblätter kann der Anbauer gezielt auf wichtige Probleme angesprochen werden. Sie sind in der Regel auch mit hervorragenden Bildern ausgestattet, die eine sehr gute Hilfe bei der Diagnose von Krankheiten und Schädlingen darstellen.

So bietet die Offizialberatung Landwirten und Gärtnern Merkblätter »Integrierter Pflanzenschutz praxisgerecht« an. Sie enthalten ein typisches Schadbild, eine Schadbildbeschreibung sowie Informationen über die Befallsvoraussetzungen und über vorbeugende und gezielte Bekämpfungsverfahren (Abb. 82). Im Rahmen der Sortenberatung werden ferner in kulturbezogenen Merkblättern sortenspezifische Anbauhinweise gegeben.

Ergänzt wird dieses Informationsangebot der Offizialberatung durch produktbezogene Prospekte der Industrie-Beratung.

Pflanzenschutzwarndienst – Wichtigstes Instrument des Integrierten Pflanzenschutzes ist der Warndienst (siehe auch Abschnitt 5.7). Er hat die Aufgabe, »auf der Grundlage von Prognosen und spezifischen Untersuchungen die landwirtschaftliche und gartenbauliche Praxis vor dem Auftreten von Schädlings- und Krankheitsepidemien zu warnen, um eine gezielte Bekämpfung vor allem zum richtigen Zeitpunkt durchführen zu können« [17].

Ein Warndienst, der dieser Definition gerecht werden will, kann nicht vom grünen Tisch aus erfolgen. Er erfordert aktuelles Wissen über die phytopathologische Situation bei allen wirtschaftlich bedeutenden Kulturpflanzen, die Epidemiologie von Krankheitserregern und die Bedingungen der Massenvermehrung von Schädlingen sowie die optimalen Bekämpfungstermine aller Schadorganismen. Um die aktuelle Befallssituation festzustellen, bedient sich der Berater verschiedener Methoden:

- Laufende persönliche Bestandskontrolle auf das Auftreten von Krankheiten und Schädlingen,

Integrierter Pflanzenschutz praxisgerecht

Getreideschädlinge

Rothalsiges Getreidehähnchen beim Reifungsfraß im Frühjahr. Wirtschaftlich bedeutsam in Einzeljahren und -lagen ist weniger der durch die Käfer verursachte Streifenfraß als vielmehr der später folgende großflächige Fensterfraß ihrer Larven.

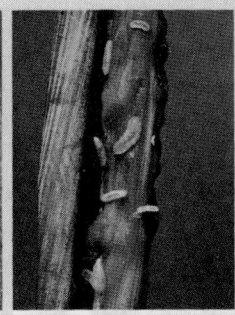

Sattelmücke
(Haplodiplosis marginata)

Bedeutung: Regional meist einige Jahre lang starker Befall. Gefährdet vor allem Sommergerste und Weizen.

Schadbild: Wuchshemmung, Anschwellen der Blattscheiden und Steckenbleiben der Ähren. In sattelförmigen Vertiefungen im Halm anfangs glasig-weiße, später ziegelrote, bis 5 mm große Larven. Bei feuchter Witterung sekundär Pilzfäulen; Halme brechen bei Belastung um.

Verwechslungsmöglichkeit: Zwergwuchs nur bei Winterweizen auch durch Zwergsteinbrand, Steckenbleiben der Ähren durch Gelbe Weizenhalmfliege.

Befall: Ab Mitte Mai – bei kühlen und/oder trockenen Bedingungen bis Anfang Juli – Schlupf der 5 mm großen, roten Mücken und Eiablage. Besonders auf schweren, wasserhaltigen Böden und bei engen Getreidefolgen.

Befallsermittlung: Im Mai auf Vorjahrsbefallsflächen Verpuppung unmittelbar unter Bodenoberfläche. Flugbeobachtung mit Gelbschale. Kontrolle der Eiablage mit Lupe auf den obersten beiden Blattetagen, auch an Quecken auf Vorjahrsbefallsflächen (zur Terminbestimmung!).

Bekämpfungsschwellenwert: Fünf Eier je Halm bei genügend hoher Luftfeuchte.

Bekämpfung: Vorbeugend Sommergerste und Weizen möglichst nach Nichtgetreidevorfrüchten anbauen; frühreifende Wintergetreidearten und -sorten bevorzugen; frühe Sommergetreidesaat. Vorsicht mit Halmverkürzung, Queckenbekämpfung in allen Fruchtfolgegliedern. Gezielt gegen Eier und schlüpfende Larven zugelassenes Kontaktinsektizid. Bei Zuflug der Mücken aus Nachbarflächen oft Randbehandlung ausreichend.

Abb. 82 Merkblätter zum Integrierten Pflanzenschutz (Titel- und Beispielsseite), Beispiele aus Bayern (links) . . .

■ Einsatz von Fallen (z. B. Lichtfallen, Pheromonfallen, Gelbschalen) und von meteorologischen Geräten (z. B. Thermo- und Hygrograph, Regenmesser),

■ spezifische Laboruntersuchungen zur Differentialdiagnose von Krankheiten (z. B. KLEWITZ-KÄSBOHRER – Test bei der Halmbruchdiagnose).

Auf der Grundlage dieser Beobachtungen und Untersuchungen werden sodann *Hinweise* erstellt, die Auskunft geben über den Grad der Wahrscheinlichkeit des Auftretens der einzel-

nen Schadorganismen. Der Warndienst sollte möglichst kleinräumig erfolgen, um den häufig sehr unterschiedlichen Befallsbedingungen gerecht werden zu können. Generell aber muß sich jeder Praktiker klar sein, daß die Warndienstempfehlungen nur einen regionalspezifischen Überblick über die Befallslage geben können. Auf der Grundlage dieser Hinweise muß dann der Landwirt seine eigenen Schläge kontrollieren, um die Entscheidung, ob eine direkte Bekämpfung erforderlich ist, selbst zu treffen (= gezielte Bekämpfungsmaßnahmen nach Über-

Großer Rapsstengelrüßler

Maßnahmen zur Schadensminderung
● Auftreten stark witterungsabhängig.
● Bestandesentwicklung fördern.

Schadensschwelle
10 Käfer/Gelbschale (siehe vorn) in 3 Tagen oder:
10% der Pflanzen mit Eigelege.
Im zeitigen Frühjahr ab 6°C Bodentemperatur.

Ermittlung der Schadensschwelle
Warndienst des Pflanzenschutzamtes beachten.
Gelbschalen (siehe vorn) während des Schossens zur Kontrolle
des Rüßlerfluges aufstellen und im Abstand von 3 Tagen kon-
trollieren.
Letzter Termin: Blühbeginn (Stad. 39–59).

Behandlung
Nur bei Überschreiten der Schadensschwelle Einsatz eines
geeigneten Insektizides.
Bienenschutz beachten.

Vorteile gezielter Maßnahmen
● Kostenersparnis durch Unterlassen der chemischen
Behandlung (50,– DM/ha).
● Schonung landwirtschaftlich nützlicher und sonstiger
Arten.

LANDWIRTSCHAFTSKAMMER HANNOVER
LANDWIRTSCHAFTSKAMMER WESER-EMS

PFLANZEN-SCHUTZAMT

Merkblatt zum
integrierten
Pflanzenschutz in
Winter-raps

Niedersächsischer Minister
für Ernährung,
Landwirtschaft und Forsten

. . . und Niedersachsen (rechts).

schreiten der Schwellenwerte). Dazu benötigt der Landwirt ein gediegenes, ganz anderes Fachwissen als früher, das ihm wiederum die Beratung u. a. auch in Form praktischer Anleitung (Diagnostik und Befallsgewichtung) vermitteln muß.

Der Pflanzenschutzwarndienst gibt nicht nur eine Übersicht über die Befallslage und die Entwicklung, sondern nennt dem Landwirt auch praktikable Methoden zur hinreichend genauen Befallsfeststellung. Nur wenn sichergestellt ist, daß die Befallsermittlung für den Landwirt

praktikabel und mit einem vernünftigen Zeitaufwand möglich ist, wird er bereit sein, Bekämpfungsmaßnahmen an Schwellenwerten auszurichten.

Die Hinweise des amtlichen Warndienstes werden der Praxis über schriftliche Warndienst-Abonnements, telefonische Anrufbeantworter, Bildschirmtext (Btx), für größere Regionen über den Fernsprechansagedienst »Witterungshinweise für die Landwirtschaft« und über die Lokalpresse zur Verfügung gestellt. In Ausnahmefällen (Gefahren überregionaler Art!) erfolgen Hinweise auch über Rundfunk und Fernsehen.

Die Arbeitsweise des offiziellen Pflanzenschutz-Warndienstes soll am Beispiel Bayerns näher erläutert werden: Hier ist der Warndienst wegen der stark unterschiedlichen naturräumlichen Gliederung und demzufolge unterschiedlicher Produktionsbedingungen schon seit seinen ersten Anfängen dezentral organisiert (= auf Landkreisebene durch Ämter für Landwirtschaft). Je Dienstbezirk eines Amtes werden in der Regel fünf für die jeweiligen Naturräume repräsentative landwirtschaftliche Betriebe ausgewählt. Je Betrieb sind es 5–8 Schläge, auf denen der Pflanzenschutzberater wöchentliche Befallskontrollen für die wichtigsten Krankheiten und Schädlinge durchführt. Die Erhebungen erfolgen landesweit einheitlich nach Maßgabe des »Warndienstprotokolls«. Festgestellt werden bei der jeweiligen Kultur die Sorte, das Entwicklungsstadium der Pflanze sowie die Befallshäufigkeit und die Befallsstärke der Schaderreger.

Die Ergebnisse der Untersuchungen werden im Warndienstprotokoll festgehalten und bilden die Grundlage für die Formulierung der Warndiensthinweise. Diese erstrecken sich nicht nur auf die regionale Befallssituation und -entwicklung (wöchentliche Bonituren!), sondern enthalten auch Angaben über wirtschaftliche Schadens- oder Bekämpfungsschwellen und über praktikable Methoden zur hinreichend genauen örtlichen Befallsermittlung. Die Hinweise werden der Praxis über derzeit 63 telefonische Anrufbeantworter angeboten; ein Service, der von der Praxis sehr gut angenommen wird, wie die jährlichen Abrufzahlen zeigen. Die Anruffrequenz lag 1978 bei 25 000, 1991 bei 225 000 Anfragen pro Jahr.

Neben Empfehlungen auf Landkreisebene wird der Warndienst auch in Verbindung mit Wettervorhersagen und agrarmeteorologischen Hinweisen im Rahmen des Fernsprechansagedienstes »Witterungshinweise für die Landwirtschaft« angeboten. Dieser Service stieß auf sehr großes Interesse. Allein im Jahr 1991 wurden ca. 2,25 Mio. Anrufe in Bayern registriert.

Neuerdings werden Warndiensthinweise auch über Bildschirmtext verbreitet (siehe später).

Bildschirmtext als Hilfsmittel der Beratung – Mit dem Medium Bildschirmtext, kurz Btx genannt, stellt die Bundespost ein kostengünstiges Informationssystem bereit, das die Beratung zur Informationsvermittlung an den Praktiker nutzen kann und muß. Es ist in der Lage, große

Informationsmengen anzubieten und die Informationswege zu verkürzen.

Bereits heute nutzen ca. 4500 Landwirte in der Bundesrepublik Btx. Bei Verbesserung der Informationen durch die Beratung und des Bedienungskomforts könnte dieses Medium eine größere Verbreitung in der Landwirtschaft erlangen.

Beim Einsatz von Btx sind schwerpunktmäßig folgende Anwendungsbereiche zu unterscheiden [33]:

- Abrufen von Informationen aus zentralen Datenspeichern in Form von Textseiten oder Graphiken,
- Kommunikation mit anderen Teilnehmern des Systems in Form von schriftlichen Nachrichten, die gespeichert oder abgerufen werden können,
- Nutzung von Rechnerprogrammen der angeschlossenen Großrechner im Dialogverfahren,
- Abruf von Rechnerprogrammen sowie Übertragung auf eigene Kleinrechner (PC) und Verarbeitung beim Teilnehmer.

Über Btx kann der Landwirt mit einer Vielzahl von Informationsanbietern kommunizieren. Bestimmte Fragestellungen lassen sich daher schnell und konzentriert von verschiedenen Seiten beleuchten. Btx ist zeitlich uneingeschränkt zugriffsbereit und kann jede Information unverzüglich übertragen. Somit ist die Aktualität die herausragende Eigenschaft dieses neuen Mediums. Sein Vorzug liegt darin, standardisierte Informationen einem großen Benutzerkreis zur Verfügung zu stellen. Besondere Chancen für den Integrierten Landbau bieten Dialogprogramme, weil mit ihrer Hilfe die Leistungsfähigkeit von Großrechenanlagen für betriebs- und schlagspezifische Entscheidungen genutzt werden kann.

Beratung als Anbieter von Btx-Informationen und Dialogprogrammen – Einige Bundesländer (z. T. Landwirtschaftskammern) treten derzeit als Anbieter im Btx auf. Im Bereich des Landbaues werden in erster Linie Pflanzenschutzprognosen und allgemeine Informationen zur Pflanzenproduktion, z. T. auch schon in Form von Dialogprogrammen angeboten, die im folgenden kurz charakterisiert werden sollen.

Wegen der Aktualität und der schnellen Informationsvermittlung eignet sich vor allem der **Pflanzenschutzwarndienst** für Btx. Vorteilhaft ist insbesondere die Möglichkeit, die Informationen zu regionalisieren. Gegenüber dem telefonischen Anrufbeantworter besteht bei Btx nicht die Gefahr von Verständnisschwierigkeiten. Anstelle des gesprochenen Wortes tritt das geschriebene, das auch wiederholt gelesen werden kann. In Bayern werden die Informationen von den Ämtern für Landwirtschaft über den BALIS-Rechner im Staatsministerium für Ernährung, Landwirtschaft und Forsten ausgesandt.

Dabei besteht die Möglichkeit, die Befallsübersichten für die einzelnen Schaderreger jeweils mit Grundlageninformationen zu verknüpfen, die seitens der Landesanstalt für Bodenkultur und Pflanzenbau im Btx bereitgestellt werden. Sie enthalten für alle bedeutsamen Schaderreger eine Schadbildbeschreibung, Informationen über Befallsvoraussetzungen, Befallsermittlung, wirtschaftliche Schadensschwelle sowie zur vorbeugenden und gezielten Bekämpfung. Auf diese Weise kann sich der Landwirt zur jeweiligen Befallssituation die gesamten Informationen für gezielte Pflanzenschutzmaßnahmen beschaffen.

Unter der Rubrik »Pflanzen – Aktuelles – Regional« werden in Bayern neben dem Pflanzenschutzwarndienst auch Sorten- und Düngungsempfehlungen, Übersichten über die N_{min}-Situation, der Auswuchswarndienst bei Weizen und die Reifegradbestimmung bei Silomais angeboten.

Ein wachsendes Btx-Angebot gibt es für mehr allgemeine Pflanzenbau- und Pflanzenschutzinformationen. In der Regel haben sie jedoch keinen ausgesprochen aktuellen Charakter, sondern stellen Grundlageninformationen dar, die der Landwirt schnell und treffsicher abrufen kann, ohne in seinen eigenen Arbeitsunterlagen, in Fachzeitschriften und -büchern erst lange suchen zu müssen. Darunter fallen Informationen über Pflanzenschutzmittel und Handelsdünger, ausführliche Sortenbeschreibungen, aber auch detaillierte Angaben über Produktionsverfahren. Im Bereich dieser Informationen sind Verknüpfungen zu anderen Anbietern möglich, z. B. Pflanzenschutzmittelfirmen. Dort kann

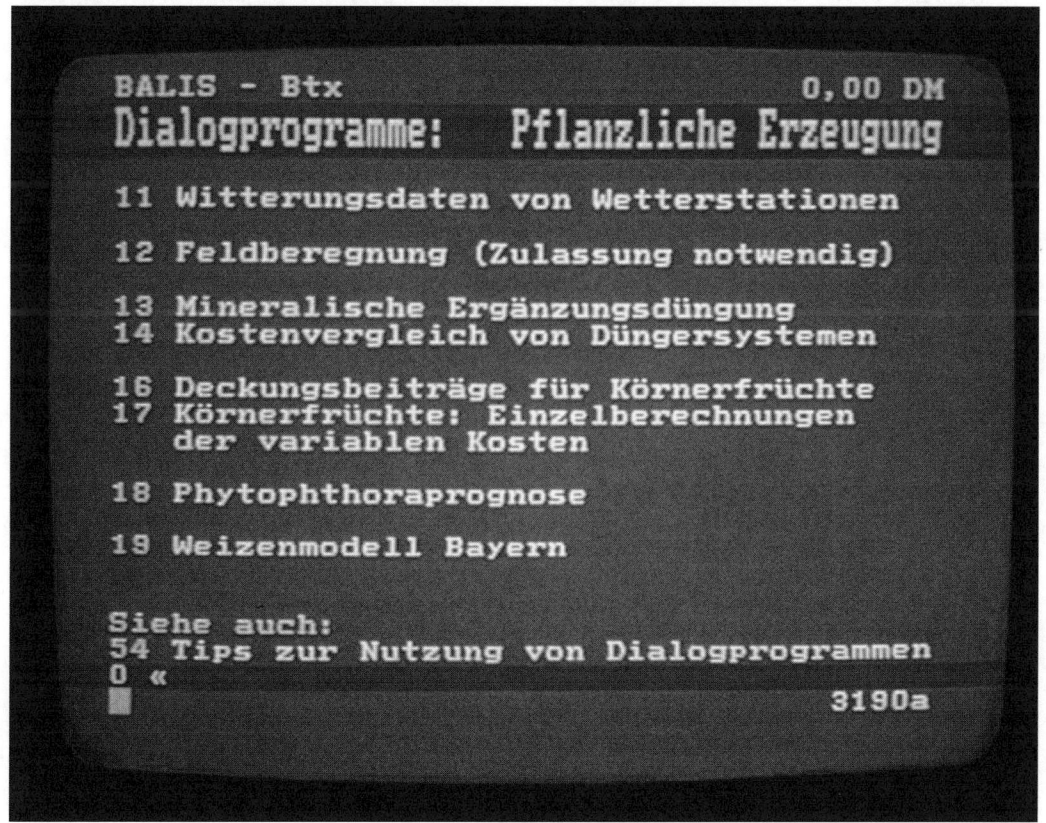

Abb. 83 Btx-Dialogprogramme im Bayerischen landwirtschaftlichen Informationssystem (Balis).

der Landwirt die aktuellen Produktbeschreibungen einsehen, die dem neuesten Zulassungsstand entsprechen [29].

Btx-Dialogprogramme eröffnen die Möglichkeit, EDV-Programme ohne Kosten für Hard- und Software für eigene Betriebsentscheidungen zu nutzen. Sie ermöglichen insbesondere den Betrieben, für die sich die Anschaffung eines eigenen Personalcomputers (PC) nicht lohnt, Großrechnerleistungen in Anspruch zu nehmen und betriebs- und schlagspezifische Daten zu verrechnen.

Im schon erwähnten Bayerischen Landwirtschaftlichen Informationssystem (BALIS) werden seit einigen Jahren mehrere komplette Dialogprogramme über Btx zur Verfügung gestellt (Abb. 83). Besonders gefragt sind Dialogprogramme zur Entscheidung über die Notwendigkeit von Pflanzenschutz- und Düngungsmaßnahmen unter Berücksichtigung von schlagspezifischen Daten und Schwellenwerten. Beispiele, mit denen in der Bundesrepublik Deutschland Erfahrungen bei Getreide vorliegen, sind schon im Abschnitt 5.11 geschildert worden.

In Bayern wird der Praxis seit 1992 auch das Expertensystem »Integrierter Pflanzenschutz gegen Pilzkrankheiten im Weizenbau«, genannt »Weizenmodell Bayern«, über Btx angeboten [27].

In der Schweiz werden die Modelle EPIPRE und HORDEPROG über Btx genutzt. EPIPRE wurde für Winterweizen an die dortigen Verhältnisse angepaßt und berücksichtigt die Krankheiten Halmbruch, Mehltau, Gelbrost, Braunrost, Spelzenbräune und unter den Schädlingen Getreideblattläuse. HORDEPROG wurde in der Schweiz auf der Basis von EPIPRE für Wintergerste entwickelt und beinhaltet die Krankheiten Halmbruch, Gelbrost, Braunrost, Mehltau, *Rhynchosporium* und Netzflecken [15].

Sollen diese Programme in anderen Ländern übernommen werden, so müssen sie den landesspezifischen Verhältnissen angepaßt werden (siehe Abschnitt 5.11). Diese Anpassung auf landes-, bzw. regionsspezifische Verhältnisse ist zwingende Voraussetzung, wenn derartige Dialogprogramme dem Landwirt echte, zuverlässige Entscheidungshilfen bieten sollen. Besonders wichtig ist deshalb das Mitwirken der Beratung bei der Programmerstellung.

Für die Akzeptanz durch den Landwirt ist ein hoher Bedienungskomfort entscheidend. Die bestehenden Dialogprogramme müssen weiter verbessert und neue Modelle mit verbessertem Bedienungskomfort und erhöhter Aussagekraft erarbeitet werden. Wenn dies gelingt, wird der gezielte Pflanzenschutz nach Maßgabe der wirtschaftlichen Schadensschwelle immer mehr Bedeutung erlangen, auch wenn dies höhere Anforderungen an die Produktionskenntnisse der Landwirte stellt.

Krankheits- und Unkraut-Prognosemodelle (Simulationsmodelle, Negativprognosemodelle, Entscheidungsmodelle) laufen heute auch auf leistungsfähigen Personalcomputern (PC), die insbesondere für größere Betriebe interessant sind (siehe Abschnitt 5.11). Damit wird die Beratung sowohl bei der Programmerstellung wie auch bei der Anleitung für die eigenständige Anwendung dieser Programme in Zukunft ständig immer mehr gefordert sein.

Es besteht also kein Zweifel, daß Btx ein Medium ist, das sich für die Informationsvermittlung zwischen Beratung und Praxis eignet und für die künftige Verwirklichung des Integrierten Landbaus Bedeutung haben wird. Es kann aber nur dann für die Praxis wirklich hilfreich sein, wenn die von der Beratung angebotenen Informationen aktuell und sachkundig sind. Dies verpflichtet die Beratung, sämtliche Informationen laufend auf Aktualität und sachliche Richtigkeit hin zu überprüfen. Dies gilt insbesondere für die Dialogprogramme, die ständig gewartet und auf den neuesten Stand gebracht werden müssen.

Im übrigen besteht noch ein großer fächerübergreifender Forschungsbedarf für das Erstellen systemanalytischer Simulationsmodelle, ehe die heutigen Chancen des rechen- und kommunikationstechnischen Fortschritts für die Beratung im Integrierten Landbau voll genutzt werden können.

7 Beispiele für praxisreife Teilsysteme des Integrierten Landbaues

7.1 Voraussetzungen und Hilfsmittel für die Realisierung in der Praxis
– Dargestellt am Beispiel der Regiegüter »Fürst Thurn und Taxis«

S. Schall, Falkenstein

Der um die Jahrhundertwende an der Hochschule für Bodenkultur in Wien als Ordinarius für Betriebslehre wirkende Johann Pohl [5][1]) sieht in der Gewinnmaximierung nicht den einzigen Sinn und Zweck im Leben eines Landwirts. Neben dem Streben nach Gewinn stellt er an bedeutsamer Stelle seiner Ökonomik das ästhetische Prinzip sowie das sittliche Prinzip heraus. Das erstere soll das Bedürfnis des Landwirts nach Ordnung und Schönheit befriedigen, das sittliche Prinzip will Pohl auf den Umgang mit den Mitmenschen angewandt wissen.

Seit Pohl hat der vor allem nach 1945 stark beschleunigte technische Fortschritt die Landbewirtschaftung, schließlich auch die Landschaft und das Land grundlegend verändert. Unter dem laufenden Zwang zur Rationalisierung fanden die negativen Nebeneffekte der Technisierung sowie eines stetig zunehmenden Einsatzes von Dünge- und Pflanzenschutzmitteln auf den gesamten Naturhaushalt bis vor kurzem allgemein nur wenig Beachtung. Das Problembewußtsein ist jedoch gegenwärtig nicht nur in Wissenschaft, Öffentlichkeit, Politik und Wirtschaft, sondern auch beim Landwirt selbst stark gestiegen.

Es kann kein Zweifel darüber bestehen, daß das humanethische Prinzip Pohls heute um die ökologisch-ethische Dimension erweitert und sein Ästhetikverständnis in landschaftsarmen Agrarregionen wiederbelebt werden muß. Durch die laufend im Betrieb erlebte Faktorknappheit bedingt, sowie mit dem Wirkungsgefüge integrie-

render und differenzierender Kräfte immer noch vertraut, fällt einem Landwirt das Denken in vernetzten Systemen grundsätzlich nicht schwer. Nicht zu leugnen ist freilich, daß das ursprünglich integrierte Denken des Landwirts durch die herrschenden wirtschaftlichen und gesellschaftlichen Bedingungen individuell mehr oder minder zurückgedrängt wurde. Damit stellt der Landwirt jedoch in der heutigen Gesellschaft keine berufsspezifische Ausnahme dar.

7.1.1 Ökonomische und ökologische Zielsetzung

Allgemein gültiges Ziel der Pflanzenproduktion ist heute der jahrgangsspezifisch maximal mögliche Deckungsbeitrag von jedem einzelnen Schlag. Bei den gegenwärtig für die Landwirtschaft gültigen Preis:Kosten-Verhältnissen ist der angestrebte maximale Deckungsbeitrag meist noch identisch mit dem jahrgangsspezifisch maximal möglichen Naturalertrag, kombiniert mit der maximal möglichen Produktqualität – gemeinsam mit minimalen Kosten erstellt und den Ernteertrag mit maximal möglichem Erlös vermarktet. Der Begriff Qualität schließt selbstverständlich das rückstandsfreie Produkt mit ein.

Das beschriebene ökonomische Ziel unterliegt folgenden Beschränkungen:

- Wenn schon nicht Mehrung, so mindestens Erhaltung der Bodenfruchtbarkeit;
- Belastungsminimierung des gesamten Ökosystems, speziell von Boden, Oberflächen-, Grundwasser und Luft beim Einsatz von Agrartechnik, Dünge- und Pflanzenschutzmitteln;
- Vermeidung von Resistenzbildung durch Pflanzenschutzmittel bei Schaderregern sowie Ungräsern und Unkräutern.

Die eben genannten Nebenbedingungen werden über den nachfolgend beschriebenen und für alle Betriebsleiter verbindlichen Verhaltenskodex der Regiegüter »Thurn und Taxis« laufend bei Handlungsentscheidungen zu berücksichtigen versucht. Das Kodexgerüst wurde vor

---

[1]) Den Hinweis auf Pohl verdankt der Verfasser MDirig. a. D. G. Seyrer, Freising.

12 Jahren entwickelt und inzwischen dem Wissens- und Erfahrungsfortschritt entsprechend erweitert. Eine Ergänzung um die Komponenten »Biotop-Verbundsystem und landschaftsästhetische Gestaltung von Fluren und Hofstellen« ist geplant.

Verhaltenskodex für die Landbewirtschaftung

1. Wir praktizieren grundsätzlich bodenschonende, vor allem erosionsmindernde Produktionsverfahren.
2. Wir halten die Auflagen für Wasserschutzgebiete ein und sparen entlang von Gewässern breite Schutzstreifen aus.
3. Sofern eine Pflanzenschutzmittel-Einsatzsteuerung nach Schadensschwellen erfahrungsgemäß sicher ist, wird davon Gebrauch gemacht.
4. Wir lassen unsere Pflanzenschutzgeräte jedes Jahr überprüfen, um eine genaue Dosierung sicherzustellen.
5. Wir verwenden nur zugelassene Pflanzenschutz- und Düngemittel.
6. Wir versuchen, durch entsprechende Strategien einer möglichen Resistenzbildung von Unkräutern, Krankheitserregern und Schädlingen gegen Pflanzenschutzmittel entgegen zu wirken.
7. Wir räumen innerhalb der Pflanzenschutz-Präparatepalette – bei sonst gleichen Eigenschaften – folgenden Mitteln Einsatzpräferenz ein: Mittel ohne bekanntgewordene nachteilige Umweltwirkungen, speziell
   a) ungiftige Mittel,
   b) rasch abbaufähige Mittel,
   c) Mittel mit möglichst geringem Wirkstoffaufwand,
   d) Mittel ohne Resistenzbildungsgefahr.
8. Wir halten die vorgeschriebenen Wartezeiten ein.
9. Wir orientieren die Düngung am Nährstoffentzug der Pflanzen und am Nährhumus-Ersatzbedarf des Bodens. Die schlagspezifische Düngung berücksichtigt Bodenversorgung, N-Mineralisation, Nährstoffentzug und -rücklieferung durch wirtschaftseigene Dünger und Ernterückstände.
10. Wir halten in Schlagkarten die Einsatzmittel, -mengen und -zeitpunkte, den beobachteten Wirkungsgrad sowie eventuelle Nebeneffekte fest.

Die beiden Begriffe Kostenminimierung und Belastungsminimierung zeigen die engen Strukturbeziehungen zwischen Ökonomie und Ökologie deutlich auf. Bei langfristiger Betrachtung müßte daher auch zwischen dem betriebswirtschaftlichen Ziel der Pflanzenproduktion und den begrenzenden ökologischen Einschränkungen kein eigentlicher Widerspruch bestehen.

7.1.2 Ein Informations-, Steuerungs- und Kontrollsystem

Erkenntnis und Entwicklung werden bekanntlich durch ein Problem ausgelöst. Dies trifft in gleicher Weise auch für den Entwicklungsansatz eines Informations-, Steuerungs- und Kontrollsystems für die Pflanzenproduktion zu. Die einzelnen System-Entwicklungsetappen werden im folgenden näher beschrieben.

Ausgelöst durch eine *Cercosporella*-Kalamität – sie war mit einem erheblichen Ertragsausfall verbunden – wurde die bis dahin ausschließlich auf die Betriebsökonomik ausgerichtete Beratungs- und Kontrollarbeit der Unternehmensleitung auf den Teilbereich »Pflanzliche Produktion« ausgedehnt und laufend intensiviert. Seit dieser Zeit wurde versucht, die produktionstechnischen Entscheidungshandlungen der Betriebsleiter durch einschlägige, sporadisch verfaßte Rundschreiben, zunächst als Handlungsanleitungen, später als Entscheidungshilfen bezeichnet, zu unterstützen.

Die Schwachstellen des praktizierten Informations-, Steuerungs- und Kontrollsystems traten bald zutage. Die den Betriebsleitern zur Verfügung gestellten Entscheidungshilfen waren zwar problemlösungsorientiert, verdankten ihre Abfassung aber häufig dem Zufall. Sie standen daher den Betriebsleitern nicht immer zur Verfügung, wenn sie zusätzlich Informationen für eine anstehende Entscheidung benötigten. Die bereitgestellten Entscheidungshilfen bezogen sich in der Regel nur auf einzelne Entscheidungselemente, weit weniger schon auf von einander abhängige Entscheidungsfolgen.

Die Parallelkontrolle über Bedingungen und Auswirkungen der getroffenen Entscheidungen war ebenso schwach wie die Nachkontrolle und der Informations-Rückfluß. Die von den Betriebsleitern getroffenen Entscheidungen wurden zwar in einem Tagebuch festgehalten, eine Rekonstruktion schlagspezifischer Entscheidungsfolgen war – wenn überhaupt – nie vollständig und nur mit einem erheblichen Zeitaufwand möglich.

Die damals praktizierte Produktionstechnik war in ihren Grundelementen noch ziemlich statisch. Bodenbearbeitung, Grund- und Stickstoffdüngung erfolgten nach relativ starren Regeln, der N-Bedarf während der Vegetation wurde an der Blattgrün-Intensität des Pflanzenbestandes abzuschätzen versucht. Das Umweltbewußtsein war in diesem Stadium nur wenig entwickelt. Der Begriff »Schadensschwelle« war nicht allen am Entscheidungsprozeß Beteiligten schon bekannt. Ökologische Entlastungseffekte waren eher zufällige Nebenwirkungen von Bemühungen zur Kostenminimierung.

In der landwirtschaftlichen Praxis wird der gezielte Produktionsmitteleinsatz (»zum optimalen Zeitpunkt mit dem optimalen Gerät das optimale Mittel in der optimalen Menge«) zur ertragsentscheidenden Strategie und Taktik der Bestandesbegründung und Bestandesführung. Nicht der standardisierte, d. h. unreflektierte Betriebsmitteleinsatz entscheidet über den angestrebten Deckungsbeitrag, sondern der gezielte, den jeweiligen Boden- und Witterungsverhältnissen sowie sonstigen »Vor-Ort-Bedingungen«, d. h. den schlagspezifischen Gegebenheiten optimal angepaßte Produktionsmitteleinsatz. Dieser setzt daher eine möglichst exakte Kenntnis der Entwicklungs- und Ertragsbildungsphysiologie, speziell der kritischen Stadien, einer Kulturpflanze voraus. Eine optimale Terminierung erfordert gleichzeitig möglichst genaue Informationen über vorliegende und kurzfristig mutmaßlich zu erwartende Witterungs- und Bodenbedingungen, des schlagspezifischen Wachstums- und Entwicklungsstandes von Pflanzen, ihrer Wasser- und Nährstoff-, insbesondere der N-Versorgung, ihres vermutlich weiteren Wasser- und Nährstoffbedarfes sowie des aktuellen und zukünftig wahrscheinlichen Gefährdungsgrades durch Unkräuter/Ungräser, Krankheiten und Schädlinge.

Für ein Informations-, Steuerungs- und Kontrollsystem, das gleichzeitig den Anforderungen einer umweltgerechten Pflanzenproduktion zu entsprechen versucht, ist daher die systematische Schlagbeobachtung eine unerläßliche Voraussetzung. Nicht minder wichtig aber ist es, sämtliche auf den einzelnen Schlägen vom Betriebsleiter getroffenen und auf Beobachtungen fußenden Entscheidungen nach Bodenzustand, Zeitpunkt, Pflanzenentwicklungsstadium, die eingesetzten Betriebsmittel nach Art, Menge, erreichtem Wirkungsgrad sowie beobachteten Nebeneffekten, die Qualität der Arbeitsausführung, schließlich Naturalertrag und Erntegut-

qualität schriftlich festzuhalten, um Möglichkeiten für eine systematische Schwachstellensuche zu eröffnen (siehe Abschnitt 5.10).

Neben einer systematischen Schlagbeobachtung und Schlagdatenaufzeichnung kommt dem Zählen, Messen und Wiegen eine besondere Bedeutung zu. Zähl- und Meßdaten ermöglichen im Verein mit einschlägigen Vergleichsdaten zunächst einmal die nachträgliche Schwachstellensuche. Ihr Wert steigt jedoch beträchtlich an, wenn dem Betriebsleiter die entsprechenden Daten schon vor einer zu treffenden Entscheidung als Entscheidungshilfe zur Verfügung stehen.

Für die qualitative und quantitative Beurteilung von Entscheidungsbedingungen und Entscheidungsergebnissen kann der Landwirt auf ein umfangreiches Instrumentarium zurückgreifen. Die einschlägige Zusammenstellung (Tabelle 63) weist mehr als 75, zum größeren Teil leicht verfügbare, einfach zu handhabende sowie billige Hilfsmittel aus, die zur Information, Steuerung und Kontrolle einer rentablen und umweltschonenden Pflanzenproduktion nutzbar gemacht werden können.

Die Hilfsmittelpalette reicht von der Beobachtung mit dem Auge über Bilanzierungsverfahren, CAL-Methode, N_{min}-Bestimmung, Schadensschwellen, Schlagkarte bis hin zu Unkrautatlas, Versuchsparzellen, Warndienst und einfachem Zählen. Eine interessante »ökologische und ökonomische Lernvariable« bedeutet innerhalb der Informations-, Steuerungs- und Kontrollhilfsmittel die sog. 0-Parzelle. Unter diesem Begriff ist ein ungedüngter bzw. mit Pflanzenschutzmitteln nicht behandelter, auf die jeweilige Fahrgassenbreite abgestimmter und mit Großmaschinen beerntbarer Feldstreifen zu verstehen. Ihren vollen Wert erhält eine 0-Parzelle freilich erst dann, wenn sie nicht nur der vergleichenden Beobachtung dient, sondern wenn auch das Ernteergebnis für Vergleichszwecke ermittelt wird.

Die zwei wichtigsten Hilfsmittel stellen im beschriebenen Informations-, Steuerungs- und Kontrollsystem jedoch Orientierungsmodell und Schlagkarte dar. Unter einem Orientierungsmodell wird eine Optimierungsanleitung für ein bestimmtes Produktionsverfahren, zum Beispiel »Produktion von Brotweizen«, verstanden. Es besteht aus der Beschreibung von etwa 30 produktionstechnischen Elementen bzw. Elementkombinationen, die nach aktuellem Wissensstand Einfluß auf Hektarertrag und Produktqualität nehmen. Strategien zur Optimie-

Tabelle 63 Informations-, Steuerungs- und Kontrollhilfsmittel

Witterung	Boden	Traktor, Fahrzeuge, Maschinen, Geräte sowie Reifen	Saat- und Pflanzgut	Pflanzen	Erntemenge und Erntegutqualität
Niederschlag, Luftfeuchte, Blattbenetzungsdauer, Lufttemperatur, Luftdruck, Windrichtung, Windstärke, Globalstrahlung	Erosion, Feuchte, Temperatur, Ton-, Schluffanteil, Humusgehalt, Struktur, Nährstoffgehalt, Nährstoffnachlieferung, Schadstoffgehalt, pathogener Keim- und Schädlingsgehalt	Transport, Bodenstrukturierung, Saat- und Pflanzgutbehandlung, Drillen und Pflanzen, Düngen, Planzenschutz, Beregnung, Ernte, Erntegut-Ein- und Auslagerung, Erntegutlagerung, Erntegutaufbereitung	Gesundheit, Fremdbesatz, 1000-Korngewicht, Einzelgutform, -größe und -gewicht, Sortierung, Keimfähigkeit, Triebkraft, Schutzmittelauftrag	Fruchtfolge, Feldaufgangsrate und -geschwindigkeit, Pflanzenzahl, -verteilung, Haupttrieb-, Stengel-, Neben-, Seitentriebzahl, Phänotyp, Färbung, Entwicklungsstadium, Nährstoffversorgung, -bedarf, Wasserversorgung, -bedarf, Unkräuter, Ungräser, Krankheiten, Schädlinge	Schlag-, Vergleichsparzellenertrag, Ertragsstruktur, Einzelerntegutform, -größe, -gewicht, Sortierung, hl-Gewicht, Kornfeuchte, Gesundheit, wertbestimmende-, wertmindernde Inhaltsstoffe

»Das Auge«

Hören – Lesen – Zählen – Messen – Wiegen – Rechnen

Die Elektronik

Witterung	Boden	Traktor, Fahrzeuge, Maschinen, Geräte sowie Reifen	Saat- und Pflanzgut	Pflanzen	Erntemenge und Erntegutqualität
Regenmesser, Hygrometer, Thermometer, Windmesser, Wetterprognose, Warndienst, mikroprozessorgesteuerte Kleinwetterstation	Abtraggleichung, Ceratzkischeibe, Thermometer, Schlämmanalyse, Schätzungszahlen, C-, N-, pH-, Spurenelementbestimmung, Wurzelausbildung, Spaten, Sonde, Bohrer, Penetrometer, CAL-, DL-, H_2O-Methode, N_{min}-, Nitrattest, EUF-Methode, Güllespindel, Spezialanalysen, Nährstoffbilanzen, Düngeplan, N-Düngefenster	Niederdruckreifen, Einsatzanleitung, TÜV-Untersuchung, Prüfstand, Checklisten, Waage, Meßbecher, Mittelabtriebprüfung, Geschwindigkeitsmesser, Hektarzähler, Manometer, Durchflußmesser, Streudiagrammanalyse, Düsendiagrammpapier, Abdriftkontrolle, Erntegutbeschädigungs-, -verlustmeßmethoden, Lagerungsverlustmeß-methoden	Sortenbeschreibung, Unkraut-, Krankheiten-, Schädlings- und Schadbilderatlas, Augenstecklings-, Elisatest, Waage, Meßzylinder, Siebsortiment, Keimfähigkeits-, Triebkraftbestimmung, Schutzmittelabriebtest	Sortenbeschreibung, Metermaß, Zählrad, EC-Stadien, kritische Stadien, Nitrat-, Diphenylamintest, Pflanzenanalyse, Unkraut-, Krankheiten-, Schädlings- und Schadbilderatlas, Unkrautzählrahmen, Gelbschalen, Warndienst, Schadprognosen, Schadschwellen, EPIPRE-Methode, Mittelinhaltsstoffanalysen, -wirkstoffspektren	Sortenbeschreibung, Waage, Meßzylinder, Siebsortiment, Feuchtigkeitsmesser, Unkraut-, Krankheiten-, Schädlings- und Schadbilderatlas, Inhaltsstoffanalysen, Orientierungsmodelle, Ablauflisten, Versuchsparzellen, O-Parzelle

rung der Subsysteme »Grunddüngung – Boden-strukturierung – Sorte – Saatgut/Saat – stadien-gerechte Stickstoffdüngung sowie Pflanzen-schutz« sind einschließlich der aktuell bekann-ten Wechselbeziehungen im Modell ausführlich abgehandelt.

Eine Produktionsanleitung der eben beschriebe-nen Art räumt dem Betriebsleiter selbstver-ständlich hinreichend Spielraum für alle not-wendigen Reaktionen zur Bestandesbegrün-dung und Bestandesführung ein. Sie würde sonst dem Charakter eines »Orientierungsmodells« – offen, dynamisch – widersprechen.

Die gleiche Funktion wie ein Orientierungsmo-dell mit seinen »wenn–dann Entscheidungsre-geln« kann eine sog. Ablaufliste übernehmen, sofern sie nicht wie ein Rezeptbuch eine starre Produktionstechnik vorschreibt, mit mengen-mäßig im Voraus fixierten Stickstoffgaben und ausschließlich obligatorischen Pflanzenschutz-maßnahmen.

Zur Aufzeichnung der produktionstechnischen Entscheidungshandlungen findet die Schlagkar-te Verwendung. Ihrer Entwicklung und Einfüh-rung liegt die Unterstellung zugrunde, daß zwischen der praktizierten Produktionstechnik auf einem bestimmten Schlag und dem erzielten Hektarertrag sowie der Produktqualität ein en-ger Zusammenhang besteht.

Durch eine kritische Analyse der Verfahrens-technik sowie über die Methode des horizonta-len und vertikalen Verfahrensvergleichs (siehe Abschnitt 5.10) lassen sich Mängel und Schwä-chen der jeweiligen Produktionstechnik aufdek-ken. Die Schlagkarte kann schließlich dem Be-triebsleiter eine gezielte Schlagführung im Ab-lauf der Produktionsperiode ermöglichen, Ent-scheidungshilfen für einen kosten- und umwel-torientierten Betriebsmitteleinsatz sowie die notwendigen Daten für die Deckungsbeitrags-rechnung liefern.

Eine weitere Möglichkeit zur Schwachstellen-aufdeckung bietet der Vergleich von Schlagkar-tendaten mit den Daten des einschlägigen Orientierungsmodells.

Um den Informations-Rückfluß für die An-schlußproduktionsperiode sicherzustellen, wer-den die Schlagkarten unmittelbar nach Ernte-abschluß ausgewertet und die Ergebnisse mit den Betriebsleitern ausführlich diskutiert.

Wie bereits hervorgehoben, ist ein Orientie-rungsmodell nicht geschlossen und starr. Durch die Programmpflege, sie bedeutet eine systema-tische Weiterentwicklung, fließen die letztlich auf dem biologischen und produktionstechni-schen Fortschritt basierenden Erfahrungen und Erkenntnisse ein. Von den technischen Weiter-entwicklungen profitiert in gleicher Weise auch das Informations-, Steuerungs- und Kontrollin-strumentarium, wie dies vor allem bei den rech-nergestützen Entscheidungsmodellen deutlich wird (siehe z. B. Abschnitte 5.11 und 7.2.1).

Die beschriebene Problemlösungsstrategie zeigt eine gewisse Ähnlichkeit mit der dynamischen Programmierung, d. h. einer schrittweisen Opti-mierung. Sie setzt einen kostenbewußten und lernwilligen Betriebsleiter voraus, der der Bera-tung aufgeschlossen, aber auch kritisch gegen-übersteht und sich bei seinem Handeln stets der Umwelt verpflichtet fühlt.

Über die Stufen

■ Modell- bzw. Verfahrensplanung,
■ Verfahrensausführung,
■ Verfahrenskontrolle,
■ Verfahrensanalyse und zurück zum Anfang

wird schließlich versucht, eine technisch verbes-serte und kultiviertere, d. h. im Sinne des Inte-grierten Landbaues sowohl ökonomischen als auch ökologischen Anforderungen entspre-chende Produktionstechnik zu entwickeln.

7.2 Beispiele im Ackerbau

7.2.1 Bestandesführung und bedarfs-gerechte Mineraldüngung unter Beachtung von Beziehungen zum chemischen Pflanzenschutz

K.-U. HEYLAND, Bonn

Die Bestandesführung ist ein integriertes Pro-duktionsverfahren mit dem Ziel, bei möglichster Schonung der natürlichen Ressourcen und ent-sprechender Aufrechterhaltung des System-gleichgewichtes im Ökosystem des Standortes, den Betriebsmitteleinsatz an die jeweilige, von Standort, Pflanzenart und Witterungsverlauf bestimmte »spezielle Intensität« unter Beach-tung des naturwissenschaftlich-technischen Fortschrittes anzupassen. Entsprechend werden zunächst die Ansprüche der Nutzpflanze an die Wachstumsfaktoren ermittelt. Dies muß sowohl für die Summe der Ansprüche über die gesamte Vegetationszeit als auch für den jeweiligen Zeit-punkt der zu treffenden Entscheidungen über den Betriebsmitteleinsatz erfolgen. Ist der Um-fang dieser Ansprüche festgelegt, so ist dieser den am Standort verfügbaren Wachstumsfaktor-kapazitäten gegenüberzustellen und aus der Differenz der Bedarf an Betriebsmitteln zu errechnen.

Hierbei wird von folgenden **Grundvoraussetzungen** ausgegangen:

- Der Witterungsverlauf läßt sich mittelfristig nicht vorhersagen, deshalb muß der Bestand so geführt werden, daß er an den Witterungsverlauf jederzeit angepaßt werden kann, ohne wesentliche Ertrags- oder Qualitätseinbußen hinnehmen zu müssen.
- Die Entnahmen aus dem Ökosystem des Standortes, insbesondere aus dem Boden, sollen den Zugaben entsprechen, d. h. die Stoffbilanz soll weitgehend ausgeglichen sein.
- Beim heutigen Stand der Produktionstechnik sind die Erträge in aller Regel von Temperatur und Niederschlägen begrenzt. Deshalb kann in diesen Grenzen bei Steigerung des Wachstumsfaktorangebotes von linear zunehmenden Erträgen ausgegangen werden.
- Letzteres gilt nicht für den Einsatz von Wirkstoffen wie z. B. Pflanzenschutzmitteln. Hier ist die Bekämpfungsschwelle weitgehend identisch mit dem Beginn eines epidemiologischen Verlaufes der Populationsdynamik bzw. mit der ökonomischen Schadensschwelle. Der Bestand muß in dieser Beziehung so geführt werden, daß ein vorzeitiger Einsatz von Pflanzenschutzmitteln nicht etwa wegen fehlender Befahrbarkeit oder zu großer Spritzschattenwirkung lediglich zur Risikoabsicherung erzwungen wird [4].
- Die natürlichen Regelkreisläufe sollen, soweit dies ökonomisch vertretbar ist, gefördert und dem Einsatz von zugekauften betriebsfremden Stoffen vorgezogen werden. Auch diesem Ziel muß die Bestandesführung entsprechen.

Im folgenden soll das Prinzip dieser Bestandesführung anhand eines Produktionsverfahrens erläutert werden. Als **Beispiel** wurde **Winterweizen** gewählt, weil dessen wirtschaftlich wertgebendes Organ, das Korn, erst am Ende der vegetativen und der generativen Entwicklung gebildet wird, und weil die Weizenpflanze ebenso wie der Pflanzenbestand mehrere Möglichkeiten zum Erzielen gleich hoher Erträge haben [1]. Das Verfahren ist also ziemlich kompliziert und eignet sich deshalb besonders gut zur Demonstration der Aufbauprinzipien eines integrierten Produktionsverfahrens.

Zunächst ermitteln wir die **Ansprüche des Nutzpflanzenbestandes,** hier also des Winterweizens. Rechnerisch ist der Kornertrag/ha ein Produkt aus den in Tabelle 64 angeführten Faktoren.

Die Stadien der **Organanlage** (TA und BA) sind ganz entscheidend vom Temperaturverlauf in diesem Zeitabschnitt abhängig. Da wir diesen nicht beeinflussen können, müssen wir den (mit unserer Risikobereitschaft noch zu vereinbaren-

Tabelle 64   Ertragsbestimmende Faktoren für den Kornertrag beim W-Weizen (in dt/dha)

ertragsbestimmender Faktor		EC[1]) Stadium	Abkürzung	Beispiel
Saatmenge in	kg/ha	00	SM	160 :
Tausendkorngewicht des Saatgutes	g		TKGS	40 × 100 =
Kornzahl/m² bei Saat		00	KZS	400 ×
Keimfähigkeit als Bruchteil von 1			KF	95 % = 0,95 ×
Feldaufgang als Bruchteil von 1		10	FA	0,90 ×
Überwinterung als Bruchteil von 1		13	ÜW	0,80 =
Zahl der Pflanzen/m² nach Winter		20	PZ	273,6 ×
[Triebzahlanlage/Pflanze		30	TA	4,0 ×
Triebreduktion		33	TR	0,5 =]
Ährenzahl/Pflanze		33	ÄZ	2,0 =
Bestandesdichte	Ährenzahl/m²	33	BD	547,2 ×
[Blütenanlage/Ähre		40	BA	60 ×
Blütenreduktion		65	BR	0,5 =]
Kornzahl/Ähre		65	KZÄ	30 =
Kornzahl/m²		65	KZF	16 416 ×
Tausendkorngewicht der Ernte	g	80	TKGE	40 : 10 000 =
Flächenertrag	Korngewicht dt/ha	92	FE	65,664

[1]) EC-Stadium, in bzw. bis zu dem der ertragsbestimmende Faktor entscheidend beeinflußbar ist.

den) ungünstigsten Erwartungswert einsetzen. Sodann müssen wir untersuchen, ob es einen anderen ertragsbestimmenden Faktor gibt, der einen Ausgleich ungünstiger Werte ermöglichen könnte. So könnte es z. B. gelingen, eine zu geringe Bestandesdichte durch eine verbesserte Ährenausbildung (erhöhte Kornzahl/Ähre und größeres Tausendkorngewicht) auszugleichen. Dies ist aber nur möglich, wenn in den Zeiten der Ährenanlage und -ausbildung günstige Witterungsverhältnisse herrschen. Damit wird der voraussichtliche Wetterablauf in diesen beiden Stadien des Weizens in unserem Klimagebiet bestimmend für die Bestandesführung.

Hat unser Standort in der Regel gute und lang anhaltende Reifebedingungen, so können wir mit hohen **Tausendkorngewichten** rechnen. Entsprechend müssen Sorten mit guter Kornausbildung gewählt werden. Ist es während der Zeit der Blütenanlage und -reduktion kühl und nicht trocken, so ist mit einer hohen Kornzahl/Ähre zu rechnen. Beides zusammen gibt hohe Einzelährenerträge, die es gestatten, mit einer relativ geringen Bestandesdichte auszukommen.

Dies hat den Vorteil, daß die Halmbasis nicht zu stark beschattet und entsprechend viel Gerüstsubstanz eingelagert wird. Wir können also mit Längenwachstumshemmern sparsam umgehen. Auch ist es so möglich, die Halmbasis noch spät in der Vegetation mit Pflanzenschutzmitteln, z. B. bei einem Fußkrankheitsbefall, zu erreichen. Schließlich haben solche Bestände den Vorteil eines geringen Wasserverbrauches in der Schoßphase. Sie sind also durch Frühsommertrockenheit wenig gefährdet.

Ihr Nachteil liegt in einer relativ starken Neigung zur Bestockung, und zwar um so ausgeprägter, je mehr sich die Pflanzenverteilung einem Dreiecksverband mit gleichem Abstand zwischen allen Pflanzen nähert. Außerdem ist ihre Konkurrenzkraft gegen Unkraut, speziell gegen Spätkeimer, relativ gering. Schließlich müssen Sorten mit guter bis bester Ähren- und Kornausbildung gewählt werden. Doch auch diese können, bei zu starker Betonung der Phase der Einlagerung in das Korn, unter ungünstigen Witterungsverhältnissen zur Notreife führen.

Um solche Risiken zu mindern, sollte das Produktionsverfahren zumindest auf zwei Ertragsstrukturfaktoren, im Falle des Beispiels auf Kornzahl/Ähre und Tausendkorngewicht ausgerichtet werden. Deshalb müssen die Parameter der Bestandesführung durch Umkehr der in Tabelle 64 dargelegten Rechnung gewonnen werden [3].

Wir beginnen also mit der Frage nach der Höhe des erzielbaren Ertrages und teilen diesen durch das geringste zu erwartende Tausendkorngewicht usw. Die Gleichung liest sich dann:

$$FE : TKGE \times 10\,000 = KZF$$
$$KZF : KZÄ = BD$$
$$BD : ÄZ = PZ$$
$$PZ : ÜW : FA : KF = KZS$$
$$KZS \times TKGS : 100 = SM$$

Tausendkorngewicht des Erntegutes (TKGE) und Kornzahl/Ähre (KZÄ) sind abhängig von der Sorte (siehe Sortenbeschreibung des Bundessortenamtes) und von den Reifebedingungen. Bei Berücksichtigung dieser beiden Parameter wird der Flächenertrag also von der **Bestandesdichte** bestimmt. Tatsächlich ergibt die entsprechende Auswertung der Landessortenversuche der letzten Jahre in der Bundesrepublik Deutschland für die verschiedenen Reifebedingungen (langsame/normale/schnelle Abreife bzw. selten/gelegentlich/häufig/regelmäßig Hitze und Trockenheit) optimale Bestandesdichten für den Winterweizen, die zwischen 680 und 480 Ähren/m² liegen.

Die anzustrebende Ährenzahl/Pflanze ist zunächst sortenspezifisch. Sie wird darüber hinaus von der Zeit zwischen Aufgang und Vegetationsende sowie zwischen Vegetationsbeginn und Schoßbeginn bestimmt. Kühle und feuchte Witterung im Mai/Juni fördern diese noch.

Darüber hinaus spielt natürlich auch die **Nährstoffversorgung** eine Rolle. Sie gibt uns die Möglichkeit, die Beährung der Pflanze über die Stickstoffdüngung zu steuern. Je früher die Nährstoffaufnahme erfolgt und je höher sie ist, desto stärker ist die Bestockung, d. h. die Triebzahl/Pflanze.

Unterstellen wir als Beispiel, daß ein Kornertrag von 70 dt/ha etwa 210 kg/ha N in den Pflanzenbestand aufnimmt (Kornertrag in dt × 3 = N-Bedarf in kg/ha), dann benötigt der Weizen bis Schoßbeginn (EC 3.1) 60 kg/ha N nach Abb. 84 (Seite 255). Stark bestockende Sorten mit geringem Ährenertrag benötigen zur Ausbildung der notwendigen Triebzahl sowohl in der Zeit vor Winter als auch vor und während der Bestockung ein erhöhtes N-Angebot (+ 20%), Sorten mit stärkerer Betonung der Ährenausbildung dagegen sollten, wie in Abb. 84 dargestellt, nach dem Schoßbeginn besonders gut versorgt werden. Diese benötigen aber eine längere Zeit für die Ausreife, um die Ähre gut ausbilden zu können.

Die für die einzelnen Entwicklungsabschnitte zur Verfügung stehende Zeit, insbesondere auch hinsichtlich der Intensität des Entwicklungsablaufes, kann ebenfalls durch die N-Bemessung ergänzt bzw. beeinflußt werden. Wurde zu spät gesät, so sollte dies durch ein um bis zu 10% erhöhtes N-Angebot bei Vegetationsbeginn berücksichtigt werden. In gleicher Weise kann man auf ein zu spät einsetzendes Frühjahr reagieren und durch ein erhöhtes N-Angebot die Abreife im Sommer – bei ausreichenden Niederschlägen – mit dem Ziel der verbesserten Ährenausbildung verzögern.

Auswinterungsschäden können durch dichtere Saat nur bis zu 25% ausgeglichen werden, weil darüber hinaus geschädigte Bestände lückig sind. Es erhebt sich dann die Frage, ob diese Lücken nachgesät werden können oder ob sie einen so großen Flächenanteil ausmachen, daß sich ein Umbruch empfiehlt. Für die Pflege des Bestandes ist dagegen ausschlaggebend, wie hoch die Überwinterung in den nichtlückigen Saatreihen des Bestandes ist. In auswinterungsgefährdeten Lagen sollten deshalb Bestandeslücken durch entsprechende Saatvorbereitung, Saatzeit und Saattechnik, nicht aber durch zu hohe Saatmengen vorgebeugt werden.

Der **Feldaufgang** ist zunächst von der Saatbettbereitung abhängig. Dabei ist unter »Saatbett« nur der Teil des Bodens zu verstehen, in den das Saatkorn gelegt wird, einschließlich der darunterliegenden Krumenschicht. Die Saatbettbereitung muß also nicht ganzflächig geschehen. Es ist vielmehr auch nur eine reihenweise oder sogar nur punktuelle Bearbeitung bei Direktsaaten möglich. Je mehr Ernterückstände eine gleichmäßig tiefe Ablage und Überdeckung des Saatkornes erschweren (−10%), je gröber die Bodenstruktur (−10%) und je höher die zu erwartende Verschlämmung (−10%) sind, desto schlechter wird – entsprechend den in Klammer gesetzten Prozenten – der Feldaufgang. Hohe Niederschläge und geringe Temperaturen in der letzten Woche vor der Saat vermindern ebenfalls den Feldaufgang um bis zu 8%. Schließlich verbessern größere Abstände von Korn zu Korn in der Reihe (+6%) ebenso wie flache Saat (+6%) den Feldaufgang.

Wenn wir weit verbreitet die Meinung finden, daß Weizen und Gerste 3–4 cm tief gesät werden müssen, so ergibt sich dies aus der Saattechnik, die nur bei dieser Tiefe mit den herkömmlichen Maschinen ein weitgehendes Abdecken der Saat ermöglicht. Bei einzeln geführten Exaktsaatkörpern mit Gleichstandsablage ist eine Tiefenablage von 2 cm dagegen günstiger, weil die Aufgangsgeschwindigkeit gefördert wird. Entscheidend sind die gleichmäßige Tiefenablage und der genügende Abstand von Korn zu Korn. Dies ist bei engen Reihenabständen, wegen der gegenseitigen Beeinflussung der Drillschare, nicht möglich. Andererseits wird der Abstand von Korn zu Korn in der Reihe bei gleicher Saatmenge mit sinkendem Reihenabstand größer, der Feldaufgang nimmt also zu. Einen ähnlichen Effekt haben bei dichter Saat die Bandsaatschare. Umgekehrt verschlechtert sich der Feldaufgang mit steigender Saatmenge und größer werdendem Reihenabstand [2].

Schlechter Feldaufgang und geringe **Keimfähigkeit** führen zu ungleichen Pflanzenabständen. Ein Ausgleich durch höhere Saatmengen ist deshalb nur möglich, wenn beide zusammen die Saatmenge nicht um mehr als 20% erhöhen. Saatgut mit hohem Tausendkorngewicht ist im Stande, auch größere Streßbelastung, z.B. durch Trockenheit, Überbeizung oder Herbizide, zu verkraften. Unter ungünstigen Keimbedingungen kann deshalb das Tausendkorngewicht des Saatgutes auf den Ertrag gleich große Effekte haben wie genotypisch bedingte Unterschiede zwischen Sorten.

Der Haupttrieb einer Getreidepflanze bildet zwar die beste Ähre aus. Dennoch ist eine gewisse **Bestockung** notwendig, weil der Züchter in seinem Zuchtgang bewußt und unbewußt Pflanzen mit 3–4 Ähren bevorzugt selektiert. Durch die Mechanisierung der Einzelkornsaat im Zuchtgarten hat dieser Trend in den letzten Jahren sogar zugenommen. Deshalb darf der Haupttrieb zunächst nicht zu gut ernährt werden, damit er in der innerpflanzlichen Konkurrenz kein zu großes Übergewicht bekommt. Andererseits muß ein zu starkes Bestocken verhindert werden, da sich sonst die schlechtere Ährenausbildung der Nebentriebe ertragswirksam bemerkbar macht.

Deshalb ergibt sich aus der Auswertung der uns zugänglichen Sortenversuche in der Bundesrepublik Deutschland nicht, wie erwartet, die möglichst in Längs- und Querverteilung gleiche Ablageentfernung als optimal, sondern ein Verhältnis von Reihenabstand : Abstand in der Reihe wie 4:1. Optimal wäre deshalb bei Aussaatmengen von 250 Körnern/m² ein Reihenabstand von 12,5 cm und bei 400 Körnern/m² ein solcher von 10,0 cm Reihenabstand [5].

Die Saat in Reihen und insbesondere eine nicht zu dichte Saat fördern wegen der kaminartigen Luftführung den Gasaustausch und -umsatz im

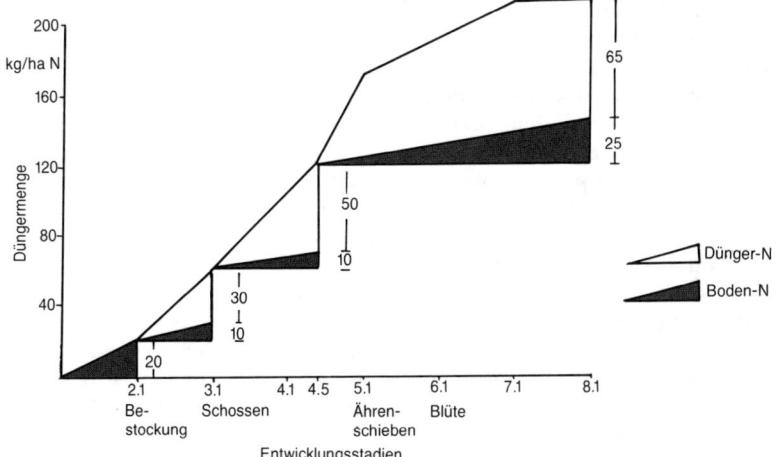

Abb. 84
Simulierte
Stickstoff-Aufnahme-
kurve zum
Stickstoff-
Düngungsmodell
Winterweizen [7]

Bestand. Dies ist für die CO_2-Assimilation und damit für die Ertragsbildung von Vorteil, führt darüber hinaus auch zu einem Mikroklima, welches die meisten bei uns auftretenden Blattkrankheiten benachteiligt.

Grundsätzlich ist festzuhalten, daß Bestände mit zu hohen Pflanzendichten nicht geführt werden können. Sie erfordern in jedem Fall hohe Mineralstoff- und Pflanzenschutzmittelaufwendungen, bedingen aber dennoch ein hohes Risiko, wenn die Termine des Betriebsmitteleinsatzes nicht eingehalten werden.

Haben wir einen im Sinne der bisherigen Ausführungen optimalen Bestand durch die entsprechende Saat begründet, so muß nun die **Bestandesführung** folgen, d. h. das Anpassen an die jeweiligen Standortverhältnisse und den Witterungsverlauf. Dies geschieht am leichtesten durch eine zeitlich dem Bedarf der Pflanzen entsprechende Stickstoffdüngung. Dabei wird vorausgesetzt, daß der Boden mit K und P nach Nährstoffversorgungsstufe B versorgt ist, daß der pH-Wert den Standortverhältnissen entsprechend für den Weizen optimal ist und Mikronährstoffe entweder in der Bodenlösung verfügbar sind oder aber zugeführt werden. Ob diese Voraussetzungen zutreffen, ist anhand von Bodenuntersuchungen und deren Bewertung durch die LUFA in jedem Einzelfall zu überprüfen.

Weitere Voraussetzungen sind, daß die in der Bodenlösung zur Verfügung stehende Nährstoffmenge aus der Mineralisation organischer Boden- oder Düngerbestandteile 66% des Bedarfes des Pflanzenbestandes nicht übersteigt und daß das Ausbringen von Stickstoff als Mineraldünger in Längs- und Querverteilung ein-

wandfrei gleichmäßig erfolgen kann. Dabei sollte eine exakte Ausbringung der Düngung in fester oder flüssiger Form auch in Mengen ab 25 kg/ha Reinnährstoff möglich sein. Da man ausgebrachten Dünger nicht wieder aufsammeln kann, ist streng darauf zu achten, daß nie zu viel in einer Gabe ausgebracht wird. Entsprechend müssen aus dem Bedarf errechnete Düngermengen über 50 kg/ha N in jedem Falle geteilt werden.

Abb. 84 zeigt das zugrunde liegende Modell [7]. Danach wird anhand der Ansprüche des Bestandes und der geschätzten Nachlieferung aus dem Boden für eine kurze, überschaubare Zeitspanne der **Düngerbedarf** im voraus geschätzt und ausgebracht. Nach Ablauf der Zeitspanne werden Bedarf und tatsächliche Nachlieferung überprüft und eine neue Schätzung für den nächsten Zeitabschnitt vorgenommen. Auf die nun zu verabreichende Düngermenge werden frühere Fehleinschätzungen entsprechend angerechnet.

Im Beispiel der Abb. 84 würde man im EC-Stadium 2.1 (etwa bei Vegetationsbeginn im Frühjahr) die Nachlieferung von Stickstoff durch die Mineralisation im Boden bis zum Schoßbeginn mit 10 kg schätzen und diese vom Bedarf von 40 kg abziehen. Die verbleibende Menge von 30 kg/ha N wird dann gedüngt. Setzt der Boden mehr N frei, so wird dies bei der nächsten Gabe entsprechend berücksichtigt. Um N-Verluste bei schlechterem als erwartetem Witterungsverlauf, aber auch eine N-Überdüngung bei unerwartet starker Nitrifikation zu vermeiden, sollten, wie oben bereits gesagt, nie mehr als 50 kg/ha in einer Gabe verabreicht werden. Im Beispiel der Abb. 84 müßte also die

Düngergabe kurz vor dem Ährenschieben nochmals aufgeteilt werden.

Die sich ergebenden kleinen N-Mengen werden am besten in flüssiger Form ausgebracht, gegebenenfalls in Verbindung mit Pflanzenschutzmitteln. Da der gelöste Dünger die Konzentration im Spritztropfen erhöht, verdunstet zwischen Düse und Pflanze weniger Wirkstoff als bei Lösung des Pflanzenschutzmittels in Wasser. Gegenüber den Empfehlungen der Gebrauchsanweisung, denen reines Wasser als Lösungsmittel zugrundeliegt, ergibt sich bei solcher kombinierten Ausbringung der Nebeneffekt, daß man ca. 15% des Pflanzenschutzmittels einsparen kann, bzw. bei ätzenden Mitteln sogar einsparen muß.

Grundsätzlich könnte man zu jedem Zeitpunkt der **Düngervorausschätzung** die Gehalte in den Pflanzen und die tatsächlichen Mineralisationsverhältnisse im Boden analysieren. Dies ist aber unpraktikabel. Tatsächlich können das erfahrene Auge und der entsprechend ausgebildete Betriebsleiter hier mindestens so zutreffende Kriterien ermitteln wie die Analyse.

Am schwierigsten ist das Bemessen der ersten Gabe nach dem Winter. Hierfür sind heute drei Wege gebräuchlich:

1. N_{min}-Methode noch während der Vegetationsruhe zur Analyse der im Boden vorhandenen Nitratmenge (N_{min} = mineralisierte N-Menge).
2. EUF-Methode (**E**lektro**u**ltra**f**iltration) bereits im vorhergehenden Sommer zur Abschätzung der Mineralisierungspotenz im kommenden Jahr [11].
3. Rechnerisches Ermitteln der Mineralisation [8].

N_{min} stellt eine Momentaufnahme dar; man weiß nicht, wieviel im Laufe des Jahres noch nachträglich mineralisiert wird. Der EUF-Wert entspricht einer Mineralisierungspotenz, deren zu einem bestimmten Zeitpunkt tatsächlich verfügbaren Teil man ebenfalls nicht kennt. Dennoch stellen natürlich beide Analysen durchaus verwertbare Schätzwerte für das N-Angebot aus dem Boden dar. Es sind aber beides, obwohl analysiert, Schätzwerte.

Die rechnerische Ermittlung der Mineralisation nach SCHOOP, P. und H. HANUS [10] bezieht auch noch die auf Grund von Witterungsdaten vorausgeschätzte Ertragspotenz des jeweiligen Jahres mit ein. Statistisch handelt es sich hierbei also um eine Prognosemethode, die auch in der überschaubaren Zukunft zu erwartende Mineralisationsvorgänge mit einschließt.

Der grundsätzliche **Berechnungsansatz** (siehe Abschnitt 5.11) der computergestützten Telefonberatung der Firma BONAGRAR (Waldmühlenstr. 18, 52499 Baesweiler 3) berücksichtigt nicht nur die Nährstoffversorgung, sondern auch schlagspezifisch den Pflanzenbestand (Abb. 85): Bei Vegetationsbeginn (N_1) wird dem N-Bedarf – der sich aus Ertragserwartung, angestrebter Ertragsstruktur, voraussichtlicher Vegetationsdauer und bisheriger Pflanzenentwicklung ableitet (s. o.) – die aus dem Boden zu erwartende Menge mineralischen Stickstoffes gegenübergestellt. Die Differenz stellt den Düngerbedarf zu diesem Zeitpunkt dar. Dies wird unter Anrechnung der gegebenen N-Düngung bei Schoßbeginn (EC 31, N_2) und beim Schwellen der Ähre (Ende der Blütenreduktion, EC 47, N_3) wiederholt und an die jeweilige tatsächliche Pflanzenentwicklung (= Ertragserwartung) angepaßt.

Man kann unterstellen, daß für Erträge zwischen 60 und 100 dt/ha Korn bei normalem Vegetationsbeginn je angestrebter Ähre pro Pflanze knapp 20 kg N/ha vorhanden sein müssen. Haben wir also nach Winter 200 Pflanzen/m^2 und streben 600 Ähren/m^2 an, so müssen $3 \times$ ca. 20 kg = 60 kg/ha N in der durchwurzelten Krume vorhanden sein.

Hiervon wird der aus der Bodenlösung zur Verfügung stehende mineralisierte Stickstoff abgezogen, und zwar für:

- Grünlandumbruch 100 kg/ha N abzüglich 10 kg/ha und Jahr seit dem Umbruch,
- jede organische Düngung in der Fruchtfolge ⅔ des Gehaltes (Menge × Gehalt nach Faustzahlen) geteilt durch die Zahl der Schläge in einer Rotation,
- die Reste zu hoher Spätdüngung der Vorfrucht, die diese nicht mehr verwerten konnte,
- steigenden Humusgehalt zwischen 0 und 30 kg N/ha (Humusabbau).

Dieses Angebotspotential entspricht dem EUF-Stickstoff. Es muß korrigiert werden um:

- Die N-Freisetzung im Herbst (zwischen Ernte und Neuansaat),
- ⅓ des Gehaltes der organischen Düngung zum Weizen,
- ⅔ des Gehaltes der Vorfruchtreste,
- eventuelle Verluste durch Auswaschung oder Erosion
- und die Aufnahme des Bestandes, sowohl der Nutzpflanze als auch der Unkräuter in der bisherigen Vegetationszeit.

Schließlich ist natürlich die Verfügbarkeit dieser

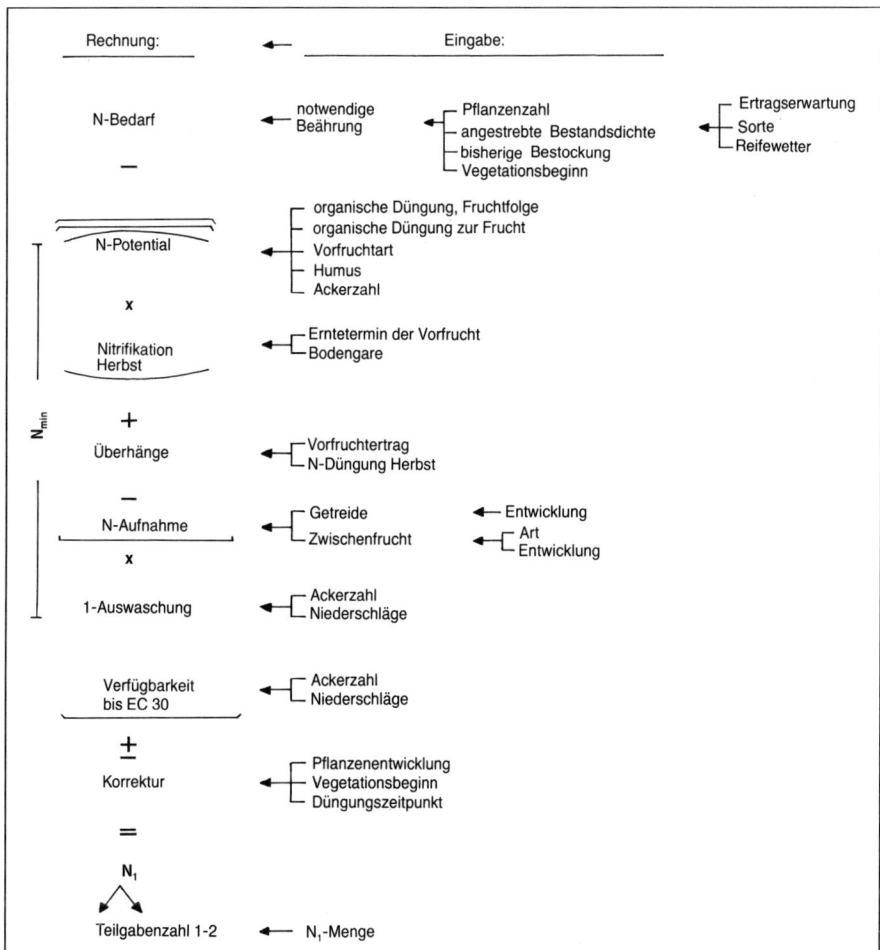

Abb. 85
Modell der
N_1-Berechnung
(Bestockung).

Rechnung: ←   Eingabe:

N-Bedarf ← notwendige Beährung

Pflanzenzahl
angestrebte Bestandsdichte
bisherige Bestockung
Vegetationsbeginn

Ertragserwartung
Sorte
Reifewetter

−

N-Potential ← organische Düngung, Fruchtfolge / organische Düngung zur Frucht / Vorfruchtart / Humus / Ackerzahl

x

Nitrifikation Herbst ← Erntetermin der Vorfrucht / Bodengare

N_{min}

+

Überhänge ← Vorfruchtertrag / N-Düngung Herbst

−

N-Aufnahme ← Getreide / Zwischenfrucht ← Entwicklung / Art Entwicklung

x

1-Auswaschung ← Ackerzahl / Niederschläge

Verfügbarkeit bis EC 30 ← Ackerzahl / Niederschläge

±

Korrektur ← Pflanzenentwicklung / Vegetationsbeginn / Düngungszeitpunkt

=

N_1

Teilgabenzahl 1-2 ← N_1-Menge

N-Mengen bei Vegetationsbeginn entscheidend. *Die aus der chemischen Form resultierende Verfügbarkeit (NO_3) zeigt der N_{min}-Wert.*
Zu berücksichtigen ist aber auch die Aufnahmefähigkeit der Pflanze in Abhängigkeit von Witterung, Bodenzustand (etwa bei Trockenheit oder Staunässe) und Konstitution der Pflanze, z. B. bei Krankheitsbefall. *Hier wird die Urteilsfähigkeit des Betriebsleiters gefordert und ist durch nichts zu ersetzen.*
Man sollte den Betriebsleiter aber unterstützen durch die geschilderte Berechnung oder Analysen und die »Düngerfenstermethode«, bei der bei jeder Düngung an jeweils anderer Stelle eine kurze Strecke der Düngerstreuer ausgeschaltet wird. Nähern sich die aufnehmbaren N-Vorräte im Boden der Erschöpfung, dann werden die Pflanzen an diesen Stellen (Fenstern) heller. Diese Fenstermethode ist standortspezifisch und sehr einfach in der Durchführung [9]. Sie

setzt aber voraus, daß der Betriebsleiter »dunkelgrün« nicht als »ausreichend«, sondern vielmehr als »überdüngt« beurteilt.
Bei Schoßbeginn müssen die zuviel gebildeten Triebe verringert und die gewünschten ährentragenden Triebe zu einer guten Ährenanlage befähigt werden. Außerdem sind Blüten- und Ährchenverringerung während des nun in der Regel rasch folgenden Schossens zu minimieren. Das bedeutet, daß die zu diesem Zeitpunkt zu berechnende Nährstoffversorgung (N_2) etwa ⅔ des gesamten Nährstoffbedarfes für die nunmehr bei Schoßbeginn abzuschätzende Ertragserwartung umfassen muß. Hiervon sind die tatsächlich gegebenen N-Düngermengen und die N-Mineralisation bis Ährenschieben von der oben insgesamt berechneten N-Nachlieferung aus dem Boden abzusetzen.
Man kann für die Zeit bis Ährenschieben die N-Freisetzung mit etwa 60% der gesamten N-Mi-

neralisation unterstellen (Abb. 84), muß dies aber um den Vegetationsbeginn (je später, desto geringer), die Temperatur- (je höher, desto größer) und die Niederschlagserwartung (je höher, desto geringer) korrigieren.

Auch zu diesem Zeitpunkt gilt, daß keinesfalls mehr als 50 kg N/ha auf einmal verabreicht werden. Dies und die oben beschriebene Saattechnik ermöglichen nämlich ein tiefes Eindringen des Sonnenlichtes in den Bestand. Die daraus resultierenden positiven Effekte in bezug auf Standfestigkeit, Gasaustausch und vermindertes Infektionsrisiko wurden bereits beschrieben. Man braucht auch keine Sorge zu haben, daß man die Infektionsherde z. B. des Mehltaues, die sich in den unteren Blattetagen bilden, nicht mehr mit Fungiziden erreicht. Der durch die mehrfach geteilten N-Gaben erzielte Bestandesaufbau ist hinsichtlich der ertragsbildenden Pflanzenorgane keineswegs dünn. Er ist auch nicht vielstockig, so daß die Nachschosser weder die Halmbasis beschatten noch eine Anwendung von Pflanzenschutzmitteln in die Regionen der Halmbasis verhindern. Dies ermöglicht auch die Tolerierung eines geringen Anfangsbefalles, der z. B. bei Blattlausbefall zum Aufbau einer ausreichenden Populationsdichte von Nützlingen dienen kann.

Der letzte Termin einer Kalkulation der Düngebedürftigkeit liegt im Zeitpunkt des Schwellens der Ähre, d. h. im abschließenden Bereich der Blütenreduktion (N_3). Von diesem Stadium bis zur Reife nimmt das Getreide noch rund ⅓ des Bedarfes an Stickstoff auf. Für den Weizen, der zur Produktion von Qualitätsbrotgetreide dient, benötigen wir sogar noch etwas mehr. Absolut gerechnet bedeutet dies, daß so viele kg N gedüngt werden müssen, wie dt Kornertrag erwartet werden, bei Qualitätsbrotweizen sogar noch etwa 10% mehr. Dabei dienen die vor dem Ährenschieben verabreichten N-Mengen der Kornausbildung und -füllung, bringen also mehr Ertrag. Die nach der Blüte verfügbaren N-Mengen erhöhen den Rohproteingehalt, sofern sie sofort aufgenommen werden können.

Die Kalkulation erfolgt, wie bei den anderen Zeitpunkten, durch Gegenüberstellung von Bedarf und Angebot aus dem Boden. Sollte die Bestandesdichte nicht den Erwartungen entsprechen, so kann dies durch eine um etwa 10% erhöhte N-Gabe bis zu einem gewissen Grade ausgeglichen werden [6].

Wichtig ist hier, wie zu allen anderen Zeitpunkten, daß Düngetermin nicht gleich Aufnahmetermin ist. Dies gilt nur, wenn Flüssigdüngung verabreicht wird. Hierin liegt neben der exakten Dosierbarkeit sowie Längs- und Querverteilung der große Vorteil der Flüssigdüngung, die zudem auch noch wegen der geringeren Verdunstung herabgesetzte Aufwandmengen bei den meisten zur gleichen Zeit ausgebrachten Pflanzenschutzmitteln erlaubt. Dabei ist es allerdings wichtig, daß die Ähre nicht von Lösungen mit mehr als 10 kg/ha N getroffen wird. Andererseits hält eine Zufuhr schon von geringsten Mengen Harnstoff (< 10 kg/ha N) auf das Spitzenblatt dieses wichtige Organ der Ertragsbildung längere Zeit jung und funktionsfähig.

Damit wird der Bogen der Integration von der Saattechnik über die Düngung, den chemischen Pflanzenschutz zum Hormonhaushalt und damit zur gezielten Bestandesführung der Nutzpflanze geschlossen. Tatsächlich führt nämlich die Aufnahme auch von nur geringen N-Mengen, die für die Nährstoffversorgung unwesentlich sind, zu einer Anregung der Cytokininbildung, die uns einmal mehr deutlich macht, daß die Düngergabe auch eine Systemwirkung für Pflanze und Umwelt darstellt.

7.2.2 Sortenwahl und Mineraldüngung in Wechselwirkung zum chemischen Pflanzenschutz in Wintergetreide

E. Beer, Oldenburg

Zwischen Sorten, Mineraldüngung, chemischen Pflanzenschutzmaßnahmen und dem Befall des Getreides mit Schadorganismen sowie dem Kornertrag gibt es mannigfaltige Wechselbeziehungen. Eine sicher unvollständige, aber praxisrelevante Auswahl an Beispielen soll zeigen, daß sich Sortenwahl, Mineraldüngung und chemischer Pflanzenschutz positiv oder negativ auf Wachstum und Entwicklung von Getreide und Schadorganismen auswirken können.

Es ist unrealistisch, die ökologischen und ökonomischen Anforderungen im Rahmen des Integrierten Landbaus durch Veränderung nur *einer* Maßnahme erfüllen zu wollen. Im Sinne des Integrierten Pflanzenschutzes kommt es darauf an, durch die richtige Gestaltung und Kombination *aller* Maßnahmen den Aufwand an Mineraldüngern und Pflanzenschutzmitteln zur Ertragssteigerung bzw. -sicherung nach dem Motto »so wenig wie möglich, so viel wie nötig« auf das wirtschaftlich notwendige Maß zu begrenzen. Dadurch können unerwünschte Nebenwirkungen verringert und Nebenwirkungen, die sich positiv auf die Entwicklung von Kulturpflanzen und befallshemmend auf Schadorganismen auswirken, durch die Kombination verschiedener Verfahren bewußt ausgenutzt werden.

7.2.2.1 Einfluß von Stickstoff und Herbiziden (Nebenwirkungen) auf die Entwicklung von Getreide und Schadorganismen

Abgesehen von einseitiger Unter- oder Überversorgung mit Haupt- und Spurennährelementen wird die Widerstandsfähigkeit von Gerste und Weizen gegen Mehltau (*Erysiphe graminis* D. C.) und Gelbrost (*Puccinia striiformis* Westend.) durch Phosphor- und Kaliumgaben erhöht. Selbst bei sonst harmonischer Pflanzenernährung nimmt die Anfälligkeit gegenüber diesen Krankheiten bereits zu, wenn sich die Höhe der Stickstoffdüngung an der wirtschaftlich höchstmöglichen Ertragsleistung des Getreides orientiert.

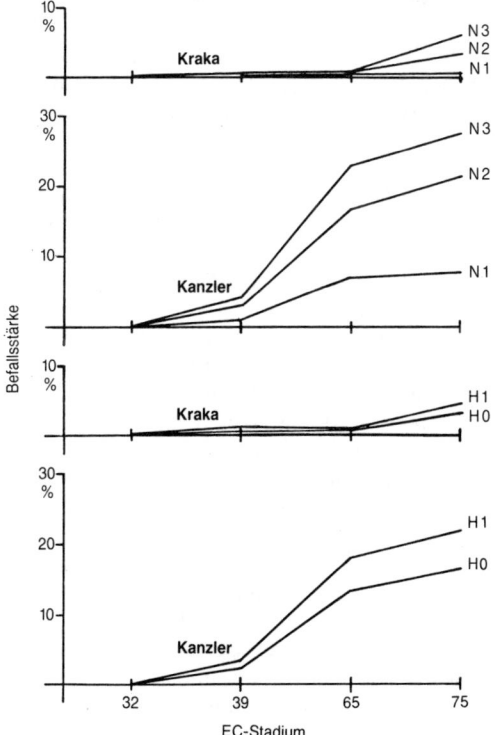

Abb. 86 Einfluß von verschiedenen N-Mengen (N1–N3) und Isoproturon (H1) auf den Mehltaubefall (in %) von 2 Winterweizensorten (Obernjesa 1986, H- und N-Stufen siehe Tabelle 74) [17].

Am Institut für Pflanzenpathologie und Pflanzenschutz in Göttingen werden Nebenwirkungen von Mineraldüngern und Herbiziden auf Pilzkrankheiten seit längerem untersucht. KUHLMANN und HEITEFUSS [17] bestätigen die befallsfördernde Wirkung der **Stickstoffdüngung** auf Mehltau an Winterweizen (Abb. 86). Auffällig sind das niedrige Befallsniveau in der N1-Stufe (50 + 40 + 20 kg/ha) und die hohen Befallswerte in der N3-Stufe (110 + 50 + 60 kg/ ha N). Bei Düngung nach Bedarfswerten (N2 = 70 + 40 + 40 kg/ha) mittels N_{min}-Methode [21] und Nitratschnelltest [24] ergeben sich hingegen lediglich mittlere Befallsstärken. Klar zu erkennen ist die Wechselbeziehung zwischen Sorte und N-Menge auf die Entwicklung der Krankheit. Während der Befall durch höhere N-Düngung in der anfälligen Sorte (Kanzler) bereits im Blatthäutchenstadium (EC 39) zunimmt, tritt diese Zunahme in der widerstandsfähigeren Sorte (Kraka) erst während der Milchreife (EC 75) ein. Im späten Entwicklungsabschnitt beträgt die durch N2 und N3 hervorgerufene Steigerung der Befallsrate in Relation zu N1 in Kraka nicht einmal 5%. Bei wesentlich höherem Ausgangsniveau auf der N1-Stufe wird dagegen der Befall in Kanzler durch die N2- und N3-Gaben um wesentlich mehr als 10% erhöht.

Nach HANISCH [11] wird der Befall von Weizen mit Getreideblattläusen gefördert, wenn hohe N-Mengen (200 kg/ha) verabreicht werden. Darüber hinaus nimmt auch die Vermehrung der Großen Getreideblattlaus (*Sitobion avenae*), die im Gegensatz zur Bleichen Getreideblattlaus (*Metopolophium dirhodum*) an der Ähre saugt, durch steigende Stickstoffdüngung beständig zu.

Die verschiedenen Getreidearten und -sorten zeigen gegenüber **Herbiziden** eine unterschiedliche Verträglichkeit. Sortenspezifische Reaktionen nach Ausbringung des Harnstoffderivates Chlortoluron (Dicuran) beruhen auf direkten Nebenwirkungen des Mittels. Winterweizensorten, welche den Wirkstoff schnell abbauen, gelten als tolerant, während empfindliche Sorten (z. B. Apollo, Slejpner, Pagode, Orestis, Obelisk) bei einem langsameren Abbau des Dicurans mit Ertragsverminderung reagieren können.

Durch Anwendung von Herbiziden ist über morphologische und anatomische Veränderungen eine Beeinflussung der Standfestigkeit des Getreides möglich. Neben positiven Auswirkungen auf dieses Merkmal durch eine bis zu 5% reichende Halmverkürzung kann vor allem nach

Tabelle 65 Kombinationswirkung der Herbizide (H) und Stickstoffmengen (N) auf die Standfestigkeit der Wintergerste (lagernde Fläche in %) in Abhängigkeit von der Schadensschwelle für Unkräuter [5]

Gruppierung	Stufen[1])	N1[2])	N2[3])	N3[4])	GD[5]) 5 %
unterhalb der Schadensschwelle (n = 120)	H0 Kontrolle	2	13	24	
	H1 VA – Herbst	4	20	36	5
	H2 NA – Frühjahr	6	26	38	
oberhalb der Schadensschwelle (n = 96)	H0 Kontrolle	2	10	18	
	H1 VA – Herbst	5	21	29	7
	H2 NA – Frühjahr	9	26	33	

[1]) Alle Versuchsglieder mit Terpal bzw. Cerone behandelt.
[2]) N1 = N_{min} + × = 80 kg/ha (Vegetationsbeginn).
[3]) N2 = N_{min} + × = 110 kg/ha (Vegetationsbeginn).
[4]) N3 = N2 + 40 = 150 kg/ha (Schoßbeginn).
[5]) Signifikanz nach t-Test.

Anwendung von Triazin- und Harnstoffderivaten auch verstärktes Lager auftreten. In Winterweizen wird diese Erscheinung durch die Behandlung mit Wachstumsreglern weitgehend ausgeglichen. Für Wintergerste liegen hingegen anderslautende Versuchsergebnisse vor (Tabelle 65). Durch Herbizide gefördertes Lager tritt bereits in der niedrigsten N-Stufe auf, wenn die Ungräser und Unkräuter im Nachauflaufverfahren im Frühjahr mit Chlortoluron und zum Teil zusätzlich mit Wuchsstoff- bzw. Kontaktherbiziden bekämpft werden.

Bei einer Erhöhung der N-Gabe um 30 kg/ha zu Vegetationsbeginn im Frühjahr wirkt sich auch die Anwendung des Dinitroanilinderivates Pendimethalin (Stomp) im Vorauflauf – Herbst trotz der Behandlung mit Wachstumsreglern sehr nachteilig auf die Standfestigkeit der Wintergerste aus. Die höchsten Werte für das Lager sind aufgrund einer Kombinationswirkung nach Anwendung der Herbizide und hoher N-Düngung zu verzeichnen.

Einflüsse von Herbiziden auf Pilzkrankheiten sind in erster Linie auf indirekte Nebenwirkungen zurückzuführen. Dabei ist die Verminderung des Halmbruchbefalls (*Pseudocercosporella herpotrichoides* (Fron.) Deigh.) an Winterweizen und Wintergerste durch Harnstoffherbizide nur gering und für die Praxis ohne Bedeutung [5, 13]. Die Göttinger Arbeitsgruppe um HEITEFUSS hat in umfangreichen Untersuchungen im Gewächshaus und unter praxisnahen Bedingungen im Freiland belegt, daß Triazin- und Harnstoffherbizide die Entwicklung des Mehl-

taus beeinflussen. Während das Ausmaß der Erkrankung unmittelbar nach der Anwendung der Mittel veringert wird, weisen vor allem anfällige Sorten in späteren Entwicklungsstadien einen wesentlich stärkeren Befall auf (Abb. 86).

Daraus ergeben sich sicher nicht in jedem Fall höhere Aufwendungen für das Bekämpfen der Krankheit mit Fungiziden. Die unerwünschte Nebenwirkung der Herbizide auf den Mehltaubefall erklärt aber zum Teil, warum sich eine Anwendung bei Verunkrautungsstärken unterhalb der Schadensschwelle nachteilig auf den Kornertrag und den kostenbereinigten Erlös auswirken kann [20].

Ob vom Stickstoff nur negative oder auch positive Nebenwirkungen ausgehen, hängt in erster Linie von der **Form des Düngers** ab. Die befallsmindernde Wirkung von Kalkstickstoff auf Mehltau, parasitären Halmbruch und Unkräuter ist seit langem bekannt. Mit der Entwicklung hoch wirksamer Fungizide und Herbizide seit Ende der sechziger bzw. Anfang der siebziger Jahre ist die Bedeutung dieser N-Form jedoch zurückgegangen. An der Möglichkeit, durch richtige Kombination von Perlkalkstickstoff mit verschiedenen Pflanzenschutzmaßnahmen den Aufwand an Herbiziden und Fungiziden im Sinne des Integrierten Pflanzenschutzes zu senken, hat sich dennoch auch unter veränderten Anbau- und Produktionsbedingungen nichts geändert [13, 19].

Insbesondere in den ersten zehn Jahren nach der Einführung hat die Flüssigdüngung stetig zugenommen. Auch gegenwärtig werden in manchen Gebieten noch etwa 20% der gesamten N-Menge als Ammonnitrat-Harnstoff-Lösung (N-Lösung, AHL) ausgebracht. Neben hoher Schlagkraft zählen die exakte N-Verteilung und die mögliche Kombination von Düngungs- und Pflanzenschutzmaßnahmen in einem Arbeitsgang zu den wesentlichen Merkmalen für die landwirtschaftliche Praxis [9]. Wenngleich durch AHL Mehltaubefall vermindert werden kann, ist die fungitoxische Wirkung nur gering und nicht vergleichbar mit Kalkstickstoff. Unter Berücksichtigung verschiedener Anforderungen an das gemeinsame Ausbringen von N-Lösung und Pflanzenschutzmitteln sind Tankmischungen mit Herbiziden in Wintergetreide vor oder zu Vegetationsbeginn im Frühjahr besonders empfehlenswert.

MEINERT und KEMMER [18] wiesen in umfangreichen Untersuchungen nach, daß in Winterweizen eine Reihe breit wirksamer Herbizide in Tankmischung mit AHL gegen Ackerfuchsschwanz (Alopecurus myosuroides Huds.) und zweikeimblättrige Unkräuter ohne negative Auswirkungen auf den Ertrag ausgebracht werden können. Selbst bei um 25–30% verringerter Herbizidaufwandmenge wurde mit Kontakt-, Ätz- oder Wuchsstoffmitteln ein befriedigender Bekämpfungserfolg gegen schwer bekämpfbare Unkräuter wie Klettenlabkraut (Galium aparine L.), Windenknöterich (Fallopia convolvulus LÖVE) und Rote Taubnessel (Lamium purpureum L.) erzielt. Teilweise wirkten die AHL-Herbizidkombinationen sogar besser als die

Sollaufwandmengen der Präparate in Verbindung mit Kalkammonsalpeter.

Auch in Wintergerste bietet sich die gemeinsame Anwendung von N-Lösung und Herbiziden zum ersten Düngungstermin im Frühjahr an. Wegen des aufrechten Wuchses und der Wachsschicht der Blätter werden einkeimblättrige Unkräuter trotz vorübergehender Verätzung im Vergleich zu zweikeimblättrigen Pflanzen kaum wirksam bekämpft. Aus den in Tabelle 66 dargestellten Resultaten geht jedoch hervor, daß bereits durch das alleinige Ausbringen der N-Lösung in Relation zu Kalkammonsalpeter die Anzahl Rispen/m^2 von Windhalm (Apera spica-venti L.) und damit die Vermehrung dieses Ungrases deutlich verringert wird.

Der Vorteil der herbiziden Nebenwirkung von AHL kommt vor allem in der Variante zum Ausdruck, in der die Aufwandmenge des vornehmlich gegen Ungräser wirksamen Herbizids (Arelon) um 50% vermindert wurde. Im Vergleich zur vollen Aufwandmenge dieses Mittels und gleichzeitiger Anwendung von Oxytril M gegen zweikeimblättrige Unkräuter und Kalkammonsalpeterdüngung ist die Wirkung gegen schwer bekämpfbare zweikeimblättrige Unkräuter zwar um 10 %-Punkte schlechter, aber noch befriedigend. Die Verträglichkeit ist gleich, die positive Ertragsdifferenz in Relation zur Kontrolle geringfügig größer, und es fallen lediglich Bekämpfungskosten von 49 DM/ha an, d. h. es werden 133 DM/ha eingespart.

Im einzelnen bedeutet dies einen nicht unerheblich verringerten Aufwand an Energie und Ko-

Tabelle 66 Nebenwirkung von Ammonnitrat-Harnstoff-Lösung (AHL) gegen Unkräuter in Wintergerste nach separatem und gemeinsamem Ausbringen mit Herbiziden zum Bekämpfungstermin im Frühjahr im Vergleich zu Kalkammonsalpeter (KAS), (Oldenburg, Ø 1981–1983)

Herbizid Aufwandmenge/ha	N-Form 80–100 kg N/ha	zweikeimblättrige Unkräuter Wirkung %	Windhalm Rispen/m^2	Schädigung/ Ausdünnung der Gerste %	Kornertrag dt/ha	Bekämpfungs-Kosten DM/ha[2]
Kontrolle	KAS AHL	6,5[1] 40	88 63	0/0 7/0	59,8 + 0,4	– –
Arelon (2 kg) plus Oxytril M (2 l)	KAS AHL	98 99	1 1	6/0 25/0	+ 1,9 + 3,2	182 162
Arelon (2 kg)	AHL	89	1	7/0	+ 3,9	98
Arelon (1 kg)	AHL	88	3	7/0	+ 4,3	49

[1] % Unkrautdeckungsgrad bei Ackerstiefmütterchen (Viola arvensis Murr.), Vogelmiere (Stellaria media L.) und Kamillearten (Matricaria spp. L.) zum Bekämpfungstermin.
[2] Präparate- plus Ausbringungskosten

sten für Pflanzenschutzmittel und Dieselkraftstoff sowie Maschinen- und Arbeitskosten je Flächeneinheit. Für den vor allem auf leichten Böden noch verbreitet durchgeführten Winterroggenanbau ist eine ähnliche Verfahrenskombination möglich. Sie wird beispielsweise in Weser-Ems seit über 15 Jahren mit nachhaltigem wirtschaftlichen Erfolg durchgeführt.

7.2.2.2 Sortenwahl unter Berücksichtigung der Resistenz gegen Pilzkrankheiten

Neben der Eignung für den Standort sind die Leistungsfähigkeit (Quantität und Qualität des Kornertrages) und die Widerstandsfähigkeit gegen biotische (belebte = Krankheiten und tierische Schädlinge) und abiotische (unbelebte = z. B. Frost, Trockenheit) Schadensursachen die wichtigsten Kriterien für die Sortenwahl [12]. Obwohl die Verbesserung der Resistenzeigenschaften unserer Kulturpflanzen nach wie vor zu den vorrangigen Zielen der Pflanzenzüchtung gehört [10], stehen derzeit keine Winterweizensorten mit hochwirksamer Resistenz gegen *alle* wirtschaftlich wichtigen Pilzkrankheiten zur Verfügung. Dies spricht aber nicht dagegen, bereits vorhandene Resistenzen gegen einzelne Schaderreger (z. B. Mehltau und Gelbrost), die dem Landwirt vom Züchter ohne Aufpreis mitgeliefert werden, auszunutzen, wenn die Leistungsfähigkeit der widerstandsfähigeren Sorten bezüglich Quantität und Qualität derjenigen der anfälligen entspricht.

Für die Auswahl einer geeigneten Sorte ist die Beschreibende Sortenliste eine wichtige Grundlage. Die durch Wertzahlen beschriebenen Merkmale geben im Hinblick auf das Verwirklichen integrierter Anbauverfahren erste Anhaltspunkte. Wie ein in Tabelle 67 dargestellter Auszug zeigt, unterscheiden sich Sorten, die in Kornertrag, Qualität und anderen Merkmalen vergleichbar sind, in der Widerstandsfähigkeit gegen Mehltau, Gelbrost und Spelzenbräune deutlich voneinander.

7.2.2.3 Bekämpfungsschwelle für Blatt- und Ährenkrankheiten sowie Wechselwirkung zwischen Sorte und Fungizid auf Befall, Ertrag und Bekämpfungskosten

Um Krankheiten gezielt bekämpfen und Kosten für Fungizide und das Ausbringen einsparen zu können, sind Informationen über Befallsbeginn, -stärke und -verlauf unter den verschiedenen regionalen Gegebenheiten unerläßlich. Dazu werden vom Pflanzenschutzamt der Landwirtschaftskammer Weser-Ems Untersuchungen an ausgewählten Sorten seit 1984 durchgeführt. Abb. 87 ist zu entnehmen, daß die Sorten Kraka und Kronjuwel unabhängig vom Jahr sowohl auf dem Blatt (Blattspreite) als auch an der Halmbasis (Blattscheide) weniger stark von Mehltau befallen werden als die Vergleichssorten Kanzler und Caribo. Der **Befallsbeginn** ist ebenfalls nach Sorten, aber auch nach Jahren unterschiedlich. Eine für Landwirte leicht erkennbare Befallsstärke (> 1% befallene Blattfläche) liegt an Kanzler, Caribo und Kraka 1984 bereits im 1-Knotenstadium am 7. Mai vor. 1985 und 1986 ist dieser Wert erst 13 Tage (20. Mai) bzw. 20

Tabelle 67 Auswahl verschiedener Merkmale von Winterweizensorten, (verändert nach Beschreibender Sortenliste 1992)

Sorte	Merkmal[1]							
	Qualität	Ertrag	Auswinterung	Lager	Halmbruch	Mehltau	Gelbrost	Spelzenbräune
Kanzler	A 6	3	4	4	5	9	9	6
Herzog	A 6	6	5	3	5	6	3	4
Astron	A 6	5	4	3	5	5	5	4
Konsul	A 6	6	4	2	4	2	3	6
Florida	B 5	6	5	3	5	8	4	7
Orestis	B 5	7	4	6	5	3	3	4
Jaguar	B 4	6	4	5	5	6	4	5
Greif	B 4	7	5	5	5	2	4	3

[1] Niedrige Note = geringe, hohe Note = starke Ausprägung der Eigenschaft (Noten 1–9).

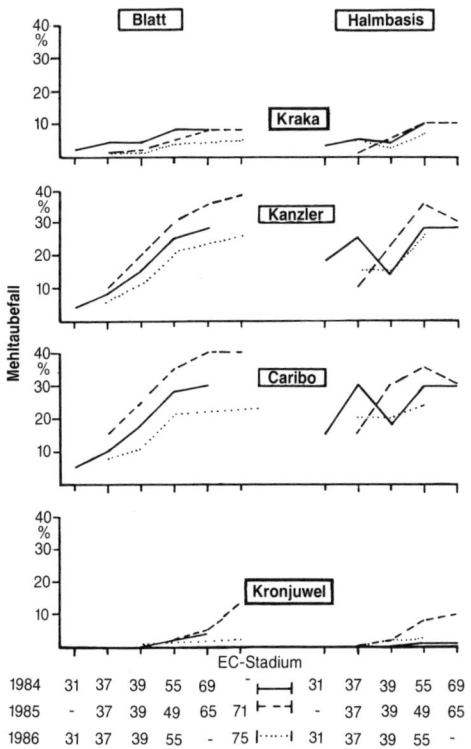

Abb. 87 Verlauf des Mehltaubefalls (in %) auf dem Blatt (Blattspreite) und an der Halmbasis (Blattscheide) verschiedener Winterweizensorten (Oldenburg, 1984–1986).

Tage später (27. Mai) überschritten. An Kronjuwel treten erste Befallssymptome 1985 und 1986 erst 7 Tage, 1984 10 Tage später auf.

Darüber hinaus zeichnen sich die widerstandsfähigeren Sorten durch einen geringeren Anstieg der **Befallsstärke** über den Zeitraum der Beobachtungen aus. Die Befallsstärke des Mehltaus wird durch die Jahreswitterung wesentlich schwächer beeinflußt als durch die unterschiedliche Anfälligkeit der Sorten. Demnach kann eine gezielte und sortenspezifische Bekämpfung des Mehltaus durchaus über einen längeren Zeitraum, d. h. mehrere Jahre, durchgeführt werden, solange die Resistenz gegen diese Krankheit nicht durch Selektion neuer Virulenzen beim Erreger verloren geht. Dies ist bisher für Kraka und Kronjuwel unter den Bedingungen in Norddeutschland nicht der Fall, obwohl insbesondere Kraka seit einigen Jahren angebaut wird.

Im Integrierten Pflanzenschutz spielt die **wirtschaftliche Schadensschwelle** eine zentrale Rolle. Für die gezielte Bekämpfung der Blatt- und

Ährenkrankheiten des Getreides liegt ein derartiger Grenzwert noch nicht vor. Es ist jedoch naheliegend, daß diesen Krankheiten, ähnlich den Ungräsern und Unkräutern, aus ökonomischer Sicht erst dann mit chemischen Mitteln begegnet werden muß, wenn eine Befallsstärke erreicht ist, von der an der Ertragsverlust, der durch die Krankheiten verursacht wird, den Bekämpfungskosten entspricht.

Mit Beginn unserer Untersuchungen in 1984 wurde, zunächst nur für Mehltau, eine **Bekämpfungsschwelle** beschrieben. Sie wurde jedoch stets weiterentwickelt und gilt nunmehr für alle verbreitet vorkommenden, wirtschaftlich wichtigen Blatt- und Ährenkrankheiten in Getreide [3, 4]. Sehr verkürzt wiedergegeben, wird ab Schoßbeginn (EC 30) das der Befallslage entsprechend leistungsfähigste Fungizid bzw. eine Mittelkombination erst ab Befallsbeginn bzw. Neubefall (>1% Befallsstärke, eine Krankheit oder Summe der Krankheiten) auf dem jeweils dritten Blatt von oben angewendet.

Diesem Vorgehen liegen folgende Überlegungen zugrunde: Es wird von der Annahme ausgegangen, daß das Getreide unabhängig von der Sorte zwischen Schoßbeginn (EC 30) und Milchreife (EC 75) mindestens 2–3 weitgehend gesunde Blätter benötigt, um eine dem genetischen Potential entsprechende Ertragsleistung erbringen zu können. Des weiteren können in widerstandsfähigen Sorten positive Merkmale wie späterer Befallsbeginn und geringerer Befallsanstieg im Vergleich zu anfälligen nur zum Tragen kommen, wenn die Krankheiten nicht prophylaktisch, d. h. bei Infektionsgefahr vor oder bei Befallsbeginn bekämpft werden. Erst dadurch, daß eine geringe und wie anzunehmen nicht ertragsschädigende Befallsstärke auf den unteren Blättern für eine bestimmte Zeit toleriert wird, bietet sich die Möglichkeit, mit möglichst geringem Aufwand an Bekämpfungskosten auszukommen.

Nicht zu unterschätzen ist aber auch der zeitliche Spielraum, der dem Landwirt auf diese Weise bei der Durchführung der chemischen Maßnahme in Sorten mit spätem Befallsbeginn und/oder geringem Anstieg des Befalls (z. B. Greif und Orestis, Abb. 88) zur Verfügung steht. Unter diesen Voraussetzungen ist nicht damit zu rechnen, daß Behandlungen, die aufgrund von Arbeitsspitzen oder ungünstigen Witterungsbedingungen um ein paar Tage später durchgeführt werden als geplant, zu nicht wieder gutzumachenden Ertragsverlusten führen wie in anfälligen Sorten. Die Wirkungsdauer von Fungiziden ist begrenzt. Je nach Krankheit, Mittel, Sorte und Witterungsbedingungen beträgt der Zeitraum etwa 10–25 Tage. Deshalb ist das vorbeugende Anwenden der Präparate mit dem Risiko behaftet, Wirkung, das bedeutet Zeit und Geld, zu verschenken. In Abhängigkeit von Sorte und Jahr wird die Bekämpfungsschwelle bei Mehltau entweder bereits im 1-Knotenstadium (EC 31) am 7. Mai (Kanzler, Caribo 1984, siehe Abb. 87) oder erst im Blatthäutchenstadium (EC 39) am 6. Juni (Kronjuwel 1986, siehe Abb. 87), d. h. 31 Tage später erreicht.

Den in Abb. 88 dargestellten Resultaten aus 1991 zufolge, können die Unterschiede beim Erreichen der Bekämpfungsschwelle in Abhängigkeit von der Widerstandsfähigkeit der Sorten auch innerhalb eines Jahres beträchtlich sein. Während die Schwelle in Kanzler (nur Mehltau) bereits am 2. Mai im 1-Knotenstadium erreicht ist, trifft dies für Greif (*Septoria* spp. = nur *Septoria*-Arten) und Orestis (Mehltau und *Septoria*-Arten) erst am 3. Juni beim Grannenspitzen (EC 49), also 32 Tage später, zu. Bei Astron beträgt die Differenz zu der anfälligen Sorte immerhin noch 19 Tage (21. Mai, EC 33).

Diese teilweise deutlich über der Wirkungsdauer der Fungizide liegenden Zeiträume sprechen eindeutig gegen eine vorbeugende Anwendung, die sich unabhängig von der Sorte, dem einzel-

nen Standort und dem Jahr möglicherweise nur am Entwicklungsstadium der Pflanzen oder – schlimmer noch – am Terminkalender orientiert.

Bisher gibt es in der Bundesrepublik Deutschland keine Anhaltspunkte dafür, daß unbefriedigende Wirksamkeit von Azolderivaten (z. B. Bayfidan, Desmel, Sportak) gegen Mehltau auf eine dauerhafte Resistenz des Erregers gegen diese Präparate zurückzuführen ist. Dennoch sollte gelten, daß »es zweifellos wichtiger ist, die Entwicklung einer Resistenz zu verhindern, als Gegenmaßnahmen durchzuführen, wenn bereits Resistenz aufgetreten ist« [8]. Dazu leisten der Anbau widerstandsfähiger Sorten und die Orientierung bei der Anwendung von geeigneten Fungiziden und Mittelkombinationen an der Bekämpfungsschwelle einen wichtigen Beitrag, weil unnötige Anwendungen vermieden und ein gerichteter Selektionsdruck auf die Mehltaupopulationen verringert werden.

Der wirtschaftliche Vorteil der Sortenwahl und gezielten Anwendung von Fungiziden nach Bekämpfungsschwelle ist u. a. in Abb. 89 aufgeführt. Neben den verschiedenen Bekämpfungsverfahren wurde der Anbau des Winterweizens unter Berücksichtigung der 1991 von den Landwirtschaftskammern Hannover und Weser-Ems veröffentlichten Leitlinien »Ordnungsgemäße

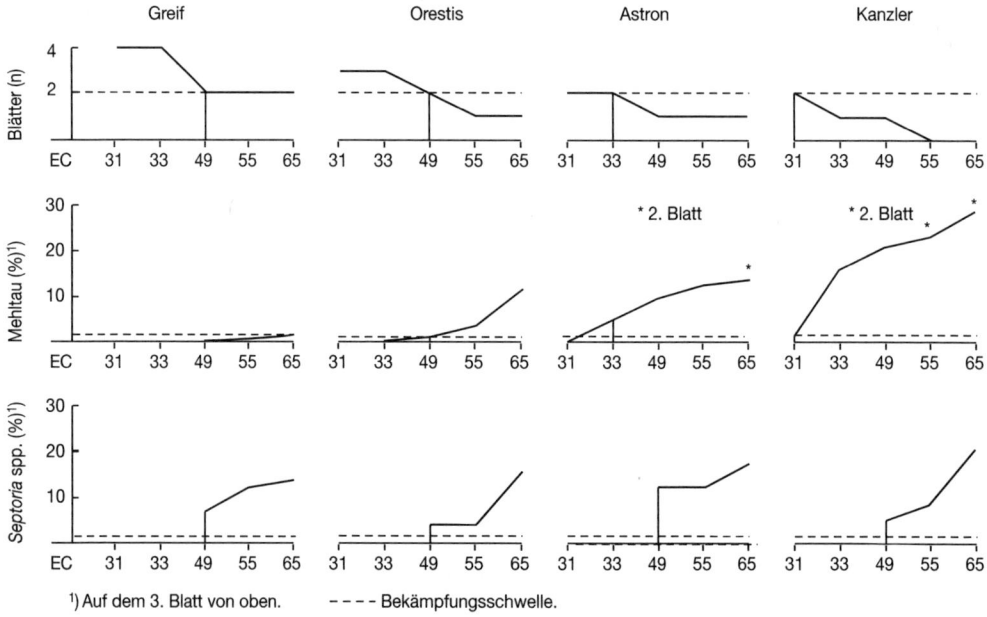

1) Auf dem 3. Blatt von oben.   - - - - Bekämpfungsschwelle.

Abb. 88 Anzahl nicht mit Mehltau befallener Blätter von oben, Befallsstärke verschiedener Winterweizensorten und Entwicklungsstadium, an dem die Bekämpfungsschwelle erreicht wird (Oldenburg 1991).

Landbewirtschaftung« in einer Fruchtfolge mit Ackerbohnen, Mais und Wintergerste auf für die Region typischen lehmigen Sandböden durchgeführt (= ordnungsgemäß).

Im Vergleich dazu wurde im Jahr der Untersuchungen von 1989/90 bis 1991/92, also auf der jeweiligen Versuchsfläche nur vorübergehend, die Stickstoffmenge um 30% vermindert und auf die Anwendung von Wachstumsreglern verzichtet (= extensiviert). Gegenüber der vorbeugend durchgeführten Behandlung wurden in den Bekämpfungsschwellenvarianten im Durchschnitt der Jahre und Sorten die Anwendungshäufigkeit um 1,2mal, die Fungizidmenge um 2,3 l/ha und die Bekämpfungskosten um 150 DM/ha gesenkt. Bei der widerstandsfähigen Sorte Greif betragen die Differenzwerte sogar 1,5mal für die Anwendungshäufigkeit, 2,5 l/ha für die Mittelmenge und 199 DM/ha an Bekämpfungskosten.

Die Einsparung ist u. a. auf eine bewußte Ausnutzung der Nebenwirkung des Mittels Sportak Alpha (Prochloraz plus Carbendazim) gegen Mehltau und Blattbräune (*Septoria nodorum* Berk.) zurückzuführen, das nur in 1992 in beiden Bekämpfungsvarianten gegen die Halmbruchkrankheit eingesetzt wurde. Zwischen dem 1-Knotenstadium (EC 31) und dem Erscheinen des Fahnenblattes (EC 37) wurde das Präparat erst dann angewendet, wenn die Be-

kämpfungsschwelle für die Blattkrankheiten erreicht war.

Ohne Berücksichtigung der Kosten für Stickstoff, Cycocel, Fungizide und deren Ausbringung liegt der Kornertrag in beiden Bekämpfungsvarianten von Orestis und Greif am höchsten (Abb. 89). Nach Abzug dieser Kosten ist das lediglich bei der Sorte Greif in der unbehandelten Kontrolle und dem Versuchsglied Bekämpfungsschwelle der Fall. Als wichtigstes Element im Integrierten Pflanzenschutz kommt die ökologische und ökonomische Bedeutung der widerstandsfähigen Sorte erst in Kombination mit der Bekämpfungsschwelle zum Tragen. Dabei belegt die wesentliche Verminderung der Anwendungshäufigkeit, daß der Praktiker in dieser eingesparten Zeit etwas Sinnvolleres tun kann, als mit Traktor und Spritzgerät überflüssigerweise über das Feld zu fahren.

Im Rahmen einer Arbeitsgruppe der Deutschen Phytomedizinischen Gesellschaft wurde das Bekämpfungsschwellenkonzept von 1989/90 bis 1991/92 bundesweit in über 50 Feldversuchen in vier unterschiedlich anfälligen Winterweizensorten überprüft. Danach ist die Bekämpfungsschwelle unter verschiedensten Bedingungen gegen die verbreitet auftretenden, wirtschaftlich wichtigen Blatt- und Ährenkrankheiten anwendbar und der wirtschaftliche Erfolg noch größer als in Abb. 89 dargestellt.

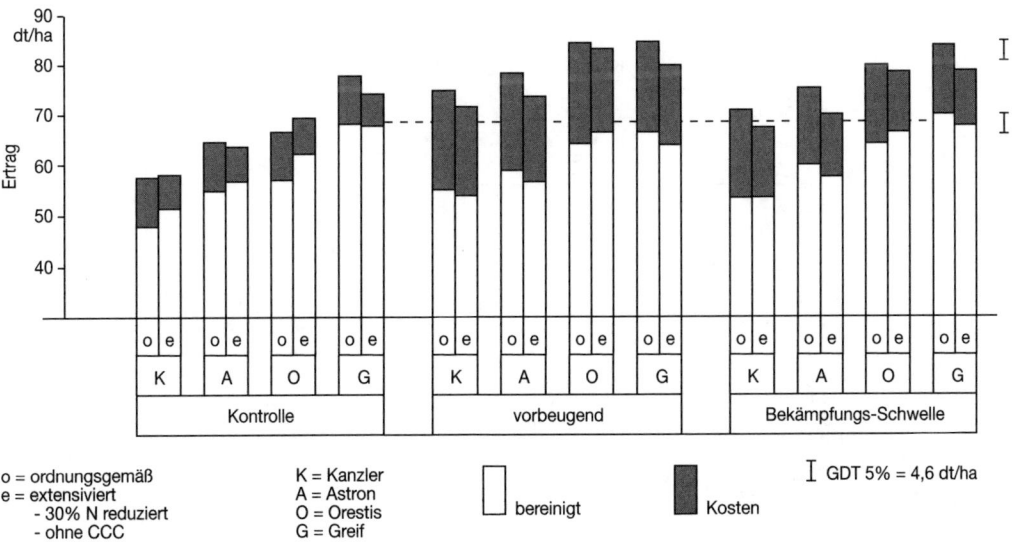

Abb. 89 Kornertrag in Abhängigkeit von Anbauverfahren, Sorte und Bekämpfungsverfahren (Oldenburg, Mittelwerte 1990–1992).

7.2.2.4 Wechselwirkung zwischen Sorte, Stickstoff, Herbizid und Fungizid auf den Ertrag

Von verschiedenen Stellen werden seit einiger Zeit mit unterschiedlicher Fragestellung Wechselwirkungen zwischen Mineraldüngung und Pflanzenschutzmitteln auf den Ertrag untersucht. Im Raum Göttingen laufen seit mehreren Jahren Untersuchungen in Winterweizen unter den dortigen Anbaubedingungen bei Berücksichtigung der Sortenresistenz gegen Mehltau [17].

Bemerkenswert und neu daran ist, daß in den mehrfaktoriellen Feldversuchen unter praxisnahen Bedingungen bei der Bemessung der **Stickstoffmenge** und der Anwendung der Herbizide und Fungizide jeweils eine Variante mit dem Ziel enthalten ist, den Einsatz an Produktionsmitteln sortenspezifisch zu optimieren (Tabelle 68). Bei der Bemessung der N-Mengen der Frühjahrsgabe nach der N_{min}-Methode [21] und der Schoß- und Ährengabe nach dem Nitratschnelltest [24] ergibt sich ein Bedarfswert von 160 kg/ha mineralischem Stickstoff. Eine statistische Überprüfung der Hauptwirkung des Stickstoffs belegt jedoch für das Jahr 1986, daß sich die Erhöhung der N-Menge von N1 auf N2

nicht nennenswert positiv auf die Ertragsbildung ausgewirkt hat. Eine weitere Steigerung auf N3 ergibt sogar negative Vorzeichen der Ertragsdifferenzen zu N2. Die Autoren erklären dieses Ergebnis mit »relativ hohen Mineralisierungsraten aus der organischen Substanz (Zuckerrübenblatt) des Lößbodens auf beiden Standorten«. So waren in den auszugsweise dargestellten Sorten Mineraldüngergaben von insgesamt 100 kg/ha ausreichend, um Erträge zwischen 77 und 87 dt/ha zu ernten.

Auf beiden Standorten lag die Besatzdichte mit ein- und zweikeimblättrigen Unkräutern unterhalb der Schadensschwelle. Es ist nicht neu, daß **Herbizide** unterhalb dieses Grenzwertes nicht zur Ertragssicherung beitragen. Die negativen Vorzeichen der Ertragsdifferenzen (H1–H0) in Kraka bestätigen andeutungsweise, wie bereits wiederholt nachgewiesen, daß die chemische Unkrautbekämpfung unter solchen Voraussetzungen zu Ertragsminderungen führen kann.

Die ertragssichernde Wirkung der **Fungizide** kommt vor allem in der mehltauanfälligen Sorte zum Ausdruck. In der Sorte Kanzler wirkt sich die Anwendung der Mittel sowohl während des Schossens als auch zum Ährenschieben positiv auf den Kornertrag aus. Demgegenüber ergeben sich in Kraka bedeutsame Ertragsdifferen-

Tabelle 68 Hauptwirkung von Stickstoff, Herbizid und Fungizid auf den Kornertrag (dt/ha) von zwei Winterweizensorten, 1986 ($\bar{x}$ jeweils über die übrigen Faktoren) [17, verändert]

Faktor/[1] Stufe	Standort				Mittelwert
	Obernjesa		Harste		
	Kraka	Kanzler	Kraka	Kanzler	
N1	86,5	81,8	85,6	77,4	82,8
N2 – N1	1,3	1,3	4,1	2,8	2,4
N3 – N2	– 1,3	– 1,5	0	– 1,0	– 1,0
H0	87,0	82,0	88,5	78,8	84,1
H1 – H0	– 0,2	0,4	– 0,3	0,3	0,1
F1	79,4	71,8	82,0	70,6	76,0
F3 – F2	1,1	4,3[2]	3,3	10,1[3]	4,7
F3 – F1	11,8[3]	17,7[3]	11,1[3]	17,6[3]	14,6

[1]) N1: 90 (–40 bzw. 60) *+ 30 + 20 =　　　　100 kgN/ha
N2: 120 (–40 bzw. 60) *+ 40** + 40** =　　160 kgN/ha
N3: 150 (–40 bzw. 60) *+ 50 + 60 bzw. 80 = 220 kgN/ha
*N_{min}-Methode, **Nitrat-Schnelltest
H0: ohne Herbizid
H1: Isoproturon + CMPP (2,5 + 4 l/ha, NA/F)
F1: Carbendazim (EC 30–32)
F2: Carbendazim (EC 30–32), Triadimenol + Anizalin (EC 55–59)
F3: Carbendazim (EC 30–32), Fenpropimorph (EC 32–37), Triadimenol + Anizalin (EC 55–59).
[2]) Signifikanz nach Tukey-Test p ≤ 5 %.
[3]) Signifikanz nach Tukey-Test p ≤ 1 %.

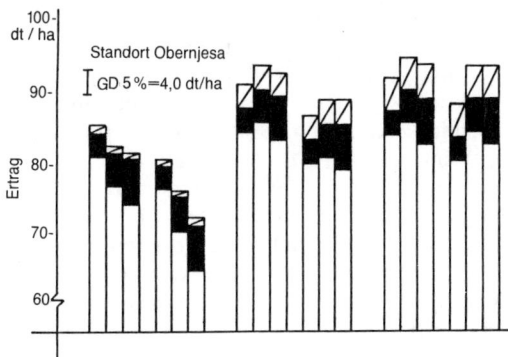

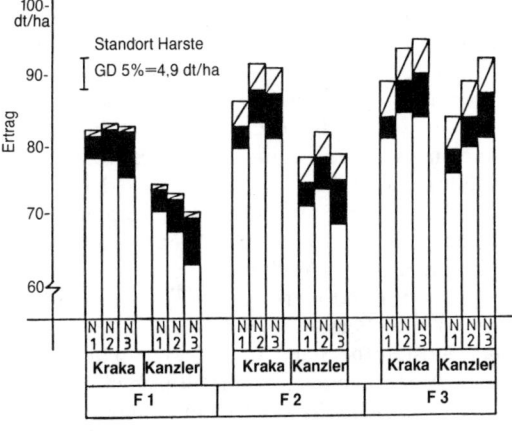

☑ Kosten für Fungizide plus Ausbringung

■ Kosten für Stickstoff □ bereinigter Ertrag

Abb. 90 Kornertrag der Winterweizensorten Kraka (KRA) und Kanzler (KAN) bei unterschiedlich intensiver Anwendung von Fungiziden (F1–F3) und Stickstoff (N1–N3), (Obernjesa und Harste 1986). F- und N-Stufen siehe Tabelle 74 [verändert, 16].

zen nur durch Behandlung im zuletzt genannten Entwicklungsabschnitt (F3–F1) des Weizens.
In diesen Versuchen aufgetretene Wechselwirkungen zwischen Sorte und Stickstoffdüngung auf den Mehltaubefall sind bereits in Abb. 86 dargestellt und unter 7.2.2.1 besprochen worden. Abb. 90 ist zu entnehmen, daß die durch höhere N-Gaben hervorgerufene Zunahme des Mehltaubefalls (Abb. 86) nahezu ausschließlich auf der F1-Stufe zu einer Abnahme des Kornertrages führt. Dabei sind die Ertragsverminderungen in Kraka niedriger als in der Vergleichssorte. Bei einer zusätzlichen Anwendung von Fungiziden gegen Blatt- und Ährenkrankheiten (F2 und F3) ergibt die Steigerung der N-Gaben von N1 auf N2 unabhängig von Sorte und Stand-

ort Ertragsdifferenzen, die über den zusätzlichen Kosten für Stickstoff und Fungiziden plus Ausbringung liegen. Eine weitere Erhöhung der N-Menge (N2 auf N3) bewirkt nur in einem von 12 Fällen in der mehltauanfälligen Sorte bei Durchführung aller Fungizidmaßnahmen (F3) eine Ertragssteigerung.
Dennoch liegt auch hier der kostenbereinigte Ertrag wesentlich niedriger als in den extensiveren Fungizid- und Stickstoffstufen (F2, N2) der widerstandsfähigeren Sorte Kraka auf beiden Standorten.
Dieses Beispiel steht nicht allein dafür, wie folgenschwer sich eine überhöhte Stickstoffdüngung ohne Berücksichtigung der Sortenresistenz auf den Mehltaubefall und den Ertrag des Winterweizens auswirken kann, und daß auch die zunehmende Anwendung von Fungiziden auf Grenzen stößt. Versuche von BÖTTGER und Mitarbeitern [6] führten in Niedersachsen im Raum Nienburg zu sehr ähnlichen Erkenntnissen. Der höchste Kornertrag wurde in Kraka bereits durch bedarfsgerechte N-Düngung nach WEHRMANN und SCHARPF [21] erzielt, während dies in Kanzler erst bei einer Steigerung der durchschnittlichen N-Menge um 30 kg/ha und einer weiteren Gabe (5 gegenüber 4 in Kraka) der Fall war. Im Vergleich zur unbehandelten Kontrolle führte die vorbeugend durchgeführte Anwendung der Fungizide gegen Mehltau lediglich zu einer Ertragsdifferenz von 0,8 dt/ha. Nach gezielter Ausbringung der Mittel lag der Wert im Durchschnitt aller Sorten und N-Stufen hingegen bei 1,6 dt/ha. Dieser Vorteil kam besonders in den widerstandsfähigen Sorten zum Tragen. In einigen Sorten waren infolge der Anwendung einer Tankmischung verschiedener Fungizide 1986 während einer Hitzeperiode an den Blättern sogar Chlorosen als Zeichen mangelnder Verträglichkeit zu erkennen.

7.2.2.5 Optimierung des Systems zur Maximierung des kostenbereinigten Erlöses

Derzeit herrschen Preis : Kosten-Verhältnisse mit sinkenden Preisen für Getreide und nahezu stetig steigenden Kosten für Produktionsmittel vor. Da stellt sich die Frage, ob es in dieser Situation sinnvoll ist, beim Anbau von Getreide mit hohem Einsatz an Pflanzenschutzmitteln und Mineraldünger Höchsterträge zu erzielen oder mit geringerer Intensität einen möglichst hohen Deckungsbeitrag zu erwirtschaften [17]. Insbesondere in Gebieten mit intensivem Akkerbau wird auf den besseren Böden (z. B. Marschen und Börden) immer noch allzu häufig das zuerst genannte Ziel verfolgt. Dabei werden beim Anbau von anfälligen Winterweizensorten (z. B. Kanzler) und einem überdurchschnittlich hohen N-Düngungsniveau Pflanzenschutzmittel weitgehend vorbeugend angewendet, obwohl bereits praxisreife Alternativen zur Verfügung stehen.

Bei der Durchführung eines integrierten Systems beginnt die Vorausplanung der möglicherweise erforderlichen Pflanzenschutzmaßnahmen mit der Sortenwahl unter Berücksichtigung der Resistenzeigenschaften. Dank großer Anstrengungen ist es in den letzten Jahren gelungen, Winterweizensorten mit A- und B-Qualität sowie hoher Ertragsleistung und -sicherheit und guten Resistenzeigenschaften gegen Mehltau und z. T. auch Rostkrankheiten sowie Spelzenbräune zu züchten (siehe Tabelle 67). Widerstandsfähige Sorten sind z. T. durch eine stärkere Neigung zur Auswinterung und geringere Standfestigkeit gekennzeichnet. Diesen Eigenschaften kann jedoch durch eine sachgerechte Anwendung von Pflanzenschutzmitteln begegnet werden, ohne daß diese ohnehin für wirtschaftlich notwendig gehaltenen Maßnahmen zusätzliche Kosten verursachen.

Ein Landwirt, der sein Getreide vor Auswinterung schützen will, wird sich nicht mit der Aussaat von Saatgut zufrieden geben, das mit einem beliebigen Mittel gebeizt wurde. Hier sollte das Mittel, bei nachweislich mittlerem bis hohem Befall des Saatgutes mit dem Erreger der Schneeschimmelkrankheit, nach dem Motto »das beste Präparat zum gleichen Preis« ausgewählt werden. In umfangreichen Untersuchungen haben sich einige Beizmittel als besonders wirksam gegen parasitäre Auswinterung (Schneeschimmel = *Fusarium nivale* [Fr.] Ces.) in Wintergerste (z. B. Abavit UF bzw. UT, Panoctin GF) und Winterweizen (z. B. Sibutol, Panoctin SF) erwiesen [4]. Die Standfestigkeit läßt sich leicht durch eine gezielte, d. h. auf Sorte, Standort und Jahreswitterung abgestimmte Anwendung von Wachstumsreglern und/oder auf den Entzug durch die Pflanzen bezogene Stickstoffdüngung verbessern.

Das Ziel einer Maximierung des kostenfreien Erlöses läßt sich nur erreichen, wenn u. a. der Einsatz an Produktionsmitteln und damit auch der Deckungsbeitrag optimiert wird. Dabei kommt es vor allem in resistenten oder teilresistenten Sorten darauf an, Pflanzenschutzmittel nur anzuwenden, wenn die Befallssituation die Maßnahme rechtfertigt. Anders ist der Vorteil erhöhter Widerstandskraft bei vergleichbarer Ertragsleistung wie in anfälligen Sorten ökologisch und ökonomisch nicht nutzbar.

KUHLMANN und HEITEFUSS [17] verglichen aufgrund ihrer Versuchsergebnisse und der damaligen Kosten für Stickstoff, Pflanzenschutzmittel und Ausbringung ein verhältnismäßig starres betriebsübliches System (B) mit einem flexiblen Vorgehen (I = Integriertes System). Die hohe Intensität in System B entspricht dem, was auf den Versuchsstandorten realisiert wurde oder auch in anderen intensiv wirtschaftenden Betrieben für Stickstoffdünger und Pflanzenschutzmittel aufgewendet wird. Im integrierten System

Tabelle 69 Kornerträge und kostenfreie Erlösdifferenz verschiedener Winterweizensorten auf 2 Standorten bei betriebsüblich-intensiver (B) und gezielt-integrierter (I) Ausbringung von Stickstoff und Pflanzenschutzmitteln (1986), nach [17]

Standort	Sorte	System				Kostenfreie Erlösdifferenz I – B
		B		I		
		Faktorstufen[1])	dt/ha	Faktorstufen	dt/ha	DM/ha
Obernjesa	Kronjuwel	F3, N3, H1	92,0	F2, N2, H0	87,4	+ 166,20
	Kraka	F3, N3, H1	90,7	F2, N2, H0	91,6	+ 416,40
	Goetz	F3, N3, H1	84,7	F3, N2, H0	84,6	+ 275,40
	Kanzler	F3, N3, H1	91,4	F3, N2, H0	91,4	+ 280,00
Harste	Kronjuwel	F3, N3, H1	89,1	F2, N2, H1	84,9	− 7,60
	Kraka	F3, N3, H1	93,0	F2, N2, H0	88,4	+ 166,20
	Goetz	F3, N3, H1	84,8	F3, N2, H0	82,0	+ 152,60
	Kanzler	F3, N3, H1	89,5	F3, N2, H0	85,7	+ 107,10

[1]) F-, N- und H-Stufen siehe Tabelle 74, Seite 266.

wurde die Anwendung von Stickstoff, Fungizid und Herbizid dem Standort, der Sorte, dem Befall mit Mehltau sowie Art und Stärke der Verunkrautung angepaßt.

In Tabelle 69 ist zu erkennen, daß der intensive Einsatz an Produktionsmitteln auf dem Standort Harste zu höheren Kornerträgen führte als bei Berücksichtigung integrierter Maßnahmen. Die Ertragsdifferenzen sind jedoch nicht ausreichend, um den höheren Aufwand für Mineraldünger, Pflanzenschutzmittel und Ausbringung zu decken. Der kostenfreie Erlös spricht eindeutig für das integrierte System. Bemerkenswert ist, daß der höchste Betrag jeweils der widerstandsfähigen Sorte Kraka zugeordnet ist.

BARTELS [1] untersuchte im Raum Braunschweig den Einfluß von Sorte, unterschiedlicher Stickstoffdüngung und Anwendung von Fungiziden auf Befall mit Pilzkrankheiten und Ertrag von Winterweizen und kommt zu vergleichbaren Befunden. Anhand der Berechnung eines »vereinfachten Deckungsbeitrages« geht daraus hervor, daß durch ein Erhöhen der N-Gaben in anfälligen Sorten (z. B. Kanzler, Okapi, Oberst, Caribo) eine zweite frühzeitige Bekämpfung des Mehltaus im 1- bis 2-Knotenstadium (EC 31 bis EC 32) erforderlich war. In widerstandsfähigen Sorten (z. B. Ares, Kraka, Rektor, Sperber) war die zusätzliche Maßnahme nicht wirtschaftlich. Für »optimale Deckungsbeiträge« reichte die Anwendung von Prochloraz (Sportak) gegen die Halmbruchkrankheit aus. Eine ökonomische Nutzung der höchsten Stickstoffdüngung war in mehltauanfälligen Sorten erst möglich, wenn eine intensive Bekämpfung mit Fungiziden durchgeführt wurde.

7.2.2.6 Schlußfolgerungen und Ausblick

Würde die Behauptung zutreffen, daß »ein verhältnismäßig hoher Aufwand an Produktionsmitteln verbunden mit dem höchsten Naturalertrag dem Landwirt das höchste Einkommen verspricht«, wäre das Bemühen um die Einführung integrierter Anbauverfahren in die Praxis überflüssig. Die kritischen Äußerungen in diesem Abschnitt des Buches zeigen jedoch deutlich, daß diese Annahme für die Anwendung von mineralischem Stickstoff, Herbiziden und Fungiziden unter Berücksichtigung der quantitativen und qualitativen Ertragsleistung sowie der Resistenzeigenschaften der Sorten nicht stimmt.

Bei einer überdurchschnittlich intensiven Stickstoffdüngung sind die Kosten meist höher als der Nutzen. Ferner kommen unerwünschte Nebenwirkungen wie verstärkter Befall mit Blattläusen, Mehltau, Rostkrankheiten und die Förderung des Unkrautwuchses sowie verminderte Standfestigkeit des Getreides besonders zum Tragen. Diese nachteiligen Auswirkungen führen u. a. dazu, daß Pflanzenschutzmittel derzeit meistens noch weitgehend vorbeugend nach Spritzplan bzw. festgelegten Rezepturen auch unter kosmetischen Gesichtspunkten angewendet werden. Dieses »Spritzen nach dem Versicherungsprinzip« ist jedoch nur vermeintlich mit Sicherheit verbunden. Neben der Förderung des Mehltaubefalls wird durch die Anwendung von Herbiziden gegen Ackerfuchsschwanz und Windhalm die Standfestigkeit des Getreides vermindert. Nicht in jedem Fall wird durch eine Behandlung des Winterweizens mit Wachstumsreglern nur dieses Risiko eingeschränkt oder verhindert. Bei Sorten, die gegenüber diesen Präparaten empfindlich sind, können als Folge der Anwendung sogar Mindererträge auftreten [7]. Unabhängig von der Sorte, insbesondere in Befallslagen, kann die Anfälligkeit von Weizen gegenüber *Septoria nodorum* Berk. (Blatt- und Spelzenbräune) erhöht werden.

Als Alternative zum bewußten Ausbringen überhöhter N-Mengen und der starren, vorbeugenden Anwendung von Pflanzenschutzmitteln bieten sich praxisreife **integrierte Pflanzenschutzverfahren** an. Beginnend mit der Sortenwahl bedeutet dies u. a. Stickstoffdüngung nach Bedarfswerten, Anwendung von Herbiziden gegen Unkräuter und Insektiziden gegen Blattläuse nach Schadensschwellen sowie Fungiziden gegen Mehltau nach Bekämpfungsschwelle. Dabei können durch Ausbringung des Stickstoffs in flüssiger Form die herbizide Nebenwirkung dieses Düngers ausgenutzt und bei gleichzeitiger Anwendung bis zu 30% verminderter Aufwandmengen von Herbiziden die Produktionskosten wesentlich gesenkt werden.

Eine Hinwendung von Maßnahmen, die vorbeugend nach dem Versicherungsprinzip durchgeführt werden, zur wirklich gezielten Anwendung von Pflanzenschutzmitteln ist jedoch an bestimmte Voraussetzungen gebunden, auf die an anderer Stelle in diesem Buch (siehe Abschnitt 7.2.5) näher eingegangen wird. Hier sei jedoch erwähnt, daß wir größtenteils noch lernen müssen, mit einem nicht makellos sauberen Getreidebestand zu leben, wenn Unkräuter, Pilzkrankheiten und tierische Schädlinge nicht weiterhin zu einem wesentlichen Teil nach kosmetischen Gesichtspunkten bekämpft werden sol-

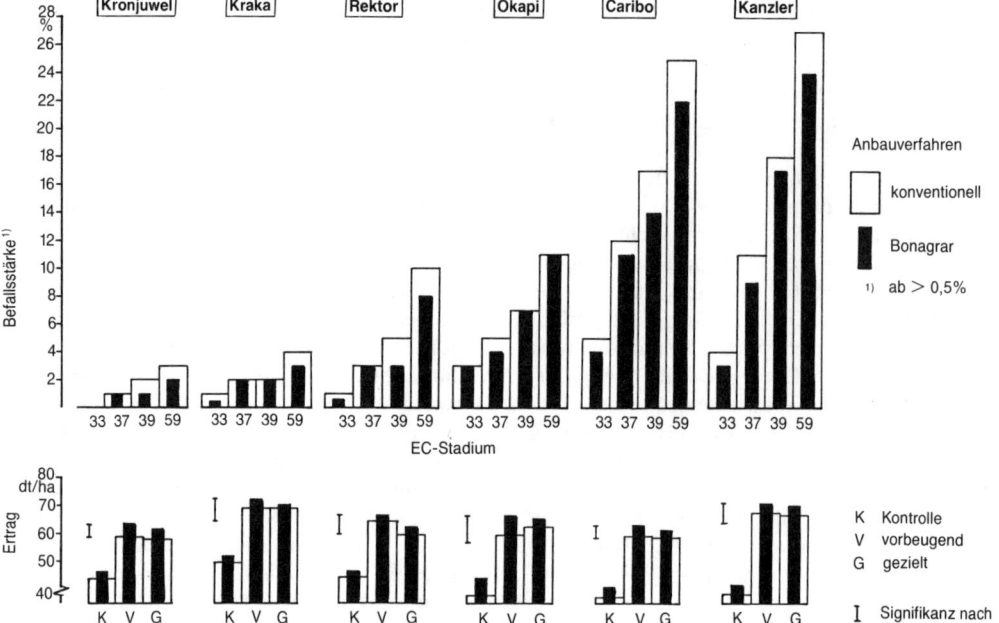

Abb. 91 Mehltaubefall in der Kontrolle und Kornertrag nach vorbeugender (Befallsbeginn, Infektionsgefahr) und nach gezielter Ausbringung (Bekämpfungsschwelle) von Fungiziden gegen Blatt- und Ährenkrankheiten (Mehltau, Blatt- und Spelzenbräune) in Abhängigkeit verschiedener Winterweizensorten und Anbauverfahren, Oldenburg (1987).

len. Unterläßt man die Anwendung von Pflanzenschutzmitteln unterhalb von Schadens- und Bekämpfungsschwellen, so ist es durchaus möglich, daß beispielsweise 20 Rispen/m² des höher wachsenden Windhalms den Gersten- oder Weizenbestand überragen und/oder ein paar Mehltaupusteln und/oder Blattläuse auf Blättern und Ähren zu finden sind.

Wenig sachverständige Betrachter mögen bei diesem Anblick vermuten, daß der Betriebsleiter nicht erfolgreich wirtschaften kann. Dabei ist das Gegenteil der Fall. Durch Einsparen unnötiger Kosten für die Anwendung von Pflanzenschutzmitteln und das Ausbleiben von Ertragsverminderungen bei Unterlassung der Behandlung mit Herbiziden [5, 15] wird der kostenbereinigte Erlös und damit der Deckungsbeitrag deutlich erhöht.

Unabhängig von der Getreideart ist eine gezielte, auf den Schaderreger, die Sorte und den Standort bezogene Anwendung von Pflanzenschutzmitteln nur möglich, wenn die Bestände regelmäßig und genau auf Art und Stärke des Befalls kontrolliert werden. Dies sollte bis zur Durchführung einer Maßnahme gegen Mehltau, Rostkrankheiten, Blatt- und Spelzenbräune sowie Blattdürre (*Septoria tritici* Rob. ex Desm.)

von Beginn des Schossens (EC 30) bis Beginn der Blüte (EC 61) in kritischen Befallsperioden mindestens einmal wöchentlich geschehen. In gleicher Weise ist in Gerste bei der Bekämpfung von Mehltau, der Netzfleckenkrankheit (*Pyrenophora teres* (Died.) Drechsler), der *Rhynchosporium*-Blattfleckenkrankheit (*Rhynchosporium secalis* (Oudem) J. J. Davis) und Rostkrankheiten vorzugehen [4].

Die gezielte Anwendung von Fungiziden nach Bekämpfungsschwelle setzt voraus, daß schnell und kurativ (heilend) wirkende Mittel verfügbar sind. Daran ist gegenwärtig kein Mangel. Im Gegenteil können durch richtige Kombination verschiedener Wirkstoffe bzw. Mittel neben Mehltau je nach Getreideart und Sorte auch die anderen wirtschaftlich wichtigen Pilzkrankheiten gezielt mit erfaßt werden, wenn der Befall auf das dritte bzw. zweite Blatt von oben vorzudringen droht.

Die hier geschilderten Möglichkeiten, integrierte Pflanzenschutzmaßnahmen anzuwenden, stellen bezüglich der Bekämpfung von wirtschaftlich bedeutenden Pilzkrankheiten im Getreide einen Schritt in Richtung Integrierter Landbau dar. Weitere intensive Forschungsarbeiten und eine enge Zusammenarbeit zwischen

270

den wissenschaftlichen Disziplinen Pflanzenzüchtung, Pflanzenernährung, Pflanzenbau und Phytomedizin sind erforderlich. Einen wesentlichen Beitrag dazu leisten die von HEYLAND und Mitarbeitern aus dem Institut für Pflanzenbau in Bonn vorgelegten Ergebnisse zur bedarfsgerechten Mineraldüngung und Bestandesführung in Wechselwirkung zum chemischen Pflanzenschutz (siehe Abschnitt 7.2.1).

Seit einiger Zeit wird bei Berücksichtigung dieser Daten unter der Bezeichnung »Bonagrar« ein flexibles, EDV-gestütztes Anbausystem für Winterweizen und Wintergerste bundesweit mit Erfolg in der Praxis überprüft [14]. Stark vereinfacht charakterisiert, werden dabei spezifische Daten über Sorte, Standort und Witterung für die Auswahl von Saatmenge, Höhe und Verteilung der N-Gaben sowie der Anwendung von Wachstumsreglern berücksichtigt (siehe Abschnitt 5.11). Dieses System wurde von 1987–1989 auf einem Standort im Raum Oldenburg vom Pflanzenschutzamt der Landwirtschaftskammer Weser-Ems mit einem eher starren Vorgehen, hier »Konventionell« genannt, verglichen. Bei diesem Anbauverfahren wurden verschiedene Winterweizensorten, wie etwa in den Landessortenversuchen üblich, bezüglich Saatstärke, Anwendung eines Wachstumsreglers und Stickstoffdüngung nach einem einheitlichen Muster angebaut. Für die Höhe und die Verteilung der N-Mengen wurden die N_{min}-Methode [21] und der Nitratschnelltest [24] zugrunde gelegt. Unabhängig vom Anbauverfahren wurden neben einer unbehandelten Kontrolle Fungizide gegen wirtschaftlich wichtige Pilzkrankheiten bei Infektionsgefahr bzw. Befallsbeginn sowohl weitgehend vorbeugend, als auch gezielt ausgebracht. Die Entscheidung, ob die Halmbruchkrankheit von Schoßbeginn (EC 30) bis 2-Knotenstadium (EC 32) bekämpft werden sollte oder nicht, wurde von den Ergebnissen aus der Befallsdiagnose mittels Färbetest [23] und der Prognose über die gegenwärtige und weitere Entwicklung der Krankheit durch das Warngerät [22] abhängig gemacht. Zum Bekämpfungstermin (EC 30/31) sprachen die Resultate aus beiden Verfahren 1987 gegen und 1988 sowie 1989 für eine Behandlung. Gemessen am Einfluß auf den Kornertrag, den eine zur Überprüfung durchgeführte Anwendung von Prochloraz plus Carbendazim (Sportak Alpha) ausübte, war die Entscheidung richtig. Das gezielte Vorgehen gegen Blatt- und Ährenmehltau, Blatt- und Spelzenbräune sowie Gelbrost erfolgte nach Bekämpfungsschwelle. Fungizide wurden gegen diese Krankheiten erst eingesetzt, wenn der Befall von Schoßbeginn (EC 30) bis zum Blühbeginn des Getreides (EC 61) auf das dritte bzw. zweite Blatt von oben vorgedrungen war.

Abb. 91 ist zu entnehmen, daß in der widerstandsfähigen Sorte Kraka im ersten Versuchsjahr unabhängig vom Anbau- und Bekämpfungsverfahren der höchste Kornertrag gemessen wurde. Ohne und mit Applikation der Fungizide lag der Ertrag des Systems »Bonagrar« über den Werten von »Konventionell«. In Kronjuwel signifikant, beträgt die statistische Sicherheit für die Ertragsdifferenz zwischen den Anbauverfahren in den anfälligen Sorten Okapi, Caribo und Kanzler nach vorbeugender Bekämpfung der Blatt- und Ährenkrankheiten immerhin mehr als 50%. Mit einer Ausnahme (Rektor) liegen keine ernstzunehmenden Unterschiede im Kornertrag nach vorbeugender und gezielter Anwendung der Fungizide vor.

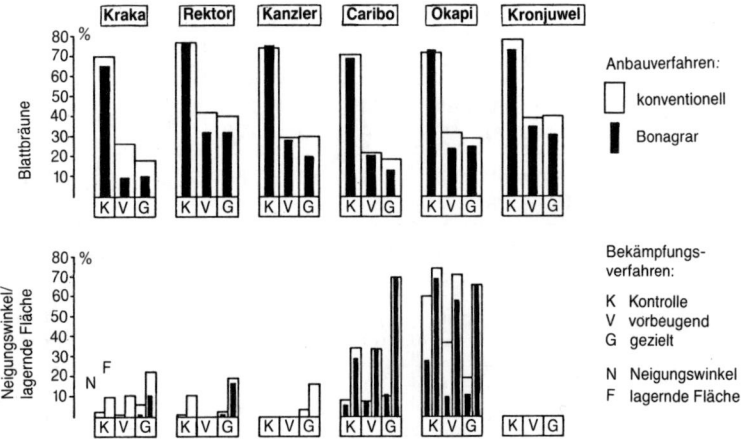

Abb. 92
Befall mit Blattbräune
(Septoria nodorum)
auf dem 1.–3. Blatt von oben während der Milchreife (EC 75) und Standfestigkeit zur Teigreife (EC 85) von Winterweizen in Abhängigkeit verschiedener Sorten, Anbau- und Bekämpfungsverfahren (Oldenburg, 1987).

Vergleicht man den Kornertrag des weitgehend starren Anbau- und Bekämpfungsverfahrens »Konventionell« (vorbeugend) mit »Bonagrar« bei der Ausbringung der Mittel nach Bekämpfungsschwelle, so liegen die Werte nach flexiblem Vorgehen meistens geringfügig höher.

Die Ertragsdifferenzen zwischen den Anbauverfahren sind auf verschiedene Ursachen zurückzuführen. Während bei der Halmbruchkrankheit und dem Befall der Ähren mit Mehltau und Spelzenbräune keine Unterschiede nachweisbar waren, war die Mehltaubefallsstärke auf den Blättern in der Variante »Bonagrar« geringer als den Versuchsgliedern von »Konventionell« (Abb. 91). Dies war von Schoßbeginn (EC 30) bis zum Beginn der Blüte (EC 61) nicht nur in der unbehandelten Kontrolle der Fall. Mindestens in gleichem Ausmaß, vermutlich aber noch stärker, kommt der Einfluß auf die Blattbräune zum Tragen (Abb. 92). Zur Zeit der Milchreife (EC 75), auf den obersten drei Blättern beurteilt, wurde die Wirkung der Fungizide gegen diese Krankheit durch das System »Bonagrar« im Vergleich zu »Konventionell« insbesondere in Kraka wesentlich verbessert. Unabhängig von

der Fungizidanwendung wirkte sich »Bonagrar« während der Teigreife (EC 85) positiv auf die Standfestigkeit des Weizens aus. Wesentliche Unterschiede sind in Kraka, Rektor, Kanzler und Okapi zu erkennen.

Mit gebotener Zurückhaltung kann man davon ausgehen, daß beim Anbau der sechs Winterweizensorten nach dem System »Bonagrar« und gezielter Bekämpfung der Pilzkrankheiten mindestens gleich hohe Erträge geerntet wurden, wie beim Anbauverfahren »Konventionell« mit vorbeugender Anwendung der Fungizide. Vor diesem Hintergrund ist die Frage von Interesse, ob Unterschiede zwischen den Anbau- und Bekämpfungsverfahren im monetären Aufwand für Produktionsmittel vorliegen (Tabelle 70). Die größten Differenzen sind verschiedenen Sorten zugeordnet. Zugunsten des Systems »Bonagrar« werden in Okapi 79 DM/ha für Saatgut und in Kronjuwel für Stickstoffdünger sowie Wachstumsregler zusammen 34 DM/ha eingespart. In den widerstandsfähigen Sorten Kraka, Rektor und Kronjuwel war allein der Aufwand für Fungizide nach gezielter Anwendung gegen Blatt- und Ährenkrankheiten um

Tabelle 70 Kosten für Produktionsmittel und Ausbringungskosten für Stickstoff und Pflanzenschutzmittel in Abhängigkeit von Winterweizensorte, Anbauverfahren sowie vorbeugender und gezielter Ausbringung von Fungiziden gegen Blatt- und Ährenmehltau sowie Blatt- und Spelzenbräune, Oldenburg (1987)

Sorte	Anbauverfahren (Nähere Erläuterung siehe Text)	Kosten DM/ha								
		Saatgut	CCC	N	Fungizide		Ausbringung	gesamt		
					vorbeugend	gezielt		vorbeugend	gezielt	Differenz konventionell vorbeugend zu Bonagrar gezielt
Kraka	konventionell	179	10	185	247	159	120	741	653	117
	Bonagrar	124	6	175			160	712	624	
Rektor	konventionell	220	10	185	247	159	120	782	694	127
	Bonagrar	154	6	176			160	743	655	
Kanzler	konventionell	223	10	185	247	210	120	785	748	81
	Bonagrar	160	6	169			140	741	704	
Caribo	konventionell	189	10	185	247	210	120	751	714	82
	Bonagrar	133	5	161			140	706	669	
Okapi	konventionell	277	10	185	247	210	120	839	802	85
	Bonagrar	198	7	179			140	791	754	
Kronjuwel	konventionell	194	10	185	247	159	120	756	668	139
	Bonagrar	137	0	161			140	705	617	

88 DM/ha geringer als bei vorbeugender Anwendung. In den anfälligen Sorten wurden demgegenüber nur 37 DM/ha eingespart. Trotz höherer Aufwendungen für das Ausbringen von Stickstoff, Wachstumsregler und Fungiziden ergeben sich finanzielle Vorteile für das System »Bonagrar« bei gleichzeitiger Anwendung von Fungiziden nach Bekämpfungsschwelle.

Im Vergleich zum Anbauverfahren »Konventionell« mit vorbeugend durchgeführten Maßnahmen gegen Pilzkrankheiten wurden die Produktionsmittelkosten je nach Sorte unterschiedlich gesenkt. Es dürfte kein Zufall sein, daß die Einsparung in den drei widerstandsfähigen Sorten wesentlich größer war als in den anfälligen Vergleichssorten. Mit 139 DM/ha liegt der für Kronjuwel errechnete Betrag wesentlich höher als für Kanzler (81 DM/ha).

Bis 1988/89 wurden die Untersuchungen mit vier Sorten fortgeführt und vergleichbare Resultate im Hinblick auf den Befall mit Pilzkrankheiten und die Anwendung von Fungiziden erzielt. Unter Berücksichtigung des gemessenen Kornertrages, des Produktpreises und der Kosten für Produktionsmittel (Saatgut, Stickstoffdünger, Fungizide, Wachstumsregler und Ausbringung) lag der kostenfreie Erlös im Durchschnitt der drei Jahre in der Sorte Kraka bei Anbau nach dem System »Bonagrar« und gezielter Bekämpfung der Pilzkrankheiten aufgrund von Hitzestreß niedriger als in der Vergleichssorte Kanzler mit dem Anbauverfahren »Konventionell« und vorbeugender Anwendung der Fungizide [3]. Der Systemvergleich führte auf der Qualitätsstufe B 4 zu einer kostenfreien Erlösdifferenz von 313 DM/ha in der gegenüber Mehltau und Rostkrankheiten widerstandsfähigen Sorte Obelisk und betrug in den anfälligeren Sorten lediglich 199 DM/ha.

Diese Befunde bestätigen wiederum, daß auch bei der Bekämpfung von Pilzkrankheiten im Getreide ein gezieltes Vorgehen möglich ist. Dabei findet dieses Bestreben durch die Entwicklung neuer, auf Sorte, Standort und Witterung abgestimmter Anbausysteme (wie z.B. »Bonagrar«) Unterstützung.

Ohne überzogenen Optimismus ist festzustellen, daß der Integrierte Landbau keine Utopie ist, sondern in absehbarer Zeit Realität werden kann. Dieses Ziel wird in dem Maße erreichbar sein, wie sich die Informationen über einzelne Produktionsfaktoren und biologische Zusammenhänge auf Seiten der Kulturpflanzen und der Schadorganismen verfeinern und verbessern lassen. Neben einer noch genaueren Charakteri-

sierung von Anbau- und Sortendaten zählen dazu auch weitere Erkenntnisse aus Forschungsarbeiten über Termin- und Schadensprognosen zur gezielten Bekämpfung von Pilzkrankheitserregern und tierischen Schädlingen.

7.2.3 Reduzierte Bodenbearbeitung, angepaßte Saattechnik und Unkrautbekämpfung nach dem System HORSCH

D. HORSCH, Fladungen

7.2.3.1 Einleitung

Während der vergangenen Jahrzehnte hat der Acker- und Pflanzenbau eine vorher nie dagewesene Entwicklung erlebt. Besonders schwerwiegend war dies bei der Bodenbearbeitung. Dazu kam eine ausgereifte Düngetechnik, vor allem mit preiswertem Stickstoff, und ein immer perfekterer Pflanzenschutz. Zusammen mit Fortschritten bei der Pflanzenzüchtung hat dies zu sehr sicheren und hohen Erträgen geführt. Diese Entwicklung ist inzwischen nicht nur wegen der überquellenden Märkte in eine kritische Diskussion geraten. Stichworte dazu sind Verschlämmung, Erosion und Bodenverdichtung, der Eintrag von Nitrat und Pflanzenschutzmitteln in das Grundwasser und die Humusbilanz. Das chemisch-technisch Machbare hat inzwischen ein Ausmaß erreicht, bei dem die Frage nach dem chemisch-technisch Verantwortbaren gestellt werden muß.

Die oben beschriebene Entwicklung war überwiegend geprägt von monokausalem Denken. Bei den Vorgängen in Boden und Pflanze handelt es sich aber um ein sehr komplexes Geschehen. Alle produktionstechnischen Maßnahmen haben darauf vielfältige Einflüsse. Deswegen ist ein verstärktes Bemühen um ein vernetztes, systemorientiertes Denken nötig. Ziel dabei muß eine bessere Abstimmung der produktionstechnischen Maßnahmen auf den Boden und die Ansprüche der Pflanzen sein.

Bei dem hier vorzustellenden System HORSCH handelt es sich um eine Methode der Anbautechnik, die diesem Ziel nahe kommt. Das System wurde von einigen Praktikern entwickelt, die wegen extrem schwerer und steiniger Böden vor mehr als 25 Jahren aufgehört hatten zu pflügen. Damals wurde die Bodenbearbeitung durch Grubber und Scheibenegge zunächst stark eingeschränkt und schließlich fast ganz aufgege-

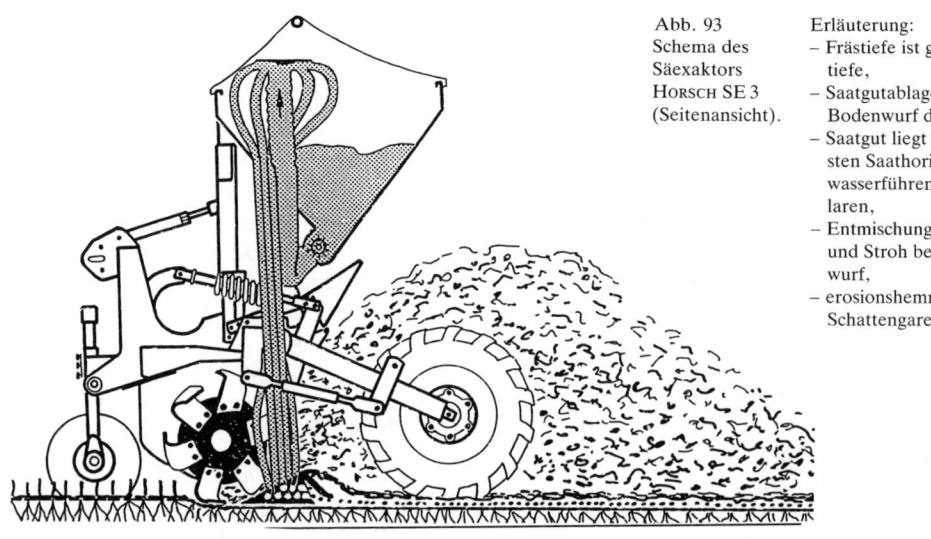

Abb. 93
Schema des
Säexaktors
HORSCH SE 3
(Seitenansicht).

Erläuterung:
– Frästiefe ist gleich Saattiefe,
– Saatgutablage *unter* dem
  Bodenwurf der Fräse,
– Saatgut liegt auf dem festen Saathorizont mit
  wasserführenden Kapil-
  laren,
– Entmischung von Erde
  und Stroh beim Boden-
  wurf,
– erosionshemmende
  Schattengare.

ben. Da es auf dem Markt keine Sätechnik gab, die angesichts des nicht »reinen Tisches« eines ungepflügten Bodens eine exakte Saat ermöglichte, mußte eine angepaßte Bodenbearbeitungs- und Saattechnik entwickelt werden. Vor einigen Jahren gelang mit dem Säexaktor der Durchbruch.

7.2.3.2 Technik und Arbeitsweise des Verfahrens

Der Grundgedanke des Verfahrens ist, den nur ganz flach z. B. mit einer Spatenrollegge oder gar nicht bearbeiteten, strohbedeckten Stoppelacker auf Saattiefe abzuheben, das Saatgut (wenn nötig zusammen mit Dünger) in Breitsaat auf den festen, unbearbeiteten, wasserführenden Saathorizont abzulegen und zu bedecken. Die Abb. 93–95 zeigen, wie beim Säexaktor dieser Gedanke verwirklicht ist.

Der Fräsrotor trägt den Boden auf Saattiefe ab und wirft ein Gemisch aus Erde und Stroh in einem hohen Wurfbogen über die sog. Säschiene. In diesem Moment wird das Saatgut aus dieser Säschiene geblasen und in Breitsaat auf dem wasserführenden Saathorizont abgelegt. Da der Wurfbogen nicht durch senkrecht verlau-

fende Saatrohre behindert wird, gibt es keinerlei Verstopfungsprobleme durch große Strohmengen und das Saatgut wird gleichmäßig bedeckt. Weil dabei die Bodenteile etwas schneller zurückfallen als das Stroh, kommt es zu einer gewissen Entmischung. Ein Teil des Strohes liegt wieder an der Oberfläche, fördert die Bodengare und verhindert Verschlämmung und Erosion. Ganz wesentlich ist, daß das Stroh dabei nicht vergraben wird und so keine anaeroben Abbauprozesse entstehen können.

Es handelt sich bei diesem System um eine radikal verringerte Bodenbearbeitung. Für konventionelles Denken ist es schwer zu verstehen, daß nicht gelockerte Böden gleiche Erträge bringen können. Entscheidend dabei ist, daß dem Bodenleben die Voraussetzungen für die Entwicklung einer biologisch vernetzten Bodenstruktur erhalten bleiben.

Konventionelle tiefe Bodenbearbeitung stellt eine gewünschte Bodenstruktur her, die hohe Erträge ermöglicht. Diese Struktur ist, weil nicht biologisch gewachsen, instabil und muß regelmäßig mechanisch erneuert werden. Bei radikal verringerter Bodenbearbeitung entsteht unter bestimmten Bedingungen und nach einer gewissen Zeit eine stabile Bodenstruktur. Diese

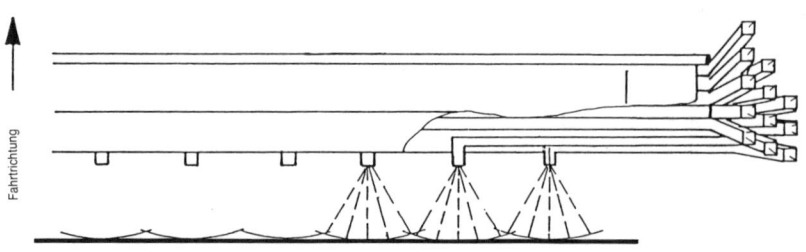

Fahrtrichtung

Abb. 94
Säschiene des
Säexaktors
HORSCH SE 4
(Draufsicht).
Erläuterung:
– Absolute Breitsaat,
– optimaler Standraum für
  jede Pflanze,
– gleichmäßiges Auflaufen.

Abb. 95 Säexaktor Horsch SE 4 mit Terra-Trac im Einsatz.

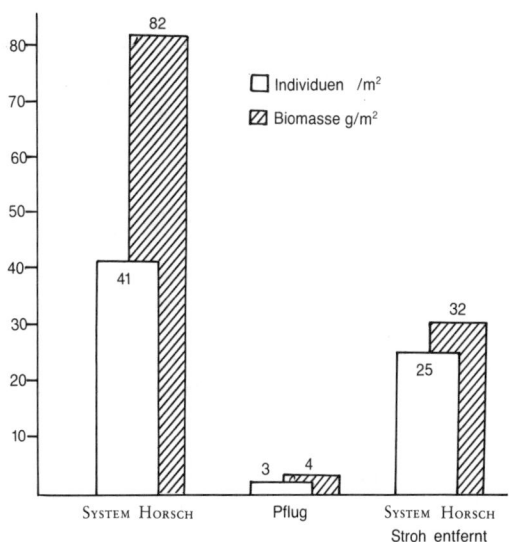

Abb. 96 Vergleich der Individuendichte und Biomasse von Regenwürmern bei System Horsch und normaler Pflugarbeit (Mittelwerte 1981–1985 eines Bodenbearbeitungsversuchs in Hellmannsburg) [3].

ist der Struktur unter Grünland ähnlich und, weil biologisch gewachsen, im Gegensatz zu der mechanisch hergestellten, tragfähig und stabil. Wichtig dabei ist es, dem Ökosystem Boden mit Hilfe der Pflanzen diese Entwicklung zu ermöglichen, d. h. soweit es geht systemstörende Eingriffe zu vermeiden. Zum Aufbau einer biologischen Struktur braucht der Boden Bodenruhe und als Schutz und Nahrungsangebot für das Bodenleben die Bedeckung mit organischem Material. Die Forderung nach dem »reinen Tisch« ist aus dieser Sicht falsch. Sie berücksichtigt die Bedürfnisse des Bodens nicht. Sie kommt von der Landtechnik, denn exakte Saatgutplazierung ist bei herkömmlicher Drilltechnik nur bei »reinem Tisch« möglich.

7.2.3.3 Einfluß auf das Bodenleben

Das Bodenleben hat sich in vielen Millionen Jahren entwickelt, beginnend zu einer Zeit, in der es noch keinerlei mechanisches Einarbeiten von organischem Material gab. Es ist deshalb darauf spezialisiert, sich mit Nahrung von der Bodenoberfläche zu versorgen. Auch sollte diese Nahrung über das ganze Jahr reichen. Die Lehrmeinung, durch intensive Stoppelbearbeitung einen schnellen Abbau der Ernterückstände zu erreichen, müßte in diesem Zusammenhang überprüft werden.

Die Abb. 96 und 97 zeigen, welch starken Einfluß Bodenbearbeitung und richtig plazierte organische Substanz auf das Bodenleben, gemessen an der Regenwurmdichte und -biomasse, hat. Sie zeigen auch, daß sich mechanische Eingriffe hierauf viel negativer auswirken können, als gezielte chemische Maßnahmen.
Stroh, vor allem von Wintergetreide, scheidet unter anaeroben Bedingungen während des Abbaus schädliche Stoffe aus, z. B. Essigsäure.

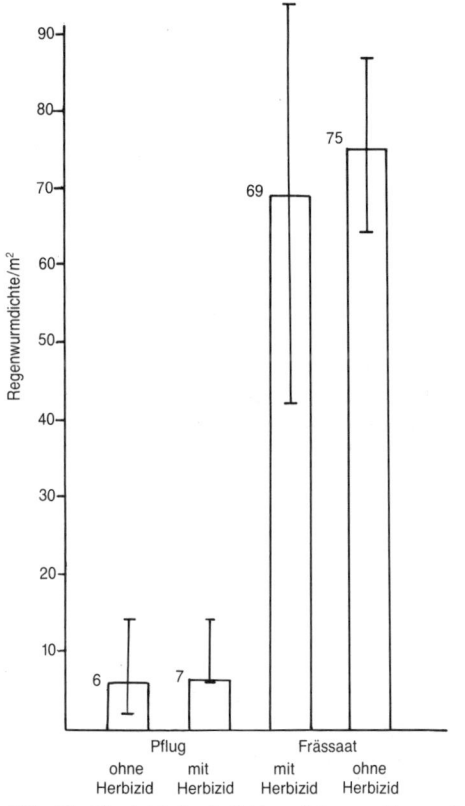

Abb. 97 Vergleich der Individuendichte von Regenwürmern bei Frässaat und Pflugfurche mit und ohne Herbizidanwendung (Ergebnisse eines Bodenbearbeitungsversuches 1985 in Amerang) [3].

Dies führt zu unerwünschten Reduktionsprozessen. Dabei kann es, vor allem unter nassen Bedingungen, zu starken Schädigungen an Keimlingen und jungen Pflanzen kommen. Auch dies spricht für das Belassen der Ernterückstände an der Oberfläche.

7.2.3.4 Konsequenzen für die Düngung

Wie bei konventioneller Bodenbearbeitung sind auch bei verringerter Bearbeitung die Saattechnik, die Düngung und der Pflanzenschutz und hier vor allem die Unkrautbekämpfung entscheidend für den Erfolg. Diese Maßnahmen müssen auf das jeweilige System abgestimmt sein. Die landläufige Meinung, daß geringere Bodenbearbeitung einen erhöhten Aufwand an Düngung und Pflanzenschutz erfordert, stammt aus der Anfangszeit der diesbezüglichen Versuche und ist nicht haltbar. Durch den Wegfall der tieferen Einmischung mit dem Pflug und die dauernde Verrottung der Rückstände an der Oberfläche kommt es zu einer Nährstoffanreicherung in der oberen Schicht des Bodens. Außerdem werden durch die höhere biologische Aktivität mehr Nährstoffe aus dem Bodenvorrat mobilisiert. Für die nötige Einmischung sorgen die Bodenorganismen, vor allem die Regenwürmer, die sich laufend durch den Boden fressen. Aus diesen Gründen kann auf so bearbeiteten Flächen die Düngung mit Grundnährstoffen vermindert werden.

Tabelle 71 zeigt, daß in der Oberkrume (0–6 cm) die bodenbiologische Aktivität der nach dem HORSCH-System bearbeiteten Böden, gemessen an der mikrobiellen Biomasse und der Stickstoff-Mineralisierung, signifikant höher ist. Auch in den tieferen, seit 12 Jahren unbearbeiteten Schichten fällt die Aktivität nicht unter das Niveau der konventionell bearbeiteten Varianten. Der Grund für die höhere mikrobielle Aktivität in der Oberkrume beim HORSCH-System ist vor allem im höheren Humusgehalt in diesem Bereich zu sehen.

Nicht bearbeitete Böden haben auf Grund eines anderen Lufthaushaltes und etwas geringerer Bodentemperatur im Frühjahr eine andere Stickstoffdynamik. Zu Vegetationsbeginn wird deshalb weniger bodenbürtiger Stickstoff mobilisiert. Die Stickstoffnachlieferung während der Vegetation erfolgt dagegen gleichmäßiger. Bei gleicher Höhe der Gesamtstickstoffdüngung sollte die erste Gabe im Frühjahr um ca. 30 kg N/ha höher sein. Um diese Menge müssen die weiteren Gaben dann vermindert werden. Auf Grund der gleichmäßigeren Nachlieferung des Stickstoffs sind in der Regel weniger Einzelgaben erforderlich.

Eine Untersuchung von HÜTSCH [pers. Mitt. Prof. MENGEL, 1988] zeigt, daß der Gesamtstickstoffgehalt infolge reduzierter Bodenbearbeitung im Vergleich zur Pflugarbeit im Oberboden höher ist. Besonders der Gehalt an organisch gebundenem Stickstoff ist höher. Dieser steht den Pflanzen in gleichmäßig fließender Form zur Verfügung. Viele Untersuchungen zeigen, daß beim Belassen der Ernterückstände an der Oberfläche und beim Verzicht auf die Bodenlockerung die organische Bilanz auch ohne zusätzliche organische Düngung positiv ist. Die

Tabelle 71 Bodenbiologische und -physikalische Eigenschaften konventionell und nach dem System HORSCH bearbeiteter Böden (Mittelwerte aus je 4 Gipskeuper-Pelosolen des Frühjahres 1987) [6]

		Entnahmetiefe in cm	HORSCH-System	konventionell
Biomasse	mg C/100 g Boden	0 – 6 cm 6 – 20 cm	314 83	126 74
N-Mineralisierung	µg N_{min}/Tag und 10 g Boden	0 – 6 cm 6 – 20 cm	1,79 1,69	1,10 1,94
Regenwurmbesatz[1]	Anzahl/m²		82	3
Gesamtporenvolumen	%	2 – 6 cm 6 – 20 cm 20 – 40 cm	52,7 49,4 48,7	53,6 49,1 48,2

[1] »Anzahl« erstreckt sich infolge Anwendung der »Formalin-Austriebsmethode (0,2 %)« auf den gesamten Lebensraum der Regenwürmer.

Böden der HORSCH-Varianten des Versuches der Tabelle 71 sind z. B. seit 20 Jahren nicht gepflügt und seit 12 Jahren nur auf Saattiefe (2–4 cm) bearbeitet worden und bekamen seit mehr als 20 Jahren weder Gründüngung noch Mist. Die konventionellen Flächen wurden hingegen jährlich gepflügt oder gegrubbert und erhielten regelmäßig Stallmist oder Gülle.

7.2.3.5 Unkrautbekämpfung

Eine wichtige Voraussetzung für den Erfolg stark verringerter Bodenbearbeitung ist das beharrliche Bekämpfen von Wurzelunkräutern. Aufgrund fehlender Möglichkeiten und mangelnder Erfahrung kam es in den Anfangszeiten diesbezüglicher Versuche zu Fehlschlägen. Dies hat bis heute zu Vorurteilen bis hin zur Ablehnung solcher Verfahren geführt. Konventioneller Ackerbau kann in jeder Richtung auf unendlich viel Erfahrung und Versuchsergebnisse zurückgreifen. Grundsätzlich jedoch ist bei den Methoden mit stark reduzierter Bodenbearbeitung die Gefahr, nachhaltige Schäden am Boden anzurichten, geringer als bei intensiver Bearbeitung. Wegen der noch mangelnden Erfahrung können aber leicht Fehler und Unterlassungen vorkommen.

Das Bekämpfen von Wurzelunkräutern, vor allem von Quecken, ist heute mit dem systemischen Herbizid Round-up kein Problem mehr. Der Zeitpunkt der Bekämpfung ist abhängig von der Fruchtfolge. Zum Beispiel bei einer Folge von Raps – Winterweizen – Wintergerste bietet sich die Zeit nach der Rapsernte etwa zwei Wochen vor der Weizensaat an. Die Aufwandmenge dabei ist 1,25 l/ha Round-up + 10 l/ha Schwefelsaures Ammoniak. Dort, wo Queckennester vorkommen, wird durch Verringern der Fahrgeschwindigkeit die Aufwandmenge erhöht. Im Betrieb des Verfassers lag der Verbrauch von Round up im Durchschnitt der vergangenen 5 Jahre bei 0,8 l/ha und Jahr. Das heißt, weniger als 1 Liter dieses Mittels leistet zur Queckenbekämpfung soviel, wie jährlich mehrmalige Bodenbearbeitung.

Die oben angeführte Untersuchung (Tabelle 71) wurde auf regelmäßig mit Round-up behandelten Flächen gemacht. Sie zeigt eindeutig, daß mechanische Bearbeitung einen viel stärker negativen Einfluß auf das Bodenleben hat als eine gezielte chemische Behandlung. Dies ist ein Beispiel dafür, daß moderne, z. B. chemische Methoden, auch aus ökologischer Sicht, herkömmlichen Methoden überlegen sein können. Diesbezüglichen Vorurteilen, die manchmal durchaus verständlich sind, könnte durch eine integrierte Untersuchung entgegengewirkt werden.

Bei der übrigen Unkrautbekämpfung kann konventionell verfahren werden. Auf Grund des hohen Gehaltes an organischer Substanz in der Krume kann es zu verminderter Wirkung von Bodenherbiziden kommen. Deshalb sollte möglichst mit blattaktiven Nachauflaufbehandlungen gearbeitet werden. Eine Gefahr im pfluglosen Ackerbau mit starkem Wintergetreideanbau kann die Taube Trespe *(Bromus sterilis)* werden. Da dies Ungras in Getreide derzeit noch nicht bekämpfbar ist, muß es im Rahmen der Fruchtfolge, z. B. in Raps, konsequent ausgeschaltet werden. Bei Sommerung ist die Trespe

Tabelle 72   Einfluß des Systems HORSCH und konventioneller Pflugarbeit auf die Ernteerträge (dt/ha) bei Weizen und Körnermais (Versuchsergebnisse 1980 – 1987 in Hellmannsberg) [1]

Versuchsjahr		Weizen		Körner-Mais	
	Form	HORSCH	Pflug	HORSCH	Pflug
1980	SW	51,0	56,5	57,3	57,4
1981	SW	51,5	47,2	54,9	56,2
1982	SW	73,4	67,3	102,6	111,5
1983	SW	55,0	53,6	53,5	16,6
1984	SW	67,6	69,3	46,9	54,1
1985	SW	59,0	53,8	92,5	92,1
1986	SW	75,1	70,5	52,9	65,8
1987	WW	69,7	63,4	88,4	82,1
Durchschnitt		62,8	60,2	68,62	66,97
relativ		100	96	100	98

Tabelle 73 Einfluß verschiedener Formen der Bodenbearbeitungsintensität auf die Kornerträge (dt/ha) bei Weizen und Mais (Ergebnisse eines seit 1970 in Boigueville (Frankreich) laufenden Versuches) [2]

Kultur		Weichweizen						Mais						
Behandlung	Sorte	L_{0R}[1])	L_{1R}	L_{2R}	L_{0E}	L_{1E}	L_{2E}	Sorte	L_{0R}	L_{1R}	L_{2R}	L_{0E}	L_{1E}	L_{2E}
1981 – 1982	Roazon	79,1	79,3	79,8	75,4	80,9	78,9	LG II	66,2	63,4	69,7	65,7	61,1	68,6
1982 – 1983	Roazon	80,4	81,7	79,4	81,7	82,6	80,2	LG II	81,1	77,4	81,2	81,1	77,4	81,2
1983 – 1984	Roazon	92,0	91,9	91,0	91,4	93,6	88,6	DEA	80,6	79,9	74,1	78,0	80,6	76,5
1984 – 1985	Fidel	93,1	98,8	95,8	93,9	96,7	98,7	DEA	74,2	70,6	75,4	73,2	76,4	77,4
1985 – 1986	Fidel	68,1	67,3	67,4	66,7	66,5	65,7	DEA	63,8	61,9	64,5	62,0	59,2	62,0
Durchschnitt		82,5	83,8	82,7	81,8	84,0	82,4		73,2	70,6	73,0	72,0	70,9	73,1

[1]) L_{0R}: Pflug, 0–25 cm ohne Strohbergung,
L_{1R}: Oberflächenbearbeitung, 0–10 cm ohne Strohbergung,
L_{2R}: Direktsaat in die Stoppeln ohne Strohbergung
L_{0E}: Pflug, 0–25 cm mit Strohbergung,
L_{1E}: Oberflächenbearbeitung, 0–10 cm mit Strohbergung,
L_{2E}: Direktsaat in die Stoppeln mit Strohbergung

kein Problem, ihr Samen verliert, auch wenn nicht eingearbeitet, im Laufe von Herbst und Winter die Keimfähigkeit.

7.2.3.6 Ertragsleistungen

Im Durchschnitt aller systemgerecht durchgeführten Versuche und auch in der Praxis hat sich gezeigt, daß mit abnehmender Intensität der Bodenbarbeitung die Erträge gleich hoch bleiben (siehe Tabelle 72 und 73). Wichtig sind dabei eine exakte Saat, angepaßte Düngung und ein gezielter chemischer Pflanzenschutz. Voraussetzung ist aber auch ein Standort ohne natürliche oder durch Bearbeitungsfehler verursachte Strukturschäden und Verdichtungen im Boden. Es liegt auf der Hand, daß so geschädigte Böden erst in Ordnung gebracht werden müssen und eine gewisse Zeit brauchen, um zu regenerieren. Die Ergebnisse der Tabelle 72 stammen von einem Versuch, der im Jahre 1980 begonnen wurde, und zwar auf zwei Flächen, die schon vorher 6 Jahre lang nicht mehr konventionell bearbeitet worden waren. Beim Weizen wurde bis einschließlich 1985 ohne jede Fungizidbehandlung gearbeitet. Die Ertragssteigerungen dort ab 1986 sind durch übliche Anwendung auch von Fungiziden erzielt worden.

7.2.3.7 Vorteile

Die wirtschaftlichen Vorteile für den einzelnen Betrieb sind klar. Bei gleichbleibendem Ertragsniveau ist der Einsatz vor allem von Technik und Arbeit stark eingeschränkt. Nach einer gewissen

Anlaufzeit kann auch die Düngermenge verringert werden. Im Betrieb des Verfassers z. B. liegt der Verbrauch an Diesel, und zwar für alle anfallenden Arbeiten rund um das Jahr, im fünfjährigen Durchschnitt bei knapp 50 l/ha und Jahr. Das heißt, ohne Ernte und Transporte wird der gesamte Ackerbau mit etwa 25 l Diesel/ha und Jahr erledigt.

Neben diesen wirtschaftlichen gibt es eine ganze Reihe von praktischen Vorteilen. Die Tragfähigkeit bzw. Befahrbarkeit nicht mechanisch gelockerter Böden ist sehr viel höher. Ein Widerspruch konventioneller Bodenbearbeitung ist, daß die Druckempfindlichkeit des Bodens mit der Intensität, vor allem aber mit der Tiefe der Bearbeitung, zunimmt. Dies gilt besonders für die Verlagerung von Druckschäden in den Unterboden. Eine Untersuchung von GRUBER [pers. Mitt. 1988] in Gießen zeigt, daß die Tiefe der Traktorspur auf der im Herbst des Vorjahres gepflügten Parzelle 6,4 cm, nach Direktsaat aber nur 3 cm betrug. Weitere Vorteile sind der sichere Auflauf der Saat auch in Trockenperioden und das fast problemlose Bearbeiten von extrem schweren und sehr steinigen Böden. Nach 1–2 Jahren System HORSCH brauchen keine Steine mehr gelesen zu werden; sie bleiben im Boden. Durch die ständige Bedeckung des biologisch aktiven Bodens kommt es praktisch kaum zur Verschlämmung. Vor allem die Erosion wird um ein Vielfaches verringert. Ein Versuch des Lehrstuhles für Bodenkunde, Weihenstephan, zeigt, daß die »Regenverdaulichkeit« der HORSCH-Varianten mehr als doppelt so hoch ist als nach Pflugfurche (Tabelle 74). Der relative Bodenab-

Tabelle 74 Höhe des Regenabflusses und Bodenabtrags bei konventioneller Bodenbearbeitung und beim System HORSCH (Ergebnisse eines Beregnungsversuches mit
Starkregensimulator, Intensität = 65 mm/h, Hellmannsberg 1984) [8]

Art der Bodenbearbeitung	Abfluß in % des Regens	Sediment im Abfluß g/l	relativer Boden-abtrag[1])
Pflugarbeit			
Trockenlauf[2])	32,3	26,2	33,5
Feuchtlauf	58,3	29,8	68,4
Naßlauf	79,2	33,8	86,0
Durchschnitt der Läufe	45,5	29,9	62,8
System HORSCH			
Trockenlauf	7,9	8,4	3,2
Feuchtlauf	33,5	6,2	8,6
Naßlauf	54,5	5,5	11,8
Durchschnitt der Läufe	21,9	6,7	7,8

[1]) Relativer Bodenabtrag = Abtrag in % einer langjährigen Schwarzbrache.
[2]) Trockenlauf = 1 Regengabe,
   Feuchtlauf = 2 Regengaben,
   Naßlauf   = 3 Regengaben.

trag ist in der Pflugvariante achtmal höher. In der Praxis dürfte der Unterschied noch größer sein, weil sich im Gegensatz zu einer kleinen Versuchsparzelle, die abfließende Wassermenge hangabwärts laufend erhöht.

Die Tatsache einer anderen Stickstoffdynamik und einer zum Teil anderen Stickstoffbindung in nicht gelockerten Böden läßt vermuten, daß auf solchen Flächen die Nitratauswaschung geringer ist. Auch scheint der Abbau von Pflanzenschutzmitteln besser bzw. schneller zu gehen, wie die schlechtere Wirkung von Bodenherbiziden vermuten läßt. Diese könnte aber auch auf stärkerer Bindung beruhen. Hierzu sind bisher leider keine Untersuchungsergebnisse bekannt.

Stark erhöhtes Bodenleben bedeutet mehr natürliches Gleichgewicht und kann unter Umständen auch den Abbau oder eine Verminderung von Schadorganismen bewirken. HEITEFUSS und GARBE [7] konnten nachweisen, daß die Anzahl von Collembolen bei Mulchsaat zu Zuckerrüben im Vergleich zu konventioneller Saat zwar höher war, daß aber die Schäden an den jungen Rübenpflanzen trotzdem bei Mulchsaat deutlich geringer waren. Die Ursache liegt sowohl bei dem großen Nahrungsangebot für die Schädlinge, die nicht allein wie bei dem sog. »reinen Tisch« auf die wenigen Rübenpflanzen angewiesen sind, als auch in der veränderten Bodenstruktur.

BRÄUTIGAM und TEEBRÜGGE [pers. Mitt. 1987] untersuchten auf 3 verschiedenen Standorten und bei Fruchtfolgen von 71–85% Getreidean-

teil den Befall des Winterweizens mit *Pseudocercosporella* und *Fusarium* bei 4 bzw. 5 Bodenbearbeitungsintensitäten (Tabelle 75). Es zeigte sich, daß der Befall mit steigender Intensität der Bodenbearbeitung zunahm. Im Durchschnitt der 3 Varianten war der Weizen nach Pflug dreimal so stark befallen wie nach Direktsaat. Zum Aufbau solch positiver Regelkreise braucht das Ökosystem Boden Zeit und möglichst wenig systemstörende Eingriffe. Hier stehen Erfahrung und Wissen noch am Anfang.

7.2.3.8 Nachteile

Die Nachteile eines Systems mit so stark eingeschränkter Bodenbearbeitung sind folgende: In bestimmten Fruchtfolgen erhöht sich die Gefahr des Durchwuchses von Ausfallgetreide. Der Anbau von Wintergerste nach Winterweizen, vor allem bei einer kurzen Zeitspanne zwischen Ernte und Saat, kann zu starkem Besatz mit Weizen in der Gerste führen. Der Ungrasdruck, vor allem durch Trespe, kann sich erhöhen. Bei Schädlingen ist bisher nur eine gelegentliche Zunahme von Ackerschnecken bekannt. Ferner kann sich die etwas niedrigere Bodentemperatur in Grenzlagen bei Mais nachteilig auswirken. Ein beträchtliches Problem ist die mangelnde Erfahrung im Vergleich zum konventionellen Ackerbau. Dies gilt für Praktiker wie für Versuchsansteller und Berater. Aus dieser Sicht ist die Haltung vieler zu verstehen, die von kritischer Vorsicht bis zu schroffer Ablehnung

Tabelle 75 Einfluß verschiedener Systeme der Bodenbearbeitung auf den Befall von Winterweizen mit Fußkrankheitserregern (*Pseudocercosporella herpotrichoides* und *Fusarium* spp.). Befallswerte ermittelt nach BBA-Richtlinien 4–5.1.6 [4]

Variante	Befallswert in % Standort[1]		
	I	II	III
Pflug- und Sekundärbearbeitung	43,5	32	40,75
Schwergrubber mit Rotoregge	45,75	20	24,5
Flügelschargrubber mit Rotoregge	39,0	15,5	26,5
Direktsaat	13,75	10,5	15,25

[1] Standort I Wernborn, Getreideanteil 85 % Bodenart: uLS
Standort II Ossenheim, Getreideanteil 71 % Bodenart: uL
Standort III Hanau, Getreideanteil 75 % Bodenart: uS

reicht. Ein anderer Grund ist so mancher fehlgeschlagene Versuch, der oft mit mangelhafter Technik auf strukturgeschädigten Böden durchgeführt wurde. Hinzu kommt noch das psychologische Problem, den »unreinen Tisch« akzeptieren zu müssen.

7.2.3.9 Ausblick

Gerade beim letztgenannten Aspekt wäre ein Umdenken in der Praxis nötig. Die Forderung, das bisher vorherrschende monokausale Denken durch ein stärker an biologischen Kreisläufen orientiertes Bewußtsein zu ersetzen, ist kein Zeichen von Technikfeindlichkeit. Nicht die vorhandene Technik sollte die Bearbeitungsabläufe bestimmen, sie sollte vielmehr Wege finden, sich möglichst gut diesen vernetzten Kreisläufen anzupassen. Dazu ist ein intensiverer interdisziplinärer Austausch zwischen den Fächern Bodenbiologie, Acker- und Pflanzenbau, Pflanzenschutz und Landtechnik, mit klarer Ausrichtung auf Versuchswesen, Beratung und Praxis dringend nötig.
Die hohe Ertragsfähigkeit vieler Böden, die in der Regel mit hohem Einsatz von Düngung und Pflanzenschutz erreicht wird, ist nicht immer mit hoher Bodenfruchtbarkeit gleichzusetzen. Die Frage, ob nicht der Boden, der mit geringeren Mitteln gleichhohe Erträge bringt, der fruchtbarere ist, ist nicht unberechtigt. Das System

HORSCH ermöglicht in den meisten Fällen, bei geringerem technischen und chemischen Aufwand, das Ertragsniveau zu halten. Es hat nichts mit »alternativem Landbau« zu tun. Es ist ein System alternativer Bodenbewirtschaftung, das nur bei zielbewußter Nutzung moderner Erkenntnisse und Methoden erfolgreich eingesetzt werden kann.

Ergänzung: Nach Fertigstellung dieses Beitrages erschien eine Veröffentlichung der Bayer. Landesanstalt für Bodenkultur und Pflanzenbau, Freising-München [5], die folgenden Nachtrag erforderlich macht:
Ein Teil der oben angeführten Untersuchungsergebnisse stammt aus dem Versuch, der dieser Veröffentlichung zugrunde liegt. Obwohl ein großer Teil der oben genannten Befunde und Erfahrungen bestätigt wird, gibt es doch auch wichtige Unterschiede bei den Aussagen.
Beim Kostenvergleich beruhen die Aufwendungen für Saatgut, Düngung, Pflanzenschutz und Arbeitserledigung auf veralteten Erfahrungen. Inzwischen hat sich gezeigt, daß je nach Standort bei fast allen Kostenfaktoren mit dem System HORSCH gespart werden kann, Betriebe, die umgestellt haben, liegen bei ihren Kosten deutlich niedriger.
Ein Ergebnis dieses Versuches [5] zeigt, wie immer bei Frässaat, eine starke Anreicherung von Biomasse bzw. Humus in der obersten Schicht; dennoch ist der Gesamtgehalt an organischer Substanz in der Krume geringer. Dies widerspricht anderen Standorten (Tabelle 71). Ob die Abweichung durch den Versuchsstandort bedingt (hoher Schluffanteil) oder eine Folge der dort praktizierten Fruchtfolge ist (seit 25 Jahren Fruchtwechsel zwischen Sommerweizen und Körnermais) müßte untersucht werden. Es ist bekannt, daß Bodenbearbeitung immer humuszehrend wirkt.
In Zusammenfassung und Diskussion dieser Veröffentlichung [5] wird unterstellt, daß aufgrund der »schlechten« Bodenstruktur (als Folge des Nichtpflügens) das Ertragspotential des Standortes nicht voll ausgeschöpft wird. Eine solche Aussage kann durch kein Ergebnis dieses Versuches begründet werden. Für Körnermais handelt es sich um einen klimatischen Grenzstandort. Bei Weizen wird offensichtlich vergessen, daß Sommerweizen angebaut wurde, dessen Ertrag in diesem Versuch bei den Varianten mit voller Intensität im Durchschnitt der Jahre 1982–87 bei 76,3 dt/ha liegt. Der nächstgelegene Bayer. Landessortenversuch in Desching (6 km Entfernung) liegt ertragsmäßig im glei-

chen Zeitraum bei 70,9 dt/ha, d. h. ebenso wie der Versuchsdurchschnitt in Bayern, deutlich niedriger. Die Erträge der Frässparzellen (mit der vermeintlich schlechten Bodenstruktur) liegen in diesem Versuch im Durchschnitt der Jahre leicht über denen der Pflugparzellen. Die üblichen bodenkundlichen Maßstäbe, z. B. für Bodendichte oder Boden : Wasser : Luft-Verhältnis, beruhen auf jahrzehntelangen Erfahrungen, die auf gepflügten Böden gewonnen wurden. Ob diese Maßstäbe so einfach auf andere Bodenbearbeitungssysteme übertragen werden können, bedarf der Überprüfung. Es gibt inzwischen viele Hinweise, daß der Anspruch der Pflanzen an die Bodendichte und den Luft- und Wasserhaushalt bei nicht gelockerten Böden anders als auf gepflügten Böden ist.

7.2.4 Nematodenkontrollierter Hackfruchtbau

P. BEHRINGER, Neuburg

Unter den Fruchtfolgeschädlingen sind es vor allem die zystenbildenden Nematoden, die den Hackfruchtbau (Kartoffeln und Rüben) gefährden. Sie gelangen nach Einschleppung der Zysten immer dann zur ständigen Vermehrung, wenn ihre Wirtspflanzen (beim Rübennematoden ist dies auch der Raps!) häufiger als einmal in 4 Jahren auf dem gleichen Acker angebaut werden.

Vielfach wird eine anfangs nur schwache Verseuchung, bei der es noch nicht zur typischen Herdbildung kommt, als solche vom Landwirt gar nicht erkannt. Die nicht mehr befriedigenden Ernteerträge werden dann häufig anderen Ursachen zugeschrieben, z. B. ungeeigneter Sorte, fehlerhafter Düngung, ungünstiger Witterung. Je später der Befall erkannt wird, desto größer ist auch die Gefahr einer Zystenverschleppung auf noch unverseuchte Nachbargrundstücke.

Bei starkem Befall, gekennzeichnet durch die nicht mehr zu übersehenden mehr oder weniger großen Nematodenherde, können Nematoden zum ertragsbegrenzenden Faktor werden. Vom Kartoffelnematoden befallene Feldstücke scheiden pflanzenschutzrechtlich für die Erzeugung von Pflanzkartoffeln aus, auch ist aufgrund der weltweiten Quarantänebestimmungen kein Kartoffelexport von solchen Grundstücken mehr möglich. Betriebe mit starkem Rübennematodenbefall können nur noch selten ihr ver-

traglich vereinbartes Lieferkontingent erfüllen.

Wenn auch derzeit aus marktpolitischen Gründen insbesondere die Kartoffel-, aber auch die Zuckerrübenfläche erheblich verringert wird, so trifft dies weniger für die vom Standort begünstigten, typischen Kartoffel- bzw. Zuckerrübenanbaulagen zu. Zystenbildende Nematoden stellen hier angesichts enger Fruchtfolgen unverändert eine Bedrohung dar. Ihre Abwehr im Sinne des Integrierten Landbaues ist ein Beispiel dafür, wie man ohne Verzicht auf hohe Produktionsleistung umweltschonend und zugleich kostengünstig verfahren kann.

Die nachfolgende Schilderung dieser Bekämpfungsstrategie beruht vorwiegend auf Erfahrungen in Bayern, wo schon Anfang der 70er Jahre mit dem experimentellen Erarbeiten wichtiger Grundlagen für einen »nematodenkontrollierten Anbau« von Kartoffeln und Rüben begonnen worden war.

7.2.4.1 Zielsetzung bei der Anwendung integrierter Bekämpfungsmaßnahmen

Wurde früher als Bekämpfungsziel die restlose Nematodenbeseitigung angestrebt, vorwiegend mit Hilfe ganzflächiger Anwendung von Bodenentseuchungsmitteln (in voller Aufwandmenge), seltener durch jahrelangen Anbau nematodenneutraler Ersatzfrüchte, so ist die **Zielsetzung** heute weniger rigoros; man versucht vielmehr, gleichsam »mit den Nematoden zu leben«. Dies entspricht dem Grundgedanken des Integrierten Pflanzenschutzes bzw. Landbaues, nämlich nicht den Schädling um jeden Preis zu vernichten, sondern nur tatsächliche Schäden, also wirtschaftliche Verluste zu verhindern.

Konsequent anwenden läßt sich dieses Prinzip beim Rübennematoden, beim Kartoffelnematoden jedoch nur in Betrieben mit Speise- oder Stärkekartoffelerzeugung. Für Kartoffelpflanzgut erzeugende Betriebe dagegen gilt notgedrungen unverändert der strenge Maßstab weitgehender Befallsfreiheit der Vermehrungsflächen, um die Zystenverschleppung zu unterbinden, die vorwiegend mit dem Pflanzgut erfolgt. Daher sollte im Konsumkartoffelbau auch zur vorbeugenden Nematodenabwehr nur amtlich anerkanntes (= Zertifiziertes) Pflanzgut gekauft werden, das Befallsfreiheit garantiert. Gesundes Saat- und Pflanzgut ist die Basis eines jeden integrierten Anbausystems!

7.2.4.2 Grundelemente der integrierten Bekämpfungstechnik

Für die Sanierung nematodenbefallener Flächen gibt es heute eine ganze Reihe von Bekämpfungsmöglichkeiten. Es lassen sich aber keine für alle Verhältnisse gültigen Patentrezepte geben, da die Unterschiede des Befallsgrades, des Bodens, des Klimas, der Betriebsorganisation und der Marktlage maßgebend sind. Den Vorzug verdienen im Sinne des Integrierten Landbaues solche Bekämpfungstechniken, die kostengünstig sind, ohne Boden, Grundwasser und Naturhaushalt unnötig zu belasten.

Voraussetzung für ein individuelles **Sanierungskonzept,** das völlig auf das jeweilige Befallsgrundstück ausgerichtet ist, sind die Ergebnisse einer genauen Bodenuntersuchung der betroffenen Fläche. Die Situation ist ähnlich wie bei der Düngerberatung, für die die Bodenuntersuchungsergebnisse erst die notwendigen Grundlagen für eine bedarfsgerechte Pflanzenernährung liefern.

Beim *Kartoffelnematoden* sind an *Bekämpfungsmöglichkeiten* zu unterscheiden:

- Der jahrelange Nichtanbau von Kartoffeln als Wirtspflanze (= »Aushungerungsprinzip«).
- Der Anbau nematodenresistenter Kartoffelsorten als »Feindpflanzen«.
- In Einzelfällen der gezielte, räumlich begrenzte Einsatz von Bodenentseuchungsmitteln oder pflanzenverträglichen Nematiziden.

Beim *Rübennematoden* steht neben einer vernünftigen Gestaltung der Fruchtfolge der Zwischenfruchtanbau mit nematodenresistenten Ölrettich- oder Senfsorten im Vordergrund der Bekämpfungsmöglichkeiten. Auch hier kann der Einsatz von chemischen Präparaten in Form von Bodenentseuchungsmitteln und pflanzenverträglichen Nematiziden auf Einzelfälle beschränkt bleiben.

Da es sich bei den zystenbildenden Nematoden um typische Fruchtfolgeschädlinge handelt, bleibt einer Sanierungsmaßnahme der Dauererfolg versagt, wenn nicht fortan eine möglichst weitgestellte, artenreiche Fruchtfolge eingehalten wird.

Wichtigste **organisatorische Voraussetzungen** für einen nematodenkontrollierten Hackfruchtbau sind:

- Ein gut ausgebautes Bodenuntersuchungs- und Prüfungswesen zur präzisen Erfassung der örtlichen Nematodensituation,
- ein Ausrichten des gesamten Versuchswesens

auf diese Gegebenheiten; d. h. nicht nur Durchführung einjähriger Versuche, sondern möglichst auch Einbinden aller Versuchsfragen in mehrjährige Fruchtfolgesysteme,

- technische Forschungsarbeiten zur fortlaufenden Anpassung der Untersuchungsmethodik an die modernen Erfordernisse (z. B. Zuverlässigkeit und Schnelligkeit der Untersuchungen).

7.2.4.3 Nematodenkontrollierter Kartoffelanbau

Zystenbildende Nematoden befallen vom Boden aus in Larvenform die Wurzeln ihrer Wirtspflanzen. Die weiblichen Tiere entwickeln sich dort zu kugelförmigen Eikapseln, den sog. Zysten, die bis zu 300 Eier (später Larven 1. Stadiums) enthalten und gegen Ende der Vegetation von den Wurzeln abfallen, um dann im Boden zu verbleiben, bis Wurzelsekrete von Wirtspflanzen die Larven zum Verlassen der Zysten anregen und den neuen Entwicklungszyklus des Schädlings einleiten.

Beim Kartoffelnematoden kann die Lebensfähigkeit des Zysteninhalts 15 Jahre und mehr betragen. Je nach Verseuchungsgrad des Bodens mit Zysten kümmern die Kartoffelpflanzen

Abb. 98 Starker Kartoffelnematodenbefall auf leichtem Boden.

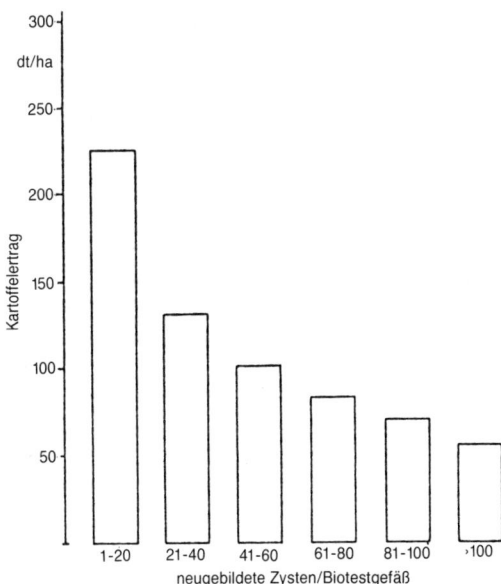

Abb. 99 Abhängigkeit des Kartoffelertrages vom Nematoden-Befallsgrad. Erläuterungen zu neugebildeten
Zysten im Biotestgefäß siehe Seite 286.

mehr oder weniger stark, soweit sie nicht schon
frühzeitig absterben. Abb. 98 zeigt einen Kar-
toffelschlag auf leichtem Boden mit typischen
Schäden starken Nematodenbefalls. Die graphi-
sche Darstellung der Abb. 99 macht am Beispiel
bayerischer Versuchsergebnisse die Beziehungen zwischen Befallsgrad des Bodens und Ertragsleistung der Kartoffeln deutlich.
Beim Kartoffelnematoden sind derzeit zwei **Arten** bekannt: Der »Gelbe Nematode« *(Globodera rostochiensis)* mit den Rassen Ro 1, Ro 2,
Ro 3, Ro 4 und Ro 5 und der »Weiße Nematode« *(Globodera pallida)* mit den Rassen Pa 1,
Pa 2 und Pa 3. Beide Arten und ihre Rassen
weisen ein ganz unterschiedliches Aggressions-
verhalten auf. Gegenwärtig ist in der Bundesrepublik Deutschland noch die Rasse Ro 1 des
»Gelben Nematoden« am stärksten verbreitet.
Die Kartoffelnematoden nehmen unter den bekannten Kartoffelschädlingen insofern eine
Sonderstellung ein, als ihr Auftreten nach EG-
Recht und der Kartoffelschutzverordnung vom
10. 11. 1992 *meldepflichtig* ist. Der Anbau von
nematodenanfälliger Kartoffelsorten jeder Ver-
wertungsrichtung ist auf befallenen Flächen
grundsätzlich verboten. Im Pflanzkartoffelbau
und beim Kartoffelexport sind Untersuchungen
des Vermehrungsgrundstückes bzw. der Liefe-
rungen zwingend vorgeschrieben. Nach den Bestimmungen unserer Pflanzkartoffel-Verord-
nung vom 21. 1. 1986 muß schon vor der ersten

Feldbesichtigung der Nachweis über die Nema-
todenfreiheit der Vermehrungsfläche erbracht
worden sein. Nematodenbefall wird hier also
schon erfaßt, bevor größere Schäden entstanden
sind.
Ganz anders ist die Situation in den vielen Betrieben, die Speise- und Stärkekartoffelbau für
den Binnenmarkt betreiben. Da für sie keine
Bodenuntersuchungen vorgeschrieben sind,
bleibt ein Nematodenbefall lange Zeit uner-
kannt, auch wenn Schäden schon vorliegen sollten. Um so mehr wäre angebracht, daß diese
Betriebe Gelegenheit erhalten und sie auch nutzen, von einer freiwilligen Bodenuntersuchung
(einschließlich Feststellung der Nematoden-
rasse) Gebrauch zu machen.
Im Rahmen der Nematodenüberwachung und
-bekämpfung wurde deshalb in Bayern schon
frühzeitig besonderer Wert auf ein leistungsfähi-
ges, sicheres und kostengünstiges Bodenunter-
suchungswesen gelegt, dessen Kapazität groß
genug ist, um auch landesweit die Anforderungen für eine freiwillige Selbstkontrolle der Betriebe erfüllen zu können [1, 4].
Grundsätze der Bekämpfung – Für das Bekämpfen der Kartoffelnematoden mit dem Ziel der
Sanierung befallener Flächen gibt es heute die
bereits genannten drei Möglichkeiten, nämlich
das »Aushungern«, die chemische Bodenentseuchung und die Wahl nematodenresistenter
Sorten. Der Zielsetzung des Integrierten Landbaues entspricht es, bei der Bewertung dieser
Verfahren Vor- und Nachteile sorgfältig abzu-
wägen und ein Sanierungskonzept anzustreben,
das ökologisch verantwortbar, zugleich aber
auch optimal wirksam und kostengünstig ist.
Bei der erstgenannten Bekämpfungsmöglichkeit, dem **Aushungern,** entstehen zwar keine
Kosten, auch gibt es bei diesem biologischen
Verfahren keine ökologischen Probleme; betriebswirtschaftlich fällt aber sehr stark ins Gewicht, daß mindestens 15 Jahre lang mit dem
Kartoffelanbau ausgesetzt werden muß, was
große Einkommensverluste zur Folge hat. Der
Anbau von geeigneten Ersatzfrüchten anstelle
der Kartoffeln bereitet oft beträchtliche Schwierigkeiten, weil in den typischen Kartoffelanbau-
lagen schon vom Boden, vom Klima, vom Inve-
stitionsbedarf und von der Verwertungs- und
Absatzlage her einer solchen Änderung und
Umstellung der Fruchtfolge meist enge Grenzen
gesetzt sind.
Mit dem Aushungern allein heute einen verseuchten Boden wieder befallsfrei machen zu
wollen, wäre daher unrealistisch. Ungeachtet

dessen sollte jedoch nicht in Vergessenheit geraten, daß es zu einer gefährlichen Massenvermehrung des Schädlings gar nicht erst kommt, wenn man vorbeugend die Kartoffeln nicht häufiger als etwa alle 4 Jahre auf dem gleichen Acker wiederkehren läßt.

Die zweite Bekämpfungsmöglichkeit, der Anbau von **nematodenresistenten Kartoffelsorten,** ist ebenfalls eine biologische Maßnahme, ohne jedoch mit Einkommensverlusten für den Betrieb verbunden zu sein. Der Pflanzenzüchtung ist es schon seit Mitte der 60er Jahre gelungen, durch Kreuzung von Kulturkartoffeln mit Wildformen Sorten zu entwickeln, die gegen Kartoffelnematoden hochresistent sind und wirtschaftlich voll konkurrenzfähige Eigenschaften für die verschiedenen Verwertungsrichtungen besitzen. Hinzu kommt als besonders vorteilhafter Effekt, daß schon einmaliger Anbau solcher Sorten auf einer verseuchten Fläche zur starken Verringerung der Nematodendichte (bis zu 40%!) führt.

Diese Sanierungswirkung beruht darauf, daß auch bei resistenten Sorten die Larven zwar durch Wurzelausscheidungen aus den Zysten gelockt werden, diese sich jedoch, anders als bei anfälligen Sorten, nicht zu neuen Zysten an den Wurzeln entwickeln können. Dieser Gesundungseffekt entspricht dem Prinzip echter Feindpflanzenwirkung (= »biologische Bodenentseuchung«!).

Je mehr es gelingt, den gesamten Bodenraum lückenlos durch kräftige Wurzelmassen resistenter Kartoffelpflanzen durchdringen zu lassen, desto größer wird der Bekämpfungserfolg sein. Pflanzgut resistenter Sorten muß daher möglichst vorgekeimt, flach und eng in einen gut vorbereiteten Boden abgelegt werden. Um Fehlstellen und Kümmerwuchs zu verhüten, sollte nur anerkanntes, rassengeprüftes Pflanzgut Verwendung finden, das überdies Gewähr dafür bietet, daß es neben Virusfreiheit nicht mit Knollen anfälliger Sorten vermischt ist. Es liegen Befunde darüber vor, daß bereits 5% Stauden von anfälligen Sorten die Bekämpfungswirkung nematodenresistenten Pflanzgutes wieder vollkommen zunichte machen können. Ferner darf auf Schlägen mit nematodenresistenten Kartoffeln die zeit- und sachgerechte Durchführung aller anderen Pflanzenschutzmaßnahmen, vor allem gegen Unkräuter, *Phytophthora* und Kartoffelkäfer, nicht vernachlässigt werden, weil nur ungestörter Wachstumsverlauf der Pflanzen einen maximalen Gesundheitseffekt garantiert.

Nach einem bewährten System, das den speziellen Verseuchungsgrad sowie alle sonstigen Besonderheiten des Grundstücks und des Betriebes berücksichtigt, werden resistente Sorten je nach Bedarf einmal oder wiederholt in die Fruchtfolge eingeschaltet. Bewährt hat sich ein System, bei dem in jedem 3. Jahr eine resistente Sorte zum Anbau gelangt. Der Landwirt kann also durch einfache Änderung des Kartoffelsortiments seinen Acker sanieren, ohne daß ihm dabei Kosten erwachsen. Bei der Pflanzgutvermehrung ist der Anbau nematodenresistenter Sorten auf nichtbefallenen Grundstücken selbstverständlich ein sicherer Weg, damit diese auch weiterhin befallsfrei bleiben. Um das Risiko schnellen Auftretens »resistenzbrechender« Nematodenrassen zu mindern, muß sorgfältig darauf geachtet werden, daß es in Fruchtfolgen mit resistenten Sorten nicht zum Kartoffeldurchwuchs kommt.

Künftig muß ohnehin mit einer Ausbreitung der von Ro 1 abweichenden Populationen (vor allem Rassen von *Globodera pallida*) gerechnet werden, weil der langjährige Anbau von überwiegend nur Ro 1-resistenten Sorten zwangsläufig einen Selektionsdruck ausübt. Neue Rassen können sich dann ungehindert durchsetzen, weil gegen sie die Abwehrkraft der Wirtspflanze versagt. Die praktische Konsequenz wäre ein Ausweichen auf andere resistente Sorten, sofern solche schon verfügbar sind.

Nach der Bundesnematoden-Verordnung darf auf befallenen Grundstücken der Anbau einer resistenten Sorte erst dann erfolgen, wenn durch Untersuchungen festgestellt wurde, welche spezielle Art und Rasse vorliegt. Für den Anbau kommt nur eine Kartoffelsorte in Betracht, die gegen diese Art bzw. Rasse resistent ist.

Die Züchtung auf Resistenz gegen Rassen des Gelben Nematoden (*Globodera rostochiensis*) ist zwar relativ einfach und daher bislang erfolgreich gewesen; resistente Sorten jedoch auch gegen Rassen des Weißen Nematoden (*G. pallida*) zu züchten, ist derzeit noch mit größeren Schwierigkeiten verbunden, weil ein polygener Vererbungsmechanismus vorliegt.

Andere Feindpflanzenarten, die wie beim Anbau resistenter Sorten zur Reduzierung des Schädlings genutzt werden könnten, sind beim Kartoffelnematoden nicht bekannt. Es liegen nur Erfahrungen vor, daß Gründüngung befallsmindernd wirken kann. Auch Maßnahmen zur Bodenlockerung, wie sie zu Hackfrüchten an sich üblich sind, können in Verbindung mit organischer Düngung den natürlichen Zystenabbau im Boden fördern. Das Risiko der Zystenverschleppung ist allerdings wegen der zahlreichen Bearbeitungsgänge höher. Grünlandeinsaat schließt diese Gefahr weitgehend aus, wenngleich bedacht werden muß, daß unter Dauergrünland der Zystenabbau nur sehr langsam vor sich geht.

Die 3. Bekämpfungsart, nämlich der Einsatz **chemischer Verfahren,** widerspricht angesichts der vorher genannten Alternative einer biologischen Gesundung nematodenverseuchten Bodens dem Prinzip des Integrierten Landbaues. Es ist zwar möglich, in etwa 4 Wochen einer sehr starken Verseuchung auf diesem Wege Herr zu werden, wenn auch nicht bis zur totalen Sanierung des Bodens. Die Mittel- und Ausbringungskosten einer chemischen Bodenentseuchung liegen aber je nach den vorherrschenden Bodenverhältnissen zwischen DM 1000 und DM 3000 je Hektar. Auch ist wegen der »Pflanzenschutz-Anwendungsverordnung« der Einsatz von Bodenentseuchungsmitteln stark eingeschränkt, in den meisten Fällen nur mit Zustimmung der zuständigen Behörde erlaubt, und in Wasserschutzgebieten ganz verboten.

Mit chemischen Bodenentseuchungsmitteln wurde oft nur eine partielle, eng begrenzte »Herdbekämpfung« durchgeführt. Vor etwa 20 Jahren, als Umfang und Grad der Nematodenverseuchung im ganzen Bundesgebiet zu einem ernsten Problem geworden waren, resistente Sorten aber noch kaum zur Verfügung standen, war diese Form der Bekämpfung daher sehr verbreitet. Sofort nach Sichtbarwerden erster Symptome werden die Befallsstauden aus den Herden und ihren Randzonen vorsichtig entfernt und abgefahren. Schon diese Rodung vor Eintreten der Zystenreife verringert die Populationsdichte der Nematoden, weil ihre Vermehrung in den Herden unterbunden wird (»Fangpflanzenprinzip«!). Die gerodeten Stellen im Acker werden dann noch im Sommer, spätestens im Herbst chemisch entseucht. In Kombination mit nachfolgendem Anbau resistenter Sorten hatte sich dieses Verfahren bewährt.

In Bayern wird allerdings nur noch wenig davon Gebrauch gemacht, weil es hier ausgesprochene Herdbildungen kaum noch gibt. Statt dessen hatte sich das Konzept der vorbeugenden, flächendeckenden Bodenuntersuchungen mit dem Anbau resistenter Sorten schon frühzeitig bei schwachem Erstbefall, gleichsam als integriertes Teilsystem im Kartoffelbau, durchgesetzt. Unkontrollierte Massenvermehrungen des Kartoffelnematoden sind daher heute eine Seltenheit.

Im Gegensatz zu den breitwirksamen Bodenentseuchungsmitteln wirken pflanzenverträgliche Nematizide in erster Linie systemisch, d. h. sie werden nach der Aufnahme von der Pflanze im Wurzelsystem verteilt und verhindern so das Einwandern und die Weiterentwicklung der Nematodenlarven im besonders empfindlichen Jugendstadium der Stauden. Im Nebeneffekt wirken sie lähmend und schädigend auch auf die Nematoden im Boden. Pflanzenverträgliche Nematizide werden vor der Pflanzung der Kartoffeln auf die gesamte Fläche gespritzt oder gestäubt und müssen dann in den Boden eingearbeitet werden. Ihr Einsatz ist nur in Verbindung mit dem Anbau einer resistenten Sorte gerechtfertigt, insbesondere wenn der Acker einen hohen Verseuchungsgrad aufweist (Abb. 100).

Eine **kritische Bilanz** der genannten Verfahren muß, wenn man den Grundsätzen des Integrierten Landbaues gerecht werden will, zu dem Ergebnis kommen, daß als Standardverfahren zur Sanierung nematodenbefallener Flächen nur der konsequente, sachkundige Anbau resistenter Sorten in Verbindung mit vorbeugend kontrollierenden Bodenuntersuchungen geeignet ist. Ökonomische wie ökologische Gründe lassen gar keinen anderen Schluß zu. Die Hilfe auch der »Chemie« wird man nur in Ausnahmefällen in Anspruch nehmen müssen. Allerdings sind einschlägige Anwendungsverbote und -beschränkungen unbedingt zu beachten!

Technik der Bodenuntersuchung – Fundament des nematodenkontrollierten Kartoffelanbaues ist die schon mehrfach erwähnte Untersuchung des Bodens auf Vorkommen von Zysten mit dem Ziel, nicht nur den Befall als solchen, sondern auch den Grad der Bodenverseuchung so-

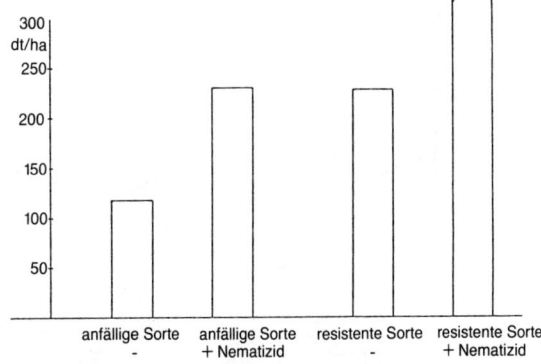

Abb. 100 Auswirkungen eines pflanzenverträglichen Nematizids auf den Kartoffelertrag einer nematodenanfälligen und einer nematoden-resistenten Sorte bei hohem Verseuchungsgrad des Bodens.

wie Nematodenart und -rasse festzustellen. Die Entnahme der Bodenproben erfolgt möglichst gleichmäßig über das ganze Feldstück. Es hat sich als ausreichend erwiesen, von 1 ha 8 Mischproben zu je 125 cm³ zu ziehen, wobei in jeder Probe Erde aus 50 Einstichen vereinigt ist. Demnach wird etwa alle 25 m² ein Einstich ausgeführt.

Das traditionelle Verfahren, durch Auswaschen der getrockneten Mischprobe unter Verwendung verschieden feiner Siebe die Zysten der Kartoffelnematoden zu isolieren (= Fenwick-Methode), gestattet zwar, die Anzahl der Zysten festzustellen, gibt jedoch keinen Hinweis auf Zysteninhalt und dessen Lebensfähigkeit. Hierzu sind weitere arbeitsaufwendige Spezialuntersuchungen erforderlich.

In Bayern kommt daher seit 20 Jahren ein dort entwickelter, praktikabler **Biotest** zur Anwendung, der viele Vorteile besitzt, vor allem auch über den Zysteninhalt und dessen Lebensfähigkeit informiert [4]. Dieses Biotest-Verfahren wurde aus der einfachen »Topfwurzelballen-Methode« entwickelt: Die Bodenprobe kommt bereits auf dem Feld ohne weitere Vorbereitung unmittelbar in ein »Vierkammergefäß« (aus Plastikmaterial) mit trennbaren Kammern und durchsichtigen Wänden (Abb. 101). Die Kammern sind oben offen und so gestaltet, daß ein entsprechend zugeschnittener Augensteckling einer anfälligen Kartoffelsorte auf die zu untersuchende Bodenprobe gesetzt werden kann. Der Augensteckling durchwurzelt die Erde in den Plastikgefäßen im Gewächshaus bei Temperaturen zwischen 15 und 20 °C rasch und vollständig.

Sind in der Bodenprobe Zysten mit lebensfähigen Larven vorhanden, so werden diese, wie unter natürlichen Verhältnissen auf dem Feld, durch Wurzelausscheidungen des Augenstecklings zum Schlüpfen aus der Zyste angeregt, um

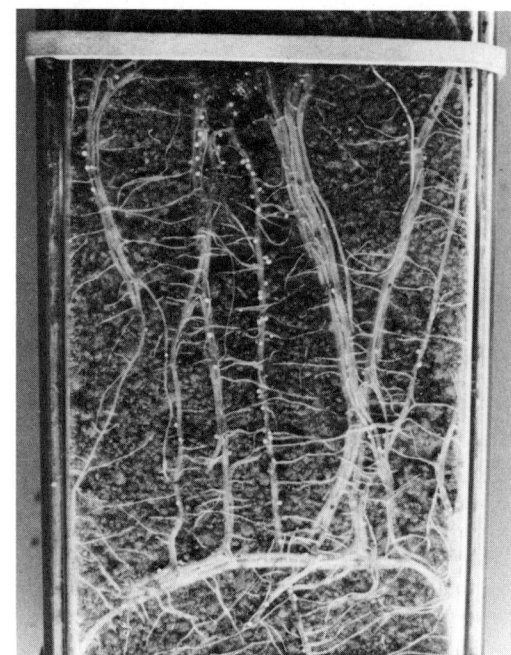

Abb. 102 Die neugebildeten Zysten an den Wurzeln der Testpflanzen im Vierkammergefäß weisen darauf hin, daß das Grundstück stark mit Kartoffelnematoden befallen ist.

dann in die Wurzeln einzudringen. Die Bildung neuer Zysten wird nach etwa 7 Wochen an den Wurzeln in den einzelnen Kammern des Gefäßes erkennbar (Abb. 102). Wenn Befall vorliegt, interessiert zwar die Anzahl neuer Zysten, entscheidender jedoch ist die Frage, in wie vielen Kammern Zysten gebildet wurden. Das Verhältnis der Kammern mit neu entwickelten Zysten zu den nicht befallenen Kammern ist ein brauchbarer Maßstab für den Verseuchungsgrad des untersuchten Grundstücks. Die Aufteilung einer Bodenprobe in 4 Kammern ergibt nicht nur eine gleichmäßigere Durchwurzelung des Bodenraumes, sondern auch eine wesentlich größere Ablesefläche (je Kammer 3 Seiten) als beim gewöhnlichen, nicht gekammerten Gefäß.

Eine Erweiterung des Biotest-Verfahrens erlaubt auch Rassenfeststellungen beim Nematodenbefall (Abweichungen von Ro 1). Es finden dabei unterschiedlich anfällige Augenstecklinge als Testpflanzen für die gleiche Bodenprobe Verwendung. Neuerdings kann eine Differenzierung auch mit Hilfe moderner elektrophoretischer Methoden vorgenommen werden, die Unterschiede im Proteinspektrum der Rassen erfassen.

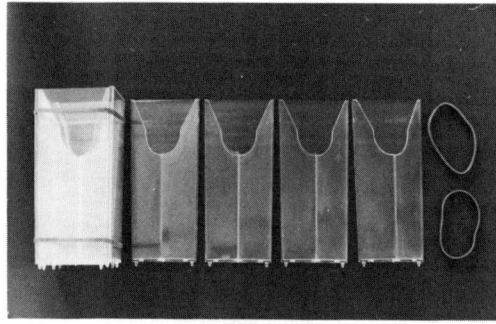

Abb. 101 Komplettes und auseinandergenommenes Vierkammergefäß des Biotestverfahrens.

Das Vierkammerverfahren (Inhaber der patentlichen Schutzrechte ist der Autor) hat sich seit seiner Einführung im Jahr 1967 neben der hohen Aussagekraft und Zuverlässigkeit auch als sehr kostensparend erwiesen: Die Untersuchungsgebühren für den Landwirt liegen bei der traditionellen Fenwick-Methode ohne Inhalts- und Vitalitätsbestimmung etwa doppelt so hoch, mit dieser Zusatzuntersuchung etwa dreimal so hoch wie beim vergleichbaren Biotest-Verfahren. Dieses günstige Kosten : Nutzen-Verhältnis hat wesentlich zur aktiven Mitarbeit der Landwirte beim nematodenkontrollierten Kartoffelbau beigetragen.

Das Biotest-Verfahren dient zwar primär als Hilfsmittel für die Beratung und Überwachung, es gewinnt jetzt aber auch an Bedeutung beim Einsatz im Prüfungswesen, bei der Nematodenresistenzzüchtung und bei der Zulassungsprüfung von Nematiziden.

7.2.4.4 Nematodenkontrollierter Rübenbau

Nach fachkundigen Schätzungen ist in der Bundesrepublik Deutschland gegenwärtig etwa ein Viertel der mit Zuckerrüben bestellten Ackerfläche vom Rübennematoden *(Heterodera schachtii),* der Hauptursache der »Rübenmüdigkeit« ist, unterschiedlich stark befallen. In Bayern war man sich lange Zeit dieser Gefahr gar nicht bewußt. Erst ein Ende der 70er Jahre eingeleitetes Programm zur Bodenuntersuchung von etwa 8000 über ganz Bayern nach dem »Raster-Prinzip« verteilten Testgrundstükken erbrachte ein präzises Bild über Befall und Verbreitung. In der Tendenz ergab sich für das Einzugsgebiet der zwei Zuckerfabriken in Franken eine schon relativ starke, für das der drei Zuckerfabriken an der Donau eine noch schwache Verseuchung mit dem Rübennematoden. Die Befallslagen konzentrieren sich vorwiegend auf Anbaugebiete mit warmem Klima und leichten Bodenverhältnissen.

Welches Ausmaß die Schäden annehmen können, läßt Abb. 103 erkennen. Der Schädling gehört zur gleichen Gattung *(Heterodera)* wie die beiden Kartoffelnematodenarten. Daher gibt es zwischen diesen Arten auch kaum Unterschiede im Lebenszyklus. Wirtspflanzen des Rübennematoden sind unter den Kulturpflanzen die Beta-Rüben, der Spinat und alle Cruciferen-Arten (Raps, Rübsen, Senf, Kohlarten, Kohlrüben, Rettich), unter den Unkräutern vorwiegend *Chenopodium-, Atriplex-* und Cruciferen-Arten.

Abb. 103 Junger Zuckerrübenbestand mit starkem Rübennematodenbefall.

Der erste Überblick, den das genannte Untersuchungsprogramm vermittelte, diente Zuckerfabriken, Rübenverbänden und der Offizialberatung als Grundlage für mehr allgemeine Empfehlungen, vor allem für Warnungen vor übertriebenem Anbau der Zuckerrüben. Für den einzelnen Landwirt jedoch, der vorrangig am genauen Erfassen der Nematodensituation auf seinen eigenen Grundstücken interessiert ist, mußte nach Wegen gesucht werden, um ihm individuelle, betriebs- und schlagspezifische Entscheidungshilfen geben zu können.

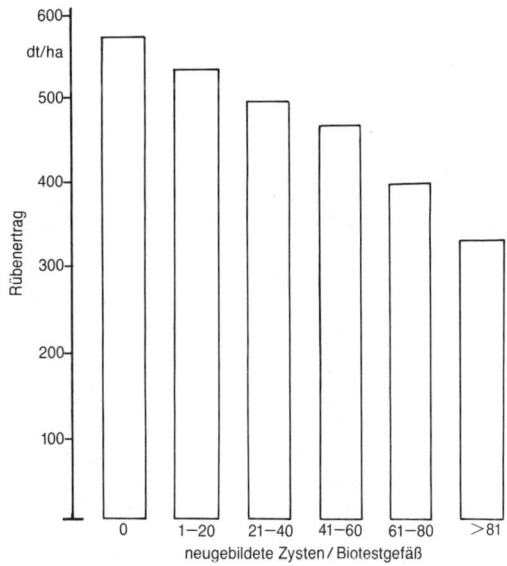

Abb. 104 Abhängigkeit des Rübenertrages vom Nematoden-Befallsgrad (Erläuterungen siehe Seite 288).

Als Voraussetzung dafür sind Kenntnisse über die Beziehungen zwischen Höhe des Rübenertrags und Grad der Nematodenverseuchung des Bodens notwendig (= Ermittlung der wirtschaftlichen Schadensschwelle). Die Untersuchungen zu dieser Frage führten zu Befunden, wie sie in der Abb. 104 zusammenfassend dargestellt sind: Mit zunehmender Zystenzahl wachsen linear die Ertragsverluste; selbst ein nur geringfügiger Nematodenbefall wirkt sich schon ertragsschädigend aus. Als Schadensschwelle geben STEUDEL und MÜLLER [8] in Übereinstimmung mit holländischen Befunden einen durchschnittlichen Wert von 500 lebensfähigen Eiern und Larven in 100 ml Boden an.

Bei stärker befallenen Rüben sind auch Köpfen und Rodung der Rübenkörper erschwert, ferner sind Befallsrüben aufgrund ihres Wurzelbartes (Abb. 105) höher mit Schmutzanteilen belastet. Schließlich lehrt die Erfahrung, daß in der Praxis vom Nematodenbefall geschwächte Bestände oft stärker als üblich mit Stickstoff versorgt werden, weil man hofft, dadurch die Ertragsschäden ausgleichen zu können. Die Folge sind aber verringerte Zuckerausbeute, zusätzliche finanzielle Nachteile für den Erzeuger und eine Erhöhung der Gefahr des Nitrateintrags in das Grundwasser.

»Biologische Bekämpfung« durch Fruchtfolge

Eine Rübennematodenpopulation im Boden verringert sich durch Nichtanbau von Rüben oder von anderen Wirtspflanzen pro Jahr im Durchschnitt um etwa 40%. Auf leichten, tätigen Böden und bei feuchtwarmer Witterung kann dieser Wert noch höher, bei gegensätzlichen Extremen auch wesentlich niedriger liegen. Alle Maßnahmen, die durch Zufuhr organischer, leicht zersetzbarer Stoffe und durch Ver-

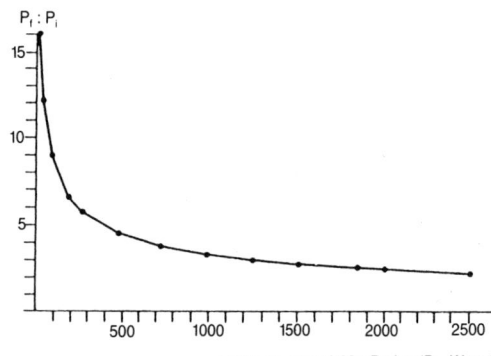

$P_f : P_i$

Eier und Larven/100 g Boden (P_i - Werte)

Abb. 106 Abhängigkeit des Vermehrungsindex (P_f:P_i) von der Höhe der Rübennematoden-Ausgangsverseuchung [7, 8].

besserung des Porenvolumens das Bodenleben aktiv fördern, wirken positiv auch auf den natürlichen Nematodenabbau.

Wie bei anderen Schädlingen ist auch beim Rübennematoden die **Populationsdynamik** vom Grad der Ausgangsdichte abhängig. Vergleicht man über längere Zeit Anfangspopulation (»initial population« = P_i) und Endpopulation (»final population« = P_f), so ergibt sich aus dem

zweijährige Fruchtfolge

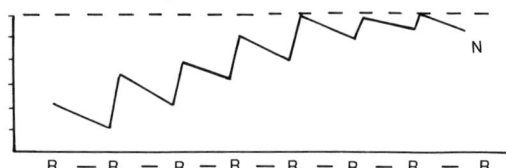

dreijährige Fruchtfolge

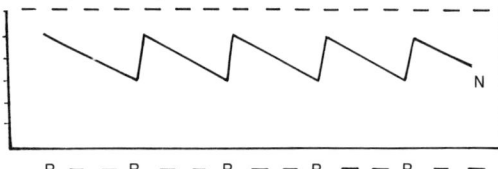

vierjährige Fruchtfolge

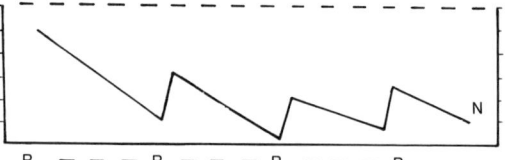

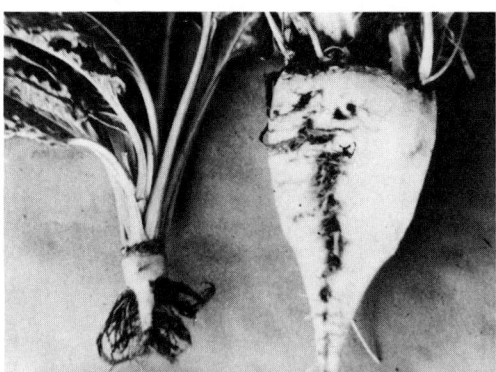

Abb. 105 Links: Stark nematodenbefallene Rübenpflanze mit typischem Wurzelbart. Rechts: Nicht befallene Rübe vom gleichen Bestand.

Abb. 107 Schema über die Abhängigkeit der Vermehrung des Rübennematoden (N) im Boden von der Häufigkeit des Rübenanbaues (R) innerhalb der Fruchtfolge.

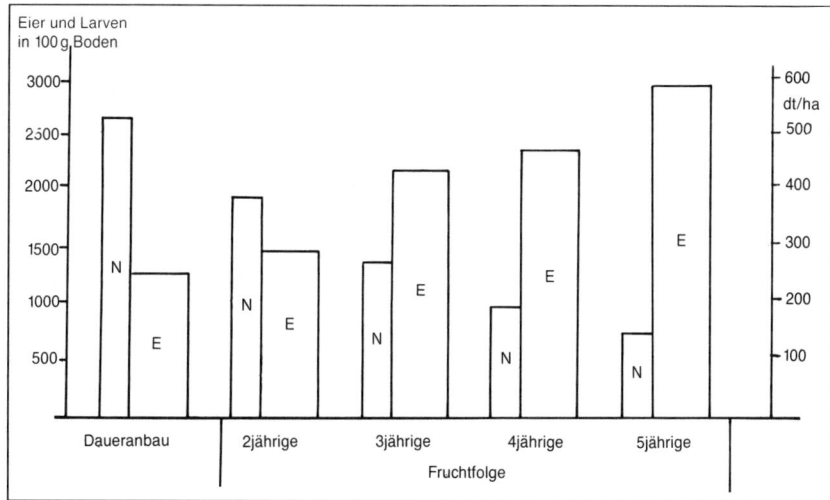

Abb. 108
Einfluß der Fruchtfolge auf Nematodenentwicklung (N) und Rübenertrag (E).

Verhältns $P_f : P_i$ der sog. Vermehrungsindex [7]. In welchem Maße dieser beim Rübennematoden unter dem Einfluß dichteabhängiger Begrenzungsfaktoren von der Höhe der Ausgangsverseuchung des Bodens abhängig ist, zeigt Abb. 106: Zu extrem hoher Vermehrungsrate kommt es, wenn die anfängliche Nematodendichte gering war. Mit steigender Ausgangsverseuchung hingegen sinkt der Vermehrungsindex sehr schnell ab [8]. Aus diesen Beziehungen wird das Gefährdungspotential schon weniger Zysten im Boden deutlich, falls sie Vermehrungsbedingungen in Form von Wirtspflanzen vorfinden.

Wie sich die Häufigkeit der Wiederkehr von Rüben in der **Fruchtfolge** auf die Nematodenentwicklung auswirkt, zeigt Abb. 107: Bei nur einjährigem Aussetzen kommt es zum raschen »Aufschaukeln« der anfangs nur schwachen Population bis zu maximalem Befall. In der dreijährigen Fruchtfolge hält sich, auf lange Sicht gesehen, zwar die Population auf gleicher Höhe, doch erst die vierjährige, besser noch fünfjährige Fruchtfolge führt zum langfristigen Rückgang der Populationsdichte. Abb. 108 zeigt mit Ergebnissen eines seit 1975 laufenden Dauerversuches in Oberspiesheim (Unterfranken) den Einfluß dieser verschieden hohen Rübenanteile in der Fruchtfolge auf die Ertragsleistung: Die Rüben-Monokultur erbrachte im Durchschnitt 256 dt/ha, die zweijährige Fruchtfolge 341 dt/ha, die dreijährige 440 dt/ha, die vierjährige 470 dt/ha und die fünfjährige 586 dt/ha.

Mit Hilfe einer Fruchtfolge, in der 1 oder 2 Jahre länger als allgemein üblich auf den Rübenbau verzichtet wird, ließen sich demnach auf ursprünglich verseuchten Feldern wieder Höchsterträge erzielen und auch dauerhaft sichern, ohne allerdings erwarten zu dürfen, daß deshalb auch die letzten Nematoden im Boden ausgeschaltet wären. Welche Kulturarten in der Zwischenzeit auf den Sanierungsflächen als Hauptfrüchte zum Anbau kommen, ist von untergeordneter Bedeutung. Wichtig ist nur, daß es sich um nichtanfällige »Neutralpflanzen« handelt und daß auch keine Unkräuter geduldet werden, die Wirtspflanzen des Rübennematoden sind [2].

Im Zuckerrübenbau, der sich durch besondere Formen enger Kooperation zwischen Zuckerwirtschaft, Anbauverbänden und Erzeugern auszeichnet, ist es naheliegend, daß verbindliche Fruchtfolge-Regelungen getroffen werden, um vorbeugend zu verhindern, daß durch zu häufigen Anbau der Zuckerrübe einer Nematodenvermehrung Vorschub geleistet wird, deren langfristige Folge ein Engpaß der heimischen Zuckererzeugung wäre. Ein Beispiel für frühzeitige Einsicht in die Notwendigkeit einer solchen generellen, nichtstaatlichen Verpflichtung zur Anbaubegrenzung sind in Bayern die schon vor mehr als 10 Jahren ergänzten Bedingungen der Branchenvereinbarungen für die Zuckerrübenanlieferungen: Die hier zuständige »Süd-Zukker« verpflichtet ihre Vertragsanbauer, den Rübenbau auf höchstens ein Drittel der rübenfähigen Ackerfläche zu begrenzen, d. h. eine mindestens dreijährige Fruchtfolge einzuhalten. Schwerwiegende, die Nematodenvermehrung fördernde Fruchtfolgeverstöße gehören in diesem Bereich also schon länger der Vergangenheit an. Für die Sanierung schon verseuchter

Flächen allerdings sind dreijährige Fruchtfolgen allein kein ausreichendes Mittel! Sie verhüten nur eine ständige Vermehrung des Schädlings im Boden (siehe Abb. 107).

Unter den Möglichkeiten **aktiver Wiedergesundung** nematodenbefallener Grundstücke wird häufig die »Fangmethode« in Form des Anbaues von Raps oder rapsähnlichen Pflanzenarten als anfällige Zwischenfrüchte und ihr Umbruch oder ihre Abtötung noch vor der Zystenreife empfohlen. In der Praxis hat sich dieses Verfahren aber wegen verschiedener, biologisch bedingter Unwägbarkeiten nicht bewährt. Vor allem ist bei nicht rechtzeitigem Absterben der Zwischenfruchtpflanzen das Risiko groß, daß statt Verminderung eine ungewollte Vermehrung der Nematodenpopulation eintritt. Auch die in der älteren Literatur erwähnten »Feindpflanzen«, nämlich Roggen, Mais und Luzerne, erfüllen erfahrungsgemäß die in sie gesetzten Erwartungen nicht, so daß sie nur als »Neutralpflanzen«, wie andere Hackfrüchte oder Getreidearten auch, einzustufen sind. Genauso scheidet der bei der Bekämpfung des Kartoffelnematoden bewährte Weg des Anbaues resistenter Sorten vorerst aus, obwohl es weltweit an züchterischen Bemühungen nicht fehlt.

Statt dessen ist es der Züchtung jedoch vor einigen Jahren gelungen, aus der Reihe kreuzblütiger Zwischenfruchtpflanzen Ölrettich- und Senfsorten auf den Markt zu bringen, die echte Resistenzeigenschaften im Sinne des **Feindpflanzenprinzips** besitzen: Wie bei anderen Wirtspflanzen auch werden durch Wurzelsekrete die Larven aus den Zysten gelockt, um dann in die Wurzeln einzudringen. Während aber bei anfälligen Wirtspflanzen die Bildung von »Riesenzellen« die Ernährung der Larven sicherstellt, unterbleibt diese Reaktion bei den widerstandsfähigen und weniger anfälligen Sorten weitgehend. Die Folge ist, daß die Larven entweder im noch ungeschlechtlichen Stadium verharren oder daß anstelle von Weibchen fast ausschließlich Männchen zur Entwicklung gelangen. Es treten daher kaum Schäden an der Wirtspflanze auf, noch kommt es zu einer sonst üblichen großen Zahl neuer Zysten. Wie bei nematodenresistenten Kartoffelsorten (siehe Seite 284) liegt also ein Wirkungsmechanismus vor, der sich zur dauerhaften Senkung der Populationsdichte der Rübennematoden nutzen läßt.

Das Bundessortenamt wertet die Resistenz bei Ölrettich und Senf nach einem neunstufigen Schlüssel (1 = sehr gering anfällig, 9 = sehr stark anfällig). Nur Sorten der Stufen 1–3 gelten als nematodenresistent. Nach der Beschreibenden Sortenliste 1992 weisen zehn Senfsorten und zehn Ölrettichsorten eine sehr geringe bzw. geringe Anfälligkeitsstufe auf.

Über den Wirkungsgrad des Anbaues resistenten Ölrettichs gibt die Abb. 109 mit Modellberechnungen von STEUDEL und MÜLLER [8] Auskunft: Wird in einer dreijährigen Fruchtfolge einmal nach Wintergerste eine Sorte mit dem Vermehrungsindex $P_f : P_i = 0,4$ angebaut, so sinkt die Nematodendichte bei sehr hoher Ausgangsverseuchung (Teilgraphik A) rapide ab

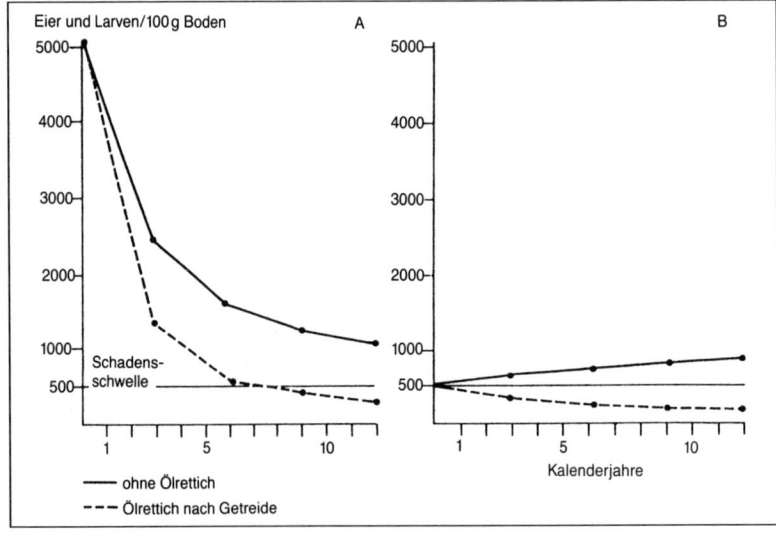

Abb. 109
Entwicklung der Populationsdichte des Rübennematoden in dreijähriger Fruchtfolge mit und ohne resistentem Ölrettich ($P_f : P_i = 0,4$) nach Wintergerste bei hoher (A) und niedriger (B) Ausgangsverseuchung [8].

und unterschreitet die Schadensschwelle (= 500 Eier und Larven/100 g Boden) mit Hilfe der resistenten Sorte in der 3. Rotation. Beim Verzicht auf die Einschaltung resistenten Ölrettichs muß hingegen trotz der auch geringer werdenden Nematodendichte mit weiteren Schäden gerechnet werden. Wird statt dessen von einem nur geringen Verseuchungsgrad (in Höhe der Schadensschwelle) ausgegangen (Teilgraphik B), so bleibt die Populationsdichte bei schwach abnehmender Tendenz beständig unterhalb der Schadensschwelle, während ohne Anbau resistenten Ölrettichs der Nematodenbefall kontinuierlich ansteigt.

Bei eigenen Versuchen in Unterfranken erbrachte der schon einmalige Anbau von resistenten Ölrettich- bzw. Senfsorten im Durchschnitt der Jahre eine Verringerung der Nematodenpopulation um etwa 20–30% im Vergleich zu »ohne Zwischenfrucht«. Dem entsprach eine durchschnittliche Ertragssteigerung bei nachgebauten Zuckerrüben ebenfalls in Höhe von 20–30%. In anderen Anbaulagen mit günstigeren Boden- und Witterungsverhältnissen können diese Werte noch höher liegen. Das Ziel einer totalen »Entseuchung«, also eine restlose Beseitigung des Schädlings, läßt sich auf diesem Wege allerdings nicht erreichen.

Nach bisherigen Erfahrungen hängt der Bekämpfungserfolg sehr stark von den speziellen Anbaubedingungen für die resistenten Pflanzen ab: Die Aussaat sollte nicht später als im letzten Drittel des Monats Juli (sofort nach dem Abernten der Wintergerste), der Umbruch Mitte bis Ende Oktober erfolgen. Um die Samenbildung zu verhindern, ist rechtzeitiges Abschlegeln der Bestände erforderlich, wodurch bei sehr üppig entwickelten Pflanzen auch das Unterpflügen und die Verrottung erleichtert werden. Bewährt hat sich hierfür der Einsatz der Kreiselegge. Gute Saatbettvorbereitung und eine Startstickstoffgabe in Höhe von 40 kg N/ha sind wichtige Voraussetzungen für die notwendige zügige Pflanzenentwicklung.

Zur Schonung des Wasserhaushaltes sollte man auf ungünstigen Standorten den Anbau nematodenresistenter Zwischenfrüchte nicht unmittelbar vor Rüben, sondern in einer vierjährigen Fruchtfolge zwischen zwei Getreidearten, am besten nach Wintergerste, vornehmen. Nicht winterfeste Sorten verdienen den Vorzug. Diese werden neuerdings in verstärktem Umfang im Rahmen des Verfahrens der »Mulchsaat« von Zuckerrüben auf erosionsgefährdeten Flächen eingesetzt. Die über Winter abfrierenden Ölret-

tich- oder Senfbestände bilden im Frühjahr eine mehr oder weniger dichte Mulchauflage, in die entweder direkt oder nach einer flachen Bodenbearbeitung die Rüben eingedrillt werden [6].

Daß es heute resistente Zwischenfrüchte für die Bekämpfung des Rübennematoden gibt, ist ein typisches Beispiel für Fortschritte in der Verwirklichung des Integrierten Landbaues. Es zeigt, wie man auf nichtchemischem, biologischem Wege einen gefährlichen Schädling ohne wirtschaftliche Einbußen in Schach halten kann. Jedenfalls ist es jetzt möglich, die sonst zur Vorbeuge oder Sanierung oft langen Anbaupausen im Zuckerrübenbau zu verkürzen.

Bodenuntersuchung als Grundlage

Will der Landwirt die genannten Bekämpfungsmöglichkeiten richtig nutzen, so muß er sich ein genaues Bild vom Nematodenbefall seiner Akkerflächen mit Hilfe von Bodenuntersuchungen verschaffen. Feldkontrollen während der Sommermonate wären völlig unzureichend, weil sie nur starke Verseuchungen erfassen. Je größer die Anzahl schon schwer befallener Grundstücke ist, desto schwieriger, langwieriger und kostspieliger wird die anstehende Sanierung.

Unter dem Motto: »Nematodenkontrollierter Zuckerrübenanbau« wurde daher in den Problemgebieten Bayerns (Unterfranken!) für alle Zuckerrüben-Betriebe ein Überwachungs- und Bekämpfungssystem geschaffen, dessen Grundlage ausschließlich Bodenuntersuchungen mit Hilfe wieder des Biotestes sind, diesmal mit Raps- oder Rübsensämlingen als Testpflanzen [2]. Das System hat sich seit Jahren als erfolgreich erwiesen, um dem Landwirt betriebsspezifische Entscheidungshilfen geben zu können.

Die Untersuchung der gesamten rübenfähigen Ackerfläche eines Betriebes (nicht nur derjenigen Grundstücke, die für den nächstjährigen Rübenanbau vorgesehen sind!) erfolgt in den ausgewiesenen Befallsgemeinden jeweils im Abstand von 4–5 Jahren. Die Bodenproben entnimmt der Landwirt selbst nach gründlicher Einweisung durch den Zuckerrübenverband. Nach Abschluß der Untersuchung erhält er nicht nur den Befund, sondern auch präzise Empfehlungen für die künftige Fruchtfolgegestaltung (Tabelle 76). Der Betrieb wird auch darüber informiert, mit welchen Ertragsverlusten zu rechnen wäre, wenn gleich nach der Untersuchung Rüben angebaut würden.

Die Fruchtfolgeempfehlungen nach dem vorliegenden Verseuchungsgrad und der zu erwartende Ertragsverlust bei ihrer Nichtbefolgung

Tabelle 76 Muster der Anbauempfehlungen je nach Höhe des Nematodenbefalls für Betriebe im Bereich der »Süd-Zucker«

Befallsstufe	Empfehlung
0 = ohne Befall	Rübenanbau nach den Bestimmungen des Rübenliefervertrages
1 = leichter Befall	3–4 Jahre kein Rübenanbau, sonst Ertragsverluste bis zu 15 %
2 = mittlerer Befall	4 Jahre kein Rübenanbau, sonst Ertragsverluste bis zu 25 %
3 = starker Befall	5 Jahre kein Rübenanbau, sonst Ertragsverluste bis zu 40 %
4 = sehr starker Befall	6 Jahre kein Rübenanbau, sonst Ertragsverluste bis zu 50 % und mehr

sind unter den Verhältnissen Unterfrankens versuchsmäßig gut untermauert. Sie werden daher auch von den betroffenen Landwirten voll anerkannt. Ihnen wird zudem angeboten, im Bedarfsfall (z. B. Einschalten nematodenresistenter Zwischenfrüchte) die Beratungseinrichtungen des Pflanzenschutzdienstes, der Zuckerfabrik und des Verbandes in Anspruch zu nehmen.

Die Erfahrung zeigt, daß nur selten alle Schläge der Ackerfläche eines Betriebes verseucht sind, so daß durch innerbetriebliche Umstellung des Anbaues, vor allem wenn rechtzeitig gehandelt wird, der Umfang der Zuckerrübenproduktion gar nicht eingeschränkt werden muß. Bodenuntersuchungen im Zuge der Nematodenüberwachung erleichtern auch die Diagnose, wenn ein Leistungsrückgang der Rüben nicht auf ursprünglich vermuteten Nematodenbefall, sondern auf andere Schädlinge oder Krankheiten, auf Mangelerscheinungen oder bodenstrukturelle Schäden zurückzuführen ist.

Als Neuheit für die Bundesrepublik Deuschland sei erwähnt, daß die für die Anbauberatung notwendige Untersuchung der Bodenproben im Nematoden-Schwerpunktgebiet Unterfranken nicht unmittelbar vom Pflanzenschutzdienst wahrgenommen wird. Statt dessen hat hierfür die »Süd-Zucker« im Werk Zeil am Main schon im Jahre 1978 eine Untersuchungsstelle in Eigeninitiative geschaffen. Jährlich kommen dort ca. 50 000 Bodenproben, die von einer Fläche im Umfang von etwa 6000 ha stammen, unter Regie und auf Kosten der Fabrik zur Unter-

suchung. Technisch bedient man sich des Biotestverfahrens, wie es beim Kartoffelnematoden (siehe Abschnitt 7.2.4.3) schon beschrieben worden ist.

Sehr deutlich hat sich inzwischen gezeigt, daß eine solche auf Selbsthilfe beruhende, private Untersuchungsstelle direkt im Erzeugungsgebiet einer sonst üblichen staatlichen Einrichtung in organisatorischer und finanzieller Hinsicht überlegen ist. Der amtliche Pflanzenschutzdienst in Bayern, der die Richtlinien für die Untersuchungen erarbeitet hat und diese auch fortlaufend in beratender Form überwacht, kann sich nunmehr, nach Entlastung von solchen Serienuntersuchungen, vermehrt anderen wichtigen Aufgaben im Zuge der Verwirklichung des Integrierten Landbaues zuwenden, die er sonst vernachlässigen müßte. Dieses Modell fruchtbarer Zusammenarbeit aller beteiligten Kreise (Fabrik, Verband, Offizialberatung und Praxis) mit dem Selbsthilfe-Prinzip als Grundpfeiler könnte wegweisend sein für ein »integriertes Beratungs- und Überwachungsmanagement« auch in anderen Bereichen des Landbaues (siehe auch Kapitel 6).

Chemische Bekämpfung des Rübennematoden

Da sich die Sanierung von Nematoden-Befallsflächen in Form strikter Einhaltung der genannten Anbauempfehlungen in Bayern als sehr erfolgreiches Verfahren durchgesetzt hat, konnte hier der Einsatz von chemischen Mitteln (Bodenentseuchungsmittel oder pflanzenverträgliche Nematizide) bis jetzt auf nur wenige Ausnahmefälle beschränkt bleiben (= Sanierung sehr stark befallener Teilflächen!). Auch bei chemischen Verfahren kann man im allgemeinen nicht auf vorausgehende Bodenuntersuchungen verzichten. Vor allem erlauben sie, die zu behandelnden Teilflächen auf ein Mindestmaß zu begrenzen und auch die Mittelaufwendungen zu verringern. Der mehr oder weniger ziellose Einsatz chemischer Mittel als reine Vorbeugungsmaßnahme (»Versicherungsschutz«) gegen Nematodenschäden ohne vorausgegangene präzise Befallsfeststellung widerspricht den Grundsätzen eines Integrierten Landbaues, weil der Boden meist unnötig belastet wird.

Mit dem Verzicht auf chemische Bekämpfungsmaßnahmen entfallen auch die Risiken einer Verseuchung (Kontamination) des Grund- oder Trinkwassers. Im übrigen erfordern auch alle Rübennematizide in Trinkwasser-Einzugsgebieten Beachtung strenger wasserrechtlicher Auflagen!

7.2.4.5 Technische Neuerung zum fehlerfreien Probeziehen und zur kombinierten Bodenuntersuchung auf Nematodenbefall und Nährstoffgehalt

Das Ergebnis einer Bodenuntersuchung auf Nematodenbefall hängt wesentlich von der Zuverlässigkeit der Probenentnahme ab. Da diese in traditioneller Form von Hand vorgenommen wird, sind Mängel nur dann auszuschließen, wenn sich das Personal für die Probenziehung strikt an die einschlägigen Richtlinien hält. Das aber ist erfahrungsgemäß in der Praxis nicht immer der Fall. Oft hat sich als Ursache für eine Fehldiagnose, für Differenzen zwischen Untersuchungsergebnis und tatsächlicher Nematodensituation auf dem Feld, eine nicht sachgerechte Bodenprobenentnahme herausgestellt. Gleiche Mängel sind bei der Praxis der Probenziehungen zur Untersuchung auf Bodennährstoffe anzutreffen.

Der Autor arbeitet daher seit Jahren an der Entwicklung einer Maschine, mit deren Hilfe die Probenentnahme nicht nur zuverlässiger gestaltet, sondern auch erleichtert und beschleunigt werden kann: Der neuentwickelte maschinelle »Bodenprobenautomat« (Abb. 110) vollzieht im Prinzip die gleichen Arbeitsgänge wie der Probennehmer mit seinem Bohrstock. Während des Fahrens in Schlangenlinie über das Grundstück wird der an einem Arm drehbar angebrachte Bohrstock automatisch in den Boden auf jede gewünschte Tiefe bis 30 cm gedrückt und in einem folgenden Arbeitsgang selbsttätig von der aufgenommenen Erde geräumt. Die Erde der Sammelprobe fällt dabei in die hierfür vorgesehene Plastiktüte.

Die Maschine leistet in der Stunde mit 12–15 ha etwa vier- bis fünfmal so viel Arbeit wie 1 Person mit dem Bohrstock. Der besondere Vorzug besteht darin, daß das Gerät zur Bodenprobenziehung sowohl für die Nematoden- wie für die Nährstoffuntersuchung eingesetzt werden kann.

In den nematodengefährdeten Gebieten Unterfrankens hat es sich in den letzten Jahren bewährt, die Proben für die Untersuchung auf Nematoden und auf Bodennährstoffe mit dieser maschinellen Neuentwicklung in einem einzigen Arbeitsgang zu ziehen. Dadurch ließen sich nicht nur die Kosten für jede Probenentnahme halbieren, auch der Organisationsaufwand wurde erheblich verringert, und die Befunde haben an diagnostischer bzw. analytischer Qualität gewonnen [5]. Aus fachlicher Sicht deckt sich diese Kombination der Probenentnahme mit der Forderung, daß sowohl die Nematoden- wie die Nährstoffuntersuchung des Bodens etwa alle 5 Jahre auf der gesamten Ackerfläche eines Betriebes vorgenommen werden sollten. Das gleichzeitige Vorliegen beider Untersuchungsergebnisse gibt dem Landwirt aufschlußreiche Hinweise für die weitere Bewirtschaftung seiner Feldstücke. Sie sind Voraussetzung für eine sinnvolle Fruchtfolgegestaltung, um den Nematodenbefall unter Kontrolle zu halten und Ertragseinbußen zu vermeiden. Sie verhindern ferner eine überintensive, oft den Bedarf der Pflanze übersteigende Düngung. Damit werden zwei elementare Forderungen für ein integriertes Anbausystem im Rübenbau erfüllt.

Abb. 110
Maschine zur automatischen Entnahme von Bodenproben für Nematoden- und Bodennährstoffuntersuchungen [5].

7.2.5 Gezielter chemischer Pflanzenschutz unter besonderer Berücksichtigung von Schadensschwellen im Ackerbau

W. WAHMHOFF, Osnabrück

7.2.5.1 Einleitung

Von kompletten Anbausystemen im Sinne des »Integrierten Landbaues« ist die gegenwärtige Praxis noch weit entfernt. Daher stellt sich die Frage, ob nicht schon im derzeit praktizierten Ackerbau wenigstens Einsparungen an Pflanzenschutzmitteln möglich sind, wenn Schadensschwellen als wichtiger Baustein des Integrierten Landbaues konsequent bei Bekämpfungsentscheidungen berücksichtigt werden.

Dieser Frage wurde 3 Jahre lang intensiv auf 8 landwirtschaftlichen Betrieben an verschiedenen Standorten in Niedersachsen nachgegangen. Die jeweils regional repräsentative, betriebsübliche Anwendung chemischer Pflanzenschutzmittel wurde großflächig mit einem gezielten chemischen Pflanzenschutz verglichen [16, 17].

Das gezielte Pflanzenschutzsystem war gekennzeichnet durch einen weitestgehenden Verzicht auf vorbeugende chemische Maßnahmen. Vorliegende Richtwerte für Schadensschwellen (Tabelle 77) und Prognoseansätze (z. B. Negativprognose bei der Krautfäule-Bekämpfung) wurden ebenso berücksichtigt wie regionale und betriebsspezifische Erfahrungswerte. Notwendige chemische Bekämpfungsmaßnahmen erfolgten auf der Basis einer gezielten Mittel- und Terminwahl unter Anpassung der Aufwandmengen an die jeweils aktuelle Situation. Bestandteil des gezielten Systems waren weiterhin Rand- und Teilflächen-Behandlungen.

Tabelle 77   Übersicht der im gezielten System berücksichtigten Schadensschwellen

Kultur und Schaderreger	Schadensschwelle	Quelle
Getreide		
Unkräuter	siehe Abb. 111	
Sattelmücke (Haplodiplosis equestris)	ab EC 30: 20 % befallene Halme	[12]
Blattläuse (Macrosiphum avenae, Metopolophium dirhodum, Rhopalosiphum padi)	EC 59: 20 % befallene Halme EC 69: 25 % befallene Halme EC 75: 80 % befallene Halme	[1]
Getreidehähnchen (Oulema gallaeciana, Oulema melanopa)	1–1,5 Larven bzw. Eier/Fahnenblatt	[17]
Echter Mehltau (Erysiphe graminis)	1 % Blattbefall (nur grober Richtwert)	[13]
Raps		
Unkräuter	siehe Abb. 112	
Rapserdfloh (Psylliodes chrysocephala)	3–5 Larven/Pflanze	[8]
Rapsglanzkäfer (Meligethes aeneus)	Feldrand: 6 Käfer/Pflanze Feldmitte: 2 Käfer/Pflanze	[2]
Kohlschotenrüßler (Ceutorhynchus assimilis)	0,5–1 Käfer/Pflanze	[2]
Kohlschotenmücke (Dasyneura brassicae)	1 Weibchen/Pflanze	[2]
Zuckerrüben		
Rübenfliege (Pegomyia betae)	2-Blatt-Stadium: > 2 Eier/Pflanze 4-Blatt-Stadium: 6–8 Eier/Pflanze 6-Blatt-Stadium: 10–14 Eier/Pflanze	[7]
Grüne Pfirsichblattlaus (Myzus persicae)	bis Bestandesschluß: 1 Laus/10 Pflanzen	
Schwarze Bohnenlaus (Aphis fabae)	50 % befallene Pflanzen	[2]
Konsum- und **Stärkekartoffeln**		
Kartoffelkäfer (Leptinotarsa decemlineata)	15 Eier bzw. Larven/Pflanze oder 20 % Blattverlust durch Fraßschäden	[3] [2]
Grüne Pfirsichblattlaus (Myzus persicae)	10 Blattläuse/Fiederblättchen	[6]

Tabelle 78   Standortbeschreibung

Region (naturräumliche Charakterisierung)	vorherrschende Bodentypen	vorherrschende Bodenarten	langjährige mittlere Niederschlagsmenge pro Jahr mm	langjährige mittlere Jahresdurchschnittstemperatur °C	Fruchtarten
Kalenberger Lößbörde	Löß-Parabraunerden	L	584	9,0	Zuckerrüben, W.-Weizen, W.-Gerste
Burgdorf-Peiner Geestplatten	Braunerden	lS	660	8,7	Zuckerrüben, Kartoffeln, W.-Weizen, W.-Roggen, W.-Gerste, S.-Gerste
Osnabrücker Hügelland	Löß-Parabraunerden	tU, sL	775	9,0	W.-Raps, W.-Weizen, W.-Gerste
Sögelner Geest, Lingener Land	Podsole, Tiefpflugkulturen	S, hS	733	8,7	Kartoffeln, W.-Gerste, W.-Roggen, S.-Gerste, Hafer, Erbsen

Bei der als betriebsüblich bezeichneten Pflanzenschutzstrategie wurden alle Entscheidungen von den teilnehmenden Landwirten getroffen. Dabei handelte es sich um einen auf Erfahrung beruhenden, an Witterung und Pflanzenentwicklung angepaßten und die Empfehlungen offizieller Beratungsstellen berücksichtigenden Pflanzenschutz.

Zum Vergleich dieser beiden Pflanzenschutzstrategien, im folgenden als Pflanzenschutzsysteme bezeichnet, wurden auf den 8 Betrieben jeweils 4–6 Flächen für die gesamte Versuchsdauer in zwei Hälften unterteilt, in eine ›gezielte‹ und in eine ›betriebsübliche‹. In die Untersuchung einbezogen wurden alle in den Betrieben angebauten Feldfrüchte mit Ausnahme des Maises. Eine Standortcharakterisierung ist der Tabelle 78 zu entnehmen.

Je Region waren 2 Betriebe in das Versuchsvorhaben einbezogen. Die Größe der Betriebe betrug zwischen 46 und 77 ha LN, die durchschnittliche Schlaggröße der einzelnen Versuchsflächen 4,44 ha (2,0–11,0 ha). Die gesamte Versuchsfläche/Jahr umfaßte 186 ha, davon wurden 80 ha gezielt und 106 ha betriebsüblich behandelt. Bei 3 Betrieben handelte es sich um reine Marktfruchtbetriebe, die anderen 5 hatten noch in irgendeiner Form Viehhaltung. Entsprechend wurde ein Teil der Düngung in organischer Form ausgebracht.

Auf 6 Betrieben wurde als Grundbodenbearbeitung eine jährliche Pflugfurche im Herbst oder Frühjahr vorgenommen. Die Betriebe mit der Fruchtfolge Raps–Winterweizen–Wintergerste pflügten regelmäßig nur vor der Rapsbestellung, vor Winterweizen wurde nur gegrubbert, vor Wintergerste je nach Bodenzustand und Ausmaß der Erntereste gepflügt oder gegrubbert. Zwischenfrüchte standen in der Fruchtfolge Zuckerrüben–Winterweizen–Wintergerste nach Wintergerste (überwiegend Phacelia). Auf den leichten Böden mit Kartoffeln und Sommergetreide in der Fruchtfolge wurden vor den Sommerfrüchten zu ca. 80% Zwischenfrüchte angebaut (Raps, Stoppelrüben, Ölrettich, Ackerbohnen, Wicken u. a.).

Hinsichtlich Fruchtartenverhältnis, Intensitätsniveau und Betriebsorganisation handelte es sich bei den ausgewählten Betrieben um typische Vollerwerbsbetriebe in der jeweiligen Region. Überdurchschnittlich war die fachliche Qualifikation der Betriebsleiter, da die Durchführung der Versuche einen starken Eingriff in das Betriebsgeschehen darstellte und hohe Betriebsleiterqualitäten voraussetzte. Die Erträge lagen daher deutlich über dem jeweiligen regionalen Durchschnitt, die Aufwendungen für die betriebliche Anwendung chemischer Pflanzenschutzmittel jedoch um etwa 10% unter dem gebietsüblichen Aufwand.

7.2.5.2 Gezielter chemischer Pflanzenschutz im Getreidebau

Im Getreidebau steht eine ganze Palette von Schadensschwellen, Bekämpfungsschwellen, Prognoseansätzen und Erfahrungswerten zur Verfügung, um chemische Pflanzenschutzmittel gezielt einzusetzen. Die umfangreichsten Erfahrungen liegen im Bereich der Unkrautbekämpfung vor. Beim Bekämpfen von Schadinsekten kommt den Getreideblattläusen im Winterweizen die größte wirtschaftliche Bedeutung zu. Auch hier liegen zumindest vorläufige Bekämpfungsschwellen vor [1]. Für weitere Getreideschädlinge (Fritfliege, Sattelmücke, Getreidehähnchen- und Gallmückenarten) gibt es Bekämpfungsrichtwerte [2, 18].

Sehr viel schwieriger gestaltet sich der gezielte Einsatz von Fungiziden. Schadensschwellen für einzelne Krankheiten liegen nicht vor oder stellen nur ganz grobe Hilfsmittel für gezielte Bekämpfungsentscheidungen dar. Die Prognosen sind aufgrund der starken Witterungsabhängigkeit der Epidemieverläufe mit großen Unsicherheiten behaftet. Der optimale Einsatzzeitpunkt für Fungizide liegt häufig vor dem Sichtbarwerden erster Symptome. Das Wirkungsspektrum der z. Z. zur Verfügung stehenden Präparate ist zudem sehr breit, so daß mehrere Schaderreger gleichzeitig in eine Bekämpfungsentscheidung einbezogen werden müssen. Außerdem kommt hinzu, daß in vielen Fällen ein Fungizideinsatz zu wirtschaftlichen Mehrerträgen führt, ohne ohne daß sich eine direkte Beziehung zum Auftreten einer Pilzkrankheit ableiten läßt. Die erfolgversprechendsten Ansätze für eine gezielte Bekämpfung von Pilzkrankheiten im Getreide liegen beim parasitären Halmbruch (*Pseudocercosporella herpotrichoides* und *Rhizoctonia cerealis*) sowie beim Echten Mehltau (*Erysiphe graminis*) vor.

Unkrautbekämpfung im Getreidebau

Eine gezielte Unkrautbekämpfung setzt eine Bekämpfungsentscheidung voraus, die folgende Fragen zu beantworten hat:

- Ist eine Bekämpfung überhaupt wirtschaftlich sinnvoll?
- Wenn ja, welches ist der optimale Zeitpunkt?
- Welches Präparat muß mit welcher Aufwandmenge eingesetzt werden?

Es ist klar, daß auf Frage 3 zu verschiedenen Zeitpunkten unterschiedliche Antworten erwartet werden können. Die Beantwortung dieser Fragen läßt sich dementsprechend nicht zu einem einzigen Zeitpunkt durchführen (z. B. zur Aussaat des Getreides). Eine Bekämpfungsentscheidung, die wirklich gezielt sein soll, muß in den Vegetationsverlauf eingebunden sein (Abb. 111).

Obwohl nur für wenige sehr nasse Standorte von Bedeutung, ist bei frühgedrilltem Wintergetreide bereits zur Bestellung die Frage nach der Befahrbarkeit der betreffenden Flächen zu möglichen Nachauflaufterminen zu stellen. Sollte die Befahrbarkeit nicht gewährleistet sein, ist eine Vorauflaufbehandlung vorzuziehen.

In frühgedrilltem Wintergetreide können bereits im Herbst bekämpfungswürdige Verunkrautungen auftreten. In diesen Fällen ist es notwendig, im 3-Blatt-Stadium des Getreides eine Beurteilung der vorhandenen Verunkrautung vorzunehmen. Eine gezielte Bekämpfung sollte bereits im Herbst erfolgen, wenn die im Frühjahr gültigen Schwellenwerte um mehr als 100% überschritten sind. In diesen Fällen kann es u. U. zu frühen Konkurrenzeffekten kommen. Die um das Doppelte erhöhten Schadensschwellenwerte rühren daher, daß während des Winters die Unkräuter auf natürliche Weise stark verringert werden können. Der Hauptbeurteilungstermin für gering verunkrautete, früh gedrillte und für alle spät gedrillten Wintergetreideflächen liegt vor oder zu Vegetationsbeginn im Frühjahr bzw. für Sommergetreide im 3-Blatt-Stadium der Kultur. Das sehr frühe Beurteilen erlaubt es, bei Überschreiten von Schadensschwellen Bekämpfungsmaßnahmen insbesondere gegen Ungräser frühzeitig durchzuführen, um auf diese Weise mit geringen Aufwandmengen die Kosten zu senken und gleichzeitig die Gefahr von Herbizidschäden an den Kulturpflanzen so gering wie möglich zu halten.

Um gegebenenfalls noch eine Bekämpfung durchführen zu können, ist zum letztmöglichen Einsatztermin der meisten Herbizide, dem Ende der Bestockung des Getreides (EC 29), eine weitere Beurteilung der Flächen erforderlich, unabhängig davon, ob bereits Bekämpfungsmaßnahmen erfolgt sind oder nicht.

Die gezielte Unkrautbekämpfung unter Berücksichtigung von Schadensschwellen ist eine flexible, an den einzelnen Standort angepaßte Vorgehensweise. Zu optimalen Bekämpfungsterminen können, abgestimmt auf die Zusammensetzung der Verunkrautung, die jeweils günstigsten Präparate eingesetzt werden, wenn Schwellenwerte überschritten wurden.

3 Jahre lang wurde auf den Versuchsbetrieben in der gezielten Variante entsprechend verfahren.

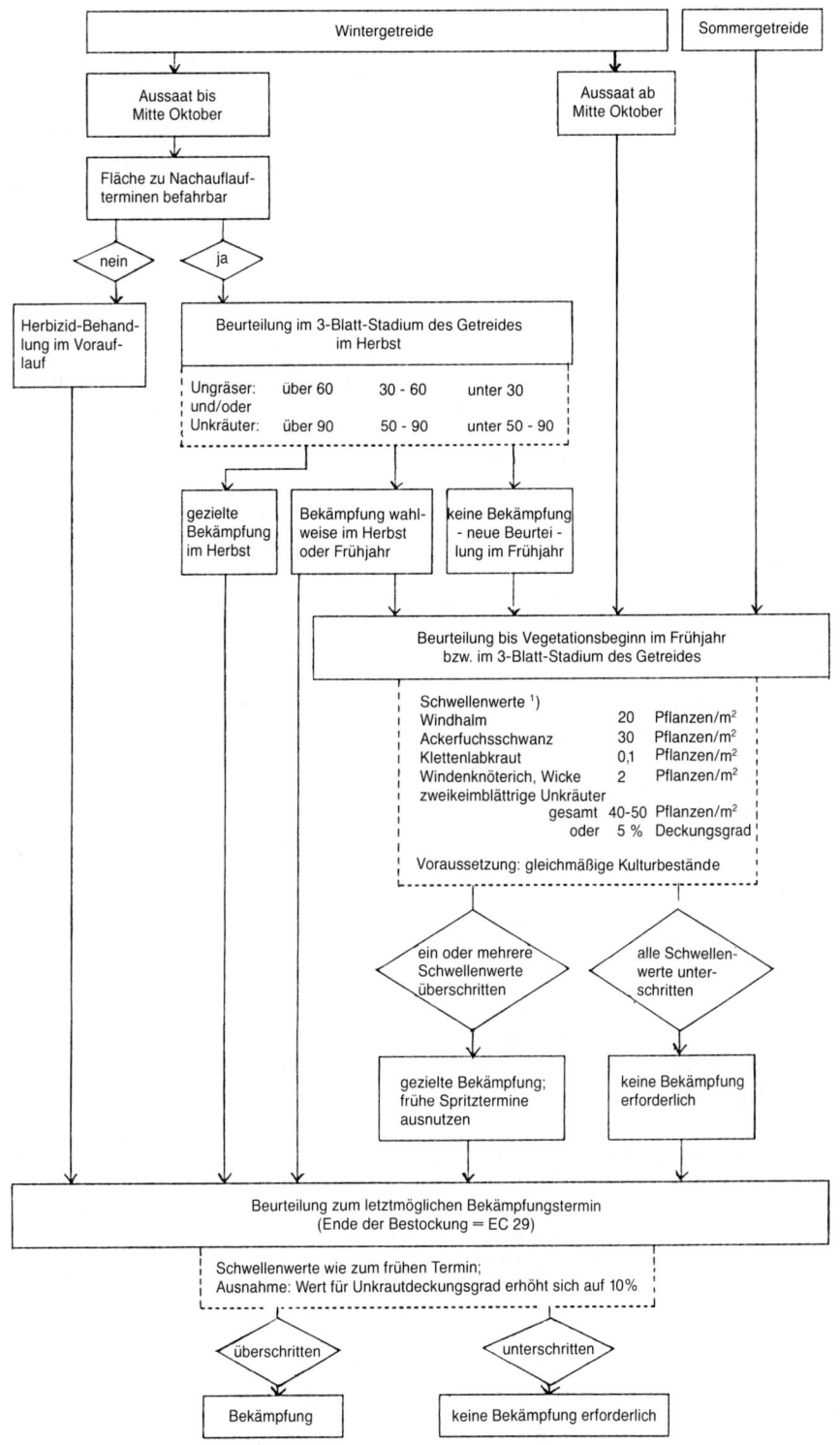

Abb. 111   Schema für die gezielte chemische Unkrautbekämpfung im Getreide.

Die Ertragswirkungen der Unkrautbekämpfungsmaßnahmen wurden in Parzellenversuchen, die Einflüsse auf Kornfeuchtigkeit und Schwarzbesatz in Verbindung mit anderen Pflanzenschutzmaßnahmen auf den Schlaghälften ermittelt.

Das Ausmaß der Verunkrautung reichte von ›fast unkrautfrei‹ bis hin zu ›sehr starken Verunkrautungen‹ mit über 500 Pflanzen/m². Die Durchschnittswerte der einzelnen Getreidearten sind der Tabelle 79 zu entnehmen. Die Verunkrautung von 30% der Getreideflächen lag unterhalb der Schadensschwellen, in 9% der Fälle überschritt nur das Klettenlabkraut den Schwellenwert und auf 61% der Flächen wurden Verunkrautungen oberhalb der Schadensschwellen für Unkräuter und -gräser festgestellt. Die Bekämpfung dieser Verunkrautungen erwies sich insgesamt als wenig wirtschaftlich (Tabelle 79). Die größten Ertragswirkungen traten bei der Wintergerste auf (+3,6 dt/ha in gezielt, +3,3 dt/ha in betriebsüblich). Im Winterweizen konnten nur in einigen stärker verunkrauteten, früh gedrillten Flächen nach Raps wirtschaftliche Ertragsabsicherungen erzielt werden. Häufig traten geringe Ertragsverluste nach dem Herbizideinsatz auf den überwiegend gering verunkrauteten Flächen auf. Die große Herbizidempfindlichkeit des Winterroggens zeigte sich auch in diesen Versuchen. Selbst bei Verunkrautungen deutlich oberhalb der Schadensschwellen war die chemische Unkrautbekämpfung mit Ertragsverlusten verbunden. Hinsichtlich Kornfeuchtigkeit, Schwarzbesatz und Beerntbarkeit traten keinerlei Unterschiede zwischen dem gezielten und dem betriebsüblichen Pflanzenschutz auf.

In Tabelle 80 wird ein ökonomischer Vergleich zwischen gezielter und betriebsüblicher Unkrautbekämpfung vorgenommen. Von den monetär bewerteten, über alle Versuche gemittelten Ertragswirkungen der Unkrautbekämpfung wurden durch Abzug der Bekämpfungskosten die behandlungskostenfreien Leistungen der Unkrautbekämpfung ermittelt. Durch die gezielte Behandlung konnten die Bekämpfungskosten um durchschnittlich 47% gesenkt werden. Die größten Einsparungen wurden beim Roggen (−111 DM/ha) und bei der Wintergerste (−93 DM/ha), die geringsten bei der Sommergerste (−24 DM/ha) realisiert. Diese Einsparungen führten zwar zu erheblichen Steigerungen bei der behandlungskostenfreien Leistung, insgesamt gesehen war aber aufgrund der geringen Ertragsleistungen, insbesondere bei der betriebsüblichen Vorgehensweise, die Wirtschaftlichkeit der Unkrautbekämpfung sehr unbefriedigend. Lediglich die gezielte Unkrautbekämpfung in der Wintergerste führte im Durchschnitt zu einer positiven Leistung.

Eine Analyse der einzelnen Bekämpfungsentscheidungen (Tabelle 81) zeigt, daß die Bekämpfungsentscheidungen bei Verunkrautungen unterhalb der Schadensschwellen in 95% der Fälle richtig, oberhalb aber nur in 59% der Fälle richtig waren. Aus diesem Verhältnis wird deutlich, daß oberhalb der Schadensschwellen noch viele Bekämpfungsmaßnahmen unwirtschaftlich sind. Die Ergebnisse belegen, daß die zugrundegelegten Schadensschwellen sehr konservativ angesetzt sind und nicht nur die Wirkungen eines Jahres einbeziehen. Ein starres Heraufsetzen der Schwellenwerte sollte aber dennoch nicht vorgenommen werden, weil dadurch weitere, nur sehr schwer kalkulierbare Effekte, z. B. Folgeverunkrautungen, ökonomische Bedeutung erlangen könnten. Vielmehr ist es notwendig, die Schadensschwellen flexibler als bisher an die jeweiligen schlagspezifischen Bedingungen anzupassen. Ansätze dazu, z. B. in Form

Tabelle 79 Durchschnittliche Verunkrautung der Kontrollparzellen im Frühjahr und Auswirkungen der gezielten und betriebsüblichen Unkrautbekämpfung auf den Kornertrag

Getreideart	Anzahl Versuche	Unkraut-deckungsgrad	Anzahl Pflanzen/m²		Ertragswirkung der Unkrautbekämpfung[1] dt/ha	
		%	Unkräuter	Ungräser	gezielt	betriebs-üblich
Wintergerste	26	6,8	50	16	+ 3,6	+ 3,3
Winterweizen	29	2,3	30	8	+ 0,5	− 0,7
Winterroggen	2	2,7	210	8	− 0,9	− 1,6
Sommergerste	8	5,6	145	13	+ 2,0	+ 2,0

[1] Gemittelt durch die Anzahl behandelter Flächen.

Tabelle 80 Ökonomischer Vergleich (in DM/ha) zwischen gezielter und betriebsüblicher chemischer Unkrautbekämpfung im Getreide unter Einschluß der Versuche ohne Bekämpfung unterhalb der Schadensschwelle (Durchschnittswerte aus 65 Versuchen)

Getreideart	Ertragsleistung der Unkrautbekämpfung		Bekämpfungs- kosten[1])		behandlungskostenfreie Leistung der Unkrautbekämpfung		
	gezielt	betriebs- üblich	gezielt	betriebs- üblich	gezielt	betriebs- üblich	Differenz
Wintergerste	138	142	92	185	+ 46	− 43	+ 89
Winterweizen	9	− 30	55	102	− 46	− 132	+ 86
Winterroggen	− 39	− 69	43	154	− 82	− 223	+ 141
Sommergerste	77	86	78	102	− 1	− 16	+ 15

[1]) Einschließlich Ausbringungskosten (25 DM/ha und Maßnahme).

von schlagspezifischen, EDV-gestützten Entscheidungsmodellen, sind bereits in der Überprüfung [5] (siehe Abschnitt 5.11). Unabhängig davon zeigen aber die vorliegenden Untersuchungen, welches erhebliche Einsparungspotential bereits durch Berücksichtigung der starken Schadensschwellen in der Praxis ausgeschöpft werden kann.

Bekämpfung von Pilzkrankheiten

Auf die im Gegensatz zur Unkrautbekämpfung weitaus größeren Schwierigkeiten bei der gezielten chemischen Bekämpfung von Pilzkrankheiten wurde bereits hingewiesen.

Als vorbeugende Maßnahme wurde bei allen Getreidearten eine Saatgutbeizung durchgeführt. Zum Anwendungszeitpunkt ist im allgemeinen noch nicht bekannt, ob und wann welche Krankheiten in welchem Ausmaß auftreten werden. Trotzdem ist die Beizung in Anbetracht der häufig vorkommenden samenbürtigen Krankheiten und aufgrund der relativ kostengünstigen und aus Umweltschutzaspekten positiv zu beurteilenden geringen, nur punktuell placierten

Aufwandmengen als gezielte Pflanzenschutzmaßnahme anzusehen, sofern die Wahl des Beizmittels getreideart- und standortspezifisch erfolgt. Obwohl es sich bei der Ährenbehandlung des Weizens um eine vorsorglich vorgenommene chemische Maßnahme handelt, ist sie aufgrund ihrer hohen Ertragsabsicherung auch im gezielten System unerläßlich. Die Ergebnisse bestätigen dies. In allen Fällen war die Ährenbehandlung hoch wirtschaftlich (Tabelle 82).

Basis der gezielten Bekämpfung von Pilzkrankheiten ist der Anbau möglichst resistenter Sorten. Erst dadurch eröffnen sich Handlungsspielräume für kurative, heilende Maßnahmen. In der vorliegenden Untersuchung konnten Sorteneinflüsse nicht geprüft werden. Auf den einzelnen Schlägen wurden jeweils bei gleicher Sorte die Wirkungen der chemischen Pflanzenschutzmaßnahmen untersucht, wobei die Sortenwahl vom Betrieb getroffen wurde und sowohl anfällige als auch resistente Sorten angebaut wurden.

Obwohl Schadensschwellen fehlen und auch die Wirtschaftlichkeit der chemischen Pflanzen-

Tabelle 81 Anteil der ökonomisch richtigen oder falschen Bekämpfungsentscheidungen (in %) bei der gezielten chemischen Unkrautbekämpfung unter Berücksichtigung von Schadensschwellen im Getreide

Getreideart	Bekämpfungsentscheidung bei Verunkrautungen			
	unterhalb der Schadensschwellen		oberhalb der Schadensschwellen[1])	
	richtig	falsch	richtig	falsch
Wintergerste	100	0	71	29
Winterweizen	93	7	40	60
Winterroggen	100	0	0	100
Sommergerste	100	0	57	43
gesamt	95	5	59	41

[1]) Ohne die Versuche, in denen nur das Klettenlabkraut die Schadensschwelle überschritt.

Tabelle 82 Kosten : Nutzen-Vergleich des Fungizideinsatzes im Getreide

Getreideart	Pflanzenschutz-aufwand[1] DM/ha		Erlösveränderung dt/ha		behandlungskostenfreier Erlös des Fungizideinsatzes DM/ha		
	gezielt	betriebs-üblich	gezielt	betriebs-üblich	gezielt	betriebs-üblich	Differenz gezielt – betriebs-üblich
Winterweizen[2]	79,6	126,7	+ 5,4	+ 6,2	+ 151,5	+ 137,8	+ 13,7
Winterweizen[3]	122,4	136,7	+ 6,4	+ 5,9	+ 151,1	+ 118,8	+ 32,3
Wintergerste	96,7	123,5	+ 4,2	+ 5,3	+ 83,2	+ 103,2	− 20,0
Winterroggen	83,7	66,7	+ 1,7	+ 1,3	− 2,1	− 8,0	+ 5,9
Sommergerste	60,3	71,4	+ 4,4	+ 3,7	+ 166,5	+ 95,1	+ 42,6

[1] Einschließlich Ausbringungskosten.
[2] = Fuß- und Blattkrankheitsbekämpfung.
[3] = Ährenbehandlung.

schutzmaßnahmen gegen Pilzkrankheiten in der Regel besser ist als bei der Bekämpfung von Unkräutern und tierischen Schaderregern, gibt es auch in diesem Bereich eine Reihe von Ansatzpunkten für einen gezielten chemischen Pflanzenschutz. Kernpunkt ist dabei die gezielte Mittel-, Termin- und Aufwandmengenwahl. Wichtigste Voraussetzung dafür ist die regelmäßige Kontrolle der Getreidebestände. In der Phase vom Ende der Bestockung (EC 29) bis zum Ende der Blüte (EC 69) ist ein wöchentliches Überwachen der Schläge notwendig. In Zeitspannen mit hohen Temperaturen (ab 15 °C) und gleichzeitig hohen relativen Luftfeuchtigkeiten muß gegebenenfalls der Kontrollabstand noch verkürzt werden. Bei frühgedrilltem Wintergetreide sind bereits im Herbst Kontrollen erforderlich. Auch wenn nicht unbedingt schon Bekämpfungsentscheidungen zu treffen sind, so liefert das Begutachten der Flächen doch wertvolle Hinweise für das Krankheitsauftreten im Frühjahr.

Für den gezielten Einsatz von Fungiziden gibt es keine Patentlösungen. Eine Bekämpfungsentscheidung muß die Lage des Standorts, die Fruchtfolge, die Sortenanfälligkeit, die vorhergehende und aktuelle Witterung und den Ernährungszustand des Getreides berücksichtigen. Bei der Wahl des Fungizids ist nicht nur das Wirkungsspektrum zu beachten, genauso wichtig sind die Wirkungsbedingungen, damit die Fungizide zum richtigen Zeitpunkt während der Entwicklung der zu bekämpfenden Krankheit protektiv (schützend) oder kurativ (heilend) eingesetzt werden können. Erst wenn durch das ständige Beobachten von Witterung und Pflanzenbestand das Infektionsgeschehen einigerma-

ßen bekannt ist, können die Fungizide auch gezielt eingesetzt werden.

Im Versuchsvorhaben wurden über diese generellen Ansatzpunkte eines gezielten chemischen Pflanzenschutzes hinaus **weitere Entscheidungshilfen** herangezogen. Für die Befallsbeurteilung von Fußkrankheitserregern wurde im Stadium 32 des Wintergetreides eine mikroskopische Befallserhebung mit der Färbemethode nach WOLF [19] vorgenommen. Durch Anfärben werden die Halmbrucherreger *Pseudocercosporella herpotrichoides* und *Rhizoctonia cerealis* auf den Blattscheiden sichtbar gemacht. Mit einem Mikroskop wird dann der Prozentsatz befallener Pflanzen ermittelt. Eine Vorhersage des Halmbasisbefalls für das Stadium 75 ist möglich. Einer breiten Einführung in die Praxis steht der damit verbundene hohe Zeitaufwand für diese Methode entgegen. Auch gibt es bisher keine Befallsgrenze, ab welcher eine Bekämpfung lohnend ist oder nicht. Bei der Wintergerste erlaubt aber die Kenntnis der Befallsstärke des Schaderregers *Pseudocercosporella herpotrichoides*, dessen Bekämpfung nur bei extrem starkem Befall wirtschaftlich notwendig ist, daß bei geringem Befall die Fungizide im Hinblick auf eine optimale Bekämpfung der Blattkrankheiten gezielt ausgewählt werden können. Beim Winterweizen kommt erschwerend hinzu, daß beim Einsatz eines breitwirksamen Fungizids die Bekämpfungsentscheidung nicht auf den Halmbruch begrenzt werden kann, sondern weitere Krankheiten, insbesondere die Blattdürre (*Septoria tritici*) und der Blattbefall mit *S. nodorum* (Spelzenbräune) mit in eine Bekämpfungsentscheidung einbezogen werden müssen.

Als grober Richtwert für die Bekämpfung des

Echten Mehltaus *(Erysiphe graminis)* wurde ein 1%iger Befall am 3. Blatt von oben angenommen. Abweichend davon erfolgte bei frühgedrilltem Winterweizen und anfälliger Sorte bei gleichzeitig hoher Bestandsdichte die erste Bekämpfung beim Erscheinen der ersten Pusteln. Unter diesen Bedingungen ist nur wenig Spielraum für ein gezieltes Vorgehen. Das ist schon eher möglich, wenn erst im Spätherbst nach Zuckerrüben mehltauresistentere Sorten gedrillt werden und keine Herbstinfektion mehr stattfindet. Unter diesen Umständen war es möglich, in einigen Fällen bis zum Ährenschieben oder kurz vorher auf eine Mehltaubekämpfung zu verzichten.

Bei der Wintergerste traten neben dem Mehltau noch regelmäßig die Netzfleckenkrankheit *(Pyrenophora teres)* und die *Rhynchosporium*-Blattfleckenkrankheit *(Rhynchosporium secalis)* auf. Die beschriebene gezielte Vorgehensweise führte dazu, daß in der Wintergerste nur in einem Fall zwei Fungizidmaßnahmen erfolgten. Ansonsten wurde nur eine Spritzung durchgeführt. Auf einem Schlag wurde auf eine Fungizid-Behandlung ganz verzichtet.

In 55% der Getreideversuche war der Fungizidaufwand bei der gezielten Vorgehensweise niedriger als bei betriebsüblicher. Umgekehrt lagen im gezielten System nur in 7% der Fälle die Aufwendungen höher als im betriebsüblichen. In 38% der Versuche war der Fungizidaufwand gleich. Der absolute Umfang der Einsparungen war mit 16% nur gering.

Mit Ausnahme des Roggens waren bei allen Getreidearten die Fungizideinsätze sehr wirtschaftlich (Tabelle 82). Die Erlösunterschiede zwischen ›gezielt‹ und ›betriebsüblich‹ waren nur gering. Einsparungen an Fungiziden im gezielten System führten in einzelnen Versuchen sehr schnell zu Ertragsverlusten gegenüber ›betriebsüblich‹. Der Spielraum für Einsparungen von Pflanzenschutzmitteln zur Bekämpfung von Pilzkrankheiten im Getreide ist also nur sehr eng. Allerdings muß beim vorliegenden Vergleich berücksichtigt werden, daß die zu Beginn dieses Abschnitts dargestellten Prinzipien des gezielten Fungizideinsatzes auch im betriebsüblichen System praktiziert wurden.

Erst der Anbau resistenter Sorten kann hier Veränderungen bringen. Das wird am Beispiel der Sommergerste deutlich. Neben Braugerste mit einem sehr geringen Stickstoff-Düngungsniveau wurden sowohl anfällige als auch resistente Futtergerstensorten angebaut. Die Braugerstenversuche und die Versuche mit resistenten Futtergerstensorten wiesen nach einer Mehltaubekämpfung Ertragsdifferenzen von ca. 2 dt/ha auf, bei anfälligen Sorten betrug die durchschnittlich erzielte Ertragsdifferenz dagegen 13,3 dt/ha.

Bekämpfung tierischer Schadorganismen

In der Gruppe der tierischen Schadorganismen haben die Blattläuse die größte wirtschaftliche Bedeutung erlangt. Die sich mit ihrer Zunahme einbürgernden »blinden« Bekämpfungsmaßnahmen durch einen Insektizid-Zusatz zur Ährenbehandlung des Weizens entsprechen nicht dem Prinzip des gezielten Pflanzenschutzes. Die nur begrenzte Wirkungsdauer führt dazu, daß bei stärkerem Befall eine weitere Insektizidmaßnahme notwendig ist. Verstärkt wird dieser Folgeeffekt noch, wenn durch den Einsatz breitwirksamer Präparate die Blattlausfeinde von vornherein ausgeschaltet werden.

Anfang der achtziger Jahre hat die Projektgruppe »Getreideblattläuse« der Deutschen Phytomedizinischen Gesellschaft Bekämpfungsschwellenwerte und Handlungsanweisungen erarbeitet [1].

> Bekämpfungsschwellen für Getreideblattläuse sind:
> - Bis Stadium EC 59 (Ende des Ährenschiebens): 20% befallene Halme;
> - zwischen EC 59 und 69 (Ende der Blüte): 25% befallene Halme;
> - zwischen EC 69 und 79 (Milchreife): 80% befallene Halme.

In der Zeit zwischen Ährenschieben und Milchreife müssen die Flächen regelmäßig 2–3mal/Woche, je nach Wetterlage, auf Blattlausbefall untersucht werden. An 5 Zählstellen, die an einer gedachten Linie zur Mitte des Feldes liegen, werden jeweils 10 nebeneinander stehende Halme auf Blattlausbefall hin untersucht. Es ist lediglich notwendig, festzustellen, ob ein Halm befallen ist oder nicht. Die Anzahl der Blattläuse/Halm braucht nicht bestimmt werden.

In den vorliegenden Versuchen wurde im gezielten System entsprechend verfahren; hier führte der hohe Befallsdruck dazu, daß in allen Fällen eine Bekämpfung erforderlich war. Dabei wurde ausschließlich das nützlingsschonende Pirimor mit verringerten Aufwandmengen (180–250 g/ha) angewandt, obwohl andere Präparate preisgünstiger gewesen wären. Im betriebsüblichen System wurde ebenfalls auf allen Flächen eine Bekämpfung der Blattläuse vorge-

Tabelle 83 Wirkung der Blattlausbekämpfung im Getreide in Abhängigkeit von der Jahreswitterung (23 Versuche)

Pflanzen-schutz-strategie	Ertragsdifferenz zu unbehandelt dt/ha			
	1984	1985	1986	Mittel aus 3 Jahren
gezielt	+ 3,4	+ 4,0	+ 0,7	+ 3,0
betriebs-üblich	+ 3,8	+ 7,2	– 0,2	+ 4,1

nommen, wobei in 9 von 30 Fällen bereits zur Fungizidspritzung zum Ährenschieben Parathion-Präparate eingesetzt wurden. In 8 Fällen folgte daraufhin eine Nachbehandlung mit Pirimor. In 2 Fällen wurden sowohl in der gezielten als auch in der betriebsüblichen Variante Zweifach-Anwendungen mit Pirimor durchgeführt. Die Ertragswirkungen der Bekämpfungsmaßnahmen waren stark jahresabhängig (Tabelle 83). In den ersten beiden Versuchsjahren betrugen die durchschnittlichen Ertragsdifferenzen 3,6 dt/ha bzw. 5,6 dt/ha. Von den 21 gezielten Behandlungen in diesem Zeitraum waren nur 3 nicht wirtschaftlich. Selbst die im betriebsüblichen System durchgeführten Doppel-Behandlungen erbrachten deutliche Mehrerträge. Im 3. Versuchsjahr überschritten im Stadium 71 des Weizens die Getreideblattläuse zwar die Bekämpfungsschwellen, die daraufhin eingeleiteten Maßnahmen führten jedoch nur in einem Fall zu einer kostendeckenden Ertragsabsicherung. Die aufgrund der Erfahrungen des Vorjahres durchgeführten Zweitbehandlungen (in 2 Versuchen auch in »gezielt«) waren unwirtschaftlich, obwohl die angegebenen Bekämpfungsschwellen überschritten waren. Die großen

Jahresunterschiede der Ertragsabsicherungen werden durch die unterschiedliche Entwicklung der Blattlauspopulationen und vor allem durch die unterschiedliche Dauer des Befalls verursacht.

Die in der Tabelle 83 aufgezeigten Unterschiede zwischen den durchschnittlichen Ertragsabsicherungen in »gezielt« und »betriebsüblich« sind in erster Linie darauf zurückzuführen, daß im gezielten System häufiger das seinerzeit noch zugelassene Fungizid Furesan eingesetzt wurde. Der in diesem Präparat enthaltene Wirkstoff Pyrazophos hat eine erhebliche insektizide Wirkung. Im Durchschnitt von 9 Versuchen ging die Anzahl mit Blattläusen befallener Pflanzen um 42% zurück. Gleichzeitig erhöhte sich die Ertragsabsicherung gegenüber Vergleichspräparaten um ca. 19%. Die darauf folgenden, nach Schadensschwellenkriterien trotzdem notwendigen Blattlausbekämpfungen waren aber nur noch mit deutlich geringeren Ertragsabsicherungen verbunden (2,7 dt/ha weniger), lagen aber mit einer Ausnahme alle noch im wirtschaftlichen Bereich. Ein direkter Vergleich der Ertragswirkungen von »gezielt« und »betriebsüblich« ist deshalb nicht möglich.

Die ökologische Bedenklichkeit des kostengünstigen, vorbeugenden Einsatzes von Parathionhaltigen Präparaten zur Ährenbehandlung wird in Tabelle 84 deutlich. In den ersten 14 Tagen nach der Spritzung war die Aktivitätsdichte der Laufkäfer um 36%, die der Spinnen um 46% vermindert.

Insgesamt gesehen hat sich das Berücksichtigen von Schwellenwerten bei der Bekämpfung von Getreideblattläusen bewährt. Gravierende Fehlentscheidungen können bei sachgerechter Anwendung ausgeschlossen werden. Verbesserungen sind aber in zwei Bereichen wünschens-

Tabelle 84 Einfluß der E 605-Anwendung bei der Ährenbehandlung des Winterweizens auf Laufkäfer und Spinnen

Behandlung	Anzahl Tiere/10 Fallen 14 Tage nach Behandlung									
	Laufkäfer Versuchsnummer					Spinnen Versuchsnummer				
	122	224	223	321	322	122	224	223	321	322
unbehandelt = gezielt	37	21	12	335	282	334	106	78	1292	1666
E 605 combi 0,6 kg/ha = betriebsüblich	16	6	16	191	165	95	37	55	906	1058
prozentuale Veränderung	– 57	– 71	+ 33	– 43	– 41	– 72	– 65	– 29	– 30	– 36
Durchschnitt			– 36					– 46		

Tabelle 85 Vergleich zwischen betriebsüblichem und gezieltem Pflanzenschutz im Getreide

Getreide-art	Pflanzenschutz-aufwand DM/ha		Ertrag dt/ha		Kornfeuchtig-keit %		Schwarzbesatz %		pflanzenschutz-bereinigte Leistung[1] DM/ha	
	be-triebs-üblich	Abwei-chung durch gezielt	be-triebs-üblich	Abwei-chung durch gezielt	be-triebs-üblich	Abwei-chung durch gezielt	be-triebs-üblich	Abwei-chung durch gezielt	be-triebs-üblich	Abwei-chung durch gezielt
Winter-weizen	484	− 101	81,0	− 1,8	18,4	− 0,1	0,4	0	3253	+ 22
Winter-gerste	373	− 128	67,9	− 1,1	18,3	+ 0,1	0,7	+ 0,1	2719	+ 66
Sommer-gerste	199	− 34	45,7	+ 4,1	16,3	+ 0,5	0,4	+ 0,1	1984	+ 216
Roggen	146	− 47	42,2	+ 0,7	19,9	− 1,2	1,3	− 0,5	1670	+ 122

[1] Erlös abzüglich Kosten für Pflanzenschutz, Trocknung, Reinigung und Ernteerschwernis durch Lager und Unkräuter.

wert: Zum einen sollte die Befallsdauer als Entscheidungskriterium einbezogen werden, zum anderen sollte auch das Ausmaß des Vorkommens von Blattlausfeinden berücksichtigt werden, um die im 3. Versuchsjahr aufgetretenen unwirtschaftlichen Maßnahmen nach Anwendung von Schadensschwellen zu verringern.

Ökonomische Bilanz

In den bisher behandelten Teilbereichen des chemischen Pflanzenschutzes im Getreide wird deutlich, daß es annäherungsweise möglich ist, die Wirkungen der einzelnen Pflanzenschutzmaßnahmen aufzuteilen und gesondert zu vergleichen. Die Parzellenversuche zur Bewertung einzelner Pflanzenschutzmaßnahmen dienten diesem Zweck. Die Ergebnisse der Großflächenbeerntung fassen alle Pflanzenschutzmaßnahmen zusammen, sie erst ermöglichen einen Systemvergleich.

Durch konsequentes Anwenden aller vorhandenen Ansätze zum gezielten Einsatz chemischer Pflanzenschutzmittel im Getreide konnte der Pflanzenschutzaufwand erheblich verringert werden (Tabelle 85). Am meisten wurde bei Wintergerste (−128 DM/ha = −34%) und beim Winterweizen (−101 DM/ha = −20,9%) eingespart, am wenigsten bei der Sommergerste (−34 DM/ha = −17%). Die sich aus den Einsparungen ergebenden Ertragswirkungen waren je nach Getreideart unterschiedlich. Bei Winterweizen und -gerste traten geringe Ertragsverluste auf, bei Sommergerste und Winterroggen waren höhere Erträge im gezielten System zu

verzeichnen. Letzterer Effekt beruhte auf Herbizidschäden in der betriebsüblichen Variante. Auf Kornfeuchtigkeit und Schwarzbesatz hatten die Einsparungen beim Pflanzenschutzaufwand keine Wirkungen. Die pflanzenschutzbereinigte Leistung, d. h. der Verkaufserlös abzüglich der Kosten für chemischen Pflanzenschutz, Trocknung, Reinigung sowie zusätzlicher Kosten für Ernteerschwernis durch Unkräuter und Lagergetreide, war bei allen Getreidearten trotz der erheblichen Einsparungen in der gezielten Variante höher als in der betriebsüblichen (Tabelle 85).

7.2.5.3 Gezielter chemischer Pflanzenschutz in Zuckerrüben

Abgesehen von Sonderkulturen werden die höchsten Aufwendungen für Pflanzenschutz in Zuckerrüben getätigt. So beliefen sich allein die durchschnittlichen Mittelkosten auf niedersächsischen Rübenbaubetrieben in den Jahren 1984 und 1985 auf 466 DM/ha. Die Kosten für Herbizide nehmen davon den größten Anteil ein, gefolgt von den Ausgaben für die Auflaufsicherung durch Pillierung und/oder Einarbeiten von Insektiziden. Die betriebsüblichen Pflanzenschutzaufwendungen der beteiligten Betriebe lagen deutlich unter dem Gebietsdurchschnitt. So wurden nur durchschnittlich 369 DM/ha (−21%) für Pflanzenschutzmittel ausgegeben. Die betriebsüblichen Gesamtkosten für den chemischen Pflanzenschutz einschließlich der Maschinen- und abschließend teilweise durchgeführten Handhacke betrugen 585 DM/ha. Schwerwiegende Nematodenprobleme traten auf den Versuchsbetrieben nicht auf. Die Verunkrautung setzte sich überwiegend aus dikotylen, teilweise schwer bekämpfbaren Arten wie z. B. Einjährigem Bingelkraut, Klettenlabkraut und Hundspetersilie zusammen. Ackerfuchsschwanz kam nur auf einem Standort in starkem Maße vor.

Die **Unkrautbekämpfung** in Zuckerrüben bietet verschiedene Ansätze, durch den gezielten Einsatz von Pflanzenschutzmitteln Kosten zu sparen. Die langsame Jugendentwicklung der Zuckerrüben hat zur Folge, daß diese Kultur im Gegensatz zu Getreide und Winterraps nur eine sehr geringe Konkurrenzkraft gegenüber Unkräutern aufweist, so daß auf eine Unkrautbekämpfung nicht verzichtet werden kann. Der Ansatzpunkt für die gezielte Unkrautbekämpfung liegt folglich nicht in der Anwendung von Schadensschwellen, sondern in der richtigen Wahl der Bekämpfungsverfahren und der auf die jeweilige schlagspezifische Situation abgestimmten Bekämpfungsmaßnahmen. In den beteiligten Betrieben sah das folgendermaßen aus:

3 der 4 rübenanbauenden Betriebe verfügten über eine Maschinenhacke mit Bandspritzeinrichtung. Da sich durch eine Bandbehandlung ca. ⅔ des Herbizidaufwandes einsparen lassen, wurde im gezielten System das Bandspritzverfahren auf Sand- und Lößböden angewendet, soweit das arbeitswirtschaftlich in den Betriebsablauf integrierbar war und die Witterungsbedingungen es zuließen. Auf ton- und humusreichen Lößböden wurde dagegen die chemische Ganzflächen-Behandlung vorgezogen. Geringe Restverunkrautungen bei Reihenschluß wurden per Handhacke entfernt.

Im gezielten System wurden die Herbizide nur im Nachauflaufverfahren eingesetzt. Der Verzicht auf Vorauflaufbehandlungen läßt frühzeitige, schon im Keimblattstadium der Rüben durchzuführende Herbizideinsätze mit geringen Aufwandmengen zu. Je nach Zusammensetzung der Verunkrautung wurde entweder das Bodenherbizid Goltix (Metamitron) allein oder in Kombination mit Betanal (Phenmedipham) als »Stopspritzung« im Band oder ganzflächig ausgebracht. Abhängig von der Wirkung dieser Maßnahme folgte eine Zweitbehandlung, in der Regel eine Tankmischung aus Betanal und Goltix oder, bei Verunkrautung mit Klettenlabkraut, Betanal und Tramat. Je Spritztermin wurden nie mehr als 4 kg bzw. l/ha ausgebracht, um die Herbizidbelastung der Rüben so gering wie möglich zu halten. Dreifachmischungen kamen nicht zum Einsatz.

Für den Erfolg von gezielten Nachauflaufspritzungen ist das Berücksichtigen der Witterung unbedingte Voraussetzung. Bei sonniger warmer Witterung, besonders im Anschluß an stärkere Regenfälle, die die Wachsschicht der Rübenblätter verringern, kann es leicht zu Herbizidschäden kommen. Deshalb wurde in diesen Fällen nicht direkt nach einer Regenperiode gespritzt, sondern erst 1 oder 2 Tage später. An sonnigen Tagen wurden die Spritzungen in die frühen Morgen- oder späten Abendstunden verlegt.

Beim Vergleich der gezielten mit der betriebsüblichen Unkrautbekämpfung ist zu beachten, daß auch betriebsüblich schon überwiegend nur im Nachauflaufverfahren gearbeitet wurde, obwohl dieses zu Versuchsbeginn in der breiten Praxis noch nicht sehr stark verbreitet war. Die wirklichen Unterschiede zwischen den beiden Pflanzenschutzsystemen sind generell betrachtet größer als in dieser Untersuchung. Durch das gezielte Vorgehen konnte der Herbizidaufwand von 317 DM/ha im betriebsüblichen System um 72 DM/ha auf 245 DM/ha verringert werden (Tabelle 86). Gleichzeitig erhöhten sich aber die Ausgaben für Maschinenhacke und Handhacke um 40 DM/ha auf 165 DM/ha. Wurde im betriebsüblichen System die Maschinenhacke auf 39% der Flächen zumindest einmal eingesetzt, waren es im gezielten System 55%. In diesem System kam das Bandspritzverfahren in 44% der Fälle zum Einsatz, doppelt so oft als im betriebsüblichen System. Um Rest- und Spätverunkrautungen per Handhacke zu beseitigen, wurden beim gezielten Vorgehen durchschnittlich 7,2 h/ha benötigt, der betriebsübliche Zeitaufwand dafür betrug nur 4,6 h/ha.

Die Verringerung der Mittelkosten um 26% und der gesamten Pflanzenschutzkosten um 13% hatte keinen Einfluß auf den Zuckergehalt, die Rübenqualität und den bereinigten Zuckerertrag.

Im Bereich der **Schädlingsbekämpfung** stand die Auflaufsicherung der Rüben, die mit einer Ausnahme auf Endabstand gedrillt wurden, im Mittelpunkt des Interesses und verursachte betriebsüblich die größten Insektizidkosten. In diesem Bereich gestaltet sich eine gezielte Behandlung schwierig, da das Auftreten der Schädlinge (Moosknopfkäfer, Collembolen, Tausendfüßler, Drahtwürmer u. a.) von vielen Faktoren abhängig ist, und zudem das Ausmaß der Schä-

Tabelle 86 Vergleich der Pflanzenschutzaufwendungen (in DM/ha) und Erträge (in dt/ha) bei Zuckerrüben

| System | Pflanzenschutzmittelaufwand DM/ha | | | Ausbringungskosten | mechanische Unkrautbekämpfung²) | Summe Pflanzenschutzkosten | Zuckerertrag | pflanzenschutzbereinigte Leistung |
	Herbizide	Insektizide¹)	gesamt	DM/ha	DM/ha	DM/ha	dt/ha	DM/ha
gezielt	245	33	278	64	165	507	94,6	5398
betriebsüblich	317	60	377	82	125	584	95,3	5366
Differenz	− 72 (− 23 %)	− 27 (− 45 %)	− 99 (− 26 %)	− 18 (− 22 %)	+ 40 (+ 32 %)	− 77 (− 13 %)	− 0,7 (− 0,7 %)	+ 32 (+ 0,6 %)

¹) Einschließlich der Kosten für Saatgutbehandlung.
²) Einschließlich abschließender Handhacke.

den noch stark vom Witterungsablauf nach der Saat bestimmt wird. Zu dieser unsicheren Schadensprognose kommt hinzu, daß diese Schädlinge aufgrund ihrer überwiegend unterirdischen Lebensweise durch Spritzungen beim Schadauftreten nicht mehr ausreichend zu bekämpfen sind. Gerade in diesem Bereich besteht in der Praxis ein hohes Sicherheitsbedürfnis, welches zur Folge hat, daß sich im Nachhinein viele chemische Maßnahmen vorbeugender Art als unwirtschaftlich herausstellen.

Am meisten gefährdet sind die Rüben auf feuchten humusreichen Standorten. Befallsfördernd wirken weiterhin hohe Anteile unzersetzter organischer Substanz, sei es aufgrund von Gründüngung, eingearbeitetem Stroh oder Stallmistzufuhr, mehrjährigen Feldfutteranbau und engen Rübenfruchtfolgen. Auf den Versuchsflächen traten diese besonderen Gefährdungen nur in 3 Fällen auf. Bei den anderen Standorten handelte es sich um humusärmere Lößböden oder um lehmige bzw. reine Sandböden.

Die Verwendung von Rübensaatgut, dessen Pilliermasse ein Insektizid beigemischt worden ist, ist im Sinne des Integrierten Landbaues erstrebenswert, weil nicht die gesamte Bodenoberfläche, sondern nur der unmittelbare Bodenraum um den Rübenkeimling mit Insektiziden belastet wird. Die Pillierung mit den Wirkstoffen Mesurol und Carbofuran ist in den letzten Jahren zur Standardmaßnahme geworden. Bei geringem Befallsdruck, insbesondere wenn ein Drahtwurmbefall nicht vorliegt, reicht diese Maßnahme zur Auflaufsicherung aus. In allen 18 Rübenversuchen wurden sowohl im betriebsüblichen, als auch im gezielten System insektizidhaltige Pillierungen verwendet. In 13 Fällen

wurde Carbofuran eingesetzt, in 5 Fällen auf Sandböden Mesurol.

Auf einem Drittel der Flächen erfolgte betriebsüblich zusätzlich noch eine Vorsaateinarbeitung lindanhaltiger Präparate (Verindal ultra, Nexit stark). Dagegen kam Lindan in der gezielten Variante nur einmal zur Anwendung. Auf zwei weiteren Flächen mit humusreichen, feuchten Böden wurde zusätzlich zur Carbofuran-Pillierung eine Bandbehandlung zur Aussaat mit Dursban fl. vorgenommen. Die Unterlassung der Lindan-Behandlungen hatte keine negativen Auswirkungen auf den Feldaufgang (Tabelle 87).

Auf den Versuchsflächen ohne die genannten Gefährdungskriterien war der Aufgang bereits durch die Carbofuran- bzw. Mesurol-Pillierung gewährleistet. Die auf den beiden gefährdeten Flächen in der gezielten Variante durchgeführte Bandbehandlung mit Dursban fl. konnte nur in einem Fall den Feldaufgang um 13% gegenüber unbehandelt erhöhen. Die Ergebnisse zeigen, daß ein übertriebenes Sicherheitsdenken auch in diesem Bereich unangebracht ist und neben erheblichen Kosten auch zu deutlichen Schäden bei den Nützlingen führt (Tabelle 88). In den ersten 14 Tagen nach der Behandlung geht z. B. die Laufaktivität der Laufkäfer um ca. 75%, die der Spinnen um 95% zurück. Die Schädigung der Nützlinge und indifferenten Arten ist kein kurzfristiger Effekt, sondern wirkt sich über die gesamte Vegetationsperiode aus. Langjährige Beobachtungen der Auflaufschädlinge auf den Flächen und ein genaues Einschätzen des Gefährdungsgrades jeder Einzelfläche sind aber Voraussetzung für eine gezielte Vorgehensweise.

Tabelle 87 Vergleich des Feldaufganges (Pflanzen/ha) von Zuckerrüben mit und ohne Lindan-Einarbeitung

Behandlung	Feldaufgang Versuchsnummer					Durchschnitt
	113	222	311	214	345	
Pillierung	Carbofuran				Mesurol	
1 gezielt ohne Insektizid	64 800	94 000	(81 400)[1]	(79 500)	66 200	80 020
Dursban fl. im Band 0,7 l/ha			93 300	81 800		
2 betriebsüblich Lindan VSE 0,8 kg AS/ha	63 300	92 600	87 200	82 900	58 800	76 960
Differenz 1–2 absolut	+ 1500	+ 1400	+ 6100	– 1100	+ 7400	+ 3060
relativ	+ 2,3	+ 1,5	+ 7,0	– 1,3	+ 12,6	+ 4

[1]) Werte in Klammern = unbehandelt, im Durchschnitt nicht enthalten.

Gegen Schädlinge, die nach dem Aufgang der Rüben auftreten (Moosknopfkäfer, Rübenfliege, Grüne Pfirsichblattlaus, Schwarze Bohnenlaus), wurden betriebsüblich auf allen Versuchsflächen zusammen insgesamt 11 Maßnahmen durchgeführt, gezielt dagegen nur 2. In beiden Fällen war ein starker Befall mit Moosknopfkäfern im 6-Blatt-Stadium vorhanden (10–15 Käfer/Pflanze). Da Schadensschwellen nicht vorlagen, wurden die Flächen behandelt. Beide Maßnahmen erwiesen sich im Nachhinein als unwirtschaftlich. Gegen Rübenfliegen und Blattläuse wurden keinerlei gezielte Maßnahmen ergriffen, weil die Schadensschwellen (Tabelle 77) nicht überschritten wurden.

Durch gezielten chemischen Pflanzenschutz in sinnvoller, an die betriebsüblichen Gegebenheiten sowie die Boden- und Witterungsbedingungen angepaßter Kombination mit mechanischen Maßnahmen konnten die Gesamtkosten für den Pflanzenschutz um 77 DM/ha gesenkt werden (Tabelle 86). Unter Einbeziehung der ermittelten Erträge ergab sich eine um 32 DM/ha erhöhte pflanzenschutzbereinigte Leistung.

7.2.5.4 Gezielter chemischer Pflanzenschutz im Stärke- und Speisekartoffelanbau

Gemessen an der Anzahl chemischer Bekämpfungsmaßnahmen gehört die Kartoffel zusammen mit dem Weizen zu den pflanzenschutzintensivsten Ackerkulturen. Trotz des erheblichen Anteils an Frühkartoffeln (ca. 25%) wurden im Durchschnitt der 17 Versuche in der betriebsüblichen Variante mehr als 5 Spritzmaßnahmen/Fläche durchgeführt, davon allein 4 gegen die Kraut- und Knollenfäule. Maßnahmen

Tabelle 88 Einfluß der Lindan-Einarbeitung zur Rübenaussaat auf Laufkäfer und Spinnen

Behandlung	Anzahl Tiere/10 Bodenfallen und Fangperiode[1]							
	14 Tage nach Behandlung				gesamte Vegetationsperiode			
	Laufkäfer Standort		Spinnen Standort		Laufkäfer Standort		Spinnen Standort	
	1	2	1	2	1	2	1	2
unbehandelt = gezielt	91	100	22	123	197	338	317	1203
Lindan 0,8 kg/ha AS = betriebsüblich	16	30	1	7	113	335	278	776

[1]) 1 Fangperiode = 2 Wochen.

zur Unkrautbekämpfung wurden auf allen Flächen durchgeführt. Dagegen war das Auftreten von Schadinsekten gering, so daß auch betriebsüblich keine Insektizide eingesetzt wurden.

Ein praxisreifes Schadensschwellenkonzept für die gezielte Bekämpfung von **Unkräutern** in Kartoffeln liegt bisher nicht vor. RESCHKE [10] und FUNCH [4] geben als Anhaltswert etwa 4–5% Unkrautdeckungsgrad zum Zeitpunkt der vollen Bestandsentwicklung der Kartoffeln an. Für den Bekämpfungstermin ›kurz vor dem Durchstoßen der Kartoffeln‹ liegen bisher keine ausreichend gesicherten Entscheidungswerte vor. Das gilt auch für den für eine gezielte Bekämpfung wichtigen Nachauflauftermin, wenn die Kartoffeln etwa 10 cm hoch sind. Zwar besitzen Kartoffeln nach Bestandesschluß eine stark unkrautunterdrückende Wirkung, vor diesem Entwicklungsstadium weisen sie jedoch nur eine relativ geringe Konkurrenzwirkung gegenüber Unkräutern auf. Das zeigen auch die Auswertungen mehrjähriger Versuchsserien in Niedersachsen [10]. In 82% der Versuchseinsätze war die chemische Unkrautbekämpfung wirtschaftlich sinnvoll. Bei einem gezielten Pflanzenschutz rücken deshalb, ähnlich wie bei den Zuckerrüben, Fragen der Optimierung der Bekämpfungstechnik und weniger die Entscheidungen für oder gegen eine Unkrautbekämpfung in den Mittelpunkt der Überlegungen.

In die gezielte Bekämpfungsentscheidung wurden folgende Aspekte einbezogen:

- Produktionsrichtung (Früh-, Stärke- oder Speisekartoffelanbau),
- Verunkrautung,
- betriebliche Voraussetzungen,
- Humusgehalt und Bodenart,
- aktuelle Witterung.

Zur gezielten Unkrautbekämpfung in den vorgekeimten *Frühkartoffeln* auf den besseren Sandböden im Raum Burgdorf wurden verringerte Aufwendungen von Aresin (1–1,5 kg/ha) nach dem endgültigen Errichten der Dämme eingesetzt, das etwa 2–3 Wochen nach dem Pflanzen durch ein- oder zweimaliges Häufeln erfolgte. Durch das schnelle Jugendwachstum der vorgekeimten Kartoffeln sind die Frühkartoffeln relativ konkurrenzkräftiger als Spätkartoffeln. Eine weitere mechanische Unkrautbekämpfung (Striegeln und Häufeln) kurz vor Reihenschluß wäre eine denkbare Alternative zum Aresin-Einsatz. Die Erfahrung, daß die an die Fahrspuren angrenzenden Kartoffelreihen, durch den seitlichen Bodendruck mit Wachstumsverzögerungen und als Folge davon mit

Ertragsverlusten reagieren, wenn während der Knollenansatzphase gefahren wird, sowie die im Vergleich zur chemischen Bekämpfung höheren Kosten der mechanischen Maßnahme, begründen die gezielten Bekämpfungsentscheidungen zugunsten des Herbizideinsatzes. Im Nachhinein zeigte sich in 2 von 5 Fällen am Beispiel der Kontrollparzellen, daß auf eine Aresin-Anwendung hätte verzichtet werden können, weil die Frühkartoffelbestände durch schnellen Reihenschluß die Unkräuter völlig unterdrückten. Hier zeichnen sich weitere Einsparungsmöglichkeiten ab, die im Versuchsvorhaben noch nicht realisiert werden konnten.

Die betriebsübliche Unkrautbekämpfung in den Frühkartoffeln war sehr ähnlich. In einigen Fällen lagen die Herbizid-Aufwandmengen höher. Die Unterschiede zwischen den beiden Pflanzenschutzsystemen waren entsprechend gering. Bei den mittelfrühen bis späten Speisekartoffeln in der oben genannten Region wurden die Unkräuter in der gezielten Variante durch 2–3 mechanische Maßnahmen (Häufeln und Striegeln) bekämpft. Betriebsüblich wurden Sencor oder Aresin eingesetzt.

Die gezielte Unkrautbekämpfung auf den *Stärkekartoffelflächen* im Emsland erfolgte durch eine Kombination von mechanischen und chemischen Maßnahmen. Beim Pflanzen wurden nur ganz flache Dämme angelegt. Um die auflaufenden Unkräuter zu bekämpfen, kam kurz vor dem Durchstoßen der Kartoffeln das Ätzmittelpräparat Herbogil fl. zum Einsatz. Das Häufeln erfolgte erst, wenn die Kartoffeln eine Höhe von 10 cm erreichten. Das Häufeln wurde so spät durchgeführt, um danach auflaufenden Unkräutern die Entwicklungsmöglichkeiten zu entziehen, denn die sich dann schnell schließenden Kartoffelbestände unterdrücken neu auflaufende Unkräuter. Ein Verzicht auf die chemische Maßnahme hätte dazu geführt, daß die früh auflaufenden Unkräuter zur Zeit des Häufelns bereits eine Größe erreicht hätten, die ein ausreichendes und sicheres mechanisches Beseitigen in Frage gestellt hätte. Betriebsüblich wurden bei gleicher Häufeltechnik neben reinen Bodenherbiziden (Bronox) überwiegend Kombinationen aus Herbogil fl. und Sencor eingesetzt. In 4 Fällen erfolgte betriebsüblich eine Gräserbekämpfung (Quecke, Flughafer). Gezielt wurden dagegen in 2 Fällen nur Teilflächen behandelt, in 2 weiteren wurde auf eine chemische Gräserbekämpfung ganz verzichtet.

Trotz des schon betriebsüblich sehr geringen finanziellen Aufwandes für die Unkrautbe-

Tabelle 89 Vergleich der Pflanzenschutzaufwendungen (in DM/ha) und Erträge (in dt/ha) in Kartoffeln

| System | Pflanzenschutzmittelaufwand DM/ha | | | | Ausbringungskosten | mechanische Unkrautbekämpfung[1] | Summe Pflanzenschutzkosten | Ertrag | pflanzenschutzbereinigte Leistung |
	Herbizide	Fungizide	Insektizide	gesamt	DM/ha	DM/ha	DM/ha	dt/ha	DM/ha
gezielt	65	194	0	259	131	17	407	443	5873
betriebsüblich	110	199	0	309	137	0	446	442	5830
Differenz	− 45 (− 41 %)	− 5 (− 3 %)	0 (± 0 %)	− 50 (− 16 %)	− 6 (− 4 %)	+ 17	− 39 (− 9 %)	+ 1 (+ 0,2 %)	+ 43 (+ 0,7 %)

[1] Nur zusätzliche Maßnahmen gegenüber betriebsüblich (betriebsübliche Häufelmaßnahmen wurden nicht als Unkrautbekämpfung, sondern als anbautechnische Maßnahme gewertet).

kämpfung konnte durch ein gezieltes Vorgehen der Herbizidaufwand um 41% auf durchschnittlich 65 DM/ha gesenkt werden (Tabelle 89). Nach Berücksichtigung der erhöhten Aufwandmengen für mechanische Maßnahmen von durchschnittlich 17 DM/ha verbleibt noch eine Differenz von 28 DM/ha. Das entspricht einer Kostenreduktion von 25%.

Zu den wichtigsten Pflanzenschutzmaßnahmen im Kartoffelbau gehört die Bekämpfung der **Kraut- und Knollenfäule** (*Phytophthora infestans*). Diese Krankheit besitzt eine ausgeprägte Witterungsabhängigkeit. Der Ansatzpunkt für ein gezieltes Bekämpfen liegt zum einen in der Terminierung der ersten Bekämpfungsmaßnahme und zum anderen in der gezielten Mittelwahl für die gesamte Spritzfolge. Für die Terminierung der ersten Spritzung gibt die Negativprognose nach ULLRICH und SCHRÖDTER [15], die dem *Phytophthora*-Warndienst des Deutschen Wetterdienstes zugrunde liegt, sichere Hinweise. Sie prognostiziert den vom Auflaufdatum der Kartoffeln an beginnenden befallsfreien Zeitraum. Die erste Fungizidmaßnahme wurde in den vorliegenden Versuchen erst bei Erreichen einer Gesamtbewertungsziffer (GBZ) von 200–220 durchgeführt. Dieses Verfahren hat sich seit Jahren bewährt. Wird, wie in der Praxis noch zu beobachten ist, bereits bei Reihenschluß mit Behandlungen begonnen, sind in vielen Jahren überflüssige Fungizid-Anwendungen die Folge.

Je nach Witterungslage sind Anschlußspritzungen erforderlich, da die Wirkungsdauer der zugelassenen Präparate nur etwa 14 Tage beträgt. Ist noch kein sichtbarer Befall im Bestand vorhanden, reicht der Einsatz preisgünstiger vorbeugend wirkender Präparate aus (Maneb, Brestan 60, Antracol u. a.). Nur bei bereits sichtbarem Befall und für den Pilz günstigen Witterungsbedingungen sollten Präparate mit systemischen oder teilsystemischen Wirkstoffanteilen (Ridomil MZ, Sandofan M, Ciluan) zur Anwendung kommen. Diese Präparate sollten dann nur maximal 2mal pro Bestand und Jahr eingesetzt werden, um die Gefahr der bei den systemischen Mitteln schnell auftretenden Resistenzbildung gering zu halten. Außerdem ist ihre Anwendung nur bei frühen Spritzterminen sinnvoll, weil bei nachlassender Stoffwechselaktivität mit beginnender Abreife auch die Aufnahme und Verteilung der Wirkstoffe in der Pflanze nachläßt.

Die Krautfäule-Bekämpfung wurde bereits zu Versuchsbeginn auch von den beteiligten Betrieben gezielt durchgeführt. Deshalb konnte nur auf einer von 17 Flächen in den 3 Jahren eine Bekämpfungsmaßnahme eingespart werden. Die durchschnittliche Behandlungshäufigkeit lag im Jahre 1984 bei 4,25, 1985 bei 4,5 und im letzten Versuchsjahr, bedingt durch die trockene Witterung, bei nur 2,9. Zu berücksichtigen ist dabei allerdings, daß auch die Frühkartoffeln mit einbezogen sind.

Daß zusätzlich zur Anwendung der Negativprognose besonders in Jahren mit einer für den Krautfäuleerreger ungünstigen Witterung weitere Einsparungen erreichbar sind, belegen die Ertragsauswertungen des Versuchsjahres 1986. Nur in 1 von 5 Stärkekartoffelversuchen erbrachten die Spritzfolgen einen abgesicherten Mehrertrag. Bei entsprechenden Wetterlagen wäre es daher denkbar, den Abstand zwischen den einzelnen Behandlungen zu vergrößern.

Das zeigen auch neuere Untersuchungen [12]. Für die Umsetzung in die Praxis fehlen allerdings die erforderlichen Bewertungskriterien noch vollständig.

Insektizide wurden weder betriebsüblich noch gezielt eingesetzt. Lediglich auf einem Schlag traten Kartoffelkäfer auf, allerdings nicht in bekämpfungswürdiger Dichte.

Insgesamt gesehen verringerte der gezielte Pflanzenschutz den Mittelaufwand um 50 DM/ha (= 16%) und den gesamten Pflanzenschutzaufwand um 39 DM/ha (= 8,7%). Die pflanzenschutzbereinigte Leistung stieg um 43 DM/ha an (Tabelle 89).

7.2.5.5 Gezielter chemischer Pflanzenschutz im Rapsanbau

Der Raps bietet eine ganze Reihe von Ansätzen zur Kosteneinsparung durch den gezielten Einsatz von Pflanzenschutzmitteln. Für den Bereich der **Unkrautbekämpfung** liegen zwar noch keine endgültigen Schadensschwellen vor, durch Berücksichtigen vorhandener Anhaltswerte lassen sich aber die im Vergleich zu Getreide hohen Herbizidkosten erheblich verringern. Während in der Praxis die Unkrautbekämpfung noch überwiegend im Vorsaat- bzw. Vorauflaufverfahren erfolgt, wurde in der gezielten Variante fast ausschließlich das Nachauflaufverfahren bevorzugt. Der Entscheidungsablauf und die Entscheidungskriterien sind in der Abb. 112 zusammengefaßt.

In den überwiegend konkurrenzkräftigen Rapsbeständen lag die durchschnittliche Unkrautdichte im Herbst bei 132 breitblättrigen Unkräutern und 52 Ungräsern pro m². Der durchschnittliche Unkrautdeckungsgrad betrug 4,2%, der Kulturdeckungsgrad zum gleichen Termin 67%. Die Wirtschaftlichkeit der Unkrautbekämpfungsmaßnahmen war jedoch unbefriedigend. Betriebsüblich konnten nur in 30% der Fälle die verhinderten Erlösverluste die Bekämpfungskosten decken. Bei der gezielten Vorgehensweise war die Situation mit 50% wirtschaftlich sinnvollen Maßnahmen zwar deutlich höher, aber immer noch unbefriedigend. Hier wird die Notwendigkeit für das Erarbeiten differenzierter Schadensschwellen deutlich. Durch den gezielten Herbizideinsatz konnten die Kosten für die Unkrautbekämpfung um 53% auf 103 DM/ha gesenkt werden (Tabelle 90).

Fungizide wurden nur in Form einer Saatgutbehandlung angewendet. Chemische Bekämpfungsmaßnahmen gegen die Weißstengeligkeit waren nicht erforderlich und wurden auch nicht vorbeugend von den Betrieben durchgeführt. Probeweise in 5 Parzellenversuchen durchgeführte Spritzungen erbrachten in keinem Fall Ertragssteigerungen.

Gegen **Rapsschädlinge** setzten gezielt erst dann Bekämpfungsmaßnahmen ein, wenn die in Tabelle 77 aufgeführten Schadensschwellen überschritten wurden. Gelbschalen dienten zur Feststellung des Erstbefalls. Im Anschluß daran wurde 2× wöchentlich der Befall an den Pflanzen festgestellt. Aus der Anzahl gefangener Tiere in Gelbschalen lassen sich grundsätzlich keine Bekämpfungsentscheidungen ableiten. Auf den 11 Flächen wurden betriebsüblich 11 Ganzflächen- und 2 Randbehandlungen mit Insektiziden durchgeführt, gezielt dagegen nur 6 Ganzflächen, aber 5 Randbehandlungen. Die Insektizidkosten verringerten sich dadurch um 37% auf 22 DM/ha.

Die Gesamtkosten für den betriebsüblichen

Tabelle 90 Vergleich der Pflanzenschutzaufwendungen (in DM/ha) und Erträge (dt/ha) im Rapsanbau

System	Pflanzenschutzmittelaufwand DM/ha				Ausbringungskosten	Summe Pflanzenschutzkosten	Ertrag	pflanzenschutzbereinigte Leistung
	Herbizide	Fungizide	Insektizide	gesamt	DM/ha	DM/ha	dt/ha	DM/ha
gezielt	103	10	22	135	36	171	32,2	3166
betriebsüblich	217	10	35	262	56	318	32,2	2992
Differenz	− 114 (− 53 %)	± 0 (± 0 %)	− 13 (− 37 %)	− 127 (− 48 %)	− 20 (− 36 %)	− 147 (− 46 %)	± 0 (± 0 %)	+ 174 (+ 6 %)

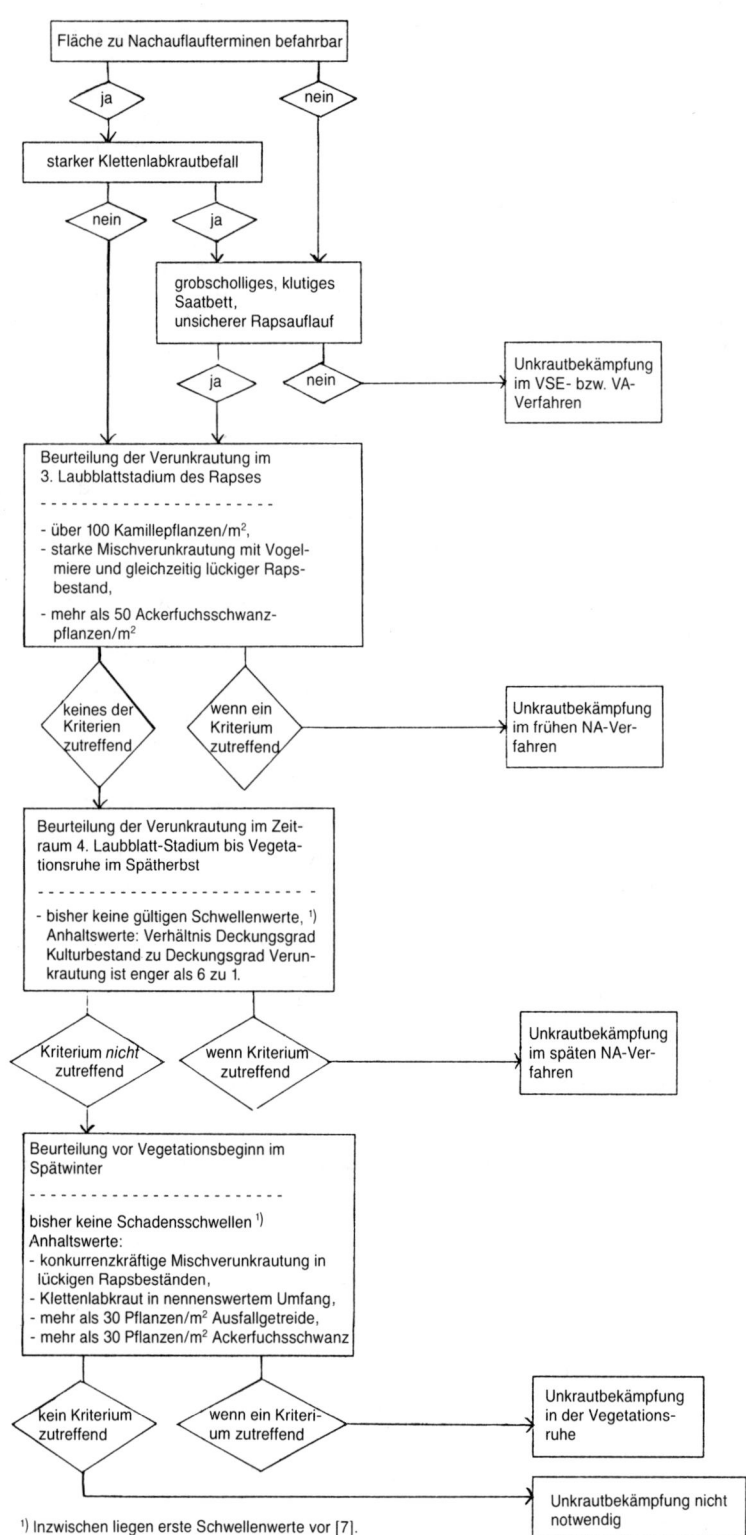

Fläche zu Nachauflaufterminen befahrbar

ja → starker Klettenlabkrautbefall

nein

starker Klettenlabkrautbefall
nein
ja → grobscholliges, klutiges Saatbett, unsicherer Rapsauflauf

grobscholliges, klutiges Saatbett, unsicherer Rapsauflauf
ja
nein → Unkrautbekämpfung im VSE- bzw. VA-Verfahren

Beurteilung der Verunkrautung im 3. Laubblattstadium des Rapses
- -
- über 100 Kamillepflanzen/m²,
- starke Mischverunkrautung mit Vogel-miere und gleichzeitig lückiger Raps-bestand,
- mehr als 50 Ackerfuchsschwanz-pflanzen/m²

keines der Kriterien zutreffend
wenn ein Kriterium zutreffend → Unkrautbekämpfung im frühen NA-Ver-fahren

Beurteilung der Verunkrautung im Zeit-raum 4. Laubblatt-Stadium bis Vegeta-tionsruhe im Spätherbst
- -
- bisher keine gültigen Schwellenwerte, ¹) Anhaltswerte: Verhältnis Deckungsgrad Kulturbestand zu Deckungsgrad Verun-krautung ist enger als 6 zu 1.

Kriterium *nicht* zutreffend
wenn Kriterium zutreffend → Unkrautbekämpfung im späten NA-Ver-fahren

Beurteilung vor Vegetationsbeginn im Spätwinter
- -
bisher keine Schadensschwellen ¹) Anhaltswerte:
- konkurrenzkräftige Mischverunkrautung in lückigen Rapsbeständen,
- Klettenlabkraut in nennenswertem Umfang,
- mehr als 30 Pflanzen/m² Ausfallgetreide,
- mehr als 30 Pflanzen/m² Ackerfuchsschwanz

kein Kriterium zutreffend
wenn ein Kriteri-um zutreffend → Unkrautbekämpfung in der Vegetations-ruhe

→ Unkrautbekämpfung nicht notwendig

¹) Inzwischen liegen erste Schwellenwerte vor [7].

Abb. 112 Gezielte chemische Unkrautbekämpfung im Winterraps.

Pflanzenschutz in Höhe von 318 DM/ha konnten durch den gezielten Einsatz chemischer Mittel um 46% auf 171 DM/ha gesenkt werden, ohne Ertragsverluste zu verursachen (Tabelle 96). Die durchschnittliche Kornfeuchtigkeit lag im betriebsüblichen System bei 17,3%, im gezielten System bei 17,0%. Der Schwarzbesatz war in beiden Systemen gleich (0,8%). Zu Erntebehinderungen kam es in keinem Fall. Der gezielte Pflanzenschutz war dem betriebsüblichen, gemessen an der pflanzenschutzbereinigten Leistung, um 174 DM/ha überlegen.

7.2.5.6 Vergleichende Wertung der Einsparungsmöglichkeiten in verschiedenen Anwendungsbereichen und Kulturen

Ein Vergleich der in die Untersuchung einbezogenen Kulturarten läßt große Unterschiede bei den durch einen gezielten Pflanzenschutz erreichten Einsparungen erkennen.

Die höchsten Einsparungen, bezogen auf den **Gesamt-Pflanzenschutzaufwand** waren mit 174 DM/ha beim Raps zu verzeichnen (Tabelle 90). Auch in Winterweizen und -gerste wurden Werte über 100 DM/ha erreicht. Die geringsten Einsparungen durch gezielten Pflanzenschutz ergaben sich bei Sommergerste (33,8 DM/ha) und Kartoffeln (39,5 DM/ha) (Tabelle 85 und 89). Die Wirkung der Einsparungen auf die **pflanzenschutzbereinigte Leistung** entsprach aber nicht immer dieser Größenordnung. Ein geringerer Pflanzenschutzaufwand von 101 DM/ha beim Weizen hatte teilweise geringere Erträge zur Folge, so daß die pflanzenschutzbereinigte Leistung im Durchschnitt nur um 22 DM/ha anstieg. Im Gegensatz dazu führte der nur geringfügig verringerte Pflanzenschutzaufwand in der Sommergerste zu einem erheblichen Leistungsanstieg von 216 DM/ha, weil betriebsüblich in 4 Fällen deutliche Herbizidschä-

den auftraten. Der gleiche Effekt, wenn auch nicht so ausgeprägt, war im Winterroggen zu beobachten. Aufgrund der großen Herbizidempfindlichkeit dieser Kultur erbringt die gezielte Unkrautbekämpfung nach Schadensschwellen pflanzenschutzbereinigte Leistungen, die über die Kosteneinsparung hinausgehen. Im *Durchschnitt aller Versuche war die pflanzenschutzbereinigte Leistung im gezielten System um 72,3 DM/ha größer als im betriebsüblichen.*

Bei den **Mittelkosten** waren die Differenzen zwischen dem betriebsüblichen und dem gezielten Pflanzenschutzsystem nicht gleichmäßig auf die verschiedenen Präparategruppen verteilt, sondern wiesen erhebliche Unterschiede auf (Tabelle 91). Die größten Einsparungen konnten bei den Herbiziden erreicht werden (−60,1 DM/ha). Die drastisch verringerten Herbizidkosten um 41,2% im gezielten System waren die Folge eines ganzen Maßnahmenbündels. Wesentlichen Anteil daran hatte das konsequente Berücksichtigen von Schadensschwellen für Unkräuter im Getreide und näherungsweise im Raps. Auf 14,3% der Getreideschläge wurde völlig auf eine Unkrautbekämpfung verzichtet, auf weiteren 31,4% wurden nur Teilflächen oder Vorgewende und Ränder mit Herbiziden behandelt. Eine weitere wesentliche Einsparungsquelle bei allen Kulturen war die gezielte Mittel-, Termin- und Aufwandmengenwahl. Nur in geringem Umfang trug der Ersatz chemischer Mittel durch mechanische Maßnahmen zu den Unterschieden bei.

Im Gegensatz zu den Herbiziden waren die Unterschiede bei den Fungiziden mit 15,7 DM/ha nur gering. Ausschlaggebend dafür waren die von der Versuchsfragestellung ausgeklammerten Faktoren Sortenwahl und Ausmaß der Stickstoffdüngung. Die absolut gesehen zwar geringe (−6,7 DM/ha), relativ betrachtet aber erhebliche Differenz von 34,7% bei den Insektiziden zeigt Einsparungsmöglichkeiten auf, die beson-

Tabelle 91 Anteile der Präparategruppen am betriebsüblichen Pflanzenschutz und Kosteneinsparungen durch gezielten Pflanzenschutz, getrennt nach Präparategruppen

Präparategruppen	durchschnittliche betriebsübliche Präparatekosten DM/ha	Kostenveränderung durch gezielten Pflanzenschutz DM/ha	%
Herbizide	145,8	− 60,1	− 41,2
Fungizide	123,4	− 15,7	− 12,7
Insektizide	19,3	− 6,7	− 34,7
Wachstumsregler	8,5	− 1,6	− 18,8

ders aus ökologischer Sicht hoch zu bewerten sind. Nur geringe Unterschiede wurden bei den Wachstumsreglern erzielt, zumal im Weizen aufgrund des gleichen, hohen N-Düngungsniveaus in beiden Systemen und der sehr geringen Mittelkosten keine Differenzierungen vorgenommen wurden.

7.2.5.7 Beobachtungs- und Kontrollaufwand

Für eine Bekämpfungsentscheidung unter Berücksichtigung von Schadensschwellen müssen Informationen über Dichte, Verteilung und Zeitpunkt des Auftretens von Schadorganismen vorliegen. Das zahlenmäßige Erfassen des Befalls erfordert einen zusätzlichen Zeitaufwand bei der Überwachung von Pflanzenbeständen im Vergleich zur bisher üblichen Vorgehensweise. Zwar konnte der zusätzliche **Zeitbedarf** im Versuchsvorhaben nicht gemessen werden, weil aus versuchstechnischen Gründen sehr viel genauere Befallserhebungen notwendig waren, aus den gesammelten Erfahrungen konnten

aber zuverlässige Durchschnittswerte für den Beobachtungsaufwand gewonnen werden. Der Zeitbedarf/Flächeneinheit ist abhängig von der Größe und Gleichmäßigkeit der zu untersuchenden Fläche, von der Art des Schaderregers und von den Fachkenntnissen der durchführenden Person. Bei den Kalkulationen des durchschnittlichen zusätzlichen Zeitbedarfs in den verschiedenen Kulturen (Tabelle 92) wird von einer 5 ha großen Fläche ausgegangen, die von einer Person mit bereits einjähriger Erfahrung im Umgang mit den Erfassungsmethoden beurteilt wird. Je nach jährlicher Befallssituation kann der Zeitbedarf bei einzelnen Schaderregern schwanken. Die Erfahrung zeigt aber, daß die Jahressumme des Zeitbedarfs relativ konstant ist. In der Tabelle 92 sind nur diejenigen Schaderreger angeführt, für die bereits Schadensschwellen vorliegen und die im Laufe der Versuche auftraten, d. h. für die Beobachtungserfahrungen vorliegen. Nicht enthalten ist der auch betriebsüblich anfallende Zeitaufwand für das regelmäßige Beobachten der Kulturpflanzenbestände.

Tabelle 92   Beobachtungsaufwand für gezielten Pflanzenschutz (bei einer angenommenen Schlaggröße von 5 ha)

Frucht	Schaderreger	Parameter	Mindeststichprobenzahl/5 ha	Zeitaufwand (ohne Anfahrt) h/5 ha	durchschnittliche Häufigkeit der Erfassung
Zucker-rüben	Unkräuter	Anzahl Pflanzen/m², Bestimmung der häufigsten Arten	30 (30 × 0,1 m²)	1	3
	Blattläuse	Anzahl Tiere/ Pflanze	50 (10 × 5 Pflanzen)	1	5
	Rübenfliege	Anzahl Eier/Pflanze	40 (10 × 4 Pflanzen)	0,7	2
	Moosknopf-käfer	Anzahl Tiere/ Pflanze	30 (10 × 3 Pflanzen)	1	1
	Summe			10,4 h/5 ha = ca. 2,1 h/ha	
Spätkar-toffeln (ohne Pflanz-gut-erzeugung)	Unkräuter	siehe Zucker-rüben	30 (30 × 0,1 m²)	1	2
	Krautfäule	Bestandskontrolle ab Reihenschluß		0,5	4
	Kartoffelkäfer	Anzahl Käfer/ Pflanze	25 Pflanzen	0,5	1
	Blattläuse	Anzahl/Blatt Zählung bzw. Schätzung	100 Blätter	1	3
	Summe			7,5 h/5 ha = ca. 1,5 h/ha	

Frucht	Schaderreger	Parameter	Mindeststich-probenzahl/5 ha	Zeitaufwand (ohne Anfahrt) h/5 ha	durchschnittliche Häufigkeit der Erfassung
Raps	Unkräuter	Anzahl Pflanzen/m², Unkraut- und Kulturdeckungsgrad, Bestimmung der häufigsten Unkrautarten	30 (30 × 0,1 m²)	1	2
	Rapsglanzkäfer Kohlschotenrüßler	Anzahl Tiere/ Pflanze	50 (10 × 5 Pflanzen)	0,7	3
	Kohlschotenmücke	Anzahl Tiere/ Pflanze	Beobachtung im Bestand	1	2
	Gefleckter Kohltriebrüßler Großer Triebrüßler	Anzahl Tiere/ Pflanze	50 (10 × 5 Pflanzen)	1	1
	Summe			7,1 h/5 ha = ca. 1,4 h/ha	
Winterweizen	Unkräuter	siehe Raps	30 (30 × 0,1 m²)	1	2
	Blattkrankheiten	% befallene Blattfläche	40 (10 × 4 Pflanzen)	0,8	2
	Blattläuse	% befallener Pflanzen	50 (10 × 5 Pflanzen)	0,7	4
	Summe			6,4 h/5 ha = ca. 1,3 h/ha	
Wintergerste	Unkräuter	siehe Raps	30 (30 × 0,1 m²)	1	3
	Blattkrankheiten	% befallene Blattfläche	40 (10 × 4 Pflanzen)	0,8	3
	Summe			5,4 h/5 ha = ca. 1,08 h/ha	
Sommergerste	Unkräuter	siehe Raps	30 (30 × 0,1 m²)	1	1
	Blattkrankheiten	% befallene Blattfläche	40 (10 × 4 Pflanzen)	0,8	3
	Summe			3,4 h/5 ha = ca. 0,68 h/ha	
Winterroggen	Unkräuter	siehe Raps	30 (30 × 0,1 m²)	1	2
	Blattkrankheiten	% befallene Blattfläche	40 (10 × 4 Pflanzen)	0,8	1
	Summe			2,8 h/5 ha = ca. 0,56 h/ha	

Eine allgemeingültige **monetäre Bewertung** der Informationsbeschaffung wird den vielschichtigen Gegebenheiten in der Praxis nicht gerecht. Ist die Arbeitskapazität im Betrieb zum Zeitpunkt der Beobachtung nicht knapp, entstehen keine Kosten oder lediglich Kosten in Höhe des Freizeitwertes. Andererseits entstehen Kosten in Höhe des entgangenen Nutzens, wenn durch die Beobachtungstätigkeit andere Arbeiten nicht oder nur verspätet durchgeführt werden können. Zur individuellen Kostenkalkulation ist deshalb die Faktorentlohnung für die Arbeit besser geeignet. Sie errechnet sich aus der Differenz der pflanzenschutzbereinigten Leistung zwischen ›gezielt‹ und ›betriebsüblich‹, bezogen auf den Zeitbedarf der Informationsbeschaffung/ha. Für den Vergleich zwischen gezieltem und betriebsüblichem Pflanzenschutz errechnet sich folgende durchschnittliche Faktorentlohnung der Arbeit:
Der nach Fruchtarten gewichtete Zeitbedarf/ 5 ha betrug 6,5 h = 1,3 h/ha. Wird die Differenz der pflanzenschutzbereinigten Leistung (›gezielt‹ minus ›betriebsüblich‹) in Höhe von 72,3 DM/ha auf diesen Zeitbedarf bezogen, ergibt sich eine durchschnittliche Entlohnung für die Beobachtungsarbeit von 55,6 DM/h, ein durchaus attraktiver Stundenlohn, der in aller Regel die Kosten des Freizeitwertes überschreiten dürfte.

7.2.5.8 Bewertung des Risikos

Bei der Abwägung, ob eine chemische Pflanzenschutzmaßnahme durchgeführt werden soll oder nicht, wird in der Praxis in Grenzfällen häufig für eine solche entschieden. Hinter dieser Handlungsweise steht das Bestreben, das Risiko schaderregerbedingter Leistungsverluste so gering wie möglich zu halten. Derartige Pflanzenschutzmaßnahmen sind folglich als Versicherungsspritzungen anzusehen.
In diesem Sinne ist natürlich zu erwarten, daß die in dieser Untersuchung realisierten Verringerungen der Pflanzenschutzmittelaufwendungen um 28% in Einzelfällen zu deutlichen Ertrags- und Erlösverlusten führen können und damit ein erhöhtes Risiko beinhalten.
Eine Risikoabschätzung einer einzelnen Pflanzenschutzmaßnahme in einer Spritzfolge ist kaum möglich, da vielfältige Wechselwirkungen auftreten. Erst die Bewertung der Summe aller Maßnahmen in einer Vegetationsperiode gibt darüber Aufschluß. Maßstab für die Richtigkeit einer Maßnahme kann nicht der Ertrag, sondern

allein die pflanzenschutzbereinigte Leistung sein. Werden die Leistungsunterschiede zwischen ›gezielt‹ und ›betriebsüblich‹ für jeden Versuchsschlag errechnet und anschließend je nach ihrer Größe zu Gruppen zusammengefaßt, läßt sich daraus eine Risikobewertung ableiten (Tabelle 93). In 21,5% der Fälle war die pflanzenschutzbereinigte Leistung im betriebsüblichen System um mehr als 200 DM/ha schlechter als im gezielten, umgekehrt waren es aber nur 6,6% der Fälle. Wenn man große Abweichungen als ein erhöhtes Risiko ansieht, dann zeigt dieser Vergleich ein deutlich höheres Risiko bei betriebsüblichem Pflanzenschutz, allerdings unter der Voraussetzung einer regelmäßigen Bestandeskontrolle, um ein rechtzeitiges Durchführen erforderlicher, gezielter Maßnahmen zu gewährleisten. Die dreifach höhere Anzahl von Versuchen, in denen das betriebsübliche System um mehr als 200 DM/ha schlechter war als umgekehrt, war überwiegend auf negative Effekte der Unkrautbekämpfung zurückzuführen.
Im Gegensatz zu Fungiziden und Insektiziden, bei denen in der Regel keine phytotoxischen Schäden auftreten, also eine Spritzung bei Nichtvorhandensein von Schaderregern keine negativen Auswirkungen auf den Ertrag hat, kann es beim Einsatz von Herbiziden unter ungünstigen, meist nicht vorhersehbaren Bedingungen zu phytotoxischen Schäden und damit zu Ertragsverlusten kommen. Während die Wahr-

Tabelle 93 Richtigkeit der Summe der Bekämpfungsentscheidungen beim chemischen Pflanzenschutz, dargestellt durch Schichtung der Differenzen der pflanzenschutzbereinigten Leistung[1]

	Differenz pflanzenschutzbereinigte Leistung DM/ha	prozentualer Anteil der Fälle %
betriebsüblich schlechter als gezielt	um > 200 um 100–200 um 0–100	21,5 20,7 21,5
gezielt gleich betriebsüblich	± 0	4,1
gezielt schlechter als betriebsüblich	um 0–100 um 100–200 um > 200	14,9 10,7 6,6

[1] Erlös abzüglich Kosten für Pflanzenschutz, Trocknung, Reinigung und Ernteerschwernis.

scheinlichkeit unkrautbedingter Ertragsverluste mit zunehmender Unkrautdichte ansteigt, ist die Wahrscheinlichkeit von Ertragsverlusten durch Herbizidschäden unabhängig von der Höhe der Verunkrautung. Diese Koppelung führt dazu, daß das Risiko von Erlösverlusten bei Unterlassung der Unkrautbekämpfung im Bereich der ökonomischen Schadensschwelle am geringsten ist und mit zunehmender Verunkrautung ebenso ansteigt wie mit geringer werdender Verunkrautung bei Herbizidbehandlung. Demgegenüber nimmt beim Einsatz von Pflanzenschutzmitteln, die in der Regel keine phytotoxischen Wirkungen aufweisen, das Risiko von Verlusten mit steigender Schaderregerdichte zu. Dieser Zusammenhang und die im Gegensatz zu den Herbiziden nur geringen Einsparungen bei Fungiziden, Insektiziden und Wachstumsreglern sind für das geringere Risiko der gezielten Vorgehensweise verantwortlich.

Einsparungen bei Fungiziden und Insektiziden über das hier eingehaltene Maß hinaus würden wahrscheinlich zu einer Risikoerhöhung führen, wenn nicht gleichzeitig durch andere Maßnahmen des Integrierten Landbaues (z. B. Anbau resistenter Sorten) die Schadenswahrscheinlichkeit herabgesetzt würde.

7.2.5.9 Erfahrungen aus dem Vorhaben für eine Einführung in die Praxis

Die Erfahrungen aus dem Vorhaben zeigen, daß durch konsequentes Anwenden von Schadensschwellen, Prognoseansätzen und Erfahrungswerten sowie durch eine auf die jeweiligen Bedingungen eines Schlages abgestimmte optimale Termin-, Mittel- und Aufwandmengenwahl erhebliche Einsparungen gegenüber einem routinemäßigen chemischen Pflanzenschutz möglich sind, ohne ein Risiko in Kauf nehmen zu müssen.

Von den angewendeten Bausteinen des Integrierten Pflanzenschutzes haben sich die Unkrautbekämpfung nach Schadensschwellen in allen Getreidearten, die gezielte Bekämpfung der Unkräuter in Zuckerrüben im Nachauflaufverfahren und die gezielte Bekämpfung der Rapsschädlinge als in allen Fällen praxisreif erwiesen. Zwar mit Erfolg anwendbar, aber noch verbesserungs- bzw. erweiterungsbedürftig sind die Blattlausbekämpfung im Getreide, das Bekämpfen spät auftretender Moosknopfkäfer in Zuckerrüben, die gezielte Mehltaubekämpfung bei Befallsbeginn und die Negativprognose bei der Krautfäule. Die Gültigkeit der Negativprognose steht außer Zweifel, weitere Einsparungen wären aber erreichbar, wenn die Wetterdaten auf dem betreffenden Feld selbst erhoben würden und nicht, wie bisher, für eine ganze Region. Durch die technische Entwicklung im Meßtechnik- und Computerbereich sind die Voraussetzungen dafür geschaffen. Das gilt auch für den von der Negativprognose nicht mehr berücksichtigten Zeitraum nach der ersten Spritzung. Hier muß es das Ziel sein, in Abhängigkeit von den Witterungsbedingungen den Zeitabstand zwischen den einzelnen Fungizidspritzungen im Kartoffelbau so groß wie möglich zu gestalten.

Gezielter Pflanzenschutz stellt höhere Anforderungen an Beratung und Praxis. Er setzt sehr viel mehr an Wissen voraus, als ein nach Spritzplan betriebener Pflanzenschutz. Es werden Kenntnisse über Auftreten, Entwicklung und Schadwirkungen der vorkommenden Schadorganismen verlangt. Das fehlende methodische Wissen und die dadurch verursachte Unsicherheit bei einer Bekämpfungsentscheidung stehen einer Einführung des gezielten Pflanzenschutzes unter Berücksichtigung von Schadensschwellen bisher stark entgegen.

Hier sind Ausbildung und Beratung gefordert, nicht nur auf eine Bewußtseinsänderung in der Praxis in bezug auf die Grundsätze des Integrierten Pflanzenschutzes hinzuwirken, sondern vor allem die Landwirte in die Lage zu versetzen, schlagspezifische Bekämpfungsentscheidungen selbst zu treffen, ihnen Methoden zu vermitteln, wie und wann sie welche Schaderreger sicher erfassen können und welche Kriterien bei einer gezielten Bekämpfungsentscheidung berücksichtigt werden müssen.

Die vorliegenden Untersuchungen beinhalten nur Teilaspekte des Integrierten Landbaues. Eine Optimierung der als gegeben vorausgesetzten Fruchtfolge, Düngung und Sortenwahl könnte weitere Verringerungen des Einsatzes von Fungiziden und Insektiziden mit sich bringen. Weitere Kosteneinsparungen im Herbizidbereich werden kaum möglich sein, wenn nicht mittel- und langfristig ein Anstieg der Verunkrautungsstärke in Kauf genommen werden soll. Zwar lassen sich weitere Herbizidmaßnahmen durch mechanische und auch thermische Verfahren ersetzen, Kosteneinsparungen treten aber dadurch kaum auf. Im Sinne des Integrierten Landbaues wäre schon viel erreicht, wenn das, was heute bereits realisierbar ist, in der Praxis konsequent zur Anwendung gelangen würde.

A. EL TITI, Stuttgart

7.2.6.1 Einführung

Der landwirtschaftliche Betrieb ist ein in sich zusammenhängendes Wirtschaftswesen. In ihm herrscht eine genaue Abstimmung zwischen Arbeitstechnik und Wirtschaftsziel. Ein Ändern oder Verschieben einzelner Anbaumaßnahmen bleibt selten ohne nachhaltige Wirkung auf das ganze Betriebssystem. Die Folgen sind kaum abschätzbar. Dies erklärt die bisherige Zurückhaltung der breiten Landwirtschaft, wenn es um die Einführung komplexer Produktionssysteme geht, wie der des Integrierten Pflanzenschutzes [22]. Vor allem fehlt es an Praxiserfahrungen, die eine Wertung aus betrieblicher Sicht erlauben und die praktische Einführung erleichtern. Mit den Arbeiten auf dem Lautenbacher Hof war deshalb ein neuer Weg zu beschreiten, der die betrieblichen Belange in ihrer Gesamtheit bei der Umstellung auf umweltverträglichere Anbauformen berücksichtigt.

Das Konzept der Forschungsarbeiten sieht die Entwicklung und gleichzeitige Einführung eines Bewirtschaftungssystems vor, dessen Maßnahmen den Grundsätzen des Integrierten Pflanzenschutzes entsprechen. Förderung der natürlichen Gegenspieler von Schadorganismen und Herabsetzung der Anfälligkeit der Kulturpflanzen sind seine Grundelemente. Direkte Bekämpfungsmaßnahmen (biologisch, mechanisch, biotechnisch und chemisch) sind beim Überschreiten von Schadensschwellen korrigierend einzusetzen.

Versuchsobjekt dieses Forschungsvorhabens ist die Gesamtheit anbautechnischer Maßnahmen. Nicht einzelne Schadorganismen oder Kulturen, sondern das Erfassen der langfristigen ökologischen und ökonomischen Auswirkungen der Bewirtschaftungsform sind das Ziel dieser Studien. Bei der Wahl der einzelnen Maßnahmen entscheidet der Praktiker über die Durchführbarkeit aus unternehmerischer Sicht. Dadurch ist auch die Fachberatung eng an das »praktisch Machbare« gebunden. Hier arbeiten zum ersten Mal Wissenschaft und Praxis zur Entwicklung integrierter Produktionstechnik im Ackerbau eng zusammen.[1])

---

[1]) Inzwischen werden ähnliche Vorhaben u. a. auch in der Schweiz, in den Niederlanden und in Dänemark durchgeführt.

7.2.6.2 Der Lautenbacher Hof

Der Lautenbacher Hof liegt im Gebiet des schwäbischen »Unterlandes« (Gemeinde Oedheim, Kreis Heilbronn). Seine landwirtschaftliche Nutzfläche betrug bis 1991 245 ha. Hofgebäude, Wege, Obstgärten sowie eine Parkanlage beanspruchen insgesamt 15 ha. Die Viehhaltung im Betrieb beschränkt sich auf 200–400 Mastschweine im Tiefstreustall. Der Arbeitskräftebesatz besteht, seit Projektbeginn, aus drei Angestellten und zwei Lehrlingen, insgesamt also vier AK. Im Personalumfang spiegelt sich der hohe Mechanisierungsgrad des Betriebes wider. Neben Getreide – Winterweizen, Sommerweizen, Sommergerste, Hafer und seit 1984 Roggen (hauptsächlich für Saatgutvermehrung) – werden Zuckerrüben und Feldgemüse (Erbsen, Buschbohnen und Spinat für die Konservenindustrie) angebaut. Seit 1984 ersetzen Ackerbohnen einen Teil des Feldgemüses. Die gesamte Getreideproduktion kann im Betrieb gelagert werden.

Der Lautenbacher Hof befindet sich im Besitz einer Erbengemeinschaft. Seit 1869 wird der Hof von der Pächterfamilie LANDES bewirtschaftet. An den Besitz- und Pachtverhältnissen des Hofes hatte sich bis zum Jahre 1990 nichts geändert.

Die Klimadaten des Hofes weisen keine Besonderheiten auf. Das langjährige Temperaturmittel liegt bei 9,4 °C. Die Temperaturwerte fallen an 49 Tagen/Jahr unter den Gefrierpunkt. Ein feucht-kaltes Frühjahr und ein trocken-warmer Sommer sind für das Gebiet charakteristisch. Im Jahresdurchschnitt fallen 745 mm Niederschläge. Die im Jahre 1977 durchgeführte Bodenkartierung (erstellt vom Institut für Bodenkunde der Universität Hohenheim) weist kolluviale Braunerden und Parabraunerden aus Löß als zwei vorherrschende Bodentypen der Anbauflächen aus. In geringerem Umfang sind Pararendzina, Pelosol und Pseudogley vertreten. Die Topographie ist zum Teil durch deutliche Höhenunterschiede gekennzeichnet (zwischen 185–235 m über NN). Dadurch, vor allem aber durch die vorherrschende Bodenart (sandiger Lehm mit hohem Schluffanteil) besteht teilweise eine starke Neigung zur Erosion.

Ökologisch wertvolle Strukturen auf den voll arrondierten und flurbereinigten Großflächen fehlten nahezu vollständig. Sie sind lediglich als sektorale Restelemente erkennbar. Die größten zusammenhängenden Flächen sind eine Parkanlage (2,5 ha) und zwei extensiv genutzte Obstanlagen von je 0,7 ha. Am nord-östlichen Teil der Feldflächen verläuft ein kleiner Bach, der Lautenbach.

7.2.6.3 Entstehung des Projektes

Die Forschungsarbeiten begannen 1978. Den Anstoß gaben praxisübliche Probleme im Pflanzenschutz. Sie waren durch das Auftreten von Haferzystenälchen *(Heterodera avenae),* einen hohen Besatz an Ackerfuchsschwanz *(Alopecurus myosuroides)* sowie einen durch Schadorganismen bedingten Ausfall an Zuckerrübenkeimlingen gekennzeichnet. Entscheidend war allerdings die Erfassung langfristiger Auswirkungen einer Unkrautbekämpfung nach wirtschaftlichen Schadensschwellen im Erbsenanbau. Ohne Berücksichtigung der Folgekulturen waren solche Effekte nicht zu klären.

Schließlich waren Eigeninteressen des aufgeschlossenen Landwirtes, der seine Ackerbewirtschaftung nach ökologischen Gesichtspunkten ausrichten wollte, ein weiterer Grund.

7.2.6.4 Integrierte und konventionelle Bewirtschaftung im Vergleich

Das Versuchskonzept [19] sieht ein zweiteiliges Programm vor. Im ersten Teil sollen einzelne alternative Techniken, Methoden und Verfahren entwickelt und erprobt werden. Sie dienen als Vorstufe zur Übernahme in das integrierte System. Auf diese Versuche zu Einzelfragen wird nur auszugsweise (Abschnitt 7.2.6.9) eingegangen. Der zweite Teil hat den langfristigen Vergleich eines integrierten mit einem herkömmlichen, konventionellen Bewirtschaftungssystem zum Inhalt. Hier schließen sich bereits in der Vorstufe bewährte Maßnahmen zu einem »integrierten Maßnahmenpaket« zusammen. Die Wirkung der einzelnen Komponenten tritt in den Hintergrund und wird grundsätzlich der Gesamtwirkung des Anbausystems untergeordnet.

Die Grundlage für die integrierte Bewirtschaftung in Lautenbach bilden demnach ausgewählte Anbaumaßnahmen. Die Wahl der einzelnen Methoden erfolgt nach den zu erwartenden Effekten auf Schadorganismen und deren natürliche Feinde. Förderung der Nutzorganismen und Herabsetzen der Anfälligkeit der Kulturpflanzen für den Befall sind dabei die maßgeblichen Kriterien. In diesem Sinne vollzog sich zum Beispiel die Umwandlung der ehemaligen viergliedrigen Fruchtfolge in eine verbesserte »Dreifelderwirtschaft«. Die nunmehr für die gesamte Betriebsfläche geltende Fruchtfolge sichert eine ausgeglichene Humusbilanz und wirkt einer übermäßigen Vermehrung von Akkerfuchsschwanz und Hafernematoden entgegen. Im Anbauplan durften nur marktübliche Kulturarten berücksichtigt werden. In der ersten Rotation (bis Ende 1983) waren Winterweizen, Zuckerrüben, Hafer/Erbsen je zur Hälfte und Winterweizen enthalten. Seit 1984 stehen in der Fruchtfolge Winterweizen, Zuckerrüben, Sommerweizen, Ackerbohnen, Zuckerrüben/ Winterweizen abwechselnd, Hafer und Winterweizen (Tabelle 94).

Nichtwendende Bodenbearbeitung wurde deshalb in das integrierte System einbezogen, weil sie ökologische und ökonomische Vorteile gegenüber dem Pflügen verspricht. Bodenbewohnende Raubmilben und parasitische Hautflügler (Hymenopteren) z. B. werden dadurch geschont [8, 16]. Auch bei der Saattechnik lassen sich gewisse Möglichkeiten im Sinne der dargelegten Ziele nutzen. Durch Bestellung des Getreides in Doppelreihen vergrößern sich die Abstände zwischen den Doppel-(Band)reihen. Das unterdrückt Unkräuter [1] und verspricht darüberhinaus wirksamere Methoden der mechanischen Unkrautbekämpfung.

Die knappe Bemessung der Stickstoffversorgung im integrierten Konzept hat nicht nur wirtschaftliche Gründe, sondern wirkt sich auch pflanzengesundheitlich aus. Maßgeblich ist dabei die Höhe des pflanzenverfügbaren Nitrats (N_{min}-Methode) im Boden. Die Zugabe der restlichen mineralischen Düngerstoffe gilt prinzipiell als Ausgleich entzogener Mengen. In die Nährstoffbilanz gehen auch die Anteile ein, die durch Untersaaten bzw. Zwischenfrüchte erschlossen werden.

Bekämpfungsmaßnahmen werden nicht auf vollständige Beseitigung der Schadorganismen angelegt. Das wäre weder ökologisch noch ökonomisch vertretbar. Das Erhalten eines wirksamen Potentials an natürlichen Feinden erfordert die Sicherung ihrer Überlebensgrundlage, nämlich ein gewisses Nahrungsangebot an Schadorganismen. Bei Unkräutern gilt es auch mögliche positive Effekte [11] zu berücksichtigen, sei es ein befallsmindernder Einfluß [21] oder die Förderung von Nutzorganismen [3].

7.2.6.5 Grundlagen des Vergleichs

Auf einer Gesamtfläche von ursprünglich 48 ha »integriert« bzw. 24 ha »konventionell« wurden

317

Tabelle 94 Fruchtfolge im Projekt »Lautenbacher Hof« 1978–1990

	Jahr	I	II	III	IV	V	VI
1. Rotation	1978	ZR/SG	WW	ZR	EB	WW	EB
	1979	EB	ZR/SG	EB/HA	WW	ZR	WW
	1980	WW	EB	WW	ZR/SG	EB/HA	ZR
	1981	ZR	WW	SG/ZR	EB	WW	HA/EB
	1982	EB/HA	ZR	EB	WW	ZR/SG	WW
	1983	WW	HA	WW	ZR	AB	SG/ZR
2. Rotation	1984	ZR	WW	AB	SW	ZR/WW	HA
	1985	SW	ZR	ZR/WW	AB	HA	WW
	1986	AB	SW	HA	ZR/WW	WW	ZR
	1987	ZR/WW	AB	WW	HA	ZR	SW
	1988	HA	WW/ZR	ZR	WW	SW	AB
	1989	WW	HA	SW	ZR	AB	ZR/WW
	1990	ZR	WW	EB/BB	SW	WW/ZR	HA

WW = Winterweizen   SW = Sommerweizen   HA = Hafer   SG = Sommergerste
ZR = Zuckerrüben   EB = Erbsen   AB = Ackerbohnen   BB = Buschbohnen

gewissermaßen ein integrierter und konventioneller Betrieb innerhalb des Hofes gebildet. 6 × 8 ha (ab 1984 6 × 4 ha) integriert und 6 × 4 ha konventionell bewirtschaftete Flächen bilden die Grundlage für den Systemvergleich. Ihre festmarkierten Flächen erfüllen weitgehend wichtige Voraussetzungen für diese Studien. Das prozentuale Verhältnis der vorherrschenden Bodentypen und deren topographischen Gestaltung sind im integrierten bzw. konventionellen Teil nahezu gleich.

Die ökonomische Bewertung erfolgt nach einer betriebswirtschaftlichen Analyse entsprechender produktionstechnischer Daten. Exakte Aufzeichnungen über Anschaffungen, über durchgeführte Arbeitsgänge, Produktionspreise usw. bilden hierfür die Basis [27].

Regelmäßige Messungen einer Reihe ausgewählter Bioindikatoren (z. B. Regenwürmer und Raubmilben) sollen dagegen Verschiebungen am Agroökosystem aufzeigen.

7.2.6.6 Unterscheidungsmerkmale

Die Bewirtschaftungsmaßnahmen des integrierten Systems stellen einen Kompromiß zwischen »wünschenswert« und »praktisch möglich« dar.

Nicht alle Möglichkeiten des Integrierten Pflanzenschutzes konnten in dem Vorhaben berücksichtigt werden, ebensowenig gelang es, alle unerwünschten Verfahren auszuschließen. Auf die Ausnutzung resistenter Getreidesorten mußte beispielsweise leider verzichtet werden, weil die Sorten für die Saatgutvermehrung vorbestimmt waren. Die wesentlichen Bewirtschaftungsunterschiede zwischen den Systemen »integriert« und »konventionell« sind in Tabelle 95 stichwortartig angegeben.

7.2.6.7 Versuchsfelder

Die Betriebsfläche ist in 6 zusammenhängende Felder eingeteilt. Auf jedem Feld stehen 2 benachbarte Parzellen von mindestens 4 ha für integrierte bzw. konventionelle Bewirtschaftung zur Verfügung (Abb. 113).

Das Erfassen der Bioindikatoren erfolgt auf 6 × 1 ha großen Parzellen (Parameterparzellen), die je zur Hälfte auf den integrierten und konventionellen Teilflächen liegen. In festgelegten Streifen innerhalb dieser Meßparzellen erfolgen regelmäßige Erhebungen an Fauna-Elementen (Regenwürmer, Acari, Collembolen, Araneae, Coleopteren, Nematoden), der Flora (Unkraut-

Tabelle 95 Unterscheidungsmerkmale der integrierten und konventionellen Bewirtschaftung in Lautenbach

Maßnahme	integriert	konventionell
Bodenbearbeitung	nicht wendend	wendend
Saattechnik	Doppelreihen auf 24 cm Einzelkorn bei Ackerbohnen	Drillreihen auf 15 cm
N-Düngung	reduziert	optimale Gabe
Humuswirtschaft	– Untersaat – Zwischenfrucht – Schweinemist[1])	– gelegentlich Zwischenfrucht – Schweinemist[1])
Bekämpfung von Schadorganismen	bei Überschreiten des Schwellenwerts mechanisch und/oder chemisch	chemisch bei Befallsbeginn

[1]) Einmal alle 3 Jahre 200 dt/ha vor Zuckerrüben.

dichte und Artenzusammensetzung) sowie des Zelluloseabbaus.

Die restlichen Anbauflächen des Betriebes werden nach Ermessen des Betriebsleiters bewirtschaftet. Sie dienen als Prüfstein für die Übernahme der Maßnahmen in die Praxis. Auf diesen Flächen werden auch die mono- und bifaktoriellen Einzelversuche durchgeführt.

Neben den betriebswirtschaftlichen und ökologischen Daten gilt es, die Versorgung der Böden mit Nährstoffen, den jeweiligen Besatz an Schadorganismen und deren Feinden quantitativ zu erfassen. Für diese Messungen sind bewährte Methoden und Verfahren herangezogen worden. Unkräuter, Krankheiten und Schädlinge wurden seit 1983 mindestens an 20 Stellen je Feld und System jeweils vor dem Durchführen von Gegenmaßnahmen bonitiert. Die Erträge wurden bis 1983 durch getrenntes Ernten der gesamten integriert bzw. konventionell bewirtschafteten Flächen ermittelt, danach jedoch durch zusätzliches Ernten auf 20 repräsentativen

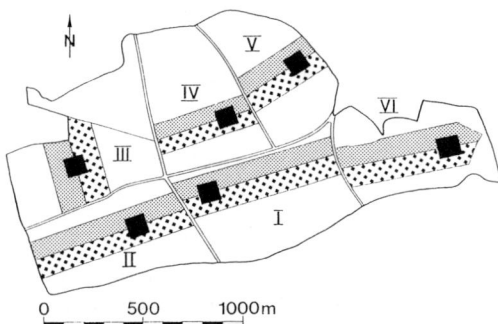

Abb. 113 Lageplan der integriert (✿✿✿) und konventionell (::::::::) bewirtschafteten Feldflächen jeweils mit der Parameterparzelle (■) auf dem Lautenbacher Hof (Stand 1987).

Streifen. Bei Getreide und Ackerbohnen erfolgt dies durch »Dreschen quer zur Saat«, bei Zuckerrüben von $20 \times 27\,m^2$/Feld und System. Alle Ertragskomponenten (Bestandesdichte, Rohertrag und Qualität) sind als Bestandteil der Ertragsleistung miterfaßt worden.

7.2.6.8 Ergebnisse

Schadorganismen – Für eine Reihe verschiedener Schadursachen werden beispielhaft die folgenden Schadorganismen vorgestellt, um die Unterschiede in der Befallssituation auf den integriert und konventionell bewirtschafteten Flächen darzustellen.

Die **Unkrautflora** auf der Lautenbacher Flur umfaßt 32 Wildpflanzenarten. Seltene oder ausgestorbene Species sind auch im Samenvorrat bis 30 cm Tiefe nicht nachweisbar [24]. So herrschen auf allen sechs Feldern Arten von typischen Ackerwildkrautgesellschaften vor. Zu den häufigsten Unkrautarten werden gezählt: Ackerhellerkraut, Taubnessel, Vogelmiere, Klettenlabkraut, Echte Kamille, Weißer Gänsefuß, Persischer Ehrenpreis, Knöterricharten, Ackerkratzdistel, Ackerfuchsschwanz, Einjähriges Rispengras und Gemeine Quecke. Das Auflaufen der Unkräuter unterliegt extremen Jahresschwankungen. Die mittlere Dichte aufgelaufener Unkräuter schwankt zwischen 10 und $500/m^2$.

Schon nach einem Jahr unterschiedlicher Flächenbewirtschaftung haben sich deutliche Unterschiede eingestellt. Im integrierten Bereich waren vor den Bekämpfungsmaßnahmen mehr Unkräuter und Ungräser aufgelaufen als im konventionellen. Vor Sommerungsfrüchten begrünen sich diese Flächen 1–2 Wochen früher.

Ein beachtlicher Teil des Wildpflanzenbewuchses wurde dort im Zuge der Saatbettvorbereitung mechanisch beseitigt. Eine merkliche Abnahme des Verunkrautungsunterschieds konnte nur auf einem der sechs Versuchsschläge, erst in den Jahren 1985 und 1986 beobachtet werden. Der Unkrautbesatz im integrierten System lag auf Schlag V im Hafer (1985) bei 47 Pflanzen/m² (gegenüber konventionell 121) und im Winterweizen (1986) bei 17 (gegenüber 41). Dieser tendenzielle Rückgang der Unkrautdichte hat sich später jedoch nicht bestätigt. Im Gegenteil: Der höhere Samenvorrat im Boden des integrierten Systems ließ dies auch kaum erwarten [24].

Die unterschiedliche Bodenbearbeitung der Anbausysteme hat eine nachhaltige Wirkung auf das Aufkommen der Unkräuter im Kulturbestand. Durch die unterlassene Bodenwendung im integrierten System verbleibt die Masse annueller (einjähriger) Unkrautsamen in der obersten Krumenschicht. Dort können die meisten von ihnen eher ihre optimalen Keimbedingungen vorfinden. Demgegenüber stehen die gepflügten Flächen des konventionellen Systems. Die durch die Wendung in tiefere Bodenlagen gebrachten Unkrautsamen werden konserviert [13]. Der hohe CO_2-Gehalt solcher Bodentiefen hemmt die Keimung. Allerdings führen auch günstige Keimbedingungen im Oberboden nicht zwangsläufig zu höheren Keimraten. Eine genetisch fixierte Dauer der Keimruhe (Dormanzeigenschaften), aber auch vorherrschende abiotische Faktoren können die Keimbereitschaft nachhaltig verändern und dadurch das Auflaufen beeinflussen. Das Auflaufen der Unkräuter läßt sich daher kaum nur zur Art der Bodenbearbeitung in Beziehung setzen.

Aufgrund des hohen Unkrautbesatzes war die Unkrautbekämpfung bisher nahezu jährlich notwendig. Abgesehen von einzelnen Ausnahmen überschritt der Besatz (z. B. Klettenlabkraut) die bekannten Schadensschwellen (0,1 Pflanze/m²). Die Notwendigkeit der Unkrautbekämpfung bedeutet aber nicht zwangsläufig den Einsatz von Herbiziden auf der gesamten Anbaufläche. Den nichtchemischen Bekämpfungsmaßnahmen waren jedoch bisher ökonomische und technische Grenzen gesetzt. Im Gegensatz zur Reihenkultur Zuckerrüben und inzwischen auch Ackerbohnen, wo eine Kombination von Hacken und Bandspritzen praktiziert wird, konnte sich Hacken oder Striegeln im Getreide bisher nicht durchsetzen. Weder die Flächenleistung der Geräte noch die Effizienz der Maßnahmen

waren für die gestellten Anforderungen (Saatgutvermehrung) ausreichend. An der Erprobung weiterer mechanischer Verfahren wird noch gearbeitet.

Zur Reduzierung des Herbizidaufwandes boten sich auf Grund vorausgegangener Versuche einige Möglichkeiten. Im Rübenbau brachte das »Nachauflaufverfahren« beachtliche Herbizideinsparungen. Im Winterweizen konnte der Herbizidaufwand durch kombiniertes Ausbringen mit einem flüssigen N-Dünger, Ammoniumnitrat-Harnstoff-Lösung (AHL), um 30% erfolgreich reduziert werden.

Die Bonitierung der **Halmbasiserkrankungen** umfaßt jeweils repräsentativ die gesamte integriert bzw. konventionell bewirtschaftete Anbaufläche. Als »befallen« gelten alle Halmbasen, die Verbräunungen aufweisen. Wird die Anzahl befallener Halme im konventionell geführten Weizenbestand gleich 100% gesetzt, ergibt sich für das integrierte Bewirtschaftungssystem das in Abb. 114 gezeigte Bild.

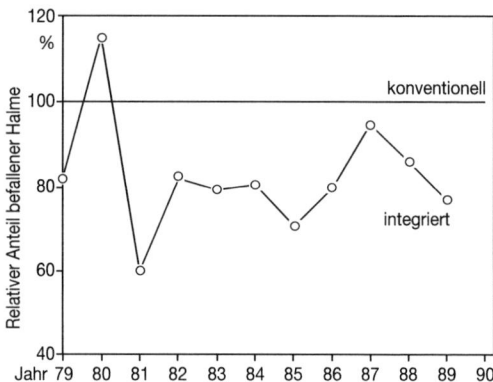

Abb. 114   Mehrjähriger Vergleich des Anteiles halmbasiserkrankter Winterweizenpflanzen auf integriert und konventionell bewirtschafteten Feldflächen in Lautenbach (konventionell = 100%).

Wider Erwarten blieb der Befallsindex des integrierten Systems unter dem des konventionellen. Durch den Verbleib des Strohes in der Oberflächennähe hätte man einen höheren Befallsdruck im integrierten Bereich erwartet. Offensichtlich haben Bodenbearbeitung und Stickstoffdüngung des integrierten Systems zur Befallsbegrenzung beigetragen. Bei einigen Schadpilzen, z. B. *Pseudocercosporella herpotrichoides,* sind ähnliche Wirkungen der pfluglosen Bodenbearbeitung [25, 26] und N-Düngung [5, 17] bekannt. Ebenso könnte die verbesserte Versorgung der integriert bewirtschafteten Flächen mit organischen Düngern zur Befallsmin-

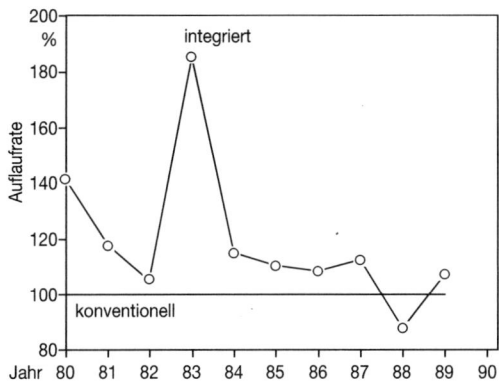

Abb. 115 Schwankungen in der Auflaufrate der Zuckerrüben auf integriert bewirtschafteten Feldflächen
im Vergleich zu »konventionell« im mehrjährigen Verlauf (konventionell = 100%).

derung beigetragen haben. Gesteigerte Aktivität von Antagonisten (z. B. *Streptomyces* spp.)
und Konkurrenten von *Gaeumannomyces graminis* var. *tritici*, einem zweiten, zum Halmbasis-
komplex gehörenden Schadpilz, wirken offenbar im Oberboden einer Übervermehrung der
pathogenen Pilze entgegen [12].
Für den **Keimlingsausfall der Zuckerrüben** sind
tierische Schädlinge, Schadpilze sowie Eigenste-
rilität des Saatgutes die Hauptursachen. Verluste bei der Keimung können durch die Differenz
zwischen eingesäten Einheiten und aufgelaufenen Rübenpflanzen (Auflaufrate) erfaßt werden. Die Auflaufrate faßt demnach die Auswirkungen aller Ausfallursachen zusammen. Da
das Saatgut in beiden Anbausystemen identisch
ist, sind dadurch keine Unterschiede zu erwarten. Besonders auffällig ist jedoch, daß die integriert bewirtschafteten Flächen nahezu jedes
Jahr höhere Pflanzenzahlen aufweisen als die
konventionellen (Abb. 115).
Die Populationsdichte mancher Bodentiere war
im integrierten Bereich höher als im konventionellen. Das gilt auch für die im Boden lebenden
Collembolen, vor allem für die als Auflaufschädlinge der Rübe bekannten Onychiuridae.
Trotz höheren Besatzes an *Onychiurus armatus*
war die Auflaufrate der Zuckerrüben im integrierten System deutlich höher als im konventionellen, im Durchschnitt bis zu 33%. Durch die
verbesserte Bodenstruktur (geringere Neigung
zur Krustenbildung) im integrierten Anbausystem laufen die Keimlinge zügiger auf und ent-
kommen so dem möglichen Collembolen-An-
griff. Die gleichzeitig auflaufenden Unkräuter
unterstützen diesen Effekt, indem sie diese
Tiere von den Rübenkeimlingen ablenken [20].

Die niedrigere Auflaufrate der Rüben im konventionell bewirtschafteten Teil scheint durch
Schadpilze bedingt zu sein. Vor allem verursachen hier Erreger des Wurzelbrandes in manchen Jahren empfindliche Ausfälle an den
Keimlingen (z. B. 1983). Die Gründe für das
stärkere Auftreten dieser bisher chemisch kaum
bekämpfbaren Rübenkrankheit sind vielseitig.
Durch den geringeren Collembolenbesatz kann
die Vermehrung der beteiligten Pathogene
kaum wirksam begrenzt werden. Denn gerade
die Onychiuridae fressen mit Vorliebe das My-
zel dieser Schadpilze, insbesondere *Pythium* sp.
[4, 21]. Das Beachten der ökologischen Ansprüche dieser flügellosen Urinsekten würde sicher
zur Lösung des Collembolenproblems im
Zuckerrübenanbau effektiv beitragen können.
Die **Nematodenerfassung** beschränkte sich auf
die Parameterparzellen an drei verschiedenen
Terminen im Frühjahr, Sommer und Herbst.
Ziel dieser Untersuchungen ist, Vorkommen
und Populationsdichte der häufigsten Nemato-
dengruppen zu erfassen. Unabhängig von der
Bewirtschaftungsform kommen in allen Ver-
suchsböden sowohl phytophage, räuberische
(Mononchiden) als auch saprophytische Nematoden vor. Neben *Pratylenchus*, der *Tylencho-
rynchus*-Gruppe, *Helicotylenchus* und *Paraty-
lenchus* waren unter den Pflanzenparasiten auch
zystenbildende Nematoden *Heterodera* spp. und
Stengelälchen *Ditylenchus* sp. vertreten. Der
Besatz der beiden letzteren Gruppen schwankte
von Jahr zu Jahr und je nach Kulturart und
Schlag erheblich. Deutliche Unterschiede waren
dennoch zwischen den Bewirtschaftungssystemen nachzuweisen. So wiesen bis 1987 die
Herbstproben einen geringeren *Ditylenchus*-Be-
satz in den integriert bearbeiteten Böden auf, als
in den konventionellen. Auf Schlag V erreichte

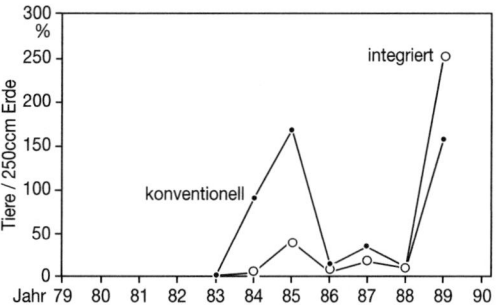

Abb. 116 Die Populationsdichte des Stengelälchens (*Ditylenchus dipsaci*) in Böden integriert (–○–) und
konventionell (–●–) bewirtschafteter Feldflächen des Schlages Nr. V.

321

die Populationsdichte des Stengelälchens im integrierten Teil zeitweise kaum die Hälfte derjenigen des konventionellen Teils (Abb. 116). Ähnliche Beobachtungen gelten für *Heterodera*-Larven. Bei fast gleicher Ausgangsverseuchung der integriert und konventionell bewirtschafteten Parzellen (z. B. im Jahr 1986 WW: etwa 560 freie Larven und Eier in den Zysten pro 200 cm^3 Erde) zeigten die Zystenälchen im konventionellen Teil eine Vermehrungsrate von 4,5 gegenüber 1,1 im integrierten. Dies deutet auf eine höhere Mortalität der phytophagen Nematoden im integrierten System hin. Vermutlich sind Raubmilben (Gamasina) dafür verantwortlich, die bevorzugt Nematoden fressen [23].

Bioindikatoren – Das Erfassen der **Regenwürmer** begann im Jahr 1980, im 3. Versuchsjahr. Dazu wurde die Formalin-Methode [7] ein- bis zweimal jährlich auf 8 × ⅛ m^2 angewandt. Die Fänge bestanden größtenteils aus *Lumbricus terrestris*, gelegentlich traten auch *Allolobophora caliginosa* (Sauigny) und *Octolasium lacteum* (Oerley) auf. Die Anzahl der Regenwürmer der einzelnen Schläge wies erwartungsgemäß beachtliche Unterschiede auf. Auch die Gewichtswerte in den einzelnen Jahren schwanken erheblich. Wird die Biomasse der erfaßten Regenwürmer auf Flächen des konventionellen Bewirtschaftungssystems gleich 100% gesetzt, ergeben sich für das integrierte Anbausystem die in Abb. 117 gezeigten Relationen.

Auch wenn der Regenwurmbesatz auf den großen Versuchsschlägen erhebliche Unterschiede aufweist, erlauben die aufgezeigten Differenzen Aussagen über die Auswirkungen der Anbausysteme. Danach war die Biomasse der Regenwürmer in »integriert« deutlich größer als in »konventionell«. Die Gründe dürften in einer Wechselwirkung zwischen höherem Futterangebot,

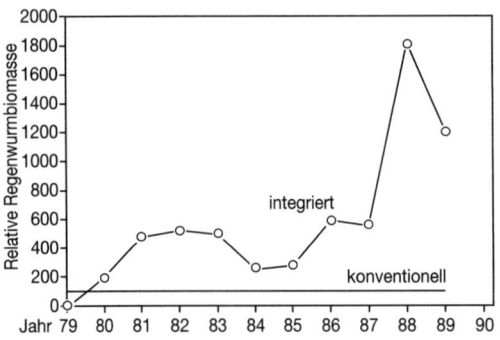

Abb. 117   Regenwurmbiomasse integriert und konventionell bewirtschafteter Feldteile (1979–1989) (konventionell = 100%).

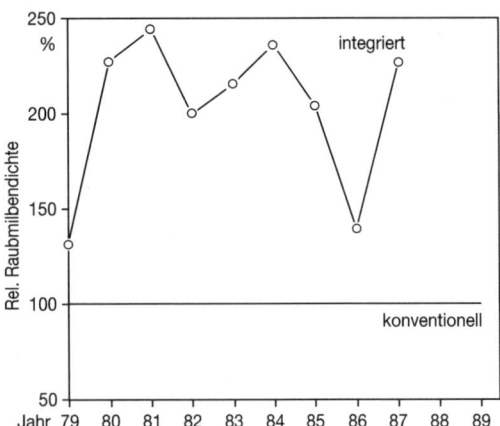

Abb. 118   Unterschiede im Raubmilbenbesatz zwischen integriert und konventionell bewirtschafteten Böden (konventionell = 100%).

schonenderer Bodenbearbeitung und einer geringeren Belastung durch chemische Pflanzenschutzmittel liegen. Kleeuntersaaten oder Zwischenfrüchte sind nicht nur wertvolle Nahrungsquellen, sie schützen vielmehr auch vor extremen Temperaturen und Trockenheit. Der Verbleib von Pflanzenrückständen auf dem oder im Oberboden der pfluglos bearbeiteten Felder kommt den Bedürfnissen der Regenwürmer entgegen, die dort ihr Futter suchen.

Die Gruppe im Boden lebender **Raubmilben** (Gamasina) umfaßt in Lautenbach über 60 Arten. Die mit dem Berlese-Tullgren-Verfahren extrahierten Milben weisen einen höheren Besatz im integriert bewirtschafteten Boden auf, als im konventionellen (Abb. 118). Besonders deutliche Unterschiede waren unter den *Rhodacaridae* erkennbar, die tiefere Bodenschichten besiedeln. Raubmilben sind wohlbekannt als wichtige Antagonisten im Bodenökosystem. Nicht zuletzt, weil sie am Ende einer Nahrungskette stehen, die aus Bakterien, Pilzen, Nematoden und Collembolen besteht. Als Räuber übernehmen sie auch pflanzenschutzliche Aufgaben. Sie kontrollieren u. a. schädliche Nematoden [23]. Raubmilben weisen eine charakteristische Bindung an die Bodenschichten auf. Ihr Körperbau sowie ihre bevorzugten Beutetiere sind weitgehend an die Beschaffenheiten der Lebensräume angepaßt. Raubmilben der tieferen Bodenschichten, z. B. *Rhodacaridae* oder *Eviphididae* sind dünnhäutig. Sie müssen sich deshalb ständig vor Temperaturextremen und UV-Strahlung der Sonne schützen. In den Wasserfilmen der feinen Poren stellen sie ihren Beutetieren – Nematoden – nach. Bodenwendung, z. B. durch Pflügen, bedeutet für die mikroskopisch kleinen Nützlinge eine nachhaltige Schädigung, während nicht-wendende Bodenbearbeitung sie eher schont [8]. Vermutlich ist auch die hohe Mortalität der *Heterodera* im integrierten Teil auf die Wirkung dieser Gegenspieler zurückzuführen. Hier wird erneut deutlich, daß die Art der Bodenbearbeitung Vorkommen und Vermehrung von Schädlingen entscheidend beeinflussen kann.

Ähnliche Besiedlungsdifferenzen waren im übrigen auch bei den bodenbewohnenden (euedaphischen) Collembolen nachzuweisen.

Chemische Pflanzenschutzmittel – Im Durchschnitt der beiden Rotationen (1978–1989) verringerte sich der Pflanzenschutzmittelaufwand im integrierten System um 35%, das entspricht 1,1 kg Wirkstoff/ha. Unter den verschiedenen Gruppen fallen die Einsparungen allerdings unterschiedlich aus. Während bei den Herbiziden ca. 30% eingespart werden konnten, wurden ca. 53% der Fungizide und 85% der Insektizide eingespart. Die größten Einsparungen waren beim Getreide zu verzeichnen. Sie wurden ermöglicht durch teilweise totalen Verzicht auf den Einsatz z. B. von Insektiziden, durch Verringern der Aufwandmengen oder durch Teilflächenbehandlungen.

Die Gründe für die Reduzierung chemischer Pflanzenschutzmittel im integrierten Anbausystem lagen nicht allein in umweltschutzlichen Überlegungen. Vielmehr mußte erst die betriebswirtschaftliche Notwendigkeit der chemischen Behandlungen begründet werden. Auf die Fungizidspritzung gegen die Halmbruchkrankheit in Weizen wurde grundsätzlich verzichtet, weil der zu erwartende »Fruchtfolge-Effekt« als ausreichend erachtet wurde. Deshalb unterblieb die chemische Behandlung auch bei meteorologisch hoher Infektionswahrscheinlichkeit. Der Befall durch Getreideblattläuse wurde bewußt toleriert, weil die Mehrzahl der mehrjährigen Vorversuche keinen gesicherten Ertragseffekt der Aphiden im Durchschnitt der Jahre erbracht hat. Ähnliches gilt für die Rübenfliege und die Schwarze Bohnenlaus in Zuckerrüben.

Abgesehen von den beispielhaft genannten Möglichkeiten der Bekämpfung nach Schadensschwellen konnten bei den Herbiziden die empfohlenen Aufwandmengen durch ein kombiniertes Ausbringen mit flüssigem N-Dünger, Ammonium-Nitrat-Harnstoff-Lösung (AHL), zum Teil deutlich unterschritten werden.

Der Auswahl mit dem Bewirtschaftungsziel übereinstimmender chemischer Pflanzenschutzmittel im integrierten Anbausystem der Lautenbacher-Untersuchungen sind sehr enge Grenzen gesetzt. Es standen und stehen noch immer keine chemischen Präparate ohne negative Nebenwirkungen zur Verfügung. Das ausdrücklich geforderte Schonen der Artenvielfalt der Nutzorganismen im integrierten System konnte im wesentlichen durch Verzicht auf die Anwendung chemischer Mittel oder deren Einschränkung erreicht werden. Selektive Präparate, vor allem bei den Herbiziden und Fungiziden, die auch in ihrem ökotoxikologischen Verhalten den heutigen Anforderungen entsprechen, fehlen noch weitgehend. Daran haben auch die zahlreichen Prüfungen der Nebenwirkungen von Pflanzenschutzmitteln auf einige Nützlingsarten nichts geändert (siehe Abschnitt 5.7).

Bodenphysikalische Merkmale – Die oben dargestellten Effekte der integrierten Ackerbewirtschaftung auf Vertreter der Bodenfauna zeigen eine Änderung der Bodenstruktur an. Durch Messung einiger bodenphysikalischer Merkmale konnte die beobachtete Änderung beziffert werden. Die Messungen erfolgten im Jahr 1983 auf Schlag IV (Zuckerrüben) im integrierten bzw. konventionell bewirtschafteten Feldteil. Die Ergebnisse sind in Tabelle 96 zusammengefaßt [6].

Die integrierte Bewirtschaftung führte zur deutlichen Verbesserung der bodenphysikalischen Merkmale. Bei den »problematischen« kolluvialen Braunerden, die zur Krustenbildung, zum Wasserstau und zur Bildung instabiler Aggregate neigen, wie auch bei den Pararendzina-Böden, die durch zu hohe Trockenraumdichten und geringe nutzbare Wasserkapazität gekennzeichnet sind, fielen die Verbesserungen besonders deutlich aus. Die erhöhte Wasserleitfähigkeit der integriert bewirtschafteten Böden bedeutet nicht nur eine Verringerung der Erosion, sondern kann sich auch auf die bodenbürtigen Schadorganismen hemmend auswirken (z. B. Wurzelbrand der Zuckerrüben).

Betriebswirtschaftliche Auswertung – Die betriebswirtschaftliche Auswertung vergleicht integrierte und konventionelle Bewirtschaftungsformen. Alle anfallenden Feldarbeiten und die jeweiligen Marktleistungen der Kulturen wurden detailliert und schlagspezifisch aufgezeichnet. Lediglich weniger bedeutende Daten (z. B. Maschinenkosten) mußten nach einschlägigen Normenkatalogwerken ergänzt werden. Grundlage für die ökonomische Bewertung bilden die Daten, die im Verlauf einer *vollständigen* Fruchtfolge, also in sechs Vegetationsperioden,

Tabelle 96 Vergleich einiger bodenphysikalischer Meßgrößen in integriert und konventionell bewirtschafteten Feldteilen (Schlag IV, 1983) [nach 6]

Parameter		integriert	konventionell
Wasserleitfähigkeit (kf)	m/d	26,34	22,80
Aggregatgrößenverteilung	mm	2,70	2,46
Aggregatstabilität (GDM)	mm	0,44	0,72
Trockenraumdichte (TD)	g/cm³	1,30	1,42
Porenvolumen (PV)	cm³/cm³	51,80	47,4
PF-Kurve			
Welkepunkt		keine Unterschiede	
nutzbare Wasserkapazität (NWK)	%	20,0	18,0
Luftkapazität (LK)	%	17,8	14,6

erfaßt wurden. Die ersten 6 Versuchsjahre sind 1983 zu Ende gegangen. Ergebnisse aus der gerade abgeschlossenen 2. Rotation bestätigen weitgehend die erzielten Befunde.

Die Ertragsleistungen der beiden Anbausysteme weisen je nach Kulturart, Jahreswitterung und Befallsintensität durch Schadorganismen teilweise erhebliche Unterschiede auf. Bei Winterweizen (Sorten: Disponent, Vuka, Kanzler, Dolomit, Herzog und Monopol) liegt der mittlere Kornertrag zwischen 1979 und 1989 in »konventionell« zwar bei 63,2 dt/ha und in »integriert« bei 59,2 dt/ha, worin sich auch die versuchsbedingten Mindererträge des alternativen Systems (z. B. 1980 Verzicht auf CCC) niederschlagen. Trotzdem übersteigt im konventionellen Anbausystem der deutlich höhere Kostenaufwand (Bodenbearbeitung, Dünger und Pflanzenschutz) den Geldwert des erzielten Mehrertrages von 4,0 dt/ha, was aus den einzelnen Deckungsbeiträgen abzulesen ist (Abb. 119).

Anders ist der Sommerweizen zu beurteilen, der erst seit 1984 den Winterweizen teilweise ersetzt. Seine Ertragsleistung liegt im konventionellen System durchschnittlich bei 56,7 dt/ha und im integrierten bei 59,1 dt/ha. Entsprechend lag der Deckungbeitrag für »integriert« um 4,2% geringer als »konventionell«. Anders verhielten sich Hafer und Ackerbohnen. Während der Hafer-Ertrag bei »konventionell« bei 51 dt/ha lag, erreicht bei »integriert« 53 dt/ha im Schnitt der Jahre. Entsprechende Erträge für Ackerbohnen sind 41,3 dt/ha (konventionell) und 41,7 dt/ha (integriert).

Deutlich positiv haben die Zuckerrüben auf die integrierte Bewirtschaftung reagiert. Mit Ausnahme von den Jahren 1985, 1988 und 1989 waren die Rüben- und die Zuckererträge sowie die Deckungsbeiträge im integrierten System höher als im konventionellen. Der mittlere Rübenertrag in »konventionell« lag bei 615 dt/ha, in »integriert« dagegen 622 dt/ha (Abb. 120).

Im Gegensatz zu Winterweizen, bei dem der Kostenaufwand für Pflanzenschutz und Dünger

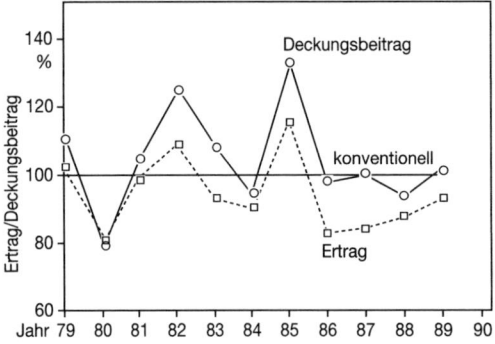

Abb. 119 Vergleich der Winterweizenerträge und Deckungsbeiträge integrierter und konventioneller Anbausysteme in Lautenbach (1979–1989) (konventionell = 100%). Kornertrag: ---□---, Deckungsbeitrag: —○—.

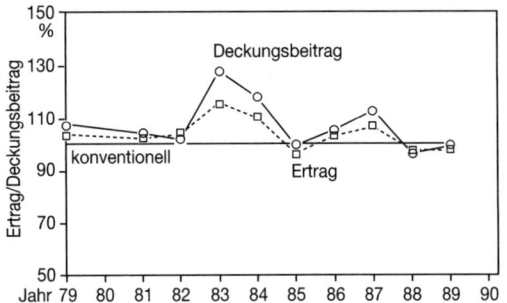

Abb. 120 Vergleich der Rübenerträge und Deckungsbeiträge integrierter und konventioneller Anbausysteme in Lautenbach (1979–1989) (konventionell = 100%). Rübenerträge: ---□---, Deckungsbeitrag: —○—.

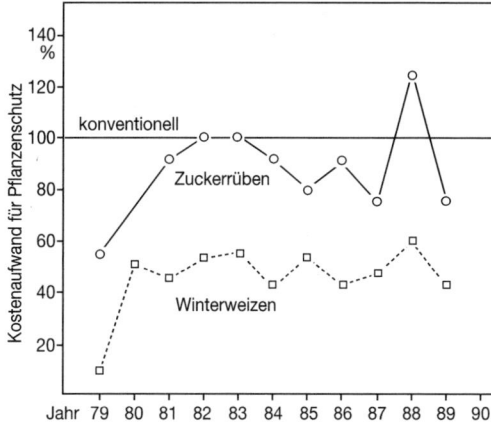

Abb. 121 Der relative Kostenaufwand für Pflanzenschutz
im integrierten Bewirtschaftungssystem, dargestellt an Winterweizen (– – □ – –) und Zuckerrüben (—— O ——), Aufwendungen im konventionellen System = 100 %.

verringert werden konnte (Abb. 121), tragen bei
Zuckerrüben die geringeren variablen Maschinenkosten, vor allem bei der Bodenbearbeitung, zum höheren Gewinn im integrierten Bewirtschaftungssystem bei.
Eine Gesamtbewertung wesentlicher betriebswirtschaftlicher Kenngrößen, basierend auf einem Verfahrensdifferenzvergleich, wurde schon
für die erste Rotation [27] sowie jetzt für beide
Rotationen vorgenommen (Tabelle 97).
Weder bei den Erträgen noch bei der Arbeitsbe-
anspruchung waren gesicherte Unterschiede
zwischen den Anbausystemen nachzuweisen.
Dagegen konnte der Pflanzenschutzaufwand
durch die integrierte Bewirtschaftung um ca.
38 % gesenkt werden. Dies führte bei den etwas
niedrigeren veränderlichen Maschinenkosten zu
tendenziell erhöhten Deckungsbeiträgen des integrierten Verfahrens.

**Tabelle 97 Die mittlere Abweichung (in %)
einiger betriebswirtschaftlicher Kenngrößen
des integrierten Anbausystems von denen
des konventionellen (1979–1989)**

Kennzahl	mittlere Abweichung integriert von konventionell
Ertrag	–0,8
Arbeitsbeanspruchung	–2,8
variable Maschinen-	
kosten	–6,7*
Pflanzenschutz	–36,2***
Deckungsbeitrag	+3,5

* signifikant   *** sehr hoch signifikant

7.2.6.9 Natürliche Reservoire in der Agrarlandschaft

Die erzielten Einsparungen an chemischen
Pflanzenschutzmitteln in der integrierten Mo-
dellbewirtschaftung waren nur möglich, weil
Schadorganismen unter der Schadensschwelle
blieben. Gleichzeitig weist die Erfassung der
Bioindikatoren eine höhere Antagonistendichte
auf. Daraus kann gefolgert werden, daß die
vorhandenen Nützlinge zur Begrenzung der
Schädlingspopulation und folglich zur geringeren Bekämpfungsnotwendigkeit beigetragen haben. Dies unterstreicht die Forderung, daß das
Erhalten eines artenreichen Reservoirs an natürlichen Regulationselementen eine entscheidende Voraussetzung für die integrierte Bewirtschaftung darstellt. Schon zu Beginn des Forschungsvorhabens stellte sich die Frage, ob das
Schaffen ökologisch wertvoller Strukturelemente und Lebensräume für Nützlinge die Befallsintensität und folglich die Erträge beeinflussen kann.
Gewissermaßen als Vorstufe zur Übernahme in
das integrierte Bewirtschaftungspaket auf dem
ganzen Betrieb und getrennt von den Bewirt-
schaftungsflächen wurden im Rahmen der Versuche zu Einzelfragen Auswirkungen von Feldhecken und eingesäten Randstreifen auf die benachbarten Kulturen und deren Schädlings-
Nützlings-Komplex untersucht (siehe auch Kapitel 3).
Hecken und Artenvielfalt – Seit 1978 stehen auf
einem Teil eines 35 ha großen Ackers in Lautenbach drei Hecken. Sie wurden parallel zueinander in Nord-Süd-Richtung angepflanzt. Die Abstände zwischen den Hecken betragen jeweils
70 m, die Länge 100 m. Sie setzen sich aus den
Gattungen *Acer, Alnus, Cornus, Corylus, Cra-
taegus, Ligustrum, Lonicera, Prunus, Rosa, Sa-
lix, Sambucus, Sorbus* und *Viburnum* zusammen. Durch die Wahl der Strauch- und Baumar-
ten konnte eine gewisse Vielfalt in Wuchshöhe,
-form, Blühzeit und Farben gesichert werden.
Gesichert war ebenfalls, daß sich in den Hecken
keine alternativen Wirtspflanzen für *potentielle*
Schadorganismen der angebauten Kulturen finden. Hierbei wurde lediglich der Kompromiß
gesucht und nicht die absolute Wirkung. Die
Erhebungen der Tierwelt umfaßten Aufkommen und Dichte von Pflanzen- und Insektenfres-
sern (Phyto- und Entomophagen) in den Hek-
kenpflanzungen selbst, später jedoch in den
Räumen zwischen und außerhalb der Hecken.
Als Maß für die Veränderung der Artenvielfalt

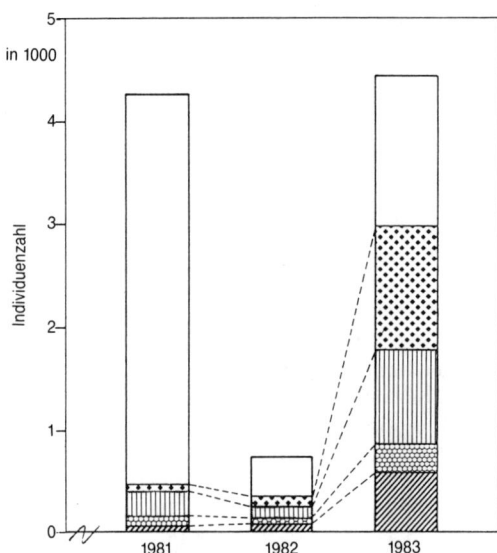

Abb. 122 Die Veränderung der Hauptarthropoden-Ordnungen (Jahresfänge mit Klopftrichter) auf den Lautenbacher Hecken zwischen 1981 und 1983. Diptera ▥; Hymenoptera ▨; Coleoptera ▨; Heteroptera ▨; Restliche (überwiegend Aphiden) ☐ [18].

dient die Diversität (Anzahl und Verteilung der Arten) sowie die Aktivitäts- bzw. Populationsdichte. Nach der Untersuchung der Insektenfauna in den Hecken von 1981–1983 ist ein deutlicher Anstieg der Arthropodendichten zu verzeichnen [18] (Abb. 122).

Hymenopteren und Dipteren weisen dabei den höchsten Dichteanstieg auf. In der Mehrzahl der Fänge herrschen die parasitären Schlupf- und Erzwespen (z. B. Chalcididae) vor, die bei der natürlichen Begrenzung wichtiger Pflanzenschädlinge eine entscheidende Rolle spielen. Das Potential der Antagonisten in den Hecken umfaßt eine Reihe von anderen Arthropoden-Ordnungen, deren Besprechung den hier vorgesehenen Rahmen sprengen würde.

Auffällig war die Gruppe der Wanzen. Der Anteil der räuberischen Wanzen war schon ab 1982 höher als der der Pflanzenfresser. Werden Gehölzarten nach ihrem besonderen Wert für Insektenfresser bewertet, schneiden Rosaceaen zusammen mit Schlehe* und Weißdorn am besten ab, gefolgt von der Gruppe der Weide, Hasel, Brombeeren*, Feldahorn, Eberesche*,

¹) Die mit Sternchen markierten Gehölzarten sollen wegen der Gefahr von Feuerbrand und Virosen nicht in unmittelbarer Nähe (mindestens 500 m Abstand) von Obstanlagen und Baumschulquartieren angepflanzt werden.

Holunder und Steinweichsel*. Kornelkirsche, Schneeball, Heckenkirsche und Liguster stehen am Ende der Bewertungsskala¹). Die Eignung der Heckenpflanzen für Ernährung, Aufenthalt oder Brutbedarf auch der Vogelfauna mußte zunächst unberücksichtigt bleiben.

Auswirkungen von Hecken auf benachbarte Kulturen – Die tierartlichen Erhebungen in den Kulturbeständen (Erbsen, Sommerweizen, Zuckerrüben) zwischen und außerhalb der Hekkenreihen zeigen deutliche Verschiebungen in der Arthropodendichte. Zwischen den Hecken waren Angehörige verschiedener nützlicher oder indifferenter Tiergruppen zahlreicher als außerhalb, z. B. *Opiliones, Araneae, Anthocoridae, Carabidae, Catapidae, Lathridiidae, Diptera* und *Hymenoptera* [2].

Das räumliche Verteilungsbild zwischen den Hecken läßt bei der Mehrzahl der Nützlinge auf einen starken Heckeneinfluß schließen. Bei den Weichwanzen (Miridae) (Abb. 123), nahmen die Fänge mit zunehmender Entfernung von den Hecken ab [9c]. Im Durchschnitt lagen sie jedoch deutlich höher als die entsprechenden Fänge außerhalb der Hecken auf demselben Feld.

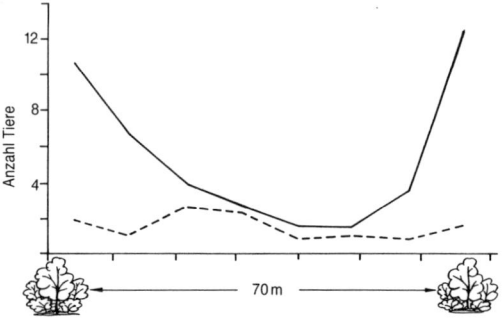

Abb. 123 Verteilung der räuberischen Weichwanzen (Miridae) zwischen (———) und außerhalb (– – – –) der Feldhecken in Lautenbach. Mittelwerte aus Erhebungen zwischen drei Hecken.

Der höhere Nützlingsbesatz zwischen den Hekken korreliert offensichtlich mit einer geringeren Schädlingsdichte. Zurückgegangen sind wichtige Schädlinge wie Getreideblattläuse *(Sitobion avenae, Metopolophium dirhodum)*, Getreidehähnchen *(Oulema* spp.), Blasenfüße *(Thysanoptera)* und auf Zuckerrüben der Moosknopfkäfer *(Atomaria linearis)*, die Rübenfliege *(Pegomyia hyoscyami)* und die Bohnenlaus *(Aphis fabae)*. Dagegen begünstigen die Hecken in Erbsen nach den vorliegenden Daten die Erbsenblattlaus *(Acyrthosiphon pisum)* [2].

Die nachgewiesenen Besiedlungsdifferenzen schwanken zwischen zwanzig und mehreren hundert Prozent.

Auch bei den Erträgen sind überwiegend positive Wirkungen festgestellt worden. Die Erträge von Sommerweizen und Zuckerrüben zwischen den Hecken lagen bis zu 4 bzw. 8% höher als auf den Vergleichsflächen außerhalb der Hecken. Bei Erbsen mußten aus technischen Gründen Ertragsermittlungen ausbleiben. Die Ertragsstrukturen zwischen den Hecken (z. B. Zuckerrüben) (Abb. 124) zeigen allerdings bis etwa 7 m Entfernung vom Heckenrand Ertragsdepressionen, die sich anschließend wieder verlieren.

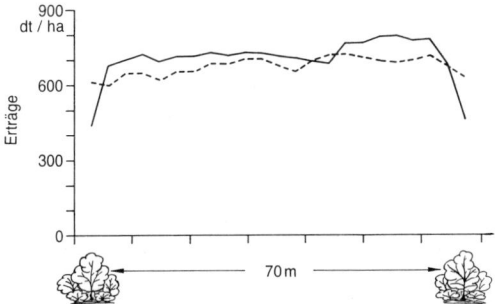

Abb. 124   Zuckerrübenerträge innerhalb (——) und außerhalb (– – – –) zweier Hecken, ermittelt aus Erhebungen zwischen den drei Hecken in Lautenbach (1985).

Feldrandbepflanzungen und Schädlingsbefall – Tiere im Pflanzenbestand leben nicht isoliert. Als Bestandteil des Agroökosystems stehen schädliche ebenso wie nützliche Arten in Wechselbeziehung zu deren Umgebung. Die einheimische Flora am Rande der Ackerflächen übernimmt hierbei verschiedene Funktionen. Als Unterschlupf- und Überwinterungsquartiere verhelfen sie vor allem Nützlingen, im Anbaugebiet zu überdauern. Die räuberische Spinnenart *Dictyna* sp., die sich maßgeblich von Getreideschädlingen (Fritfliegen, Blasenfüßen und Blattläusen) ernährt [15], überwintert an Wegrändern (Ruderalbereichen), z. B. in Weißklee. Pilze als Krankheitserreger von Blattläusen können nur außerhalb der Ackerkultur überleben. Wildpflanzen am Feldrand sind aber auch wichtige Nahrungsquellen für Nutzarthropoden, die teilweise auf Nektar und Pollen blühender Pflanzen angewiesen sind. Durch artspezifische Schlüsselreize locken Pflanzen der Feldraine verschiedene Nutzinsekten an. Von dort aus starten die natürlichen Feinde die Suche in den angrenzenden Feldern nach Pflanzenschädlingen. Um zu klären, ob und inwieweit blühende Kräuter am Rande von Winterweizenfeldern das Schädlings/Nützlings-Verhältnis beeinflussen, wurden 1 m breite Streifen mit Phacelia *(Phacelia tanacetifolia)* bzw. Gelbsenf eingesät. Der Vergleich umfaßte die Arthropodenfauna der Bodenoberflächen (Barberfallen in unterschiedlicher Entfernung im Feldinneren, im Bestand Gelbschalen und Auszählungen).

Auf den Feldflächen mit Randstreifen waren mehr Arten zu finden als auf den benachbarten Feldteilen ohne diese. Neben der Verbesserung der Artenvielfalt und -verteilung (Diversität) stieg dort auch die Aktivitätsdichte an. Deutliche Wirkungen der Randstreifen sind vor allem bei den räuberischen Laufkäfern *(Carabidae)* zu verzeichnen [14]. Positive Wirkungen spezifischer Blattlausfeinde, hier *Syrphidae*, konnten unter dem Einfluß des Randstreifens bestätigt werden. Der tendenzielle Rückgang der Blattlausdichte *(S. avenae, Metopolophium dirhodum)* im Ausstrahlungsbereich der Randstreifen ließ sich dagegen statistisch nicht absichern (Abb. 125).

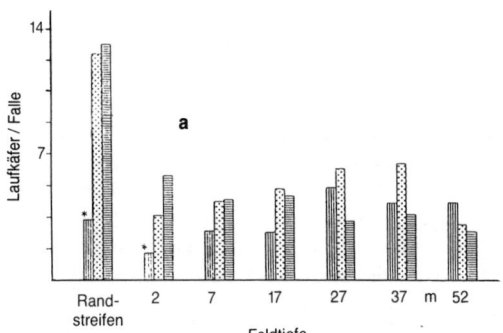

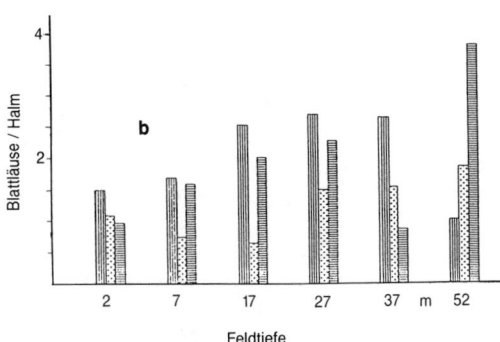

Abb. 125   Einfluß eingesäter Randstreifen (*Phacelia* ▨; Gelbsenf ▦; Kontrolle ▥) auf Laufkäfer (Carabidae) (a) und Blattläuse (b) in zunehmender Entfernung vom Rand eines Winterweizenfeldes in Lautenbach.

7.2.6.10 Schlußfolgerung und Ausblick

Die Arbeiten auf dem Lautenbacher Hof sind charakteristisch für neue Ansätze in der Agrarforschung. Eine Umorientierung zu einem umweltschonenden Landbau – ausgelöst durch negative Folgen intensiver Produktionsformen – spiegelt sich bereits in Konzept und Ziel des Forschungsvorhabens wider. Schonung und Förderung natürlicher Regulationsmechanismen als Bestandteil des Anbauprozesses nehmen eine zentrale Stelle im »integrierten System« in Lautenbach ein. Grundlage hierzu bilden zahlreiche wissenschaftliche Ergebnisse. Ökologisch vertretbare Anbauelemente werden ausgemacht, überprüft und zu einem Anbausystem integriert, zusammengefügt. Daten aus dem Fachgebiet der Bodenkunde, des Pflanzenbaues, der Pflanzenernährung, der Landschaftsökologie und der Schädlingsbekämpfung – um einige Beispiele zu nennen – waren notwendig. Schwerpunkt des Forschungsprogrammes bildet die »Synthese« der einzelnen Komponenten zu einem System und nicht die »Analyse« von Ursachen und Wirkungen. Zu erforschen ist also das »Handeln« eines Landbauarchitekten, der umweltschonend bewirtschaften soll. Es ist daher verständlich, daß das Anbausystem in seiner Gesamtheit, ja sogar der landwirtschaftliche Betrieb in seiner Ganzheit, die Basis für diese Studien bilden mußte.

Aus den komplexen Beziehungen ergeben sich zwangsläufig Zielkonflikte zwischen ökologischen Wünschen und Anbauzielen. Als Beispiel dafür sind Erosionsschutz und Unkrautbekämpfung zu nennen. Die totale Beseitigung unerwünschter Wildkräuter – vor allem in Rüben- und Maisanbau – würde bekanntlich die Gefahr des ökologisch unerwünschten Bodenabtrags drastisch erhöhen. Der Verzicht auf die Unkrautregulierung kann zu Ertragsverlusten führen und dadurch das Produktionsziel in Frage stellen. Auch in Lautenbach konnten (und können) solche Konflikte nur durch Kompromisse entschärft werden. Hier bietet das Prinzip der Schadensschwelle, z. B. durch einen zeitlich begrenzten Verzicht auf die Bekämpfung, eine brauchbare Grundlage für zielkonforme Kompromisse. Entscheidend ist dabei jedoch ein Denken und Handeln im System mit seinem vernetzten Wirkungsgefüge. Das Ändern einzelner Maßnahmen ohne Berücksichtigung der restlichen Bewirtschaftungselemente würde sogar eine positive Wirkung ins Gegenteil umkehren.

Zur Beurteilung des alternativen Anbausystems dienen neben den betriebswirtschaftlichen auch ökologische Parameter. Durch ein kontinuierliches Erfassen ausgewählter Bioindikatoren sollen etwaige Änderungen im Agroökosystem der jeweiligen Bewirtschaftungsform angezeigt werden. Eine differenzierte Bewertung der Funktion einzelner Organismengruppen ist – bedingt durch die Anordnung des Versuches – sicherlich nicht möglich. Doch die höhere Diversität – wie sie bei den verschiedenen Indikatoren festzustellen war – gilt als Hinweis für ökologisch stabilere Produktionsformen. Diversität (Artenvielfalt und -verteilung) und Häufigkeit waren im integrierten System höher als im konventionellen. Soweit es sich um natürliche Gegenspieler von Schadorganismen handelt, weisen die Meßdaten darauf hin, daß die geschonten Nutzorganismen bereits Kontrollaufgaben übernommen haben. So bleiben die Befallswerte im integrierten System z. B. für die Halmbasiserkrankung des Winterweizens, für Mehltau und Blattläuse, unter denen des konventionellen. Es gelang dadurch, immerhin ein Drittel der Pflanzenschutzmittel und 25% der Düngemittel ohne wirtschaftliche Verluste einzusparen.

Diese Feststellung ist besonders wichtig, wenn es sich um Schädorganismen handelt, deren chemische Bekämpfung problematisch ist. Als Beispiel sind hier Nematoden zu erwähnen, von denen das Rübenkopf- bzw. Stengelälchen (*D. dipsaci*) und das Getreidezystenälchen (*H. avenae*) im integrierten Bereich in erheblich geringerer Dichte vorkommen als im konventionellen. Vermutlich ist der Unterschied auf den höheren Besatz der integriert bewirtschafteten Böden an Raubmilben zurückzuführen, die als wichtige Nematodenfeinde gelten. Die integrierten Maßnahmen, vor allem die schonende Bodenbearbeitung, haben die Lebensbedingungen für Raubmilben verbessert. Auch durch Hecken und Randstreifen konnte das Potential der Nützlinge verstärkt werden, was schließlich zur begrenzten Vermehrung wichtiger Schädlinge geführt hat.

Der beispielhaft aufgezeigte Nutzen der natürlichen Regulationsmechanismen ist ohne ökonomische Einbußen erzielt worden. Mit 36% geringerem Kostenaufwand für den Pflanzenschutz konnten die gleichen Deckungsbeiträge erwirtschaftet werden. Grundsätzlich läßt sich demnach feststellen: Integrierter Landbau stellt eine brauchbare Alternative dar, die allerdings andere – nicht unbedingt höhere – Anforderungen an den Landwirt stellt. Es wäre jedoch falsch zu glauben, die integrierte Bewirtschaftung könne alle Probleme moderner Produktionssysteme lösen. Der Grundkonflikt zwischen ökologischen Forderungen und wirtschaftlichen Interessen in der Landwirtschaft wird weiterhin bestehen bleiben. Die Integration natürlicher Regulationskomponenten kann lediglich zur Entschärfung des Grundkonfliktes beitragen.

Die ökonomischen Rahmenbedingungen werden wohl bestimmen, inwieweit auf die ökologischen Forderungen eingegangen werden kann. Auch am integrierten Konzept dieses Forschungsvorhabens wären noch weitere ökologische Verbesserungen möglich, die jedoch bisher an den bestehenden wirtschaftlichen Rahmenbedingungen scheiterten. Selbst die in Lautenbach erprobten Kompromisse bedürfen weiterer Erprobung unter anderen betrieblichen Bedingungen und Standortsverhältnissen, ehe sie der breiten Landwirtschaft empfohlen werden können. Das Projekt Lautenbacher Hof gilt als »Modell« in der angewandten Systementwicklung, das dringend Nachahmer braucht.

7.2.7 Entwicklung ökologisch ausgerichteter Bewirtschaftungssysteme in der Schweiz – Projekt »Dritter Weg«

F. Häni, Zollikofen-Bern (Schweiz)

7.2.7.1 Einführung

Trotz hoher Agrarstützung wurde auch die schweizerische Landwirtschaft in den letzten Jahrzehnten einem starken strukturellen Wandel unterzogen. Die durchschnittliche Betriebsgröße von 16 ha ist allerdings im europäischen Vergleich immer noch relativ klein. Der Selbstversorgungsgrad (in Joules) beträgt netto ca. 60% und die Schweiz importiert von allen OECD-Staaten den größten Anteil ihres Lebensmittelbedarfes. Die im Vergleich zum Ausland hohen Produzentenpreise können scheinbar widersprüchliche Auswirkungen haben. Einerseits muß der Landwirt weniger intensivieren um zu überleben, andererseits kann er durch eine Produktionssteigerung mehr herausholen.

Die wegen der sehr großen Marktspannen noch viel höheren Konsumentenpreise bewirken einen zunehmenden Einkaufstourismus ins angrenzende Ausland und führen dadurch schneller zur Überproduktion im Inland.

In der Vergangenheit wurde auch in der Schweiz auf die sich öffnende Preis-/Kostenschere vor allem mit Produktionssteigerung geantwortet. Die landwirtschaftliche Produktion hat sich seit 1940 nahezu verdoppelt. Eine solche **Maximalertragsstrategie mit hohem Mitteleinsatz** – wir nennen sie den »1. Weg« – führt zu den bekannten Problemen: Verarmung der Agrarökosysteme, Resistenzen bei den Schaderregern, Rückstände in Umwelt und Nahrung, sektorielle Überschüsse. Auch die protektionistische Agrarpolitik der Schweiz war also offensichtlich nicht in der Lage, die Landwirtschaft vor ökologischen Fehlentwicklungen zu bewahren. Immerhin blieb beispielsweise der Einsatz von Pflanzenschutzmitteln im westeuropäischen Vergleich auf einem noch relativ niedrigen Niveau.

Der EG-Binnenmarkt, die GATT-Verhandlungen und der innenpolitische Ruf nach Abbau der Agrarsubventionen erhöhen den Druck, die Produktion konkurrenzfähiger zu gestalten. Auf Natur- und Umweltschutzseite besteht ein starker Handlungsbedarf und eine große »Nachfrage«, so daß die Landwirtschaft hier ein Angebot machen sollte (im Mittelland sind ca. 3,5% der Fläche naturnahe Biotope, gefordert werden 10–12% [3]). Allerdings dürfte die Landwirtschaft unter den natürlichen und strukturellen Voraussetzungen der Schweiz, welche hohe Produktionskosten verursachen, auch in Zukunft ihre multifunktionellen Aufgaben nur mit bedeutender staatlicher Unterstützung erfüllen können. Notwendige und einschneidende Änderungen bei der schweizerischen Agrarhilfe, die sowohl den Bedürfnissen des Marktes als auch den Anliegen des Natur-, Umwelt- und Landschaftsschutzes [20] besser Rechnung tragen, wurden bereits vorgenommen oder sind im Gange. So existieren Produktionsbeschränkungen und anstelle von Preisstützungen treten vermehrt Direktzahlungen. Aufgrund politischer Entscheide soll nach einer Übergangsfrist der gesamte finanzielle Aufwand für besondere ökologische Leistungen (Landwirtschaftsgesetz Art. 31 b) gleich hoch sein wie für die Direktzahlungen zur Einkommenssicherung (Art. 31 a).

In der Produktionstechnik wird seit längerer Zeit versucht, die nachteiligen Folgen der Maximalertragsstrategie zu mildern, beispielsweise durch den Einsatz selektiver Wirkstoffe im Pflanzenschutz. Diese **auf Einzelprobleme ausgerichtete Taktik** – wir nennen sie den »2. Weg« – führte zu punktuellen Verbesserungen vor allem im Rahmen des Integrierten Pflanzenschutzes, eines von der Bekämpfung tierischer Schädlinge geprägten Vorläufers des Integrierten Landbaus. In der Schweiz wurden schon früh vor allem im Obst- und Weinbau bedeutende Anstrengungen zur Entwicklung und Einführung des Integrierten Pflanzenschutzes unternommen und auch beachtliche Erfolge erzielt [1; siehe 18].

Die Teilerfolge in den Spezialkulturen dürfen aber nicht darüber hinwegtäuschen, daß der Integrierte Pflanzenschutz seit seiner Konzeption in den 50er Jahren [19], trotz der weltweiten Anerkennung, im Ackerbau und auf der Stufe ganzer Betriebe nur beschränkte Anwendung fand. Dafür dürften drei Gründe wichtig sein:

1) Die Intensivierung der Produktion und die ungenügende Unterstützung der natürlichen Regulation des Agrarökosystems waren begleitet von neuen Problemen mit Schaderregern.
2) Die relativ preisgünstigen Pflanzenschutzmittel führten schnell zum Überschreiten der Schadenschwelle; sie erhielten als regulierende Fremdstoffe eine vorrangige Bedeutung.
3) Integrierter Pflanzenschutz richtet sich oft nur gegen einzelne Schaderregerarten; der Landwirt kann aber nicht nur einen bestimm-

ten Schaderreger berücksichtigen, sondern muß z. B. mit der Bodenbearbeitung verschiedene agronomische, ökologische und ökonomische Ansprüche gleichzeitig befriedigen.

Die Erkenntnis wächst, daß die vielfältigen ökologischen und ökonomischen Probleme der heutigen Landwirtschaft nicht mehr einfach eines nach dem anderen auf reduktionistische Art gelöst werden können [6]. Gefragt sind holistische Modelle, die den landwirtschaftlichen Betrieb als Ganzes einbeziehen und innerhalb der ökonomischen Rahmenbedingungen eine möglichst umfassende Ökologisierung anstreben. Zentrales Ziel einer **umfassenden Strategie** – wir nennen sie den »3. Weg« – ist eine nachhaltige und möglichst umweltschonende Produktion von Nahrungsmitteln hoher Qualität. Vorrangig ist die umfassende Unterstützung der natürlichen Regulationsfaktoren des Agrarökosystems (Tab. 98; zur Definition und Abgrenzung siehe [11]). Während in der Schweiz im Biologischen (ökologischen) Landbau ein ganzheitliches Systemdenken seit jeher stark verankert ist und in den Richtlinien konkreten Ausdruck findet, beginnt sich dieser Ansatz im Integrierten Landbau (oder Integrierte Produktion – IP) erst langsam durchzusetzen [13]. Im schweizerischen Obst- und Weinbau liegen immerhin schon seit längerer Zeit und ergänzt durch neue Untersuchungen [17] recht detaillierte Kenntnisse über die ökologische Wirkung ganzer Produktionssy-

Tabelle 98 »3. Weg«: Ökologische Ausrichtung des ganzen Betriebes
Im Gegensatz zum »1. Weg« (hoher »Input«) und zum »2. Weg« (an Einzelproblemen orientiert).

Ziele	Maßnahmen
1. Erzeugung qualitativ hochstehender landwirtschaftlicher Produkte. 2. Erhaltung der natürlichen Ressourcen und Bewahrung der Natur mit ihrem Eigenwert: Boden, Wasser, Luft, Pflanzen, Tiere, Ökosysteme, vielseitige Landschaften (biotischer, abiotischer, ästhetischer und ethischer Ressourcenschutz). 3. Sicherung eines genügenden Einkommens und einer befriedigenden sozialen Situation für leistungsfähige, möglichst autarke bäuerliche Betriebe und Betriebsgruppen.	1. Natürliche Potentiale ausschöpfen und schützen: – bei Nutztieren (widerstandsfähige Tiere, artgerechte Haltung), – bei Kulturpflanzen (Resistenzen, Sorten- und Artenmischungen, Fruchtfolge), – in Agrarökosystemen (natürliche Regulationsfaktoren, z. B. Nützlinge, Bodenfruchtbarkeit). 2. Betriebsfremde Produktionsmittel minimieren (»low input«). 3. Nährstoffbilanz ausgleichen und die Nährstoffverteilung der Vegetation anpassen. 4. Pflegeverfahren in erster Linie nach ökologischen und toxikologischen Kriterien auswählen. 5. Wirtschaftliche Bewertung des gesamten Bewirtschaftungssystems (und nicht nur von Einzelmaßnahmen) und über mehrere Jahre.

steme vor. Im Ackerbau wurden dagegen in der Vergangenheit nur sehr wenige Untersuchungen zum Gesamtsystem durchgeführt.

Daher wurde für Ackerbau- und Gemischtbetriebe (mit Viehhaltung) an der Schweizerischen Ingenieurschule für Landwirtschaft (SIL) das Projekt »Dritter Weg« begonnen. Ähnlich wie bei den Projekten »Lautenbacher Hof« in Deutschland und »Regionale Prototypen Integrierter Landbausysteme« in Holland (siehe Abschnitte 7.2.6 und 7.2.8) arbeiten hier Wissenschaft und Praxis eng zusammen (»on farm research«). Von den Ergebnissen dieses Projektes soll im folgenden berichtet werden. Den Abschluß bilden Hinweise auf andere, seither begonnene Forschungs- und Entwicklungsprojekte.

7.2.7.2 Projektbeschreibung

Im Projekt »Dritter Weg« dienen Praxisbetriebe als Versuchseinheiten und gleichzeitig als De-

monstrationsbetriebe. Das Ziel dieses Projektes ist die Weiterentwicklung eines ökologisch ausgerichteten Anbausystems. Es ist herausgewachsen aus vielen Gesprächen mit Fachspezialisten, Studenten, Landwirten und Laien. Der eigentliche Start erfolgte 1983, wobei erste gesamtbetriebliche Buchhaltungsvergleiche bis auf das Jahr 1981 zurückgehen. Ab 1985 wurden direkte Systemvergleiche an bis zu drei Standorten durchgeführt und seit 1988 verfügt es als offizielles Projekt der SIL über ein bescheidenes eigenes Budget (1 Projektleiter und 1 wissenschaftlicher Mitarbeiter sind zu je 20% ihrer Arbeitszeit für das Projekt angestellt). Wichtig ist die ausgedehnte Zusammenarbeit mit Universitäten, Forschungsanstalten, Landwirtschaftsschulen, privaten und öffentlichen Beratungsstellen und Bauernorganisationen.

Methoden: Auf 3 Praxisbetrieben (Tabelle 99), wir nennen sie Pilotbetriebe, wird ein definiertes, aber jährlich angepaßtes Bewirtschaftungs-

Tabelle 99   Beschreibung der 3 Pilotbetriebe

		Betrieb 1	Betrieb 2	Betrieb 3
Standort		Ipsach bei Biel, Talgebiet	Ipsach bei Biel, Talgebiet	Schlosswil (Emmental), Übergangszone
Höhe über Meer	m	450	430	750
Betriebsleiter		Gassner Hans	Käser Martin	Krähenbühl Rudolf
Jahresdurchschnitts-temperatur	°C	8,7 (IV–X: 13,8)	8,7 (IV–X: 13,8)	7,0 (IV–X: 11,0)
Landw. Nutzfläche	ha	16,2	20,1	10,1
Fruchtfolge		1. Winterweizen 2. Silomais/Soja/Z. Rüben 3. Roggen (Winterweizen) 4. Kartoffeln/Raps 5. Roggen 6.–8. Kunstwiese	1. Winterweizen 2. Zuckerrüben 3. Hafer/Protein-erbsen 4. Raps 5. Winterweizen 6. Körnermais	1. W. Weizen/Triticale 2. Kartoffeln/Silomais 3. Hafer 4. Wintergerste 5.–8. Kunstwiese
Tierhaltung		19 Milchkühe, 400 Legehennen	140 Mastschweine-plätze	9 Milchkühe mit Aufzucht, 9 Zucht-, 4 Mastschweineplätze
Milchkontingent	kg	85'500	–	43'600
Arbeitskräftezahl	AK	2,0	1,2	1,2
Boden				
pH		6,2–7,1	5,4–7,3	6,2–7,0
organisches C	%	1,4–4,4	1,4–6,1	2,3–4,6
Bodenarten		lehmiger Sand bis lehmiger Ton	sandiger Lehm bis toniger Schluff	sandiger Lehm bis Lehm
Bodentypen		Braunerde (z.T. gleyig), zudem Braunerde-Pseudogley	alluvialer Braunerde-Gley und Gley auf Torfunterlage	Braunerde

system für Integrierte Produktion (IP) angewendet. In den Grundsätzen richtet sich diese Bewirtschaftung nach den Angaben in Tabelle 98 und den im folgenden charakterisierten Bedingungen:

Betriebsleiter: Führen von Betriebsheften (Schlagkartei, Stalljournal usw.), Teilnahme an IP-Gruppenberatung und alljährliche Weiterbildung in IP.

Ökologische Ausgleichsflächen: Mindestens 5% der landwirtschaftlichen Nutzfläche, angestrebt werden 10%: Hecken und Waldränder inklusive Krautsäume, nicht oder spät geschnitten und ungedüngt. Extensiv genutztes Wiesland, spät geschnitten und ungedüngt. Grünland mit nützlingsfördernden Pflanzen, nicht oder spät geschnitten, ungedüngt und ungespritzt. Extensive Hochstammobstbäume und einheimische Einzelbäume. Begrünte Wege und Wegränder.

Bodenbearbeitung: Nur in abgetrocknetem Zustand. Pflug nur wenn nötig. Frühjahrsfurche (Ausnahme: Böden mit hohem Tonanteil). Doppelräder oder gleichwertige Einrichtungen.

Fruchtfolge: Ziele: Vorbeugung gegen zu starkes Auftreten von Unkräutern, Krankheiten und Schädlingen. Bedeckter Boden während des Winters.
Mindestens 4 verschiedene Kulturen pro Rotation. Maximal 50% Getreide; maximal 40% Weizen; maximal 33% Mais; maximal 33% Kartoffeln; maximal 25% Zuckerrüben; maximal 50% Hackfrüchte. Gemischte Betriebe (mit Rindvieh) mindestens 2 Jahre Kunstwiese in 10 Fruchtfolge-Jahren.

Düngung: Ausgeglichene Nährstoffbilanz; soweit möglich Grünbedeckung, um Nährstoffverluste zu verhindern. Parzellen- und zeitbezogene Düngung. Grunddüngung aufgrund von Bodenanalysen und Pflanzenbedarf. Kulturspezifische N-Düngung (Weizen: $\leq 100\,\text{kg N}-N_{min}$, Einzelgabe < 60 kg N/ha). Rindviehlose Betriebe:

Ernterückstände (Stroh, Zuckerrübenlaub usw.) auf dem Feld lassen.

Pflanzenschutz: Vorrang haben natürliche Begrenzungsfaktoren: Fruchtfolge; resistente Sorten; Sorten-, Artenmischungen; reduzierte N-Düngung; Förderung der natürlichen Gegenspieler. Keine Wachstumsregulatoren. Bei chemischen Mitteln Gebrauch von Prognosesystemen, Schadenschwellen. Wenn direkte Maßnahmen, ist nach folgendem Fragenkatalog vorzugehen:
– Sind mechanische oder biologische Verfahren anwendbar? – Ist bei chemischen Mitteln Teilflächenbehandlung möglich (Nesterbehandlung, Bandspritzung)?
– Kann eine reduzierte Menge eingesetzt werden?
– Auswahl der Pflanzenbehandlungsmittel nach: Giftigkeit, Auswaschung, Nützlingsschonung, Pflanzenverträglichkeit, Abbau, Resistenz-Mechanismen.

Tierhaltung: Maximal 1,6 DGVE[1]) für offenes Ackerland, maximal 2,3 DGVE für Wiesland (mehr DGVE toleriert, wenn eine ausgeglichene Nährstoffbilanz für P nachgewiesen werden kann). Mindestens 80% des Futters aus dem eigenen Betrieb (Austausch möglich, z. B. Gerste für Weizen). Keine unessentiellen Substanzen (Wachstumsförderer) im Futter. Aufstallung: Keine Vollspaltenböden. Platzangebot 10% größer, als nach Tierschutzverordnung. Einstreue oder Tiefstreu. Schweine nicht einzeln gehalten oder angebunden.
In Einzelheiten gelten Mindestanforderungen und flexible Zielvorgaben, wie sie exemplarisch in Tabelle 100 für die Unkrautbekämpfung dar-

---

[1]) Düngergroßvieheinheiten, entsprechend dem Düngeranfall einer 600 kg schweren Kuh.

Tabelle 100 Richtlinien für die Integrierte Produktion von Weizen am Beispiel der Unkrautbekämpfung

obligatorisch	empfohlen	erlaubt	unerlaubt
mechanische Bekämpfung (Striegel)	Herbizide nur auf Teilflächen und/oder in reduzierter Menge	Nachauflaufherbizide gemäß dichtebezogener Schadschwelle	Vorauflaufherbizide
sofort nach Ernte Stoppelbearbeitung (Ausfallgetreide)	nach Ernte mechanische Queckenbekämpfung		

gestelt sind (weitere Richtlinien siehe Häni [8] und Niklaus et al. [15].

Es kommen zwei verschiedene Arten von Vergleichen zur Darstellung:
Buchhaltungsvergleiche: Die betriebswirtschaftlichen Ergebnisse der IP-Pilotbetriebe werden mit den Durchschnittswerten ähnlicher, »konventioneller« Betriebe verglichen (FAT[2])-Zahlen).

Direktvergleiche auf Pilotbetrieben: Zur Erhebung ökonomischer und ökologischer Kenngrößen werden Vergleichsparzellen mit konventioneller Produktion (KP) und solche ohne Einsatz von Pflanzenschutzmitteln (0) angelegt (statistische Vergleiche von Wertepaaren mit 4–5 Wiederholungen).

Die Betriebsleiter der Pilotbetriebe sind Meisterlandwirte, wurden in Integriertem Landbau weitergebildet und haben darin praktische Erfahrungen. Nach Gesprächen mit dem Projektleiter, welcher neue Informationen aus Forschung, Beratung und Praxis vermittelt, entscheidet im Rahmen der definierten Minimalanforderungen der Betriebsleiter über sämtliche Maßnahmen in der gesamtbetrieblichen IP-Variante.

Für die KP-Vergleichsparzellen legt die Projektleitung den Einsatz von Pflanzenschutzmitteln und Düngern entsprechend der in der Region üblichen Praxis fest. Die Variante 0 unterschei-

det sich von der Variante IP durch den Verzicht auf Pflanzenschutzmittel.

In Fruchtfolge, ökologischem Ausgleich und Tierhaltung bestehen keine Unterschiede. Alle drei Varianten profitieren deshalb von den diesbezüglichen günstigen Voraussetzungen. Bestimmte grundsätzliche Fragestellungen werden auch auf Versuchsparzellen außerhalb der Projektbetriebe abgeklärt.

7.2.7.3 Ergebnisse bei ökonomischen und agrotechnischen Parametern

Buchhaltungsvergleiche: Die direktkostenfreien Erträge (DfE's) einzelner Betriebszweige der Pilotbetriebe entsprachen in der Regel mindestens dem Durchschnitt der Vergleichsbetriebe (Beispiele in Tabelle 101). Eine negative Abweichung zeigt der DfE von Raps. Beim hohen schweizerischen Rapspreis wären hier mit etwas mehr Pflanzenschutz ökonomisch bessere Ergebnisse zu erzielen. Ein sehr hoher DfE wurde bei Roggen dank guter Ausnützung von Restnährstoffen der Vorfrucht und optimaler Bestandesführung erzielt.

Gesamtbetriebliche Untersuchungen der 3 Pilotbetriebe ergaben – abgesehen von zusätzlichem Arbeitsaufwand (siehe Tabelle 102) – für die integrierte Produktion mindestens ebenbürtige wirtschaftliche Ergebnisse wie für die konventionelle Produktion [8, 9]. Allerdings wurden diese Ergebnisse von sehr motivierten Betriebsleitern, mit großer Erfahrung in integrierter Produktion erzielt.

---

[2]) FAT: Eidgenössische Forschungsanstalt Tänikon.

Tabelle 101 Integrierte Produktion in absoluten Zahlen (dt/ha) und in % der Durchschnittswerte strukturell vergleichbarer, konventioneller Betriebe. Die Prozentzahlen beziehen sich auf SFr./ha. Betrieb 1: 1981–1991 (Roggen und Raps nur 1989–91), Betrieb 2: 1985–1991 (Hafer nur 1987–91).

Integrierte Produktion		Winterweizen		Roggen	Hafer	Körnermais	Zuckerrüben		Raps	
		Betrieb 1	Betrieb 2	Betrieb 1	Betrieb 2	Betrieb 2	Betrieb 1	Betrieb 2	Betrieb 1	Betrieb 2
Ertrag	dt	57,3	59,6	57,7	60,8	92,3	630	682	25,7	27,6
Ertrag	%	100	97	112	97	97	98	102	85	90
Dünger	%	57	73	16	64	64	34	83	44	33
PBM[1])	%	49	29	36	55	27	37	37	23	76
DK[2])	%	75	78	63	77	64	59	69	73	80
DfE[3]	%	107	102	122	100	103	104	107	89	94

[1]) PBM = Pflanzenbehandlungsmittel. [2]) DK = Direkte Kosten (Dünger, PBM, Saatgut, Reinigung usw.).
[3]) DfE = Direktkostenfreier Ertrag.

Direktvergleiche auf den Pilotbetrieben: Der durchschnittliche Naturalertrag von Weizen war in der IP- und in der 0-Variante geringer als in der KP-Variante (Abb. 126). Dank Bundesbeiträgen und höheren Marktpreisen für IP und 0 seit 1990 sind die Unterschiede beim finanziellen Ertrag geringer und die kleineren Direktkosten führen zu nahezu gleichen DfE's und Deckungsbeiträgen (DB) in IP und KP. Die Maschinenkosten (MZK) und die Arbeitskosten (AKhP) für die Produktion einzelner Kulturen wie auch gesamtbetrieblich (inklusive Tierhaltung) waren bei IP und KP ähnlich (Tabelle 102).
Bedeutend sind dagegen die zusätzlichen Arbeiten für Bodenproben, Schadschwellen-Bestimmung, Nährstoffbilanzen usw. (AKhZ), die in der KP nicht durchgeführt werden müssen. Zu den AKhZ wird auch der Arbeitsaufwand für im Vergleich zur KP allenfalls zusätzlich nötiges Nachjäten gezählt. Die AKhZ wirken sich bei Betrieb 2 gesamtbetrieblich stärker aus (+ 8,9%), weil es sich hier um einen rindviehlosen Betrieb mit hohem relativem Arbeitsanfall im Pflanzenbau handelt.

7.2.7.4 Ergebnisse bei ökologischen Parametern

Offensichtliche Kriterien sind die Menge ausgebrachter Hilfsstoffe und die allenfalls daraus resultierenden Rückstände im Boden, im Grundwasser oder in den Pflanzen. Daneben können Bioindikatoren wesentliche Anhalts-

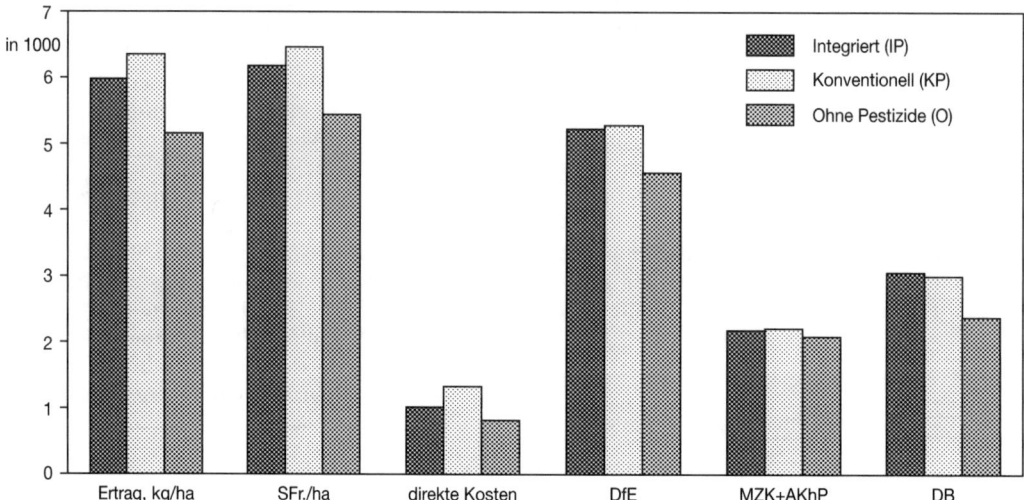

Abb. 126 Wirtschaftliche Ergebnisse bei Winterweizen. Durchschnitte der 3 Pilotbetriebe von 1986–1991 (23 Direktvergleiche). Deckungsbeitrag (DB) = DfE – (MZK+AKhP). Abkürzungen siehe Tabelle 101 und 102.

Tabelle 102 Direktvergleiche auf den Pilotbetrieben. Arbeitskraftstunden für die Produktion (AKhP) absolut. AKhP, Maschinen- und Zugkraftkosten (MZK) in % der konventionellen Variante. Zusätzliche »Öko«-AKh für Bodenproben, Schadschwellen-Bestimmung, Heckenpflege, Aufzeichnungen usw. (AKhZ). Durchschnitte von 1991 und 1992.

Inte-grierte Produktion		Winterweizen		Zuckerrüben		Raps		Gesamtbetrieb	
		Betrieb 1	Betrieb 2	Betrieb 1	Betrieb 2	Betrieb 1	Betrieb 2	Betrieb 1	Betrieb 2
AKhP/ha		24,3[1])	13,7	151,5	144,3	12,9	12,3	397,8	103,3
AKhP	%	93	92	101	102	93	97	101	101
MZK	%	97	96	100	102	97	99	101	101
AKhZ	%	+ 20,6	+43,8	+19,3	+19,9	+30,0	+34,8	+2,3	+8,9

[1]) Inklusive Strohbergung (auf Betrieb 2 bleibt Stroh auf dem Feld).

punkte liefern. Untersuchungen mit Barber-Fallen, mit einer modifizierten Berlese-Tullgren-Methode, mit Nematoden-Extraktionsgeräten, mit standardisierten Kescherfängen und Sauggeräten zeigten sehr interessante Einflüsse von ökologischen Ausgleichsflächen, Untersaaten, verschiedenen Fruchtfolgen, einer Restverunkrautung und des ganzen Bewirtschaftungssystems.

Die wichtigsten Ergebnisse können wie folgt zusammengefaßt werden: Der Aufwand an **Pflanzenschutzmitteln** lag, den Richtlinien entsprechend, in den integrierten Produktionssystemen (IP) erheblich unter dem Niveau der KP-Varianten (Tabelle 103). Die Restverunkrautung im Weizen führte zwar zum früheren Auftreten von Blattläusen, aber die ebenfalls geförderten Nützlinge bewirkten einen Populationszusammenbruch vor dem Erreichen der Schadenschwelle. Gefördert wurden **Nützlinge** wie Schwebfliegen (Syrphidae), Kurzflügler (Staphylinidae), bestimmte Laufkäfer-Arten (Carabidae), Schlupfwespen (parasitische Hymenopteren), Spinnen und pilzliche Schädlingskrankheiten (Entomophthorales). Der Einfluß von Hecken mit magerem Krautsaum war ähnlich; in angrenzenden Weizenfeldern traten Schädlinge wie Getreidehähnchen und Getreidehalmfliege und Nützlinge wie Kurzflügler, einige Laufkäfer-Arten, Schwebfliegen, Florfliegen und Schlupfwespen früher und/oder in höherer

Tabelle 103 Anzahl chemischer Pflanzenschutzmaßnahmen (ohne Saatgutbeizmittel) in der integrierten Produktion (IP) und in der konventionellen Produktion (KP). Jeder Wirkstoffeinsatz wurde als 1 Behandlung gerechnet, unabhängig von der Aufwandmenge. Bei Teilbehandlungen wird nur der entsprechende Flächenanteil gerechnet. Jahresdurchschnitte von Mais, Winterweizen, Kartoffeln, Zuckerrüben und Raps auf den 3 Pilotbetrieben (insgesamt 62 Direktvergleiche), 1986–1992.

	Durchschnitt	
	IP	KP
Herbizide	0,5	1,4
Fungizide	0,7	1,3
Wachstumsregulatoren	0	0,2
Insektizide/Nematizide	0,1	0,7
Insgesamt	1,3	3,6

Dichte auf. Blühende Pflanzen erwiesen sich als attraktiv für Schwebfliegen und Schlupfwespen [7].

Als **Boden-Bioindikator** hat sich für den Vergleich der Bewirtschaftungssysteme der Regenwurm-Formalintest bewährt: Die Ergebnisse in Abb. 127 sind ein deutlicher Hinweis auf die

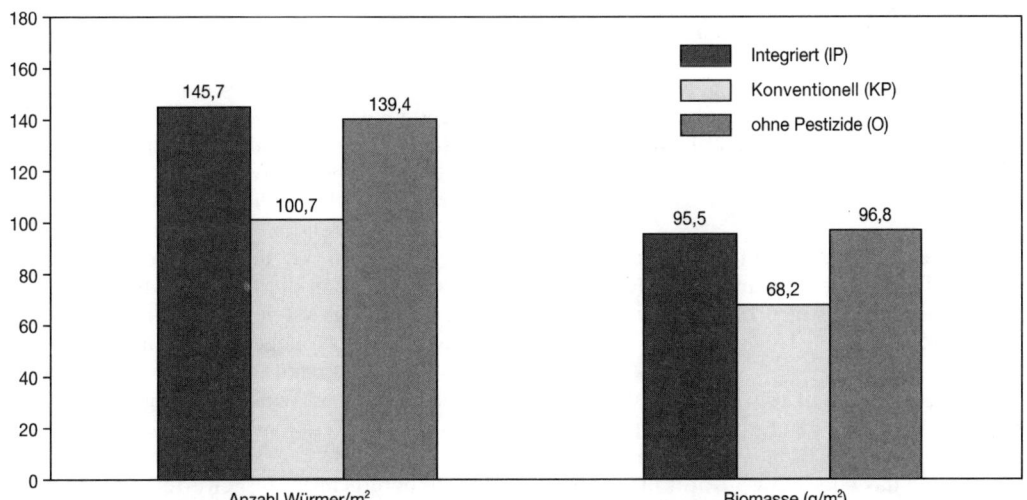

Abb. 127 Regenwurmbesatz. Durchschnitte der 3 Pilotbetriebe von 1987–1992 (19 Direktvergleiche). Die Unterschiede zwischen IP und KP und zwischen 0 und KP sind signifikant (P<0,01). Die Unterschiede zwischen 0 und IP sind nicht gesichert. In IP und O vorwiegend anözische Wurmarten (z. B. *Lumbricus terrestris* und *Nicodrilus* spp.), in KP endogäische Arten (z. B. *Allolobophora* spp.).

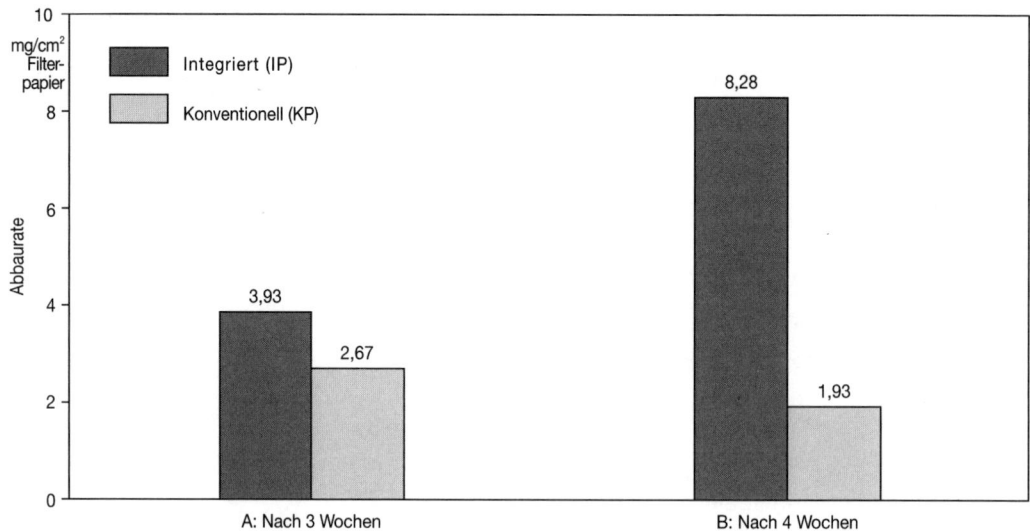

Abb. 128 Zelluloseabbau auf Pilotbetrieb 1, 1988. 4 Tage nach der Zuckerrübensaat wurden für die Abbauzeiten A und B getrennte Probenreihen in der obersten Bodenschicht angelegt (Bodenart: schwach humoser, sandiger Lehm). Nur bei Abbauzeit B signifikante Unterschiede (P<0,01).

bodenökologisch schonende Wirkung des integrierten Systems gegenüber der konventionellen Bewirtschaftung. Ferner ergaben Messungen der CO_2-Freisetzung und der Biomasse (ATP) im Boden signifikant höhere Werte in den Varianten »IP« und »0« [23, siehe 14]. Interessante Ergebnisse liefert auch der Zellulose-Abbautest: Wie Abb. 128 mit Ergebnissen in Zuckerrüben erkennen läßt, zeichnete sich die IP-Variante durch einen schnelleren und stärkeren Zellulose-Abbau aus als die KP-Variante. Bei diesem Abbautest kann allerdings die Bodenart einen großen Einfluß haben: Keine signifikanten Unterschiede zwischen den Bewirtschaftungssystemen resultierten in Böden mit hohem Skelettanteil [Methoden siehe 7].

7.2.7.5 Beziehung zu weiteren Projekten für integrierten und auch für biologischen Ackerbau in der Schweiz

Pilotbetriebsnetz – Seit 1991 für vorläufig 3 Jahre betreuen die Beratungszentralen der Deutschschweiz (LBL), der Westschweiz (SRVA) und das Forschungsinstitut für Biologischen Landbau (FIBL) ein gesamtschweizerisches Pilotbetriebsnetz mit 205 Betrieben für Integrierten bzw. Biologischen (ökologischen) Landbau. Die 3 vorgestellten Pilotbetriebe des Projekts »Dritter Weg« sind an dem Projekt beteiligt. Mit diesem Betriebsnetz soll abgeklärt werden, wie die mit dem neuen Art. 31b des Landwirtschaftsgesetzes zu unterstützenden integrierten und biologischen Landbauformen abgegrenzt und gefördert werden können, welche ökologischen Konsequenzen zu erwarten sind und in welcher Höhe sich Direktzahlungen bewegen sollen.

Dieses Betriebsnetz hat sich bereits als sehr hilfreiches Mittel zur besseren Verbreitung ökologischer Anbaumethoden in der Praxis erwiesen. Viele Landwirte, die schon länger eine umweltschonende Bewirtschaftung angestrebt haben, fühlen sich durch den Einbau in ein nationales Netz, die intensivierte Beratung und die bessere Vergleichsmöglichkeit mit anderen integriert wirtschaftenden Betrieben in ihren Bestrebungen bestärkt, und weitere interessierte Landwirte können die Durchführbarkeit dieses Bewirtschaftungssystems direkt auf den Betrieben ihrer Berufskollegen überprüfen.

Obwohl die Mehrzahl der Einzelanforderungen nicht sehr anspruchsvoll ist (geringer als im Projekt »Dritter Weg«), gibt es nur ganz wenige Betriebe, welche die kumulierten Mindestansprüche bereits im 1. ausgewerteten Jahr (1991) erfüllt haben. Das zeigt, daß vor allem die Vernetzung der Einzelanforderungen zu einem gesamtbetrieblichen System hohe Anforderungen an den Betriebsleiter stellt. Auf der anderen

Seite ist gerade diese Vernetzung ein wichtiges Wesensmerkmal des Integrierten Landbaus, und wie die Ergebnisse des Projekts »Dritter Weg« zeigen, bietet die konsequente ökologische Ausrichtung des Gesamtbetriebes den Vorteil, daß synergistische Effekte der aufeinander abgestimmten Einzelmaßnahmen zum Tragen kommen.

Wünschenswert wäre, daß im Pilotbetriebsnetz in Zukunft aussagekräftige Bioindikatoren erhoben würden, um zeigen zu können, ob die vorgegebenen Anforderungen auch wirklich zu einer »Ökologisierung« der Landwirtschaft führen. Nur so lassen sich ökologisch begründete Direktzahlungen in der Öffentlichkeit stichhaltig vertreten.

Forschungs- und Entwicklungsprojekte – Zur Weiterentwicklung und ständigen Überprüfung ökologisch ausgerichteter Anbausysteme braucht es Projekte mit Direktvergleichen verschiedener Anbausysteme. Neben einem schon langjährigen Vergleichsversuch von Biologischem (ökologischem) mit Konventionellem Landbau und dem Projekt »Dritter Weg« wurden seit 1987 fünf weitere Projekte mit Direktvergleichen von IP und KP in verschiedenen Regionen der Schweiz begonnen. Vor allem die beiden durch die Eidgenössischen Forschungsanstalten Zürich-Reckenholz (landwirtschaftlicher Pflanzenbau) und Tänikon (Betriebswirtschaft und Landtechnik) sowie die Landwirtschaftsschule Willisau mit bedeutendem Forschungsaufwand in Angriff genommenen Projekte in Willisau und Tänikon versprechen neue Erkenntnisse für die Zukunft. In Willisau dient wie beim »Dritten Weg« der ganze landwirtschaftliche Betrieb als Versuchseinheit, bei allen anderen Projekten sind es Subsysteme (z. B. eine Fruchtfolge). Aufgrund erster Ergebnisse besteht beim Projekt in Willisau recht gute Übereinstimmung mit dem Projekt »Dritter Weg«, allerdings fast durchwegs mit etwas niedrigeren direktkostenfreien Erträgen (DfE's) und Deckungsbeiträgen (DfE-Durchschnitte 1991/92, IP in % von KP: Winterweizen 95%, Körnermais 93%, Hafer 96%, Kartoffeln 92% [21]). Noch deutlich schlechtere Ergebnisse wurden zum Teil im Projekt in Tänikon (erst 1-jährige Resultate mit Winterweizen [5]) und in einfachen Versuchen mit Teilsystemen durch verschiedene Landwirtschaftsschulen erzielt.

Häufiger Grund für diese im Vergleich zum Projekt »Dritter Weg« und zu anderen europäischen Projekten [10, 22] schlechteren Ergebnisse der IP dürfte der Betriebsleiter-Einfluß sein. In praxisnahen Projekten zur Systementwicklung ist besonders wichtig, daß der für IP geschulte und motivierte Betriebsleiter wirklicher *Entscheidungsträger* und auch Träger der finanziellen Konsequenzen seiner Entscheidungen ist und nicht nur Ausführender im Sinne von »Dienst nach Vorschrift«.

Trotz dieser Relativierung zeigen die erwähnten Ergebnisse, daß unter ungünstigen Voraussetzungen die IP-Variante große finanzielle Einbußen bewirken kann. Da vor allem Unerfahrenheit mit IP eine Umstellung erschwert, können mit nur schrittweiser Einführung der IP langsam und stetig Erfahrungen gesammelt werden, um keine allzu großen Risiken eingehen zu müssen. Immer sollte jedoch das ganze Bewirtschaftungssystem im Auge behalten werden. Deshalb ist es besser, in sämtlichen Subsystemen (Düngungssystem, Pflanzenschutzsystem, Tierhaltung usw.) kleine, koordinierte Schritte zur Ökologisierung zu machen, als einen einzigen Teilbereich sofort umzustülpen. Die Empfehlungen des SVIAL (Schweiz. Verband der Ing.-Agronomen) konkretisieren eine solche Vorgehensweise mit der sog. Einstiegsvariante [15].

7.2.7.6 Folgerungen und Ausblick

Im Projekt »Dritter Weg« schnitt das integrierte Bewirtschaftungssystem sowohl in ökonomischer als auch in ökologischer Hinsicht sehr positiv ab und wird als funktionsfähige Alternative zum Konventionellen Landbau betrachtet. Diese Ergebnisse stimmen mit den Erfahrungen aus anderen Systemvergleichen in verschiedenen Ländern innerhalb und außerhalb Europas überein [10, 12]. Für *jedes* Bewirtschaftungssystem ist vernetztes Denken und ein sich am Gesamtsystem orientierendes Handeln vorteilhaft. Ein schematisches Vorgehen ohne ständige dynamische Anpassung dürfte jedoch im konventionellen Anbau noch eher zu akzeptablen wirtschaftlichen Ergebnissen führen als im integrierten. Damit ist auch gesagt, daß integrierter Anbau andere Anforderungen an Landwirt, Beratung und Forschung stellt. Die anspruchsvollere Betriebsführung und der höhere Arbeitsaufwand (Tabelle 102) entsprechen einer Leistung mit positiver Umweltwirkung; sie rechtfertigen deshalb eine Abgeltung durch die öffentliche Hand (Direktzahlungen).

Internationaler Wirtschaftsdruck, gekoppelt mit sinkenden Preisen, ruft nach einer verstärkten Rationalisierung und einer besseren Orientierung der Produktion am Markt. Diese Situation kann natürlich durchaus einen Teil der Landwirte dazu veranlassen, eine Überlebensstrategie zu versuchen, welche die Produktion mit allen Mitteln weiter rationalisiert und intensiviert (Prinzipien des **1. Wegs**). Gleichzeitig gibt es aber einen zunehmenden öffentlichen Druck zur Förderung einer ökologisch ausgerichteten Bewirtschaftung. Nicht zuletzt unter dem Druck von außen (GATT und EG-Binnenmarkt) ist in jüngster Zeit in der Schweiz Bewegung in die Zertifizierung ökologisch ausgerichteter Bewirtschaftungssysteme gekommen. Im Biologischen (ökologischen) Landbau, wo schon seit längerer Zeit unter einheitlichem Markenlabel produziert wird, kam kürzlich eine Herkunftsbezeichnung (»Biosuisse«) hinzu. Neuerdings gibt es auch starke Bemühungen zur integrierten Produktion unter einem gemeinsamen IP-Label auf der Basis von Mindestvorschriften (in den Spezialkulturen bereits verwirklicht). Auf EG-Stufe sind ähnliche Bestrebungen im Gange [4].

Die künftige Entwicklung abzuschätzen ist sehr schwierig, weil das Ausmaß der Ökologisierung letztlich von den ökonomischen und gesellschaftlichen Rahmenbedingungen abhängt. Wird einseitig auf kurzfristige wirtschaftliche Konkurrenzfähigkeit und entsprechende »Strukturanpassung« – sprich Betriebsvergrößerung und Wegrationalisierung von Arbeitsplätzen (wohin?) – gesetzt, dürfte der Spielraum für eine gesamtbetriebliche Ökologisierung stark schrumpfen, ganz besonders unter erschwerten Produktionsbedingungen. Die erwähnten schweizerischen Direktzahlungen für ökologische Leistungen der Landwirte können hier den Spielraum vergrößern (Landwirtschaftsgesetz Art. 31 b). In welchem Ausmaß und unter welchen Bedingungen die Öffentlichkeit willens und in der Lage ist, solche Ausgleichszahlungen zu leisten, bleibt abzuwarten.

Es bestehen Tendenzen, die Direktzahlungen für IP an starre, einfach kontrollierbare Einzelvorschriften zu knüpfen (Prinzipien des **2. Wegs**). Das fördert eine statische, minimalistische IP. Als Ergänzung sind flexible, gesamtbetrieblich ausgerichtete Orientierungshilfen besonders wichtig (Prinzipien des **3. Wegs**). Dabei sind klare ökologische Ziele vorzugeben. Den für ihn besten Weg soll aber der Landwirt frei wählen können und er soll motiviert werden, ständig bessere Lösungen zu suchen (z. B. mit einem Bonus-Malus-Verfahren [2] oder mit ökologischen Kenndaten [16]).

Im weltweiten Rahmen und unabhängig von den ökonomischen und politischen Rahmenbedingungen sind allein nachhaltige Landbausysteme, welche sich an den Agrarökosystemen orientieren, die Ressourcen schützen und die natürliche Regulation unterstützen, vernünftig und verantwortbar. Da sich ein umfassend verstandener Integrierter sowie der Biologische (ökologische) Landbau in besonderem Maße an diesen Zielsetzungen orientieren, ist deren weitere Entwicklung und Verbreitung zu unterstützen und, wie es scheint, auch tatsächlich zu erwarten.

7.2.8 Entwicklung regionaler Prototypen Integrierter Landbausysteme in den Niederlanden[1])

F. G. Wijnands, Lelystad, und
P. Vereijken, Wageningen
(Niederlande)

7.2.8.1 Einführung

In den Niederlanden werden derzeit in verschiedenen Anbauregionen auf drei Versuchsbetrieben Prototypen Integrierter Landbausysteme entwickelt. Sie befinden sich in Nagele im zentralen Marschgebiet (seit 1979), in Borgerswold im nordöstlichem Sandgebiet (seit 1986) sowie in Vredepeel im südöstlichem Gebiet leichter Sandböden (seit 1989). Sie repräsentieren somit die wichtigsten Bodentypen für den Ackerbau. Über die Strategie des Integrierten Landbaues und über bisherige Entwicklungsarbeiten in den Niederlanden haben wir in einer Reihe von Veröffentlichungen der letzten Jahre berichtet [8, 9, 11, 13, 15, 17].

Die Regierung der Niederlande hat vor kurzem zwei Programme akzeptiert, mit deren Hilfe die Landwirtschaft in den Niederlanden restrukturiert und saniert werden soll [2, 3]. Die folgenden Punkte betreffen die wichtigsten Aspekte für den Landbau:

---

[1]) Gekürzte, übersetzte und überarbeitete Fassung eines Beitrages in »Neth. J. Agr. Science **40** (1992).

- Der Aufwand von Pflanzenschutzmitteln soll stark reduziert (auf 50% im Jahr 2000 im Vergleich zu 1985–1988) und das Spektrum der zugelassenen Pflanzenschutzmittel drastisch saniert werden (keine mobilen und persistenten Wirkstoffe mehr).
- Im Bereich der Nährstoffe soll die Verflüchtigung von Ammonium stark reduziert werden (auf 70% im Jahr 2000 im Vergleich zu 1985). Darüber hinaus wurden Qualitätskriterien für N und P in Oberflächenwasser (2,2 mg N/l und 0,15 mg P/l) sowie im Grundwasser (11,2 mg $N\text{-}NO_3$/l) festgelegt. Die Verwendung organischer Dünger ist im Bezug auf die Aufwandmenge (P-Norm), den Zeitraum der Ausbringung sowie die Ausbringungstechnik begrenzt. Maßnahmen und Kriterien im Bezug auf den mineralischen Stickstoffgehalt des Bodens im Herbst sind in der Diskussion, um die Nitratauswaschung in das Grundwasser zu begrenzen.

Die Landwirtschaft in den Niederlanden ist folglich gezwungen, die Qualität der Umwelt als ein wichtiges Ziel zu akzeptieren und es mit den konventionellen Zielen der Einkommenssicherung und der Beschäftigung in Einklang zu bringen. Die Regierung betrachtet die Systeme des Integrierten Landbaues als den besten Weg, eine wettbewerbsfähige, auf die Dauer tragfähige und sichere Landwirtschaft zu erreichen. Entsprechend dem politischen Plan sollen bis zum Jahr 1994 wenigstens 30%, bis zum Jahre 2000 100% der Landwirte den Integrierten Landbau praktizieren [2].

Daher wurde ein Projekt begonnen, den Integrierten Landbau zunächst auf experimenteller Basis in die Praxis einzuführen, wie dies von WIJNANDS [18] beschrieben worden ist. In dem vorliegenden Beitrag wird als erster Schritt die Entwicklung regionaler Prototypen des Integrierten Landbaues auf entsprechenden Versuchsbetrieben beschrieben.

7.2.8.2 Regionalspezifische Entwicklung von Prototypen des Integrierten Landbaues (IL)

Nagele, zentrale Marschbodenregion – Die wichtigsten Gebiete des Ackerbaues in den Niederlanden sind die südwestlichen, zentralen und nördlichen Zonen der schweren Marschböden. Die meisten dieser Böden sind gut drainiert und

sehr fruchtbar. Die geringen Betriebsgrößen von 25–50 ha zwingen die Landwirte, Kulturen hoher Marktleistung mit hohem Aufwand in engen Fruchtfolgen anzubauen. Die Kartoffel ist die Kultur mit der höchsten Wirtschaftlichkeit, gefolgt von Zuckerrüben und Gemüse wie Zwiebeln und Kohl. Getreide ist wirtschaftlich weniger attraktiv, in der Fruchtfolge als Unterbrechung jedoch erforderlich.

Die meisten Fruchtfolgerotationen umspannen nur 3–4 Jahre. Folglich verursachen Rüben und Kartoffelnematoden schwerwiegende Probleme und zwingen den Landwirt zur regelmäßigen kurativen oder prophylaktischen Bodenentseuchung. In der zentralen Marschregion sind Konsumkartoffeln, im nördlichen Marschgebiet Pflanzkartoffeln die wichtigsten Kulturen. Im südwestlichen Gebiet sind die Fruchtfolgen traditionell etwas vielseitiger.

Neben den generellen Zielen des IL strebt der Prototyp auf den Marschböden die nichtchemische Kontrolle der Kartoffelnematoden an. Kartoffeln in der Fruchtfolge im Verhältnis 1:4 wird als guter Kompromiß angesehen zwischen gesunden Fruchtfolgen (1:5 oder 1:6) mit geringerem Gewinn und finanziell hoch ertragreichen, engen Fruchtfolgen (1:3) unter hohem Schädlings- und Krankheitsdruck und daher hohem Bedarf an Pflanzenschutzmitteln.

Der IL-Prototyp für Marschböden besteht seit 1979 auf dem nationalen Versuchsbetrieb für die Entwicklung und den Vergleich alternativer Anbausysteme in Nagele im Nordostpolder. Die Betriebsgröße beträgt 72 ha, der Boden ist ein schwerer, sandiger, mariner Ton mit einem Schluffanteil von 24%. Drei Anbausysteme wurden bis 1991 überprüft: Integriert, konventionell und organisch (biodynamisch), (Tabelle 104). Weitere Details zu diesem Projekt sind zu entnehmen bei ZADOKS [19], VEREIJKEN [10], WIJNANDS [16] sowie HOFMEESTER und WIJNANDS [4].

Der IL-Prototyp unterscheidet sich nicht vom konventionellen System in Bezug auf den Fruchtfolgeplan, ist aber im Hinblick auf Sortenwahl, Fungizideinsatz, Unkrautbekämpfung und Düngung wie folgt charakterisiert:

- Nichtchemische Maßnahmen gegen Nematoden durch ständiges Abtöten der Aufwuchskartoffeln in den anderen Kulturen, sowie durch den Anbau resistenter Kartoffelsorten auf der Basis intensiver Beobachtung der Pathotypen und der Populationsdichte des Kartoffelzystennematoden [6].

Tabelle 104 Landbausysteme und Fruchtfolgen auf den 3 Versuchsbetrieben Nagele, Borgerswold und Vredepeel in den Niederlanden

Nagele	konventionell (Referenz) integriert	biodynamisch
	1. ½ Konsum-, ½ Pflanzkartoffeln 2. ½ Trockenerbsen, ¼ Karotten, ¼ Zwiebeln 3. Zuckerrüben 4. Winterweizen	1. Konsumkartoffeln 2. Winterweizen 3. Winterkarotten 4./5./6. 3 Jahre Kleegras 7. Zwiebeln 8. Winterweizen/Pflanzkart. 9./10./11. 3 Jahre Kleegras

Borgerswold	konventionell (Referenz)	konventionell/integriert (weniger Wurzelfrüchte)	
	1. Stärkekartoffeln 2. Zuckerrüben 3. Stärkekartoffeln 4. Winterweizen	1. Stärkekartoffeln 2. Sommerweizen 3. Trockenerbsen 4. Grassamen	5. Stärkekartoffeln 6. Ackerbohnen 7. Zuckererbsen 8. Winterweizen

Vredepeel	integriert (mehr Wurzelfrüchte)	konventionell/integriert (Referenz)	integriert (weniger Wurzelfrüchte)
	1. Konsumkartoffeln 2. Zuckerrüben 3. Winterweizen 4. Schwarzwurzel 5. Konsumkartoffeln 6. Zuckerrüben 7. Karotten 8. Erbsen/Bohnen	1. Konsumkartoffeln 2. Zuckerrüben 3. Winterweizen 4. Schwarzwurzel 5. Konsumkartoffeln 6. Zuckerrüben 7. Mais 8. Erbsen/Bohnen	1. Konsumkartoffeln 2. Zuckerrüben 3. Winterweizen 4. Schwarzwurzel 5. Konsumkartoffeln 6. Mais 7. Erbsen 8. Grassamen

- Verminderter Fungizideinsatz, ermöglicht durch den Anbau resistenter oder toleranter Sorten, ein mäßiges Düngungsniveau etc. [8]. Allerdings ist es schwierig, wirtschaftliche Alternativen für die noch am weitesten verbreitete Sorte Bintje zu finden. Es besteht daher dringender Bedarf für neue Sorten, die eine breitere Resistenz mit guter Qualität für Verarbeitung und Verzehr verbinden.
- Mechanische Unkrautbekämpfung hauptsächlich mit verschiedenen Techniken des Hackens, falls erforderlich mit zusätzlicher Bandspritzung mit Herbiziden.
- Verminderter N-Aufwand und Verbesserung der PK-Bilanz, basierend auf dem umweltschonenden und agronomisch effizienten Einsatz organischer Dünger entsprechend der Strategie des integrierten Nährstoff-Managements INM [11].

Borgerswold, nordöstliche Sandregion – Auch in der nordöstlichen Sandregion sind die Betriebe relativ klein (30–50 ha) mit sandigen Böden oder rekultivierten Moorböden, auf denen der Gehalt an organischer Substanz zwischen 3% und 20% variiert und ein extrem hoher Unkrautdruck vorliegt. Das Gebiet ist wirtschaftlich stark abhängig vom Anbau und von der Verarbeitung von Stärkekartoffeln, die im Durchschnitt einen Anteil von 50% in der Fruchtfolge ausmachen, neben 25% Zuckerrüben und 25% Getreide und anderen Kulturen. Der Deckungsbeitrag der Zuckerrübe ist am höchsten, gefolgt von den Stärkekartoffeln. Alle anderen Ackerfrüchte sind weitaus weniger wirtschaftlich. Trotz intensiver Anwendung von Nematiziden und dem Anbau nematodenresistenter Sorten hat der Kartoffelzystennematode das gesamte Gebiet stark verseucht. Es kommen sowohl *Glo-*

bodera rostochiensis (Pathotypen RO$_1$, RO$_2$, RO$_3$ und RO$_5$) vor, als auch *G. pallida* (PA$_2$ und PA$_3$). Wurzelgallenälchen *(Meloidogyne hapla)* sind von zunehmender Bedeutung, da Getreide als die einzige Nichtwirtspflanze mehr und mehr durch Hülsenfrüchte und Gemüse ersetzt wurde. Der hohe Anteil von Wurzelfrüchten führte zu einem Rückgang der Bodenfruchtbarkeit- und -stabilität, vor allem wegen unzureichender Zufuhr organischer Substanz und der intensiven Bodenbearbeitung.

Als Ergebnis treten schwerwiegende Probleme mit der Winderosion auf, besonders während trockener Perioden auf unbewachsenen Flächen. Die Preise der Stärkekartoffeln sind zur Zeit unter Druck, da sie indirekt an die EG-Getreidepreise gebunden sind. Die Kosten des Anbaues sind sehr hoch, besonders die der Bodenentseuchung. Das Gebiet hat daher düstere Perspektiven, und als Konsequenz daraus neigen die Landwirte zur Flächenstillegung. Darüberhinaus wird die Anwendung von Nematiziden in naher Zukunft gesetzlich eingeschränkt werden.

In dieser Region zielt der IL auf nichtchemische Maßnahmen gegen Nematoden und die Wiederherstellung der Bodenfruchtbarkeit ab. Das bedarf einer vielfältigen Fruchtfolge und weniger häufigen Anbaus von Kartoffeln (von 1:2 auf 1:4) durch Zunahme des Anteils von monokotylen Kulturen in der Fruchtfolge (Tabelle 104).

Die Entwicklung eines **IL-Prototyps** für dieses Gebiet begann 1986 auf dem Versuchsbetrieb Borgerswold. Auf diesem 34 ha großen Betrieb werden drei Systeme miteinander verglichen: Ein konventionelles Referenzsystem, ein artenreicheres, integriertes System und ein ähnliches, aber konventionell geführtes System, um Unterschiede zwischen den Wirkungen einer vielseitigen Fruchtfolge und des integrierten Betriebsmanagements herauszuarbeiten (Tabelle 104).

Der IL-Prototyp für die Sand- und Moor-Region ist folgendermaßen charakterisiert:

- Eine gesunde und vielseitige Fruchtfolge mit dem Ziel der Wiederherstellung der Bodenfruchtbarkeit in physikalischer, chemischer und biologischer Hinsicht, insbesondere in Bezug auf die Zurückdrängung bodenbürtiger Schädlinge und Krankheitserreger.
- Nichtchemische Bekämpfung des Kartoffelnematoden auf der Grundlage einer Anbauhäufigkeit von max. 1:4, in der Fruchtfolge der Wahl von Kartoffelsorten mit ausgeprägter Resistenz oder Toleranz in Verbindung mit detaillierter Überwachung von Populationsdichte und Pathotyp der Nematoden.

Zusätzlich wird ein früher Erntetermin unter guten Boden- und Wetterbedingungen angestrebt sowie die Verhütung der Kartoffelernteverluste durch geeignete Einrichtungen bei der Ernte und nichtwendende Bodenbearbeitung vor Winter, um die flachliegenden Knollen erfrieren zu lassen. Falls erforderlich, wird eine mechanische oder chemische Beseitigung der Durchwuchskartoffeln in der Nachfrucht vorgenommen.

Diese Strategie wird ergänzt durch nur minimal wendende Bodenbearbeitung in den Folgefrüchten, um die Nematoden und frische organische Substanz möglichst in der oberen 10 cm tiefen Bodenschicht zu halten, wo die antagonistische Aktivität der Mikroflora und -fauna am höchsten ist und die Nematodenzysten dem Wechsel von Feuchtigkeit und Temperatur am stärksten ausgesetzt sind. Das Bodenleben sollte durch eine maximale Nutzung von Gründüngung und anderer organischer Düngung unter Minimierung des chemischen Pflanzenschutzes so weit als möglich gefördert werden. Es wird erwartet, daß die Mortalität der Nematoden dadurch deutlich erhöht wird, wie sich in den vorläufigen Ergebnissen auch bestätigte (Abb. 129).

- Mechanische Unkrautbekämpfung, soweit sie die Bodenstabilität nicht beeinträchtigt. In einer Fruchtfolge mit ausgewogenem Anteil von Früchten, die gemäht bzw. gerodet werden, und bei einem Minimum wendender Bodenbearbeitung ist dieses Risiko begrenzt. In den meisten Kulturen ist die Verwendung des Striegels Basis für die Unkrautbekämpfung, ergänzt durch Hackgeräte und die Anwendung von Herbiziden als Bandspritzung, falls erforderlich.
- Verminderte Anwendung von Fungiziden, ermöglicht durch den Anbau resistenter und toleranter Sorten, begrenzte Höhe der Düngung etc. [8]. Eine Verminderung des Fungizideinsatzes in Kartoffeln über das Ausmaß hinaus, wie es durch Erweiterung der Fruchtfolge möglich wird, ist allerdings nur schwer zu erreichen, trotz der erheblich verbesserten Resistenz in den derzeit gängigen Sorten. Das größte Hindernis ist der hohe Krankheitsdruck in der Region, der durch die hohe Anbauintensität der Kartoffel und die schlechte Kontrolle der Durchwuchskartoffeln in den anderen Kulturen noch verstärkt wird. Die Verwendung reduzierter Aufwandmengen der Fungizide bei gleichen Interval-

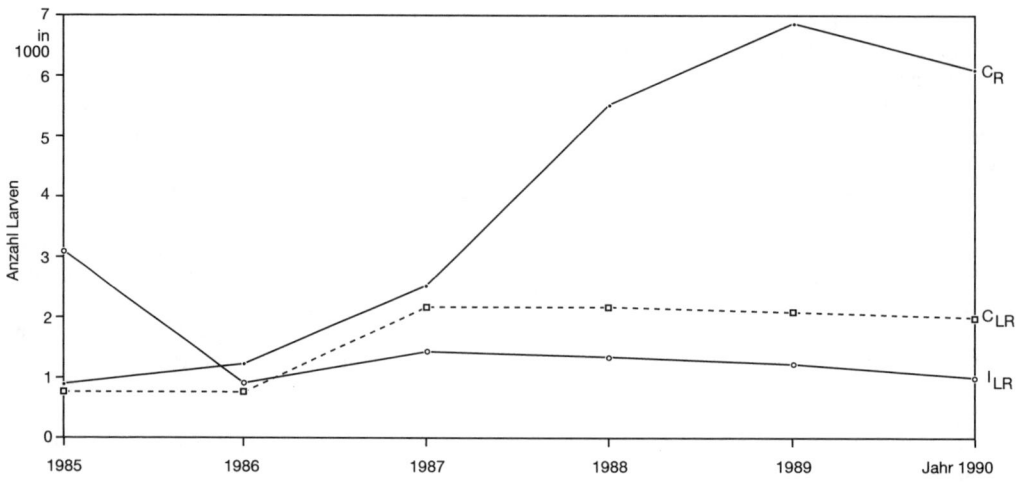

Abb. 129: Auftreten von Kartoffelzystennematoden in den 3 Anbausystemen in Borgerswold 1986–1990 (durchschnittliche Anzahl Larven/100 cm³ Boden je Feld, Probenahmen 0–30 cm).
C_R = Konventionell (Referenz), 1:2 Anteil Kartoffeln,
C_{LR} = Konventionell, 1:4 Anteil Kartoffeln,
I_{LR} = Integriert, 1:4 Anteil Kartoffeln.

len zwischen den Spritzterminen wie im konventionellen System könnte jedoch dazu beitragen, den Fungizidaufwand weiter zu reduzieren [5].

■ Verminderter N-Aufwand und Verbesserung der PK-Bilanz basierend auf umweltschonendem und agronomisch effizientem Einsatz der organischen Düngung, wie auch auf dem Betrieb in Nagele praktiziert.

Vredepeel, südöstliche Sandregion – Die südöstliche Region der Sandböden ist charakterisiert durch einen hohen Anteil von Gemischtbetrieben mit Marktfrüchten und tierischer Veredlung. Die meisten der Betriebe in dieser Region betreiben überwiegend Ackerbau, sind relativ klein (10–30 ha) und bauen Früchte mit hoher Marktleistung in engen Fruchtfolgen an. Viele Landwirte haben Betriebe »industrieller Viehhaltung« entwickelt, basierend auf hohem Einsatz von Futtermitteln sowie Mais-Daueranbau zur Silagegewinnung und zur Verwertung der organischen Düngung, insbesondere der Gülle aus der Viehhaltung. Der Umfang der »Massentierhaltung« im Stall, insbesondere der Schweinehaltung, hat sich während der letzten 20 Jahren nahezu exponentiell erhöht und zu einem gewaltigen Überfluß an organischen Düngern geführt. Als Konsequenz wurde die Nährstoffbilanz auf den Betrieben und in der ganzen Region ernsthaft gestört. Dies ist auch die hauptsächliche Ursache der insgesamt in den Niederlanden unausgeglichenen Nährstoffbilanz [1].

Unsachgemäße Ausbringung der Gülle führt zu hohen NH_3-Emissionen und zur Auswaschung von NO_3-, K und sogar P, wenn die Aufnahmekapazität des Bodens erschöpft ist. Ackerbaubetriebe mit oder ohne Massentierhaltung kombinieren oft den Anbau von Kartoffeln und Zuckerrüben mit dem Gemüsebau für die Konserven-Industrie. Der Anteil von Getreide in der Fruchtfolge ist wegen des geringeren Deckungsbeitrages nur noch minimal.

Das Fehlen von stabilen und gesunden Fruchtfolgen in Verbindung mit dem hohen Anteil an Wurzelfrüchten führt zur Zunahme der Probleme mit bodenbürtigen Schädlingen und Krankheiten wie Wurzelgallennematoden und *Rhizoctonia solani*. Dies beeinträchtigt oft die Qualität von Wurzelgemüse wie Karotten und Schwarzwurzeln und führt zu Preisabschlägen oder sogar zu Mißernten. Da Wintergetreide durch Sommerfrüchte ersetzt wird, nehmen Winderosion und Unkrautdruck zu. In der Konsequenz ist es zweifelhaft, ob sich derartige Betriebssysteme auf die Dauer halten können.

Der IL zielt daher auf eine tiefgreifende Sanierung der gestörten Nährstoffbilanz ab, eine Wiederherstellung der Bodenstabilität und die nichtchemische Abwehr von bodenbürtigen Schaderregern und Krankheiten. Die Entwicklung von **Prototypen des IL** in dieser Region wurde im Jahr 1989 auf dem Versuchsbetrieb Vredepeel (in der Nähe von Venray) begonnen. Unter Berücksichtigung der großen Variationen

342

im Typ und Ausmaß der Aktivitäten der Betriebe werden verschiedene Prototypen studiert. Für die kleineren Betriebe ergibt sich die Frage, wie intensive Fruchtfolgen mit überwiegend Wurzelfrüchten aufrechterhalten werden können, wenn der Aufwand an chemischen Hilfsmitteln reduziert werden muß, aber dennoch Quantität und Qualität der Erträge gesichert werden sollen. Für die großen Betriebe besteht die Frage, in welchem Ausmaß die Fruchtfolgen aufgelockert werden können, ohne den wirtschaftlichen Erfolg zu gefährden.

Aus diesen Gründen werden drei integrierte Systeme, mit unterschiedlichem Anteil von mono- und dikotylen Fruchtarten überprüft, zusammen mit einem konventionellen Vergleich zum mittleren integrierten System (Tabelle 104).

Folgende Aspekte stehen bei diesen regionalen Ansätzen eines IL im Vordergrund:

■ Konsequente Fruchtfolgen überwiegend mit Wurzelfrüchten mit den gleichen Zielen wie in Borgerswold.

■ Verminderung des Fungizideinsatzes durch den Anbau resistenter und toleranter Sorten, mäßiges Düngungsniveau etc. Die häufige, im Sommer erforderliche Beregnung behindert allerdings im stärkerem Maße die Herabsetzung der Fungizidanwendungen in der Kartoffel. Wie auf dem Betrieb Borgerswold könnten aber verminderte Aufwandmengen der Fungizide bei normalen Spritzintervallen dazu beitragen, dieses Problem zu lösen.

■ Mechanische Unkrautbekämpfung auf der Grundlage des Striegelns und Hackens, ergänzt durch Bandspritzung mit Herbiziden.

■ Drastische Sanierung der Nährstoffbilanz durch Kontrolle des Eintrages von P und K. Dies bedeutet eine starke Verringerung des Einsatzes von organischen Düngern im Vergleich zum konventionellen System. Hinzu kommt die Verminderung des N-Eintrages gemäß der Strategie des integrierten Düngungsmanagements.

7.2.8.3 Vorläufige Ergebnisse

Die zwei Hauptkriterien, um die Perspektiven des IL bewerten zu können, sind Wirtschaftlichkeit und Grad der Umweltentlastung. Für letztere sind Aufwandmengen an Dünge- und Pflanzenschutzmitteln wichtige Indikatoren. Für den ökonomischen Aspekt sind es der finanzielle Gesamtertrag, die Direktkosten für Dünge- und Pflanzenschutzmittel und der direktkostenfreie Ertrag (DfE).

Pflanzenschutzmittel – Einsatz und Kosten – Der Gesamtverbrauch von Pflanzenschutzmitteln, berechnet in kg aktiver Substanz/ha (Tabelle 105), ist in den IL-Prototypen um 55 bis 65% geringer als in den konventionellen Bezugssystemen (ausgenommen die Nematizide), und sogar um 85–95% geringer, wenn die Nematizide einbezogen werden. Ungeachtet der Unterschiede hinsichtlich Standort und Fruchtfolge gibt es beim Herbizideinsatz in den integrierten Systemen kaum Abweichungen (0,9–1,4 kg aktive Substanz/ha). Dies bedeutet eine Reduzierung von 65–75% im Vergleich zu den konventionellen Referenzsystemen, eine Folge der me-

Tabelle 105 Jährliche Aufwandmenge an Pflanzenschutzmittelwirkstoffen (kg/ha) in den Systemen auf den 3 Versuchsbetrieben (I = Integriert, C = Konventionell, R = Referenz, MR = mehr Wurzelfrüchte, LR = weniger Wurzelfrüchte, siehe Tab. 104).

| | Nagele (1986–1990) | | Borgerswold (1986–1990) | | | | Vredepeel (1989–1991) | | |
	C_R	I	C_R	C_{LR}	I_{LR}	I_{MR}	C_R	I_R	I_{LR}
Herbizide	4,0	1,4	2,7	2,5	1,0	1,2	3,0	0,9	0,9
Fungizide	5,5	2,0	6,8	3,8	3,3	3,4	6,8	3,2	3,3
Insektizide	0,5	0,2	0,1	0,2	0,0	0,3	0,2	0,1	0,1
Wachstumsregler	0,3	0,1	–	–	–	0,0	–	–	–
Teilsumme	10,3	3,7	9,6	6,5	4,3	4,9	10,0	4,2	4,3
Nematizide	29,7	–	71,4	38,0	–	–	14,9	–	–
Summe	40,0	3,7	81,0	44,5	4,3	4,9	24,9	4,2	4,3

343

chanischen Bekämpfung und der Bandspritzungen.

In allen der annähernd 15 Früchte ist der **Herbizidverbrauch** beträchtlich herabgesetzt; mobile, besonders toxische und persistente Mittel wurden vermieden. Auf dem Tonboden in Nagele konnte auf Herbizide in Kartoffeln und im Winterweizen meistens vollständig verzichtet werden. In Borgerswold ist der Herbizideinsatz in beiden konventionellen Systemen nahezu gleich hoch, im integrierten System hingegen um 65% herabgesetzt. In Vredepeel verringerte er sich in den drei integrierten Systemen um etwa 70%. Auf den Sandböden von Borgerswold und Vredepeel ließen sich die Herbizide bei Kartoffeln, Mais, Ackerbohnen, Winterweizen und Sommerweizen sowie bestimmten Gräserarten für die Saatgut-Produktion meistens vollständig ersetzen. Folglich ergeben sich Kosteneinsparungen für die Unkrautbekämpfung in Höhe von Dfl.[1]) 100,– bis zu 230,– pro ha (Maschinen- und Arbeitskosten ausgenommen).

Der Aufwand an **Fungiziden** verringert sich, je nach Standort, um 50–65%. In Nagele wird er bei Kartoffeln um mehr als 60% dadurch reduziert, daß resistente Sorten Verwendung fanden und Stickstoff maßvoll verabreicht wurde. Bei der Zwiebel ist der Fungizidverbrauch ebenfalls um mehr als 60% durch eine gezielte chemische Bekämpfung herabgesetzt, die auf der Überwachung des Infektionsbeginns von *Botrytis squamosa* und der meteorologischen Bedingungen beruht. In Borgerswold ist die Reduzierung Folge der 50%igen Herabsetzung des Kartoffelanteils in der Fruchtfolge (Tabelle 104). Eine noch weitere Verringerung verhindert der sehr hohe Infektionsdruck der Kartoffel-Krautfäule in dieser Region (Tabelle 105). In Vredepeel beruht der größere Teil der Fungizidreduzierung auf der weniger häufigen Nutzung von synthetischen Fungiziden bei den Schwarzwurzeln und der Verwendung einer Sorte, die gewisse Resistenz gegenüber dem Mehltau *(Erysiphe cichoracearum)* besitzt.

Der Fungizideinsatz in den drei integrierten Systemen weicht kaum voneinander ab, da die am stärksten fungizidbedürftigen Früchte wie Kartoffeln und Schwarzwurzeln in allen dreien vertreten sind. Trotz Verwendung resistenter Kartoffelsorten ließ sich bei diesen der Aufwand von Fungiziden nicht verringern, weil während

der letzten zwei trockenen Sommer die Kartoffeln häufig bewässert werden mußten.

Insektizide wurden auf allen Standorten nur minimal benötigt, weil die Dichte der Schadinsekten gering war, wirtschaftliche Schadensschwellen beachtet wurden, sowie reduzierte Dosierungen und Bandspritzungen zur Anwendung kamen. In allen IL-Systemen ist der übliche Gebrauch von größeren Mengen an Bodenentseuchungsmitteln gegen Kartoffelnematoden total ersetzt worden durch die Kombination nichtchemischer Maßnahmen unter Bevorzugung resistenter Sorten. Im konventionellen System in Nagele kommen Nematizide präventiv, d. h. rein vorsorglich zur Anwendung, um die vorherrschende Kartoffelsorte »Bintje«, die stark anfällig für Kartoffelnematoden ist, zu schützen. Beim konventionellen Anbausystem in Borgerswold wird der Boden jedes 2. Jahr nach dem Kartoffelanbau chemisch entseucht. In Vredepeel erfolgt dies nur einmal innerhalb der 8-jährigen Fruchtfolge, nicht nur zum Schutz vor Nematoden, sondern um vor allem der Unkrautprobleme in Schwarzwurzeln Herr zu werden.

Die Gesamtherabsetzung der direkten Kosten für Pflanzenschutzmittel einschließlich Herbizide) ist unterschiedlich an den drei Standorten (Tabelle 107). In Nagele beträgt die Einsparung Dfl. 480,–/ha. In Borgerswold reduziert allein die Auflockerung der Fruchtfolge die Kosten um Dfl. 230,– (C_{LR}). Zusätzliches integriertes Management bringt eine weitere Einsparung von Dfl. 350,–/ha (I_{LR}). In Vredepeel schließlich reichen die Kosteneinsparungen von Dfl. 280,–/ha für das von mehr Wurzelfrüchten dominierte System (I_{MR}) bis zu etwa Dfl. 400,–/ha für das Referenzsystem (I_R) sowie das System mit weniger Wurzelfrüchte (I_{LR}).

Düngemittel – Einsatz und Kosten – Die Aufwendungen von Phosphat (P) und Kalium (K) sind in den integrierten Anbausystemen entsprechend der Nährstoffstrategie des IL [11] erheblich reduziert; sie gleichen mehr oder weniger dem durchschnittlichen Schwund und Entzug durch die Pflanzen (Tabelle 106). Auf allen drei Standorten werden 100% des P- und 50–100% des K-Bedarfs in den integrierten Systemen durch organische Dünger gedeckt, der auch rund 60–70% des gesamten Stickstoffeinsatzes ausmacht.

In Nagele wird der anorganische N-Aufwand um 75 kg/ha gegenüber dem konventionellen System verringert. In Borgerswold ermöglicht die weiter gestellte Fruchtfolge eine Reduzierung in

---

[1]) 1,– Dfl. = 0,87 DM (Stand: November 1992).

Tabelle 106 Jährlicher Aufwand (kg/ha) von N, P und K in den Systemen auf den 3 Versuchsbetrieben (Legende siehe Tabelle 105).

	Nagele (1986–1990)		Borgerswold (1986–1990)				Vredepeel (1989–1991)		
	C_R	I	C_R	C_{LR}	I_{LR}	I_{MR}	C_R	I_R	I_{LR}
N-anorganisch	120	45	160	115	50	45	70	55	50
-organisch	90	100	90	65	130	115	250	135	120
N-Gesamt	210	145	250	180	180	160	320	190	170
P-mineralisch	10	–	10	15	–	0	5	20	–
-organisch	35	30	30	20	35	30	55	30	25
P-Gesamt	45	30	40	35	35	30	60	30	25
K-mineralisch	115	45	95	75	20	50	5	25	25
-organisch	65	70	55	40	90	50	205	110	50
K-Gesamt	180	115	150	115	110	100	210	135	75

Tabelle 107 Jährlicher finanzieller Ertrag, Direktkosten für Dünge- und Pflanzenschutzmittel (einschließlich Herbizide) und durchschnittlicher direktkostenfreier Ertrag (DfE) je System auf den 3 Versuchsbetrieben (Legende siehe Tabelle 105; Zahlen bezogen auf 1000 DFL/ha)

	Nagele (1986–1990)		Borgerswold (1986–1990)				Vredepeel (1989–1991)		
	C_R	I	C_R	C_{LR}	I_{LR}	I_{MR}	C_R	I_R	I_{LR}
Finanzieller Ertrag	7,69	7,32	5,46	4,00	3,80	7,66	6,79	6,44	5,14
Pflanzenschutz	0,72	0,24	0,83	0,60	0,25	0,33	0,61	0,24	0,21
Düngung	0,38	0,28	0,56	0,48	0,42	0,13	0,17	0,13	0,10
DfE= (1) – (2+3)	6,59	6,80	4,07	2,92	3,13	7,20	6,01	6,07	4,83

Höhe von 45 kg/ha und sogar von 110 kg/ha bei der integrierten Bewirtschaftung. Für Vredepeel ist kennzeichnend, daß anorganischer N-Dünger in allen Systemen nur relativ geringfügige Verwendung findet, weil in dieser Region die organische Düngung traditionelle Nährstoffbasis ist. Der hohe N-, P- und K-Aufwand im konventionellen System spiegelt diese Situation in Vredepeel wider. Der Gesamt-N-Verbrauch ist in der Reihenfolge Nagele, Borgerswold, Vredepeel in den integrierten Systemen um 55, 70 und sogar über 130 kg/ha geringer als im konventionellen Referenzsystem (C_R). In Borgerswold zeigt sich kein Unterschied beim N-Gesamtverbrauch zwischen dem konventionellen (C_{LR}) und dem integrierten (I_{LR}) System. Aus der Sicht des IL ist der hohe Nährstoffaufwand in allen konventionellen Systemen als wirtschaftlich nutzlos und für die Umwelt schädlich abzulehnen (Anreicherung im Boden mit steigendem Risiko der Auswaschung).

Detaillierte Nährstoffbilanz-Auswertungen der Systeme in Nagele und NO_3-Konzentrationsmessungen des Dränwassers [10] zeigen, daß der nur geringe Überhang an Stickstoff in der Bilanz des integrierten Systems (85 kg/ha gegenüber 130 kg/ha im konventionellen System von 1986–1990) auch die NO_3-Auswaschung herabsetzt (7 mg $N–NO_3$–/l Dränwasser im integrierten System gegenüber 10 mg $N–NO_3$–/l im konventionellen System).

Die IL-Düngestrategie, basierend auf einer Verringerung des Nährstoff-Gesamtaufwandes und dem Ersatz der teuren mineralischen Nährstoffe durch organische Düngerformen, reduziert die Kosten in der Reihenfolge Nagele, Borgerswold, Vredepeel um Dfl. 100,–; 140,–; 40,–/ha (Tabelle 107).

Ökonomische Bilanz – Die in Nagele erzielten Ergebnisse lassen erkennen, daß der Nettomehrbetrag des integrierten Systems dem des konventionellen Systems gleicht [10]. Für Borgerswold und Vredepeel muß eine umfassende ökonomische Bewertung erst erstellt werden, weshalb jetzt in der Tabelle 107 nur direktkostenfreie Erträge (DfE) dargestellt werden.

Die Resultate in Borgerswold (Tabelle 107), daß eine größere Artenvielfalt in der Fruchtfolge den durchschnittlichen DfE deutlich verringert. Durch Nutzung der Möglichkeiten, welche integriertes Management bei solchen Fruchtfolgen bietet, kann dieser DfE verbessert werden. Die gegenwärtige Differenz im DfE zwischen integriertem (I_{LR}) und konventionellem (C_R) System ist Folge einiger Probleme am Anfang der Untersuchungen (in den angeführten Daten unberücksichtigt) und der Unterschiede im Anbauplan. Wenn im integrierten System statt nur einmal, Zuckerrüben zweimal innerhalb von acht Jahren stehen würden, wäre der DfE nur um Dfl. 100,–/ha geringer. Wenn man die Ergebnisse von 1986–1990 für Borgerswold erneut kalkuliert auf der Basis der aktuellen Preise, so verbessert der integrierte Prototyp den DfE um annähernd Dfl. 100,–/ha gegenüber dem konventionellen System. Diese Beispiele veranschaulichen die Notwendigkeit einer Optimierung durch ökonomische Modellstudien vor und nach den Experimenten.

Die vorläufigen Ergebnisse von Vredepeel zeigen eine kleine Differenz im durchschnittlichen DfE zwischen konventionellem und integriertem Referenzsystem. Das mehr von Wurzelfrüchten dominierte System übertrifft vorwiegend wegen hoher Marktleistung der Karotten deutlich alle anderen Systeme, das mit geringerem Anteil von Wurzelfrüchten weist den geringsten Deckungsbeitrag auf.

Nematodenbegrenzung im Kartoffelbau – Abb. 129 läßt vielversprechende Ergebnisse in Borgerswold für die Lösung des Nematodenproblems im Kartoffelbau durch die Strategie des IL erkennen. Im konventionellen System kommt es zu steigenden, sehr hohen Befallswerten trotz häufiger Bodenentseuchung, ein Zeichen für die Problematik der chemischen Bekämpfung des Kartoffelzystennematoden beim nur zweijährigen Wechsel des Kartoffelanbaues. Im integrierten und konventionellen System mit vierjährigen Wechsel des Kartoffelanbaues ist die Populationsdichte der Larven im Boden stark herabgesetzt und zeigt in beiden Fällen ein nahezu gleiches Niveau. Offensichtlich kann in solchen Fruchtfolgen die Bodenentseuchung durch Techniken des IL voll ersetzt werden. Die Frage der Dauerhaftigkeit solcher Strategie kann erst nach längerer Laufzeit zuverlässig beantwortet werden.

7.2.8.4 Perspektiven

Die vorläufigen Resultate demonstrieren, daß sich in den Prototypen des Integrierten Landbaues chemische Pflanzenschutzmittel und Düngemittel in z.T. nicht unerheblichem Umfang einsparen lassen. Gewisse Verbesserungen vorausgesetzt, sind auch die wirtschaftlichen Leistungen denen konventioneller Anbausysteme vergleichbar.

Die starke Einschränkung beim Verbrauch von Pflanzenschutzmitteln übertrifft bei weitem die Ziele des niederländischen Regierungspro-

Tabelle 108 Prozentuale Verminderung der Anwendung von Pflanzenschutzmitteln (kg Wirkstoff/ha) bei den IL-Prototypen auf den 3 Versuchsbetrieben im Vergleich zur beabsichtigten Reduktion des chemischen Pflanzenschutzes laut Regierungsprogramm [3].

	Nagele[1] (1986–1990)	Borgerswold[1] (1986–1990)	Vredepeel[1] (1989–1991)	Pflanzenschutzplan 1995	2000
Herbizide	65	63	71	30	45
Fungizide	64	51	52	15	25
Insektizide	60	>90	50	15	25
gesamt[2]	64	55	58	20	33
Nematizide	100	100	100	50	70

[1]) Reduktion in % für die IR Systeme (Borgerswold I_{LR} im Vergleich zum C_R System).
[2]) Gesamt = alle Pflanzenschutzmittel außer Nematiziden.

gramms (Tabelle 108). An der Nährstoffreduzierung mangelt es hingegen vor allem noch in Borgerswold und Vredepeel, wo auf den dortigen Sandböden die Norm für N–NO$_3$– im Grundwasser nicht erreicht wurde. Dementsprechend begannen 1991 zusätzliche Forschungen, deren Ziel die Lösung dieses Problems ist. Auch in sonstiger Hinsicht (z. B. Fruchtfolge, Sortenwahl, Anbautechniken) sind aufgrund der bisher vorliegenden Ergebnisse in den IL-Prototypen künftig einige experimentelle Änderungen notwendig und geplant, ohne darauf hier jetzt wohl schon näher eingehen zu müssen.

Abschließend bleibt festzustellen, daß die Perspektiven für den Integrierten Landbau nur in der Praxis beurteilt werden können. Schlüsselfaktor für Erfolg und Realisierbarkeit der integrierten Strategie ist ein entsprechendes Management. Daher wird auch der experimentelle Beginn mit einer Reihe von Pilot-Betrieben als unerläßlicher Schritt erachtet, bevor an eine breite Einführung in die Praxis gedacht werden kann [12, 18].

7.3 Beispiele für den Integrierten Pflanzenschutz im Gemüsebau

G. Crüger, Braunschweig

7.3.1 Die besonderen Voraussetzungen für integrierte Systeme im Gemüsebau

Auch im Gemüseanbau sind die allgemeinen Grundregeln und die speziellen Techniken des Integrierten Landbaues auf die jeweilige Kultur und die sie beeinträchtigenden Schadorganismen abzustimmen. Die vielfältige Struktur des Gemüsebaus in der Bundesrepublik Deutschland, die besonderen Qualitätsansprüche, die Lücken in der Palette der einsetzbaren Pflanzenschutzmittel und die Unsicherheit über den erzielbaren Erlös erschweren die Entwicklung integrierter Abwehr- und Bekämpfungssysteme [7].

Eine besondere Problematik stellen die mit dem Ziel der Erleichterung des nationalen und internationalen Handels für Gemüse geschaffenen Qualitätsnormen dar. Vielfach wird die Ansicht vertreten, daß durch ein Herabsetzen dieser Normen der Verbrauch an chemischen Pflanzenschutzmitteln reduziert werden könnte. Abgesehen davon, daß für 20 Gemüsearten eine verbindliche gesetzliche Regelung nach EWG-Grundverordnung besteht, erlaubt auch der harte Wettbewerb auf dem Gemüsemarkt keinen nationalen Alleingang. Zudem stehen von den mit den Qualitätsnormen geforderten äußeren Merkmalen nur wenige unter dem direkten Einfluß von Pflanzenschutzmaßnahmen. Auch sind in diesem Zusammenhang nur die Gemüsearten von Bedeutung, bei denen die Pflanzenteile durch Schadorganismen beeinträchtigt werden, die vermarktet werden sollen. Oft ist der Bekämpfungsaufwand zur Beseitigung eines Minimalbefalls verhältnismäßig groß. Auch ist vielfach ein Minimalbefall Voraussetzung für Nützlingspopulationen und daher höchst wünschenswert, doch kann bei manchen Schadorganismen eine so schnelle Vermehrung oder Schadensausbreitung stattfinden, daß das Risiko dem Erzeuger zu hoch erscheint. Gern benutzt auch der Handel bei guter Marktversorgung derartigen Minimalbefall zum Druck auf den Preis.

Bei der Prüfung der einzelnen chemischen Bekämpfungsverfahren im Gemüsebau unter dem Gesichtspunkt, ob herabgesetzte Qualitätsnormen den Aufwand an chemischen Mitteln verringern würden, bleiben am Ende nur sehr wenige Einzelmaßnahmen übrig, die eine entsprechende Chance bieten würden [5].

Schadensschwellen – Bekämpfungsschwellen – Im Vergleich zur Landwirtschaft hat der Gemüsebau deutlich größere Schwierigkeiten bei der Ermittlung wirtschaftlicher **Schadensschwellen**. Nicht nur die Vielfalt der Kulturen, Schadorganismen und Anbauverfahren erschwert dies, sondern geringere Ertragsstabilität und vor allem die schwankenden Tagespreise setzen deutliche Grenzen.

Schadensschwellen werden bei solchen Schadorganismen besonders niedrig anzusetzen sein, die unmittelbar am Erntegut schädigen, da Befall hier in der Regel gleich Ertragsausfall ist. Allerdings darf auch in Einzelfällen der Befall an Pflanzenteilen, die nicht vermarktet werden, gewisse Grenzwerte nicht übersteigen. Ein Beispiel dafür ist der *Alternaria*-Befall am Möhrenlaub. Hier ist nicht nur das Wachstum der Möhre von der Laubentwicklung abhängig, sondern ausreichendes Laub ist Voraussetzung für eine befriedigende mechanische Ernte.

Schwierigkeiten, im Gemüsebau Schadensschwellen zu nutzen, ergeben sich auch durch den häufigen, meist viel zu schnellen Wechsel des Sortiments. Die Beziehungen zwischen Sorte, Befall und Ertrag sind nun einmal die wichtigsten Grundbestandteile von Schadensschwellen, die in mehrjährigen Versuchen erfaßt werden müssen.

Die vielfältig strukturierten Pflanzenschutzmaßnahmen beim Gemüse und namentlich auch die wechselnden Preise auf dem Markt lassen es sinnvoller erscheinen, in Gemüsekulturen nicht mit wirtschaftlichen Schadensschwellen zu arbeiten, sondern **Bekämpfungsschwellen** festzulegen. Darunter werden Befallsgrenzwerte verstanden, deren Überschreitung einen nicht tragbaren Ertragsausfall zur Folge haben könnte. In der Regel wird ein Ertragsausfall (vermarktungsfähige Ware) bis zu 5% als tragbar angesehen. Mit dem Überschreiten der Bekämpfungsschwelle werden Bekämpfungsmaßnahmen eingeleitet, die auf einen oder mehrere gleichzeitig auftretende Schadorganismen gezielt gerichtet sind und verhindern sollen, daß die eigentliche Schadensschwelle erreicht wird. Gemüsebauer allgemein von dem Wert der Bekämpfungsschwellen zu überzeugen, bedarf es sicherlich noch vielfältiger Aktivitäten.

Geht man nach STORCK [in 18] davon aus, daß vom gesamten Betriebsaufwand der Spezialaufwand etwa 30% umfaßt und beim Spezialaufwand die Pflanzenschutzmittel im Freiland 7% und im Unterglasanbau 5% ausmachen, wird schnell deutlich, daß der Praktiker in der Regel die Wirtschaftlichkeit der chemischen Pflanzenschutzmaßnahmen als gegeben ansieht. Es muß aber das Ziel sein, deutlich zu machen, daß dies nicht das Maß aller Dinge ist. Bei ausreichender Sachkunde wird dem Produzenten deutlich werden, daß ein überzogener chemischer Pflanzenschutz nicht nur unerwünschte Wirkungen auf den Naturhaushalt und eine unnötige Belastung der Verbraucher mit Rückständen bedeutet, sondern daß auch ihm selbst neben unnötigen Ausgaben weitere Nachteile entstehen können. Hier sind zu nennen:

- Zu schnelle Entwicklung resistenter Populationen von Schadorganismen.
- Selektion und Übervermehrung von Unkrautarten, die von den einsetzbaren Herbiziden nicht erfaßt werden.
- Einschränkung der Flexibilität bei der Ernte durch vorgegebene Wartezeiten.
- Vermehrte Belastung bei Anwendung und Entsorgung der Pflanzenschutzmittel.

Pflanzenhygiene – Im Integrierten Landbau bleiben die hygienischen Maßnahmen ein Element, deren Bedeutung der Praxis schwer zu vermitteln ist, insbesondere, so lange chemische Mittel verfügbar sind, die Fehler auszugleichen vermögen. Ohne Zweifel reichen sowohl die nicht-chemischen als auch die chemischen Maßnahmen nicht aus, um alle potentiellen Infektionsherde zu beseitigen. Ziel muß es aber sein, den Verseuchungsgrad möglichst tief zu senken und den Zeitpunkt der Erstinfektion möglichst weit hinauszuschieben. Die Maßnahmen müssen sich insbesondere auf das Verhindern der Saatgutübertragung und der Einschleppung über verseuchte Erde, über Anzuchtgefäße und kranke Pflanzen konzentrieren. Es ist sehr bedauerlich, daß es noch nicht gelungen ist, die Saatgutübertragung bei solchen Pilzkrankheiten völlig auszuschalten, bei denen der Samenbefall die einzige bzw. praktisch einzig bedeutsame Quelle der Primärinfektion ist, z. B. bei *Phoma lingam* an Kohl, *Septoria apiicola* an Sellerie und auch *Colletotrichum lindemuthianum* an Bohnen.

Sortenwahl – Da es im Integrierten Landbau auch gilt, Sorteneigenschaften, vor allem auch die Anfälligkeitsunterschiede und die vorhandene spezifische Resistenz zu nutzen, müssen Kenntnisse über die Anfälligkeit der Sorten erarbeitet werden. Leider ist der Umfang der Sortimente so groß, daß dies nur für Teile des Sortiments machbar ist.

Mit der Resistenzzüchtung ist eine möglichst geringe Anfälligkeit anzustreben, doch muß die Stabilität der Resistenz als gleichwertiger Faktor miteingebracht werden. Die Resistenzzüchtung hat im Gemüsebau, insbesondere auf dem Gebiet der Virosen und Mykosen, viele Lösungen gebracht, die dem Erzeuger Kosten erspart sowie Umwelt und Verbraucher durch Einschränkungen bei der Anwendung chemischer Pflanzenschutzmittel entlastet haben. Dieser Weg muß weiterverfolgt werden. Er bietet noch große Chancen.

Die Abstimmung der Elemente des Integrierten Landbaues auf die Vielfalt der Gemüsekulturen bedeutet eine große Aufgabe für Forschung, Beratung und Praxis. Die nachfolgenden Darstellungen sollen Anregungen für die schon heute mögliche Nutzung integrierter Systeme und Hinweise für die weitere Arbeit geben. Beispielhaft werden einige Verfahren aus dem Kohl- und Möhrenanbau im Freiland und aus dem Unterglasanbau von Gurken und Tomaten in ihren besonderen Anforderungen beschrieben.

7.3.2 Kohlanbau

Die Unterschiedlichkeit der Kohlarten, der Sorten, ihrer speziellen Anbautechnik und die Vielfalt der am Kohl auftretenden Schadorganismen erschweren die Entwicklung eines umfassenden, allgemeingültigen Systems zur Schadensverhinderung. Zugleich zeigt der Markt für die einzelnen Kohlarten eine unterschiedliche Empfindlichkeit gegenüber Qualitätsbeeinflussungen.

Kohlhernie

Seit mehr als einhundert Jahren ist der Erreger der Kohlhernie, der Schleimpilz *Plasmodiophora brassicae*, bekannt, ohne daß eine voll befriedigende Bekämpfung möglich wurde. Doch läßt sich bei dieser Krankheit zeigen, daß durch Kombination vielfältiger Maßnahmen in vielen Fällen der wirtschaftliche Schaden begrenzt werden kann [6].

Ziel aller Maßnahmen zur Begrenzung der Schädigung muß es sein, den Bodenverseuchungsgrad möglichst niedrig zu halten, Befall vor allem im Frühstadium der Pflanzenentwicklung zu vermeiden und für eine gute Wurzelentwicklung bei ausreichendem, gleichbleibendem Wasserangebot zu sorgen. Wurzelinfektionen treten in einem weiten Temperaturbereich (9–35 °C) auf, bevorzugt bei 20–25 °C. Hohe Wärmeeinstrahlung fördert die Bildung der Wurzelwucherungen. Die mit dem Wirtsgewebe im Boden verbleibenden Dauersporen keimen bevorzugt bei saurer Bodenreaktion. Dies bedeutet, daß im alkalischen Bereich weniger Infektionen möglich sind, zugleich aber der Abbau des Erregerpotentials verlangsamt erfolgt.

Wirtspflanzen von *Plasmodiophora brassicae* sind neben Kohl vor allem andere Kulturpflanzen und Unkräuter aus der Familie der Kreuzblütler. Unter den Kohlarten besitzen Chinakohl und Blumenkohl die größte, Grünkohl die geringste Anfälligkeit. Resistente Sorten existieren bisher nur von Chinakohl. Allerdings ist bei diesen bisher nicht die volle Breite der Pathotypen abgedeckt. Sorten mit kurzer Kulturdauer, die meist ein schwaches Wurzelwerk besitzen, leiden im allgemeinen stärker unter Befall als die stark wachsenden Spätsorten. Die große Widerstandsfähigkeit der Dauersporen, sie bleiben 10 und mehr Jahre im Boden infektionsfähig, ist nicht nur eine große Gefahr für die nachfolgenden Kulturen, sondern bedeutet auch eine große Gefahr durch eine weitere Verbreitung des Erregers über befallenes Pflanzenmaterial, verseuchten Boden und Geräte sowie Stallmist und Gülle. Auch die Verschleppung der Dauersporen mittels Windverfrachtung und Oberflächen- sowie Dränwasser ist zu beachten.

Gegenmaßnahmen: Auf leichten, sauren Böden sollte der Anbau von Kohl und anderen Kruziferen höchstens alle 5 Jahre erfolgen. Dem Bodentyp entsprechend ist möglichst auf pH 7,5 aufzukalken. Kalk ist vorzugsweise unmittelbar vor der Kohlkultur zu geben, da auf diese Weise die stärkste Hemmung der Dauersporenkeimung gegeben ist. Sehr vorteilhaft ist der Gebrauch von Kalkstickstoff. Zu der keimhemmenden Wirkung des Calciums kommt hier die Cyanamidphase, die sich bei der Umsetzung im Boden ergibt, und die deutlich befallsmindernd wirkt. Die beste Wirkung wird erzielt, wenn der Kalkstickstoff (insgesamt maximal 10 dt/ha Perlkalkstickstoff) in zwei gleichen Gaben (2 Wochen vor der Pflanzung flach eingearbeitet und 2 Wochen nach der Pflanzung) gegeben wird. Die Wirkung einer Kalkung ist auf gut gepufferten Böden und bei hohem Verseuchungsgrad nur begrenzt. Zugleich wird mit der Kalkstickstoffanwendung eine beachtliche Verminderung des Unkrautbesatzes erzielt.

Entscheidend ist die Verwendung befallsfreier Jungpflanzen. Anzuchtflächen müssen frei von dem Erreger sein. Zu bedenken ist auch, daß zugekaufte Anzuchtsubstrate verseucht sein können. Alle Bestrebungen müssen dahin gehen, daß die junge Pflanze möglichst lange befallsfrei bleibt. Je kräftiger der Wurzelballen, desto vorteilhafter. Direktsaat von Kohl kommt auf gefährdeten Flächen nicht in Frage. Befallene Kohlbestände müssen notfalls durch Beregnung ausreichend mit Wasser versorgt werden. Deutliche Befallsminderung kann durch Einsaat von Deutschem Weidelgras im Frühjahr vor der Kohlpflanzung erreicht werden. Auf die zwölfwöchige Weidelgraskultur müssen 6 Wochen Brache folgen [H. Bochow, mündl. Mitt.].

Kohlfliege

Die Kleine Kohlfliege *(Delia radicum)* gehört zu den wichtigsten Kohlschädlingen. Der Schaden entsteht in erster Linie durch den Fraß der Maden an den Wurzeln. Verbreitet wird jedoch auch eine oberirdische Eiablage beobachtet. Die Maden fressen dann in den Röschen von Rosenkohl, zwischen den Blättern und in den Blattrippen von Wirsing und Weißkohl. Die Kleine Kohlfliege tritt in 2–3 Generationen je Vegetationsperiode auf.

Die Schadwirkung – bezogen auf den Wurzelbefall – ist besonders groß, wenn ein massiver Befall auf ein noch schwach ausgebildetes Wurzelwerk der Wirtspflanze trifft. Dies ist vor allem im Frühjahr gegeben.

Besonders große Attraktivität besitzen die Kohlpflanzen im 4–6-Blattstadium [19]. An Pflanzen mit nur 2 Blättern werden kaum Eier abgelegt. Die Kohlarten weisen unterschiedliche Attraktivität auf, für die MAACK [19] folgende Reihe mit abnehmender Tendenz aufstellte: Blumenkohl, Kohlrabi, Wirsing, Weißkohl, Rotkohl. Attraktivitätsunterschiede bei gleichzeitigem Angebot mehrerer Sorten wurden ebenfalls festgestellt.

Sehr deutlich konzentriert sich die Eiablage auf die Randreihen eines Bestandes. Es ist davon auszugehen, daß bei Zuflug aus nur einer Richtung der Befall der 1. und 2. Reihe, auf die die Kohlfliege trifft, besonders hoch ist. In Isolierlagen könnte eine Randstreifenbehandlung danach eine gute Chance haben.

Erfassen der Kohlfliege – Das Auftreten der ersten Adulten der Kleinen Kohlfliege im Frühjahr wird zeitlich mit der Blüte der Roßkastanie in Verbindung gebracht. Dies trifft jedoch nur begrenzt zu. Sichere Ergebnisse gibt das Verwenden von Schlupfkäfigen oder Gelbschalen. Beim Gebrauch von Schlupfkäfigen werden im Herbst Kohlfliegenpuppen oder befallene Strünke in den Boden eingebracht und mit einem trichterförmigen Gestell, bespannt mit Netzgewebe, überbaut. Der Kegelöffnung wird ein Glas aufgestülpt, das abnehmbar ist und die Beobachtung des Auftretens der schlüpfenden Fliegen erlaubt. Die Gelbschale ist mehr ein Gerät für den Fachmann, da das Bestimmen der Kohlfliege nicht einfach ist. Die Gelbschale hat ein beliebiges Maß, ist meist jedoch rund bei einem Durchmesser von 20 cm und hat einen 7 cm hohen Rand. Die innere Fläche der Schale ist hellgefärbt. In die Schale wird Wasser gegeben, dem ein Netzmittel zugesetzt wird. Die Fallen werden im Randbereich der Kultur aufgestellt. Bei der Bestimmung wird zwischen Männchen und Weibchen unterschieden. Die Männchen erscheinen zunächst in höheren Zahlen. Sobald die Männchen und Weibchen zahlenmäßig im Verhältnis 1:1 auftreten, ist mit dem Beginn der Eiablage zu rechnen.

Das erste Auftreten der Adulten der Kleinen Kohlfliege im Frühjahr vorherzusagen, ist auch über die Bildung einer Wärmesumme möglich. Ab März werden alle Tagesmittelwerte der Bodentemperatur in 5 cm Tiefe erfaßt, die über 4 °C liegen. Die Tagesdifferenzen zu 4 °C werden addiert. Ab einer Summe von 120 ist mit dem Auftreten der Kohlfliege zu rechnen.

Eine auch für den Praktiker brauchbare Methode zum Feststellen der Eiablagezahlen ist der Einsatz der Eimanschetten nach FREULER und Fischer [13].

Ein Filzstreifen von 2 cm Breite wird um den Stengelgrund ausgewählter Kohlpflanzen gelegt. Er wird mit einem Klettverschluß zusammengehalten. Die Filzstreifen werden zweimal wöchentlich kontrolliert.

Abb. 130
Schaden an Blumenkohl durch Fraß von Kohlfliegenmaden. Links: Höhepunkt der Eiablage zum Zeitpunkt der Pflanzung. Rechts: Pflanzung 14 Tage vor dem Höhepunkt der Eiablage.

Abb. 131 Eimanschetten zum Erfassen der Eiablage der Kohlfliege.

Bekämpfungsschwellen – Der von den Maden der Kohlfliege angerichtete Schaden und dessen Wirkung auf die Ertragsleistung der Pflanze ist von einer Reihe von Faktoren abhängig. Von entscheidendem Einfluß ist das Entwicklungsstadium der Pflanze zum Zeitpunkt der Eiablage. Bei gleicher Befallsstärke ist der Schaden um so geringer, je größer die Pflanzen bei der Eiablage sind. Gute Wachstumsbedingungen für die Pflanze fördern das Regenerationsvermögen der Wurzel und mindern den Schaden.

Als Schwellenwert für die Kohlfliegenbekämpfung können bei empfindlichen Kohlarten, wie Blumenkohl, Brokkoli, Chinakohl, Kohlrabi die im folgenden genannten Zahlen genutzt werden. Für die übrigen Kohlarten sind die Zahlen zu verdoppeln:

In den ersten 10 Tagen nach dem Pflanzen:
  10 Eier/Pflanze

In den ersten 20 Tagen nach dem Pflanzen:
  20 Eier/Pflanze.

Parasiten und Räuber – Zu der Bedeutung von Parasiten und Räubern, die die Populationsdynamik der Kleinen Kohlfliege beeinflussen, liegen einige Untersuchungen vor. EL TITI [9] geht davon aus, daß unter ungestörter Mitwirkung von Räubern und Parasiten sowie durch Witterungseinflüsse die Kohlfliegenpopulation bis zum Schlüpfen der Adulten um bis zu 98% verringert werden kann. Käfer aus den Familien der *Carabidae* (Laufkäfer) und der *Staphylinidae* (Kurzflügler) sowie *Cynipidae* (Gallwespen), *Ichneumonidae* (Schlupfwespen) sowie Raubmilben haben die Hauptbedeutung. Besondere Wirkung auf die Minderung des akuten Schadens haben natürlich solche Feinde der Kohlfliege, die als Ei- und Larvenräuber vor oder während der Schädigung des Kohls durch die Kohlfliegenmade für eine Verringerung des Befalls sorgen. Die Hauptrolle scheinen die Larven der flugfähigen Kurzflügler *Aleochara bilineata* und *A. bipustulata* zu spielen.

Laufkäfer werden auf Flächen mit spärlicher Pflanzendecke in deutlich geringeren Zahlen angetroffen als bei dichtem Bodenbewuchs. Durch Mischkulturen läßt sich zeigen, daß der höhere Besatz an Räubern und Parasiten zu einer Minderung des Kohlfliegenbefalls führt.

Gegenmaßnahmen: Ebenso vielfältig wie der Kohlanbau selbst sind auch die Verfahren zur Kohlfliegenbekämpfung. Wird Kohl schon im März mit Erdtopfballen gepflanzt, so ist die Wurzelentwicklung bis zum Beginn der Eiablage häufig schon so weit vorangeschritten, daß der Madenfraß das Wachstum der Kohlpflanze nicht mehr beeinträchtigt. Der Einsatz von Insektiziden kann dann unterbleiben. Treffen Pflanzzeit und erste Eiablage (meist Ende April) zusammen, ist deren Anwendung meist unerläßlich. Regelmäßiger Schutz durch chemische Mittel lohnt sich meist auch bei der großflächigen Pflanzenanzucht für den feldmäßigen Anbau. Das Insektizid wird dabei breitwürfig ausgebracht. Eine Behandlung im Feld kann dann in der Regel unterbleiben.

Ist der Kohl gepflanzt, so empfiehlt sich eine regelmäßige Kontrolle der Bestände auf den Verlauf der Eiablage in den ersten 3 Wochen nach dem Pflanzen, am besten unter Verwendung von Eimanschetten. Werden die Bekämpfungsschwellen (s. o.) überschritten, kommen Granulate oder Spritzmittel in Bandbehandlung zum Einsatz. Die Verwendung von Netzen und Vliesen gewinnt mehr und mehr an Bedeutung, da auch andere Schädlinge, z. B. Blattläuse, ferngehalten werden.

Nach den bisherigen Untersuchungsergebnissen können Chlorfenvinphos-Präparate als relativ nützlingsschonend gelten, denn der wichtigste Kohlfliegenräuber *Aleochara* spp. wird durch Anwendung von Insektiziden mit diesem Wirkstoff nur wenig beeinträchtigt.

Mehlige Kohlblattlaus

Im Kohlanbau bewirkt vor allem die Mehlige Kohlblattlaus *(Brevicoryne brassicae)* größeren wirtschaftlichen Schaden [10].

Die Mehlige Kohlblattlaus tritt mit meist mehr als 10 Generationen/Jahr auf. Trockene, warme Witterung fördert die Massenvermehrung. Schaden entsteht durch die Saugtätigkeit der Läuse. Es kommt zu Verkrüppelungen, Verfärbungen sowie Wachstumsstörungen und damit zu Ertragseinbußen. Ferner ergibt sich häufig eine Qualitätsminderung durch Blattläuse und ihre wachsartigen Ausscheidungen.

Blattlausbesatz an vorjährigen Kohlbeständen gefährdet die Neupflanzungen. Die alten Bestände sollten daher sobald wie möglich beseitigt werden. Meist ist ab Ende Mai mit Zuflug in die jungen Kohlbestände zu rechnen. Der Zuflug ist durch regelmäßige Bestandeskontrollen zu erfassen. Die Generationsdauer ist stark von der Temperatur abhängig. Sie beträgt bei 25 °C etwa 6 Tage und bei 10 °C ungefähr 25 Tage.

Die Kohlarten unterscheiden sich in ihrer Wirtseignung für die Mehlige Kohlblattlaus. Deutlich günstiger verläuft ihre Entwicklung auf Wirsing im Vergleich zum Rotkohl und Weißkohl. Auch zeigen die Rotkohlsorten beispielsweise unterschiedliche Anfälligkeit [15].

Bedeutung von Nützlingen – Verschiedene Räuber und Parasiten leben von der Mehligen Kohlblattlaus. Deutlichen Einfluß auf die Populationsdynamik üben vor allem die Blattlauswespe *Diaeretiella rapae* und die Larven von Schwebfliegen aus, daneben die räuberische Gallmücke *Aphidoletes aphidimyza* und andere Blattlausprädatoren wie Coccinelliden und Chrysopiden. Die Blattlauswespe *(D. rapae)* legt ihre Eier in der Mehligen Kohlblattlaus ab. In dieser vollzieht sich die Entwicklung zur adulten Blattlauswespe, wobei die Blattlaus mumifiziert. Blattlaus und Blattlauswespe haben annähernd die gleiche Entwicklungszeit und sind auch in der Zahl der Nachkommenschaft vergleichbar. Beide sind im Frühjahr zu etwa gleicher Zeit erstmals zu beobachten. Allerdings kommt es vor, daß *D. rapae* schon im August in Winterruhe geht und im Herbst nur noch vereinzelt anzutreffen ist. *D. rapae* wird häufig durch Hyperparasiten in ihrer Wirksamkeit eingeschränkt.

Für die Populationsdynamik der Nützlinge ist ein gleichbleibender »Restbesatz« von *B. brassicae* lebenswichtig. Hieraus ergeben sich vielfältige Überlegungen zur Wirkstoffwahl und Dosierung. Zu beachten ist auch die unmittelbare Wirkung der eingesetzten Insektizide auf die jeweiligen Entwicklungsstadien der Nützlinge.

Gegenmaßnahmen: Verschiedene Wirkstoffe können zur Bekämpfung der Mehligen Kohlblattlaus eingesetzt werden. Nach wie vor stehen in der Wirkung die Pirimicarb-Präparate obenan. Ihr hoher Wirkungsgrad kann jedoch bedeuten, daß es an einem Restbesatz fehlt, und den Parasiten und Räubern die Entwicklungsmöglichkeiten fehlen [3]. Regelmäßige Kontrolle der Kohlbestände auf Blattlausbesatz ist unbedingt erforderlich, da bei warmer, trockener Witterung die Vermehrung explosionsartig erfolgt. Über die Technik der Befallserhebung und die Bekämpfungsschwellen wird weiter unten berichtet.

Beißende Insekten

Am Kohl schädigen unter den beißenden Insekten vor allem verschiedene Schmetterlingsraupen. Ihre wirtschaftliche Bedeutung (bewertet ist der Anteil am Kopfbefall) ist etwa in folgender Reihe zu sehen (bedeutend – weniger bedeutend): Kleiner Kohlweißling *(Pieris rapae)*, Kohleule *(Mamestra brassicae)*, Kohlmotte *(Plutella xylostella)*, Kohlzünsler *(Evergestis forficalis)* Gammaeule *(Autographa gamma)*.

Schadwirkung – Der Schadfraß der Schmetterlingsraupen hat dann besondere wirtschaftliche Bedeutung, wenn die Raupen den Kohlkopf befressen und diesen im Innern mit Kot verschmutzen, wie dies insbesondere bei der Kohleule und in geringerem Umfang bei dem Kleinen Kohlweißling und der Kohlmotte der Fall ist. Schadfraß an den äußeren Blättern, wie ihn die anderen Schmetterlingsraupen vorwiegend zeigen, kann dagegen schon eher geduldet werden.

Erfassen des Auftretens – Kohleule und Gammaeule sind Nachtfalter. Zur Bestimmung ihrer Flugzeiten eignen sich Lichtfallen. Die Flugzeit von Kohlmotte, Kohlzünsler und auch der Kohleule kann durch Pheromonfallen erfaßt werden.

Allerdings geben beide Fallentypen lediglich die Möglichkeit, Beginn, Häufigkeit und Ende des Fluges abzuschätzen. Beziehungen zu Eiablage und zu erwartender Befallsdichte haben sich bisher nicht ableiten lassen. So bleibt für das Erfassen des Schädlingsbesatzes als Grundlage für eine gezielte Bekämpfung nach wie vor die Beobachtung im Bestand selbst.

Bedeutung von Nützlingen – Unter den verschiedenartigen Räubern und Parasiten, die von

Abb. 132 Eigelege der Kohleule, teilweise durch *Trichogramma* parasitiert (schwarz verfärbt).

den an Kohl schädigenden Schmetterlingsraupen teilweise oder überwiegend leben, sind vor allem die eiparasitierenden Schlupfwespen der Gattung *Trichogramma* von Interesse.

In einigen Ländern, vor allem in der GUS und China, werden Schlupfwespen in Zuchten vermehrt und zur Bekämpfung von Raupen an Kohl eingesetzt. Für den mitteleuropäischen Raum bestehen Zweifel, ob durch den Einsatz dieser Schlupfwespe eine ausreichende Niederhaltung der Schad-Lepidopterenpopulation erreicht werden kann, zumal die hohen Parasitierungsraten nur bei den Eiern der Kohleule, deutlich geringere bei den *Pieris*-Arten und völlig unbedeutende oder gar keine bei den übrigen Schmetterlingseiern an den Kohlpflanzen erreicht werden.

Gering ist auch die Bedeutung der in *Pieris*-Raupen parasitierenden Schlupfwespe *Apanteles glomeratus*, da die Kohlweißlingsraupen den größten Teil ihrer Schadwirkung bereits vollbracht haben, ehe sie unter dem Einfluß der Parasitierung absterben. Für die Populationsdynamik der Kohlmotte haben Schlupfwespen (z. B. *Diadegma semiclausum*) erhebliche Bedeutung, die in den Larven der Kohlmotte parasitieren.

Bekämpfungsschwellen von saugenden und beißenden Insekten – Vornehmlich in den USA [1], in den Niederlanden [2, 24] und in der Bundesrepublik Deutschland [10, 15] wurden Grundlagen für die Nutzung von Schwellenwerten erarbeitet. Heute liegen zuverlässige Werte insbesondere für Kopfkohl und Rosenkohl vor. Von

HOMMES [16] wurden 4 *Grundregeln* für die Nutzung von Bekämpfungsschwellen bei Gemüse aufgestellt:

- Die Kultur muß einen gewissen Besatz an Schädlingen tolerieren können, ohne daß Ertragseinbußen auftreten.
- Das Risiko bei Fehlentscheidungen muß kalkulierbar sein.
- Für das Erfassen des Schädlingsbesatzes muß eine einfache, praktikable Erhebungsmethode vorliegen.
- Nach Erreichen der Schwellenwerte muß noch eine ausreichende Bekämpfung der Schädlinge möglich sein.

Vorgegebene Bekämpfungsschwellen können immer nur Richtwerte sein. Örtliche Erfahrungen sind zu sammeln und gegebenenfalls für eine Anpassung zu nutzen.

Beim *Erarbeiten der Schwellenwerte* ist sehr daran gedacht worden, die erforderliche Zeit und die für die Erhebung notwendigen Vorkenntnisse möglichst niedrig zu halten. Nach dem derzeitigen Erkenntnisstand sind je Parzelle 50 Pflanzen zu bewerten, die gleichmäßig über den Bestand verteilt sind. Eine gewisse Bevorzugung des Randbereiches ist angebracht. Die Kontrolle beschränkt sich auf das Herz bzw. den Kopf und die ersten sechs Umblätter.

Die Einteilung erfolgt in:
1. Pflanzen ohne Befall,
2. Pflanzen mit mehr als 10 Blattläusen,
3. Pflanzen mit Raupen.

Die Befallsdichten, die eine sofortige Bekämpfung veranlassen sollten, finden sich in Tabelle 109.

Tabelle 109   Bekämpfungsschwellen bei Kopfkohl für Frischmarkt (F) und Lager (L). Anteil der Pflanzen im Bestand mit mehr als 10 Blattläusen bzw. einer oder mehreren Raupen

		Entwicklungsstadium			
		A	B	C	D
Blattläuse	F	20%	20%	20%	20%
	L	20%	20%	20%	50%
Raupen	F	25%	50%	5%	5%
	L	25%	50%	15%	25%

A	= Pflanzung bis 8-Blattstadium
B	= 9-Blattstadium bis zum Beginn der Kopfbildung
C	= Kopfbildung bis zum sortentypischen Kopf
D	= Kopfbildung ist abgeschlossen

Gegenmaßnahmen: Für den Einsatz chemischer Mittel hat sich gezeigt, daß ein Beachten der Schwellenwerte im Durchschnitt über 50% der Spritzungen einsparen läßt, wenn mit einer Routinespritzung im Abstand von 14 Tagen verglichen wird. Dies setzt jedoch voraus, daß die Bestände wenigstens 14tägig kontrolliert werden.

Bei der Auswahl der Pflanzenschutzmittel ist darauf zu sehen, daß Auflagen bezüglich Wasserschutzzonen zu beachten sind, daß die Wartezeit eingehalten werden kann oder daß bestimmte Mittel bienengefährlich sind bzw. in Beständen mit blühenden Unkräutern nur nach dem täglichen Bienenflug eingesetzt werden können. Einige Insektizide stellen eine Gefahr für Vögel dar, die bei trockener Witterung in Vertiefungen von Kohlblättern stehendes Wasser trinken, wenn in dieses mit einer Spritzung vogeltoxische Mittel gelangen.

Wichtigstes praktisches und seit vielen Jahren genutztes Instrument der biologischen Schädlingsbekämpfung ist jedoch der *Bacillus thuringiensis,* der in einem Einschlußkörper ein Toxin entwickelt, das nach Aufnahme beim Fraß den Darm der Schmetterlingsraupen zerstört. Mehr als 30 verschiedene Schmetterlingsraupen lassen sich durch *B. thuringiensis* bekämpfen. Von den an Kohl schädlichen Raupen werden die Kohlweißlingsarten am besten, die der Kohlmotte begrenzt und die der Kohleule schlecht erfaßt. Auch hat sich gezeigt, daß *Kernpolyederviren* zur Bekämpfung der Kohleule mit gleich guter Wirkung wie chemische Mittel eingesetzt werden können, doch scheitert eine wirtschaftliche Produktion bisher an der Tatsache, daß die Vermehrung dieser Viren nur in lebenden Zellen möglich und daher sehr kostenträchtig ist.

7.3.3 Möhrenanbau

Möhrenfliege

Die Möhrenfliege *(Psila rosae)* ist der wichtigste Möhrenschädling. Sie ist ein gutes Beispiel für die Notwendigkeit und Zweckmäßigkeit integrierter Bekämpfungsmaßnahmen.

Die Möhrenfliege überwintert in der Regel als Puppe, aber auch als Larve. Ab Mitte Mai erscheint die Fliege und legt bis in den Juni hinein Eier ab. Die nach wenigen Tagen schlüpfenden Maden fressen zunächst an Seitenwurzeln und an der Spitze der Möhre, später im Rübenkörper. Bei starkem Befall an jungen Pflanzen können die Möhren absterben. Späterer Befall führt

vor allem zu Qualitätsmängeln. Die Möhrenfliege tritt im Jahr in 2 oder 3 Generationen auf. Geschädigt werden auch Sellerie, Kerbel, Kümmel, Pastinak und Petersilie. Auch Umbelliferen-Unkräuter (z. B. Wilde Möhre und Schierling) sind Wirtspflanzen.

Zur Biologie der Möhrenfliege liegen umfangreiche Untersuchungen vor [4, 11, 20, 22]. Die Aktivität der adulten Möhrenfliege wird durch Temperatur, relative Luftfeuchtigkeit und Lichtintensität bestimmt. Sie wird durch Temperaturen von 18–24 °C und eine relative Luftfeuchtigkeit unter 65% begünstigt. Geringe Lichtintensität setzt das Unterscheidungsvermögen für unterschiedliche Luftfeuchtigkeiten herab. BOHLEN [4] konnte zeigen, daß die Flugaktivität ab etwa 15 Uhr stark zunimmt. Bis zu diesem Zeitpunkt halten sich die Möhrenfliegen bevorzugt an geschützten Orten auf, z. B. in Hecken und dichteren Pflanzenbeständen. Bei trockenem, kühlem, trübem Wetter verlassen die Fliegen ihre Verstecke den ganzen Tag über [25]. Der Zusammenhang zwischen einer benachbarten Vegetation oder einer Schatten bietenden Einrichtung, die den adulten Möhrenfliegen Schutz gewährt, und dem Befall der Möhrenflächen ist sehr bedeutungsvoll.

Die Eiablage erfolgt nach kurzem Suchlauf auf dem Möhrenlaub im Boden. Mehr als die Hälfte der Eier wird in der Nähe der Möhre im Abstand bis zu 5 cm abgelegt. Die Lichtempfindlichkeit (negativ phototaktische Reaktion) der Weibchen führt dazu, daß die Eier an schattigen Stellen oder unter größeren Bodenteilchen abgelegt werden. Bei Temperaturen über 25 °C kommt es zum Absterben von Larven und Puppen. Eilarven sind sehr empfindlich gegenüber Trockenheit. Nach STÄDLER [23] führte ein 90 Minuten Aufenthalt bei unter 75% relativer Feuchte zum Absterben der Larven. Offensichtlich ist es für die Entwicklung der Möhrenfliege sehr wichtig, daß die Eilarven keinen hohen Temperaturen und – damit verbunden – größerer Trockenheit ausgesetzt sind. Dementsprechend zeigen Beobachtungen, daß die späteren Generationen, die auf einen bodendeckenden Möhrenbestand treffen, zu höherem Befall führen. Auch die Beobachtung eines stärkeren Befalls bei gelockerter Bodenoberfläche dürfte damit in Verbindung stehen, daß eine geschützte Eiablage möglich ist.

Der Zusammenhang zwischen einer benachbarten Vegetation, die den adulten Möhrenfliegen Schutz gewährt, und dem Befall der Möhrenflächen ist sehr bedeutungsvoll. ELLIS et al. [8]

haben nachgewiesen, daß es möglich ist, über die Teilresistenz der Sorte Sytan und einen Aussaattermin im Juni, der den Befall durch die erste Generation vermeidet, sowie Beerntung vor Befallsausweitung auch ohne chemische Bekämpfung in Befallsgebieten ausreichend vermarktungsfähige Ware zu erzielen.

Über die Bedeutung von Räubern und Parasiten für die Populationsdynamik der Möhrenfliege ist wenig bekannt, genannt werden die Brackwespe *Dacnusa gracilis* und Pilze der Gattung *Empusa* [22].

Gegenmaßnahmen: Die anbautechnischen Maßnahmen, die den Befall begrenzen können und als feste Bestandteile der Möhrenfliegenbekämpfung angesehen werden müssen, sind:

- Vermeiden der Nachbarschaft von Flächen, die im Vorjahr Befall zeigten. Entsprechend dem Flugvermögen der Möhrenfliege sollte ein Mindestabstand von 500 m angestrebt werden.
- Nachbarschaft zu anderen Umbelliferen meiden.
- Wahl freiliegender Flächen ohne Windschutz oder Nachbarschaft höher wachsender Kulturen; großflächiger Anbau.
- Böden bevorzugen, die an der Oberfläche reich an Temperaturextremen sind und leicht austrocknen, im Untergrund aber ausreichend Feuchte führen.
- Unkrautfreiheit und Reihensaat; möglichst strukturlose Bodenoberfläche; Bodenbearbeitung kurz vor der Eiablage vermeiden.
- Falls möglich, Aussaattermin so wählen, daß die Möhren erst nach dem Auftreten der ersten Generation auflaufen.

Auch beim Beachten dieser Grundsätze wird sich jedoch ein Befall nicht in allen Anbaugebieten vermeiden lassen und eine chemische Bekämpfung erforderlich werden. Vorbeugende Anwendungen mit persistenten Wirkstoffen in ganzflächiger Anwendung werden in zunehmendem Maße durch gezielten Einsatz von Insektiziden abgelöst.

Bekämpfungsschwellen werden erarbeitet. Der Praktiker wird bei der Beschäftigung mit der Technik zum Erfassen der Bekämpfungsschwellen mit großer Sicherheit bald erkennen, daß in vielen Fällen der Einsatz chemischer Mittel überflüssig ist. Für eine gezielte Bekämpfung wird der Möhrenfliegenbefall über gelbe Klebtafeln erfaßt (Abb. 133). Breitere Erfahrungen liegen mit der gelben Acrylglas-Falle durch die Arbeiten von FREULER et al. [11] vor. Die Fallen sind senkrecht zu stellen und müssen oberhalb

des Möhrenlaubes plaziert werden. Je Möhrenanbaufläche werden mindestens 2 Fallen aufgestellt. Sie sind im Bereich desjenigen Feldrandes anzubringen, von dem der meiste Zuflug zu erwarten ist, d. h. in der Nähe von Windschutz bietenden Pflanzenbeständen wie Mais, Weizen, Büschen, Bäumen und gegebenenfalls auch Gebäuden. Die Fallen sind mindestens einmal wöchentlich auszutauschen und zu kontrollieren.

Die Zusammenhänge zwischen der Aktivität der ersten und der zweiten Möhrenfliegengeneration, der Entwicklung der Möhren im Ablauf der Vegetationszeit und der Bekämpfungsschwelle für die Möhrenfliege, läßt sich sehr gut anhand von Tabellen erfassen, die von FREULER et al. [12] erarbeitet wurden. Im allgemeinen, so auch in den Niederlanden und in der Bundesrepublik Deutschland, wird mit einfacheren Schwellenwerten gearbeitet. In der Bundesrepublik Deutschland können folgende Richtwerte gelten:

Bekämpfungsschwellen:
1. Generation:
   1 Fliege / Gelbtafel und Tag,
2. Generation (ab Mitte Juli):
   1 Fliege / 2 Gelbtafeln und Tag.

Ist die Bekämpfungsschwelle erreicht, sind Insektizide im Spritzverfahren einzusetzen. Die Mittelwahl erfolgt nach dem jeweiligen Zulassungsstand. Bei fortgeschrittener Möhrenkultur behindert das dichte Laub die Plazierung von Granulaten und auch von Spritzmitteln auf der

Abb. 133   Gelbe Klebtafeln zur Erfassung des Möhrenfliegenfluges.

Bodenoberfläche. Direkt folgender Niederschlag oder Beregnung sind hier hilfreich.

Übersteigt die Zahl der gefangenen Fliegen den genannten Schwellenwert unwesentlich und ist ein deutlicher einseitiger Windschutz gegeben, so kann auch eine Behandlung des Parzellenrandes in einem Streifen von 20 m Breite ausreichend sein. Meist ist es bei dieser Technik zweckmäßig, durch Aufstellen weiterer Gelbtafeln das Vordringen der Möhrenfliege in den Bestand zu erfassen.

Grundsätzlich gilt, daß vorgegebene Schwellenwerte nur Richtwerte sein können. Langjährige Erfahrungen vor Ort sind erforderlich.

Möhrenminierfliege

In einigen Anbaugebieten tritt, oft auch gemeinsam mit der Möhrenfliege, die Möhrenminierfliege *(Napomyza carotae)* auf. Ihre Maden fressen sich vom Ort der Eiablage im Laub zum oberen Teil des Möhrenkörpers vor. Durch die Fraßgänge dicht unter der Oberfläche des Möhrenkörpers kommt es zu Qualitätsminderungen. Die 1. Generation der Möhrenminierfliege tritt im Mai-Juni, die 2. im August-September auf.

Für die Technik zum Vermeiden von Schäden durch die Möhrenminierfliege gelten mehr oder weniger die für die Möhrenfliege genannten Grundsätze. Als befallsmindernd hat sich das Anhäufeln der Möhre erwiesen. Zum Erfassen der Bekämpfungsschwelle können die Saugstellen genutzt werden, die die Möhrenminierfliege am Laub setzt. Zur Nahrungsaufnahme sticht das Weibchen die Fiederblättchen an. Auf deren Unterseite entstehen dann millimetergroße, rundliche, anfangs dunkelgrüne, später hellgraue Einstich- und Saugstellen.

Die **Bekämpfungsschwelle** ist nach HOMMES [16] gegeben, wenn 20% der Blätter Saugschäden zeigen. Die Bekämpfung der Möhrenminierfliege erfolgt in Spritzverfahren mit einer Aufwandmenge wie sie gegen Blattläuse eingesetzt wird. Meist ist eine Wiederholung im Abstand von 14 Tagen zweckmäßig, um eine hohe Qualität des Ernteproduktes zu erreichen.

7.3.4 Gurken und Tomaten im Unterglasanbau

Der Anbau von Gemüse unter Glas ist in der Bundesrepublik Deutschland nicht so stark spezialisiert, wie beispielsweise in den Niederlanden, und doch ist von einem echten Fruchtwechsel nicht zu sprechen, denn in der Regel wiederholen sich die Hauptkulturen Gurke und Tomate jährlich. Dadurch ist die Gefahr einer Anreicherung und die Chance des Überdauerns der Schadorganismen verhältnismäßig groß. Viren, Bakterien, Pilze und Nematoden spielen als bodenbürtige Schadorganismen von je her eine Rolle im Unterglasgemüsebau.

Allgemeine Verhütungs- und Bekämpfungsmaßnahmen – Nachdem in die Tiefe wirkende chemische Bodenentseuchungsmittel nicht mehr verfügbar sind, bleibt allein die Dämpfung als breitwirkende Maßnahme übrig. Der Weg, dem Problem der Bodenverseuchung durch das Verwenden eines anderen, auswechselbaren Substrats (z. B. Steinwolle) zu entgehen, wird auch in der Bundesrepublik Deutschland zunehmend beschritten, obwohl die Marktstruktur für die meisten Betriebe die Beschränkung auf eine Kultur im Jahr nicht duldet.

Alternativen zum chemischen Pflanzenschutz hat der Unterglasgemüsebau schon lange genutzt. Zu erwähnen sind hier z. B. die Pfropfung von Tomaten auf spezielle Unterlagen und der Anbau von Sorten, die Resistenz gegen das Tomatenmosaikvirus, die Erreger der Korkwurzelkrankheit, der *Verticillium*- und *Fusarium*-Welke und gegen Wurzelgallenälchen vereinen. Sehr verbreitet bei Hausgurken ist nach wie vor das Pfropfen auf die Kürbisunterlage *(Cucurbita ficifolia)* zur Abwehr der *Fusarium*-Welke und um gleichzeitig die Ertragsstabilität zu erhöhen.

Wesentliche Probleme des Unterglasgemüsebaus haben sich durch die Resistenzzüchtung, z. T. durchaus nachhaltig lösen lassen. Bekannte Beispiele sind der Blattbrand (Erreger: *Corynespora cassiicola*), die Gurkenkrätze (Erreger: *Cladosporium cucumerinum*) oder das Tomatenmosaikvirus. Die Resistenz gegen die Samtfleckenkrankheit der Tomate ist zwar mehrfach durch das Auftreten neuer Pathotypen gebrochen worden, doch hat sich über Jahre eine chemische Bekämpfung dieser Krankheit erübrigt. Neuerdings gewinnen Hausgurkensorten mit Resistenz gegen den Echten Mehltau vermehrt praktische Bedeutung.

Noch nicht voll ausgeschöpft sind die Möglichkeiten, über die Steuerung des Gewächshausklimas Krankheiten zu verhüten bzw. ihre Ausbreitung zu begrenzen. Insbesondere überzogene Maßnahmen zur Energieeinsparung können sich über verlängerte Blattfeuchteperioden ungünstig auswirken. Ein Beispiel dafür ist das in dem Ausmaß bisher nicht gekannte Auftreten des Pilzes *Ulocladium cucurbitae* in unzureichend lüftbaren Gewächshäusern. Auch die Form der Bewässerung muß dort überdacht werden, wo regelmäßig Pilzkrankheiten wie Grauschimmel auftreten. Hier kann über die Einrichtung einer Tropfbewässerung viel erreicht werden. Auch über Pflegemaßnahmen wie Schnitt- und Erziehungstechniken, das Entfernen von Blättern im unteren Bereich der Gurken- und Tomatenpflanze wird versucht, für eine Luftbewegung in den Häusern zu sorgen, die dem Auftreten von Krankheiten entgegenwirkt.

Die Tatsache, daß mit dem Gewächshaus ein geschlossener, überschaubarer Bereich mit Möglichkeiten der Klimamanipulation gegeben ist, und daß zugleich nur einige wenige Schadorganismen wirtschaftliche Bedeutung besitzen, ist die Voraussetzung dafür gewesen, daß sehr frühzeitig Verfahren der **biologischen Schädlingsbekämpfung** erprobt wurden (siehe Abschnitt 5.9). Einige davon haben weltweit Eingang in die Praxis gefunden und finden auch bei uns zunehmend Verwendung. Die Bemühungen um die biologische Schädlingsbekämpfung werden durch die Tatsache gefördert, daß für die speziellen Anwendungsbereiche unter Glas nur in unzureichender Zahl Pflanzenschutzmittel im Rahmen der Zulassung ausgewiesen sind. Diese begrenzte Wirkstoffzahl führt zu häufiger, wiederholter Anwendung der gleichen Mittel und hat bei Spinnmilben und »Weißer Fliege« eine sehr baldige Selektion resistenter Stämme zur Folge. Vom Bund und dem Pflanzenschutzdienst der Länder wird die Entwicklung biologischer Bekämpfungsverfahren gefördert. Die Pflanzenschutzdienststellen erteilen Auskunft über Bezugsquellen für Nützlinge. Biologische Bekämpfungsverfahren erfordern einen höheren Sachverstand. Bei der Einführung einer Nutzung in der Praxis ist ein höherer Beratungsaufwand erforderlich.

Raubmilben gegen Spinnmilben – Die Spinnmilben der Art *Tetranychus urticae,* auch Rote Spinne genannt, schädigen im Unterglasgemüsebau Gurken, Stangenbohnen, Paprika und gelegentlich auch Tomaten. Bei gezieltem Einsatz gelingt es mit Hilfe der Raubmilbe *Phytoseiulus persimilis* die Vermehrung der Spinnmilben so zu begrenzen, daß ein wirtschaftlicher Schaden nicht entsteht.

Die Raubmilbe wird in Spezialbetrieben vermehrt. Auf Buschbohnen lebende Spinnmilben sind ihre Nahrung. Die Raubmilben kommen auf Bohnenblättern oder in Weizenkleie, am besten zum Schutz gegen Austrocknung in Styropor verpackt zum Versand [2, 7, 14, 17].

Die im Sommer gelbgrünen oder braunen Spinnmilben (bis 0,5 mm groß) überwintern als rotgefärbte Tiere in Ritzen und Spalten der Gewächshauskonstruktion. Nach der Pflanzung müssen die Gemüsekulturen regelmäßig auf das erste Auftreten des Schädlings kontrolliert werden. Wöchentlich werden mindestens 100 Pflanzen in Augenschein genommen. Sobald erster herdartiger Befall (als Grenzwert gelten etwa 4–5 Herde/$1000 \, m^2$) festgestellt wird, muß der Einsatz der Raubmilben erfolgen. Auf jede 2. Pflanze werden etwa 6–8 Raubmilben ausgebracht. Befallsherde und deren Nachbarpflanzen werden mit etwa der zehnfachen Menge versehen. Nachfolgende Kontrollen müssen zeigen, ob die Vermehrung und Ausbreitung der Raubmilben eingesetzt hat. Notfalls muß man die Verteilung im Haus durch Verbringen von Blättern mit gutem Raubmilbenbesatz in unbesiedelte Teile des Hauses unterstützen oder es müssen nochmals Raubmilben beschafft werden. Die rotbraunen, sehr beweglichen Raubmilben kann man nach kurzer Übung sehr bald gut wahrnehmen.

Optimale Bedingungen für den Raubmilbeneinsatz sind bei 25 °C und einer relativen Luftfeuchtigkeit von 60–85% gegeben. Unter diesen Bedingungen saugt die Raubmilbe täglich 20 Jungtiere oder fünf erwachsene Spinnmilben aus bzw. vertilgt 20 Spinnmilbeneier. Schon bei 18 °C sinkt die Leistungsfähigkeit der Raubmilbenpopulation deutlich ab. Bei Temperaturen unter 16 °C ist die Wirksamkeit des Raubmilbeneinsatzes deutlich in Frage gestellt, jedoch überstehen die Raubmilben eine Temperatur bis herunter zu 7 °C, wenn ein ausreichendes Angebot an Beutetieren besteht.

Bei einer Temperatur um 20 °C legt ein Raubmilbenweibchen in seiner Lebenszeit insgesamt 40–60 Eier (3–4 Eier/Tag). Ein ausgewachsenes Spinnmilbenweibchen lebt bei entsprechenden Temperaturen etwa 14 Tage und legt dabei etwa 100 Eier insgesamt.

Wird die Beute den Raubmilben knapp, so rotten sie sich schließlich selbst aus. Werden mit dem Fortschreiten einer Gurkenkultur Blätter und Triebe entfernt, so sollte man diese anschließend noch eine zeitlang im Haus belassen, damit die Raubmilben auf die Pflanzen zurückwandern. Bei starkem Sonnenschein meiden die Raubmilben die oberen Pflanzenteile. Gegebenenfalls muß schattiert werden. Sofern eine Bekämpfung von Gurkenmehltau notwendig wird, sind Wirkstoffe zu verwenden, gegen die die Raubmilben wenig empfindlich sind, wie Triadimefon und Triforine. Vorrang besitzt aber die Wahl mehltauresistenter Sorten. Gegen den Grauschimmel können Dichlofluanid und Vinclozolin eingesetzt werden.

Raubmilben gegen Thrips – Wo im Unterglasanbau die Anwendung chemischer Mittel durch biologische Bekämpfungsverfahren ersetzt worden ist, haben Schäden an Gurken und Paprika, verursacht durch die Saugtätigkeit von Thripsarten, zugenommen. Lange Zeit wurde der Zwiebelthrips *(Thrips tabaci)* als wichtigste Art angesehen. Neuerdings spielt der Kalifornische Blütenthrips *(Frankliniella occidentalis)* eine größere Rolle.

RAMAKERS und VAN LIEBURG [21] haben Verfahren zur Massenzucht von räuberischen Milben entwickelt, die das Entstehen von Thripspopulationen im Unterglasanbau unterbinden können. Die Raubmilben der Gattung *Amblyseius* werden meist über Modermilben vermehrt, die auf Weizenkleie gehalten werden. Die beiden verwendeten *Amblyseius*-Arten *(A. barkeri, A. cucumeris)* ernähren sich vornehmlich von Eiern und Larven der Thripse. Eine Raubmilbe verzehrt pro Tag etwa 2–3 Thripslarven.

Adulte Thripse sind als Beutetier nicht geeignet. Auf die Raubmilbenentwicklung wirkt hohe Luftfeuchtigkeit positiv, auf die Entwicklung der Thripse negativ.

Die Raubmilben kommen in Plastikbehältern mit Weizenkleie und einer gewissen Zahl von Futtertieren zum Versand. Zufriedenstellende Erfolge werden vor allem erzielt, wenn die Raubmilben vor dem Thripsauftreten in die Kultur eingebracht werden. Für eine gewisse Zeit überleben die *Amblyseius*-Arten, ohne daß Thripse vorhanden sind, da sie z. B. auch Spinnmilben und Blütenstaub fressen [2].

Die Raubmilben sind sehr empfindlich gegen alle Insektizide und Akarizide. Von den Fungiziden werden vor allem Schwefel und Benzimidazole schlecht vertragen. Sodann ist zu beachten, daß die Entwicklung der Thripspopulation durch niedrige Luftfeuchtigkeit begünstigt wird. Eine Bewässerung unter Benetzung des Laubes kann die Befallsregulierung unterstützen.

Schlupfwespen gegen Weiße Fliegen – Im Unterglasgemüsebau tritt die Gewächshausmottenschildlaus *(Trialeurodes vaporariorum),* auch Weiße Fliege genannt, neuerdings auch die Art *Bemisia tabaci* schädigend auf. Beide Arten haben eine ähnliche Lebensweise und werden durch das gleiche Verfahren reguliert. Allerdings nimmt die Schlupfwespe bevorzugt die Art *T. vaporariorum* an. Die schnelle Generationenfolge bedeutet nicht nur eine rasche Entwicklung der Schädlingspopulation, sondern auch eine große Gefahr in Bezug auf Insektizidresistenz, wie sie in der Praxis häufig beobachtet wird. Besondere Probleme bei der chemischen Bekämpfung bereiten auch die widerstandsfähigen schildlausartigen Larvenstadien. Dadurch werden Insektizidanwendungen in kurzer Folge notwendig. Eine chemische Bekämpfung ist vor allem auch dort sehr schwierig, wo gegen andere Schädlinge biologische Verfahren Verwendung finden, die nur den Einsatz ganz bestimmter Wirkstoffe erlauben.

Da über kulturtechnische Maßnahmen kaum auf die Entwicklung der Gewächshausmottenschildlaus Einfluß genommen werden kann, ist es sehr zu begrüßen, daß seit einigen Jahren ein erprobtes System zur biologischen Bekämpfung dieses Schädlings zur Verfügung steht. Eingesetzt wird die Schlupfwespe *Encarsia formosa*, die die Larven der Mottenschildlaus vornehmlich im 2.–4. Stadium parasitiert. Bei hohem Schlupfwespenbesatz stechen diese auch die Larven der Weißen Fliege an und saugen sie aus. Für die Zucht der Schlupfwespen wird die Gewächshausmottenschildlaus meist auf Tabak gehalten. Zum Versand kommen die parasitierten Puparien der Gewächshausmottenschildlaus. Diese sind durch die Parasitierung nach etwa 2 Wochen deutlich schwarz verfärbt. Aus weißen Puparien schlüpfen also Weiße Fliegen und aus schwarzen Puparien Schlupfwespen. Zum Versand kommen die parasitierten Puparien auf Blattstücken oder vom Blatt abgelöst auf Pappstreifen geklebt, die zugleich zum Einbringen in die Gewächshauskultur genutzt werden können. Auf das Gleichgewicht zwischen der Gewächshausmottenschildlaus und der Schlupfwespe hat die Temperatur großen Einfluß. Der Lebenszyklus beider Arten ist in hohem Maße temperaturabhängig. Er dauert z. B. bei 16 °C 63 Tage, bei 24 °C nur 25 Tage.

Neben der Temperatur, die beim Einsatz der Schlupfwespe möglichst 22 °C oder mehr betragen soll, kann eine mittlere relative Luftfeuchtigkeit von 60–70% den Parasitierungserfolg begünstigen. Im übrigen erfolgt die Vermehrung der Weißen Fliege, wegen der besseren Wirtseignung, auf Fleischtomaten, Gurken, Auberginen und Bohnen schneller als auf den normalen, rundgeformten Tomaten. Der Parasit wird ausgebracht, wenn die allerersten Weißen Fliegen angetroffen werden. Zweckmäßig ist es, mit der Pflanzung zugleich gelbe Klebtafeln aufzuhängen. Diese helfen, einen Befall frühzeitig zu erkennen und verlangsamen zugleich die Anfangsentwicklung der Schädlingspopulation, so daß ausreichend Zeit bleibt, die Nützlinge zu beschaffen.

Im allgemeinen ist ein mehrfaches Ausbringen von Schlupfwespen notwendig. Bei schwachem Befallsdruck kann der Abstand 2 Wochen, bei starkem Befallsdruck sollte er nur 1 Woche betragen. Je Termin werden etwa 5 Schlupfwespen/m² ausgebracht. Unter günstigen Bedingungen für die Weiße Fliege muß unter Umständen ein Vielfaches dieser Menge ausgesetzt werden. Für den Erfolg der Maßnahme ist in jedem Fall eine ständige Kontrolle des Parasitierungsgrades erforderlich. Es ist das Verhältnis von parasitierten zu nichtparasitierten Puparien zu erfassen. Die parasitierten Puparien von *T. vaporariorum* sind schwarz gefärbt, die von *B. tabaci* erscheinen durchsichtig. Sobald das Verhältnis parasitiert zu nichtparasitiert unter 2:1 absinkt, müssen bei niedrigem Befallsniveau zusätzlich Schlupfwespen beschafft werden, oder es muß bei starkem Befall zur chemischen Bekämpfung übergegangen werden. Allerdings werden dabei auch die Schlupfwespen ausgerottet, da diese gegen Insektizide und auch einige Fungizide (Dichlofluanid, Pyrazophos, Thiram) empfindlich sind. Pirimicarb wirkt nur auf das erwachsene Stadium der Schlupfwespe und hat eine geringe Nachwirkungsdauer von weniger als 3 Tagen. In Einzelfällen kann mit diesem Wirkstoff eine Befallsreduktion unter Schonung des Nützlings erfolgen.

Bei Anwendung von Pyrethroiden ist mit einer Nachwirkungsdauer zu rechnen, die mehr als 30 Tage betragen kann. Der Aufbau einer Schlupfwespenpopulation ist beim Einsatz derartiger Präparate auf lange Zeit nicht möglich. Kali-Seifenpräparate wirken auf Larven und erwachsene Weiße Fliegen. Sie trocknen diese aus und vermindern den Befall. Das gegen die Gewächshausmottenschildlaus bereits erprobte Verfahren kann auch gegen *Bemisia tabaci* eingesetzt werden.

Weitere Verfahren der biologischen Bekämpfung – Im Zuge der Bemühungen, im Unterglasanbau die Anwendung chemischer Mittel möglichst einzuschränken, haben weitere biologische Bekämpfungsverfahren Eingang in die Praxis gefunden. So werden gegen Blattläuse

Schlupfwespen, vornehmlich der Art *Aphidius matricariae* bevorzugt in der Zeit von November bis Juni eingesetzt. Diese Schlupfwespe legt ihre Eier einzeln in Blattläuse ab. Die Larve entwickelt sich in der Blattlaus und verpuppt sich auch in dieser.

Ein weiterer natürlicher Feind der Blattläuse ist die räuberische Gallmücke *Aphidoletes aphidimyza*. Diese wird ebenfalls zur Minderung eines Blattlausbesatzes gezielt ausgebracht. Die erwachsenen Gallmücken, die sich von Honigtau ernähren, legen ihre Eier in die Nähe von Blattlauskolonien ab. Die Larven stechen die Blattläuse an und saugen sie aus. Die Verpuppung erfolgt im Boden. Beim Einsatz im biologischen Bekämpfungsverfahren werden die Puppen in feuchtem Boden geliefert und mit 2–5 Gallmückenpuppen/m² Gewächshausfläche ausgebracht. Nach 14 Tagen erfolgt eine weitere Ausbringung.

Auch die Florfliege *Chrysoperla carnea* wird gegen Blattläuse eingesetzt. Es werden Florfliegeneier auf Gazestreifen, neuerdings auch Eier mit einer speziellen Spritztechnik, ausgebracht (siehe auch Abschnitt 5.9).

Weitere Nützlinge, die im Unterglasanbau von Gemüse Verwendung finden, sind die Schlupfwespen *Dacnusa sibirica*, *Opius pallipes* und *Diglyphus isaea* gegen Minierfliegen. Sehr gute Wirkung erzielten auch die Raubwanze *Orius insidiosus* oder andere Arten dieser Gattung im Einsatz gegen Thripse, wenn sie in ausreichender Zahl und rechtzeitig zum Zuge kommen.

7.4 Integrierter Pflanzenschutz im Apfelanbau

P. GALLI, Stuttgart

7.4.1 Einleitung

Obstkulturen spielen für die Entwicklung integrierter Produktionsverfahren eine bedeutende Rolle. Grundzüge und Methoden des Integrierten Pflanzenschutzes sind zuerst im Apfelanbau erarbeitet und zu einem praxisreifen System ausgebaut worden. Der Apfelanbau ist zugleich eine Kultur, in der Integrierter Pflanzenschutz heute auf einem Großteil der Ertragsflächen Anwendung findet. Darüber hinaus haben zahlreiche Elemente und Einzelkomponenten dieses Verfahrens Eingang in die allgemeine Obstbaupraxis gefunden. Ein Blick in die obstbaulichen Fachzeitschriften gibt hiervon hinreichend Zeugnis.

Diese führende Position des Apfelanbaus hat verschiedene Gründe. Zum einen ist das Ökosystem der Raum- und Dauerkulturen des Obstbaus wesentlich einheitlicheren und konstanteren Bedingungen unterworfen als etwa das der ackerbaulichen Kulturen. Diese Besonderheiten erleichterten sowohl die Analyse der Strukturen und Regelmechanismen dieses Ökosystems, wie auch die Anwendung der gewonnenen Erkenntnisse unter den differenzierten Verhältnissen der Praxis. Zum andern aber war ausschlaggebend, daß im Apfelanbau in den Jahren nach 1950 der chemische Pflanzenschutz zu einem wichtigen Intensivierungsfaktor geworden war. Der häufige Einsatz von breitwirksamen Insektiziden (DDT u. a.) brachte teilweise massive Schädlingsprobleme mit sich. Bekannte Beispiele sind die in zahlreichen Anbaugebieten beobachteten und in der Fachliteratur eingehend diskutierten Resistenzerscheinungen bei Spinnmilben, später beim Birnenblattsauger [12, 18]. Da ferner auch die Pilzkrankheiten eine Vielzahl von Spritzungen erforderlich machten, erschien besonders im Apfelanbau eine Verminderung des Pflanzenschutzmittelaufwands dringend geboten.

Die Obstgehölze waren für die Erarbeitung einer wissenschaftlich begründeten Alternative zu dem vorherrschenden prophylaktischen Pflanzenschutz auch insofern bedeutsam, als die mit der Pflanzung der Obstanlage langfristig festgelegten Strukturen zunächst die Konzentration auf die Fragen der Schädlingsbekämpfung begünstigten. Im Ackerbau relevante Maßnahmen des Pflanzenbaues wie beispielsweise Fruchtfolge oder Sortenwechsel waren im Apfelanbau ohne Bedeutung. Durch die Weiterentwicklung der Anbauformen zu den modernen Dichtpflanzungen seit Ende der 1960er Jahre wurde jedoch ein grundlegender Wandel in der Betrachtungsweise des obstbaulichen Pflanzenschutzes eingeleitet. Im gleichen Maße, wie an den schwachwachsenden Bäumen die im Pflanzenbau selbst liegenden Ursachen von Pflanzenschutzproblemen immer deutlicher zutage traten, wurde verstärkt die Forderung nach Berücksichtigung der Anbau- und Kulturmaßnahmen und ihres Einflusses auf die Schaderreger und die Qualität des Erntegutes erhoben. Ihren Niederschlag fanden diese Bestrebungen in mehreren Anbaurichtlinien, die als Ziel des Integrierten Pflanzenschutzes die möglichst umweltschonende Produktion

eines durch seine innere Qualität wertvollen Apfels formulieren [14].

Ein weiterer, für die erfolgreiche wissenschaftliche und praktische Entwicklung des Integrierten Pflanzenschutzes wesentlicher Umstand war schließlich, daß es schon frühzeitig (1956) gelang, die ähnlich gerichteten Initiativen in verschiedenen europäischen Staaten im Rahmen der IOBC/WPRS (Westpaläarktische Regionale Sektion der Internationalen Organisation für Biologische und Integrierte Bekämpfung von schädlichen Tieren und Pflanzen) zusammenzufassen, zu koordinieren und zu intensivieren. Namentlich der langjährige Leiter der Arbeitsgruppe »Obstbau« dieser Organisation, H. STEINER (Stuttgart), hat auf internationaler wie nationaler Ebene hierzu einen verdienstvollen Beitrag geleistet. Von dieser Organisation stammt die grundlegende Definition des Integrierten Pflanzenschutzes. Die genannte Arbeitsgruppe hat der Praxis schon früh Kontrollmethoden und konkrete Schadensschwellen an die Hand gegeben, von ihr gehen bis heute Impulse für die praktische Arbeit in der Obstanlage aus.

7.4.2 Das Ökosystem Apfelanlage

Die obstbaulichen Agroökosysteme sind schon Gegenstand zahlreicher Erörterungen gewesen. Für die Zwecke dieser Betrachtung genügt eine vereinfachte Darstellung, in der die wesentlichen Funktionselemente des Ökosystems »Apfelanlage« in drei Kategorien gruppiert werden:

■ Die vom Menschen nicht oder zumindest nicht kurzfristig beeinflußbaren Größen »Standort« (Boden, Klima u. a.) und »Anbausystem« (Sorte, Baumform, Pflanzsystem usw.).

■ Die Gesamtheit der schädlichen, indifferenten und nützlichen Flora und Fauna, die inter- und intraspezifisch ein vielfältiges Beziehungsgeflecht bilden und auf die der Mensch maßgeblich einwirkt.

■ Die vom Menschen in der Apfelanlage vorgenommenen produktionstechnischen Eingriffe in Form der Kulturmaßnahmen und des Pflanzenschutzes.

Diese Elemente stehen untereinander in mannigfacher Wechselwirkung. Die wichtigsten Beziehungen sind in Abb. 134 veranschaulicht. Sie macht deutlich, daß in diesem ökologischen Gefüge nicht eindimensionale Strukturen vorherrschen, sondern daß eine komplexe Vernetzung

Abb. 134
Funktionselemente des
Agroökosystems
»Apfelanlage«.

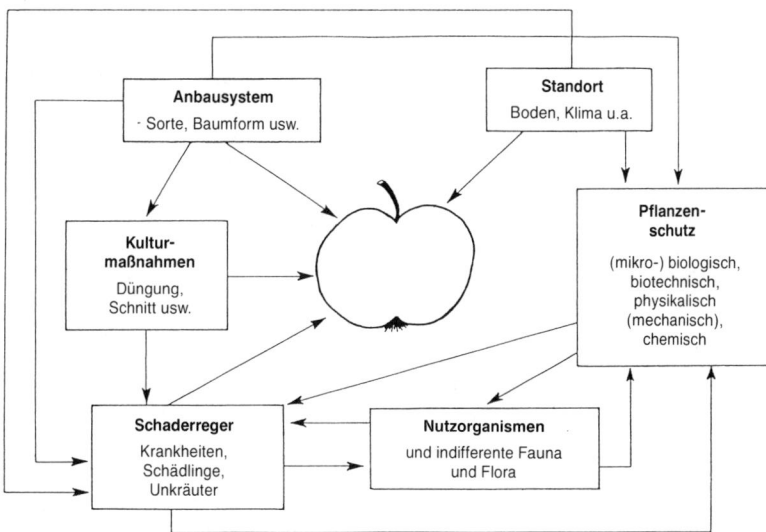

aller Komponenten besteht. Um die unvermeidbaren menschlichen Eingriffe zum Schutz der Produktion möglichst störungsfrei einzufügen, haben prinzipiell Kulturtechniken und nichtchemische Bekämpfungsmaßnahmen Priorität, da sie erfahrungsgemäß die Stabilität des Ökosystems weniger beeinträchtigen als Agrochemikalien.

Doch solche Alternativen zum chemischen Pflanzenschutz gibt es im Obstbau derzeit wenige; sie beschränken sich entweder auf einzelne Techniken, oder sie sind nur vorbeugend wirksam, sind also kein brauchbares Korrektiv in aktuellen Fällen. Der Vorzug der chemischen Pflanzenschutzmittel, diese Lücke zu füllen, macht sie vorerst unverzichtbar. Da dies für den gesamten Erwerbsobstbau gilt, stehen auch im Integrierten Pflanzenschutz die chemischen Mittel im Vordergrund. Es macht aber einen beträchtlichen Unterschied, welcher Art diese Präparate sind, und ob sie routinemäßig oder zielgerichtet eingesetzt werden.

Die folgenden Grundsätze in der Handhabung der Pflanzenschutzmittel sind im Apfelanbau zum Ausgangspunkt für die Verwirklichung des Integrierten Pflanzenschutzes geworden:

■ Beachtung der wirtschaftlichen Schadensschwellen bzw. der Schorfinfektionsbedingungen in Verbindung mit regelmäßigen Kontrollen des Pflanzenbestandes;

■ gezielte und termingerechte Anwendung der Pflanzenschutzmittel;

■ Auswahl der geeigneten Präparate unter Berücksichtigung ihrer Wirkung auf den Schaderreger, das Ökosystem und die Umwelt.

Diese Prinzipien und ihr Zusammenwirken mit den übrigen produktionstechnischen Maßnahmen und den natürlichen Begrenzungsfaktoren stehen im Mittelpunkt der folgenden Darstellung, die im wesentlichen auf die Verhältnisse und Erfahrungen von Baden-Württemberg Bezug nimmt.

7.4.3 Pflanzenschutz durch kulturtechnische Maßnahmen

Im Apfelanbau sind die Möglichkeiten der Steuerung pflanzenschutzlich wirksamer Prozesse durch kulturtechnische Maßnahmen gegenüber dem Feldbau vergleichsweise beschränkt. Gleichwohl kommt den vorbeugenden und unterstützenden Anbau-, Kultur- und Pflegemaßnahmen auch im obstbaulichen Pflanzenschutz eine nicht geringe Bedeutung zu, da sie manchen Einsatz von chemischen Präparaten vermeidbar machen.

In diesem Sinne beginnt der Pflanzenschutz bereits bei Erstellung der Obstanlage. Nicht jeder **Standort** ist für jede Obstart und jede Sorte gleichermaßen geeignet. Wenn auch die Frage der sortentypischen Eigenschaften im allgemeinen hinter wirtschaftlichen und betriebsspezifischen Überlegungen zurücksteht, so ist doch zu berücksichtigen, daß bereits mit der Pflanzung die späteren Befallsverhältnisse zu einem gewissen Grad vorausbestimmt werden. Die Apfelsorten 'Gloster' und 'Golden Delicious' zum Beispiel sind in hohem Maße anfällig für Schorf, andere wie 'Jonathan' und 'Idared' werden stark vom Apfelmehltau befallen. Unter ungünstigen Standortverhältnissen erfordern solche Sorten oft ein sehr intensives Bekämpfungsprogramm der Pilzkrankheiten.

Besondere Erwähnung verdienen in diesem Zusammenhang die schorf-, mehltau- und feuerbrandresistenten Apfel- und Birnensorten, die in den letzten Jahren aus internationalen Züchtungsprogrammen hervorgegangen sind. Schorfresistenz und obstbauliche Leistung machen Apfelsorten wie 'Prima' oder 'Florina' schon heute für den Kleingartenbereich, den alternativen Anbau oder für stark schorfgefährdete Standorte interessant [23].

Auch das **Pflanzsystem** ist von positivem oder negativem Einfluß auf den Schädlingsbefall und die Qualität des Erntegutes. Im dichten Innern von Mehrreihenpflanzungen finden viele Pilzkrankheiten ein günstiges Mikroklima, während gleichzeitig die sachgerechte Durchführung von Pflanzenschutz und Bodenpflege erschwert ist. »Schattenfrüchte« des Bauminneren zeigen überdies, daß unter unseren Belichtungsverhältnissen normalerweise der Einzelreihe der Vorzug zu geben ist.

Diesen einmaligen Anbauentscheidungen stehen die regelmäßig anfallenden Kultur- und Pflegemaßnahmen gegenüber, von denen vor allem Bodenpflege, Düngung und Obstbaumschnitt für den Pflanzenschutz von Bedeutung sind.

In den modernen Apfelintensivanlagen ist die vorherrschende Form der **Bodenpflege** die Teilung in begrünte Bewirtschaftungsgassen und unkrautfreie Baumstreifen. Die Baumzeilen werden aus verschiedenen Gründen mit Bodenherbiziden von Bewuchs freigehalten (Wasser- und Nährstoffkonkurrenz, Feldmausschäden u. a.). Es wird heute diskutiert, ob ganzjährig unkrautfreie Baumstreifen überhaupt zweckmäßig sind, ob nicht sogar ein Stickstoff-Entzug durch Kräuter in den Sommermonaten wünschenswert sein mag. Auch ökologische Überlegungen und die Gefahr der Resistenzbildung mancher Unkräuter sprechen gegen einen intensiven Herbizideinsatz.

Von den in den letzten Jahren vielerorts geprüften Alternativen zur chemischen Unkrautbekämpfung (verschiedene bodendeckende Pflanzen, Abdeckung mit diversen Fremdmaterialien, mechanische Bodenbearbeitung) hat sich jedoch bisher noch keine Variante als uneingeschränkt brauchbar erwiesen [17]. Die derzeitige Empfehlung für integrierte Anlagen, die von der Praxis auch mehrheitlich aufgegriffen wird,

sieht möglichst schmale unkrautfreie Baumstreifen vor.

Bei der **Düngung** kommt dem Stickstoff eine Sonderrolle zu. Ein Überangebot an Stickstoff birgt die Gefahr der Auswaschung ins Grundwasser, eines übermäßig starken Triebwachstums, mangelhafter Fruchtqualität und verminderter Lagerfähigkeit. Verzögerter Triebabschluß und weiches Blatt setzen allgemein die Gesundheitsdisposition der Pflanze herab und begünstigen Mehltau und Schädlinge wie Spinnmilben und Schalenwickler. Sofern Mulchmasse und Schnittholz in der Anlage verbleiben, muß nur der tatsächliche Entzug durch die Früchte ausgeglichen werden. Als am realen Bedarf orientierte Düngung genügen unter dieser Voraussetzung zum Beispiel für eine 'Golden Delicious'-Ertragsanlage 30–50 kg N/ha [26].

Übermäßige Stickstoffgaben haben einen höheren Aufwand an **Schnitt-** und **Bindearbeiten** zur Folge, die zum Erzielen eines ausgeglichenen vegetativen und generativen Wachstums notwendig sind. Im Hinblick auf den Pflanzenschutz ist dabei auf lichte, gut abtrocknende Kronen und das Vermeiden von Rindenverletzungen zu achten. Beschädigtes Rindengewebe erleichtert den Blutlausbefall und bildet Eintrittspforten für Holzschädlinge und pilzliche Erreger von Rindenkrankheiten. Im Schnitt liegen einerseits also Gefahrenquellen, andererseits aber auch wirksame Möglichkeiten, Schädlinge und Krankheiten wie insbesondere den Apfelmehltau *Podosphaera leucotricha* mechanisch zu bekämpfen.

Das konsequente Entfernen mehltaukranker Triebe beim Winterschnitt und während der Blütezeit mindert den Infektionsdruck und ermöglicht das Einsparen von Mehltauspritzungen [26]. Diese Maßnahme hat den positiven Nebeneffekt, daß durch die verringerten Fungizidbehandlungen (Netzschwefelpräparate) die Raubmilben weniger gefährdet sind. Wegen des unmittelbar einsichtigen Erfolgs ist der Mehltauschnitt heute eine Standardmaßnahme der obstbaulichen Praxis.

7.4.4 Direkte Pflanzenschutzmaßnahmen

7.4.4.1 Nichtchemische Verfahren

Auf dem Gebiet der nichtchemischen Bekämpfung sind im Obstbau bereits eine Reihe von erfolgreichen Verfahren zu benennen. Bei manchen Methoden steht die praktische Anwendung jedoch noch hinter der wissenschaftlichen Erprobung zurück, da ihre Effektivität von bestimmten Voraussetzungen abhängt, die nicht immer gegeben sind.

Als Modell einer gelungenen **biologischen Bekämpfung** gilt im Obstbau die Zehrwespe *Prospaltella perniciosi*, ein Parasit der im Zweiten Weltkrieg nach Europa eingeschleppten San-José-Schildlaus. Diese kleine Schlupfwespe, die in verschiedenen Ländern in Laborzucht vermehrt und in großen Mengen in den Befallsgebieten freigelassen wurde, konnte in den 1960er Jahren auch in Baden-Württemberg eingebürgert werden [21]. Seither hält sie die Population des Schädlings auf einem unbedeutenden, ein biologisches Gleichgewicht widerspiegelnden Niveau (Abb. 135).

Von **physikalisch-mechanischen Maßnahmen** wurde bereits der Mehltauschnitt genannt. Ein weiteres Beispiel ist das Anlegen von Leimringen im Herbst um den Stamm größerer Bäume zur Abwehr des Kleinen Frostspanners *Operophthera brumata*. Die Leimringe verhindern, daß die flügellosen Frostspannerweibchen über den Stamm in die Baumkronen gelangen, um dort ihre Eier abzulegen. Diese wirksame Methode wird heute in den Streuobst- und Steinobstbeständen in Süddeutschland weithin praktiziert [19].

Von **biotechnischen Verfahren** ist die Autozidmethode, die Freilassung steriler Artgenossen zur Selbstvernichtung, vor einigen Jahren bei der Kirschfruchtfliege *Rhagoletis cerasi* und einigen Tortriciden (Wicklerarten) geprüft worden [12, 13]. Größere Bedeutung hat indessen die sog. Konfusions- oder Verwirrungsmethode, bei der weibliche Sexualpheromone zur direkten Bekämpfung verschiedener Kleinschmetterlinge (Wickler, Glasflügler) genutzt werden. Durch flächenhafte Verteilung von synthetischen Pheromonquellen werden die Männchen desorientiert und eine Begattung der Weibchen in der Anlage verhindert. Beide Verfahren eignen sich in erster Linie für den Großflächeneinsatz: Zuflug von benachbarten, unbehandelten Beständen muß ausgeschlossen sein [2]. Diese speziellen Anforderungen erklären, warum das letztgenannte Verfahren in der Bundesrepublik Deutschland bereits im Weinbau zugelassen ist (1986), noch nicht aber im Apfelanbau.

Eine biotechnische Maßnahme ist auch der Fang des Ungleichen Holzbohrers *Xyleborus dispar* mittels der Alkoholfalle. Dieser holzbrütende Borkenkäfer befällt in erster Linie die durch Frost oder Rindenverletzungen geschädigten Bäume. Bei den schwachwachsenden Unterlagen der modernen Dichtpflanzungen führt ein Befall in der Regel zum Absterben des ganzen Baumes. Da mit der Alkoholfalle die flugaktiven Weibchen gefangen werden, stellt dieser Fallentyp weniger eine Kontrollmethode als eine Bekämpfungsvariante dar [19]. Der Erfolg wird jedoch häufig dadurch geschmälert, daß offenbar die Lockwirkung der frostgeschädigten Bäume noch intensiver ist als die der Falle.

Großes Interesse beanspruchen schließlich die wie chemische Insektizide einsetzbaren **mikrobiologischen Bakterien-** und **Viruspräparate**, die sich durch eine hohe Wirtsspezifität auszeichnen. Im Obstbau sind seit Jahren Präparate auf der Basis von *Bacillus thuringiensis* zugelassen. Sie werden gegen die jungen Raupen ver-

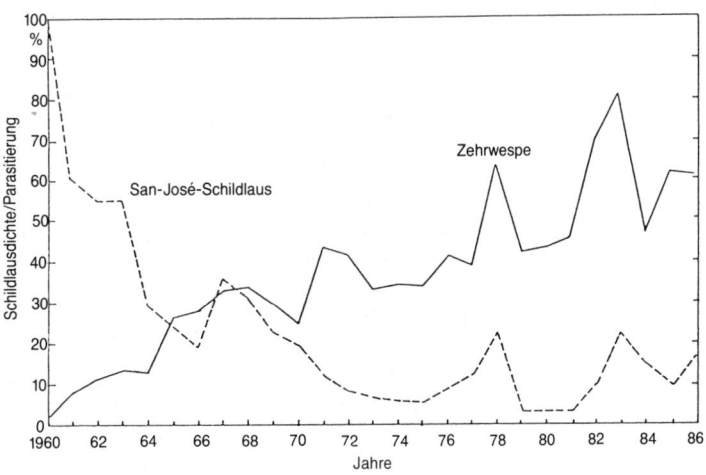

Abb. 135
San-José-Schildlausbefall
(----) und Parasitierungs-
grad (——) durch *Prospaltella perniciosi* in Baden-Württemberg in den Jahren
1960–1986.

schiedener Schadlepidopteren, z. B. den Kleinen Frostspanner, eingesetzt. Allerdings hängt die Wirkung von der Fraßaktivität der Raupen ab, die bei kühler Witterung nachläßt. Aus diesem Grund und wegen des relativ hohen Preises sind diese Präparate in der Praxis nicht im wünschenswerten Umfang verbreitet.

Ein anderes, in vielen Versuchen erprobtes und seit kurzem verfügbares Produkt ist das außerordentlich selektive Apfelwickler-Granulosevirus. Seiner industriemäßigen Groß-Produktion stellen sich noch Hemmnisse entgegen, da das Virus bisher nur in vivo, d. h. im lebenden Wirt, vermehrt werden kann.

Erwähnt seien schließlich noch einige **allgemeine Maßnahmen,** die in der einen oder anderen Form zur Förderung von Nützlingen beitragen. Dazu gehören Unterschlupfhilfen für Ohrwürmer und Wildbienen, Verstecke für Mauswiesel, Vogelnistkästen, Sitzstangen für Greifvögel und Randbepflanzungen mit Hecken, die vielfältige ökologische Auswirkungen haben.

7.4.4.2 Einsatz und Auswahl chemischer Pflanzenschutzmittel

Raumkulturen bieten spezielle Bedingungen, um chemische Pflanzenschutzmittel nach Ort, Zeit und Art zielgerichtet einzusetzen.

Oftmals reichen Rand- oder Teilflächenbehandlungen, etwa bei Zuflug von Schädlingen aus benachbarten Waldungen, bei partiellem bzw. sortenspezifischem Befall oder bei horstbildenden Unkräutern. Tritt der Schmalbauch *Phyllobius oblongus,* ein blattfressender Rüsselkäfer, massiv auf, so lohnt eine Bekämpfung bei Junganlagen und veredelten Bäumen, nicht aber in Altbeständen. Wo krankheitsanfällige Sorten oder Lagersorten blockweise gepflanzt sind, lassen sich die erforderlichen Fungizidmaßnahmen auf diese Anlagenteile einschränken.

Neben der räumlichen steht die zeitliche Eingrenzung. Eine Maßnahme ist umso effektiver, je günstiger der Termin gewählt wird. Bei vielen Obstbauschädlingen stellen die frischgeschlüpften Larven ein empfindliches und synchron zu erfassendes Entwicklungsstadium dar. Zur Bestimmung des optimalen Bekämpfungszeitpunktes stehen bereits eine Reihe von Methoden und technischen Hilfsmitteln zur Verfügung (Pheromonfallen, Schorfwarngeräte u. a.).

Eine auf die Baumform abgestimmte Maschinenausstattung in ordnungsgemäßem Zustand gewährleistet ein ausreichendes Durchdringen des Bestandes mit Pflanzenschutzmitteln und

eine gute Belagsbildung. Eine Frage besonderer Art ist im Obstbau die Reduzierung der Aufwandmenge. Das verringerte Kronenvolumen der Dichtpflanzungen und die fortgeschrittene Gerätetechnik erlauben es heute, mit Wasseraufwandmengen von nur 200–500 l/ha und Pflanzenschutzmittelmengen auf der Berechnungsbasis von 500 l normalkonzentrierter Spritzbrühe pro Meter Baumhöhe auszukommen. Eine weitere Reduzierung der Wassermenge ist zwar wirtschaftlich attraktiv, aber bei einigen Schädlingen (Blutlaus, Schalenwickler, Spinnmilben) problematisch [19]. Neue Perspektiven für die Reduzierung des Pflanzenschutzmittel- und Wasseraufwandes wie auch der Abdrift eröffnen sich durch die Tunnel- oder Recycling-Geräte, mit denen sich ein Großteil der nicht angelagerten Spritzbrühe zurückgewinnen läßt.

Die negativen ökologischen Effekte vieler Pflanzenschutzmittel und die Konsequenzen für die Präparatewahl sind eine zentrale Frage des integrierten Obstbaus. Obwohl sich zahlreiche Labor- und Freilanduntersuchungen mit den Nebenwirkungen der fungiziden, akariziden und insektiziden Wirkstoffe befassen, sind die Kenntnisse auf diesem Gebiet noch lückenhaft, was zum Teil auch in methodischen Schwierigkeiten begründet liegt. Im Obstbau ist ein spezielles Prüfverfahren für das Freiland, die Stuttgarter Trichtermethode, entwickelt worden, um den Einfluß von Pflanzenschutzmitteln auf die nützliche und indifferente Fauna beurteilen zu können [6]. Bestimmte Nützlinge wie Regenwürmer, Raubmilben und Parasiten erfordern besondere Prüfmethoden.

Insgesamt ist mit den heute vorliegenden Versuchsergebnissen und Praxisbeobachtungen bereits ein Abschätzen der Nebenwirkungen vieler Präparate möglich. Diese Erkenntnisse werden als Mittelempfehlung an die Praxis weitergegeben. So erscheinen in vielen Fachzeitschriften regelmäßig Hinweise auf raubmilbenschonende Spritzfolgen [19, 26]. Im Rahmen der Integrierten Produktion werden ferner von den berufsständischen Organisationen in Zusammenarbeit mit dem Pflanzenschutzdienst verbindliche Mittellisten herausgegeben, die sich an der Gefährdung von Nutzorganismen orientieren [8]. Bei der Vielzahl von Schaderregern im Apfelanbau fehlt es jedoch vielfach noch an nützlingsschonenden Produkten, so daß Kompromisse zwischen Wirkung und Nebenwirkung geschlossen werden müssen. Die Hoffnungen ruhen hier in erster Linie auf Insektenwachstumsregulatoren und anderen selektiven Substanzen.

7.4.5 Überwachung und Bekämpfung wichtiger Schadorganismen

7.4.5.1 Faunistische Kontrollen und wirtschaftliche Schadensschwellen

Im Apfelanbau sind über 200 Arthropoden-Arten als potentielle Schädlinge bekannt. Ihre ökonomische Bedeutung ist unterschiedlich und hängt von verschiedenen Faktoren ab, z. B. den Witterungseinflüssen und den Antagonisten, den Bekämpfungsmöglichkeiten, der Art des Schadens oder auch der Vermarktungsform. In Südwestdeutschland treten etwa ein Dutzend Schädlinge regelmäßig in wirtschaftlich bedeutendem Ausmaß in Erscheinung (Tabelle 110). Sie gehören vor allem zu den Insektenordnungen der Lepidopteren (Schmetterlinge), Homopteren (Blattläuse) und Coleopteren (Käfer) sowie zur Milbenfamilie der Tetranychiden (Spinnmilben). Manche Schädlinge erreichen nur ausnahmsweise hohe Populationsdichten und sind deshalb lediglich zeitweise oder lokal bekämpfungswürdig. Ein Großteil der phytophagen Arten ist in wirtschaftlicher Hinsicht von untergeordneter Bedeutung.

Die differenzierte Kenntnis der Schaderreger und ihrer Lebensweise setzt instand, die Obstkultur unter Vermeidung unnötiger oder schädlicher Eingriffe in das Ökosystem zu schützen. Dies muß auf der Basis objektiver Entscheidungen geschehen. Grundlage der praktischen Durchführung des Integrierten Pflanzenschutzes ist deshalb ein intensives Überwachen des Pflanzenbestandes. Die dafür entwickelten Kontroll- und Prognosemethoden sind nach Art und Umfang so bemessen, daß bei möglichst geringem Zeitaufwand die Befallssituation ausreichend sicher abgeschätzt werden kann.

Das Ergebnis der faunistischen Kontrollen wird mit den wirtschaftlichen Schadensschwellen verglichen (Tabelle 110). Sie geben eine Entscheidungshilfe, ob eine Bekämpfung gerechtfertigt ist oder nicht. Die wirtschaftlichen Schadensschwellen für den Apfelanbau, wie sie heute allgemein Verwendung finden, haben sich in zwei Jahrzehnten als zuverlässige Richtwerte bewährt [11]. Sie lassen definitionsgemäß einen Spielraum, der im Einzelfall mit Hilfe ergänzender Kriterien zu interpretieren ist. Ein solches Entscheidungskriterium kann beispielsweise der Blütenansatz oder die Anwesenheit von natürlichen Gegenspielern sein. Die faunistischen Kontrollen müssen sich daher auch auf die Nutzarthropoden erstrecken. Häufig sind jedoch der Kalkulation des Nützlingseinflusses wegen der Unberechenbarkeit ihrer Aktivität und Populationsentwicklung relativ enge Grenzen gezogen. Praxisbewährte fixierte Anhaltspunkte gibt es vor allem bei Spinnmilbenfeinden: Raubmilben (Phytoseiiden) sind bei einer Besatzziffer von 1 Raubmilbe/Blatt gewöhnlich in der Lage, einen starken Anstieg von Spinnmilben zu verhindern [11]. Der Kugelkäfer *Stethorus punctil-*

Tabelle 110   Beispiele wirtschaftlicher Schadensschwellen für wichtige Arthropoden im Apfelanbau [11]

Schädling	Kontroll-methode	Schadensschwelle (Nachblüte oder wie angegeben)
Obstbaumspinnmilbe (*Panonychus ulmi* Koch)	Astprobe[1]) visuell	2000 Eier (Winter) 60–70% befallene Blätter
Grüne Apfelblattlaus (*Aphis pomi* De Geer)	visuell	10 Kolonien/100 Triebe
Mehlige Apfelblattlaus (*Dysaphis plantaginea* Pass.)	visuell	1–2 Kolonien/100 Triebe
Apfelfaltenlaus (*Dysaphis* spp.)	visuell	5–10 Kolonien/100 Triebe
Apfelgraslaus (*Rhopalosiphum insertum* Walk.)	visuell	80 Kolonien/100 Blütenbüschel (Vorblüte)
Blutlaus (*Eriosoma lanigerum* Hausm.)	visuell	10–12% befallene Langtriebe (Sommer)
Apfelwickler (*Cydia pomonella* L.)	visuell	1–2% befallene Früchte (Sommer)
Apfelschalenwickler (*Adoxophyes orana* F.R.)	visuell	2–5% befallene Fruchtbüschel
Kleiner Frostspanner (*Operophtera brumata* L.)	visuell	8–10% befallene Fruchtbüschel
Apfelsägewespe (*Hoplocampa testudinea* Klug)	visuell	3–5% befallene Fruchtbüschel
Frühjahrseulen (*Monima* spp.)	Klopfprobe	3–5 Raupen/100 Äste
Apfelblütenstecher (*Anthonomus pomorum* L.)	Klopfprobe	10–40 Käfer/100 Äste (Vorblüte)

[1]) 10 Zweigstücke à 0,2 m von 2- bis 3jährigem Fruchtholz von 5 repräsentativ ausgewählten Bäumen einer Anlage.

lum wird nach Angaben aus Südtirol mit einem Befall von durchschnittlich 10 Spinnmilben/ Blatt fertig, wenn in 3 Kontrollminuten am Baum 35 Kugelkäfer bzw. Larven gezählt werden [28].

Die wirtschaftliche Schadensschwelle ist auf eine bestimmte Kontrollmethode bezogen. Welche Kontrollen im Jahresablauf jeweils anstehen, ist für den Apfelanbau in verschiedenen Anleitungen und Bestimmungshilfen genau festgelegt [10, 11, 16]. Das Repertoire der wichtigsten faunistischen Methoden umfaßt

- die Astprobenuntersuchung, um am Holz überwinternde Schädlinge zu erfassen. Es werden Prognosen für die Gefährdung der Anlage vor allem durch die Obstbaumspinnmilbe *Panonychus ulmi* in der folgenden Vegetationsperiode abgeleitet;
- die visuelle Kontrolle als Standardmethode der faunistischen Überwachung einer Obstanlage. Im Abstand von 1–2 Wochen wird, gegebenenfalls mit Hilfe einer Lupe, eine festgelegte Anzahl (100 oder ein Mehrfaches) von Pflanzenorganen wie Knospen, Blätter, Triebspitzen oder Früchte auf Befall durch aktuelle Schädlinge kontrolliert;
- die Klopfprobe, um einen raschen Überblick über die gesamte vorhandene Arthropodenfauna zu gewinnen (Abb. 136). Insbesondere zur Kontrolle der Nützlinge und der Indifferenten ist diese Methode unerläßlich. Mit einem gepolsterten Bambusstock werden 100 Äste abgeklopft, die herabfallenden Tiere in einem normierten Klopftrichter aufgefangen und anschließend ausgewertet;
- die Pheromonfallen, um das Auftreten und die Flugaktivität wichtiger Schadschmetterlinge zu ermitteln und damit gegebenenfalls den Bekämpfungstermin genauer zu bestimmen. In der Praxis sind sie für Apfelwickler, Schalenwickler und Pflaumenwickler verbreitet;
- weitere Prognosemethoden wie weiße Leimtafeln zur Flugkontrolle der Sägewespen, Apfelwicklerfanggürtel, Schlüpfkäfige oder Temperatursummenregeln. Diese Methoden werden überwiegend vom Warndienst genutzt.

Die Kontrollmethoden werden regelmäßig in Kursen, Schulungen oder Beratungsveranstaltungen vermittelt, in der obstbaulichen Praxis sind sie jedoch in unterschiedlichem Ausmaß in Gebrauch. Das Spektrum reicht von Betrieben mit sehr konsequentem Überwachungsprogramm bis zu solchen, die sich auf ein Minimum

Abb. 136   Klopfprobe im Apfelanbau.

beschränken. Die Falterfänge der Pheromonfallen dienen zwar als Indiz für die Befallsgefahr, das Auf und Ab der Flugkurven ist jedoch nicht immer so eindeutig zu interpretieren, als daß nicht die Mehrzahl der Betriebe nach wie vor zur Terminbestimmung in erster Linie auf den regionalen Warndienst achten würde. Abgesehen von diesen und einigen anderen schwierigen Fällen (z. B. Eiablage der Apfelsägewespe) liegen jedoch den Insektizidspritzungen in den integriert geführten Anlagen eigene Kontrollen zugrunde. Dabei wird heute – entsprechend der Entwicklung zu kleinen, überschaubaren Baumformen – die visuelle Kontrolle gegenüber der Klopfprobe bevorzugt.

Die unterschiedlichen Vorteile dieser Methoden lassen sich an zwei Beispielen gut veranschaulichen. Unter den vier auf dem Apfelbaum lebenden Blattlausarten ist die Mehlige Apfelblattlaus *Dysaphis plantaginea* die weitaus gefährlichste. Ihre typischen Schadsymptome sind Deformationen der Blätter, Triebstauchungen und Verkrüppelungen der jungen Früchte. Die wirtschaftliche Schadensschwelle ist äußerst niedrig (siehe Tabelle 110): Findet man im Frühjahr 1–2 Kolonien dieser Läuse an 100 kontrollierten Organen, so ist bereits eine Bekämpfung gerechtfertigt. Dagegen ist der Befall durch eine andere Art, die Apfelgraslaus *Rhopalosiphum insertum,* als relativ harmlos zu beurteilen. Da die Apfelgraslaus keine bleibenden Schäden hervorruft, kann sie selbst bei stärkerem Auftreten sogar noch eine nützliche Rolle spielen, indem sie den Blattlausparasiten als Wirt und den blattlausfressenden Prädatoren (räuberischen Insekten wie z. B. Marienkäfern) als Nahrung dient.

Es ist also für die praktischen Folgerungen von Bedeutung, diese beiden und die zwei übrigen Blattlausarten (Apfelfaltenlaus und Grüne Apfelblattlaus) sicher unterscheiden zu können. Anhand des charakteristischen Schadbildes an der Pflanze bereitet dies keine Schwierigkeiten. In einer Klopfprobe dagegen, bei der die Läuse isoliert vorliegen, ist die Identifikation der einzelnen Blattlausarten bedeutend aufwendiger.

Dagegen ist die Klopfmethode gut geeignet, um die Blattlaus-Prädatoren zu erfassen sowie solche Insektenarten, die sich durch rasche Fluchtreaktionen einer visuellen Kontrolle entziehen. Dies gilt z. B. für den im zeitigen Frühjahr erscheinenden Apfelblütenstecher *Anthonomus pomorum.* Da sich dieser Rüsselkäfer schon bei leichter Erschütterung fallen läßt, ist die Klopfprobe die zweckmäßigste Kontrollmethode.

7.4.5.2 Problemschädlinge und natürliche Gegenspieler

Letztlich sind es nur wenige Schaderreger, die darüber entscheiden, wieweit sich in der Obstbaupraxis die Vorstellungen des Integrierten Pflanzenschutzes verwirklichen lassen. Solche Schlüsselschädlinge sind im südwestdeutschen Apfelanbau die Mehlige Apfelblattlaus, der Ap-

felwickler, der Apfelschalenwickler und die Obstbaumspinnmilbe, in Norddeutschland ferner die Apfelwanzen. Der Zwang, gegen einen oder mehrere dieser Schädlinge mit breitwirksamen Präparaten vorgehen zu müssen, wodurch die Nützlings-Schädlings-Gleichgewichte gestört werden, kann das angestrebte Pflanzenschutzkonzept in Frage stellen.

Zu diesen tierischen Problemschädlingen kommen die Pilzkrankheiten Apfelschorf und – in geringerem Maße – Apfelmehltau, die eine Vielzahl von Fungizideinsätzen bedingen. Alle diese Schaderreger bilden einen Komplex, der im Integrierten Pflanzenschutz nicht durch isolierte Einzelmaßnahmen, sondern in seiner Gesamtheit zu lösen ist.

Bei der **Mehligen Apfelblattlaus** *Dysaphis plantaginea,* die fast jedes Jahr die niedrige Schadensschwelle überschreitet, ist weniger die Bekämpfung an sich ein Problem als vielmehr die damit verbundene Gefährdung der Nützlingsfauna. Die Insektizidwahl erfolgt im Hinblick auf die sonstigen vorhandenen Schädlinge: Bei gleichzeitigem Auftreten von Apfelblütenstechern oder Frostspannern kommt vorzugsweise Phosalon, bei Befall allein durch Blattläuse Oxydemeton-methyl in Frage. Raubwanzen und andere Freßfeinde (Prädatoren) werden durch beide Präparate zwar dezimiert, aber doch nicht völlig ausgeschaltet. Seit in der Bundesrepublik Deutschland das Aphizid Pirimicarb für den Kernobstbau ausgewiesen ist (1992), können Blattläuse auch selektiv und unter weitgehender Schonung der natürlichen Gegenspieler bekämpft werden.

In einer integrierten Apfelanlage bei Offenburg zum Beispiel ist so im Verlauf von 5 Jahren

Tabelle 111 Insektizideinsätze in einer integrierten Apfelanlage bei Offenburg (1986–1990) [H. Gernoth, mündliche Mitteilung]

	1986	1987	1988	1989	1990
Apfelblütenstecher					PHO
Blattläuse	OXY OXY	OXY / PHO	OXY	OXY	
Frostspanner					
Schalenwickler				FEN	
Apfelwickler	DIF	ACE / DIF	CHL / DIF	DIF DIF	DIF DIF

Wirkstoffe: Acephat (ACE), Chlorpyrifos (CHL), Diflubenzuron (DIF), Fenoxycarb (FEN), Oxydemeton-methyl (OXY), Phosalon (PHO)

jeweils nur eine Frühjahrsbehandlung gegen Blattläuse, Spannerraupen oder Apfelblütenstecher durchgeführt worden (Tabelle 111). In den Jahren 1986 und 1987 hatte allerdings im Juli auch die Grüne Apfelblattlaus *Aphis pomi* die Schadensschwelle deutlich überschritten und mußte ebenfalls bekämpft werden, was in den Folgejahren aufgrund einer günstigen Entwicklung der Nützlinge nicht notwendig war.

Der **Apfelwickler** *Cydia pomonella,* der klassische Schädling des Apfelanbaus, tritt in Süddeutschland je nach Klimazone jährlich in 1–2 Generationen auf. Wie die in Tabelle 111 wiedergegebenen Spritzfolgen zeigen, muß dieser Kleinschmetterling in Befallsgebieten ähnlich wie die Mehlige Apfelblattlaus jedes Jahr bekämpft werden. Einige neue Bekämpfungsstrategien wie die Verwirrungstechnik, Temperatursummenmethoden oder der Einsatz der Zehrwespe *Trichogramma,* eines Eiparasiten, sind in der wissenschaftlichen Erprobung.

Die Apfelwicklerlarve bohrt sich bereits kurze Zeit nach dem Schlupf aus dem Ei in den Apfel ein und wird damit schwer angreifbar. Vorteilhaft sind deshalb Präparate mit ovizider Wirkung, die also das Eistadium treffen. Sie werden zum Zeitpunkt der Haupteiablage eingesetzt, mit der kurz nach dem – durch Pheromonfallen ermittelten – Flughöhepunkt zu rechnen ist. In Jahren bzw. in Gebieten, in denen allein der Apfelwickler gefährlich auftritt, können die selektiven, nützlingsschonenden Eigenschaften eines Wirkstoffes wie z. B. Diflubenzuron oder eines Granulosevirus-Präparates ausgenutzt werden. Wenn jedoch im Sommer gleichzeitig der Schalenwickler bekämpft werden muß, ist es schwierig, ohne schädigenden Eingriff in die Nützlingsfauna auszukommen.

Unter den ungefähr ein Dutzend Wicklerarten, die am Apfel Oberflächenfraßschäden verursachen, bereitet der **Apfelschalenwickler** *Adoxophyes orana* die größten Schwierigkeiten. Der Schädling erlangt vor allem in Intensivanlagen wirtschaftliche Bedeutung. Die Raupen sind in ihren schützenden Gespinsten schwer zu treffen, so daß der Bekämpfungserfolg oft im Mißverhältnis zum Aufwand steht. Zudem sind die meisten verfügbaren Insektizide nicht nützlingsschonend. Mit jeder chemischen Schalenwicklerbekämpfung wächst die Gefahr, die Gegenspieler weiter zu verringern und dadurch das Problem noch zu vergrößern. Alternative Methoden wie die Verwirrungstechnik mit Hilfe von Pheromonen oder insektenpathogene Viren gegen den Schalenwickler sind in der Bundesre-

publik Deutschland bislang noch nicht praxisverfügbar.

Welchen Einfluß die **natürlichen Feinde** – es handelt sich in erster Linie um parasitische Hymenopteren und Dipteren, d. h. Schlupfwespen und Raupenfliegen – auf die Populationsstärke des Schalenwicklers haben, verdeutlicht eine Untersuchung der Parasitierungsverhältnisse in 24 unterschiedlich behandelten Apfelanlagen von Baden-Württemberg (Abb. 137). Während Anlagen mit intensivem Pflanzenschutz den stärksten Wicklerbefall, aber nur eine geringe oder keine Parasitierung aufwiesen, wurden in den integrierten, mehr noch in alternativ bewirtschafteten Apfelanlagen nicht nur erheblich weniger Wicklerraupen festgestellt, sondern es waren diese Raupen außerdem zu einem hohen Prozentsatz parasitiert.

In den integrierten Anlagen reichte die Parasitierung zwar nicht aus, um die Schalenwickler unter der wirtschaftlichen Schadensschwelle zu halten, doch wurde der Befallsdruck merklich gemindert [5]. In der oben als Beispiel herangezogenen Apfelanlage bei Offenburg war – bei einem Parasitierungsgrad von rund 20% – in 3 von 5 Jahren eine Schalenwicklerbekämpfung notwendig, wobei die Doppelwirkung eines zugleich gegen den Apfelwickler gerichteten Insektizides ausgenutzt wurde (Acephat bzw. Chlorpyrifos). Gleichwohl mußte hier ein die Parasiten wenig schonender Wirkstoff zum Einsatz kommen. Seit der Zulassung des Insektenwachstumsregulators Fenoxycarb in der Bundesrepublik Deutschland (1989) können jedoch diese Gegenspieler besser ausgenutzt werden. Zahlreiche Studien aus dem In- und Ausland

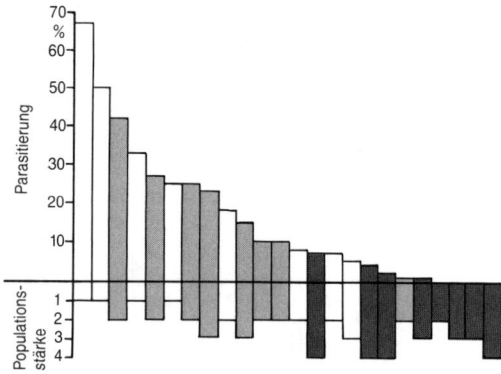

Abb. 137 Populationsstärke (1 = gering, 4 = hoch) und Parasitierungsgrad von Schalenwicklerraupen in 24 unterschiedlich bewirtschafteten Apfelanlagen von Baden-Württemberg (☐ = alternativ, ▨ = integriert, ■ = intensiv).

zeigen, daß Insektenwachstumsregulatoren und ähnliche Substanzen neue Wege der Schalenwicklerbekämpfung unter Schonung der Nützlingsfauna, insbesondere auch der Spinnmilbenfeinde, eröffnen [2].

Die **Obstbaumspinnmilbe** *Panonychus ulmi*, gemeinhin als »Rote Spinne« bezeichnet, ist wegen ihrer hohen Vermehrungsrate und der Resistenzgefahr ein problematischer Schädling. Unter den natürlichen Feinden bilden die **Raubmilben** der Familie Phytoseiidae, vor allem die Art *Typhlodromus pyri,* einen wichtigen Regulationsfaktor. Raubmilben sind durch ihre dauernde Präsenz auf den Blättern in der Lage, Übervermehrungen der Spinnmilben von vornherein zu verhindern. Dieses Räuber-Beute-System ist Gegenstand zahlreicher wissenschaftlicher Untersuchungen und Modelle [2].

Auch in der Praxis des Integrierten Pflanzenschutzes ist das Interesse für Raubmilben in den letzten Jahren ständig gestiegen. Gründe dafür sind die sichere Effektivität dieser Nützlinge, die Entdeckung resistenter Stämme bei einzelnen Phytoseiiden-Arten sowie die Entwicklung von verträglichen Akariziden und Insektiziden. Die Schonung der Raubmilben ist daher in den letzten Jahren geradezu zu einem Leitsatz des Integrierten Pflanzenschutzes geworden. Zugleich wurden große Anstrengungen zur Ansiedlung von Raubmilben in Obstanlagen unternommen.

Der Erfolg dieser Bemühungen ist heute in vielen Obstbaugebieten greifbar. In Baden-Württemberg kommen nach einer neueren Erhebung in den meisten Apfelintensivanlagen Raubmilben in nennenswertem Umfang vor. Etwa in einem Drittel der Anlagen ist ein Besatz von 0,5–1,5 Raubmilben/Blatt vorhanden, ein Wert, der allgemein als ausreichend zur biologischen Bekämpfung der Obstbaumspinnmilbe angesehen wird. Ein weiteres Drittel weist sogar eine noch höhere Populationsdichte auf. Nur in einem Drittel der Anlagen werden keine oder eine geringere Anzahl von Raubmilben gefunden. Parallel zur Ausbreitung der Raubmilben ist die Bedeutung der Spinnmilben zurückgegangen. Ein Großteil der Betriebe kommt heute ohne chemische Spinnmilbenbekämpfung aus. Auch in zahlreichen anderen Anbaugebieten hat man eindrucksvolle Erfolge mit Raubmilben verzeichnen können [27, 29]. In Südtirol zum Beispiel stellten zu Beginn der 1980er Jahre viele Betriebe angesichts großer Spinnmilbenprobleme ihre Spritzfolgen auf Raubmilbenschonung um. Die Spinnmilbenfeinde haben

sich daraufhin innerhalb kurzer Zeit wieder so stark vermehrt, daß die Zahl der Akarizidspritzungen von durchschnittlich 2,5 im Jahr 1982 auf 1,3 im Jahr 1984 zurückging [28].

Beispielhaft verlief auch die Entwicklung in der erwähnten Apfelanlage bei Offenburg. In früheren Jahren sind hier Akarizide (meist 2 Behandlungen/Saison) und Insektizide gezielt und möglichst schonend angewendet worden. Daraufhin ging der Spinnmilbenbefall zurück und 1984 stellten sich wieder Raubmilben in der Anlage ein (Abb. 138). Um sie nicht zu gefährden, wurde in jenem Jahr nur einmal ein raubmilbenschonendes Akarizid eingesetzt. Die Folge war zwar eine erhöhte Wintereiablage der Obstbaumspinnmilbe, doch in der Saison 1985 reichte dank der gestiegenen Zahl von Raubmilben eine einzige chemische Spinnmilbenbekämpfung aus. Seither halten die Raubmilben auch ohne korrigierende Akarizidspritzung die Spinnmilben in Schach. Bei der Astprobenkontrolle im Winter 1986/87 konnten nur noch vereinzelt Wintereier der Obstbaumspinnmilbe gefunden werden. Die Population der Antagonisten ist dagegen bis zum Sommer 1987 auf durchschnittlich 1,6 Raubmilben/Blatt angestiegen. An dieser Situation haben sich seither keine wesentlichen Änderungen mehr ergeben.

Dieser Erfolg war nur möglich durch ein weitgehendes Abstimmen verschiedener Produktionsmaßnahmen in dieser Anlage. Neben den gezielten Insektizid- und Akarizideinsätzen trug eine verhaltene Stickstoffdüngung dazu bei, daß Blattschädlinge wie Spinnmilben und Schalenwickler weniger optimale Lebensbedingungen vorfanden. Auch daß durch einen konsequenten Mehltauschnitt die Netzschwefelanwendung reduziert wurde, wirkte sich positiv auf die Raubmilben aus, die gegenüber Fungiziden empfindlicher reagieren als andere Nutzarthropoden.

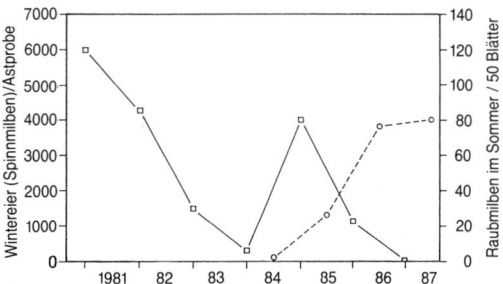

Abb. 138 Wintereiablage von *Panonychus ulmi* (□–□) und Raubmilbenbesatz (o---o) im Sommer in einer integrierten Apfelanlage bei Offenburg (1981–1987).

7.4.5.3 Grundlagen der gezielten Schorfbekämpfung

Die bedeutendste pilzliche Krankheit des Kernobstes ist der Apfelschorf *Venturia inaequalis* [23]. Dieser Pilz kann besonders in niederschlagsreichen Regionen beträchtliche Ernteeinbußen verursachen und macht alljährlich eine Vielzahl von Fungizidbehandlungen notwendig. Baden-Württemberg, zumal die Bodenseeregion, gilt als Anbaugebiet mit sehr hohem Schorfdruck. Etwa zwei Drittel der chemischen Pflanzenschutzmaßnahmen entfallen hier auf die Schorfbekämpfung. Der Obstbauer ist gezwungen, den durch Regen abgewaschenen bzw. durch Blattzuwachs unvollständigen Fungizidbelag immer wieder zu erneuern, um die Bäume vor Schorfbefall zu schützen.

Unter Berücksichtigung der Biologie des Pilzes läßt sich jedoch die Zahl der Behandlungen auf ein Minimum beschränken. Schorfsporen benötigen zur Infektion je nach Temperatur eine mehr oder weniger lange Feuchtigkeitsperiode. Im Temperaturbereich zwischen 16 und 24 °C zum Beispiel dauert der Infektionsvorgang 9 Stunden, bei niedrigeren Temperaturen länger (MILLS'sche Tabelle). Fungizidmaßnahmen gegen den Apfelschorf sind folglich nur bei Witterungsbedingungen mit entsprechend langer Blattnässedauer notwendig.

Eine solche gezielte, auf die Infektionstermine abgestimmte Schorfbekämpfung erfordert Präparate, die für einige Zeit nach Infektionsbeginn noch eine kurative (rückwirkende) Bekämpfung zulassen. Mit den heutigen Schorffungiziden ist dies in begrenztem Umfang möglich. Da andere Fungizide für eine gewisse Zeit Blatt und Frucht auch präventiv (vorbeugend) schützen, ist nicht immer, wenn Infektionsbedingungen gegeben sind, unbedingt schon eine Abwehrmaßnahme erforderlich. Vielmehr sind ergänzend die Wirkungsweise und -dauer der eingesetzten Präparate bzw. Präparatemischungen, der Blattzuwachs, die Niederschlagsmenge, die voraussichtliche Wetterentwicklung und die Sortenanfälligkeit zu berücksichtigen. Auch Art und Menge der Schorfsporen spielen eine Rolle. Was es vor allem zu verhindern gilt, ist ein Primärbefall durch Wintersporen (Ascosporen) im Frühjahr. Nach Ende der Ascosporenperiode können, da sich die Sommersporen (Konidien) nur lokal ausbreiten und die Früchte nun weniger schorfanfällig sind, in einer schorffreien Anlage während der Sommermonate die Behandlungsabstände vergrößert werden.

Die gezielte Schorfbekämpfung setzt die zuverlässige Ermittlung der Schorfinfektionstermine voraus. Für diesen Zweck stehen verschiedene Meßinstrumente zur Verfügung. Neben mechanischen Registriergeräten, z. B. Blattnaßschreibern, gibt es heute auch elektronische Warngeräte, die das Eintreten von Schorfinfektionsbedingungen selbständig signalisieren. Der staatliche Warndienst ist inzwischen mehrheitlich mit solchen technischen Hilfsmitteln ausgerüstet. Auch in der Praxis sind Schorfwarngeräte verbreitet. Die neueren Modelle weisen zusätzliche Funktionen wie z. B. Temperatursummenberechnungen auf und erlauben eine Übertragung der Daten auf den Computer und ihre Bearbeitung mit speziellen Simulationsprogrammen.

Wieviele Schorfspritzungen sich mit Hilfe solcher Schorfwarngeräte einsparen lassen, hängt vom einzelnen Betrieb, vom Infektionsdruck und vom Witterungsverlauf ab. Tabelle 112 gibt eine Aufstellung für eine Apfelanlage in Baden-Württemberg über einen Zeitraum von 7 Jahren wieder. Verglichen werden die Anzahl der Infektionstermine bis Juli, die Zahl der errechneten Spritzungen nach der in diesem Anbaugebiet verbreiteten Methode des Belaghaltens (Spritzabstände von 8–10 Tagen bzw. 20–25 mm Regen) sowie die tatsächlich durchgeführten Fungizidbehandlungen beim Einsatz eines Warngerätes unter Beachtung der genannten Regeln. Die auf das Gerät gestützte Schorfbekämpfung hat die Zahl der Spritzungen stets merklich gesenkt, im Durchschnitt um 3,2 jährlich. Nimmt

Tabelle 112 Anzahl der Schorfinfektionstermine, der errechneten und der tatsächlich durchgeführten Schorfspritzungen unter Verwendung eines Schorfwarngeräts in der Apfelanlage Bietigheim 1981–1987, (Monate März bis Juli) [H. J. BRANDT, mündliche Mitteilung]

Jahr	Infektions-termine	Fungizid-behandlungen	
		rech-nerisch	tatsäch-lich
1981	33	12	10
1982	27	14	11
1983	29	14	13
1984	26	15	10
1985	22	15	10
1986	35	19	14
1987	47	15	14
Mittel	31,3	14,9	11,7

man die Kosten für eine Schorfspritzung einschließlich der Ausbringungskosten mit DM 80.–/ha an, so bedeutet dies in dem angeführten Beispiel ein finanzielles Plus von DM 256.–/ha und Jahr. Zu einer ähnlichen Größenordnung kommt eine Berechnung aus der Schweiz, wonach auf diese Weise jährlich Einsparungen von SFr. 250.– bis 350.– zu erzielen sind [4].

Aus der Tabelle ist zu ersehen, daß es über die Jahre hinweg offenbar eine standorttypische Anzahl von Infektionsterminen und unbedingt notwendigen Fungizidmaßnahmen gibt, die durch die gezielte Schorfbekämpfung erfaßt und wahrgenommen werden. Eine weitergehende Reduzierung der Spritzungen, etwa nach dem Prinzip der wirtschaftlichen Schadensschwellen, wäre beim Apfelschorf in Anbetracht der Gefahr epidemieartiger Ausbreitung bei ungünstigen Wetterverhältnissen mit sehr hohen Risiken behaftet. Die Schorfabwehr ist deshalb häufig eine begrenzende Komponente für ein auf die ökologischen Wechselwirkungen abgestimmtes Pflanzenschutzkonzept.

Alternativen zur chemischen Bekämpfung existieren gegenwärtig nicht, abgesehen von der Anpflanzung widerstandsfähiger Sorten und einigen Vorbeugemaßnahmen, die das Infektionspotential verringern helfen. Dazu gehört insbesondere die Schonung und Förderung von Regenwürmern durch Vermeidung toxischer oder hemmender Präparate und durch regelmäßige Mulchwirtschaft. Während die Funktion der Regenwürmer, die das auf dem Fallaub überwinternde Pilzmycel vernichten, gut bekannt ist [22], ist die praktische Nutzung pilzlicher Antagonisten des Apfelschorfs noch im Stadium der Grundlagenforschung [23].

7.4.6 Verwirklichung in der obstbaulichen Praxis

7.4.6.1 Richtlinien für Integrierte Produktion

In den meisten Ländern mit intensivem Apfelanbau wird heute an Konzepten und Programmen gearbeitet, um den Integrierten Pflanzenschutz in der Praxis zu verwirklichen. Dies gilt für die europäischen Staaten in West und Ost ebenso wie für Länder in Übersee. Ausführliche Übersichten bieten die Symposiumsberichte der IOBC/WPRS von Bozen (1974), Wien (1979) und Wageningen (1985), die zugleich Auskunft

über den erreichten wissenschaftlichen Forschungsstand geben [2, 12, 13]. Einige ergänzende Publikationen sind im Literaturverzeichnis genannt [7, 20, 27].

Die in der IOBC-Arbeitsgruppe »Obstbau« zusammengeschlossenen west- und mitteleuropäischen Institutionen haben dabei aufgrund ihres regelmäßigen Erfahrungsaustausches ähnliche programmatische Ziele verfolgt. Nicht von ungefähr sind die bekannten Broschüren über Schädlinge und Nützlinge in Obstanlagen, über die Kontrollmethoden und wirtschaftlichen Schadensschwellen in internationaler Gemeinschaftsarbeit entstanden [9, 10, 11, 16]. Darüber hinaus wurden in einigen Anbaugebieten bereits in den 1970er Jahren regionale **Richtlinien** für die integrierte Apfelproduktion erstellt. Aus diesen Anfängen entwickelte sich in den letzten Jahren eine breite internationale Bewegung für eine Produktion und Vermarktung von integriertem Obst auf der Grundlage von Richtlinien, Kontrollmaßnahmen und Markenzeichen.

Ein frühes Beispiel stellen die 1977 am Genfer See in der Organisation GALTI (Groupement des Arboriculteurs Lémaniques pratiquant les Techniques Intégrées) vereinigten Obstbauern dar. Eine Kommission kontrolliert die Einhaltung der Statuten durch die Mitglieder und vergibt ein spezielles Etikett [1, 14].

In späteren Jahren sind verschiedentlich Richtlinien als **Beratungsgrundlage** herausgegeben worden, die vor allem auf einer nützlingsschonenden Pflanzenschutzmittelempfehlung beruhten. Als Beispiele seien die Schweiz (1982) und Baden-Württemberg (1985) genannt. Die Zielsetzung der »Richtlinie für den Integrierten Pflanzenschutz im Apfelanbau« von Baden-Württemberg erklärt sich aus den besonderen regionalen Verhältnissen [5]. Hier wurden schon um 1970 Beratungskräfte und Obstbauern in mehrjährigen Kursen im Integrierten Pflanzenschutz ausgebildet, die auf rund 650 ha Apfelanbaufläche die neuen Methoden praktizierten [25]. Um dieses Modell zu intensivieren, ist in Baden-Württemberg seit 1980 in jedem der vier Regierungsbezirke des Landes ein Berater für Integrierten Pflanzenschutz im Obstbau tätig. Diese 4 Berater haben 1989 über 700 Praktiker mit rund 2000 ha Kernobstanbaufläche beraten. Richtlinien und Mittelempfehlung waren jedoch ohne Verpflichtung für die Obstbauern. Eine eigene Vermarktung war damit nicht verbunden.

Den Anstoß für eine neue Form von »Richtli-

nien für Integrierte Obstproduktion« gab 1988 die Initiative von AGRIOS (Arbeitsgruppe für Integrierten Obstbau in Südtirol), einem eigens gegründeten Zusammenschluß von staatlichen und privaten Organisationen in Südtirol. In der Bundesrepublik Deutschland wie auch in anderen europäischen Anbaugebieten folgten ähnliche Programme in rascher Folge. Diese Richtlinien gelten für größere Anbaugebiete. Die teilnehmenden Obstbauern verpflichten sich zu ihrer Einhaltung und akzeptieren entsprechende Kontrollmaßnahmen. Angesichts der zahlreichen nationalen Aktivitäten ist eine internationale Standardisierung in Form von europäischen Rahmenrichtlinien vorgesehen [24].

In der Bundesrepublik Deutschland wurden 1989/90 unter der Federführung der Fachgruppe Obstbau im Bundesausschuß Obst und Gemüse nationale Richtlinien für Kern- und Steinobst ausgearbeitet [8]. Kernstück ist eine verbindliche Liste der in der Integrierten Obstproduktion erlaubten Pflanzenschutzmittel. Die Vergabe eines Markenzeichens setzt die Einhaltung dieser und anderer Forderungen voraus. Als Träger der Markenzeichen treten auf Länderebene Arbeitsgemeinschaften, Landwirtschaftskammern oder Ministerien auf. Die Marktorganisationen sind in dieses Programm einbezogen.

Ein wesentlicher Bestandteil dieses heutigen Konzeptes der Integrierten Produktion und Vermarktung sind die **Kontrollen auf Einhaltung der Richtlinien.** In allen Anbaugebieten werden Betriebsinspektionen, die Führung eines Betriebsheftes und Rückstandsanalysen verlangt [24]. Bei den Rückstandsanalysen werden die Proben auf Wirkstoffe untersucht, die nach der erwähnten Mittelliste nicht erlaubt sind. Ein Verstoß führt zum Ausschluß aus dem laufenden Programm.

In Baden-Württemberg nahmen 1992 an der Integrierten Produktion über 90% der Betriebe teil. Eine so hohe Beteiligung erfordert erheblichen organisatorischen und fachlichen Aufwand. Um dem Praktiker die notwendigen Spezialkenntnisse und die erforderliche Entscheidungssicherheit zu vermitteln, steht das folgende **Instrumentarium** zur Verfügung:

- Richtlinien, Mittellisten und Technische Anleitungen;
- Broschüren, Bestimmungshilfen und andere gedruckte Hilfsmittel;
- Warndiensthinweise unter Nutzung verschiedener Medien;
- Begehungen, Ausstellungen und Vortragsveranstaltungen;

- Schulungskurse für Auszubildende, Praktiker und Beratungskräfte;
- Einzel- und insbesondere Gruppenberatung der Obstbauern während der Vegetationsperiode.

Die **Gruppenarbeit** ist in Baden-Württemberg eine Hauptaufgabe der Integrierten Pflanzenschutzberater. Wie nämlich frühere Erfahrungen zeigten, ist ein regelmäßiger Kontakt zwischen Praktikern und geschulten Fachkräften ein wesentlicher Faktor für die Etablierung des Integrierten Pflanzenschutzes in der Praxis. In Arbeitsgruppen von 10–40 Obstbauern werden Kontrollen durchgeführt, die Ergebnisse diskutiert und die anstehenden Maßnahmen besprochen. Die Praktiker werden dadurch angeleitet, die Überwachungs- und Pflanzenschutzmaßnahmen anschließend auch in ihren eigenen Anlagen vorzunehmen. Durch diesen Rückhalt in der Fachberatung gewinnen die Obstbauern zunehmend die Sicherheit, die Kontrollen anzuwenden und selbständig Entscheidungen zu treffen [5].

7.4.6.2 Ökonomische Aspekte

Das Interesse der Praxis am Integrierten Pflanzenschutz ist nicht zuletzt darin begründet, daß sich bei dieser Methode erfahrungsgemäß Spritzungen einsparen lassen. Eine Einsparung an Pflanzenschutzmitteln muß jedoch nicht zwingend einen finanziellen Gewinn bedeuten, da zum Beispiel die Preise für die im Integrierten Pflanzenschutz bevorzugten Präparate manchmal höher liegen. Bereits in den 1970er Jahren wurden deshalb vergleichende Studien über die betriebswirtschaftlichen Auswirkungen bei integriertem und konventionellem Pflanzenschutz vorgelegt. Die Resultate sprachen eindeutig zugunsten des integrierten Verfahrens: Es errechneten sich wirtschaftliche Vorteile in der Größenordnung von 16–33% der Pflanzenschutzkosten [12, 18].

Die Vergleichsgrundlage dieser Arbeiten war allerdings nicht einheitlich und berücksichtigte nicht immer in vollem Umfang das Argument, daß unter Umständen die Einsparungen bei den Behandlungen durch kostenträchtige Kontrollen bzw. Beratungskosten zu einem Teil kompensiert werden. In diesem Zusammenhang sind neuere Untersuchungen interessant, die im Rahmen eines vom Bundesministerium für Ernährung, Landwirtschaft und Forsten geförderten Modellvorhabens in Hessen und Rheinland-Pfalz durchgeführt wurden. In Hessen wurde

Tabelle 113 Durchschnittliche jährliche Aufwendungen (DM/1,4 ha) für Planung und Durchführung des Pflanzenschutzes im integrierten und konventionellen Teil einer Apfelanlage in den Jahren 1984 und 1985 [nach 15]

	integriert	konventionell
Planung	316	83
Durchführung	1931	2566
Gesamtkosten	2247	2649

bezüglich der Mittelkosten bei der integrierten Bewirtschaftung eine Einsparung in Höhe von ca. 36% gegenüber der konventionellen erzielt [3]. Die Analyse aus Rheinland-Pfalz bezog darüber hinaus auch die Aufwendungen für die »Planung« (d. h. im wesentlichen die Kontrollen) mit ein und stellte sie den Aufwendungen für die »Durchführung« (Pflanzenschutzmittel- und Ausbringungskosten, Kosten für manuellen Mehltauschnitt) gegenüber [3, 15]. Der Vergleich bezieht sich auf zwei Erhebungsjahre in einer je zur Hälfte integriert bzw. konventionell bewirtschafteten Apfelanlage von 2,8 ha. Die Mehraufwendungen für Kontrollen lagen im integrierten Teil erwartungsgemäß um das 3–4fache über dem des konventionellen. Die Kosten für den eigentlichen Pflanzenschutz dagegen betrugen in der integrierten Anlage rund 25% weniger als in der konventionellen. Insgesamt ergab sich ein Nettogewinn von durchschnittlich 15%, das bedeutete ca. DM 287.–/ha und Jahr (Tabelle 113, Grundlage 1,4 ha).

Bei diesen ökonomischen Aspekten sollten die langfristigen Gesichtspunkte, die sich nicht in Mark und Pfennig ausdrücken lassen, nicht außer Acht gelassen werden: Die kaum abschätzbaren Auswirkungen vermeidbarer Spritzungen auf die ökologischen Gegebenheiten in der Anlage selbst, dann die ebenso schwer meßbaren sozialen Folgekosten für Gesellschaft und Umwelt.

7.4.7 Ausblick

Von Integriertem Pflanzenschutz kann man eigentlich erst reden, wenn sich die Anwendung integrierter Produktionsmaßnahmen auf alle Hauptschaderreger in einer Kultur erstreckt. Im Apfelanbau ist dieses Prinzip bereits weitgehend verwirklicht. Auch bei anderen Obstarten, auf die hier aus Platzgründen nicht eingegangen werden konnte, sind integrierte Systeme praxis-

verfügbar. Insbesondere im Weinbau sind in den letzten Jahren ähnlich umfassende Konzepte des Integrierten Pflanzenschutzes entwickelt worden wie im Apfelanbau. Die Dauerkulturen des Obstbaus, in denen diese Prinzipien und Methoden bereits in die breite Praxis getragen werden, nehmen damit innerhalb des Integrierten Landbaues eine gewisse Sonderstellung ein.

In welcher Form der Integrierte Pflanzenschutz im einzelnen verwirklicht wird, hängt von den Gegebenheiten des jeweiligen Anbaugebietes ab. Die europaweite Entwicklung zu Integrierten Richtlinien bezeichnet das gemeinsame Ziel, ökologische und qualitätsfördernde Produktionsmethoden auf breiter Basis in die Praxis umzusetzen. Die Vermittlung der notwendigen Kenntnisse und Informationen ist heute für die Pflanzenschutzdienste aller Länder fester Bestandteil der landwirtschaftlichen Beratung. Nicht zuletzt in dieser Hinsicht hat das Pflanzenschutzgesetz von 1986 durch den hohen Stellenwert, den es dem Integrierten Pflanzenschutz einräumt, vielseitige Impulse zur breiten Einführung dieses umweltschonenden Produktionsverfahrens gegeben.

7.5 Integrierter Pflanzenschutz im Hopfenbau

H. Th. Kremheller, Freising-München

7.5.1 Einleitung

Der Hopfen (Humulus lupulus) ist in der gemäßigten Klimazone der nördlichen Hemisphäre heimisch. Bei dem angebauten Kulturhopfen handelt es sich um Sorten von Humulus lupulus. Hopfen ist eine zweihäusige Pflanze. Nur weibliche Hopfenpflanzen besitzen die zapfenähnlichen Fruchtstände, die sog. Dolden, welche die Aroma- und Bitterstoffe enthalten, die bei der Bierherstellung und in der Heilkunde benötigt werden. Daher werden nur weibliche Hopfenpflanzen angebaut; sie werden über Sproßstecklinge vermehrt. Die oberirdischen Pflanzenteile, die sich an 7–8 m hohen Drähten emporwinden, werden bei der Ernte abgeschnitten. Nur der Wurzelstock selbst bleibt etwa 15 Jahre im Boden.

Als mehrjährige Pflanze in einem relativ geschlossenen Anbaugebiet ist der Kulturhopfen durch Krankheiten und Schädlinge besonders gefährdet. Das häufig windstille, feuchte Kleinklima in den Hopfengärten fördert vor allem Pilzkrankheiten. Wegen dieser ungünstigen Krankheits- und Schädlingssituation wurde bereits in den 20er Jahren mit Arbeiten zur Züchtung resistenter Hopfensorten begonnen [33], die gleichsam als Vorstufe heutiger Bemühungen um einen integrierten Hopfenbau anzusehen sind.

7.5.2 Wechselwirkungen zwischen Produktionstechnik und Umwelt

Von den vielfältigen Beziehungen, die zwischen Anbaumaßnahmen und Umwelt bestehen, ist bisher nur wenig bekannt. Wie sich das Zusammentreffen der verschiedensten industriellen und pflanzenbaulichen Maßnahmen auf Mensch und Natur auswirkt, läßt sich meistens kaum abschätzen. Daher können die in Abb. 139 aufgezeigten Wechselwirkungen zwischen Hopfenanbau und Umwelt nur einen Überblick über einen Teil der sehr komplexen Zusammenhänge darstellen.

Aus der Abbildung ist zu ersehen, welche Möglichkeiten heute vorhanden sind, um durch Maßnahmen des integrierten Hopfenbaues ne-

gative Auswirkungen der Hopfenproduktion auf die Umwelt zu verringern, ohne dadurch die Erzeugung von preislich und qualitativ marktfähigem Hopfen zu gefährden.

7.5.3 Integrierte Produktionstechnik

7.5.3.1 Standortwahl und Kulturmaßnahmen

Durch geeignete Standortwahl und Kulturmaßnahmen lassen sich das Auftreten und die Entwicklung von Schaderregern vermindern bzw. hemmen; die Schadenswahrscheinlichkeit wird herabgesetzt. Dadurch wird auch im Hopfenbau der Zwang zum chemischen Pflanzenschutz geringer.

Auf leicht durchwurzelbaren **Böden** mit guter Wasserführung wachsen gesunde Hopfenpflanzen, die gegen Schaderreger widerstandsfähig sind. Dagegen werden auf Hopfenböden mit gestauter Nässe Pilze gefördert, wie *Fusarium*- und *Phytophtora*-Arten, die zum Faulen des Hopfenstockes führen. Hier treten auch *Verticillium*-Welke und Hopfen-*Peronospora* verstärkt auf. Durch die allgemein schwächeren Pflanzen an diesen Standorten steigt auch ihre Anfälligkeit gegen weitere Schaderreger, wie Blattläuse.

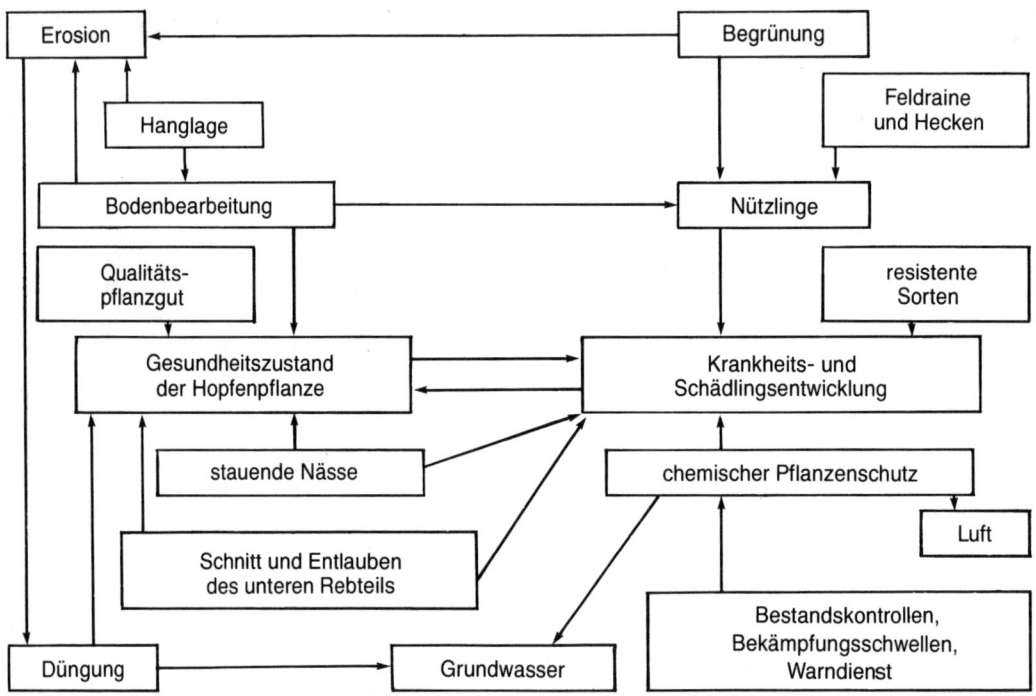

Abb. 139 Wechselbeziehungen zwischen Hopfenanbau und Umwelt.

Daher sollte auf staunassen Böden und solchen, die zu Verdichtungen neigen, kein Hopfengarten angelegt werden. Wenn möglich, ist auf leichtere Böden auszuweichen, wobei jedoch kiesige und reine Sandböden für den Hopfenbau nur wenig geeignet sind [3].

Qualitätspflanzgut mit Zertifikat wurde über Meristemkultur von Krankheitserregern, z. B. Viren, Echtem Mehltau, *Peronospora*, *Fusarium*, *Verticillium* und *Phytophthora*, befreit. Der Gesundheitszustand des Pflanzgutes wird während der Vermehrung laufend kontrolliert. Die Verwendung dieses Qualitätspflanzguts bei der Neuanlage von Hopfengärten ist eine Voraussetzung für gesunde, widerstandsfähige Hopfenbestände [19].

Die **Düngung** soll dem Boden und dem Bedarf der Hopfenpflanze angepaßt sein. Zur Ermittlung des Gehalts an Nährstoffen im Boden sollten im Abstand von 4 Jahren Bodenuntersuchungen durchgeführt werden. Die Menge der Düngung ergibt sich aus dem Nährstoffentzug der Hopfenpflanze und dem Nährstoffvorrat im Boden.

Bei richtig dosierter Düngung werden dem Boden die jährlich entzogenen Nährstoffe wieder zugeführt, wobei entsprechend der Nährstoffversorgung des Bodens Zu- oder Abschläge gemacht werden [2, 3, 27].

Versuche mit gestaffelten Stickstoffmengen haben ergeben, daß bei einer Stickstoffdüngung, die über dem Bedarf der Hopfenpflanze liegt, der Ertrag nicht mehr gesteigert wird, die Krankheitsanfälligkeit der Pflanzen, vor allem gegen *Verticillium*-Welke, jedoch stark zunimmt [24, 31].

Ein langjähriger Freilandversuch mit der sehr welkeanfälligen Sorte Hallertauer Mfr. zeigt, wie verheerend hohe Stickstoffgaben auf die Gesundheit der Pflanzen wirken (Tabelle 114). Bei der Berechnung der Höhe der Stickstoffdün-

Tabelle 114 Einfluß mehrjähriger, unterschiedlicher Stickstoffdüngung auf den Prozentsatz von Pflanzen mit äußerlich sichtbaren Welkesymptomen [10]

Düngung	% welkekranke Pflanzen				
kg N/ha und Jahr	1977	1978	1979	1980	1981
90	0,6	8,5	5,0	2,1	5,7
180	0,9	12,4	6,2	9,1	14,7
225	0,7	8,7	9,1	8,5	21,9
270	1,3	15,0	13,5	19,4	40,6

gung wird der Gehalt an mineralischem Stickstoff (N_{min}) im Boden bis zu einer Tiefe von 90 cm zu Beginn der Vegetationszeit berücksichtigt [28, 29]. Die Anzahl der Pflanzer, die eine Berechnung der notwendigen Stickstoffdüngung auf Grund des untersuchten N_{min}-Gehalts ihres Bodens wünschen, hat in den letzten Jahren so stark zugenommen, daß eine Einzelberatung nicht mehr möglich ist. Daher wurde ein EDV-Programm entwickelt, mit dessen Hilfe die Hopfenpflanzer – zusammen mit dem Ergebnis der N_{min}-Untersuchung – die mit dem Computer errechnete Empfehlung für die Dosierung der Stickstoffdüngung erhalten [2, 28].

Hopfengärten sollten wegen der Gefahr von Arbeitsunfällen und der Bodenabschwemmung nicht an Hängen mit starker Neigung angelegt werden. Ist es unvermeidbar, Hopfen auf einem derartigen Grundstück anzupflanzen, sollten die Hopfenreihen in Fallinie mit 2–3 m breiten Grasstreifen unterteilt, oder quer zur Fallinie angelegt werden [3]. Zum weiteren Schutz gegen Erosion ist Untersaat von geeigneten Pflanzen, wie Winterroggen, notwendig. Bei Auswahl der Pflanzen zur Begrünung ist darauf zu achten, daß diese keine Wirtspflanzen für Schaderreger des Hopfens sind, und daß sie nicht zu dicht stehen, um kein Kleinklima zu

Tabelle 115 Boden- und Nährstoffabtrag aus Beregnungsversuchen in Hopfengärten Mitte Juli im Durchschnitt mehrerer Jahre [26]

Behandlungsart	Bodenabtrag		Nährstoffabtrag g/100 m²		
	kg/100 m²	in %	N	P_2O_5	K_2O
herkömmliche Bearbeitung	64,7	100	104	66	41
Minimalbearbeitung	62,5	97	104	68	56
Strohmulchen	35,3	55	69	54	49
Gründüngung	16,3	25	34	18	25
Müllkompost	49,9	77	85	44	51
synthetische Bodenstabilisatoren	27,9	43	72	44	38

schaffen, das Krankheiten, wie *Peronospora*, begünstigt. Mit dem Verhindern der Bodenabschwemmung läßt sich auch eine Erhöhung der Düngergaben weitgehend vermeiden [34]. Wie stark Boden- und Nährstoffabtrag insbesondere durch Gründüngung verringert werden, zeigt Tabelle 115.

Auch der Einfluß der Gründüngung auf das Bodenleben wurde untersucht. Als Versuchsstandorte wurden zwei unmittelbar nebeneinanderliegende Hopfengärten gewählt. Auf der einen Fläche wurde der Boden durch häufiges Bearbeiten offen gehalten. Auf der angrenzenden Fläche wurde nur die unbedingt erforderliche Bodenbearbeitung durchgeführt und Raps zur Gründüngung eingesät. In allen anderen Kultur- und Pflanzenschutzmaßnahmen unterschieden sich die beiden Flächen nicht. Die Ergebnisse dieses Versuches sind in Tabelle 116 dargestellt.

Tabelle 116   Einfluß der Gründüngung auf den Regenwurmbesatz in Hopfengärten (Durchschnittswerte aus 2 Probenserien 1986 mit je 20 Stichproben) [6]

Regenwurmbesatz	ohne Gründüngung	mit Gründüngung
Regenwürmer pro m^2	10,3	97,7
Regenwurmbiomasse g/m^2	25,3	144,9
Regenwurmarten	1	2

Sie zeigen am Beispiel des Regenwurms die positiven Auswirkungen der Gründüngung auf das Bodenleben in Hopfengärten. So ist die Anzahl der Regenwürmer und deren Biomasse an dem Standort mit Gründüngung um das 9,5fache bzw. um das 5,7fache höher als am Vergleichsstandort [6].

Die Ergebnisse dieser Versuche werden durch Vorträge und Beratungsgespräche den Hopfenpflanzern nahegebracht; die sich daraus ergebenden Empfehlungen werden bereits von vielen Pflanzern bei den Hopfenarbeiten berücksichtigt.

7.5.3.2 Anbau resistenter Hopfensorten

Ein Verfahren, um Krankheits- und Schädlingsbefall zu verringern, ist der Anbau resistenter Sorten. Gegen die Pilzkrankheiten *Peronospora* (*Pseudoperonospora humuli*), Echten Mehltau (*Sphaerotheca humuli*) und *Verticillium*-Welke (*Verticillium albo-atrum* und *Verticillium dah-*

liae) stehen schon heute Sorten mit geringer Anfälligkeit zur Verfügung [1, 25, 30, 32]. Die meisten der in der Bundesrepublik Deutschland angebauten Hopfensorten sind gegen *Verticillium*-Welke nur wenig anfällig [13]. Dagegen hat sich der Anbau von Sorten, die gegen den Echten Mehltau und gegen *Peronospora* resistent sind, in der Bundesrepublik Deutschland noch nicht allgemein durchgesetzt. So sind z. B. gegen *Peronospora* resistente Hopfensorten in Bayern nur mit knapp 15% an der Hopfenanbaufläche beteiligt [9]. Dies liegt zum größten Teil daran, daß von vielen Brauereien so weit irgend möglich die traditionellen Landsorten gegenüber Neuzüchtungen bevorzugt gekauft werden. An der Züchtung blattlausresistenter Hopfensorten wird an Hopfenforschungsinstituten in England und in der Bundesrepublik Deutschland gearbeitet [8, 11].

7.5.3.3 Gezielte Bekämpfung unter Beachtung von Bekämpfungsschwellen

Durch Bestandskontrollen, wenn sie häufig und regelmäßig durchgeführt werden, lassen sich bei einer Reihe von Krankheiten und Schädlingen vorbeugende chemische Behandlungen durch gezielte Pflanzenschutzmaßnahmen ersetzen.

Im deutschen Hopfenanbau ist ein chemisch-vorbeugendes Bekämpfen des Echten Mehltaues nicht notwendig. Erst, wenn sich die ersten Mehltausymptome an den Pflanzen zeigen, wird mit einem Fungizid behandelt. Die Behandlung ist nur dann zu wiederholen, wenn nach 10 Tagen erneut frischer Befall sichtbar wird [4, 23]. Auch *Botrytis* (*Botrytis cinerea*) kann noch ausreichend wirksam bekämpft werden, wenn das Fungizid beim ersten sichtbaren Befall gespritzt wird. Zur Bekämpfung der Roten Spinnmilbe (*Tetranychus urticae*) genügt es häufig, wenn bei den ersten Befallssymptomen nur der betroffene Gartenteil mit einem Akarizid behandelt wird [4].

Wesentlich für den rechtzeitigen Einsatz der Pflanzenschutzmaßnahmen sind häufige, sorgfältigste Kontrollen der Hopfenbestände. Eine Kontrolle pro Woche ist die Mindestzahl, um mit den gezielten Spritzungen einen ausreichenden Schutz der Pflanzen vor Krankheiten und Schädlingen zu gewährleisten. Werden die Bestände weniger häufig auf Befall mit Schaderregern kontrolliert, kann die gezielte Spritzung zu spät erfolgen, um wirtschaftlichen Schaden zu verhindern. Wegen der bis zu 8 m reichenden Höhe der Hopfenpflanzen ist es unerläßlich, die

Pflanzen in allen Höhenbereichen gründlich zu beobachten, wobei bei einigen Schaderregern, wie der Roten Spinnmilbe, mit der Lupe zu arbeiten ist. Das Verwenden einer Leiter, die am Traktor befestigt ist, hat sich bei Befallskontrollen bewährt, wenn der Hopfen eine Höhe von 3 m überschritten hat.

Werden diese Grundregeln eingehalten, läßt sich der chemische Pflanzenschutz durch gezielten Einsatz bei Befallsbeginn, ebenso wie bei den höheren Bekämpfungsschwellen, auf das notwendige Maß begrenzen; durch die Anwendung zum richtigen Zeitpunkt bleibt die Gesundheit der Hopfenpflanze erhalten. Die angesprochenen Verfahren haben sich bereits viele Jahre in der Praxis bewährt.

Die Bekämpfungsschwellen für Blattläuse (*Phorodon humuli*), Liebstöckelrüßler (*Otiorrhynchus ligustici*), Schattenwickler (*Cnephasia wahlbomiana*), Kartoffelbohrer (*Hydroecia micacea*) und *Peronospora* liegen höher als der Befallsbeginn, und ermöglichen es ebenfalls, den chemischen Pflanzenschutz gezielt und optimal durchzuführen.

Die **Hopfenblattlaus** ist wegen ihres alljährlichen Auftretens und der Notwendigkeit der Bekämpfung der bedeutendste tierische Schädling im deutschen Hopfenbau. Alle Hopfensorten werden so stark von Blattläusen befallen, daß 2–4 Insektizidbehandlungen des Hopfens im Jahr notwendig sind. Um nur die notwendige Anzahl an Behandlungen auszubringen, wurde untersucht, wie viele Blattläuse an der Hopfenpflanze toleriert werden können, ohne wirtschaftlichen Schaden für den Pflanzer durch Ertrags- und/oder Qualitätsminderung zu verursachen. Es wurde nachgewiesen, daß Insektizideinsparungen nur vor der Blüte des Hopfens möglich sind. Das Saugen der Blattläuse an der Blüte führt, selbst bei wenigen Tieren, zu signifikanten Ertragseinbußen. In der Dolde lassen sich die Blattläuse mit den derzeitig verfügbaren

Mitteln nicht ausreichend wirksam bekämpfen. Durch Blattlausbefall werden die Dolden in der Entwicklung gestört, sie verkümmern. Weiterhin entsteht die vom Pflanzer gefürchtete Doldenschwärze, die von den Rußtaupilzen verursacht wird, die sich auf den Honigtau-Ausscheidungen der Blattläuse entwickeln [22].

Mehrjährige Versuche ergaben, daß ein durchschnittlicher Befall des Hopfens mit 200 Läusen/Blatt vor Beginn der Hopfenblüte weder den Ertrag noch die Qualität des Ernteguts verringert. In Tabelle 117 ist ein Versuch aus dem Jahre 1979 an der frühblühenden Sorte Northern Brewer dargestellt.

Aus der Tabelle ist zu ersehen, daß bei Durchführung der 1. Blattlausbekämpfung bei einem durchschnittlichen Befall von 180 Läusen/Blatt (Variante 2) keine signifikante Ertragseinbuße im Vergleich zu Variante 1 entsteht; auch Qualitätsbeeinträchtigungen durch Doldenschwärze traten nicht ein. Dagegen waren bei allen späteren Behandlungsterminen, bei denen der Hopfen bereits blühte bzw. die Doldenentwicklung begann, die Erträge signifikant niedriger (Varianten 3 und 4) und die Dolden waren durch Läuse geschädigt. Der geringere Ertrag der Varianten 3 und 4 ist nur zum kleinen Teil auf die Schwächung der Pflanzen durch Saugschäden an den Blättern wegen der stärkeren Blattlausbesiedelung zurückzuführen. Die Hauptursache ist, daß bei diesen Varianten zum Zeitpunkt der 1. Spritzung bereits die Blüten bzw. Dolden von Läusen befallen waren.

Die in Tabelle 117 dargestellten Versuchsergebnisse zeigen, daß durch die Verzögerung der 1. Blattlausspritzung ohne wirtschaftlichen Schaden für den Hopfenpflanzer eine Insektizidbehandlung eingespart werden kann [12]. Verminderte Behandlungshäufigkeit verzögert den Aufbau insektizidresistenter Blattlauspopulationen. Der Selektionsdruck wird damit verringert. Dies ist, neben dem ökologischen und

Tabelle 117 Einfluß der Termine zur Bekämpfung der Hopfenblattläuse auf den Ertrag des Hopfens (1979) [12]

Variante	1	2	3	4
Läuse/Blatt vor 1. Spritzung	10	180	900	1500
Entwicklungsstadium des Hopfens bei 1. Spritzung	vor der Blüte	vor der Blüte	Vollblüte	Doldenbildung
1. Spritztermin	22. 6.	4. 7.	19. 7.	25. 7.
2. Spritztermin	19. 7.	25. 7.	2. 8.	2. 8.
3. Spritztermin	25. 7.	–	–	–
Ertrag (dt/ha)	18,03	17,30	14,33	11,94

ökonomischen, ein weiterer Vorteil eines verminderten Insektizideinsatzes, der bei der zunehmenden Resistenz in den Populationen der Hopfenblattläuse nicht hoch genug bewertet werden kann [18].

Aus den Versuchsergebnissen wurde die Empfehlung an die Hopfenpflanzer abgeleitet, mit der 1. Blattlausspritzung bis zur Blüte des Hopfens zu warten, wenn bis zu diesem Zeitpunkt im Durchschnitt weniger als 100 Läuse/Blatt gezählt werden. Wird diese Zahl früher erreicht, ist die 1. Spritzung entsprechend vorzuverlegen [4]. Auf diese Weise führen viele Hopfenpflanzer die Blattlausbekämpfung mit bestem Ergebnis durch.

An der Entwicklung biologischer Methoden zur Blattlausbekämpfung wird gearbeitet; jedoch ist hier der Durchbruch zum Erfolg noch nicht gelungen. So wird die Ausnutzung von Nützlingen bei der Blattlausbekämpfung z. B. dadurch erschwert, daß in der Bundesrepublik Deutschland kein Aphizid (Mittel gegen Blattläuse) zur Verfügung steht, das über die Wurzeln von der Pflanze aufgenommen wird und sowohl Nützlinge als auch die übrige Umwelt schont [5]. In englischen Hopfengärten gelang es, die bis Juli anhaltende Wirkung eines über die Wurzeln aufgenommenen Aphizids mit der biologischen Bekämpfung durch Nützlinge zu kombinieren, wobei die Blütenwanzen (Anthocoriden) am häufigsten und wirksamsten waren [7]. Weiterhin lassen sich durch Verbreitern der Feldraine und das Anlegen von Hecken die Nützlinge anreichern.

Der **Liebstöckelrüßler** tritt in den deutschen Hopfenanbaugebieten bisher nur lokal auf. Der Käfer frißt die Spitzen der Hopfensprosse ab. Da die nachtreibenden Sprosse häufig nicht mehr die Gerüsthöhe des Hopfens erreichen, wird der Ertrag beeinträchtigt. Es hat sich gezeigt, daß ein chemisches Bekämpfen erst erforderlich ist, wenn an 3 Hopfenstöcken mehr als 1 Käfer gefunden wird. Meist ist es ausreichend, wenn nur die befallenen Stöcke und die benachbarten Pflanzen behandelt werden. Beim Gieß- und Spritzverfahren wird die Behandlungsflüssigkeit gezielt auf den Hopfenstock gegeben. Damit bereits mit einer einzigen Behandlung die Tiere ausreichend bekämpft werden, ist es wichtig, daß die Behandlung bei warmem, sonnigen Wetter erfolgt, da dann die Liebstöckelrüßler an die Erdoberfläche und somit mit dem Mittel in Berührung kommen [4].

Die Sproßspitzen der jungen Hopfenpflanzen werden von der Raupe des **Schattenwicklers** angefressen. Die Anzahl der Raupen ist in den Hopfengärten nur in Ausnahmefällen so hoch, daß es zu wirtschaftlichem Schaden kommt. Werden hauptsächlich die Sproßspitzen kurz nach dem Anleiten an den Hopfendraht befallen, so ist erst bei mehr als 3 Befallsstellen/10 Hopfenstöcke eine chemische Behandlung erforderlich, die in der Regel nicht wiederholt werden muß. Werden die Raupen in der 2. Junihälfte im Hopfengarten festgestellt, erübrigt sich im allgemeinen eine direkte Bekämpfung, da die Tiere dann meistens nicht mehr fressen [4].

Kartoffelbohrer kommen in den Hopfengärten der Bundesrepublik Deutschland nur selten vor. Die Tiere sind in den Hopfensprossen zu finden; der Befall führt zum Absterben der Sprosse. Nur, wenn in jungen Hopfenanlagen 1 Sproß/10 Hopfenstöcke und bei Althopfen mehr als 2 Sprosse/10 Hopfenstöcke befallen sind, ist zur Vermeidung wirtschaftlichen Schadens ein chemisches Bekämpfen notwendig. Gewöhnlich ist nur ein Teil des Gartens vom Kartoffelbohrer betroffen, so daß nicht der ganze Garten behandelt werden muß [4].

Die gezielte Bekämpfung nach Bekämpfungsschwellen hat sich in der Praxis gut bewährt. Bei der Festlegung der Bekämpfungsschwellen war zu berücksichtigen, daß vom Käufer an den Hopfen höchste Qualitätsmaßstäbe gelegt werden. So erfolgen bereits Abzüge vom Verkaufspreis, wenn nur die äußere Beschaffenheit der Dolden, z. B. die Farbe, nicht absolut einwandfrei ist, selbst wenn dies weder Qualität noch Quantität der Aroma- und Bitterstoffe beeinträchtigt.

7.5.3.4 Integrierte Bekämpfung der Hopfenperonospora

Wie ein Teilsystem des integrierten Hopfenbaues erarbeitet und in die Praxis umgesetzt wurde, soll am Beispiel der Hopfen-*Peronospora* gezeigt werden.

Der Erreger dieser Hopfenerkrankung ist der Pilz *Pseudoperonospora humuli*. Bei der Hopfen-*Peronospora* wird zwischen Primär- und Sekundärinfektion unterschieden. Die Hauptursache für die Primärinfektion ist das Pilzmyzel, das im Rhizom des Hopfens überwintert und im Frühjahr die austreibenden Hopfensprosse infiziert. An den infizierten Pflanzenteilen, vor allem an den Blattunterseiten, werden die Zoosporangien des Pilzes gebildet, die durch Luftbewegung und Regentropfen an weitere Pflanzenteile gelangen. Dort werden, wenn Wasser vorhanden ist, die Pilzsporen aus den Zoosporangien entlassen. Sie dringen über die Spaltöffnungen in die Pflanzen ein und verursachen weitere Infektionen, die Sekundärinfektionen genannt werden. An den neuen Infektionsstellen werden wieder Zoosporangien gebildet, die wieder zu neuen Infektionen führen. Dieser Zyklus wiederholt sich in der Vegetationszeit des Hopfens von April bis September ununterbrochen, wenn die Umweltbedingungen für die Pilzentwicklung günstig sind. Auf diese Weise kann durch Sekundärinfektionen an Sprossen, Blättern, Blüten und Dolden die Hopfenernte vollständig vernichtet und der Hopfenstock geschwächt werden [16].

Durch tiefes Schneiden des Rhizoms bei den Kulturarbeiten wird das Pilzmyzel zum Teil entfernt. Das hat zur Folge, daß weniger infizierte Sprosse austreiben. Auch durch frühzeitiges Entfernen der erkrankten Sprosse läßt sich die Anzahl der Pilzsporen in der Luft und damit die Infektionsgefahr für die Hopfenpflanze verringern. Bei der Neuanlage von Hopfengärten ist darauf zu achten, Pflanzgut zu verwenden, das frei von *Peronospora* ist, also nicht aus einem befallenen Garten stammt. Nur, wenn nach Durchführung dieser Maßnahmen noch an mehr als 3% der Hopfenstöcke *Peronospora*-kranke Bodensprosse vorhanden sind, ist eine chemische Bekämpfung der Primärinfektion nötig [3].

Die Krankheit kann sich über die Sekundärinfektionen sehr schnell in den Hopfenbeständen ausbreiten. So ergab sich für eine anfällige Sorte, bei für den Pilz günstiger Witterung, eine Infektionsrate von 0,4/Einheit und Tag, das heißt, daß sich die Anzahl der erkrankten Pflanzenteile jeden Tag um 40% erhöht. Wegen dieser schnellen Krankheitsausbreitung und der Gefahr eines vollständigen Ernteverlustes, war es noch vor einigen Jahren notwendig, den Hopfen 12- bis 16mal während einer Vegetationsperiode gegen Sekundärinfektionen zu spritzen. Um diese häufigen, vorbeugend ausgebrachten Behandlungen zu verringern, wurde eine Befallsprognose entwickelt, die es ermöglicht, nur noch dann Fungizide anzuwenden, wenn *Peronospora*-Befall durch Sekundärinfektionen zu erwarten ist [16].

Grundlagen zur Befallsprognose

Als Grundlage für die Befallsprognose wurde die Epidemiologie der Hopfen-*Peronospora* quantitativ erfaßt. In ungespritzten Hopfengär-

ten wurde der Einfluß von 12 meteorologischen und biologischen Faktoren auf die Befallshäufigkeit untersucht. Zur Bestimmung der Befallshäufigkeit wurde in 1- bis 2täglichen Abständen die Anzahl der primärinfizierten Sprosse sowie die Anzahl der durch Sekundärinfektion erkrankten Sprosse, Blätter, Blüten und Dolden an 10 im Garten zufällig verteilten Pflanzen gezählt. Der Zoosporangiengehalt der Luft wurde in den Versuchsgärten mit Hilfe einer Sporenfalle erfaßt. Auch die Werte für relative Luftfeuchte, Lufttemperatur, Windgeschwindigkeit, Regenmenge und Benetzungsdauer wurden durch die entsprechenden meteorologischen Geräte stündlich im Hopfenbestand erfaßt. Die Verwendung von Stundenwerten ist bei derartigen Untersuchungen notwendig, da es für die Krankheitsentwicklung oft entscheidend ist, wie lange und wie oft ein bestimmter Faktor, z. B. die Temperatur, auf Erreger und Pflanze eingewirkt hat.

Das Datenmaterial der Freilandversuche wurde mit umfassenden Korrelations- und Regressionsrechnungen ausgewertet. Die Ergebnisse der Freilanduntersuchungen wurden unter kontrollierbaren Bedingungen in Klimakammern überprüft. Auf dieses Überprüfen kann man nicht verzichten, da die mit Korrelations- und Regressionsrechnungen gefundenen Zusammenhänge zufällig oder ursächlich sein können, für eine Befallsprognose jedoch nur die ursächlichen Zusammenhänge von Wert sind.

Die Verrechnungen der Daten ergaben, daß sich die Befallshäufigkeit aus der Anzahl der Zoosporangien in der Luft und der Dauer der Regenbenetzung sehr gut abschätzen läßt. Nur diese beiden Faktoren wurden also aus der Vielzahl der Daten in die Gleichung zur Schätzung der Befallshäufigkeit aufgenommen. Weitere Faktoren, wie Temperatur, Luftfeuchte, Windgeschwindigkeit oder Taubenetzung, sind nicht in der Gleichung enthalten: Entweder, weil hierdurch die Genauigkeit der Prognose nur geringfügig erhöht wurde oder, weil schon enge Zusammenhänge mit den bereits in der Gleichung enthaltenen Faktoren bestanden. Die Wahrscheinlichkeit für Infektionen bei Taubenetzung ist aufgrund der Erregerbiologie so gering, daß Tau bei der Befallsprognose nicht zu berücksichtigen ist [21].

Aus den Daten zur Lebensdauer der Zoosporangien ergab sich, daß – bei für den Pilz günstigen Umweltbedingungen – sich die Anzahl der infektionsfähigen Zoosporangien nach jeweils 1,5 Tagen um 50% verringert. Somit ist der Zoosporangiengehalt der Luft des jeweiligen Tages allein nicht geeignet, um über das Zoosporangienangebot dieses Tages Aufschluß zu geben. Daher wurde durch Addition der Zoosporangien von 4 aufeinanderfolgenden Tagen und durch Einteilung der sich daraus ergebenden Summen in Klassen ein Maßstab für die infektionsfähigen Zoosporangien des jeweils 4. Tages festgelegt (Tabelle 118).

Von großer Bedeutung ist der Klassenwert Null. Er besagt, daß bei der Anzahl an Zoosporangien, die dieser Klasse zugeordnet sind, die Wahrscheinlichkeit für eine Infektion so gering ist, daß sie vernachlässigt werden kann.

Wegen der um das Dreifache höheren *Peronospora*-Anfälligkeit der Blüten und Dolden im Vergleich zu den Blättern ist mit dem Beginn der Blüte bis zur Ernte des Hopfens nur der dritte Teil der Zoosporangien für den Klassenwert 1, d. h. zum Erreichen der Infektionsschwelle erforderlich. Werden die beiden Faktoren Regenbenetzungsdauer und die Zoosporangienklasse des entsprechenden Entwicklungsstadiums des Hopfens miteinander multipliziert, gehen sie also als Produkt in die Schätzgleichung ein, erhält man ein Bestimmtheitsmaß von 0,80. Das bedeutet, daß 80% der Änderungen in der Befallshäufigkeit durch das Produkt Regenbenetzungsdauer × Zoosporangienklasse erklärt werden. Durch Multiplikation der beiden Faktoren wird erreicht, daß, wenn einer der Faktoren Null wird, auch das Produkt, also der zu erwartende Befall, Null wird. Dies ist auch biologisch sinnvoll, da sich kein Befall entwickeln kann, wenn

entweder Zoosporangien oder die Regenbenetzung zu deren Auskeimen fehlen; beide Faktoren sind zur Infektion gleichermaßen notwendig. Je höher der Wert wird, der für das Produkt aus Zoosporangienklasse × Regenbenetzungszeit errechnet wird, desto stärkerer Befall ist zu erwarten. Sobald das Produkt den Wert Null überschreitet, muß gegen *Peronospora* gespritzt werden, und zwar unabhängig davon, wie hoch der Wert wird, da – wie gezeigt wird – die wirtschaftliche Schadensschwelle bei Hopfen extrem niedrig ist. Ist der Wert Null, muß nicht gegen *Peronospora* gespritzt werden.

In dem bayerischen Hopfenanbaugebiet, für das die Prognose erarbeitet wurde, werden verschiedene Hopfensorten angebaut. Es war zu untersuchen, ob und wie stark sich diese Sorten in ihrer Anfälligkeit gegen *Peronospora* unterscheiden.

Die Sorten ›Northern Brewer‹, ›Hersbrucker‹, ›Brewer's Gold‹ und ›Hallertauer Mfr.‹, die insgesamt auf mehr als 80% der Hopfenfläche angebaut werden [9], unterscheiden sich nicht signifikant in der Anfälligkeit gegen *Peronospora*; sie sind als anfällig einzustufen. Von diesen Sorten unterschied sich, ebenfalls im Laborversuch, signifikant die Anfälligkeit der Sorten ›Perle‹ und ›Hüller Bitterer‹. Diese Sorten, die auf *Peronospora*-Resistenz gezüchtet wurden, besitzen eine geringe Anfälligkeit gegen diese Krankheit. Die Ergebnisse der Laboruntersuchungen stimmen weitgehend mit den Erfahrungen in der Praxis überein [15, 16]. Die Sorten ›Spalter‹ und ›Record‹ sind zu der Gruppe der *Peronospora*-anfälligen Sorten zu rechnen, während die Sorte ›Orion‹ zur Gruppe der *Peronospora*-resistenten Sorten gehört.

Bei welchem Minderertrag die wirtschaftliche Schadensschwelle erreicht wird, läßt sich nach der von KRANZ und HAU [14] aufgestellten Formel errechnen. Sie lautet:

$$ED = \frac{K}{E \times P} \times 100$$

wobei ED die Ertragsdifferenz in % ist, die bei Verzicht auf die Behandlung den Behandlungskosten entspricht und somit die wirtschaftliche Schadensschwelle bestimmt. K sind Kosten der Behandlung, E der voraussichtliche Ertrag und P der Preis für das Erntegut.

Setzt man die für Hopfen zutreffenden Werte ein, so ergibt sich:

Tabelle 118 Klasseneinteilung der Zoosporangien für die Befallsprognose [21]

Entwicklungsstadium des Hopfens	Zoosporangienklasse am Tage i	Summe der Zoosporangien in 3 m³ Luft und 24 h von 4 aufeinanderfolg. Tagen $(i + i_{-1} + i_{-2} + i_{-3})$
vor der Blüte (zur Prognose von Blattbefall)	0 1 2 3 4	unter 30 30−39 40−49 50−59 über 60
von Blühbeginn bis Ernte (zur Prognose von Blüten- und Doldenbefall)	0 1 2 3 4	unter 10 10−19 20−29 30−39 über 40

$$ED = \frac{113\,DM/ha}{18\,dt/ha \times 720\,DM/dt} \times 100 = 0{,}87$$

Die Behandlungskosten sind also bereits abgedeckt, wenn durch die Behandlung ein Minderertrag von nur 0,9% verhindert wird. Dies bedeutet, daß bei Hopfen schon eine Behandlung bei äußerst geringer Gefahr für den Ertrag wirtschaftlich sinnvoll ist. Demzufolge duldet auch der Hopfenpflanzer nur diesen minimalen Ertragsausfall, der bereits durch einige befallene Blüten und Dolden erreicht ist. Dies bedeutet für die Praxis, daß schon bei *Peronospora*-Gefahr von geringstem Ausmaß gespritzt werden muß.

Durchführung des *Peronospora*-Warndienstes

In den bayerischen Hopfenanbaugebieten wurde auf der Grundlage der dargestellten Untersuchungen im Jahre 1983 ein Warndienst eingerichtet, der es dem Pflanzer ermöglicht, nur noch dann gegen *Peronospora* zu spritzen, wenn Befall zu erwarten ist. Hierfür wurden 10 Hopfengärten mit Sporenfalle, Benetzungsschreiber und Regenmesser ausgestattet (Abb. 140). Im Hopfenanbaugebiet Hallertau ist keine der Sporenfallen von der nächstliegenden Sporenfalle weiter als 15 km Luftlinie entfernt [17]. Die Meßstationen werden durch Mitarbeiter der Ämter für Landwirtschaft betreut.

Als Standorte für die Meßstationen wurden nach Möglichkeit kühle, feuchte Lagen gewählt, die günstig für die *Peronospora*-Entwicklung sind. Die Hopfensorten der Gärten mit Meßsta-

tionen gehören zu der *Peronospora*-anfälligen Kategorie. Den Warndiensthinweisen liegen somit Meßdaten von krankheitsgefährdeten Sorten und Lagen zugrunde. Dadurch wird gewährleistet, daß keine notwendige Spritzung unterbleibt, was andererseits jedoch auch dazu führen kann, daß in wenig gefährdeten Beständen 1–2 Spritzungen mehr als unbedingt erforderlich ausgebracht werden. Diese Sicherheitsmaßnahme muß bei einem großflächigen Warndienst eingehalten werden.

Es wurde gezeigt, daß die *Peronospora* im Frühjahr mit dem Auftreten der jungen, primärinfizierten Sprosse beginnt. Ein Ausrotten der Primärinfektion ist nicht möglich wegen der weiten Verbreitung von wildem und verwildertem Hopfen.

Voraussetzung für einen großflächigen Warndienst zur Vorhersage des Sekundärbefalls ist, daß in dem abzudeckenden Gebiet der Ausgangsbefall durch Primärinfektion einigermaßen einheitlich ist. Um dies zu erreichen, wird empfohlen, daß der Pflanzer den Bestand mit einem Fungizid behandelt, wenn er an mehr als 3% der Hopfenstöcke Primärinfektionen feststellt. Diese sind bei den Frühjahrsarbeiten vom Pflanzer sehr leicht zu erkennen. Häufig genügt eine Behandlung der befallenen Teilflächen des Hopfenbestandes.

An jedem Werktag, bei für *Peronospora* günstigem Wetter und längerem Zeitabstand zur vorangegangenen Spritzung auch an Sonn- und Feiertagen, werden auf den Fangstreifen der Sporenfallen die Zoosporangien/3 m³ Luft und Tag unter dem Mikroskop ausgezählt. Regenmesser

Abb. 140
Aufstellung der Meßgeräte im Hopfenbestand. Von rechts nach links: Wetterhütte für Thermohygrograph, Sporenfalle, schreibender Regenmesser, Windmesser und Benetzungsschreiber.

und Benetzungsschreiber geben an, wann und wie lange Regenbenetzung vorgelegen hat, so daß das Produkt aus Zoosporangienklasse × Regenbenetzungszeit errechnet werden kann. Auf Grund der Daten aller Meßstationen wird entschieden, ob kein, ein örtlich begrenzter oder ein Spritzaufruf für das ganze bayerische Hopfenanbaugebiet zu geben ist.

Es wurde festgestellt, daß das Ansteigen und Abfallen der Anzahl an Zoosporangien in der Luft im bayerischen Hopfenanbaugebiet nahezu gleichlaufend geschieht. Auch bei Durchzug von Gewittern regnet es, wie die Erfahrung gezeigt hat, häufig an vielen Standorten, so daß in den meisten Fällen auch hinsichtlich der Regenbenetzung eine einheitliche Feststellung für das Anbaugebiet getroffen werden kann. Das hat zur Folge, daß sehr oft an allen Standorten gleichlautende Warndiensthinweise gegeben werden. In den 12 Jahren, in denen an und mit dem Prognose-Modell gearbeitet wurde, hat es sich gezeigt, daß während jeder Vegetationsperiode häufig infektionsfreie Zeiträume vorkommen, in denen nicht gespritzt werden muß.

Mit dem Text der Warndiensthinweise werden 7 automatische Anrufbeantworter besprochen, die über das Anbaugebiet verteilt sind; so kann sich der Hopfenpflanzer täglich durch Telefonanruf informieren, ob Peronospora-Gefahr besteht oder nicht.

Eine Sonderstellung bei den Spritzaufrufen nehmen nur die Hopfensorten ›Orion‹, ›Hüller Bitterer‹ und ›Perle‹ ein. Diese 3 auf Peronospora-Resistenz gezüchteten Sorten benötigen auch ohne Warndienst nur 3 Spritzungen während der Vegetationsperiode; diese sind im Mai zur Primärbekämpfung, bei der Blüte und während der Doldenbildung des Hopfens notwendig. Bei diesen Sorten wird die gezielte Spritzung nach Warndienst nur dann durchgeführt, wenn ein Spritzaufruf in einen Zeitraum fällt, in dem deren obligatorische Spritzungen fällig sind. Erfolgt in diesem Zeitraum kein Spritzaufruf, fällt die Spritzung aus [20]. Ein Vorteil des Spritzens – auch dieser Sorten – nach den Warndiensthinweisen, liegt darin, daß immer zum genau richtigen Zeitpunkt, also bei tatsächlicher Peronospora-Gefahr, gespritzt wird, nicht zu früh oder zu spät.

Für die gezielten Spritzungen nach Warndienst eignen sich sowohl Kontakt- als auch systemische Fungizide [20]. Vom Zeitpunkt der Infektion bis zur Bildung neuer Zoosporangien dauert es 5–6 Tage. Der Pflanzer erfährt durch den Warndienst, wenn am Vortag eine Infektion erfolgt ist. Nun hat der Pflanzer 4 Tage Zeit, um die Spritzung auszubringen, mit der nachfolgende Neuinfektionen verhindert werden. Ein ausreichender Schutz des Hopfens gegen die Peronospora ist gewährleistet, wenn die Pflanzen mit Kontakt- oder systemischen Fungiziden nach der Infektion, jedoch vor dem Ausbruch einer neuen Zoosporangien-Generation, gespritzt werden. Es wurde nachgewiesen, daß eine einmalige Infektion nur Befallsflecken hervorruft, die nicht nur kleiner als ein halber Stecknadelkopf sind, sondern zudem im Bestand sehr selten vorkommen. Ein sichtbares Krankheitsausmaß, das die Bekämpfungsschwelle überschreitet, kommt erst durch mehrfache, kurzfristig hintereinander auftretende Infektionen zustande, was durch das Spritzen unmittelbar nach der 1. Infektion verhindert wird.

Für das erfolgreiche Bekämpfen der Peronospora nach Warndienst ist die Mitarbeit der Hopfenpflanzer unerläßlich. Ausschlaggebend für den Erfolg ist auch hier die laufende Bestandsbeobachtung, denn der Peronospora-Warndienst kann nur eine Entscheidungshilfe für den Hopfenpflanzer darstellen. Der Pflanzer selbst muß das Ausmaß der Primärinfektion in seinen Hopfengärten feststellen und über die Notwendigkeit einer Primärbekämpfung entscheiden. Durch die im Gebiet verteilten Sporenfallen werden nicht immer alle Gefahrenquellen erfaßt. So werden z. B. nach dem Schneiden des Hopfens häufig Rhizomteile an die Wegränder geworfen. Diese treiben aus und gefährden, da sie ja ungespritzt bleiben, durch Peronospora-Befall den unmittelbar benachbarten Bestand. Nur durch laufende Feldbeobachtungen erkennt der Pflanzer derartige Infektionsherde und kann dann noch rechtzeitig etwas dagegen tun.

Etwa 70% der Pflanzer spritzen derzeit nach den Warndienstdurchsagen. Die Pflanzer sind sehr daran interessiert und arbeiten rege mit. Im Durchschnitt der Jahre läßt sich durch die gezielte Peronospora-Spritzung nach Warndienst etwa die Hälfte der regelmäßigen, vorbeugenden Spritzungen einsparen. Vor der Einführung des Warndienstes wurden mindestens 12 Peronospora-Spritzungen während der Vegetationsperiode ausgebracht. Im Gegensatz hierzu waren bei der Bekämpfung nach Warndienst bisher im Durchschnitt der bayerischen Meßstationen meistens 4–5 Spritzungen zur Erzeugung von gesunden Hopfendolden notwendig. Auch in der Vegetationsperiode des Jahres 1987 mit ungewöhnlich vielen Regentagen bewährte sich die

Befallsprognose. Die starke Krankheitsgefährdung des Hopfens wurde an der sehr hohen Anzahl von Zoosporangien in der Luft exakt erkannt. Bei der die Pilzentwicklung extrem fördernden Witterung des Jahres 1987 wurden zur *Peronospora*-Kontrolle 6–7 Spritzungen benötigt. Es ist also durchaus möglich, in Kulturen mit sehr niedrigen Schadensschwellen, wie Hopfen, durch einen methodisch zuverlässigen Warndienst die Anwendung chemischer Pflanzenschutzmittel bedeutend zu verringern.

7.5.4 Schlußbemerkungen

Viele Maßnahmen des integrierten Hopfenbaues werden schon heute durch einen großen Teil der Pflanzer mit Erfolg angewendet. Weitere umweltschonende Methoden im Anbau von Hopfen sind von großem Interesse. Das betrifft z. B. das Einbeziehen von nützlingsschonenden Pflanzenschutzmitteln und von Nützlingen oder auch den vermehrten Anbau von krankheits- und schädlingsresistenten Sorten. Die volle Verwirklichung des integrierten Hopfenbaues stellt eine Herausforderung für die künftige Forschung dar, damit noch weitere Möglichkeiten als heute wahrgenommen werden können, um Hopfen unter optimaler Schonung des Ökosystems marktgerecht produzieren zu können.

7.6 Dauergrünland und Viehhaltung als integriertes Produktionssystem

J. B. RIEDER, Freising

7.6.1 Stellung des Agrarökosystems Grünland im Integrierten Landbau

Als Ökosystem nimmt das Grünland im Landbau aus verschiedenen Gründen, insbesondere aber deshalb eine Sonderstellung ein, weil wir es mit mehr oder weniger artenreichen Pflanzengesellschaften zu tun haben, während Hauptmerkmal aller anderen Landnutzungsformen der Reinanbau meistens nur einer einzigen Pflanzenart ist. Das Grünland zeichnet sich daher durch den Vorteil aus, daß noch manche Selbstregelungskräfte des Ökosystems (siehe Kapitel 3) intakt sind, die im weniger »naturnahen« Acker- und Gartenbau oder in Sonderkulturen fehlen, zumindest dort weniger wirksam sind. Das ist auch der Grund, wenn im Grünland

altbewährte Kulturmaßnahmen zur Pflege und zur Erzielung hoher Produktionsleistungen oft allein ausreichend sind. Vor allem ist es nur selten nötig, chemische Pflanzenschutzmittel zur Stabilisierung des Systems anzuwenden. Im Grunde genommen ist daher die Grünlandbewirtschaftung schon seit jeher eine beispielhafte Form umweltschonender Bodennutzung, wenngleich es aus der neueren Sicht des Integrierten Landbaues auch noch mancher Verbesserungen in der Praxis (Nährstoffbilanzen!) bedarf. Das erfordert eine ausführliche und differenzierte Schilderung des gesamten Bewirtschaftungssystems.

Ein besonderes Kennzeichen des Nutzökosystems Grünland ist auch dessen enge Bindung an die Nutztierhaltung. Grünland liefert keinen unmittelbar ökonomisch verwertbaren Ertrag. Erst die Veredelung des Grünlandaufwuchses über Wiederkäuer führt zu marktfähigen Produkten. Werden die Nutztiere in die Betrachtung miteinbezogen, so sind unter »sicheren Erträgen« immer solche auch mit hoher tierischer Verwertbarkeit zu verstehen. Im Grünland umspannt daher der Begriff »Integrierter Landbau« auch die Dimension der Tierproduktion, die ansonsten in diesem Buch fehlt.

7.6.1.1 Bedeutung des Grünlandes aus ökonomischer Sicht

In der Bundesrepublik Deutschland (alte Bundesländer) nimmt das Grünland 37% der gesamten LF ein. Es ist damit die Kulturart mit dem höchsten Flächenanteil. Regional ist der Grünlandanteil allerdings sehr unterschiedlich, da es sich auf nicht ackerfähige Standorte beschränkt. Die großen Grünlandgebiete liegen im Bereich der norddeutschen Tiefebene und im süddeutschen Alpenvorland.

Aus ökonomischer Sicht ist Grünland die Basis der Rinderhaltung. War Grünland über Jahrhunderte hinweg das Stiefkind des Landbaues, so hat sich hier nach dem 2. Weltkrieg ein totaler Wandel vollzogen. Die Intensivierung der Grünlandnutzung und der Rinderhaltung wurde zur betriebswirtschaftlichen Voraussetzung der Existenzsicherung der Grünlandbetriebe. Drei Sachverhalte sind in diesem Zusammenhang festzustellen:

■ Bestandsaufstockung, Leistungssteigerung;
■ Betriebsgrößen;
■ Futterimporte.

Bestandsaufstockung, Leistungssteigerung – Um mit der Einkommensentwicklung vergleichbarer Berufsgruppen Schritt halten zu können, mußten die Grünlandbetriebe in den letzten Jahrzehnten ihre Viehbestände ständig weiter aufstocken und parallel dazu auch die Milchleistung kontinuierlich steigern. Die Steigerung der tierischen Nutzleistung wurde ermöglicht durch künstliche Besamung und gezielte Paarung erbwertgeprüfter Tiere. Die Zuchtziele waren dabei rassenbedingt durchaus unterschiedlich. Für das norddeutsche Niederungsrind (Schwarzbunte) war das Zuchtziel einseitig auf Steigerung der Milchleistung ausgerichtet, während für die süddeutschen Rinderrassen (Fleckvieh, Gelbvieh, Braunvieh) Fleisch- und Milchleistung gleichrangige Zuchtziele waren. Der biologisch-technische Fortschritt hat sich also im Bereich der Grünlandbewirtschaftung weniger auf dem pflanzenbaulichen als vielmehr auf dem tierzüchterischen Sektor abgespielt. Mit der Bestandesaufstockung und der Leistungssteigerung war natürlich ein Rückkoppelungseffekt auf die Grünlandnutzung gegeben. Die Anpassung der Grünlandbewirtschaftung an den tierischen Bedarf erfolgte aber in allererster Linie durch Ertragssteigerung über vermehrten Düngereinsatz und Intensivierung der Nutzungshäufigkeit.

Tierzüchterischer Fortschritt, Intensivierung der Grünlandnutzung und verstärkter Kraftfuttereinsatz führten dazu, daß die Verkaufserlöse für Milch in der Bundesrepublik Deutschland von 6,9 Mrd. DM im Jahre 1970 auf 16,5 Mrd. DM im Jahre 1983 anstiegen. Durch die Garantiemengenregelung und weitere restriktive Maßnahmen zur Marktregulierung in der EG ist aber der Weg für eine weitere Steigerung der Milchproduktion verbaut. Seit 1984 sinken die Erlöse für den Milchverkauf wieder (1990 noch 15,0 Mrd. DM).

Betriebsgröße – Für die klein- bis mittelbäuerlichen Grünlandgebiete ergibt sich aus der Garantiemengenregelung eine sehr mißliche Einkommenssituation. Verschärft wird diese Situation noch durch unterschiedliche Betriebsgrößen innerhalb der Bundesrepublik Deutschland und innerhalb der EG. Innerhalb der Bundesrepublik Deutschland nimmt die Betriebsgröße von Nord nach Süd ab. So verfügt der Vollerwerbsbetrieb in Schleswig-Holstein über 44 ha LF, in Niedersachsen über 34 ha LF, in Hessen über 25 ha LF und in Bayern über 20 ha LF. Entsprechend nimmt auch das Betriebseinkommen ab. Verschärft wird diese Situation noch dadurch, daß in den von Natur aus benachteiligten Gebieten (Berggebiete und Mittelgebirgslagen, die schwerpunktmäßig im Süden Deutschlands liegen) die Betriebsgröße nochmals abnimmt. 44% aller milchkuhhaltenden Betriebe liegen in benachteiligten Gebieten mit 38% aller gehaltenen Milchkühe. Wird aus agrar- und strukturpolitischer Sicht diesen Betrieben ein vergleichbares Familieneinkommen zugebilligt, so ist dies für die Betriebe nicht mehr über eine Intensivierung erreichbar, sondern nur über eine Honorierung der landespflegerischen Leistung, die sie erbringen. Aus ökologischer Sicht ist es zu begrüßen, wenn auf den flachgründigen und meist durchlässigen Böden der benachteiligten Gebiete auf eine höchste Bewirtschaftungsintensität des Grünlandes verzichtet oder die Intensität gar zurückgenommen wird.

Darüber hinaus bestehen auch innerhalb der EG erhebliche Unterschiede hinsichtlich der Betriebsstruktur, dem GV-Besatz und dem Anteil des rinderabhängigen Produktionswertes. So stehen in Großbritannien durchschnittlich 63 Milchkühe in jedem milchkuhhaltenden Betrieb, in den Niederlanden 38 und in der Bundesrepublik Deutschland (alte Bundesländer) nur 16. Der Anteil der Betriebe mit mehr als 50 Milchkühen beträgt in Deutschland 3,2%. Er liegt damit am niedrigsten von allen Haupterzeugungsländern für Milch in der EG.

Futterimporte – Die Steigerung der Milch- und Fleischproduktion in der Bundesrepublik Deutschland und innerhalb der EG wurde zum Großteil durch Futterimporte aus Drittländern ermöglicht. Im Wirtschaftsjahr 1989 betrug in der Bundesrepublik Deutschland das Aufkommen an Getreide und Kraftfutter für Futterzwecke 28,5 Mio. t Getreideeinheiten (GE). Der Importanteil betrug dabei 43%. Noch höher liegt mit 59% der Importanteil beim verdaulichen Eiweiß.

Getreide wird hauptsächlich in der Schweinehaltung und Kraftfutter hauptsächlich in der Rinderhaltung eingesetzt. Wird der Kraftfuttereinsatz rein ökonomisch bewertet, so steigt die relative Vorzüglichkeit des Kraftfuttereinsatzes bei sinkenden Getreide- und Futtermittelpreisen und einem in etwa konstant oder leicht ansteigenden Milchpreis. Dies gilt insbesondere für küstennahe Regionen mit günstigen Frachttarifen wie Schleswig-Holstein, Niedersachsen, den Niederlanden und Belgien. Doch darf keineswegs übersehen werden, daß damit der betriebliche Nährstoff-Input letztlich den Nährstoff-Output über Milch- und Fleischverkauf übersteigen kann und eine ökologisch bedenkliche Nährstoffanreicherung erfolgt. Über Milch-

und Fleischverkauf verlassen nämlich nur 10–15% der verfütterten Nährstoffe wieder den Betrieb.

7.6.1.2 Bedeutung des Grünlandes aus ökologischer Sicht

Als agrarisches Ökosystem nimmt Grünland eine besondere Stellung ein. Es **unterscheidet** sich zunächst von Acker-Ökosystemen in einigen wesentlichen Punkten:

- Grünland bedeckt den Boden ständig und ist aus verschiedenen Pflanzenarten zusammengesetzt, worauf eingangs schon hingewiesen wurde. In Abhängigkeit von der Bewirtschaftungsintensität schwankt die Artenzahl in einem weiten Rahmen. Werden Hutungen und Trockenrasen außer acht gelassen, so finden sich im bewirtschafteten Grünland zwischen 20 und 60 verschiedene Pflanzenarten mit unterschiedlichem Massenanteil.
- Auf Grünland erfolgt keine Bodenbearbeitung. Damit werden Nährstoffe auch nicht in den Boden eingemischt, sondern nur oberflächlich aufgebracht. Bei Starkregen können daher Düngerstoffe oberflächlich abgeschwemmt und in die Vorflut eingetragen werden. Dies ist vor allem bei der Gülledüngung zu beachten, wenn der Boden bereits eine hohe Wassersättigung aufweist oder gefroren ist. Ein Abtrag von Bodenpartikeln ist dagegen weitgehend ausgeschlossen.
- Im Gegensatz zu Ackerkulturen nimmt das Grünland Nährstoffe aus der wäßrigen Bodenlösung über die ganze Vegetationsperiode hinweg auf. Grünland ist außerdem in der Lage, Nährstoffe über den physiologischen Bedarf hinaus aufzunehmen. Sog. »Luxuskonsum« kann es vor allem bei Stickstoff und Kali betreiben. Stickstoffüberdüngung – dies gilt sowohl für mineralische als auch organische Dünger – kann Grünland daher bis zu einem gewissen Grad während der Vegetation abfangen.

Aus ökologischer Sicht kommen dem Grünland zwei **Aufgaben** zu. Zum einen ist dies die Schutzfunktion für den Boden und die Gewässer, zum zweiten seine Stellung als Lebensraum für Flora und Fauna (Artenschutzfunktion). Es sind dies beides wichtige Aspekte des Integrierten Landbaues.

Bodenschutzfunktion – Prinzipiell kann Bodenabtrag (Erosion) durch Wasser und Wind erfolgen. In der Bundesrepublik Deutschland spielt gegenüber der niederschlagsbedingten Erosion die Winderosion nur eine untergeordnete Rolle. Den besten Erosionsschutz bietet Grünland. Besonders gefährdet sind schluffreiche und humusarme Äcker in Hanglagen, auf denen Reihenkulturen (Mais) in der Gefällrichtung angebaut werden und die den Boden im Frühjahr lange Zeit nicht schließen. Zum Bodenabtrag kommt vielfach noch eine Belastung von Oberflächengewässern hinzu, da sich am Hangfuß meist ein Bach befindet.

Kann die Erosion in diesen Fällen nicht durch pflanzenbauliche Maßnahmen wie Untersaat, Streifensaat von Getreide und Anbau entlang der Höhenschichtlinien unterbunden werden, so sind derartige Hanglagen mit Grünland einzusäen. Ähnliche Auswirkungen kann der Schipistenbau im Alpenraum haben. Auch hier führen planierte und schlecht begrünte Schipisten zu erheblichem Bodenabtrag. Eine Vorstellung über die Größenordnung des Bodenabtrages in Berggebieten bei üblichen Niederschlagsmengen gibt Tabelle 119.

Die extrem hohe Abflußmenge von 80% des Niederschlages auf der Schipiste kommt dadurch zustande, daß Schipisten durch die Planierung keinerlei natürliche Erhebungen mehr aufweisen und das Wasser ungebremst abfließen kann.

Gewässerschutz – Schutz der Oberflächengewässer und des Grundwassers vor Schadstoffeintrag ist heute angesichts der zahllosen Gefährdungsmomente eine universelle Aufgabe in industrialisierten Volkswirtschaften. Möglicher

Tabelle 119 Abfluß- und Bodenabtragswerte unter künstlicher Beregnung [9]

	Vegetationsdecke			
	Wiese	Weide	Schipiste begrünt	ohne Vegetation
Oberflächenabfluß in % des Niederschlages	29	55	80	56
Bodenabtrag t / ha	0,02	0,69	10,5	105,5

Tabelle 120 Gefahr der Nitratauswaschung und beeinflussende Faktoren

| Faktor | Gefahr der Auswaschung | | |
	gering	mittel	hoch
Vegetationsdecke	Wald, Grünland	Ackerland	Schwarzbrache, Sonderkulturen (Gemüse, Wein)
Bodenart	Ton	Lehm	Sand
Bodenfeuchte	Sättigungsdefizit	ausreichend	zeitweise über Sättigungsgrenze
Niederschläge	gering	mittel bis hoch	hoch nach längeren Trockenperioden
Höhe der N-Düngung	Bemessung nach Bodenuntersuchung (N_{min}) und Kulturart, Aufteilung in Einzelgaben	Verabreichung in einer Gabe	über Bedarf der Kulturart, ungeteilt
Zeitpunkt der N-Düngung	zu Beginn des Hauptwachstums	am Wachstumsende	vegetationslose Zeit (Herbst und Winter)

Schadensverursacher ist keineswegs die Landwirtschaft allein. Für ihren Bereich ist sie aber aufgerufen, alle notwendigen Schutzmaßnahmen zu treffen. Sowohl Oberflächengewässer wie auch das Grundwasser befinden sich in einem außerordentlich labilen Gleichgewicht, da ihnen die Speicher- und Pufferkapazitäten des Bodens fehlen. Hinsichtlich der Gefahrenquellen ist aber zwischen beiden Gewässerarten deutlich zu unterscheiden.

Oberflächengewässer werden gefährdet durch den Eintrag von organischer Substanz, Stickstoff und Phosphat. Wird organische Substanz eingetragen, so wird bei ihrem mikrobiellen Abbau der Sauerstoffvorrat des Gewässers sehr rasch verbraucht. Infolge Sauerstoffmangel kommt es dann zu einem Fischsterben. Werden Phosphat und Stickstoff eingetragen, so kommt es zu einer verstärkten Algenproduktion, die von den Fischen nicht mehr verwertet werden kann. Bei der Zersetzung der absterbenden Algenmasse wird wiederum der Sauerstoff des Gewässers verbraucht. Es »kippt um«.

Grünland besitzt an fließenden und stehenden Gewässern eine natürliche Schutzfunktion, da es den Eintrag von organischer Masse und von nährstoffreichen Bodenteilchen über den Oberflächenabfluß unterbindet. Die dichte Grasnarbe wirkt hier wie ein Filter. In Abhängigkeit von der Geländeausformung und der Wasserdurchlässigkeit des Bodens werden Fließgewässer durch einen beidseitigen Grünlandstreifen von je 10–20 m Breite vor Bodeneintrag geschützt.

Grundwasser wird dagegen in erster Linie durch Nitrateintrag gefährdet. Der in zahlreichen Trinkwassergewinnungsanlagen beobachtete Anstieg der Nitratwerte wird allgemein der intensiven Landwirtschaft und hier wiederum vor allem der Gülledüngung angelastet. Ob und in welchem Umfang Nitrat in das Grundwasser ausgetragen wird, ist zunächst eine Frage der Vegetationsdecke und der Art der Bodennutzung. Mit zunehmendem Anteil an offenem Boden steigt die Gefahr der Nitratauswaschung. Nach schweizerischen Untersuchungen [10] wurden bei weitgehend gleicher Niederschlagsverteilung und gleichen Bodenverhältnissen in Abhängigkeit von der Vegetationsdecke folgende Nitratstickstoff-Konzentrationen im Abflußwasser gemessen:

Reines Waldgebiet: 0,9– 1,0 mg NO_3-N/l[1])
Naturwiesen: 1,3– 1,9 mg NO_3-N/l
Ackerbaugebiet: 9,7–10,8 mg NO_3-N/l

In Tabelle 120 sind einige wesentliche Faktoren zusammengestellt, die die Höhe der Nitratauswaschung bedingen. Die Gefahr der Nitratauswaschung ist unabhängig von der Bodenart und den sonstigen Einflußgrößen unter Wald am geringsten. Sie steigt generell mit zunehmender Stickstoffdüngung an. Bei ordnungsgemäßer,

---

[1]) 1 mg NO_3-N entspricht 4,43 mg Nitrat (NO_3).

der Nutzungsintensität angepaßter N-Düngung (= Integrierter Landbau!) ist das Grünland ähnlich günstig wie der Wald zu beurteilen. In Wasserschutzgebieten ist daher einer Grünlandnutzung der Vorzug zu geben.

Artenschutzfunktion – Als Lebensraum vom Aussterben bedrohter Pflanzen- und Tierarten bedürfen bestimmte Vegetationseinheiten des Dauergrünlandes eines besonderen Schutzes. Zu diesen Vegetationseinheiten zählen Moore, Magerrasen, Halbtrocken- und Trockenrasen, Feuchtwiesen, Streuwiesen, Zwergstrauchheiden und der Bereich der Almen/Alpen. Abgesehen von den Almen/Alpen wurden diese Vegetationseinheiten in der Vergangenheit aufgrund ihrer geringen natürlichen Ertragsfähigkeit oder der mangelnden Qualität des Futteraufwuchses melioriert. Dadurch wurden sie aber auch als Lebensraum (Biotop) seltener Pflanzen- und Tierarten zerstört.

Da über die Garantiemengenregelung auf dem Milchsektor der Weg zu einer weiteren Intensivierung der Grünlandbewirtschaftung weitgehend verbaut ist, besteht Hoffnung, daß Teilflächen des intensiv genutzten Grünlandes wieder renaturiert werden. Damit würden wieder naturnahe Lebensräume für die gefährdeten Arten entstehen.

7.6.2 Stoffkreisläufe und Nährstoffbilanzierung

Im Grünlandbetrieb liegt immer ein fast geschlossener Nährstoffkreislauf vor. Dabei ist es zunächst unerheblich, ob der Betrieb auf Milcherzeugung, Weidemast, Mutterkuhhaltung oder Schafhaltung ausgerichtet ist.

In Abb. 141 ist der Stoffkreislauf im Grünlandbetrieb schematisch dargestellt und auf die wesentlichen Fließrichtungen beschränkt. Die ringförmige Anordnung der vier Grundelemente des Kreislaufes (Boden – Pflanze – Tier – Mikroorganismen) soll die zeitliche Abfolge des Nährstoffumlaufes wiedergeben. Die anorganischen Stoffe – gewöhnlich als »Nährstoffe« bezeichnet – werden von den Pflanzen aus der wäßrigen Bodenlösung aufgenommen. Die Pflanzen bauen sie anschließend in ihre Biomasse ein. Diese pflanzliche Biomasse wird dann vom Wiederkäuer aufgenommen. Diejenigen Stoffmengen, die nicht für den Gewichtsansatz während der Wachstumsphase und für die Milchleistung benötigt werden, werden über Kot und Harn wieder ausgeschieden und in den Boden rückgeführt. Sind die anorganischen Stoffe in die organische Substanz der Ausscheidungen eingebunden, müssen sie vor einer er-

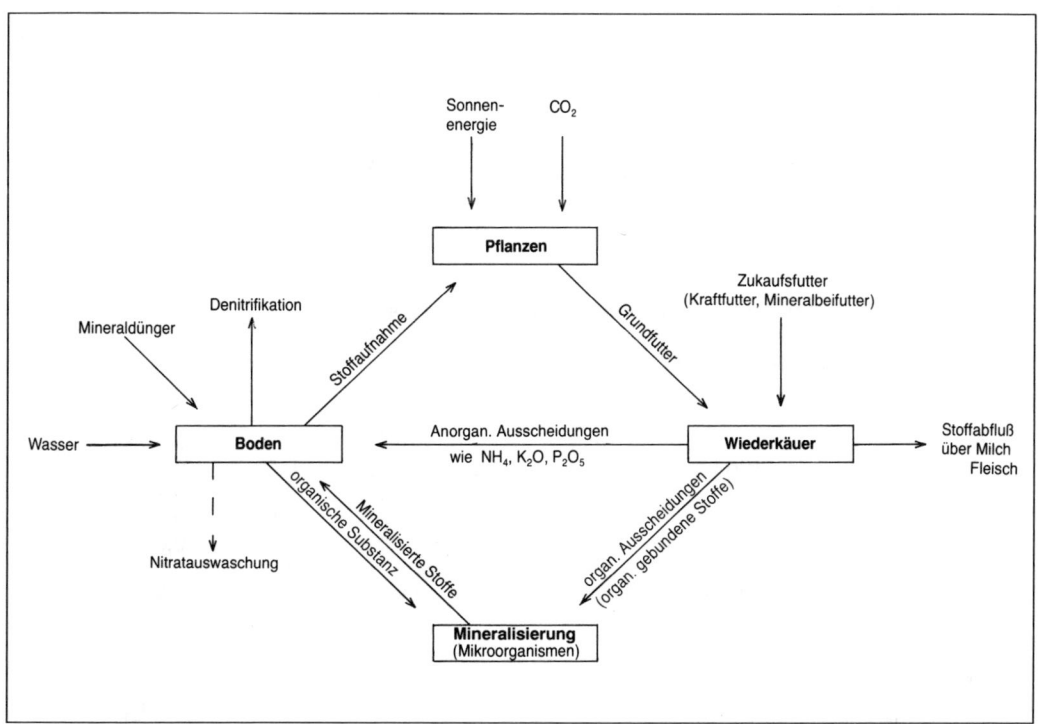

Abb. 141 Schema des Stoffkreislaufes im Grünlandbetrieb.

neuten Aufnahme in den Kreislauf durch die Mikroorganismen des Bodens mineralisiert werden. Nur zur Ergänzung sei darauf hingewiesen, daß die über die Assimilation bereitgestellte Energie beim Durchgang aufgebraucht wird. Sie muß jährlich neu gebildet werden. Im dargestellten Schema deuten nach außen gerichtete Pfeile die Abflußmöglichkeiten und nach innen gerichtete Pfeile die Zuflußmöglichkeiten an.

Unabhängig von der Höhe befindet sich der Nährstoffkreislauf solange im Gleichgewicht, als sich Nährstoffabfluß und Nährstoffzufluß über Mineraldüngung und Zukaufsfutter die Waage halten. Aus ökologischer Sicht darf dieses Gleichgewicht nicht über die Nitratauswaschung hergestellt werden. Im Sinne des Integrierten Landbaues ist die Mineraldüngung daher auf den Entzug über Milch und Fleisch unter Berücksichtigung des Zukaufsfutters auszurichten. Unter Zukaufsfutter ist nicht nur Kraft- oder Mineralbeifutter zu verstehen, sondern alle Arten von Futter, die extern in den Betrieb einfließen, z. B. auch zugekaufter Silomais oder zugekauftes Heu.

Die mögliche Höhe des Nährstoffkreislaufes wird von der natürlichen und nachhaltigen Ertragsfähigkeit des Standortes bestimmt. In Abhängigkeit von den Standortsfaktoren schwankt sie in sehr weiten Grenzen. Für den Stickstoff kann sie mit 50–400 kg/ha und Jahr angegeben werden. Mit 50 kg N/ha kann der Stickstoffkreislauf eines mageren Trockenrasens und mit 400 kg N/ha der einer intensiven Weidelgrasweide angesetzt werden. Dazwischen liegen die übrigen Pflanzenbestände bzw. Nutzungssysteme des Dauergrünlandes.

Werden die allgemein gültigen Grundsätze des Integrierten Landbaues wie Anpassung der N-Düngung an den Bedarf des Pflanzenbestandes, N-Düngung nur während der Vegetationsperiode und gleichmäßige Verteilung der Wirtschaftsdünger auf die gesamte Betriebsfläche beachtet, so kann auch bei hoher N-Düngung eine Beeinträchtigung der Umwelt ausgeschlossen werden.

7.6.2.1 Nährstoffentzüge

Grundlage der einzelbetrieblichen Nährstoffbilanzierung im Grünlandbetrieb ist im Sinne eines ausgewogenen, dem Standort und der Nutzungsintensität angepaßten Nährstoffkreislaufes, wie er den Forderungen des Integrierten Landbaues entspricht, zunächst die Ermittlung der Nährstoffmengen, die das System über Milch- und Fleischverkauf endgültig verlassen. Liegen nämlich die Nährstoffzuflüsse über Dünger- und Futtermittelzukauf nachhaltig über den Abflußmengen, so schaukeln sich Nährstoffmengen auf, die im System abgelagert werden müssen, weil sie von den Pflanzen nicht mehr benötigt werden. Dies ist ökonomisch nicht sinnvoll und ökologisch bedenklich, da sie im Boden verlagert werden können.

In Tabelle 121 sind die Mineralstoffmengen angegeben, die über die tierischen Erzeugnisse aus dem Stoffkreislauf abgegeben werden. Hierbei ist zu beachten, daß Gehalts- und Bedarfswerte in der Tierhaltung allgemein in der Elementform angegeben werden, während in der Pflanzenernährung Bedarfswerte in der Oxidform üblich sind. Wird also eine Beziehung zwischen Düngung des Pflanzenbestandes, Mineralstoffgehalt im Futter und Bedarf des Wiederkäuers

Tabelle 121   Mineralstoffentzüge über tierische Erzeugnisse

tierisches Erzeugnis	Produktions-einheit	Entzug in kg/Produktionseinheit[1]					
		N	Ca	P	Mg	Na	K
Milch	1000 kg	5,6	1,25	1	0,12	0,5	1,5
Rinderkörper	100 kg	2,6	1,3	0,7	0,04	0,2	0,2
Schweinekörper	100 kg	2,7	0,9	0,6	0,05	0,2	0,2
Geflügelkörper	100 kg	3,2	1,0	0,6	0,05	0,15	0,2
Eier	1000 Stück	1,2	1,8	0,1	0,002	0,06	0,06

[1] In Elementform angegeben, Umrechnung in Oxidform mit folgenden Faktoren:

1 g N = 4,43 g NO_3
1,28 g NH_4
1 g Ca = 1,40 g CaO
1 g P = 2,29 g P_2O_5
1 g Mg = 1,66 g MgO
1 g Na = 1,35 g Na_2O
1 g K = 1,20 g K_2O

Tabelle 122 Mineralstoffentzüge (in kg/ha) der wichtigsten Pflanzengesellschaften des Dauergrünlandes in Abhängigkeit von der Nutzungshäufigkeit (Bruttoentzüge)

Pflanzengesellschaft	Schnitte	Ertrag[1] dt/ha TM	Entzug in kg/ha				
			N	P_2O_5	K_2O	CaO	MgO
trockene Glatthaferwiese	2	60	100	40	150	70	20
typische Glatthaferwiese	3	90	220	65	250	70	35
Berggoldhaferwiese	3	80	200	65	200	75	25
frische Glatthaferwiese	3	100	210	70	290	110	40
(Wiesenfuchsschwanzwiese)	4	105	250	85	300	120	45
	5	120	380	110	400	130	55
voralpine Mähweide	3	85	210	100	280	150	75
(kräuterreich)	4	90	290	115	320	170	80
	5	110	370	130	340	170	90
Weidelgrasweide	3	115	260	110	410	110	50
	4	125	330	125	500	120	55
	5	130	400	150	500	130	60

[1] Höhe der Düngung: 2-Schnitt = $N:P_2O_5:K_2O$ =   0: 90:140
3-Schnitt = $N:P_2O_5:K_2O$ = 120:120:200
4-Schnitt = $N:P_2O_5:K_2O$ = 200:160:300
5-Schnitt = $N:P_2O_5:K_2O$ = 300:160:300

hergestellt, so sind entsprechende Umrechnungen (siehe Fußnote der Tabelle 121) erforderlich. Basis für die Nährstoffbilanzierung sind die Nährstoffmengen, die je Flächeneinheit entzogen werden. Werden beispielsweise je ha Betriebsfläche 8000 kg Milch verkauft – dies ist bereits eine sehr hohe Flächenintensität – so verlassen damit rund 45 kg N, 8 kg P (= 18,3 kg P_2O_5) und 12 kg K (= 14,4 kg K_2O) je ha den Betrieb.

In Tabelle 122 sind die Mineralstoffentzüge über das Erntegut angegeben, wobei nach den wichtigsten Pflanzengesellschaften des Dauergrünlandes, der Nutzungshäufigkeit und einer angepaßten Düngung unterschieden wird. Eine alleinige Beziehung zwischen Ertragshöhe und Entzug ist im Gegensatz zum Ackerbau bei Dauergrünland unzulässig, da hier sehr starke Wechselbeziehungen zwischen der standortsabhängigen Ausformung der Pflanzengesellschaft, der Nutzungshäufigkeit und den Nährstoffentzügen vorliegen.

Gerade die Nutzungshäufigkeit beeinflußt den Nährstoffentzug außerordentlich stark. Der Übergang von der drei- zur viermaligen oder von der vier- zur fünfmaligen Nutzung hat ertraglich vielfach nur noch eine geringe Auswirkung, erhöht aber die Nährstoffentzüge noch stark. Für die trockene Glatthaferwiese mit zweimaliger Nutzung ist keine Stickstoff-, sondern nur eine PK-Düngung unterstellt. Um bei

zweimaliger Nutzung noch eine befriedigende Futterqualität zu erhalten, müssen im Pflanzenbestand 20–30% Leguminosen enthalten sein. Leguminosen erhöhen zum einen den Rohproteingehalt des Futters, zum anderen weisen sie einen langsameren physiologischen Alterungsprozeß als die Gräser auf. Die Verdaulichkeit der organischen Substanz ist daher ohne Stickstoffdüngung größer. Durch die N-Düngung werden nämlich die Leguminosen verdrängt.

Außerordentlich schwierig ist eine einigermaßen zutreffende Quantifizierung der Nährstoffentzüge beim Weidegang. Über den Weiderest verbleiben zunächst erhebliche Nährstoffmengen auf der Fläche. Verbleibt dieser Weiderest nach der Nachmahd auf der Fläche, so fließen die in ihm enthaltenen Nährstoffmengen direkt in den Kreislauf zurück. Wird er dagegen entfernt und zur endgültigen Verrottung abgelagert, so sind die in ihm enthaltenen Nährstoffe als endgültige Verluste abzubuchen. Die Höhe des Weiderestes hängt in starkem Maße vom Weidemanagement des Betriebsleiters ab. Ein Weiderest von 25–30% muß auch bei guten betriebsleiterischen Fähigkeiten unterstellt werden. Sinkt der Weiderest unter 25% ab, so muß davon ausgegangen werden, daß die Tiere auf der Weide nicht mehr satt wurden und noch mit Zusatzfutter versorgt werden müssen.

Darüber hinaus beeinflussen auch das Weidenutzungssystem und die Höhe der Kraftfutterbeifütterung den Nährstoffentzug. Bei der intensiven Standweidenutzung, bei der die Tiere auf der Weide gemolken oder zum Melken nur kurzfristig in den Stall geholt werden, verbleiben die Nährstoffe zu 80–90% auf der Weidefläche. Wird dagegen das in Süddeutschland übliche System der Halbtagsweide praktiziert, so verbleiben nur etwa 40% der von der Kuh aufgenommenen Nährstoffe auf der Fläche. Eine näherungsweise Bilanzierung des Nährstoffentzuges von Weiden hat also den Weiderest und sein Verbleiben, die Auftriebsdauer und die Höhe der Beifütterung zu berücksichtigen.

7.6.2.2 Mineralstoffrückfluß über die wirtschaftseigenen Dünger

In rinderhaltenden Betrieben ist heute Gülle der hauptsächliche Wirtschaftsdünger. Es kann davon ausgegangen werden, daß in diesen Betrieben die tierischen Exkremente zu 80–90% in Form der Gülle anfallen. Nur in Klein- oder Nebenerwerbsbetrieben findet man noch die traditionelle Aufstallung mit Mittellangstand und Einstreu.

Unter der Voraussetzung einer leistungsgerechten Fütterung scheidet eine Milchkuh täglich zwischen 45 und 50 kg Kot und Harn aus. Unterschiedliche Tiergewichte wirken sich auf den Gülleanfall nur gering aus, der Haupteinfluß kommt vom leistungsabhängigen Futterbedarf. Das unverdünnte Kot-Harngemisch weist dabei einen TS-Gehalt von 11–12% auf. Gülle mit einem TS-Gehalt von 11–12% ist allerdings nur noch schwer pumpfähig und kann daher kaum gleichmäßig verteilt werden. Zudem bleibt sie aufgrund ihrer hohen Zähflüssigkeit (Viskosität) an den Pflanzen haften und beeinträchtigt so deren Assimilation.

In den Tabellen 123 und 124 ist der Wirtschaftsdüngeranfall bei ganztägiger Stallhaltung angegeben. Hierbei ist zu berücksichtigen, daß Milchkühe unabhängig vom tatsächlichen Gewicht stets mit 1,2 GV (Großvieheinheiten) angesetzt sind. Im Gegensatz zur Güllemenge muß aber beim Mineralstoffgehalt der Gülle die Fütterungsart berücksichtigt werden. Es wird dabei unterschieden zwischen reinen Grünlandbetrieben mit grasbetonter Fütterung und Gemischtbetrieben mit maisbetonter Fütterung.

Wie aus Tabelle 123 hervorgeht, ist der Mineralstoffgehalt der Gülle vom TS-Gehalt und der Fütterung abhängig. Für eine bedarfsgerechte Bemessung der Düngung ist es unzulässig, die

Tabelle 123   Gülleanfall (in m³/GV und Jahr) und Mineralstoffgehalt (in kg/m³ Gülle) in Abhängigkeit vom TS-Gehalt

Tierart	TS-Gehalt der Gülle	Güllemenge	Mineralstoffgehalt				
	%	m³/GV	N	P_2O_5	K_2O	MgO	CaO
Milchvieh und weibliches Jungrind							
Grünlandbetrieb	10	17	5,3	2,0	8,0	1,1	2,7
	7	24	3,7	1,4	5,6	0,7	1,9
	5	34	2,7	1,0	4,0	0,5	1,3
Gemischtbetrieb	10	17	4,0	1,7	5,3	1,1	2,0
(Silomais)	7	24	2,8	1,2	3,7	0,7	1,4
	5	34	2,0	0,9	2,7	0,5	1,0
Bullenmast	12	10	7,2	2,4	5,6	1,3	2,1
(Silomais)	10	12	6,0	2,0	4,7	1,1	1,7
	8	15	4,8	1,6	3,7	0,9	1,4

Tabelle 124   Stallmist und Jaucheanfall und deren Mineralstoffgehalt (in kg/t bzw. m³) bei Rinderhaltung

	TS-Gehalt	Menge	Mineralstoffgehalt				
	%	t bzw. m³/GV	N	P_2O_5	K_2O	MgO	CaO
Stallmist	25	10 t	5,0	2,5	6,5	1,0	3,0
Jauche	–	3,5 m³	2,0	0,1	8,0	–	–

390

Gülledüngung nur nach m³/ha zu bemessen. Es muß in jedem Fall auch der Mineralstoffgehalt berücksichtigt werden. In der Praxis ist die Ermittlung des tatsächlichen TS-Gehaltes der Gülle schwierig. Genaue Kenntnis des TS-Gehaltes gibt nur eine Bestimmung über den Trockenschrank mit Abdampfen des Wasssers bis zur Gewichtskonstanz. Mit einiger Berufserfahrung kann er aber über den Grad der Dickflüssigkeit hinlänglich genau abgeschätzt werden (Tabelle 125).

Tabelle 125 Beziehung zwischen dem Grad der Dickflüssigkeit der Rindergülle und dem TS-Gehalt der Gülle (in %)

Grad der Dickflüssigkeit	ungefährer TS-Gehalt
Grenze der Fließfähigkeit	10–12
dickflüssig	8–10
flüssig	6– 8
dünnflüssig	4– 6
wasserähnlich	unter 4

Für die Gesamtdüngerplanung eines Betriebes ist es wichtig, welche Mineralstoffmengen vom gesamten Viehbestand jährlich rückgeliefert werden. Ausgehend von den Werten der Tabellen 123 und 124 ergeben sich die in Tabelle 126 genannten Rücklieferungsmengen je GV und Jahr.

GV-Besatz und die daraus resultierende Gesamtmenge an rückfließenden Mineralstoffen sagen für sich allein nur wenig über eine ordnungsgemäße, d. h. pflanzenproduktive und die Umwelt nicht belastende Verwertung der Wirtschaftsdünger aus. Entscheidend ist vielmehr, ob sie über die gesamte Betriebsfläche oder nur über einen Teil ausgebracht werden (Abb. 142). Kann ein intensiver Grünlandbetrieb mit einem Viehbesatz von 3 GV/ha tatsächlich seine gesamte Betriebsfläche begüllen, so liegt hier keinerlei bedenkliche Situation vor. Der theoretische Gülleanfall von rund 60 m³/ha und Jahr kann während der Vegetationsperiode voll verwertet werden.

Kann im Gegensatz dazu ein Betrieb mit 2 GV/ha nur 30% seiner Betriebsfläche begüllen, so beträgt der tatsächliche Gülleanfall rund 125 m³/ha und Jahr. Diese Güllemenge kann aber ein Pflanzenbestand nicht mehr produktiv verwerten, Risiken für das Grundwasser sind die zwangsläufige Folge.

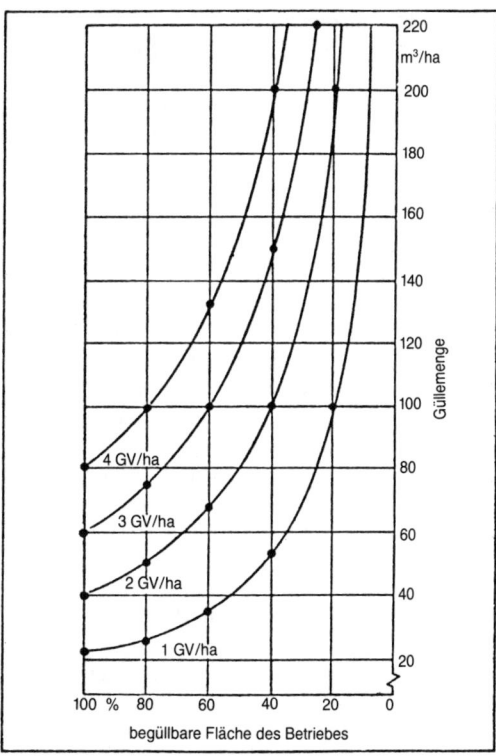

Abb. 142 Einfluß des Viehbesatzes (in GV/ha) und des Anteils der begüllbaren Betriebsfläche (in %) auf den Gülleanfall (in m³/ha und Jahr).

Tabelle 126 Mittlere Mineralstoffrücklieferung (in kg/GV und Jahr)

Mineralstoff	Gülle			Stallmist	Jauche
	Milchvieh einschl. weiblicher Jungrinder		Bullenmast		
	Gründlandbetrieb	Gemischtbetrieb		Rinder	Rinder
N	90	68	72	50	7
P₂O₅	34	29	24	25	0,3
K₂O	136	90	56	65	28
MgO	19	19	13	10	–
CaO	46	34	21	30	–

7.6.2.3 Düngeräquivalent der Wirtschaftsdünger im Grünlandbetrieb

Das Düngeräquivalent bezeichnet den Wirkungsgrad der in den Wirtschaftsdüngern enthaltenen Mineralstoffe. Es wird errechnet aus dem Vergleich mit Mineraldüngern, die zum günstigsten Zeitpunkt zu den jeweiligen Kulturarten ausgebracht werden. Liegt im Grünlandbetrieb eine mittlere bis hohe Nährstoffversorgung des Bodens vor, so bringen die in den Wirtschaftsdüngern enthaltenen Phosphat- und Kalimengen die gleiche Wirkung wie die entsprechenden Nährstoffe in den Mineraldüngern. Es ist dabei unerheblich, ob und in welchem Umfang Phosphat und Kali zunächst in der organischen Substanz gebunden sind und erst mineralisiert werden müssen. Die im Boden vorhandenen, pflanzenverfügbaren Phosphat- und Kalimengen reichen zur Bedarfsdeckung des Pflanzenbestandes auf alle Fälle aus.

Im Gegensatz zu Phosphat und Kali kann Stickstoff in pflanzenverfügbarer Form als Ammonium (NH_4) und Nitrat (NO_3) nicht gespeichert werden. Eine Speicherung ist allenfalls in organisch gebundener und damit nicht pflanzenverfügbarer Form möglich. Daher muß auch die Stickstoffdüngung möglichst an den Bedarf der Pflanzen angepaßt werden. Dies ist mit mineralischen Stickstoffdüngern möglich und ist auch »Stand der Düngetechnik«.

Abgesehen von Jauche, in der der Gesamtstickstoff zu 95% als Ammonium (NH_4) vorliegt, enthalten Gülle und insbesondere Stallmist einen erheblichen Anteil an organisch gebundenem Stickstoff (Abb. 143). Da die Mineralisierung dieses gebundenen Stickstoffes zeitlich verzögert abläuft, liegt das Düngeräquivalent des Güllestickstoffes und insbesondere des Stallmiststickstoffes unter dem Wirkungsgrad von mineralischen Stickstoffdüngern.

Wird auf Grünland eine geordnete Güllewirtschaft mit dem Wechsel von Gülle- und Mineraldüngung betrieben, so ist das Düngeräquivalent aus Vergleichsversuchen über die gesamte Vegetationsperiode und nicht nur über einen Schnitt zu berechnen. Im Gegensatz zum Ackerbau, bei dem in der Regel nur der anorganische Stickstoffanteil der Gülle in der Düngerkalkulation berücksichtigt wird, muß bei Dauergrünland der Gesamtstickstoff der Gülle in Ansatz gebracht werden. Aus mehrjährigen Exaktversuchen zur Gülledüngung errechnet sich hier ein Düngeräquivalent des Gestamtstickstoffes von 70–90% (Abb. 144). Ausnutzungsgrade von 70–90% des Gülle-N werden nur erreicht, wenn die Güllegabe nicht überhöht und die Gülle gleichmäßig verteilt wird. Sie werden zudem nur in niederschlagsreichen Gebieten erreicht. In sommertrockenen Lagen sind die Ausnutzungsgrade um 20% niedriger anzusetzen.

Die angegebenen Ausnutzungsgrade sind mit

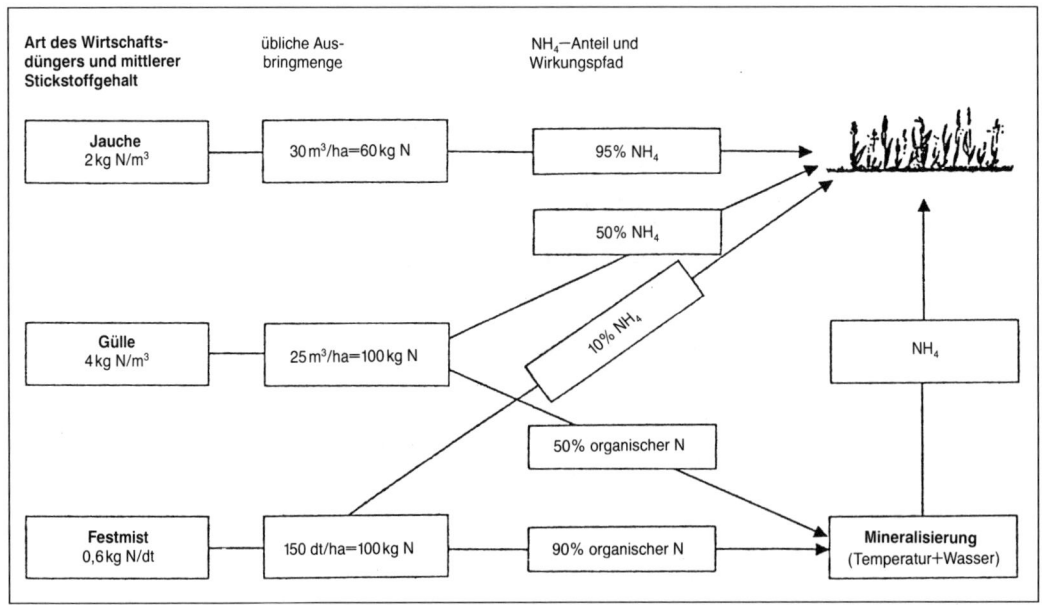

Abb. 143   N-Fluß der wichtigsten Wirtschaftsdünger auf dem Grünland (Schema).

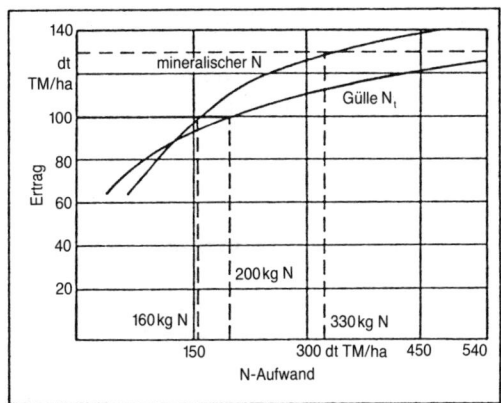

Abb. 144 Wirkung des Gülle-N (Gesamtstickstoff N_t) und des mineralischen Stickstoffs in Handelsdüngern auf den Grünlandertrag.

unverdünnter Gülle nicht erreichbar. Mit steigendem Wasserzusatz werden nämlich die Güllenährstoffe aufgrund der verminderten Klebefähigkeit an den Pflanzen in die oberste Bodenschicht eingewaschen. Dies vermindert die gasförmigen N-Verluste. Man kann davon ausgehen, daß eine Verdünnung von 1:1 (d.h., ein TS-Gehalt der Gülle von 5–6%) die Stickstoffwirkung um 25% erhöht. Noch höhere Verdünnungsgrade steigern zwar die Stickstoffwirkung weiter, doch steigen damit auch die Transportkosten für die Gülleausbringung über ökonomisch vertretbare Grenzen hinaus an.

Darüber hinaus zeigen bayerische Gülleversuche, daß ein hoher Ausnutzungsgrad des Gülle-N nur bei geringen bis mittleren Güllegaben gegeben ist. Werden über die Gülle mehr als 300 kg N/ha ausgebracht, so sinkt der Wirkungsgrad deutlich ab.

In Abb. 144 ist die TM-Bildung in Abhängigkeit von der Höhe der N-Düngung aufgetragen. Es zeigt sich, daß die Zuwachskurve des Gülle-N flacher verläuft als die Zuwachskurve für mineralischen Stickstoff. Ein Ertrag von 100 dt TM/ha wird mit 160 kg N/ha in mineralischer Form

oder mit 200 kg Gesamtstickstoff/ha aus der Gülle erreicht. 130 dt TM/ha können mit 330 kg N in mineralischer Form erzielt werden, mit Gülle-N jedoch überhaupt nicht mehr. Der Kurvenverlauf deutet an, daß im Düngungsbereich unter 150 kg N/ha und Jahr Wirkungsgleichheit besteht bzw. der Gülle-N dem mineralischen Stickstoff sogar leicht überlegen ist.

7.6.2.4 Mineralstoffbilanzierung und Ergänzungsdüngung

Die notwendige mineralische Ergänzungsdüngung wird aus der Differenz zwischen Pflanzenentzug und der Rücklieferung über die Wirtschaftsdünger errechnet. Je nach Versorgungsgrad des Bodens mit Phosphat und Kali werden bei den Grunddüngern noch Zu- oder Abschläge gemacht. Aufgrund der besseren Nährstoffverwertung der Grünlandnarbe werden im Vergleich zu Ackerland jedoch geringere Zuschläge zum tatsächlichen Mineralstoffentzug empfohlen (Tabelle 127).

Mineralstoffbilanzierung und Errechnen der mineralischen Ergänzungsdüngung erfolgen bei den Grunddüngern Phosphat und Kali zweckmäßigerweise über die Jahresbilanz. Für Stickstoff ist dies unzulässig, hier muß die Bilanzierung zu jeder Nutzung erfolgen. Aufgrund der vielfältigen Wechselwirkungen des Stickstoffs im System »Boden–Pflanze–Tier« kann nach dem derzeitigen Kenntnisstand der Stickstoff nicht mit letzter Genauigkeit bilanziert werden. Stickstoffeintrag aus der Atmosphäre (Niederschlag), gasförmige N-Verluste bei der Düngerausbringung und Verluste über die Denitrifikation können nur schwer quantifiziert werden. Es kann aber davon ausgegangen werden, daß sich diese Kenngrößen auf Dauergrünland bilanzmäßig in etwa ausgleichen, so daß eine Bilanzierung des Stickstoffes in Anlehnung an die Grunddüngerbilanzen »ökologische Nachteile« weitgehend ausschließt.

In den Tabellen 128 und 129 sind Mineralstoffbi-

Tabelle 127 Empfohlene Zu- und Abschläge für die mineralische Grunddüngung auf Dauergrünland

Versorgungsstufe	P_2O_5-Düngung	K_2O-Düngung
A (niedrig)	Entzug + 40 kg/ha	Entzug + 60 kg/ha
B (mittel)	Entzug + 20 kg/ha	Entzug + 30 kg/ha
C (hoch)	Entzug	Entzug
D (sehr hoch)	1/2 Entzug	1/2 Entzug
E (extrem hoch)	keine	keine

lanzen für die Grunddünger Phosphat und Kali sowie für den Stickstoff modellmäßig für eine voralpine Mähweide dargestellt. Sind in der Spalte für den tatsächlichen Entzug (E) Werte mit einem negativen Vorzeichen (Werte jeweils in Klammer gesetzt) versehen, so zeigt dies an, daß die Rücklieferung über dem Entzug liegt und damit eine positive Nährstoffbilanz gegeben ist. Wird die unterstellte Gülledüngung beibehalten, so steigen damit die Versorgungswerte im Boden beständig an. Ein ausgewogener Nährstoffkreislauf ist damit nicht mehr gegeben.

In Anlehnung an dieses Beispiel können die Bilanzen auch für andere Grünlandbestände errechnet werden. Zu berücksichtigen sind jeweils die Bruttoentzüge (Tabelle 122), die nutzungsbedingten Feldverluste (Fußnote Tabelle 128), die Mineralstoffgehalte der Gülle in Abhängigkeit vom TS-Gehalt (Tabelle 123) und dem Ausnutzungsgrad des Stickstoffs in der Gülle bzw. des Stallmistes. Für das in Tabelle 129 dargestellte Rechenbeispiel ist die Priorität nicht auf den möglichen Höchstertrag, sondern auf einen ökologisch unbedenklichen Ertrag gelegt. Die verhaltene mineralische Zusatzdüngung von zweimal 30 kg N/ha wird vom Pflanzenbestand innerhalb kurzer Zeit aufgenommen. Eine Nitratverlagerung in tiefere Bodenschichten kann ausgeschlossen werden.

7.6.3 Ziele der Grundfutterbereitstellung

Ziel der Grundfuttererzeugung ist das Bereitstellen eines hochverdaulichen und wiederkäuergerechten Futters, das eine möglichst hohe Milchleistung aus dem wirtschaftseigenen Futter, dem sog. Grundfutter ermöglicht. Die Verdaulichkeit der organischen Substanz des Grundfutters und die sich daraus ergebende Grundfutteraufnahme bestimmen die aufgenommene Nährstoffmenge und damit auch die Grundfutterleistung.

Unter der Voraussetzung, daß die botanische Zusammensetzung der Grasnarbe in Ordnung ist und keine stärkere Verunkrautung vorliegt, bestimmt der Rohfasergehalt Verdaulichkeit

Tabelle 128 Beispiel für die Berechnung der mineralischen Ergänzungsdüngung (in kg/ha) in Abhängigkeit von der Nutzungsart und der Versorgungsstufe einer voralpinen Mähweide bei 5maliger Nutzung und einem Bruttoertrag von 110 dt TM/ha (siehe Tabelle 121)

Nutzungsart	Nähr-stoff	Netto-ertrag[1]	Entzug über Erntegut	Rück-lieferung 2 × 25 m³ Gülle[2]/ha	Rücklieferung in Kot/Harn bei Weidegang	tatsäch-licher Entzug (E)	mineralische Ergänzungsdüngung bei Versorgungsstufe			
		dt TM/ha	kg/ha	kg/ha	kg/ha	kg/ha	niedrig	mittel	hoch	sehr hoch
reine Schnitt-nutzung (Silage)	P₂O₅	100	117	70	–	47	87	67	47	24
1/2 Weide + 1/2 Schnitt (Heu)		85	100	70	20[3]	10	50	30	10	5
reine Weide-nutzung		83	98	70	40[4]	(–12)	28	8	–	–
reine Schnitt-nutzung (Silage)	K₂O	100	306	280	–	26	86	56	26	13
1/2 Weide + 1/2 Schnitt (Heu)		85	263	280	52[3]	(–69)	–	–	–	–
reine Weide-nutzung		83	255	280	102[4]	(–127)	–	–	–	–

[1] Unterstellte TM-Verluste: Silagebereitung 10%; Heuwerbung 20%; Weidenutzung 25% (Feldverluste).
[2] Gülle mit 7% TS aus Grünlandbetrieb (siehe Tabelle 122).
[3] 20% Rücklieferung unterstellt.
[4] 40% Rücklieferung unterstellt.

Tabelle 129   Beispiel für die Berechnung der Stickstoffdüngung (in kg/ha) in Abhängigkeit von der Nutzungsart einer voralpinen Mähweide bei 4maliger Nutzung (Nutzungsfolge: Silage – Heu – Weide – Weide)

Nutzung	Nutzungs-art	Brutto-ertrag	Netto-ertrag[1]	N-Entzug über Erntegut	Gülle-düngung	Gülle-N	anrechen-barer Gülle-N[2]	N-Rück- lieferung über Kot und Harn der Wei- detiere	Gesamt-rück-lieferung	minerali-sche N-Düngung
		dt TM/ha	dt TM/ha	kg/ha	m³/ha	kg/ha	kg/ha	kg/ha	kg N/ha	kg/ha	kg/ha
1	Silage	30	27	70	25[3]	90	72	–	72	–
2	Heu	40	32	83	25[4]	90	72	–	72	–
3	Weide	20	15	40	–	–	–	10	10	30
4	Weide	20	15	40	–	–	–	10	10	30

[1]) Siehe Fußnote 1 von Tabelle 128.
[2]) Unterstellter Wirkungsgrad 80%.
[3]) Im zeitigen Frühjahr vor 1. Schnitt.
[4]) Nach 1. Schnitt.

und Futteraufnahme. Sinkt der Rohfasergehalt in der Gesamtration (Grund- und Kraftfutter) unter 18%, so kommt es zu pansenphysiologischen Störungen und zu einem Abfall des Milchfettgehaltes. Da sehr junges Gras trotz einer hohen Verdaulichkeit und einer hohen Energiekonzentration einen Rohfasergehalt von nur 15–16% der TS aufweist und vor allem auch wenig strukturiert ist, sind auch Futteraufnahme und Grundfutterleistung vermindert. Bis zum Beginn der Blüte nimmt die Futteraufnahme infolge einer sich verbessernden Struktur zu, obwohl die Energiekonzentration im kg TS bereits abnimmt (Tabelle 130 und Abb. 145). Nach Beginn der Blüte nimmt die Verdaulichkeit so stark ab, daß sie für die Futteraufnahme bestimmend wird. Der Einfluß der Struktur wird hier bedeutungslos. Für Anwelksilage und Heu ist das Strukturproblem natürlich nicht gegeben, hier entscheidet allein die Verdaulichkeit.

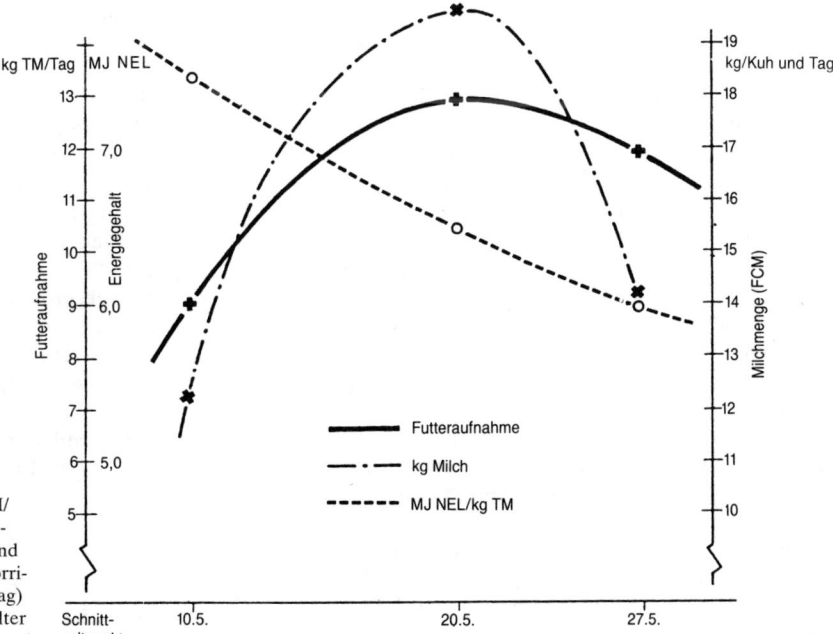

Abb. 145
Futteraufnahme (kg TM/Tag), Energiekonzentration MJ NEL/kg TM) und Milchleistung (kg fettkorrigierte Milch/Kuh und Tag) in Abhängigkeit vom Alter der Futterpflanzen [4].

395

Tabelle 130   Verdaulichkeit und Nährstoffgehalt von Wiesengras in Abhängigkeit vom Schnittzeitpunkt

Schnitt-zeitpunkt	Gehalt		Verdaulichkeit der organischen Substanz in %	Nährstoffgehalt	
	Rohfaser in % TS	Rohprotein in % TS		g verdauliches Rohprotein	MJ NEL/kg TS
09. 05.	16,4	22,8	78,8	171	6,3
16. 05.	18,3	20,2	77,2	145	6,0
23. 05.	21,5	17,3	74,7	112	5,8
31. 05.	24,9	15,8	70,9	88	5,1

In Tabelle 130 ist der Zusammenhang zwischen natürlichem Alterungsprozeß des Grünlandaufwuchses und sinkender Verdaulichkeit des Futters dargestellt. Analytisch weist das jüngste Futter (Schnittzeitpunkt 9. Mai) mit 6,3 MJ (NEL)/kg TS die höchste Energiekonzentration auf. Daraus müßte auch die höchste Grundfutterleistung resultieren. Es muß aber zusätzlich der Einfluß der Struktur berücksichtigt werden. Die tasächliche Grundfutterleistung ist ausgehend von den Werten der Tabelle 130 in Abb. 145 dargestellt. Trotz leicht sinkender Verdaulichkeit steigen Futteraufnahme und Grundfutterleistung (kg Milch/Kuh und Tag) bis zum 20. Mai steil an, um anschließend wieder abzufallen. Wird der Optimalpunkt überschritten, fällt insbesondere die Grundfutterleistung steil ab.

Im heutigen Leistungsbereich der Milchkühe kann der erforderliche Nährstoffbedarf über das Grundfutter allein nicht mehr abgedeckt werden. Die Grenzen der Grundfutterleistung liegen in den besten Betrieben zwischen 3500–4000 kg Milch/Kuh und Jahr. In einer Vielzahl von Milchviehbetrieben mit Silage als alleinigem Grundfutter wird nur eine Grundfutterleistung von 1500–2000 kg Milch erreicht. Das genetisch bedingte Leistungspotential muß daher mit Kraftfutter ausgefüttert werden. Wird eine Basis-Kraftfuttermenge von etwa 4 kg/Kuh und Tag überschritten, »verdrängt« das verabreichte Kraftfutter das Grundfutter aus der Gesamtration. Diese Wirkung steigender Kraftfuttergaben kommt bei gemischten Grundfutterrationen allerdings weniger zum Tragen als bei nur einer einzigen Grundfutterart.

Je niedriger in einem Betrieb die Grundfutterleistung liegt, desto mehr muß Zukaufskraftfutter eingesetzt werden. Da aber von diesen zugekauften Nährstoffen nur etwa 10–15% über Milch- und Fleischverkauf den betriebseigenen Nährstoffkreislauf wieder verlassen, ist die Anreicherung von Stoffkreisläufen vorprogrammiert.

7.6.4 Standort und Nutzungsformen des Grünlandes

Die Nutzungsformen und -möglichkeiten des Dauergrünlandes werden im wesentlichen von den natürlichen Standortfaktoren wie Boden, Klima und Wasserhaushalt sowie betriebswirtschaftlich-ökonomischen Gegebenheiten wie Viehbesatz, Veredelungsform, Deckungsbeitrag und AK-Besatz bestimmt. Von den natürlichen Standortfaktoren her schwankt der erzielbare Grünlandertrag in außerordentlich weiten Grenzen von rund 500–7000 kStE/ha[1] (= 5000–70000 MJ (NEL)/ha. Übertragen auf den Akkerbau würden dies beispielsweise Weizenerträge von 6–85 dt/ha bedeuten.

Die Nutzungsform des Grünlandes ist in Abhängigkeit vom natürlichen Ertrag des jeweiligen Standortes zu sehen. Allgemein gilt, daß ertragsarmes Grünland nur extensiv genutzt werden kann. Eine Intensivnutzung ist möglich auf ertragsreichen Standorten. Insofern besteht zwischen Standort und Nutzungsform eine Abhängigkeit. Während aber Extensivstandorte immer extensiv genutzt werden müssen, können ertragsreiche Standorte auch extensiv genutzt werden. Hier besteht also eine gewisse Nutzungselastizität. Welche Nutzungsform gewählt wird, ist u. a. eine Frage der Flächenausstattung, des Deckungsbeitrages und des dadurch erzielbaren Familien- oder Betriebseinkommens. Um ein anderen Berufsgruppen vergleichbares Familieneinkommen zu erzielen, müssen Betriebe mit knapper Flächenausstattung Nutzungsformen mit einem hohen Deckungsbeitrag wählen. In erster Linie ist dies Milchproduktion bei hoher Herdenleistung (Tabelle 131).

---

[1] Für die Umrechnung von Gehaltswerten (StE/kg TS) und Ertragswerten (kStE/ha) gilt: 1 kStE entspricht in etwa 10 MJ (NEL).

Tabelle 131   Deckungsbeiträge verschiedener Nutzungsformen des Grünlandes [6]

Nutzungsform	Deckungsbeitrag einschließlich Grundfutterkosten	Produktionseinheiten	Deckungsbeitrag
	DM/Tier	Tiere/ha	DM/ha
Milchkuh			
6000 kg Milch	2100	1,64	3444
5000 kg Milch	1780	1,64	2919
4000 kg Milch	1440	1,64	2362
Bullenweidemast	800	2,5	2000
Färsenaufzucht	740	2,0	1480
Mutterkuhhaltung	650	1,3	845
Koppelschafhaltung	120	9,0	1080
Damwildhaltung	190	9,0	1710

7.6.4.1 Intensivformen der Grünlandnutzung

Von Umfang und Bedeutung her ist die Milchkuhhaltung die hauptsächliche Intensivform der Grünlandnutzung. Zu den Intensivformen zählen ferner die Bullen-Weidemast der norddeutschen Tiefebene und die Koppelschafhaltung mit Lämmermast.
Die Weidemast von Bullen beschränkt sich auf die sog. Fettweiden der küstennahen Gebiete Niedersachsens und Schleswig-Holsteins. Hierbei handelt es sich um gräserreiche Weidelgrasbestände (»Weidelgras-Weißkleeweiden«), die ein energiereiches Grundfutter gleichbleibender Qualität liefern. Sie verkraften den häufigen Verbiß, ohne im Nachwuchsvermögen beeinträchtigt zu werden. Der betriebswirtschaftliche Erfolg der Weidemast ist von der Besatzstärke und dem täglichen Zuwachs abhängig. In der zweiten Weideperiode sollen die Weidebullen tägliche Zunahmen von 1000 g/Tier erreichen.
Um ein ausreichendes Familieneinkommen zu erreichen, müssen die Betriebe entsprechende Größen aufweisen.
Im Gegensatz zur Bullen-Weidemast wird Koppelschafhaltung mit Lämmermast in kleineren Nebenerwerbsbetrieben mit absolutem Grünland durchgeführt. Diese Betriebe haben mit dem Übergang vom Haupt- zum Nebenerwerb die arbeitsintensive Milchviehhaltung zu Gunsten der arbeitsextensiven Lammfleischerzeugung aufgegeben.

Milchkuhhaltung

Der *betriebswirtschaftliche Erfolg* der Milchkuhhaltung wird unter der Maßgabe, daß im Bereich des Tiermanagements keine wesentlichen Fehler gemacht wurden, vom Flächenertrag und dem daraus möglichen Viehbesatz, der Herdenleistung, der Grundfutterleistung und dem Weidemanagement bestimmt. Wie Tabelle 131 zeigt, gibt es für die klein- bis mittelbäuerlichen Grünlandbetriebe keine Alternative zur Milchviehhaltung, wenn das Familieneinkommen ausschließlich aus der Grünlandnutzung erwirtschaftet werden soll. Der bisherige Weg dieser Betriebe, sich durch Intensivierung der allgemeinen Einkommensentwicklung anzupassen, ist aufgrund der Garantiemengenregelung der EG nicht mehr möglich.
Werden die einzelbetrieblichen Garantiemengen bei weitgehend gleichbleibendem Milchpreis weiter gekürzt, so bedeutet dies reale Einkommensverluste für milchviehhaltende Grünlandbetriebe. Aus dieser Gegebenheit könnte der Schluß gezogen werden, durch Extensivierung eine Anpassung an die neue Situation vorzunehmen. Dieser Weg wäre aber eindeutig falsch. Er würde dazu führen, das genetisch bedingte Leistungspotential der Kühe nicht mehr auszuschöpfen, was zu fütterungsbedingten Stoffwechselstörungen führen würde.
Der einzig richtige Weg ist die weitere intensive Nutzung der Grünlandflächen, die zur Versorgung der noch verbleibenden Kuhzahl notwendig sind. Dabei frei werdende Restflächen müssen einer anderen Nutzung zugeführt werden. Für diese Flächen bietet sich durchaus eine Extensivnutzung mit Jungrinderaufzucht oder Damwildhaltung an. Auf den verbleibenden Kuhfutterflächen muß auch künftig ein hoher Flächenertrag angestrebt werden, da damit die Kosten/Nährstoffeinheit gesenkt werden können. Liegen die Kosten bei einem Flächenertrag von 4000 kStE/ha bei rund 0,22 DM/kStE, so

sinke sie bei einem Ertragsniveau von 6000 kStE/ha auf 0,14 DM/kStE ab. Es ist also zunächst festzustellen, daß die Produktionskosten/Nährstoffeinheit mit steigendem Flächenertrag deutlich abfallen.

Der ökonomische Erfolg der Milchviehhaltung wird daneben sehr stark von der Grundfutterleistung bestimmt. Über eine optimale Verwertung des erzeugten Futters gibt nicht die absolute Höhe der Herdenleistung Auskunft, sondern die daraus erzielte Grundfutterleistung. Die Grundfutterleistung ist dabei in doppelter Hinsicht zu sehen. Einmal unter dem ökonomischen Aspekt der Kraftfuttereinsparung und damit der Senkung der Produktionskosten und zum zweiten unter dem Aspekt des Gleichgewichtes im innerbetrieblichen Stoffkreislauf. Wie sich eine hohe Grundfutterqualität und damit auch eine hohe Grundfutterleistung auf die Rentabilität der Milcherzeugung auswirkt, zeigt Tabelle 132. Für den dargestellten Vergleich ist eine Milchleistung von 5000 kg/Kuh und Jahr zugrunde gelegt, was in etwa dem Bundesdurchschnitt entspricht.

Durch die Bereitstellung einer sehr guten Silage können rund DM 500 Futterkosten/Kuh eingespart werden. Die Grundfutterleistung wird dabei von 600 kg auf 3150 kg/Kuh und Jahr erhöht. Für einen Milchviehbetrieb mit 30 Kühen wird der Betriebsgewinn dadurch um etwa DM 16000 gesteigert. Kraftfuttereinsparung durch Erhöhen der Grundfutterleistung zählt zu den effektivsten Maßnahmen, das Betriebseinkommen zu erhöhen.

Wird diese Situation nun aus *ökologischer Sicht*

betrachtet, so ist festzustellen, daß im Fall der qualitativ mäßigen Grassilage 56% des Futterbedarfes einer Milchkuh aus dem externen Zufluß stammen und im Fall der sehr guten Grassilage nur 26%. Wie sich dies auf den Mineralstoffrückfluß auswirkt, ist in Tabelle 133 dargestellt. Es ist jeweils bei einer Herdenleistung von 5000 kg/Kuh und Jahr ein Nährstoffbedarf der Kuh von 420 kg verdaulichem Rohprotein und ein Energiebedarf von 2580 kStE (= 25 800 MJ NEL) unterstellt. Da die Grundfutteraufnahme mit fallender Futterqualität und steigendem Kraftfutterbedarf abfällt, erhöht sich der mögliche Viehbesatz mit sinkender Grundfutterleistung von 1,6 Kühen/ha bei der kombinierten Fütterung mit Cobs (heißluftgetrocknetes Gras), Anwelksilage und Heu auf 2,3 Kühe bei alleiniger Silagefütterung.

Wird nun eine Mineralstoffbilanzierung vorgenommen und der Entzug aus dem Kreislauf über Milchverkauf dem Rückfluß über die Gülle gegenübergestellt, so ergibt sich für den Stickstoffkreislauf folgende Situation: Mit der Erhöhung des Viehbesatzes von 1,6 auf 2,3 Kühe/ha steigt der N-Entzug von 45 auf 64 kg/ha an, gleichzeitig erhöht sich aber die rückfließende N-Menge von 134 auf 193 kg/ha. Entzug und Rückfluß würden noch weiter auseinanderklaffen, wenn die Grundfutterleistung unter 2000 kg/Kuh und Jahr absinkt. Es bleibt also festzuhalten, daß eine im Sinne des Integrierten Landbaues ordnungsgemäße und pflanzenbaulich produktive Gülleverwertung mit sinkender Grundfutterleistung immer schwieriger wird.

Im Integrierten Produktionsverfahren Milch-

Tabelle 132 Einfluß der Grundfutterleistung auf den Kraftfutterbedarf und die Futterkosten in der Milchviehhaltung

Milchleistung	kg/Kuh und Jahr	5000	5000
Grundfutterart Grundfutterqualität		Grassilage mäßig	Gassilage sehr gut
Energiegehalt	MJ NEL/kg TS	4,9	6,2
Grundfutteraufnahme	kg/Kuh und Jahr	9	11
Grundfutterleistung	kg Milch/Kuh und Jahr	600	3 150
Kraftfutterbedarf	kg/Kuh und Jahr[1])	2 440	1 030
Grundfutterkosten	DM/Kuh und Jahr	436	595
Kraftfutterkosten	DM/Kuh und Jahr	1 220	515
Futterkosten insgesamt	DM/Kuh und Jahr	1 656	1 110
Futterkosten	DM/kg Milch	0,33	0,22
Futterkosten für 30 Milchkühe	DM	49 680	33 300

[1]) 1 kg Kraftfutter = 1,8 kg erzeugter Milch.

Tabelle 133 Nährstoffbilanz in 4 Betrieben mit unterschiedlicher Grundfutterleistung [8]

Betrieb		A	B	C	D
Flächenertrag (netto)	kStE/ha	4000	4000	4000	4000
Milchleistung	kg/Kuh	5000	5000	5000	5000
Grundfutterration Komponenten		Cobs Anwelksilage Heu	UDT[1])-Heu Anwelksilage Grummet	Anwelksilage Bodenheu	Anwelksilage
Grundfutterleistung	kg Milch/Kuh	4500	3500	2500	2000
Grundfutter	kStE/Kuh	2440	2170	1890	1760
Viehbesatz	Kühe/ha	1,6	1,8	2,1	2,3
Kraftfutterbedarf	dt/Kuh	2,5	7,5	12,5	15,0
	dt/ha	4,0	13,5	26,3	34,5
Milchproduktion	kg/ha	8000	9000	10 500	11 500
Mineralstoffentzug	über Milch				
N	kg/ha	45	50	59	64
P	kg/ha	8,0	9,0	10,5	11,5
K	kg/ha	12,0	13,5	15,8	17,3
Gülleanfall[2])	m³/ha	36	41	48	52
Mineralstoffrücklieferung					
N	kg/ha	134	151	176	193
P$_2$O$_5$	kg/ha	50	57	67	73
K$_2$O	kg/ha	202	230	269	291

[1]) Unterdachtrocknung.
[2]) Gülle mit 7 % TS.

viehhaltung wird der ökonomische Erfolg ferner vom Weidemanagement bestimmt, das auf eine hohe Futteraufnahme auf der Weide und auf das Vermeiden von unnötigen Weideresten ausgerichtet sein muß. Eine hohe Futteraufnahme ist nur gewährleistet, wenn während der gesamten Weideperiode ein ausreichendes Futterangebot von gleichbleibend hoher Qualität angeboten wird. Sie wird im wesentlichen vom Tiergewicht, dem TS-Gehalt des Futters, der Verdaulichkeit der organischen Substanz, der Schmackhaftigkeit des Futters und dem Futterangebot bestimmt.

In aller Deutlichkeit ist darauf hinzuweisen, daß Intensivweiden zu den leistungsfähigsten Ökosystemen der gemäßigten Klimazonen zählen. Die Grenze ihrer pflanzlichen Biomasseproduktion liegt bei 130–150 dt TM/ha und Jahr (Bruttoertrag). Werden Bewirtschaftungsfehler wie Zerfahren der Grasnarbe in länger andauernden Regenperioden oder überhöhte Güllegaben vermieden, so sind diese Erträge nachhaltig erzielbar. Obwohl die Intensivweide zu den ausdauerndsten und ertragsreichsten Pflanzengesellschaften des Dauergrünlandes zählt, ist sie gleichzeitig auch eine der »uniformsten Pflanzengesellschaften der Erde« [2]. Relative Arten-

armut ist ihr Kennzeichen. Sie ist nur noch aus 10–20 Pflanzenarten aufgebaut, wobei das Deutsche Weidelgras (Lolium perenne) in jedem Fall Hauptbestandsbildner ist. Daneben finden sich noch als Hauptarten die Wiesenrispe (Poa pratensis), das Lieschgras (Phleum pratense), das Knaulgras (Dactylis glomerata), die Gemeine Rispe (Poa trivialis), der Weißklee (Trifolium repens) und der Gemeine Löwenzahn (Taraxacum officinale).

Artenarmut wird vielfach mit Labilität des Pflanzenbestandes gleichgesetzt wie umgekehrt Artenvielfalt mit Stabilität. Dies trifft hier keineswegs zu. Die relative Artenarmut erklärt sich aus der hohen Nutzungsintensität. Nur noch wenige Gräser-, Leguminosen- und Kräuterarten können diese Nutzungsintensität verkraften. Diese Pflanzenarten finden sich aber zu einer sehr stabilen Vergesellschaftung zusammen, die allerdings nicht spontan zustande kommt, sondern sich langsam über einen Intensivierungsprozeß einstellt. Während Weidelgrasweiden in den norddeutschen Niederungsgebieten (Niedersachsen, Schleswig-Holstein, Niederrhein) auf meist schweren und nährstoffreichen See- und Flußmarschböden natürlich vorkommen, sind sie im süddeutschen Bereich rein anthropogenen, also von Menschen beeinflußten Ursprungs. Hier sind sie aus frischen Glatthaferwiesen auf nicht stauenden und gut erwärmbaren Standorten durch betonte Weidewirtschaft entstanden. Ihr Fortbestehen ist sowohl in Nord- wie auch in Süddeutschland von der Weidehaltung abhängig.

Koppelschafhaltung

Hauptziel der Koppelschafhaltung ist die Lammfleischproduktion. Grünlandnutzung und Produktionstechnik sind daher nicht auf den Erhaltungsbedarf der Muttertiere, sondern auf den Fleischzuwachs der Lämmer ausgerichtet. Koppelschafhaltung zählt zwar aus der Sicht der Arbeitswirtschaft zu den extensiven Tierhaltungsformen, nicht jedoch aus der Sicht der Grünlandnutzung. Sie erfordert vielmehr eine Nutzungsintensität wie die Milchkuhhaltung bei mittlerer Herdenleistung. Der ökonomische Erfolg der Koppelschafhaltung wird – unter der Voraussetzung, daß in Haltung und Pflege der Tiere keine Fehler gemacht werden – im wesentlichen vom Weideertrag und der Produktivitätszahl bestimmt. Unter der Produktivitätszahl versteht man die Zahl der je 100 gedeckter Mutterschafe aufgezogenen Lämmer. Eine rentable Koppelschafhaltung erfordert eine Produktivitätszahl von 140 und darüber. Die Besatzstärke, ausgedrückt als Produktivitätszahl, steht in enger Beziehung zum Grünlandertrag (Tabelle 134).

Bei Koppelschafhaltung müssen die Mutterschafe ausgangs des Winters ablammen, damit die Lämmer mit Beginn der Weidesaison Gras voll verwerten und in Fleischansatz umsetzen. Sollen die Lämmer auf der Weide täglich Zunahmen um 250 g/Tier und Tag erreichen, ist eine standweideähnliche Haltung ungeeignet. Standweidehaltung führt aufgrund der unterschiedlichen Beliebtheit der einzelnen Pflanzen-

arten des Dauergrünlandes zur selektiven Beweidung. Selektives Beweiden über lange Zeit ist aber eine der Hauptursachen der Verunkrautung und des Rückganges des tierverwertbaren Weideertrages.

Um gleichbleibend hohe tägliche Zunahmen zu erreichen, sollen die Tiere nur 4 Tage in der gleichen Koppel stehen. Nach 4 Tagen ist in eine frische Koppel umzutreiben. Bleiben die Tiere länger als 4 Tage in derselben Koppel, so wird zusätzlich auch das Nachwuchsvermögen der Grasnarbe bzw. der abgeweideten Pflanzenarten beeinträchtigt, da etwa 4 Tage nach dem Verbiß die Pflanzen mit dem Nachwachsen beginnen. Dieses Nachwachsen erfolgt zunächst durch eine Mobilisierung der pflanzeneigenen Reservestoffe im Wurzelsystem. Damit wird ein neuer Assimilationsapparat aufgebaut. Werden Pflanzen in diesem Stadium bei einer langen Verweildauer der Tiere auf der Koppel erneut verbissen, so kommt es zu einer totalen Erschöpfung der Pflanzen. Der Biomasseertrag sinkt dadurch stark ab. Um sowohl Überbeweidung als auch selektives Unterbeweiden zu vermeiden, muß die gesamte Weidefläche in etwa 8 Koppeln unterteilt werden.

7.6.4.2 Produktionstechnische Pflegemaßnahmen

Mit zunehmender Bewirtschaftungsintensität steigt zugleich die rein mechanische Belastung der Grasnarbe durch Befahren und Tiertritt. Damit erhöht sich auch die Gefahr der Narbenverletzungen. Die Ursachen einer Verunkrautung liegen nicht so sehr in der intensitätsbedingten Labilität der Pflanzenbestände, sondern in den Narbenverletzungen. Sie sind immer Ansatzpunkte der Verunkrautung, da unter Grünlandnarben einige 100–10 000 Unkrautsamen/m^2 ruhen. Deren Lebensdauer ist sehr unterschiedlich. Für die wichtigsten Unkräuter kann sie mit 5–60 Jahren angesetzt werden, wobei Samen des Stumpfblättrigen Ampfers (*Rumex obtusifolius*) die längste Lebensdauer aufweisen. Solange eine wüchsige, dichte und geschlossene Grasnarbe vorliegt, fehlen den Unkrautsamen im Boden Licht und Luft zum Keimen. Selbst auflaufende Unkrautsamen verkümmern infolge Lichtmangels wieder.

Es gibt allerdings auch Pflanzengesellschaften, in denen stickstoffliebende Kräuterarten wie Wiesenkerbel (*Anthriscus silvestris*) und Bärenklau (*Heracleum sphondylium*) natürlich vorkommen. Hier sind insbesondere die süddeut-

Tabelle 134 Besatzstärke an Schafen in Abhängigkeit von Flächenertrag und Produktivitätszahl

Grünlandertrag -brutto-	Besatzstärke an Mutterschafen bei Produktivitätszahl von		
kStE/ha	100	140	180
2500	6,9	6,6	6,2
3500	9,7	9,2	8,6
4500	12,5	11,8	11,1
5500	15,3	14,4	13,5

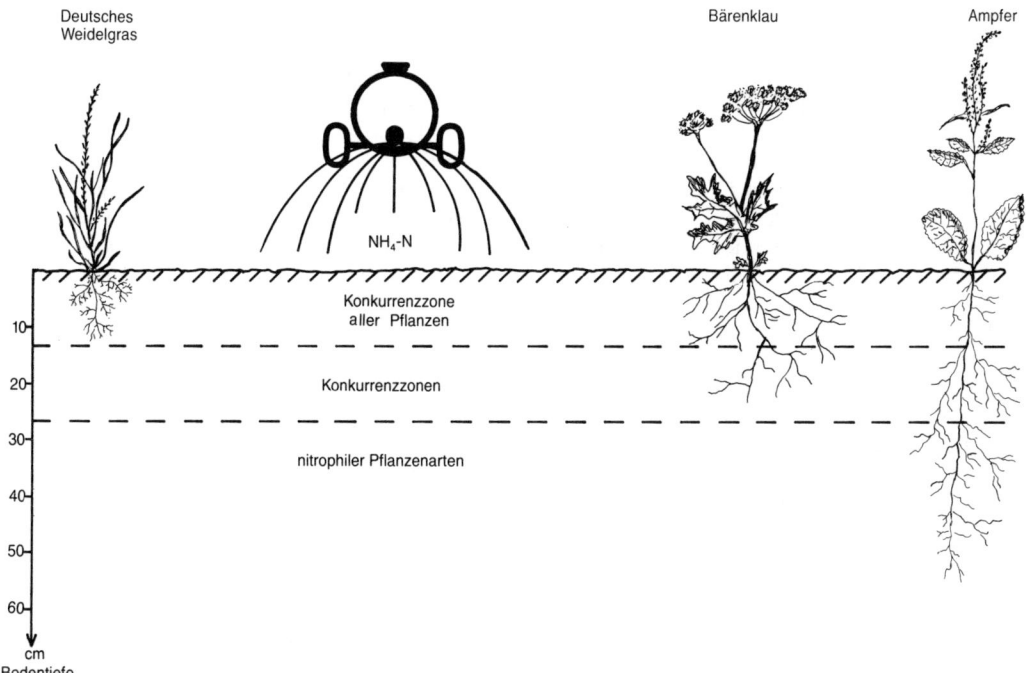

Deutsches
Weidelgras

Bärenklau

Ampfer

NH$_4$-N

Konkurrenzzone
aller Pflanzen

Konkurrenzzonen

nitrophiler Pflanzenarten

10

20

30

40

50

60

cm
Bodentiefe

Abb. 146   Durchwurzelungstiefe und Nahrstoffkonkurrenz.

schen Mähweiden zu nennen, in denen Wiesen-
kerbel und Bärenklau bei hohen Güllegaben
überhand nehmen und zu Hauptbestandsbild-
nern werden. Haben diese Pflanzenarten einmal
überhand genommen, so ist ein Zurückdrängen
äußerst schwierig. Selektiv wirkende Herbizide
stehen nicht zur Verfügung. Allenfalls käme
eine intensive (standweideartige) Beweidung
mit Jungvieh in Frage. Damit ließe sich ihr Anteil im Bestand um 50% reduzieren. Wird diese
Maßnahme über mehrere Jahre wiederholt, so
kann ihr Anteil auf einen tolerierbaren Wert
gedrückt werden. Eine latente Gefahr der erneuten Zunahme bleibt aber immer bestehen.

Narbenpflege
Alle Pflegemaßnahmen im Sinne eines Inte-
grierten Landbaues müssen auf eine Narben-
schonung ausgerichtet sein. Narbenverletzende
Geräte wie Wiesenegge und Wiesenritzer rich-
ten mehr Schaden als Nutzen an. Maßnahmen
der Narbenpflege beschränken sich heute auf
das Walzen im Frühjahr, die Nachmahd und das
Fladenverteilen.
Der Einsatz der *Wiesenwalze* ist angebracht zum
Einebnen zertretener Weidenarben und zum
Andrücken aufgefrorener Narben im Frühjahr.
Sollen zertretene Weidenarben wieder eingeebnet werden, so muß der Boden beim Walzen

noch genügend verformbar sein. Die Narbe darf
nicht zu trocken, aber auch nicht zu feucht sein.
Die Bülten sollen mit dem Stiefel einebenbar
sein, ohne daß Wasser austritt. Bei Kahlfrösten
im Frühjahr frieren Grasnarben von Auewiesen
vielfach auf. Die Verbindung zum Unterboden
wird dadurch abgerissen. Werden diese Narben
nicht wieder angedrückt, so verunkrauten sie
leicht mit Wiesenlabkraut *(Galium mollugo)*
und Schafgarbe *(Achillea millefolium)*. Aber
auch hier muß beim Walzen noch soviel Bodenfeuchte vorhanden sein, daß die Grasnarbe wieder an den Unterboden angedrückt wird.
Die wirkungsvollste Pflegemaßnahme auf Weiden und Mähweiden ist die *Nachmahd*. Unterbleibt sie, dann sinkt die Energiekonzentration
im folgenden Aufwuchs deutlich ab. Der nach
dem Umtrieb verbleibende Weiderest ist aufgrund des selektiven Abweidens immer rohpro-
teinärmer und rohfaserreicher als der ursprüngliche Pflanzenbestand. Eine Nachmahd nach
dem ersten Weideumtrieb ist immer zu empfehlen, wenn noch ein weiterer Umtrieb folgt. Folgt
auf den ersten Umtrieb dagegen ein Heu- oder
Silageschnitt, so kann auf die Nachmahd verzichtet werden, wenn der Weiderest nicht in die
Narbe eingetreten ist. Niedergetretener Weiderest ist dagegen immer über eine Nachmahd zu
entfernen.

Im reinen Weidebetrieb sollten die *Fladen* ein- bis zweimal jährlich mit narbenschonenden Geräten (Reifen- oder Strauchegge) verteilt werden. Werden Fladen nicht verteilt, so setzen sich hier – insbesondere, wenn eine Nachmahd unterbleibt – Knaulgras *(Dactylis glomerata)* und Gemeine Quecke *(Agropyron repens)* fest. Darüber hinaus führt das Fladenverteilen zu einer gleichmäßigen Ablagerung der im Kot enthaltenen Mineralstoffe und organischen Substanz.

Gülleverteilung

Eine umweltgerechte und den Naturhaushalt schonende Pflanzenproduktion erfordert neben einer auf die Kulturart und ihren zeitlichen Nährstoffbedarf abgestimmten Gülledüngung eine entsprechende Ausbringtechnik. An die Gülleverteilung sind hinsichtlich Dosierung und Streubild die gleichen Anforderungen zu stellen wie an Mineraldüngerstreuer. Mangelnde Gülledosierung führt vielfach zu einer Gülleüberdüngung. Wird aufgrund ungenügender Ausbringgenauigkeit die Nährstoffzufuhr über den physiologischen Bedarf der Gräser hinaus erhöht, so wird der Prozeß der Bestandesentartung eingeleitet. In der Folge nehmen nitrophile (N-liebende) Pflanzenarten stark zu.

Zu erklären ist dies durch die jeweilige arttypische Wurzelbildung. Die hochwertigen Gräserarten weisen im Profilbereich 0–10 cm rund 90% ihrer Wurzelmasse auf, die Umbelliferen (heute Apiaceae, Doldengewächse wie der Wiesen-Kerbel, *Anthriscus sylvestris*) besitzen im Profilbereich 5–25 cm ihre Hauptwurzelmasse und der Stumpfblättrige Ampfer hat seine Hauptwurzelmasse in 10–60 cm Bodentiefe (Abb. 146). Wird die N-Zufuhr – ob in organischen oder mineralischen Düngern ist hier unerheblich – über den Bedarf der Gräser erhöht, so fließt der überschüssige Stickstoff als Nitrat aus der Konkurrenzzone aller Pflanzenarten in tiefere Bodenschichten, in denen nur noch die Umbelliferen und der Stumpfblättrige Ampfer um den Stickstoff konkurrieren. Die Folge einer Überdüngung mit Stickstoff ist eine Zunahme dieser Pflanzenarten.

Unkrautbekämpfung

Solange Grünland ein energiereiches Futter liefert, das vom Wiederkäuer aufgenommen und in tierische Leistung umgesetzt wird, solange stellt sich die Frage nach der Anwendung von Pflanzenschutzmitteln auf Grünland überhaupt nicht. Während im Ackerbau die gezielte Anwendung von Pflanzenschutzmitteln Teil einer ausgefeilten Produktionstechnik ist, ist der Einsatz auf Grünland – hier kommt allenfalls die Anwendung von Herbiziden in Frage – ein Anzeichen dafür, daß bei der Grünlandbewirtschaftung produktionstechnische Fehler gemacht wurden. Herbizideinsatz auf Grünland ist daher nicht Teil eines ordnungsgemäßen, ökologisch und ökonomisch vertretbaren Verfahrens der Bodennutzung, sondern immer nur Fehlerkorrektur. Daraus folgt, daß ein Herbizideinsatz meist keine nachhaltige Wirkung aufweist, wenn nicht die Fehler, die zur Verunkrautung geführt haben, genau festgestellt und beseitigt werden. Erschwerend kommt hinzu, daß in den letzten Jahren eine Reihe von Herbiziden, die bislang auf dem Grünland zur Anwendung kamen, mit einem Anwendungsverbot belegt wurden. Die Palette der möglichen Herbizide ist daher noch weiter geschrumpft.

Muß auf Grünland ein Herbizid eingesetzt werden, so sind Mittelauswahl und Anwendungsverfahren unter dem ökologischen Aspekt der Schonung der übrigen Pflanzen im Bestand zu treffen. Selektiv wirkenden Mitteln ist daher immer der Vorzug gegenüber Breitbandherbiziden zu geben. Leider stehen derzeit und in naher Zukunft nur wenige Herbizide mit Selektivwirkung zur Verfügung (Beispiel ist das »Asulox«).

Für die Anwendung von Totalherbiziden zur Grünlanderneuerung (»Roundup«) hat sich mit dem Dochtstreichverfahren eine neue Methode zur selektiven Einzelpflanzenbekämpfung ergeben. Bei diesem Verfahren wird der Wirkstoff nur auf die Schadpflanze aufgebracht, alle übrigen Pflanzen kommen mit dem Herbizid nicht in Berührung (integrierter Pflanzenschutz!). Wird eine Einzelpflanzenbekämpfung dieser Art durchgeführt, so ist Voraussetzung, daß sich die Schadpflanze vom übrigen Pflanzenbestand abhebt. Ein typisches Beispiel ist der Stumpfblättrige Ampfer *(Rumex obtusifolius)*, dessen Horste sich beim ersten Aufwuchs durch ihre Verdrängungswirkung klar abheben oder beim zweiten und dritten Aufwuchs den übrigen Bestand deutlich überwachsen haben. Die Horst- oder Einzelpflanzenbekämpfung kann eine beginnende Verunkrautung immer stoppen. Wird aber zugewartet, so steht am Ende der Verunkrautung meist eine erforderliche Narbenerneuerung, eine Maßnahme, die enorme Kosten verursacht und mit einem erheblichen Witterungsrisiko behaftet ist.

Schwierig wird die Situation, wenn für eine erforderliche Bekämpfungsmaßnahme weder ein

Selektivherbizid zur Verfügung steht noch ein Totalherbizid im Dochtstreichverfahren eingesetzt werden kann. In diesen Fällen sollten unbedingt die offiziellen Beratungsstellen der Landwirtschaftskammern oder der Ämter für Landwirtschaft herangezogen werden, damit ökologische Risiken vermieden werden.

Grünlandnachsaat

Jede Herbizidmaßnahme auf Grünland hinterläßt Lücken in der Narbe. Diese Lücken werden vielfach nicht von den hochwertigen Gräserarten geschlossen, sondern von schnell auflaufenden Unkräutern wie Vogelmiere *(Stellaria media)*, Hirtentäschel *(Capsella bursa-pastoris)* und auch Ampfer *(Rumex obtusifolius)*. An minderwertigen Gräserarten wandern Jährige Rispe *(Poa annua)*, Gemeine Rispe *(Poa trivialis)* und Quecke *(Agropyron repens)* ein. Dieser Prozeß der Sekundärverunkrautung nach einer Herbizidmaßnahme ist eine Folge des Vorrates an Unkrautsamen im Boden. Er stellt den Erfolg der Bekämpfungsmaßnahme wieder in Frage. Um einer Sekundärverunkrautung vorzubeu-

Tabelle 135 Übersicht über die Verbesserungsmöglichkeiten schlechter Grünlandnarben

Schadbild	mechanische Maßnahmen	chemische Maßnahmen	pflanzenbauliche Maßnahmen
Tritt- und Fahrschäden	Walzen, wenn Narbe noch einzuebnen	–	Nachsaat mit Regenerationsmischung und Düngung
	durch Walze nicht mehr einebenbar	Totalherbizid (Roundup)	Neuansaat nach Narbenabtötung mit spezieller Säfräse oder Ackerfräse und Drillmaschine
Narbe lückig, nicht verunkrautet, 20–30 % Lücken (z. B. nach Auswinterung oder starkem Feldmausbefall)	–	–	Nachsaat mit Regenerationsmischung und Frühschnitt zur Anregung der Bestockung
Narbe verunkrautet, 20–50 % Unkräuter wie Hahnenfuß, Löwenzahn, Vogelmiere, Rest: hochwertige Arten	–	selektives Herbizid	Nachsaat mit Regenerationsmischung
Narbe verunkrautet, 20–50 % Unkräuter wie oben, Rest: Minderwertige Arten	–	Totalherbizid	Neuansaat nach Narbenabtötung
Narbe vergrast mit Ungräsern wie Jährige Rispe, Gemeine Rispe und Quecke, Ungräser unter 40 %	–	–	Nachsaat mit Regenerationsmischung und Frühschnitt zur Anregung der Bestockung
Ungräser über 40 %	–	Totalherbizid	Neuansaat nach Narbenabtötung
Narbe verunkrautet mit Ampfer	–	selektives Herbizid	Nachsaat mit Regenerationsmischung
Narbe verunkrautet mit Wiesenkerbel	scharfes Beweiden mit Jungvieh	–	Nachsaat mit Regenerationsmischung nach 2. Aufwuchs
Narbe verunkrautet mit Bärenklau	scharfes Beweiden mit Jungvieh	–	Nachsaat mit Regenerationsmischung im Sommer und Spätsommer
Narbe verunkrautet mit Ampfer, Wiesenkerbel und Bärenklau	–	Totalherbizid	Neuansaat nach Narbenabtötung

gen, ist eine Nachsaat zu empfehlen. Für eine Nachsaat sind nur schnell keimende und schnell auflaufende Gräserarten wie das Deutsche Weidelgras *(Lolium perenne)* und das Knaulgras *(Dactylis glomerata)* geeignet, da sie in Konkurrenz zum bodenbürtigen Samenpotential stehen. Der Nachsaattermin ist vom Zeitpunkt des Herbizideinsatzes und der Art des eingesetzten Wirkstoffes abhängig. Im Regelfall kann die Nachsaat erst zur folgenden Nutzung durchgeführt werden. Wird die Herbizidmaßnahme zum ersten Aufwuchs durchgeführt, so kann die Nachsaat nach dem ersten Schnitt erfolgen. Einer Nachsaat muß immer eine Schnittnutzung vorangehen und auch nachfolgen. Der Folgeschnitt muß so frühzeitig genommen werden, daß die Nachsaat nicht unter Lichtmangel verkümmert.

Die Nachsaat als pflanzenbauliche Maßnahme zur Narbenverbesserung hat ihre Hauptbedeutung sicherlich im Bereich der Unkrautbekämpfung. Darüber hinaus ist sie aber auch als produktionstechnisches Verfahren zu sehen, wenn nach ungünstigen Witterungsverhältnissen unvermeidbare Tritt- und Fahrschäden beseitigt werden müssen. Zertretene oder zerfahrene Narben müssen in der Abtrocknungsphase des Bodens durch Walzen wieder eingeebnet werden. Auch hier treten wie nach einem selektiven Herbizideinsatz in der Grasnarbe Blankstellen auf, von denen aus eine Verunkrautung Fuß fassen kann. Um dies zu vermeiden, sollte nach dem Walzengang eine Nachsaat vorgenommen werden. In Tabelle 135 sind die wichtigsten Schadbilder des Grünlandes aufgelistet, bei denen u. a. eine Nachsaat oder eine Neuansaat zur Bestandessanierung zu empfehlen sind. Es muß aber betont werden, daß diese Übersicht nicht im Sinne einer Rezeptur mit absoluten Grenzwerten zu verstehen ist, sondern nur als Richtschnur gelten kann. In jedem konkreten Einzelfall ist eine genaue Bestandesuntersuchung vorzunehmen und darauf aufbauend die entsprechende Sanierungsmaßnahme einzuleiten.

7.6.4.3 Extensivformen

Formen der extensiven Grünlandnutzung hatten bislang aus gesamtwirtschaftlicher Sicht nur eine untergeordnete Rolle gespielt. Sie waren sozusagen eine Randerscheinung der Grünlandnutzung, beschränkt auf die Nutzung der absoluten Grenzertragsböden oder von Restgrünland in Ackerbaubetrieben.

Kennzeichen der extensiven Grünlandnutzung ist die standweideartige Beweidung. Eine Schnittnutzung erfolgt gelegentlich, eine Weidepflege unterbleibt, die Düngung beschränkt sich auf eine gelegentliche Phosphat-Kalidüngung, und Winterfutter wird überwiegend als Silage gewonnen.

Die klassische Form der Extensivnutzung ist die Mutterkuhhaltung. Von rund 5 Mio. Kühen stehen in den alten Ländern der Bundesrepublik Deutschland derzeit nur 1,6% in Mutterkuh- oder Ammenkuhhaltung. In Frankreich, Großbritannien und Irland ist diese Form der Rinderhaltung dagegen weit verbreitet. Neben der Mutterkuhhaltung zählen ferner die Jungrinderaufzucht, die Färsenvornutzung und die Herdenschafhaltung zu den extensiven Nutzungsformen des Grünlandes.

Die **Mutterkuhhaltung,** auf die hier als Beispiel kurz eingegangen sei, ist eine Form der Kuhhaltung, bei der nicht Milch produziert wird, sondern die Kälber bis zum Ende der Laktation gesäugt werden. Mit diesem Verfahren wird Halbmastvieh (»Fresser« oder »Baby-Beef«) erzeugt. Mutterkuhhaltung erfordert einen geringen Arbeitsaufwand. Je Einheit Mutterkuh und Jahr sind einschließlich des Aufwandes für die Futterkonservierung rund 25 Akh anzusetzen. In größeren Beständen mit mehr als 70 Mutterkühen kann dieser Arbeitsaufwand mit Boxenlaufstall und Selbstfütterung im Flachsilo noch gesenkt werden. Die Mutterkuhhaltung ist besonders geeignet für kleinere Grünlandbetriebe im Nebenerwerb und für sehr große Grünlandbetriebe, die ihr Grünland extensiv und mit geringem Handelsdüngeraufwand zur Erhaltung der Kulturlandschaft nutzen wollen.

Die Wirtschaftlichkeit der Mutterkuhhaltung hängt entscheidend vom verwendeten Tiermaterial ab. Eine hohe Fruchtbarkeit, leichtes Abkalben (keine Schwergeburten), gute Muttereigenschaften wie bereitwilliges Saugenlassen der Kälber unmittelbar nach der Geburt und geringer Erhaltungsbedarf der Mutterkühe sind Voraussetzung für den Erfolg.

Um das Wachstumsvermögen der Kälber voll auszuschöpfen, muß eine Futterqualität angeboten werden, die bei männlichen Kälbern tägliche Zunahmen von 1000–1100 g und bei weiblichen Kälbern 900–1000 g ermöglichen. Erreicht wird dies nicht über eine hohe Stickstoffdüngung der Weiden, sondern durch Unterteilung der Weidefläche (Umtriebsweide). Nach 1 Woche Auftriebszeit sollte jeweils in eine neue Koppel umgetrieben werden. Dies erfordert eine Unterteilung in 6–8 Koppeln. Mit den angegebenen Tageszunahmen werden bei einem Absetzalter von rund 300 Tagen in der Mutterkuhhaltung mit der Deutsch-Angusrasse und deren Kreuzungen Absetzgewichte von 250–350 kg erreicht.

In der Nährstoffbilanzierung ergeben sich gegenüber der Koppelschafhaltung nochmals deutlich verringerte Mineralstoffentzüge.

Unabhängig von der Flächenproduktivität liegt bei der Mutterkuhhaltung ein fast geschlossenes Nährstoffkreislaufsystem vor. Im Regelfall kann davon ausgegangen werden, daß die geringen Entzüge an Mineralstoffen durch die natürliche Bodenbildung ergänzt werden. Dennoch sollten auch Mutterkuhhalter ihre Flächen turnusmäßig über die Bodenuntersuchung kontrollieren lassen, um einen Überblick über die pflanzenverfügbare Nährstoffsituation im Boden zu erhalten. Die Versorgungswerte sollten sowohl bei Phosphat (P_2O_5) als auch bei Kali (K_2O) im Bereich von 10–15 mg liegen. Auf dieser Höhe sollten sie auch gehalten werden.

Obwohl auch nur geringe N-Mengen entzogen werden, ist es angebracht, nach dem ersten Weideumtrieb oder nach einer Schnittnutzung 40 kg N/ha auszubringen. Diese Maßnahme fördert das schnellere Nachwachsen des 2. Aufwuchses. In Hinblick auf den Gesamtvorrat an Stickstoff in der Narbe von rund 8000–12 000 kg/ha ist eine Zufuhr von 40 kg/ha ökologisch unbedenklich. Der Stickstoffkreislauf wird dadurch nicht negativ beeinflußt, da diese Stickstoffmenge gerade in der ersten Vegetationshälfte zusätzlich zu der Stickstoffmenge, die über die Mineralisierung von organischer Substanz freigesetzt wird, in pflanzliche Biomasse eingebaut wird.

Künftige Bedeutung der Extensivformen: Hauptziel der EG-Agrarreform von 1992 ist der Abbau der Überproduktion, damit zwischen Bedarf und Erzeugung wieder ein Gleichgewicht hergestellt wird. Um dies auf dem Milchsektor zu erreichen, soll weiterhin die Produktionsmenge begrenzt werden (= sog. Garantiemengenregelung); im Bereich des Ackerbaues werden hingegen Flächenstillegung und Extensivierung gefördert (siehe Seite 14). Für die Grünlandwirtschaft als Basis der Milcherzeugung hat die Garantiemengenregelung angesichts der hohen Milchleistung (pro Kuh) zur Folge, daß ein erheblicher Teil der Grünlandfläche freigesetzt wird.

Diese Flächen lassen sich künftig außerhalb der Milchproduktion u. a. zur *extensiven Fleischerzeugung* nutzen. Darüber hinaus muß auch bei der Grünlandnutzung den Erfordernissen des Natur-, Landschafts- und Biotopschutzes im be-

sonderen Maße Rechnung getragen werden. In der Rindfleischerzeugung führen Überschußbegrenzung und Beachtung dieser ökologischen Belange dazu, daß alle EG-Fördermaßnahmen weniger produktive Mastverfahren begünstigen. Betriebswirtschaftliche Überlegungen können sich daher nicht mehr allein auf eine Optimierung der Produktionstechnik erstrecken. Sie müssen vielmehr im konkreten Einzelfall zu einer optimalen Kombination von Produktionsrichtung, Produktionstechnik und Förderprämie führen.

Bei der Suche nach geeigneten Formen extensiver Weidenutzung im Sinne des Integrierten Landbaues kommt es darauf an, jeweils ein Gleichgewicht zwischen natürlichen Standortbedingungen (Boden, Höhenlage, Klima), nachhaltiger Biomasseproduktion möglichst ohne agrochemische Hilfsmittel sowie Art der Tierhaltung zu finden. Die **Grenze extensiver Grünlandnutzung** wird hierbei von der »Energiedichte« des Futters bestimmt. Zu beachten ist ferner, daß beim Übergang zum Extensivgrünland ein mehrjähriges *»Aushagern«* des Standortes (Nährstoffverarmung) über häufiges Schneiden erforderlich ist. Nur so läßt sich das erwähnte Gleichgewicht herstellen. Dieser Aushagerungsprozeß kann auf tiefgründigen, nährstoffreichen Standorten bis zu 10 Jahre in Anspruch nehmen. Auf flachgründigen Böden ist dieser Prozeß dagegen in wenigen Jahren abgeschlossen.

Als **extensive Weideverfahren** kommen künftig neben der nutztierartigen Haltung von *Wildwiederkäuern* (Damwild) die schon geschilderte *Mutterkuhhaltung*, die *Färsenmast* (mit und ohne Vornutzung), die *Ochsenweidemast* und die *Herdenschafhaltung* in Betracht. Aus landschaftsästhetischer Sicht ist die Damwildhaltung nicht ganz unproblematisch, da sie hohe und wilddichte Einzäunung erfordert. Mutterkuh-, Färsen- und Ochsenhaltung setzen insbesondere trittfeste Narben voraus. Trittgefährdete Feuchtflächen scheiden im Regelfall aus. Die Herdenschafhaltung ist zur Nutzung auch sehr ertragsschwacher Standorte geeignet, auf denen die Schafe durch selektives Weiden noch höherwertige Pflanzen und Pflanzenteile aufnehmen.

Als **Fazit** bleibt unbestritten, daß alle Extensivformen der Grünlandbewirtschaftung zwar mit ökonomischen Defiziten verbunden sind, aber den erhöhten Belangen des Umwelt- und Ressourcenschutzes in optimaler Weise Rechnung tragen.

8 Ausblick

R. Diercks, München, und R. Heitefuss, Göttingen

8.1 Forderungen an Praxis und Beratung

Die im vorausgegangenen Kapitel dargestellten Beispiele schon praxisreifer Teilsysteme des Integrierten Landbaues beschränken sich keineswegs nur auf wissenschaftliche Befunde aus dem üblichen Feldversuchswesen. In fast allen Fällen dieser exemplarischen Auswahl handelt es sich vielmehr um Entwicklungsstufen, die mehr als nur vereinzelt von aufgeschlossenen Landwirten und Erwerbsgärtnern auch schon praktiziert werden. Wer daher behauptet, Integrierter Landbau sei eine »Fiktion« [23], ignoriert diese Anfangserfolge einer schon umweltverträglicheren und doch hochproduktiven Landbewirtschaftung.

Wenn man Beispiel für Beispiel der bereits praxistauglichen Teilglieder eines Integrierten Landbaues nochmal Revue passieren läßt, so zeichnet sich als *Generallinie* ab: Eine neue Dimension der Produktionstechnik, die den Praktiker vor sehr viel höhere Anforderungen stellt als früher, und dementsprechend auch eine neue Qualität der Beratung, deren Hilfestellung unverzichtbar ist, wenn die Praxis diesen Anforderungen auch tatsächlich gerecht werden will. Insofern sind auch schon viele Aspekte des künftig notwendigen Wissens und Könnens von Praxis und Beratung, gleichsam zwischen den Zeilen, in den einzelnen Abschnitten des Kapitels 7 zu finden. In konkreterer Form vorwiegend an das Beratungswesen gerichtete, teilweise aber auch Landwirt und Erwerbsgärtner als künftig aktive Beratungspartner mit einschließende Forderungen enthält schon das Kapitel 6.

Es mag daher an dieser Stelle genügen, summarisch nur nochmal die *Grundforderungen* zu nennen, die Praxis und Beratung erfüllen müßten, wenn Integrierter Landbau in Form seiner schon erprobten Komponenten und bewährter Zwischenstufen größtmögliche Verbreitung finden soll.

Grundforderungen an die Praxis:

1. Voraussetzung für den praktischen Einstieg in schon integrierte Formen der Landnutzung sind **Problembewußtsein** und darauf fußende **Motivation.** Beides dürfte inzwischen, angesichts der auch die Landwirtschaft nicht verschonenden Umweltdiskussion, bei vielen Betriebsleitern zu finden sein. An ausreichender Motivation mangelt es ihnen schon deshalb nicht, weil sich die Erkenntnis durchzusetzen beginnt, daß notwendige Einkommenszuwächse, ganz anders als früher, weniger durch *Mehr*produktion als durch Kosten*senkungen* zu erzielen sind [16]. Integrierter Landbau kennt keine generellen starren »Rezepte« mehr. Vielmehr ist die Produktionstechnik bestrebt, das Ökosystem unter Bevorzugung schonender Mittel und Verfahren den standort- und schlagspezifischen Bedingungen und Erfordernissen anzupassen. Daher entfällt beim Integrierten Landbau das im traditionellen Landbau verbreitete Risiko überintensiver Nutzung des chemisch-technischen Fortschritts, vor allem in den Bereichen Düngung und chemischer Pflanzenschutz. Der ökologische Gewinn verspricht demnach auch einen ökonomischen Nutzen, weil in aller Regel – wie auch viele der Beispiele im Buch dokumentieren – Kosten eingespart werden.

Sollte dies Teilen der Praxis noch nicht bewußt sein, so wäre es Aufgabe der Beratung, entsprechende Aufklärungsarbeit zu leisten (siehe später). Die Bereitschaft zum Integrierten Landbau dürfte dann – nicht zuletzt eben wegen der überwiegend angespannten Einkommenssituation in der Landwirtschaft – sehr schnell hergestellt sein.

2. Problembewußtsein und Motivation öffnen zwar den Weg zum Integrierten Landbau. Ob dieser Weg aber erfolgreich beschritten werden kann, darüber entscheiden ausschließlich **Wissen** und **Können.** Vor allem bedarf es künftig eines *anderen* Wissens und Könnens als bisher [11].

Von jeher wurden vom Landwirt und Erwerbsgärtner gefordert, daß sie »über

- ›handwerkliche‹ Fertigkeit,
- intellektuelle Fähigkeiten und
- eine außerordentliche Beobachtungsgabe

verfügen müssen« [9], wenn sie den vielseitigen Aufgaben zur ordnungsmäßigen Führung ihres Betriebes gerecht werden wollen. Dabei stand auch bisher schon die Notwendigkeit im Vordergrund, in Zusammenhängen denken zu müssen [9].

Wie viel mehr gilt dies aber für den Integrierten Landbau! Denn von ihm wissen wir, wie auch in diesem Buch hinreichend deutlich geworden sein dürfte, daß er auf »vernetztem Denken« beruht, das zur richtigen Einschätzung und Bewertung der zahlreichen Wechselwirkungen bei der produktionstechnischen Steuerung des Agroökosystems befähigt. Dazu wiederum bedarf es eines sehr viel höheren Maßes als bisher an »handwerklichen« Fertigkeiten, die auch fundierte biologische Kenntnisse erfordern, um eigenverantwortlich Beobachtungen, Zählungen und Messungen als Grundlage für individuelle Entscheidungen zur »Feinsteuerung« des Produktionssystems treffen zu können. Im Pflanzenschutz sind vor allem differentialdiagnostische Kenntnisse und entsprechende Hilfsmittel dazu erforderlich, um Krankheitserreger und Schädlinge sicher ansprechen zu können [14].

Ohne gründliche Berufsausbildung, abgeschlossenen Fachschulbesuch, ständige Fortbildung (auch in Form der Selbsthilfe durch regen Informationsaustausch in Arbeitskreisen), vor allem aber ohne Inanspruchnahme der örtlichen Beratung (zwecks praktischer Anleitung und methodischer Schulungen) werden Landwirte und Erwerbsgärtner diese anspruchsvollen Funktionen nie voll wahrnehmen können! Die heute immer noch nicht geringe Zahl »beratungsferner« Praktiker [2] wird daher auch denkbar ungeeignet sein, schon Integrierten Landbau betreiben zu wollen.

Schließlich müssen Landwirte bereit und fähig sein, an überbetrieblichen, regionalen »Öko-Programmen« zum Artenschutz aktiv mitzuwirken, weil Integrierter Landbau nicht an den Grenzen des Ackers Halt macht (siehe Kapitel 3).

3. Zum Wissen und Können gehören künftig auch Aufgeschlossenheit für das schon vielseitige Angebot **EDV-gestützter Kommunikationstechnik** und die Fähigkeit, mit diesem hocheffizienten Instrument der Informations- und Datengewinnung als Entscheidungshilfe auch richtig umgehen zu können. Die traditionellen Formen der mündlichen

und schriftlichen Beratung reichen immer weniger aus, um über das nötige Basiswissen zu verfügen und um in jedem Einzelfall der Produktionstechnik die im Sinne des Integrierten Landbaues schlagspezifisch richtige, d. h. ökologisch und ökonomisch optimale Entscheidung treffen zu können.

Daher muß auch seitens der Praxis die Bereitschaft wachsen, die Hilfestellung von Computer-Programmen zu nutzen (siehe Abschnitte 5.11 und 6.5). Neben geeigneten Btx-Informationen setzt sich hier offenbar stärker der hofeigene PC mit entsprechenden Dialogprogrammen durch. Diese werden künftig unverzichtbar sein, um mit Hilfe gespeicherten »Expertenwissens« zuverlässige Empfehlungen für die einzelnen Entscheidungsschritte abrufen zu können.

Das aber setzt Überwindung der noch verbreiteten, auch verständlichen Scheu vor der Computer-Technologie voraus. Da es erfahrungsgemäß leichter ist, zu lernen als umzulernen, dürften vorwiegend ältere Betriebsleiter gefordert sein, auf diesem Sektor »handwerklicher Fertigkeiten« Lernbereitschaft zu entwickeln. Von jüngeren Landwirten und Erwerbsgärtnern wird man hingegen erwarten können, daß sie den Umgang mit Computerprogrammen und -modellen schon auf der Fachschule erlernt haben und keine Hemmschwelle kennen, sie auch betriebseigen zu nutzen.

4. Eine weitere Grundforderung ist sodann die **Selbstkontrolle,** um gründlich zu überprüfen, ob gemessen an der Zielsetzung des Integrierten Landbaues die Entscheidungsprozesse richtig oder falsch waren. Dazu eignet sich in hervorragender Weise die Schlagkartei und darauf aufbauend der vertikale oder der horizontale Schlagvergleich (siehe Abschnitt 5.10). Ohne eine solche *nachträgliche* Kontrolle wird es kaum möglich sein, Schwachstellen zwecks künftiger Optimierung der Produktionstechnik sicher aufzuspüren. Letztlich dient eine solche Überprüfung auch der **Beratungskontrolle** [3]. Die Suche nach der hilfreichsten und zuverlässigsten Dienstleistung fördert zugleich den gesunden Wettbewerb um die qualitativ besseren Chancen im vielseitigen Beratungsangebot.

5. Die Abkehr vom »Rezeptdenken« in der Pflanzenproduktion, insbesondere Bemühungen um eine präzisere, schlag-, sorten- und entwicklungsspezifische Bemessung der Düngung und um die Ausrichtung des chemi-

schen Pflanzenschutzes nach schon bewährten Schadensschwellen und Befallsprognosen sind nicht völlig frei vom **Risiko möglicher Fehlentscheidungen**. Dies gilt aber in gleichem oder sogar noch stärkerem Maße für die routinemäßige Anwendung von Agrochemikalien.

Daß Fehlentscheidungen bei hohem Ausbildungs- und Wissensstand nur selten zu befürchten sind, beweisen die im Kapitel 7 aufgeführten Beispiele. Kurzfristig könnte ein integriertes System im Einzelfall mit geringfügiger Minderung des Ertrages verbunden sein; entscheidend ist jedoch der Deckungsbeitrag, der bei sinnvoll verminderten Aufwandmengen sogar höher liegen kann. Langfristig zahlt sich der Integrierte Landbau mit Sicherheit aus, weil der ökologische Nutzen maßvoller Beschränkung des chemisch-technischen Fortschritts über längere Jahre hinweg auch einen nachhaltig ökonomischen Gewinn erbringt.

Grundforderungen an die Beratung:

1. Kennzeichen der bisherigen Beratung ist meistens ein hoher Spezialisierungsgrad. Fachliches Detailwissen in allen Sparten der Produktionstechnik erfordert zwar auch der Integrierte Landbau, neu hinzukommen oder stärker ausgeprägt sein muß aber die Fähigkeit zur **systemorientierten Zusammenschau** und eine darauf fußende »**Komplex-Beratung**«. Wie anders sollte man wohl von der Praxis erwarten können, daß sie befähigt wird, über den Anbau »nach Vorschrift« hinaus auch dem Vernetzungscharakter jeder Landbewirtschaftungsmethode angemessen Rechnung zu tragen, damit die Hauptforderung des Integrierten Landbaues erfüllt wird, nämlich optimale Nutzung und Schonung der natürlichen Regelkräfte des Agrarökosystems ohne Minderung von dessen Produktionsleistung!

2. Diese neue ökologisch-ökonomische Dimension erfordert auch ein **integriertes Beratungsmanagement**. Aus dem vorherrschenden »Nebeneinander« der spezialisierten Beratungsinstitutionen und -kräfte im Land- und Gartenbau muß daher künftig ein »Miteinander« werden. Vorreiterfunktion hätte hierbei die Offizialberatung zu übernehmen. Die funktionalen Barrieren ihrer strukturellen Auffächerung müßten dadurch überwunden werden, daß die vielen Spezialsparten ihre Arbeit nicht nur besser koordinieren als

bisher, sondern zielorientiert auch tatsächlich integrieren, d. h. verzahnen (= funktionale »Selbstintegration« ohne Verlust der Eigenständigkeit).

Von anderen Beratungsorganen muß erwartet werden, daß sie nicht nur verbal bekunden, sich den Zielen des Integrierten Landbaues verpflichtet zu fühlen, sondern daß sie auch im Handeln, in ihren Informationen und Empfehlungen, unter Beweis stellen, der neuen Herausforderung gewachsen zu sein. Im besonderen Maße sollten sie um enge Abstimmung und Zusammenarbeit mit der Offizialberatung bemüht sein, damit Widersprüche in den Empfehlungen vermieden werden. Ansätze hierfür sind vielerorts schon vorhanden.

3. Die **Offizialberatung** muß Sorge dafür tragen, ihre aus der Sicht gerade des Integrierten Landbaues notwendige Rolle eines »primus inter pares«, eines Vorreiters, im vielfältigen Beratungsangebot nicht zu verlieren. Sonst würde jeglicher objektiv koordinierende Einfluß auf die immer größer werdende Informationsflut fehlen und die Betriebe hätten in ihren produktionstechnischen Entscheidungsprozessen das Nachsehen.

Zweifellos droht die Offizialberatung, mit der Bewahrung ihrer Führungsrolle überfordert zu werden. Denn traditionell hat sie primär dafür zu sorgen, daß Landbau nach den geltenden Vorschriften betrieben wird. Diese Aufgabenstellung hat angesichts zunehmender Reglementierung der Produktion inzwischen ein derartiges Ausmaß angenommen, daß mit Recht befürchtet wird, »die Beratung könnte sich immer weiter von der ihr zugedachten Aufgabe entfernen« [8]. Auch die Verwaltungstätigkeit nimmt ständig zu und belastet die staatlichen Beratungsorgane (zum Beispiel mit dem künftigen Vollzug der EG-Agrarreform!).

Der Integrierte Landbau als Aufgabe der Offizialberatung könnte also durchaus auf der Strecke bleiben, wenn keine Konsequenzen gezogen werden. Diese bestünden, auch wenn alle im Abschnitt 6.4 genannten Möglichkeiten ausgeschöpft sind, in einer künftigen Trennung der einander ohnehin wesensfremden Beratungs- und Hoheits(Kontroll-)aufgaben im staatlichen Bereich, verbunden mit einer dann sicherlich notwendigen Vereinfachung des Vollzugs. Oder aber man überläßt das Feld künftig weitgehend der privaten Beratung, wie dies z. B. in den Niederlanden und in England in die Wege geleitet worden ist [15].

Private Beratungsformen haben sich zwar inzwischen auch bei uns bewährt, wie z. B. das im Buch mehrfach zitierte BONAGRAR-Beratungsmodell beweist [1, 19]. Auch der BGD-Bodengesundheitsdienst [21] wäre ein Beispiel dafür, daß private Beratungseinrichtungen durchaus geeignet sind, den Integrierten Landbau auf Teilgebieten (bisher Bestandesführung und Düngung) zu fördern.

Sehr skeptisch wird man aber wohl sein müssen, ob es politisch zu verantworten wäre, künftig bei uns die produktionstechnische Beratung generell privatisieren zu wollen. Dem Integrierten Landbau würde der Staat einen schlechten Dienst erweisen, wenn er glauben sollte, sein Einfluß auf die ordnungsgemäße Landbewirtschaftung könnte ausreichend sein, wenn er sich bei seinen »Dienstleistungen« nur mit einem ausufernden Regelwerk von Gesetzen und Verordnungen und der Überwachung und Kontrolle ihres Vollzugs begnügt. Diese Mahnung sei an die Adresse der Agrar- und Umweltpolitik in der Bundesrepublik Deutschland und in der EG gerichtet. Integrierter Landbau läßt sich nicht vorschreiben und anordnen!

4. Die **Form der Beratung** wird »initiativ« sein müssen, wobei es darauf ankommt, wenig informierte Betriebe zunächst über die Chancen des Integrierten Landbaues aufzuklären, ihr Interesse zu wecken, sie also ausreichend zu motivieren. Geeignete Wege hierfür sind die traditionelle Gruppen- und Massenberatung und Versuchsdemonstrationen, auch das Heranführen an Modellbetriebe, die integrierte Landbauformen unter wissenschaftlicher Anleitung schon mit Erfolg praktizieren und ständig weiterzuentwickeln versuchen. Wichtiger, schwieriger und zeitaufwendiger jedoch ist nachfrageorientierte, »reaktive« Beratung, um Betrieben Hilfestellung zu geben, die zwar problembewußt und gewillt sind, die heutigen Möglichkeiten einer integrierten Anbautechnik zu nutzen, denen aber noch das nötige Rüstzeug fehlt, für das sie den geeigneten Beratungspartner brauchen. Dieser wird nur erfolgreiche Arbeit leisten können, wenn er anfangs die Einzelberatung bevorzugt, um vor allem seinen Klienten im »Beobachten, Messen, Zählen und Entscheiden« zu schulen. Zur Einübung in diese »handwerklichen« Fertigkeiten müssen hinzukommen die Anleitung zur fachgerechten Führung von Schlagkarteien und die Mithilfe bei ihrer entscheidungsorientierten, Defizite aufdeckenden Auswertung (siehe Abschnitt 5.10) sowie unbedingt auch schon die Hinführung zu den modernen Formen EDV-gestützter Datengewinnung (z. B. Btx-Informationen und Dialogprogramme).

Der Praktiker muß wissen, daß die Nutzung von schon abrufreifen Computer-Modellen, z. B. von Prognosen für die systemgerechte Bestandesführung und – im Zusammenhang damit – für die gezielte, am schlagspezifischen Bedarf orientierte Anwendung von Agrarchemikalien, für ihn nur wirklich hilfreich sein kann, wenn die Computer-Fragen auch tatsächlich präzise beantwortet werden. Das wiederum setzt zuverlässige Kenntnisse im betriebseigenen Beobachten und Rechnen voraus, die die Beratung vermitteln muß.

5. Die dynamische Entwicklung auf dem Sektor des Integrierten Landbaues fordert auch von allen Beratungskräften einen **ständigen Lernprozeß.** Ohne permanente Weiterbildung wird die Beratung nicht befähigt sein, die immer komplexer werdende Materie im Griff zu behalten und für fortschrittswillige, am ökologischen Innovationsprozeß der Landbautechnik interessierte Betriebe ein attraktiver Partner zu bleiben. Nur fächerübergreifende, interdisziplinäre Lehrgänge und Seminare sind für eine solche Fortbildung geeignet. Planung, Organisation und Durchführung fallen, wohl unangefochten, wiederum in die Kompetenz der interessenunabhängigen, neutralen Offizialberatung. Dringend notwendig wäre die Mitwirkung einschlägiger Forschungsinstitutionen, insbesondere der Hoch- und Fachhochschulen.

Wenn die Praxis und Beratung diese Grundforderungen partnerschaftlich beherzigen, könnte Integrierter Landbau mit seinen erprobten Anfangsformen und Zwischenstufen (= integrierte Teilsysteme) schon heute einen wesentlichen Beitrag zur Korrektur und Neuorientierung der Landbewirtschaftung leisten, um die Agrarökosysteme nicht zu überfordern und um unnötige Belastungen des Naturhaushaltes zu vermeiden. Für seine volle Verwirklichung zu gesamtintegrierten Anbausystemen allerdings fehlt es noch – wie freimütig zugestanden werden muß – in vielen Bereichen an den erforderlichen wissenschaftlichen Grundlagen [7, 12, 13, 17]. Diese Lücken zu schließen, muß ein vorrangiges Ziel interdisziplinärer Forschung in der Agrarwissenschaft sein.

8.2 Forderungen an die Forschung

Forschung als das systematische Bemühen um Erkenntnisfortschritt findet heute überwiegend nicht mehr isoliert im Elfenbeinturm der Wissenschaft statt, sondern steht in enger Beziehung zum wirtschaftlichen und gesellschaftlichen Umfeld. Das gilt auch für die Forschung im Agrarsektor, die seit einiger Zeit verstärkt durch die veränderten wirtschaftlichen Rahmenbedingungen und durch umweltpolitische Forderungen, aber auch durch Neuentwicklungen in der Mikroelektronik sowie der Molekularbiologie beeinflußt wird.

Die *Forschungsziele* haben sich innerhalb der letzten 30 Jahre entscheidend geändert. Stand in den 50iger und 60iger Jahren vor allem die Erhöhung der Flächen- und Arbeitsproduktivität mit allen verfügbaren Mitteln im Vordergrund, so sind es inzwischen Bereiche, die durchaus den Anforderungen des Integrierten Landbaues entgegenkommen. Daß dabei auf bewährte alte Erfahrungen und Kenntnisse zurückzugreifen ist, andererseits aber die Forschung den biologisch-technischen Fortschritt verantwortungsbewußt nutzen und weiterentwickeln muß, steht außer Zweifel.

Von verantwortlicher Seite ist dies durchaus erkannt worden und findet seinen Ausdruck in den *Forschungsrahmenplänen* der zuständigen Ministerien, z. B. des Bundesministeriums für Ernährung, Landwirtschaft und Forsten (BML) [4] und des Bundesministeriums für Forschung und Technologie (BMFT) [5]. Im Zuge der Wiedervereinigung Deutschlands wurde gerade die Ressortforschung im Bereich Landwirtschaft wesentlich erweitert, u. a. durch die neue Bundesanstalt für Züchtungsforschung an Kulturpflanzen (BAZ) in Quedlinburg. Organisationen der Forschungsförderung, wie vor allem die Deutsche Forschungsgemeinschaft (DFG) tragen gleichfalls, z. B. durch die Einrichtung des Schwerpunktprogramms »Integrierte Pflanzenproduktion«, zum Erkenntnisfortschritt bei [13]. Gleichwohl sind noch intensive Forschungsbemühungen erforderlich, um den Integrierten Landbau zukunftsorientiert weiter ausbauen und den jeweiligen Gegebenheiten flexibel anpassen zu können.

Ohne hier den Anspruch auf Vollständigkeit zu erheben, sollen im folgenden einige Forschungsbereiche in den Agrarwissenschaften genannt werden, denen für die Weiterentwicklung integrierter Systeme oder ihrer Bausteine besondere Bedeutung zukommt:

Entwicklung leistungsfähiger Arten und Sorten von Nahrungs- und Industriepflanzen mit hoher Belastungstoleranz gegen biotische und abiotische Einflußfaktoren

Derzeit sind es nur relativ wenige Arten von Nutzpflanzen, die in der Landwirtschaft einen großen Anteil der Fläche einnehmen: Getreide, Mais, Raps, Rüben, Kartoffeln. Vor allem Weizen und Mais stehen oft in sehr enger Fruchtfolge oder im Daueranbau. Für den Integrierten Landbau ist aber gerade die Vielfalt der Fruchtfolge wichtig! Sollte es gelingen, neue (oder alte) Nutzpflanzen züchterisch so zu verbessern und den verfügbaren Standorten anzupassen, daß sie mit genügender Ertragssicherheit und Wirtschaftlichkeit angebaut werden können, wäre dies ein wichtiger Fortschritt.

Gesunde, leistungsfähige Pflanzenbestände sind nur teilweise über eine gesunde Fruchtfolge zu erreichen. Gleiche oder zum Teil sogar größere Bedeutung kommt der **Resistenz** gegen Krankheiten und Schädlinge zu. Gegenüber wichtigen Schadorganismen ist diese über die *Züchtung* zu erreichen. Nach einer Phase einer gewissen Vernachlässigung der Resistenzzüchtung hat man inzwischen die Bedeutung einer möglichst dauerhaften Resistenz wieder voll erkannt (siehe Abschnitt 5.6). Auch der Widerstandsfähigkeit gegen abiotische Belastungen, z. B. durch Frost oder Dürre, wird wieder größere Bedeutung beigemessen; ein gutes **Nährstoff-Aneignungsvermögen** ist hier gleichfalls zu nennen. Die Bemühungen der Züchtungsforschung in die genannten Richtungen sollten weiter intensiviert werden, wobei dies nicht nur für die Hauptkulturen und Zwischenfrüchte des Ackerbaus, sondern auch für den Gemüse- und Obstbau gilt.

Dabei werden nach wie vor die traditionellen Methoden der Pflanzenzüchtung im Vordergrund stehen. Besondere Forschungsfortschritte sind mit Hilfe neuer molekularbiologischer Methoden in den nächsten Jahren im Bereich der *Gentechnologie* zu erwarten. Diese sollte in verantwortungsbewußter Weise so genutzt werden, daß damit Vorteile in Richtung auf eine umweltschonende Landwirtschaft, d. h. einen Integrierten Landbau, erzielt werden können [18]. In diesem Sinne lehnt z. B. die Enquete-Kommission des Bundestages die Herstellung von transgenen Kulturpflanzen ab, die gegen ökologisch und toxikologisch für bedenklich gehaltene Herbizide resistent sind. Dagegen unterstützt die Kommission »vor allem gentechnische Ansätze im Bereich der Züchtung von Resistenzen gegenüber Krankheitserregern und Schädlingen, die auf eine Verminderung der Umweltbelastung durch Agrochemikalien abzielen« [6]. Hier sind gerade in jüngster Zeit auch in der Bundesrepublik Deutschland wichtige Erfolge erzielt worden, wie zum Beispiel mit dem gentechnischen Einbau einer Resistenz der Zuckerrübe gegenüber dem Virus der nekrotischen Adernvergilbung (BNYVV), dem Erreger der Wurzelbärtigkeit (Rhizomania).

Allerdings ist über die Forschung hinaus einiges an Aufklärungsarbeit in der Öffentlichkeit zu leisten, um die oft emotional begründeten Bedenken gegenüber einer »Genmanipulation«, und deren vermeintlichen Risiken abzubauen. Die Forderung nach einer Förderung der Forschung auf diesem Sektor kann im Sinne des Integrierten Landbaues nur unterstützt werden.

Entwicklung bodenschonender Anbauverfahren und Nutzungssysteme

Dieses Forschungsziel ist besonders für solche Standorte von Bedeutung, bei denen eine hohe Gefährdung durch **Bodenerosion** vorliegt. Wenn hier nicht auf den Anbau von Reihenkulturen wie Rüben oder Mais verzichtet werden kann, ist dieser nur mit Hilfe von Verfahren der konservierenden, reduzierten Bodenbearbeitung oder Mulchwirtschaft möglich (siehe Abschnitt 5.3).

Die Lösung noch offener Fragen auf diesem Sektor ist gleichfalls nur über eine konsequente weitere Forschung möglich, wobei es hier besonders auf die Zusammenarbeit zwischen den Disziplinen des Acker- und Pflanzenbaus, der Bodenkunde, des Pflanzenschutzes und der Landtechnik ankommt. Verminderte Bodenbearbeitung darf hier nicht durch einen erhöhten Einsatz von Agrochemikalien, insbesondere Herbiziden, ausgeglichen werden!

Entwicklung »umweltfreundlicher«, nützlingsschonender Pflanzenschutzmittel

Im Bereich der synthetischen Pflanzenschutzmittel wird dies Ziel bereits seit mehreren Jahren verstärkt angestrebt, obwohl es in den Idealforderungen nicht einfach zu erreichen ist. *Umweltfreundlich* heißt hier, Mittel mit möglichst guter, selektiver Wirkung auf den Zielorganismus, aber möglichst geringer Wirkung auf den Menschen oder insgesamt den »Naturhaushalt«, d. h. auf indifferente und nützliche Arten der Pflanzen- und Tierwelt einschließlich der Mikroorganismen. Boden, Wasser und Luft als Bestandteile des Naturhaushaltes sollen gleichfalls möglichst wenig beeinträchtigt werden.

Günstig in dieser Hinsicht wären Wirkstoffe mit schnellem mikrobiellen Abbau, geringer Wasserlöslichkeit und geringer Flüchtigkeit, auch wenn diese Eigenschaften nur schwer miteinander zu kombinieren sind. Ob derartige Forderungen über »biologische Pflanzenschutzmittel« aus Naturstoffen nichtsynthetischer Herstellung leichter zu erreichen sind, bleibt fraglich. Das Prinzip einer »induzierten Resistenz«, bei der mit Hilfe von Stoffwechselprodukten von Mikroorganismen die natürlichen Abwehrreaktionen der Pflanze aktiviert werden, ließe sich bei intensiver Forschung weiter aufklären und im Rahmen des Integrierten Landbaues nutzen. Dies gilt vor allem, wenn die Ansprüche an einen möglichst hohen Wirkungsgrad etwas zurückgenommen werden (siehe Abschnitt 5.9).

Entwicklung und Verbesserung von Diagnose-, Prognose- und Warnsystemen

Um den gezielten Einsatz von Pflanzenschutzmitteln unter Beachtung von Bekämpfungs- und Schadensschwellen zu ermöglichen, bedarf es gleichfalls noch sehr intensiver Forschungsbemühungen. Zwar liegen hier für wichtige Schadorganismen schon gut erprobte Methoden vor, andere sind aber noch zu unsicher und für die Praxis nicht voll ausgereift.

Hochempfindliche Diagnoseverfahren mit spezifischen Antiseren oder Gensonden könnten hier Fortschritte bringen [20, 24]. Rechnergestützte Prognose- und Warnsysteme sind in der Lage, schlagspezifische Parameter und elektronisch gespeicherte Daten mit zu berücksichtigen und dem Landwirt Entscheidungshilfen zu geben. Mit dem Ziel, unnötige chemische Maßnahmen einzusparen, sollten diese Entwicklungen in der Forschung weiter vorangetrieben werden.

Verbesserung der Kenntnisse zur biologischen Regulation von Schädlings- und Nützlingspopulationen in Agrarökosystemen

Derartige Kenntnisse sind die Voraussetzung für eine zielgerichtete Nutzung dieser Beziehungen im Rahmen des Integrierten Landbaues. Dabei ist der Acker als der eigentliche Produktionsstandort nicht isoliert zu sehen. Vielmehr greifen Wechselbeziehungen auch in die Lebensgemeinschaften am Feldrain, in der Hecke oder in Brachflächen mit ein, und sind in vielfältiger Weise miteinander vernetzt (siehe Kapitel 3). Wenn es auch kaum gelingen dürfte, diese Beziehungen immer exakt zu quantifizieren und in ihrer wirtschaftlichen Konsequenz zu bewer-

411

ten, so wären Anhaltswerte und daraus abzuleitende Planungs- und Handlungsempfehlungen schon ein wichtiger Fortschritt.

Die künftige Gestaltung der Agrarlandschaft unter Berücksichtigung vorübergehender oder längerfristiger Flächenstillegungen an geeigneten Standorten könnte diesen Anforderungen jedoch Rechnung tragen und die Fehler früherer Verfahren der Flurbereinigung vermeiden oder beseitigen. Dies gilt besonders für die neuen Länder, in denen die in der früheren DDR besonders rigoros betriebene Ausräumung der Agrarlandschaft rückgängig gemacht werden sollte. Die Notwendigkeit, hier verstärkt ökologische Grundlagenforschung zu betreiben, ist weitgehend erkannt und sollte weiter gefördert werden.

Erschließung neuer Verfahren des Biologischen Pflanzenschutzes

Ohne erhebliche Steigerung der Forschungsanstrengungen sind Fortschritte in diesem Sektor nicht möglich (siehe Abschnitt 5.9). Weltweit ist hier in den letzten Jahren eine starke Intensivierung der Forschung zu beobachten; in der Bundesrepublik Deutschland greift man in den zuständigen Ministerien die Vorschläge zur Forschungsförderung in diesem Bereich unverständlicherweise nur sehr zögernd auf [10, 22]. Hier wird anscheinend vergessen, daß für die industrielle Entwicklung eines synthetischen Pflanzenschutzmittels bis zur Praxisreife derzeit ca. 100 Millionen DM angesetzt werden müssen, andererseits biologische Verfahren der Schädlingsbekämpfung nicht zum Nulltarif zu erreichen sind, sondern ebenfalls umfangreiche Forschungs- und Entwicklungsarbeiten erfordern.

Freilich sollten auch übertriebene Erwartungen gedämpft werden. Nicht in allen Gebieten ist hier mit raschen Forschungserfolgen und der Einführung biologischer Verfahren in die Praxis zu rechnen. Aussichtsreiche Ansätze müssen aber konsequent weiterverfolgt, neue Ansätze müssen gesucht werden. Übertriebene Ansprüche an den Wirkungsgrad biologischer Verfahren sollten jedoch zugunsten der besseren Umweltverträglichkeit zurückgenommen werden.

Entwicklung rechnergestützter Produktions- und Entscheidungsmodelle zur Optimierung von Anbausystemen nach ökonomischen und ökologischen Kriterien

Dies wird in Zukunft gleichfalls ein wichtiger Forschungsbereich zugunsten des Integrierten Landbaues sein können. Allerdings muß die *Zielsetzung* klar sein: Nicht allein die Optimierung der Erträge nach ausschließlich wirtschaftlichen Gesichtspunkten sollte im Vordergrund stehen. Vielmehr sind hier weitere Zielgrößen gleichrangig oder sogar vorrangig einzubeziehen. Dazu gehören die Verminderung der Fremdstoffeinträge, die Reduzierung der Nitratauswaschung, die Beschränkung des Einsatzes von Pflanzenschutzmitteln auf das notwendige, möglichst umweltverträgliche Maß, die Nutzung vorbeugender Maßnahmen zur Verminderung der Schadenswahrscheinlichkeit sowie die Berücksichtigung natürlicher Begrenzungsfaktoren der Vermehrung von Schadorganismen.

Derartige Systeme können aber nur so gut sein, wie unsere Kenntnisse über die angesprochenen Zusammenhänge sind. Sie sind in der richtigen Weise zu verknüpfen, auszuwerten und verfügbar zu machen. Dazu können Simulations- und Entscheidungsmodelle aber einen ganz wichtigen Beitrag liefern, den es im Integrierten Landbau zu nutzen gilt.

Interdisziplinäre Forschung ist erforderlich

Die Kapitel dieses Buches haben eindringlich zu zeigen versucht, daß verschiedene Fachdisziplinen dem Landwirt das erforderliche Rüstzeug an die Hand geben müssen, damit er einen Integrierten Landbau auf seinem Betrieb einführen kann. Die Voraussetzungen dazu müssen durch interdisziplinäre, aufeinander abgestimmte Forschungsvorhaben geschaffen und ständig verbessert werden. Im integrierten Forschungsansatz sind demnach sowohl Spezialisten als auch Generalisten gefragt. Echter wissenschaftlicher Fortschritt, z. B. im agrarökologischen Bereich, in der Diagnostik von Pflanzenkrankheiten oder in Verfahren des biologischen Pflanzenschutzes erfordert hochqualifiziertes Fachwissen, andererseits aber auch den Blick für die praktischen Erfordernisse und Möglichkeiten in der Landwirtschaft sowie im Obst- und Gartenbau. Das Zusammenfügen der verschiedenen Bausteine integrierter Systeme ist dann eine weitere Aufgabe, die Einfühlungsvermögen und Überblick, auch in der Forschungskoordination, erfordert. »Interdisziplinär« bedeutet in diesem Sinne aber gleichfalls die Zusammenarbeit zwischen Wissenschaft, Beratung und Praxis. Nur über eine derartige Zusammenarbeit wird die Agrarforschung Fortschritte erzielen können, die dem Integrierten Landbau, dem Landwirt und auch der Umwelt zugute kommen können.

Literaturverzeichnis

Literatur zu Kapitel 1 (DIERCKS, HEITEFUSS):

[1] Anonym: Abschlußbericht der Projektgruppe »Aktionsprogramm Ökologie«. Umweltbrief **29**, Der Bundesminister des Innern, Bonn, 1983.

[2] Anonym: Umweltprobleme der Landwirtschaft. Sondergutachten des Rates von Sachverständigen für Umweltfragen, Stuttgart und Mainz, 1985.

[3] Anonym: Integrierte Produktionsverfahren im Landbau. Agrarspectrum **9**, 1985.

[4] Anonym: Integrierter Pflanzenbau, Inhalte und Ziele. Fördergemeinschaft Integrierter Pflanzenbau, Bonn, Heft 1, 1987.

[5] BECHMANN, A.: Landbau-Wende, Frankfurt/M., 1987.

[6] BICK, H.: Zwingen ökologische Ziele zu grundlegenden Änderungen der Bewirtschaftung von Acker-Grünland-Wald? In: Landbewirtschaftung und Ökologie, Arbeiten der DLG **172**, 7, Frankfurt/M., 1981.

[7] BÖCKENHOFF, E.; U. HAMM, und M. UMHAU: Analyse der Betriebs- und Produktionsstrukturen sowie der Naturalerträge im alternativen Landbau. Ber. Landwirtsch. **64**, (1), 1, 1986.

[8] BRUGGER, G.: Landbau – alternativ und konventionell. AID-Heft Nr. 70, Bonn, 1984.

[9] DIERCKS, R.: Alternativen im Landbau, 2. Auflage, Ulmer, Stuttgart, 1986.

[10] HABER, W.: Ökologische Aspekte der Landnutzung. Agrarspectrum **2**, 40, 1981.

[11] HABER, W.: Biologischer Umweltschutz. In: Innovationen im Agrarsektor, Agrarspectrum **5**, 385, 1982.

[12] HEITEFUSS, R.: Pflanzenschutz. Grundlagen der praktischen Phytomedizin. 2. Auflage, Thieme, Stuttgart, 1987.

[13] HEITEFUSS, R., W. OTTO-HUNZE, und E. BLUM: NKU-Pflanzenschutz im Ackerbau – Ansatzpunkte für den integrierten Pflanzenschutz im Ackerbau – Versuch einer Bewertung aus einzelbetrieblicher und gesamtwirtschaftlicher Sicht. Schriftenreihe des Bundesministeriums für Ernährung, Landwirtschaft und Forsten. Reihe A: Angew. Wissenschaft, Heft 303, 1984.

[14] HEYDEMANN, R.: Aufbau von Ökosystemen im Agrarbereich und ihre langfristigen Veränderungen. In: Daten und Dokumente zum Umweltschutz **35**, 53, Hohenheim, 1983.

[15] HEYLAND, K. U.: Methodische Ansätze zur Integration von Forschungsergebnissen bei Pflanzenproduktionsverfahren und deren Übertragung in den landwirtschaftlichen Betrieb. In: Fachübergreifende Forschung als Grundlage integrierter Pflanzenanbauverfahren. Forschung und Beratung, Reihe C, **42**, 53, 1985.

[16] KELLER, E. R.: Integrierte Pflanzenproduktion. Schweiz. landwirtschaft. Mh. **63**, 233, 1985.

[17] PRIEBE, H.: Die subventionierte Unvernunft, Berlin, 1985.

[18] SCHRAMM, G. und W. GRABLER: Integrierter Pflanzenbau – eine ökonomisch-ökologische Optimalkombination. Schule und Beratung, Heft 12, III–I, Bayer. Staatsministerium für ELF, München, 1985.

Literatur zu Kapitel 2 (HEITEFUSS):

[1] DIERCKS, R.: Vernetztes Denken – Grundvoraussetzung für die Entwicklung integrierter Landbausysteme. Schweiz. Landw. Fo. **27**, 7, 1988.

[2] Anonym: Integrierter Pflanzenbau, Inhalte und Ziele. Fördergemeinschaft Integrierter Pflanzenbau, Bonn, Heft 1, 1987.

[3] Gesetz zum Schutz der Kulturpflanzen (Pflanzenschutzgesetz – PflSchG) vom 15. September 1986.

[4] GOLDHAMMER, T.: Integrierter Pflanzenbau – Bestandsaufnahme und Vorschläge. Fördergemeinschaft Integrierter Pflanzenbau (FIP), Heft 2, 1987.

[5] HEITEFUSS, R.: Chancen und Risiken integrierter Produktionsverfahren im Landbau aus der Sicht des Pflanzenschutzes. In: Agrarspectrum – Schriftenreihe des Dachverbandes, Band 9: Integrierte Produktionsverfahren im Landbau. Verlagsunion Agrar, 25, 1985.

[6] HEITEFUSS, R.: Pflanzenschutz – Grundlagen der praktischen Phytomedizin. 2. Auflage, Thieme, Stuttgart, 1987.

[7] HEITEFUSS, R., W. OTTO-HUNZE und E. BLUM: NKU – Pflanzenschutz im Ackerbau – Ansatzpunkte für den integrierten Pflanzenschutz im Ackerbau – Versuch einer Bewertung aus einzelbetrieblicher und gesamtwirtschaftlicher Sicht. Schriftenreihe des Bundesministers für Ernährung, Landwirtschaft und Forsten. Reihe A: Angew. Wissenschaft, Heft 303, 1984.

[8] KELLER, E. R.: Integrierte Pflanzenproduktion – Konzept für die Erzeugung gesunder Nahrungs- und Futtermittel. Schweiz. landwirt. Mh. **63**, 233, 1985.

[9] KELLER, E. R. und P. WEISSKOPF: Integrierte Pflanzenproduktion – Ergebnisse einer Standortbestimmung in der Schweiz. ETH Eidgenössische

Technische Hochschule Zürich. Verlag Landwirtschaftl. Lehrmittelzentrale Zollikofen, 1987.

[10] STEINER, H. (Hrsg.): Aktuelle Probleme des Integrierten Pflanzenschutzes. In: Fortschritte im Integrierten Pflanzenschutz, Heft 1, Steinkopff, Darmstadt, 1975.

Literatur zu Kapitel 3 (KNAUER):

[1] ALTENKIRCH, W.: Biologie – Ökologie. Verlag Sauerländer AG, Aarau und Frankfurt a. M. 1977.

[2] ASSMUTH, W., A. BUSCHINGER, J. M. FRANZ, K. GROH und W. TANKE: Nebenwirkungen von Pflanzenschutzmaßnahmen auf die Agrozoozönose von Zuckerrübenkulturen. In: DFG-Forschungsbericht, Herbizide II, 44, VCH-Verlagsges., Weinheim, 1986.

[3] BASEDOW, TH., Ä. BORG und F. SCHERNEY: Auswirkungen von Insektizidbehandlungen auf die epigäischen Raubarthropoden, insbesondere die Laufkäfer (Coleoptera, Carabidae). Entomol. Experiment. Appl., 19, 37, 1976.

[4] BASEDOW, TH., Ä. BORG und F. SCHERNEY: Auswirkungen von Insektizidbehandlungen auf die epigäischen Raubarthropoden in Getreidefeldern, insbesondere die Laufkäfer (Coleoptera, Carabidae). II. Acta Agriculturae Scandinavica, 31, 153, 1981.

[5] BÄTJER, D., R. NESS, J. FEISE und J. VON LÜCKEN: Windschutz in der Landwirtschaft. Teil 1. Aktuelle Fragen des Landbaues. Schriftenreihe der Landwirtschaftskammer Weser-Ems, P. Parey, Berlin, 1967.

[6] BONESS, M.: Die Fauna der Wiesen unter Berücksichtigung der Mahd. Z. Morph. Ökol. Tiere, 42, 225, 1953.

[7] DIERCKS, R.: Einsatz von Pflanzenbehandlungsmitteln und die dabei auftretenden Umweltprobleme. Materialien zur Umweltforschung herausgegeben vom Rat für Sachverständigen für Umweltfragen. W. Kohlhammer GmbH, Stuttgart und Mainz, 1984.

[8] DIERCKS, R.: Vernetztes Denken – Grundvoraussetzung für die Entwicklung integrierter Landbausysteme. Schweiz. Landw. Fo. 27, 7, 1988.

[9] ELLENBERG, H.: Vegetation Mitteleuropas mit den Alpen in ökologischer Sicht. 2. Aufl., Ulmer, Stuttgart, 1978.

[10] HASSAN, S. A.: Nebenwirkungen von Pflanzenschutzmitteln auf Nützlinge. Nachrichtenbl. Deut. Pflanzenschutzdienst (Braunschweig) 36, 6, 1984.

[11] HEINISCH, E., H. PAUCKE, H.-D. NAGEL und D. HANSEN: Agrochemikalien in der Umwelt. VEB Fischer, Jena, 1976.

[12] HEITZMANN, A.: Einsaatstreifen in Getreidefeldern – Förderung von Nützlingen durch gezielte Einsaat und Sukzession innerhalb einer Fruchtfolge. Agro-Ökosysteme und Habitatinseln in der Agrar-Landschaft. Martin-Luther-Universität Halle-Wittenberg, Wiss. Beiträge 1991/6.

[13] HEYLAND, K.-U.: Das Weizenanbauverfahren dargestellt als auf der Basis der Einzelpflanzenentwicklung aufgebautes Flußdiagramm. Kali-Briefe 15, 99, 1980.

[14] KNAUER, N.: Katalog zur Bewertung und Honorierung ökologischer Leistungen der Landwirtschaft. Kongreßbericht 100. VDLUFA-Kongreß, Teil II, 1241, VDLUFA, Darmstadt, 1988.

[15] MAHN, E. G.: Zum Einfluß von Herbiziden auf Agro-Ökosysteme. In: Probleme der Agrogeobotanik. VEB Fischer, Jena, 1975.

[16] MARXEN-DREWES, H.: Kulturpflanzenentwicklung, Ertragsstruktur, Segetalflora und Arthropodenbesiedlung intensiv bewirtschafteter Äcker im Einflußbereich von Wallhecken, Schriftenreihe des Inst. f. Wasserwirtschaft und Landschaftsökologie der Christian-Albrechts-Universität Kiel, Heft 6, Kiel, 1987.

[17] ODUM, E. P.: Grundlagen der Ökologie (Übersetzt und bearbeitet von E. OVERBECK). Thieme, Stuttgart, New York, 1980.

[18] POLLARD, E., M. D. HOOPER und N. W. MOORE: Hedges. William Collins Sons & Co Ltd., Glasgow, 1974.

[19] RAABE, E. W.: Unkraut kommt nicht aus dem Knick. Die Heimat 59, 149, 1952.

[20] SCHMUTTERER, H. und M. GAUDSCHAU: Anlockung von Syrphiden durch künstlich als Ersatz für Unkräuter in Winterweizenbeständen angesäte Phacelie (Phacelia tanacetifolia) und Auswirkung auf Getreideblattläuse. In: DFG-Forschungsbericht, Herbizide II, 115, VCH-Verlagsges., Weinheim, 1986.

[21] STACHOW, U.: Aktivitäten von Laufkäfern (Carabidae, Col.) in einem intensiv wirtschaftenden Ackerbaubetrieb unter Berücksichtigung des Einflusses von Wallhecken. Schriftenreihe des Inst. f. Wasserwirtschaft und Landschaftsökologie der Christian-Albrechts-Universität Kiel, Heft 5, Kiel, 1987.

[22] TISCHLER, W.: Biologie der Kulturlandschaft. G. Fischer, Stuttgart, New York, 1980.

[23] TRAUTZ, D.: Einfluß von Wallhecken auf bodenphysikalische, -chemische und -biologische Parameter angrenzender, im Leebreich liegender intensiv bewirtschafteter Ackerflächen. Schriftenreihe des Inst. f. Wasserwirtschaft und Landschaftsökologie der Christian-Albrechts-Universität Kiel, Heft 8, Kiel, 1988.

Literatur zu Kapitel 4 (KUHLMANN):

[1] AEREBOE, F.: Allgemeine landwirtschaftliche Betriebslehre, 4. Aufl., Berlin, 1919.

[2] Agrarbericht 1991: Agrar- und ernährungspolitischer Bericht der Bundesregierung, Bonn, 1991.

[3] DLG (Hrsg.): Pflichtenheft für die Datenverarbeitung in der Pflanzenproduktion, Informationen aus dem Modellvorhaben »Grundlagen der Softwarequalität«, Frankfurt/M., 1987.

[4] Fördergemeinschaft Integrierter Pflanzenbau: Integrierter Pflanzenbau, Inhalte und Ziele, Bonn, 1991.

[5] GÄFGEN, G.: Allgemeine Wirtschaftspolitik, Kompendium der Volkswirtschaftslehre, Band 2, Göttingen, 1968.

[6] KOESTER, U.: Grundzüge der landwirtschaftlichen Marktlehre. WISO Kurzlehrbücher, Reihe Volkswirtschaft, München, 1981.

[7] KTBL (Hrsg.): Standarddeckungsbeiträge 1989/90 und Rechenwerte zur Betriebssystematik für die Landwirtschaft, Darmstadt, 1991.

[8] KUHLMANN, F.: Entnahmefähige Einkommen in wachsenden landwirtschaftlichen Unternehmen. Gießener Schriften zur Agrar- und Ernährungswirtschaft, Heft 1, Frankfurt/M., 1971.

[9] KUHLMANN, F.: Einführung in die Betriebswirtschaftslehre für den Agrar- und Ernährungsbereich. Frankfurt/M., 1978.

[10] KUHLMANN, F.: Fruchtfolge und Bodenfruchtbarkeit aus der Sicht der Agrarwissenschaften – aus der Sicht der landwirtschaftlichen Betriebslehre. Fruchtfolge und Bodenfruchtbarkeit – Eine Zwischenbilanz –, Arbeitsunterlagen der DLG, Frankfurt/M., 1988.

[11] KUHLMANN, F.: Betriebswirtschaftliche Aspekte von Umweltauflagen in Wasserschutzgebieten. Z. f. Kulturtechnik und Landentwicklung **30,** 1989.

[12] SEIDENFUS, H. ST.: Sektorale Wirtschaftspolitik. Kompendium der Volkswirtschaftslehre, Band 2, Göttingen, 1968.

[13] STAMER, H.: Agrarpolitik Aktuell. Frankfurt/M., 1983.

[14] STEFFEN, G. und D. BORN: Betriebs- und Unternehmensführung in der Landwirtschaft, Uni-Taschenbücher 1423, Stuttgart, 1987.

[15] THAER, A.: Grundsätze der rationellen Landwirtschaft. 1. Band, 2. wohlfeilere Ausgabe, Berlin, 1821.

[16] TUCHTFELDT, E.: Wirtschaftspolitik. Handwörterbuch der Wirtschaftswissenschaft, ungekürzte Studienausgabe, Stuttgart, New York, Tübingen, Göttingen, 1988.

[17] WEHRMANN, J. und H. C. SCHARPF: Nitrat in Grundwasser und Nahrungspflanzen. AID-Heft 1136, Bonn, 1988.

[18] WÖHLKEN, E.: Einführung in die landwirtschaftliche Marktlehre. Uni-Taschenbücher 793, Stuttgart, 1979.

Literatur zu den Abschnitten 5.1–5.5
(BAEUMER):

[1] ASMUS, F., H. GÖRLITZ und CL. HÜBNER: Einfluß unterschiedlicher Düngung auf Ertrag und Nähr-

stoffgehalt von Getreidestroh. Arch. Acker – Pflanzenb. Bodenkd. **29,** 435, 1985.

[2] BAEUMER, K.: Verfahren zur Verminderung der Bodenerosion in spät schließenden Reihenfrüchten auf lößbürtigen Böden. In: Forsch. Zentrum Bodenfruchtbarkeit Müncheberg, Bericht: Erhöhung der Bodenfruchtbarkeit und der Erträge durch wissenschaftlichen Fortschritt, 389, 1988.

[3] BAEUMER, K. und U. KOEPKE: Effects of nitrogen fertization. In: BAEUMER, K. und W. EHLERS (Ed.): Energy saving by reduced soil tillage. Publ. ECC, EUR 11258, 145, 1989.

[4] BAUCHHENSS, J.: Die Bodenfauna landwirtschaftlich genutzter Flächen. Akademie Naturschutz, Landschaftspflege (Laufen): Laufener Seminarbeiträge **7/86,** 18, 1986.

[5] BAUMGÄRTEL, G., TH. ENGELS und H. KUHLMANN: Wie kann man ordnungsgemäße N-Düngung überprüfen? DLG-Mitt. **104,** 472, 1989.

[6] BLEVINS, R. L., G. W. THOMAS and R. E. PHILIPS: Moisture relationships and nitrogen movement in no-tillage and conventional corn production. Proc. No-Tillage Syst. Symp. 1972, 140, 1972.

[7] BRUIN, P. and J. A. GROOTHENHUIS: Interrelation of nitrogen, organic matter, soil structure and yield. Stikstof **12,** 175, 1968.

[8] CLAUPEIN, W.: Persönl. Mitteilung, 1989.

[9] DARWINKEL, A.: Grain production of winter wheat in relation to nitrogen and diseases. I Relationship between nitrogen dressing and yellow rust infection. Z. Acker-, Pflanzenb. **149,** 299, 1980.

[10] DÖRING, M.: Häufigkeit und mögliche Schadwirkung von Collembolen bei Zuckerrüben in Abhängigkeit von Verfahren der Bodenbearbeitung. Diplomarbeit Landw. Fakultät Göttingen, 1981.

[11] DOWDELL, R. C., R. CREES, J. R. BURFORD and R. Q. CANELL: Oxygen concentrations in a clay soil after ploughing or direct drilling. J. Soil Sci. **30,** 239, 1979.

[12] EHLERS, W.: Persönl. Mitteilung, 1981.

[13] EHLERS, W.: Bodenstruktur und Wasserhaushalt im bearbeitungsfreien Ackerbau auf Löß-Parabraunerde. Mitt. Dtsch. Bodenkundl. Ges. **19,** 86, 1974.

[14] EHLERS, W.: Observations on earthworm channels and infiltration on tilled and untilled loess soil. Soil Sci. **119,** 224, 1975.

[15] EICH, D. und H. E. FREYTAG: Versorgung der Böden mit organischer Substanz. FZB-Report 1983, Müncheberg, 5, 1984.

[16] EICH, D., M. KÖRSCHENS und Mo. FRIELINGHAUS: Versorgung der Böden mit organischer Substanz. FZB-Report 1984, Müncheberg, 6, 1985.

[17] Förster, P.: Einfluß der Bodenbearbeitung und Anwendung von Carbofuran auf die Jugendentwicklung von Zuckerrüben und auf Fraßschäden von Collembolen. Diplomarbeit Landw. Fakultät Göttingen, 1986.

[18] GERARD, B. M. and R. K. HAY: The effect on

earthworms of ploughing, tined cultivation, direct drilling and nitrogen in a barley monoculture system. J. Agric. Sci. **93**, 147, 1979.

[19] GILLIAM, J. W. and G. D. HOYT: Effect of conservation tillage on fate and transport of nitrogen. In: LOGAN, T. J., J. M. DAVIDSON, J. L. BAKER and M. R. OVERCASH (Ed.): Effect of conservation tillage on groundwater quality – nitrates and pesticides, 217, Lewis Publ. Inc., Chelsea, Mich. U.S.A., 1987.

[20] GLIEMEROTH, G. und E. KÜBLER: Untersuchungen an unterschiedlich getreidestarken Fruchtfolgen auf fünf Standorten. II: Ertragsbildung und Fußkrankheiten von Winterweizen bei steigenden Stickstoffgaben sowie Einsatz systemischer Fungizide. Z. Acker-, Pflanzenbau **137**, 153, 1973.

[21] GUTSER, R. und K. VILSMEIER: Stickstoffmineralisation von Zwischenfrüchten im Modellversuch. Kali-Briefe **19**, 213, 1988.

[22] HARROLD, L. L. and W. M. EDWARDS: A severe rainstorm test of no-till corn. J. Soil Water Cons. **27**, 1972.

[23] HAY, R. K. M.: Effects of tillage and direct drilling on soil temperature in winter. J. Soil Sci. **28**, 403, 1977.

[24] HAY, R. K. M., J. C. HOLMES and E. A. HUNTER: The effects of tillage, direct drilling and nitrogen fertilizer on soil temperature under a barley crop. J. Soil Sci. **29**, 174, 1978.

[25] HILGENDORF, S.: Anbau von Zuckerrüben mit reduzierter Bodenbearbeitung – Beobachtungen an einem Feldversuch: Tierische Schädlinge. Diplomarbeit Landw. Fakultät Göttingen, 1983.

[26] HORN, R.: Auswirkung unterschiedlicher Bodenbearbeitung auf die mechanische Belastbarkeit von Ackerböden. Z. Pflanzenernährung, Bodenkd. **149**, 9, 1986.

[27] KARCH, K.: Vergleich von Ackerfruchtfolgen und Folgen mit unterschiedlichem Kleegrasanteil im Fruchtfolgeversuch Bärenrode. In: Dt. Akad. Landwirtschaftswiss. Berlin, Tagungsber. **72**, 111, 1966.

[28] KELLER, E. R., W. STURNY, P. WEISSKOPF und F. SCHWENDIMANN: Was schadet der Ertragsfähigkeit des Bodens? Landfreund **7**, 1987.

[29] KIRCHBERG, TH.: Wirkung einer Gülledüngung im Frühjahr auf Ertrag und Qualität der Zuckerrübe sowie auf die Folgefrucht Winterweizen unter Berücksichtigung des N-Umsatzes im Boden. Dissertation Landw. Fakultät Göttingen, 1988.

[30] KÖLLER, K.: Bodenbearbeitung ohne Pflug. Hohenheimer Arbeiten **112**, 1981.

[31] KÖPKE, U.: Ein Vergleich von Feldmethoden zur Bestimmung des Wurzelwachstums landwirtschaftlicher Kulturpflanzen. Dissertation Landw. Fakultät Göttingen, 1979.

[32] KÖPKE, U.: Symbiotische Stickstoff-Fixierung und Vorfruchtwirkung von Ackerbohnen (*Vicia faba* L.). Habilitations-Schrift Landw. Fakultät Göttingen, 1987.

[33] KUNDLER, P., M. SMUKALSKI, R. HERZOG und M.

SEEBOLDT: Auswirkungen von Stoppelfruchtgründüngung und unterschiedlicher Bodenbearbeitung auf Bodenfruchtbarkeitskennziffern, Unkrautbesatz und Erträge eines sandigen Bodens bei Getreidedaueranbau. Arch. Acker – Pflanzenb. Bodenkd. **29**, 157, 1985.

[34] LAWANE, G.: Mengenveränderung der organischen Bodensubstanz bei unterschiedlicher Bearbeitungsintensität. Dissertation Landw. Fakultät Göttingen, 1984.

[35] LEUSCH, H.-J. und H. BUCHENAUER: Einfluß von Bodenbehandlungen mit siliziumreichen Kalken und Natriumsilikat auf den Mehltaubefall von Weizen. Kali-Briefe **19**, 1, 1988.

[36] MÄRLÄNDER, B.: Persönl. Mitteilung, 1989.

[37] MAHN, E.-G.: Changes of structure of weed communities affected by agrochemicals – what role does nitrogen play? Ecological Bull. **39**, 71, 1988.

[38] NIETH, K.: Nichtwendende Bodenlockerung mit dem Parapflug im Vergleich zu konventioneller und reduzierter Bearbeitung: Infiltration von simuliertem Starkregen. Diplomarbeit Landw. Fakultät Göttingen, 1988.

[39] PAWLIZKI, K.-H.: Auswirkungen abgestufter Produktionsintensitäten auf die Aktivitätsabundanz von Feldcarabiden (Coleoptera, Carabidae) sowie auf die Selbstregulation von Agrarökosystemen. Bayer. Landw. Jb. **61**, Sh. 2, 11, 1984.

[40] PETELKAU, H., M. DANNOWSKI, R. GÄTKE und K. SEIDEL: Bodenbearbeitungssteuerung. FZB-Report 1983, Müncheberg, 21, 1984.

[41] POMMER, G., TH. BECK, H. BORCHERT und U. HEGE: Auswirkung von Zwischenfruchtbau und Strohdüngung auf Ertragsleistung, Bodenstruktur und Bodenmikroorganismentätigkeit in einseitigen Getreidefruchtfolgen. Bayer. Landw. Jb. **59**, 718, 1982.

[42] POMMER, G., P. BEHRINGER, L. FÜRST und K. FINK: Über den Befall mit Getreidezystenälchen in Abhängigkeit von Fruchtfolge und Zwischenfruchtbau. Bayer. Landw. Jb. **61**, 1042, 1984.

[43] PRUMMEL, J.: Effect of soil structure on phosphate nutrition of crop plants. Neth. J. Agric. Sci. **23**, 62, 1975.

[44] RADEMACHER, B. und A. FLOCK: Untersuchungen über die Anwendung von Kalkstickstoff und Feinkainit gegen Ackerunkräuter der Lehm- und Sandböden. Z. Acker-Pflanzenbau **94**, 1, 1952.

[45] SOMMER, C., M. ZACH und K. KORTE: Mit konservierender Bodenbearbeitung mehr Bodenschutz im Zuckerrübenbau. Die Zuckerrübe **36**, 58, 1987.

[46] SPIERTZ, J. H. J. and L. SIBMA: Dry matter production and nitrogen utilization in cropping systems with grass, lucerne and maize. Neth. J. Agric. Sci. **34**, 25, 1986.

[47] STEINBRENNER, K. und U. OBENAUF: Untersuchungen zur Anbauphase von Winterweizen. Arch. Acker-Pflanzenbau, Bodenkd. **32**, 57, 1988.

[48] TEBRÜGGE, F.: Reduzierte Bodenbearbeitung zu Zuckerrüben. Die Zuckerrübe **36,** 204, 1987.

[49] WIECHERT, A.: Strohrotte in einem Mulchverfahren in Abhängigkeit von der Strohzerkleinerung – Beobachtungen an einem Feldversuch 1987/88. Diplomarbeit Landw. Fakultät Göttingen, 1989.

[50] WILDENHAYN, M.: Persönl. Mitteilung, 1989.

[51] WOLFGARTEN, H. J., H. FRANKEN und W. ALTENDORF: Einfluß der Anbautechnik bei Zuckerrüben auf Bodenerosion und Ertrag. Mitt. Dt. Bodenkundl. Gesellsch. **53,** 343, 1987.

[52] WÜNSCHER, CH.: Über den Einfluß der Düngung auf Leistung und Gesundheit der Kartoffel. Z. Acker-, Pflanzenb. **94,** 377, 1952.

Literatur zu Abschnitt 5.6 (KEYDEL):

[1] BAUMER, M.: Neue Ergebnisse mit Sortenmischungen bei Sommergerste. top agrar **2,** 82, 1983.

[2] CHIN, K. M. und M. S. WOLFE: The spread of *Erysiphe graminis* f. sp. *hordei* in mixtures of barley varieties. Plant Pathol. **33,** 89, 1984.

[3] EBERT, D., U. HENGSTMANN, H. ZIMMERMANN und A. REICHEL: Stabilisierung der Sommergersteerträge durch Anbau von Sortenmischungen. Feldwirtschaft **25,** 254, 1984.

[4] FISCHBECK, G.: Gerste. In HOFFMANN, MUDRA, PLARRE: Lehrbuch der Züchtung landwirtschaftlicher Kulturpflanzen, Bd. 2, Berlin und Hamburg, 1985.

[5] FISCHBECK, G., K. U. HEYLAND und N. KNAUER: Spezieller Pflanzenbau. Ulmer, Stuttgart, 1975.

[6] HEPTING, K.: Mais. In: Die Landwirtschaft, Bd. 1, Pflanzliche Erzeugung, BLV, München, 324, 1987.

[7] HEUN, M. und G. FISCHBECK: Weizen-Sortenmischungen aufbauen. Pflanzenschutz-Praxis, Heft 2, 28, 1987.

[8] HEYLAND, K. U. und S. SOLANSKY: Energieeinsatz und Energienutzung im Bereich der Pflanzenproduktion. In: Agrarwirtschaft und Energie. Ber. über Landwirtschaft, 195. Sonderheft, 15, 1979.

[9] LIMPERT, E.: Gerstenmehltau: Pflanzenschutzstrategie überdenken. Pflanzenschutz-Praxis, Heft 2, 18, 1986.

[10] LIMPERT, E. und G. FISCHBECK: Distribution of virulence and of fungicide in the European barley mildew population. Commission of European Communities. Contributions of participants for the workshop in Weihenstephan, 4.–6. November 1986.

[11] LIMPERT, E. und E. SCHWARZBACH: Entwicklung der Häufigkeit wichtiger Virulenzfaktoren in der österreichischen Gerstenmehltaupopulation im Zeitraum 1979–1981. Bericht Arbeitstagung Gumpenstein, 32, 109, 1981.

[12] LIMPERT, E., F. G. FELSENSTEIN und D. ANDRIVON: Analysis of Virulence in Populations of Wheat Powdery Mildew in Europe. J. Phytophathol. **120,** 1, 1987.

[13] MUNZERT, M.: Kartoffeln. In: Die Landwirtschaft, Bd. 1, Pflanzliche Erzeugung, BLV, München, 346, 1987.

[14] POMMER, G.: Winterweizen-Sortenversuche auf alternativ bewirtschafteten Betrieben – Dreijährige Auswertung (1982–1984). Kali-Briefe **17**(8), 619, 1985.

[15] SCHRAMM, G.: Integrierter Pflanzenbau – Begriff, Inhalt und Ziele. Fortbildungsmaßnahme der Staatlichen Führungsakademie für Ernährung, Landwirtschaft und Forsten, München, 1987.

[16] SCHRAMM, G. und F. KEYDEL: Resistenzzüchtung als Teil des Integrierten Pflanzenbaues. Schule und Beratung, Bayer. Staatsministerium für ELF, München Heft 6, III-1, 1983.

[17] SCHRAMM, G. und F. STRASS: Erhaltung der Resistenz von Getreidesorten als Beratungsaufgabe. Schule und Beratung, Bayer. Staatsministerium für ELF, München, Heft 7, III-9, 1984.

[18] SCHWARZBACH, E.: Viellliniensorten und Sortengemische. Vortr. Pflanzenzüchtung 1, 73, 1982.

[19] STRASS, F. und G. ZIMMERMANN: Weizen. Jahresbericht 1983/84 der Bayer. Landesanstalt für Bodenkultur und Pflanzenbau Freising-München, 32, 1985.

[20] STRICKER, H. W.: Qualitäts- und Sortenfragen bei den Kartoffeln als Rohstoff in der kartoffelverarbeitenden Industrie. Kartoffelbau **34,** 36, 1983.

[21] WOLFE, M. S.: Some practical implications of the use of cereal variety mixtures. In: Plant Disease Epidemiology (F.d. by P. R. SCOTT and H. BAINBRIDGE), Blackwell Scientific Publications, Oxford, 201, 1978.

[22] WOLFE, M. S. and J. A. BARRETT: The influence and management of host resistance on control of powdery mildew on barley. In: Barley Genetics III, Proceedings of the Third International Barley Genetics Symposium, Garching 1975, 433, 1976.

[23] WOLFE, M. S. and J. A. BARRETT: The agricultural value of variety mixtures. In: Barley Genetics IV, Proceedings of the Fourth International Barley Genetics Symposium, Edinburgh 1981, 435, 1981.

[24] ZIMMERMANN, G. und G. POMMER: Zur Effektivität der Stickstoffverwertung in Kulturpflanzen. Kali-Briefe **16**(3), 151, 1982.

Literatur zu Abschnitt 5.7 (DIERCKS, HEITEFUSS):

[1] AMMON, H. U. und H. U. DIERAUER: Anforderungen an die Wirksamkeit integrierter Unkrautbekämpfungsmaßnahmen im Mais- und Getreidebau hinsichtlich der Herbizidresistenz. Mitt. Schweiz. Landwirtsch. **34,** 7, 1986.

[2] Anonym: Integrierter Pflanzenschutz. AID-Heft, Nr. 32, Bonn, 1986.

[3] Anonym: Kosten sparen im Pflanzenschutz. AID-Heft Nr. 425, Bonn, 1979.

[4] Anonym: Umweltgutachten 1978. Der Rat von Sachverständigen für Umweltfragen, Verlag W. Kohlhammer GmbH, Stuttgart und Mainz, 1978.

[5] BARTELS, J., W. WAHMHOFF und R. HEITEFUSS: So kann der Praktiker Schadensschwellen feststellen. DLG-Mitt. **98,** 270, 1983.

[6] BASEDOW, TH.: Die natürlichen Feinde der Getreideblattläuse (Hom., Aphidiae) und ihre Bedeutung im Rahmen der Bekämpfungsentscheidung bei Winterweizen. Gesunde Pflanzen **36,** 100, 1984.

[7] BEER, E.: Bekämpfungsschwelle für Blatt- und Ährenkrankheiten bei unterschiedlich widerstandsfähigen Sorten als Elemente des Integrierten Pflanzenschutzes in verschiedenen Winterweizenanbausystemen. Gesunde Pflanzen **10,** 323, 1991.

[8] BODE, E.: Begrenzung der Massenvermehrung von Getreideblattläusen durch Spritzbrühen mit vermindertem Aphizidgehalt als Beitrag zum Konzept des integrierten Pflanzenschutzes. Mitt. Biol. Bundesanst. Land- und Forstwirtsch. Berlin-Dahlem, Heft 203, 80, 1981.

[9] BUHL, C. und F. SCHÜTTE: Prognose wichtiger Pflanzenschädlinge in der Landwirtschaft. P. Parey, Berlin und Hamburg, 1971.

[10] DUEFER, B.: Ursachen ungenügender Wirkungen von substituierten Phenylharnstoffen bei der Bekämpfung von *Alopecurus myosuroides* Huds auf hochgradig verseuchten Standorten norddeutscher Marschböden. Diss. Georg-August-Univ., Göttingen, 1991.

[11] FEHRMANN, H. und H. SCHRÖDTER: Ökologische Untersuchungen zur Epidemiologie von *Cercosporella herpotrichoides*. Phytopath. Z. **74,** 161, 1972.

[12] FRANZ, J. M.: Das Konzept des Integrierten Pflanzenschutzes. Gesunde Pflanzen **30,** 177, 1978.

[13] GALLI, P. und H. STEINER: Die Prüfung der Wirkung von Insektiziden auf Nützlinge. Bedeutung für den integrierten Pflanzenschutz im Apfelbau. Erwerbsobstbau **25,** 302, 1983.

[14] GUTSCHE, V.: Stand und Tendenzen der deutschen Pflanzenschutzforschung auf dem Gebiet der Prognose und Modellierung. Mitt. Biol. Bundesanst. Land- und Forstwirtsch. Berlin-Dahlem, **279,** 45, 1992.

[15] HASSAN, S. A., R. ALBERT, F. BIGLER, P. BLAISINGER, H. BOGENSCHÜTZ, E. BOLLER, J. BRUN, P. CHIVERTON, P. EDWARDS, W. D. ENGLERT, P. HUANG, C. INGELSFIELD, E. NATON, P. A. OOMEN, W. P. J. OVERMEER, W. RIECKMANN, L. SAMSOE-PETERSEN, A. STÄUBLE, J. J. TUSET; G. VIGGIANI und G. VANWELTSWINKEL: Results of the third joint pesticide testing programme by the IOBC/WPRS-Working Group »Pesticides and Benificial Organisms«. J. Appl. Entomol. **103,** 92, 1987.

[16] HEITEFUSS, R.: Pflanzenschutz. Grundlagen der praktischen Phytomedizin. 2. Auflage, Thieme, Stuttgart, 1987.

[17] HEITEFUSS, R., W.-D. IBENTHAL, und W. WAHMHOFF: Unkrautbekämpfung nach Schadensschwellen im Getreidebau. AID-Heft Nr. 138, Bonn, 1984.

[18] HEITEFUSS, R., K. KÖNIG, A. OBST und M. RESCHKE: Pflanzenkrankheiten und Schädlinge im Ackerbau. 3., erweiterte Aufl., DLG-Verlag, Frankfurt, 1993.

[19] HEITEFUSS, R., J. KUHLMANN und B. SPRINGER: Gezielter Einsatz von Herbiziden und Fungiziden im intensiven Getreidebau. Gesunde Pflanzen **40,** 126, 1988.

[20] HELLPAG, C. und H. SCHMUTTERER: Untersuchungen zur Wirkung verminderter Pirimor-Konzentrationen auf Erbsenblattläuse *(Acyrthrosiphon pisum)* und natürliche Feinde. Z. angew. Entomol. **94,** 246, 1982.

[21] HOFFMANN, G. M., J. A. VERREET und F. W. KREMER: Konzeption und Methode für eine zukunftsorientierte, gezielte Bekämpfung von Blatt- und Ährenkrankheiten an Getreide. Gesunde Pflanzen **11,** 438, 1988.

[22] HOFFMANN, G. M., J.-A. VEERET und J. HABERMEYER: Entwicklung und Einführung des »Weizenmodell Bayern« im Rahmen des Integrierten Pflanzenschutzes. Gesunde Pflanzen **10,** 333, 1991.

[23] HOLLNAGEL, J. und H. FISCHER: Effektive Wege zur Nutzung des Bandspritzverfahrens bei der chemischen Unkrautbekämpfung in Beta-Rüben. Nachrichtenbl. Dt. Pflanzenschutzd. (Berlin) **36,** 105, 1982.

[24] KEES, H.: Hacken + Bandspritzung sinnvoll? Der Saatmais (Pioneer), 8, 1987.

[25] KEES, H. und A. LUTZ: Zur Problematik der Triazinresistenz bei Samenunkräutern im Mais und in gärtnerischen Kulturen. Gesunde Pflanzen **43,** 216, 1991.

[26] KUO-SELL, H. L. und G. EGGERT: Evaluierung der Wirkung von Parasitoiden auf die Populationsentwicklung von Getreideblattläusen durch Vergleich zwischen Mumifizierungs- und Parasitierungsrate in Winterweizen. Z. Pflanzenkrankh. Pflanzenschutz **94,** 178, 1987.

[27] LAUENSTEIN, G.: Schwellenwerte für die Bekämpfung tierischer Schädlinge in Ackerbaukulturen und auf Grünland. KTBL Arbeitsblatt Nr. 0239, 1992.

[28] MANTINGER, H. und H. GASSER: Streifenbehandlungen in jungen Obstanlagen. Obstbau – Weinbau **24,** 152, 1987.

[29] MICHEL, H. G.: Versuche zur Prüfung der Wirksamkeit reduzierter Pflanzenschutzmittelmengen im Apfelanbau. Nachrichtenbl. Deut. Pflanzenschutzd. (Braunschweig) **29,** 82, 1977.

[30] MUNZEL, L., W. WAHMHOFF und R. HEITEFUSS:

Überprüfung und Weiterentwicklung eines Schadensschwellenmodells zur gezielten Unkrautbekämpfung im Winterraps. Z. Pflanzenkrankh. Pflanzensch. Sonderh. XIII, 205, 1992.

[31] NATON, E.: Vorsicht – chemische Keule schädigt Nützlinge. Deutsche Landtechnische Zeitung (dlz), Nr. 4, 55, 1989.

[32] POEHLING, H. M.: Nützlinge schonen – aber wie? Pflanzenschutz-Praxis, Heft 2, 14, 1987.

[33] RADTKE, W.: Überlegungen zum Fungizid-Einsatz in Wintergetreide unter dem Aspekt der Resistenzproblematik in Niedersachsen. Gesunde Pflanzen **40**, 152, 1988.

[34] SCHIFF, H. und H. SCHRÖDTER: Untersuchungen über die Treffsicherheit der Negativ-Prognose zur zeitgerechten Bekämpfung der Kraut- und Knollenfäule der Kartoffel. Kali-Briefe **17**, 163, 1984.

[35] SIEBRASSE, G. und H. FEHRMANN: Ein erweitertes Modell zur praxisgerechten Bekämpfung des Erregers der Halmbruchkrankheit *Pseudocercosporella herpotrichoides* in Winterweizen. Z. Pflanzenkrankh. Pflanzenschutz **94**, 137, 1987.

[36] STORCK-WEYHERMÜLLER, S.: Untersuchungen über die Wirkung niedriger Dosierungen selektiver Insektizide auf Getreideblattläuse und deren natürliche Feinde. Mitt. Biol. Bundesanst. Land- und Forstwirtsch. Berlin-Dahlem, Heft 223, 278, 1984.

[37] THIEDE, H.: Taschenbuch des Pflanzenarztes. Landwirtschaftsverlag GmbH, Münster-Hiltrup, 38. Folge, 1989.

[38] ULRICH, J. und H. SCHRÖDTER: Das Problem der Vorhersage des Auftretens der Kartoffelfäule *(Phytophthora infestans)* und die Möglichkeit seiner Lösung durch eine »Negativprognose«. Nachrichtenbl. Deut. Pflanzenschutzd. (Braunschweig), **18**, 33, 1966.

[39] UNGER, J. G., K. SCHORN-KASTEN und G. WOLF: ELISA-Test hilft bei der Halmbruchbekämpfung. Pflanzenschutz-Praxis, Heft 2, 41, 1990.

[40] VOLK, TH. und J. FRAHM: Strategien zur Bekämpfung von Pilzkrankheiten im Ackerbau. Gesunde Pflanzen **2**, 39, 1991.

[41] WAHMHOFF, W. und R. HEITEFUSS: Kosten sparen durch gezielten Pflanzenschutz? top-agrar **2**, 72, 1987.

[42] WEIHOFEN, U., G. SIEBRASSE und H. FEHRMANN: Die »Wetterstation« im Winterweizen. Pflanzenschutz-Praxis, Heft 1, 6, 1987.

[43] WETZEL, TH., F. HOLZ und A. STARK: Bedeutung von Nützlingspopulationen bei der Regulation von Schädlingspopulationen in Getreidebeständen. Nachrichtenbl. Deut. Pflanzenschutzd. (Braunschweig) **39**, 1, 1987.

[44] WOLF, G., J. WEINERT, B. HOLTSCHULTE und J.-G. UNGER: Halmbruchdiagnose mit Mikroskop. Pflanzenschutz-Praxis, Heft 1, 32, 1988.

Literatur zu Abschnitt 5.8 (HOFFMANN):

[1] APPEL, J.: Unkrautregulierung ohne Herbizide. Schriftenreihe »Lebendige Erde«, Darmstadt, 1979.

[2] BEUERMANN, H.: Experimentelle Überprüfung der thermischen Unkrautbekämpfung bei den Gemüsearten Möhre, Rote Beete und Zwiebel unter besonderer Berücksichtigung der Fahrgeschwindigkeit und deren Wirkung auf die Unkräuter und die bodennahe Temperatur. Diplomarbeit FH Osnabrück, 1985.

[3] ESTLER, M.: Schare rücken dem Unkraut zu Leibe. Bayer. Landw. Wochenblatt **175**, Nr. 18, 22 u. 24, 1985.

[4] HOFFMANN, M.: Abflammtechnik. KTBL-Schrift Nr. 331, 4. Aufl., Hiltrup, 1989.

[5] HOFFMANN, M. und B. GEIER (Hrsg.): Beikrautregulierung statt Unkrautbekämpfung. In: Alternative Konzepte, Nr. 58, Karlsruhe, 1987.

[6] HOFFMANN, M. und W. REIMANN: Ratgeber für den biologischen Landbau. Hrsg.: G. Siebeneicher, München, 1985.

[7] HOFFMANN, M.: Mechanische Unkrautbekämpfung. RKL-Schrift, 1991.

[8] KEES, H.: Unveröffentlichtes Vortragsmanuskript. München, 1984.

[9] KOCH, W.: Unkrautbekämpfung. Ulmer, Stuttgart, 1970.

[10] KOCH, W. und K. HURLE: Grundlagen der Unkrautbekämpfung. Ulmer, Stuttgart, 1977.

Literatur zu Abschnitt 5.9
(KLINGAUF, SCHÖNBECK):

[1] ALBERT, R. und K. SCHRAMEYER: Persönliche Mitteilungen, 1989.

[2] ALDRICH, J. und R. BAKER: Biological control of *Fusarium roseum* f. sp. *dianthi* by *Bacillus subtilis*. Pl. Dis. Reptr. **54**, 446, 1970.

[3] COLYER, P. D. und M. S. MOUNT: Bacterization of potatoes with *Pseudomonas putida* and its influence on postharvest soft rot diseases. Pl. Dis. **68**, 703, 1984.

[4] DEHNE, H. W.: Interactions between vesicular-arbuscular mycorrhizal fungi and plant pathogens. Phytopathology **62**, 1119, 1982.

[5] DEHNE, H. W.: Unveröffentlichte Daten.

[6] DICKLER, E. und J. HUBER: Das Apfelwickler-Granulosevirus: Ein neuer Weg in der Obstmadenbekämpfung. Obstbau (Südtirol) **21**, 63; Nachtrag **21**, 112, 1984.

[7] FRANZ, J. M. und A. KRIEG: Biologische Schädlingsbekämpfung. 3., neubearb. Aufl. P. Parey, Berlin und Hamburg, 252 S., 1982.

[8] GEELS, F. P. und B. SCHIPPERS: Selection of antagonistic fluorescent *Pseudomonas* spp. and their root colonization and persistence following treatment of seed potatoes. Phytopath. Z. **108**, 193, 1983.

[9] GRAINGE, M., S. AHMED, W. C. MITCHELL und J. W. HYLIN: Plant species reportedly possessing pest-control properties – an EWC/UH database. East-West Center, Honolulu, Hawaii, 249 S., 1985.

[10] HADAR, Y., I. CHET und Y. HENIS: Biological control of Rhizoctonia solani damping off with wheat bran culture of Trichoderma harzianum. Phytopathology 69, 64, 1979.

[11] HASAN, S.: Industrial potential of plant pathogens as biocontrol agents of weeds. Symbiosis 2, 151, 1986.

[12] HASSAN, S. A.: Massenproduktion und Anwendung von Trichogramma. Gesunde Pflanzen 36, 40, 1984.

[13] HASSAN, S. A. und E. MEYER: Biologische Schädlingsbekämpfung im Gewächshaus. AID-Heft 30, 1983.

[14] KERR, A.: Biological control of crown gall through production of agrocin 84. Pl. Dis. 64, 24, 1980.

[15] KREUTER, M.-L.: Der Bio-Garten, Gemüse, Obst und Blumen naturgemäß angebaut. – 4. Aufl. BLV Verlagsgesellschaft, München, Wien, Zürich, 399 S., 1982.

[16] KRIEG, A. und A. M. HUGER (Bearb.): Symposium in memoriam Dr. ERNST BERLINER anläßlich des 75. Jahrestages der Erstbeschreibung von Bacillus thuringiensis. Darmstadt, 25. Aug. 1986. Mitt. Biol. Bundesanst. Land- und Forstwirtsch. Berlin-Dahlem, Heft 233, 111 S., 1986.

[17] MOERICKE, V.: Über das Farbensehen der Pfirsichblattlaus (Myzodes persicae Sulz.). Z. Tierpsychol. 7, 265, 1950.

[18] NEUFFER, G.: Die biologische Schädlingsbekämpfung zwischen Erwartung und Wirklichkeit in der Bundesrepublik Deutschland. Gesunde Pflanzen 35, 19, 1983.

[19] PAPAVIZAS, G. C. und C. B. DAVEY: Rhizoctonia disease of bean as affected by decomposing green plant materials and associated microfloras. Phytopathology 50, 516, 1960.

[20] PEDERSEN, O. C., J. REITZEL und L. STENGAARD-HANSEN: Pflanzen natürlich schützen – Nützlinge in Treibhaus und Garten. W. Krüger und S. Fischer, Frankfurt, 118 S., 1986.

[21] SCHMUTTERER, H. und K. R. S. ASCHER: Natural pesticides from the neem tree (Azadirachta indica A. Juss) and other tropical plants. Proceedings of the 2nd Internat. Neem Conference, Rauischholzhausen FRG, 25–28 May, 1983. TZ-Verlagsgesellschaft mbH, Roßdorf (Schriftenreihe der GTZ 161), 587 S., 1984.

[22] SHER, F. M. und R. BAKER: Mechanism of biological control in a Fusarium-suppressive soil. Phytopathology 70, 412, 1980.

[23] STEINER, U., E.-C. OERKE und F. SCHÖNBECK: Zur Wirksamkeit der induzierten Resistenz unter praktischen Anbaubedingungen. IV. Befall und Ertrag von Wintergerstesorten mit induzierter Resistenz und nach Fungizidbehandlung. Z. Pflanzenkrankh. Pflanzensch. 95, 506, 1988.

[24] TEMPLETON, G. E., D. O. TE BEST und R. J. SMITH: Biological weed control with mycoherbicides. Ann. Rev. Phytopathol. 17, 301, 1979.

[25] VIDAVER, A. K.: Bacteriocins: The lure and the reality. Pl. Dis. 67, 471, 1983.

[26] WELLING, M., C. KOKTA, J. MOLTHAN, V. RUPPERT, H. BATHON, F. KLINGAUF, G. A. LANGENBRUCH und P. NIEMANN: Förderung von Nutzorganismen durch Wildkräuter im Feld und im Feldrain als vorbeugende Pflanzenschutzmaßnahme. Schriftenreihe des Bundesministers für Ernährung, Landwirtschaft und Forsten, Reihe A: Angew. Wissenschaft, Heft 365, 56, 1988.

[27] WONNEBERGER, C.: Unveröffentlichte Daten, 1989.

[28] XU, G.-W. und D. C. GROSS: Selection of fluorescent pseudomonads antagonistic to Erwinia carotovora and suppressive of potato seed piece decay. Phytopathology 76, 414, 1986.

[29] ZIMMERMANN, G.: Insect pathogenic fungi as pest control agents. In: FRANZ, J. M. (Ed.): Biological Plant and Health Protection. G. Fischer, Stuttgart, New York (Fortschr. Zool. 32), 217, 1986.

Literatur zu Abschnitt 5.10 (RUPPERT, FISCHER):

[1] PRESTELE, H.: Die Schlagkartei in der bayerischen Landwirtschaftsberatung. Konzeption und Auswertung. Diss., Institut für landwirtschaftlichen und gärtnerischen Pflanzenbau, Lehreinheit Akkerbau und Versuchswesen, TU München-Weihenstephan, 1986.

[2] REINER, L., A. MANGSTL, CH. ROLLWAGEN und W. RUPPERT: Die Schlagkartei erleichtert Diagnose und Therapie im Pflanzenbau. Unveröffentlichtes Manuskript, Freising-Weihenstephan, 1977.

[3] RUPPERT, W.: Ertragsunterschiede bei Verwendung von zertifiziertem Saatgut und eigenem Nachbau bei Getreide. Arbeitstagung der »Arbeitsgemeinschaft der Saatzuchtleiter«, 1984.

[4] RUPPERT, W.: Was erfolgreiche Ackerbauern anders machen. top agrar 10, 24, 1988.

[5] RUPPERT, W., H. PRESTELE und A. OSTNER: Rückgabe der Schlagkarteidaten als horizontaler Schlagvergleich. Schule und Beratung, Bayer. Staatsministerium für ELF, München, Heft 8/9, II-8, 1981.

[6] RUPPERT, W., H. PRESTELE und W. HÖSEL: Die Intensität in der Winterweizenproduktion. Bayer. Landwirtsch. Jb. 62, 543, 1985.

[7] RUPPERT, W., A. FISCHER und W. HÖSEL: Extensivierungseffekte einer Betriebsmittelverteuerung, dargestellt am Beispiel Stickstoff unter Auswertung der Schlagkartei. Bayer. Landwirtsch. Jb. 64, 923, 1987.

Literatur zu Abschnitt 5.11
(GEROWITT, ADNER):

[1] DAAMEN, R. A.: Experiences with the cereal pest and disease management system EPIPRE in the Netherlands. – Danish Journal Plant and Soil Sci. **85,** 77, 1991.

[2] FRAHM, J.: Der Einsatz von Pro_Plant in Beratung und Praxis. – Vorträge der 44. Hochschultagung der Landwirtschaftlichen Fakultät der Universität Bonn vom 25. 2. 1992 in Münster, 87, 1992.

[3] FRAHM, J. TH. VOLK und U. STREIT: Konzeption eines Expertensystems für die Pflanzenschutzberatung der Landwirtschaftskammer Westfalen-Lippe. – Agrarinfomatik **18,** 143, 1990.

[4] GEROWITT, B.: Ein Entscheidungsmodell zur Unkrautbekämpfung nach Schadensschwellen im Wintergetreide – Proc. EWRS. Symposium 1990, Integrated Weed Management in Cereals, 467, 1990.

[5] GEROWITT, B.: Dreijährige Versuche zur Anwendung eines computergestützten Entscheidungsmodells zur Unkrautbekämpfung nach Schadensschwellen im Winterweizen. – Z. PflKrankh. PflSchutz, Sonderh. XIII, 301, 1992.

[6] GUTSCHE, V.: Stand und Tendenzen der deutschen Pflanzenschutzforschung auf dem Gebiet der Prognose und Modellierung. – Mitt. Biolog. Bundesanst. Land- und Forstwirtsch. Berlin-Dahlem, **271,** 45, 1992.

[7] HARTMUTH, P. und W. WENG: Gezielter Pflanzenschutz in Winterweizen mit dem Prognose-Verfahren EPIPRE. – Gesunde Pflanzen **39,** 408, 1987.

[8] HEIERMANN, M, W. PESTEMER, B. PALLUT, K. WANG, M.-B. WISCHNEWSKY und J. ZHAO: Einbindung von Herbizid-Wirkungsgraden und nichtchemischen Verfahren in das Expertensystem HERBASYS. – Z. PflKrankh. PflSchutz, Sonderh. XIII, 337, 1992.

[9] HEIERMANN, M., W. PESTEMER, K. WANG, M.-B. WISCHNEWSKY und J. ZHAO: Das Expertensystem HERBASYS – Einführung in die Praxis. – Proc. EWRS Symposium Braunschweig **847,** 1993.

[10] HEINE, J.: Mit dem Computer den Fungizideinsatz steuern? – top agrar 12/92, 58, 1992.

[11] HEYLAND, K. U. und H. J. KOCHS: Computerberatung zur schlagspezifischen Vorausschätzung der Stickstoffverfügbarkeit für Weizen. – Sonderdruck der 37. Hochschultagung der ldw. Fakultät d. Univ. Bonn, 21. 2. 1984, 125, 1984.

[12] KOCHS, H. J.: Saatstärke und Düngung: Computerempfehlung über das Telefon. – Mitt. d. DLG, **101,** 26, 1986.

[13] KUHLMANN, F., A. ADNER und I. KÜBLER: Rechnergestützte Entscheidungsvorbereitung bei Sortenwahl und Unkrautbekämpfung im Weizenbau. Ergebnisse ldw. Forschung der Justus-Liebig-Univ. Gießen, Heft 18, 1987.

[14] MUNZEL, L., W. WAHMHOFF und R. HEITEFUSS: Überprüfung und Weiterentwicklung eines Schadensschwellenmodells zur gezielten Unkrautbekämpfung im Winterraps. – Z. PflKrankh. PflSchutz, Sonderh. XIII, 205, 1992.

[15] NIGGEL, V. und TH. VOLK: Erste Erfahrungen mit dem Pflanzenschutz-Beratungssystem Pro_Plant im praktischen Einsatz. – Agrarinformatik **21,** 23, 1991.

[16] REININK, K.: Experimental verification and development of EPIPRE, a supervised disease and pest management system for wheat. – Neth. J. Plant Path., **91,** 3, 1986.

[17] STEPHAN, V.: Weizenmodell Bayern: Bekämpfungsschwellen beachten. – dlz 3, 22, 1991.

[18] STEPHAN, V.: Entwicklung, Prüfung und Anwendung des Expertensystems WEIZENMODELL BAYERN zur Kontrolle von Pilzkrankheiten an Winterweizen im Rahmen des Integrierten Pflanzenschutzes. – Dissertation München, 1992.

[19] WEIHOFEN, U., G. SIEBRASSE und H. FEHRMANN: Die »Wetterstation« im Winterweizen. – Pflanzenschutz-Praxis, Heft 1, 6, 1987.

[20] ZADOKS, J. C.: Management of wheat diseases in Northwest Europe. – Canadian Journal of Plant Pathology **12,** 117, 1990.

Literatur zu Kapitel 6 (DIERCKS, KLEIN):

[1] ALBRECHT, H.: Innovationsprozesse in der Landwirtschaft, Saarbrücken, 1969.

[2] Anonym: Landwirtschaftliche Beratungsdienste. Schriftenreihe des Bundesministeriums für Ernährung, Landwirtschaft und Forsten, Reihe A: Angew. Wissenschaft Heft 266, 1982.

[3] Anonym: Umweltprobleme der Landwirtschaft. Der Rat von Sachverständigen für Umweltfragen, W. Kohlhammer, Stuttgart und Mainz, 1985.

[4] Anonym: Dienstordnung für die Ämter der staatlichen Landwirtschaftsverwaltung. Amtsblatt des Bayer. Staatsministeriums für ELF **30,** 43, 1986.

[5] Anonym: Integrierter Pflanzenbau – Inhalte und Ziele. Fördergemeinschaft Integrierter Pflanzenbau, Heft 1, Bonn, 1987.

[6] AUERNHAMMER, H.: Hat der Wetterfrosch bald ausgedient? dlz **4,** 1986.

[7] BLASZYK, P. und R. DIERCKS: Pflanzenschutzberatung für den Landbau in der Bundesrepublik Deutschland. DLG-Manuskripte Nr. 030, Frankfurt/M., 1977.

[8] BLEIHOLDER, H. und H. GRÖNER: Versuchsanlage und Mechanisierung des Feldversuchswesens. EDV in Medizin und Biologie **16,** 77, 1985.

[9] DENZINGER, P.: Die Beratungsarbeit an Landwirtschaftsämtern. Schriftenreihe des Bundesministeriums für Ernährung, Landwirtschaft und Forsten, Reihe A: Angew. Wissenschaft, Heft 215, 1979.

[10] DIERCKS, R.: Zur Gründung eines Arbeitskreises Pflanzenschutz in Bayern. Gesunde Pflanzen **26,** 74, 1974.

[11] DIERCKS, R.: Zur Situation der Pflanzenschutzberatung – Organisationsformen, Ziele und Wege. Mitt. Biol. Bundesanst. Land-, Forstwirtschaft Berlin-Dahlem, Heft 165, 110, 1975.

[12] DIERCKS, R.: Kooperationsmodelle des Pflanzenschutzdienstes in Bayern – Versuche zur Rationalisierung des Gesetzesvollzugs, der Überwachung und der Beratung im Pflanzenschutz. Gesunde Pflanzen **30**, 1, 1978.

[13] DIERCKS, R.: Statusbericht Pflanzenschutz. Schriftenreihe des Bundesministeriums für Ernährung, Landwirtschaft und Forsten, Reihe A: Landwirtschaft – Angew. Wissenschaft Heft 244, 1980.

[14] DIERCKS, R.: Alternativen im Landbau, 2. Aufl., Ulmer, Stuttgart, 1986.

[15] FORRER, H. R., H. U. AESCHLIMANN und J. AMIET: Bericht über Erfahrungen mit EPIPRE und HORDEPROP im Jahre 1987. In: Versuchsresultate 1987. Eidg. Forschungsanstalt für landw. Pflanzenbau, Zürich-Reckenholz, 1987.

[16] FRANZ, J. M.: Hindernisse bei der Verwirklichung des Integrierten Pflanzenschutzes. Mitt. der Deutschen Gesellschaft für allgemeine und angew. Entomologie **4**, 159, 1983.

[17] FRÖHLICH, G. (Hrsg.): Phytopathologie und Pflanzenschutz. Wörterbuch der Biologie. Fischer, Stuttgart, 1979.

[18] GOLDHAMMER, TH.: Integrierter Pflanzenbau-Bestandsaufnahme und Vorschläge. Hrsg. Fördergemeinschaft Integrierter Pflanzenbau, Heft 2, 1987.

[19] GRASS, K.: Eine Alternative für alle – Integrierter Landbau in Praxis und Beratung. DLG-Mitt. **99**, 901, 1984.

[20] HABER, W.: Pflanzenschutz und Umweltprobleme. In: Im Brennpunkt – Forum Pflanzenschutz und Umwelt. Industrieverband Pflanzenschutz e. V., Frankfurt/M., 3, 1984.

[21] HAUG, G.: Die Beratung ist das Bindeglied zwischen Wissenschaft und Praxis. In: Die Pflanze schützen – dem Menschen nützen. Industrieverband Pflanzenschutz e. V. (IPS), Frankfurt/M., 194, 1987.

[22] HEISS, A.: Erfahrungen mit Unkrautbekämpfung nach Schadschwellen in Schwaben. Schule und Beratung, Bayer. Staatsministerium für ELF, München, Heft 12, III-10, 1985.

[23] HEITEFUSS, R.: Pflanzenschutz – Grundlagen der praktischen Phytomedizin. 2. Aufl. Thieme, Stuttgart, 1987.

[24] HEITEFUSS, R., W. OTTO-HUNZE und E. BLUM: NKU-Pflanzenschutz im Ackerbau – Ansatzpunkte für den integrierten Pflanzenschutz im Ackerbau. Versuch einer Bewertung aus einzelbetrieblicher und gesamtwirtschaftlicher Sicht. Schriftenreihe des Bundesministerium für Ernährung, Landwirtschaft und Forsten, Reihe A: Angew. Wissenschaft, Heft 303, 1984.

[25] HÜLSEN, R.: Umweltinformationen für Landwirte. Schriftenreihe des Bundesministeriums für Ernährung, Landwirtschaft und Forsten, Reihe A: Angew. Wissenschaft, Heft 265, 1982.

[26] KLEIN, W., und A. GRUNDNER: Ergebnisse des Pflanzenschutzwarndienstes in Bayern zur gezielten Blattlausbekämpfung. Gesunde Pflanzen **36**, 279, 1984.

[27] KLEIN, W., V. STEPHAN und W. ZICKGRAF: Btx-Programm Weizenmodell Bayern – entscheidungsorientierte Beratung im umweltgerechten Pflanzenbau. Mitt. Biol. Bundesanst. Land- und Forstwirtsch. Berlin-Dahlem, Heft 283, 153, 1992.

[28] KRAUS, A. und R. DIERCKS: Integrierte Produktionssysteme – eine Aufgabe von Pflanzenbau und Pflanzenschutz. Gesunde Pflanzen **29**, 1, 1977.

[29] NIENHOFF, H.-J.: Beschaffung von Betriebsinformationen über Bildschirmtext. Schriftenreihe des Bundesministeriums für Ernährung, Landwirtschaft und Forsten. Reihe A: Angew. Wissenschaft H. 336, 1986.

[30] PRESTELE, H.: Die Schlagkartei in der bayerischen Landwirtschaftsberatung, Konzeption und Auswertung, Diss. TU München-Weihenstephan, 1986.

[31] RHEINWALD, H.: Grundlagen und Methoden der Beratung. In: Rheinwald/Preuschen (Hrsg.), Landwirtschaftliche Beratung, Bonn-München-Wien 1956.

[32] SAILLER, W.: Organisation, Ziele und Durchführung der landwirtschaftlichen Beratung der chemischen Industrie in der Bundesrepublik Deutschland. Diplomarbeit, Gießen, 1984.

[33] SCHIEFER, G.: Btx-Agrar: Bildschirmtext im Praxisversuch – Erfahrungen, Tendenzen, Aufgaben. Ber. über Landwirtschaft **63**, 390, 1985.

[34] SCHRAMM, G. und W. GRABLER: Integrierter Pflanzenbau – eine ökonomisch-ökologisch optimale Kombination. Schule und Beratung, Bayer. Staatsministerium für ELF, München, Heft 12, III-1, 1985.

[35] SCHUH, A.: Rahmenbedingungen der Landwirtschaftsverwaltung und -beratung – Anforderungen für unser Handeln. Schule und Beratung, Bayer. Staatsministerium für ELF, München, Heft 5, 3, 1987.

Literatur zu Abschnitt 7.1 (SCHALL):

[1] DIERCKS, R.: Alternativen im Landbau, 2. Auflage, Ulmer, Stuttgart, 1986.

[2] FRAUENDORFER, S. v.: Ideengeschichte der Agrarwirtschaft und Agrarpolitik, Band I. Bayer. Landwirtschaftsverlag, München, 1957.

[3] MEYER-ABICH, K. M.: (Hrsg.) Frieden mit der Natur. Herder, Freiburg i. Br., 1979.

[4] MITTERSTRASS, J.: Wissenschaft als Lebensform. Suhrkamp Taschenbuch Wissenschaft 376, Suhrkamp, Frankfurt a. M., 1982.

[5] POHL, J.: Landwirtschaftliche Betriebslehre, Band 1. Gebhardt, Leipzig, 1885.

[6] SCHALL, S.: Zur Entwicklung eines Informations-, Steuerungs- und Kontrollsystems für die Feldwirtschaft. Bayer. Landwirtsch. Jb. **61**, 566, 1984.

Literatur zu Abschnitt 7.2.1 (HEYLAND):

[1] AUFHAMMER, W.: Für die Ertragsbildung kritische Wachstumsstadien bei der Getreidepflanze. DLG-Mitt. **91**, 780, 1976.

[2] HANUS, H. und H. SCHÖNBERGER: Anbautechnische Voraussetzungen für die Maximierung der Weizenerträge. Schrft. Reihe Agrarwiss. Fachber. Uni Kiel **56**, 38, 1977.

[3] HEINEMEYER, J., H. SCHÖNBERGER, H.-J. KOCHS, E. BEER und E. BERG: Wirtschaftlicher Wintergetreidebau. DLG-Unternehmerseminar, Manuskriptdruck, 1987.

[4] HEITEFUSS, R., W. OTTO-HUNZE und E. BLUM: NKU-Pflanzenschutz im Ackerbau. – Ansatzpunkte für den integrierten Pflanzenschutz im Ackerbau – Versuch einer Bewertung aus einzelbetrieblicher und gesamtwirtschaftlicher Sicht. Schriftenreihe des Bundesministeriums für Ernährung, Landwirtschaft und Forsten. Reihe A: Angew. Wissenschaft, Heft 303, 1984.

[5] HEYLAND, K.-U. und H. GROSSE-HOKAMP: Bedeutung der Saattechnik für die Ertragsbildung und Ertragsleistung von Winter- und Sommerweizen. Bodenkultur **36**, 4, 1985.

[6] HEYLAND, K.-U. und H.-J. KOCHS: Computerberatung zur schlagspezifischen Vorausschätzung der Stickstoffverfügbarkeit für Weizen. Vortragsreihe 37. Hochschultagung d. Landw. Fak. Uni Bonn am 21. 2. 84, 125, 1984.

[7] KNOPF, E.: N-Angebot und N-Aufnahme und ihr zeitlicher Bezug zur Ertragsbildung bei Winterweizen und Wintergerste. Diss. Bonn, 1987.

[8] RICHTER, J.: N_{min}-Gehalt nicht mehr messen, sondern errechnen. DLG-Mitt. **99**, 257, 1984.

[9] RIMPAU, J.: Mit einem »Düngefenster« die Stickstoffnachlieferung abschätzen. DLG-Mitt. **99**, 72, 1984.

[10] SCHOOP, P. und H. HANUS: Düngungsempfehlung mit dem Computer. DLG-Mitt. **103**, 246, 1988.

[11] WEHRMANN, J. und H. J. SCHARPF: Sachgerechte Stickstoffdüngung. AID-Heft 17, 1982.

Literatur zu Abschnitt 7.2.2 (BEER):

[1] BARTELS, G.: Zur Wirtschaftlichkeit der Krankheitsbekämpfung im Weizen bei differenzierter Stickstoffdüngung und unterschiedlich anfälligen Sorten. Gesunde Pflanzen **39**, 126, 1987.

[2] BEER, E.: Eine Methode zur Untersuchung der Wirkungsdauer von Beizmitteln gegen MBC-resistente Stämme von Gerlachia nivalis (Gams & Müll.) an Winterweizen und Wintergerste. Nachrichtenbl. Deut. Pflanzenschutzd. (Braunschweig) **40**, 92, 1988.

[3] BEER, E.: Bekämpfungsschwellen für Blatt- und Ährenkrankheiten bei unterschiedlich widerstandsfähigen Sorten als Elemente des Integrierten Pflanzenschutzes in verschiedenen Winterweizenanbausystemen. Gesunde Pflanzen **43**, 323, 1991.

[4] BEER, E.: Bekämpfungsschwellen gegen Blattkrankheiten in Wintergerste? Pflanzenschutz-Praxis, Heft 1, 20, 1992.

[5] BEER, E., H. BODENDÖRFER und R. HEITEFUSS: Untersuchungen über Schadensschwellen für Unkräuter in Wintergerste. I. Wirkung der Herbizide in Abhängigkeit von Verunkrautung, Stickstoffdüngung und Fungizidanwendung. Z. Pflanzenkrankh. Pflanzensch. **95**, 225, 1988.

[6] BÖTTGER, W., M. KETTEL, A. SCHUMANN und D. BURGDORF: Auch Fungizide gezielt einsetzen. Hann. Land- u. Forstw. Z. **140**, Heft. 4, 20, 1987.

[7] BRUNKHORST, K.: Ermittlung von Resistenzeigenschaften in Leistungsprüfungen beim Weizen. Vortr. Pflanzenzüchtg. **4**, 5, 1983.

[8] BUCHENAUER, H.: Stand der Fungizidresistenz bei Getreidekrankheiten am Beispiel der Halmbruchkrankheit und des Echten Mehltaus. Gesunde Pflanzen **36**, 161, 1984.

[9] BUCHNER, A. und H. STURM: Gezielter düngen. DLG-Verlag, Frankfurt/Main, 319 S., 1980.

[10] FISCHBECK, G.: Ermittlung von Resistenzeigenschaften in Leistungsprüfungen. Vortr. Pflanzenzüchtg. **4**, 1983.

[11] HANISCH, H.-CH.: Untersuchungen zum Einfluß unterschiedlich hoher Stickstoffdüngung zu Weizen auf die Populationsentwicklung von Getreideblattläusen. Z. Pflanzenkrankh. Pflanzensch. **87**, 346, 1980.

[12] HEITEFUSS, R.: Pflanzenschutz – Grundlagen der praktischen Phytomedizin. Thieme, Stuttgart, 2. Aufl., 342 S., 1987.

[13] HEITEFUSS, R., H. BODENDÖRFER und R. PAESCHKE: Einzel- und Kombinationswirkungen von N-Formen, N-Mengen, CCC, Herbiziden und Fungiziden auf Unkraut, Pflanzenkrankheiten, Lager und Kornertrag von Weizen. Z. Pflanzenkrankh. Pflanzensch. **84**, 641, 1977.

[14] KOCHS, H.-J.: Saatstärke und Düngung: Computerempfehlung über das Telefon. DLG-Mitt. **101**, 26, 1986.

[15] KRÖCHERT, E.: Überprüfung von Schadensschwellen für Unkräuter in Winterweizen unter Berücksichtigung von N-Düngung, Fungizid- und Herbizideinsatz. Diss. Göttingen, 1982.

[16] KUHLMANN, J.: Ertragsbildung und Krankheitsbefall von unterschiedlich anfälligen Winterweizensorten unter dem Einfluß differenzierter Stickstoff-, Fungizid- und Herbizid-Anwendun-

gen und deren Bedeutung für den Integrierten Pflanzenschutz. Diss. Göttingen, 1988.

[17] KUHLMANN, J. und R. HEITEFUSS: Höchste Intensität – höchster Deckungsbeitrag? Pflanzenschutz-Praxis, Heft 2, 30, 1987.

[18] MEINERT, G. und A. KEMMER: Tankmischungen von Herbiziden und Flüssigdüngern zur Bekämpfung von Unkräutern in Winterweizen. Gesunde Pflanzen 36, 74, 1984.

[19] SCHULZ, H. und S. SOLANSKY: Kalkstickstoff als Ergänzung zum chemischen Pflanzenschutz. DLG-Mitt. 96, 206, 1981.

[20] SPRINGER, R. B. und R. HEITEFUSS: Optimierung von Stickstoffdüngung und Pflanzenschutz im Winterweizen. DLG-Mitt. 100, 252, 1985.

[21] WEHRMANN, J. und H. C. SCHARPF: Sachgerechte Stickstoffdüngung – schätzen, kalkulieren, messen. AID – Heft 17, 1982.

[22] WEIHOFEN, U., G. SIEBRASSE und H. FEHRMANN: Die »Wetterstation« in Winterweizen. Ein Warnsystem zur Bekämpfung der Halmbruchkrankheit. Pflanzenschutz-Praxis, Heft 1, 6, 1987.

[23] WOLF, G., J. WEINERT und B. HOLTSCHULTE: Mikroskopische Untersuchungen zur Entwicklung der Halmbrucherreger in Winterweizenbeständen. Mitteilungen aus der Biologischen Bundesanstalt Land- und Forstwirtsch., Berlin-Dahlem, Heft 232, 151, 1986.

[24] WOLLRING, J. und J. WEHRMANN: Der Nitratschnelltest – Entscheidungshilfe für die N-Spätdüngung. DLG-Mitt. 96, 448, 1981.

Literatur zu Abschnitt 7.2.3 (HORSCH):

[1] Anonym: Bayer. Landesanstalt für Bodenkultur und Pflanzenbau, Freising–München, Versuchsergebnisse, Hefte 1980–1987.

[2] Anonym: Die Landwirtschaft in Frankreich. DLG-Länderbericht, Band 3, Deutsche Landwirtschafts-Gesellschaft e.V., Frankfurt/Main, 1987.

[3] BAUCHHENSS, J. und S. HERR: Funktion der Bodentiere auf Flächen mit extensiver Bodenbearbeitung. Schule und Beratung, Bayer. Staatsministerium für ELF, München, Hefte 1–2, III-10, 1988.

[4] BRÄUTIGAM, K.: Noch unveröffentlichte Versuchsergebnisse.

[5] DIEZ, TH., J. KREITMAIR und H. WEIGELT, unter Mitarbeit von J. BAUCHHENSS (Regenwurmpopulation), TH. BECK (Mikrobiologische Kenndaten) und H. BORCHERT (Bodenphysikalische Untersuchungen): Einfluß langjähriger pflugloser Ackerbewirtschaftung (System HORSCH) auf Pflanzenwachstum, Wirtschaftlichkeit und Boden. Bayer. Landwirtsch. Jb. 65, 789, 1988.

[6] FLIEGER, J. und D. SCHRÖDER: Noch unveröffentlichte Versuchsergebnisse.

[7] HEITEFUSS, R. und V. GARBE: Pflügen oder nicht pflügen – Konsequenzen für den Pflanzenschutz. Gesunde Pflanzen 38, 529, 1986.

[8] MÜLLER, A.: Ackerbau ohne Pflug unter spezieller Berücksichtigung des Betriebes HORSCH, Hellmannsberg. Diplomarbeit der Fachhochschule Weihenstephan, Fachbereich Landwirtschaft I, 1985.

Literatur zu Abschnitt 7.2.4 (BEHRINGER):

[1] BEHRINGER, P.: Die Kartoffelnematoden und ihre Bekämpfung. Pflanzenschutzinformation, Bayer. Landesanstalt für Bodenkultur und Pflanzenbau, München, 1977.

[2] BEHRINGER, P.: Nematodenkontrollierter Rübenanbau – Feststellung des Ertragsausfalls sowie Entwicklung der Populationsdynamik. Deutsche Zuckerrübenzeitung 14, 4, 1978.

[3] BEHRINGER, P. und L. FÜRST: Biologische Bekämpfung des Rübennematoden (Heterodera schachtii) mit resistenten Ölrettich- und Senfsorten. Bayer. Landwirtsch. Jb 62, Sonderh. 3, 35, 1985.

[4] BEHRINGER, P.: Das Biotestverfahren in Vierkammergefäßen – Spezifischer Nachweis zystenbildender Nematoden im Bodenuntersuchungs- und Prüfungswesen. Bayer. Landwirtsch. Jb. 62, Sonderh. 3, 39, 1985.

[5] BEHRINGER, P.: Die maschinelle Bodenprobenentnahme für die Bodennährstoff- und Nematodenuntersuchung im Vergleich zur Handentnahme. Bayer. Landwirtsch. Jb. 62, Sonderh. 3, 107, 1985.

[6] GARBE, V. und R. HEITEFUSS: Bei Mulchsaat geringerer Befall durch Collembolen. Die Zuckerrübe 36(3), 180, 1987.

[7] HEITEFUSS, R.: Pflanzenschutz – Grundlagen der praktischen Phytomedizin. 2. Aufl., Thieme, Stuttgart, 1987.

[8] STEUDEL, W. und J. MÜLLER: Untersuchungen und Modellrechnungen zum Einfluß pflanzenverträglicher Nematizide und nematodenresistenter Zwischenfrüchte auf die Abundanzdynamik des Zuckerrübennematoden (Heterodera schachtii) in Zuckerrübenfruchtfolgen. Zuckerindustrie 108, 365, 1983.

Literatur zu Abschnitt 7.2.5 (WAHMHOFF):

[1] BASEDOW, T., C. BAUERS und G. LAUENSTEIN: Zur Bekämpfungsschwelle der Getreideblattläuse an Winterweizen. Nachrichtenbl. Deut. Pflanzenschutzd. (Braunschweig) 35, 141, 1983.

[2] BUHL, C. und F. SCHÜTTE: Prognose wichtiger Pflanzenschädlinge in der Landwirtschaft. Parey, Berlin und Hamburg, 1971.

[3] DIRLBECK, J.: Zur Schädlichkeit des Kartoffelkäfers. Bericht der Kartoffelkäferkonferenz, Prag, 24. 4. 1964.

[4] FUNCH, U.: Untersuchungen über ökonomische Schadensschwellen für Kraut- und Knollenfäule, Unkräuter und Viruskrankheiten im Kartoffelbau. Diss. Göttingen, 1974.

[5] GEROWITT, B.: Unkrautbekämpfung nach Schadensschwellen im Wintergetreide – Überprüfung und Weiterentwicklung des Konzeptes mit Hilfe einer bundesweiten Versuchsserie und Erarbeitung eines computergestützten Entscheidungsmodelles. Diss. Göttingen, 1987.

[6] HEITEFUSS, R., F. KLINGAUF, G. MEINERT, H.-P. PLATE, H. SCHMIDT, F. SCHÜTTE, H. THIELE und R. WACHENDORF: Integrierter Pflanzenschutz. AID-Heft Nr. 32, Bonn, 1985.

[7] KÜST, G., W. WAHMHOFF und R. HEITEFUSS: Schadensschwellen für Unkräuter im Winterraps, Raps 7, 122, 1989.

[8] LÜDECKE, H. und C. WINNER: Über Notwendigkeit und Zeitpunkt einer chemischen Bekämpfung der Rübenfliege. Zucker 9, 341, 1956.

[9] LÜCKE, W. und H.-J. PLUSCHKELL: Erfahrungen und Schlußfolgerungen zur gezielten Bekämpfung der Rapsschädlinge im Bezirk Rostock. Nachrichtenbl. Deut. Pflanzenschutzd. (Berlin) 36, 158, 1982.

[10] MAYKUHS, F.: Möglichkeiten der Unkrautbekämpfung nach Schadensschwellen in Kartoffeln. Gesunde Pflanzen 37, 99, 1985.

[11] RESCHKE, M.: Untersuchungen zur Bestimmung von ökonomischen Schadensschwellen für Pflanzenschutzsysteme im Kartoffelbau. Diss. Göttingen, 1972.

[12] SCHÖBER, B.: Integrierter Pflanzenschutz im Kartoffelbau. Gesunde Pflanzen 39, 162, 1987.

[13] SKUHRAVY, V. und M. SKUHRAVA: Die Bekämpfung der Sattelmücke (Haplodiplosis equestris [von Roser]) als Beispiel des integrierten Pflanzenschutzes im Getreidebau. Nachrichtenbl. Deut. Pflanzenschutzd. (Berlin) 40, 160, 1986.

[14] STEPHAN, S.: Untersuchungen zum Epidemieverlauf des Gerstenmehltaus. Arch. Phytopathol. Pflschutz 20, 39, 1984.

[15] ULLRICH, J. und H. SCHRÖDTER: Das Problem der Vorhersage des Auftretens der Kartoffelkrautfäule und die Möglichkeit seiner Lösung durch eine »Negativprognose«. Nachrichtenbl. Deut. Pflanzenschutzd. (Braunschweig) 18, 33, 1966.

[16] WAHMHOFF, W. und R. HEITEFUSS: Möglichkeiten, Grenzen und Auswirkungen des gezielten Pflanzenschutzes im Ackerbau. I. Versuchsprogramm, Pflanzenschutzaufwendungen und Auswirkungen auf Ertrag und Qualität des Erntegutes. Z. Pflanzenkrankh. Pflanzensch. 96, 239, 1989.

[17] WAHMHOFF, W. und R. HEITEFUSS: Möglichkeiten, Grenzen und Auswirkungen des gezielten Pflanzenschutzes im Ackerbau. II. Ökonomische Bewertung. Z. Pflanzenkrankh. Pflanzensch. 96, 256, 1989.

[18] WETZEL, TH.: Zur Durchsetzung eines integrierten Pflanzenschutzes bei der Bekämpfung wichtiger Schadinsekten des Getreides. Nachrichtenbl. Deut. Pflanzenschutzd. (Berlin) 37, 93, 1983.

[19] WOLF, G., J. WEINERT, B. HOLTSCHULTE, und J.-G. UNGER: Halmbruchdiagnose mit Mikroskop. Pflanzenschutz-Praxis, Heft 1, 32, 1988.

Literatur zu Abschnitt 7.2.6 (EL TITI):

[1] ANDERSSON, B.: Influence of crop density and spacing on weed competition and grain yield in wheat and barley. Proceeding of EWRS-Symposium, Economic Weed Control, 121, 1986.

[2] BOSCH, J.: Wirkungen von Feldhecken auf die Arthropodenfauna und die Erträge angrenzender Ackerflächen. Mitt. Biol. Bundesanst. Land- und Forstwirtsch. Berlin-Dahlem 232, 308, 1986.

[3] BOSCH, J.: Der Einfluß einiger dominanter Ackerunkräuter auf Nutz- und Schadarthropoden in einem Zuckerrübenfeld. Z. Pflanzenkrankh. Pflanzensch. 94, 398, 1987.

[4] CURL, E. A.: Effects of mycophagous Collembola on Rhizoctina solani and cotton-seedling disease. Soil-borne Plant Pathogens, B. Schippers and W. Gams (eds.) Academic Press Inc., London, 253, 1979.

[5] DARWINKEL, A.: Grain production of winter wheat in relation to nitrogen and diseases. I. Relationship between nitrogen dressing and yellow rust infection. Z. Acker-Pflanzenbau 149, 299, 1980.

[6] DORN, C.: Der Einfluß »konventioneller« und »alternativer« Bodenbewirtschaftung auf einige physikalische Kenngrößen des Bodens. Dipl. Arbeit Univ. Hohenheim, 1983.

[7] EDWARDS, C. A. and J. R. LOFTY: Biology of Earthworms, Second Edition, Chapman and Hall, London, 333 S., 1977.

[8] EL TITI, A.: Auswirkungen der Bodenbearbeitungsart auf die edaphischen Raubmilben (Mesostigmata: Acarina). Pedobiologia 27, 79, 1984.

[9] EL TITI, A.: Integrierter Pflanzenschutz, Modellvorhaben Ackerbau Lautenbacher Hof. Informationsschrift der Landesanstalt für Pflanzenschutz Stuttgart, 53 S., 1984 (a); 52 S., 1985 (b); 65 S., 1986 (c).

[10] EL TITI, A. und J. RICHTER: Integrierter Pflanzenschutz im Ackerbau: Das Lautenbach-Projekt. III. Schädlinge und Krankheiten, Z. Pflanzenkrankh. Pflanzensch. 94, 1, 1987.

[11] EL TITI, A.: Environmental Manipulation detrimental to pests. Proceeding of Symposium »Protection integrée: Quo vadis?« »Parasitis«, 105, 1986.

[12] GROSSMANN, F.: Gründüngung als Pflanzenschutzmaßnahme. Z. Pflanzenkrankh. Pflanzensch. 74, 143, 1967.

[13] HARPER, J. L.: The ecological significance of dormancy and its importance in weed control. Verh. IV. Int. Pflanzenschutz-Kongreß, Hamburg, 415, 1957.

[14] KLINGER, K.: Auswirkungen eingesäter Randstreifen an einem Winterweizenfeld auf die Raubarthropodenfauna und den Getreideblattlausbefall. Z. angew. Entomol. **104,** 47, 1987.

[15] NENTWIG, W. und C. HEIDIGER: Ansiedlungsversuche von Spinnen zur Bekämpfung von Getreideschädlingen. Verhandlungen der Deutschen Zoologischen Gesellschaft, **80,** 297, 1987.

[16] NILSSON, C.: Impact of ploughing on emergence of pollen beetle parasitoids after hibernation. Z. angew. Entomol. **100,** 302, 1985.

[17] PALTI, J.: Cultural practices and infectious crop diseases. Springer, Heidelberg, 243 S., 1981.

[18] SCHAEFER, A.: Entomofauna alter und neugepflanzter Feldhecken. Diss. Univ. Tübingen, 1987.

[19] STEINER, H., A. EL TITI und J. BOSCH: Integrierter Pflanzenschutz im Ackerbau: Das Lautenbach-Projekt I. Das Versuchsprogramm. Z. Pflanzenkrankh. Pflanzensch. **93,** 1, 1986.

[20] ULBER, B.: Untersuchungen zur Nahrungswahl von *Onychiurus fimatus* GISIN (Onychiuridae: Collembola), einem Aufgangsschädling der Zukkerrüben. Z. angew. Entomol. **90,** 333, 1980.

[21] ULBER, B.: Einfluß von *Onychiurus fimatus* GISIN (Collembola, Onychiuridae) und *Folsomia fimetaria* (L.) (Collembola, Isotomidae) auf *Pythium ultimum* Trow., einen Erreger des Wurzelbrandes der Zuckerrüben. Proceedings of the VIII Int. Colloq. of Soil Zool., 261, 1982.

[22] VEREIJKEN, P., C. EDWARDS, A. EL TITI, A. FOUGEROUX und M. WAY: Study group Management of arable farming systems for integrated crop protection. Bull. SROP/IOBC, 1986.

[23] WALTER, D. E., H. W. HUNT and E. T. ELLIOT: The influence of prey type on the development and reproduction of some predatory soil mites. Pedobiologia. **30,** 410, 1987.

[24] WAHL, S. A.: Einfluß langjähriger pflanzenbaulicher Maßnahmen. Verunkrautung – Ergebnisse aus dem Lautenbach-Projekt. Z. Pflkrankh. Pflschutz, Sonderh. XI, 109, 1988.

[25] WINSTEL, K.: Minimalbodenbearbeitung und Pflugkultur – Krankheitsbefall und Ertrag bei Getreide an drei Standorten. Diss. Univ. Hohenheim, 1978.

[26] YARHAM, D. J.: The effect on soil-borne disease of changes in crop and soil management. Soil-borne Plant Pathogens. B. SCHIPPERS and W. GAMS (eds.) Academic Press. Inc., London, 371, 1979.

[27] ZEDDIES, J., G. JUNG und A. EL TITI: Integrierter Pflanzenschutz im Ackerbau. Das Lautenbach-Projekt II. Ökonomische Auswirkungen. Z. Pflanzenkrankh. Pflanzensch. **93,** 449, 1986.

Literatur zu Abschnitt 7.2.7 (HÄNI):
Ausführliches Verzeichnis in [HÄNI et al., 1993 und HÄNI, 1993]

[1] BAGGIOLINI, M.: Etude des possibilités de coordination de la lutte chimique et biologique contre *Cacoecia rosana.* Mitt. Schweiz. Ent. Ges. **31,** 35, 1958.

[2] BOLLER, E. F., P. BASLER und W. KOBLET: Integrierte Produktion im Weinbau der Ostschweiz – ökologisches Bonus-Malus-System. Schweiz. Landw. Fo. **29,** 287, 1990.

[3] BROGGI, M. F. und H. SCHLEGEL: Mindestbedarf an naturnahen Flächen in der Kulturlandschaft, Nat. Forschungsprogramm »Boden«, Liebefeld-Bern, 1989.

[4] EL TITI, A., E. F. BOLLER und J. P. GENDRIER (Hrsg.): Integrierte Produktion – Prinzipien und Technische Richtlinien. Im Druck in Bull. IOBC/WPRS XVI/1, 1993.

[5] FRIED, P. M., E. MEISTER, F. BERGMANN, O. MALITIUS und R. TSCHACHTLI: Integrierte Produktion im Test. Die Grüne, No 5, 1993.

[6] HÄNI, F. (Hrsg.): Vernetztes Denken im modernen Pflanzenschutz. Schweiz. Landw. Fo. **27,** 1, 1988.

[7] HÄNI, F.: Ökologische und ökonomische Auswirkungen des Bewirtschaftungssystems. Schweiz. Landw. Fo. **29,** 83, 1990a.

[8] HÄNI, F.: Farming Systems Research at Ipsach, Switzerland – The »Third Way« Project. Schweiz. Landw. Fo. **29,** 257, 1990b.

[9] HÄNI, F.: Beitrag zur Weiterentwicklung umweltschonender Bewirtschaftungssysteme – Projekt »Dritter Weg«. In Vorbereitung für Schweiz. Landw. Fo., 1993.

[10] HÄNI, F. und P. VEREIJKEN (Hrsg.): Entwicklung ökologisch ausgerichteter Landbausysteme. Schweiz. Landw. Fo. **29,** 221, 1990.

[11] HÄNI, F., E. F. BOLLER und F. BIGLER: Integrierte Produktion – ein ökologisch ausgerichtetes Bewirtschaftungssystem. Schweiz. Landw. Fo. **29,** 101, 1990.

[12] HÄNI, F., E. F. BOLLER und S. KELLER: Natural Regulation at the Farm Level. In PICKETT, C. H. und R. L. BUGG (Hrsg.): Enhancing Biological Control of Arthropod Pests through Habitat Manipulation. Ag Access, Davis, California/John Wiley & Sons, New York. In press, 1993.

[13] KELLER, E. R. und P. WEISSKOPF: Integrierte Pflanzenproduktion. Standortbestimmung in der Schweiz. Landw. Lehrmittelzentrale Zollikofen, 196 pp., 1987.

[14] MAIRE, N.: Evaluation de la vie microbienne dans les sols par un système d'analyse biochimique standardisé. Soil Biol. & Biochem. 19, 491, 1987.

[15] NIKLAUS, U. et al.: Empfehlungen für den integrierten Acker- und Futterbau, SVIAL, Schweiz. Landw. Lehrmittelzentrale Zollikofen, 3. Aufl., 54 pp, 1992.

[16] PERLER, O.: Einführung und Verbreitung der integrierten Pflanzenproduktion in der Westschweiz – Entwicklung einer Bewertungsmethode umweltschonender Anbautechniken. Schweiz. Landw. Fo. **29**, 303, 1990.

[17] REMUND, U., D. GUT und E. F. BOLLER: Beziehungen zwischen Begleitflora und Arthropodenfauna in Ostschweizer Rebbergen. Schweiz. Z. Obst- und Weinbau **128**, 527, 1992.

[18] SCHÄFERMEYER, S. und E. DICKLER: Vergleichende Untersuchungen zu Richtlinien für die integrierte Kernobstproduktion in Europa. Mitt. Biol. Bundesanst. Land- und Forstw. Berlin-Dahlem, Heft 271, 110 pp., 1991.

[19] STERN, V. M., R. VAN DEN BOSCH und K. S. HAGEN: The integrated control concept. Hilgardia **29**, 81, 1959.

[20] THOMET, P. und E. THOMET: Vorschläge zur ökologischen Gestaltung und Nutzung der Agrarlandschaft. Nat. Forschungsprogramm »Boden«, Liebefeld-Bern, 147 pp., 1990.

[21] TSCHACHTLI, R.: Persönliche Mitteilung, 1993.

[22] VEREIJKEN, P. und D. J. ROYLE (Hrsg.): Current Status of Integrated Farming Systems Research in Western Europe. IOBC/WPRS-Bulletin XII (5), 76 pp., 1989.

[23] ZUPPINGER, H. R.: Einfluß verschiedener Bewirtschaftungssysteme auf den Nematodenbesatz und den Zelluloseabbau im Boden. Diplomarbeit Schweiz. Ing.schule für Landw., Zollikofen, 1990.

Literatur zu Abschnitt 7.2.8

(WIJNANDS, VEREIJKEN):

[1] AARTS, H. F. M., E. E. BIEWINGA and H. VAN KEULEN: Dairy farming systems based on efficient nutrient management. Netherlands Journal of Agricultural Science **40**, 285, 1992.

[2] ANONYMOUS: Agricultur al Structure Memorandum. Government decision (In Dutch). Ministry of Agriculture, Nature Management and Fisheries. SDU. The Hague, Netherlands (Essentials available in English), 1990.

[3] ANONYMOUS: Multiyear crop protection plan. Government decision (In Dutch). Ministy of Agriculture, Nature Management and Fisheries. SDU, The Hague, Netherlands (Essentials available in English), 1991.

[4] HOFMEESTER, Y. UND F. G. WIJNANDS: Integrierter Ackerbau in den Niederlanden, Versuchsorganisation und Forschungsresultate. Mitteilungen der Österreichischen Bodenkundlichen Gesellschaft H. **42**, 145, 1990.

[5] FRY, W. E.: Quantification of general resistance of potato cultivars and fungicide effects for integrated control of potato late blight. Phytopathology **68**, 1650, 1978.

[6] SCHOMAKER, C. H. and T. H. BEEN: Reducing chemical control by early detection of small infestation foci of the potato cyst nematode. Annual Report 1989, 9, Research Institute for Plant Protection, Wageningen, Netherlands, 1990.

[7] SLANGEN, J. H. G., H. H. H. TITULAER and C. A. E. RŸKERS: Nitrogen fertilizer recommendation with the KNS-system for iceberg lettuce (*Lactuca sativa* L. var. *capitata*) in field cropping. VDLUFA-Schriftenreihe **28**, Kongreßband 1988, Teil II, 251, 1989.

[8] VEREIJKEN, P.: From integrated control to integrated farming, an experimental approach. Agriculture, Ecosystems and Environment **26**, 1989 a.

[9] VEREIJKEN, P.: Experimental systems of integrated and organic wheat production. Agricultural Systems **30**, 187, 1989 b.

[10] VEREIJKEN, P.: Research on integrated arable farming and organic mixed farming in the Netherlands. In: P. VEREIJKEN und D. J. ROYLE (Eds.), Current status of integrated arable farming systems research in Western Europe, 41. IOBC/WPRS Bulletin 1989/XII/5, 1989 c.

[11] VEREIJKEN, P.: Integrated nutrient management for arable farms. La Recherche Agronomique en Suisse **29** (4), 359. (Also in German: 367), 1990.

[12] VEREIJKEN, P.: A methodic way to more sustainable farming systems. Netherlands Journal of Agricultural Science **40**, 209, 1992.

[13] VEREIJKEN, P. and C. D. VAN LOON: A strategy for integrated low-input potato production. Potato Research **34**, 57, 1991.

[14] VEREIJKEN, P. and D. J. ROYLE (Eds.): Current status of integrated arable farming systems research in Western Europe. IOBC/WPRS Bulletin 1989/XII/5, 76 pp., 1989.

[15] VEREIJKEN, P. and F. G. WIJNANDS: Integrated agriculture into practice; strategy for farm and environment (in Dutch). Publication **50**, Proefstation voor de Akkerbouw en de Groenteteelt in de Vollegrond, Lelystad, Netherlands, 85 pp, 1990.

[16] WIJNANDS, F. G.: Farming systems research for integrated arable and organic mixed systems in the Netherlands. In: R. UNWIN (Ed.), Crop protection in organic and low-input agriculture, 139, BCPC-Monograph no 45, Cambridge, United Kingdom, 1990.

[17] WIJNANDS, F. G. and P. VEREIJKEN: Environmental and economic aspects of integrated sugar beet cropping on an experimental farm. Proceedings of the 52nd Winter Congress IIRB, 119, 1989.

[18] WIJNANDS, F. G.: Introduction and evaluation of integrated arable farming in practice. Netherlands Journal of Agricultural Science **40**, 225, 1992.

[19] ZADOKS, J. C. (Ed.): Development of Farming Systems, evaluation of the five year period 1980–1984. PUDOC, Wageningen, Netherlands, 90 pp., 1989.

Literatur zu Abschnitt 7.3 (CRÜGER):

[1] Anonym: Integrated Pest Management for cole crops and lettuce. University of California. Publication 3307, Oakland, 1985.

[2] Anonym: Gewasbeschermingsgids 1991, Informatie en Kennis Centrum Akker-en Tuinbouw/ Plantenziektenkundige Dienst, Wageningen, 606 S., 1991.

[3] BEHRENS, TH.: Wirkungen verminderter Insektizid-Dosierungen auf die Mehlige Kohlblattlaus *Brevicoryne brassicae,* L. und ihren Parasiten *Diaeretiella rapae* (M'Intosh) im Kohl. Diss. Uni. Hannover, 1987.

[4] BOHLEN, E.: Untersuchungen zum Verhalten der Möhrenfliege, *Psila rosae* Fab. (Dipt. Psilidae), im Eiablagefunktionskreis. Z. angew. Entomol. **59,** 325, 1967.

[5] CRÜGER, G.: Herabgesetzte Qualitätsnormen für Gemüse – Ein Weg zur Minderung des Pflanzenschutzmitteleinsatzes? Gemüse **23,** 156, 1987.

[6] CRÜGER, G.: Pflanzenschutz im Gemüsebau. Eugen Ulmer, Stuttgart. 344 S., 1991.

[7] DIERCKS, R.: Biologische und biotechnische Pflanzenschutzverfahren. Stand der Entwicklung und Probleme der Anwendung im Erwerbsgartenbau. Bayer. Landwirtsch. Jb. **63,** 395, 1986.

[8] ELLIS, P. R., G. H. FREEMAN, B. D. DOWKER, J. A. HARDMAN und G. KINGSWELL: The influence of plant density and position in field trials designed to evaluate the resistence of carrots to carrot fly *(Psila rosae)* attack. Ann. appl. Biol. **111,** 21, 1987.

[9] EL TITI, A.: Die Ermittlung der wirtschaftlichen Schadensschwelle für die kleine Kohlfliege (*Erioischia brassicae* Bouché) im Blumenkohlanbau. II. Quantifizierung der Eimortalität. Z. Pflanzenkrank. Pflanzensch. **84,** 78, 1977.

[10] FORSTER, R., R. HILDENHAGEN, M. HOMMES, und K. SCHORN-KASTEN: Integrierter Pflanzenschutz im Gemüsebau – Praktizierung von Bekämpfungsschwellen für Kohlschädlinge. Schriftenr. Bundesmin. Ernähr. Landwirtsch. Forsten, R. A., Angew. Wissensch.: Heft 411, 64, 1992.

[11] FREULER, J. und S. FISCHER: La mouche de la carotte, *Psila rosae* Fab. (Diptera, Psilidae). I. Biologie. Rev. suisse Vitic. Arboric. Hortic. **14,** 71, 1982.

[12] FREULER, J., S. FISCHER undf P. BERTUCHOZ: La mouche de la carotte, *Psila rosae* Fab. (Diptera, Psilidae), III. Avertissement et seuil de tolerance. Rev. suisse Vitic. Arboric. Hortic. **14,** 275, 1982.

[13] FREULER, J. und S. FISCHER: Le piege á œufs; nouveau moyen de prévision d'attaque pour la mouche du chou, *Delia radicum* (brassicae) L. Revue suisse Vitic. Arboric. Hortic. **15,** 107, 1983.

[14] HASSAN, S., G. LANGENBRUCH und R. ALBERT: Biologische Schädlingsbekämpfung. AID-Heft 1030, Bonn, 1991.

[15] HOMMES, M.: Untersuchungen zur Populationsdynamik und integrierten Bekämpfung von Kohlschädlingen. Mitt. Biol. Bundesanst. Land- und Forstwirtsch. Berlin-Dahlem, Heft 213, 1983.

[16] HOMMES, M.: Schadensschwellen im Gemüsebau. Taspo-Magazin **14,** 10, 32, 1987.

[17] KATHAN, J.: Umweltschonender Pflanzenschutz-Möglichkeiten und Zukunftsperspektiven. Gb+Gw **88,** 316, 1988.

[18] KRUG, H.: Gemüseproduktion. Parey, Berlin und Hamburg, 1987.

[19] MAACK, G.: Schadwirkung der Kleinen Kohlfliege (*Phorbia brassicae* Bouché) und Möglichkeiten zur Reduzierung des Insektizidaufwandes bei der Bekämpfung. Mitt. Biol. Bundesanst. Land-und Forstwirtsch. Berlin-Dahlem, Heft 177, 1977.

[20] OBERBECK, H.: Untersuchungen zum Eiablage-und Befallsverhalten der Möhrenfliege, *Psila rosae* F. (Diptera: Psilidae) im Hinblick auf eine modifizierte chemische Bekämpfung. Mitt. Biol. Bundesanst. Land- und Forstwirtsch. Berlin- Dahlem, Heft 183, 1978.

[21] RAMAKERS, P. und M. VAN LIEBURG: Start of commercial production and introduction of *Amblyseius mackenziei* Sch. & Pr. (Acarina: Phytoseiidae) for the control of *Thrips tabaci* Lind. (Thysenoptera: Thripidae) in glasshouses. Med. Fac. Landbouwwetenschap. Rijksuniv. Gent **47/** 2, 541, 1982.

[22] VAN 'T SANT, L. E.: Levenswijze en bestrijding van de wortelvlieg (*Psila rosae* F.) in Nederland. Versl. Landbouwk. Onderz. No 67, 1. 131 S. 1961.

[23] STÄDLER, E.: Über die Orientierung und das Wirtsverhalten der Möhrenfliege, *Psila rosae* F. (Diptera: Psilidae). I. Larven. Z. angew. Entomol. **69,** 425, 1971).

[24] THEUNISSEN, J.: Supervised pest control in cabbage crops: Theory and practice. Mitt. Biol. Bundesanst. Land- und Forstwirtsch. Berlin-Dahlem, Heft 218, 76, 1984.

[25] WAKERLEY, S. B.: Weather and behaviour in carrot fly (*Psila rosae* Fab., Dipt. Psilidae) with particular reference to oviposition. Ent. exp. & appl. **6,** 268, 1963.

Literatur zu Abschnitt 7.4 (GALLI):

[1] BAGGIOLINI, M. und A. SCHMID: Von der gezielten Schädlingsbekämpfung zur integrierten Produktion: Versuche einer praktischen Applikation einer Gruppe von Obstbauern im Genferseegebiet. Gesunde Pflanzen **31,** 308, 1979.

[2] DICKLER, E., L. H. M. BLOMMERS and A. K. MINKS, (Ed.): VII. Symposium integrated plant protection in orchards (Wageningen 1985). IOBC/WPRS Bulletin IX/4/1986.

[3] DICKLER, E. (Bearb.): Vergleichsbetriebe für den integrierten Pflanzenschutz im Obstbau. Zu-

sammenstellung der Berichte und Ergebnisse aus dem Modellvorhaben des Bundesministers für Ernährung, Landwirtschaft und Forsten. Mitt. Biol. Bundesanst. Land- und Forstwirtsch. Berlin-Dahlem, Heft 252, 173 S., 1989.

[4] EIDG. FORSCHUNGSANSTALT WÄDENSWIL: Integrierte Obstproduktion in der Praxis. Schweiz. Z. Obst- u. Weinbau **121**, 673, 1985.

[5] GALLI, P.: Integrierter Pflanzenschutz im Apfelanbau von Baden-Württemberg. Landwirtschaftsverlag, Münster-Hiltrup, 54 S. (Schriftenreihe des Bundesministers für Ernährung, Landwirtschaft und Forsten, Reihe A: Angew. Wissenschaft, Heft 319), 1985.

[6] GALLI, P. und H. STEINER: Die Prüfung der Wirkung von Insektiziden auf Nützlinge. Bedeutung für den integrierten Pflanzenschutz im Apfelanbau. Erwerbsobstbau **25**, 302, 1983.

[7] GOTTWALD, R., B. FREIER und W. KARG: Die Grundlage eines integrierten Pflanzenschutzes gegen tierische Schaderreger im Apfelintensivanbau der DDR. Nachrichtenbl. Dt. Pflanzenschutzdienst (Berlin) **40**, 10, 1986.

[8] FACHGRUPPE OBSTBAU IM BUNDESAUSSCHUSS OBST UND GEMÜSE (Hrsg.): Richtlinien für den kontrollierten integrierten Anbau von Obst in der Bundesrepublik Deutschland, 14 S., 1990.

[9] IOBC/WPRS (Hrsg.): Nützlinge in Apfelanlagen. 242 S., Wageningen, 1976.

[10] IOBC/WPRS (Hrsg.): Die Klopfmethode. Mit einem Anhang über Licht- und Pheromonfallen, 2. Aufl., 142 S., 1980.

[11] IOBC/WPRS (Hrsg.): Visuelle Kontrollen im Apfelanbau, 4. Aufl., 104 S., 1992.

[12] IOBC/WPRS (Ed.): C. R. 5. Symposium integrated control in orchards (Bozen 1974), 369 S., Wageningen, 1975.

[13] IOBC/WPRS (Hrsg.): Proceedings Internationales Symposium über Integrierten Pflanzenschutz in der Land- u. Forstwirtschaft, 648 S., Wien, 1979.

[14] IOBC/WPRS (Ed.): Vers la production agricole intégrée par la lutte intégrée. Bulletin 4, 163 S., 1977.

[15] KRAUTHAUSEN, H.-J. und M. GÜNTHER: Vergleichende Untersuchungen zwischen integriertem und konventionellem Pflanzenschutz im Apfelanbau. Gesunde Pflanzen **38**, 409, 1986.

[16] LANDESANSTALT FÜR PFLANZENSCHUTZ STUTTGART (Hrsg.): Anleitung zum integrierten Pflanzenschutz im Apfelanbau, 2. Aufl., 96 S., 1988.

[17] MANTINGER, H. und H. GASSER: Einfluß von Alternativmethoden zur chemischen Streifenbehandlung in Obst-Junganlagen. Erwerbsobstbau **28**, 34, 1986.

[18] MATHYS, G.: Wirtschaftliche Erwägungen im integrierten Pflanzenschutz. Gesunde Pflanzen **28**, 21, 1976.

[19] MICHEL, H.-G. und I. NIKUSCH: Pflanzenschutz im Erwerbs-Obstbau 1992. Obst und Garten **111**, H. 2 (Beiheft), 1992.

[20] MILAIRE, H. G.: La lutte intégrée en cultures fruitières. Colloque national »Mode d'action et utilisation des insecticides« (Angers 1985), 499, ed. ACTA, Paris, 1986.

[21] NEUFFER, G.: Biologische Bekämpfung der San-José-Schildlaus in Baden-Württemberg. Obstbau – Weinbau (Lana) **21**, 131, 1984.

[22] NIKLAS, J. und W. KENNEL: The role of the earthworm, *Lumbricus terrestris* (L.) in removing sources of phytopathogenic fungi in orchards. Gartenbauwiss. **46**, 138, 1981.

[23] OBERHOFER, H.: Der Apfelschorf. Lebensweise und Bekämpfung. 120 S., Lana, 1985.

[24] SCHÄFERMEYER. S. und E. DICKLER: Vergleichende Untersuchungen zu Richtlinien für die integrierte Kernobstproduktion in Europa. Mitt. Biol. Bundesanst. Land- und Forstwirtsch. Berlin-Dahlem, Heft 271, 110 S., 1991.

[25] STEINER, H.: Erfahrungen bei der Entwicklung und Einführung des integrierten Pflanzenschutzes in Baden-Württemberg. Z. angew. Entomol. **77**, 398, 1975.

[26] SÜDTIROLER BERATUNGSRING F. OBST- U. WEINBAU (Hrsg.): Handbuch zur Pflege von Obst- und Rebanlagen. 128 S., Lana, 1984.

[27] TRAPMAN, M. and L. BLOMMERS: The introduction of IPM in apple orchards. Med. Fac. Landbouww. Rijksuniv. Gent, 50/2a, 425, 1985.

[28] WALDNER, W.: Integrierte Spinnmilbenbekämpfung im Südtiroler Obstbau. Besseres Obst **30**, 8 u. 43, 1985.

[29] WILDBOLZ, TH. und A. STAUB: Raubmilbenansiedlung im Obstbau. Schweiz. Z. Obst- u. Weinbau **122**, 483, 1986.

Literatur zu Abschnitt 7.5 (KREMHELLER):

[1] Anonym: English Hops. English Hops LTD, Paddock Wood, Kent, England, 1984.

[2] Anonym: Hopfen-Anbau, Düngung, Pflanzenschutz. Hopfen-Rundschau **38**, 106, 1987.

[3] Anonym: Integrierter Pflanzenbau; Hopfen: Anbau, Düngung, Ernte. Merkblatt Bayer. Landesanstalt für Bodenkultur und Pflanzenbau Freising-München, 1987.

[4] Anonym: Integrierter Pflanzenschutz praxisgerecht – Hopfenkrankheiten und Schädlinge. Merkblatt Bayerische Landesanstalt für Bodenkultur und Pflanzenbau Freising-München, 1987.

[5] Anonym: Pflanzenschutzmittel-Verzeichnis 1988, Teil 1. Biologische Bundesanstalt für Land- und Forstwirtschaft, 36. Auflage, 1988.

[6] BAUCHHENSS, J. und G. ROSSBAUER: Bodenfruchtbarkeit in Hopfengärten – festgestellt anhand des Regenwurmbesatzes. Hopfen-Rundschau **39**, 44, 1988.

[7] CRANHAM, J. E. and R. C. MUIR: Damson-Hop Aphid: The Scope for Pest Management. SROP/WPRS Bulletin, **IV/3**, 134, 1981.

[8] GMELCH, F.: Hop Breeding in West Germany.

Monograph/European Brewery Convention, **13**, 27. Carl-(Brauwelt-)Verlag, Nürnberg, 1988.

[9] GMELCH, F. und G. ROSSBAUER: Jahresbericht 1986 der Bayerischen Landesanstalt für Bodenkultur und Pflanzenbau und der Deutschen Gesellschaft für Hopfenforschung, Hans-Pfülf-Institut. Sondernummer 1, München, März 1987.

[10] GMELCH, F. und G. ROSSBAUER: Jahresbericht 1981 der Bayerischen Landesanstalt für Bodenkultur und Pflanzenbau und der Deutschen Gesellschaft für Hopfenforschung, Hans-Pfülf-Institut, 36, 1982.

[11] GUNN, R. E.: Hop Breeding in England. Monograph/European Brewery Convention, **13**, 46. Carl-(Brauwelt-)Verlag, Nürnberg, 1988.

[12] KNAN, A. und H. TH. KREMHELLER: Festlegung von Schadensschwellen bei der Bekämpfung der Hopfenblattlaus, *Phorodon humuli*, Bulletin SROP/WPRS Bulletin, **VII/6**, 51, 1984.

[13] KOHLMANN, H. und A. KASTNER: Der Hopfen. Hopfen-Verlag, Wolnzach, 1975.

[14] KRANZ, J. und B. HAU: Wie gewinnt man wirtschaftliche Schadensschwellen? DLG-Mitt. **12**, Frankfurt, 1981.

[15] KRAUS, A.: Biologische und epidemiologische Aspekte bei der Bekämpfung von *Pseudoperonospora humuli* (Miy. et Tak.) Wilson nach Prognose. Diss., München-Weihenstephan, 1983.

[16] KREMHELLER, H. TH.: Untersuchungen zur Epidemiologie und Prognose des Falschen Mehltaues an Hopfen (*Pseudoperonospora humuli* (Miy. et Tak.) Wilson). Diss., München-Weihenstephan, 1979.

[17] KREMHELLER, H. TH.: *Peronospora*-Warndienst: Hinweise und erste Erfahrungen. Hopfen-Rundschau **34**, 257, 1983.

[18] KREMHELLER, H. TH.: Entwicklung der Insektizid-Resistenz der Hopfenblattlaus, *Phorodon humuli* (Schrank), im bayerischen Hopfenanbaugebiet Hallertau. Mitt. Biol. Bundesanst. Land-Forstwirtsch. Berlin-Dahlem, Heft 232, 223, 1986.

[19] KREMHELLER, H. TH.: Gesundes Pflanzenmaterial durch Meristemkultur. Landspiegel, Informationen der Sparkasse, Wolnzach, 1986.

[20] KREMHELLER, H. TH.: *Peronospora*-Warndienst im Hopfenbau. Schule und Beratung. Bayer. Staatsministerium für ELF, München, Heft **7**, III-1, 1987.

[21] KREMHELLER, H. TH. und R. DIERCKS: Epidemiologie und Prognose des Falschen Mehltaues (*Pseudoperonospora humuli*) an Hopfen. Z. Pflanzenkrank. Pflanzensch. **90**, 599, 1983.

[22] KREMHELLER, H. TH. und H. KOHLMANN: Einfluß der Behandlungstermine auf die Bekämpfung der Hopfenblattlaus (*Phorodon humuli*, Schrank). Gesunde Pflanzen **31**, 198, 1979.

[23] LIEBL, H.: Auftreten und Bekämpfung des Echten Mehltaues (*Sphaerotheca humuli*) am Hopfen im Jahre 1983 in der Hallertau. Hopfen-Rundschau **35**, 73, 1984.

[24] MAIER, J.: Bericht über die Versuchs- und Forschungstätigkeit der Deutschen Gesellschaft für Hopfenforschung (e. V.) und der Bayerischen Landesanstalt für Bodenkultur und Pflanzenbau am Hans-Pfülf-Institut für Hopfenforschung im Jahre 1971. Sonderbeilage zur Deutschen Brauwirtschaft **81**, Heft 11, 1, München, 1972.

[25] MAIER, J. und L. NARZISS: Die Hopfensorte Perle. Brauwelt **36**, 1260, 1979.

[26] ROSSBAUER, G. und F. ZWACK: Bodenerosion im Hopfenbau – wie kann sie verhindert werden? Hopfen-Rundschau **33**, 288, 1982.

[27] ROSSBAUER, G. und F. ZWACK Bodenuntersuchung – Voraussetzung für eine gezielte Düngung. Hopfen-Rundschau, **35**, 504, 1984.

[28] ROSSBAUER, G. und F. ZWACK: Lohnt sich die Stickstoffdüngung nach N-min-Gehalt? Hopfen-Rundschau **39**, 28, 1988.

[29] ROSSBAUER, G. und F. ZWACK: Versuche zur Stickstoffdüngung im Hopfen. Hopfen-Rundschau **36**, 79, 1985.

[30] ROYLE, D. J.: Breeding for resistance to hop diseases. Proceedings of the Scientific Commission of the International Hop Growers Convention, 1, 1976.

[31] SEWELL, G. W. F. and J. F. WILSON: Verticillium wilt of the hop: Disease control by reduced nitrogen fertilizer applications. Report East Malling Research Station, Kent, 1969.

[32] WACHTER, R.: Bewertung und Eignung der Zuchtsorte Orion als Bitterstoffhopfen. Brauwelt **17**, 729, 1987.

[33] ZATTLER, F.: Bericht über die Versuchs- und Forschungstätigkeit auf dem Hopfenversuchsgut Hüll 1926–1951. Jubiläumsschrift der Deutschen Gesellschaft für Hopfenforschung e. V., 1951.

[34] ZWACK, F., G. BUNZA, P. HAUSHAHN, M. PORZELT, und K. SCHÄFER: Methoden zur Bestimmung und Minderung der Bodenerosion bei hopfengenutzten Flächen der Hallertau. Bayer. Landwirtsch. Jb. **57**, 485, 1980.

Literatur zu Abschnitt 7.6 (RIEDER):

[1] Anonym: Statistisches Jahrbuch über ELF, Bonn, 1986.

[2] ELLENBERG, H.: Vegetation Mitteleuropas mit den Alpen. In: WALTER, Einführung in die Phytologie, Ulmer, Stuttgart, 1986.

[3] HUTH, F. W.: Einflußfaktoren auf die Nährstoffaufnahme bei Leistungskühen. Der Tierzüchter **31**, 113, 1979.

[4] KAUFMANN, W. und E. ZIMMER: Modell eines Bewertungsschlüssels für Halmfutter. Ber. 3. Kongr. d. Europäischen Grünlandvereinigung, Braunschweig, 1969.

[5] KEES, H.: Pflanzliche Erzeugung. In: Die Landwirtschaft, Bd. 1, 574, BLV-Verlag, München, 1987.

[6] Mott, N.: Hohe Futteraufnahme durch gezielte Weidenutzung. top agrar, Heft 4, 1974.

[7] Mott, N. et al.: Wirtschaftliche Grünlandpraxis. In: Landwirtschaftliche Schriftenreihe Boden – Pflanze – Tier, Heft 2. Landwirtschaftsverlag GmbH, Münster-Hiltrup, 1984.

[8] Rieder, J. B.: Dauergrünland. BLV-Verlag, München, 1983.

[9] Schönthaler, K. E.: Auswirkungen der Anlagen für den Massen-Schisport auf die Landschaft, 2. Teil: Erosion. Die Bodenkultur 36, 259, 1985.

[10] Staufer, W. und O. J. Furrer: Nitratauswaschung aus landwirtschaftlich genutzten Gebieten. Bulletin BGS 6, 57, 1982.

Literatur zu Kapitel 8 (Diercks, Heitefuss):

[1] Anonym: Standortspezifische Beratung im integrierten Pflanzenbau. Pflanzenbau integriert. Mitteilungen der Fördergemeinschaft Integrierter Pflanzenbau, November-Heft, 1, 1988.

[2] Boland, H.: Von wem und warum Beratung abgelehnt wird. In: Beratung – Dienstleistungsangebot mit Zukunft. Arbeitsunterlagen DLG, 70, 1987.

[3] Boland, H.: Beratung im Wandel. DLG-Mitt. 103, 69, 1988.

[4] Bundesministerium für Ernährung, Landwirtschaft und Forsten: Forschungsrahmenplan 1988–1991. Schriftenreihe des Bundesministeriums für Ernährung, Landwirtschaft und Forsten, Reihe A: Angew. Wissenschaft, Sonderheft. Landwirtschaftsverlag Münster-Hiltrup, 1989.

[5] Bundesminister für Forschung und Technologie: Biotechnologie 2000, Programm der Bundesregierung, Bonn 1990.

[6] Dt. Bundestag, Referat Öffentlichkeitsarbeit Bonn (Hrsg.): Chancen und Risiken der Gentechnologie, Bonner Universitäts-Druckerei, 1987.

[7] Diercks, R.: Vernetzes Denken – Grundvoraussetzung für die Entwicklung integrierter Landbausysteme. Schweiz. Landw. Fo. 27, 7, 1988.

[8] Ertl, J.: Vorwort zur Vortragsveranstaltung der DLG mit dem Verband der Landwirtschaftskammern und der Landwirtschaftskammer Schleswig-Holstein am 6. Nov. 1987 in Kiel. In: Beratung – Dienstleistungsangebot mit Zukunft. Arbeitsunterlagen DLG, 3, 1987.

[9] Groffmann, H.: In Zusammenhängen denken. DLG-Mitt. 102, 694, 1987.

[10] Grunewald-Stöcker, G.: Biologischer Pflanzenschutz in der Bundesrepublik Deutschland. Fördergemeinschaft Integrierter Pflanzenbau, Bonn, 1990.

[11] Häni, F.: Vernetztes Denken im modernen Pflanzenschutz und die Rolle der Schweizerischen Gesellschaft für Phytomedizin. Schweiz. Landw. Fo. 27, 3, 1988.

[12] Haug, G., G. Schumann und G. Fischbeck (Hrsg.): Pflanzenproduktion im Wandel, neue Aspekte in den Agrarwissenschaften. VCH Verlagsgesellschaft Weinheim, 1990.

[13] Heitefuss, R.: Verbundforschung zur integrierten Pflanzenproduktion – Planung, Ergebnisse und Perspektiven eines Schwerpunktprogramms der DFG. Mitt. Biol. Bundesanst. Land- und Forstwirtsch. Berlin-Dahlem 245, 94, 1988.

[14] Hoffmann, G. M., J. A. Verreet und F. W. Kremer: Konzeption und Methode für eine zukunftsorientierte, gezielte Bekämpfung von Blatt- und Ährenkrankheiten an Getreide. Gesunde Pflanzen 40, 438, 1988.

[15] Jochimsen, H.: Wie Beratung zukünftig organisiert und finanziert werden kann. In: Beratung – Dienstleistungsangebot mit Zukunft. Arbeitsunterlagen DLG, 49, 1987.

[16] Jungehülsing, H.: Warum das Beraten immer schwieriger wird. In: Beratung – Dienstleistungsangebot mit Zukunft. Arbeitsunterlagen DLG, 39, 1987.

[17] Keller, E. R. und P. Weisskopf: Integrierte Pflanzenproduktion, Ergebnisse einer Standortbestimmung in der Schweiz. Landw. Lehrmittelzentrale, Zollikofen, 1987.

[18] Knauer, N., J. Kranz, H. J. Langholz, C. Thoree und W. Werner (Hrsg.): Beiträge der Biotechnologie zur Pflanzenzüchtung. Agrarspektrum Schriftenreihe des Dachverbandes Agrarforschung. Bd. 17, Verlagsunion Agrar, 1990.

[19] Kochs, H. J.: Saatstärke und Düngung: Computerempfehlung über Telefon. DLG-Mitt. 101, 26, 1986.

[20] Miller, S. A. und R. R. Martin: Molecular diagnoses of plant disease. Ann. Rev. Phytopathol. 26, 409, 1988.

[21] Németh, K. und H. Bartels: Kostensenkung durch Düngungsoptimierung mit EUF (Elektro-Ultrafiltration)-Bodenuntersuchung. Rationalisierungs-Kuratorium für Landwirtschaft (RKL), Kiel, September 1987.

[22] Schönbeck, F., F. Klingauf und P. Kraus: Situation, Aufgaben und Perspektiven des Biologischen Pflanzenschutzes. Gesunde Pflanzen 40, 86, 1988.

[23] Schröder, D.: Wie ist bodenschonende und umweltverträgliche Landnutzung möglich? Schule und Beratung. Bayer. Staatsministerium für ELF, München, Heft 3, III–1, 1989.

[24] Unger, J.-G.: Entwicklung und Erprobung eines ELISA (Enzyme-linked Immunosorbent Assay) zum Nachweis von *Fusarium culmorum* (W.G.SM.) Sacc. und *Pseudocercosporella herpotrichoides* (Fron.) Deigh. in Weizen. Dissertation, Universität Göttingen, 1989.

Stichwortverzeichnis

435

439

Lesen – wissen – profitieren

Wichtige Arbeitshilfen aus dem Bereich der pflanzlichen Produktion

A. Deutsch
**Bestimmungsschlüssel
für Grünlandpflanzen**

Th. Diez / H. Weigelt
**Böden unter landwirt-
schaftlicher Nutzung**
48 Bodenprofile in Farbe

M. Hanf
Ackerunkräuter Europas
mit ihren Keimlingen und
Samen

R. Heitefuss u. a.
**Pflanzenkrankheiten und
Schädlinge im Ackerbau**

Dr. Köller
Ackerbau ohne Pflug

Lexikon Landwirtschaft
Pflanzliche Erzeugung –
Tierische Erzeugung –
Landtechnik – Betriebslehre –
Landwirtschaftliches Recht

H. Kees
**Unkrautbekämpfung im
integrierten
Pflanzenschutz**
Ackerbau – Feldgemüse –
Grünland

K. König / W. Klein /
W. Grabler
**Sachkundig im
Pflanzenschutz**
Arbeitshilfe zum Erlangen des
Sachkundenachweises im
Pflanzenschutz

W. Neuerburg / S. Padel
**Organisch-biologischer
Landbau in der Praxis**

Pflanzliche Erzeugung
Band 1 des Lehrwerkes
"Die Landwirtschaft"
(nur bei BLV, München und
LVH, Münster-Hiltrup
erhältlich)

G. Herrmann / G. Plakolm
Ökologischer Landbau
Grundwissen für die Praxis

W. Schreiner / A. Obst
**Landwirtschaftliche
Nutzpflanzen
in Wort und Bild**

VERLAGSUNION
AGRAR

Arbeitsgemeinschaft

**BLV Verlagsgesellschaft München
DLG-Verlag Frankfurt (Main)
Landwirtschaftsverlag Münster-Hiltrup
Österreichischer Agrarverlag Wien
Bugra Suisse Wabern-Bern**